家｜家｜必｜備

施賀日◎校正

超實用彩色

萬年曆

中國五術教育協會　中國五術風水命理學會　指｜定｜用｜書

　　時間就是力量，最基礎就是最重要的。

　　八字論命以個人出生時間的「年、月、日、時」為基礎，轉換成以「天干地支」表示時間的八個字，是論命時最重要的一個依據。八字論命再依據八字中「沖刑會合、生剋制化、寒熱燥濕」的交互關係，判斷生命在某段時間的變化狀態。最後假借「六神」闡釋說明生命在人世間種種「欲求」的面象。本書《歸藏萬年曆》的編寫，提供論命者一個正確的論命時間依據。

　　《歸藏萬年曆》起自西元一九〇〇年迄至西元二一〇〇年，共二百零一年。曆法採「干支紀年」法，以「立春寅月」為歲始，以「節氣」為月令，循環記載國曆和農曆的「年、月、日」干支。「節氣」時間以「中原時區標準時、東經一百二十度經線」為準，採「定氣法」推算。「節氣」的日期和時間標示於日期表的上方，「中氣」則標示於下方。節氣和中氣的日期以「國曆」標示，並詳列「時、分、時辰」時間。時間以「分」為最小單位，秒數捨

棄不進位，以防止實未到時，卻因進秒位而錯置節氣時間。查閱時只要使用「五鼠遁日起時表」取得「時干」後，就可輕易準確的排出「四柱八字」干支。

《歸藏萬年曆》有別於一般萬年曆，採用橫閱方式編排，易於閱讀查詢。記載年表實有「二百零一年、四千八百二十四節氣、七萬三千四百一十三日」，紀曆詳實精確。可簡易快速地提供論命者一組正確的「四柱八字」干支，實為一本最有價值的萬年曆工具書。

《歸藏萬年曆》之編寫，以「中央氣象局天文站」及「台北市立天文科學教育館」發行之天文日曆為標準，並參考引用諸多先賢、專家之觀念與資料，謹在此表達致敬及感謝。

《歸藏萬年曆》的完成，需萬分感謝 紅鳳鳥 老師的教授與指導。

施 賀 日

如何使用《歸藏萬年曆》

《歸藏萬年曆》的編排說明

（1）《歸藏萬年曆》採用橫閱方式編排，易於閱讀查詢。

（2）年表以「二十四節氣」為一年週期，始於「立春」終於「大寒」。

（3）年表的頁邊直排列出「西元紀年、生肖、國曆紀年」易於查閱所需紀年。

（4）年表的編排按「年干支、月干支、節氣、日期表、中氣」順序直列。

（5）年表直列就得「年、月、日」干支，快速準確絕不錯置年、月干支。

（6）節氣和中氣按「國曆日期、時、分、時辰」順序標示。

（7）日期表按「國曆月日、農曆月日、日干支」順序橫列。

（8）日期表第一行為各月令的「節氣日期」，易於計算行運歲數。

（9）農曆「閏月」在其月份數字下加一橫線，以為區別易於判讀。

（10）日光節約時間其月份為粗體並頁下加註，以為區別易於判讀。

使用《歸藏萬年曆》快速定「八字」

橫查出生年月日；直列年月日干支；五鼠遁日得時干；正好四柱共八字。
大運排列從月柱；行運歲數由日起；順數到底再加一；逆數到頂是節氣。

（1）根據出生者的「年、月、日」時間，由年表橫向取得生日所屬的「日干支」，再向上直列得「月干支、年干支」，最後查「五鼠遁日起時表」取得「時干」。

（2）大運排列從「月柱」干支，陽男陰女「順排」、陰男陽女「逆排」六十甲子。

（3）行運歲數由「生日」起算，陽男陰女「順數」、陰男陽女「逆數」至節氣日。

（4）簡易大運行運歲數換算：三天為一年、一天為四月、一時辰為十日。

目　錄

46-120	31-45	16-30	1-15
日元			

貴 乾坤
造 國農
曆曆 年 月 日 時生

小姐 先生 現居地： 出生地：

大運

六十甲子表

甲子	乙丑	丙寅	丁卯	戊辰	己巳	庚午	辛未	壬申	癸酉
甲戌	乙亥	丙子	丁丑	戊寅	己卯	庚辰	辛巳	壬午	癸未
甲申	乙酉	丙戌	丁亥	戊子	己丑	庚寅	辛卯	壬辰	癸巳
甲午	乙未	丙申	丁酉	戊戌	己亥	庚子	辛丑	壬寅	癸卯
甲辰	乙巳	丙午	丁未	戊申	己酉	庚戌	辛亥	壬子	癸丑
甲寅	乙卯	丙辰	丁巳	戊午	己未	庚申	辛酉	壬戌	癸亥

五虎遁年起月表

月令	正月	二月	三月	四月	五月	六月	七月	八月	九月	十月	十一月	十二月
節氣	立春	驚蟄	清明	立夏	芒種	小暑	立秋	白露	寒露	立冬	大雪	小寒
中氣	雨水	春分	穀雨	小滿	夏至	大暑	處暑	秋分	霜降	小雪	冬至	大寒
月支 / 年干	寅	卯	辰	巳	午	未	申	酉	戌	亥	子	丑
甲己	丙寅	丁卯	戊辰	己巳	庚午	辛未	壬申	癸酉	甲戌	乙亥	丙子	丁丑
乙庚	戊寅	己卯	庚辰	辛巳	壬午	癸未	甲申	乙酉	丙戌	丁亥	戊子	己丑
丙辛	庚寅	辛卯	壬辰	癸巳	甲午	乙未	丙申	丁酉	戊戌	己亥	庚子	辛丑
丁壬	壬寅	癸卯	甲辰	乙巳	丙午	丁未	戊申	己酉	庚戌	辛亥	壬子	癸丑
戊癸	甲寅	乙卯	丙辰	丁巳	戊午	己未	庚申	辛酉	壬戌	癸亥	甲子	乙丑

五鼠遁日起時表

太陽時	23-1	1-3	3-5	5-7	7-9	9-11	11-13	13-15	15-17	17-19	19-21	21-23
時支 / 日干	子	丑	寅	卯	辰	巳	午	未	申	酉	戌	亥
甲己	甲子	乙丑	丙寅	丁卯	戊辰	己巳	庚午	辛未	壬申	癸酉	甲戌	乙亥
乙庚	丙子	丁丑	戊寅	己卯	庚辰	辛巳	壬午	癸未	甲申	乙酉	丙戌	丁亥
丙辛	戊子	己丑	庚寅	辛卯	壬辰	癸巳	甲午	乙未	丙申	丁酉	戊戌	己亥
丁壬	庚子	辛丑	壬寅	癸卯	甲辰	乙巳	丙午	丁未	戊申	己酉	庚戌	辛亥
戊癸	壬子	癸丑	甲寅	乙卯	丙辰	丁巳	戊午	己未	庚申	辛酉	壬戌	癸亥

五行	相生	相剋	天干	五合	四沖	二剋
木-慈生	水生木生火	金剋木剋土	甲-陽木	甲己合化土	甲庚沖	
			乙-陰木	乙庚合化金	乙辛沖	
火-滿願	木生火生土	水剋火剋金	丙-陽火	丙辛合化水	丙壬沖	丙庚剋
			丁-陰火	丁壬合化木	丁癸沖	丁辛剋
土-承載	火生土生金	木剋土剋水	戊-陽土	戊癸合化火		
			己-陰土	甲己合化土		
金-肅穀	土生金生水	火剋金剋木	庚-陽金	乙庚合化金	甲庚沖	丙庚剋
			辛-陰金	丙辛合化水	乙辛沖	丁辛剋
水-伏藏	金生水生木	土剋水剋火	壬-陽水	丁壬合化木	丙壬沖	
			癸-陰水	戊癸合化火	丁癸沖	

地支	六合	三合局	三會方	六沖	三刑	六害
子-冬季 癸	子丑合化土	申子辰合水	亥子丑會水	子午沖	子卯相刑	子未害
丑-冬季 己癸辛	子丑合化土	巳酉丑合金	亥子丑會水	丑未沖	丑戌未三刑	丑午害
寅-春季 甲丙	寅亥合化木	寅午戌合火	寅卯辰會木	寅申沖	寅巳申三刑	寅巳害
卯-春季 乙	卯戌合化火	亥卯未合木	寅卯辰會木	卯酉沖	子卯相刑	卯辰害
辰-春季 戊乙癸	辰酉合化金	申子辰合水	寅卯辰會木	辰戌沖	辰辰自刑	卯辰害
巳-夏季 丙庚	巳申合化水	巳酉丑合金	巳午未會火	巳亥沖	寅巳申三刑	寅巳害
午-夏季 丁	午未合化火	寅午戌合火	巳午未會火	子午沖	午午自刑	丑午害
未-夏季 己丁乙	午未合化火	亥卯未合木	巳午未會火	丑未沖	丑戌未三刑	子未害
申-秋季 庚壬	巳申合化水	申子辰合水	申酉戌會金	寅申沖	寅巳申三刑	申亥害
酉-秋季 辛	辰酉合化金	巳酉丑合金	申酉戌會金	卯酉沖	酉酉自刑	酉戌害
戌-秋季 戊辛丁	卯戌合化火	寅午戌合火	申酉戌會金	辰戌沖	丑戌未三刑	酉戌害
亥-冬季 壬甲	寅亥合化木	亥卯未合木	亥子丑會水	巳亥沖	亥亥自刑	申亥害

六神	生我者：正印、偏印。我生者：傷官、食神。剋我者：正官、七殺。我剋者：正財、偏財。同我者：劫財、比肩。

日主\天干	甲	乙	丙	丁	戊	己	庚	辛	壬	癸
甲-陽木	比肩	劫財	食神	傷官	偏財	正財	七殺	正官	偏印	正印
乙-陰木	劫財	比肩	傷官	食神	正財	偏財	正官	七殺	正印	偏印
丙-陽火	偏印	正印	比肩	劫財	食神	傷官	偏財	正財	七殺	正官
丁-陰火	正印	偏印	劫財	比肩	傷官	食神	正財	偏財	正官	七殺
戊-陽土	七殺	正官	偏印	正印	比肩	劫財	食神	傷官	偏財	正財
己-陰土	正官	七殺	正印	偏印	劫財	比肩	傷官	食神	正財	偏財
庚-陽金	偏財	正財	七殺	正官	偏印	正印	比肩	劫財	食神	傷官
辛-陰金	正財	偏財	正官	七殺	正印	偏印	劫財	比肩	傷官	食神
壬-陽水	食神	傷官	偏財	正財	七殺	正官	偏印	正印	比肩	劫財
癸-陰水	傷官	食神	正財	偏財	正官	七殺	正印	偏印	劫財	比肩

相生 相剋	比肩生食神生正財生正官生正印生比肩 比肩剋正財剋正印剋傷官剋正官剋比肩
	劫財生傷官生偏財生七殺生偏印生劫財 劫財剋偏財剋偏印剋食神剋七殺剋劫財

天干	甲	乙	丙	丁	戊	己	庚	辛	壬	癸	
陽刃	卯		午			酉		子			以日柱天干　見年月時支
紅艷煞	午	午	寅	未	辰	辰	戌	酉	子	申	
天乙貴人	未	申	酉	亥	丑	子	丑	寅	卯	巳	
	丑	子	亥	酉	未	申	未	午	巳	卯	
文昌貴人	巳	午	申	酉	申	酉	亥	子	寅	卯	

地支	子	丑	寅	卯	辰	巳	午	未	申	酉	戌	亥
	以日柱地支　見年月時支											
咸池	酉	午	卯	子	酉	午	卯	子	酉	午	卯	子
驛馬	寅	亥	申	巳	寅	亥	申	巳	寅	亥	申	巳
	以月柱地支　見日柱干支											
天德貴人	巳	庚	丁	申	壬	辛	亥	甲	癸	寅	丙	乙
月德貴人	壬	庚	丙	甲	壬	庚	丙	甲	壬	庚	丙	甲

魁罡	日柱				地支不見沖刑 見「沖、刑」者為破格
	庚辰	壬辰	庚戌	戊戌	

金神	日柱	時柱			四柱須見「火」局
	甲或己	乙丑	己巳	癸酉	

地支	子	午	卯	酉
藏天干	癸	丁	乙	辛

地支	寅		申		巳		亥	
藏天干	甲	丙	庚	壬	丙	庚	壬	甲

地支	辰			戌			丑			未		
藏天干	戊	乙	癸	戊	辛	丁	己	癸	辛	己	丁	乙

月令	子	午	卯	酉
五行	癸	丁	乙	辛
能量強度	1	1	1	1

月令	寅		申		巳		亥	
五行	甲	丙	庚	壬	丙	庚	壬	甲
能量強度	0.7	0.3	0.7	0.3	0.7	0.3	0.7	0.3

月令	辰			戌			丑			未		
五行	戊	乙	癸	戊	辛	丁	己	癸	辛	己	丁	乙
能量強度	0.5	0.3	0.2	0.5	0.3	0.2	0.5	0.3	0.2	0.5	0.3	0.2

「辰戌丑未」為土庫，受「沖刑害無合化」時則開庫，轉化成其五行庫。

五行	癸（水庫）	丁（火庫）	辛（金庫）	乙（木庫）
能量強度	1	1	1	1

基礎圖識

　　基礎圖識是「五行八字命學」的理論根本。

　　基礎圖識有「太極、河圖、洛書、五行羅盤、七曜」。

太　極

　　太極：「天地生命相對的本相」。

河 圖

河圖:「天地生命運行的規律」。

洛 書

洛書:「天地生命調和的法則」。

五行羅盤

五行羅盤：「五行天干地支關係圖」。

七　曜

七曜：「太陽系的日月五行星」。

八字論命流程

大運年歲	46-120	31-45	16-30	1-15
		日元		

八字命盤

八字分析
日主
格局
環境

八字解讀
階位　家庭　身體

八字論命

八字命盤

排定「命局」之「本命、大運、流年」。

46-120	31-45	16-30	1-15
	日元		

貴 乾坤造 國曆 震曆

小姐 先生　現居地：　出生地：　年　月　日　時生

大運

八字分析

分析「命局」之「日主、格局、環境」。

大運年歲	46-120	31-45	16-30	1-15

八字解讀

解讀「命局」之「階位、家庭、身體」。

八字論命

論述「命局」之「命象」（論階位、論家庭、論身體）。

八字命盤

認識命盤

　　八字論命以個人出生時間的「年、月、日、時」為基礎，轉換成以「天干地支」表示時間的八個字，再依據八字中「沖刑會合、生剋制化、寒熱燥濕」的交互關係，判斷生命在某段時間的變化狀態。最後假借「六神」闡釋說明生命在人世間種種「欲求」的面象。所以推知一個人命局五行的變化，就可以預測一個人生命起伏的變化。

　　八字命盤講述如何排定「命局」之「本命、大運、流年」，包含「八字命盤、正確的「生辰時間」推算法、八字定盤（本命、大運、流年）」等內容。

　　八字命盤是八字論命的依據，有了正確的八字命盤，方能正確的八字論命。八字論命，全由了解八字命盤的結構和含義與原理開始。本八字命盤循序漸進的說明，如何建立自己特色的八字命盤表格與如何排定正確的八字命盤。

八字命盤

　　八字命盤的格式非常簡單。八字命盤的繪製，重點在其「正確、簡明、易讀」的內容資訊，而不在於其格式的型式。您可以參考本書的八字命盤，也可以發揮自己的創意，繪製一張自己專屬的八字命盤，甚至只是一張隨意大小空白的紙張也行。

　　八字命盤的內容，主要具有「基本資料、本命、大運」三組資訊。

	姓　　　名
	性　　　別
基本資料	出生時間
	出　生　地
	現　居　地
	年　干　支
	月　干　支
本命	日　干　支
	時　干　支
大運	大運干支
	行運年歲

46-120	31-45	16-30	1-15
日元			

貴乾坤造
坤造

國農
曆曆

小姐
先生

現居地：
出生地：

年　月　日　　時生

大運

命盤說明

一、基本資料

（1）姓　　　名：命主姓名。

（2）性　　　別：男乾、女坤。

（3）出生時間：年、月、日、時。

（4）出 生 地：用來校對出生時間。

（5）現 居 地：用來調候命局五行。

二、本命

（1）本位年限：每一柱所影響的年歲。

（2）天干六神：四柱之天干六神。

（3）本命天干：四柱之天干。

（4）本命地支：四柱之地支。

（5）地支藏干：四柱地支所藏之天干。

（6）地支六神：四柱之地支六神。

（7）年限紀要：四柱「生命特點」記錄。

（8）命局批明：命局批文說明。

三、大運

（1）行運年歲：大運所影響的年歲。

（2）天干六神：大運之天干六神。

（3）大運天干：大運之天干。

（4）大運地支：大運之地支。

（5）地支藏干：大運地支所藏之天干。

（6）地支六神：大運之地支六神。

（7）大運紀要：大運「生命特點」記錄與大運批文說明。

正確的「生辰時間」推算法

時間就是力量。人出生時，出生地的「真太陽時」（日晷時）時間，是命理學上論命最重要的一個依據。但出生地的「真太陽時」時間，並非是我們一般日常生活上所使用的當地標準時區時間的「平均太陽時」（鐘錶時），而是使用「視太陽黃經時」。「視太陽黃經時」就是「日晷時」，太陽所在位置的真正時刻，也就是依地球繞行太陽軌道而定的自然時間。這個「真太陽時」才是命理學上論命所使用的「生辰時間」。

已知「生辰時間」的條件：

一、出生時間（年、月、日、時 - 出生地標準時區的時間）

二、出生地（出生地的經緯度）例如：

台北市（東經 121 度 31 分）（北緯 25 度 2 分）
台中市（東經 120 度 44 分）（北緯 24 度 8 分）
高雄市（東經 120 度 16 分）（北緯 22 度 34 分）
※ 經度與時間有關（時區經度時差）。
※ 緯度與寒熱有關（赤道熱兩極寒）。

修正「生辰時間」的方法

「生辰真太陽時」＝（1）減（2）加減（3）加減（4）

　　　（1）出生地的「標準時」
　　　（2）日光節約時
　　　（3）時區時差
　　　（4）真太陽時均時差

※「生辰時間」在「節氣前後」和「時辰頭尾」者，請特別留心參酌修正。

（1）出生地的「標準時」

依出生地的標準時刻為「標準時」。

　　如在臺灣出生者，以「中原標準時間」為準。官方標準時間的取得，可使用室內電話提供的「117 報時台」服務同步對時。

（2）日光節約時

日光節約時（Daylight Saving Time），也叫夏令時（Summer Time）。其辦法將地方標準時撥快一小時，分秒不變，恢復時再撥慢一小時。日光節約時每年實施起迄日期及名稱，均由各國政府公布施行。凡在「日光節約時」時間出生者，須將「生辰時間」減一小時。

我國實施「日光節約時」歷年起迄日期		
年　代	名　稱	起迄日期
民國 34～40 年	夏令時	5 月 1 日～9 月 30 日
民國 41 年	日光節約時	3 月 1 日～10 月 31 日
民國 42～43 年	日光節約時	4 月 1 日～10 月 31 日
民國 44～45 年	日光節約時	4 月 1 日～9 月 30 日
民國 46～48 年	夏令時	4 月 1 日～9 月 30 日
民國 49～50 年	夏令時	6 月 1 日～9 月 30 日
民國 51～62 年	停止夏令時	
民國 63～64 年	日光節約時	4 月 1 日～9 月 30 日
民國 65～67 年	停止日光節約時	
民國 68 年	日光節約時	7 月 1 日～9 月 30 日
民國 69～迄今	停止日光節約時	

（3）時區時差

全球劃分了二十四個標準時區，一個時區時差一個小時。

地球自轉一周需時二十四小時（平均太陽時），因為世界各地的時間晝夜不一樣，為了世界各地有一個統一的全球時間，在西元 1884 年全球劃分了二十四個標準時區，各區實行分區計時，一個時區時差一個小時，這種時間稱為「世界標準時」，世界標準時所形成的時差稱為「時區時差」。

時區

　　時區劃分的方式是以通過英國倫敦格林威治天文台的經線訂為零度經線，把西經 7.5 度到東經 7.5 度定為世界時零時區（又稱為中區）。由零時區分別向東與向西每隔 15 度劃為一時區，每一標準時區所包含的範圍是中央經線向東西各算 7.5 度，東西各有十二個時區。東十二時區與西十二時區重合，此區有一條國際換日線，作為國際日期變換的基準線，全球合計共有二十四個標準時區。

　　一個時區時差一個小時，同一時區內使用同一時刻，每向東過一時區則鐘錶撥快一小時，向西則撥慢一小時，所以說標準時區的時間不是自然的時間（真太陽時）而是行政的時間。

　　雖然時區界線按照經度劃分，但各國領土大小的範圍不一定全在同一時區內，為了行政統一方便，在實務上各國都會自行加以調整，取其行政區界線或自然界線來劃分時區。

我國疆土幅員廣闊，西起東經 71 度，東至東經 135 度 4 分，所跨經度達 64 度 4 分，全國共分為五個時區（自西往東）：

　　一、崑崙時區：以東經 82 度 30 分之時間為標準時。

　　二、新藏時區：以東經 90 度之時間為標準時。

　　三、隴蜀時區：以東經 105 度之時間為標準時。

　　四、中原時區：以東經 120 度之時間為標準時。

　　五、長白時區：以東經 127 度 30 分之時間為標準時。

　　但現為行政統一因素，規定全國皆採行「中原時區東經 120 度平太陽時」的標準時為全國行政標準時。中原時區東經 120 度（東八時區）包含東經 112.5 度到東經 127.5 度共 15 度的範圍，亦即以地球經線起點格林威治平太陽時的「世界時」加上 8 小時為準。所以我們稱呼現行的行政時間為「中原標準時間」。

世 界 各 國 時 區 表	
東 12	紐西蘭、堪察加半島
東 11	庫頁島、千島群
東 10	關島、澳洲東部（雪梨、坎培拉、墨爾本）
東 9	日本、琉球、韓國、澳洲中部
東 8	中華民國、臺灣、中國大陸、香港、菲律賓、新加坡、馬來西亞、西里伯、婆羅洲、澳洲西部
東 7	柬埔寨、寮國、泰國、越南、印尼（蘇門答臘、爪哇）
東 6	緬甸、孟加拉
東 5	印度、巴基斯坦、錫蘭
東 4	阿富汗
東 3	伊朗、伊拉克、肯亞、科威特、沙烏地阿拉伯、馬拉加西、衣索匹亞、約旦、蘇丹
東 2	保加利亞、希臘、埃及、利比亞、南非共和國、芬蘭、以色列、黎巴嫩、敘利亞、土耳其、羅馬尼亞
東 1	奧地利、比利時、匈牙利、盧森堡、西班牙、瑞典、瑞士、突尼西亞、捷克、法國、德國、荷蘭、意大利、挪威、丹麥、波蘭、南斯拉夫、阿爾巴尼亞

世 界 各 國 時 區 表	
中區	英國、多哥共和國、冰島、象牙海岸、賴比瑞亞、摩洛哥、愛爾蘭、葡萄牙
西 1	亞速群島（葡）
西 2	綠角群島（葡）
西 3	阿根廷、烏拉圭、圭亞那（法）、格陵蘭西海岸
西 4	玻利維亞、智利、巴拉圭、波多黎各、委內瑞拉、福克蘭群島（英）、百慕達
西 5	美國東部、古巴、厄瓜多爾、牙買加、巴拿馬、秘魯、加拿大東部、多明尼加、巴西西部
西 6	美國中部、哥斯達黎加、宏都拉斯、墨西哥、薩爾瓦多
西 7	美國山地區、加拿大（亞伯達）
西 8	美國太平洋區、加拿大（溫哥華）
西 9	阿拉斯加
西 10	夏威夷、馬貴斯群島、阿留申群島
西 11	中途島
西 12	紐西蘭、堪察加半島

修正「時區時差」

　　一個時區範圍共 15 經度，時差一個小時。因一經度等於六十經分，所以換算得時差計算式為「每一經度時差 4 分鐘、每一經分時差 4 秒鐘、東加西減」。出生者的「生辰時間」應根據其出生地的「標準時」加減其出生地的「時區時差」。

<table>
<tr><td colspan="6">臺灣主要城市時區時刻相差表
東經一百二十度標準時區（東八時區）
（每一經度時差 4 分鐘、每一經分時差 4 秒鐘、東加西減）</td></tr>
<tr><td>地名</td><td>東經度</td><td>加減時間</td><td>地名</td><td>東經度</td><td>加減時間</td></tr>
<tr><td>基隆</td><td>121 度 46 分</td><td>+7 分 04 秒</td><td>嘉義</td><td>120 度 27 分</td><td>+1 分 48 秒</td></tr>
<tr><td>台北</td><td>121 度 31 分</td><td>+6 分 04 秒</td><td>台南</td><td>120 度 13 分</td><td>+0 分 52 秒</td></tr>
<tr><td>桃園</td><td>121 度 18 分</td><td>+5 分 12 秒</td><td>高雄</td><td>120 度 16 分</td><td>+1 分 04 秒</td></tr>
<tr><td>新竹</td><td>121 度 01 分</td><td>+4 分 04 秒</td><td>屏東</td><td>120 度 30 分</td><td>+2 分 00 秒</td></tr>
<tr><td>苗栗</td><td>120 度 49 分</td><td>+3 分 16 秒</td><td>宜蘭</td><td>121 度 45 分</td><td>+7 分 00 秒</td></tr>
<tr><td>台中</td><td>120 度 44 分</td><td>+2 分 56 秒</td><td>花蓮</td><td>121 度 37 分</td><td>+6 分 28 秒</td></tr>
<tr><td>彰化</td><td>120 度 32 分</td><td>+2 分 08 秒</td><td>台東</td><td>121 度 09 分</td><td>+4 分 36 秒</td></tr>
<tr><td>南投</td><td>120 度 41 分</td><td>+2 分 44 秒</td><td>澎湖</td><td>120 度 27 分</td><td>+1 分 48 秒</td></tr>
<tr><td>雲林</td><td>120 度 32 分</td><td>+2 分 08 秒</td><td>金門</td><td>118 度 24 分</td><td>-6 分 24 秒</td></tr>
</table>

臺灣極東為東經 123 度 34 分（宜蘭縣赤尾嶼東端）
臺灣極西為東經 119 度 18 分（澎湖縣望安鄉花嶼西端）

大陸主要城市時區時刻相差表
東經一百二十度標準時區（東八時區）
（每一經度時差 4 分鐘、每一經分時差 4 秒鐘、東加西減）

地名	東經度	加減時間	地名	東經度	加減時間
哈爾濱	126 度 38 分	+26 分 32 秒	南昌	115 度 53 分	-16 分 28 秒
吉林	126 度 36 分	+26 分 24 秒	保定	115 度 28 分	-18 分 08 秒
長春	125 度 18 分	+21 分 12 秒	贛州	114 度 56 分	-20 分 16 秒
瀋陽	123 度 23 分	+13 分 32 秒	張家口	114 度 55 分	-20 分 20 秒
錦州	123 度 09 分	+12 分 36 秒	石家莊	114 度 26 分	-22 分 16 秒
鞍山	123 度 00 分	+12 分 00 秒	開封	114 度 23 分	-22 分 28 秒
大連	121 度 38 分	+6 分 32 秒	武漢	114 度 20 分	-22 分 40 秒
寧波	121 度 34 分	+6 分 16 秒	香港	114 度 10 分	-23 分 20 秒
上海	121 度 26 分	+5 分 44 秒	許昌	113 度 48 分	-24 分 48 秒
紹興	120 度 40 分	+2 分 40 秒	深圳	113 度 33 分	-25 分 48 秒
蘇州	120 度 39 分	+2 分 36 秒	廣州	113 度 18 分	-26 分 48 秒
青島	120 度 19 分	+1 分 16 秒	珠海	113 度 18 分	-26 分 48 秒
無錫	120 度 18 分	+1 分 12 秒	澳門	113 度 18 分	-26 分 48 秒
杭州	120 度 10 分	+0 分 40 秒	大同	113 度 13 分	-27 分 08 秒
福州	119 度 19 分	-2 分 44 秒	長沙	112 度 55 分	-28 分 20 秒
南京	118 度 46 分	-4 分 56 秒	太原	112 度 33 分	-29 分 48 秒
泉州	118 度 37 分	-5 分 32 秒	洛陽	112 度 26 分	-30 分 16 秒
唐山	118 度 09 分	-7 分 24 秒	桂林	110 度 10 分	-39 分 20 秒
廈門	118 度 04 分	-7 分 44 秒	延安	109 度 26 分	-42 分 16 秒

承德	117 度 52 分	-8 分 32 秒	西安	108 度 55 分	-44 分 20 秒
合肥	117 度 16 分	-10 分 56 秒	貴陽	106 度 43 分	-53 分 08 秒
天津	117 度 10 分	-11 分 20 秒	重慶	106 度 33 分	-53 分 48 秒
濟南	117 度 02 分	-11 分 52 秒	蘭州	103 度 50 分	-64 分 40 秒
汕頭	116 度 40 分	-13 分 20 秒	昆明	102 度 42 分	-69 分 12 秒
北京	116 度 28 分	-14 分 08 秒	成都	101 度 04 分	-75 分 44 秒

　　「臺灣、大陸主要城市時區時刻相差表」表列時間僅供參考，正確加減時間，需以出生地之「經度」計算。未列出的地名，可依據「世界地圖」或「地球儀」的經度自行計算。

（4）真太陽時均時差

「真太陽時」，就是「日晷時」，太陽所在位置的真正時刻。「真太陽時」正午時刻的定義，為太陽直射點正落在所在「經線」上。如在東經一百二十度，真太陽時正午十二時，就是太陽直射點正落在東經一百二十度的經線上，此時的「太陽視位置」仰角高度是一日中的最大值。也就是說，太陽直射點所落在的經線，該經線上的在地時間就是「真太陽時」正午時刻。

「真太陽時」是依地球繞行太陽軌道而定的自然時間，由於地球環繞太陽公轉的軌道是橢圓形，且地球自轉軸相對於太陽公轉軌道平面有 23.45 度的交角，所以地球在軌道上運行的速率並不是等速進行。地球軌道的傾角與離心率會造成不規則運動，以致每日的時間均不相等。地球每日實際的時間長短不一定，有時一日多於 24 小時，有時一日少於 24 小時。

我們日常所用的 24 小時是「平均太陽時」，和真正的太陽時間有所差異。如在東經一百二十度，真太陽時正午十二時，太陽一定在中天，但平均太陽時的時間可能就不是正午十二時，兩者會有略微的時間差異，這個「真太陽時」（日晷時）與「平均太陽時」（鐘錶時）的時間差異值我們稱為「均時差」。

太陽視位置

太陽視位置，指從地面上看到的太陽的位置，為太陽的仰角高度。

太陽視位置的仰角高度，與我們觀察太陽時所在的緯度有關，和經度無關。

太陽正午時刻的時間點，與我們觀察太陽時所在的經度有關，和緯度無關。

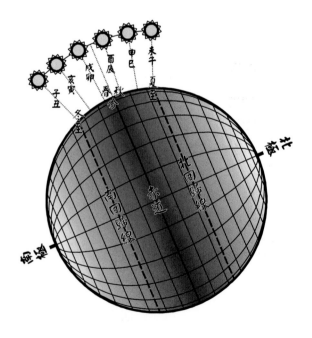

修正「真太陽時均時差」

均時差＝真太陽時－平均太陽時

　　均時差為真太陽時（日晷時）與平均太陽時（鐘錶時）的時間差異值。真太陽時均時差的正確時間，需經過精算，每年時間皆略有不同，但變化極小（均時差的變化每 24.23 年會移動一天至對應位置）。為了方便查詢使用，編者製作了均時差圖表一張，應用本圖表可快速查得出生日大約的均時差時間。

　　本表係「太陽過東經一百二十度子午圈之日中平時（正午十二時）均時差」，橫向是日期軸，直向是時間軸。使用者只需以出生者的出生日期為基準點，向上對應到表中的曲線，再由所得的曲線點為基準點，向左應對到時間軸，就可查得出生日期的「均時差」（如二月一日查表得值約為 -13 分）。最後再將出生者的「出生時間」加減「均時差」值，就可得出出生者在其出生地的「真正出生時間」。

　　「均時差」一年之中時差最多的是二月中需減到 14 分之多，時差最少的是十一月初需加到 16 分之多，真正平一天 24 小時的天數約只有 4 天。

均時差圖表

太陽過東經一百二十度子午圈之日中平時（正午十二時）均時差

本圖表依據 西元2000年 均時差數值製作

八字定盤

八字論命以八字命盤為基礎，八字命盤主體為命主的「本命與大運」干支組合。借助完善的「八字命盤」格式，可快速、正確的排出命主命局。

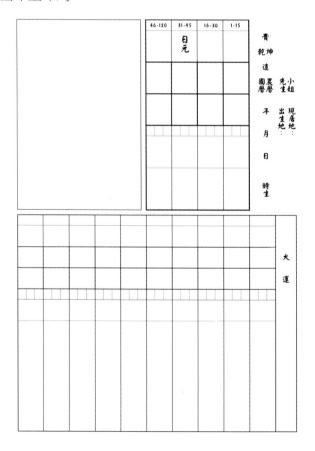

生命原點

出生那一刻，即生命座標「時間、空間、人」的交會點，解讀這個「生命原點」，可見一生縮影。

八字命理定義「出生時間」為「生命原點」，由「生命原點」二十四節氣循環「歸零」等於「人一生縮影」。「出生時間」為八字命局的「本命」，「節氣時間」為八字命局的「大運」。人生命的天年為「120 年」，故「萬年曆」上一個時間單位的「時間倍數」為真實生命中的「120 倍」。

八字論命時間定義

年：以「立春」為歲始。　月：以「節氣」為月建。

日：以「正子」為日始。　時：以「時辰」為單位。

六十甲子表

甲子	乙丑	丙寅	丁卯	戊辰	己巳	庚午	辛未	壬申	癸酉
甲戌	乙亥	丙子	丁丑	戊寅	己卯	庚辰	辛巳	壬午	癸未
甲申	乙酉	丙戌	丁亥	戊子	己丑	庚寅	辛卯	壬辰	癸巳
甲午	乙未	丙申	丁酉	戊戌	己亥	庚子	辛丑	壬寅	癸卯
甲辰	乙巳	丙午	丁未	戊申	己酉	庚戌	辛亥	壬子	癸丑
甲寅	乙卯	丙辰	丁巳	戊午	己未	庚申	辛酉	壬戌	癸亥

五虎遁年起月表

月令	正月	二月	三月	四月	五月	六月	七月	八月	九月	十月	十一月	十二月
節氣	立春	驚蟄	清明	立夏	芒種	小暑	立秋	白露	寒露	立冬	大雪	小寒
中氣	雨水	春分	穀雨	小滿	夏至	大暑	處暑	秋分	霜降	小雪	冬至	大寒
月支 年干	寅	卯	辰	巳	午	未	申	酉	戌	亥	子	丑
甲己	丙寅	丁卯	戊辰	己巳	庚午	辛未	壬申	癸酉	甲戌	乙亥	丙子	丁丑
乙庚	戊寅	己卯	庚辰	辛巳	壬午	癸未	甲申	乙酉	丙戌	丁亥	戊子	己丑
丙辛	庚寅	辛卯	壬辰	癸巳	甲午	乙未	丙申	丁酉	戊戌	己亥	庚子	辛丑
丁壬	壬寅	癸卯	甲辰	乙巳	丙午	丁未	戊申	己酉	庚戌	辛亥	壬子	癸丑
戊癸	甲寅	乙卯	丙辰	丁巳	戊午	己未	庚申	辛酉	壬戌	癸亥	甲子	乙丑

日

查 萬年曆

五鼠遁日起時表

太陽時	23-1	1-3	3-5	5-7	7-9	9-11	11-13	13-15	15-17	17-19	19-21	21-23
時支 日干	子	丑	寅	卯	辰	巳	午	未	申	酉	戌	亥
甲己	甲子	乙丑	丙寅	丁卯	戊辰	己巳	庚午	辛未	壬申	癸酉	甲戌	乙亥
乙庚	丙子	丁丑	戊寅	己卯	庚辰	辛巳	壬午	癸未	甲申	乙酉	丙戌	丁亥
丙辛	戊子	己丑	庚寅	辛卯	壬辰	癸巳	甲午	乙未	丙申	丁酉	戊戌	己亥
丁壬	庚子	辛丑	壬寅	癸卯	甲辰	乙巳	丙午	丁未	戊申	己酉	庚戌	辛亥
戊癸	壬子	癸丑	甲寅	乙卯	丙辰	丁巳	戊午	己未	庚申	辛酉	壬戌	癸亥

大運

大運干支：從「月柱」干支起算，陽男陰女順排六十甲子，陰男陽女逆排六十甲子。

行運歲數換算：三天為一年，一天為四月，一時辰為十日。行運歲數時間倍數：120

本 命

　　本命為生命的基本盤。根據命主的出生「年、月、日」時間，論命者可直接查詢「萬年曆」取得「年干支、月干支、日干支」，再根據命主的出生「時支」查詢「五鼠遁日起時表」取得「時干」，就可準確的排出命主的本命「四柱八字」干支。

46-120	31-45	16-30	1-15
	日元		
時干	日干	月干	年干
時支	日支	月支	年支

年干支

「立春」為論命年柱之換算點（立春換年柱）。傳統生活上我們皆以農曆正月初一為新的一年開始，但八字論命不以正月初一為新的一年，而是以「立春」作為新的一年之換算點。

查「萬年曆」，可直接得知出生年份的「年柱干支」。或用「六十甲子表」計算出「年柱干支」。

生辰時間在「立春前後」者，請特別留心「年柱干支」。

六十甲子表										
	甲子	乙丑	丙寅	丁卯	戊辰	己巳	庚午	辛未	壬申	癸酉
	甲戌	乙亥	丙子	丁丑	戊寅	己卯	庚辰	辛巳	壬午	癸未
	甲申	乙酉	丙戌	丁亥	戊子	己丑	庚寅	辛卯	壬辰	癸巳
	甲午	乙未	丙申	丁酉	戊戌	己亥	庚子	辛丑	壬寅	癸卯
	甲辰	乙巳	丙午	丁未	戊申	己酉	庚戌	辛亥	壬子	癸丑
	甲寅	乙卯	丙辰	丁巳	戊午	己未	庚申	辛酉	壬戌	癸亥

月干支

　　「節氣」為論命月柱之換算點（交節換月柱）。傳統生活上我們皆以農曆初一為月首，但八字論命不以初一為月首，而是以「節氣」為月令依據。如節氣到了「清明」才算辰月（三月），不論日曆上是幾月初幾。月支十二個月，配屬十二個地支，以立春「寅」月為「正月」。

　　查「萬年曆」，可直接得知出生月份的「月柱干支」。或先確定出生時間「月柱地支」，再用「五虎遁年起月表」求出「月柱天干」。

　　生辰時間在「節氣前後」者，請特別留心「月柱干支」。

	月令	正月	二月	三月	四月	五月	六月	七月	八月	九月	十月	十一月	十二月
	節氣	立春	驚蟄	清明	立夏	芒種	小暑	立秋	白露	寒露	立冬	大雪	小寒
	中氣	雨水	春分	穀雨	小滿	夏至	大暑	處暑	秋分	霜降	小雪	冬至	大寒
	月支 年干	寅	卯	辰	巳	午	未	申	酉	戌	亥	子	丑
五虎遁年起月表	甲己	丙寅	丁卯	戊辰	己巳	庚午	辛未	壬申	癸酉	甲戌	乙亥	丙子	丁丑
	乙庚	戊寅	己卯	庚辰	辛巳	壬午	癸未	甲申	乙酉	丙戌	丁亥	戊子	己丑
	丙辛	庚寅	辛卯	壬辰	癸巳	甲午	乙未	丙申	丁酉	戊戌	己亥	庚子	辛丑
	丁壬	壬寅	癸卯	甲辰	乙巳	丙午	丁未	戊申	己酉	庚戌	辛亥	壬子	癸丑
	戊癸	甲寅	乙卯	丙辰	丁巳	戊午	己未	庚申	辛酉	壬戌	癸亥	甲子	乙丑

日干支

干支紀日，六十甲子循環不息，迄今已有五千年之久。日柱的天干地支，可由「萬年曆」直接查知。

查「萬年曆」，可直接得知出生日的「日柱干支」。

生辰時間在「節氣前後」者，請特別留心「日柱干支」。

六十甲子表										
	甲子	乙丑	丙寅	丁卯	戊辰	己巳	庚午	辛未	壬申	癸酉
	甲戌	乙亥	丙子	丁丑	戊寅	己卯	庚辰	辛巳	壬午	癸未
	甲申	乙酉	丙戌	丁亥	戊子	己丑	庚寅	辛卯	壬辰	癸巳
	甲午	乙未	丙申	丁酉	戊戌	己亥	庚子	辛丑	壬寅	癸卯
	甲辰	乙巳	丙午	丁未	戊申	己酉	庚戌	辛亥	壬子	癸丑
	甲寅	乙卯	丙辰	丁巳	戊午	己未	庚申	辛酉	壬戌	癸亥

時干支

　　時柱的時間，以「時辰」為單位。「零時」（正子時－太陽下中天）為論命日柱之換算點（零時換日柱）。零時之前的子時（23～0），為當日的「夜子時」。零時之後的子時（0～1），為新日的「早子時」。

先確定出生時辰「時柱地支」，再用「五鼠遁日起時表」求出「時柱天干」。

生辰時間在「零時前後」者，請特別留心「日柱干支」。

生辰時間在「時辰頭尾」者，請特別留心「時柱干支」。

太陽時	23-1	1-3	3-5	5-7	7-9	9-11	11-13	13-15	15-17	17-19	19-21	21-23
時支 日干	子	丑	寅	卯	辰	巳	午	未	申	酉	戌	亥
甲己	甲子	乙丑	丙寅	丁卯	戊辰	己巳	庚午	辛未	壬申	癸酉	甲戌	乙亥
乙庚	丙子	丁丑	戊寅	己卯	庚辰	辛巳	壬午	癸未	甲申	乙酉	丙戌	丁亥
丙辛	戊子	己丑	庚寅	辛卯	壬辰	癸巳	甲午	乙未	丙申	丁酉	戊戌	己亥
丁壬	庚子	辛丑	壬寅	癸卯	甲辰	乙巳	丙午	丁未	戊申	己酉	庚戌	辛亥
戊癸	壬子	癸丑	甲寅	乙卯	丙辰	丁巳	戊午	己未	庚申	辛酉	壬戌	癸亥

五鼠遁日起時表

多胞胎的生辰時間

多胞胎生辰時間的定盤原則：

（1）第一個與一般生辰時間相同定義法。

（2）第二個如與第一個「不同」出生時辰，按其生辰時間。

（3）第二個如與第一個「相同」出生時辰，按其生辰時間
再加一個時辰。

南半球出生者的八字

南半球出生者八字的定盤原則:

(1) 年柱:南半球與北半球「相同」。

(2) 月柱:南半球與北半球「相反」。(四季寒熱「節氣時間」相反)

(3) 日柱:南半球與北半球「相同」。

(4) 時柱:南半球與北半球「相同」。(出生地的「真太陽時」時間)

北半球與南半球節氣表

太陽視黃經度	節氣	315度	345度	15度	45度	75度	105度	135度	165度	195度	225度	255度	285度
	中氣	330度	0度	30度	60度	90度	120度	150度	180度	210度	240度	270度	300度

北半球	節氣	立春	驚蟄	清明	立夏	芒種	小暑	立秋	白露	寒露	立冬	大雪	小寒
	中氣	雨水	春分	穀雨	小滿	夏至	大暑	處暑	秋分	霜降	小雪	冬至	大寒
	地支	寅	卯	辰	巳	午	未	申	酉	戌	亥	子	丑

南半球	節氣	立秋	白露	寒露	立冬	大雪	小寒	立春	驚蟄	清明	立夏	芒種	小暑
	中氣	處暑	秋分	霜降	小雪	冬至	大寒	雨水	春分	穀雨	小滿	夏至	大暑
	地支	申	酉	戌	亥	子	丑	寅	卯	辰	巳	午	未

大 運

大運為生命的排程。每一人的「生命排程」皆不相同，在不同排程下，生命有著種種變化的展現體驗。

大運年歲	大運年歲	大運年歲	大運年歲	大運年歲	大運年歲	大運年歲	大運年歲
干	干	干	干	干	干	干	干
支	支	支	支	支	支	支	支

六十甲子表	甲子	乙丑	丙寅	丁卯	戊辰	己巳	庚午	辛未	壬申	癸酉
	甲戌	乙亥	丙子	丁丑	戊寅	己卯	庚辰	辛巳	壬午	癸未
	甲申	乙酉	丙戌	丁亥	戊子	己丑	庚寅	辛卯	壬辰	癸巳
	甲午	乙未	丙申	丁酉	戊戌	己亥	庚子	辛丑	壬寅	癸卯
	甲辰	乙巳	丙午	丁未	戊申	己酉	庚戌	辛亥	壬子	癸丑
	甲寅	乙卯	丙辰	丁巳	戊午	己未	庚申	辛酉	壬戌	癸亥

排列大運

大運干支排列從「月柱」干支起算：

陽男、陰女「順排」六十甲子。

陽男：年柱天干為「甲、丙、戊、庚、壬」出生年的男命。

陰女：年柱天干為「乙、丁、己、辛、癸」出生年的女命。

陰男、陽女「逆排」六十甲子。

陰男：年柱天干為「乙、丁、己、辛、癸」出生年的男命。

陽女：年柱天干為「甲、丙、戊、庚、壬」出生年的女命。

八字命盤第一組大運為「出生月干支」，也就是「出生時間」的「節氣干支」。

因為「出生大運」與「月柱干支」相同，八字命盤上皆從第二組大運開始排列。

第一組大運在分析命主幼年命局時相當重要。

行運年歲

大運行運歲數由「出生時間」起算：

陽男陰女「順數」至「節氣日」。

陰男陽女「逆數」至「節氣日」。

計算「出生時間」至第一個「節氣日」共有幾天幾時辰，將所得「天數與時辰乘上 120」可換算得大運行運歲數。簡易大運行運歲數換算為「三天為一年、一天為四月、一時辰為十日」。

每組大運行運時間皆不相同，大運行運實際時間需計算每一「節氣日」至下一「節氣日」的節氣時間天數與時辰，將所得「天數與時辰乘上 120」可換算得大運行運時間。

　　一組大運行運時間約「十年」左右，「節氣日」後大運天干行運約「五年」，「中氣日」後大運地支行運約「五年」。但分析命局時，需天干地支整組大運一起分析，不可天干地支拆開單獨一字分析。

流 年

　　流年為生命的過程。時間如流水，每一人的「生命」隨著時間的流走，會有著種種不同的過程狀態。每一年的「年干支」就是當年的「流年干支」，例如 2010 年為「庚寅」年，流年干支就是「庚寅」。

　　如果要知道每一年的流年干支為何，可直接查詢「萬年曆」取得。如果要知道命主某年歲的流年干支，可用命主出生「年柱干支」順排六十甲子，算出其某年歲之「流年干支」，男女相同。

　　「立春」為論命流年之換算點（立春換流年）。傳統生活上我們皆以農曆正月初一為新的一年開始，但八字論命不以正月初一為新的一年，而是以「立春」作為新的一年之換算點。

查「萬年曆」，可直接得知某年份的「流年干支」。或用「六十甲子流年表」直接查得「流年干支」，男女相同。

	1984甲子	1985乙丑	1986丙寅	1987丁卯	1988戊辰	1989己巳	1990庚午	1991辛未	1992壬申	1993癸酉
	1994甲戌	1995乙亥	1996丙子	1997丁丑	1998戊寅	1999己卯	2000庚辰	2001辛巳	2002壬午	2003癸未
流年	2004甲申	2005乙酉	2006丙戌	2007丁亥	2008戊子	2009己丑	2010庚寅	2011辛卯	2012壬辰	2013癸巳
	2014甲午	2015乙未	2016丙申	2017丁酉	2018戊戌	2019己亥	2020庚子	2021辛丑	2022壬寅	2023癸卯
	2024甲辰	2025乙巳	2026丙午	2027丁未	2028戊申	2029己酉	2030庚戌	2031辛亥	2032壬子	2033癸丑
	2034甲寅	2035乙卯	2036丙辰	2037丁巳	2038戊午	2039己未	2040庚申	2041辛酉	2042壬戌	2043癸亥

基礎曆法

基礎曆法

遠古時期，人們通過用肉眼觀察「太陽、月亮、星星」運動變化的規律，來確定日的長短，四季的變化，安排耕作農務，制定曆法。五千年前，中國古天文學家用「圭、表」測量日影，確定日的長短與一年四季、冬至、夏至、二十四個節氣的變化。執政者編制曆法，指導人民安排農牧耕作等生活事宜。

天文數據是曆法編制的根據，曆法與天文的發展有著緊密不可分的關係。天文學是最早研究時間的科學，起先最重要的任務就是測量時間。這是最早推動觀測宇宙天體的力量。

曆法的制定，在人類的文明史與實際的生活中佔有非常重要的地位。在世界歷史上，曆法是一個時代文明的象徵，是人類生活與記錄歷史的依據，內容具有豐富的文化資產。古今中外在不同時期和不同地區，每一個民族都有其自己的曆法，中國是世界上最早有曆法的國家之一。

曆法，主要分為「太陽曆、太陰曆、陰陽曆」三種。曆法隨著人類在「天文和科技」的能力提升，不斷的發展與改革。現代曆法，涵蓋「天文、數學、歷史」三方面知識。

　　基礎曆法說明有關曆法的基礎常識，包含「地理座標系統、黃道座標系、黃道十二宮、三垣二十八宿、太陽視運動、月球視運動、地球運動、日食與月食、星曆表、曆法、時間、曆法時間、國曆、星期、西曆源流、儒略日、儒略日的計算、農曆、農曆置閏法、生肖、朔望、節氣、干支、中國歷代曆法、中國曆法年表、中國歷代年表」等內容。

地理座標系統

　　地理座標系統是標示地球地理位置的座標系統。地理座標系統中，將地球平分為兩個半球的假想幾何平面，定義為座標「赤道平面」。將垂直「赤道平面」的自轉軸與地球表面相交會的兩個交點，定義為座標「極點」。北半球的極點稱為「北極」，南半球的極點稱為「南極」，平分地球南北兩半球周長最長的圓周線稱為「赤道」。地理座標系統，使用經度與緯度來標示地球地理的位置。

經度γ

連接南極與北極的子午線稱為「經線」。將通過「英國倫敦格林威治天文台」的經線訂為「零度」經線，零度以東稱為「東經」，以西稱為「西經」，東西經度各有180度。經度與時間有關（時區經度時差）。

緯度ψ

平分地球南北兩半球的圓周線稱為「赤道」，平行赤道的圓圈線就是「緯線」。赤道的緯線訂為「零度」緯線，零度以北稱為「北緯」，以南稱為「南緯」，南北緯度各有 90 度。緯度與寒熱有關（赤道熱兩極寒）。

黃道座標系

　　黃道座標系是以「黃道面」做為基準平面的天球座標系統。在黃道座標系中，天球被「黃道面」分割為南北兩個半球，對應的兩個幾何黃道極點稱為「北黃極」與「南黃極」，使用黃經與黃緯來標示天球上所有天體的位置。

　　黃道座標系主要用於研究太陽系天體的運動，例如在曆法上就以太陽位置的黃經度來確定節氣。黃道座標系有歲差現象需標示曆元。

黃經 λ

黃道座標系的經度，稱作黃經，符號為 λ。黃經以「度、角分、角秒」來標示天體的位置。黃經一圓周為 360 度，每度為 60 角分，每分為 60 角秒。黃經以春分點為 0 度，由西向東依太陽移動的方向量度。

黃緯 β

黃道座標系的緯度，稱作黃緯，符號為 β。黃緯以「度、角分、角秒」來標示天體的位置。黃緯是以天球中心為原點，以黃道面做為基準平面，將黃道面與南北黃極之間各劃分為 90 度，每度為 60 角分，每分為 60 角秒。黃道面的黃緯為 0 度，北黃極的黃緯為＋90 度，南黃極的赤緯為－90 度。由地球上觀測太陽一年中在天球上的視運動所經過的路徑，太陽永遠在黃緯 0 度上運動。

黃道十二宮

　　五千年前古巴比倫時代，古巴比倫人為了能正確掌握太陽在黃道上運行所在的位置，把黃道帶劃分成十二個天區，以「黃經0度春分點」為起算點，每隔 30 度為一宮，表示為太陽所在的宮殿，稱為「黃道十二宮」。每一宮依據其天空的星象命名，共有「十二星座」。

　　黃道十二宮以「春分點」的「白羊座」為第一宮（二千年前春分點正位於白羊座），由春分點起向東依序為「白羊座、金牛座、雙子座、巨蟹座、獅子座、處女座、天秤座、天蠍座、射手座、摩羯座、水瓶座、雙魚座」，也就是占星學所定義的星座。

　　占星學定義的黃道十二宮與天文學上的黃道星座不同。由於歲差的關係，春分點每年平均向西退行約 50.28 角秒，現今春分點已退到「雙魚座」。

三垣二十八宿

中國古代天文學家，為了能正確掌握太陽和月亮與五行星「水星、金星、火星、木星、土星」的運行天象，利用天空中星星的位置來做為天空定位的標記，將天空劃分成中央與四方名為「三垣二十八宿」的星區。

中央的天空，以「北極星」為中心點。將北極天空劃分成三個星區，上垣「太微垣」、中垣「紫微垣」、下垣「天市垣」，合稱「三垣」。

四方的天空，以「黃道面」為基準面。將環天一周的黃道帶劃分成四個星區，以「春分」日黃昏天空所見之星象命名。東方星象名「青龍」、北方星象名「玄武」、西方星象名「白虎」、南方星象名「朱雀」，合稱「四象」。「四象」再依「七曜」，每象劃分成七個不同大小的「星宿」，合稱「二十八宿」。

青龍七宿「角、亢、氐、房、心、尾、箕」。
玄武七宿「斗、牛、女、虛、危、室、壁」。
白虎七宿「奎、婁、胃、昴、畢、觜、參」。
朱雀七宿「井、鬼、柳、星、張、翼、軫」。

「二十八宿」的每一星宿，再由不同數量的恆星群組成「星官」。「星官」相較於現代天文學的星座，「星官」的涵蓋範圍較小，但數量較多。

　　中國曆法，以「月亮朔望定月份」，以「太陽位置定節氣」。中國歷代曆法編製，就是依據每宿星象的出沒和中天時刻，推算太陽和月亮與五行星「水星、金星、火星、木星、土星」的運行位置，計算「二十四節氣」交節氣的時刻。

太陽視運動

太陽視運動,指從地面上看到太陽在天空中位置的變化。太陽每日東昇西落,太陽視位置的仰角高度,與我們觀察太陽時所在的緯度有關,和經度無關。太陽正午時刻的時間點,與我們觀察太陽時所在的經度有關,和緯度無關。

春分秋分

在北半球觀察太陽的運行,只有在「春分秋分」兩日,太陽是從正東方昇起,正西方落下。「春分、秋分」陽光直射赤道,南北半球晝夜平分之日。

夏至

從春分到夏至到秋分的半年中,太陽從東偏北的方向昇起,在西偏北的方向落下。「夏至」日太陽仰角高度最大,陽光直射北回歸線,北半球晝最長夜最短之日。

冬至

　　從秋分到冬至到春分的半年中，太陽從東偏南的方向昇起，在西偏南的方向落下。「冬至」日太陽仰角高度最小，陽光直射南回歸線，北半球晝最短夜最長之日。

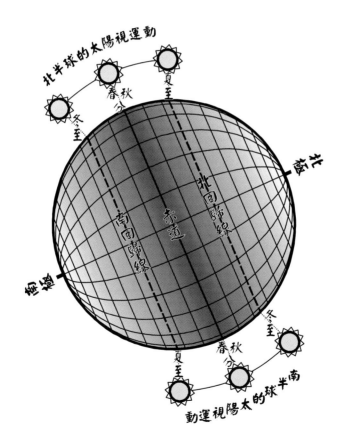

月球視運動

　　月球視運動，指從地面上看到月球在天空中位置的變化。月球運行的白道面相對於地球赤道面（地球赤道面以 23.45 度傾斜於黃道面）的夾角會在 28.59 度（23.45 度＋5.14 度）至 18.31 度（23.45 度－5.14 度）之間變化。月球運行每日逆時針公轉約 13.2 度，每小時上升約 15 度，每天慢約 50 分鐘升起。

　　因月球的公轉週期和自轉週期時間相同，所以我們永遠只能看到月亮面向地球的一面。月球環繞地球公轉時與太陽的相對位置每日皆會改變，在地球上只能看見月球被太陽光照亮的部分。

朔

　　新月，日月經度交角 0 度，月球和太陽在天上的方向相同。

望

　　滿月，日月經度交角 180 度，月球和太陽在天上的方向相反。

上弦

弦月，日月經度交角 90 度，月球在太陽東邊 90 度。

（月東日西）

下弦

弦月，日月經度交角 90 度，月球在太陽西邊 90 度。

（日東月西）

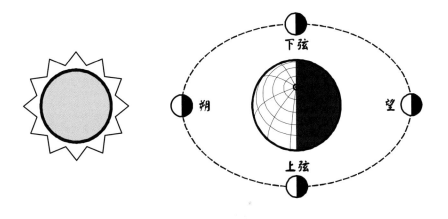

地球運動

地球運動，指地球自轉與環繞太陽公轉時位置的變化。

地球赤道的周長是 40,075 公里，兩極的周長是 39,942 公里。

自轉

從地球北極上空觀看，地球「自西向東」繞着自轉軸自轉。

地球表面各點自轉的「角速度」均為每小時 15 度。

地球表面各點自轉的「線速度」隨著緯度而變化。

地球赤道上的「線速度」最大，約為每秒 465 公尺。

地球兩極上的「線速度」最小，兩極點的「線速度」為零。

地球自轉速度不均勻，存在著時快時慢的不規則變化，並有長期減慢現象。

公轉

地球以每秒約 30 公里的速度，在軌道上環繞着太陽公轉。

太陽系以每秒約 220 公里的速度，在軌道上環繞着銀河系中心公轉。

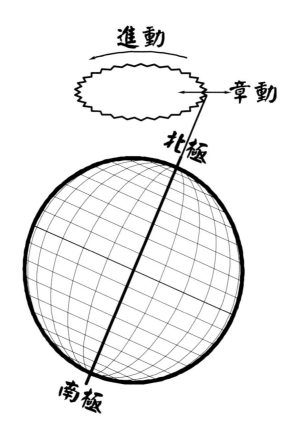

歲差

　　歲差為地球自轉軸的「進動」和「章動」引起春分點位移的現象。天球赤道與黃道的交點（春分點）每年會因地球自轉軸的進動和章動向西退行約 50.28 角秒，地球在公轉軌道上運行此段距離約需 20 分 24 秒，故回歸年（以春分點為準）較地球實際環繞太陽一周 360 度的時間短約 20 分 24 秒左右。完整的歲差圈要經歷 25,776 年，分點在黃道上正好退行一周 360 度。

進動

　　進動為地球環繞太陽公轉時，地球的自轉軸受到太陽和月球等天體共同引力的影響，而在空中做圓錐形轉動的極軸運動現象。地球自轉軸進動依逆時針方向環繞黃道軸轉圓圈，轉動週期大約是 25,800 年。

章動

　　章動為地球自轉軸在進動過程中，因太陽和月球兩天體共同引力循環的改變相對的位置，造成地球自轉軸一種輕微不規則振動的現象。地球自轉軸章動最大分量的振動週期大約是 18.6 年，振幅小於 20 角秒。

極移

　　極移為地球自轉軸在自轉過程中，因自轉軸中心受到潮汐洋流攪動、大氣蒸發凝結融化循環、地函和地核的運動等多種因素影響，造成地球自轉軸一種輕微不規則擺動的現象。地極的移動只有幾公尺，擺動週期大約一年多。因為極移擺動的變化迅速且不規則，目前只能預測未來短期的變化。

攝動

　　攝動是天文學上用於描述一個天體的軌道，因其他天體的重力場（引力）影響，產生交互作用而改變或偏離其原本運行軌道的現象。

日食與月食

日食與月食，是地球上能直接觀測到最奇特的天文現象。日食與月食必須是太陽、地球與月球三天體的相對位置，在黃道與白道交點附近才會發生，食限值為「日食在 18.52 度內、月食在 12.85 度內」。

日食一定發生在月朔日（農曆初一），月球運行至太陽與地球之間（日月經度交角 0 度）。月食一定發生在月望日（農曆十五或十六），地球運行至太陽與月球之間（日月經度交角 180 度）。但因黃道面（地球公轉軌道面）與白道面（月球公轉軌道面）約成 5.14 度的交角，所以並非每次月朔望日皆會發生日食與月食。

由於太陽、地球和月亮的運動都是有規律的週期性運動，因此日食和月食的發生也是有一定的規律性週期。古巴比倫時代，巴比倫人根據對日食和月食的長期統計，發現日食和月食的天體運動在一定的時間後又會規律的循環出現。在這段時間內，太陽、月亮和黃道與白道交點的相對位置在經常改變著，而經過一段時間之後，太陽、月亮和黃道與白道交點又會回到原來相對的位置。亦即每次日月交食後再經過一定的時間，必會再發生另一次類似的日月交食現象，這個循環週期稱為「沙羅週期」。

沙羅週期的時間為 223 個朔望月，一朔望月是 29.530,588,2
日，223 個朔望月等於 6585.32 日（223×29.5305882），即為 18 年
11.3 日，如果在這段時期內有 5 個閏年，就成為 18 年 10.3 日。

　　依據沙羅週期的推論，同樣的日月交食時間每 223 個朔望月
或 6585.32 日會發生一次，但能觀測到的地區並不一樣，日月交
食的類型也不一定一樣。因為一個沙羅週期的時間長度是 6585.32
日，並不是個整數日，所以需三個沙羅週期大約 54 年 33 日（19756
日），才會重複出現相同的日月交食時間與相同的觀測地區。

　　歷史學中應用日食與月食的天文現象，考證歷史事件發生的
時間，是可信度高且實用的方法。在歷史時間的考證中，根據歷
史中的日月交食記載，可以精確地確定歷史事件的具體時間。

星曆表

　　星曆表是現代天文學上最重要的天文工具。星曆表刊載著「太陽、月球、太陽系行星和主要恆星」等天體，每日「赤道座標位置、天體亮度、離地球距離、行星軌道、運行速度、視直徑、相位角、出沒時刻、上下中天時刻」等的天文數據資料。星曆表依據天體力學高精度的計算，可以推導過去與未來數個世紀的天體位置，在天文觀測與定位工作上，提供重要精準的資訊。

　　現代的星曆表可分成三種。一是提供給天文軟體開發者的一個工具集資料庫，二是提供給一般使用者的天文星曆星盤軟體，三是書冊式星曆表可簡易直接查閱各天體資訊。星曆表使用者，可根據自己的需求做適當的選擇。

DE 星曆表

美國「國家航空暨太空總署」（NASA）的噴射推進實驗室（Jet Propulsion Laboratory，JPL）最新的高精度星曆表 DE406，精度可達 0.001 角秒，時間涵蓋跨度為西元前 5400 年到西元 5400 年，共 10,800 年。DE 星曆表不是一個一般使用者的產品，它是提供給天文軟體開發者的一個工具集資料庫。

參考網站：http://ssd.jpl.nasa.gov/?ephemerides
適用領域：開發天文星曆星盤軟體

瑞士星曆表

瑞士星曆表（Swiss Ephemeris）是依據最新的 NASA JPL DE406 星曆表，發展而來的一個高精度星曆表，精度可達 0.001 角秒，時間涵蓋跨度為西元前 5400 年到西元 5400 年，共 10,800 年。瑞士星曆表不是一個一般使用者的產品，它是提供給天文軟體開發者的一個工具集資料庫。

參考網站：http://www.astro.com/swisseph
適用領域：開發西洋占星術占星盤

曆 法

依據「太陽、月球、地球」三天體運行的週期,使用「年、月、日」三個時間單位,來計算時間的方法,稱為曆法。曆法紀年的起算年,稱為「紀元」。

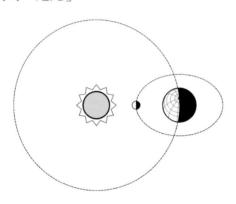

全世界曆法主要分成三種

一、太陽曆:依據地球環繞太陽公轉週期所定出來的曆法。

二、太陰曆:依據月球環繞地球朔望週期所定出來的曆法。

三、陰陽曆:依據太陰曆和太陽曆的週期所定出來的曆法。

我中華民族所特有的曆法:干支紀年。

我國現行的曆法為「國曆、農曆、干支」三種曆法並用。

時 間

時間數據是曆法編制的根據，依據「太陽、月球、地球」三天體運行的週期，「年、月、日」有多種不同的時間長度。

年：恆星年、回歸年、交點年、近點年

恆星年

一恆星年 = 365.256,360,42 日 = 365 日 6 時 9 分 10 秒

恆星年是地球環繞太陽真正的公轉週期。恆星年是以太陽和同在一位置上的某一顆很遙遠的恆星為觀測起點，當從地球看出去，太陽再回到相同觀測點時所經過的時間。因為春分點受到歲差的影響在黃道上退行，因此恆星年比回歸年長。恆星年應用於天文。恆星年比回歸年長 20 分 24 秒。

回歸年

一回歸年 = 365.242,190,419 日 = 365 日 5 時 48 分 45.25 秒

　　從春分點（冬至點）再回到春分點（冬至點）所經過的時間。由地球上觀察，太陽在黃道上運行，環繞太陽視黃經 360 度，再回到黃道上相同的點所經過的時間。精確的回歸年時間長度，取決於在黃道上所選擇的起算點。歲實是中國用的回歸年，是從冬至再回到冬至所經過的時間。回歸年也稱為太陽年，應用於曆法。

交點年

一交點年 = 346.620 日 = 346 日 14 時 52 分 48 秒

　　交點年是太陽連續兩次通過軌道上同一黃白交點（昇交點）所經過的時間。黃白交點並不固定，兩個交點之間的連線沿黃道向西移動，稱為交點退行。交點退行每日約 0.054 度，每年約 19 度 21 分，退行週期大約是 18.6 年環繞一周。交點年也稱為食年，應用於日月食的預測。

近點年

一近點年 = 365.259,635,864 日 = 365 日 6 時 13 分 52.54 秒

　　近點年是地球環繞太陽的軌道運動中，相繼兩次經過近日點所經過的時間，是地球的「平均軌道週期」。地球的軌道因受其它行星的攝動影響，所以並不固定。地球的近日點每年有少許的移動，移動週期大約是 112,000 年。

月：恆星月、朔望月、回歸月、交點月、近點月

恆星月

一恆星月 = 27.321,582 日 = 27 日 7 時 43 分 4.6 秒

　　恆星月是月球環繞地球真正的公轉週期。恆星月是以月球和同在一位置上的某一顆很遙遠的恆星為觀測起點，當從地球看出去，月球再回到相同觀測點時所經過的時間。因為月球在環繞地球公轉時，地球本身也在環繞太陽公轉而在軌道上前進了一段距離，因此恆星月比朔望月短。月球的公轉和自轉週期時間相同。恆星月應用於天文。恆星月比朔望月短 2 日 5 時 0 分 58.2 秒。

朔望月

一朔望月 = 29.530,588,2 日 = 29 日 12 時 44 分 2.8 秒

　　從月朔再回到月朔所經過的時間。朔望月應用於曆法。

回歸月

一回歸月 = 27.321,582 日 = 27 日 7 時 43 分 4.7 秒

　　回歸月是月球連續兩次通過天球上相對於春分點的位置所經過的時間。由於黃白交點和春分點西移，因此月球回到相對於春分點的位置的時間就會短於恆星月的時間，所以回歸月比恆星月短。回歸月也稱為分點月。

交點月

一交點月 = 27.212,220 日 = 27 日 5 時 5 分 35.8 秒

　　交點月是月球連續兩次通過軌道上同一黃白交點（昇交點）所經過的時間。黃白交點並不固定，兩個交點之間的連線沿黃道向西移動，稱為交點退行。交點退行每日約 0.054 度，每年約 19 度 21 分，退行週期大約是 18.6 年環繞一周。交點月應用於日月食的預測。

近點月

一近點月 = 27.554, 551 日 = 27 日 13 時 18 分 33.2 秒

　　近點月是月球環繞地球的軌道運動中，連續兩次經過近地點所經過的時間。月球的軌道是橢圓而非圓形，所以軌道的方向並不固定。月球的軌道因受鄰近天體攝動影響，所以並不固定。月球的近地點每月東移約 3 度，移動週期大約是 8.9 年，因此近點月比恆星月長。月球的視直徑會隨着近點月週期改變，而日月食的變化週期也與近點月有關，包括見食地區、持續時間與食相（全食或環食）等等。滿月的視直徑，會隨著近點月和朔望月兩者結合的週期變化。

日：恆星日、真太陽日、平均太陽日

恆星日

一恆星日＝23時56分4秒

　　恆星日是地球環繞地軸真正的自轉週期。恆星日是地球上某點對某一顆恆星連續兩次經過其上中天所經過的時間。因為地球的自轉和公轉是相同方向，因此恆星日比太陽日短。恆星日應用於天文。

真太陽日（日晷時）

一真太陽日約24小時左右

　　真太陽日為太陽連續兩次過中天的時間間隔，為每日實際經過的時間，每一真太陽日的實際時間皆長短不一。由於地球環繞太陽公轉的軌道是橢圓形，且地球自轉軸與太陽公轉軌道平面有23.45度的交角，所以地球在軌道上運行的速率並不是等速進行。

地球軌道的傾角與離心率會造成不規則運動，以致每日的時間均不相等。地球每日實際的時間長短不一定，有時一日多於 24 小時，有時一日少於 24 小時。因為真太陽日，每日長短不一，為了便於計算時間，在一般日常生活上，我們都使用平均太陽日來替代真太陽日。

平均太陽日（鐘錶時）

一平均太陽日等於 24 小時

平均太陽日，不是一種自然的時間單位。平均太陽日是假定，地球環繞太陽公轉的軌道是正圓形，且地球自轉軸與太陽公轉軌道平面相垂直，所以地球在軌道上運行的速率為等速進行。這樣地球面對太陽自轉一周，所經歷的時間每日均相等。平均太陽日就是我們一般日常生活所用的時間，每一平均太陽日為 24 小時，每一小時為 60 分鐘，每一分鐘為 60 秒。

均時差

均時差 = 真太陽時 - 平均太陽時

均時差為真太陽時（日晷時）與平均太陽時（鐘錶時）的時間差異值。

真太陽時均時差的正確時間，需經過精算，每年時間皆略有不同，但變化極小（均時差的變化每 24.23 年會移動一天至對應位置）。

「均時差」一年之中時差最多的是二月中需減到 14 分之多，時差最少的是十一月初需加到 16 分之多，真正平一天 24 小時的天數約只有 4 天。

曆法時間

年、月、日的定義

一年＝地球環繞太陽公轉一周。（四季寒暑變化的週期）

一月＝月球環繞地球公轉一周。（月亮朔望變化的週期）

一日＝地球環繞地軸自轉一周。（晝夜交替變化的週期）

年、月、日的時間

一回歸年＝365.242,190,419 日＝365 日 5 時 48 分 45.25 秒。

一朔望月＝29.530,588,2 日＝29 日 12 時 44 分 2.8 秒。

一太陽日＝24 小時，每一小時為 60 分鐘，每一分鐘為 60 秒。

曆 法 時 間	
世紀	一世紀為一百年。
甲子	一甲子為六十年。
年代	一年代為十年。
季	一季為三個月，一年分四個季。
旬	一旬為十日，一個月可分成上旬、中旬、下旬。
週	一週為七日，又稱星期，古稱七曜（日月五行星）。
時辰	一時辰為二小時。
刻	一刻為 15 分鐘，一日為 96 刻。

閏年

　　為了使曆法時間能符合大自然時間的天象，曆法家運用置閏方式調整曆法日數與回歸年時間的差異，這種有置閏的年份稱為「閏年」。在曆法應用上，閏年有「置閏日」與「置閏月」兩種。

　　國曆為置閏日，曆年逢閏年的年份加一日。

　　農曆為置閏月，曆年逢閏年的年份加一月。

　　干支紀年無閏，六十甲子循環紀年月日時。

閏秒

目前世界上有兩種時間計時系統「世界時（UT）」與「世界協調時（UTC）」。世界時，是根據地球自轉為準的時間計量系統，為天文觀測時間。世界協調時，是以銫原子振動週期作為參考的高精度原子時。國際原子時（TAI），是由各國國家時頻實驗室之原子鐘群加權產生，再由國際度量衡局（BIPM）負責發佈及維護。現為全球國際標準時間，也就是我們日常生活所用的時間。

由於地球自轉並不穩定，會受到潮汐洋流攪動、大氣蒸發凝結融化循環、地函和地核的運動等多種因素影響，使地球自轉逐漸以不規則的速度減緩。所以「世界時」與「世界協調時」的時間並不是穩定一致同步，每經過一段時間後，兩者的時差就會加大。為了確保原子鐘與地球自轉的時間相差不會超過「0.9 秒」，有需要時，會在世界協調時作出加一秒或減一秒的調整，這一調整機制稱為「閏秒」。閏秒沒有一定週期規則，完全是視實際時差而加減。是否加入閏秒，由位於巴黎的國際地球自轉組織（International Earth Rotation Service, IERS）決定，在每年的 6 月 30日或 12 月 31 日的最後一分鐘進行跳秒或不跳秒（23:59:60）。自西元 1972 年世界首度實施「閏秒」，至今都是「正閏秒」。

時區時差

全球劃分了二十四個標準時區，一個時區時差一個小時。

地球自轉一周需時二十四小時（平均太陽時），因為世界各地的時間晝夜不一樣，為了世界各地有一個統一的全球時間，在西元 1884 年全球劃分了二十四個標準時區，各區實行分區計時，一個時區時差一個小時，這種時間稱為「世界標準時」，世界標準時所形成的時差稱為「時區時差」。

時區

　　時區劃分的方式是以通過英國倫敦格林威治天文台的經線訂為零度經線，把西經 7.5 度到東經 7.5 度定為世界時零時區（又稱為中區）。由零時區分別向東與向西每隔 15 度劃為一時區，每一標準時區所包含的範圍是中央經線向東西各算 7.5 度，東西各有十二個時區。東十二時區與西十二時區重合，此區有一條國際換日線，作為國際日期變換的基準線，全球合計共有二十四個標準時區。

　　一個時區時差一個小時，同一時區內使用同一時刻，每向東過一時區則鐘錶撥快一小時，向西則撥慢一小時，所以說標準時區的時間不是自然的時間（真太陽時）而是行政的時間。

　　雖然時區界線按照經度劃分，但各國領土大小的範圍不一定全在同一時區內，為了行政統一方便，在實務上各國都會自行加以調整，取其行政區界線或自然界線來劃分時區。

國 曆

國曆，我國現代所使用的曆法。

西元 1582 年，羅馬天主教皇格勒哥里十三世（Gregory XIII），頒行由義大利醫生兼哲學家里利烏斯（Aloysius Lilius）改革修正古羅馬「儒略曆」制定的新曆法，稱為「格勒哥里曆」。

格勒哥里曆以太陽周年為主，又稱「太陽曆」，現通行世界各國。

西元 1912，我國於「中華民國元年」，開始正式採用格勒哥里曆為國家曆法，故稱「國曆」。國曆又稱「太陽曆、新曆、西曆、格里曆、格勒哥里曆」。

頒行日期

西元 1582 年 10 月 15 日。

曆法規則

大月 31 日、小月 30 日。

平年 365 日、閏年 366 日。

大小月規則

大月：一月、三月、五月、七月、八月、十月、十二月。

小月：四月、六月、九月、十一月。

二月：平年 28 日、閏年 29 日。

置閏規則

曆年逢閏年的年份加一日，置閏日為「2 月 29 日」。

四年倍數閏	百年倍數不閏	四百年倍數閏	四千年倍數不閏
4 年 1 閏	100 年 24 閏	400 年 97 閏	4000 年 969 閏

置閏說明

四年倍數閏（4年1閏）

歷法定義地球環繞太陽公轉一週為一年，全年 365 日，稱為「平年」。但實際上地球環繞太陽公轉一週為 365.242,190,419 日，因此每四年就會多出 0.968,761,676 日。為了使歷法時間能符合實際地球環繞太陽公轉的天象，歷法規定當西元年數是四年的倍數時，二月就增加「2 月 29 日」一日，該年二月就有 29 日，稱為「閏年」。

一回歸年 365.242,190,419 日－一平年 365 日＝0.242,190,419 日

每一年多出 0.242,190,419 日×4 年＝每四年多出 0.968,761,676 日

置閏一日 1－0.968,761,676 日＝0.031,238,324 日（置閏後每四年多出日）

百年倍數不閏（100 年 24 閏）

四百年倍數閏（400 年 97 閏）

　　每四年置閏一日後又會多出 0.031,238,324 日，所以再規定每四百年需減三日，當西元年數是百年的倍數時，必需是四百年的倍數才是閏年。

0.031,238,324 日×100 個閏年＝3.123,832,4 日（置閏後每四百年多出日）

3.123,832,4 日－3 日（每四百年減三日）＝0.123,832,4 日（百年倍數不閏）

百年倍數不閏：2100 年、2200 年、2300 年、2500 年、2600 年、
　　　　　　　2700 年、2900 年、3000 年、3100 年

四百年倍數閏：2000 年、2400 年、2800 年、3200 年

四千年倍數不閏（4000 年 969 閏）

置閏後每四千年又會多出 1.238,324 日，所以再規定每四千年需再減一日。

0.123,832,4 日×1000 個閏年＝1.238,324 日（置閏後每四千年多出日）

1.238,324 日－1 日（四千年倍數不閏）＝0.238,324 日

總結 四千年置閏共多出約 0.238,324 日＝5 時 43 分 11 秒

星　期

星曜星期

日曜日、月曜日、火曜日、水曜日、木曜日、金曜日、土曜日

數字星期

星期日、星期一、星期二、星期三、星期四、星期五、星期六

英文星期

Sunday、Monday、Tuesday、Wednesday、Thursday、Friday、Saturday

　　星期，「七日週期」的循環，與現代人的生活最為息息相關。七日週期之星期概念，源自於古巴比倫時代，觀念來自太陽系七曜：「太陽、月亮、水星、金星、火星、木星、土星」的關係。當時七曜的排序是以地球為宇宙的中心，從地球上的角度來看日月五星的關係，由遠而近依序為「土星、木星、火星、太陽、金星、水星、月亮」（與實際太陽系行星的排序不同）。

最初七曜依序配合於一日之 24 小時，從土曜開始各曜各主一小時七曜輪替當令，而每日首時當令的七曜即為該日主星。後取每日七曜主星配合七日為名，再取「日曜」為主日，成為通行至今的星曜星期。近代為求更簡單明瞭，演變成為數字星期：星期日、星期一、星期二、星期三、星期四、星期五、星期六的名稱。

每日 24 小時 除 7（土木火日金水月）餘 3（各曜每小時輪替當令後餘 3 曜）。

第一日首時當令主星為「土」。

第二日首時當令主星為「日」。

第三日首時當令主星為「月」。

第四日首時當令主星為「火」。

第五日首時當令主星為「水」。

第六日首時當令主星為「木」。

第七日首時當令主星為「金」。

第八日首時當令主星為「土」…依序循環類推七日週期。

取每日首時之曜名順次得「土、日、月、火、水、木、金」之次序，後再取「日曜」為主日，遂成為通行至今的星期次序「日、月、火、水、木、金、土」。

西曆源流

古埃及 — 古巴比倫 — 波斯帝國 — 古希臘 — 古羅馬

3100 ○ 古埃及曆
美索不達米亞
○ 古巴比倫曆
1894

古希臘曆 ○ 800
古羅馬曆 ○ 753
古羅馬努馬曆 ○ 728

埃及法老王朝　巴比倫王朝　米底王國　希臘時期　羅馬王政時代

525　539　550　509

波斯帝國

404
343　亞歷山大帝國
332　331　330　336
305　323
希臘化時代

羅馬共和國

托勒密王朝　塞琉古王國 ○
170
安提柯王朝
141　146

安息王國　羅馬帝國

塞琉古王國 ○ 63　儒略曆 ○
30　修訂儒略曆 ○ 27

西元元年

- 113 -

現在世界通用的曆法《西曆》，源自於《古羅馬曆》，後參考《古埃及曆》修訂《古羅馬曆》成《儒略曆》，最後再修正《儒略曆》成《格勒哥里曆》。

西元世紀	-30	-8	-7	-6	-5	-4	-3	-2	-1	1	2	3	4	5	6	7	8	9	10	11	12	13	14	15	16	17	18	19	20	21
古埃及曆	西元前3000年~前30年																													
古巴比倫曆		西元前2100年~前539年																												
古希臘曆			西元前800年~前146年																											
古羅馬曆				西元前753~前714年																										
古羅馬努馬曆				西元前713~前46年																										
儒略曆										西元前45~前9年																				
修訂儒略曆										西元前8年~1582年10月4日																				
格勒哥里曆																								西元1582年10月15日迄今						
西曆紀年			西曆紀年元年									西元532年開始使用西曆紀年迄今																		
中華民國紀年																				西元1912年1月1日迄今										

曆　　法	頒　行　期　間
古埃及曆	西元前 3000 年～前 30 年。
古巴比倫曆	西元前 2100 年～前 539 年。
古希臘曆	西元前 800 年～前 146 年。
古羅馬曆	西元前 753 年～前 714 年。
古羅馬努馬曆	西元前 713 年～前 46 年。
儒略曆	西元前 45 年～前 9 年。
修訂儒略曆	西元前 8 年～1582 年 10 月 4 日。
格勒哥里曆	西元 1582 年 10 月 15 日迄今。
西曆紀年	西元 532 年開始使用西曆紀年迄今。
中華民國紀年	西元 1912 年 1 月 1 日迄今。

古埃及曆

　　西元前 3000 年前,古埃及人為了確定每年農耕種植季節與宗教祭祀日期,有一定遵循的運作規律,制定了古埃及曆法。古埃及曆,是以恆星年(天狼星)所制定的曆法,為一「太陽曆」。

　　古埃及人根據對尼羅河河水上漲和天狼星(古埃及稱名為「索卜烏德」意思是水上之星)的長期觀察後,發現大自然一個十分規律的循環。每年七月,當天狼星第一次在黎明晨曦中從東方地平線附近昇起的時候,尼羅河就開始氾濫。於是古埃及人就把天狼星第一次和太陽同時昇起來的那天定為新的一年的開始。古埃及人根據尼羅河河水的漲落和農作物生長的變化,將一年分為「氾濫季(七月至十月)、播種季(十一月至二月)和收割季(三月至六月)」三個季節,每一季節有四個月(四次月圓週期),每個月有 30 日,一年共十二個月 360 日。古埃及曆全年共有 365 日,一年的最後 5 日,不包含在三個季節裡,古埃及人將其作為節日,舉行年終祭祀儀式慶祝新年。

　　古埃及人通過對天狼星準確的觀測,確定一年(天狼年)的長度為 365 日,與現在回歸年 365.2422 日的長度相較精確度已相當高。

古巴比倫曆

　　西元前 2100 年前，古巴比倫人為了確定每年農耕種植季節與宗教祭祀日期，有一定遵循的運作規律，制定了古巴比倫曆法。古巴比倫曆，是以月亮的月相兩朔週期所制定的曆法，為一「太陰曆」。

　　古巴比倫人根據對月亮的長期觀察後，發現月亮的月相變化是一個十分規律的循環。於是古巴比倫人，就以新月初見的那天定為新的一月的開始，按月亮的月相兩朔週期來安排一個月的日數。古巴比倫人將一年分成十二個月，大小月相間分佈，月份名稱以神祇命名，第「1、3、5、7、9、11」六個月為大月每月 30 日，第「2、4、6、8、10、12」六個月為小月每月 29 日，一年共有 354 日。古巴比倫曆以日落為 1 日的開始，從日落到第二天日落為 1 日。1 日時間分 6 更 12 小時，1 時分為 30 分，1 分等於現今的 4 分鐘。

　　由於古巴比倫曆法一年只有 354 日，比一回歸年日數相差約 11 日多。在曆法實施幾年後，每年的農耕種植季節與宗教祭祀日期就不對了。為了維持曆法與實際天象的正確關係，古巴比倫曆法加入了太陽回歸年，確定一年的長度為 365 日。並採用設置閏

月，調整曆法與回歸年之差，以每年春分後的第一個新月為一年的開始。古巴比倫曆的年按太陽的回歸年計算，月按月亮月亮的朔望計算，通過日月變化週期所制定的曆法就成為一個「陰陽合曆」。

古巴比倫曆置閏的規則，一開始採用 8 年 3 閏法，後來改採用 27 年 10 閏法，最後採用 19 年 7 閏法。置閏年為 3、3、2、3、3、3、2 年，以亞達月為閏月，亞達月為 12 月，即為閏 12 月。古巴比倫曆將七日定為一星期，各日名稱以太陽系七曜「太陽、月亮、水星、金星、火星、木星、土星」命名。星期，「七日週期」循環的觀念通行至今。

古希臘曆

西元前 800 年前，早期的古希臘人為了確定每年農耕種植季節，依據大自然的天象把一年劃分成「春、夏、冬」3 個季節，其中夏季長達 6 個月，相當於現代的夏秋二季，後才劃分成「春、夏、秋、冬」4 個季節。古希臘人又為了確定宗教祭祀日期，以月亮的月相朔望循環劃分月份，制定了古希臘曆法。古希臘曆的年按太陽的回歸年計算，月按月亮月亮的朔望計算，通過日月變化週期所制定的曆法就成為一個「陰陽合曆」。

古希臘曆的年按太陽的回歸年計算，以夏至為一年的開始，由夏至到翌年的夏至為 1 年。月按月亮月亮的朔望計算，新月為該月的 1 日，滿月為該的 15 日，以月亮的月相兩朔週期來定一個月的日數，大月 30 日，小月 29 日。1 年 12 個月約為 354 日至 355 日，採用設置閏月，調整曆法與回歸年之差。

古希臘各城邦沒有統一的希臘曆法，各城邦都是實行自己的曆法，各曆法的紀年不一樣，置閏的規則也不一樣。西元前 776 年，首屆奧林匹克競技會系在夏至日的雅典舉行後，古希臘曆法才有一個統一的紀年依據。

西元前 432 年，古希臘雅典天文學家默冬（Merton，西元前 5 世紀）在雅典的奧林匹克競技會上，宣布實測太陽「19 回歸年」與太陰「235 朔望月」共相等 6940 日的運行週期，提出了「十九年置七閏」的置閏規則，相應的回歸年長為 365.2632 日，朔望月長為 29.53192 日。這種置閏方法稱為「默冬章」，可以很方便地用來添加「閏月」調整陰陽曆法。

　　「默冬章」的置閏規則一開始是雅典率先使用，後各城邦也紛紛採用，古希臘曆法才有一個統一的置閏規則。不過，因為「默冬章」沒有明確規定 19 年中的第幾年需要置閏，各城邦都是在 19 年裡隨意地加置 7 個閏月，所以古希臘各城邦曆法置閏的年仍然沒有一致。

古羅馬曆

西元前 753 年，第一任古羅馬王羅穆盧斯（Romulus）建立古羅馬城。古羅馬城建立後，古羅馬王羅穆盧斯頒布第一部「古羅馬曆」，以西元前 753 年作為元年，即古羅馬紀元。

古羅馬曆是按月亮的月相週期來安排的「太陰曆」，一年只有十個月。第「1、3、5、8」四個月每月 31 日，第「2、4、6、7、9、10」六個月每月 30 日，一年共有 304 日。這十個月的名稱分別是「Martius、Aprilis、Maius、Junius、Quintilis、Sextilis、Septembrius、Octobrius、Novembrius 及 Decembrius」，每年的第一個月以農神（戰神）Martius 為名。

古羅馬曆的曆年與一回歸年相差了 61 日，這 61 日沒有月份與名稱。當時的古羅馬人將其作為冬天年末休息日，直到時序來到春天，新的一年開始。

古羅馬努馬曆

西元前 713 年，第二任古羅馬王努馬‧龐皮留斯（Numa Pompilius）參照希臘曆法曆年總日數 354 日，對古羅馬曆法進行改革，找回一年中無名稱的 61 日。

古羅馬努馬曆按月亮的月相週期，規定一年為十二個月，在原來的一年十個月中增加了第十一月和第十二月，年初加上 Januarius，年末加上 Februarius，同時調整各月的日數，改為「1、3、5、8」四個月每月 31 日，「2、4、6、7、9、10、11」七個月每月 29 日，12 月最短只有 28 日，一年共有 355 日。

因曆年 355 日與一回歸年相差 10 日多，為了調整曆法日期與天象季節逐年脫離的日差，曆法中規定每四年中增加兩個閏月，第二年的閏月是 22 日、第四年的閏月是 23 日，所增加的日數放在第十二月 Februarius 的 24 日與 25 日之間。如此，每四年的平均日數共為 366.25 日，只比回歸年 365.2422 日約多一日。西元前 452 年，古羅馬人又把 Februarius 移至 Januarius 和 Martius 中間。自此，一年十二個月有了固定的順序與名稱。古羅馬努馬曆在實施多年後，因人為的因素，導致曆法時序天象混亂顛倒，到了西元前 46 年時，古羅馬努馬曆日期已落後太陽年達 90 日。

儒略曆

西元前 46 年，羅馬共和國終身獨裁官（Perpetual Dictator）儒略·凱撒（Julius Caesar，西元前 102 年～前 44），依埃及亞歷山卓的古希臘數學家兼天文學家索西澤尼（Sosigenes）的建議，以古埃及太陽曆為藍本修訂古羅馬曆，用太陽曆代替太陰曆制定新曆法。一年長度採用古希臘天文學家卡里普斯（Callippus）所提出的 365.25 日，改革曆法頒行「儒略曆」。儒略曆從羅馬紀元 709 年，即西元前 45 年 1 月 1 日開始實行。

儒略曆將一年分為十二個月，一月定為 Januarius，七月名稱改成生日在七月份的儒略·凱撒之名，稱為 Julius，並將該月份定為大月。於是全部的單數月份定為大月 31 日，全部的雙數月份定為小月 30 日，平年二月為 29 日，閏年二月為 30 日。每四年閏年一次（閏日），全年平年共 365 日，閏年共 366 日，平均每曆年日數 365.25 日。

儒略曆的新法

（1）更改七月名稱為 Julius，並訂定各月份的大小。

（2）大月 31 日有一月、三月、五月、七月、九月、十一月。

（3）小月 30 日有四月、六月、八月、十月、十二月。

（4）二月平年 29 日、閏年 30 日（2 月 30 日）。

（5）每四年閏年一次，全年平年共 365 日，閏年共 366 日。

（6）平均每曆年日數 365.25 日。

　　古羅馬努馬曆在實施多年後，因人為的因素，導致曆法時序天象混亂顛倒，到了西元前 46 年時，古羅馬努馬曆日期已落後太陽年達 90 日。為了讓新頒行的曆法「儒略曆」能實際配合太陽時序天象，西元前 46 年那年調整長達 445 日，為歷史上最長的一年，史稱〈亂年〉。

修訂儒略曆

西元前 8 年，羅馬帝國的開國君主奧古斯都皇帝（Augustus Caesar，西元前 63 年～14 年），修訂儒略曆。

羅馬議會將八月名稱改成生日在八月份的奧古斯都皇帝之名，稱為 August。同時將八月改為大月成 31 日，使八月和紀念儒略·凱撒的七月（July）日數相同，以彰顯他的功績和儒略凱撒的同等偉大。但當時的八月是小月只有 30 日，九月是大月，如將八月改成大月，便會有連續三個月的大月。於是又規定八月以後的大小月相反過來，也就是九月和十一月改為小月 30 日，十月和十二月改為大月 31 日。八月所增加的一日從二月扣減，於是平年二月變為 28 日，閏年變為 29 日。此大小月份的排列法使用至今。

儒略曆的修訂

（1）更改八月名稱為 August，並改變各月份的大小。

（2）大月 31 日有一月、三月、五月、七月、八月、十月、十二月。

（3）小月 30 日有四月、六月、九月、十一月。

（4）二月平年 28 日、閏年 29 日（2 月 29 日）。

（5）儒略曆每四年閏年一次，全年平年 365 日，閏年 366 日，平均每曆年日數 365.25 日的基本曆法規則不變。

（6）修正從西元前 45 年到西元前 9 年共 36 年，閏年多 3 次的誤差。

　　從西元前 45 年儒略曆開始實施到西元前 9 年共 36 年，當時掌管編制和頒布曆法的大祭司誤解儒略曆〈每隔三年設一閏年〉的規則為〈每三年設一閏年〉，應該閏年 9 次的，卻閏年了 12 次。這個錯誤直到西元前 9 年，才由奧古斯都皇帝下令改正過來。從西元前 8 年至西元 4 年停止閏年 3 次，用以修正 36 年多閏年 3 次的誤差。

格勒哥里曆

由於儒略曆平均每曆年日數 365.25 日與一回歸年 365.242,2 日相差 0.0078 日，每 128 年就會相差 1 日，到西元 16 世紀時，曆法日期已落後春分點十日之多。因為儒略曆偏差日數累積太多，導致曆法無法配合實際地球環繞太陽公轉的天象與重要宗教節日日期錯亂，於是羅馬天主教提出修正儒略曆的方案。

西元 1582 年，羅馬天主教皇格勒哥里十三世（Gregory XIII），頒行由義大利醫生兼哲學家里利烏斯（Aloysius Lilius）改革修正古羅馬「儒略曆」制定的新曆法，稱為「格勒哥里曆」，就是現在通行世界各國的「西曆」。

格勒哥里曆月份的大小承襲儒略曆的曆法。儒略曆月份的大小是人定分配的結果，與「太陽節氣」或「月亮朔望」變化的週期皆無關。

十二月份名稱		
一月 January	二月 February	三月 March
四月 April	五月 May	六月 June
七月 July	八月 August	九月 September
十月 October	十一月 November	十二月 December

格勒哥里曆的新法一：修正日期誤差

規定西元 1582 年 10 月 4 日之翌日為 10 月 15 日，從儒略曆中減去 10 月 5 日至 10 月 14 日共 10 日，以調整儒略曆與太陽年 10 日的差距。

西元 1581 年春分 3 月 11 日；冬至 12 月 12 日。

西元 1582 年春分 3 月 11 日；冬至 12 月 22 日。

西元 1583 年春分 3 月 21 日；冬至 12 月 22 日。

格勒哥里曆的新法二：修正置閏誤差

為了使曆年的平均時間更接近回歸年，格勒哥里曆修改了儒略曆每四百年多出 3.125 日誤差的置閏計算方式。

儒略曆的置閏方式為每四年閏年一次，每 400 年閏年 100 次。格勒哥里曆改成每四年閏年一次，每 400 年閏年 97 次，減去每 400 年多出 3.125 日的誤差。

格勒哥里曆平均每年日數（ $97 \times 366 + 303 \times 365$ ）÷400＝365.2425 日，和一回歸年的時間只相差 26.75 秒。

西曆紀年

西曆紀年元年,簡稱〈西元〉,是現在世界通用的曆法紀年。

西曆紀年以傳說中耶穌的出生年做為〈紀年元年〉。

西元 525 年,基督教會傳教士狄奧尼修斯(Dionysius Exiguus)推算耶穌是出生於古羅馬建國 754 年(中國西漢平帝元始元年),提案將該年定為〈紀年元年〉。

現代學者研究,一般以耶穌出生在西元前 7～前 4 年間的時間較為正確。

西元 532 年,基督教會正式在教會中使用西曆紀年。但到八世紀後,西曆紀年才被西歐基督教國家採用。一直到十一至十四世紀時,西曆紀年的使用才普及。

西元 1582 年,羅馬天主教皇格勒哥里十三世頒行新曆法「格勒哥里曆」,西曆紀年才有一個統一全新的曆法。現在西曆紀年與格勒哥里曆已成為國際通行的紀年曆法標準。

中華民國紀年

中華民國紀年，以黃帝紀元 4609 年 11 月 13 日（農曆），西元 1912 年 1 月 1 日，為中華民國元年 1 月 1 日。

中華民國建立後，頒訂使用〈中華民國紀年〉為國家紀年。

中華民國正式採用「西曆」為國家曆法，稱為「國曆」。

中華民國曆法，年用〈中華民國〉，月與日同「西曆」。

中華民國現行的曆法為「國曆、農曆、干支」三種曆法並用。

儒略日

儒略日（Julian Day）是由 16 世紀的紀年學家史迦利日 Joseph Scaliger（1540～1609）在西元 1583 年所創。這名稱是為了紀念他的父親意大利學者 Julius Caesar Scaliger（1484～1558）。

儒略日（Julian Day）與儒略曆（Julian Calendar）不同。儒略曆是一種使用年月日的紀年法，儒略日是一種不用年月的連續記日法。儒略日應用在天文學和歷史學上，為現代天文家及歷史家所常用的統一計日法。以儒略日計日是為方便計算年代相隔久遠，或是不同曆法的兩事件所間隔的日數。儒略日可將所有歷史日期用同一時間年表表示，把不同曆法的年表統一。

儒略日的週期，是依據太陽和月亮的運行週期以及當時稅收的時間間隔而訂出來的。太陽週期，每 28 年一循環，星期的日序會相同。太陰週期，每 19 年一循環，陰曆的日序會相同。小紀週期，每 15 年間隔，古羅馬政府會重新評定財產價值以供課稅。儒略日以這三個週期的最小公倍數 7980（28×19×15＝7980）作為儒略日的週期。為避免使用負數表達過去的年份，儒略日選擇了這三個循環週期同時開始的久遠年份，作為儒略日的起算點。

儒略日以西元前 4713 年，儒略曆法的 1 月 1 日正午 12 時世界時（Universal Time），作為儒略日第 0 日的起算點。儒略日，每日順數而下，按順序排列給予一個唯一的連續自然數，一儒略日週期 7980 年，簡寫為 JD。

簡化儒略日

由於儒略日數字位數太多，國際天文學聯合會於西元 1973 年採用簡化儒略日，簡寫為 MJD。

簡化儒略日的定義為 MJD＝JD－2400000.5。

MJD 的第 0 日起算點是西元 1858 年 11 月 17 日 0 時世界時。

MJD	西元日期	儒略日	星期	日干支
0	1858 年 11 月 17 日 0 時	2400000.5	三	甲寅

儒略日的計算

西元世紀	-48	-8	-7	-6	-5	-4	-3	-2	-1	1	2	3	4	5	6	7	8	9	10	11	12	13	14	15	16	17	18	19	20	21
儒略日	儒略日第0日 西元前4713年儒略曆法的1月1日正午12時世界時																													
儒略曆		西元1582年10月4日以前儒略日按儒略曆法計算																												
格勒哥里曆		西元1582年10月15日以後儒略日按格勒哥里曆法計算																												

儒略日計算數據表

	西元年	修正日數	說 明
修正日數 (儒略曆與格里曆的日數差異)	1500	0	儒略曆 1500年
	1582/10/15	10	儒略曆改成格里曆的日期 儒略曆1582年10月4日(四) 次日 格里曆1582年10月15日(五)
	1600	10	格里曆1600年 閏年 (400年閏)
	1700	11	格里曆 1700年 平年 (100年不閏)
	1800	12	格里曆 1800年 平年 (100年不閏)
	1900	13	格里曆 1900年 平年 (100年不閏)
	2000	13	格里曆 2000年 閏年 (400年閏)
	2100	14	格里曆 2100年 平年 (100年不閏)
	2200	15	格里曆 2200年 平年 (100年不閏)
	2300	16	格里曆 2300年 平年 (100年不閏)
	2400	16	格里曆 2400年 閏年 (400年閏)

月日數	月份	一	二	三	四	五	六	七	八	九	十	十一	十二
	月累計日數	0	31	59	90	120	151	181	212	243	273	304	334

由 西元日期 求 儒略日

儒略日 JD = Y + M + D

年日數 Y＝（4712＋西元年）×365.25－修正日數

月日數 M＝月累計日數

日日數 D＝日數（如當年閏年一月與二月日數需減 1 日）

計算說明

（1）儒略日以西元前 4713 年儒略曆法的 1 月 1 日（一）正
午 12 時世界時（Universal Time）作為儒略日第 0 日的
起算點。

（2）儒略曆法改成格里曆法時中間取消 10 日。儒略曆 1582
年 10 月 4 日（四）～格里曆 1582 年 10 月 15 日（五）。

（3）儒略日，1582 年 10 月 4 日（四）以前使用儒略曆，平
均一年 365.25 日（400 年 100 閏）。

（4）儒略日，1582 年 10 月 15 日（五）以後使用格里曆，平均一年 365.2425 日（400 年 97 閏）。

（5）儒略日公式使用儒略曆平均一年 365.25 日為基準日，1582 年後扣除兩曆差異修正日數成格里曆平均一年 365.2425 日。

（6）西元前年數，用年數減 1 後取負值之數字表示。如西元前 4713 年數學上記為 -4712。（因西曆起算年是西元 1 年，其前 1 年是西元前 1 年，無西元 0 年。）

（7）Y 年日數的小數表 4 年 1 閏的循環，小數.25 時表第一年，小數.5 時表第二年，小數.75 時表第三年，整數時表第四年閏年。

（8）Y 年日數整數時表當年閏年，一月與二月日數需減 1 日。（因閏年是二月 28 日後才加 1 日）

由 儒略日 求 西元日期

年 Y．月 M．日 D

年 Y：年數＝儒略日 JD÷365.25－4712

月 M：總日數＝年數小數值×365.25＋1＋修正日數

日 D：日數＝總日數－月累計日數

計算說明

（1）年 Y，整數值為年數，小數值用於計算月 M 總日數。
年數如是負值，需再減 1 成為西元前年數。如－4712
為西元前 4713 年。（因西曆起算年是西元 1 年，其前 1
年是西元前 1 年，無西元 0 年。）

（2）月 M，整數值為總日數，小數值捨棄不計。

（3）日 D，總日數減月累計日數得出月份，餘數為日數。

由 儒略日 求 星期

星期順序 ＝（儒略日 JD＋1）÷ 7 取「餘數」

星期順序表

星期順序	0	1	2	3	4	5	6
數字星期	星期日	星期一	星期二	星期三	星期四	星期五	星期六
星曜星期	日曜日	月曜日	火曜日	水曜日	木曜日	金曜日	土曜日

儒略日 JD0 為「星期一」。

儒略日 JD6 為「星期日」。

由 西元日期 求 年干支

年干支順序 =（西元年 Y - 3）÷ 60 取「餘數」

年干支順序表

<table>
<tr><td rowspan="6">六十甲子表</td><td>1
甲子</td><td>2
乙丑</td><td>3
丙寅</td><td>4
丁卯</td><td>5
戊辰</td><td>6
己巳</td><td>7
庚午</td><td>8
辛未</td><td>9
壬申</td><td>10
癸酉</td></tr>
<tr><td>11
甲戌</td><td>12
乙亥</td><td>13
丙子</td><td>14
丁丑</td><td>15
戊寅</td><td>16
己卯</td><td>17
庚辰</td><td>18
辛巳</td><td>19
壬午</td><td>20
癸未</td></tr>
<tr><td>21
甲申</td><td>22
乙酉</td><td>23
丙戌</td><td>24
丁亥</td><td>25
戊子</td><td>26
己丑</td><td>27
庚寅</td><td>28
辛卯</td><td>29
壬辰</td><td>30
癸巳</td></tr>
<tr><td>31
甲午</td><td>32
乙未</td><td>33
丙申</td><td>34
丁酉</td><td>35
戊戌</td><td>36
己亥</td><td>37
庚子</td><td>38
辛丑</td><td>39
壬寅</td><td>40
癸卯</td></tr>
<tr><td>41
甲辰</td><td>42
乙巳</td><td>43
丙午</td><td>44
丁未</td><td>45
戊申</td><td>46
己酉</td><td>47
庚戌</td><td>48
辛亥</td><td>49
壬子</td><td>50
癸丑</td></tr>
<tr><td>51
甲寅</td><td>52
乙卯</td><td>53
丙辰</td><td>54
丁巳</td><td>55
戊午</td><td>56
己未</td><td>57
庚申</td><td>58
辛酉</td><td>59
壬戌</td><td>60
癸亥</td></tr>
</table>

西元元年之年干支為「辛酉」。

西元 4 年之年干支為「甲子」。

由 儒略日 求 日干支

日干支順序 =（儒略日 JD - 10）÷ 60 取「餘數」

日干支順序表

	1 甲子	2 乙丑	3 丙寅	4 丁卯	5 戊辰	6 己巳	7 庚午	8 辛未	9 壬申	10 癸酉
	11 甲戌	12 乙亥	13 丙子	14 丁丑	15 戊寅	16 己卯	17 庚辰	18 辛巳	19 壬午	20 癸未
六	21 甲申	22 乙酉	23 丙戌	24 丁亥	25 戊子	26 己丑	27 庚寅	28 辛卯	29 壬辰	30 癸巳
十 甲	31 甲午	32 乙未	33 丙申	34 丁酉	35 戊戌	36 己亥	37 庚子	38 辛丑	39 壬寅	40 癸卯
子 表	41 甲辰	42 乙巳	43 丙午	44 丁未	45 戊申	46 己酉	47 庚戌	48 辛亥	49 壬子	50 癸丑
	51 甲寅	52 乙卯	53 丙辰	54 丁巳	55 戊午	56 己未	57 庚申	58 辛酉	59 壬戌	60 癸亥

儒略日 JD0 之日干支為「癸丑」。

儒略日 JD11 之日干支為「甲子」。

西元日期儒略日參考表

西元日期	儒略日	星期	年干支	日干支
-4713 年 1 月 1 日	0	一	丁亥	癸丑
-4713 年 1 月 12 日	11	五	丁亥	甲子
-4677 年 5 月 2 日	13271	日	甲子	甲子
-2817 年 1 月 18 日	692531	一	癸亥	甲子
-2817 年 3 月 18 日	692591	五	甲子	甲子
-2698 年 12 月 19 日	736331	二	癸亥	甲子
-2697 年 2 月 17 日	736391	六	癸亥	甲子
-2697 年 4 月 17 日	736451	三	甲子	甲子
1 年 1 月 1 日	1721424	六	庚申	丁丑
1 年 2 月 17 日	1721471	四	辛酉	甲子
4 年 4 月 2 日	1722611	三	甲子	甲子
1000 年 1 月 1 日	2086308	一	己亥	辛丑
1582 年 10 月 4 日	2299160	四	壬午	癸酉
1582 年 10 月 15 日	2299161	五	壬午	甲戌
1858 年 11 月 17 日	2400001	三	戊午	甲寅
1900 年 1 月 1 日	2415021	一	己亥	甲戌
1923 年 12 月 17 日	2423771	一	癸亥	甲子
1924 年 2 月 15 日	2423831	五	甲子	甲子
2000 年 1 月 1 日	2451545	六	己卯	戊午
2100 年 1 月 1 日	2488070	五	己未	癸卯
2200 年 1 月 1 日	2524594	三	己亥	丁亥

農 曆

農曆，我國歷代所使用的曆法。

我國從古六曆到清朝時憲曆，中國曆法在歷朝皇帝中歷經多次的變革，每部曆法都隨著每一朝代和皇帝的更迭而變更，整個中國曆法體系歷史上一共制定過一百多部的曆法，我們統稱歷朝皇帝紀年所使用的曆法為「夏曆」。

我國自中華民國元年（西元 1912）採用世界通行之西曆後，才定名為「農曆」。農曆以月球朔望定月份，以不含中氣之月份為閏月，俗稱為「陰曆」，實際乃是「陰陽合曆」。

農曆習慣上，第一個月稱為「正月」，每月的前十天按順序稱為「初日」，如初一、初二、初三、…初十。

農曆深具中華民族文化之特色，如春節（農曆新年正月初一）、端午節（五月初五）、中秋節（八月十五）等，皆用農曆定日。農曆又稱「農民曆、舊曆、陰曆、中曆」。

曆法規則

小月 29 日、大月 30 日。

平年 12 個月、閏年 13 個月。

大小月規則

農曆定日月合朔之日為「初一」。（日月經度交角 0 度）

月建的大小取決於合朔日期間的日數，即根據兩個月朔中所含的日數來決定大月或小月。一個朔望月為 29.530,588,2 日（29 日 12 時 44 分 2.8 秒），以朔為初一到下一個朔的前一天，順數得 29 日為小月，順數得 30 日為大月。

置閏規則

無中置閏，十九年七閏。

置閏月，曆年逢閏年的年份加一月。閏月加在第一個無中氣月份，月份名稱和前一月相同。

置閏說明

農曆所行的曆法是屬「陰陽合曆」，年是根據「四季寒暑」變化的週期，月是根據「月亮圓缺」變化的週期。

一回歸年有 365.242,190,419 日，一朔望月有 29.530,588,2 日。一年 12 個朔望月，共約有 354 日，與一回歸年相差約 11 日。三回歸年相差共約 32 日，已達一個朔望月。

為了使曆法時間，能符合實際地球環繞太陽公轉的天象。曆法以曆年「歲實」配合「二十四節氣」，來判斷該年是否要加閏月，稱為「閏年」。

應用餘數定理（大衍求一術）計算置閏週期兩數誤差值

一回歸年 365.242,190,419÷一朔望月 29.530,588,2＝12.368,267

12.368,267－12 月＝0.368,267（一回歸年誤差值）

（1）1/2＝0.5（2 年置閏 1 次，誤差值-0.131,733。）

（2）1/3＝0.333,333（3 年置閏 1 次，誤差值 0.034,934。）

（3）3/8＝0.375（8 年置閏 3 次，誤差值-0.006,733。）

（4）4/11＝0.363,636（11 年置閏 4 次，誤差值 0.004,631。）

（5）7/19＝0.368,421（19 年置閏 7 次，誤差值-0.000154。）

　　※ 19 年置閏 7 次，誤差值已小於千分之一。

（6)116/315＝0.368,254(315 年置閏 116 次，誤差值 0.000013。)

　　※ 315 年置閏 116 次，置閏週期太長，不易使用。

19 個回歸年＝19 年x365.242,190,419 日＝6,939.601,617,961 日

12 個朔望月x19 年＋7 個置閏朔望月＝235 月

235 月x29.530,588,2 日＝6939.688,227 日

十九年七閏共多出約 0.086,609,039 日＝2 時 4 分 43 秒

19 個回歸年和 235 個朔望月的日數趨近相等，每一農曆年的平均
長度相當於一回歸年，故整個農曆置閏的週期為「十九年七閏」。

農曆置閏法

我國農曆曆年皆以「冬至」為二十四氣之首,各個中氣所在農曆月份均為固定。

如包含「冬至」中氣的月為十一月、「大寒」中氣的月為十二月、「雨水」中氣的月為正月、「春分」中氣的月為二月、「穀雨」中氣的月為三月…（詳見節氣月令表）。

節氣	立春	驚蟄	清明	立夏	芒種	小暑	立秋	白露	寒露	立冬	大雪	小寒
中氣	雨水	春分	穀雨	小滿	夏至	大暑	處暑	秋分	霜降	小雪	冬至	大寒
月令	正月	二月	三月	四月	五月	六月	七月	八月	九月	十月	十一月	十二月
	寅	卯	辰	巳	午	未	申	酉	戌	亥	子	丑

農曆平年

　　如曆年「歲實」實有「十一個完整朔望月」，該曆年就有十二個月（含冬至所在月份），則曆年無需置閏，即使曆年中有出現無中氣的月份也無需置閏，稱為「平年」。

	月令	亥	子	丑	寅	卯	辰	巳	午	未	申	酉	戌	亥	子	丑
平年（無需置閏）		十月	十一月	十二月	正月	二月	三月	四月	五月	六月	七月	八月	九月	十月	十一月	十二月
	節氣中氣	立冬 小雪	大雪 冬至	小寒 大寒	立春 雨水	驚蟄 春分	清明 穀雨	立夏 小滿	芒種 夏至	小暑 大暑	立秋 處暑	白露 秋分	寒露 霜降	立冬 小雪	大雪 冬至	小寒 大寒
	歲實	○		○	○	○	○	○	○	○	○	○	○	○		
	完整朔望月數	初一	初一	初一	初一	初一	初一	初一	初一	初一	初一	初一	初一	初一	初一	初一
				1	2	3	4	5	6	7	8	9	10	11		

農曆閏年

如曆年「歲實」實有「十二個完整朔望月」，該曆年就有十三個月（含冬至所在月份），則曆年需置一閏月以處理多出的一個朔望月。

曆年中除了冬至所在的朔望月（冬至為十一月），其它的朔望月份中至少會有一個朔望月無中氣。

（曆年 13 個月）－（12 中氣）＝1　餘一個月無分配到中氣。

依「無中置閏」規則，閏前不閏後，第一個無中氣的朔望月就為「閏月」，月份名稱和前一月相同，稱為「閏年」。

閏年（無中置閏）	月令	亥 十月	子 十一月	丑 十二月	寅 正月	卯 二月	辰 三月	巳 四月	午 五月	未 六月	申 七月	酉 八月	戌 九月	亥 十月	子 十一月	丑 十二月
	節氣/中氣	立冬 小雪	大雪 冬至	小寒 大寒	立春 雨水	驚蟄 春分	清明 穀雨	立夏 小滿	芒種 夏至	小暑 大暑	立秋 處暑	白露 秋分	寒露 霜降	立冬 小雪	大雪 冬至	小寒 大寒
	歲實		●	●	●	●	●	●	●	●	●	●	●	●	●	
	完整朔望月數	初一	初一	初一 1	初一 2	初一 3	初一 4	初一 5	初一 6	初一 7	初一 8	初一 9	初一 10	初一 11	初一 12	

置閏月份的差異

歲實：以「日」為單位，從冬至再回到冬至所經過一回歸年的時間。

年實：是以「秒」為單位，從冬至再回到冬至所經過一回歸年的時間。

朔策：是以「日」為單位，從月朔再回到月朔所經過一朔望月的時間。

月朔和中氣為「同一日」時，以「歲實」和「年實」計算置閏的月份會有所差異。農曆曆法現採「歲實置閏」。

歲實置閏：如月朔和中氣「同一日」，則該月包含中氣。（月朔和中氣同日）

年實置閏：如月朔和中氣「同時刻」，則該月包含中氣。（月朔在中氣之前）

生 肖

　　農曆傳統每一曆年都配有一種專屬動物作為生肖代表該年。生肖是用來代表年份和人出生年的十二種動物，按順序為「鼠、牛、虎、兔、龍、蛇、馬、羊、猴、雞、狗、豬」，合稱十二生肖。十二生肖依序對應於十二地支「子、丑、寅、卯、辰、巳、午、未、申、酉、戌、亥」。農曆用生肖代表該年，是所有曆法中一種最簡單、最有趣的紀年法。

地支·年	子	丑	寅	卯	辰	巳	午	未	申	酉	戌	亥
生肖	鼠	牛	虎	兔	龍	蛇	馬	羊	猴	雞	狗	豬

農曆月份別稱

農曆和農業生產有緊密的關連，傳統上習慣用當月生長的作物來做其別稱。

農曆月份別稱	正月	二月	三月	四月	五月	六月	七月	八月	九月	十月	十一月	十二月
	孟春	仲春	季春	孟夏	仲夏	季夏	孟秋	仲秋	季秋	孟冬	仲冬	季冬
	端	花	桐	梅	蒲	荔	瓜	桂	菊	陽	葭	臘

朔望

　　月球位相變化的週期稱為「朔望月」，朔望兩弦均以太陽及太陰視黃經為準。

　　月球運行，每日逆時針公轉約 13.2 度，每小時上升約 15 度，每天慢約 50 分鐘升起。

　　因月球的公轉週期和自轉週期時間相同，所以我們永遠只能看到月亮面向地球的一面。月球環繞地球公轉時與太陽的相對位置每日皆會改變，在地球上只能看見月球被太陽光照亮的部分。

　　因為每日看見月球的角度不同，觀看月球光亮形狀的變化，便可得知農曆的日期。

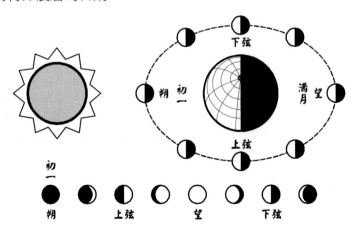

朔（新月）：日月經度交角 0 度，月球和太陽在天上的方向相同。新月時，月球和太陽同出同落，整夜不可見。農曆初一的月形。

望（滿月）：日月經度交角 180 度，月球和太陽在天上的方向相反。滿月時，月球和太陽日落月出，整夜可見。農曆十五或十六的月形。

弦（弦月）：日月經度交角 90 度，月球和太陽在天上的方向呈一夾角。

上弦月時，月球在太陽東邊 90 度（月東日西），月球亮面朝西方，出現於上半夜的西方夜空。農曆初二到十四的月形。

下弦月時，月球在太陽西邊 90 度（日東月西），月球亮面朝東方，出現在下半夜的東方夜空。農曆十七到三十的月形。

節　氣

　　我國以農立國，二十四節氣是我國農曆的一大特點。節氣的名稱，乃是用來指出一年中氣候寒暑的變化，春耕、夏耘、秋收、冬藏，自古以來農民都把節氣當作農事耕耘的標準時序依據。由於長期以來大家在習慣上把農曆稱為「陰曆」，因而大多數的人都誤認為節氣是屬於陰曆的時令特點。實際上，節氣是完全依據地球環繞太陽公轉所定訂出來的時令點，是「陽曆」中非常重要的一個時令特點，所以說農曆實際為「陰陽合曆」的曆法。

　　我國古代曆法皆以「冬至」為二十四節氣起算點，將每一年冬至到次一年冬至整個回歸年的時間，平分為十二等分，每個分點稱為「中氣」，再將二個中氣間的時間等分，其分點稱為「節氣」，十二個中氣加十二個節氣，總稱「二十四節氣」。每個農曆月份皆各有一個節氣和一個中氣，每一中氣都配定屬於某月份，如冬至必在十一月。

　　我國現代曆法定訂二十四節氣以地球環繞太陽公轉的軌道稱為「黃道」為準，節氣反映了地球在軌道上運行時所到達的不同位置，假設由地球固定來看太陽運行，則節氣就是太陽在黃道上運行時所到達位置的里程標誌。地球環繞太陽公轉運行一周為

三百六十度，節氣以太陽視黃經為準，從「春分」起算為黃經零度，每增黃經十五度為一節氣，依序為「清明、穀雨、立夏、小滿、芒種、夏至、小暑、大暑、立秋、處暑、白露、秋分、寒露、霜降、立冬、小雪、大雪、冬至、小寒、大寒、立春、雨水、驚蟄」，一年共分二十四節氣，每個節氣名稱都反映出當令氣候寒暑的實況意義。

我國春、夏、秋、冬四季的起始，是以「立春、立夏、立秋、立冬」為始，歐美則以「春分、夏至、秋分、冬至」為始，我國比歐美的季節提早了三個節氣約一個半月的時間。

二十四節氣圖

為了方便記憶二十四節氣的名稱及順序，以立春為首，將每個節氣名稱各取一字意，按節氣順序記誦：

春雨驚春清穀天；夏滿芒夏暑相連；

秋處露秋寒霜降；冬雪雪冬小大寒。

二 十 四 節 氣 表		
節氣	氣候的意義	太陽黃經度
立春	春季開始	315
雨水	春雨綿綿	330
驚蟄	蟲類冬眠驚醒	345
春分	陽光直射赤道 晝夜平分	0
清明	春暖花開景色清明	15
穀雨	農民布穀後望雨	30
立夏	夏季開始	45
小滿	稻穀行將結實	60
芒種	稻穀成穗	75
夏至	陽光直射北回歸線 晝長夜短	90
小暑	氣候稍熱	105
大暑	氣候酷暑	120
立秋	秋季開始	135
處暑	暑氣漸消	150
白露	夜涼水氣凝結成露	165
秋分	陽光直射赤道 晝夜平分	180
寒露	夜露寒意沁心	195
霜降	露結成霜	210
立冬	冬季開始	225
小雪	氣候寒冷逐漸降雪	240
大雪	大雪紛飛	255
冬至	陽光直射南回歸線 晝短夜長	270
小寒	氣候稍寒	285
大寒	氣候嚴寒	300

「四季寒暑、日夜時間、節氣時間」變化

地球自轉軸與環繞太陽公轉的軌道黃道面有 23.45 度的交角，形成一年「四季寒暑」的變化和影響「日夜時間」的長短不同。夏季正午時太陽仰角高度較高，晝長夜短。冬季正午時太陽仰角高度較低，晝短夜長。

地球環繞太陽公轉的軌道是橢圓形（地球公轉軌道的半長軸 AU 為 149,597,887.5 公里，公轉軌道的偏心率為 0.0167，近日點與遠日點的距離差距有 4%。），在軌道上運行的速率並不是等速進行，形成每一「節氣時間」的長短不同。冬至時地球運行至近日點附近（地球在每年的一月初離太陽最近），太陽在黃道上移動速度較快，一個節氣的時間大約 29.46 日。夏至時地球運行至遠日點附近（地球在每年的七月初離太陽最遠），太陽在黃道上移動速度較慢，一個節氣的時間大約 31.42 日。

「春分、秋分」陽光直射赤道，南北半球晝夜平分之日。

「夏至」陽光直射北回歸線，北半球晝最長夜最短之日。

「冬至」陽光直射南回歸線，北半球晝最短夜最長之日。

定節氣–平氣法

我國古代曆法以「平氣」定節氣，稱為「平氣法」。

平氣法，是以太陽週期的平均數來定中氣。古代曆法以「冬至」為二十四節氣起算點，將每一年冬至到次一年冬至整個回歸年的時間 365.242,190,419 日，平分為十二等分。每個分點稱為「中氣」，再將二個中氣間的時間等分，其分點稱為「節氣」。每一中氣和節氣平均為 15.218425 日，十二個中氣加十二個節氣，總稱「二十四節氣」。

實際天象上，採用平氣法以回歸年時間平分成二十四等分給予各節氣的計算方法，並不能真確地反映地球在公轉軌道上的真正位置，平均差距一至二日。

節氣	立春	驚蟄	清明	立夏	芒種	小暑	立秋	白露	寒露	立冬	大雪	小寒
中氣	雨水	春分	穀雨	小滿	夏至	大暑	處暑	秋分	霜降	小雪	冬至	大寒
月令	正月	二月	三月	四月	五月	六月	七月	八月	九月	十月	十一月	十二月
	寅	卯	辰	巳	午	未	申	酉	戌	亥	子	丑

定節氣-定氣法

我國現代曆法以「定氣」定節氣，稱為「定氣法」。

我國從清初（西元 1645 年）的《時憲曆》（德國傳教士湯若望依西洋新法推算編制的曆法）起，節氣時刻的推算開始由平節氣改為定節氣。

定氣法是以「太陽視黃經」為準，以太陽在黃道位置度數來定節氣，即依據地球在軌道上的真正位置為「定氣」標準。由「春分」為起始點，將地球環繞太陽公轉的軌道（黃道）每十五度（黃經度）定一節氣，一周三百六十度共有「二十四節氣」。

實際天象上，採用定氣法推算出來的節氣日期，能精確地表示地球在公轉軌道上的真正位置，並反映當時的氣候寒暑狀況。如一年中在晝夜平分的那兩天，定然是春分和秋分二中氣；晝長夜短日定是夏至中氣；晝短夜長日定是冬至中氣。

節氣	立春	驚蟄	清明	立夏	芒種	小暑	立秋	白露	寒露	立冬	大雪	小寒
黃經度	315度	345度	15度	45度	75度	105度	135度	165度	195度	225度	255度	285度

中氣	雨水	春分	穀雨	小滿	夏至	大暑	處暑	秋分	霜降	小雪	冬至	大寒
黃經度	330度	0度	30度	60度	90度	120度	150度	180度	210度	240度	270度	300度

干支

我中華民族所特有的曆法：干支紀年。

干支就是「十天干」和「十二地支」的簡稱。

十天干：甲、乙、丙、丁、戊、己、庚、辛、壬、癸。

十二地支：子、丑、寅、卯、辰、巳、午、未、申、酉、戌、
亥。

中華民族始祖黃帝，觀察星象，制訂曆法，探究天地「五行
四時」之生命變化。定「陰陽五行」為十天干「甲、乙、丙、丁、
戊、己、庚、辛、壬、癸」。定「四時節氣」為十二地支「子、
丑、寅、卯、辰、巳、午、未、申、酉、戌、亥」。

曆法將十天干配合十二地支，按順序組合成「甲子、乙丑、
丙寅…」等，用於「記年、記月、記日、記時」。十天干配合十
二地支的組合，由「甲子」開始到「癸亥」共有六十組，可循環
記年六十年，所以稱「一甲子」是六十年。

中華民族使用「干支紀年」，是全世界最早的〔記年法〕與〔記日法〕。干支紀年，使用天干地支六十甲子循環「記年、記月、記日、記時」，迄今已有五千年之久，中間從未間斷毫無脫節混沌之處，實為世界上最先進實用的紀年曆法。

六十甲子表										
	甲子	乙丑	丙寅	丁卯	戊辰	己巳	庚午	辛未	壬申	癸酉
	甲戌	乙亥	丙子	丁丑	戊寅	己卯	庚辰	辛巳	壬午	癸未
	甲申	乙酉	丙戌	丁亥	戊子	己丑	庚寅	辛卯	壬辰	癸巳
	甲午	乙未	丙申	丁酉	戊戌	己亥	庚子	辛丑	壬寅	癸卯
	甲辰	乙巳	丙午	丁未	戊申	己酉	庚戌	辛亥	壬子	癸丑
	甲寅	乙卯	丙辰	丁巳	戊午	己未	庚申	辛酉	壬戌	癸亥

干支紀年曆法《記年》規則

年：以「立春」為歲首。

月：以「節氣」為月建。

「年、月」兩組干支記錄「地球公轉」的循環

	月令	正月	二月	三月	四月	五月	六月	七月	八月	九月	十月	十一月	十二月
	節氣	立春	驚蟄	清明	立夏	芒種	小暑	立秋	白露	寒露	立冬	大雪	小寒
	中氣	雨水	春分	穀雨	小滿	夏至	大暑	處暑	秋分	霜降	小雪	冬至	大寒
	月支 年干	寅	卯	辰	巳	午	未	申	酉	戌	亥	子	丑
五虎遁年起月表	甲己	丙寅	丁卯	戊辰	己巳	庚午	辛未	壬申	癸酉	甲戌	乙亥	丙子	丁丑
	乙庚	戊寅	己卯	庚辰	辛巳	壬午	癸未	甲申	乙酉	丙戌	丁亥	戊子	己丑
	丙辛	庚寅	辛卯	壬辰	癸巳	甲午	乙未	丙申	丁酉	戊戌	己亥	庚子	辛丑
	丁壬	壬寅	癸卯	甲辰	乙巳	丙午	丁未	戊申	己酉	庚戌	辛亥	壬子	癸丑
	戊癸	甲寅	乙卯	丙辰	丁巳	戊午	己未	庚申	辛酉	壬戌	癸亥	甲子	乙丑

干支紀年曆法《記日》規則

日：以「正子」為日始。

時：以「時辰」為單位。

「日、時」兩組干支記錄「地球自轉」的循環

	太陽時	23-1	1-3	3-5	5-7	7-9	9-11	11-13	13-15	15-17	17-19	19-21	21-23
	時支 日干	子	丑	寅	卯	辰	巳	午	未	申	酉	戌	亥
五鼠遁日起時表	甲己	甲子	乙丑	丙寅	丁卯	戊辰	己巳	庚午	辛未	壬申	癸酉	甲戌	乙亥
	乙庚	丙子	丁丑	戊寅	己卯	庚辰	辛巳	壬午	癸未	甲申	乙酉	丙戌	丁亥
	丙辛	戊子	己丑	庚寅	辛卯	壬辰	癸巳	甲午	乙未	丙申	丁酉	戊戌	己亥
	丁壬	庚子	辛丑	壬寅	癸卯	甲辰	乙巳	丙午	丁未	戊申	己酉	庚戌	辛亥
	戊癸	壬子	癸丑	甲寅	乙卯	丙辰	丁巳	戊午	己未	庚申	辛酉	壬戌	癸亥

中國歷代曆法

我國從《古六曆》到清朝《時憲曆》，中國曆法在歷朝皇帝中歷經多次的變革，每部曆法都隨著每一朝代和皇帝的更迭而變更。整個中國曆法體系歷史上，包括在各歷史朝代中頒行過的和沒有頒行過的曆法，共約制定過一百多部。中國自西漢劉歆編製的《三統曆譜》起，就有完整體系的天文曆法著作留傳至今。現在大部分的天文曆法著作，都收集在《二十四史》的《律曆志》中。本表按年代順序，表列中國歷代曾經頒布實行的曆法。

中　國　歷　代　曆　法				
黃帝曆	夏曆	殷曆	周曆	魯曆
顓頊曆	太初曆	三統曆	四分曆	乾象曆
景初曆	三紀曆	玄始曆	元嘉曆	大明曆
正光曆	興和曆	天保曆	天和曆	大象曆
開皇曆	皇極曆	大業曆	戊寅元曆	麟德曆
大衍曆	五紀曆	正元曆	觀象曆	宣明曆
崇玄曆	調元曆	欽天曆	應天曆	乾元曆
儀天曆	崇天曆	明天曆	奉元曆	觀天曆
占天曆	紀元曆	大明曆	重修大明曆	統元曆
乾道曆	淳熙曆	會元曆	統天曆	開禧曆
淳祐曆	會天曆	成天曆	授時曆	大統曆
時憲曆	註：《皇極曆》未曾頒布實行。			

曆法歲首

中國歷代曆法在「歲首」上有多次的變更：

朝　代	變更年號	曆　法	歲　首
東周	春秋戰國時期	夏曆	寅
東周	春秋戰國時期	殷曆	丑
東周	春秋戰國時期	周曆	子
秦朝	秦始皇帝　二十六年	顓頊曆	亥
西漢	漢武帝　太初元年	太初曆	寅
西漢	漢成帝　綏和二年	三統曆	寅
新朝	王莽　始建國元年	三統曆	丑
東漢	漢光武帝　建武元年	三統曆	寅
唐朝	唐高祖　武德二年	戊寅元曆	寅
唐朝	唐高宗　麟德元年	麟德曆	寅
武周	武則天　天授元年	麟德曆	子
唐朝	唐中宗　神龍元年	麟德曆	寅

唐朝《大衍曆》後，皆以夏正「立春寅月」為歲首沿用至今。

節氣	立春	驚蟄	清明	立夏	芒種	小暑	立秋	白露	寒露	立冬	大雪	小寒
中氣	雨水	春分	穀雨	小滿	夏至	大暑	處暑	秋分	霜降	小雪	冬至	大寒
月令	正月	二月	三月	四月	五月	六月	七月	八月	九月	十月	十一月	十二月
	寅	卯	辰	巳	午	未	申	酉	戌	亥	子	丑

中國曆法史上的五次大改革

朝 代	曆 法	曆法編制	頒行期間
西漢	太初曆	落下閎	前 104 年～84 年
南北朝南梁	大明曆	祖沖之	510 年～589 年
唐朝	戊寅元曆	傅仁鈞	619 年～664 年
元朝	授時曆	郭守敬	1281 年～1644 年
清朝	時憲曆	湯若望	1645 年～1911 年

古六曆

曆法編制：古六曆。

頒行起年：東周 春秋時期（西元前 770 年）。

實行迄年：東周 戰國時期（西元前 222 年）。

我國最早的曆法為《黃帝曆、夏曆、殷曆、周曆、魯曆、顓頊曆》六種古曆，合稱《古六曆》。《古六曆》並非「黃帝、帝顓頊」時期之曆法，其制定流通的時期，據推考都是在東周春秋戰國時期，當時各諸侯國分別使用。

《古六曆》定一回歸年為 365 又 1/4 日（365.25 日），一朔望月為 29 又 499/940 日（29.53085 日），235 個朔望月對應 19 個回歸年，在 19 年中設置 7 個閏月。《古六曆》一年有十二個月，每個月以日月合朔日為初一，稱為「朔」，最後一日稱為「晦」。《古六曆》歲餘四分之一日，所以又稱為《古四分曆》。古六曆間不同之處，主要在「歲首」。由於歲首不同，各曆「春、夏、秋、冬」四季的定義，也是分別不同。

古六曆曆法歲首

曆 法	歲 首	夏曆月份
夏曆	寅	正月
殷曆	丑	十二月
周曆	子	十一月
顓頊曆	亥	十月

《史記・五帝本紀》

五帝為「黃帝、顓頊、帝嚳、唐堯、虞舜」。

顓頊曆

曆法編制：古六曆之一。

頒行起年：秦朝 始皇帝二十六年 庚辰年（西元前 221 年）。

實行迄年：西漢 漢武帝 元封七年 丁丑年（西元前 104 年）。

秦王嬴政二十六年庚辰年（西元前 221 年），統一中國，建立大秦帝國。秦王嬴政自稱「功高三皇，德高五帝」，創建「皇帝」尊號，自號為「始皇帝」。秦始皇在統一中國之後，實行了一系列加強中央集權、鞏固皇權與國家統一的措施，並在全國頒行《顓頊曆》。《顓頊曆》一直使用到西漢武帝元封七年丁丑年（西元前 104 年）頒行《太初曆》止。

《顓頊曆》定一回歸年為 365 又 1/4 日（365.25 日），一朔望月為 29 又 499/940 日（29.53085 日），235 個朔望月對應 19 個回歸年，在 19 年中設置 7 個閏月。《顓頊曆》一年有十二個月，每個月以日月合朔日為初一，稱為「朔」，最後一日稱為「晦」。以建「亥」之月（夏曆十月）為歲首，閏月置在年終九月之後，稱「後九月」。《顓頊曆》不改正月，四季完全和《夏曆》相同。

太初曆

曆法編制：鄧平、落下閎。

頒行起年：西漢 漢武帝 太初元年 丁丑年（西元前 104 年）。

實行迄年：西漢 漢成帝 綏和元年 癸丑年（西元前 8 年）。

漢武帝元封六年丙子年（西元前 105 年），鄧平（太史丞）、落下閎（西元前 156～前 87 年、西漢巴郡閬中人、民間天文學家、渾天儀創造者）等人編制《太初曆》。《太初曆》的編制，是中國曆法史上的第一次大改革。

西漢初期，曆法沿用秦朝《顓頊曆》。漢武帝元封七年丙子年（西元前 105 年）《顓頊曆》的二月（庚子月）初一，也就是《太初曆》的太初前一年十一月（庚子月）初一，適逢「甲子日、夜半月朔甲子時、冬至交節氣」。司馬遷（西元前 145～前 86 年）等人上書提議改曆，說明以此日做為新曆的起點，是改元換曆的最佳時機。

漢武帝元封六年（西元前 105 年）下令制訂新曆法，將元封七年改為太初元年（西元前 104 年）頒行《太初曆》。

《太初曆》採用「夏正」以「寅月」為歲首，與《顓頊曆》以「亥月」（夏曆十月）為歲首，二曆相差三個月份時間。因此太初元年正月前的十月到十二月（《顓頊曆》的正月、二月、三月）也算在太初元年內。太初元年因改曆，當年共有十五個月。

《太初曆》定一回歸年為 365 又 385/1539 日（365.25016 日），一朔望月為 29 又 43/81 日（29.53086 日），由於分母為 81，又稱做《八十一分律曆》。

《太初曆》首次將二十四節氣編入曆法，將冬至到次年冬至「歲實」（回歸年）按時間等分的二十四節氣（平氣法），分配於十二個月中。並沿用夏曆「十九年七閏」的置閏法，以沒有中氣的月份為閏月，將春夏秋冬四個季節的變化和十二個月份的關係相互配合。

《太初曆》以天象實測和多年天文記錄為依據，內容包含有編制曆法的理論、朔望、節氣、置閏法、日月交食週期、五行星的運動會合週期、恒星出沒等的常數和位置的推算方法，與基本的恆星位置數據。

三統曆

曆法編制：劉歆。

頒行起年：西漢 漢成帝 綏和二年 甲寅年（西元前 7 年）。

實行迄年：東漢 漢章帝 元和元年 甲申年（西元 84 年）。

漢成帝綏和二年甲寅年（西元前 7 年），劉歆（西元前 50～
23 年）重新編訂《太初曆》，改稱《三統曆》。

《三統曆》選取一個「上元」作為曆法的起算點，並明確規
定，以無中氣的月份置閏。《三統曆》中加入了許多新的天文曆
法內容，是首先使用交點年和恆星月的曆法。

劉歆編製的《三統曆譜》是現存最早的一部完整的天文曆法
著作，歷代曆法的基本內容在這本著作中大體都已具備。《三統
曆譜》有體系地講述了天文學知識，與分析考證了歷代流傳下來
的天文文獻和天文記錄。《三統曆譜》對後代曆法影響極大，部
份的內容沿用至今，是世界上最早的天文年曆的雛型。

《三統曆譜》共有「統母、統術、紀母、紀術、五步、歲術、世經」等七卷。

　　統母和統術，講述日月運動的基本常數和推算方法，內容包含有「回歸年長度、朔望月長度、一年的月數、日月交食週期、計算朔日和節氣的方法」。

　　紀母、紀術和五步，講述行星運動的基本常數和推算方法，內容包含有「五大行星的會合週期、運行動態、出沒規律、預告行星位置」。

　　歲術，講述星歲紀年的推算方法。世經，講述考古年代學。

　　劉歆是中國古代第一個提出接近正確的日食和月食交食週期的天文學家。劉歆說明日食和月食都是有規律可循的自然現象，提出了 135 個朔望月有 23 次交食的交食週期值。

　　《太初曆》與《三統曆》從西漢武帝太初元年（西元前 104 年）頒行，實施至東漢章帝元和元年（西元 84 年），方改曆使用《四分曆》。在中國歷史上，歷經「西漢、新朝、東漢」三朝代，共實行了 188 年。其中「新朝」王莽時期，曾變更《三統曆》歲首為「丑月」，至「東漢」時期，才又變更回「寅月」。

乾象曆

曆法編制：劉洪。

頒行起年：三國 東吳孫權 黃武二年 癸卯年（西元 223 年）。

實行迄年：三國 東吳孫皓 天紀四年 庚子年（西元 280 年）。

東漢獻帝建安十一年丙戌年（西元 206 年），劉洪（西元 129～210 年、算盤發明者）編制《乾象曆》。

《乾象曆》完成後，並沒有在東漢年間頒行，直至西元 223 年《乾象曆》才正式在三國東吳孫權黃武二年頒行。

《乾象曆》定一回歸年為 365 又 145/589 日（365.246180 日），一朔望月為 29 又 773/1457 日（29.530542 日）。《乾象曆》與東漢章帝元和元年（西元 84 年）頒行的《四分曆》比較天文曆算更加精準。

《乾象曆》是曆法史上，第一部考慮到〔月球視運動不均勻性〕的曆法。劉洪提出了近點月的概念，計算月亮近地點的移動，算出近點月長度，並在一近點月裏逐日編出月離表。

太陽運行的軌道稱為「黃道」，月亮運行的軌道稱為「白道」，黃道與白道的交點叫做「黃白交點」。劉洪首先發現「黃白交點」並不固定，每日沿「黃道」向西移動，並計算出每日黃白交點退行約 148/47 分（約 0.053 度）的變化。

劉洪又發現「黃道」和「白道」不在同一個平面上，首次提出「黃道面」和「白道面」有六度的交角，所以並非每次月朔望日皆會發生日食與月食。劉洪創立定朔算法，準確地推算出日月合朔和日月食發生的時刻。劉洪並推算出日月合朔時，月亮離「黃白交點」超過十四度半，就不會發生交食的食限判斷數據（食限值）。

東漢靈帝熹平三年（西元 174 年），劉洪公佈了他的天文學專著《七曜術》，七曜為「太陽和月亮與木、火、土、金、水五行星」。劉洪在《七曜術》專著中，精確地推算出了「五星會合」的週期，以及五行星運行的規律。

大明曆

曆法編制：祖沖之。

頒行起年：南北朝南梁梁武帝天監九年庚寅年（西元 510 年）。

實行迄年：南北朝南陳陳後主禎明三年己酉年（西元 589 年）。

南北朝南宋孝武帝大明六年壬寅年（西元 462 年），祖沖之（西元 429～500 年）編制《大明曆》。

《大明曆》完成後，並沒有在南北朝南宋代年間頒行。直至西元 510 年，《大明曆》才正式在南北朝南梁梁武帝天監九年頒行。《大明曆》的編制，是中國曆法史上的第二次大改革。

《大明曆》是曆法史上，第一部考慮到〔歲差值〕的曆法。《大明曆》定一回歸年為 365.2428 日，一朔望月為 29.5309 日，並將東晉天文學家虞喜（西元 281～356 年）發現的「歲差」現象曆算在曆法中。

《大明曆》調整了制訂曆法的起算點「冬至點」，定出了每 45 年 11 個月差 1 度的「歲差值」。祖沖之在《大明曆》中，特別提出了以「391 年置 144 閏月」來代替「19 年置 7 閏月」的曆算置閏方法。《大明曆》與現代天文曆算的比較已相當的精準。

祖沖之是南北朝時期，偉大的數學家和天文學家，他是世界上第一個正確地把圓周率推算到小數點後七位的人。

　　祖沖之著名的圓周率不等式：$3.1415926 < \pi < 3.1415927$

虞喜發現「歲差」

　　西元 330 年，東晉天文學家虞喜（西元 281～356 年），把他觀測得黃昏時某恆星過南中天的時刻，與古代記載進行比較時發現，春分夏至秋分冬至四點都已經向西移動了。

　　虞喜發現太陽在恆星背景中的某一位置，運行一圈再回到原來的位置所用的時間，並不等於一個冬至到下一個冬至的時間間隔，而是冬至點每經五十年沿赤道西移一度。於是他提出了「天自為天，歲自為歲」的觀點，並作《安天論》，這就是現代「歲差」的概念。

皇極曆

曆法編制：劉焯。

頒行起年：無正式頒行。

實行迄年：無正式實行。

隋文帝開皇二十年庚申年（西元 600 年），劉焯（西元 544～610 年）編制《皇極曆》。

《皇極曆》的曆算法，是中國曆法史上的重大改革，但因政治因素的阻撓，而未能在隋朝與後世朝代中頒行實行。

《皇極曆》是曆法史上，第一部考慮到〔太陽視運動不均勻性〕的曆法。劉焯創立了用「等間距二次差內插法」來計算日月視差運動速度，推算出五行星位置，日食與月食的交食時間。這在中國天文學史和數學史上都有重要地位，後代曆法計算日月五星運動，多是應用內插法的原理。

《皇極曆》改革了推算二十四節氣的方法，廢除傳統的「平氣法」，使用新創立的「定氣法」。劉焯更精確地計算出歲差，推定出了春分點每 76.5 年在黃道上西移 1 度的「歲差值」。

《皇極曆》是一部優秀的曆法，對後世曆法有重大影響。唐朝《麟德曆》曆法編制李淳風研究後，將其詳細記入《律曆志》，成為中國曆法史上，唯一被正史記載而未頒行的曆法。

戊寅元曆

曆法編制：傅仁鈞。

頒行起年：唐朝 唐高祖 武德二年 己卯年（西元 619 年）。

實行迄年：唐朝 唐高宗 麟德元年 甲子年（西元 664 年）。

唐高祖武德元年戊寅年（西元 618 年），傅仁鈞編制《戊寅元曆》。《戊寅元曆》的編制，是中國曆法史上的第三次大改革。

《戊寅元曆》基本上採用隋朝張胄玄編制的《大業曆》（實行期間：西元 597 年～618 年）的計算方法。

《戊寅元曆》主要以廢除唐朝以前曆法所使用古代的「上元積年」，並改「平朔」採用「定朔」來編制曆譜。

在《戊寅元曆》之前，曆法都用「平朔」，即用日月相合週期的平均數值來定朔望月。《戊寅元曆》首先考慮到月球視運動不均勻性，用日月相合的真實時刻來定朔日，進而定朔望月，要求做到「月行，晦不東見，朔不西眺」。

《戊寅元曆》的曆法改革，因計算方法存在著許多明顯的缺點和錯誤，頒行一年後，對計算合朔時刻，就常較實際時刻提前而失準。西元 626 年，唐高祖武德九年（丙戌年）崔善為恢復了「上元積年」。

　　《戊寅元曆》的曆法規定，月只能有連續三大月或連續三小月。但在西元 644 年，唐太宗貞觀十八年（甲辰年），預推次年曆譜時。發現貞觀十九年九月以後，會出現連續四個大月。因和以往大小月相間差得太多，當時認為這是曆法上不應有的現象。

　　最後，《戊寅元曆》的「定朔」又被改回「平朔」，所有曆法改革的主張全都失敗。

麟德曆

曆法編制：李淳風。

頒行起年：唐朝 唐高宗 麟德二年 乙丑年（西元 665 年）。

實行迄年：唐朝 唐玄宗 開元十六年 戊辰年（西元 728 年）。

唐高宗麟德元年甲子年（西元 664 年），李淳風（西元 602～670 年）以隋朝劉焯《皇極曆》為基礎，編制《麟德曆》。

《麟德曆》在中國曆法史上首次廢除古曆中「章、蔀、紀、元」的計算，並立「總法」1340 作為計算各種天體運動週期（如回歸年、朔望月、近點月、交點月等）的奇零部分的公共分母，大大簡化了許多繁瑣計算步驟。

古曆法，「日」以「夜半」為始；「月」以「朔日」為始；「歲」以「冬至」為始；「紀元」以「甲子」為始。

章：冬至交節時刻與合朔同在一日的週期。
蔀：冬至交節時刻與合朔同在一日之夜半的週期。
紀：冬至交節時刻與合朔同在甲子日之夜半的週期。
元：冬至交節時刻與合朔同在甲子年甲子日之夜半的週期。

《麟德曆》重新採用「定朔」安排曆譜。李淳風為了改進推算定朔的方法，使用劉焯創立的「等間距二次差內插法」公式，來計算定朔的時刻。

　　《麟德曆》廢除 19 年 7 閏「閏周定閏」的置閏規則，完全由觀測和統計來求得回歸年和朔望月長度。採用「進朔遷就」的方法，避免曆法上出現連續四個大月或小月的現象。在日食計算中提出蝕差的校正項，用於調整視黃白交點離真黃白交點的距離。《麟德曆》未考慮「歲差」的變化，為其曆法最大的缺點。

　　《麟德曆》在「武周」武則天天授元年時，曾變更歲首為「子月」，至「唐朝」唐中宗神龍元年時，才又變更回「寅月」。

　　《麟德曆》於唐高宗乾封元年丙寅年（西元 666 年）傳入日本，並於天武天皇五年（西元 667 年）被採用，改稱為《儀鳳歷》。

太衍曆

曆法編制：僧一行（原名張遂）。

頒行起年：唐朝 唐玄宗 開元十七年 己巳年（西元 729 年）。

實行迄年：唐朝 唐肅宗上元二年 辛丑年（西元 761 年）。

唐玄宗開元九年辛巳年（西元 721 年），僧一行（西元 683～727 年）編制《太衍曆》。唐玄宗開元十七年頒行《太衍曆》。

一行比較前朝各代曆法的優缺點，以科學的方法經過實際觀測，對太陽和月亮視運動不均勻性現象，有了正確的基本運行數據，掌握了太陽在黃道上視運行速度變化的規律，並加入了「歲差」的變化。一行在計算中進一步創造了「不等間距二次差內插法」公式，對天文計算有重要意義，也是在數學史上的創舉。

經過多年的研究，一行撰寫成了《開元大衍曆》一卷，《曆議》十卷、《曆成》十二卷、《曆書》二十四卷、《七政長曆》三卷，一共五部五十卷。一行初稿完成不久，未及奏上即已圓寂，後經張說與陳玄景等整理成文。《太衍曆》首創在曆法上有結構體系的編寫，是後世在曆法編制上的經典範本。

《太衍曆》共有曆術七卷

步氣朔術：講述計算二十四節氣和朔望弦晦的時刻。

步發斂術：講述計算七十二候與置閏規則等。

步日躔術：講述計算太陽的運行。

步月離術：講述計算月亮的運行。

步晷漏術：講述計算表影和晝夜漏刻長度的時刻。

步交會術：講述計算日食和月食的時刻。

步五星術：講述計算五大行星的運行。

《太衍曆》於唐玄宗開元二十一年癸酉年（西元 733 年）傳入日本，在日本實行近百年。

授時曆

曆法編制：郭守敬、王恂、許衡。

頒行起年：元朝　元世祖　至元十八年　辛巳年（西元 1281 年）。

實行迄年：清朝　清世祖　順治元年　甲申年（西元 1644 年）。

元世祖忽必烈至元十三年丙子年（西元 1276 年）六月，郭守敬（西元 1231～1316 年）、王恂（西元 1235～1281 年）、許衡（西元 1209～1281 年）等人編制《授時曆》，原著及史書均稱其為《授時曆經》。《授時曆》的編制，是中國曆法史上的第四次大改革。

《授時曆》是曆法史上，第一部應用「弧矢割圓術」來處理黃經和赤經、赤緯之間的換算，與採用「等間距三次差內插法」推算太陽、月球和行星的運行度數的曆法。

《授時曆》定一回歸年為 365.2425 日，一朔望月為 29.530593 日，與現在所使用的國曆的數值完全相同。《授時曆》的節氣推算方法，是採用「平氣」法，將一年的 1/24 作為一氣，以沒有中氣的月份為閏月，19 年置 7 閏月。它正式廢除了古代的「上元積年」，而截取近世任意一年為曆元，所定的數據全憑實測，打破古代制曆的習慣。

大統曆

　　《授時曆》從元朝元世祖至元十八年辛巳年（西元 1281 年）正式頒布實行，至明朝時曆名改稱《大統曆》繼續使用其曆法。

　　《授時曆》改名的《大統曆》一直使用到清朝清世祖順治二年（西元 1645 年）頒行《時憲曆》止，總共實行了 364 年，是中國古典曆法體系中實行最久的曆法。

崇禎曆書

曆法編制：徐光啟（主編）、李天經（續成）。

頒行起年：無正式頒行。

實行迄年：無正式實行。

《崇禎曆書》由徐光啟（西元 1562～1633 年）主編，李天經（西元 1579～1659 年）續成。明思宗崇禎二年己巳年（西元 1629 年）九月開始編撰，編撰工作由專設的曆局負責，德國傳教士湯若望參與翻譯歐洲天文學知識。到崇禎七年甲戌年（西元 1634 年）十一月，歷時五年全書完成。

《崇禎曆書》完成後，尚未實行，崇禎十七年甲申年（西元 1644 年）清兵入關，滿清入主中原，建立清朝，明朝滅亡。

《崇禎曆書》是中國明朝崇禎年間，為改革曆法而編的一部叢書，全書從多方面引進了歐洲古典天文學知識。歐洲丹麥天文學家的第谷宇宙體系也在此時，透過耶穌會士的宣教而傳入。徐光啟編制《崇禎曆書》時，就是採用第谷宇宙體系和幾何學的計算方法與第谷的觀測的數據。

《崇禎曆書》內容包括天文學基本理論、天文表、三角學、幾何學、天文儀器、日月和五大行星的運動、交食、全天星圖、中西單位換算等，全書共四十六種，一百三十七卷（內有星圖一折和恆星屏障一架）。

　　《崇禎曆書》全書理論部分共佔全書三分之一篇幅，引進了歐洲當時的地球概念和地理經緯度觀念，以及球面天文學、視差、大氣折射（濛氣差）等重要天文概念和有關的計算方法。全書還採用了西方的度量單位：一周天分為 360 度，一晝夜分為 24 小時共 96 刻（15 分鐘 1 刻），度與時單位採用 60 進位制。

　　《崇禎曆書》曆法計算不用中國傳統的代數學方法，而改用幾何學方法。這是中國曆法史上，中國天文學體系開始轉成歐洲近代天文學體系的轉折點。

時憲曆

曆法編制：德國傳教士 湯若望。

頒行起年：清朝 清世祖 順治元年 甲申年（西元 1644 年）。

實行迄年：清朝 宣統三年 辛亥年（西元 1911）。

清世祖順治元年甲申年（西元 1644 年）七月，經禮部左侍郎李明睿上書提議，依照歷代改朝換代另立新曆的慣例，明朝舊曆法《大統曆》需更名改曆。由於需要新的曆法，清政府遂下令，依據德國傳教士湯若望（西元 1591～1666 年）根據《崇禎曆書》刪改而成的《西洋新法曆書》之西洋新法，推算編制新的曆法。

新曆法完成後，清攝政王多爾袞（西元 1612～1650 年）奉旨批准，將新曆法定名《時憲曆》，頒行全國。《時憲曆》的編制，是中國曆法史上的第五次大改革，也是最後一次大改革。

《時憲曆》正式採用「定氣」定節氣，取代歷代曆法使用的「平氣」，稱為「定氣法」。定氣法是以「太陽視黃經」為準，以太陽在黃道位置度數來定節氣，即依據地球在軌道上的真正位置為「定氣」標準。

定氣法以「春分」為起始點，將地球環繞太陽公轉的軌道（黃道）每十五度（黃經度）定一節氣，一周三百六十度共有「二十四節氣」。

地球環繞太陽公轉的軌道是橢圓形（地球公轉軌道的半長軸 AU 為 149,597,887.5 公里，公轉軌道的偏心率為 0.0167，近日點與遠日點的距離差距有 4%。），在軌道上運行的速率並不是等速進行，形成每一「節氣時間」的長短不同。冬至時地球運行至近日點附近（地球在每年的一月初離太陽最近），太陽在黃道上移動速度較快，一個節氣的時間大約 29.46 日。夏至時地球運行至遠日點附近（地球在每年的七月初離太陽最遠），太陽在黃道上移動速度較慢，一個節氣的時間大約 31.42 日。

實際天象上，採用定氣法推算出來的節氣日期，能精確地表示地球在公轉軌道上的真正位置，並反映當時的氣候寒暑狀況。如一年中在晝夜平分的那兩天，定然是春分和秋分二中氣；晝長夜短日定是夏至中氣；晝短夜長日定是冬至中氣。

《時憲曆》在中華民國元年，壬子年（西元 1912）曆名改稱《農曆》使用至今。

中國曆法年表

朝　代			曆　法	頒行期間
周朝	西周		干支紀元	遠古～現在
	東周	春秋	古六曆	前770～前222
		戰國		
秦朝			顓頊曆	前221～前104
楚漢				
漢朝	西漢		太初曆	前104～前8
	新朝		三統曆	前7～84
	更始			
	東漢			
			四分曆	85～236
三國	魏		景初曆	237～265
		蜀	四分曆	221～263
		吳	四分曆	222
			乾象曆	223～280
晉朝	西晉		景初曆	265～317
	東晉			317～420
	十六	後秦	三紀曆	384～417

			玄始曆	412〜439
國	北涼			
南北朝	南朝	宋	景初曆	420〜444
		齊	元嘉曆	445〜509
		梁		
		陳	大明曆	510〜589
	北朝	北魏	景初曆	386〜451
			玄始曆	452〜522
			正光曆	523〜534
		東魏		535〜539
			興和曆	540〜550
		西魏	正光曆	535〜556
		北齊	天保曆	551〜577
		北周	正光曆	556〜565
			天和曆	566〜578
			大象曆	579〜581
隋朝				581〜583
			開皇曆	584〜596
			皇極曆	無正式頒行
			大業曆	597〜618
唐朝	李唐		戊寅元曆	619〜664
			麟德曆	665〜689
	武周			690〜704

				705～728
	李唐		大衍曆	729～761
			五紀曆	762～783
			正元曆	784～806
			觀象曆	807～821
			宣明曆	822～892
五代				893～906
	後梁		崇玄曆	907～923
	後唐			923～936
	後晉			936～938
			調元曆	939～947
	後漢		崇玄曆	947～951
	後周			951～955
			欽天曆	956～960
宋朝		遼	調元曆	907～993
			大明曆	994～1125
	北宋		欽天曆	960～963
			應天曆	963～981
			乾元曆	981～1001
			儀天曆	1001～1023
			崇天曆	1024～1065
			明天曆	1065～1068
			崇天曆	1068～1075
			奉元曆	1075～1093

			觀天曆	1094～1102
			占天曆	1103～1105
			紀元曆	1106～1127
		金	大明曆	1137～1181
			重修大明曆	1182～1234
	南宋		紀元曆	1127～1135
			統元曆	1136～1167
			乾道曆	1168～1176
			淳熙曆	1177～1190
			會元曆	1191～1198
			統天曆	1199～1207
			開禧曆	1208～1251
			淳祐曆	1252
			會天曆	1253～1270
			成天曆	1271～1276
元朝			重修大明曆	1271～1280
			授時曆	1281～1367
明朝			大統曆	1368～1644
清朝			時憲曆	1645～1911
中華民國			國曆、農曆、干支	1912～現在
中華人民共和國			國曆、農曆、干支	1949～現在

中國歷代年表

朝　代			黃帝紀年	西曆紀年
燧人氏			遠古～前 1781	遠古～前 4478
伏羲氏			前 1780 甲申（-30）	前 4477
神農氏			前 520 甲申（-9）	前 3217
黃帝			元年甲子（1）	前 2697
少昊			101 甲辰（2）	前 2597
帝顓頊			185 戊辰（4）	前 2513
帝嚳			263 丙戌（5）	前 2435
帝摯			333 丙申（6）	前 2365
唐堯			341 甲辰（6）	前 2357
虞舜			441 甲申（8）	前 2257
夏朝			491 甲戌（9）	前 2207
商朝			932 乙未（16）	前 1766
周朝	西周		1576 己卯（27）	前 1122
	東周	春秋	1928 辛未（33）	前 770
		戰國	2223 丙寅（38）	前 475
秦朝			2477 庚辰（42）	前 221
楚漢			2492 乙未（42）	前 206
漢朝	西漢		2496 己亥（42）	前 202
	新朝		2706 己巳（46）	9
	更始		2720 癸未（46）	23

	東漢		2722 乙酉（46）	25
三國	魏		2917 庚子（49）	220
		蜀	2918 辛丑（49）～	221～263
		吳	2919 壬寅（49）～	222～280
晉朝	西晉		2962 乙酉（50）	265
	東晉		3014 丁丑（51）	317
	五胡十六國　匈奴鮮卑羯氐羌	前趙	3001 甲子（51）～	304～329
		成漢	3001 甲子（51）～	304～347
		後趙	3016 己卯（51）～	319～350
		前涼	3021 甲申（51）～	324～376
		前燕	3034 丁酉（51）～	337～370
		前秦	3048 辛亥（51）～	351～394
		後秦	3081 甲申（52）～	384～417
		後燕	3081 甲申（52）～	384～409
		西秦	3082 乙酉（52）～	385～431
		後涼	3083 丙戌（52）～	386～403
		南涼	3094 丁酉（52）～	397～414
		南燕	3095 戊戌（52）～	398～410
		西涼	3097 庚子（52）～	400～420
		北涼	3098 辛丑（52）～	401～439
		夏	3104 丁未（52）～	407～431
		北燕	3106 己酉（52）～	409～436
	南朝	宋	3117 庚申（52）	420
		齊	3176 己未（53）	479

南北朝		梁	3199 壬午（54）	502
		陳	3254 丁丑（55）	557
	北朝	北魏	3083 丙戌（52）～	386～534
		東魏	3231 甲寅（54）～	534～550
		西魏	3232 已卯（54）～	535～557
		北齊	3247 庚午（55）～	550～577
		北周	3254 丁丑（55）～	557～581
隋朝			3286 己酉（55）	589
唐朝	李唐		3315 戊寅（56）	618
	武周		3387 庚寅（57）	690
	李唐		3402 乙巳（57）	705
五代	後梁		3604 丁卯（61）	907
	後唐		3620 癸未（61）	923
	後晉		3633 丙申（61）	936
	後漢		3644 丁未（61）	947
	後周		3648 辛亥（61）	951
	十國	吳	3599 壬戌（60）～	902～937
		前蜀	3604 丁卯（61）～	907～925
		楚	3604 丁卯（61）～	907～951
		吳越	3604 丁卯（61）～	907～978
		閩	3606 己巳（61）～	909～945
		南漢	3614 丁丑（61）～	917～971
		荊南	3621 甲申（61）～	924～963
		後蜀	3631 甲午（61）～	934～965

			南唐	3634 丁酉（61）～	937～975
			北漢	3648 辛亥（61）～	951～979
宋朝			遼	3604 丁卯（61）～	907～1125
	北宋			3657 庚申（61）	960
		西夏		3735 戊寅（63）～	1038～1227
		金		3812 乙未（64）～	1115～1234
	南宋			3824 丁未（64）	1127
元朝				3977 庚辰（67）	1280
明朝				4065 戊申（68）	1368
清朝				4341 甲申（73）	1644
中華民國				4609 壬子（77）	1912
中華民國 台灣				4646 己丑（78）	1949
中華人民共和國				4646 己丑（78）	1949

中國歷代年表說明

（1）年表朝代起始時間以〔黃帝紀年〕與〔西曆紀年〕記
　　載。

（2）年表以〔黃帝紀年元年歲次甲子〕〔西曆紀年前 2697
　　年〕為起始時間。

（3）年表黃帝紀年欄位中（A）表黃帝紀年第 A 甲子。

（4）三皇為「燧人氏、伏羲氏、神農氏」。

（5）伏羲氏十六帝，計 1260 年。

（6）神農氏八帝，計 520 年。

（7）五帝為「黃帝、顓頊、帝嚳、唐堯、虞舜」《史記・五帝本紀》。

（8）年表朝代共處者有：三國魏蜀吳、東晉與五胡十六國、南朝與北朝、五代與十國、宋朝與遼西夏金、中華民國台灣與中華人民共和國。

（9）中國朝代正統者，西曆紀年僅標示起始年，後接下一正統者。

（10）中國朝代副統者，西曆紀年皆標示起迄年。

歸藏萬年曆

年：庚子

月	戊寅			己卯			庚辰			辛巳			壬午			癸未		
節氣	立春			驚蟄			清明			立夏			芒種			小暑		
	2/4 13時51分 未時			3/6 8時21分 辰時			4/5 13時52分 未時			5/6 7時55分 辰時			6/6 12時39分 午時			7/7 23時10分 子時		
日	國曆	農曆	干支	國曆	農曆	干支	國曆	農曆	干支	國曆	農曆	干支	國曆	農曆	干支	國曆	農曆	干支
	2 4	1 5	戊申	3 6	2 6	戊寅	4 5	3 6	戊申	5 6	4 8	己卯	6 6	5 10	庚戌	7 7	6 11	辛巳
	2 5	1 6	己酉	3 7	2 7	己卯	4 6	3 7	己酉	5 7	4 9	庚辰	6 7	5 11	辛亥	7 8	6 12	壬午
	2 6	1 7	庚戌	3 8	2 8	庚辰	4 7	3 8	庚戌	5 8	4 10	辛巳	6 8	5 12	壬子	7 9	6 13	癸未
	2 7	1 8	辛亥	3 9	2 9	辛巳	4 8	3 9	辛亥	5 9	4 11	壬午	6 9	5 13	癸丑	7 10	6 14	甲申
	2 8	1 9	壬子	3 10	2 10	壬午	4 9	3 10	壬子	5 10	4 12	癸未	6 10	5 14	甲寅	7 11	6 15	乙酉
1	2 9	1 10	癸丑	3 11	2 11	癸未	4 10	3 11	癸丑	5 11	4 13	甲申	6 11	5 15	乙卯	7 12	6 16	丙戌
9	2 10	1 11	甲寅	3 12	2 12	甲申	4 11	3 12	甲寅	5 12	4 14	乙酉	6 12	5 16	丙辰	7 13	6 17	丁亥
0	2 11	1 12	乙卯	3 13	2 13	乙酉	4 12	3 13	乙卯	5 13	4 15	丙戌	6 13	5 17	丁巳	7 14	6 18	戊子
0	2 12	1 13	丙辰	3 14	2 14	丙戌	4 13	3 14	丙辰	5 14	4 16	丁亥	6 14	5 18	戊午	7 15	6 19	己丑
	2 13	1 14	丁巳	3 15	2 15	丁亥	4 14	3 15	丁巳	5 15	4 17	戊子	6 15	5 19	己未	7 16	6 20	庚寅
	2 14	1 15	戊午	3 16	2 16	戊子	4 15	3 16	戊午	5 16	4 18	己丑	6 16	5 20	庚申	7 17	6 21	辛卯
	2 15	1 16	己未	3 17	2 17	己丑	4 16	3 17	己未	5 17	4 19	庚寅	6 17	5 21	辛酉	7 18	6 22	壬辰
	2 16	1 17	庚申	3 18	2 18	庚寅	4 17	3 18	庚申	5 18	4 20	辛卯	6 18	5 22	壬戌	7 19	6 23	癸巳
	2 17	1 18	辛酉	3 19	2 19	辛卯	4 18	3 19	辛酉	5 19	4 21	壬辰	6 19	5 23	癸亥	7 20	6 24	甲午
鼠	2 18	1 19	壬戌	3 20	2 20	壬辰	4 19	3 20	壬戌	5 20	4 22	癸巳	6 20	5 24	甲子	7 21	6 25	乙未
	2 19	1 20	癸亥	3 21	2 21	癸巳	4 20	3 21	癸亥	5 21	4 23	甲午	6 21	5 25	乙丑	7 22	6 26	丙申
	2 20	1 21	甲子	3 22	2 22	甲午	4 21	3 22	甲子	5 22	4 24	乙未	6 22	5 26	丙寅	7 23	6 27	丁酉
	2 21	1 22	乙丑	3 23	2 23	乙未	4 22	3 23	乙丑	5 23	4 25	丙申	6 23	5 27	丁卯	7 24	6 28	戊戌
	2 22	1 23	丙寅	3 24	2 24	丙申	4 23	3 24	丙寅	5 24	4 26	丁酉	6 24	5 28	戊辰	7 25	6 29	己亥
清	2 23	1 24	丁卯	3 25	2 25	丁酉	4 24	3 25	丁卯	5 25	4 27	戊戌	6 25	5 29	己巳	7 26	7 1	庚子
光	2 24	1 25	戊辰	3 26	2 26	戊戌	4 25	3 26	戊辰	5 26	4 28	己亥	6 26	5 30	庚午	7 27	7 2	辛丑
緒	2 25	1 26	己巳	3 27	2 27	己亥	4 26	3 27	己巳	5 27	4 29	庚子	6 27	6 1	辛未	7 28	7 3	壬寅
二	2 26	1 27	庚午	3 28	2 28	庚子	4 27	3 28	庚午	5 28	5 1	辛丑	6 28	6 2	壬申	7 29	7 4	癸卯
十	2 27	1 28	辛未	3 29	2 29	辛丑	4 28	3 29	辛未	5 29	5 2	壬寅	6 29	6 3	癸酉	7 30	7 5	甲辰
六	2 28	1 29	壬申	3 30	2 30	壬寅	4 29	4 1	壬申	5 30	5 3	癸卯	6 30	6 4	甲戌	7 31	7 6	乙巳
年	3 1	2 1	癸酉	3 31	3 1	癸卯	4 30	4 2	癸酉	5 31	5 4	甲辰	7 1	6 5	乙亥	8 1	7 7	丙午
	3 2	2 2	甲戌	4 1	3 2	甲辰	5 1	4 3	甲戌	6 1	5 5	乙巳	7 2	6 6	丙子	8 2	7 8	丁未
民	3 3	2 3	乙亥	4 2	3 3	乙巳	5 2	4 4	乙亥	6 2	5 6	丙午	7 3	6 7	丁丑	8 3	7 9	戊申
國	3 4	2 4	丙子	4 3	3 4	丙午	5 3	4 5	丙子	6 3	5 7	丁未	7 4	6 8	戊寅	8 4	7 10	己酉
前	3 5	2 5	丁丑	4 4	3 5	丁未	5 4	4 6	丁丑	6 4	5 8	戊申	7 5	6 9	己卯	8 5	7 11	庚戌
十							5 5	4 7	戊寅	6 5	5 9	己酉	7 6	6 10	庚辰	8 6	7 12	辛亥
二																8 7	7 13	壬子
年																		
中氣	雨水			春分			穀雨			小滿			夏至			大暑		
	2/19 10時1分 巳時			3/21 9時39分 巳時			4/20 21時27分 亥時			5/21 21時17分 亥時			6/22 5時39分 卯時			7/23 16時36分 申時		

庚子																		年
甲申			乙酉			丙戌			丁亥			戊子			己丑			月
立秋			白露			寒露			立冬			大雪			小寒			節氣
8/8 8時50分 辰時			9/8 11時16分 午時			10/9 2時13分 丑時			11/8 4時39分 寅時			12/7 20時55分 戌時			1/6 7時53分 辰時			
國曆	農曆	干支	國曆	農曆	干支	國曆	農曆	干支	國曆	農曆	干支	國曆	農曆	干支	國曆	農曆	干支	日
8 8	7 14	癸丑	9 8	8 15	甲申	10 9	8 16	乙卯	11 8	9 17	乙酉	12 7	10 16	甲寅	1 6	11 16	甲申	
8 9	7 15	甲寅	9 9	8 16	乙酉	10 10	8 17	丙辰	11 9	9 18	丙戌	12 8	10 17	乙卯	1 7	11 17	乙酉	
8 10	7 16	乙卯	9 10	8 17	丙戌	10 11	8 18	丁巳	11 10	9 19	丁亥	12 9	10 18	丙辰	1 8	11 18	丙戌	1
8 11	7 17	丙辰	9 11	8 18	丁亥	10 12	8 19	戊午	11 11	9 20	戊子	12 10	10 19	丁巳	1 9	11 19	丁亥	9
8 12	7 18	丁巳	9 12	8 19	戊子	10 13	8 20	己未	11 12	9 21	己丑	12 11	10 20	戊午	1 10	11 20	戊子	0
8 13	7 19	戊午	9 13	8 20	己丑	10 14	8 21	庚申	11 13	9 22	庚寅	12 12	10 21	己未	1 11	11 21	己丑	0
8 14	7 20	己未	9 14	8 21	庚寅	10 15	8 22	辛酉	11 14	9 23	辛卯	12 13	10 22	庚申	1 12	11 22	庚寅	·
8 15	7 21	庚申	9 15	8 22	辛卯	10 16	8 23	壬戌	11 15	9 24	壬辰	12 14	10 23	辛酉	1 13	11 23	辛卯	1
8 16	7 22	辛酉	9 16	8 23	壬辰	10 17	8 24	癸亥	11 16	9 25	癸巳	12 15	10 24	壬戌	1 14	11 24	壬辰	9
8 17	7 23	壬戌	9 17	8 24	癸巳	10 18	8 25	甲子	11 17	9 26	甲午	12 16	10 25	癸亥	1 15	11 25	癸巳	0
8 18	7 24	癸亥	9 18	8 25	甲午	10 19	8 26	乙丑	11 18	9 27	乙未	12 17	10 26	甲子	1 16	11 26	甲午	1
8 19	7 25	甲子	9 19	8 26	乙未	10 20	8 27	丙寅	11 19	9 28	丙申	12 18	10 27	乙丑	1 17	11 27	乙未	
8 20	7 26	乙丑	9 20	8 27	丙申	10 21	8 28	丁卯	11 20	9 29	丁酉	12 19	10 28	丙寅	1 18	11 28	丙申	
8 21	7 27	丙寅	9 21	8 28	丁酉	10 22	8 29	戊辰	11 21	9 30	戊戌	12 20	10 29	丁卯	1 19	11 29	丁酉	
8 22	7 28	丁卯	9 22	8 29	戊戌	10 23	9 1	己巳	11 22	10 1	己亥	12 21	10 30	戊辰	1 20	12 1	戊戌	
8 23	7 29	戊辰	9 23	8 30	己亥	10 24	9 2	庚午	11 23	10 2	庚子	12 22	11 1	己巳	1 21	12 2	己亥	鼠
8 24	7 30	己巳	9 24	閏8 1	庚子	10 25	9 3	辛未	11 24	10 3	辛丑	12 23	11 2	庚午	1 22	12 3	庚子	
8 25	8 1	庚午	9 25	8 2	辛丑	10 26	9 4	壬申	11 25	10 4	壬寅	12 24	11 3	辛未	1 23	12 4	辛丑	
8 26	8 2	辛未	9 26	8 3	壬寅	10 27	9 5	癸酉	11 26	10 5	癸卯	12 25	11 4	壬申	1 24	12 5	壬寅	
8 27	8 3	壬申	9 27	8 4	癸卯	10 28	9 6	甲戌	11 27	10 6	甲辰	12 26	11 5	癸酉	1 25	12 6	癸卯	
8 28	8 4	癸酉	9 28	8 5	甲辰	10 29	9 7	乙亥	11 28	10 7	乙巳	12 27	11 6	甲戌	1 26	12 7	甲辰	清
8 29	8 5	甲戌	9 29	8 6	乙巳	10 30	9 8	丙子	11 29	10 8	丙午	12 28	11 7	乙亥	1 27	12 8	乙巳	光
8 30	8 6	乙亥	9 30	8 7	丙午	10 31	9 9	丁丑	11 30	10 9	丁未	12 29	11 8	丙子	1 28	12 9	丙午	緒
8 31	8 7	丙子	10 1	8 8	丁未	11 1	9 10	戊寅	12 1	10 10	戊申	12 30	11 9	丁丑	1 29	12 10	丁未	二
9 1	8 8	丁丑	10 2	8 9	戊申	11 2	9 11	己卯	12 2	10 11	己酉	12 31	11 10	戊寅	1 30	12 11	戊申	十
9 2	8 9	戊寅	10 3	8 10	己酉	11 3	9 12	庚辰	12 3	10 12	庚戌	1 1	11 11	己卯	1 31	12 12	己酉	六
9 3	8 10	己卯	10 4	8 11	庚戌	11 4	9 13	辛巳	12 4	10 13	辛亥	1 2	11 12	庚辰	2 1	12 13	庚戌	年
9 4	8 11	庚辰	10 5	8 12	辛亥	11 5	9 14	壬午	12 5	10 14	壬子	1 3	11 13	辛巳	2 2	12 14	辛亥	民
9 5	8 12	辛巳	10 6	8 13	壬子	11 6	9 15	癸未	12 6	10 15	癸丑	1 4	11 14	壬午	2 3	12 15	壬子	國
9 6	8 13	壬午	10 7	8 14	癸丑	11 7	9 16	甲申				1 5	11 15	癸未				前
9 7	8 14	癸未	10 8	8 15	甲寅													十
處暑			秋分			霜降			小雪			冬至			大寒			中氣
8/23 23時19分 子時			9/23 20時20分 戌時			10/24 4時55分 寅時			11/23 1時47分 丑時			12/22 14時41分 未時			1/21 1時16分 丑時			

年欄：1900·1901　鼠　清光緒二十六年　民國前十二·十一年

年	辛丑																	
月	庚寅			辛卯			壬辰			癸巳			甲午			乙未		
節氣	立春			驚蟄			清明			立夏			芒種			小暑		
	2/4 19時39分 戌時			3/6 14時10分 未時			4/5 19時44分 戌時			5/6 13時50分 未時			6/6 18時36分 酉時			7/8 5時7分 卯時		
日	國曆	農曆	干支	國曆	農曆	干支	國曆	農曆	干支	國曆	農曆	干支	國曆	農曆	干支	國曆	農曆	干支
	2 4	12 16	癸丑	3 6	1 16	癸未	4 5	2 17	癸丑	5 6	3 18	甲申	6 6	4 20	乙卯	7 8	5 23	丁亥
	2 5	12 17	甲寅	3 7	1 17	甲申	4 6	2 18	甲寅	5 7	3 19	乙酉	6 7	4 21	丙辰	7 9	5 24	戊子
	2 6	12 18	乙卯	3 8	1 18	乙酉	4 7	2 19	乙卯	5 8	3 20	丙戌	6 8	4 22	丁巳	7 10	5 25	己丑
	2 7	12 19	丙辰	3 9	1 19	丙戌	4 8	2 20	丙辰	5 9	3 21	丁亥	6 9	4 23	戊午	7 11	5 26	庚寅
	2 8	12 20	丁巳	3 10	1 20	丁亥	4 9	2 21	丁巳	5 10	3 22	戊子	6 10	4 24	己未	7 12	5 27	辛卯
1	2 9	12 21	戊午	3 11	1 21	戊子	4 10	2 22	戊午	5 11	3 23	己丑	6 11	4 25	庚申	7 13	5 28	壬辰
9	2 10	12 22	己未	3 12	1 22	己丑	4 11	2 23	己未	5 12	3 24	庚寅	6 12	4 26	辛酉	7 14	5 29	癸巳
0	2 11	12 23	庚申	3 13	1 23	庚寅	4 12	2 24	庚申	5 13	3 25	辛卯	6 13	4 27	壬戌	7 15	5 30	甲午
1	2 12	12 24	辛酉	3 14	1 24	辛卯	4 13	2 25	辛酉	5 14	3 26	壬辰	6 14	4 28	癸亥	7 16	6 1	乙未
	2 13	12 25	壬戌	3 15	1 25	壬辰	4 14	2 26	壬戌	5 15	3 27	癸巳	6 15	4 29	甲子	7 17	6 2	丙申
	2 14	12 26	癸亥	3 16	1 26	癸巳	4 15	2 27	癸亥	5 16	3 28	甲午	6 16	5 1	乙丑	7 18	6 3	丁酉
	2 15	12 27	甲子	3 17	1 27	甲午	4 16	2 28	甲子	5 17	3 29	乙未	6 17	5 2	丙寅	7 19	6 4	戊戌
	2 16	12 28	乙丑	3 18	1 28	乙未	4 17	2 29	乙丑	5 18	4 1	丙申	6 18	5 3	丁卯	7 20	6 5	己亥
	2 17	12 29	丙寅	3 19	1 29	丙申	4 18	2 30	丙寅	5 19	4 2	丁酉	6 19	5 4	戊辰	7 21	6 6	庚子
牛	2 18	12 30	丁卯	3 20	2 1	丁酉	4 19	3 1	丁卯	5 20	4 3	戊戌	6 20	5 5	己巳	7 22	6 7	辛丑
	2 19	1 1	戊辰	3 21	2 2	戊戌	4 20	3 2	戊辰	5 21	4 4	己亥	6 21	5 6	庚午	7 23	6 8	壬寅
	2 20	1 2	己巳	3 22	2 3	己亥	4 21	3 3	己巳	5 22	4 5	庚子	6 22	5 7	辛未	7 24	6 9	癸卯
	2 21	1 3	庚午	3 23	2 4	庚子	4 22	3 4	庚午	5 23	4 6	辛丑	6 23	5 8	壬申	7 25	6 10	甲辰
	2 22	1 4	辛未	3 24	2 5	辛丑	4 23	3 5	辛未	5 24	4 7	壬寅	6 24	5 9	癸酉	7 26	6 11	乙巳
清	2 23	1 5	壬申	3 25	2 6	壬寅	4 24	3 6	壬申	5 25	4 8	癸卯	6 25	5 10	甲戌	7 27	6 12	丙午
光	2 24	1 6	癸酉	3 26	2 7	癸卯	4 25	3 7	癸酉	5 26	4 9	甲辰	6 26	5 11	乙亥	7 28	6 13	丁未
緒	2 25	1 7	甲戌	3 27	2 8	甲辰	4 26	3 8	甲戌	5 27	4 10	乙巳	6 27	5 12	丙子	7 29	6 14	戊申
二	2 26	1 8	乙亥	3 28	2 9	乙巳	4 27	3 9	乙亥	5 28	4 11	丙午	6 28	5 13	丁丑	7 30	6 15	己酉
十	2 27	1 9	丙子	3 29	2 10	丙午	4 28	3 10	丙子	5 29	4 12	丁未	6 29	5 14	戊寅	7 31	6 16	庚戌
七	2 28	1 10	丁丑	3 30	2 11	丁未	4 29	3 11	丁丑	5 30	4 13	戊申	6 30	5 15	己卯	8 1	6 17	辛亥
年	3 1	1 11	戊寅	3 31	2 12	戊申	4 30	3 12	戊寅	5 31	4 14	己酉	7 1	5 16	庚辰	8 2	6 18	壬子
	3 2	1 12	己卯	4 1	2 13	己酉	5 1	3 13	己卯	6 1	4 15	庚戌	7 2	5 17	辛巳	8 3	6 19	癸丑
民	3 3	1 13	庚辰	4 2	2 14	庚戌	5 2	3 14	庚辰	6 2	4 16	辛亥	7 3	5 18	壬午	8 4	6 20	甲寅
國	3 4	1 14	辛巳	4 3	2 15	辛亥	5 3	3 15	辛巳	6 3	4 17	壬子	7 4	5 19	癸未	8 5	6 21	乙卯
前	3 5	1 15	壬午	4 4	2 16	壬子	5 4	3 16	壬午	6 4	4 18	癸丑	7 5	5 20	甲申	8 6	6 22	丙辰
十							5 5	3 17	癸未	6 5	4 19	甲寅	7 6	5 21	乙酉	8 7	6 23	丁巳
一													7 7	5 22	丙戌			
年																		
中氣	雨水			春分			穀雨			小滿			夏至			大暑		
	2/19 15時45分 申時			3/21 15時23分 申時			4/21 3時13分 寅時			5/22 3時4分 寅時			6/22 11時27分 午時			7/23 22時23分 亥時		

（右欄説明）1901・1902　牛　清光緒二十七年　民國前十一・十年

		辛丑																年
丙申			丁酉			戊戌			己亥			庚子			辛丑			月
立秋			白露			寒露			立冬			大雪			小寒			節氣
8/8 14時46分 未時			9/8 17時10分 酉時			10/9 8時6分 辰時			11/8 10時34分 巳時			12/8 2時52分 丑時			1/6 13時51分 未時			
國曆	農曆	干支	國曆	農曆	干支	國曆	農曆	干支	國曆	農曆	干支	國曆	農曆	干支	國曆	農曆	干支	日
8 8	6 24	戊午	9 8	7 26	己丑	10 9	8 27	庚申	11 8	9 28	庚寅	12 8	10 28	庚申	1 6	11 27	己丑	
8 9	6 25	己未	9 9	7 27	庚寅	10 10	8 28	辛酉	11 9	9 29	辛卯	12 9	10 29	辛酉	1 7	11 28	庚寅	
8 10	6 26	庚申	9 10	7 28	辛卯	10 11	8 29	壬戌	11 10	9 30	壬辰	12 10	10 30	壬戌	1 8	11 29	辛卯	
8 11	6 27	辛酉	9 11	7 29	壬辰	10 12	9 1	癸亥	11 11	10 1	癸巳	12 11	11 1	癸亥	1 9	11 30	壬辰	
8 12	6 28	壬戌	9 12	7 30	癸巳	10 13	9 2	甲子	11 12	10 2	甲午	12 12	11 2	甲子	1 10	12 1	癸巳	
8 13	6 29	癸亥	9 13	8 1	甲午	10 14	9 3	乙丑	11 13	10 3	乙未	12 13	11 3	乙丑	1 11	12 2	甲午	1
8 14	7 1	甲子	9 14	8 2	乙未	10 15	9 4	丙寅	11 14	10 4	丙申	12 14	11 4	丙寅	1 12	12 3	乙未	9
8 15	7 2	乙丑	9 15	8 3	丙申	10 16	9 5	丁卯	11 15	10 5	丁酉	12 15	11 5	丁卯	1 13	12 4	丙申	0
8 16	7 3	丙寅	9 16	8 4	丁酉	10 17	9 6	戊辰	11 16	10 6	戊戌	12 16	11 6	戊辰	1 14	12 5	丁酉	1
8 17	7 4	丁卯	9 17	8 5	戊戌	10 18	9 7	己巳	11 17	10 7	己亥	12 17	11 7	己巳	1 15	12 6	戊戌	·
8 18	7 5	戊辰	9 18	8 6	己亥	10 19	9 8	庚午	11 18	10 8	庚子	12 18	11 8	庚午	1 16	12 7	己亥	1
8 19	7 6	己巳	9 19	8 7	庚子	10 20	9 9	辛未	11 19	10 9	辛丑	12 19	11 9	辛未	1 17	12 8	庚子	9
8 20	7 7	庚午	9 20	8 8	辛丑	10 21	9 10	壬申	11 20	10 10	壬寅	12 20	11 10	壬申	1 18	12 9	辛丑	0
8 21	7 8	辛未	9 21	8 9	壬寅	10 22	9 11	癸酉	11 21	10 11	癸卯	12 21	11 11	癸酉	1 19	12 10	壬寅	2
8 22	7 9	壬申	9 22	8 10	癸卯	10 23	9 12	甲戌	11 22	10 12	甲辰	12 22	11 12	甲戌	1 20	12 11	癸卯	
8 23	7 10	癸酉	9 23	8 11	甲辰	10 24	9 13	乙亥	11 23	10 13	乙巳	12 23	11 13	乙亥	1 21	12 12	甲辰	
8 24	7 11	甲戌	9 24	8 12	乙巳	10 25	9 14	丙子	11 24	10 14	丙午	12 24	11 14	丙子	1 22	12 13	乙巳	
8 25	7 12	乙亥	9 25	8 13	丙午	10 26	9 15	丁丑	11 25	10 15	丁未	12 25	11 15	丁丑	1 23	12 14	丙午	
8 26	7 13	丙子	9 26	8 14	丁未	10 27	9 16	戊寅	11 26	10 16	戊申	12 26	11 16	戊寅	1 24	12 15	丁未	牛
8 27	7 14	丁丑	9 27	8 15	戊申	10 28	9 17	己卯	11 27	10 17	己酉	12 27	11 17	己卯	1 25	12 16	戊申	
8 28	7 15	戊寅	9 28	8 16	己酉	10 29	9 18	庚辰	11 28	10 18	庚戌	12 28	11 18	庚辰	1 26	12 17	己酉	
8 29	7 16	己卯	9 29	8 17	庚戌	10 30	9 19	辛巳	11 29	10 19	辛亥	12 29	11 19	辛巳	1 27	12 18	庚戌	清
8 30	7 17	庚辰	9 30	8 18	辛亥	10 31	9 20	壬午	11 30	10 20	壬子	12 30	11 20	壬午	1 28	12 19	辛亥	光
8 31	7 18	辛巳	10 1	8 19	壬子	11 1	9 21	癸未	12 1	10 21	癸丑	12 31	11 21	癸未	1 29	12 20	壬子	緒
9 1	7 19	壬午	10 2	8 20	癸丑	11 2	9 22	甲申	12 2	10 22	甲寅	1 1	11 22	甲申	1 30	12 21	癸丑	二
9 2	7 20	癸未	10 3	8 21	甲寅	11 3	9 23	乙酉	12 3	10 23	乙卯	1 2	11 23	乙酉	1 31	12 22	甲寅	十
9 3	7 21	甲申	10 4	8 22	乙卯	11 4	9 24	丙戌	12 4	10 24	丙辰	1 3	11 24	丙戌	2 1	12 23	乙卯	七
9 4	7 22	乙酉	10 5	8 23	丙辰	11 5	9 25	丁亥	12 5	10 25	丁巳	1 4	11 25	丁亥	2 2	12 24	丙辰	年
9 5	7 23	丙戌	10 6	8 24	丁巳	11 6	9 26	戊子	12 6	10 26	戊午	1 5	11 26	戊子	2 3	12 25	丁巳	民
9 6	7 24	丁亥	10 7	8 25	戊午	11 7	9 27	己丑	12 7	10 27	己未				2 4	12 26	戊午	國
9 7	7 25	戊子	10 8	8 26	己未													前
處暑			秋分			霜降			小雪			冬至			大寒			中氣
8/24 5時7分 卯時			9/24 2時9分 丑時			10/24 10時46分 巳時			11/23 7時41分 辰時			12/22 20時36分 戌時			1/21 7時12分 辰時			

年	壬寅																	
月	壬寅			癸卯			甲辰			乙巳			丙午			丁未		
節氣	立春			驚蟄			清明			立夏			芒種			小暑		
氣	2/5 1時38分 丑時			3/6 20時7分 戌時			4/6 1時37分 丑時			5/6 19時38分 戌時			6/7 0時19分 子時			7/8 10時46分 巳時		
日	國曆	農曆	干支	國曆	農曆	干支	國曆	農曆	干支	國曆	農曆	干支	國曆	農曆	干支	國曆	農曆	干支
	2 5	12 27	己未	3 6	1 27	戊子	4 6	2 28	己未	5 6	3 29	己丑	6 7	5 2	辛酉	7 8	6 4	壬辰
	2 6	12 28	庚申	3 7	1 28	己丑	4 7	2 29	庚申	5 7	3 30	庚寅	6 8	5 3	壬戌	7 9	6 5	癸巳
	2 7	12 29	辛酉	3 8	1 29	庚寅	4 8	3 1	辛酉	5 8	4 1	辛卯	6 9	5 4	癸亥	7 10	6 6	甲午
	2 8	1 1	壬戌	3 9	1 30	辛卯	4 9	3 2	壬戌	5 9	4 2	壬辰	6 10	5 5	甲子	7 11	6 7	乙未
1	2 9	1 2	癸亥	3 10	2 1	壬辰	4 10	3 3	癸亥	5 10	4 3	癸巳	6 11	5 6	乙丑	7 12	6 8	丙申
9	2 10	1 3	甲子	3 11	2 2	癸巳	4 11	3 4	甲子	5 11	4 4	甲午	6 12	5 7	丙寅	7 13	6 9	丁酉
0	2 11	1 4	乙丑	3 12	2 3	甲午	4 12	3 5	乙丑	5 12	4 5	乙未	6 13	5 8	丁卯	7 14	6 10	戊戌
2	2 12	1 5	丙寅	3 13	2 4	乙未	4 13	3 6	丙寅	5 13	4 6	丙申	6 14	5 9	戊辰	7 15	6 11	己亥
	2 13	1 6	丁卯	3 14	2 5	丙申	4 14	3 7	丁卯	5 14	4 7	丁酉	6 15	5 10	己巳	7 16	6 12	庚子
	2 14	1 7	戊辰	3 15	2 6	丁酉	4 15	3 8	戊辰	5 15	4 8	戊戌	6 16	5 11	庚午	7 17	6 13	辛丑
	2 15	1 8	己巳	3 16	2 7	戊戌	4 16	3 9	己巳	5 16	4 9	己亥	6 17	5 12	辛未	7 18	6 14	壬寅
虎	2 16	1 9	庚午	3 17	2 8	己亥	4 17	3 10	庚午	5 17	4 10	庚子	6 18	5 13	壬申	7 19	6 15	癸卯
	2 17	1 10	辛未	3 18	2 9	庚子	4 18	3 11	辛未	5 18	4 11	辛丑	6 19	5 14	癸酉	7 20	6 16	甲辰
	2 18	1 11	壬申	3 19	2 10	辛丑	4 19	3 12	壬申	5 19	4 12	壬寅	6 20	5 15	甲戌	7 21	6 17	乙巳
	2 19	1 12	癸酉	3 20	2 11	壬寅	4 20	3 13	癸酉	5 20	4 13	癸卯	6 21	5 16	乙亥	7 22	6 18	丙午
	2 20	1 13	甲戌	3 21	2 12	癸卯	4 21	3 14	甲戌	5 21	4 14	甲辰	6 22	5 17	丙子	7 23	6 19	丁未
	2 21	1 14	乙亥	3 22	2 13	甲辰	4 22	3 15	乙亥	5 22	4 15	乙巳	6 23	5 18	丁丑	7 24	6 20	戊申
清	2 22	1 15	丙子	3 23	2 14	乙巳	4 23	3 16	丙子	5 23	4 16	丙午	6 24	5 19	戊寅	7 25	6 21	己酉
光	2 23	1 16	丁丑	3 24	2 15	丙午	4 24	3 17	丁丑	5 24	4 17	丁未	6 25	5 20	己卯	7 26	6 22	庚戌
緒	2 24	1 17	戊寅	3 25	2 16	丁未	4 25	3 18	戊寅	5 25	4 18	戊申	6 26	5 21	庚辰	7 27	6 23	辛亥
二	2 25	1 18	己卯	3 26	2 17	戊申	4 26	3 19	己卯	5 26	4 19	己酉	6 27	5 22	辛巳	7 28	6 24	壬子
十	2 26	1 19	庚辰	3 27	2 18	己酉	4 27	3 20	庚辰	5 27	4 20	庚戌	6 28	5 23	壬午	7 29	6 25	癸丑
八	2 27	1 20	辛巳	3 28	2 19	庚戌	4 28	3 21	辛巳	5 28	4 21	辛亥	6 29	5 24	癸未	7 30	6 26	甲寅
年	2 28	1 21	壬午	3 29	2 20	辛亥	4 29	3 22	壬午	5 29	4 22	壬子	6 30	5 25	甲申	7 31	6 27	乙卯
	3 1	1 22	癸未	3 30	2 21	壬子	4 30	3 23	癸未	5 30	4 23	癸丑	7 1	5 26	乙酉	8 1	6 28	丙辰
民	3 2	1 23	甲申	3 31	2 22	癸丑	5 1	3 24	甲申	5 31	4 24	甲寅	7 2	5 27	丙戌	8 2	6 29	丁巳
國	3 3	1 24	乙酉	4 1	2 23	甲寅	5 2	3 25	乙酉	6 1	4 25	乙卯	7 3	5 28	丁亥	8 3	6 30	戊午
前	3 4	1 25	丙戌	4 2	2 24	乙卯	5 3	3 26	丙戌	6 2	4 26	丙辰	7 4	5 29	戊子	8 4	7 1	己未
十	3 5	1 26	丁亥	4 3	2 25	丙辰	5 4	3 27	丁亥	6 3	4 27	丁巳	7 5	6 1	己丑	8 5	7 2	庚申
年				4 4	2 26	丁巳	5 5	3 28	戊子	6 4	4 28	戊午	7 6	6 2	庚寅	8 6	7 3	辛酉
				4 5	2 27	戊午				6 5	4 29	己未	7 7	6 3	辛卯	8 7	7 4	壬戌
										6 6	5 1	庚申						
中氣	雨水			春分			穀雨			小滿			夏至			大暑		
	2/19 21時39分 亥時			3/21 21時16分 亥時			4/21 9時4分 巳時			5/22 8時53分 辰時			6/22 17時15分 酉時			7/24 4時9分 寅時		

壬寅																		年
戊申			己酉			庚戌			辛亥			壬子			癸丑			月
立秋			白露			寒露			立冬			大雪			小寒			節氣
8/8 20時22分 戊時			9/8 22時46分 亥時			10/9 13時45分 未時			11/8 16時17分 申時			12/8 8時41分 辰時			1/6 19時43分 戊時			
國曆	農曆	干支	國曆	農曆	干支	國曆	農曆	干支	國曆	農曆	干支	國曆	農曆	干支	國曆	農曆	干支	日
8 8	7 5	癸亥	9 8	8 7	甲午	10 9	9 8	乙丑	11 8	10 9	乙未	12 8	11 9	乙丑	1 6	12 8	甲午	
8 9	7 6	甲子	9 9	8 8	乙未	10 10	9 9	丙寅	11 9	10 10	丙申	12 9	11 10	丙寅	1 7	12 9	乙未	
8 10	7 7	乙丑	9 10	8 9	丙申	10 11	9 10	丁卯	11 10	10 11	丁酉	12 10	11 11	丁卯	1 8	12 10	丙申	
8 11	7 8	丙寅	9 11	8 10	丁酉	10 12	9 11	戊辰	11 11	10 12	戊戌	12 11	11 12	戊辰	1 9	12 11	丁酉	
8 12	7 9	丁卯	9 12	8 11	戊戌	10 13	9 12	己巳	11 12	10 13	己亥	12 12	11 13	己巳	1 10	12 12	戊戌	1
8 13	7 10	戊辰	9 13	8 12	己亥	10 14	9 13	庚午	11 13	10 14	庚子	12 13	11 14	庚午	1 11	12 13	己亥	9
8 14	7 11	己巳	9 14	8 13	庚子	10 15	9 14	辛未	11 14	10 15	辛丑	12 14	11 15	辛未	1 12	12 14	庚子	0
8 15	7 12	庚午	9 15	8 14	辛丑	10 16	9 15	壬申	11 15	10 16	壬寅	12 15	11 16	壬申	1 13	12 15	辛丑	2
8 16	7 13	辛未	9 16	8 15	壬寅	10 17	9 16	癸酉	11 16	10 17	癸卯	12 16	11 17	癸酉	1 14	12 16	壬寅	·
8 17	7 14	壬申	9 17	8 16	癸卯	10 18	9 17	甲戌	11 17	10 18	甲辰	12 17	11 18	甲戌	1 15	12 17	癸卯	1
8 18	7 15	癸酉	9 18	8 17	甲辰	10 19	9 18	乙亥	11 18	10 19	乙巳	12 18	11 19	乙亥	1 16	12 18	甲辰	9
8 19	7 16	甲戌	9 19	8 18	乙巳	10 20	9 19	丙子	11 19	10 20	丙午	12 19	11 20	丙子	1 17	12 19	乙巳	0
8 20	7 17	乙亥	9 20	8 19	丙午	10 21	9 20	丁丑	11 20	10 21	丁未	12 20	11 21	丁丑	1 18	12 20	丙午	3
8 21	7 18	丙子	9 21	8 20	丁未	10 22	9 21	戊寅	11 21	10 22	戊申	12 21	11 22	戊寅	1 19	12 21	丁未	
8 22	7 19	丁丑	9 22	8 21	戊申	10 23	9 22	己卯	11 22	10 23	己酉	12 22	11 23	己卯	1 20	12 22	戊申	
8 23	7 20	戊寅	9 23	8 22	己酉	10 24	9 23	庚辰	11 23	10 24	庚戌	12 23	11 24	庚辰	1 21	12 23	己酉	虎
8 24	7 21	己卯	9 24	8 23	庚戌	10 25	9 24	辛巳	11 24	10 25	辛亥	12 24	11 25	辛巳	1 22	12 24	庚戌	
8 25	7 22	庚辰	9 25	8 24	辛亥	10 26	9 25	壬午	11 25	10 26	壬子	12 25	11 26	壬午	1 23	12 25	辛亥	
8 26	7 23	辛巳	9 26	8 25	壬子	10 27	9 26	癸未	11 26	10 27	癸丑	12 26	11 27	癸未	1 24	12 26	壬子	
8 27	7 24	壬午	9 27	8 26	癸丑	10 28	9 27	甲申	11 27	10 28	甲寅	12 27	11 28	甲申	1 25	12 27	癸丑	清
8 28	7 25	癸未	9 28	8 27	甲寅	10 29	9 28	乙酉	11 28	10 29	乙卯	12 28	11 29	乙酉	1 26	12 28	甲寅	光
8 29	7 26	甲申	9 29	8 28	乙卯	10 30	9 29	丙戌	11 29	10 30	丙辰	12 29	11 30	丙戌	1 27	12 29	乙卯	緒
8 30	7 27	乙酉	9 30	8 29	丙辰	10 31	10 1	丁亥	11 30	11 1	丁巳	12 30	12 1	丁亥	1 28	12 30	丙辰	二
8 31	7 28	丙戌	10 1	8 30	丁巳	11 1	10 2	戊子	12 1	11 2	戊午	12 31	12 2	戊子	1 29	1 1	丁巳	十
9 1	7 29	丁亥	10 2	9 1	戊午	11 2	10 3	己丑	12 2	11 3	己未	1 1	12 3	己丑	1 30	1 2	戊午	八
9 2	8 1	戊子	10 3	9 2	己未	11 3	10 4	庚寅	12 3	11 4	庚申	1 2	12 4	庚寅	1 31	1 3	己未	年
9 3	8 2	己丑	10 4	9 3	庚申	11 4	10 5	辛卯	12 4	11 5	辛酉	1 3	12 5	辛卯	2 1	1 4	庚申	民
9 4	8 3	庚寅	10 5	9 4	辛酉	11 5	10 6	壬辰	12 5	11 6	壬戌	1 4	12 6	壬辰	2 2	1 5	辛酉	國
9 5	8 4	辛卯	10 6	9 5	壬戌	11 6	10 7	癸巳	12 6	11 7	癸亥	1 5	12 7	癸巳	2 3	1 6	壬戌	前
9 6	8 5	壬辰	10 7	9 6	癸亥	11 7	10 8	甲午	12 7	11 8	甲子				2 4	1 7	癸亥	十
9 7	8 6	癸巳	10 8	9 7	甲子													· 九
處暑			秋分			霜降			小雪			冬至			大寒			中氣
8/24 10時53分 巳時			9/24 7時55分 辰時			10/24 16時35分 申時			11/23 13時35分 未時			12/23 2時35分 丑時			1/21 13時13分 未時			

年	癸卯																	
月	甲寅			乙卯			丙辰			丁巳			戊午			己未		
節氣	立春 2/5 7時31分 辰時			驚蟄 3/7 1時58分 丑時			清明 4/6 7時26分 辰時			立夏 5/7 1時25分 丑時			芒種 6/7 6時7分 卯時			小暑 7/8 16時36分 申時		
日	國曆	農曆	干支	國曆	農曆	干支	國曆	農曆	干支	國曆	農曆	干支	國曆	農曆	干支	國曆	農曆	干支
	2/5	1/8	甲子	3/7	2/9	甲午	4/6	3/9	甲子	5/7	4/11	乙未	6/7	5/12	丙寅	7/8	閏5/14	丁酉
	2/6	1/9	乙丑	3/8	2/10	乙未	4/7	3/10	乙丑	5/8	4/12	丙申	6/8	5/13	丁卯	7/9	閏5/15	戊戌
	2/7	1/10	丙寅	3/9	2/11	丙申	4/8	3/11	丙寅	5/9	4/13	丁酉	6/9	5/14	戊辰	7/10	閏5/16	己亥
	2/8	1/11	丁卯	3/10	2/12	丁酉	4/9	3/12	丁卯	5/10	4/14	戊戌	6/10	5/15	己巳	7/11	閏5/17	庚子
1	2/9	1/12	戊辰	3/11	2/13	戊戌	4/10	3/13	戊辰	5/11	4/15	己亥	6/11	5/16	庚午	7/12	閏5/18	辛丑
9	2/10	1/13	己巳	3/12	2/14	己亥	4/11	3/14	己巳	5/12	4/16	庚子	6/12	5/17	辛未	7/13	閏5/19	壬寅
0	2/11	1/14	庚午	3/13	2/15	庚子	4/12	3/15	庚午	5/13	4/17	辛丑	6/13	5/18	壬申	7/14	閏5/20	癸卯
3	2/12	1/15	辛未	3/14	2/16	辛丑	4/13	3/16	辛未	5/14	4/18	壬寅	6/14	5/19	癸酉	7/15	閏5/21	甲辰
	2/13	1/16	壬申	3/15	2/17	壬寅	4/14	3/17	壬申	5/15	4/19	癸卯	6/15	5/20	甲戌	7/16	閏5/22	乙巳
	2/14	1/17	癸酉	3/16	2/18	癸卯	4/15	3/18	癸酉	5/16	4/20	甲辰	6/16	5/21	乙亥	7/17	閏5/23	丙午
	2/15	1/18	甲戌	3/17	2/19	甲辰	4/16	3/19	甲戌	5/17	4/21	乙巳	6/17	5/22	丙子	7/18	閏5/24	丁未
	2/16	1/19	乙亥	3/18	2/20	乙巳	4/17	3/20	乙亥	5/18	4/22	丙午	6/18	5/23	丁丑	7/19	閏5/25	戊申
	2/17	1/20	丙子	3/19	2/21	丙午	4/18	3/21	丙子	5/19	4/23	丁未	6/19	5/24	戊寅	7/20	閏5/26	己酉
兔	2/18	1/21	丁丑	3/20	2/22	丁未	4/19	3/22	丁丑	5/20	4/24	戊申	6/20	5/25	己卯	7/21	閏5/27	庚戌
	2/19	1/22	戊寅	3/21	2/23	戊申	4/20	3/23	戊寅	5/21	4/25	己酉	6/21	5/26	庚辰	7/22	閏5/28	辛亥
	2/20	1/23	己卯	3/22	2/24	己酉	4/21	3/24	己卯	5/22	4/26	庚戌	6/22	5/27	辛巳	7/23	閏5/29	壬子
	2/21	1/24	庚辰	3/23	2/25	庚戌	4/22	3/25	庚辰	5/23	4/27	辛亥	6/23	5/28	壬午	7/24	6/1	癸丑
	2/22	1/25	辛巳	3/24	2/26	辛亥	4/23	3/26	辛巳	5/24	4/28	壬子	6/24	5/29	癸未	7/25	6/2	甲寅
	2/23	1/26	壬午	3/25	2/27	壬子	4/24	3/27	壬午	5/25	4/29	癸丑	6/25	閏5/1	甲申	7/26	6/3	乙卯
清	2/24	1/27	癸未	3/26	2/28	癸丑	4/25	3/28	癸未	5/26	4/30	甲寅	6/26	閏5/2	乙酉	7/27	6/4	丙辰
光	2/25	1/28	甲申	3/27	2/29	甲寅	4/26	3/29	甲申	5/27	5/1	乙卯	6/27	閏5/3	丙戌	7/28	6/5	丁巳
緒	2/26	1/29	乙酉	3/28	2/30	乙卯	4/27	4/1	乙酉	5/28	5/2	丙辰	6/28	閏5/4	丁亥	7/29	6/6	戊午
二	2/27	2/1	丙戌	3/29	3/1	丙辰	4/28	4/2	丙戌	5/29	5/3	丁巳	6/29	閏5/5	戊子	7/30	6/7	己未
十	2/28	2/2	丁亥	3/30	3/2	丁巳	4/29	4/3	丁亥	5/30	5/4	戊午	6/30	閏5/6	己丑	7/31	6/8	庚申
九	3/1	2/3	戊子	3/31	3/3	戊午	4/30	4/4	戊子	5/31	5/5	己未	7/1	閏5/7	庚寅	8/1	6/9	辛酉
年	3/2	2/4	己丑	4/1	3/4	己未	5/1	4/5	己丑	6/1	5/6	庚申	7/2	閏5/8	辛卯	8/2	6/10	壬戌
民	3/3	2/5	庚寅	4/2	3/5	庚申	5/2	4/6	庚寅	6/2	5/7	辛酉	7/3	閏5/9	壬辰	8/3	6/11	癸亥
國	3/4	2/6	辛卯	4/3	3/6	辛酉	5/3	4/7	辛卯	6/3	5/8	壬戌	7/4	閏5/10	癸巳	8/4	6/12	甲子
前	3/5	2/7	壬辰	4/4	3/7	壬戌	5/4	4/8	壬辰	6/4	5/9	癸亥	7/5	閏5/11	甲午	8/5	6/13	乙丑
九	3/6	2/8	癸巳	4/5	3/8	癸亥	5/5	4/9	癸巳	6/5	5/10	甲子	7/6	閏5/12	乙未	8/6	6/14	丙寅
年							5/6	4/10	甲午	6/6	5/11	乙丑	7/7	閏5/13	丙申	8/7	6/15	丁卯
																8/8	6/16	戊辰
中氣	雨水 2/20 3時40分 寅時			春分 3/22 3時14分 寅時			穀雨 4/21 14時58分 未時			小滿 5/22 14時45分 未時			夏至 6/22 23時5分 子時			大暑 7/24 9時58分 巳時		

癸卯

月	庚申	辛酉	壬戌	癸亥	甲子	乙丑	年
節氣	立秋	白露	寒露	立冬	大雪	小寒	
	8/9 2時15分 丑時	9/9 4時42分 寅時	10/9 19時41分 戌時	11/8 22時13分 亥時	12/8 14時35分 未時	1/7 1時37分 丑時	

國曆	農曆	干支	國曆	農曆	干支	國曆	農曆	干支	國曆	農曆	干支	國曆	農曆	干支	國曆	農曆	干支	日／年
8 9	6 17	己巳	9 9	7 18	庚子	10 9	8 19	庚午	11 8	9 19	庚子	12 8	10 20	庚午	1 7	11 20	庚子	
8 10	6 18	庚午	9 10	7 19	辛丑	10 10	8 20	辛未	11 9	9 20	辛丑	12 9	10 21	辛未	1 8	11 21	辛丑	
8 11	6 19	辛未	9 11	7 20	壬寅	10 11	8 21	壬申	11 10	9 21	壬寅	12 10	10 22	壬申	1 9	11 22	壬寅	
8 12	6 20	壬申	9 12	7 21	癸卯	10 12	8 22	癸酉	11 11	9 22	癸卯	12 11	10 23	癸酉	1 10	11 23	癸卯	1
8 13	6 21	癸酉	9 13	7 22	甲辰	10 13	8 23	甲戌	11 12	9 23	甲辰	12 12	10 24	甲戌	1 11	11 24	甲辰	9
8 14	6 22	甲戌	9 14	7 23	乙巳	10 14	8 24	乙亥	11 13	9 24	乙巳	12 13	10 25	乙亥	1 12	11 25	乙巳	0
8 15	6 23	乙亥	9 15	7 24	丙午	10 15	8 25	丙子	11 14	9 25	丙午	12 14	10 26	丙子	1 13	11 26	丙午	3
8 16	6 24	丙子	9 16	7 25	丁未	10 16	8 26	丁丑	11 15	9 26	丁未	12 15	10 27	丁丑	1 14	11 27	丁未	・
8 17	6 25	丁丑	9 17	7 26	戊申	10 17	8 27	戊寅	11 16	9 27	戊申	12 16	10 28	戊寅	1 15	11 28	戊申	1
8 18	6 26	戊寅	9 18	7 27	己酉	10 18	8 28	己卯	11 17	9 28	己酉	12 17	10 29	己卯	1 16	11 29	己酉	9
8 19	6 27	己卯	9 19	7 28	庚戌	10 19	8 29	庚辰	11 18	9 29	庚戌	12 18	10 30	庚辰	1 17	12 1	庚戌	0
8 20	6 28	庚辰	9 20	7 29	辛亥	10 20	8 30	辛巳	11 19	10 1	辛亥	12 19	11 1	辛巳	1 18	12 2	辛亥	4
8 21	6 29	辛巳	9 21	8 1	壬子	10 21	9 1	壬午	11 20	10 2	壬子	12 20	11 2	壬午	1 19	12 3	壬子	
8 22	6 30	壬午	9 22	8 2	癸丑	10 22	9 2	癸未	11 21	10 3	癸丑	12 21	11 3	癸未	1 20	12 4	癸丑	
8 23	7 1	癸未	9 23	8 3	甲寅	10 23	9 3	甲申	11 22	10 4	甲寅	12 22	11 4	甲申	1 21	12 5	甲寅	兔
8 24	7 2	甲申	9 24	8 4	乙卯	10 24	9 4	乙酉	11 23	10 5	乙卯	12 23	11 5	乙酉	1 22	12 6	乙卯	
8 25	7 3	乙酉	9 25	8 5	丙辰	10 25	9 5	丙戌	11 24	10 6	丙辰	12 24	11 6	丙戌	1 23	12 7	丙辰	
8 26	7 4	丙戌	9 26	8 6	丁巳	10 26	9 6	丁亥	11 25	10 7	丁巳	12 25	11 7	丁亥	1 24	12 8	丁巳	
8 27	7 5	丁亥	9 27	8 7	戊午	10 27	9 7	戊子	11 26	10 8	戊午	12 26	11 8	戊子	1 25	12 9	戊午	清
8 28	7 6	戊子	9 28	8 8	己未	10 28	9 8	己丑	11 27	10 9	己未	12 27	11 9	己丑	1 26	12 10	己未	光
8 29	7 7	己丑	9 29	8 9	庚申	10 29	9 9	庚寅	11 28	10 10	庚申	12 28	11 10	庚寅	1 27	12 11	庚申	緒
8 30	7 8	庚寅	9 30	8 10	辛酉	10 30	9 10	辛卯	11 29	10 11	辛酉	12 29	11 11	辛卯	1 28	12 12	辛酉	二
8 31	7 9	辛卯	10 1	8 11	壬戌	10 31	9 11	壬辰	11 30	10 12	壬戌	12 30	11 12	壬辰	1 29	12 13	壬戌	十
9 1	7 10	壬辰	10 2	8 12	癸亥	11 1	9 12	癸巳	12 1	10 13	癸亥	12 31	11 13	癸巳	1 30	12 14	癸亥	九
9 2	7 11	癸巳	10 3	8 13	甲子	11 2	9 13	甲午	12 2	10 14	甲子	1 1	11 14	甲午	1 31	12 15	甲子	年
9 3	7 12	甲午	10 4	8 14	乙丑	11 3	9 14	乙未	12 3	10 15	乙丑	1 2	11 15	乙未	2 1	12 16	乙丑	民
9 4	7 13	乙未	10 5	8 15	丙寅	11 4	9 15	丙申	12 4	10 16	丙寅	1 3	11 16	丙申	2 2	12 17	丙寅	國
9 5	7 14	丙申	10 6	8 16	丁卯	11 5	9 16	丁酉	12 5	10 17	丁卯	1 4	11 17	丁酉	2 3	12 18	丁卯	前
9 6	7 15	丁酉	10 7	8 17	戊辰	11 6	9 17	戊戌	12 6	10 18	戊辰	1 5	11 18	戊戌	2 4	12 19	戊辰	九
9 7	7 16	戊戌	10 8	8 18	己巳	11 7	9 18	己亥	12 7	10 19	己巳	1 6	11 19	己亥				・
9 8	7 17	己亥																八
																		年

中氣	處暑	秋分	霜降	小雪	冬至	大寒
	8/24 16時41分 申時	9/24 13時43分 未時	10/24 22時23分 亥時	11/23 19時21分 戌時	12/23 8時20分 辰時	1/21 18時57分 酉時

年																		
月	丙寅			丁卯			戊辰			己巳			庚午			辛未		
節氣	立春			驚蟄			清明			立夏			芒種			小暑		
	2/5 13時24分 未時			3/6 7時51分 辰時			4/5 13時18分 未時			5/6 7時18分 辰時			6/6 12時1分 午時			7/7 22時31分 亥時		
日	國曆	農曆	干支	國曆	農曆	干支	國曆	農曆	干支	國曆	農曆	干支	國曆	農曆	干支	國曆	農曆	干支
	2 5	12 20	己巳	3 6	1 20	己亥	4 5	2 20	己巳	5 6	3 21	庚子	6 6	4 23	辛未	7 7	5 24	壬寅
	2 6	12 21	庚午	3 7	1 21	庚子	4 6	2 21	庚午	5 7	3 22	辛丑	6 7	4 24	壬申	7 8	5 25	癸卯
	2 7	12 22	辛未	3 8	1 22	辛丑	4 7	2 22	辛未	5 8	3 23	壬寅	6 8	4 25	癸酉	7 9	5 26	甲辰
	2 8	12 23	壬申	3 9	1 23	壬寅	4 8	2 23	壬申	5 9	3 24	癸卯	6 9	4 26	甲戌	7 10	5 27	乙巳
1	2 9	12 24	癸酉	3 10	1 24	癸卯	4 9	2 24	癸酉	5 10	3 25	甲辰	6 10	4 27	乙亥	7 11	5 28	丙午
9	2 10	12 25	甲戌	3 11	1 25	甲辰	4 10	2 25	甲戌	5 11	3 26	乙巳	6 11	4 28	丙子	7 12	5 29	丁未
0	2 11	12 26	乙亥	3 12	1 26	乙巳	4 11	2 26	乙亥	5 12	3 27	丙午	6 12	4 29	丁丑	7 13	6 1	戊申
4	2 12	12 27	丙子	3 13	1 27	丙午	4 12	2 27	丙子	5 13	3 28	丁未	6 13	4 30	戊寅	7 14	6 2	己酉
	2 13	12 28	丁丑	3 14	1 28	丁未	4 13	2 28	丁丑	5 14	3 29	戊申	6 14	5 1	己卯	7 15	6 3	庚戌
	2 14	12 29	戊寅	3 15	1 29	戊申	4 14	2 29	戊寅	5 15	4 1	己酉	6 15	5 2	庚辰	7 16	6 4	辛亥
	2 15	12 30	己卯	3 16	1 30	己酉	4 15	2 30	己卯	5 16	4 2	庚戌	6 16	5 3	辛巳	7 17	6 5	壬子
	2 16	1 1	庚辰	3 17	2 1	庚戌	4 16	3 1	庚辰	5 17	4 3	辛亥	6 17	5 4	壬午	7 18	6 6	癸丑
	2 17	1 2	辛巳	3 18	2 2	辛亥	4 17	3 2	辛巳	5 18	4 4	壬子	6 18	5 5	癸未	7 19	6 7	甲寅
	2 18	1 3	壬午	3 19	2 3	壬子	4 18	3 3	壬午	5 19	4 5	癸丑	6 19	5 6	甲申	7 20	6 8	乙卯
龍	2 19	1 4	癸未	3 20	2 4	癸丑	4 19	3 4	癸未	5 20	4 6	甲寅	6 20	5 7	乙酉	7 21	6 9	丙辰
	2 20	1 5	甲申	3 21	2 5	甲寅	4 20	3 5	甲申	5 21	4 7	乙卯	6 21	5 8	丙戌	7 22	6 10	丁巳
	2 21	1 6	乙酉	3 22	2 6	乙卯	4 21	3 6	乙酉	5 22	4 8	丙辰	6 22	5 9	丁亥	7 23	6 11	戊午
	2 22	1 7	丙戌	3 23	2 7	丙辰	4 22	3 7	丙戌	5 23	4 9	丁巳	6 23	5 10	戊子	7 24	6 12	己未
	2 23	1 8	丁亥	3 24	2 8	丁巳	4 23	3 8	丁亥	5 24	4 10	戊午	6 24	5 11	己丑	7 25	6 13	庚申
清	2 24	1 9	戊子	3 25	2 9	戊午	4 24	3 9	戊子	5 25	4 11	己未	6 25	5 12	庚寅	7 26	6 14	辛酉
光	2 25	1 10	己丑	3 26	2 10	己未	4 25	3 10	己丑	5 26	4 12	庚申	6 26	5 13	辛卯	7 27	6 15	壬戌
緒	2 26	1 11	庚寅	3 27	2 11	庚申	4 26	3 11	庚寅	5 27	4 13	辛酉	6 27	5 14	壬辰	7 28	6 16	癸亥
三	2 27	1 12	辛卯	3 28	2 12	辛酉	4 27	3 12	辛卯	5 28	4 14	壬戌	6 28	5 15	癸巳	7 29	6 17	甲子
十	2 28	1 13	壬辰	3 29	2 13	壬戌	4 28	3 13	壬辰	5 29	4 15	癸亥	6 29	5 16	甲午	7 30	6 18	乙丑
年	2 29	1 14	癸巳	3 30	2 14	癸亥	4 29	3 14	癸巳	5 30	4 16	甲子	6 30	5 17	乙未	7 31	6 19	丙寅
	3 1	1 15	甲午	3 31	2 15	甲子	4 30	3 15	甲午	5 31	4 17	乙丑	7 1	5 18	丙申	8 1	6 20	丁卯
民	3 2	1 16	乙未	4 1	2 16	乙丑	5 1	3 16	乙未	6 1	4 18	丙寅	7 2	5 19	丁酉	8 2	6 21	戊辰
國	3 3	1 17	丙申	4 2	2 17	丙寅	5 2	3 17	丙申	6 2	4 19	丁卯	7 3	5 20	戊戌	8 3	6 22	己巳
前	3 4	1 18	丁酉	4 3	2 18	丁卯	5 3	3 18	丁酉	6 3	4 20	戊辰	7 4	5 21	己亥	8 4	6 23	庚午
八	3 5	1 19	戊戌	4 4	2 19	戊辰	5 4	3 19	戊戌	6 4	4 21	己巳	7 5	5 22	庚子	8 5	6 24	辛未
年							5 5	3 20	己亥	6 5	4 22	庚午	7 6	5 23	辛丑	8 6	6 25	壬申
																8 7	6 26	癸酉
中氣	雨水			春分			穀雨			小滿			夏至			大暑		
	2/20 9時24分 巳時			3/21 8時58分 辰時			4/20 20時42分 戌時			5/21 20時29分 戌時			6/22 4時51分 寅時			7/23 15時49分 申時		

甲辰																		年
壬申			癸酉			甲戌			乙亥			丙子			丁丑			月
立秋			白露			寒露			立冬			大雪			小寒			節氣
8/8 8時11分 辰時			9/8 10時38分 巳時			10/9 1時35分 丑時			11/8 4時5分 寅時			12/7 20時25分 戌時			1/6 7時27分 辰時			
國曆	農曆	干支	國曆	農曆	干支	國曆	農曆	干支	國曆	農曆	干支	國曆	農曆	干支	國曆	農曆	干支	日
8 8	6 27	甲戌	9 8	7 29	乙巳	10 9	9 1	丙子	11 8	10 2	丙午	12 7	11 1	乙亥	1 6	12 1	乙巳	
8 9	6 28	乙亥	9 9	7 30	丙午	10 10	9 2	丁丑	11 9	10 3	丁未	12 8	11 2	丙子	1 7	12 2	丙午	
8 10	6 29	丙子	9 10	8 1	丁未	10 11	9 3	戊寅	11 10	10 4	戊申	12 9	11 3	丁丑	1 8	12 3	丁未	
8 11	7 1	丁丑	9 11	8 2	戊申	10 12	9 4	己卯	11 11	10 5	己酉	12 10	11 4	戊寅	1 9	12 4	戊申	1
8 12	7 2	戊寅	9 12	8 3	己酉	10 13	9 5	庚辰	11 12	10 6	庚戌	12 11	11 5	己卯	1 10	12 5	己酉	9
8 13	7 3	己卯	9 13	8 4	庚戌	10 14	9 6	辛巳	11 13	10 7	辛亥	12 12	11 6	庚辰	1 11	12 6	庚戌	0
8 14	7 4	庚辰	9 14	8 5	辛亥	10 15	9 7	壬午	11 14	10 8	壬子	12 13	11 7	辛巳	1 12	12 7	辛亥	4
8 15	7 5	辛巳	9 15	8 6	壬子	10 16	9 8	癸未	11 15	10 9	癸丑	12 14	11 8	壬午	1 13	12 8	壬子	·
8 16	7 6	壬午	9 16	8 7	癸丑	10 17	9 9	甲申	11 16	10 10	甲寅	12 15	11 9	癸未	1 14	12 9	癸丑	1
8 17	7 7	癸未	9 17	8 8	甲寅	10 18	9 10	乙酉	11 17	10 11	乙卯	12 16	11 10	甲申	1 15	12 10	甲寅	9
8 18	7 8	甲申	9 18	8 9	乙卯	10 19	9 11	丙戌	11 18	10 12	丙辰	12 17	11 11	乙酉	1 16	12 11	乙卯	0
8 19	7 9	乙酉	9 19	8 10	丙辰	10 20	9 12	丁亥	11 19	10 13	丁巳	12 18	11 12	丙戌	1 17	12 12	丙辰	5
8 20	7 10	丙戌	9 20	8 11	丁巳	10 21	9 13	戊子	11 20	10 14	戊午	12 19	11 13	丁亥	1 18	12 13	丁巳	
8 21	7 11	丁亥	9 21	8 12	戊午	10 22	9 14	己丑	11 21	10 15	己未	12 20	11 14	戊子	1 19	12 14	戊午	
8 22	7 12	戊子	9 22	8 13	己未	10 23	9 15	庚寅	11 22	10 16	庚申	12 21	11 15	己丑	1 20	12 15	己未	
8 23	7 13	己丑	9 23	8 14	庚申	10 24	9 16	辛卯	11 23	10 17	辛酉	12 22	11 16	庚寅	1 21	12 16	庚申	龍
8 24	7 14	庚寅	9 24	8 15	辛酉	10 25	9 17	壬辰	11 24	10 18	壬戌	12 23	11 17	辛卯	1 22	12 17	辛酉	
8 25	7 15	辛卯	9 25	8 16	壬戌	10 26	9 18	癸巳	11 25	10 19	癸亥	12 24	11 18	壬辰	1 23	12 18	壬戌	
8 26	7 16	壬辰	9 26	8 17	癸亥	10 27	9 19	甲午	11 26	10 20	甲子	12 25	11 19	癸巳	1 24	12 19	癸亥	
8 27	7 17	癸巳	9 27	8 18	甲子	10 28	9 20	乙未	11 27	10 21	乙丑	12 26	11 20	甲午	1 25	12 20	甲子	
8 28	7 18	甲午	9 28	8 19	乙丑	10 29	9 21	丙申	11 28	10 22	丙寅	12 27	11 21	乙未	1 26	12 21	乙丑	清
8 29	7 19	乙未	9 29	8 20	丙寅	10 30	9 22	丁酉	11 29	10 23	丁卯	12 28	11 22	丙申	1 27	12 22	丙寅	光
8 30	7 20	丙申	9 30	8 21	丁卯	10 31	9 23	戊戌	11 30	10 24	戊辰	12 29	11 23	丁酉	1 28	12 23	丁卯	緒
8 31	7 21	丁酉	10 1	8 22	戊辰	11 1	9 24	己亥	12 1	10 25	己巳	12 30	11 24	戊戌	1 29	12 24	戊辰	三
9 1	7 22	戊戌	10 2	8 23	己巳	11 2	9 25	庚子	12 2	10 26	庚午	12 31	11 25	己亥	1 30	12 25	己巳	十
9 2	7 23	己亥	10 3	8 24	庚午	11 3	9 26	辛丑	12 3	10 27	辛未	1 1	11 26	庚子	1 31	12 26	庚午	年
9 3	7 24	庚子	10 4	8 25	辛未	11 4	9 27	壬寅	12 4	10 28	壬申	1 2	11 27	辛丑	2 1	12 27	辛未	民
9 4	7 25	辛丑	10 5	8 26	壬申	11 5	9 28	癸卯	12 5	10 29	癸酉	1 3	11 28	壬寅	2 2	12 28	壬申	國
9 5	7 26	壬寅	10 6	8 27	癸酉	11 6	9 29	甲辰	12 6	10 30	甲戌	1 4	11 29	癸卯	2 3	12 29	癸酉	前
9 6	7 27	癸卯	10 7	8 28	甲戌	11 7	10 1	乙巳				1 5	11 30	甲辰				八
9 7	7 28	甲辰	10 8	8 29	乙亥													·
處暑			秋分			霜降			小雪			冬至			大寒			中氣
8/23 22時36分 亥時			9/23 19時40分 戌時			10/24 4時19分 寅時			11/23 1時15分 丑時			12/22 14時14分 未時			1/21 0時52分 子時			

年	乙巳																	
月	戊寅			己卯			庚辰			辛巳			壬午			癸未		
節氣	立春			驚蟄			清明			立夏			芒種			小暑		
氣	2/4 19時15分 戌時			3/6 13時45分 未時			4/5 19時14分 戌時			5/6 13時14分 未時			6/6 17時53分 酉時			7/8 4時20分 寅時		
日	國曆	農曆	干支	國曆	農曆	干支	國曆	農曆	干支	國曆	農曆	干支	國曆	農曆	干支	國曆	農曆	干支
	2 4	1 1	甲戌	3 6	2 1	甲辰	4 5	3 1	甲戌	5 6	4 3	乙巳	6 6	5 4	丙子	7 8	6 6	戊申
	2 5	1 2	乙亥	3 7	2 2	乙巳	4 6	3 2	乙亥	5 7	4 4	丙午	6 7	5 5	丁丑	7 9	6 7	己酉
	2 6	1 3	丙子	3 8	2 3	丙午	4 7	3 3	丙子	5 8	4 5	丁未	6 8	5 6	戊寅	7 10	6 8	庚戌
	2 7	1 4	丁丑	3 9	2 4	丁未	4 8	3 4	丁丑	5 9	4 6	戊申	6 9	5 7	己卯	7 11	6 9	辛亥
1	2 8	1 5	戊寅	3 10	2 5	戊申	4 9	3 5	戊寅	5 10	4 7	己酉	6 10	5 8	庚辰	7 12	6 10	壬子
9	2 9	1 6	己卯	3 11	2 6	己酉	4 10	3 6	己卯	5 11	4 8	庚戌	6 11	5 9	辛巳	7 13	6 11	癸丑
0	2 10	1 7	庚辰	3 12	2 7	庚戌	4 11	3 7	庚辰	5 12	4 9	辛亥	6 12	5 10	壬午	7 14	6 12	甲寅
5	2 11	1 8	辛巳	3 13	2 8	辛亥	4 12	3 8	辛巳	5 13	4 10	壬子	6 13	5 11	癸未	7 15	6 13	乙卯
	2 12	1 9	壬午	3 14	2 9	壬子	4 13	3 9	壬午	5 14	4 11	癸丑	6 14	5 12	甲申	7 16	6 14	丙辰
	2 13	1 10	癸未	3 15	2 10	癸丑	4 14	3 10	癸未	5 15	4 12	甲寅	6 15	5 13	乙酉	7 17	6 15	丁巳
	2 14	1 11	甲申	3 16	2 11	甲寅	4 15	3 11	甲申	5 16	4 13	乙卯	6 16	5 14	丙戌	7 18	6 16	戊午
	2 15	1 12	乙酉	3 17	2 12	乙卯	4 16	3 12	乙酉	5 17	4 14	丙辰	6 17	5 15	丁亥	7 19	6 17	己未
	2 16	1 13	丙戌	3 18	2 13	丙辰	4 17	3 13	丙戌	5 18	4 15	丁巳	6 18	5 16	戊子	7 20	6 18	庚申
	2 17	1 14	丁亥	3 19	2 14	丁巳	4 18	3 14	丁亥	5 19	4 16	戊午	6 19	5 17	己丑	7 21	6 19	辛酉
	2 18	1 15	戊子	3 20	2 15	戊午	4 19	3 15	戊子	5 20	4 17	己未	6 20	5 18	庚寅	7 22	6 20	壬戌
蛇	2 19	1 16	己丑	3 21	2 16	己未	4 20	3 16	己丑	5 21	4 18	庚申	6 21	5 19	辛卯	7 23	6 21	癸亥
	2 20	1 17	庚寅	3 22	2 17	庚申	4 21	3 17	庚寅	5 22	4 19	辛酉	6 22	5 20	壬辰	7 24	6 22	甲子
	2 21	1 18	辛卯	3 23	2 18	辛酉	4 22	3 18	辛卯	5 23	4 20	壬戌	6 23	5 21	癸巳	7 25	6 23	乙丑
	2 22	1 19	壬辰	3 24	2 19	壬戌	4 23	3 19	壬辰	5 24	4 21	癸亥	6 24	5 22	甲午	7 26	6 24	丙寅
	2 23	1 20	癸巳	3 25	2 20	癸亥	4 24	3 20	癸巳	5 25	4 22	甲子	6 25	5 23	乙未	7 27	6 25	丁卯
	2 24	1 21	甲午	3 26	2 21	甲子	4 25	3 21	甲午	5 26	4 23	乙丑	6 26	5 24	丙申	7 28	6 26	戊辰
	2 25	1 22	乙未	3 27	2 22	乙丑	4 26	3 22	乙未	5 27	4 24	丙寅	6 27	5 25	丁酉	7 29	6 27	己巳
	2 26	1 23	丙申	3 28	2 23	丙寅	4 27	3 23	丙申	5 28	4 25	丁卯	6 28	5 26	戊戌	7 30	6 28	庚午
清	2 27	1 24	丁酉	3 29	2 24	丁卯	4 28	3 24	丁酉	5 29	4 26	戊辰	6 29	5 27	己亥	7 31	6 29	辛未
光	2 28	1 25	戊戌	3 30	2 25	戊辰	4 29	3 25	戊戌	5 30	4 27	己巳	6 30	5 28	庚子	8 1	7 1	壬申
緒	3 1	1 26	己亥	3 31	2 26	己巳	4 30	3 26	己亥	5 31	4 28	庚午	7 1	5 29	辛丑	8 2	7 2	癸酉
三	3 2	1 27	庚子	4 1	2 27	庚午	5 1	3 27	庚子	6 1	4 29	辛未	7 2	5 30	壬寅	8 3	7 3	甲戌
十	3 3	1 28	辛丑	4 2	2 28	辛未	5 2	3 28	辛丑	6 2	4 30	壬申	7 3	6 1	癸卯	8 4	7 4	乙亥
一	3 4	1 29	壬寅	4 3	2 29	壬申	5 3	3 29	壬寅	6 3	5 1	癸酉	7 4	6 2	甲辰	8 5	7 5	丙子
年	3 5	1 30	癸卯	4 4	2 30	癸酉	5 4	4 1	癸卯	6 4	5 2	甲戌	7 5	6 3	乙巳	8 6	7 6	丁丑
民							5 5	4 2	甲辰	6 5	5 3	乙亥	7 6	6 4	丙午	8 7	7 7	戊寅
國													7 7	6 5	丁未			
前 七 年																		
中氣	雨水			春分			穀雨			小滿			夏至			大暑		
	2/19 15時21分 申時			3/21 14時57分 未時			4/21 2時43分 丑時			5/22 2時31分 丑時			6/22 10時51分 巳時			7/23 21時45分 亥時		

																		年
乙巳																		
甲申			乙酉			丙戌			丁亥			戊子			己丑			月
立秋			白露			寒露			立冬			大雪			小寒			節氣
8/8 13時57分 未時			9/8 16時21分 申時			10/9 7時19分 辰時			11/8 9時49分 巳時			12/8 2時10分 丑時			1/6 13時13分 未時			
國曆	農曆	干支	國曆	農曆	干支	國曆	農曆	干支	國曆	農曆	干支	國曆	農曆	干支	國曆	農曆	干支	日
8 8	7 8	己卯	9 8	8 10	庚戌	10 9	9 11	辛巳	11 8	10 12	辛亥	12 8	11 12	辛巳	1 6	12 12	庚戌	
8 9	7 9	庚辰	9 9	8 11	辛亥	10 10	9 12	壬午	11 9	10 13	壬子	12 9	11 13	壬午	1 7	12 13	辛亥	
8 10	7 10	辛巳	9 10	8 12	壬子	10 11	9 13	癸未	11 10	10 14	癸丑	12 10	11 14	癸未	1 8	12 14	壬子	
8 11	7 11	壬午	9 11	8 13	癸丑	10 12	9 14	甲申	11 11	10 15	甲寅	12 11	11 15	甲申	1 9	12 15	癸丑	
8 12	7 12	癸未	9 12	8 14	甲寅	10 13	9 15	乙酉	11 12	10 16	乙卯	12 12	11 16	乙酉	1 10	12 16	甲寅	1
8 13	7 13	甲申	9 13	8 15	乙卯	10 14	9 16	丙戌	11 13	10 17	丙辰	12 13	11 17	丙戌	1 11	12 17	乙卯	9
8 14	7 14	乙酉	9 14	8 16	丙辰	10 15	9 17	丁亥	11 14	10 18	丁巳	12 14	11 18	丁亥	1 12	12 18	丙辰	0
8 15	7 15	丙戌	9 15	8 17	丁巳	10 16	9 18	戊子	11 15	10 19	戊午	12 15	11 19	戊子	1 13	12 19	丁巳	5
8 16	7 16	丁亥	9 16	8 18	戊午	10 17	9 19	己丑	11 16	10 20	己未	12 16	11 20	己丑	1 14	12 20	戊午	·
8 17	7 17	戊子	9 17	8 19	己未	10 18	9 20	庚寅	11 17	10 21	庚申	12 17	11 21	庚寅	1 15	12 21	己未	1
8 18	7 18	己丑	9 18	8 20	庚申	10 19	9 21	辛卯	11 18	10 22	辛酉	12 18	11 22	辛卯	1 16	12 22	庚申	9
8 19	7 19	庚寅	9 19	8 21	辛酉	10 20	9 22	壬辰	11 19	10 23	壬戌	12 19	11 23	壬辰	1 17	12 23	辛酉	0
8 20	7 20	辛卯	9 20	8 22	壬戌	10 21	9 23	癸巳	11 20	10 24	癸亥	12 20	11 24	癸巳	1 18	12 24	壬戌	6
8 21	7 21	壬辰	9 21	8 23	癸亥	10 22	9 24	甲午	11 21	10 25	甲子	12 21	11 25	甲午	1 19	12 25	癸亥	
8 22	7 22	癸巳	9 22	8 24	甲子	10 23	9 25	乙未	11 22	10 26	乙丑	12 22	11 26	乙未	1 20	12 26	甲子	
8 23	7 23	甲午	9 23	8 25	乙丑	10 24	9 26	丙申	11 23	10 27	丙寅	12 23	11 27	丙申	1 21	12 27	乙丑	
8 24	7 24	乙未	9 24	8 26	丙寅	10 25	9 27	丁酉	11 24	10 28	丁卯	12 24	11 28	丁酉	1 22	12 28	丙寅	蛇
8 25	7 25	丙申	9 25	8 27	丁卯	10 26	9 28	戊戌	11 25	10 29	戊辰	12 25	11 29	戊戌	1 23	12 29	丁卯	
8 26	7 26	丁酉	9 26	8 28	戊辰	10 27	9 29	己亥	11 26	10 30	己巳	12 26	12 1	己亥	1 24	12 30	戊辰	
8 27	7 27	戊戌	9 27	8 29	己巳	10 28	10 1	庚子	11 27	11 1	庚午	12 27	12 2	庚子	1 25	1 1	己巳	清
8 28	7 28	己亥	9 28	8 30	庚午	10 29	10 2	辛丑	11 28	11 2	辛未	12 28	12 3	辛丑	1 26	1 2	庚午	光
8 29	7 29	庚子	9 29	9 1	辛未	10 30	10 3	壬寅	11 29	11 3	壬申	12 29	12 4	壬寅	1 27	1 3	辛未	緒
8 30	8 1	辛丑	9 30	9 2	壬申	10 31	10 4	癸卯	11 30	11 4	癸酉	12 30	12 5	癸卯	1 28	1 4	壬申	三
8 31	8 2	壬寅	10 1	9 3	癸酉	11 1	10 5	甲辰	12 1	11 5	甲戌	12 31	12 6	甲辰	1 29	1 5	癸酉	十
9 1	8 3	癸卯	10 2	9 4	甲戌	11 2	10 6	乙巳	12 2	11 6	乙亥	1 1	12 7	乙巳	1 30	1 6	甲戌	一
9 2	8 4	甲辰	10 3	9 5	乙亥	11 3	10 7	丙午	12 3	11 7	丙子	1 2	12 8	丙午	1 31	1 7	乙亥	年
9 3	8 5	乙巳	10 4	9 6	丙子	11 4	10 8	丁未	12 4	11 8	丁丑	1 3	12 9	丁未	2 1	1 8	丙子	民
9 4	8 6	丙午	10 5	9 7	丁丑	11 5	10 9	戊申	12 5	11 9	戊寅	1 4	12 10	戊申	2 2	1 9	丁丑	國
9 5	8 7	丁未	10 6	9 8	戊寅	11 6	10 10	己酉	12 6	11 10	己卯	1 5	12 11	己酉	2 3	1 10	戊寅	前
9 6	8 8	戊申	10 7	9 9	己卯	11 7	10 11	庚戌	12 7	11 11	庚辰				2 4	1 11	己卯	七
9 7	8 9	己酉	10 8	9 10	庚辰													·
處暑			秋分			霜降			小雪			冬至			大寒			六
8/24 4時28分 寅時			9/24 1時30分 丑時			10/24 10時8分 巳時			11/23 7時5分 辰時			12/22 20時3分 戌時			1/21 6時43分 卯時			年
																		中氣

年																		
	丙午																	
月	庚寅			辛卯			壬辰			癸巳			甲午			乙未		
節氣	立春			驚蟄			清明			立夏			芒種			小暑		
	2/5 1時3分 丑時			3/6 19時36分 戌時			4/6 1時7分 丑時			5/6 19時8分 戌時			6/6 23時49分 子時			7/8 10時15分 巳時		
日	國曆	農曆	干支	國曆	農曆	干支	國曆	農曆	干支	國曆	農曆	干支	國曆	農曆	干支	國曆	農曆	干支
1906	2 5	1 12	庚辰	3 6	2 12	己酉	4 6	3 13	庚辰	5 6	4 13	庚戌	6 6	4 15	辛巳	7 8	5 17	癸丑
	2 6	1 13	辛巳	3 7	2 13	庚戌	4 7	3 14	辛巳	5 7	4 14	辛亥	6 7	4 16	壬午	7 9	5 18	甲寅
	2 7	1 14	壬午	3 8	2 14	辛亥	4 8	3 15	壬午	5 8	4 15	壬子	6 8	4 17	癸未	7 10	5 19	乙卯
	2 8	1 15	癸未	3 9	2 15	壬子	4 9	3 16	癸未	5 9	4 16	癸丑	6 9	4 18	甲申	7 11	5 20	丙辰
	2 9	1 16	甲申	3 10	2 16	癸丑	4 10	3 17	甲申	5 10	4 17	甲寅	6 10	4 19	乙酉	7 12	5 21	丁巳
	2 10	1 17	乙酉	3 11	2 17	甲寅	4 11	3 18	乙酉	5 11	4 18	乙卯	6 11	4 20	丙戌	7 13	5 22	戊午
	2 11	1 18	丙戌	3 12	2 18	乙卯	4 12	3 19	丙戌	5 12	4 19	丙辰	6 12	4 21	丁亥	7 14	5 23	己未
	2 12	1 19	丁亥	3 13	2 19	丙辰	4 13	3 20	丁亥	5 13	4 20	丁巳	6 13	4 22	戊子	7 15	5 24	庚申
	2 13	1 20	戊子	3 14	2 20	丁巳	4 14	3 21	戊子	5 14	4 21	戊午	6 14	4 23	己丑	7 16	5 25	辛酉
	2 14	1 21	己丑	3 15	2 21	戊午	4 15	3 22	己丑	5 15	4 22	己未	6 15	4 24	庚寅	7 17	5 26	壬戌
	2 15	1 22	庚寅	3 16	2 22	己未	4 16	3 23	庚寅	5 16	4 23	庚申	6 16	4 25	辛卯	7 18	5 27	癸亥
	2 16	1 23	辛卯	3 17	2 23	庚申	4 17	3 24	辛卯	5 17	4 24	辛酉	6 17	4 26	壬辰	7 19	5 28	甲子
	2 17	1 24	壬辰	3 18	2 24	辛酉	4 18	3 25	壬辰	5 18	4 25	壬戌	6 18	4 27	癸巳	7 20	5 29	乙丑
馬	2 18	1 25	癸巳	3 19	2 25	壬戌	4 19	3 26	癸巳	5 19	4 26	癸亥	6 19	4 28	甲午	7 21	6 1	丙寅
	2 19	1 26	甲午	3 20	2 26	癸亥	4 20	3 27	甲午	5 20	4 27	甲子	6 20	4 29	乙未	7 22	6 2	丁卯
	2 20	1 27	乙未	3 21	2 27	甲子	4 21	3 28	乙未	5 21	4 28	乙丑	6 21	4 30	丙申	7 23	6 3	戊辰
	2 21	1 28	丙申	3 22	2 28	乙丑	4 22	3 29	丙申	5 22	4 29	丙寅	6 22	5 1	丁酉	7 24	6 4	己巳
	2 22	1 29	丁酉	3 23	2 29	丙寅	4 23	3 30	丁酉	5 23	閏4 1	丁卯	6 23	5 2	戊戌	7 25	6 5	庚午
	2 23	2 1	戊戌	3 24	2 30	丁卯	4 24	4 1	戊戌	5 24	4 2	戊辰	6 24	5 3	己亥	7 26	6 6	辛未
清	2 24	2 2	己亥	3 25	3 1	戊辰	4 25	4 2	己亥	5 25	4 3	己巳	6 25	5 4	庚子	7 27	6 7	壬申
光	2 25	2 3	庚子	3 26	3 2	己巳	4 26	4 3	庚子	5 26	4 4	庚午	6 26	5 5	辛丑	7 28	6 8	癸酉
緒	2 26	2 4	辛丑	3 27	3 3	庚午	4 27	4 4	辛丑	5 27	4 5	辛未	6 27	5 6	壬寅	7 29	6 9	甲戌
三	2 27	2 5	壬寅	3 28	3 4	辛未	4 28	4 5	壬寅	5 28	4 6	壬申	6 28	5 7	癸卯	7 30	6 10	乙亥
十	2 28	2 6	癸卯	3 29	3 5	壬申	4 29	4 6	癸卯	5 29	4 7	癸酉	6 29	5 8	甲辰	7 31	6 11	丙子
二	3 1	2 7	甲辰	3 30	3 6	癸酉	4 30	4 7	甲辰	5 30	4 8	甲戌	6 30	5 9	乙巳	8 1	6 12	丁丑
年	3 2	2 8	乙巳	3 31	3 7	甲戌	5 1	4 8	乙巳	5 31	4 9	乙亥	7 1	5 10	丙午	8 2	6 13	戊寅
	3 3	2 9	丙午	4 1	3 8	乙亥	5 2	4 9	丙午	6 1	4 10	丙子	7 2	5 11	丁未	8 3	6 14	己卯
民	3 4	2 10	丁未	4 2	3 9	丙子	5 3	4 10	丁未	6 2	4 11	丁丑	7 3	5 12	戊申	8 4	6 15	庚辰
國	3 5	2 11	戊申	4 3	3 10	丁丑	5 4	4 11	戊申	6 3	4 12	戊寅	7 4	5 13	己酉	8 5	6 16	辛巳
六				4 4	3 11	戊寅	5 5	4 12	己酉	6 4	4 13	己卯	7 5	5 14	庚戌	8 6	6 17	壬午
年				4 5	3 12	己卯				6 5	4 14	庚辰	7 6	5 15	辛亥	8 7	6 18	癸未
													7 7	5 16	壬子			
中氣	雨水			春分			穀雨			小滿			夏至			大暑		
	2/19 21時14分 亥時			3/21 20時52分 戌時			4/21 8時39分 辰時			5/22 8時25分 辰時			6/22 16時41分 申時			7/24 3時32分 寅時		

丙午																		年
丙申			丁酉			戊戌			己亥			庚子			辛丑			月
立秋			白露			寒露			立冬			大雪			小寒			節氣
8/8 19時51分 戌時			9/8 22時16分 亥時			10/9 13時15分 未時			11/8 15時47分 申時			12/8 8時9分 辰時			1/6 19時11分 戌時			
國曆	農曆	干支	國曆	農曆	干支	國曆	農曆	干支	國曆	農曆	干支	國曆	農曆	干支	國曆	農曆	干支	日
8 8	6 19	甲申	9 8	7 20	乙卯	10 9	8 22	丙戌	11 8	9 22	丙辰	12 8	10 23	丙戌	1 6	11 22	乙卯	
8 9	6 20	乙酉	9 9	7 21	丙辰	10 10	8 23	丁亥	11 9	9 23	丁巳	12 9	10 24	丁亥	1 7	11 23	丙辰	
8 10	6 21	丙戌	9 10	7 22	丁巳	10 11	8 24	戊子	11 10	9 24	戊午	12 10	10 25	戊子	1 8	11 24	丁巳	
8 11	6 22	丁亥	9 11	7 23	戊午	10 12	8 25	己丑	11 11	9 25	己未	12 11	10 26	己丑	1 9	11 25	戊午	
8 12	6 23	戊子	9 12	7 24	己未	10 13	8 26	庚寅	11 12	9 26	庚申	12 12	10 27	庚寅	1 10	11 26	己未	
8 13	6 24	己丑	9 13	7 25	庚申	10 14	8 27	辛卯	11 13	9 27	辛酉	12 13	10 28	辛卯	1 11	11 27	庚申	1
8 14	6 25	庚寅	9 14	7 26	辛酉	10 15	8 28	壬辰	11 14	9 28	壬戌	12 14	10 29	壬辰	1 12	11 28	辛酉	9
8 15	6 26	辛卯	9 15	7 27	壬戌	10 16	8 29	癸巳	11 15	9 29	癸亥	12 15	10 30	癸巳	1 13	11 29	壬戌	0
8 16	6 27	壬辰	9 16	7 28	癸亥	10 17	8 30	甲午	11 16	10 1	甲子	12 16	11 1	甲午	1 14	12 1	癸亥	6
8 17	6 28	癸巳	9 17	7 29	甲子	10 18	9 1	乙未	11 17	10 2	乙丑	12 17	11 2	乙未	1 15	12 2	甲子	·
8 18	6 29	甲午	9 18	8 1	乙丑	10 19	9 2	丙申	11 18	10 3	丙寅	12 18	11 3	丙申	1 16	12 3	乙丑	1
8 19	6 30	乙未	9 19	8 2	丙寅	10 20	9 3	丁酉	11 19	10 4	丁卯	12 19	11 4	丁酉	1 17	12 4	丙寅	9
8 20	7 1	丙申	9 20	8 3	丁卯	10 21	9 4	戊戌	11 20	10 5	戊辰	12 20	11 5	戊戌	1 18	12 5	丁卯	0
8 21	7 2	丁酉	9 21	8 4	戊辰	10 22	9 5	己亥	11 21	10 6	己巳	12 21	11 6	己亥	1 19	12 6	戊辰	7
8 22	7 3	戊戌	9 22	8 5	己巳	10 23	9 6	庚子	11 22	10 7	庚午	12 22	11 7	庚子	1 20	12 7	己巳	
8 23	7 4	己亥	9 23	8 6	庚午	10 24	9 7	辛丑	11 23	10 8	辛未	12 23	11 8	辛丑	1 21	12 8	庚午	
8 24	7 5	庚子	9 24	8 7	辛未	10 25	9 8	壬寅	11 24	10 9	壬申	12 24	11 9	壬寅	1 22	12 9	辛未	馬
8 25	7 6	辛丑	9 25	8 8	壬申	10 26	9 9	癸卯	11 25	10 10	癸酉	12 25	11 10	癸卯	1 23	12 10	壬申	
8 26	7 7	壬寅	9 26	8 9	癸酉	10 27	9 10	甲辰	11 26	10 11	甲戌	12 26	11 11	甲辰	1 24	12 11	癸酉	
8 27	7 8	癸卯	9 27	8 10	甲戌	10 28	9 11	乙巳	11 27	10 12	乙亥	12 27	11 12	乙巳	1 25	12 12	甲戌	清
8 28	7 9	甲辰	9 28	8 11	乙亥	10 29	9 12	丙午	11 28	10 13	丙子	12 28	11 13	丙午	1 26	12 13	乙亥	光
8 29	7 10	乙巳	9 29	8 12	丙子	10 30	9 13	丁未	11 29	10 14	丁丑	12 29	11 14	丁未	1 27	12 14	丙子	緒
8 30	7 11	丙午	9 30	8 13	丁丑	10 31	9 14	戊申	11 30	10 15	戊寅	12 30	11 15	戊申	1 28	12 15	丁丑	三
8 31	7 12	丁未	10 1	8 14	戊寅	11 1	9 15	己酉	12 1	10 16	己卯	12 31	11 16	己酉	1 29	12 16	戊寅	十
9 1	7 13	戊申	10 2	8 15	己卯	11 2	9 16	庚戌	12 2	10 17	庚辰	1 1	11 17	庚戌	1 30	12 17	己卯	二
9 2	7 14	己酉	10 3	8 16	庚辰	11 3	9 17	辛亥	12 3	10 18	辛巳	1 2	11 18	辛亥	1 31	12 18	庚辰	年
9 3	7 15	庚戌	10 4	8 17	辛巳	11 4	9 18	壬子	12 4	10 19	壬午	1 3	11 19	壬子	2 1	12 19	辛巳	
9 4	7 16	辛亥	10 5	8 18	壬午	11 5	9 19	癸丑	12 5	10 20	癸未	1 4	11 20	癸丑	2 2	12 20	壬午	民
9 5	7 17	壬子	10 6	8 19	癸未	11 6	9 20	甲寅	12 6	10 21	甲申	1 5	11 21	甲寅	2 3	12 21	癸未	國
9 6	7 18	癸丑	10 7	8 20	甲申	11 7	9 21	乙卯	12 7	10 22	乙酉				2 4	12 22	甲申	六
9 7	7 19	甲寅	10 8	8 21	乙酉													·
處暑			秋分			霜降			小雪			冬至			大寒			五
8/24 10時13分 巳時			9/24 7時15分 辰時			10/24 15時54分 申時			11/23 12時53分 午時			12/23 1時53分 丑時			1/21 12時30分 午時			年
																		中氣

年	丁未																
月	壬寅			癸卯			甲辰			乙巳			丙午			丁未		
簡氣	立春			驚蟄			清明			立夏			芒種			小暑		
	2/5 6時58分 卯時			3/7 1時27分 丑時			4/6 6時54分 卯時			5/7 0時53分 子時			6/7 5時33分 卯時			7/8 15時59分 申時		
日	國曆	農曆	干支	國曆	農曆	干支	國曆	農曆	干支	國曆	農曆	干支	國曆	農曆	干支	國曆	農曆	干支
	2 5	12 23	乙酉	3 7	1 23	乙卯	4 6	2 24	乙酉	5 7	3 25	丙辰	6 7	4 27	丁亥	7 8	5 28	戊午
	2 6	12 24	丙戌	3 8	1 24	丙辰	4 7	2 25	丙戌	5 8	3 26	丁巳	6 8	4 28	戊子	7 9	5 29	己未
	2 7	12 25	丁亥	3 9	1 25	丁巳	4 8	2 26	丁亥	5 9	3 27	戊午	6 9	4 29	己丑	7 10	6 1	庚申
	2 8	12 26	戊子	3 10	1 26	戊午	4 9	2 27	戊子	5 10	3 28	己未	6 10	4 30	庚寅	7 11	6 2	辛酉
1	2 9	12 27	己丑	3 11	1 27	己未	4 10	2 28	己丑	5 11	3 29	庚申	6 11	5 1	辛卯	7 12	6 3	壬戌
9	2 10	12 28	庚寅	3 12	1 28	庚申	4 11	2 29	庚寅	5 12	4 1	辛酉	6 12	5 2	壬辰	7 13	6 4	癸亥
0	2 11	12 29	辛卯	3 13	1 29	辛酉	4 12	2 30	辛卯	5 13	4 2	壬戌	6 13	5 3	癸巳	7 14	6 5	甲子
7	2 12	12 30	壬辰	3 14	2 1	壬戌	4 13	3 1	壬辰	5 14	4 3	癸亥	6 14	5 4	甲午	7 15	6 6	乙丑
	2 13	1 1	癸巳	3 15	2 2	癸亥	4 14	3 2	癸巳	5 15	4 4	甲子	6 15	5 5	乙未	7 16	6 7	丙寅
	2 14	1 2	甲午	3 16	2 3	甲子	4 15	3 3	甲午	5 16	4 5	乙丑	6 16	5 6	丙申	7 17	6 8	丁卯
	2 15	1 3	乙未	3 17	2 4	乙丑	4 16	3 4	乙未	5 17	4 6	丙寅	6 17	5 7	丁酉	7 18	6 9	戊辰
	2 16	1 4	丙申	3 18	2 5	丙寅	4 17	3 5	丙申	5 18	4 7	丁卯	6 18	5 8	戊戌	7 19	6 10	己巳
	2 17	1 5	丁酉	3 19	2 6	丁卯	4 18	3 6	丁酉	5 19	4 8	戊辰	6 19	5 9	己亥	7 20	6 11	庚午
羊	2 18	1 6	戊戌	3 20	2 7	戊辰	4 19	3 7	戊戌	5 20	4 9	己巳	6 20	5 10	庚子	7 21	6 12	辛未
	2 19	1 7	己亥	3 21	2 8	己巳	4 20	3 8	己亥	5 21	4 10	庚午	6 21	5 11	辛丑	7 22	6 13	壬申
	2 20	1 8	庚子	3 22	2 9	庚午	4 21	3 9	庚子	5 22	4 11	辛未	6 22	5 12	壬寅	7 23	6 14	癸酉
	2 21	1 9	辛丑	3 23	2 10	辛未	4 22	3 10	辛丑	5 23	4 12	壬申	6 23	5 13	癸卯	7 24	6 15	甲戌
	2 22	1 10	壬寅	3 24	2 11	壬申	4 23	3 11	壬寅	5 24	4 13	癸酉	6 24	5 14	甲辰	7 25	6 16	乙亥
清	2 23	1 11	癸卯	3 25	2 12	癸酉	4 24	3 12	癸卯	5 25	4 14	甲戌	6 25	5 15	乙巳	7 26	6 17	丙子
光	2 24	1 12	甲辰	3 26	2 13	甲戌	4 25	3 13	甲辰	5 26	4 15	乙亥	6 26	5 16	丙午	7 27	6 18	丁丑
緒	2 25	1 13	乙巳	3 27	2 14	乙亥	4 26	3 14	乙巳	5 27	4 16	丙子	6 27	5 17	丁未	7 28	6 19	戊寅
三	2 26	1 14	丙午	3 28	2 15	丙子	4 27	3 15	丙午	5 28	4 17	丁丑	6 28	5 18	戊申	7 29	6 20	己卯
十	2 27	1 15	丁未	3 29	2 16	丁丑	4 28	3 16	丁未	5 29	4 18	戊寅	6 29	5 19	己酉	7 30	6 21	庚辰
三	2 28	1 16	戊申	3 30	2 17	戊寅	4 29	3 17	戊申	5 30	4 19	己卯	6 30	5 20	庚戌	7 31	6 22	辛巳
年	3 1	1 17	己酉	3 31	2 18	己卯	4 30	3 18	己酉	5 31	4 20	庚辰	7 1	5 21	辛亥	8 1	6 23	壬午
	3 2	1 18	庚戌	4 1	2 19	庚辰	5 1	3 19	庚戌	6 1	4 21	辛巳	7 2	5 22	壬子	8 2	6 24	癸未
民	3 3	1 19	辛亥	4 2	2 20	辛巳	5 2	3 20	辛亥	6 2	4 22	壬午	7 3	5 23	癸丑	8 3	6 25	甲申
國	3 4	1 20	壬子	4 3	2 21	壬午	5 3	3 21	壬子	6 3	4 23	癸未	7 4	5 24	甲寅	8 4	6 26	乙酉
前	3 5	1 21	癸丑	4 4	2 22	癸未	5 4	3 22	癸丑	6 4	4 24	甲申	7 5	5 25	乙卯	8 5	6 27	丙戌
五	3 6	1 22	甲寅	4 5	2 23	甲申	5 5	3 23	甲寅	6 5	4 25	乙酉	7 6	5 26	丙辰	8 6	6 28	丁亥
年							5 6	3 24	乙卯	6 6	4 26	丙戌	7 7	5 27	丁巳	8 7	6 29	戊子
																8 8	6 30	己丑
中氣	雨水			春分			穀雨			小滿			夏至			大暑		
	2/20 2時58分 丑時			3/22 2時33分 丑時			4/21 14時17分 未時			5/22 14時3分 未時			6/22 22時23分 亥時			7/24 9時18分 巳時		

丁未

戊申			己酉			庚戌			辛亥			壬子			癸丑		
立秋			白露			寒露			立冬			大雪			小寒		
8/9 1時36分 丑時			9/9 4時2分 寅時			10/9 19時2分 戌時			11/8 21時36分 亥時			12/8 13時59分 未時			1/7 1時1分 丑時		
國曆	農曆	干支	國曆	農曆	干支	國曆	農曆	干支	國曆	農曆	干支	國曆	農曆	干支	國曆	農曆	干支
8 9	7 1	庚寅	9 9	8 2	辛酉	10 9	9 3	辛卯	11 8	10 3	辛酉	12 8	11 4	辛卯	1 7	12 4	辛酉
8 10	7 2	辛卯	9 10	8 3	壬戌	10 10	9 4	壬辰	11 9	10 4	壬戌	12 9	11 5	壬辰	1 8	12 5	壬戌
8 11	7 3	壬辰	9 11	8 4	癸亥	10 11	9 5	癸巳	11 10	10 5	癸亥	12 10	11 6	癸巳	1 9	12 6	癸亥
8 12	7 4	癸巳	9 12	8 5	甲子	10 12	9 6	甲午	11 11	10 6	甲子	12 11	11 7	甲午	1 10	12 7	甲子
8 13	7 5	甲午	9 13	8 6	乙丑	10 13	9 7	乙未	11 12	10 7	乙丑	12 12	11 8	乙未	1 11	12 8	乙丑
8 14	7 6	乙未	9 14	8 7	丙寅	10 14	9 8	丙申	11 13	10 8	丙寅	12 13	11 9	丙申	1 12	12 9	丙寅
8 15	7 7	丙申	9 15	8 8	丁卯	10 15	9 9	丁酉	11 14	10 9	丁卯	12 14	11 10	丁酉	1 13	12 10	丁卯
8 16	7 8	丁酉	9 16	8 9	戊辰	10 16	9 10	戊戌	11 15	10 10	戊辰	12 15	11 11	戊戌	1 14	12 11	戊辰
8 17	7 9	戊戌	9 17	8 10	己巳	10 17	9 11	己亥	11 16	10 11	己巳	12 16	11 12	己亥	1 15	12 12	己巳
8 18	7 10	己亥	9 18	8 11	庚午	10 18	9 12	庚子	11 17	10 12	庚午	12 17	11 13	庚子	1 16	12 13	庚午
8 19	7 11	庚子	9 19	8 12	辛未	10 19	9 13	辛丑	11 18	10 13	辛未	12 18	11 14	辛丑	1 17	12 14	辛未
8 20	7 12	辛丑	9 20	8 13	壬申	10 20	9 14	壬寅	11 19	10 14	壬申	12 19	11 15	壬寅	1 18	12 15	壬申
8 21	7 13	壬寅	9 21	8 14	癸酉	10 21	9 15	癸卯	11 20	10 15	癸酉	12 20	11 16	癸卯	1 19	12 16	癸酉
8 22	7 14	癸卯	9 22	8 15	甲戌	10 22	9 16	甲辰	11 21	10 16	甲戌	12 21	11 17	甲辰	1 20	12 17	甲戌
8 23	7 15	甲辰	9 23	8 16	乙亥	10 23	9 17	乙巳	11 22	10 17	乙亥	12 22	11 18	乙巳	1 21	12 18	乙亥
8 24	7 16	乙巳	9 24	8 17	丙子	10 24	9 18	丙午	11 23	10 18	丙子	12 23	11 19	丙午	1 22	12 19	丙子
8 25	7 17	丙午	9 25	8 18	丁丑	10 25	9 19	丁未	11 24	10 19	丁丑	12 24	11 20	丁未	1 23	12 20	丁丑
8 26	7 18	丁未	9 26	8 19	戊寅	10 26	9 20	戊申	11 25	10 20	戊寅	12 25	11 21	戊申	1 24	12 21	戊寅
8 27	7 19	戊申	9 27	8 20	己卯	10 27	9 21	己酉	11 26	10 21	己卯	12 26	11 22	己酉	1 25	12 22	己卯
8 28	7 20	己酉	9 28	8 21	庚辰	10 28	9 22	庚戌	11 27	10 22	庚辰	12 27	11 23	庚戌	1 26	12 23	庚辰
8 29	7 21	庚戌	9 29	8 22	辛巳	10 29	9 23	辛亥	11 28	10 23	辛巳	12 28	11 24	辛亥	1 27	12 24	辛巳
8 30	7 22	辛亥	9 30	8 23	壬午	10 30	9 24	壬子	11 29	10 24	壬午	12 29	11 25	壬子	1 28	12 25	壬午
8 31	7 23	壬子	10 1	8 24	癸未	10 31	9 25	癸丑	11 30	10 25	癸未	12 30	11 26	癸丑	1 29	12 26	癸未
9 1	7 24	癸丑	10 2	8 25	甲申	11 1	9 26	甲寅	12 1	10 26	甲申	12 31	11 27	甲寅	1 30	12 27	甲申
9 2	7 25	甲寅	10 3	8 26	乙酉	11 2	9 27	乙卯	12 2	10 27	乙酉	1 1	11 28	乙卯	1 31	12 28	乙酉
9 3	7 26	乙卯	10 4	8 27	丙戌	11 3	9 28	丙辰	12 3	10 28	丙戌	1 2	11 29	丙辰	2 1	12 29	丙戌
9 4	7 27	丙辰	10 5	8 28	丁亥	11 4	9 29	丁巳	12 4	10 29	丁亥	1 3	11 30	丁巳	2 2	1 1	丁亥
9 5	7 28	丁巳	10 6	8 29	戊子	11 5	9 30	戊午	12 5	11 1	戊子	1 4	12 1	戊午	2 3	1 2	戊子
9 6	7 29	戊午	10 7	9 1	己丑	11 6	10 1	己未	12 6	11 2	己丑	1 5	12 2	己未	2 4	1 3	己丑
9 7	7 30	己未	10 8	9 2	庚寅	11 7	10 2	庚申	12 7	11 3	庚寅	1 6	12 3	庚申			
9 8	8 1	庚申															

處暑			秋分			霜降			小雪			冬至			大寒		
8/24 16時3分 申時			9/24 13時8分 未時			10/24 21時51分 亥時			11/23 18時52分 酉時			12/23 7時51分 辰時			1/21 18時28分 酉時		

右欄：1907·1908　羊　清光緒三十三年　民國前五·四年

年																		
	戊申																	
月	甲寅			乙卯			丙辰			丁巳			戊午			己未		
節氣	立春 2/5 12時47分 午時			驚蟄 3/6 7時13分 辰時			清明 4/5 12時39分 午時			立夏 5/6 6時38分 卯時			芒種 6/6 11時19分 午時			小暑 7/7 21時48分 亥時		
日	國曆	農曆	干支	國曆	農曆	干支	國曆	農曆	干支	國曆	農曆	干支	國曆	農曆	干支	國曆	農曆	干支
	2 5	1 4	庚寅	3 6	2 4	庚申	4 5	3 5	庚寅	5 6	4 7	辛酉	6 6	5 8	壬辰	7 7	6 9	癸亥
	2 6	1 5	辛卯	3 7	2 5	辛酉	4 6	3 6	辛卯	5 7	4 8	壬戌	6 7	5 9	癸巳	7 8	6 10	甲子
	2 7	1 6	壬辰	3 8	2 6	壬戌	4 7	3 7	壬辰	5 8	4 9	癸亥	6 8	5 10	甲午	7 9	6 11	乙丑
1	2 8	1 7	癸巳	3 9	2 7	癸亥	4 8	3 8	癸巳	5 9	4 10	甲子	6 9	5 11	乙未	7 10	6 12	丙寅
9	2 9	1 8	甲午	3 10	2 8	甲子	4 9	3 9	甲午	5 10	4 11	乙丑	6 10	5 12	丙申	7 11	6 13	丁卯
0	2 10	1 9	乙未	3 11	2 9	乙丑	4 10	3 10	乙未	5 11	4 12	丙寅	6 11	5 13	丁酉	7 12	6 14	戊辰
8	2 11	1 10	丙申	3 12	2 10	丙寅	4 11	3 11	丙申	5 12	4 13	丁卯	6 12	5 14	戊戌	7 13	6 15	己巳
	2 12	1 11	丁酉	3 13	2 11	丁卯	4 12	3 12	丁酉	5 13	4 14	戊辰	6 13	5 15	己亥	7 14	6 16	庚午
	2 13	1 12	戊戌	3 14	2 12	戊辰	4 13	3 13	戊戌	5 14	4 15	己巳	6 14	5 16	庚子	7 15	6 17	辛未
	2 14	1 13	己亥	3 15	2 13	己巳	4 14	3 14	己亥	5 15	4 16	庚午	6 15	5 17	辛丑	7 16	6 18	壬申
猴	2 15	1 14	庚子	3 16	2 14	庚午	4 15	3 15	庚子	5 16	4 17	辛未	6 16	5 18	壬寅	7 17	6 19	癸酉
	2 16	1 15	辛丑	3 17	2 15	辛未	4 16	3 16	辛丑	5 17	4 18	壬申	6 17	5 19	癸卯	7 18	6 20	甲戌
	2 17	1 16	壬寅	3 18	2 16	壬申	4 17	3 17	壬寅	5 18	4 19	癸酉	6 18	5 20	甲辰	7 19	6 21	乙亥
	2 18	1 17	癸卯	3 19	2 17	癸酉	4 18	3 18	癸卯	5 19	4 20	甲戌	6 19	5 21	乙巳	7 20	6 22	丙子
	2 19	1 18	甲辰	3 20	2 18	甲戌	4 19	3 19	甲辰	5 20	4 21	乙亥	6 20	5 22	丙午	7 21	6 23	丁丑
清	2 20	1 19	乙巳	3 21	2 19	乙亥	4 20	3 20	乙巳	5 21	4 22	丙子	6 21	5 23	丁未	7 22	6 24	戊寅
光	2 21	1 20	丙午	3 22	2 20	丙子	4 21	3 21	丙午	5 22	4 23	丁丑	6 22	5 24	戊申	7 23	6 25	己卯
緒	2 22	1 21	丁未	3 23	2 21	丁丑	4 22	3 22	丁未	5 23	4 24	戊寅	6 23	5 25	己酉	7 24	6 26	庚辰
三	2 23	1 22	戊申	3 24	2 22	戊寅	4 23	3 23	戊申	5 24	4 25	己卯	6 24	5 26	庚戌	7 25	6 27	辛巳
十	2 24	1 23	己酉	3 25	2 23	己卯	4 24	3 24	己酉	5 25	4 26	庚辰	6 25	5 27	辛亥	7 26	6 28	壬午
四	2 25	1 24	庚戌	3 26	2 24	庚辰	4 25	3 25	庚戌	5 26	4 27	辛巳	6 26	5 28	壬子	7 27	6 29	癸未
年	2 26	1 25	辛亥	3 27	2 25	辛巳	4 26	3 26	辛亥	5 27	4 28	壬午	6 27	5 29	癸丑	7 28	7 1	甲申
	2 27	1 26	壬子	3 28	2 26	壬午	4 27	3 27	壬子	5 28	4 29	癸未	6 28	5 30	甲寅	7 29	7 2	乙酉
	2 28	1 27	癸丑	3 29	2 27	癸未	4 28	3 28	癸丑	5 29	4 30	甲申	6 29	6 1	乙卯	7 30	7 3	丙戌
	2 29	1 28	甲寅	3 30	2 28	甲申	4 29	3 29	甲寅	5 30	5 1	乙酉	6 30	6 2	丙辰	7 31	7 4	丁亥
民	3 1	1 29	乙卯	3 31	2 29	乙酉	4 30	4 1	乙卯	5 31	5 2	丙戌	7 1	6 3	丁巳	8 1	7 5	戊子
國	3 2	1 30	丙辰	4 1	3 1	丙戌	5 1	4 2	丙辰	6 1	5 3	丁亥	7 2	6 4	戊午	8 2	7 6	己丑
前	3 3	2 1	丁巳	4 2	3 2	丁亥	5 2	4 3	丁巳	6 2	5 4	戊子	7 3	6 5	己未	8 3	7 7	庚寅
四	3 4	2 2	戊午	4 3	3 3	戊子	5 3	4 4	戊午	6 3	5 5	己丑	7 4	6 6	庚申	8 4	7 8	辛卯
年	3 5	2 3	己未	4 4	3 4	己丑	5 4	4 5	己未	6 4	5 6	庚寅	7 5	6 7	辛酉	8 5	7 9	壬辰
							5 5	4 6	庚申	6 5	5 7	辛卯	7 6	6 8	壬戌	8 6	7 10	癸巳
																8 7	7 11	甲午
中氣	雨水 2/20 8時54分 辰時			春分 3/21 8時27分 辰時			穀雨 4/20 20時11分 戌時			小滿 5/21 19時58分 戌時			夏至 6/22 4時19分 寅時			大暑 7/23 15時14分 申時		

戊申（年）

月	庚申	辛酉	壬戌	癸亥	甲子	乙丑
節氣	立秋	白露	寒露	立冬	大雪	小寒
	8/8 7時26分 辰時	9/8 9時52分 巳時	10/9 0時50分 子時	11/8 3時22分 寅時	12/7 19時43分 戌時	1/6 6時45分 卯時

右欄：1908・1909　猴　清光緒三十四年　民國前四・三年

庚申 國曆	農曆	干支	辛酉 國曆	農曆	干支	壬戌 國曆	農曆	干支	癸亥 國曆	農曆	干支	甲子 國曆	農曆	干支	乙丑 國曆	農曆	干支
8 8	7 12	乙未	9 8	8 13	丙寅	10 9	9 15	丁酉	11 8	10 15	丁卯	12 7	11 14	丙申	1 6	12 15	丙寅
8 9	7 13	丙申	9 9	8 14	丁卯	10 10	9 16	戊戌	11 9	10 16	戊辰	12 8	11 15	丁酉	1 7	12 16	丁卯
8 10	7 14	丁酉	9 10	8 15	戊辰	10 11	9 17	己亥	11 10	10 17	己巳	12 9	11 16	戊戌	1 8	12 17	戊辰
8 11	7 15	戊戌	9 11	8 16	己巳	10 12	9 18	庚子	11 11	10 18	庚午	12 10	11 17	己亥	1 9	12 18	己巳
8 12	7 16	己亥	9 12	8 17	庚午	10 13	9 19	辛丑	11 12	10 19	辛未	12 11	11 18	庚子	1 10	12 19	庚午
8 13	7 17	庚子	9 13	8 18	辛未	10 14	9 20	壬寅	11 13	10 20	壬申	12 12	11 19	辛丑	1 11	12 20	辛未
8 14	7 18	辛丑	9 14	8 19	壬申	10 15	9 21	癸卯	11 14	10 21	癸酉	12 13	11 20	壬寅	1 12	12 21	壬申
8 15	7 19	壬寅	9 15	8 20	癸酉	10 16	9 22	甲辰	11 15	10 22	甲戌	12 14	11 21	癸卯	1 13	12 22	癸酉
8 16	7 20	癸卯	9 16	8 21	甲戌	10 17	9 23	乙巳	11 16	10 23	乙亥	12 15	11 22	甲辰	1 14	12 23	甲戌
8 17	7 21	甲辰	9 17	8 22	乙亥	10 18	9 24	丙午	11 17	10 24	丙子	12 16	11 23	乙巳	1 15	12 24	乙亥
8 18	7 22	乙巳	9 18	8 23	丙子	10 19	9 25	丁未	11 18	10 25	丁丑	12 17	11 24	丙午	1 16	12 25	丙子
8 19	7 23	丙午	9 19	8 24	丁丑	10 20	9 26	戊申	11 19	10 26	戊寅	12 18	11 25	丁未	1 17	12 26	丁丑
8 20	7 24	丁未	9 20	8 25	戊寅	10 21	9 27	己酉	11 20	10 27	己卯	12 19	11 26	戊申	1 18	12 27	戊寅
8 21	7 25	戊申	9 21	8 26	己卯	10 22	9 28	庚戌	11 21	10 28	庚辰	12 20	11 27	己酉	1 19	12 28	己卯
8 22	7 26	己酉	9 22	8 27	庚辰	10 23	9 29	辛亥	11 22	10 29	辛巳	12 21	11 28	庚戌	1 20	12 29	庚辰
8 23	7 27	庚戌	9 23	8 28	辛巳	10 24	9 30	壬子	11 23	10 30	壬午	12 22	11 29	辛亥	1 21	12 30	辛巳
8 24	7 28	辛亥	9 24	8 29	壬午	10 25	10 1	癸丑	11 24	11 1	癸未	12 23	12 1	壬子	1 22	1 1	壬午
8 25	7 29	壬子	9 25	9 1	癸未	10 26	10 2	甲寅	11 25	11 2	甲申	12 24	12 2	癸丑	1 23	1 2	癸未
8 26	7 30	癸丑	9 26	9 2	甲申	10 27	10 3	乙卯	11 26	11 3	乙酉	12 25	12 3	甲寅	1 24	1 3	甲申
8 27	8 1	甲寅	9 27	9 3	乙酉	10 28	10 4	丙辰	11 27	11 4	丙戌	12 26	12 4	乙卯	1 25	1 4	乙酉
8 28	8 2	乙卯	9 28	9 4	丙戌	10 29	10 5	丁巳	11 28	11 5	丁亥	12 27	12 5	丙辰	1 26	1 5	丙戌
8 29	8 3	丙辰	9 29	9 5	丁亥	10 30	10 6	戊午	11 29	11 6	戊子	12 28	12 6	丁巳	1 27	1 6	丁亥
8 30	8 4	丁巳	9 30	9 6	戊子	10 31	10 7	己未	11 30	11 7	己丑	12 29	12 7	戊午	1 28	1 7	戊子
8 31	8 5	戊午	10 1	9 7	己丑	11 1	10 8	庚申	12 1	11 8	庚寅	12 30	12 8	己未	1 29	1 8	己丑
9 1	8 6	己未	10 2	9 8	庚寅	11 2	10 9	辛酉	12 2	11 9	辛卯	12 31	12 9	庚申	1 30	1 9	庚寅
9 2	8 7	庚申	10 3	9 9	辛卯	11 3	10 10	壬戌	12 3	11 10	壬辰	1 1	12 10	辛酉	1 31	1 10	辛卯
9 3	8 8	辛酉	10 4	9 10	壬辰	11 4	10 11	癸亥	12 4	11 11	癸巳	1 2	12 11	壬戌	2 1	1 11	壬辰
9 4	8 9	壬戌	10 5	9 11	癸巳	11 5	10 12	甲子	12 5	11 12	甲午	1 3	12 12	癸亥	2 2	1 12	癸巳
9 5	8 10	癸亥	10 6	9 12	甲午	11 6	10 13	乙丑	12 6	11 13	乙未	1 4	12 13	甲子	2 3	1 13	甲午
9 6	8 11	甲子	10 7	9 13	乙未	11 7	10 14	丙寅				1 5	12 14	乙丑			
9 7	8 12	乙丑	10 8	9 14	丙申												

中氣	處暑	秋分	霜降	小雪	冬至	大寒
	8/23 21時57分 亥時	9/23 18時58分 酉時	10/24 3時36分 寅時	11/23 0時34分 子時	12/22 13時33分 未時	1/21 0時11分 子時

年	己酉																	
月	**丙寅**			**丁卯**			**戊辰**			**己巳**			**庚午**			**辛未**		
節氣	立春 2/4 18時32分 酉時			驚蟄 3/6 13時0分 未時			清明 4/5 18時29分 酉時			立夏 5/6 12時30分 午時			芒種 6/6 17時14分 酉時			小暑 7/8 3時44分 寅時		
日	國曆	農曆	干支	國曆	農曆	干支	國曆	農曆	干支	國曆	農曆	干支	國曆	農曆	干支	國曆	農曆	干支
1909	2/4	1/14	乙未	3/6	2/15	乙丑	4/5	閏2/15	乙未	5/6	3/17	丙寅	6/6	4/19	丁酉	7/8	5/21	己巳
	2/5	1/15	丙申	3/7	2/16	丙寅	4/6	閏2/16	丙申	5/7	3/18	丁卯	6/7	4/20	戊戌	7/9	5/22	庚午
	2/6	1/16	丁酉	3/8	2/17	丁卯	4/7	閏2/17	丁酉	5/8	3/19	戊辰	6/8	4/21	己亥	7/10	5/23	辛未
	2/7	1/17	戊戌	3/9	2/18	戊辰	4/8	閏2/18	戊戌	5/9	3/20	己巳	6/9	4/22	庚子	7/11	5/24	壬申
	2/8	1/18	己亥	3/10	2/19	己巳	4/9	閏2/19	己亥	5/10	3/21	庚午	6/10	4/23	辛丑	7/12	5/25	癸酉
	2/9	1/19	庚子	3/11	2/20	庚午	4/10	閏2/20	庚子	5/11	3/22	辛未	6/11	4/24	壬寅	7/13	5/26	甲戌
	2/10	1/20	辛丑	3/12	2/21	辛未	4/11	閏2/21	辛丑	5/12	3/23	壬申	6/12	4/25	癸卯	7/14	5/27	乙亥
	2/11	1/21	壬寅	3/13	2/22	壬申	4/12	閏2/22	壬寅	5/13	3/24	癸酉	6/13	4/26	甲辰	7/15	5/28	丙子
	2/12	1/22	癸卯	3/14	2/23	癸酉	4/13	閏2/23	癸卯	5/14	3/25	甲戌	6/14	4/27	乙巳	7/16	5/29	丁丑
	2/13	1/23	甲辰	3/15	2/24	甲戌	4/14	閏2/24	甲辰	5/15	3/26	乙亥	6/15	4/28	丙午	7/17	6/1	戊寅
	2/14	1/24	乙巳	3/16	2/25	乙亥	4/15	閏2/25	乙巳	5/16	3/27	丙子	6/16	4/29	丁未	7/18	6/2	己卯
	2/15	1/25	丙午	3/17	2/26	丙子	4/16	閏2/26	丙午	5/17	3/28	丁丑	6/17	4/30	戊申	7/19	6/3	庚辰
	2/16	1/26	丁未	3/18	2/27	丁丑	4/17	閏2/27	丁未	5/18	3/29	戊寅	6/18	5/1	己酉	7/20	6/4	辛巳
	2/17	1/27	戊申	3/19	2/28	戊寅	4/18	閏2/28	戊申	5/19	4/1	己卯	6/19	5/2	庚戌	7/21	6/5	壬午
雞	2/18	1/28	己酉	3/20	2/29	己卯	4/19	閏2/29	己酉	5/20	4/2	庚辰	6/20	5/3	辛亥	7/22	6/6	癸未
	2/19	1/29	庚戌	3/21	2/30	庚辰	4/20	3/1	庚戌	5/21	4/3	辛巳	6/21	5/4	壬子	7/23	6/7	甲申
	2/20	2/1	辛亥	3/22	閏2/1	辛巳	4/21	3/2	辛亥	5/22	4/4	壬午	6/22	5/5	癸丑	7/24	6/8	乙酉
	2/21	2/2	壬子	3/23	閏2/2	壬午	4/22	3/3	壬子	5/23	4/5	癸未	6/23	5/6	甲寅	7/25	6/9	丙戌
	2/22	2/3	癸丑	3/24	閏2/3	癸未	4/23	3/4	癸丑	5/24	4/6	甲申	6/24	5/7	乙卯	7/26	6/10	丁亥
清	2/23	2/4	甲寅	3/25	閏2/4	甲申	4/24	3/5	甲寅	5/25	4/7	乙酉	6/25	5/8	丙辰	7/27	6/11	戊子
宣	2/24	2/5	乙卯	3/26	閏2/5	乙酉	4/25	3/6	乙卯	5/26	4/8	丙戌	6/26	5/9	丁巳	7/28	6/12	己丑
統	2/25	2/6	丙辰	3/27	閏2/6	丙戌	4/26	3/7	丙辰	5/27	4/9	丁亥	6/27	5/10	戊午	7/29	6/13	庚寅
元	2/26	2/7	丁巳	3/28	閏2/7	丁亥	4/27	3/8	丁巳	5/28	4/10	戊子	6/28	5/11	己未	7/30	6/14	辛卯
年	2/27	2/8	戊午	3/29	閏2/8	戊子	4/28	3/9	戊午	5/29	4/11	己丑	6/29	5/12	庚申	7/31	6/15	壬辰
	2/28	2/9	己未	3/30	閏2/9	己丑	4/29	3/10	己未	5/30	4/12	庚寅	6/30	5/13	辛酉	8/1	6/16	癸巳
民	3/1	2/10	庚申	3/31	閏2/10	庚寅	4/30	3/11	庚申	5/31	4/13	辛卯	7/1	5/14	壬戌	8/2	6/17	甲午
國	3/2	2/11	辛酉	4/1	閏2/11	辛卯	5/1	3/12	辛酉	6/1	4/14	壬辰	7/2	5/15	癸亥	8/3	6/18	乙未
前	3/3	2/12	壬戌	4/2	閏2/12	壬辰	5/2	3/13	壬戌	6/2	4/15	癸巳	7/3	5/16	甲子	8/4	6/19	丙申
三	3/4	2/13	癸亥	4/3	閏2/13	癸巳	5/3	3/14	癸亥	6/3	4/16	甲午	7/4	5/17	乙丑	8/5	6/20	丁酉
年	3/5	2/14	甲子	4/4	閏2/14	甲午	5/4	3/15	甲子	6/4	4/17	乙未	7/5	5/18	丙寅	8/6	6/21	戊戌
							5/5	3/16	乙丑	6/5	4/18	丙申	7/6	5/19	丁卯	8/7	6/22	己亥
													7/7	5/20	戊辰			
中氣	雨水 2/19 14時38分 未時			春分 3/21 14時13分 未時			穀雨 4/21 1時57分 丑時			小滿 5/22 1時44分 丑時			夏至 6/22 10時5分 巳時			大暑 7/23 21時0分 亥時		

己酉																															年
壬申					癸酉					甲戌					乙亥					丙子					丁丑						月
立秋					白露					寒露					立冬					大雪					小寒						節氣
8/8 13時22分 未時					9/8 15時46分 申時					10/9 6時43分 卯時					11/8 9時13分 巳時					12/8 1時34分 丑時					1/6 12時38分 午時						
國曆		農曆		干支	國曆		農曆		干支	國曆		農曆		干支	國曆		農曆		干支	國曆		農曆		干支	國曆		農曆		干支			日
8	8	6	23	庚子	9	8	7	24	辛未	10	9	8	26	壬寅	11	8	9	26	壬申	12	8	10	26	壬寅	1	6	11	25	辛未		
8	9	6	24	辛丑	9	9	7	25	壬申	10	10	8	27	癸卯	11	9	9	27	癸酉	12	9	10	27	癸卯	1	7	11	26	壬申		
8	10	6	25	壬寅	9	10	7	26	癸酉	10	11	8	28	甲辰	11	10	9	28	甲戌	12	10	10	28	甲辰	1	8	11	27	癸酉		
8	11	6	26	癸卯	9	11	7	27	甲戌	10	12	8	29	乙巳	11	11	9	29	乙亥	12	11	10	29	乙巳	1	9	11	28	甲戌		
8	12	6	27	甲辰	9	12	7	28	乙亥	10	13	8	30	丙午	11	12	9	30	丙子	12	12	10	30	丙午	1	10	11	29	乙亥		
8	13	6	28	乙巳	9	13	7	29	丙子	10	14	9	1	丁未	11	13	10	1	丁丑	12	13	11	1	丁未	1	11	12	1	丙子		
8	14	6	29	丙午	9	14	8	1	丁丑	10	15	9	2	戊申	11	14	10	2	戊寅	12	14	11	2	戊申	1	12	12	2	丁丑	1	
8	15	6	30	丁未	9	15	8	2	戊寅	10	16	9	3	己酉	11	15	10	3	己卯	12	15	11	3	己酉	1	13	12	3	戊寅	9	
8	16	7	1	戊申	9	16	8	3	己卯	10	17	9	4	庚戌	11	16	10	4	庚辰	12	16	11	4	庚戌	1	14	12	4	己卯	0	
8	17	7	2	己酉	9	17	8	4	庚辰	10	18	9	5	辛亥	11	17	10	5	辛巳	12	17	11	5	辛亥	1	15	12	5	庚辰	9	
8	18	7	3	庚戌	9	18	8	5	辛巳	10	19	9	6	壬子	11	18	10	6	壬午	12	18	11	6	壬子	1	16	12	6	辛巳	·	
8	19	7	4	辛亥	9	19	8	6	壬午	10	20	9	7	癸丑	11	19	10	7	癸未	12	19	11	7	癸丑	1	17	12	7	壬午	1	
8	20	7	5	壬子	9	20	8	7	癸未	10	21	9	8	甲寅	11	20	10	8	甲申	12	20	11	8	甲寅	1	18	12	8	癸未	9	
8	21	7	6	癸丑	9	21	8	8	甲申	10	22	9	9	乙卯	11	21	10	9	乙酉	12	21	11	9	乙卯	1	19	12	9	甲申	1	
8	22	7	7	甲寅	9	22	8	9	乙酉	10	23	9	10	丙辰	11	22	10	10	丙戌	12	22	11	10	丙辰	1	20	12	10	乙酉	0	
8	23	7	8	乙卯	9	23	8	10	丙戌	10	24	9	11	丁巳	11	23	10	11	丁亥	12	23	11	11	丁巳	1	21	12	11	丙戌		
8	24	7	9	丙辰	9	24	8	11	丁亥	10	25	9	12	戊午	11	24	10	12	戊子	12	24	11	12	戊午	1	22	12	12	丁亥		
8	25	7	10	丁巳	9	25	8	12	戊子	10	26	9	13	己未	11	25	10	13	己丑	12	25	11	13	己未	1	23	12	13	戊子	雞	
8	26	7	11	戊午	9	26	8	13	己丑	10	27	9	14	庚申	11	26	10	14	庚寅	12	26	11	14	庚申	1	24	12	14	己丑		
8	27	7	12	己未	9	27	8	14	庚寅	10	28	9	15	辛酉	11	27	10	15	辛卯	12	27	11	15	辛酉	1	25	12	15	庚寅		
8	28	7	13	庚申	9	28	8	15	辛卯	10	29	9	16	壬戌	11	28	10	16	壬辰	12	28	11	16	壬戌	1	26	12	16	辛卯		
8	29	7	14	辛酉	9	29	8	16	壬辰	10	30	9	17	癸亥	11	29	10	17	癸巳	12	29	11	17	癸亥	1	27	12	17	壬辰	清	
8	30	7	15	壬戌	9	30	8	17	癸巳	10	31	9	18	甲子	11	30	10	18	甲子	12	30	11	18	甲子	1	28	12	18	癸巳	宣	
8	31	7	16	癸亥	10	1	8	18	甲午	11	1	9	19	乙丑	12	1	10	19	乙未	12	31	11	19	乙丑	1	29	12	19	甲午	統	
9	1	7	17	甲子	10	2	8	19	乙未	11	2	9	20	丙寅	12	2	10	20	丙申	1	1	11	20	丙寅	1	30	12	20	乙未	元	
9	2	7	18	乙丑	10	3	8	20	丙申	11	3	9	21	丁卯	12	3	10	21	丁酉	1	2	11	21	丁卯	1	31	12	21	丙申	年	
9	3	7	19	丙寅	10	4	8	21	丁酉	11	4	9	22	戊辰	12	4	10	22	戊戌	1	3	11	22	戊辰	2	1	12	22	丁酉		
9	4	7	20	丁卯	10	5	8	22	戊戌	11	5	9	23	己巳	12	5	10	23	己亥	1	4	11	23	己巳	2	2	12	23	戊戌		
9	5	7	21	戊辰	10	6	8	23	己亥	11	6	9	24	庚午	12	6	10	24	庚子	1	5	11	24	庚午	2	3	12	24	己亥	民	
9	6	7	22	己巳	10	7	8	24	庚子	11	7	9	25	辛未	12	7	10	25	辛丑						2	4	12	25	庚子	國	
9	7	7	23	庚午	10	8	8	25	辛丑																					前	
處暑					秋分					霜降					小雪					冬至					大寒					三·二年	中氣
8/24 3時43分 寅時					9/24 0時44分 子時					10/24 9時22分 巳時					11/23 6時20分 卯時					12/22 19時19分 戌時					1/21 5時59分 卯時						

年	庚戌																
月	戊寅			己卯			庚辰			辛巳			壬午			癸未		
節氣	立春			驚蟄			清明			立夏			芒種			小暑		
	2/5 0時27分 子時			3/6 18時56分 酉時			4/6 0時23分 子時			5/6 18時19分 酉時			6/6 22時56分 亥時			7/8 9時21分 巳時		
日	國曆	農曆	干支	國曆	農曆	干支	國曆	農曆	干支	國曆	農曆	干支	國曆	農曆	干支	國曆	農曆	干支
	2 5	12 26	辛丑	3 6	1 25	庚午	4 6	2 27	辛丑	5 6	3 27	辛未	6 6	4 29	壬寅	7 8	6 2	甲戌
	2 6	12 27	壬寅	3 7	1 26	辛未	4 7	2 28	壬寅	5 7	3 28	壬申	6 7	5 1	癸卯	7 9	6 3	乙亥
	2 7	12 28	癸卯	3 8	1 27	壬申	4 8	2 29	癸卯	5 8	3 29	癸酉	6 8	5 2	甲辰	7 10	6 4	丙子
	2 8	12 29	甲辰	3 9	1 28	癸酉	4 9	2 30	甲辰	5 9	4 1	甲戌	6 9	5 3	乙巳	7 11	6 5	丁丑
	2 9	12 30	乙巳	3 10	1 29	甲戌	4 10	3 1	乙巳	5 10	4 2	乙亥	6 10	5 4	丙午	7 12	6 6	戊寅
1	2 10	1 1	丙午	3 11	2 1	乙亥	4 11	3 2	丙午	5 11	4 3	丙子	6 11	5 5	丁未	7 13	6 7	己卯
9	2 11	1 2	丁未	3 12	2 2	丙子	4 12	3 3	丁未	5 12	4 4	丁丑	6 12	5 6	戊申	7 14	6 8	庚辰
1	2 12	1 3	戊申	3 13	2 3	丁丑	4 13	3 4	戊申	5 13	4 5	戊寅	6 13	5 7	己酉	7 15	6 9	辛巳
0	2 13	1 4	己酉	3 14	2 4	戊寅	4 14	3 5	己酉	5 14	4 6	己卯	6 14	5 8	庚戌	7 16	6 10	壬午
	2 14	1 5	庚戌	3 15	2 5	己卯	4 15	3 6	庚戌	5 15	4 7	庚辰	6 15	5 9	辛亥	7 17	6 11	癸未
	2 15	1 6	辛亥	3 16	2 6	庚辰	4 16	3 7	辛亥	5 16	4 8	辛巳	6 16	5 10	壬子	7 18	6 12	甲申
	2 16	1 7	壬子	3 17	2 7	辛巳	4 17	3 8	壬子	5 17	4 9	壬午	6 17	5 11	癸丑	7 19	6 13	乙酉
	2 17	1 8	癸丑	3 18	2 8	壬午	4 18	3 9	癸丑	5 18	4 10	癸未	6 18	5 12	甲寅	7 20	6 14	丙戌
	2 18	1 9	甲寅	3 19	2 9	癸未	4 19	3 10	甲寅	5 19	4 11	甲申	6 19	5 13	乙卯	7 21	6 15	丁亥
狗	2 19	1 10	乙卯	3 20	2 10	甲申	4 20	3 11	乙卯	5 20	4 12	乙酉	6 20	5 14	丙辰	7 22	6 16	戊子
	2 20	1 11	丙辰	3 21	2 11	乙酉	4 21	3 12	丙辰	5 21	4 13	丙戌	6 21	5 15	丁巳	7 23	6 17	己丑
	2 21	1 12	丁巳	3 22	2 12	丙戌	4 22	3 13	丁巳	5 22	4 14	丁亥	6 22	5 16	戊午	7 24	6 18	庚寅
	2 22	1 13	戊午	3 23	2 13	丁亥	4 23	3 14	戊午	5 23	4 15	戊子	6 23	5 17	己未	7 25	6 19	辛卯
	2 23	1 14	己未	3 24	2 14	戊子	4 24	3 15	己未	5 24	4 16	己丑	6 24	5 18	庚申	7 26	6 20	壬辰
	2 24	1 15	庚申	3 25	2 15	己丑	4 25	3 16	庚申	5 25	4 17	庚寅	6 25	5 19	辛酉	7 27	6 21	癸巳
	2 25	1 16	辛酉	3 26	2 16	庚寅	4 26	3 17	辛酉	5 26	4 18	辛卯	6 26	5 20	壬戌	7 28	6 22	甲午
清	2 26	1 17	壬戌	3 27	2 17	辛卯	4 27	3 18	壬戌	5 27	4 19	壬辰	6 27	5 21	癸亥	7 29	6 23	乙未
宣	2 27	1 18	癸亥	3 28	2 18	壬辰	4 28	3 19	癸亥	5 28	4 20	癸巳	6 28	5 22	甲子	7 30	6 24	丙申
統	2 28	1 19	甲子	3 29	2 19	癸巳	4 29	3 20	甲子	5 29	4 21	甲午	6 29	5 23	乙丑	7 31	6 25	丁酉
二	3 1	1 20	乙丑	3 30	2 20	甲午	4 30	3 21	乙丑	5 30	4 22	乙未	6 30	5 24	丙寅	8 1	6 26	戊戌
年	3 2	1 21	丙寅	3 31	2 21	乙未	5 1	3 22	丙寅	5 31	4 23	丙申	7 1	5 25	丁卯	8 2	6 27	己亥
	3 3	1 22	丁卯	4 1	2 22	丙申	5 2	3 23	丁卯	6 1	4 24	丁酉	7 2	5 26	戊辰	8 3	6 28	庚子
民	3 4	1 23	戊辰	4 2	2 23	丁酉	5 3	3 24	戊辰	6 2	4 25	戊戌	7 3	5 27	己巳	8 4	6 29	辛丑
國	3 5	1 24	己巳	4 3	2 24	戊戌	5 4	3 25	己巳	6 3	4 26	己亥	7 4	5 28	庚午	8 5	7 1	壬寅
前				4 4	2 25	己亥	5 5	3 26	庚午	6 4	4 27	庚子	7 5	5 29	辛未	8 6	7 2	癸卯
二				4 5	2 26	庚子				6 5	4 28	辛丑	7 6	5 30	壬申	8 7	7 3	甲辰
年													7 7	6 1	癸酉			
中氣	雨水			春分			穀雨			小滿			夏至			大暑		
	2/19 20時28分 戌時			3/21 20時2分 戌時			4/21 7時45分 辰時			5/22 7時30分 辰時			6/22 15時48分 申時			7/24 2時43分 丑時		

庚戌																		年
甲申			乙酉			丙戌			丁亥			戊子			己丑			月
立秋			白露			寒露			立冬			大雪			小寒			節氣
8/8 18時57分 酉時			9/8 21時22分 亥時			10/9 12時21分 午時			11/8 14時53分 未時			12/8 7時17分 辰時			1/6 18時21分 酉時			節氣
國曆	農曆	干支	國曆	農曆	干支	國曆	農曆	干支	國曆	農曆	干支	國曆	農曆	干支	國曆	農曆	干支	日
8 8	7 4	乙巳	9 8	8 5	丙子	10 9	9 7	丁未	11 8	10 7	丁丑	12 8	11 7	丁未	1 6	12 6	丙子	
8 9	7 5	丙午	9 9	8 6	丁丑	10 10	9 8	戊申	11 9	10 8	戊寅	12 9	11 8	戊申	1 7	12 7	丁丑	
8 10	7 6	丁未	9 10	8 7	戊寅	10 11	9 9	己酉	11 10	10 9	己卯	12 10	11 9	己酉	1 8	12 8	戊寅	
8 11	7 7	戊申	9 11	8 8	己卯	10 12	9 10	庚戌	11 11	10 10	庚辰	12 11	11 10	庚戌	1 9	12 9	己卯	
8 12	7 8	己酉	9 12	8 9	庚辰	10 13	9 11	辛亥	11 12	10 11	辛巳	12 12	11 11	辛亥	1 10	12 10	庚辰	1 9 1 0 · 1 9 1 1
8 13	7 9	庚戌	9 13	8 10	辛巳	10 14	9 12	壬子	11 13	10 12	壬午	12 13	11 12	壬子	1 11	12 11	辛巳	
8 14	7 10	辛亥	9 14	8 11	壬午	10 15	9 13	癸丑	11 14	10 13	癸未	12 14	11 13	癸丑	1 12	12 12	壬午	
8 15	7 11	壬子	9 15	8 12	癸未	10 16	9 14	甲寅	11 15	10 14	甲申	12 15	11 14	甲寅	1 13	12 13	癸未	
8 16	7 12	癸丑	9 16	8 13	甲申	10 17	9 15	乙卯	11 16	10 15	乙酉	12 16	11 15	乙卯	1 14	12 14	甲申	
8 17	7 13	甲寅	9 17	8 14	乙酉	10 18	9 16	丙辰	11 17	10 16	丙戌	12 17	11 16	丙辰	1 15	12 15	乙酉	
8 18	7 14	乙卯	9 18	8 15	丙戌	10 19	9 17	丁巳	11 18	10 17	丁亥	12 18	11 17	丁巳	1 16	12 16	丙戌	
8 19	7 15	丙辰	9 19	8 16	丁亥	10 20	9 18	戊午	11 19	10 18	戊子	12 19	11 18	戊午	1 17	12 17	丁亥	
8 20	7 16	丁巳	9 20	8 17	戊子	10 21	9 19	己未	11 20	10 19	己丑	12 20	11 19	己未	1 18	12 18	戊子	
8 21	7 17	戊午	9 21	8 18	己丑	10 22	9 20	庚申	11 21	10 20	庚寅	12 21	11 20	庚申	1 19	12 19	己丑	狗
8 22	7 18	己未	9 22	8 19	庚寅	10 23	9 21	辛酉	11 22	10 21	辛卯	12 22	11 21	辛酉	1 20	12 20	庚寅	
8 23	7 19	庚申	9 23	8 20	辛卯	10 24	9 22	壬戌	11 23	10 22	壬辰	12 23	11 22	壬戌	1 21	12 21	辛卯	
8 24	7 20	辛酉	9 24	8 21	壬辰	10 25	9 23	癸亥	11 24	10 23	癸巳	12 24	11 23	癸亥	1 22	12 22	壬辰	
8 25	7 21	壬戌	9 25	8 22	癸巳	10 26	9 24	甲子	11 25	10 24	甲午	12 25	11 24	甲子	1 23	12 23	癸巳	
8 26	7 22	癸亥	9 26	8 23	甲午	10 27	9 25	乙丑	11 26	10 25	乙未	12 26	11 25	乙丑	1 24	12 24	甲午	
8 27	7 23	甲子	9 27	8 24	乙未	10 28	9 26	丙寅	11 27	10 26	丙申	12 27	11 26	丙寅	1 25	12 25	乙未	
8 28	7 24	乙丑	9 28	8 25	丙申	10 29	9 27	丁卯	11 28	10 27	丁酉	12 28	11 27	丁卯	1 26	12 26	丙申	清宣統二年
8 29	7 25	丙寅	9 29	8 26	丁酉	10 30	9 28	戊辰	11 29	10 28	戊戌	12 29	11 28	戊辰	1 27	12 27	丁酉	
8 30	7 26	丁卯	9 30	8 27	戊戌	10 31	9 29	己巳	11 30	10 29	己亥	12 30	11 29	己巳	1 28	12 28	戊戌	
8 31	7 27	戊辰	10 1	8 28	己亥	11 1	9 30	庚午	12 1	10 30	庚子	12 31	11 30	庚午	1 29	12 29	己亥	
9 1	7 28	己巳	10 2	8 29	庚子	11 2	10 1	辛未	12 2	11 1	辛丑	1 1	12 1	辛未	1 30	1 1	庚子	民國前二·一年
9 2	7 29	庚午	10 3	9 1	辛丑	11 3	10 2	壬申	12 3	11 2	壬寅	1 2	12 2	壬申	1 31	1 2	辛丑	
9 3	7 30	辛未	10 4	9 2	壬寅	11 4	10 3	癸酉	12 4	11 3	癸卯	1 3	12 3	癸酉	2 1	1 3	壬寅	
9 4	8 1	壬申	10 5	9 3	癸卯	11 5	10 4	甲戌	12 5	11 4	甲辰	1 4	12 4	甲戌	2 2	1 4	癸卯	
9 5	8 2	癸酉	10 6	9 4	甲辰	11 6	10 5	乙亥	12 6	11 5	乙巳	1 5	12 5	乙亥	2 3	1 5	甲辰	
9 6	8 3	甲戌	10 7	9 5	乙巳	11 7	10 6	丙子	12 7	11 6	丙午				2 4	1 6	乙巳	
9 7	8 4	乙亥	10 8	9 6	丙午													
處暑			秋分			霜降			小雪			冬至			大寒			中氣
8/24 9時27分 巳時			9/24 6時30分 卯時			10/24 15時11分 申時			11/23 12時10分 午時			12/23 1時11分 丑時			1/21 11時51分 午時			中氣

年	辛亥																	
月	庚寅			辛卯			壬辰			癸巳			甲午			乙未		
節氣	立春			驚蟄			清明			立夏			芒種			小暑		
節氣	2/5 6時10分 卯時			3/7 0時38分 子時			4/6 6時4分 卯時			5/7 0時0分 子時			6/7 4時37分 寅時			7/8 15時5分 申時		
日	國曆	農曆	干支	國曆	農曆	干支	國曆	農曆	干支	國曆	農曆	干支	國曆	農曆	干支	國曆	農曆	干支
	2 5	1 7	丙午	3 7	2 7	丙子	4 6	3 8	丙午	5 7	4 9	丁丑	6 7	5 11	戊申	7 8	6 13	己卯
	2 6	1 8	丁未	3 8	2 8	丁丑	4 7	3 9	丁未	5 8	4 10	戊寅	6 8	5 12	己酉	7 9	6 14	庚辰
	2 7	1 9	戊申	3 9	2 9	戊寅	4 8	3 10	戊申	5 9	4 11	己卯	6 9	5 13	庚戌	7 10	6 15	辛巳
	2 8	1 10	己酉	3 10	2 10	己卯	4 9	3 11	己酉	5 10	4 12	庚辰	6 10	5 14	辛亥	7 11	6 16	壬午
1	2 9	1 11	庚戌	3 11	2 11	庚辰	4 10	3 12	庚戌	5 11	4 13	辛巳	6 11	5 15	壬子	7 12	6 17	癸未
9	2 10	1 12	辛亥	3 12	2 12	辛巳	4 11	3 13	辛亥	5 12	4 14	壬午	6 12	5 16	癸丑	7 13	6 18	甲申
1	2 11	1 13	壬子	3 13	2 13	壬午	4 12	3 14	壬子	5 13	4 15	癸未	6 13	5 17	甲寅	7 14	6 19	乙酉
1	2 12	1 14	癸丑	3 14	2 14	癸未	4 13	3 15	癸丑	5 14	4 16	甲申	6 14	5 18	乙卯	7 15	6 20	丙戌
	2 13	1 15	甲寅	3 15	2 15	甲申	4 14	3 16	甲寅	5 15	4 17	乙酉	6 15	5 19	丙辰	7 16	6 21	丁亥
	2 14	1 16	乙卯	3 16	2 16	乙酉	4 15	3 17	乙卯	5 16	4 18	丙戌	6 16	5 20	丁巳	7 17	6 22	戊子
	2 15	1 17	丙辰	3 17	2 17	丙戌	4 16	3 18	丙辰	5 17	4 19	丁亥	6 17	5 21	戊午	7 18	6 23	己丑
	2 16	1 18	丁巳	3 18	2 18	丁亥	4 17	3 19	丁巳	5 18	4 20	戊子	6 18	5 22	己未	7 19	6 24	庚寅
	2 17	1 19	戊午	3 19	2 19	戊子	4 18	3 20	戊午	5 19	4 21	己丑	6 19	5 23	庚申	7 20	6 25	辛卯
	2 18	1 20	己未	3 20	2 20	己丑	4 19	3 21	己未	5 20	4 22	庚寅	6 20	5 24	辛酉	7 21	6 26	壬辰
豬	2 19	1 21	庚申	3 21	2 21	庚寅	4 20	3 22	庚申	5 21	4 23	辛卯	6 21	5 25	壬戌	7 22	6 27	癸巳
	2 20	1 22	辛酉	3 22	2 22	辛卯	4 21	3 23	辛酉	5 22	4 24	壬辰	6 22	5 26	癸亥	7 23	6 28	甲午
	2 21	1 23	壬戌	3 23	2 23	壬辰	4 22	3 24	壬戌	5 23	4 25	癸巳	6 23	5 27	甲子	7 24	6 29	乙未
	2 22	1 24	癸亥	3 24	2 24	癸巳	4 23	3 25	癸亥	5 24	4 26	甲午	6 24	5 28	乙丑	7 25	6 30	丙申
	2 23	1 25	甲子	3 25	2 25	甲午	4 24	3 26	甲子	5 25	4 27	乙未	6 25	5 29	丙寅	7 26	閏6 1	丁酉
	2 24	1 26	乙丑	3 26	2 26	乙未	4 25	3 27	乙丑	5 26	4 28	丙申	6 26	6 1	丁卯	7 27	6 2	戊戌
	2 25	1 27	丙寅	3 27	2 27	丙申	4 26	3 28	丙寅	5 27	4 29	丁酉	6 27	6 2	戊辰	7 28	6 3	己亥
清	2 26	1 28	丁卯	3 28	2 28	丁酉	4 27	3 29	丁卯	5 28	5 1	戊戌	6 28	6 3	己巳	7 29	6 4	庚子
宣	2 27	1 29	戊辰	3 29	2 29	戊戌	4 28	3 30	戊辰	5 29	5 2	己亥	6 29	6 4	庚午	7 30	6 5	辛丑
統	2 28	1 30	己巳	3 30	3 1	己亥	4 29	4 1	己巳	5 30	5 3	庚子	6 30	6 5	辛未	7 31	6 6	壬寅
三	3 1	2 1	庚午	3 31	3 2	庚子	4 30	4 2	庚午	5 31	5 4	辛丑	7 1	6 6	壬申	8 1	6 7	癸卯
年	3 2	2 2	辛未	4 1	3 3	辛丑	5 1	4 3	辛未	6 1	5 5	壬寅	7 2	6 7	癸酉	8 2	6 8	甲辰
	3 3	2 3	壬申	4 2	3 4	壬寅	5 2	4 4	壬申	6 2	5 6	癸卯	7 3	6 8	甲戌	8 3	6 9	乙巳
民	3 4	2 4	癸酉	4 3	3 5	癸卯	5 3	4 5	癸酉	6 3	5 7	甲辰	7 4	6 9	乙亥	8 4	6 10	丙午
國	3 5	2 5	甲戌	4 4	3 6	甲辰	5 4	4 6	甲戌	6 4	5 8	乙巳	7 5	6 10	丙子	8 5	6 11	丁未
前	3 6	2 6	乙亥	4 5	3 7	乙巳	5 5	4 7	乙亥	6 5	5 9	丙午	7 6	6 11	丁丑	8 6	6 12	戊申
一							5 6	4 8	丙子	6 6	5 10	丁未	7 7	6 12	戊寅	8 7	6 13	己酉
年																8 8	6 14	庚戌
中氣	雨水			春分			穀雨			小滿			夏至			大暑		
中氣	2/20 2時20分 丑時			3/22 1時54分 丑時			4/21 13時36分 未時			5/22 13時18分 未時			6/22 21時35分 亥時			7/24 8時28分 辰時		

丙申			丁酉			戊戌			己亥			庚子			辛丑			辛亥 年
立秋			白露			寒露			立冬			大雪			小寒			月
8/9 0時44分 子時			9/9 3時13分 寅時			10/9 18時15分 酉時			11/8 20時47分 戌時			12/8 13時7分 未時			1/7 0時7分 子時			節氣
國曆	農曆	干支	國曆	農曆	干支	國曆	農曆	干支	國曆	農曆	干支	國曆	農曆	干支	國曆	農曆	干支	日
8 9	6 15	辛亥	9 9	7 17	壬午	10 9	8 18	壬子	11 8	9 18	壬午	12 8	10 18	壬子	1 7	11 19	壬午	
8 10	6 16	壬子	9 10	7 18	癸未	10 10	8 19	癸丑	11 9	9 19	癸未	12 9	10 19	癸丑	1 8	11 20	癸未	
8 11	6 17	癸丑	9 11	7 19	甲申	10 11	8 20	甲寅	11 10	9 20	甲申	12 10	10 20	甲寅	1 9	11 21	甲申	
8 12	6 18	甲寅	9 12	7 20	乙酉	10 12	8 21	乙卯	11 11	9 21	乙酉	12 11	10 21	乙卯	1 10	11 22	乙酉	1
8 13	6 19	乙卯	9 13	7 21	丙戌	10 13	8 22	丙辰	11 12	9 22	丙戌	12 12	10 22	丙辰	1 11	11 23	丙戌	9
8 14	6 20	丙辰	9 14	7 22	丁亥	10 14	8 23	丁巳	11 13	9 23	丁亥	12 13	10 23	丁巳	1 12	11 24	丁亥	1
8 15	6 21	丁巳	9 15	7 23	戊子	10 15	8 24	戊午	11 14	9 24	戊子	12 14	10 24	戊午	1 13	11 25	戊子	1
8 16	6 22	戊午	9 16	7 24	己丑	10 16	8 25	己未	11 15	9 25	己丑	12 15	10 25	己未	1 14	11 26	己丑	.
8 17	6 23	己未	9 17	7 25	庚寅	10 17	8 26	庚申	11 16	9 26	庚寅	12 16	10 26	庚申	1 15	11 27	庚寅	1
8 18	6 24	庚申	9 18	7 26	辛卯	10 18	8 27	辛酉	11 17	9 27	辛卯	12 17	10 27	辛酉	1 16	11 28	辛卯	9
8 19	6 25	辛酉	9 19	7 27	壬辰	10 19	8 28	壬戌	11 18	9 28	壬辰	12 18	10 28	壬戌	1 17	11 29	壬辰	1
8 20	6 26	壬戌	9 20	7 28	癸巳	10 20	8 29	癸亥	11 19	9 29	癸巳	12 19	10 29	癸亥	1 18	11 30	癸巳	2
8 21	6 27	癸亥	9 21	7 29	甲午	10 21	8 30	甲子	11 20	9 30	甲午	12 20	11 1	甲子	1 19	12 1	甲午	
8 22	6 28	甲子	9 22	8 1	乙未	10 22	9 1	乙丑	11 21	10 1	乙未	12 21	11 2	乙丑	1 20	12 2	乙未	
8 23	6 29	乙丑	9 23	8 2	丙申	10 23	9 2	丙寅	11 22	10 2	丙申	12 22	11 3	丙寅	1 21	12 3	丙申	
8 24	7 1	丙寅	9 24	8 3	丁酉	10 24	9 3	丁卯	11 23	10 3	丁酉	12 23	11 4	丁卯	1 22	12 4	丁酉	豬
8 25	7 2	丁卯	9 25	8 4	戊戌	10 25	9 4	戊辰	11 24	10 4	戊戌	12 24	11 5	戊辰	1 23	12 5	戊戌	
8 26	7 3	戊辰	9 26	8 5	己亥	10 26	9 5	己巳	11 25	10 5	己亥	12 25	11 6	己巳	1 24	12 6	己亥	
8 27	7 4	己巳	9 27	8 6	庚子	10 27	9 6	庚午	11 26	10 6	庚子	12 26	11 7	庚午	1 25	12 7	庚子	清
8 28	7 5	庚午	9 28	8 7	辛丑	10 28	9 7	辛未	11 27	10 7	辛丑	12 27	11 8	辛未	1 26	12 8	辛丑	宣
8 29	7 6	辛未	9 29	8 8	壬寅	10 29	9 8	壬申	11 28	10 8	壬寅	12 28	11 9	壬申	1 27	12 9	壬寅	統
8 30	7 7	壬申	9 30	8 9	癸卯	10 30	9 9	癸酉	11 29	10 9	癸卯	12 29	11 10	癸酉	1 28	12 10	癸卯	三
8 31	7 8	癸酉	10 1	8 10	甲辰	10 31	9 10	甲戌	11 30	10 10	甲辰	12 30	11 11	甲戌	1 29	12 11	甲辰	年
9 1	7 9	甲戌	10 2	8 11	乙巳	11 1	9 11	乙亥	12 1	10 11	乙巳	12 31	11 12	乙亥	1 30	12 12	乙巳	民
9 2	7 10	乙亥	10 3	8 12	丙午	11 2	9 12	丙子	12 2	10 12	丙午	1 1	11 13	丙子	1 31	12 13	丙午	國
9 3	7 11	丙子	10 4	8 13	丁未	11 3	9 13	丁丑	12 3	10 13	丁未	1 2	11 14	丁丑	2 1	12 14	丁未	前
9 4	7 12	丁丑	10 5	8 14	戊申	11 4	9 14	戊寅	12 4	10 14	戊申	1 3	11 15	戊寅	2 2	12 15	戊申	一
9 5	7 13	戊寅	10 6	8 15	己酉	11 5	9 15	己卯	12 5	10 15	己酉	1 4	11 16	己卯	2 3	12 16	己酉	年
9 6	7 14	己卯	10 7	8 16	庚戌	11 6	9 16	庚辰	12 6	10 16	庚戌	1 5	11 17	庚辰	2 4	12 17	庚戌	.
9 7	7 15	庚辰	10 8	8 17	辛亥	11 7	9 17	辛巳	12 7	10 17	辛亥	1 6	11 18	辛巳				民
9 8	7 16	辛巳																國
處暑			秋分			霜降			小雪			冬至			大寒			元
8/24 15時13分 申時			9/24 12時17分 午時			10/24 20時58分 戌時			11/23 17時55分 酉時			12/23 6時53分 卯時			1/21 17時29分 酉時			中氣

年	壬子					
月	壬寅	癸卯	甲辰	乙巳	丙午	丁未
節氣	立春	驚蟄	清明	立夏	芒種	小暑
	2/5 11時53分 午時	3/6 6時21分 卯時	4/5 11時48分 午時	5/6 5時47分 卯時	6/6 10時27分 巳時	7/7 20時56分 戌時

左欄：1912　鼠　中華民國元年

壬寅 國曆	農曆	干支	癸卯 國曆	農曆	干支	甲辰 國曆	農曆	干支	乙巳 國曆	農曆	干支	丙午 國曆	農曆	干支	丁未 國曆	農曆	干支
2/5	12/18	辛亥	3/6	1/18	辛巳	4/5	2/18	辛亥	5/6	3/20	壬午	6/6	4/21	癸丑	7/7	5/23	甲申
2/6	12/19	壬子	3/7	1/19	壬午	4/6	2/19	壬子	5/7	3/21	癸未	6/7	4/22	甲寅	7/8	5/24	乙酉
2/7	12/20	癸丑	3/8	1/20	癸未	4/7	2/20	癸丑	5/8	3/22	甲申	6/8	4/23	乙卯	7/9	5/25	丙戌
2/8	12/21	甲寅	3/9	1/21	甲申	4/8	2/21	甲寅	5/9	3/23	乙酉	6/9	4/24	丙辰	7/10	5/26	丁亥
2/9	12/22	乙卯	3/10	1/22	乙酉	4/9	2/22	乙卯	5/10	3/24	丙戌	6/10	4/25	丁巳	7/11	5/27	戊子
2/10	12/23	丙辰	3/11	1/23	丙戌	4/10	2/23	丙辰	5/11	3/25	丁亥	6/11	4/26	戊午	7/12	5/28	己丑
2/11	12/24	丁巳	3/12	1/24	丁亥	4/11	2/24	丁巳	5/12	3/26	戊子	6/12	4/27	己未	7/13	5/29	庚寅
2/12	12/25	戊午	3/13	1/25	戊子	4/12	2/25	戊午	5/13	3/27	己丑	6/13	4/28	庚申	7/14	6/1	辛卯
2/13	12/26	己未	3/14	1/26	己丑	4/13	2/26	己未	5/14	3/28	庚寅	6/14	4/29	辛酉	7/15	6/2	壬辰
2/14	12/27	庚申	3/15	1/27	庚寅	4/14	2/27	庚申	5/15	3/29	辛卯	6/15	5/1	壬戌	7/16	6/3	癸巳
2/15	12/28	辛酉	3/16	1/28	辛卯	4/15	2/28	辛酉	5/16	3/30	壬辰	6/16	5/2	癸亥	7/17	6/4	甲午
2/16	12/29	壬戌	3/17	1/29	壬辰	4/16	2/29	壬戌	5/17	4/1	癸巳	6/17	5/3	甲子	7/18	6/5	乙未
2/17	12/30	癸亥	3/18	1/30	癸巳	4/17	3/1	癸亥	5/18	4/2	甲午	6/18	5/4	乙丑	7/19	6/6	丙申
2/18	1/1	甲子	3/19	2/1	甲午	4/18	3/2	甲子	5/19	4/3	乙未	6/19	5/5	丙寅	7/20	6/7	丁酉
2/19	1/2	乙丑	3/20	2/2	乙未	4/19	3/3	乙丑	5/20	4/4	丙申	6/20	5/6	丁卯	7/21	6/8	戊戌
2/20	1/3	丙寅	3/21	2/3	丙申	4/20	3/4	丙寅	5/21	4/5	丁酉	6/21	5/7	戊辰	7/22	6/9	己亥
2/21	1/4	丁卯	3/22	2/4	丁酉	4/21	3/5	丁卯	5/22	4/6	戊戌	6/22	5/8	己巳	7/23	6/10	庚子
2/22	1/5	戊辰	3/23	2/5	戊戌	4/22	3/6	戊辰	5/23	4/7	己亥	6/23	5/9	庚午	7/24	6/11	辛丑
2/23	1/6	己巳	3/24	2/6	己亥	4/23	3/7	己巳	5/24	4/8	庚子	6/24	5/10	辛未	7/25	6/12	壬寅
2/24	1/7	庚午	3/25	2/7	庚子	4/24	3/8	庚午	5/25	4/9	辛丑	6/25	5/11	壬申	7/26	6/13	癸卯
2/25	1/8	辛未	3/26	2/8	辛丑	4/25	3/9	辛未	5/26	4/10	壬寅	6/26	5/12	癸酉	7/27	6/14	甲辰
2/26	1/9	壬申	3/27	2/9	壬寅	4/26	3/10	壬申	5/27	4/11	癸卯	6/27	5/13	甲戌	7/28	6/15	乙巳
2/27	1/10	癸酉	3/28	2/10	癸卯	4/27	3/11	癸酉	5/28	4/12	甲辰	6/28	5/14	乙亥	7/29	6/16	丙午
2/28	1/11	甲戌	3/29	2/11	甲辰	4/28	3/12	甲戌	5/29	4/13	乙巳	6/29	5/15	丙子	7/30	6/17	丁未
2/29	1/12	乙亥	3/30	2/12	乙巳	4/29	3/13	乙亥	5/30	4/14	丙午	6/30	5/16	丁丑	7/31	6/18	戊申
3/1	1/13	丙子	3/31	2/13	丙午	4/30	3/14	丙子	5/31	4/15	丁未	7/1	5/17	戊寅	8/1	6/19	己酉
3/2	1/14	丁丑	4/1	2/14	丁未	5/1	3/15	丁丑	6/1	4/16	戊申	7/2	5/18	己卯	8/2	6/20	庚戌
3/3	1/15	戊寅	4/2	2/15	戊申	5/2	3/16	戊寅	6/2	4/17	己酉	7/3	5/19	庚辰	8/3	6/21	辛亥
3/4	1/16	己卯	4/3	2/16	己酉	5/3	3/17	己卯	6/3	4/18	庚戌	7/4	5/20	辛巳	8/4	6/22	壬子
3/5	1/17	庚辰	4/4	2/17	庚戌	5/4	3/18	庚辰	6/4	4/19	辛亥	7/5	5/21	壬午	8/5	6/23	癸丑
						5/5	3/19	辛巳	6/5	4/20	壬子				8/6	6/24	甲寅
															8/7	6/25	乙卯

中氣	雨水	春分	穀雨	小滿	夏至	大暑
	2/20 7時55分 辰時	3/21 7時29分 辰時	4/20 19時12分 戌時	5/21 18時57分 酉時	6/22 3時16分 寅時	7/23 14時13分 未時

																		年
王子																		
戊申			己酉			庚戌			辛亥			壬子			癸丑			月
立秋			白露			寒露			立冬			大雪			小寒			節氣
8/8 6時37分 卯時			9/8 9時5分 巳時			10/9 0時6分 子時			11/8 2時38分 丑時			12/7 18時59分 酉時			1/6 5時58分 卯時			
國曆	農曆	干支	國曆	農曆	干支	國曆	農曆	干支	國曆	農曆	干支	國曆	農曆	干支	國曆	農曆	干支	日
8 8	6 26	丙辰	9 8	7 27	丁亥	10 9	8 29	戊午	11 8	9 30	戊子	12 7	10 29	丁巳	1 6	11 29	丁亥	
8 9	6 27	丁巳	9 9	7 28	戊子	10 10	9 1	己未	11 9	10 1	己丑	12 8	10 30	戊午	1 7	12 1	戊子	
8 10	6 28	戊午	9 10	7 29	己丑	10 11	9 2	庚申	11 10	10 2	庚寅	12 9	11 1	己未	1 8	12 2	己丑	
8 11	6 29	己未	9 11	8 1	庚寅	10 12	9 3	辛酉	11 11	10 3	辛卯	12 10	11 2	庚申	1 9	12 3	庚寅	1
8 12	6 30	庚申	9 12	8 2	辛卯	10 13	9 4	壬戌	11 12	10 4	壬辰	12 11	11 3	辛酉	1 10	12 4	辛卯	9
8 13	7 1	辛酉	9 13	8 3	壬辰	10 14	9 5	癸亥	11 13	10 5	癸巳	12 12	11 4	壬戌	1 11	12 5	壬辰	1
8 14	7 2	壬戌	9 14	8 4	癸巳	10 15	9 6	甲子	11 14	10 6	甲午	12 13	11 5	癸亥	1 12	12 6	癸巳	2
8 15	7 3	癸亥	9 15	8 5	甲午	10 16	9 7	乙丑	11 15	10 7	乙未	12 14	11 6	甲子	1 13	12 7	甲午	·
8 16	7 4	甲子	9 16	8 6	乙未	10 17	9 8	丙寅	11 16	10 8	丙申	12 15	11 7	乙丑	1 14	12 8	乙未	1
8 17	7 5	乙丑	9 17	8 7	丙申	10 18	9 9	丁卯	11 17	10 9	丁酉	12 16	11 8	丙寅	1 15	12 9	丙申	9
8 18	7 6	丙寅	9 18	8 8	丁酉	10 19	9 10	戊辰	11 18	10 10	戊戌	12 17	11 9	丁卯	1 16	12 10	丁酉	1
8 19	7 7	丁卯	9 19	8 9	戊戌	10 20	9 11	己巳	11 19	10 11	己亥	12 18	11 10	戊辰	1 17	12 11	戊戌	3
8 20	7 8	戊辰	9 20	8 10	己亥	10 21	9 12	庚午	11 20	10 12	庚子	12 19	11 11	己巳	1 18	12 12	己亥	
8 21	7 9	己巳	9 21	8 11	庚子	10 22	9 13	辛未	11 21	10 13	辛丑	12 20	11 12	庚午	1 19	12 13	庚子	
8 22	7 10	庚午	9 22	8 12	辛丑	10 23	9 14	壬申	11 22	10 14	壬寅	12 21	11 13	辛未	1 20	12 14	辛丑	
8 23	7 11	辛未	9 23	8 13	壬寅	10 24	9 15	癸酉	11 23	10 15	癸卯	12 22	11 14	壬申	1 21	12 15	壬寅	鼠
8 24	7 12	壬申	9 24	8 14	癸卯	10 25	9 16	甲戌	11 24	10 16	甲辰	12 23	11 15	癸酉	1 22	12 16	癸卯	
8 25	7 13	癸酉	9 25	8 15	甲辰	10 26	9 17	乙亥	11 25	10 17	乙巳	12 24	11 16	甲戌	1 23	12 17	甲辰	
8 26	7 14	甲戌	9 26	8 16	乙巳	10 27	9 18	丙子	11 26	10 18	丙午	12 25	11 17	乙亥	1 24	12 18	乙巳	
8 27	7 15	乙亥	9 27	8 17	丙午	10 28	9 19	丁丑	11 27	10 19	丁未	12 26	11 18	丙子	1 25	12 19	丙午	
8 28	7 16	丙子	9 28	8 18	丁未	10 29	9 20	戊寅	11 28	10 20	戊申	12 27	11 19	丁丑	1 26	12 20	丁未	
8 29	7 17	丁丑	9 29	8 19	戊申	10 30	9 21	己卯	11 29	10 21	己酉	12 28	11 20	戊寅	1 27	12 21	戊申	中
8 30	7 18	戊寅	9 30	8 20	己酉	10 31	9 22	庚辰	11 30	10 22	庚戌	12 29	11 21	己卯	1 28	12 22	己酉	華
8 31	7 19	己卯	10 1	8 21	庚戌	11 1	9 23	辛巳	12 1	10 23	辛亥	12 30	11 22	庚辰	1 29	12 23	庚戌	民
9 1	7 20	庚辰	10 2	8 22	辛亥	11 2	9 24	壬午	12 2	10 24	壬子	12 31	11 23	辛巳	1 30	12 24	辛亥	國
9 2	7 21	辛巳	10 3	8 23	壬子	11 3	9 25	癸未	12 3	10 25	癸丑	1 1	11 24	壬午	1 31	12 25	壬子	元
9 3	7 22	壬午	10 4	8 24	癸丑	11 4	9 26	甲申	12 4	10 26	甲寅	1 2	11 25	癸未	2 1	12 26	癸丑	·
9 4	7 23	癸未	10 5	8 25	甲寅	11 5	9 27	乙酉	12 5	10 27	乙卯	1 3	11 26	甲申	2 2	12 27	甲寅	二
9 5	7 24	甲申	10 6	8 26	乙卯	11 6	9 28	丙戌	12 6	10 28	丙辰	1 4	11 27	乙酉	2 3	12 28	乙卯	年
9 6	7 25	乙酉	10 7	8 27	丙辰	11 7	9 29	丁亥				1 5	11 28	丙戌				
9 7	7 26	丙戌	10 8	8 28	丁巳													
處暑			秋分			霜降			小雪			冬至			大寒			中氣
8/23 21時1分 亥時			9/23 18時8分 酉時			10/24 2時50分 丑時			11/22 23時48分 子時			12/22 12時44分 午時			1/20 23時19分 子時			

年：癸丑　月／節氣／中氣對照表　民國二年（1913）牛　中華民國二年

甲寅 立春					乙卯 驚蟄					丙辰 清明					丁巳 立夏					戊午 芒種					己未 小暑				
2/4 17時42分 酉時					3/6 12時9分 午時					4/5 17時35分 酉時					5/6 11時34分 午時					6/6 16時13分 申時					7/8 2時38分 丑時				
國曆		農曆		干支	國曆		農曆		干支	國曆		農曆		干支	國曆		農曆		干支	國曆		農曆		干支	國曆		農曆		干支
2	4	12	29	丙辰	3	6	1	29	丙戌	4	5	2	29	丙辰	5	6	4	1	丁亥	6	6	5	2	戊午	7	8	6	5	庚寅
2	5	12	30	丁巳	3	7	1	30	丁亥	4	6	2	30	丁巳	5	7	4	2	戊子	6	7	5	3	己未	7	9	6	6	辛卯
2	6	1	1	戊午	3	8	2	1	戊子	4	7	3	1	戊午	5	8	4	3	己丑	6	8	5	4	庚申	7	10	6	7	壬辰
2	7	1	2	己未	3	9	2	2	己丑	4	8	3	2	己未	5	9	4	4	庚寅	6	9	5	5	辛酉	7	11	6	8	癸巳
2	8	1	3	庚申	3	10	2	3	庚寅	4	9	3	3	庚申	5	10	4	5	辛卯	6	10	5	6	壬戌	7	12	6	9	甲午
2	9	1	4	辛酉	3	11	2	4	辛卯	4	10	3	4	辛酉	5	11	4	6	壬辰	6	11	5	7	癸亥	7	13	6	10	乙未
2	10	1	5	壬戌	3	12	2	5	壬辰	4	11	3	5	壬戌	5	12	4	7	癸巳	6	12	5	8	甲子	7	14	6	11	丙申
2	11	1	6	癸亥	3	13	2	6	癸巳	4	12	3	6	癸亥	5	13	4	8	甲午	6	13	5	9	乙丑	7	15	6	12	丁酉
2	12	1	7	甲子	3	14	2	7	甲午	4	13	3	7	甲子	5	14	4	9	乙未	6	14	5	10	丙寅	7	16	6	13	戊戌
2	13	1	8	乙丑	3	15	2	8	乙未	4	14	3	8	乙丑	5	15	4	10	丙申	6	15	5	11	丁卯	7	17	6	14	己亥
2	14	1	9	丙寅	3	16	2	9	丙申	4	15	3	9	丙寅	5	16	4	11	丁酉	6	16	5	12	戊辰	7	18	6	15	庚子
2	15	1	10	丁卯	3	17	2	10	丁酉	4	16	3	10	丁卯	5	17	4	12	戊戌	6	17	5	13	己巳	7	19	6	16	辛丑
2	16	1	11	戊辰	3	18	2	11	戊戌	4	17	3	11	戊辰	5	18	4	13	己亥	6	18	5	14	庚午	7	20	6	17	壬寅
2	17	1	12	己巳	3	19	2	12	己亥	4	18	3	12	己巳	5	19	4	14	庚子	6	19	5	15	辛未	7	21	6	18	癸卯
2	18	1	13	庚午	3	20	2	13	庚子	4	19	3	13	庚午	5	20	4	15	辛丑	6	20	5	16	壬申	7	22	6	19	甲辰
2	19	1	14	辛未	3	21	2	14	辛丑	4	20	3	14	辛未	5	21	4	16	壬寅	6	21	5	17	癸酉	7	23	6	20	乙巳
2	20	1	15	壬申	3	22	2	15	壬寅	4	21	3	15	壬申	5	22	4	17	癸卯	6	22	5	18	甲戌	7	24	6	21	丙午
2	21	1	16	癸酉	3	23	2	16	癸卯	4	22	3	16	癸酉	5	23	4	18	甲辰	6	23	5	19	乙亥	7	25	6	22	丁未
2	22	1	17	甲戌	3	24	2	17	甲辰	4	23	3	17	甲戌	5	24	4	19	乙巳	6	24	5	20	丙子	7	26	6	23	戊申
2	23	1	18	乙亥	3	25	2	18	乙巳	4	24	3	18	乙亥	5	25	4	20	丙午	6	25	5	21	丁丑	7	27	6	24	己酉
2	24	1	19	丙子	3	26	2	19	丙午	4	25	3	19	丙子	5	26	4	21	丁未	6	26	5	22	戊寅	7	28	6	25	庚戌
2	25	1	20	丁丑	3	27	2	20	丁未	4	26	3	20	丁丑	5	27	4	22	戊申	6	27	5	23	己卯	7	29	6	26	辛亥
2	26	1	21	戊寅	3	28	2	21	戊申	4	27	3	21	戊寅	5	28	4	23	己酉	6	28	5	24	庚辰	7	30	6	27	壬子
2	27	1	22	己卯	3	29	2	22	己酉	4	28	3	22	己卯	5	29	4	24	庚戌	6	29	5	25	辛巳	7	31	6	28	癸丑
2	28	1	23	庚辰	3	30	2	23	庚戌	4	29	3	23	庚辰	5	30	4	25	辛亥	6	30	5	26	壬午	8	1	6	29	甲寅
3	1	1	24	辛巳	3	31	2	24	辛亥	4	30	3	24	辛巳	5	31	4	26	壬子	7	1	5	27	癸未	8	2	7	1	乙卯
3	2	1	25	壬午	4	1	2	25	壬子	5	1	3	25	壬午	6	1	4	27	癸丑	7	2	5	28	甲申	8	3	7	2	丙辰
3	3	1	26	癸未	4	2	2	26	癸丑	5	2	3	26	癸未	6	2	4	28	甲寅	7	3	5	29	乙酉	8	4	7	3	丁巳
3	4	1	27	甲申	4	3	2	27	甲寅	5	3	3	27	甲申	6	3	4	29	乙卯	7	4	6	1	丙戌	8	5	7	4	戊午
3	5	1	28	乙酉	4	4	2	28	乙卯	5	4	3	28	乙酉	6	4	4	30	丙辰	7	5	6	2	丁亥	8	6	7	5	己未
										5	5	3	29	丙戌	6	5	5	1	丁巳	7	6	6	3	戊子	8	7	7	6	庚申
																				7	7	6	4	己丑					

中氣	雨水	春分	穀雨	小滿	夏至	大暑
	2/19 13時44分 未時	3/21 13時18分 未時	4/21 1時2分 丑時	5/22 0時49分 子時	6/22 9時9分 巳時	7/23 20時3分 戌時

年																		

癸丑　（年）

月	庚申			辛酉			壬戌			癸亥			甲子			乙丑		
節氣	立秋			白露			寒露			立冬			大雪			小寒		
	8/8 12時15分 午時			9/8 14時42分 未時			10/9 5時43分 卯時			11/8 8時17分 辰時			12/8 0時41分 子時			1/6 11時42分 午時		
日	國曆	農曆	干支	國曆	農曆	干支	國曆	農曆	干支	國曆	農曆	干支	國曆	農曆	干支	國曆	農曆	干支
	8 8	7 7	辛酉	9 8	8 8	壬辰	10 9	9 10	癸亥	11 8	10 11	癸巳	12 8	11 11	癸亥	1 6	12 11	壬辰
	8 9	7 8	壬戌	9 9	8 9	癸巳	10 10	9 11	甲子	11 9	10 12	甲午	12 9	11 12	甲子	1 7	12 12	癸巳
	8 10	7 9	癸亥	9 10	8 10	甲午	10 11	9 12	乙丑	11 10	10 13	乙未	12 10	11 13	乙丑	1 8	12 13	甲午
	8 11	7 10	甲子	9 11	8 11	乙未	10 12	9 13	丙寅	11 11	10 14	丙申	12 11	11 14	丙寅	1 9	12 14	乙未
	8 12	7 11	乙丑	9 12	8 12	丙申	10 13	9 14	丁卯	11 12	10 15	丁酉	12 12	11 15	丁卯	1 10	12 15	丙申
	8 13	7 12	丙寅	9 13	8 13	丁酉	10 14	9 15	戊辰	11 13	10 16	戊戌	12 13	11 16	戊辰	1 11	12 16	丁酉
	8 14	7 13	丁卯	9 14	8 14	戊戌	10 15	9 16	己巳	11 14	10 17	己亥	12 14	11 17	己巳	1 12	12 17	戊戌
	8 15	7 14	戊辰	9 15	8 15	己亥	10 16	9 17	庚午	11 15	10 18	庚子	12 15	11 18	庚午	1 13	12 18	己亥
	8 16	7 15	己巳	9 16	8 16	庚子	10 17	9 18	辛未	11 16	10 19	辛丑	12 16	11 19	辛未	1 14	12 19	庚子
	8 17	7 16	庚午	9 17	8 17	辛丑	10 18	9 19	壬申	11 17	10 20	壬寅	12 17	11 20	壬申	1 15	12 20	辛丑
	8 18	7 17	辛未	9 18	8 18	壬寅	10 19	9 20	癸酉	11 18	10 21	癸卯	12 18	11 21	癸酉	1 16	12 21	壬寅
	8 19	7 18	壬申	9 19	8 19	癸卯	10 20	9 21	甲戌	11 19	10 22	甲辰	12 19	11 22	甲戌	1 17	12 22	癸卯
	8 20	7 19	癸酉	9 20	8 20	甲辰	10 21	9 22	乙亥	11 20	10 23	乙巳	12 20	11 23	乙亥	1 18	12 23	甲辰
	8 21	7 20	甲戌	9 21	8 21	乙巳	10 22	9 23	丙子	11 21	10 24	丙午	12 21	11 24	丙子	1 19	12 24	乙巳
	8 22	7 21	乙亥	9 22	8 22	丙午	10 23	9 24	丁丑	11 22	10 25	丁未	12 22	11 25	丁丑	1 20	12 25	丙午
	8 23	7 22	丙子	9 23	8 23	丁未	10 24	9 25	戊寅	11 23	10 26	戊申	12 23	11 26	戊寅	1 21	12 26	丁未
	8 24	7 23	丁丑	9 24	8 24	戊申	10 25	9 26	己卯	11 24	10 27	己酉	12 24	11 27	己卯	1 22	12 27	戊申
	8 25	7 24	戊寅	9 25	8 25	己酉	10 26	9 27	庚辰	11 25	10 28	庚戌	12 25	11 28	庚辰	1 23	12 28	己酉
	8 26	7 25	己卯	9 26	8 26	庚戌	10 27	9 28	辛巳	11 26	10 29	辛亥	12 26	11 29	辛巳	1 24	12 29	庚戌
	8 27	7 26	庚辰	9 27	8 27	辛亥	10 28	9 29	壬午	11 27	10 30	壬子	12 27	12 1	壬午	1 25	12 30	辛亥
	8 28	7 27	辛巳	9 28	8 28	壬子	10 29	10 1	癸未	11 28	11 1	癸丑	12 28	12 2	癸未	1 26	1 1	壬子
	8 29	7 28	壬午	9 29	8 29	癸丑	10 30	10 2	甲申	11 29	11 2	甲寅	12 29	12 3	甲申	1 27	1 2	癸丑
	8 30	7 29	癸未	9 30	9 1	甲寅	10 31	10 3	乙酉	11 30	11 3	乙卯	12 30	12 4	乙酉	1 28	1 3	甲寅
	8 31	7 30	甲申	10 1	9 2	乙卯	11 1	10 4	丙戌	12 1	11 4	丙辰	12 31	12 5	丙戌	1 29	1 4	乙卯
	9 1	8 1	乙酉	10 2	9 3	丙辰	11 2	10 5	丁亥	12 2	11 5	丁巳	1 1	12 6	丁亥	1 30	1 5	丙辰
	9 2	8 2	丙戌	10 3	9 4	丁巳	11 3	10 6	戊子	12 3	11 6	戊午	1 2	12 7	戊子	1 31	1 6	丁巳
	9 3	8 3	丁亥	10 4	9 5	戊午	11 4	10 7	己丑	12 4	11 7	己未	1 3	12 8	己丑	2 1	1 7	戊午
	9 4	8 4	戊子	10 5	9 6	己未	11 5	10 8	庚寅	12 5	11 8	庚申	1 4	12 9	庚寅	2 2	1 8	己未
	9 5	8 5	己丑	10 6	9 7	庚申	11 6	10 9	辛卯	12 6	11 9	辛酉	1 5	12 10	辛卯	2 3	1 9	庚申
	9 6	8 6	庚寅	10 7	9 8	辛酉	11 7	10 10	壬辰	12 7	11 10	壬戌						
	9 7	8 7	辛卯	10 8	9 9	壬戌												
中氣	處暑			秋分			霜降			小雪			冬至			大寒		
	8/24 2時48分 丑時			9/23 23時52分 子時			10/24 8時34分 辰時			11/23 5時35分 卯時			12/22 18時34分 酉時			1/21 5時11分 卯時		

右欄：1913・1914　牛　中華民國二・三年

年	甲寅																
月	丙寅			丁卯			戊辰			己巳			庚午			辛未		
節氣	立春			驚蟄			清明			立夏			芒種			小暑		
	2/4 23時29分 子時			3/6 17時55分 酉時			4/5 23時21分 子時			5/6 17時20分 酉時			6/6 22時0分 亥時			7/8 8時27分 辰時		
日	國曆	農曆	干支	國曆	農曆	干支	國曆	農曆	干支	國曆	農曆	干支	國曆	農曆	干支	國曆	農曆	干支
	2 4	1 10	辛酉	3 6	2 10	辛卯	4 5	3 10	辛酉	5 6	4 12	壬辰	6 6	5 13	癸亥	7 8	5 16	乙未
	2 5	1 11	壬戌	3 7	2 11	壬辰	4 6	3 11	壬戌	5 7	4 13	癸巳	6 7	5 14	甲子	7 9	5 17	丙申
	2 6	1 12	癸亥	3 8	2 12	癸巳	4 7	3 12	癸亥	5 8	4 14	甲午	6 8	5 15	乙丑	7 10	5 18	丁酉
	2 7	1 13	甲子	3 9	2 13	甲午	4 8	3 13	甲子	5 9	4 15	乙未	6 9	5 16	丙寅	7 11	5 19	戊戌
1	2 8	1 14	乙丑	3 10	2 14	乙未	4 9	3 14	乙丑	5 10	4 16	丙申	6 10	5 17	丁卯	7 12	5 20	己亥
9	2 9	1 15	丙寅	3 11	2 15	丙申	4 10	3 15	丙寅	5 11	4 17	丁酉	6 11	5 18	戊辰	7 13	5 21	庚子
1	2 10	1 16	丁卯	3 12	2 16	丁酉	4 11	3 16	丁卯	5 12	4 18	戊戌	6 12	5 19	己巳	7 14	5 22	辛丑
4	2 11	1 17	戊辰	3 13	2 17	戊戌	4 12	3 17	戊辰	5 13	4 19	己亥	6 13	5 20	庚午	7 15	5 23	壬寅
	2 12	1 18	己巳	3 14	2 18	己亥	4 13	3 18	己巳	5 14	4 20	庚子	6 14	5 21	辛未	7 16	5 24	癸卯
	2 13	1 19	庚午	3 15	2 19	庚子	4 14	3 19	庚午	5 15	4 21	辛丑	6 15	5 22	壬申	7 17	5 25	甲辰
	2 14	1 20	辛未	3 16	2 20	辛丑	4 15	3 20	辛未	5 16	4 22	壬寅	6 16	5 23	癸酉	7 18	5 26	乙巳
	2 15	1 21	壬申	3 17	2 21	壬寅	4 16	3 21	壬申	5 17	4 23	癸卯	6 17	5 24	甲戌	7 19	5 27	丙午
虎	2 16	1 22	癸酉	3 18	2 22	癸卯	4 17	3 22	癸酉	5 18	4 24	甲辰	6 18	5 25	乙亥	7 20	5 28	丁未
	2 17	1 23	甲戌	3 19	2 23	甲辰	4 18	3 23	甲戌	5 19	4 25	乙巳	6 19	5 26	丙子	7 21	5 29	戊申
	2 18	1 24	乙亥	3 20	2 24	乙巳	4 19	3 24	乙亥	5 20	4 26	丙午	6 20	5 27	丁丑	7 22	5 30	己酉
	2 19	1 25	丙子	3 21	2 25	丙午	4 20	3 25	丙子	5 21	4 27	丁未	6 21	5 28	戊寅	7 23	6 1	庚戌
	2 20	1 26	丁丑	3 22	2 26	丁未	4 21	3 26	丁丑	5 22	4 28	戊申	6 22	5 29	己卯	7 24	6 2	辛亥
	2 21	1 27	戊寅	3 23	2 27	戊申	4 22	3 27	戊寅	5 23	4 29	己酉	6 23	閏5 1	庚辰	7 25	6 3	壬子
	2 22	1 28	己卯	3 24	2 28	己酉	4 23	3 28	己卯	5 24	4 30	庚戌	6 24	5 2	辛巳	7 26	6 4	癸丑
	2 23	1 29	庚辰	3 25	2 29	庚戌	4 24	3 29	庚辰	5 25	5 1	辛亥	6 25	5 3	壬午	7 27	6 5	甲寅
	2 24	1 30	辛巳	3 26	2 30	辛亥	4 25	4 1	辛巳	5 26	5 2	壬子	6 26	5 4	癸未	7 28	6 6	乙卯
	2 25	2 1	壬午	3 27	3 1	壬子	4 26	4 2	壬午	5 27	5 3	癸丑	6 27	5 5	甲申	7 29	6 7	丙辰
	2 26	2 2	癸未	3 28	3 2	癸丑	4 27	4 3	癸未	5 28	5 4	甲寅	6 28	5 6	乙酉	7 30	6 8	丁巳
	2 27	2 3	甲申	3 29	3 3	甲寅	4 28	4 4	甲申	5 29	5 5	乙卯	6 29	5 7	丙戌	7 31	6 9	戊午
	2 28	2 4	乙酉	3 30	3 4	乙卯	4 29	4 5	乙酉	5 30	5 6	丙辰	6 30	5 8	丁亥	8 1	6 10	己未
中華	3 1	2 5	丙戌	3 31	3 5	丙辰	4 30	4 6	丙戌	5 31	5 7	丁巳	7 1	5 9	戊子	8 2	6 11	庚申
民	3 2	2 6	丁亥	4 1	3 6	丁巳	5 1	4 7	丁亥	6 1	5 8	戊午	7 2	5 10	己丑	8 3	6 12	辛酉
國	3 3	2 7	戊子	4 2	3 7	戊午	5 2	4 8	戊子	6 2	5 9	己未	7 3	5 11	庚寅	8 4	6 13	壬戌
三	3 4	2 8	己丑	4 3	3 8	己未	5 3	4 9	己丑	6 3	5 10	庚申	7 4	5 12	辛卯	8 5	6 14	癸亥
年	3 5	2 9	庚寅	4 4	3 9	庚申	5 4	4 10	庚寅	6 4	5 11	辛酉	7 5	5 13	壬辰	8 6	6 15	甲子
							5 5	4 11	辛卯	6 5	5 12	壬戌	7 6	5 14	癸巳	8 7	6 16	乙丑
													7 7	5 15	甲午			
中氣	雨水			春分			穀雨			小滿			夏至			大暑		
	2/19 19時38分 戌時			3/21 19時10分 戌時			4/21 6時53分 卯時			5/22 6時37分 卯時			6/22 14時55分 未時			7/24 1時46分 丑時		

壬申			癸酉			甲戌			乙亥			丙子			丁丑			年
甲寅																		月
立秋			白露			寒露			立冬			大雪			小寒			節氣
8/8 18時5分 酉時			9/8 20時32分 戌時			10/9 11時34分 午時			11/8 14時11分 未時			12/8 6時37分 卯時			1/6 17時40分 酉時			
國曆	農曆	干支	國曆	農曆	干支	國曆	農曆	干支	國曆	農曆	干支	國曆	農曆	干支	國曆	農曆	干支	日
8 8	6 17	丙寅	9 8	7 19	丁酉	10 9	8 20	戊辰	11 8	9 21	戊戌	12 8	10 21	戊辰	1 6	11 21	丁酉	
8 9	6 18	丁卯	9 9	7 20	戊戌	10 10	8 21	己巳	11 9	9 22	己亥	12 9	10 22	己巳	1 7	11 22	戊戌	
8 10	6 19	戊辰	9 10	7 21	己亥	10 11	8 22	庚午	11 10	9 23	庚子	12 10	10 23	庚午	1 8	11 23	己亥	1
8 11	6 20	己巳	9 11	7 22	庚子	10 12	8 23	辛未	11 11	9 24	辛丑	12 11	10 24	辛未	1 9	11 24	庚子	9
8 12	6 21	庚午	9 12	7 23	辛丑	10 13	8 24	壬申	11 12	9 25	壬寅	12 12	10 25	壬申	1 10	11 25	辛丑	1
8 13	6 22	辛未	9 13	7 24	壬寅	10 14	8 25	癸酉	11 13	9 26	癸卯	12 13	10 26	癸酉	1 11	11 26	壬寅	4
8 14	6 23	壬申	9 14	7 25	癸卯	10 15	8 26	甲戌	11 14	9 27	甲辰	12 14	10 27	甲戌	1 12	11 27	癸卯	·
8 15	6 24	癸酉	9 15	7 26	甲辰	10 16	8 27	乙亥	11 15	9 28	乙巳	12 15	10 28	乙亥	1 13	11 28	甲辰	1
8 16	6 25	甲戌	9 16	7 27	乙巳	10 17	8 28	丙子	11 16	9 29	丙午	12 16	10 29	丙子	1 14	11 29	乙巳	9
8 17	6 26	乙亥	9 17	7 28	丙午	10 18	8 29	丁丑	11 17	9 30	丁未	12 17	11 1	丁丑	1 15	12 1	丙午	1
8 18	6 27	丙子	9 18	7 29	丁未	10 19	9 1	戊寅	11 18	10 1	戊申	12 18	11 2	戊寅	1 16	12 2	丁未	5
8 19	6 28	丁丑	9 19	7 30	戊申	10 20	9 2	己卯	11 19	10 2	己酉	12 19	11 3	己卯	1 17	12 3	戊申	
8 20	6 29	戊寅	9 20	8 1	己酉	10 21	9 3	庚辰	11 20	10 3	庚戌	12 20	11 4	庚辰	1 18	12 4	己酉	
8 21	7 1	己卯	9 21	8 2	庚戌	10 22	9 4	辛巳	11 21	10 4	辛亥	12 21	11 5	辛巳	1 19	12 5	庚戌	
8 22	7 2	庚辰	9 22	8 3	辛亥	10 23	9 5	壬午	11 22	10 5	壬子	12 22	11 6	壬午	1 20	12 6	辛亥	虎
8 23	7 3	辛巳	9 23	8 4	壬子	10 24	9 6	癸未	11 23	10 6	癸丑	12 23	11 7	癸未	1 21	12 7	壬子	
8 24	7 4	壬午	9 24	8 5	癸丑	10 25	9 7	甲申	11 24	10 7	甲寅	12 24	11 8	甲申	1 22	12 8	癸丑	
8 25	7 5	癸未	9 25	8 6	甲寅	10 26	9 8	乙酉	11 25	10 8	乙卯	12 25	11 9	乙酉	1 23	12 9	甲寅	
8 26	7 6	甲申	9 26	8 7	乙卯	10 27	9 9	丙戌	11 26	10 9	丙辰	12 26	11 10	丙戌	1 24	12 10	乙卯	
8 27	7 7	乙酉	9 27	8 8	丙辰	10 28	9 10	丁亥	11 27	10 10	丁巳	12 27	11 11	丁亥	1 25	12 11	丙辰	
8 28	7 8	丙戌	9 28	8 9	丁巳	10 29	9 11	戊子	11 28	10 11	戊午	12 28	11 12	戊子	1 26	12 12	丁巳	中
8 29	7 9	丁亥	9 29	8 10	戊午	10 30	9 12	己丑	11 29	10 12	己未	12 29	11 13	己丑	1 27	12 13	戊午	華
8 30	7 10	戊子	9 30	8 11	己未	10 31	9 13	庚寅	11 30	10 13	庚申	12 30	11 14	庚寅	1 28	12 14	己未	民
8 31	7 11	己丑	10 1	8 12	庚申	11 1	9 14	辛卯	12 1	10 14	辛酉	12 31	11 15	辛卯	1 29	12 15	庚申	國
9 1	7 12	庚寅	10 2	8 13	辛酉	11 2	9 15	壬辰	12 2	10 15	壬戌	1 1	11 16	壬辰	1 30	12 16	辛酉	三
9 2	7 13	辛卯	10 3	8 14	壬戌	11 3	9 16	癸巳	12 3	10 16	癸亥	1 2	11 17	癸巳	1 31	12 17	壬戌	·
9 3	7 14	壬辰	10 4	8 15	癸亥	11 4	9 17	甲午	12 4	10 17	甲子	1 3	11 18	甲午	2 1	12 18	癸亥	四
9 4	7 15	癸巳	10 5	8 16	甲子	11 5	9 18	乙未	12 5	10 18	乙丑	1 4	11 19	乙未	2 2	12 19	甲子	年
9 5	7 16	甲午	10 6	8 17	乙丑	11 6	9 19	丙申	12 6	10 19	丙寅	1 5	11 20	丙申	2 3	12 20	乙丑	
9 6	7 17	乙未	10 7	8 18	丙寅	11 7	9 20	丁酉	12 7	10 20	丁卯				2 4	12 21	丙寅	
9 7	7 18	丙申	10 8	8 19	丁卯													
處暑			秋分			霜降			小雪			冬至			大寒			中
8/24 8時29分 辰時			9/24 5時33分 卯時			10/24 14時17分 未時			11/23 11時20分 午時			12/23 0時22分 子時			1/21 10時59分 巳時			氣

年	\<戊寅\>			\<己卯\>			\<庚辰\>			\<辛巳\>			\<壬午\>			\<癸未\>		
月	戊寅			己卯			庚辰			辛巳			壬午			癸未			
節氣	立春			驚蟄			清明			立夏			芒種			小暑			
	2/5 5時25分 卯時			3/6 23時48分 子時			4/6 5時9分 卯時			5/6 23時2分 子時			6/7 3時40分 寅時			7/8 14時7分 未時			
日	國曆	農曆	干支	國曆	農曆	干支	國曆	農曆	干支	國曆	農曆	干支	國曆	農曆	干支	國曆	農曆	干支
1915	2 5	12 22	丁卯	3 6	1 21	丙申	4 6	2 22	丁卯	5 6	3 23	丁酉	6 7	4 25	己巳	7 8	5 26	庚子
	2 6	12 23	戊辰	3 7	1 22	丁酉	4 7	2 23	戊辰	5 7	3 24	戊戌	6 8	4 26	庚午	7 9	5 27	辛丑
	2 7	12 24	己巳	3 8	1 23	戊戌	4 8	2 24	己巳	5 8	3 25	己亥	6 9	4 27	辛未	7 10	5 28	壬寅
	2 8	12 25	庚午	3 9	1 24	己亥	4 9	2 25	庚午	5 9	3 26	庚子	6 10	4 28	壬申	7 11	5 29	癸卯
	2 9	12 26	辛未	3 10	1 25	庚子	4 10	2 26	辛未	5 10	3 27	辛丑	6 11	4 29	癸酉	7 12	6 1	甲辰
	2 10	12 27	壬申	3 11	1 26	辛丑	4 11	2 27	壬申	5 11	3 28	壬寅	6 12	4 30	甲戌	7 13	6 2	乙巳
	2 11	12 28	癸酉	3 12	1 27	壬寅	4 12	2 28	癸酉	5 12	3 29	癸卯	6 13	5 1	乙亥	7 14	6 3	丙午
	2 12	12 29	甲戌	3 13	1 28	癸卯	4 13	2 29	甲戌	5 13	3 30	甲辰	6 14	5 2	丙子	7 15	6 4	丁未
	2 13	12 30	乙亥	3 14	1 29	甲辰	4 14	3 1	乙亥	5 14	4 1	乙巳	6 15	5 3	丁丑	7 16	6 5	戊申
	2 14	1 1	丙子	3 15	1 30	乙巳	4 15	3 2	丙子	5 15	4 2	丙午	6 16	5 4	戊寅	7 17	6 6	己酉
	2 15	1 2	丁丑	3 16	2 1	丙午	4 16	3 3	丁丑	5 16	4 3	丁未	6 17	5 5	己卯	7 18	6 7	庚戌
	2 16	1 3	戊寅	3 17	2 2	丁未	4 17	3 4	戊寅	5 17	4 4	戊申	6 18	5 6	庚辰	7 19	6 8	辛亥
	2 17	1 4	己卯	3 18	2 3	戊申	4 18	3 5	己卯	5 18	4 5	己酉	6 19	5 7	辛巳	7 20	6 9	壬子
兔	2 18	1 5	庚辰	3 19	2 4	己酉	4 19	3 6	庚辰	5 19	4 6	庚戌	6 20	5 8	壬午	7 21	6 10	癸丑
	2 19	1 6	辛巳	3 20	2 5	庚戌	4 20	3 7	辛巳	5 20	4 7	辛亥	6 21	5 9	癸未	7 22	6 11	甲寅
	2 20	1 7	壬午	3 21	2 6	辛亥	4 21	3 8	壬午	5 21	4 8	壬子	6 22	5 10	甲申	7 23	6 12	乙卯
	2 21	1 8	癸未	3 22	2 7	壬子	4 22	3 9	癸未	5 22	4 9	癸丑	6 23	5 11	乙酉	7 24	6 13	丙辰
	2 22	1 9	甲申	3 23	2 8	癸丑	4 23	3 10	甲申	5 23	4 10	甲寅	6 24	5 12	丙戌	7 25	6 14	丁巳
	2 23	1 10	乙酉	3 24	2 9	甲寅	4 24	3 11	乙酉	5 24	4 11	乙卯	6 25	5 13	丁亥	7 26	6 15	戊午
	2 24	1 11	丙戌	3 25	2 10	乙卯	4 25	3 12	丙戌	5 25	4 12	丙辰	6 26	5 14	戊子	7 27	6 16	己未
	2 25	1 12	丁亥	3 26	2 11	丙辰	4 26	3 13	丁亥	5 26	4 13	丁巳	6 27	5 15	己丑	7 28	6 17	庚申
	2 26	1 13	戊子	3 27	2 12	丁巳	4 27	3 14	戊子	5 27	4 14	戊午	6 28	5 16	庚寅	7 29	6 18	辛酉
中華民國四年	2 27	1 14	己丑	3 28	2 13	戊午	4 28	3 15	己丑	5 28	4 15	己未	6 29	5 17	辛卯	7 30	6 19	壬戌
	2 28	1 15	庚寅	3 29	2 14	己未	4 29	3 16	庚寅	5 29	4 16	庚申	6 30	5 18	壬辰	7 31	6 20	癸亥
	3 1	1 16	辛卯	3 30	2 15	庚申	4 30	3 17	辛卯	5 30	4 17	辛酉	7 1	5 19	癸巳	8 1	6 21	甲子
	3 2	1 17	壬辰	3 31	2 16	辛酉	5 1	3 18	壬辰	5 31	4 18	壬戌	7 2	5 20	甲午	8 2	6 22	乙丑
	3 3	1 18	癸巳	4 1	2 17	壬戌	5 2	3 19	癸巳	6 1	4 19	癸亥	7 3	5 21	乙未	8 3	6 23	丙寅
	3 4	1 19	甲午	4 2	2 18	癸亥	5 3	3 20	甲午	6 2	4 20	甲子	7 4	5 22	丙申	8 4	6 24	丁卯
	3 5	1 20	乙未	4 3	2 19	甲子	5 4	3 21	乙未	6 3	4 21	乙丑	7 5	5 23	丁酉	8 5	6 25	戊辰
				4 4	2 20	乙丑	5 5	3 22	丙申	6 4	4 22	丙寅	7 6	5 24	戊戌	8 6	6 26	己巳
				4 5	2 21	丙寅				6 5	4 23	丁卯	7 7	5 25	己亥	8 7	6 27	庚午
										6 6	4 24	戊辰						
中氣	雨水			春分			穀雨			小滿			夏至			大暑			
	2/20 1時23分 丑時			3/22 0時51分 子時			4/21 12時28分 午時			5/22 12時10分 午時			6/22 20時29分 戌時			7/24 7時26分 辰時			

乙卯																		年
甲申			乙酉			丙戌			丁亥			戊子			己丑			月
立秋			白露			寒露			立冬			大雪			小寒			節氣
8/8 23時47分 子時			9/9 2時17分 丑時			10/9 17時20分 酉時			11/8 19時57分 戌時			12/8 12時23分 午時			1/6 23時27分 子時			節氣
國曆	農曆	干支	國曆	農曆	干支	國曆	農曆	干支	國曆	農曆	干支	國曆	農曆	干支	國曆	農曆	干支	日
8/8	6/28	辛未	9/9	8/1	癸卯	10/9	9/1	癸酉	11/8	10/2	癸卯	12/8	11/2	癸酉	1/6	12/2	壬寅	
8/9	6/29	壬申	9/10	8/2	甲辰	10/10	9/2	甲戌	11/9	10/3	甲辰	12/9	11/3	甲戌	1/7	12/3	癸卯	
8/10	6/30	癸酉	9/11	8/3	乙巳	10/11	9/3	乙亥	11/10	10/4	乙巳	12/10	11/4	乙亥	1/8	12/4	甲辰	
8/11	7/1	甲戌	9/12	8/4	丙午	10/12	9/4	丙子	11/11	10/5	丙午	12/11	11/5	丙子	1/9	12/5	乙巳	1
8/12	7/2	乙亥	9/13	8/5	丁未	10/13	9/5	丁丑	11/12	10/6	丁未	12/12	11/6	丁丑	1/10	12/6	丙午	9
8/13	7/3	丙子	9/14	8/6	戊申	10/14	9/6	戊寅	11/13	10/7	戊申	12/13	11/7	戊寅	1/11	12/7	丁未	1
8/14	7/4	丁丑	9/15	8/7	己酉	10/15	9/7	己卯	11/14	10/8	己酉	12/14	11/8	己卯	1/12	12/8	戊申	5
8/15	7/5	戊寅	9/16	8/8	庚戌	10/16	9/8	庚辰	11/15	10/9	庚戌	12/15	11/9	庚辰	1/13	12/9	己酉	·
8/16	7/6	己卯	9/17	8/9	辛亥	10/17	9/9	辛巳	11/16	10/10	辛亥	12/16	11/10	辛巳	1/14	12/10	庚戌	1
8/17	7/7	庚辰	9/18	8/10	壬子	10/18	9/10	壬午	11/17	10/11	壬子	12/17	11/11	壬午	1/15	12/11	辛亥	9
8/18	7/8	辛巳	9/19	8/11	癸丑	10/19	9/11	癸未	11/18	10/12	癸丑	12/18	11/12	癸未	1/16	12/12	壬子	1
8/19	7/9	壬午	9/20	8/12	甲寅	10/20	9/12	甲申	11/19	10/13	甲寅	12/19	11/13	甲申	1/17	12/13	癸丑	6
8/20	7/10	癸未	9/21	8/13	乙卯	10/21	9/13	乙酉	11/20	10/14	乙卯	12/20	11/14	乙酉	1/18	12/14	甲寅	
8/21	7/11	甲申	9/22	8/14	丙辰	10/22	9/14	丙戌	11/21	10/15	丙辰	12/21	11/15	丙戌	1/19	12/15	乙卯	
8/22	7/12	乙酉	9/23	8/15	丁巳	10/23	9/15	丁亥	11/22	10/16	丁巳	12/22	11/16	丁亥	1/20	12/16	丙辰	
8/23	7/13	丙戌	9/24	8/16	戊午	10/24	9/16	戊子	11/23	10/17	戊午	12/23	11/17	戊子	1/21	12/17	丁巳	
8/24	7/14	丁亥	9/25	8/17	己未	10/25	9/17	己丑	11/24	10/18	己未	12/24	11/18	己丑	1/22	12/18	戊午	
8/25	7/15	戊子	9/26	8/18	庚申	10/26	9/18	庚寅	11/25	10/19	庚申	12/25	11/19	庚寅	1/23	12/19	己未	兔
8/26	7/16	己丑	9/27	8/19	辛酉	10/27	9/19	辛卯	11/26	10/20	辛酉	12/26	11/20	辛卯	1/24	12/20	庚申	
8/27	7/17	庚寅	9/28	8/20	壬戌	10/28	9/20	壬辰	11/27	10/21	壬戌	12/27	11/21	壬辰	1/25	12/21	辛酉	
8/28	7/18	辛卯	9/29	8/21	癸亥	10/29	9/21	癸巳	11/28	10/22	癸亥	12/28	11/22	癸巳	1/26	12/22	壬戌	
8/29	7/19	壬辰	9/30	8/22	甲子	10/30	9/22	甲午	11/29	10/23	甲子	12/29	11/23	甲午	1/27	12/23	癸亥	
8/30	7/20	癸巳	10/1	8/23	乙丑	10/31	9/23	乙未	11/30	10/24	乙丑	12/30	11/24	乙未	1/28	12/24	甲子	中
8/31	7/21	甲午	10/2	8/24	丙寅	11/1	9/24	丙申	12/1	10/25	丙寅	12/31	11/25	丙申	1/29	12/25	乙丑	華
9/1	7/22	乙未	10/3	8/25	丁卯	11/2	9/25	丁酉	12/2	10/26	丁卯	1/1	11/26	丁酉	1/30	12/26	丙寅	民
9/2	7/23	丙申	10/4	8/26	戊辰	11/3	9/26	戊戌	12/3	10/27	戊辰	1/2	11/27	戊戌	1/31	12/27	丁卯	國
9/3	7/24	丁酉	10/5	8/27	己巳	11/4	9/27	己亥	12/4	10/28	己巳	1/3	11/28	己亥	2/1	12/28	戊辰	四
9/4	7/25	戊戌	10/6	8/28	庚午	11/5	9/28	庚子	12/5	10/29	庚午	1/4	11/29	庚子	2/2	12/29	己巳	·
9/5	7/26	己亥	10/7	8/29	辛未	11/6	9/29	辛丑	12/6	10/30	辛未	1/5	12/1	辛丑	2/3	1/1	庚午	五
9/6	7/27	庚子	10/8	8/30	壬申	11/7	10/1	壬寅	12/7	11/1	壬申				2/4	1/2	辛未	年
9/7	7/28	辛丑																
9/8	7/29	壬寅																
處暑			秋分			霜降			小雪			冬至			大寒			中
8/24 14時15分 未時			9/24 11時23分 午時			10/24 20時9分 戌時			11/23 17時13分 酉時			12/23 6時15分 卯時			1/21 16時53分 申時			氣

年	丙辰																	
月	庚寅			辛卯			壬辰			癸巳			甲午			乙未		
節氣	立春			驚蟄			清明			立夏			芒種			小暑		
氣	2/5 11時14分 午時			3/6 5時37分 卯時			4/5 10時57分 巳時			5/6 4時49分 寅時			6/6 9時25分 巳時			7/7 19時53分 戌時		
日	國曆	農曆	干支	國曆	農曆	干支	國曆	農曆	干支	國曆	農曆	干支	國曆	農曆	干支	國曆	農曆	干支
	2 5	1 3	壬申	3 6	2 3	壬寅	4 5	3 3	壬申	5 6	4 5	癸卯	6 6	5 6	甲戌	7 7	6 8	乙巳
	2 6	1 4	癸酉	3 7	2 4	癸卯	4 6	3 4	癸酉	5 7	4 6	甲辰	6 7	5 7	乙亥	7 8	6 9	丙午
	2 7	1 5	甲戌	3 8	2 5	甲辰	4 7	3 5	甲戌	5 8	4 7	乙巳	6 8	5 8	丙子	7 9	6 10	丁未
	2 8	1 6	乙亥	3 9	2 6	乙巳	4 8	3 6	乙亥	5 9	4 8	丙午	6 9	5 9	丁丑	7 10	6 11	戊申
1	2 9	1 7	丙子	3 10	2 7	丙午	4 9	3 7	丙子	5 10	4 9	丁未	6 10	5 10	戊寅	7 11	6 12	己酉
9	2 10	1 8	丁丑	3 11	2 8	丁未	4 10	3 8	丁丑	5 11	4 10	戊申	6 11	5 11	己卯	7 12	6 13	庚戌
1	2 11	1 9	戊寅	3 12	2 9	戊申	4 11	3 9	戊寅	5 12	4 11	己酉	6 12	5 12	庚辰	7 13	6 14	辛亥
6	2 12	1 10	己卯	3 13	2 10	己酉	4 12	3 10	己卯	5 13	4 12	庚戌	6 13	5 13	辛巳	7 14	6 15	壬子
	2 13	1 11	庚辰	3 14	2 11	庚戌	4 13	3 11	庚辰	5 14	4 13	辛亥	6 14	5 14	壬午	7 15	6 16	癸丑
	2 14	1 12	辛巳	3 15	2 12	辛亥	4 14	3 12	辛巳	5 15	4 14	壬子	6 15	5 15	癸未	7 16	6 17	甲寅
	2 15	1 13	壬午	3 16	2 13	壬子	4 15	3 13	壬午	5 16	4 15	癸丑	6 16	5 16	甲申	7 17	6 18	乙卯
	2 16	1 14	癸未	3 17	2 14	癸丑	4 16	3 14	癸未	5 17	4 16	甲寅	6 17	5 17	乙酉	7 18	6 19	丙辰
	2 17	1 15	甲申	3 18	2 15	甲寅	4 17	3 15	甲申	5 18	4 17	乙卯	6 18	5 18	丙戌	7 19	6 20	丁巳
	2 18	1 16	乙酉	3 19	2 16	乙卯	4 18	3 16	乙酉	5 19	4 18	丙辰	6 19	5 19	丁亥	7 20	6 21	戊午
龍	2 19	1 17	丙戌	3 20	2 17	丙辰	4 19	3 17	丙戌	5 20	4 19	丁巳	6 20	5 20	戊子	7 21	6 22	己未
	2 20	1 18	丁亥	3 21	2 18	丁巳	4 20	3 18	丁亥	5 21	4 20	戊午	6 21	5 21	己丑	7 22	6 23	庚申
	2 21	1 19	戊子	3 22	2 19	戊午	4 21	3 19	戊子	5 22	4 21	己未	6 22	5 22	庚寅	7 23	6 24	辛酉
	2 22	1 20	己丑	3 23	2 20	己未	4 22	3 20	己丑	5 23	4 22	庚申	6 23	5 23	辛卯	7 24	6 25	壬戌
	2 23	1 21	庚寅	3 24	2 21	庚申	4 23	3 21	庚寅	5 24	4 23	辛酉	6 24	5 24	壬辰	7 25	6 26	癸亥
	2 24	1 22	辛卯	3 25	2 22	辛酉	4 24	3 22	辛卯	5 25	4 24	壬戌	6 25	5 25	癸巳	7 26	6 27	甲子
	2 25	1 23	壬辰	3 26	2 23	壬戌	4 25	3 23	壬辰	5 26	4 25	癸亥	6 26	5 26	甲午	7 27	6 28	乙丑
中	2 26	1 24	癸巳	3 27	2 24	癸亥	4 26	3 24	癸巳	5 27	4 26	甲子	6 27	5 27	乙未	7 28	6 29	丙寅
華	2 27	1 25	甲午	3 28	2 25	甲子	4 27	3 25	甲午	5 28	4 27	乙丑	6 28	5 28	丙申	7 29	6 30	丁卯
民	2 28	1 26	乙未	3 29	2 26	乙丑	4 28	3 26	乙未	5 29	4 28	丙寅	6 29	5 29	丁酉	7 30	7 1	戊辰
國	2 29	1 27	丙申	3 30	2 27	丙寅	4 29	3 27	丙申	5 30	4 29	丁卯	6 30	6 1	戊戌	7 31	7 2	己巳
五	3 1	1 28	丁酉	3 31	2 28	丁卯	4 30	3 28	丁酉	5 31	4 30	戊辰	7 1	6 2	己亥	8 1	7 3	庚午
年	3 2	1 29	戊戌	4 1	2 29	戊辰	5 1	3 29	戊戌	6 1	5 1	己巳	7 2	6 3	庚子	8 2	7 4	辛未
	3 3	1 30	己亥	4 2	2 30	己巳	5 2	4 1	己亥	6 2	5 2	庚午	7 3	6 4	辛丑	8 3	7 5	壬申
	3 4	2 1	庚子	4 3	3 1	庚午	5 3	4 2	庚子	6 3	5 3	辛未	7 4	6 5	壬寅	8 4	7 6	癸酉
	3 5	2 2	辛丑	4 4	3 2	辛未	5 4	4 3	辛丑	6 4	5 4	壬申	7 5	6 6	癸卯	8 5	7 7	甲戌
							5 5	4 4	壬寅	6 5	5 5	癸酉	7 6	6 7	甲辰	8 6	7 8	乙亥
																8 7	7 9	丙子
中氣	雨水			春分			穀雨			小滿			夏至			大暑		
	2/20 7時18分 辰時			3/21 6時46分 卯時			4/20 18時24分 酉時			5/21 18時5分 酉時			6/22 2時24分 丑時			7/23 13時21分 未時		

丙申 國曆	丙申 農曆	丙申 干支	丁酉 國曆	丁酉 農曆	丁酉 干支	戊戌 國曆	戊戌 農曆	戊戌 干支	己亥 國曆	己亥 農曆	己亥 干支	庚子 國曆	庚子 農曆	庚子 干支	辛丑 國曆	辛丑 農曆	辛丑 干支
丙辰 年																	
丙申 月			丁酉			戊戌			己亥			庚子			辛丑		
立秋			白露			寒露			立冬			大雪			小寒		
8/8 5時35分 卯時			9/8 8時5分 辰時			10/8 23時7分 子時			11/8 1時42分 丑時			12/7 18時6分 酉時			1/6 5時9分 卯時		
8 8	7 10	丁丑	9 8	8 11	戊申	10 8	9 12	戊寅	11 8	10 13	己酉	12 7	11 13	戊寅	1 6	12 13	戊申
8 9	7 11	戊寅	9 9	8 12	己酉	10 9	9 13	己卯	11 9	10 14	庚戌	12 8	11 14	己卯	1 7	12 14	己酉
8 10	7 12	己卯	9 10	8 13	庚戌	10 10	9 14	庚辰	11 10	10 15	辛亥	12 9	11 15	庚辰	1 8	12 15	庚戌
8 11	7 13	庚辰	9 11	8 14	辛亥	10 11	9 15	辛巳	11 11	10 16	壬子	12 10	11 16	辛巳	1 9	12 16	辛亥
8 12	7 14	辛巳	9 12	8 15	壬子	10 12	9 16	壬午	11 12	10 17	癸丑	12 11	11 17	壬午	1 10	12 17	壬子
8 13	7 15	壬午	9 13	8 16	癸丑	10 13	9 17	癸未	11 13	10 18	甲寅	12 12	11 18	癸未	1 11	12 18	癸丑
8 14	7 16	癸未	9 14	8 17	甲寅	10 14	9 18	甲申	11 14	10 19	乙卯	12 13	11 19	甲申	1 12	12 19	甲寅
8 15	7 17	甲申	9 15	8 18	乙卯	10 15	9 19	乙酉	11 15	10 20	丙辰	12 14	11 20	乙酉	1 13	12 20	乙卯
8 16	7 18	乙酉	9 16	8 19	丙辰	10 16	9 20	丙戌	11 16	10 21	丁巳	12 15	11 21	丙戌	1 14	12 21	丙辰
8 17	7 19	丙戌	9 17	8 20	丁巳	10 17	9 21	丁亥	11 17	10 22	戊午	12 16	11 22	丁亥	1 15	12 22	丁巳
8 18	7 20	丁亥	9 18	8 21	戊午	10 18	9 22	戊子	11 18	10 23	己未	12 17	11 23	戊子	1 16	12 23	戊午
8 19	7 21	戊子	9 19	8 22	己未	10 19	9 23	己丑	11 19	10 24	庚申	12 18	11 24	己丑	1 17	12 24	己未
8 20	7 22	己丑	9 20	8 23	庚申	10 20	9 24	庚寅	11 20	10 25	辛酉	12 19	11 25	庚寅	1 18	12 25	庚申
8 21	7 23	庚寅	9 21	8 24	辛酉	10 21	9 25	辛卯	11 21	10 26	壬戌	12 20	11 26	辛卯	1 19	12 26	辛酉
8 22	7 24	辛卯	9 22	8 25	壬戌	10 22	9 26	壬辰	11 22	10 27	癸亥	12 21	11 27	壬辰	1 20	12 27	壬戌
8 23	7 25	壬辰	9 23	8 26	癸亥	10 23	9 27	癸巳	11 23	10 28	甲子	12 22	11 28	癸巳	1 21	12 28	癸亥
8 24	7 26	癸巳	9 24	8 27	甲子	10 24	9 28	甲午	11 24	10 29	乙丑	12 23	11 29	甲午	1 22	12 29	甲子
8 25	7 27	甲午	9 25	8 28	乙丑	10 25	9 29	乙未	11 25	11 1	丙寅	12 24	11 30	乙未	1 23	1 1	乙丑
8 26	7 28	乙未	9 26	8 29	丙寅	10 26	9 30	丙申	11 26	11 2	丁卯	12 25	12 1	丙申	1 24	1 2	丙寅
8 27	7 29	丙申	9 27	9 1	丁卯	10 27	10 1	丁酉	11 27	11 3	戊辰	12 26	12 2	丁酉	1 25	1 3	丁卯
8 28	7 30	丁酉	9 28	9 2	戊辰	10 28	10 2	戊戌	11 28	11 4	己巳	12 27	12 3	戊戌	1 26	1 4	戊辰
8 29	8 1	戊戌	9 29	9 3	己巳	10 29	10 3	己亥	11 29	11 5	庚午	12 28	12 4	己亥	1 27	1 5	己巳
8 30	8 2	己亥	9 30	9 4	庚午	10 30	10 4	庚子	11 30	11 6	辛未	12 29	12 5	庚子	1 28	1 6	庚午
8 31	8 3	庚子	10 1	9 5	辛未	10 31	10 5	辛丑	12 1	11 7	壬申	12 30	12 6	辛丑	1 29	1 7	辛未
9 1	8 4	辛丑	10 2	9 6	壬申	11 1	10 6	壬寅	12 2	11 8	癸酉	12 31	12 7	壬寅	1 30	1 8	壬申
9 2	8 5	壬寅	10 3	9 7	癸酉	11 2	10 7	癸卯	12 3	11 9	甲戌	1 1	12 8	癸卯	1 31	1 9	癸酉
9 3	8 6	癸卯	10 4	9 8	甲戌	11 3	10 8	甲辰	12 4	11 10	乙亥	1 2	12 9	甲辰	2 1	1 10	甲戌
9 4	8 7	甲辰	10 5	9 9	乙亥	11 4	10 9	乙巳	12 5	11 11	丙子	1 3	12 10	乙巳	2 2	1 11	乙亥
9 5	8 8	乙巳	10 6	9 10	丙子	11 5	10 10	丙午	12 6	11 12	丁丑	1 4	12 11	丙午	2 3	1 12	丙子
9 6	8 9	丙午	10 7	9 11	丁丑	11 6	10 11	丁未				1 5	12 12	丁未			
9 7	8 10	丁未				11 7	10 12	戊申									
處暑 8/23 20時8分 戌時			秋分 9/23 17時14分 酉時			霜降 10/24 1時57分 丑時			小雪 11/22 22時57分 亥時			冬至 12/22 11時58分 午時			大寒 1/20 22時37分 亥時		

右端欄：年 — 1916·1917 龍 中華民國五·六年

節氣欄／中氣欄標示如上。

年	丁巳																													
月	壬寅					癸卯					甲辰					乙巳					丙午					丁未				
節氣	立春					驚蟄					清明					立夏					芒種					小暑				
	2/4 16時57分 申時					3/6 11時24分 午時					4/5 16時49分 申時					5/6 10時45分 巳時					6/6 15時23分 申時					7/8 1時50分 丑時				
日	國曆		農曆		干支	國曆		農曆		干支	國曆		農曆		干支	國曆		農曆		干支	國曆		農曆		干支	國曆		農曆		干支
1917	2	4	1	13	丁丑	3	6	2	13	丁未	4	5	2	14	丁丑	5	6	3	16	戊申	6	6	4	17	己卯	7	8	5	20	辛亥
	2	5	1	14	戊寅	3	7	2	14	戊申	4	6	2	15	戊寅	5	7	3	17	己酉	6	7	4	18	庚辰	7	9	5	21	壬子
	2	6	1	15	己卯	3	8	2	15	己酉	4	7	2	16	己卯	5	8	3	18	庚戌	6	8	4	19	辛巳	7	10	5	22	癸丑
	2	7	1	16	庚辰	3	9	2	16	庚戌	4	8	2	17	庚辰	5	9	3	19	辛亥	6	9	4	20	壬午	7	11	5	23	甲寅
	2	8	1	17	辛巳	3	10	2	17	辛亥	4	9	2	18	辛巳	5	10	3	20	壬子	6	10	4	21	癸未	7	12	5	24	乙卯
1917	2	9	1	18	壬午	3	11	2	18	壬子	4	10	2	19	壬午	5	11	3	21	癸丑	6	11	4	22	甲申	7	13	5	25	丙辰
	2	10	1	19	癸未	3	12	2	19	癸丑	4	11	2	20	癸未	5	12	3	22	甲寅	6	12	4	23	乙酉	7	14	5	26	丁巳
	2	11	1	20	甲申	3	13	2	20	甲寅	4	12	2	21	甲申	5	13	3	23	乙卯	6	13	4	24	丙戌	7	15	5	27	戊午
	2	12	1	21	乙酉	3	14	2	21	乙卯	4	13	2	22	乙酉	5	14	3	24	丙辰	6	14	4	25	丁亥	7	16	5	28	己未
	2	13	1	22	丙戌	3	15	2	22	丙辰	4	14	2	23	丙戌	5	15	3	25	丁巳	6	15	4	26	戊子	7	17	5	29	庚申
	2	14	1	23	丁亥	3	16	2	23	丁巳	4	15	2	24	丁亥	5	16	3	26	戊午	6	16	4	27	己丑	7	18	5	30	辛酉
	2	15	1	24	戊子	3	17	2	24	戊午	4	16	2	25	戊子	5	17	3	27	己未	6	17	4	28	庚寅	7	19	6	1	壬戌
	2	16	1	25	己丑	3	18	2	25	己未	4	17	2	26	己丑	5	18	3	28	庚申	6	18	4	29	辛卯	7	20	6	2	癸亥
蛇	2	17	1	26	庚寅	3	19	2	26	庚申	4	18	2	27	庚寅	5	19	3	29	辛酉	6	19	5	1	壬辰	7	21	6	3	甲子
	2	18	1	27	辛卯	3	20	2	27	辛酉	4	19	2	28	辛卯	5	20	3	30	壬戌	6	20	5	2	癸巳	7	22	6	4	乙丑
	2	19	1	28	壬辰	3	21	2	28	壬戌	4	20	2	29	壬辰	5	21	4	1	癸亥	6	21	5	3	甲午	7	23	6	5	丙寅
	2	20	1	29	癸巳	3	22	2	29	癸亥	4	21	3	1	癸巳	5	22	4	2	甲子	6	22	5	4	乙未	7	24	6	6	丁卯
	2	21	1	30	甲午	3	23	閏2	1	甲子	4	22	3	2	甲午	5	23	4	3	乙丑	6	23	5	5	丙申	7	25	6	7	戊辰
	2	22	2	1	乙未	3	24	2	2	乙丑	4	23	3	3	乙未	5	24	4	4	丙寅	6	24	5	6	丁酉	7	26	6	8	己巳
	2	23	2	2	丙申	3	25	2	3	丙寅	4	24	3	4	丙申	5	25	4	5	丁卯	6	25	5	7	戊戌	7	27	6	9	庚午
	2	24	2	3	丁酉	3	26	2	4	丁卯	4	25	3	5	丁酉	5	26	4	6	戊辰	6	26	5	8	己亥	7	28	6	10	辛未
	2	25	2	4	戊戌	3	27	2	5	戊辰	4	26	3	6	戊戌	5	27	4	7	己巳	6	27	5	9	庚子	7	29	6	11	壬申
	2	26	2	5	己亥	3	28	2	6	己巳	4	27	3	7	己亥	5	28	4	8	庚午	6	28	5	10	辛丑	7	30	6	12	癸酉
中	2	27	2	6	庚子	3	29	2	7	庚午	4	28	3	8	庚子	5	29	4	9	辛未	6	29	5	11	壬寅	7	31	6	13	甲戌
華	2	28	2	7	辛丑	3	30	2	8	辛未	4	29	3	9	辛丑	5	30	4	10	壬申	6	30	5	12	癸卯	8	1	6	14	乙亥
民	3	1	2	8	壬寅	3	31	2	9	壬申	4	30	3	10	壬寅	5	31	4	11	癸酉	7	1	5	13	甲辰	8	2	6	15	丙子
國	3	2	2	9	癸卯	4	1	2	10	癸酉	5	1	3	11	癸卯	6	1	4	12	甲戌	7	2	5	14	乙巳	8	3	6	16	丁丑
六	3	3	2	10	甲辰	4	2	2	11	甲戌	5	2	3	12	甲辰	6	2	4	13	乙亥	7	3	5	15	丙午	8	4	6	17	戊寅
年	3	4	2	11	乙巳	4	3	2	12	乙亥	5	3	3	13	乙巳	6	3	4	14	丙子	7	4	5	16	丁未	8	5	6	18	己卯
	3	5	2	12	丙午	4	4	2	13	丙子	5	4	3	14	丙午	6	4	4	15	丁丑	7	5	5	17	戊申	8	6	6	19	庚辰
											5	5	3	15	丁未	6	5	4	16	戊寅	7	6	5	18	己酉	8	7	6	20	辛巳
																					7	7	5	19	庚戌					
中氣	雨水					春分					穀雨					小滿					夏至					大暑				
	2/19 13時4分 未時					3/21 12時37分 午時					4/21 0時17分 子時					5/21 23時58分 子時					6/22 8時14分 辰時					7/23 19時7分 戌時				

丁巳																		年
戊申			己酉			庚戌			辛亥			壬子			癸丑			月
立秋			白露			寒露			立冬			大雪			小寒			節氣
8/8 11時30分 午時			9/8 13時59分 未時			10/9 5時2分 卯時			11/8 7時37分 辰時			12/8 0時1分 子時			1/6 11時4分 午時			節氣
國曆	農曆	干支	國曆	農曆	干支	國曆	農曆	干支	國曆	農曆	干支	國曆	農曆	干支	國曆	農曆	干支	日
8 8	6 21	壬午	9 8	7 22	癸丑	10 9	8 24	甲申	11 8	9 24	甲寅	12 8	10 24	甲申	1 6	11 24	癸丑	
8 9	6 22	癸未	9 9	7 23	甲寅	10 10	8 25	乙酉	11 9	9 25	乙卯	12 9	10 25	乙酉	1 7	11 25	甲寅	
8 10	6 23	甲申	9 10	7 24	乙卯	10 11	8 26	丙戌	11 10	9 26	丙辰	12 10	10 26	丙戌	1 8	11 26	乙卯	
8 11	6 24	乙酉	9 11	7 25	丙辰	10 12	8 27	丁亥	11 11	9 27	丁巳	12 11	10 27	丁亥	1 9	11 27	丙辰	1
8 12	6 25	丙戌	9 12	7 26	丁巳	10 13	8 28	戊子	11 12	9 28	戊午	12 12	10 28	戊子	1 10	11 28	丁巳	9
8 13	6 26	丁亥	9 13	7 27	戊午	10 14	8 29	己丑	11 13	9 29	己未	12 13	10 29	己丑	1 11	11 29	戊午	1
8 14	6 27	戊子	9 14	7 28	己未	10 15	8 30	庚寅	11 14	9 30	庚申	12 14	11 1	庚寅	1 12	11 30	己未	7
8 15	6 28	己丑	9 15	7 29	庚申	10 16	9 1	辛卯	11 15	10 1	辛酉	12 15	11 2	辛卯	1 13	12 1	庚申	·
8 16	6 29	庚寅	9 16	8 1	辛酉	10 17	9 2	壬辰	11 16	10 2	壬戌	12 16	11 3	壬辰	1 14	12 2	辛酉	1
8 17	6 30	辛卯	9 17	8 2	壬戌	10 18	9 3	癸巳	11 17	10 3	癸亥	12 17	11 4	癸巳	1 15	12 3	壬戌	9
8 18	7 1	壬辰	9 18	8 3	癸亥	10 19	9 4	甲午	11 18	10 4	甲子	12 18	11 5	甲午	1 16	12 4	癸亥	1
8 19	7 2	癸巳	9 19	8 4	甲子	10 20	9 5	乙未	11 19	10 5	乙丑	12 19	11 6	乙未	1 17	12 5	甲子	8
8 20	7 3	甲午	9 20	8 5	乙丑	10 21	9 6	丙申	11 20	10 6	丙寅	12 20	11 7	丙申	1 18	12 6	乙丑	
8 21	7 4	乙未	9 21	8 6	丙寅	10 22	9 7	丁酉	11 21	10 7	丁卯	12 21	11 8	丁酉	1 19	12 7	丙寅	
8 22	7 5	丙申	9 22	8 7	丁卯	10 23	9 8	戊戌	11 22	10 8	戊辰	12 22	11 9	戊戌	1 20	12 8	丁卯	蛇
8 23	7 6	丁酉	9 23	8 8	戊辰	10 24	9 9	己亥	11 23	10 9	己巳	12 23	11 10	己亥	1 21	12 9	戊辰	
8 24	7 7	戊戌	9 24	8 9	己巳	10 25	9 10	庚子	11 24	10 10	庚午	12 24	11 11	庚子	1 22	12 10	己巳	
8 25	7 8	己亥	9 25	8 10	庚午	10 26	9 11	辛丑	11 25	10 11	辛未	12 25	11 12	辛丑	1 23	12 11	庚午	
8 26	7 9	庚子	9 26	8 11	辛未	10 27	9 12	壬寅	11 26	10 12	壬申	12 26	11 13	壬寅	1 24	12 12	辛未	
8 27	7 10	辛丑	9 27	8 12	壬申	10 28	9 13	癸卯	11 27	10 13	癸酉	12 27	11 14	癸卯	1 25	12 13	壬申	
8 28	7 11	壬寅	9 28	8 13	癸酉	10 29	9 14	甲辰	11 28	10 14	甲戌	12 28	11 15	甲辰	1 26	12 14	癸酉	中
8 29	7 12	癸卯	9 29	8 14	甲戌	10 30	9 15	乙巳	11 29	10 15	乙亥	12 29	11 16	乙巳	1 27	12 15	甲戌	華
8 30	7 13	甲辰	9 30	8 15	乙亥	10 31	9 16	丙午	11 30	10 16	丙子	12 30	11 17	丙午	1 28	12 16	乙亥	民
8 31	7 14	乙巳	10 1	8 16	丙子	11 1	9 17	丁未	12 1	10 17	丁丑	12 31	11 18	丁未	1 29	12 17	丙子	國
9 1	7 15	丙午	10 2	8 17	丁丑	11 2	9 18	戊申	12 2	10 18	戊寅	1 1	11 19	戊申	1 30	12 18	丁丑	六
9 2	7 16	丁未	10 3	8 18	戊寅	11 3	9 19	己酉	12 3	10 19	己卯	1 2	11 20	己酉	1 31	12 19	戊寅	·
9 3	7 17	戊申	10 4	8 19	己卯	11 4	9 20	庚戌	12 4	10 20	庚辰	1 3	11 21	庚戌	2 1	12 20	己卯	七
9 4	7 18	己酉	10 5	8 20	庚辰	11 5	9 21	辛亥	12 5	10 21	辛巳	1 4	11 22	辛亥	2 2	12 21	庚辰	年
9 5	7 19	庚戌	10 6	8 21	辛巳	11 6	9 22	壬子	12 6	10 22	壬午	1 5	11 23	壬子	2 3	12 22	辛巳	
9 6	7 20	辛亥	10 7	8 22	壬午	11 7	9 23	癸丑	12 7	10 23	癸未							
9 7	7 21	壬子	10 8	8 23	癸未													
處暑			秋分			霜降			小雪			冬至			大寒			中氣
8/24 1時53分 丑時			9/23 23時0分 子時			10/24 7時43分 辰時			11/23 4時44分 寅時			12/22 17時45分 酉時			1/21 4時24分 寅時			中氣

年	戊午																
月	甲寅			乙卯			丙辰			丁巳			戊午			己未		
節氣	立春			驚蟄			清明			立夏			芒種			小暑		
	2/4 22時53分 亥時			3/6 17時21分 酉時			4/5 22時45分 亥時			5/6 16時38分 申時			6/6 21時11分 亥時			7/8 7時32分 辰時		
日	國曆	農曆	干支	國曆	農曆	干支	國曆	農曆	干支	國曆	農曆	干支	國曆	農曆	干支	國曆	農曆	干支
1918 馬 中華民國七年	2 4	12 23	壬午	3 6	1 24	壬子	4 5	2 24	壬午	5 6	3 26	癸丑	6 6	4 28	甲申	7 8	6 1	丙辰
	2 5	12 24	癸未	3 7	1 25	癸丑	4 6	2 25	癸未	5 7	3 27	甲寅	6 7	4 29	乙酉	7 9	6 2	丁巳
	2 6	12 25	甲申	3 8	1 26	甲寅	4 7	2 26	甲申	5 8	3 28	乙卯	6 8	4 30	丙戌	7 10	6 3	戊午
	2 7	12 26	乙酉	3 9	1 27	乙卯	4 8	2 27	乙酉	5 9	3 29	丙辰	6 9	5 1	丁亥	7 11	6 4	己未
	2 8	12 27	丙戌	3 10	1 28	丙辰	4 9	2 28	丙戌	5 10	4 1	丁巳	6 10	5 2	戊子	7 12	6 5	庚申
	2 9	12 28	丁亥	3 11	1 29	丁巳	4 10	2 29	丁亥	5 11	4 2	戊午	6 11	5 3	己丑	7 13	6 6	辛酉
	2 10	12 29	戊子	3 12	1 30	戊午	4 11	3 1	戊子	5 12	4 3	己未	6 12	5 4	庚寅	7 14	6 7	壬戌
	2 11	1 1	己丑	3 13	2 1	己未	4 12	3 2	己丑	5 13	4 4	庚申	6 13	5 5	辛卯	7 15	6 8	癸亥
	2 12	1 2	庚寅	3 14	2 2	庚申	4 13	3 3	庚寅	5 14	4 5	辛酉	6 14	5 6	壬辰	7 16	6 9	甲子
	2 13	1 3	辛卯	3 15	2 3	辛酉	4 14	3 4	辛卯	5 15	4 6	壬戌	6 15	5 7	癸巳	7 17	6 10	乙丑
	2 14	1 4	壬辰	3 16	2 4	壬戌	4 15	3 5	壬辰	5 16	4 7	癸亥	6 16	5 8	甲午	7 18	6 11	丙寅
	2 15	1 5	癸巳	3 17	2 5	癸亥	4 16	3 6	癸巳	5 17	4 8	甲子	6 17	5 9	乙未	7 19	6 12	丁卯
	2 16	1 6	甲午	3 18	2 6	甲子	4 17	3 7	甲午	5 18	4 9	乙丑	6 18	5 10	丙申	7 20	6 13	戊辰
	2 17	1 7	乙未	3 19	2 7	乙丑	4 18	3 8	乙未	5 19	4 10	丙寅	6 19	5 11	丁酉	7 21	6 14	己巳
	2 18	1 8	丙申	3 20	2 8	丙寅	4 19	3 9	丙申	5 20	4 11	丁卯	6 20	5 12	戊戌	7 22	6 15	庚午
	2 19	1 9	丁酉	3 21	2 9	丁卯	4 20	3 10	丁酉	5 21	4 12	戊辰	6 21	5 13	己亥	7 23	6 16	辛未
	2 20	1 10	戊戌	3 22	2 10	戊辰	4 21	3 11	戊戌	5 22	4 13	己巳	6 22	5 14	庚子	7 24	6 17	壬申
	2 21	1 11	己亥	3 23	2 11	己巳	4 22	3 12	己亥	5 23	4 14	庚午	6 23	5 15	辛丑	7 25	6 18	癸酉
	2 22	1 12	庚子	3 24	2 12	庚午	4 23	3 13	庚子	5 24	4 15	辛未	6 24	5 16	壬寅	7 26	6 19	甲戌
	2 23	1 13	辛丑	3 25	2 13	辛未	4 24	3 14	辛丑	5 25	4 16	壬申	6 25	5 17	癸卯	7 27	6 20	乙亥
	2 24	1 14	壬寅	3 26	2 14	壬申	4 25	3 15	壬寅	5 26	4 17	癸酉	6 26	5 18	甲辰	7 28	6 21	丙子
	2 25	1 15	癸卯	3 27	2 15	癸酉	4 26	3 16	癸卯	5 27	4 18	甲戌	6 27	5 19	乙巳	7 29	6 22	丁丑
	2 26	1 16	甲辰	3 28	2 16	甲戌	4 27	3 17	甲辰	5 28	4 19	乙亥	6 28	5 20	丙午	7 30	6 23	戊寅
	2 27	1 17	乙巳	3 29	2 17	乙亥	4 28	3 18	乙巳	5 29	4 20	丙子	6 29	5 21	丁未	7 31	6 24	己卯
	2 28	1 18	丙午	3 30	2 18	丙子	4 29	3 19	丙午	5 30	4 21	丁丑	6 30	5 22	戊申	8 1	6 25	庚辰
	3 1	1 19	丁未	3 31	2 19	丁丑	4 30	3 20	丁未	5 31	4 22	戊寅	7 1	5 23	己酉	8 2	6 26	辛巳
	3 2	1 20	戊申	4 1	2 20	戊寅	5 1	3 21	戊申	6 1	4 23	己卯	7 2	5 24	庚戌	8 3	6 27	壬午
	3 3	1 21	己酉	4 2	2 21	己卯	5 2	3 22	己酉	6 2	4 24	庚辰	7 3	5 25	辛亥	8 4	6 28	癸未
	3 4	1 22	庚戌	4 3	2 22	庚辰	5 3	3 23	庚戌	6 3	4 25	辛巳	7 4	5 26	壬子	8 5	6 29	甲申
	3 5	1 23	辛亥	4 4	2 23	辛巳	5 4	3 24	辛亥	6 4	4 26	壬午	7 5	5 27	癸丑	8 6	6 30	乙酉
							5 5	3 25	壬子	6 5	4 27	癸未	7 6	5 28	甲寅	8 7	7 1	丙戌
													7 7	5 29	乙卯			
中氣	雨水			春分			穀雨			小滿			夏至			大暑		
	2/19 18時52分 酉時			3/21 18時25分 酉時			4/21 6時5分 卯時			5/22 5時45分 卯時			6/22 13時59分 未時			7/24 0時51分 子時		

戊午																		年
庚申			辛酉			壬戌			癸亥			甲子			乙丑			月
立秋			白露			寒露			立冬			大雪			小寒			節氣
8/8 17時7分 酉時			9/8 19時35分 戌時			10/9 10時40分 巳時			11/8 13時18分 未時			12/8 5時46分 卯時			1/6 16時51分 申時			節氣
國曆	農曆	干支	國曆	農曆	干支	國曆	農曆	干支	國曆	農曆	干支	國曆	農曆	干支	國曆	農曆	干支	日
8 8	7 2	丁亥	9 8	8 4	戊午	10 9	9 5	己丑	11 8	10 5	己未	12 8	11 6	己丑	1 6	12 5	戊午	1918・1919
8 9	7 3	戊子	9 9	8 5	己未	10 10	9 6	庚寅	11 9	10 6	庚申	12 9	11 7	庚寅	1 7	12 6	己未	
8 10	7 4	己丑	9 10	8 6	庚申	10 11	9 7	辛卯	11 10	10 7	辛酉	12 10	11 8	辛卯	1 8	12 7	庚申	
8 11	7 5	庚寅	9 11	8 7	辛酉	10 12	9 8	壬辰	11 11	10 8	壬戌	12 11	11 9	壬辰	1 9	12 8	辛酉	
8 12	7 6	辛卯	9 12	8 8	壬戌	10 13	9 9	癸巳	11 12	10 9	癸亥	12 12	11 10	癸巳	1 10	12 9	壬戌	
8 13	7 7	壬辰	9 13	8 9	癸亥	10 14	9 10	甲午	11 13	10 10	甲子	12 13	11 11	甲午	1 11	12 10	癸亥	
8 14	7 8	癸巳	9 14	8 10	甲子	10 15	9 11	乙未	11 14	10 11	乙丑	12 14	11 12	乙未	1 12	12 11	甲子	
8 15	7 9	甲午	9 15	8 11	乙丑	10 16	9 12	丙申	11 15	10 12	丙寅	12 15	11 13	丙申	1 13	12 12	乙丑	
8 16	7 10	乙未	9 16	8 12	丙寅	10 17	9 13	丁酉	11 16	10 13	丁卯	12 16	11 14	丁酉	1 14	12 13	丙寅	
8 17	7 11	丙申	9 17	8 13	丁卯	10 18	9 14	戊戌	11 17	10 14	戊辰	12 17	11 15	戊戌	1 15	12 14	丁卯	
8 18	7 12	丁酉	9 18	8 14	戊辰	10 19	9 15	己亥	11 18	10 15	己巳	12 18	11 16	己亥	1 16	12 15	戊辰	
8 19	7 13	戊戌	9 19	8 15	己巳	10 20	9 16	庚子	11 19	10 16	庚午	12 19	11 17	庚子	1 17	12 16	己巳	
8 20	7 14	己亥	9 20	8 16	庚午	10 21	9 17	辛丑	11 20	10 17	辛未	12 20	11 18	辛丑	1 18	12 17	庚午	
8 21	7 15	庚子	9 21	8 17	辛未	10 22	9 18	壬寅	11 21	10 18	壬申	12 21	11 19	壬寅	1 19	12 18	辛未	
8 22	7 16	辛丑	9 22	8 18	壬申	10 23	9 19	癸卯	11 22	10 19	癸酉	12 22	11 20	癸卯	1 20	12 19	壬申	
8 23	7 17	壬寅	9 23	8 19	癸酉	10 24	9 20	甲辰	11 23	10 20	甲戌	12 23	11 21	甲辰	1 21	12 20	癸酉	馬
8 24	7 18	癸卯	9 24	8 20	甲戌	10 25	9 21	乙巳	11 24	10 21	乙亥	12 24	11 22	乙巳	1 22	12 21	甲戌	
8 25	7 19	甲辰	9 25	8 21	乙亥	10 26	9 22	丙午	11 25	10 22	丙子	12 25	11 23	丙午	1 23	12 22	乙亥	
8 26	7 20	乙巳	9 26	8 22	丙子	10 27	9 23	丁未	11 26	10 23	丁丑	12 26	11 24	丁未	1 24	12 23	丙子	
8 27	7 21	丙午	9 27	8 23	丁丑	10 28	9 24	戊申	11 27	10 24	戊寅	12 27	11 25	戊申	1 25	12 24	丁丑	
8 28	7 22	丁未	9 28	8 24	戊寅	10 29	9 25	己酉	11 28	10 25	己卯	12 28	11 26	己酉	1 26	12 25	戊寅	
8 29	7 23	戊申	9 29	8 25	己卯	10 30	9 26	庚戌	11 29	10 26	庚辰	12 29	11 27	庚戌	1 27	12 26	己卯	
8 30	7 24	己酉	9 30	8 26	庚辰	10 31	9 27	辛亥	11 30	10 27	辛巳	12 30	11 28	辛亥	1 28	12 27	庚辰	
8 31	7 25	庚戌	10 1	8 27	辛巳	11 1	9 28	壬子	12 1	10 28	壬午	12 31	11 29	壬子	1 29	12 28	辛巳	中華民國七・八年
9 1	7 26	辛亥	10 2	8 28	壬午	11 2	9 29	癸丑	12 2	10 29	癸未	1 1	11 30	癸丑	1 30	12 29	壬午	
9 2	7 27	壬子	10 3	8 29	癸未	11 3	9 30	甲寅	12 3	11 1	甲申	1 2	12 1	甲寅	1 31	12 30	癸未	
9 3	7 28	癸丑	10 4	8 30	甲申	11 4	10 1	乙卯	12 4	11 2	乙酉	1 3	12 2	乙卯	2 1	1 1	甲申	
9 4	7 29	甲寅	10 5	9 1	乙酉	11 5	10 2	丙辰	12 5	11 3	丙戌	1 4	12 3	丙辰	2 2	1 2	乙酉	
9 5	8 1	乙卯	10 6	9 2	丙戌	11 6	10 3	丁巳	12 6	11 4	丁亥	1 5	12 4	丁巳	2 3	1 3	丙戌	
9 6	8 2	丙辰	10 7	9 3	丁亥	11 7	10 4	戊午	12 7	11 5	戊子				2 4	1 4	丁亥	
9 7	8 3	丁巳	10 8	9 4	戊子													
處暑			秋分			霜降			小雪			冬至			大寒			中氣
8/24 7時37分 辰時			9/24 4時45分 寅時			10/24 13時32分 未時			11/23 10時38分 巳時			12/22 23時41分 子時			1/21 10時20分 巳時			中氣

年	己未																	
月	丙寅			丁卯			戊辰			己巳			庚午			辛未		
節氣	立春			驚蟄			清明			立夏			芒種			小暑		
	2/5 4時39分 寅時			3/6 23時5分 子時			4/6 4時28分 寅時			5/6 22時22分 亥時			6/7 2時56分 丑時			7/8 13時20分 未時		
日	國曆	農曆	干支	國曆	農曆	干支	國曆	農曆	干支	國曆	農曆	干支	國曆	農曆	干支	國曆	農曆	干支
	2 5	1 5	戊子	3 6	2 5	丁巳	4 6	3 6	戊子	5 6	4 7	戊午	6 7	5 10	庚寅	7 8	6 11	辛酉
	2 6	1 6	己丑	3 7	2 6	戊午	4 7	3 7	己丑	5 7	4 8	己未	6 8	5 11	辛卯	7 9	6 12	壬戌
	2 7	1 7	庚寅	3 8	2 7	己未	4 8	3 8	庚寅	5 8	4 9	庚申	6 9	5 12	壬辰	7 10	6 13	癸亥
	2 8	1 8	辛卯	3 9	2 8	庚申	4 9	3 9	辛卯	5 9	4 10	辛酉	6 10	5 13	癸巳	7 11	6 14	甲子
1	2 9	1 9	壬辰	3 10	2 9	辛酉	4 10	3 10	壬辰	5 10	4 11	壬戌	6 11	5 14	甲午	7 12	6 15	乙丑
9	2 10	1 10	癸巳	3 11	2 10	壬戌	4 11	3 11	癸巳	5 11	4 12	癸亥	6 12	5 15	乙未	7 13	6 16	丙寅
1	2 11	1 11	甲午	3 12	2 11	癸亥	4 12	3 12	甲午	5 12	4 13	甲子	6 13	5 16	丙申	7 14	6 17	丁卯
9	2 12	1 12	乙未	3 13	2 12	甲子	4 13	3 13	乙未	5 13	4 14	乙丑	6 14	5 17	丁酉	7 15	6 18	戊辰
	2 13	1 13	丙申	3 14	2 13	乙丑	4 14	3 14	丙申	5 14	4 15	丙寅	6 15	5 18	戊戌	7 16	6 19	己巳
	2 14	1 14	丁酉	3 15	2 14	丙寅	4 15	3 15	丁酉	5 15	4 16	丁卯	6 16	5 19	己亥	7 17	6 20	庚午
	2 15	1 15	戊戌	3 16	2 15	丁卯	4 16	3 16	戊戌	5 16	4 17	戊辰	6 17	5 20	庚子	7 18	6 21	辛未
	2 16	1 16	己亥	3 17	2 16	戊辰	4 17	3 17	己亥	5 17	4 18	己巳	6 18	5 21	辛丑	7 19	6 22	壬申
	2 17	1 17	庚子	3 18	2 17	己巳	4 18	3 18	庚子	5 18	4 19	庚午	6 19	5 22	壬寅	7 20	6 23	癸酉
羊	2 18	1 18	辛丑	3 19	2 18	庚午	4 19	3 19	辛丑	5 19	4 20	辛未	6 20	5 23	癸卯	7 21	6 24	甲戌
	2 19	1 19	壬寅	3 20	2 19	辛未	4 20	3 20	壬寅	5 20	4 21	壬申	6 21	5 24	甲辰	7 22	6 25	乙亥
	2 20	1 20	癸卯	3 21	2 20	壬申	4 21	3 21	癸卯	5 21	4 22	癸酉	6 22	5 25	乙巳	7 23	6 26	丙子
	2 21	1 21	甲辰	3 22	2 21	癸酉	4 22	3 22	甲辰	5 22	4 23	甲戌	6 23	5 26	丙午	7 24	6 27	丁丑
	2 22	1 22	乙巳	3 23	2 22	甲戌	4 23	3 23	乙巳	5 23	4 24	乙亥	6 24	5 27	丁未	7 25	6 28	戊寅
	2 23	1 23	丙午	3 24	2 23	乙亥	4 24	3 24	丙午	5 24	4 25	丙子	6 25	5 28	戊申	7 26	6 29	己卯
	2 24	1 24	丁未	3 25	2 24	丙子	4 25	3 25	丁未	5 25	4 26	丁丑	6 26	5 29	己酉	7 27	7 1	庚辰
	2 25	1 25	戊申	3 26	2 25	丁丑	4 26	3 26	戊申	5 26	4 27	戊寅	6 27	5 30	庚戌	7 28	7 2	辛巳
	2 26	1 26	己酉	3 27	2 26	戊寅	4 27	3 27	己酉	5 27	4 28	己卯	6 28	6 1	辛亥	7 29	7 3	壬午
中	2 27	1 27	庚戌	3 28	2 27	己卯	4 28	3 28	庚戌	5 28	4 29	庚辰	6 29	6 2	壬子	7 30	7 4	癸未
華	2 28	1 28	辛亥	3 29	2 28	庚辰	4 29	3 29	辛亥	5 29	5 1	辛巳	6 30	6 3	癸丑	7 31	7 5	甲申
民	3 1	1 29	壬子	3 30	2 29	辛巳	4 30	4 1	壬子	5 30	5 2	壬午	7 1	6 4	甲寅	8 1	7 6	乙酉
國	3 2	2 1	癸丑	3 31	2 30	壬午	5 1	4 2	癸丑	5 31	5 3	癸未	7 2	6 5	乙卯	8 2	7 7	丙戌
八	3 3	2 2	甲寅	4 1	3 1	癸未	5 2	4 3	甲寅	6 1	5 4	甲申	7 3	6 6	丙辰	8 3	7 8	丁亥
年	3 4	2 3	乙卯	4 2	3 2	甲申	5 3	4 4	乙卯	6 2	5 5	乙酉	7 4	6 7	丁巳	8 4	7 9	戊子
	3 5	2 4	丙辰	4 3	3 3	乙酉	5 4	4 5	丙辰	6 3	5 6	丙戌	7 5	6 8	戊午	8 5	7 10	己丑
				4 4	3 4	丙戌	5 5	4 6	丁巳	6 4	5 7	丁亥	7 6	6 9	己未	8 6	7 11	庚寅
				4 5	3 5	丁亥				6 5	5 8	戊子	7 7	6 10	庚申	8 7	7 12	辛卯
										6 6	5 9	己丑						
中氣	雨水			春分			穀雨			小滿			夏至			大暑		
	2/20 0時47分 子時			3/22 0時19分 子時			4/21 11時58分 午時			5/22 11時39分 午時			6/22 19時53分 戌時			7/24 6時44分 卯時		

己未																		年
壬申			癸酉			甲戌			乙亥			丙子			丁丑			月
立秋			白露			寒露			立冬			大雪			小寒			節氣
8/8 22時58分 亥時			9/9 1時27分 丑時			10/9 16時33分 申時			11/8 19時11分 戌時			12/8 11時37分 午時			1/6 22時40分 亥時			
國曆	農曆	干支	國曆	農曆	干支	國曆	農曆	干支	國曆	農曆	干支	國曆	農曆	干支	國曆	農曆	干支	日
8 8	7 13	壬辰	9 9	7 16	甲子	10 9	8 16	甲午	11 8	9 16	甲子	12 8	10 17	甲午	1 6	11 16	癸亥	1 9 1 9 · 1 9 2 0
8 9	7 14	癸巳	9 10	7 17	乙丑	10 10	8 17	乙未	11 9	9 17	乙丑	12 9	10 18	乙未	1 7	11 17	甲子	
8 10	7 15	甲午	9 11	7 18	丙寅	10 11	8 18	丙申	11 10	9 18	丙寅	12 10	10 19	丙申	1 8	11 18	乙丑	
8 11	7 16	乙未	9 12	7 19	丁卯	10 12	8 19	丁酉	11 11	9 19	丁卯	12 11	10 20	丁酉	1 9	11 19	丙寅	
8 12	7 17	丙申	9 13	7 20	戊辰	10 13	8 20	戊戌	11 12	9 20	戊辰	12 12	10 21	戊戌	1 10	11 20	丁卯	
8 13	7 18	丁酉	9 14	7 21	己巳	10 14	8 21	己亥	11 13	9 21	己巳	12 13	10 22	己亥	1 11	11 21	戊辰	
8 14	7 19	戊戌	9 15	7 22	庚午	10 15	8 22	庚子	11 14	9 22	庚午	12 14	10 23	庚子	1 12	11 22	己巳	
8 15	7 20	己亥	9 16	7 23	辛未	10 16	8 23	辛丑	11 15	9 23	辛未	12 15	10 24	辛丑	1 13	11 23	庚午	
8 16	7 21	庚子	9 17	7 24	壬申	10 17	8 24	壬寅	11 16	9 24	壬申	12 16	10 25	壬寅	1 14	11 24	辛未	
8 17	7 22	辛丑	9 18	7 25	癸酉	10 18	8 25	癸卯	11 17	9 25	癸酉	12 17	10 26	癸卯	1 15	11 25	壬申	
8 18	7 23	壬寅	9 19	7 26	甲戌	10 19	8 26	甲辰	11 18	9 26	甲戌	12 18	10 27	甲辰	1 16	11 26	癸酉	
8 19	7 24	癸卯	9 20	7 27	乙亥	10 20	8 27	乙巳	11 19	9 27	乙亥	12 19	10 28	乙巳	1 17	11 27	甲戌	
8 20	7 25	甲辰	9 21	7 28	丙子	10 21	8 28	丙午	11 20	9 28	丙子	12 20	10 29	丙午	1 18	11 28	乙亥	
8 21	7 26	乙巳	9 22	7 29	丁丑	10 22	8 29	丁未	11 21	9 29	丁丑	12 21	10 30	丁未	1 19	11 29	丙子	羊
8 22	7 27	丙午	9 23	7 30	戊寅	10 23	8 30	戊申	11 22	10 1	戊寅	12 22	11 1	戊申	1 20	11 30	丁丑	
8 23	7 28	丁未	9 24	8 1	己卯	10 24	9 1	己酉	11 23	10 2	己卯	12 23	11 2	己酉	1 21	12 1	戊寅	
8 24	7 29	戊申	9 25	8 2	庚辰	10 25	9 2	庚戌	11 24	10 3	庚辰	12 24	11 3	庚戌	1 22	12 2	己卯	
8 25	閏1	己酉	9 26	8 3	辛巳	10 26	9 3	辛亥	11 25	10 4	辛巳	12 25	11 4	辛亥	1 23	12 3	庚辰	
8 26	7 2	庚戌	9 27	8 4	壬午	10 27	9 4	壬子	11 26	10 5	壬午	12 26	11 5	壬子	1 24	12 4	辛巳	
8 27	7 3	辛亥	9 28	8 5	癸未	10 28	9 5	癸丑	11 27	10 6	癸未	12 27	11 6	癸丑	1 25	12 5	壬午	
8 28	7 4	壬子	9 29	8 6	甲申	10 29	9 6	甲寅	11 28	10 7	甲申	12 28	11 7	甲寅	1 26	12 6	癸未	
8 29	7 5	癸丑	9 30	8 7	乙酉	10 30	9 7	乙卯	11 29	10 8	乙酉	12 29	11 8	乙卯	1 27	12 7	甲申	中華民國八·九年
8 30	7 6	甲寅	10 1	8 8	丙戌	10 31	9 8	丙辰	11 30	10 9	丙戌	12 30	11 9	丙辰	1 28	12 8	乙酉	
8 31	7 7	乙卯	10 2	8 9	丁亥	11 1	9 9	丁巳	12 1	10 10	丁亥	12 31	11 10	丁巳	1 29	12 9	丙戌	
9 1	7 8	丙辰	10 3	8 10	戊子	11 2	9 10	戊午	12 2	10 11	戊子	1 1	11 11	戊午	1 30	12 10	丁亥	
9 2	7 9	丁巳	10 4	8 11	己丑	11 3	9 11	己未	12 3	10 12	己丑	1 2	11 12	己未	1 31	12 11	戊子	
9 3	7 10	戊午	10 5	8 12	庚寅	11 4	9 12	庚申	12 4	10 13	庚寅	1 3	11 13	庚申	2 1	12 12	己丑	
9 4	7 11	己未	10 6	8 13	辛卯	11 5	9 13	辛酉	12 5	10 14	辛卯	1 4	11 14	辛酉	2 2	12 13	庚寅	
9 5	7 12	庚申	10 7	8 14	壬辰	11 6	9 14	壬戌	12 6	10 15	壬辰	1 5	11 15	壬戌	2 3	12 14	辛卯	
9 6	7 13	辛酉	10 8	8 15	癸巳	11 7	9 15	癸亥	12 7	10 16	癸巳				2 4	12 15	壬辰	
9 7	7 14	壬戌																
9 8	7 15	癸亥																
處暑			秋分			霜降			小雪			冬至			大寒			中氣
8/24 13時28分 未時			9/24 10時35分 巳時			10/24 19時21分 戌時			11/23 16時25分 申時			12/23 5時27分 卯時			1/21 16時4分 申時			

年																		
	庚申																	

月	戊寅			己卯			庚辰			辛巳			壬午			癸未		
節氣	立春			驚蟄			清明			立夏			芒種			小暑		
	2/5 10時26分 巳時			3/6 4時51分 寅時			4/5 10時15分 巳時			5/6 4時11分 寅時			6/6 8時50分 辰時			7/7 19時18分 戌時		
日	國曆	農曆	干支	國曆	農曆	干支	國曆	農曆	干支	國曆	農曆	干支	國曆	農曆	干支	國曆	農曆	干支
	2 5	12 16	癸巳	3 6	1 16	癸亥	4 5	2 17	癸巳	5 6	3 18	甲子	6 6	4 20	乙未	7 7	5 22	丙寅
	2 6	12 17	甲午	3 7	1 17	甲子	4 6	2 18	甲午	5 7	3 19	乙丑	6 7	4 21	丙申	7 8	5 23	丁卯
	2 7	12 18	乙未	3 8	1 18	乙丑	4 7	2 19	乙未	5 8	3 20	丙寅	6 8	4 22	丁酉	7 9	5 24	戊辰
	2 8	12 19	丙申	3 9	1 19	丙寅	4 8	2 20	丙申	5 9	3 21	丁卯	6 9	4 23	戊戌	7 10	5 25	己巳
1	2 9	12 20	丁酉	3 10	1 20	丁卯	4 9	2 21	丁酉	5 10	3 22	戊辰	6 10	4 24	己亥	7 11	5 26	庚午
9	2 10	12 21	戊戌	3 11	1 21	戊辰	4 10	2 22	戊戌	5 11	3 23	己巳	6 11	4 25	庚子	7 12	5 27	辛未
2	2 11	12 22	己亥	3 12	1 22	己巳	4 11	2 23	己亥	5 12	3 24	庚午	6 12	4 26	辛丑	7 13	5 28	壬申
0	2 12	12 23	庚子	3 13	1 23	庚午	4 12	2 24	庚子	5 13	3 25	辛未	6 13	4 27	壬寅	7 14	5 29	癸酉
	2 13	12 24	辛丑	3 14	1 24	辛未	4 13	2 25	辛丑	5 14	3 26	壬申	6 14	4 28	癸卯	7 15	5 30	甲戌
	2 14	12 25	壬寅	3 15	1 25	壬申	4 14	2 26	壬寅	5 15	3 27	癸酉	6 15	4 29	甲辰	7 16	6 1	乙亥
	2 15	12 26	癸卯	3 16	1 26	癸酉	4 15	2 27	癸卯	5 16	3 28	甲戌	6 16	5 1	乙巳	7 17	6 2	丙子
	2 16	12 27	甲辰	3 17	1 27	甲戌	4 16	2 28	甲辰	5 17	3 29	乙亥	6 17	5 2	丙午	7 18	6 3	丁丑
	2 17	12 28	乙巳	3 18	1 28	乙亥	4 17	2 29	乙巳	5 18	4 1	丙子	6 18	5 3	丁未	7 19	6 4	戊寅
	2 18	12 29	丙午	3 19	1 29	丙子	4 18	2 30	丙午	5 19	4 2	丁丑	6 19	5 4	戊申	7 20	6 5	己卯
猴	2 19	12 30	丁未	3 20	2 1	丁丑	4 19	3 1	丁未	5 20	4 3	戊寅	6 20	5 5	己酉	7 21	6 6	庚辰
	2 20	1 1	戊申	3 21	2 2	戊寅	4 20	3 2	戊申	5 21	4 4	己卯	6 21	5 6	庚戌	7 22	6 7	辛巳
	2 21	1 2	己酉	3 22	2 3	己卯	4 21	3 3	己酉	5 22	4 5	庚辰	6 22	5 7	辛亥	7 23	6 8	壬午
	2 22	1 3	庚戌	3 23	2 4	庚辰	4 22	3 4	庚戌	5 23	4 6	辛巳	6 23	5 8	壬子	7 24	6 9	癸未
	2 23	1 4	辛亥	3 24	2 5	辛巳	4 23	3 5	辛亥	5 24	4 7	壬午	6 24	5 9	癸丑	7 25	6 10	甲申
	2 24	1 5	壬子	3 25	2 6	壬午	4 24	3 6	壬子	5 25	4 8	癸未	6 25	5 10	甲寅	7 26	6 11	乙酉
	2 25	1 6	癸丑	3 26	2 7	癸未	4 25	3 7	癸丑	5 26	4 9	甲申	6 26	5 11	乙卯	7 27	6 12	丙戌
	2 26	1 7	甲寅	3 27	2 8	甲申	4 26	3 8	甲寅	5 27	4 10	乙酉	6 27	5 12	丙辰	7 28	6 13	丁亥
中	2 27	1 8	乙卯	3 28	2 9	乙酉	4 27	3 9	乙卯	5 28	4 11	丙戌	6 28	5 13	丁巳	7 29	6 14	戊子
華	2 28	1 9	丙辰	3 29	2 10	丙戌	4 28	3 10	丙辰	5 29	4 12	丁亥	6 29	5 14	戊午	7 30	6 15	己丑
民	2 29	1 10	丁巳	3 30	2 11	丁亥	4 29	3 11	丁巳	5 30	4 13	戊子	6 30	5 15	己未	7 31	6 16	庚寅
國	3 1	1 11	戊午	3 31	2 12	戊子	4 30	3 12	戊午	5 31	4 14	己丑	7 1	5 16	庚申	8 1	6 17	辛卯
九	3 2	1 12	己未	4 1	2 13	己丑	5 1	3 13	己未	6 1	4 15	庚寅	7 2	5 17	辛酉	8 2	6 18	壬辰
年	3 3	1 13	庚申	4 2	2 14	庚寅	5 2	3 14	庚申	6 2	4 16	辛卯	7 3	5 18	壬戌	8 3	6 19	癸巳
	3 4	1 14	辛酉	4 3	2 15	辛卯	5 3	3 15	辛酉	6 3	4 17	壬辰	7 4	5 19	癸亥	8 4	6 20	甲午
	3 5	1 15	壬戌	4 4	2 16	壬辰	5 4	3 16	壬戌	6 4	4 18	癸巳	7 5	5 20	甲子	8 5	6 21	乙未
							5 5	3 17	癸亥	6 5	4 19	甲午	7 6	5 21	乙丑	8 6	6 22	丙申
																8 7	6 23	丁酉

中氣	雨水			春分			穀雨			小滿			夏至			大暑		
	2/20 6時29分 卯時			3/21 5時59分 卯時			4/20 17時39分 酉時			5/21 17時21分 酉時			6/22 1時39分 丑時			7/23 12時34分 午時		

庚申																		年
甲申			乙酉			丙戌			丁亥			戊子			己丑			月
立秋			白露			寒露			立冬			大雪			小寒			節氣
8/8 4時58分 寅時			9/8 7時26分 辰時			10/8 22時29分 亥時			11/8 1時5分 丑時			12/7 17時30分 酉時			1/6 4時33分 寅時			
國曆	農曆	干支	國曆	農曆	干支	國曆	農曆	干支	國曆	農曆	干支	國曆	農曆	干支	國曆	農曆	干支	日
8 8	6 24	戊戌	9 8	7 26	己巳	10 8	8 27	己亥	11 8	9 28	庚午	12 7	10 27	己亥	1 6	11 28	己巳	
8 9	6 25	己亥	9 9	7 27	庚午	10 9	8 28	庚子	11 9	9 29	辛未	12 8	10 28	庚子	1 7	11 29	庚午	
8 10	6 26	庚子	9 10	7 28	辛未	10 10	8 29	辛丑	11 10	9 30	壬申	12 9	10 29	辛丑	1 8	11 30	辛未	
8 11	6 27	辛丑	9 11	7 29	壬申	10 11	8 30	壬寅	11 11	10 1	癸酉	12 10	11 1	壬寅	1 9	12 1	壬申	1
8 12	6 28	壬寅	9 12	8 1	癸酉	10 12	9 1	癸卯	11 12	10 2	甲戌	12 11	11 2	癸卯	1 10	12 2	癸酉	9
8 13	6 29	癸卯	9 13	8 2	甲戌	10 13	9 2	甲辰	11 13	10 3	乙亥	12 12	11 3	甲辰	1 11	12 3	甲戌	2
8 14	7 1	甲辰	9 14	8 3	乙亥	10 14	9 3	乙巳	11 14	10 4	丙子	12 13	11 4	乙巳	1 12	12 4	乙亥	0
8 15	7 2	乙巳	9 15	8 4	丙子	10 15	9 4	丙午	11 15	10 5	丁丑	12 14	11 5	丙午	1 13	12 5	丙子	·
8 16	7 3	丙午	9 16	8 5	丁丑	10 16	9 5	丁未	11 16	10 6	戊寅	12 15	11 6	丁未	1 14	12 6	丁丑	1
8 17	7 4	丁未	9 17	8 6	戊寅	10 17	9 6	戊申	11 17	10 7	己卯	12 16	11 7	戊申	1 15	12 7	戊寅	9
8 18	7 5	戊申	9 18	8 7	己卯	10 18	9 7	己酉	11 18	10 8	庚辰	12 17	11 8	己酉	1 16	12 8	己卯	2
8 19	7 6	己酉	9 19	8 8	庚辰	10 19	9 8	庚戌	11 19	10 9	辛巳	12 18	11 9	庚戌	1 17	12 9	庚辰	1
8 20	7 7	庚戌	9 20	8 9	辛巳	10 20	9 9	辛亥	11 20	10 10	壬午	12 19	11 10	辛亥	1 18	12 10	辛巳	
8 21	7 8	辛亥	9 21	8 10	壬午	10 21	9 10	壬子	11 21	10 11	癸未	12 20	11 11	壬子	1 19	12 11	壬午	
8 22	7 9	壬子	9 22	8 11	癸未	10 22	9 11	癸丑	11 22	10 12	甲申	12 21	11 12	癸丑	1 20	12 12	癸未	
8 23	7 10	癸丑	9 23	8 12	甲申	10 23	9 12	甲寅	11 23	10 13	乙酉	12 22	11 13	甲寅	1 21	12 13	甲申	猴
8 24	7 11	甲寅	9 24	8 13	乙酉	10 24	9 13	乙卯	11 24	10 14	丙戌	12 23	11 14	乙卯	1 22	12 14	乙酉	
8 25	7 12	乙卯	9 25	8 14	丙戌	10 25	9 14	丙辰	11 25	10 15	丁亥	12 24	11 15	丙辰	1 23	12 15	丙戌	
8 26	7 13	丙辰	9 26	8 15	丁亥	10 26	9 15	丁巳	11 26	10 16	戊子	12 25	11 16	丁巳	1 24	12 16	丁亥	
8 27	7 14	丁巳	9 27	8 16	戊子	10 27	9 16	戊午	11 27	10 17	己丑	12 26	11 17	戊午	1 25	12 17	戊子	
8 28	7 15	戊午	9 28	8 17	己丑	10 28	9 17	己未	11 28	10 18	庚寅	12 27	11 18	己未	1 26	12 18	己丑	
8 29	7 16	己未	9 29	8 18	庚寅	10 29	9 18	庚申	11 29	10 19	辛卯	12 28	11 19	庚申	1 27	12 19	庚寅	
8 30	7 17	庚申	9 30	8 19	辛卯	10 30	9 19	辛酉	11 30	10 20	壬辰	12 29	11 20	辛酉	1 28	12 20	辛卯	中
8 31	7 18	辛酉	10 1	8 20	壬辰	10 31	9 20	壬戌	12 1	10 21	癸巳	12 30	11 21	壬戌	1 29	12 21	壬辰	華
9 1	7 19	壬戌	10 2	8 21	癸巳	11 1	9 21	癸亥	12 2	10 22	甲午	12 31	11 22	癸亥	1 30	12 22	癸巳	民
9 2	7 20	癸亥	10 3	8 22	甲午	11 2	9 22	甲子	12 3	10 23	乙未	1 1	11 23	甲子	1 31	12 23	甲午	國
9 3	7 21	甲子	10 4	8 23	乙未	11 3	9 23	乙丑	12 4	10 24	丙申	1 2	11 24	乙丑	2 1	12 24	乙未	九
9 4	7 22	乙丑	10 5	8 24	丙申	11 4	9 24	丙寅	12 5	10 25	丁酉	1 3	11 25	丙寅	2 2	12 25	丙申	·
9 5	7 23	丙寅	10 6	8 25	丁酉	11 5	9 25	丁卯	12 6	10 26	戊戌	1 4	11 26	丁卯	2 3	12 26	丁酉	十
9 6	7 24	丁卯	10 7	8 26	戊戌	11 6	9 26	戊辰				1 5	11 27	戊辰				年
9 7	7 25	戊辰				11 7	9 27	己巳										
處暑			秋分			霜降			小雪			冬至			大寒			中
8/23 19時21分 戌時			9/23 16時28分 申時			10/24 1時12分 丑時			11/22 22時15分 亥時			12/22 11時17分 午時			1/20 21時54分 亥時			氣

年：辛酉　（民國十年　1921　雞）

月	庚寅	辛卯	壬辰	癸巳	甲午	乙未
節氣	立春	驚蟄	清明	立夏	芒種	小暑
	2/4 16時20分 申時	3/6 10時45分 巳時	4/5 16時8分 申時	5/6 10時4分 巳時	6/6 14時41分 未時	7/8 1時6分 丑時

日	庚寅 國曆	農曆	干支	辛卯 國曆	農曆	干支	壬辰 國曆	農曆	干支	癸巳 國曆	農曆	干支	甲午 國曆	農曆	干支	乙未 國曆	農曆	干支
	2/4	12/27	戊戌	3/6	1/27	戊辰	4/5	2/27	戊戌	5/6	3/29	己巳	6/6	5/1	庚子	7/8	6/4	壬申
	2/5	12/28	己亥	3/7	1/28	己巳	4/6	2/28	己亥	5/7	3/30	庚午	6/7	5/2	辛丑	7/9	6/5	癸酉
	2/6	12/29	庚子	3/8	1/29	庚午	4/7	2/29	庚子	5/8	4/1	辛未	6/8	5/3	壬寅	7/10	6/6	甲戌
	2/7	12/30	辛丑	3/9	1/30	辛未	4/8	3/1	辛丑	5/9	4/2	壬申	6/9	5/4	癸卯	7/11	6/7	乙亥
1	2/8	1/1	壬寅	3/10	2/1	壬申	4/9	3/2	壬寅	5/10	4/3	癸酉	6/10	5/5	甲辰	7/12	6/8	丙子
9	2/9	1/2	癸卯	3/11	2/2	癸酉	4/10	3/3	癸卯	5/11	4/4	甲戌	6/11	5/6	乙巳	7/13	6/9	丁丑
2	2/10	1/3	甲辰	3/12	2/3	甲戌	4/11	3/4	甲辰	5/12	4/5	乙亥	6/12	5/7	丙午	7/14	6/10	戊寅
1	2/11	1/4	乙巳	3/13	2/4	乙亥	4/12	3/5	乙巳	5/13	4/6	丙子	6/13	5/8	丁未	7/15	6/11	己卯
	2/12	1/5	丙午	3/14	2/5	丙子	4/13	3/6	丙午	5/14	4/7	丁丑	6/14	5/9	戊申	7/16	6/12	庚辰
	2/13	1/6	丁未	3/15	2/6	丁丑	4/14	3/7	丁未	5/15	4/8	戊寅	6/15	5/10	己酉	7/17	6/13	辛巳
	2/14	1/7	戊申	3/16	2/7	戊寅	4/15	3/8	戊申	5/16	4/9	己卯	6/16	5/11	庚戌	7/18	6/14	壬午
	2/15	1/8	己酉	3/17	2/8	己卯	4/16	3/9	己酉	5/17	4/10	庚辰	6/17	5/12	辛亥	7/19	6/15	癸未
	2/16	1/9	庚戌	3/18	2/9	庚辰	4/17	3/10	庚戌	5/18	4/11	辛巳	6/18	5/13	壬子	7/20	6/16	甲申
	2/17	1/10	辛亥	3/19	2/10	辛巳	4/18	3/11	辛亥	5/19	4/12	壬午	6/19	5/14	癸丑	7/21	6/17	乙酉
雞	2/18	1/11	壬子	3/20	2/11	壬午	4/19	3/12	壬子	5/20	4/13	癸未	6/20	5/15	甲寅	7/22	6/18	丙戌
	2/19	1/12	癸丑	3/21	2/12	癸未	4/20	3/13	癸丑	5/21	4/14	甲申	6/21	5/16	乙卯	7/23	6/19	丁亥
	2/20	1/13	甲寅	3/22	2/13	甲申	4/21	3/14	甲寅	5/22	4/15	乙酉	6/22	5/17	丙辰	7/24	6/20	戊子
	2/21	1/14	乙卯	3/23	2/14	乙酉	4/22	3/15	乙卯	5/23	4/16	丙戌	6/23	5/18	丁巳	7/25	6/21	己丑
	2/22	1/15	丙辰	3/24	2/15	丙戌	4/23	3/16	丙辰	5/24	4/17	丁亥	6/24	5/19	戊午	7/26	6/22	庚寅
	2/23	1/16	丁巳	3/25	2/16	丁亥	4/24	3/17	丁巳	5/25	4/18	戊子	6/25	5/20	己未	7/27	6/23	辛卯
	2/24	1/17	戊午	3/26	2/17	戊子	4/25	3/18	戊午	5/26	4/19	己丑	6/26	5/21	庚申	7/28	6/24	壬辰
中	2/25	1/18	己未	3/27	2/18	己丑	4/26	3/19	己未	5/27	4/20	庚寅	6/27	5/22	辛酉	7/29	6/25	癸巳
華	2/26	1/19	庚申	3/28	2/19	庚寅	4/27	3/20	庚申	5/28	4/21	辛卯	6/28	5/23	壬戌	7/30	6/26	甲午
民	2/27	1/20	辛酉	3/29	2/20	辛卯	4/28	3/21	辛酉	5/29	4/22	壬辰	6/29	5/24	癸亥	7/31	6/27	乙未
國	2/28	1/21	壬戌	3/30	2/21	壬辰	4/29	3/22	壬戌	5/30	4/23	癸巳	6/30	5/25	甲子	8/1	6/28	丙申
十	3/1	1/22	癸亥	3/31	2/22	癸巳	4/30	3/23	癸亥	5/31	4/24	甲午	7/1	5/26	乙丑	8/2	6/29	丁酉
年	3/2	1/23	甲子	4/1	2/23	甲午	5/1	3/24	甲子	6/1	4/25	乙未	7/2	5/27	丙寅	8/3	6/30	戊戌
	3/3	1/24	乙丑	4/2	2/24	乙未	5/2	3/25	乙丑	6/2	4/26	丙申	7/3	5/28	丁卯	8/4	7/1	己亥
	3/4	1/25	丙寅	4/3	2/25	丙申	5/3	3/26	丙寅	6/3	4/27	丁酉	7/4	5/29	戊辰	8/5	7/2	庚子
	3/5	1/26	丁卯	4/4	2/26	丁酉	5/4	3/27	丁卯	6/4	4/28	戊戌	7/5	6/1	己巳	8/6	7/3	辛丑
							5/5	3/28	戊辰	6/5	4/29	己亥	7/6	6/2	庚午	8/7	7/4	壬寅
													7/7	6/3	辛未			

中氣	雨水	春分	穀雨	小滿	夏至	大暑
	2/19 12時20分 午時	3/21 11時51分 午時	4/20 23時32分 子時	5/21 23時16分 子時	6/22 7時35分 辰時	7/23 18時30分 酉時

辛酉																		年
丙申			丁酉			戊戌			己亥			庚子			辛丑			月
立秋			白露			寒露			立冬			大雪			小寒			節氣
8/8 10時43分 巳時			9/8 13時9分 未時			10/9 4時10分 寅時			11/8 6時45分 卯時			12/7 23時11分 子時			1/6 10時17分 巳時			節氣
國曆	農曆	干支	國曆	農曆	干支	國曆	農曆	干支	國曆	農曆	干支	國曆	農曆	干支	國曆	農曆	干支	日
8 8	7	癸卯	9 8	8 7	甲戌	10 9	9 9	乙巳	11 8	10 9	乙亥	12 7	11 9	甲辰	1 6	12 9	甲戌	
8 9	7 6	甲辰	9 9	8 8	乙亥	10 10	9 10	丙午	11 9	10 10	丙子	12 8	11 10	乙巳	1 7	12 10	乙亥	
8 10	7 7	乙巳	9 10	8 9	丙子	10 11	9 11	丁未	11 10	10 11	丁丑	12 9	11 11	丙午	1 8	12 11	丙子	
8 11	7 8	丙午	9 11	8 10	丁丑	10 12	9 12	戊申	11 11	10 12	戊寅	12 10	11 12	丁未	1 9	12 12	丁丑	1
8 12	7 9	丁未	9 12	8 11	戊寅	10 13	9 13	己酉	11 12	10 13	己卯	12 11	11 13	戊申	1 10	12 13	戊寅	9
8 13	7 10	戊申	9 13	8 12	己卯	10 14	9 14	庚戌	11 13	10 14	庚辰	12 12	11 14	己酉	1 11	12 14	己卯	2
8 14	7 11	己酉	9 14	8 13	庚辰	10 15	9 15	辛亥	11 14	10 15	辛巳	12 13	11 15	庚戌	1 12	12 15	庚辰	1
8 15	7 12	庚戌	9 15	8 14	辛巳	10 16	9 16	壬子	11 15	10 16	壬午	12 14	11 16	辛亥	1 13	12 16	辛巳	.
8 16	7 13	辛亥	9 16	8 15	壬午	10 17	9 17	癸丑	11 16	10 17	癸未	12 15	11 17	壬子	1 14	12 17	壬午	1
8 17	7 14	壬子	9 17	8 16	癸未	10 18	9 18	甲寅	11 17	10 18	甲申	12 16	11 18	癸丑	1 15	12 18	癸未	9
8 18	7 15	癸丑	9 18	8 17	甲申	10 19	9 19	乙卯	11 18	10 19	乙酉	12 17	11 19	甲寅	1 16	12 19	甲申	2
8 19	7 16	甲寅	9 19	8 18	乙酉	10 20	9 20	丙辰	11 19	10 20	乙戌	12 18	11 20	乙卯	1 17	12 20	乙酉	2
8 20	7 17	乙卯	9 20	8 19	丙戌	10 21	9 21	丁巳	11 20	10 21	丁亥	12 19	11 21	丙辰	1 18	12 21	丙戌	
8 21	7 18	丙辰	9 21	8 20	丁亥	10 22	9 22	戊午	11 21	10 22	戊子	12 20	11 22	丁巳	1 19	12 22	丁亥	
8 22	7 19	丁巳	9 22	8 21	戊子	10 23	9 23	己未	11 22	10 23	己丑	12 21	11 23	戊午	1 20	12 23	戊子	雞
8 23	7 20	戊午	9 23	8 22	己丑	10 24	9 24	庚申	11 23	10 24	庚寅	12 22	11 24	己未	1 21	12 24	己丑	
8 24	7 21	己未	9 24	8 23	庚寅	10 25	9 25	辛酉	11 24	10 25	辛卯	12 23	11 25	庚申	1 22	12 25	庚寅	
8 25	7 22	庚申	9 25	8 24	辛卯	10 26	9 26	壬戌	11 25	10 26	壬辰	12 24	11 26	辛酉	1 23	12 26	辛卯	
8 26	7 23	辛酉	9 26	8 25	壬辰	10 27	9 27	癸亥	11 26	10 27	癸巳	12 25	11 27	壬戌	1 24	12 27	壬辰	
8 27	7 24	壬戌	9 27	8 26	癸巳	10 28	9 28	甲子	11 27	10 28	甲午	12 26	11 28	癸亥	1 25	12 28	癸巳	
8 28	7 25	癸亥	9 28	8 27	甲午	10 29	9 29	乙丑	11 28	10 29	乙未	12 27	11 29	甲子	1 26	12 29	甲午	
8 29	7 26	甲子	9 29	8 28	乙未	10 30	9 30	丙寅	11 29	11 1	丙申	12 28	11 30	乙丑	1 27	12 30	乙未	
8 30	7 27	乙丑	9 30	8 29	丙申	10 31	10 1	丁卯	11 30	11 2	丁酉	12 29	12 1	丙寅	1 28	1 1	丙申	中
8 31	7 28	丙寅	10 1	9 1	丁酉	11 1	10 2	戊辰	12 1	11 3	戊戌	12 30	12 2	丁卯	1 29	1 2	丁酉	華
9 1	7 29	丁卯	10 2	9 2	戊戌	11 2	10 3	己巳	12 2	11 4	己亥	12 31	12 3	戊辰	1 30	1 3	戊戌	民
9 2	7 30	戊辰	10 3	9 3	己亥	11 3	10 4	庚午	12 3	11 5	庚子	1 1	12 4	己巳	1 31	1 4	己亥	國
9 3	8 1	己巳	10 4	9 4	庚子	11 4	10 5	辛未	12 4	11 6	辛丑	1 2	12 5	庚午	2 1	1 5	庚子	十
9 4	8 2	庚午	10 5	9 5	辛丑	11 5	10 6	壬申	12 5	11 7	壬寅	1 3	12 6	辛未	2 2	1 6	辛丑	.
9 5	8 3	辛未	10 6	9 6	壬寅	11 6	10 7	癸酉	12 6	11 8	癸卯	1 4	12 7	壬申	2 3	1 7	壬寅	十一年
9 6	8 4	壬申	10 7	9 7	癸卯	11 7	10 8	甲戌				1 5	12 8	癸酉				
9 7	8 5	癸酉	10 8	9 8	甲辰													
處暑			秋分			霜降			小雪			冬至			大寒			中
8/24 1時15分 丑時			9/23 22時19分 亥時			10/24 7時2分 辰時			11/23 4時4分 寅時			12/22 17時7分 酉時			1/21 3時47分 寅時			氣

年	壬戌																
月	壬寅			癸卯			甲辰			乙巳			丙午			丁未		
節氣	立春 2/4 22時6分 亥時			驚蟄 3/6 16時33分 申時			清明 4/5 21時58分 亥時			立夏 5/6 15時52分 申時			芒種 6/6 20時30分 戌時			小暑 7/8 6時57分 卯時		
日	國曆	農曆	干支	國曆	農曆	干支	國曆	農曆	干支	國曆	農曆	干支	國曆	農曆	干支	國曆	農曆	干支
	2/4	1/8	癸卯	3/6	2/8	癸酉	4/5	3/9	癸卯	5/6	4/10	甲戌	6/6	5/11	乙巳	7/8	閏5/14	丁丑
	2/5	1/9	甲辰	3/7	2/9	甲戌	4/6	3/10	甲辰	5/7	4/11	乙亥	6/7	5/12	丙午	7/9	閏5/15	戊寅
	2/6	1/10	乙巳	3/8	2/10	乙亥	4/7	3/11	乙巳	5/8	4/12	丙子	6/8	5/13	丁未	7/10	閏5/16	己卯
	2/7	1/11	丙午	3/9	2/11	丙子	4/8	3/12	丙午	5/9	4/13	丁丑	6/9	5/14	戊申	7/11	閏5/17	庚辰
	2/8	1/12	丁未	3/10	2/12	丁丑	4/9	3/13	丁未	5/10	4/14	戊寅	6/10	5/15	己酉	7/12	閏5/18	辛巳
	2/9	1/13	戊申	3/11	2/13	戊寅	4/10	3/14	戊申	5/11	4/15	己卯	6/11	5/16	庚戌	7/13	閏5/19	壬午
	2/10	1/14	己酉	3/12	2/14	己卯	4/11	3/15	己酉	5/12	4/16	庚辰	6/12	5/17	辛亥	7/14	閏5/20	癸未
	2/11	1/15	庚戌	3/13	2/15	庚辰	4/12	3/16	庚戌	5/13	4/17	辛巳	6/13	5/18	壬子	7/15	閏5/21	甲申
	2/12	1/16	辛亥	3/14	2/16	辛巳	4/13	3/17	辛亥	5/14	4/18	壬午	6/14	5/19	癸丑	7/16	閏5/22	乙酉
	2/13	1/17	壬子	3/15	2/17	壬午	4/14	3/18	壬子	5/15	4/19	癸未	6/15	5/20	甲寅	7/17	閏5/23	丙戌
	2/14	1/18	癸丑	3/16	2/18	癸未	4/15	3/19	癸丑	5/16	4/20	甲申	6/16	5/21	乙卯	7/18	閏5/24	丁亥
	2/15	1/19	甲寅	3/17	2/19	甲申	4/16	3/20	甲寅	5/17	4/21	乙酉	6/17	5/22	丙辰	7/19	閏5/25	戊子
	2/16	1/20	乙卯	3/18	2/20	乙酉	4/17	3/21	乙卯	5/18	4/22	丙戌	6/18	5/23	丁巳	7/20	閏5/26	己丑
	2/17	1/21	丙辰	3/19	2/21	丙戌	4/18	3/22	丙辰	5/19	4/23	丁亥	6/19	5/24	戊午	7/21	閏5/27	庚寅
	2/18	1/22	丁巳	3/20	2/22	丁亥	4/19	3/23	丁巳	5/20	4/24	戊子	6/20	5/25	己未	7/22	閏5/28	辛卯
	2/19	1/23	戊午	3/21	2/23	戊子	4/20	3/24	戊午	5/21	4/25	己丑	6/21	5/26	庚申	7/23	閏5/29	壬辰
	2/20	1/24	己未	3/22	2/24	己丑	4/21	3/25	己未	5/22	4/26	庚寅	6/22	5/27	辛酉	7/24	6/1	癸巳
	2/21	1/25	庚申	3/23	2/25	庚寅	4/22	3/26	庚申	5/23	4/27	辛卯	6/23	5/28	壬戌	7/25	6/2	甲午
	2/22	1/26	辛酉	3/24	2/26	辛卯	4/23	3/27	辛酉	5/24	4/28	壬辰	6/24	5/29	癸亥	7/26	6/3	乙未
	2/23	1/27	壬戌	3/25	2/27	壬辰	4/24	3/28	壬戌	5/25	4/29	癸巳	6/25	閏5/1	甲子	7/27	6/4	丙申
	2/24	1/28	癸亥	3/26	2/28	癸巳	4/25	3/29	癸亥	5/26	4/30	甲午	6/26	5/2	乙丑	7/28	6/5	丁酉
	2/25	1/29	甲子	3/27	2/29	甲午	4/26	3/30	甲子	5/27	5/1	乙未	6/27	5/3	丙寅	7/29	6/6	戊戌
	2/26	1/30	乙丑	3/28	3/1	乙未	4/27	4/1	乙丑	5/28	5/2	丙申	6/28	5/4	丁卯	7/30	6/7	己亥
	2/27	2/1	丙寅	3/29	3/2	丙申	4/28	4/2	丙寅	5/29	5/3	丁酉	6/29	5/5	戊辰	7/31	6/8	庚子
	2/28	2/2	丁卯	3/30	3/3	丁酉	4/29	4/3	丁卯	5/30	5/4	戊戌	6/30	5/6	己巳	8/1	6/9	辛丑
	3/1	2/3	戊辰	3/31	3/4	戊戌	4/30	4/4	戊辰	5/31	5/5	己亥	7/1	5/7	庚午	8/2	6/10	壬寅
	3/2	2/4	己巳	4/1	3/5	己亥	5/1	4/5	己巳	6/1	5/6	庚子	7/2	5/8	辛未	8/3	6/11	癸卯
	3/3	2/5	庚午	4/2	3/6	庚子	5/2	4/6	庚午	6/2	5/7	辛丑	7/3	5/9	壬申	8/4	6/12	甲辰
	3/4	2/6	辛未	4/3	3/7	辛丑	5/3	4/7	辛未	6/3	5/8	壬寅	7/4	5/10	癸酉	8/5	6/13	乙巳
	3/5	2/7	壬申	4/4	3/8	壬寅	5/4	4/8	壬申	6/4	5/9	癸卯	7/5	5/11	甲戌	8/6	6/14	丙午
							5/5	4/9	癸酉	6/5	5/10	甲辰	7/6	5/12	乙亥	8/7	6/15	丁未
													7/7	5/13	丙子			

| 中氣 | 雨水 2/19 18時16分 酉時 | | | 春分 3/21 17時48分 酉時 | | | 穀雨 4/21 5時28分 卯時 | | | 小滿 5/22 5時10分 卯時 | | | 夏至 6/22 13時26分 未時 | | | 大暑 7/24 0時19分 子時 | | |

(左側縱列：1922　狗　中華民國十一年)

年	壬戌																	
月	戊申			己酉			庚戌			辛亥			壬子			癸丑		
節氣	立秋 8/8 16時37分 申時			白露 9/8 19時6分 戌時			寒露 10/9 10時9分 巳時			立冬 11/8 12時45分 午時			大雪 12/8 5時10分 卯時			小寒 1/6 16時14分 申時		
日	國曆	農曆	干支	國曆	農曆	干支	國曆	農曆	干支	國曆	農曆	干支	國曆	農曆	干支	國曆	農曆	干支
	8 8	6 16	戊申	9 8	7 17	己卯	10 9	8 19	庚戌	11 8	9 20	庚辰	12 8	10 20	庚戌	1 6	11 20	己卯
	8 9	6 17	己酉	9 9	7 18	庚辰	10 10	8 20	辛亥	11 9	9 21	辛巳	12 9	10 21	辛亥	1 7	11 21	庚辰
	8 10	6 18	庚戌	9 10	7 19	辛巳	10 11	8 21	壬子	11 10	9 22	壬午	12 10	10 22	壬子	1 8	11 22	辛巳
	8 11	6 19	辛亥	9 11	7 20	壬午	10 12	8 22	癸丑	11 11	9 23	癸未	12 11	10 23	癸丑	1 9	11 23	壬午
	8 12	6 20	壬子	9 12	7 21	癸未	10 13	8 23	甲寅	11 12	9 24	甲申	12 12	10 24	甲寅	1 10	11 24	癸未
	8 13	6 21	癸丑	9 13	7 22	甲申	10 14	8 24	乙卯	11 13	9 25	乙酉	12 13	10 25	乙卯	1 11	11 25	甲申
	8 14	6 22	甲寅	9 14	7 23	乙酉	10 15	8 25	丙辰	11 14	9 26	丙戌	12 14	10 26	丙辰	1 12	11 26	乙酉
	8 15	6 23	乙卯	9 15	7 24	丙戌	10 16	8 26	丁巳	11 15	9 27	丁亥	12 15	10 27	丁巳	1 13	11 27	丙戌
	8 16	6 24	丙辰	9 16	7 25	丁亥	10 17	8 27	戊午	11 16	9 28	戊子	12 16	10 28	戊午	1 14	11 28	丁亥
	8 17	6 25	丁巳	9 17	7 26	戊子	10 18	8 28	己未	11 17	9 29	己丑	12 17	10 29	己未	1 15	11 29	戊子
	8 18	6 26	戊午	9 18	7 27	己丑	10 19	8 29	庚申	11 18	9 30	庚寅	12 18	11 1	庚申	1 16	11 30	己丑
	8 19	6 27	己未	9 19	7 28	庚寅	10 20	9 1	辛酉	11 19	10 1	辛卯	12 19	11 2	辛酉	1 17	12 1	庚寅
	8 20	6 28	庚申	9 20	7 29	辛卯	10 21	9 2	壬戌	11 20	10 2	壬辰	12 20	11 3	壬戌	1 18	12 2	辛卯
	8 21	6 29	辛酉	9 21	8 1	壬辰	10 22	9 3	癸亥	11 21	10 3	癸巳	12 21	11 4	癸亥	1 19	12 3	壬辰
	8 22	6 30	壬戌	9 22	8 2	癸巳	10 23	9 4	甲子	11 22	10 4	甲午	12 22	11 5	甲子	1 20	12 4	癸巳
	8 23	7 1	癸亥	9 23	8 3	甲午	10 24	9 5	乙丑	11 23	10 5	乙未	12 23	11 6	乙丑	1 21	12 5	甲午
	8 24	7 2	甲子	9 24	8 4	乙未	10 25	9 6	丙寅	11 24	10 6	丙申	12 24	11 7	丙寅	1 22	12 6	乙未
	8 25	7 3	乙丑	9 25	8 5	丙申	10 26	9 7	丁卯	11 25	10 7	丁酉	12 25	11 8	丁卯	1 23	12 7	丙申
	8 26	7 4	丙寅	9 26	8 6	丁酉	10 27	9 8	戊辰	11 26	10 8	戊戌	12 26	11 9	戊辰	1 24	12 8	丁酉
	8 27	7 5	丁卯	9 27	8 7	戊戌	10 28	9 9	己巳	11 27	10 9	己亥	12 27	11 10	己巳	1 25	12 9	戊戌
	8 28	7 6	戊辰	9 28	8 8	己亥	10 29	9 10	庚午	11 28	10 10	庚子	12 28	11 11	庚午	1 26	12 10	己亥
	8 29	7 7	己巳	9 29	8 9	庚子	10 30	9 11	辛未	11 29	10 11	辛丑	12 29	11 12	辛未	1 27	12 11	庚子
	8 30	7 8	庚午	9 30	8 10	辛丑	10 31	9 12	壬申	11 30	10 12	壬寅	12 30	11 13	壬申	1 28	12 12	辛丑
	8 31	7 9	辛未	10 1	8 11	壬寅	11 1	9 13	癸酉	12 1	10 13	癸卯	12 31	11 14	癸酉	1 29	12 13	壬寅
	9 1	7 10	壬申	10 2	8 12	癸卯	11 2	9 14	甲戌	12 2	10 14	甲辰	1 1	11 15	甲戌	1 30	12 14	癸卯
	9 2	7 11	癸酉	10 3	8 13	甲辰	11 3	9 15	乙亥	12 3	10 15	乙巳	1 2	11 16	乙亥	1 31	12 15	甲辰
	9 3	7 12	甲戌	10 4	8 14	乙巳	11 4	9 16	丙子	12 4	10 16	丙午	1 3	11 17	丙子	2 1	12 16	乙巳
	9 4	7 13	乙亥	10 5	8 15	丙午	11 5	9 17	丁丑	12 5	10 17	丁未	1 4	11 18	丁丑	2 2	12 17	丙午
	9 5	7 14	丙子	10 6	8 16	丁未	11 6	9 18	戊寅	12 6	10 18	戊申	1 5	11 19	戊寅	2 3	12 18	丁未
	9 6	7 15	丁丑	10 7	8 17	戊申	11 7	9 19	己卯	12 7	10 19	己酉				2 4	12 19	戊申
	9 7	7 16	戊寅	10 8	8 18	己酉												
中氣	處暑 8/24 7時4分 辰時			秋分 9/24 4時9分 寅時			霜降 10/24 12時52分 午時			小雪 11/23 9時55分 巳時			冬至 12/22 22時56分 亥時			大寒 1/21 9時34分 巳時		

1922·1923　狗　中華民國十一·十二年

年	癸亥																	
月	甲寅			乙卯			丙辰			丁巳			戊午			己未		
節氣	立春			驚蟄			清明			立夏			芒種			小暑		
	2/5 4時0分 寅時			3/6 22時24分 亥時			4/6 3時45分 寅時			5/6 21時38分 亥時			6/7 2時14分 丑時			7/8 12時42分 午時		
日	國曆	農曆	干支	國曆	農曆	干支	國曆	農曆	干支	國曆	農曆	干支	國曆	農曆	干支	國曆	農曆	干支
	2 5	12 20	己酉	3 6	1 19	戊寅	4 6	2 21	己酉	5 6	3 21	己卯	6 7	4 23	辛亥	7 8	5 25	壬午
	2 6	12 21	庚戌	3 7	1 20	己卯	4 7	2 22	庚戌	5 7	3 22	庚辰	6 8	4 24	壬子	7 9	5 26	癸未
	2 7	12 22	辛亥	3 8	1 21	庚辰	4 8	2 23	辛亥	5 8	3 23	辛巳	6 9	4 25	癸丑	7 10	5 27	甲申
	2 8	12 23	壬子	3 9	1 22	辛巳	4 9	2 24	壬子	5 9	3 24	壬午	6 10	4 26	甲寅	7 11	5 28	乙酉
1	2 9	12 24	癸丑	3 10	1 23	壬午	4 10	2 25	癸丑	5 10	3 25	癸未	6 11	4 27	乙卯	7 12	5 29	丙戌
9	2 10	12 25	甲寅	3 11	1 24	癸未	4 11	2 26	甲寅	5 11	3 26	甲申	6 12	4 28	丙辰	7 13	5 30	丁亥
2	2 11	12 26	乙卯	3 12	1 25	甲申	4 12	2 27	乙卯	5 12	3 27	乙酉	6 13	4 29	丁巳	7 14	6 1	戊子
3	2 12	12 27	丙辰	3 13	1 26	乙酉	4 13	2 28	丙辰	5 13	3 28	丙戌	6 14	5 1	戊午	7 15	6 2	己丑
	2 13	12 28	丁巳	3 14	1 27	丙戌	4 14	2 29	丁巳	5 14	3 29	丁亥	6 15	5 2	己未	7 16	6 3	庚寅
	2 14	12 29	戊午	3 15	1 28	丁亥	4 15	2 30	戊午	5 15	3 30	戊子	6 16	5 3	庚申	7 17	6 4	辛卯
	2 15	12 30	己未	3 16	1 29	戊子	4 16	3 1	己未	5 16	4 1	己丑	6 17	5 4	辛酉	7 18	6 5	壬辰
	2 16	1 1	庚申	3 17	2 1	己丑	4 17	3 2	庚申	5 17	4 2	庚寅	6 18	5 5	壬戌	7 19	6 6	癸巳
	2 17	1 2	辛酉	3 18	2 2	庚寅	4 18	3 3	辛酉	5 18	4 3	辛卯	6 19	5 6	癸亥	7 20	6 7	甲午
豬	2 18	1 3	壬戌	3 19	2 3	辛卯	4 19	3 4	壬戌	5 19	4 4	壬辰	6 20	5 7	甲子	7 21	6 8	乙未
	2 19	1 4	癸亥	3 20	2 4	壬辰	4 20	3 5	癸亥	5 20	4 5	癸巳	6 21	5 8	乙丑	7 22	6 9	丙申
	2 20	1 5	甲子	3 21	2 5	癸巳	4 21	3 6	甲子	5 21	4 6	甲午	6 22	5 9	丙寅	7 23	6 10	丁酉
	2 21	1 6	乙丑	3 22	2 6	甲午	4 22	3 7	乙丑	5 22	4 7	乙未	6 23	5 10	丁卯	7 24	6 11	戊戌
	2 22	1 7	丙寅	3 23	2 7	乙未	4 23	3 8	丙寅	5 23	4 8	丙申	6 24	5 11	戊辰	7 25	6 12	己亥
	2 23	1 8	丁卯	3 24	2 8	丙申	4 24	3 9	丁卯	5 24	4 9	丁酉	6 25	5 12	己巳	7 26	6 13	庚子
	2 24	1 9	戊辰	3 25	2 9	丁酉	4 25	3 10	戊辰	5 25	4 10	戊戌	6 26	5 13	庚午	7 27	6 14	辛丑
	2 25	1 10	己巳	3 26	2 10	戊戌	4 26	3 11	己巳	5 26	4 11	己亥	6 27	5 14	辛未	7 28	6 15	壬寅
	2 26	1 11	庚午	3 27	2 11	己亥	4 27	3 12	庚午	5 27	4 12	庚子	6 28	5 15	壬申	7 29	6 16	癸卯
	2 27	1 12	辛未	3 28	2 12	庚子	4 28	3 13	辛未	5 28	4 13	辛丑	6 29	5 16	癸酉	7 30	6 17	甲辰
	2 28	1 13	壬申	3 29	2 13	辛丑	4 29	3 14	壬申	5 29	4 14	壬寅	6 30	5 17	甲戌	7 31	6 18	乙巳
中	3 1	1 14	癸酉	3 30	2 14	壬寅	4 30	3 15	癸酉	5 30	4 15	癸卯	7 1	5 18	乙亥	8 1	6 19	丙午
華	3 2	1 15	甲戌	3 31	2 15	癸卯	5 1	3 16	甲戌	5 31	4 16	甲辰	7 2	5 19	丙子	8 2	6 20	丁未
民	3 3	1 16	乙亥	4 1	2 16	甲辰	5 2	3 17	乙亥	6 1	4 17	乙巳	7 3	5 20	丁丑	8 3	6 21	戊申
國	3 4	1 17	丙子	4 2	2 17	乙巳	5 3	3 18	丙子	6 2	4 18	丙午	7 4	5 21	戊寅	8 4	6 22	己酉
十	3 5	1 18	丁丑	4 3	2 18	丙午	5 4	3 19	丁丑	6 3	4 19	丁未	7 5	5 22	己卯	8 5	6 23	庚戌
二				4 4	2 19	丁未	5 5	3 20	戊寅	6 4	4 20	戊申	7 6	5 23	庚辰	8 6	6 24	辛亥
年				4 5	2 20	戊申				6 5	4 21	己酉	7 7	5 24	辛巳	8 7	6 25	壬子
										6 6	4 22	庚戌						
中氣	雨水			春分			穀雨			小滿			夏至			大暑		
	2/19 23時59分 子時			3/21 23時28分 子時			4/21 11時5分 午時			5/22 10時45分 巳時			6/22 19時2分 戌時			7/24 6時0分 卯時		

癸亥																		年
庚申			辛酉			壬戌			癸亥			甲子			乙丑			月
立秋			白露			寒露			立冬			大雪			小寒			節氣
8/8 22時24分 亥時			9/9 0時57分 子時			10/9 16時3分 申時			11/8 18時40分 酉時			12/8 11時4分 午時			1/6 22時5分 亥時			
國曆	農曆	干支	國曆	農曆	干支	國曆	農曆	干支	國曆	農曆	干支	國曆	農曆	干支	國曆	農曆	干支	日
8 8	6 26	癸丑	9 9	7 29	乙酉	10 9	8 29	乙卯	11 8	10 1	乙酉	12 8	11 1	乙卯	1 6	12 1	甲申	
8 9	6 27	甲寅	9 10	7 30	丙戌	10 10	9 1	丙辰	11 9	10 2	丙戌	12 9	11 2	丙辰	1 7	12 2	乙酉	
8 10	6 28	乙卯	9 11	8 1	丁亥	10 11	9 2	丁巳	11 10	10 3	丁亥	12 10	11 3	丁巳	1 8	12 3	丙戌	1 9 2 3・1 9 2 4
8 11	6 29	丙辰	9 12	8 2	戊子	10 12	9 3	戊午	11 11	10 4	戊子	12 11	11 4	戊午	1 9	12 4	丁亥	
8 12	7 1	丁巳	9 13	8 3	己丑	10 13	9 4	己未	11 12	10 5	己丑	12 12	11 5	己未	1 10	12 5	戊子	
8 13	7 2	戊午	9 14	8 4	庚寅	10 14	9 5	庚申	11 13	10 6	庚寅	12 13	11 6	庚申	1 11	12 6	己丑	
8 14	7 3	己未	9 15	8 5	辛卯	10 15	9 6	辛酉	11 14	10 7	辛卯	12 14	11 7	辛酉	1 12	12 7	庚寅	
8 15	7 4	庚申	9 16	8 6	壬辰	10 16	9 7	壬戌	11 15	10 8	壬辰	12 15	11 8	壬戌	1 13	12 8	辛卯	
8 16	7 5	辛酉	9 17	8 7	癸巳	10 17	9 8	癸亥	11 16	10 9	癸巳	12 16	11 9	癸亥	1 14	12 9	壬辰	
8 17	7 6	壬戌	9 18	8 8	甲午	10 18	9 9	甲子	11 17	10 10	甲午	12 17	11 10	甲子	1 15	12 10	癸巳	
8 18	7 7	癸亥	9 19	8 9	乙未	10 19	9 10	乙丑	11 18	10 11	乙未	12 18	11 11	乙丑	1 16	12 11	甲午	
8 19	7 8	甲子	9 20	8 10	丙申	10 20	9 11	丙寅	11 19	10 12	丙申	12 19	11 12	丙寅	1 17	12 12	乙未	
8 20	7 9	乙丑	9 21	8 11	丁酉	10 21	9 12	丁卯	11 20	10 13	丁酉	12 20	11 13	丁卯	1 18	12 13	丙申	
8 21	7 10	丙寅	9 22	8 12	戊戌	10 22	9 13	戊辰	11 21	10 14	戊戌	12 21	11 14	戊辰	1 19	12 14	丁酉	
8 22	7 11	丁卯	9 23	8 13	己亥	10 23	9 14	己巳	11 22	10 15	己亥	12 22	11 15	己巳	1 20	12 15	戊戌	豬
8 23	7 12	戊辰	9 24	8 14	庚子	10 24	9 15	庚午	11 23	10 16	庚子	12 23	11 16	庚午	1 21	12 16	己亥	
8 24	7 13	己巳	9 25	8 15	辛丑	10 25	9 16	辛未	11 24	10 17	辛丑	12 24	11 17	辛未	1 22	12 17	庚子	
8 25	7 14	庚午	9 26	8 16	壬寅	10 26	9 17	壬申	11 25	10 18	壬寅	12 25	11 18	壬申	1 23	12 18	辛丑	
8 26	7 15	辛未	9 27	8 17	癸卯	10 27	9 18	癸酉	11 26	10 19	癸卯	12 26	11 19	癸酉	1 24	12 19	壬寅	
8 27	7 16	壬申	9 28	8 18	甲辰	10 28	9 19	甲戌	11 27	10 20	甲辰	12 27	11 20	甲戌	1 25	12 20	癸卯	
8 28	7 17	癸酉	9 29	8 19	乙巳	10 29	9 20	乙亥	11 28	10 21	乙巳	12 28	11 21	乙亥	1 26	12 21	甲辰	中華民國十二・十三年
8 29	7 18	甲戌	9 30	8 20	丙午	10 30	9 21	丙子	11 29	10 22	丙午	12 29	11 22	丙子	1 27	12 22	乙巳	
8 30	7 19	乙亥	10 1	8 21	丁未	10 31	9 22	丁丑	11 30	10 23	丁未	12 30	11 23	丁丑	1 28	12 23	丙午	
8 31	7 20	丙子	10 2	8 22	戊申	11 1	9 23	戊寅	12 1	10 24	戊申	12 31	11 24	戊寅	1 29	12 24	丁未	
9 1	7 21	丁丑	10 3	8 23	己酉	11 2	9 24	己卯	12 2	10 25	己酉	1 1	11 25	己卯	1 30	12 25	戊申	
9 2	7 22	戊寅	10 4	8 24	庚戌	11 3	9 25	庚辰	12 3	10 26	庚戌	1 2	11 26	庚辰	1 31	12 26	己酉	
9 3	7 23	己卯	10 5	8 25	辛亥	11 4	9 26	辛巳	12 4	10 27	辛亥	1 3	11 27	辛巳	2 1	12 27	庚戌	
9 4	7 24	庚辰	10 6	8 26	壬子	11 5	9 27	壬午	12 5	10 28	壬子	1 4	11 28	壬午	2 2	12 28	辛亥	
9 5	7 25	辛巳	10 7	8 27	癸丑	11 6	9 28	癸未	12 6	10 29	癸丑	1 5	11 29	癸未	2 3	12 29	壬子	
9 6	7 26	壬午	10 8	8 28	甲寅	11 7	9 29	甲申	12 7	10 30	甲寅				2 4	12 30	癸丑	
9 7	7 27	癸未																
9 8	7 28	甲申																
處暑			秋分			霜降			小雪			冬至			大寒			中氣
8/24 12時51分 午時			9/24 10時3分 巳時			10/24 18時50分 酉時			11/23 15時53分 申時			12/23 4時53分 寅時			1/21 15時28分 申時			

年	甲子																	
月	丙寅			丁卯			戊辰			己巳			庚午			辛未		
節氣	立春			驚蟄			清明			立夏			芒種			小暑		
	2/5 9時49分 巳時			3/6 4時12分 寅時			4/5 9時33分 巳時			5/6 3時25分 寅時			6/6 8時1分 辰時			7/7 18時29分 酉時		
日	國曆	農曆	干支	國曆	農曆	干支	國曆	農曆	干支	國曆	農曆	干支	國曆	農曆	干支	國曆	農曆	干支
1924 鼠 中華民國十三年	2 5	1 1	甲寅	3 6	2 2	甲申	4 5	3 2	甲寅	5 6	4 3	乙酉	6 6	5 5	丙辰	7 7	6 6	丁亥
	2 6	1 2	乙卯	3 7	2 3	乙酉	4 6	3 3	乙卯	5 7	4 4	丙戌	6 7	5 6	丁巳	7 8	6 7	戊子
	2 7	1 3	丙辰	3 8	2 4	丙戌	4 7	3 4	丙辰	5 8	4 5	丁亥	6 8	5 7	戊午	7 9	6 8	己丑
	2 8	1 4	丁巳	3 9	2 5	丁亥	4 8	3 5	丁巳	5 9	4 6	戊子	6 9	5 8	己未	7 10	6 9	庚寅
	2 9	1 5	戊午	3 10	2 6	戊子	4 9	3 6	戊午	5 10	4 7	己丑	6 10	5 9	庚申	7 11	6 10	辛卯
	2 10	1 6	己未	3 11	2 7	己丑	4 10	3 7	己未	5 11	4 8	庚寅	6 11	5 10	辛酉	7 12	6 11	壬辰
	2 11	1 7	庚申	3 12	2 8	庚寅	4 11	3 8	庚申	5 12	4 9	辛卯	6 12	5 11	壬戌	7 13	6 12	癸巳
	2 12	1 8	辛酉	3 13	2 9	辛卯	4 12	3 9	辛酉	5 13	4 10	壬辰	6 13	5 12	癸亥	7 14	6 13	甲午
	2 13	1 9	壬戌	3 14	2 10	壬辰	4 13	3 10	壬戌	5 14	4 11	癸巳	6 14	5 13	甲子	7 15	6 14	乙未
	2 14	1 10	癸亥	3 15	2 11	癸巳	4 14	3 11	癸亥	5 15	4 12	甲午	6 15	5 14	乙丑	7 16	6 15	丙申
	2 15	1 11	甲子	3 16	2 12	甲午	4 15	3 12	甲子	5 16	4 13	乙未	6 16	5 15	丙寅	7 17	6 16	丁酉
	2 16	1 12	乙丑	3 17	2 13	乙未	4 16	3 13	乙丑	5 17	4 14	丙申	6 17	5 16	丁卯	7 18	6 17	戊戌
	2 17	1 13	丙寅	3 18	2 14	丙申	4 17	3 14	丙寅	5 18	4 15	丁酉	6 18	5 17	戊辰	7 19	6 18	己亥
	2 18	1 14	丁卯	3 19	2 15	丁酉	4 18	3 15	丁卯	5 19	4 16	戊戌	6 19	5 18	己巳	7 20	6 19	庚子
	2 19	1 15	戊辰	3 20	2 16	戊戌	4 19	3 16	戊辰	5 20	4 17	己亥	6 20	5 19	庚午	7 21	6 20	辛丑
	2 20	1 16	己巳	3 21	2 17	己亥	4 20	3 17	己巳	5 21	4 18	庚子	6 21	5 20	辛未	7 22	6 21	壬寅
	2 21	1 17	庚午	3 22	2 18	庚子	4 21	3 18	庚午	5 22	4 19	辛丑	6 22	5 21	壬申	7 23	6 22	癸卯
	2 22	1 18	辛未	3 23	2 19	辛丑	4 22	3 19	辛未	5 23	4 20	壬寅	6 23	5 22	癸酉	7 24	6 23	甲辰
	2 23	1 19	壬申	3 24	2 20	壬寅	4 23	3 20	壬申	5 24	4 21	癸卯	6 24	5 23	甲戌	7 25	6 24	乙巳
	2 24	1 20	癸酉	3 25	2 21	癸卯	4 24	3 21	癸酉	5 25	4 22	甲辰	6 25	5 24	乙亥	7 26	6 25	丙午
	2 25	1 21	甲戌	3 26	2 22	甲辰	4 25	3 22	甲戌	5 26	4 23	乙巳	6 26	5 25	丙子	7 27	6 26	丁未
	2 26	1 22	乙亥	3 27	2 23	乙巳	4 26	3 23	乙亥	5 27	4 24	丙午	6 27	5 26	丁丑	7 28	6 27	戊申
	2 27	1 23	丙子	3 28	2 24	丙午	4 27	3 24	丙子	5 28	4 25	丁未	6 28	5 27	戊寅	7 29	6 28	己酉
	2 28	1 24	丁丑	3 29	2 25	丁未	4 28	3 25	丁丑	5 29	4 26	戊申	6 29	5 28	己卯	7 30	6 29	庚戌
	2 29	1 25	戊寅	3 30	2 26	戊申	4 29	3 26	戊寅	5 30	4 27	己酉	6 30	5 29	庚辰	7 31	6 30	辛亥
	3 1	1 26	己卯	3 31	2 27	己酉	4 30	3 27	己卯	5 31	4 28	庚戌	7 1	5 30	辛巳	8 1	7 1	壬子
	3 2	1 27	庚辰	4 1	2 28	庚戌	5 1	3 28	庚辰	6 1	4 29	辛亥	7 2	6 1	壬午	8 2	7 2	癸丑
	3 3	1 28	辛巳	4 2	2 29	辛亥	5 2	3 29	辛巳	6 2	5 1	壬子	7 3	6 2	癸未	8 3	7 3	甲寅
	3 4	1 29	壬午	4 3	2 30	壬子	5 3	3 30	壬午	6 3	5 2	癸丑	7 4	6 3	甲申	8 4	7 4	乙卯
	3 5	2 1	癸未	4 4	3 1	癸丑	5 4	4 1	癸未	6 4	5 3	甲寅	7 5	6 4	乙酉	8 5	7 5	丙辰
							5 5	4 2	甲申	6 5	5 4	乙卯	7 6	6 5	丙戌	8 6	7 6	丁巳
																8 7	7 7	戊午
中氣	雨水			春分			穀雨			小滿			夏至			大暑		
	2/20 5時51分 卯時			3/21 5時20分 卯時			4/20 16時58分 申時			5/21 16時40分 申時			6/22 0時59分 子時			7/23 11時57分 午時		

甲子（年）

中華民國十三・十四年（1924・1925）　鼠

月	壬申	癸酉	甲戌	乙亥	丙子	丁丑
節氣	立秋	白露	寒露	立冬	大雪	小寒
	8/8 4時12分 寅時	9/8 6時45分 卯時	10/8 21時52分 亥時	11/8 0時29分 子時	12/7 16時53分 申時	1/6 3時53分 寅時
中氣	處暑	秋分	霜降	小雪	冬至	大寒
	8/23 18時47分 酉時	9/23 15時58分 申時	10/24 0時44分 子時	11/22 21時46分 亥時	12/22 10時45分 巳時	1/20 21時20分 亥時

（日）

國曆	農曆	干支	國曆	農曆	干支	國曆	農曆	干支	國曆	農曆	干支	國曆	農曆	干支	國曆	農曆	干支
8 8	7 8	己未	9 8	8 10	庚寅	10 8	9 10	庚申	11 8	10 12	辛卯	12 7	11 11	庚申	1 6	12 12	庚寅
8 9	7 9	庚申	9 9	8 11	辛卯	10 9	9 11	辛酉	11 9	10 13	壬辰	12 8	11 12	辛酉	1 7	12 13	辛卯
8 10	7 10	辛酉	9 10	8 12	壬辰	10 10	9 12	壬戌	11 10	10 14	癸巳	12 9	11 13	壬戌	1 8	12 14	壬辰
8 11	7 11	壬戌	9 11	8 13	癸巳	10 11	9 13	癸亥	11 11	10 15	甲午	12 10	11 14	癸亥	1 9	12 15	癸巳
8 12	7 12	癸亥	9 12	8 14	甲午	10 12	9 14	甲子	11 12	10 16	乙未	12 11	11 15	甲子	1 10	12 16	甲午
8 13	7 13	甲子	9 13	8 15	乙未	10 13	9 15	乙丑	11 13	10 17	丙申	12 12	11 16	乙丑	1 11	12 17	乙未
8 14	7 14	乙丑	9 14	8 16	丙申	10 14	9 16	丙寅	11 14	10 18	丁酉	12 13	11 17	丙寅	1 12	12 18	丙申
8 15	7 15	丙寅	9 15	8 17	丁酉	10 15	9 17	丁卯	11 15	10 19	戊戌	12 14	11 18	丁卯	1 13	12 19	丁酉
8 16	7 16	丁卯	9 16	8 18	戊戌	10 16	9 18	戊辰	11 16	10 20	己亥	12 15	11 19	戊辰	1 14	12 20	戊戌
8 17	7 17	戊辰	9 17	8 19	己亥	10 17	9 19	己巳	11 17	10 21	庚子	12 16	11 20	己巳	1 15	12 21	己亥
8 18	7 18	己巳	9 18	8 20	庚子	10 18	9 20	庚午	11 18	10 22	辛丑	12 17	11 21	庚午	1 16	12 22	庚子
8 19	7 19	庚午	9 19	8 21	辛丑	10 19	9 21	辛未	11 19	10 23	壬寅	12 18	11 22	辛未	1 17	12 23	辛丑
8 20	7 20	辛未	9 20	8 22	壬寅	10 20	9 22	壬申	11 20	10 24	癸卯	12 19	11 23	壬申	1 18	12 24	壬寅
8 21	7 21	壬申	9 21	8 23	癸卯	10 21	9 23	癸酉	11 21	10 25	甲辰	12 20	11 24	癸酉	1 19	12 25	癸卯
8 22	7 22	癸酉	9 22	8 24	甲辰	10 22	9 24	甲戌	11 22	10 26	乙巳	12 21	11 25	甲戌	1 20	12 26	甲辰
8 23	7 23	甲戌	9 23	8 25	乙巳	10 23	9 25	乙亥	11 23	10 27	丙午	12 22	11 26	乙亥	1 21	12 27	乙巳
8 24	7 24	乙亥	9 24	8 26	丙午	10 24	9 26	丙子	11 24	10 28	丁未	12 23	11 27	丙子	1 22	12 28	丙午
8 25	7 25	丙子	9 25	8 27	丁未	10 25	9 27	丁丑	11 25	10 29	戊申	12 24	11 28	丁丑	1 23	12 29	丁未
8 26	7 26	丁丑	9 26	8 28	戊申	10 26	9 28	戊寅	11 26	10 30	己酉	12 25	11 29	戊寅	1 24	1 1	戊申
8 27	7 27	戊寅	9 27	8 29	己酉	10 27	9 29	己卯	11 27	11 1	庚戌	12 26	12 1	己卯	1 25	1 2	己酉
8 28	7 28	己卯	9 28	8 30	庚戌	10 28	10 1	庚辰	11 28	11 2	辛亥	12 27	12 2	庚辰	1 26	1 3	庚戌
8 29	7 29	庚辰	9 29	9 1	辛亥	10 29	10 2	辛巳	11 29	11 3	壬子	12 28	12 3	辛巳	1 27	1 4	辛亥
8 30	8 1	辛巳	9 30	9 2	壬子	10 30	10 3	壬午	11 30	11 4	癸丑	12 29	12 4	壬午	1 28	1 5	壬子
8 31	8 2	壬午	10 1	9 3	癸丑	10 31	10 4	癸未	12 1	11 5	甲寅	12 30	12 5	癸未	1 29	1 6	癸丑
9 1	8 3	癸未	10 2	9 4	甲寅	11 1	10 5	甲申	12 2	11 6	乙卯	12 31	12 6	甲申	1 30	1 7	甲寅
9 2	8 4	甲申	10 3	9 5	乙卯	11 2	10 6	乙酉	12 3	11 7	丙辰	1 1	12 7	乙酉	1 31	1 8	乙卯
9 3	8 5	乙酉	10 4	9 6	丙辰	11 3	10 7	丙戌	12 4	11 8	丁巳	1 2	12 8	丙戌	2 1	1 9	丙辰
9 4	8 6	丙戌	10 5	9 7	丁巳	11 4	10 8	丁亥	12 5	11 9	戊午	1 3	12 9	丁亥	2 2	1 10	丁巳
9 5	8 7	丁亥	10 6	9 8	戊午	11 5	10 9	戊子	12 6	11 10	己未	1 4	12 10	戊子	2 3	1 11	戊午
9 6	8 8	戊子	10 7	9 9	己未	11 6	10 10	己丑				1 5	12 11	己丑			
9 7	8 9	己丑				11 7	10 11	庚寅									

年	乙丑																	
月	戊寅			己卯			庚辰			辛巳			壬午			癸未		
節氣	立春 2/4 15時36分 申時			驚蟄 3/6 9時59分 巳時			清明 4/5 15時22分 申時			立夏 5/6 9時17分 巳時			芒種 6/6 13時56分 未時			小暑 7/8 0時25分 子時		
日	國曆	農曆	干支	國曆	農曆	干支	國曆	農曆	干支	國曆	農曆	干支	國曆	農曆	干支	國曆	農曆	干支
1925	2 4	1 12	己未	3 6	2 12	己丑	4 5	3 13	己未	5 6	4 14	庚寅	6 6	4 16	辛酉	7 8	5 18	癸巳
	2 5	1 13	庚申	3 7	2 13	庚寅	4 6	3 14	庚申	5 7	4 15	辛卯	6 7	4 17	壬戌	7 9	5 19	甲午
	2 6	1 14	辛酉	3 8	2 14	辛卯	4 7	3 15	辛酉	5 8	4 16	壬辰	6 8	4 18	癸亥	7 10	5 20	乙未
	2 7	1 15	壬戌	3 9	2 15	壬辰	4 8	3 16	壬戌	5 9	4 17	癸巳	6 9	4 19	甲子	7 11	5 21	丙申
	2 8	1 16	癸亥	3 10	2 16	癸巳	4 9	3 17	癸亥	5 10	4 18	甲午	6 10	4 20	乙丑	7 12	5 22	丁酉
9	2 9	1 17	甲子	3 11	2 17	甲午	4 10	3 18	甲子	5 11	4 19	乙未	6 11	4 21	丙寅	7 13	5 23	戊戌
2	2 10	1 18	乙丑	3 12	2 18	乙未	4 11	3 19	乙丑	5 12	4 20	丙申	6 12	4 22	丁卯	7 14	5 24	己亥
5	2 11	1 19	丙寅	3 13	2 19	丙申	4 12	3 20	丙寅	5 13	4 21	丁酉	6 13	4 23	戊辰	7 15	5 25	庚子
	2 12	1 20	丁卯	3 14	2 20	丁酉	4 13	3 21	丁卯	5 14	4 22	戊戌	6 14	4 24	己巳	7 16	5 26	辛丑
	2 13	1 21	戊辰	3 15	2 21	戊戌	4 14	3 22	戊辰	5 15	4 23	己亥	6 15	4 25	庚午	7 17	5 27	壬寅
	2 14	1 22	己巳	3 16	2 22	己亥	4 15	3 23	己巳	5 16	4 24	庚子	6 16	4 26	辛未	7 18	5 28	癸卯
	2 15	1 23	庚午	3 17	2 23	庚子	4 16	3 24	庚午	5 17	4 25	辛丑	6 17	4 27	壬申	7 19	5 29	甲辰
	2 16	1 24	辛未	3 18	2 24	辛丑	4 17	3 25	辛未	5 18	4 26	壬寅	6 18	4 28	癸酉	7 20	5 30	乙巳
牛	2 17	1 25	壬申	3 19	2 25	壬寅	4 18	3 26	壬申	5 19	4 27	癸卯	6 19	4 29	甲戌	7 21	6 1	丙午
	2 18	1 26	癸酉	3 20	2 26	癸卯	4 19	3 27	癸酉	5 20	4 28	甲辰	6 20	4 30	乙亥	7 22	6 2	丁未
	2 19	1 27	甲戌	3 21	2 27	甲辰	4 20	3 28	甲戌	5 21	4 29	乙巳	6 21	5 1	丙子	7 23	6 3	戊申
	2 20	1 28	乙亥	3 22	2 28	乙巳	4 21	3 29	乙亥	5 22	閏4 1	丙午	6 22	5 2	丁丑	7 24	6 4	己酉
	2 21	1 29	丙子	3 23	2 29	丙午	4 22	3 30	丙子	5 23	4 2	丁未	6 23	5 3	戊寅	7 25	6 5	庚戌
	2 22	1 30	丁丑	3 24	3 1	丁未	4 23	4 1	丁丑	5 24	4 3	戊申	6 24	5 4	己卯	7 26	6 6	辛亥
	2 23	2 1	戊寅	3 25	3 2	戊申	4 24	4 2	戊寅	5 25	4 4	己酉	6 25	5 5	庚辰	7 27	6 7	壬子
	2 24	2 2	己卯	3 26	3 3	己酉	4 25	4 3	己卯	5 26	4 5	庚戌	6 26	5 6	辛巳	7 28	6 8	癸丑
	2 25	2 3	庚辰	3 27	3 4	庚戌	4 26	4 4	庚辰	5 27	4 6	辛亥	6 27	5 7	壬午	7 29	6 9	甲寅
	2 26	2 4	辛巳	3 28	3 5	辛亥	4 27	4 5	辛巳	5 28	4 7	壬子	6 28	5 8	癸未	7 30	6 10	乙卯
	2 27	2 5	壬午	3 29	3 6	壬子	4 28	4 6	壬午	5 29	4 8	癸丑	6 29	5 9	甲申	7 31	6 11	丙辰
	2 28	2 6	癸未	3 30	3 7	癸丑	4 29	4 7	癸未	5 30	4 9	甲寅	6 30	5 10	乙酉	8 1	6 12	丁巳
中華民國十四年	3 1	2 7	甲申	3 31	3 8	甲寅	4 30	4 8	甲申	5 31	4 10	乙卯	7 1	5 11	丙戌	8 2	6 13	戊午
	3 2	2 8	乙酉	4 1	3 9	乙卯	5 1	4 9	乙酉	6 1	4 11	丙辰	7 2	5 12	丁亥	8 3	6 14	己未
	3 3	2 9	丙戌	4 2	3 10	丙辰	5 2	4 10	丙戌	6 2	4 12	丁巳	7 3	5 13	戊子	8 4	6 15	庚申
	3 4	2 10	丁亥	4 3	3 11	丁巳	5 3	4 11	丁亥	6 3	4 13	戊午	7 4	5 14	己丑	8 5	6 16	辛酉
	3 5	2 11	戊子	4 4	3 12	戊午	5 4	4 12	戊子	6 4	4 14	己未	7 5	5 15	庚寅	8 6	6 17	壬戌
							5 5	4 13	己丑	6 5	4 15	庚申	7 6	5 16	辛卯	8 7	6 18	癸亥
													7 7	5 17	壬辰			
中氣	雨水 2/19 11時43分 午時			春分 3/21 11時12分 午時			穀雨 4/20 22時51分 亥時			小滿 5/21 22時32分 亥時			夏至 6/22 6時50分 卯時			大暑 7/23 17時44分 酉時		

甲申			乙酉			丙戌			丁亥			戊子			己丑			月
立秋			白露			寒露			立冬			大雪			小寒			節氣
8/8 10時7分 巳時			9/8 12時40分 午時			10/9 3時47分 寅時			11/8 6時26分 卯時			12/7 22時52分 亥時			1/6 9時54分 巳時			
國曆	農曆	干支	國曆	農曆	干支	國曆	農曆	干支	國曆	農曆	干支	國曆	農曆	干支	國曆	農曆	干支	日
8 8	6 19	甲子	9 8	7 21	乙未	10 9	8 22	丙寅	11 8	9 22	丙申	12 7	10 22	乙丑	1 6	11 22	乙未	
8 9	6 20	乙丑	9 9	7 22	丙申	10 10	8 23	丁卯	11 9	9 23	丁酉	12 8	10 23	丙寅	1 7	11 23	丙申	
8 10	6 21	丙寅	9 10	7 23	丁酉	10 11	8 24	戊辰	11 10	9 24	戊戌	12 9	10 24	丁卯	1 8	11 24	丁酉	
8 11	6 22	丁卯	9 11	7 24	戊戌	10 12	8 25	己巳	11 11	9 25	己亥	12 10	10 25	戊辰	1 9	11 25	戊戌	1925·1926
8 12	6 23	戊辰	9 12	7 25	己亥	10 13	8 26	庚午	11 12	9 26	庚子	12 11	10 26	己巳	1 10	11 26	己亥	
8 13	6 24	己巳	9 13	7 26	庚子	10 14	8 27	辛未	11 13	9 27	辛丑	12 12	10 27	庚午	1 11	11 27	庚子	
8 14	6 25	庚午	9 14	7 27	辛丑	10 15	8 28	壬申	11 14	9 28	壬寅	12 13	10 28	辛未	1 12	11 28	辛丑	
8 15	6 26	辛未	9 15	7 28	壬寅	10 16	8 29	癸酉	11 15	9 29	癸卯	12 14	10 29	壬申	1 13	11 29	壬寅	
8 16	6 27	壬申	9 16	7 29	癸卯	10 17	8 30	甲戌	11 16	10 1	甲辰	12 15	10 30	癸酉	1 14	12 1	癸卯	
8 17	6 28	癸酉	9 17	7 30	甲辰	10 18	9 1	乙亥	11 17	10 2	乙巳	12 16	11 1	甲戌	1 15	12 2	甲辰	
8 18	6 29	甲戌	9 18	8 1	乙巳	10 19	9 2	丙子	11 18	10 3	丙午	12 17	11 2	乙亥	1 16	12 3	乙巳	
8 19	7 1	乙亥	9 19	8 2	丙午	10 20	9 3	丁丑	11 19	10 4	丁未	12 18	11 3	丙子	1 17	12 4	丙午	
8 20	7 2	丙子	9 20	8 3	丁未	10 21	9 4	戊寅	11 20	10 5	戊申	12 19	11 4	丁丑	1 18	12 5	丁未	
8 21	7 3	丁丑	9 21	8 4	戊申	10 22	9 5	己卯	11 21	10 6	己酉	12 20	11 5	戊寅	1 19	12 6	戊申	牛
8 22	7 4	戊寅	9 22	8 5	己酉	10 23	9 6	庚辰	11 22	10 7	庚戌	12 21	11 6	己卯	1 20	12 7	己酉	
8 23	7 5	己卯	9 23	8 6	庚戌	10 24	9 7	辛巳	11 23	10 8	辛亥	12 22	11 7	庚辰	1 21	12 8	庚戌	
8 24	7 6	庚辰	9 24	8 7	辛亥	10 25	9 8	壬午	11 24	10 9	壬子	12 23	11 8	辛巳	1 22	12 9	辛亥	
8 25	7 7	辛巳	9 25	8 8	壬子	10 26	9 9	癸未	11 25	10 10	癸丑	12 24	11 9	壬午	1 23	12 10	壬子	
8 26	7 8	壬午	9 26	8 9	癸丑	10 27	9 10	甲申	11 26	10 11	甲寅	12 25	11 10	癸未	1 24	12 11	癸丑	
8 27	7 9	癸未	9 27	8 10	甲寅	10 28	9 11	乙酉	11 27	10 12	乙卯	12 26	11 11	甲申	1 25	12 12	甲寅	中
8 28	7 10	甲申	9 28	8 11	乙卯	10 29	9 12	丙戌	11 28	10 13	丙辰	12 27	11 12	乙酉	1 26	12 13	乙卯	華
8 29	7 11	乙酉	9 29	8 12	丙辰	10 30	9 13	丁亥	11 29	10 14	丁巳	12 28	11 13	丙戌	1 27	12 14	丙辰	民
8 30	7 12	丙戌	9 30	8 13	丁巳	10 31	9 14	戊子	11 30	10 15	戊午	12 29	11 14	丁亥	1 28	12 15	丁巳	國
8 31	7 13	丁亥	10 1	8 14	戊午	11 1	9 15	己丑	12 1	10 16	己未	12 30	11 15	戊子	1 29	12 16	戊午	十
9 1	7 14	戊子	10 2	8 15	己未	11 2	9 16	庚寅	12 2	10 17	庚申	12 31	11 16	己丑	1 30	12 17	己未	四
9 2	7 15	己丑	10 3	8 16	庚申	11 3	9 17	辛卯	12 3	10 18	辛酉	1 1	11 17	庚寅	1 31	12 18	庚申	·
9 3	7 16	庚寅	10 4	8 17	辛酉	11 4	9 18	壬辰	12 4	10 19	壬戌	1 2	11 18	辛卯	2 1	12 19	辛酉	十
9 4	7 17	辛卯	10 5	8 18	壬戌	11 5	9 19	癸巳	12 5	10 20	癸亥	1 3	11 19	壬辰	2 2	12 20	壬戌	五
9 5	7 18	壬辰	10 6	8 19	癸亥	11 6	9 20	甲午	12 6	10 21	甲子	1 4	11 20	癸巳	2 3	12 21	癸亥	年
9 6	7 19	癸巳	10 7	8 20	甲子	11 7	9 21	乙未				1 5	11 21	甲午				
9 7	7 20	甲午	10 8	8 21	乙丑													
處暑			秋分			霜降			小雪			冬至			大寒			中氣
8/24 0時33分 子時			9/23 21時43分 亥時			10/24 6時31分 卯時			11/23 3時35分 寅時			12/22 16時36分 申時			1/21 3時12分 寅時			

年			丙寅																
月	庚寅			辛卯			壬辰			癸巳			甲午			乙未			
節氣	立春			驚蟄			清明			立夏			芒種			小暑			
	2/4 21時38分 亥時			3/6 15時59分 申時			4/5 21時18分 亥時			5/6 15時8分 申時			6/6 19時41分 戌時			7/8 6時5分 卯時			
日	國曆	農曆	干支	國曆	農曆	干支	國曆	農曆	干支	國曆	農曆	干支	國曆	農曆	干支	國曆	農曆	干支	
1926	2 4	12 22	甲子	3 6	1 22	甲午	4 5	2 23	甲子	5 6	3 25	乙未	6 6	4 26	丙寅	7 8	5 29	戊戌	
	2 5	12 23	乙丑	3 7	1 23	乙未	4 6	2 24	乙丑	5 7	3 26	丙申	6 7	4 27	丁卯	7 9	5 30	己亥	
	2 6	12 24	丙寅	3 8	1 24	丙申	4 7	2 25	丙寅	5 8	3 27	丁酉	6 8	4 28	戊辰	7 10	6 1	庚子	
	2 7	12 25	丁卯	3 9	1 25	丁酉	4 8	2 26	丁卯	5 9	3 28	戊戌	6 9	4 29	己巳	7 11	6 2	辛丑	
	2 8	12 26	戊辰	3 10	1 26	戊戌	4 9	2 27	戊辰	5 10	3 29	己亥	6 10	5 1	庚午	7 12	6 3	壬寅	
9	2 9	12 27	己巳	3 11	1 27	己亥	4 10	2 28	己巳	5 11	3 30	庚子	6 11	5 2	辛未	7 13	6 4	癸卯	
2	2 10	12 28	庚午	3 12	1 28	庚子	4 11	2 29	庚午	5 12	4 1	辛丑	6 12	5 3	壬申	7 14	6 5	甲辰	
6	2 11	12 29	辛未	3 13	1 29	辛丑	4 12	3 1	辛未	5 13	4 2	壬寅	6 13	5 4	癸酉	7 15	6 6	乙巳	
	2 12	12 30	壬申	3 14	2 1	壬寅	4 13	3 2	壬申	5 14	4 3	癸卯	6 14	5 5	甲戌	7 16	6 7	丙午	
	2 13	1 1	癸酉	3 15	2 2	癸卯	4 14	3 3	癸酉	5 15	4 4	甲辰	6 15	5 6	乙亥	7 17	6 8	丁未	
	2 14	1 2	甲戌	3 16	2 3	甲辰	4 15	3 4	甲戌	5 16	4 5	乙巳	6 16	5 7	丙子	7 18	6 9	戊申	
	2 15	1 3	乙亥	3 17	2 4	乙巳	4 16	3 5	乙亥	5 17	4 6	丙午	6 17	5 8	丁丑	7 19	6 10	己酉	
	2 16	1 4	丙子	3 18	2 5	丙午	4 17	3 6	丙子	5 18	4 7	丁未	6 18	5 9	戊寅	7 20	6 11	庚戌	
	2 17	1 5	丁丑	3 19	2 6	丁未	4 18	3 7	丁丑	5 19	4 8	戊申	6 19	5 10	己卯	7 21	6 12	辛亥	
虎	2 18	1 6	戊寅	3 20	2 7	戊申	4 19	3 8	戊寅	5 20	4 9	己酉	6 20	5 11	庚辰	7 22	6 13	壬子	
	2 19	1 7	己卯	3 21	2 8	己酉	4 20	3 9	己卯	5 21	4 10	庚戌	6 21	5 12	辛巳	7 23	6 14	癸丑	
	2 20	1 8	庚辰	3 22	2 9	庚戌	4 21	3 10	庚辰	5 22	4 11	辛亥	6 22	5 13	壬午	7 24	6 15	甲寅	
	2 21	1 9	辛巳	3 23	2 10	辛亥	4 22	3 11	辛巳	5 23	4 12	壬子	6 23	5 14	癸未	7 25	6 16	乙卯	
	2 22	1 10	壬午	3 24	2 11	壬子	4 23	3 12	壬午	5 24	4 13	癸丑	6 24	5 15	甲申	7 26	6 17	丙辰	
	2 23	1 11	癸未	3 25	2 12	癸丑	4 24	3 13	癸未	5 25	4 14	甲寅	6 25	5 16	乙酉	7 27	6 18	丁巳	
	2 24	1 12	甲申	3 26	2 13	甲寅	4 25	3 14	甲申	5 26	4 15	乙卯	6 26	5 17	丙戌	7 28	6 19	戊午	
	2 25	1 13	乙酉	3 27	2 14	乙卯	4 26	3 15	乙酉	5 27	4 16	丙辰	6 27	5 18	丁亥	7 29	6 20	己未	
	2 26	1 14	丙戌	3 28	2 15	丙辰	4 27	3 16	丙戌	5 28	4 17	丁巳	6 28	5 19	戊子	7 30	6 21	庚申	
中	2 27	1 15	丁亥	3 29	2 16	丁巳	4 28	3 17	丁亥	5 29	4 18	戊午	6 29	5 20	己丑	7 31	6 22	辛酉	
華	2 28	1 16	戊子	3 30	2 17	戊午	4 29	3 18	戊子	5 30	4 19	己未	6 30	5 21	庚寅	8 1	6 23	壬戌	
民	3 1	1 17	己丑	3 31	2 18	己未	4 30	3 19	己丑	5 31	4 20	庚申	7 1	5 22	辛卯	8 2	6 24	癸亥	
國	3 2	1 18	庚寅	4 1	2 19	庚申	5 1	3 20	庚寅	6 1	4 21	辛酉	7 2	5 23	壬辰	8 3	6 25	甲子	
十	3 3	1 19	辛卯	4 2	2 20	辛酉	5 2	3 21	辛卯	6 2	4 22	壬戌	7 3	5 24	癸巳	8 4	6 26	乙丑	
五	3 4	1 20	壬辰	4 3	2 21	壬戌	5 3	3 22	壬辰	6 3	4 23	癸亥	7 4	5 25	甲午	8 5	6 27	丙寅	
年	3 5	1 21	癸巳	4 4	2 22	癸亥	5 4	3 23	癸巳	6 4	4 24	甲子	7 5	5 26	乙未	8 6	6 28	丁卯	
							5 5	3 24	甲午	6 5	4 25	乙丑	7 6	5 27	丙申	8 7	6 29	戊辰	
													7 7	5 28	丁酉				
中氣	雨水			春分			穀雨			小滿			夏至			大暑			
	2/19 17時34分 酉時			3/21 17時1分 酉時			4/21 4時36分 寅時			5/22 4時14分 寅時			6/22 12時30分 午時			7/23 23時24分 子時			

丙寅　年

丙申			丁酉			戊戌			己亥			庚子			辛丑			月
立秋			白露			寒露			立冬			大雪			小寒			節氣
8/8 15時44分 申時			9/8 18時15分 酉時			10/9 9時24分 巳時			11/8 12時7分 午時			12/8 4時38分 寅時			1/6 15時44分 申時			
國曆	農曆	干支	國曆	農曆	干支	國曆	農曆	干支	國曆	農曆	干支	國曆	農曆	干支	國曆	農曆	干支	日
8 8	7 1	己巳	9 8	8 2	庚子	10 9	9 3	辛未	11 8	10 4	辛丑	12 8	11 4	辛未	1 6	12 3	庚子	
8 9	7 2	庚午	9 9	8 3	辛丑	10 10	9 4	壬申	11 9	10 5	壬寅	12 9	11 5	壬申	1 7	12 4	辛丑	
8 10	7 3	辛未	9 10	8 4	壬寅	10 11	9 5	癸酉	11 10	10 6	癸卯	12 10	11 6	癸酉	1 8	12 5	壬寅	
8 11	7 4	壬申	9 11	8 5	癸卯	10 12	9 6	甲戌	11 11	10 7	甲辰	12 11	11 7	甲戌	1 9	12 6	癸卯	1
8 12	7 5	癸酉	9 12	8 6	甲辰	10 13	9 7	乙亥	11 12	10 8	乙巳	12 12	11 8	乙亥	1 10	12 7	甲辰	9
8 13	7 6	甲戌	9 13	8 7	乙巳	10 14	9 8	丙子	11 13	10 9	丙午	12 13	11 9	丙子	1 11	12 8	乙巳	2
8 14	7 7	乙亥	9 14	8 8	丙午	10 15	9 9	丁丑	11 14	10 10	丁未	12 14	11 10	丁丑	1 12	12 9	丙午	6
8 15	7 8	丙子	9 15	8 9	丁未	10 16	9 10	戊寅	11 15	10 11	戊申	12 15	11 11	戊寅	1 13	12 10	丁未	·
8 16	7 9	丁丑	9 16	8 10	戊申	10 17	9 11	己卯	11 16	10 12	己酉	12 16	11 12	己卯	1 14	12 11	戊申	1
8 17	7 10	戊寅	9 17	8 11	己酉	10 18	9 12	庚辰	11 17	10 13	庚戌	12 17	11 13	庚辰	1 15	12 12	己酉	9
8 18	7 11	己卯	9 18	8 12	庚戌	10 19	9 13	辛巳	11 18	10 14	辛亥	12 18	11 14	辛巳	1 16	12 13	庚戌	2
8 19	7 12	庚辰	9 19	8 13	辛亥	10 20	9 14	壬午	11 19	10 15	壬子	12 19	11 15	壬午	1 17	12 14	辛亥	7
8 20	7 13	辛巳	9 20	8 14	壬子	10 21	9 15	癸未	11 20	10 16	癸丑	12 20	11 16	癸未	1 18	12 15	壬子	
8 21	7 14	壬午	9 21	8 15	癸丑	10 22	9 16	甲申	11 21	10 17	甲寅	12 21	11 17	甲申	1 19	12 16	癸丑	
8 22	7 15	癸未	9 22	8 16	甲寅	10 23	9 17	乙酉	11 22	10 18	乙卯	12 22	11 18	乙酉	1 20	12 17	甲寅	虎
8 23	7 16	甲申	9 23	8 17	乙卯	10 24	9 18	丙戌	11 23	10 19	丙辰	12 23	11 19	丙戌	1 21	12 18	乙卯	
8 24	7 17	乙酉	9 24	8 18	丙辰	10 25	9 19	丁亥	11 24	10 20	丁巳	12 24	11 20	丁亥	1 22	12 19	丙辰	
8 25	7 18	丙戌	9 25	8 19	丁巳	10 26	9 20	戊子	11 25	10 21	戊午	12 25	11 21	戊子	1 23	12 20	丁巳	
8 26	7 19	丁亥	9 26	8 20	戊午	10 27	9 21	己丑	11 26	10 22	己未	12 26	11 22	己丑	1 24	12 21	戊午	
8 27	7 20	戊子	9 27	8 21	己未	10 28	9 22	庚寅	11 27	10 23	庚申	12 27	11 23	庚寅	1 25	12 22	己未	
8 28	7 21	己丑	9 28	8 22	庚申	10 29	9 23	辛卯	11 28	10 24	辛酉	12 28	11 24	辛卯	1 26	12 23	庚申	
8 29	7 22	庚寅	9 29	8 23	辛酉	10 30	9 24	壬辰	11 29	10 25	壬戌	12 29	11 25	壬辰	1 27	12 24	辛酉	中
8 30	7 23	辛卯	9 30	8 24	壬戌	10 31	9 25	癸巳	11 30	10 26	癸亥	12 30	11 26	癸巳	1 28	12 25	壬戌	華
8 31	7 24	壬辰	10 1	8 25	癸亥	11 1	9 26	甲午	12 1	10 27	甲子	12 31	11 27	甲午	1 29	12 26	癸亥	民
9 1	7 25	癸巳	10 2	8 26	甲子	11 2	9 27	乙未	12 2	10 28	乙丑	1 1	11 28	乙未	1 30	12 27	甲子	國
9 2	7 26	甲午	10 3	8 27	乙丑	11 3	9 28	丙申	12 3	10 29	丙寅	1 2	11 29	丙申	1 31	12 28	乙丑	十
9 3	7 27	乙未	10 4	8 28	丙寅	11 4	9 29	丁酉	12 4	10 30	丁卯	1 3	11 30	丁酉	2 1	12 29	丙寅	五
9 4	7 28	丙申	10 5	8 29	丁卯	11 5	10 1	戊戌	12 5	11 1	戊辰	1 4	12 1	戊戌	2 2	1 1	丁卯	·
9 5	7 29	丁酉	10 6	8 30	戊辰	11 6	10 2	己亥	12 6	11 2	己巳	1 5	12 2	己亥	2 3	1 2	戊辰	十
9 6	7 30	戊戌	10 7	9 1	己巳	11 7	10 3	庚子	12 7	11 3	庚午				2 4	1 3	己巳	六
9 7	8 1	己亥	10 8	9 2	庚午													年
處暑			秋分			霜降			小雪			冬至			大寒			中氣
8/24 6時13分 卯時			9/24 3時26分 寅時			10/24 12時18分 午時			11/23 9時27分 巳時			12/22 22時33分 亥時			1/21 9時11分 巳時			

年	丁卯																	
月	壬寅			癸卯			甲辰			乙巳			丙午			丁未		
節氣	立春			驚蟄			清明			立夏			芒種			小暑		
	2/5 3時30分 寅時			3/6 21時50分 亥時			4/6 3時6分 寅時			5/6 20時53分 戌時			6/7 1時24分 丑時			7/8 11時50分 午時		
日	國曆	農曆	干支	國曆	農曆	干支	國曆	農曆	干支	國曆	農曆	干支	國曆	農曆	干支	國曆	農曆	干支
	2 5	1 4	庚午	3 6	2 3	己亥	4 6	3 5	庚午	5 6	4 6	庚子	6 7	5 8	壬申	7 8	6 10	癸卯
	2 6	1 5	辛未	3 7	2 4	庚子	4 7	3 6	辛未	5 7	4 7	辛丑	6 8	5 9	癸酉	7 9	6 11	甲辰
	2 7	1 6	壬申	3 8	2 5	辛丑	4 8	3 7	壬申	5 8	4 8	壬寅	6 9	5 10	甲戌	7 10	6 12	乙巳
	2 8	1 7	癸酉	3 9	2 6	壬寅	4 9	3 8	癸酉	5 9	4 9	癸卯	6 10	5 11	乙亥	7 11	6 13	丙午
1	2 9	1 8	甲戌	3 10	2 7	癸卯	4 10	3 9	甲戌	5 10	4 10	甲辰	6 11	5 12	丙子	7 12	6 14	丁未
9	2 10	1 9	乙亥	3 11	2 8	甲辰	4 11	3 10	乙亥	5 11	4 11	乙巳	6 12	5 13	丁丑	7 13	6 15	戊申
2	2 11	1 10	丙子	3 12	2 9	乙巳	4 12	3 11	丙子	5 12	4 12	丙午	6 13	5 14	戊寅	7 14	6 16	己酉
7	2 12	1 11	丁丑	3 13	2 10	丙午	4 13	3 12	丁丑	5 13	4 13	丁未	6 14	5 15	己卯	7 15	6 17	庚戌
	2 13	1 12	戊寅	3 14	2 11	丁未	4 14	3 13	戊寅	5 14	4 14	戊申	6 15	5 16	庚辰	7 16	6 18	辛亥
	2 14	1 13	己卯	3 15	2 12	戊申	4 15	3 14	己卯	5 15	4 15	己酉	6 16	5 17	辛巳	7 17	6 19	壬子
	2 15	1 14	庚辰	3 16	2 13	己酉	4 16	3 15	庚辰	5 16	4 16	庚戌	6 17	5 18	壬午	7 18	6 20	癸丑
	2 16	1 15	辛巳	3 17	2 14	庚戌	4 17	3 16	辛巳	5 17	4 17	辛亥	6 18	5 19	癸未	7 19	6 21	甲寅
	2 17	1 16	壬午	3 18	2 15	辛亥	4 18	3 17	壬午	5 18	4 18	壬子	6 19	5 20	甲申	7 20	6 22	乙卯
兔	2 18	1 17	癸未	3 19	2 16	壬子	4 19	3 18	癸未	5 19	4 19	癸丑	6 20	5 21	乙酉	7 21	6 23	丙辰
	2 19	1 18	甲申	3 20	2 17	癸丑	4 20	3 19	甲申	5 20	4 20	甲寅	6 21	5 22	丙戌	7 22	6 24	丁巳
	2 20	1 19	乙酉	3 21	2 18	甲寅	4 21	3 20	乙酉	5 21	4 21	乙卯	6 22	5 23	丁亥	7 23	6 25	戊午
	2 21	1 20	丙戌	3 22	2 19	乙卯	4 22	3 21	丙戌	5 22	4 22	丙辰	6 23	5 24	戊子	7 24	6 26	己未
	2 22	1 21	丁亥	3 23	2 20	丙辰	4 23	3 22	丁亥	5 23	4 23	丁巳	6 24	5 25	己丑	7 25	6 27	庚申
	2 23	1 22	戊子	3 24	2 21	丁巳	4 24	3 23	戊子	5 24	4 24	戊午	6 25	5 26	庚寅	7 26	6 28	辛酉
	2 24	1 23	己丑	3 25	2 22	戊午	4 25	3 24	己丑	5 25	4 25	己未	6 26	5 27	辛卯	7 27	6 29	壬戌
	2 25	1 24	庚寅	3 26	2 23	己未	4 26	3 25	庚寅	5 26	4 26	庚申	6 27	5 28	壬辰	7 28	6 30	癸亥
	2 26	1 25	辛卯	3 27	2 24	庚申	4 27	3 26	辛卯	5 27	4 27	辛酉	6 28	5 29	癸巳	7 29	7 1	甲子
	2 27	1 26	壬辰	3 28	2 25	辛酉	4 28	3 27	壬辰	5 28	4 28	壬戌	6 29	6 1	甲午	7 30	7 2	乙丑
中	2 28	1 27	癸巳	3 29	2 26	壬戌	4 29	3 28	癸巳	5 29	4 29	癸亥	6 30	6 2	乙未	7 31	7 3	丙寅
華	3 1	1 28	甲午	3 30	2 27	癸亥	4 30	3 29	甲午	5 30	4 30	甲子	7 1	6 3	丙申	8 1	7 4	丁卯
民	3 2	1 29	乙未	3 31	2 28	甲子	5 1	4 1	乙未	5 31	5 1	乙丑	7 2	6 4	丁酉	8 2	7 5	戊辰
國	3 3	1 30	丙申	4 1	2 29	乙丑	5 2	4 2	丙申	6 1	5 2	丙寅	7 3	6 5	戊戌	8 3	7 6	己巳
十	3 4	2 1	丁酉	4 2	3 1	丙寅	5 3	4 3	丁酉	6 2	5 3	丁卯	7 4	6 6	己亥	8 4	7 7	庚午
六	3 5	2 2	戊戌	4 3	3 2	丁卯	5 4	4 4	戊戌	6 3	5 4	戊辰	7 5	6 7	庚子	8 5	7 8	辛未
年				4 4	3 3	戊辰	5 5	4 5	己亥	6 4	5 5	己巳	7 6	6 8	辛丑	8 6	7 9	壬申
				4 5	3 4	己巳				6 5	5 6	庚午	7 7	6 9	壬寅	8 7	7 10	癸酉
										6 6	5 7	辛未						
中氣	雨水			春分			穀雨			小滿			夏至			大暑		
	2/19 23時34分 子時			3/21 22時59分 亥時			4/21 10時31分 巳時			5/22 10時7分 巳時			6/22 18時22分 酉時			7/24 5時16分 卯時		

國曆	農曆	干支	國曆	農曆	干支	國曆	農曆	干支	國曆	農曆	干支	國曆	農曆	干支	國曆	農曆	干支	日
丁卯																		年
戊申			己酉			庚戌			辛亥			壬子			癸丑			月
立秋			白露			寒露			立冬			大雪			小寒			節氣
8/8 21時31分 亥時			9/9 0時5分 子時			10/9 15時15分 申時			11/8 17時56分 酉時			12/8 10時26分 巳時			1/6 21時31分 亥時			
8 8	7 11	甲戌	9 9	8 14	丙午	10 9	9 14	丙子	11 8	10 15	丙午	12 8	11 15	丙子	1 6	12 14	乙巳	
8 9	7 12	乙亥	9 10	8 15	丁未	10 10	9 15	丁丑	11 9	10 16	丁未	12 9	11 16	丁丑	1 7	12 15	丙午	
8 10	7 13	丙子	9 11	8 16	戊申	10 11	9 16	戊寅	11 10	10 17	戊申	12 10	11 17	戊寅	1 8	12 16	丁未	
8 11	7 14	丁丑	9 12	8 17	己酉	10 12	9 17	己卯	11 11	10 18	己酉	12 11	11 18	己卯	1 9	12 17	戊申	1
8 12	7 15	戊寅	9 13	8 18	庚戌	10 13	9 18	庚辰	11 12	10 19	庚戌	12 12	11 19	庚辰	1 10	12 18	己酉	9
8 13	7 16	己卯	9 14	8 19	辛亥	10 14	9 19	辛巳	11 13	10 20	辛亥	12 13	11 20	辛巳	1 11	12 19	庚戌	2
8 14	7 17	庚辰	9 15	8 20	壬子	10 15	9 20	壬午	11 14	10 21	壬子	12 14	11 21	壬午	1 12	12 20	辛亥	7
8 15	7 18	辛巳	9 16	8 21	癸丑	10 16	9 21	癸未	11 15	10 22	癸丑	12 15	11 22	癸未	1 13	12 21	壬子	·
8 16	7 19	壬午	9 17	8 22	甲寅	10 17	9 22	甲申	11 16	10 23	甲寅	12 16	11 23	甲申	1 14	12 22	癸丑	1
8 17	7 20	癸未	9 18	8 23	乙卯	10 18	9 23	乙酉	11 17	10 24	乙卯	12 17	11 24	乙酉	1 15	12 23	甲寅	9
8 18	7 21	甲申	9 19	8 24	丙辰	10 19	9 24	丙戌	11 18	10 25	丙辰	12 18	11 25	丙戌	1 16	12 24	乙卯	2
8 19	7 22	乙酉	9 20	8 25	丁巳	10 20	9 25	丁亥	11 19	10 26	丁巳	12 19	11 26	丁亥	1 17	12 25	丙辰	8
8 20	7 23	丙戌	9 21	8 26	戊午	10 21	9 26	戊子	11 20	10 27	戊午	12 20	11 27	戊子	1 18	12 26	丁巳	
8 21	7 24	丁亥	9 22	8 27	己未	10 22	9 27	己丑	11 21	10 28	己未	12 21	11 28	己丑	1 19	12 27	戊午	
8 22	7 25	戊子	9 23	8 28	庚申	10 23	9 28	庚寅	11 22	10 29	庚申	12 22	11 29	庚寅	1 20	12 28	己未	
8 23	7 26	己丑	9 24	8 29	辛酉	10 24	9 29	辛卯	11 23	10 30	辛酉	12 23	11 30	辛卯	1 21	12 29	庚申	兔
8 24	7 27	庚寅	9 25	8 30	壬戌	10 25	10 1	壬辰	11 24	11 1	壬戌	12 24	12 1	壬辰	1 22	12 30	辛酉	
8 25	7 28	辛卯	9 26	9 1	癸亥	10 26	10 2	癸巳	11 25	11 2	癸亥	12 25	12 2	癸巳	1 23	1 1	壬戌	
8 26	7 29	壬辰	9 27	9 2	甲子	10 27	10 3	甲午	11 26	11 3	甲子	12 26	12 3	甲午	1 24	1 2	癸亥	
8 27	8 1	癸巳	9 28	9 3	乙丑	10 28	10 4	乙未	11 27	11 4	乙丑	12 27	12 4	乙未	1 25	1 3	甲子	中
8 28	8 2	甲午	9 29	9 4	丙寅	10 29	10 5	丙申	11 28	11 5	丙寅	12 28	12 5	丙申	1 26	1 4	乙丑	華
8 29	8 3	乙未	9 30	9 5	丁卯	10 30	10 6	丁酉	11 29	11 6	丁卯	12 29	12 6	丁酉	1 27	1 5	丙寅	民
8 30	8 4	丙申	10 1	9 6	戊辰	10 31	10 7	戊戌	11 30	11 7	戊辰	12 30	12 7	戊戌	1 28	1 6	丁卯	國
8 31	8 5	丁酉	10 2	9 7	己巳	11 1	10 8	己亥	12 1	11 8	己巳	12 31	12 8	己亥	1 29	1 7	戊辰	十
9 1	8 6	戊戌	10 3	9 8	庚午	11 2	10 9	庚子	12 2	11 9	庚午	1 1	12 9	庚子	1 30	1 8	己巳	六
9 2	8 7	己亥	10 4	9 9	辛未	11 3	10 10	辛丑	12 3	11 10	辛未	1 2	12 10	辛丑	1 31	1 9	庚午	·
9 3	8 8	庚子	10 5	9 10	壬申	11 4	10 11	壬寅	12 4	11 11	壬申	1 3	12 11	壬寅	2 1	1 10	辛未	十
9 4	8 9	辛丑	10 6	9 11	癸酉	11 5	10 12	癸卯	12 5	11 12	癸酉	1 4	12 12	癸卯	2 2	1 11	壬申	七
9 5	8 10	壬寅	10 7	9 12	甲戌	11 6	10 13	甲辰	12 6	11 13	甲戌	1 5	12 13	甲辰	2 3	1 12	癸酉	年
9 6	8 11	癸卯	10 8	9 13	乙亥	11 7	10 14	乙巳	12 7	11 14	乙亥				2 4	1 13	甲戌	
9 7	8 12	甲辰																
9 8	8 13	乙巳																
處暑			秋分			霜降			小雪			冬至			大寒			中氣
8/24 12時5分 午時			9/24 9時16分 巳時			10/24 18時6分 酉時			11/23 15時14分 申時			12/23 4時18分 寅時			1/21 14時56分 未時			

右側年欄：1927·1928

年	戊辰																
月	甲寅			乙卯			丙辰			丁巳			戊午			己未		
節氣	立春			驚蟄			清明			立夏			芒種			小暑		
	2/5 9時16分 巳時			3/6 3時37分 寅時			4/5 8時54分 辰時			5/6 2時43分 丑時			6/6 7時17分 辰時			7/7 17時44分 酉時		
日	國曆	農曆	干支	國曆	農曆	干支	國曆	農曆	干支	國曆	農曆	干支	國曆	農曆	干支	國曆	農曆	干支
	2/5	1/14	乙亥	3/6	2/15	乙巳	4/5	2/15	乙亥	5/6	3/17	丙午	6/6	4/19	丁丑	7/7	5/20	戊申
	2/6	1/15	丙子	3/7	2/16	丙午	4/6	2/16	丙子	5/7	3/18	丁未	6/7	4/20	戊寅	7/8	5/21	己酉
	2/7	1/16	丁丑	3/8	2/17	丁未	4/7	2/17	丁丑	5/8	3/19	戊申	6/8	4/21	己卯	7/9	5/22	庚戌
	2/8	1/17	戊寅	3/9	2/18	戊申	4/8	2/18	戊寅	5/9	3/20	己酉	6/9	4/22	庚辰	7/10	5/23	辛亥
1	2/9	1/18	己卯	3/10	2/19	己酉	4/9	2/19	己卯	5/10	3/21	庚戌	6/10	4/23	辛巳	7/11	5/24	壬子
9	2/10	1/19	庚辰	3/11	2/20	庚戌	4/10	2/20	庚辰	5/11	3/22	辛亥	6/11	4/24	壬午	7/12	5/25	癸丑
2	2/11	1/20	辛巳	3/12	2/21	辛亥	4/11	2/21	辛巳	5/12	3/23	壬子	6/12	4/25	癸未	7/13	5/26	甲寅
8	2/12	1/21	壬午	3/13	2/22	壬子	4/12	2/22	壬午	5/13	3/24	癸丑	6/13	4/26	甲申	7/14	5/27	乙卯
	2/13	1/22	癸未	3/14	2/23	癸丑	4/13	2/23	癸未	5/14	3/25	甲寅	6/14	4/27	乙酉	7/15	5/28	丙辰
	2/14	1/23	甲申	3/15	2/24	甲寅	4/14	2/24	甲申	5/15	3/26	乙卯	6/15	4/28	丙戌	7/16	5/29	丁巳
	2/15	1/24	乙酉	3/16	2/25	乙卯	4/15	2/25	乙酉	5/16	3/27	丙辰	6/16	4/29	丁亥	7/17	6/1	戊午
	2/16	1/25	丙戌	3/17	2/26	丙辰	4/16	2/26	丙戌	5/17	3/28	丁巳	6/17	4/30	戊子	7/18	6/2	己未
	2/17	1/26	丁亥	3/18	2/27	丁巳	4/17	2/27	丁亥	5/18	3/29	戊午	6/18	5/1	己丑	7/19	6/3	庚申
	2/18	1/27	戊子	3/19	2/28	戊午	4/18	2/28	戊子	5/19	4/1	己未	6/19	5/2	庚寅	7/20	6/4	辛酉
龍	2/19	1/28	己丑	3/20	2/29	己未	4/19	2/29	己丑	5/20	4/2	庚申	6/20	5/3	辛卯	7/21	6/5	壬戌
	2/20	1/29	庚寅	3/21	2/30	庚申	4/20	3/1	庚寅	5/21	4/3	辛酉	6/21	5/4	壬辰	7/22	6/6	癸亥
	2/21	2/1	辛卯	3/22	閏2/1	辛酉	4/21	3/2	辛卯	5/22	4/4	壬戌	6/22	5/5	癸巳	7/23	6/7	甲子
	2/22	2/2	壬辰	3/23	2/2	壬戌	4/22	3/3	壬辰	5/23	4/5	癸亥	6/23	5/6	甲午	7/24	6/8	乙丑
	2/23	2/3	癸巳	3/24	2/3	癸亥	4/23	3/4	癸巳	5/24	4/6	甲子	6/24	5/7	乙未	7/25	6/9	丙寅
	2/24	2/4	甲午	3/25	2/4	甲子	4/24	3/5	甲午	5/25	4/7	乙丑	6/25	5/8	丙申	7/26	6/10	丁卯
	2/25	2/5	乙未	3/26	2/5	乙丑	4/25	3/6	乙未	5/26	4/8	丙寅	6/26	5/9	丁酉	7/27	6/11	戊辰
	2/26	2/6	丙申	3/27	2/6	丙寅	4/26	3/7	丙申	5/27	4/9	丁卯	6/27	5/10	戊戌	7/28	6/12	己巳
	2/27	2/7	丁酉	3/28	2/7	丁卯	4/27	3/8	丁酉	5/28	4/10	戊辰	6/28	5/11	己亥	7/29	6/13	庚午
	2/28	2/8	戊戌	3/29	2/8	戊辰	4/28	3/9	戊戌	5/29	4/11	己巳	6/29	5/12	庚子	7/30	6/14	辛未
中	2/29	2/9	己亥	3/30	2/9	己巳	4/29	3/10	己亥	5/30	4/12	庚午	6/30	5/13	辛丑	7/31	6/15	壬申
華	3/1	2/10	庚子	3/31	2/10	庚午	4/30	3/11	庚子	5/31	4/13	辛未	7/1	5/14	壬寅	8/1	6/16	癸酉
民	3/2	2/11	辛丑	4/1	2/11	辛未	5/1	3/12	辛丑	6/1	4/14	壬申	7/2	5/15	癸卯	8/2	6/17	甲戌
國	3/3	2/12	壬寅	4/2	2/12	壬申	5/2	3/13	壬寅	6/2	4/15	癸酉	7/3	5/16	甲辰	8/3	6/18	乙亥
十	3/4	2/13	癸卯	4/3	2/13	癸酉	5/3	3/14	癸卯	6/3	4/16	甲戌	7/4	5/17	乙巳	8/4	6/19	丙子
七	3/5	2/14	甲辰	4/4	2/14	甲戌	5/4	3/15	甲辰	6/4	4/17	乙亥	7/5	5/18	丙午	8/5	6/20	丁丑
年							5/5	3/16	乙巳	6/5	4/18	丙子				8/6	6/21	戊寅
																8/7	6/22	己卯
中氣	雨水			春分			穀雨			小滿			夏至			大暑		
	2/20 5時19分 卯時			3/21 4時44分 寅時			4/20 16時16分 申時			5/21 15時52分 申時			6/22 0時6分 子時			7/23 11時2分 午時		

戊辰																	年
庚申			辛酉			壬戌			癸亥			甲子			乙丑			月
立秋			白露			寒露			立冬			大雪			小寒			節氣
8/8 3時27分 寅時			9/8 6時1分 卯時			10/8 21時9分 亥時			11/7 23時49分 子時			12/7 16時17分 申時			1/6 3時22分 寅時			
國曆	農曆	干支	國曆	農曆	干支	國曆	農曆	干支	國曆	農曆	干支	國曆	農曆	干支	國曆	農曆	干支	日
8 8	6 23	庚辰	9 8	7 25	辛亥	10 8	8 25	辛巳	11 7	9 26	辛亥	12 7	10 26	辛巳	1 6	11 26	辛亥	
8 9	6 24	辛巳	9 9	7 26	壬子	10 9	8 26	壬午	11 8	9 27	壬子	12 8	10 27	壬午	1 7	11 27	壬子	
8 10	6 25	壬午	9 10	7 27	癸丑	10 10	8 27	癸未	11 9	9 28	癸丑	12 9	10 28	癸未	1 8	11 28	癸丑	
8 11	6 26	癸未	9 11	7 28	甲寅	10 11	8 28	甲申	11 10	9 29	甲寅	12 10	10 29	甲申	1 9	11 29	甲寅	1
8 12	6 27	甲申	9 12	7 29	乙卯	10 12	8 29	乙酉	11 11	9 30	乙卯	12 11	10 30	乙酉	1 10	11 30	乙卯	9
8 13	6 28	乙酉	9 13	7 30	丙辰	10 13	9 1	丙戌	11 12	10 1	丙辰	12 12	11 1	丙戌	1 11	12 1	丙辰	2
8 14	6 29	丙戌	9 14	8 1	丁巳	10 14	9 2	丁亥	11 13	10 2	丁巳	12 13	11 2	丁亥	1 12	12 2	丁巳	8
8 15	7 1	丁亥	9 15	8 2	戊午	10 15	9 3	戊子	11 14	10 3	戊午	12 14	11 3	戊子	1 13	12 3	戊午	・
8 16	7 2	戊子	9 16	8 3	己未	10 16	9 4	己丑	11 15	10 4	己未	12 15	11 4	己丑	1 14	12 4	己未	1
8 17	7 3	己丑	9 17	8 4	庚申	10 17	9 5	庚寅	11 16	10 5	庚申	12 16	11 5	庚寅	1 15	12 5	庚申	9
8 18	7 4	庚寅	9 18	8 5	辛酉	10 18	9 6	辛卯	11 17	10 6	辛酉	12 17	11 6	辛卯	1 16	12 6	辛酉	2
8 19	7 5	辛卯	9 19	8 6	壬戌	10 19	9 7	壬辰	11 18	10 7	壬戌	12 18	11 7	壬辰	1 17	12 7	壬戌	9
8 20	7 6	壬辰	9 20	8 7	癸亥	10 20	9 8	癸巳	11 19	10 8	癸亥	12 19	11 8	癸巳	1 18	12 8	癸亥	
8 21	7 7	癸巳	9 21	8 8	甲子	10 21	9 9	甲午	11 20	10 9	甲子	12 20	11 9	甲午	1 19	12 9	甲子	
8 22	7 8	甲午	9 22	8 9	乙丑	10 22	9 10	乙未	11 21	10 10	乙丑	12 21	11 10	乙未	1 20	12 10	乙丑	龍
8 23	7 9	乙未	9 23	8 10	丙寅	10 23	9 11	丙申	11 22	10 11	丙寅	12 22	11 11	丙申	1 21	12 11	丙寅	
8 24	7 10	丙申	9 24	8 11	丁卯	10 24	9 12	丁酉	11 23	10 12	丁卯	12 23	11 12	丁酉	1 22	12 12	丁卯	
8 25	7 11	丁酉	9 25	8 12	戊辰	10 25	9 13	戊戌	11 24	10 13	戊辰	12 24	11 13	戊戌	1 23	12 13	戊辰	
8 26	7 12	戊戌	9 26	8 13	己巳	10 26	9 14	己亥	11 25	10 14	己巳	12 25	11 14	己亥	1 24	12 14	己巳	
8 27	7 13	己亥	9 27	8 14	庚午	10 27	9 15	庚子	11 26	10 15	庚午	12 26	11 15	庚子	1 25	12 15	庚午	
8 28	7 14	庚子	9 28	8 15	辛未	10 28	9 16	辛丑	11 27	10 16	辛未	12 27	11 16	辛丑	1 26	12 16	辛未	中
8 29	7 15	辛丑	9 29	8 16	壬申	10 29	9 17	壬寅	11 28	10 17	壬申	12 28	11 17	壬寅	1 27	12 17	壬申	華
8 30	7 16	壬寅	9 30	8 17	癸酉	10 30	9 18	癸卯	11 29	10 18	癸酉	12 29	11 18	癸卯	1 28	12 18	癸酉	民
8 31	7 17	癸卯	10 1	8 18	甲戌	10 31	9 19	甲辰	11 30	10 19	甲戌	12 30	11 19	甲辰	1 29	12 19	甲戌	國
9 1	7 18	甲辰	10 2	8 19	乙亥	11 1	9 20	乙巳	12 1	10 20	乙亥	12 31	11 20	乙巳	1 30	12 20	乙亥	十
9 2	7 19	乙巳	10 3	8 20	丙子	11 2	9 21	丙午	12 2	10 21	丙子	1 1	11 21	丙午	1 31	12 21	丙午	七
9 3	7 20	丙午	10 4	8 21	丁丑	11 3	9 22	丁未	12 3	10 22	丁丑	1 2	11 22	丁未	2 1	12 22	丁未	・
9 4	7 21	丁未	10 5	8 22	戊寅	11 4	9 23	戊申	12 4	10 23	戊寅	1 3	11 23	戊申	2 2	12 23	戊寅	十
9 5	7 22	戊申	10 6	8 23	己卯	11 5	9 24	己酉	12 5	10 24	己卯	1 4	11 24	己酉	2 3	12 24	己卯	八
9 6	7 23	己酉	10 7	8 24	庚辰	11 6	9 25	庚戌	12 6	10 25	庚辰	1 5	11 25	庚戌				年
9 7	7 24	庚戌																
處暑			秋分			霜降			小雪			冬至			大寒			中
8/23 17時53分 酉時			9/23 15時5分 申時			10/23 23時54分 子時			11/22 21時0分 亥時			12/22 10時3分 巳時			1/20 20時42分 戌時			氣

年				己巳														
月	丙寅			丁卯			戊辰			己巳			庚午			辛未		
節氣	立春			驚蟄			清明			立夏			芒種			小暑		
	2/4 15時8分 申時			3/6 9時32分 巳時			4/5 14時51分 未時			5/6 8時40分 辰時			6/6 13時10分 未時			7/7 23時31分 子時		
日	國曆	農曆	干支	國曆	農曆	干支	國曆	農曆	干支	國曆	農曆	干支	國曆	農曆	干支	國曆	農曆	干支
	2 4	12 25	庚辰	3 6	1 25	庚戌	4 5	2 26	庚辰	5 6	3 27	辛亥	6 6	4 29	壬午	7 7	6 1	癸丑
	2 5	12 26	辛巳	3 7	1 26	辛亥	4 6	2 27	辛巳	5 7	3 28	壬子	6 7	5 1	癸未	7 8	6 2	甲寅
1	2 6	12 27	壬午	3 8	1 27	壬子	4 7	2 28	壬午	5 8	3 29	癸丑	6 8	5 2	甲申	7 9	6 3	乙卯
9	2 7	12 28	癸未	3 9	1 28	癸丑	4 8	2 29	癸未	5 9	4 1	甲寅	6 9	5 3	乙酉	7 10	6 4	丙辰
2	2 8	12 29	甲申	3 10	1 29	甲寅	4 9	2 30	甲申	5 10	4 2	乙卯	6 10	5 4	丙戌	7 11	6 5	丁巳
9	2 9	12 30	乙酉	3 11	2 1	乙卯	4 10	3 1	乙酉	5 11	4 3	丙辰	6 11	5 5	丁亥	7 12	6 6	戊午
	2 10	1 1	丙戌	3 12	2 2	丙辰	4 11	3 2	丙戌	5 12	4 4	丁巳	6 12	5 6	戊子	7 13	6 7	己未
	2 11	1 2	丁亥	3 13	2 3	丁巳	4 12	3 3	丁亥	5 13	4 5	戊午	6 13	5 7	己丑	7 14	6 8	庚申
	2 12	1 3	戊子	3 14	2 4	戊午	4 13	3 4	戊子	5 14	4 6	己未	6 14	5 8	庚寅	7 15	6 9	辛酉
	2 13	1 4	己丑	3 15	2 5	己未	4 14	3 5	己丑	5 15	4 7	庚申	6 15	5 9	辛卯	7 16	6 10	壬戌
	2 14	1 5	庚寅	3 16	2 6	庚申	4 15	3 6	庚寅	5 16	4 8	辛酉	6 16	5 10	壬辰	7 17	6 11	癸亥
	2 15	1 6	辛卯	3 17	2 7	辛酉	4 16	3 7	辛卯	5 17	4 9	壬戌	6 17	5 11	癸巳	7 18	6 12	甲子
	2 16	1 7	壬辰	3 18	2 8	壬戌	4 17	3 8	壬辰	5 18	4 10	癸亥	6 18	5 12	甲午	7 19	6 13	乙丑
蛇	2 17	1 8	癸巳	3 19	2 9	癸亥	4 18	3 9	癸巳	5 19	4 11	甲子	6 19	5 13	乙未	7 20	6 14	丙寅
	2 18	1 9	甲午	3 20	2 10	甲子	4 19	3 10	甲午	5 20	4 12	乙丑	6 20	5 14	丙申	7 21	6 15	丁卯
	2 19	1 10	乙未	3 21	2 11	乙丑	4 20	3 11	乙未	5 21	4 13	丙寅	6 21	5 15	丁酉	7 22	6 16	戊辰
	2 20	1 11	丙申	3 22	2 12	丙寅	4 21	3 12	丙申	5 22	4 14	丁卯	6 22	5 16	戊戌	7 23	6 17	己巳
	2 21	1 12	丁酉	3 23	2 13	丁卯	4 22	3 13	丁酉	5 23	4 15	戊辰	6 23	5 17	己亥	7 24	6 18	庚午
	2 22	1 13	戊戌	3 24	2 14	戊辰	4 23	3 14	戊戌	5 24	4 16	己巳	6 24	5 18	庚子	7 25	6 19	辛未
	2 23	1 14	己亥	3 25	2 15	己巳	4 24	3 15	己亥	5 25	4 17	庚午	6 25	5 19	辛丑	7 26	6 20	壬申
	2 24	1 15	庚子	3 26	2 16	庚午	4 25	3 16	庚子	5 26	4 18	辛未	6 26	5 20	壬寅	7 27	6 21	癸酉
	2 25	1 16	辛丑	3 27	2 17	辛未	4 26	3 17	辛丑	5 27	4 19	壬申	6 27	5 21	癸卯	7 28	6 22	甲戌
	2 26	1 17	壬寅	3 28	2 18	壬申	4 27	3 18	壬寅	5 28	4 20	癸酉	6 28	5 22	甲辰	7 29	6 23	乙亥
	2 27	1 18	癸卯	3 29	2 19	癸酉	4 28	3 19	癸卯	5 29	4 21	甲戌	6 29	5 23	乙巳	7 30	6 24	丙子
中	2 28	1 19	甲辰	3 30	2 20	甲戌	4 29	3 20	甲辰	5 30	4 22	乙亥	6 30	5 24	丙午	7 31	6 25	丁丑
華	3 1	1 20	乙巳	3 31	2 21	乙亥	4 30	3 21	乙巳	5 31	4 23	丙子	7 1	5 25	丁未	8 1	6 26	戊寅
民	3 2	1 21	丙午	4 1	2 22	丙子	5 1	3 22	丙午	6 1	4 24	丁丑	7 2	5 26	戊申	8 2	6 27	己卯
國	3 3	1 22	丁未	4 2	2 23	丁丑	5 2	3 23	丁未	6 2	4 25	戊寅	7 3	5 27	己酉	8 3	6 28	庚辰
十	3 4	1 23	戊申	4 3	2 24	戊寅	5 3	3 24	戊申	6 3	4 26	己卯	7 4	5 28	庚戌	8 4	6 29	辛巳
八	3 5	1 24	己酉	4 4	2 25	己卯	5 4	3 25	己酉	6 4	4 27	庚辰	7 5	5 29	辛亥	8 5	7 1	壬午
年							5 5	3 26	庚戌	6 5	4 28	辛巳	7 6	5 30	壬子	8 6	7 2	癸未
																8 7	7 3	甲申
中氣	雨水			春分			穀雨			小滿			夏至			大暑		
	2/19 11時6分 午時			3/21 10時34分 巳時			4/20 22時10分 亥時			5/21 21時47分 亥時			6/22 6時0分 卯時			7/23 16時53分 申時		

																		年
								己巳										
壬申			癸酉			甲戌			乙亥			丙子			丁丑			月
立秋			白露			寒露			立冬			大雪			小寒			節
8/8 9時8分 巳時			9/8 11時39分 午時			10/9 2時47分 丑時			11/8 5時27分 卯時			12/7 21時56分 亥時			1/6 9時2分 巳時			氣
國曆	農曆	干支	國曆	農曆	干支	國曆	農曆	干支	國曆	農曆	干支	國曆	農曆	干支	國曆	農曆	干支	日
8 8	7 4	乙酉	9 8	8 6	丙戌	10 9	9 7	丁亥	11 8	10 8	丁巳	12 7	11 7	丙戌	1 6	12 7	丙辰	
8 9	7 5	丙戌	9 9	8 7	丁巳	10 10	9 8	戊子	11 9	10 9	戊午	12 8	11 8	丁亥	1 7	12 8	丁巳	1
8 10	7 6	丁亥	9 10	8 8	戊午	10 11	9 9	己丑	11 10	10 10	己未	12 9	11 9	戊子	1 8	12 9	戊午	9
8 11	7 7	戊子	9 11	8 9	己未	10 12	9 10	庚寅	11 11	10 11	庚申	12 10	11 10	己丑	1 9	12 10	己未	2
8 12	7 8	己丑	9 12	8 10	庚申	10 13	9 11	辛卯	11 12	10 12	辛酉	12 11	11 11	庚寅	1 10	12 11	庚申	9
8 13	7 9	庚寅	9 13	8 11	辛酉	10 14	9 12	壬辰	11 13	10 13	壬戌	12 12	11 12	辛卯	1 11	12 12	辛酉	‧
8 14	7 10	辛卯	9 14	8 12	壬戌	10 15	9 13	癸巳	11 14	10 14	癸亥	12 13	11 13	壬辰	1 12	12 13	壬戌	1
8 15	7 11	壬辰	9 15	8 13	癸亥	10 16	9 14	甲午	11 15	10 15	甲子	12 14	11 14	癸巳	1 13	12 14	癸亥	9
8 16	7 12	癸巳	9 16	8 14	甲子	10 17	9 15	乙未	11 16	10 16	乙丑	12 15	11 15	甲午	1 14	12 15	甲子	3
8 17	7 13	甲午	9 17	8 15	乙丑	10 18	9 16	丙申	11 17	10 17	丙寅	12 16	11 16	乙未	1 15	12 16	乙丑	0
8 18	7 14	乙未	9 18	8 16	丙寅	10 19	9 17	丁酉	11 18	10 18	丁卯	12 17	11 17	丙申	1 16	12 17	丙寅	
8 19	7 15	丙申	9 19	8 17	丁卯	10 20	9 18	戊戌	11 19	10 19	戊辰	12 18	11 18	丁酉	1 17	12 18	丁卯	
8 20	7 16	丁酉	9 20	8 18	戊辰	10 21	9 19	己亥	11 20	10 20	己巳	12 19	11 19	戊戌	1 18	12 19	戊辰	
8 21	7 17	戊戌	9 21	8 19	己巳	10 22	9 20	庚子	11 21	10 21	庚午	12 20	11 20	己亥	1 19	12 20	己巳	
8 22	7 18	己亥	9 22	8 20	庚午	10 23	9 21	辛丑	11 22	10 22	辛未	12 21	11 21	庚子	1 20	12 21	庚午	蛇
8 23	7 19	庚子	9 23	8 21	辛未	10 24	9 22	壬寅	11 23	10 23	壬申	12 22	11 22	辛丑	1 21	12 22	辛未	
8 24	7 20	辛丑	9 24	8 22	壬申	10 25	9 23	癸卯	11 24	10 24	癸酉	12 23	11 23	壬寅	1 22	12 23	壬申	
8 25	7 21	壬寅	9 25	8 23	癸酉	10 26	9 24	甲辰	11 25	10 25	甲戌	12 24	11 24	癸卯	1 23	12 24	癸酉	
8 26	7 22	癸卯	9 26	8 24	甲戌	10 27	9 25	乙巳	11 26	10 26	乙亥	12 25	11 25	甲辰	1 24	12 25	甲戌	
8 27	7 23	甲辰	9 27	8 25	乙亥	10 28	9 26	丙午	11 27	10 27	丙子	12 26	11 26	乙巳	1 25	12 26	乙亥	
8 28	7 24	乙巳	9 28	8 26	丙子	10 29	9 27	丁未	11 28	10 28	丁丑	12 27	11 27	丙午	1 26	12 27	丙子	中
8 29	7 25	丙午	9 29	8 27	丁丑	10 30	9 28	戊申	11 29	10 29	戊寅	12 28	11 28	丁未	1 27	12 28	丁丑	華
8 30	7 26	丁未	9 30	8 28	戊寅	10 31	9 29	己酉	11 30	10 30	己卯	12 29	11 29	戊申	1 28	12 29	戊寅	民
8 31	7 27	戊申	10 1	8 29	己卯	11 1	10 1	庚戌	12 1	11 1	庚辰	12 30	11 30	己酉	1 29	12 30	己卯	國
9 1	7 28	己酉	10 2	8 30	庚辰	11 2	10 2	辛亥	12 2	11 2	辛巳	12 31	12 1	庚戌	1 30	1 1	庚辰	十
9 2	7 29	庚戌	10 3	9 1	辛巳	11 3	10 3	壬子	12 3	11 3	壬午	1 1	12 2	辛亥	1 31	1 2	辛巳	八
9 3	8 1	辛亥	10 4	9 2	壬午	11 4	10 4	癸丑	12 4	11 4	癸未	1 2	12 3	壬子	2 1	1 3	壬午	‧
9 4	8 2	壬子	10 5	9 3	癸未	11 5	10 5	甲寅	12 5	11 5	甲申	1 3	12 4	癸丑	2 2	1 4	癸未	十
9 5	8 3	癸丑	10 6	9 4	甲申	11 6	10 6	乙卯	12 6	11 6	乙酉	1 4	12 5	甲寅	2 3	1 5	甲申	九
9 6	8 4	甲寅	10 7	9 5	乙酉	11 7	10 7	丙辰				1 5	12 6	乙卯				年
9 7	8 5	乙卯	10 8	9 6	丙戌													
處暑			秋分			霜降			小雪			冬至			大寒			中
8/23 23時41分 子時			9/23 20時52分 戌時			10/24 5時41分 卯時			11/23 2時48分 丑時			12/22 15時52分 申時			1/21 2時33分 丑時			氣

年	庚午																
月	戊寅			己卯			庚辰			辛巳			壬午			癸未		
節氣	立春			驚蟄			清明			立夏			芒種			小暑		
氣	2/4 20時51分 戌時			3/6 15時16分 申時			4/5 20時37分 戌時			5/6 14時27分 未時			6/6 18時58分 酉時			7/8 5時19分 卯時		
日	國曆	農曆	干支	國曆	農曆	干支	國曆	農曆	干支	國曆	農曆	干支	國曆	農曆	干支	國曆	農曆	干支
	2 4	1 6	乙酉	3 6	2 7	乙卯	4 5	3 7	乙酉	5 6	4 8	丙辰	6 6	5 10	丁亥	7 8	6 13	己未
	2 5	1 7	丙戌	3 7	2 8	丙辰	4 6	3 8	丙戌	5 7	4 9	丁巳	6 7	5 11	戊子	7 9	6 14	庚申
	2 6	1 8	丁亥	3 8	2 9	丁巳	4 7	3 9	丁亥	5 8	4 10	戊午	6 8	5 12	己丑	7 10	6 15	辛酉
1	2 7	1 9	戊子	3 9	2 10	戊午	4 8	3 10	戊子	5 9	4 11	己未	6 9	5 13	庚寅	7 11	6 16	壬戌
9	2 8	1 10	己丑	3 10	2 11	己未	4 9	3 11	己丑	5 10	4 12	庚申	6 10	5 14	辛卯	7 12	6 17	癸亥
3	2 9	1 11	庚寅	3 11	2 12	庚申	4 10	3 12	庚寅	5 11	4 13	辛酉	6 11	5 15	壬辰	7 13	6 18	甲子
0	2 10	1 12	辛卯	3 12	2 13	辛酉	4 11	3 13	辛卯	5 12	4 14	壬戌	6 12	5 16	癸巳	7 14	6 19	乙丑
	2 11	1 13	壬辰	3 13	2 14	壬戌	4 12	3 14	壬辰	5 13	4 15	癸亥	6 13	5 17	甲午	7 15	6 20	丙寅
	2 12	1 14	癸巳	3 14	2 15	癸亥	4 13	3 15	癸巳	5 14	4 16	甲子	6 14	5 18	乙未	7 16	6 21	丁卯
	2 13	1 15	甲午	3 15	2 16	甲子	4 14	3 16	甲午	5 15	4 17	乙丑	6 15	5 19	丙申	7 17	6 22	戊辰
	2 14	1 16	乙未	3 16	2 17	乙丑	4 15	3 17	乙未	5 16	4 18	丙寅	6 16	5 20	丁酉	7 18	6 23	己巳
	2 15	1 17	丙申	3 17	2 18	丙寅	4 16	3 18	丙申	5 17	4 19	丁卯	6 17	5 21	戊戌	7 19	6 24	庚午
	2 16	1 18	丁酉	3 18	2 19	丁卯	4 17	3 19	丁酉	5 18	4 20	戊辰	6 18	5 22	己亥	7 20	6 25	辛未
	2 17	1 19	戊戌	3 19	2 20	戊辰	4 18	3 20	戊戌	5 19	4 21	己巳	6 19	5 23	庚子	7 21	6 26	壬申
馬	2 18	1 20	己亥	3 20	2 21	己巳	4 19	3 21	己亥	5 20	4 22	庚午	6 20	5 24	辛丑	7 22	6 27	癸酉
	2 19	1 21	庚子	3 21	2 22	庚午	4 20	3 22	庚子	5 21	4 23	辛未	6 21	5 25	壬寅	7 23	6 28	甲戌
	2 20	1 22	辛丑	3 22	2 23	辛未	4 21	3 23	辛丑	5 22	4 24	壬申	6 22	5 26	癸卯	7 24	6 29	乙亥
	2 21	1 23	壬寅	3 23	2 24	壬申	4 22	3 24	壬寅	5 23	4 25	癸酉	6 23	5 27	甲辰	7 25	6 30	丙子
	2 22	1 24	癸卯	3 24	2 25	癸酉	4 23	3 25	癸卯	5 24	4 26	甲戌	6 24	5 28	乙巳	7 26	閏6 1	丁丑
	2 23	1 25	甲辰	3 25	2 26	甲戌	4 24	3 26	甲辰	5 25	4 27	乙亥	6 25	5 29	丙午	7 27	閏6 2	戊寅
	2 24	1 26	乙巳	3 26	2 27	乙亥	4 25	3 27	乙巳	5 26	4 28	丙子	6 26	6 1	丁未	7 28	閏6 3	己卯
	2 25	1 27	丙午	3 27	2 28	丙子	4 26	3 28	丙午	5 27	4 29	丁丑	6 27	6 2	戊申	7 29	閏6 4	庚辰
中	2 26	1 28	丁未	3 28	2 29	丁丑	4 27	3 29	丁未	5 28	5 1	戊寅	6 28	6 3	己酉	7 30	閏6 5	辛巳
華	2 27	1 29	戊申	3 29	2 30	戊寅	4 28	3 30	戊申	5 29	5 2	己卯	6 29	6 4	庚戌	7 31	閏6 6	壬午
民	2 28	2 1	己酉	3 30	3 1	己卯	4 29	4 1	己酉	5 30	5 3	庚辰	6 30	6 5	辛亥	8 1	閏6 7	癸未
國	3 1	2 2	庚戌	3 31	3 2	庚辰	4 30	4 2	庚戌	5 31	5 4	辛巳	7 1	6 6	壬子	8 2	閏6 8	甲申
十	3 2	2 3	辛亥				5 1	4 3	辛亥	6 1	5 5	壬午	7 2	6 7	癸丑	8 3	閏6 9	乙酉
九	3 3	2 4	壬子				5 2	4 4	壬子	6 2	5 6	癸未	7 3	6 8	甲寅	8 4	閏6 10	丙戌
年	3 4	2 5	癸丑				5 3	4 5	癸丑	6 3	5 7	甲申	7 4	6 9	乙卯	8 5	閏6 11	丁亥
	3 5	2 6	甲寅				5 4	4 6	甲寅	6 4	5 8	乙酉	7 5	6 10	丙辰	8 6	閏6 12	戊子
							5 5	4 7	乙卯	6 5	5 9	丙戌	7 6	6 11	丁巳	8 7	閏6 13	己丑
													7 7	6 12	戊午			
中	雨水			春分			穀雨			小滿			夏至			大暑		
氣	2/19 16時59分 申時			3/21 16時29分 申時			4/21 4時5分 寅時			5/22 3時42分 寅時			6/22 11時52分 午時			7/23 22時42分 亥時		

庚午																		年
甲申			乙酉			丙戌			丁亥			戊子			己丑			月
立秋			白露			寒露			立冬			大雪			小寒			節氣
8/8 14時57分 未時			9/8 17時28分 酉時			10/9 8時37分 辰時			11/8 11時20分 午時			12/8 3時50分 寅時			1/6 14時55分 未時			
國曆	農曆	干支	國曆	農曆	干支	國曆	農曆	干支	國曆	農曆	干支	國曆	農曆	干支	國曆	農曆	干支	日
8 8	6 14	庚寅	9 8	7 16	辛酉	10 9	8 18	壬辰	11 8	9 18	壬戌	12 8	10 19	壬辰	1 6	11 18	辛酉	
8 9	6 15	辛卯	9 9	7 17	壬戌	10 10	8 19	癸巳	11 9	9 19	癸亥	12 9	10 20	癸巳	1 7	11 19	壬戌	
8 10	6 16	壬辰	9 10	7 18	癸亥	10 11	8 20	甲午	11 10	9 20	甲子	12 10	10 21	甲午	1 8	11 20	癸亥	
8 11	6 17	癸巳	9 11	7 19	甲子	10 12	8 21	乙未	11 11	9 21	乙丑	12 11	10 22	乙未	1 9	11 21	甲子	1
8 12	6 18	甲午	9 12	7 20	乙丑	10 13	8 22	丙申	11 12	9 22	丙寅	12 12	10 23	丙申	1 10	11 22	乙丑	9
8 13	6 19	乙未	9 13	7 21	丙寅	10 14	8 23	丁酉	11 13	9 23	丁卯	12 13	10 24	丁酉	1 11	11 23	丙寅	3
8 14	6 20	丙申	9 14	7 22	丁卯	10 15	8 24	戊戌	11 14	9 24	戊辰	12 14	10 25	戊戌	1 12	11 24	丁卯	0
8 15	6 21	丁酉	9 15	7 23	戊辰	10 16	8 25	己亥	11 15	9 25	己巳	12 15	10 26	己亥	1 13	11 25	戊辰	·
8 16	6 22	戊戌	9 16	7 24	己巳	10 17	8 26	庚子	11 16	9 26	庚午	12 16	10 27	庚子	1 14	11 26	己巳	1
8 17	6 23	己亥	9 17	7 25	庚午	10 18	8 27	辛丑	11 17	9 27	辛未	12 17	10 28	辛丑	1 15	11 27	庚午	9
8 18	6 24	庚子	9 18	7 26	辛未	10 19	8 28	壬寅	11 18	9 28	壬申	12 18	10 29	壬寅	1 16	11 28	辛未	3
8 19	6 25	辛丑	9 19	7 27	壬申	10 20	8 29	癸卯	11 19	9 29	癸酉	12 19	10 30	癸卯	1 17	11 29	壬申	1
8 20	6 26	壬寅	9 20	7 28	癸酉	10 21	8 30	甲辰	11 20	10 1	甲戌	12 20	11 1	甲辰	1 18	11 30	癸酉	
8 21	6 27	癸卯	9 21	7 29	甲戌	10 22	9 1	乙巳	11 21	10 2	乙亥	12 21	11 2	乙巳	1 19	12 1	甲戌	
8 22	6 28	甲辰	9 22	8 1	乙亥	10 23	9 2	丙午	11 22	10 3	丙子	12 22	11 3	丙午	1 20	12 2	乙亥	馬
8 23	6 29	乙巳	9 23	8 2	丙子	10 24	9 3	丁未	11 23	10 4	丁丑	12 23	11 4	丁未	1 21	12 3	丙子	
8 24	7 1	丙午	9 24	8 3	丁丑	10 25	9 4	戊申	11 24	10 5	戊寅	12 24	11 5	戊申	1 22	12 4	丁丑	
8 25	7 2	丁未	9 25	8 4	戊寅	10 26	9 5	己酉	11 25	10 6	己卯	12 25	11 6	己酉	1 23	12 5	戊寅	
8 26	7 3	戊申	9 26	8 5	己卯	10 27	9 6	庚戌	11 26	10 7	庚辰	12 26	11 7	庚戌	1 24	12 6	己卯	
8 27	7 4	己酉	9 27	8 6	庚辰	10 28	9 7	辛亥	11 27	10 8	辛巳	12 27	11 8	辛亥	1 25	12 7	庚辰	
8 28	7 5	庚戌	9 28	8 7	辛巳	10 29	9 8	壬子	11 28	10 9	壬午	12 28	11 9	壬子	1 26	12 8	辛巳	中
8 29	7 6	辛亥	9 29	8 8	壬午	10 30	9 9	癸丑	11 29	10 10	癸未	12 29	11 10	癸丑	1 27	12 9	壬午	華
8 30	7 7	壬子	9 30	8 9	癸未	10 31	9 10	甲寅	11 30	10 11	甲申	12 30	11 11	甲寅	1 28	12 10	癸未	民
8 31	7 8	癸丑	10 1	8 10	甲申	11 1	9 11	乙卯	12 1	10 12	乙酉	12 31	11 12	乙卯	1 29	12 11	甲申	國
9 1	7 9	甲寅	10 2	8 11	乙酉	11 2	9 12	丙辰	12 2	10 13	丙戌	1 1	11 13	丙辰	1 30	12 12	乙酉	十
9 2	7 10	乙卯	10 3	8 12	丙戌	11 3	9 13	丁巳	12 3	10 14	丁亥	1 2	11 14	丁巳	1 31	12 13	丙戌	九
9 3	7 11	丙辰	10 4	8 13	丁亥	11 4	9 14	戊午	12 4	10 15	戊子	1 3	11 15	戊午	2 1	12 14	丁亥	·
9 4	7 12	丁巳	10 5	8 14	戊子	11 5	9 15	己未	12 5	10 16	己丑	1 4	11 16	己未	2 2	12 15	戊子	二
9 5	7 13	戊午	10 6	8 15	己丑	11 6	9 16	庚申	12 6	10 17	庚寅	1 5	11 17	庚申	2 3	12 16	己丑	十
9 6	7 14	己未	10 7	8 16	庚寅	11 7	9 17	辛酉	12 7	10 18	辛卯				2 4	12 17	庚寅	年
9 7	7 15	庚申	10 8	8 17	辛卯													
處暑			秋分			霜降			小雪			冬至			大寒			中
8/24 5時26分 卯時			9/24 2時35分 丑時			10/24 11時26分 午時			11/23 8時34分 辰時			12/22 21時39分 亥時			1/21 8時17分 辰時			氣

年	辛未																	
月	庚寅			辛卯			壬辰			癸巳			甲午			乙未		
節氣	立春			驚蟄			清明			立夏			芒種			小暑		
節氣	2/5 2時40分 丑時			3/6 21時2分 亥時			4/6 2時20分 丑時			5/6 20時9分 戌時			6/7 0時41分 子時			7/8 11時5分 午時		
日	國曆	農曆	干支	國曆	農曆	干支	國曆	農曆	干支	國曆	農曆	干支	國曆	農曆	干支	國曆	農曆	干支
1931 羊 中華民國二十年	2 5	12 18	辛卯	3 6	1 18	庚申	4 6	2 19	辛卯	5 6	3 19	辛酉	6 7	4 22	癸巳	7 8	5 23	甲子
	2 6	12 19	壬辰	3 7	1 19	辛酉	4 7	2 20	壬辰	5 7	3 20	壬戌	6 8	4 23	甲午	7 9	5 24	乙丑
	2 7	12 20	癸巳	3 8	1 20	壬戌	4 8	2 21	癸巳	5 8	3 21	癸亥	6 9	4 24	乙未	7 10	5 25	丙寅
	2 8	12 21	甲午	3 9	1 21	癸亥	4 9	2 22	甲午	5 9	3 22	甲子	6 10	4 25	丙申	7 11	5 26	丁卯
	2 9	12 22	乙未	3 10	1 22	甲子	4 10	2 23	乙未	5 10	3 23	乙丑	6 11	4 26	丁酉	7 12	5 27	戊辰
	2 10	12 23	丙申	3 11	1 23	乙丑	4 11	2 24	丙申	5 11	3 24	丙寅	6 12	4 27	戊戌	7 13	5 28	己巳
	2 11	12 24	丁酉	3 12	1 24	丙寅	4 12	2 25	丁酉	5 12	3 25	丁卯	6 13	4 28	己亥	7 14	5 29	庚午
	2 12	12 25	戊戌	3 13	1 25	丁卯	4 13	2 26	戊戌	5 13	3 26	戊辰	6 14	4 29	庚子	7 15	6 1	辛未
	2 13	12 26	己亥	3 14	1 26	戊辰	4 14	2 27	己亥	5 14	3 27	己巳	6 15	4 30	辛丑	7 16	6 2	壬申
	2 14	12 27	庚子	3 15	1 27	己巳	4 15	2 28	庚子	5 15	3 28	庚午	6 16	5 1	壬寅	7 17	6 3	癸酉
	2 15	12 28	辛丑	3 16	1 28	庚午	4 16	2 29	辛丑	5 16	3 29	辛未	6 17	5 2	癸卯	7 18	6 4	甲戌
	2 16	12 29	壬寅	3 17	1 29	辛未	4 17	2 30	壬寅	5 17	4 1	壬申	6 18	5 3	甲辰	7 19	6 5	乙亥
	2 17	1 1	癸卯	3 18	1 30	壬申	4 18	3 1	癸卯	5 18	4 2	癸酉	6 19	5 4	乙巳	7 20	6 6	丙子
	2 18	1 2	甲辰	3 19	2 1	癸酉	4 19	3 2	甲辰	5 19	4 3	甲戌	6 20	5 5	丙午	7 21	6 7	丁丑
	2 19	1 3	乙巳	3 20	2 2	甲戌	4 20	3 3	乙巳	5 20	4 4	乙亥	6 21	5 6	丁未	7 22	6 8	戊寅
	2 20	1 4	丙午	3 21	2 3	乙亥	4 21	3 4	丙午	5 21	4 5	丙子	6 22	5 7	戊申	7 23	6 9	己卯
	2 21	1 5	丁未	3 22	2 4	丙子	4 22	3 5	丁未	5 22	4 6	丁丑	6 23	5 8	己酉	7 24	6 10	庚辰
	2 22	1 6	戊申	3 23	2 5	丁丑	4 23	3 6	戊申	5 23	4 7	戊寅	6 24	5 9	庚戌	7 25	6 11	辛巳
	2 23	1 7	己酉	3 24	2 6	戊寅	4 24	3 7	己酉	5 24	4 8	己卯	6 25	5 10	辛亥	7 26	6 12	壬午
	2 24	1 8	庚戌	3 25	2 7	己卯	4 25	3 8	庚戌	5 25	4 9	庚辰	6 26	5 11	壬子	7 27	6 13	癸未
	2 25	1 9	辛亥	3 26	2 8	庚辰	4 26	3 9	辛亥	5 26	4 10	辛巳	6 27	5 12	癸丑	7 28	6 14	甲申
	2 26	1 10	壬子	3 27	2 9	辛巳	4 27	3 10	壬子	5 27	4 11	壬午	6 28	5 13	甲寅	7 29	6 15	乙酉
	2 27	1 11	癸丑	3 28	2 10	壬午	4 28	3 11	癸丑	5 28	4 12	癸未	6 29	5 14	乙卯	7 30	6 16	丙戌
	2 28	1 12	甲寅	3 29	2 11	癸未	4 29	3 12	甲寅	5 29	4 13	甲申	6 30	5 15	丙辰	7 31	6 17	丁亥
	3 1	1 13	乙卯	3 30	2 12	甲申	4 30	3 13	乙卯	5 30	4 14	乙酉	7 1	5 16	丁巳	8 1	6 18	戊子
	3 2	1 14	丙辰	3 31	2 13	乙酉	5 1	3 14	丙辰	5 31	4 15	丙戌	7 2	5 17	戊午	8 2	6 19	己丑
	3 3	1 15	丁巳	4 1	2 14	丙戌	5 2	3 15	丁巳	6 1	4 16	丁亥	7 3	5 18	己未	8 3	6 20	庚寅
	3 4	1 16	戊午	4 2	2 15	丁亥	5 3	3 16	戊午	6 2	4 17	戊子	7 4	5 19	庚申	8 4	6 21	辛卯
	3 5	1 17	己未	4 3	2 16	戊子	5 4	3 17	己未	6 3	4 18	己丑	7 5	5 20	辛酉	8 5	6 22	壬辰
				4 4	2 17	己丑	5 5	3 18	庚申	6 4	4 19	庚寅	7 6	5 21	壬戌	8 6	6 23	癸巳
				4 5	2 18	庚寅				6 5	4 20	辛卯	7 7	5 22	癸亥	8 7	6 24	甲午
										6 6	4 21	壬辰						
中氣	雨水			春分			穀雨			小滿			夏至			大暑		
中氣	2/19 22時40分 亥時			3/21 22時6分 亥時			4/21 9時39分 巳時			5/22 9時15分 巳時			6/22 17時28分 酉時			7/24 4時21分 寅時		

辛未																		年
丙申			丁酉			戊戌			己亥			庚子			辛丑			月
立秋			白露			寒露			立冬			大雪			小寒			節氣
8/8 20時44分 戊時			9/8 23時17分 子時			10/9 14時26分 未時			11/8 17時9分 酉時			12/8 9時40分 巳時			1/6 20時45分 戊時			
國曆	農曆	干支	國曆	農曆	干支	國曆	農曆	干支	國曆	農曆	干支	國曆	農曆	干支	國曆	農曆	干支	日
8 8	6 25	乙未	9 8	7 26	丙寅	10 9	8 28	丁酉	11 8	9 29	丁卯	12 8	10 29	丁酉	1 6	11 29	丙寅	
8 9	6 26	丙申	9 9	7 27	丁卯	10 10	8 29	戊戌	11 9	9 30	戊辰	12 9	11 1	戊戌	1 7	11 30	丁卯	
8 10	6 27	丁酉	9 10	7 28	戊辰	10 11	9 1	己亥	11 10	10 1	己巳	12 10	11 2	己亥	1 8	12 1	戊辰	
8 11	6 28	戊戌	9 11	7 29	己巳	10 12	9 2	庚子	11 11	10 2	庚午	12 11	11 3	庚子	1 9	12 2	己巳	1
8 12	6 29	己亥	9 12	8 1	庚午	10 13	9 3	辛丑	11 12	10 3	辛未	12 12	11 4	辛丑	1 10	12 3	庚午	9
8 13	6 30	庚子	9 13	8 2	辛未	10 14	9 4	壬寅	11 13	10 4	壬申	12 13	11 5	壬寅	1 11	12 4	辛未	3
8 14	7 1	辛丑	9 14	8 3	壬申	10 15	9 5	癸卯	11 14	10 5	癸酉	12 14	11 6	癸卯	1 12	12 5	壬申	1
8 15	7 2	壬寅	9 15	8 4	癸酉	10 16	9 6	甲辰	11 15	10 6	甲戌	12 15	11 7	甲辰	1 13	12 6	癸酉	·
8 16	7 3	癸卯	9 16	8 5	甲戌	10 17	9 7	乙巳	11 16	10 7	乙亥	12 16	11 8	乙巳	1 14	12 7	甲戌	1
8 17	7 4	甲辰	9 17	8 6	乙亥	10 18	9 8	丙午	11 17	10 8	丙子	12 17	11 9	丙午	1 15	12 8	乙亥	9
8 18	7 5	乙巳	9 18	8 7	丙子	10 19	9 9	丁未	11 18	10 9	丁丑	12 18	11 10	丁未	1 16	12 9	丙子	3
8 19	7 6	丙午	9 19	8 8	丁丑	10 20	9 10	戊申	11 19	10 10	戊寅	12 19	11 11	戊申	1 17	12 10	丁丑	2
8 20	7 7	丁未	9 20	8 9	戊寅	10 21	9 11	己酉	11 20	10 11	己卯	12 20	11 12	己酉	1 18	12 11	戊寅	
8 21	7 8	戊申	9 21	8 10	己卯	10 22	9 12	庚戌	11 21	10 12	庚辰	12 21	11 13	庚戌	1 19	12 12	己卯	
8 22	7 9	己酉	9 22	8 11	庚辰	10 23	9 13	辛亥	11 22	10 13	辛巳	12 22	11 14	辛亥	1 20	12 13	庚辰	
8 23	7 10	庚戌	9 23	8 12	辛巳	10 24	9 14	壬子	11 23	10 14	壬午	12 23	11 15	壬子	1 21	12 14	辛巳	
8 24	7 11	辛亥	9 24	8 13	壬午	10 25	9 15	癸丑	11 24	10 15	癸未	12 24	11 16	癸丑	1 22	12 15	壬午	
8 25	7 12	壬子	9 25	8 14	癸未	10 26	9 16	甲寅	11 25	10 16	甲申	12 25	11 17	甲寅	1 23	12 16	癸未	羊
8 26	7 13	癸丑	9 26	8 15	甲申	10 27	9 17	乙卯	11 26	10 17	乙酉	12 26	11 18	乙卯	1 24	12 17	甲申	
8 27	7 14	甲寅	9 27	8 16	乙酉	10 28	9 18	丙辰	11 27	10 18	丙戌	12 27	11 19	丙辰	1 25	12 18	乙酉	
8 28	7 15	乙卯	9 28	8 17	丙戌	10 29	9 19	丁巳	11 28	10 19	丁亥	12 28	11 20	丁巳	1 26	12 19	丙戌	
8 29	7 16	丙辰	9 29	8 18	丁亥	10 30	9 20	戊午	11 29	10 20	戊子	12 29	11 21	戊午	1 27	12 20	丁亥	
8 30	7 17	丁巳	9 30	8 19	戊子	10 31	9 21	己未	11 30	10 21	己丑	12 30	11 22	己未	1 28	12 21	戊子	中
8 31	7 18	戊午	10 1	8 20	己丑	11 1	9 22	庚申	12 1	10 22	庚寅	12 31	11 23	庚申	1 29	12 22	己丑	華
9 1	7 19	己未	10 2	8 21	庚寅	11 2	9 23	辛酉	12 2	10 23	辛卯	1 1	11 24	辛酉	1 30	12 23	庚寅	民
9 2	7 20	庚申	10 3	8 22	辛卯	11 3	9 24	壬戌	12 3	10 24	壬辰	1 2	11 25	壬戌	1 31	12 24	辛卯	國
9 3	7 21	辛酉	10 4	8 23	壬辰	11 4	9 25	癸亥	12 4	10 25	癸巳	1 3	11 26	癸亥	2 1	12 25	壬辰	二
9 4	7 22	壬戌	10 5	8 24	癸巳	11 5	9 26	甲子	12 5	10 26	甲午	1 4	11 27	甲子	2 2	12 26	癸巳	十
9 5	7 23	癸亥	10 6	8 25	甲午	11 6	9 27	乙丑	12 6	10 27	乙未	1 5	11 28	乙丑	2 3	12 27	甲午	·
9 6	7 24	甲子	10 7	8 26	乙未	11 7	9 28	丙寅	12 7	10 28	丙申				2 4	12 28	乙未	二
9 7	7 25	乙丑	10 8	8 27	丙申													十
																		一
																		年
處暑			秋分			霜降			小雪			冬至			大寒			中
8/24 11時10分 午時			9/24 8時23分 辰時			10/24 17時15分 酉時			11/23 14時24分 未時			12/23 3時29分 寅時			1/21 14時6分 未時			氣

1931・1932

年	壬申																	
月	壬寅			癸卯			甲辰			乙巳			丙午			丁未		
節氣	立春			驚蟄			清明			立夏			芒種			小暑		
	2/5 8時29分 辰時			3/6 2時49分 丑時			4/5 8時6分 辰時			5/6 1時55分 丑時			6/6 6時27分 卯時			7/7 16時52分 申時		
日	國曆	農曆	干支	國曆	農曆	干支	國曆	農曆	干支	國曆	農曆	干支	國曆	農曆	干支	國曆	農曆	干支
	2 5	12 29	丙申	3 6	1 30	丙寅	4 5	2 30	丙申	5 6	4 1	丁卯	6 6	5 3	戊戌	7 7	6 4	己巳
	2 6	1 1	丁酉	3 7	2 1	丁卯	4 6	3 1	丁酉	5 7	4 2	戊辰	6 7	5 4	己亥	7 8	6 5	庚午
	2 7	1 2	戊戌	3 8	2 2	戊辰	4 7	3 2	戊戌	5 8	4 3	己巳	6 8	5 5	庚子	7 9	6 6	辛未
	2 8	1 3	己亥	3 9	2 3	己巳	4 8	3 3	己亥	5 9	4 4	庚午	6 9	5 6	辛丑	7 10	6 7	壬申
1	2 9	1 4	庚子	3 10	2 4	庚午	4 9	3 4	庚子	5 10	4 5	辛未	6 10	5 7	壬寅	7 11	6 8	癸酉
9	2 10	1 5	辛丑	3 11	2 5	辛未	4 10	3 5	辛丑	5 11	4 6	壬申	6 11	5 8	癸卯	7 12	6 9	甲戌
3	2 11	1 6	壬寅	3 12	2 6	壬申	4 11	3 6	壬寅	5 12	4 7	癸酉	6 12	5 9	甲辰	7 13	6 10	乙亥
2	2 12	1 7	癸卯	3 13	2 7	癸酉	4 12	3 7	癸卯	5 13	4 8	甲戌	6 13	5 10	乙巳	7 14	6 11	丙子
	2 13	1 8	甲辰	3 14	2 8	甲戌	4 13	3 8	甲辰	5 14	4 9	乙亥	6 14	5 11	丙午	7 15	6 12	丁丑
	2 14	1 9	乙巳	3 15	2 9	乙亥	4 14	3 9	乙巳	5 15	4 10	丙子	6 15	5 12	丁未	7 16	6 13	戊寅
	2 15	1 10	丙午	3 16	2 10	丙子	4 15	3 10	丙午	5 16	4 11	丁丑	6 16	5 13	戊申	7 17	6 14	己卯
	2 16	1 11	丁未	3 17	2 11	丁丑	4 16	3 11	丁未	5 17	4 12	戊寅	6 17	5 14	己酉	7 18	6 15	庚辰
	2 17	1 12	戊申	3 18	2 12	戊寅	4 17	3 12	戊申	5 18	4 13	己卯	6 18	5 15	庚戌	7 19	6 16	辛巳
	2 18	1 13	己酉	3 19	2 13	己卯	4 18	3 13	己酉	5 19	4 14	庚辰	6 19	5 16	辛亥	7 20	6 17	壬午
	2 19	1 14	庚戌	3 20	2 14	庚辰	4 19	3 14	庚戌	5 20	4 15	辛巳	6 20	5 17	壬子	7 21	6 18	癸未
	2 20	1 15	辛亥	3 21	2 15	辛巳	4 20	3 15	辛亥	5 21	4 16	壬午	6 21	5 18	癸丑	7 22	6 19	甲申
	2 21	1 16	壬子	3 22	2 16	壬午	4 21	3 16	壬子	5 22	4 17	癸未	6 22	5 19	甲寅	7 23	6 20	乙酉
	2 22	1 17	癸丑	3 23	2 17	癸未	4 22	3 17	癸丑	5 23	4 18	甲申	6 23	5 20	乙卯	7 24	6 21	丙戌
	2 23	1 18	甲寅	3 24	2 18	甲申	4 23	3 18	甲寅	5 24	4 19	乙酉	6 24	5 21	丙辰	7 25	6 22	丁亥
猴	2 24	1 19	乙卯	3 25	2 19	乙酉	4 24	3 19	乙卯	5 25	4 20	丙戌	6 25	5 22	丁巳	7 26	6 23	戊子
	2 25	1 20	丙辰	3 26	2 20	丙戌	4 25	3 20	丙辰	5 26	4 21	丁亥	6 26	5 23	戊午	7 27	6 24	己丑
	2 26	1 21	丁巳	3 27	2 21	丁亥	4 26	3 21	丁巳	5 27	4 22	戊子	6 27	5 24	己未	7 28	6 25	庚寅
	2 27	1 22	戊午	3 28	2 22	戊子	4 27	3 22	戊午	5 28	4 23	己丑	6 28	5 25	庚申	7 29	6 26	辛卯
	2 28	1 23	己未	3 29	2 23	己丑	4 28	3 23	己未	5 29	4 24	庚寅	6 29	5 26	辛酉	7 30	6 27	壬辰
中	2 29	1 24	庚申	3 30	2 24	庚寅	4 29	3 24	庚申	5 30	4 25	辛卯	6 30	5 27	壬戌	7 31	6 28	癸巳
華	3 1	1 25	辛酉	3 31	2 25	辛卯	4 30	3 25	辛酉	5 31	4 26	壬辰	7 1	5 28	癸亥	8 1	6 29	甲午
民	3 2	1 26	壬戌	4 1	2 26	壬辰	5 1	3 26	壬戌	6 1	4 27	癸巳	7 2	5 29	甲子	8 2	7 1	乙未
國	3 3	1 27	癸亥	4 2	2 27	癸巳	5 2	3 27	癸亥	6 2	4 28	甲午	7 3	5 30	乙丑	8 3	7 2	丙申
二	3 4	1 28	甲子	4 3	2 28	甲午	5 3	3 28	甲子	6 3	4 29	乙未	7 4	6 1	丙寅	8 4	7 3	丁酉
十	3 5	1 29	乙丑	4 4	2 29	乙未	5 4	3 29	乙丑	6 4	5 1	丙申	7 5	6 2	丁卯	8 5	7 4	戊戌
一							5 5	3 30	丙寅	6 5	5 2	丁酉	7 6	6 3	戊辰	8 6	7 5	己亥
年																8 7	7 6	庚子
中氣	雨水			春分			穀雨			小滿			夏至			大暑		
	2/20 4時28分 寅時			3/21 3時53分 寅時			4/20 15時28分 申時			5/21 15時6分 申時			6/21 23時22分 子時			7/23 10時18分 巳時		

壬申																		年
戊申			己酉			庚戌			辛亥			壬子			癸丑			月
立秋			白露			寒露			立冬			大雪			小寒			節氣
8/8 2時31分 丑時			9/8 5時2分 卯時			10/8 20時9分 戌時			11/7 22時49分 亥時			12/7 15時18分 申時			1/6 2時23分 丑時			
國曆	農曆	干支	國曆	農曆	干支	國曆	農曆	干支	國曆	農曆	干支	國曆	農曆	干支	國曆	農曆	干支	日
8 8	7 7	辛丑	9 8	8 8	壬申	10 8	9 9	壬寅	11 7	10 10	壬申	12 7	11 10	壬寅	1 6	12 11	壬申	
8 9	7 8	壬寅	9 9	8 9	癸酉	10 9	9 10	癸卯	11 8	10 11	癸酉	12 8	11 11	癸卯	1 7	12 12	癸酉	
8 10	7 9	癸卯	9 10	8 10	甲戌	10 10	9 11	甲辰	11 9	10 12	甲戌	12 9	11 12	甲辰	1 8	12 13	甲戌	
8 11	7 10	甲辰	9 11	8 11	乙亥	10 11	9 12	乙巳	11 10	10 13	乙亥	12 10	11 13	乙巳	1 9	12 14	乙亥	1 9 3 2 · 1 9 3 3
8 12	7 11	乙巳	9 12	8 12	丙子	10 12	9 13	丙午	11 11	10 14	丙子	12 11	11 14	丙午	1 10	12 15	丙子	
8 13	7 12	丙午	9 13	8 13	丁丑	10 13	9 14	丁未	11 12	10 15	丁丑	12 12	11 15	丁未	1 11	12 16	丁丑	
8 14	7 13	丁未	9 14	8 14	戊寅	10 14	9 15	戊申	11 13	10 16	戊寅	12 13	11 16	戊申	1 12	12 17	戊寅	
8 15	7 14	戊申	9 15	8 15	己卯	10 15	9 16	己酉	11 14	10 17	己卯	12 14	11 17	己酉	1 13	12 18	己卯	
8 16	7 15	己酉	9 16	8 16	庚辰	10 16	9 17	庚戌	11 15	10 18	庚辰	12 15	11 18	庚戌	1 14	12 19	庚辰	
8 17	7 16	庚戌	9 17	8 17	辛巳	10 17	9 18	辛亥	11 16	10 19	辛巳	12 16	11 19	辛亥	1 15	12 20	辛巳	
8 18	7 17	辛亥	9 18	8 18	壬午	10 18	9 19	壬子	11 17	10 20	壬午	12 17	11 20	壬子	1 16	12 21	壬午	
8 19	7 18	壬子	9 19	8 19	癸未	10 19	9 20	癸丑	11 18	10 21	癸未	12 18	11 21	癸未	1 17	12 22	癸未	
8 20	7 19	癸丑	9 20	8 20	甲申	10 20	9 21	甲寅	11 19	10 22	甲申	12 19	11 22	甲寅	1 18	12 23	甲申	
8 21	7 20	甲寅	9 21	8 21	乙酉	10 21	9 22	乙卯	11 20	10 23	乙酉	12 20	11 23	乙卯	1 19	12 24	乙酉	猴
8 22	7 21	乙卯	9 22	8 22	丙戌	10 22	9 23	丙辰	11 21	10 24	丙戌	12 21	11 24	丙辰	1 20	12 25	丙戌	
8 23	7 22	丙辰	9 23	8 23	丁亥	10 23	9 24	丁巳	11 22	10 25	丁亥	12 22	11 25	丁巳	1 21	12 26	丁亥	
8 24	7 23	丁巳	9 24	8 24	戊子	10 24	9 25	戊午	11 23	10 26	戊子	12 23	11 26	戊午	1 22	12 27	戊子	
8 25	7 24	戊午	9 25	8 25	己丑	10 25	9 26	己未	11 24	10 27	己丑	12 24	11 27	己未	1 23	12 28	己丑	
8 26	7 25	己未	9 26	8 26	庚寅	10 26	9 27	庚申	11 25	10 28	庚寅	12 25	11 28	庚申	1 24	12 29	庚寅	
8 27	7 26	庚申	9 27	8 27	辛卯	10 27	9 28	辛酉	11 26	10 29	辛卯	12 26	11 29	辛酉	1 25	12 30	辛卯	
8 28	7 27	辛酉	9 28	8 28	壬辰	10 28	9 29	壬戌	11 27	10 30	壬辰	12 27	12 1	壬戌	1 26	1 1	壬辰	中
8 29	7 28	壬戌	9 29	8 29	癸巳	10 29	10 1	癸亥	11 28	11 1	癸巳	12 28	12 2	癸亥	1 27	1 2	癸巳	華
8 30	7 29	癸亥	9 30	9 1	甲午	10 30	10 2	甲子	11 29	11 2	甲午	12 29	12 3	甲子	1 28	1 3	甲午	民
8 31	7 30	甲子	10 1	9 2	乙未	10 31	10 3	乙丑	11 30	11 3	乙未	12 30	12 4	乙丑	1 29	1 4	乙未	國
9 1	8 1	乙丑	10 2	9 3	丙申	11 1	10 4	丙寅	12 1	11 4	丙申	12 31	12 5	丙寅	1 30	1 5	丙申	二
9 2	8 2	丙寅	10 3	9 4	丁酉	11 2	10 5	丁卯	12 2	11 5	丁酉	1 1	12 6	丁卯	1 31	1 6	丁酉	十
9 3	8 3	丁卯	10 4	9 5	戊戌	11 3	10 6	戊辰	12 3	11 6	戊戌	1 2	12 7	戊辰	2 1	1 7	戊戌	一
9 4	8 4	戊辰	10 5	9 6	己亥	11 4	10 7	己巳	12 4	11 7	己亥	1 3	12 8	己巳	2 2	1 8	己亥	· 二
9 5	8 5	己巳	10 6	9 7	庚子	11 5	10 8	庚午	12 5	11 8	庚子	1 4	12 9	庚午	2 3	1 9	庚子	十
9 6	8 6	庚午	10 7	9 8	辛丑	11 6	10 9	辛未	12 6	11 9	辛丑	1 5	12 10	辛未				二
9 7	8 7	辛未																年
處暑			秋分			霜降			小雪			冬至			大寒			中
8/23 17時6分 酉時			9/23 14時15分 未時			10/23 23時3分 子時			11/22 20時10分 戌時			12/22 9時14分 巳時			1/20 19時52分 戌時			氣

| 年 | 癸酉 | | | | | | | | | | | | | | | | | |

項目	甲寅 國曆	農曆	干支	乙卯 國曆	農曆	干支	丙辰 國曆	農曆	干支	丁巳 國曆	農曆	干支	戊午 國曆	農曆	干支	己未 國曆	農曆	干支
月	甲寅			乙卯			丙辰			丁巳			戊午			己未		
節氣	立春 2/4 14時9分 未時			驚蟄 3/6 8時31分 辰時			清明 4/5 13時50分 未時			立夏 5/6 7時41分 辰時			芒種 6/6 12時17分 午時			小暑 7/7 22時44分 亥時		
日/國曆 農曆 干支	國曆	農曆	干支	國曆	農曆	干支	國曆	農曆	干支	國曆	農曆	干支	國曆	農曆	干支	國曆	農曆	干支
	2 4	1 10	辛丑	3 6	2 11	辛未	4 5	3 11	辛丑	5 6	4 12	壬申	6 6	5 14	癸卯	7 7	5 15	甲戌
	2 5	1 11	壬寅	3 7	2 12	壬申	4 6	3 12	壬寅	5 7	4 13	癸酉	6 7	5 15	甲辰	7 8	5 16	乙亥
1	2 6	1 12	癸卯	3 8	2 13	癸酉	4 7	3 13	癸卯	5 8	4 14	甲戌	6 8	5 16	乙巳	7 9	5 17	丙子
9	2 7	1 13	甲辰	3 9	2 14	甲戌	4 8	3 14	甲辰	5 9	4 15	乙亥	6 9	5 17	丙午	7 10	5 18	丁丑
3	2 8	1 14	乙巳	3 10	2 15	乙亥	4 9	3 15	乙巳	5 10	4 16	丙子	6 10	5 18	丁未	7 11	5 19	戊寅
3	2 9	1 15	丙午	3 11	2 16	丙子	4 10	3 16	丙午	5 11	4 17	丁丑	6 11	5 19	戊申	7 12	5 20	己卯
	2 10	1 16	丁未	3 12	2 17	丁丑	4 11	3 17	丁未	5 12	4 18	戊寅	6 12	5 20	己酉	7 13	5 21	庚辰
	2 11	1 17	戊申	3 13	2 18	戊寅	4 12	3 18	戊申	5 13	4 19	己卯	6 13	5 21	庚戌	7 14	5 22	辛巳
	2 12	1 18	己酉	3 14	2 19	己卯	4 13	3 19	己酉	5 14	4 20	庚辰	6 14	5 22	辛亥	7 15	5 23	壬午
	2 13	1 19	庚戌	3 15	2 20	庚辰	4 14	3 20	庚戌	5 15	4 21	辛巳	6 15	5 23	壬子	7 16	5 24	癸未
雞	2 14	1 20	辛亥	3 16	2 21	辛巳	4 15	3 21	辛亥	5 16	4 22	壬午	6 16	5 24	癸丑	7 17	5 25	甲申
	2 15	1 21	壬子	3 17	2 22	壬午	4 16	3 22	壬子	5 17	4 23	癸未	6 17	5 25	甲寅	7 18	5 26	乙酉
	2 16	1 22	癸丑	3 18	2 23	癸未	4 17	3 23	癸丑	5 18	4 24	甲申	6 18	5 26	乙卯	7 19	5 27	丙戌
	2 17	1 23	甲寅	3 19	2 24	甲申	4 18	3 24	甲寅	5 19	4 25	乙酉	6 19	5 27	丙辰	7 20	5 28	丁亥
	2 18	1 24	乙卯	3 20	2 25	乙酉	4 19	3 25	乙卯	5 20	4 26	丙戌	6 20	5 28	丁巳	7 21	5 29	戊子
	2 19	1 25	丙辰	3 21	2 26	丙戌	4 20	3 26	丙辰	5 21	4 27	丁亥	6 21	5 29	戊午	7 22	5 30	己丑
	2 20	1 26	丁巳	3 22	2 27	丁亥	4 21	3 27	丁巳	5 22	4 28	戊子	6 22	5 30	己未	7 23	6 1	庚寅
	2 21	1 27	戊午	3 23	2 28	戊子	4 22	3 28	戊午	5 23	4 29	己丑	6 23	閏5 1	庚申	7 24	6 2	辛卯
	2 22	1 28	己未	3 24	2 29	己丑	4 23	3 29	己未	5 24	5 1	庚寅	6 24	5 2	辛酉	7 25	6 3	壬辰
中	2 23	1 29	庚申	3 25	2 30	庚寅	4 24	3 30	庚申	5 25	5 2	辛卯	6 25	5 3	壬戌	7 26	6 4	癸巳
華	2 24	2 1	辛酉	3 26	3 1	辛卯	4 25	4 1	辛酉	5 26	5 3	壬辰	6 26	5 4	癸亥	7 27	6 5	甲午
民	2 25	2 2	壬戌	3 27	3 2	壬辰	4 26	4 2	壬戌	5 27	5 4	癸巳	6 27	5 5	甲子	7 28	6 6	乙未
國	2 26	2 3	癸亥	3 28	3 3	癸巳	4 27	4 3	癸亥	5 28	5 5	甲午	6 28	5 6	乙丑	7 29	6 7	丙申
二	2 27	2 4	甲子	3 29	3 4	甲午	4 28	4 4	甲子	5 29	5 6	乙未	6 29	5 7	丙寅	7 30	6 8	丁酉
十	2 28	2 5	乙丑	3 30	3 5	乙未	4 29	4 5	乙丑	5 30	5 7	丙申	6 30	5 8	丁卯	7 31	6 9	戊戌
二	3 1	2 6	丙寅	3 31	3 6	丙申	4 30	4 6	丙寅	5 31	5 8	丁酉	7 1	5 9	戊辰	8 1	6 10	己亥
年	3 2	2 7	丁卯	4 1	3 7	丁酉	5 1	4 7	丁卯	6 1	5 9	戊戌	7 2	5 10	己巳	8 2	6 11	庚子
	3 3	2 8	戊辰	4 2	3 8	戊戌	5 2	4 8	戊辰	6 2	5 10	己亥	7 3	5 11	庚午	8 3	6 12	辛丑
	3 4	2 9	己巳	4 3	3 9	己亥	5 3	4 9	己巳	6 3	5 11	庚子	7 4	5 12	辛未	8 4	6 13	壬寅
	3 5	2 10	庚午	4 4	3 10	庚子	5 4	4 10	庚午	6 4	5 12	辛丑	7 5	5 13	壬申	8 5	6 14	癸卯
							5 5	4 11	辛未	6 5	5 13	壬寅	7 6	5 14	癸酉	8 6	6 15	甲辰
																8 7	6 16	乙巳
中氣	雨水 2/19 10時16分 巳時			春分 3/21 9時43分 巳時			穀雨 4/20 21時18分 亥時			小滿 5/21 20時56分 戌時			夏至 6/22 5時11分 卯時			大暑 7/23 16時5分 申時		

癸酉																		年
庚申			辛酉			壬戌			癸亥			甲子			乙丑			月
立秋			白露			寒露			立冬			大雪			小寒			節氣
8/8 8時25分 辰時			9/8 10時57分 巳時			10/9 2時3分 丑時			11/8 4時43分 寅時			12/7 21時11分 亥時			1/6 8時16分 辰時			
國曆	農曆	干支	國曆	農曆	干支	國曆	農曆	干支	國曆	農曆	干支	國曆	農曆	干支	國曆	農曆	干支	日
8 8	6 17	丙午	9 8	7 19	丁丑	10 9	8 20	戊申	11 8	9 21	戊寅	12 7	10 20	丁未	1 6	11 21	丁丑	
8 9	6 18	丁未	9 9	7 20	戊寅	10 10	8 21	己酉	11 9	9 22	己卯	12 8	10 21	戊申	1 7	11 22	戊寅	
8 10	6 19	戊申	9 10	7 21	己卯	10 11	8 22	庚戌	11 10	9 23	庚辰	12 9	10 22	己酉	1 8	11 23	己卯	1
8 11	6 20	己酉	9 11	7 22	庚辰	10 12	8 23	辛亥	11 11	9 24	辛巳	12 10	10 23	庚戌	1 9	11 24	庚辰	9
8 12	6 21	庚戌	9 12	7 23	辛巳	10 13	8 24	壬子	11 12	9 25	壬午	12 11	10 24	辛亥	1 10	11 25	辛巳	3
8 13	6 22	辛亥	9 13	7 24	壬午	10 14	8 25	癸丑	11 13	9 26	癸未	12 12	10 25	壬子	1 11	11 26	壬午	3
8 14	6 23	壬子	9 14	7 25	癸未	10 15	8 26	甲寅	11 14	9 27	甲申	12 13	10 26	癸丑	1 12	11 27	癸未	·
8 15	6 24	癸丑	9 15	7 26	甲申	10 16	8 27	乙卯	11 15	9 28	乙酉	12 14	10 27	甲寅	1 13	11 28	甲申	1
8 16	6 25	甲寅	9 16	7 27	乙酉	10 17	8 28	丙辰	11 16	9 29	丙戌	12 15	10 28	乙卯	1 14	11 29	乙酉	9
8 17	6 26	乙卯	9 17	7 28	丙戌	10 18	8 29	丁巳	11 17	9 30	丁亥	12 16	10 29	丙辰	1 15	12 1	丙戌	3
8 18	6 27	丙辰	9 18	7 29	丁亥	10 19	9 1	戊午	11 18	10 1	戊子	12 17	11 1	丁巳	1 16	12 2	丁亥	4
8 19	6 28	丁巳	9 19	7 30	戊子	10 20	9 2	己未	11 19	10 2	己丑	12 18	11 2	戊午	1 17	12 3	戊子	
8 20	6 29	戊午	9 20	8 1	己丑	10 21	9 3	庚申	11 20	10 3	庚寅	12 19	11 3	己未	1 18	12 4	己丑	
8 21	7 1	己未	9 21	8 2	庚寅	10 22	9 4	辛酉	11 21	10 4	辛卯	12 20	11 4	庚申	1 19	12 5	庚寅	
8 22	7 2	庚申	9 22	8 3	辛卯	10 23	9 5	壬戌	11 22	10 5	壬辰	12 21	11 5	辛酉	1 20	12 6	辛卯	雞
8 23	7 3	辛酉	9 23	8 4	壬辰	10 24	9 6	癸亥	11 23	10 6	癸巳	12 22	11 6	壬戌	1 21	12 7	壬辰	
8 24	7 4	壬戌	9 24	8 5	癸巳	10 25	9 7	甲子	11 24	10 7	甲午	12 23	11 7	癸亥	1 22	12 8	癸巳	
8 25	7 5	癸亥	9 25	8 6	甲午	10 26	9 8	乙丑	11 25	10 8	乙未	12 24	11 8	甲子	1 23	12 9	甲午	
8 26	7 6	甲子	9 26	8 7	乙未	10 27	9 9	丙寅	11 26	10 9	丙申	12 25	11 9	乙丑	1 24	12 10	乙未	中
8 27	7 7	乙丑	9 27	8 8	丙申	10 28	9 10	丁卯	11 27	10 10	丁酉	12 26	11 10	丙寅	1 25	12 11	丙申	華
8 28	7 8	丙寅	9 28	8 9	丁酉	10 29	9 11	戊辰	11 28	10 11	戊戌	12 27	11 11	丁卯	1 26	12 12	丁酉	民
8 29	7 9	丁卯	9 29	8 10	戊戌	10 30	9 12	己巳	11 29	10 12	己亥	12 28	11 12	戊辰	1 27	12 13	戊戌	國
8 30	7 10	戊辰	9 30	8 11	己亥	10 31	9 13	庚午	11 30	10 13	庚子	12 29	11 13	己巳	1 28	12 14	己亥	二
8 31	7 11	己巳	10 1	8 12	庚子	11 1	9 14	辛未	12 1	10 14	辛丑	12 30	11 14	庚午	1 29	12 15	庚子	十
9 1	7 12	庚午	10 2	8 13	辛丑	11 2	9 15	壬申	12 2	10 15	壬寅	12 31	11 15	辛未	1 30	12 16	辛丑	二
9 2	7 13	辛未	10 3	8 14	壬寅	11 3	9 16	癸酉	12 3	10 16	癸卯	1 1	11 16	壬申	1 31	12 17	壬寅	·
9 3	7 14	壬申	10 4	8 15	癸卯	11 4	9 17	甲戌	12 4	10 17	甲辰	1 2	11 17	癸酉	2 1	12 18	癸卯	二
9 4	7 15	癸酉	10 5	8 16	甲辰	11 5	9 18	乙亥	12 5	10 18	乙巳	1 3	11 18	甲戌	2 2	12 19	甲辰	十
9 5	7 16	甲戌	10 6	8 17	乙巳	11 6	9 19	丙子	12 6	10 19	丙午	1 4	11 19	乙亥	2 3	12 20	乙巳	三
9 6	7 17	乙亥	10 7	8 18	丙午	11 7	9 20	丁丑				1 5	11 20	丙子				年
9 7	7 18	丙子	10 8	8 19	丁未													
處暑			秋分			霜降			小雪			冬至			大寒			中氣
8/23 22時52分 亥時			9/23 20時1分 戌時			10/24 4時48分 寅時			11/23 1時53分 丑時			12/22 14時57分 未時			1/21 1時36分 丑時			

年																		
	甲戌																	
月	丙寅			丁卯			戊辰			己巳			庚午			辛未		
節氣	立春			驚蟄			清明			立夏			芒種			小暑		
	2/4 20時3分 戊時			3/6 14時26分 未時			4/5 19時43分 戊時			5/6 13時30分 未時			6/6 18時1分 酉時			7/8 4時24分 寅時		
日	國曆	農曆	干支	國曆	農曆	干支	國曆	農曆	干支	國曆	農曆	干支	國曆	農曆	干支	國曆	農曆	干支
	2 4	12 21	丙午	3 6	1 21	丙子	4 5	2 22	丙午	5 6	3 23	丁丑	6 6	4 25	戊申	7 8	5 27	庚辰
	2 5	12 22	丁未	3 7	1 22	丁丑	4 6	2 23	丁未	5 7	3 24	戊寅	6 7	4 26	己酉	7 9	5 28	辛巳
	2 6	12 23	戊申	3 8	1 23	戊寅	4 7	2 24	戊申	5 8	3 25	己卯	6 8	4 27	庚戌	7 10	5 29	壬午
	2 7	12 24	己酉	3 9	1 24	己卯	4 8	2 25	己酉	5 9	3 26	庚辰	6 9	4 28	辛亥	7 11	5 30	癸未
1	2 8	12 25	庚戌	3 10	1 25	庚辰	4 9	2 26	庚戌	5 10	3 27	辛巳	6 10	4 29	壬子	7 12	6 1	甲申
9	2 9	12 26	辛亥	3 11	1 26	辛巳	4 10	2 27	辛亥	5 11	3 28	壬午	6 11	4 30	癸丑	7 13	6 2	乙酉
3	2 10	12 27	壬子	3 12	1 27	壬午	4 11	2 28	壬子	5 12	3 29	癸未	6 12	5 1	甲寅	7 14	6 3	丙戌
4	2 11	12 28	癸丑	3 13	1 28	癸未	4 12	2 29	癸丑	5 13	4 1	甲申	6 13	5 2	乙卯	7 15	6 4	丁亥
	2 12	12 29	甲寅	3 14	1 29	甲申	4 13	2 30	甲寅	5 14	4 2	乙酉	6 14	5 3	丙辰	7 16	6 5	戊子
	2 13	12 30	乙卯	3 15	2 1	乙酉	4 14	3 1	乙卯	5 15	4 3	丙戌	6 15	5 4	丁巳	7 17	6 6	己丑
	2 14	1 1	丙辰	3 16	2 2	丙戌	4 15	3 2	丙辰	5 16	4 4	丁亥	6 16	5 5	戊午	7 18	6 7	庚寅
	2 15	1 2	丁巳	3 17	2 3	丁亥	4 16	3 3	丁巳	5 17	4 5	戊子	6 17	5 6	己未	7 19	6 8	辛卯
	2 16	1 3	戊午	3 18	2 4	戊子	4 17	3 4	戊午	5 18	4 6	己丑	6 18	5 7	庚申	7 20	6 9	壬辰
狗	2 17	1 4	己未	3 19	2 5	己丑	4 18	3 5	己未	5 19	4 7	庚寅	6 19	5 8	辛酉	7 21	6 10	癸巳
	2 18	1 5	庚申	3 20	2 6	庚寅	4 19	3 6	庚申	5 20	4 8	辛卯	6 20	5 9	壬戌	7 22	6 11	甲午
	2 19	1 6	辛酉	3 21	2 7	辛卯	4 20	3 7	辛酉	5 21	4 9	壬辰	6 21	5 10	癸亥	7 23	6 12	乙未
	2 20	1 7	壬戌	3 22	2 8	壬辰	4 21	3 8	壬戌	5 22	4 10	癸巳	6 22	5 11	甲子	7 24	6 13	丙申
	2 21	1 8	癸亥	3 23	2 9	癸巳	4 22	3 9	癸亥	5 23	4 11	甲午	6 23	5 12	乙丑	7 25	6 14	丁酉
	2 22	1 9	甲子	3 24	2 10	甲午	4 23	3 10	甲子	5 24	4 12	乙未	6 24	5 13	丙寅	7 26	6 15	戊戌
	2 23	1 10	乙丑	3 25	2 11	乙未	4 24	3 11	乙丑	5 25	4 13	丙申	6 25	5 14	丁卯	7 27	6 16	己亥
	2 24	1 11	丙寅	3 26	2 12	丙申	4 25	3 12	丙寅	5 26	4 14	丁酉	6 26	5 15	戊辰	7 28	6 17	庚子
	2 25	1 12	丁卯	3 27	2 13	丁酉	4 26	3 13	丁卯	5 27	4 15	戊戌	6 27	5 16	己巳	7 29	6 18	辛丑
中	2 26	1 13	戊辰	3 28	2 14	戊戌	4 27	3 14	戊辰	5 28	4 16	己亥	6 28	5 17	庚午	7 30	6 19	壬寅
華	2 27	1 14	己巳	3 29	2 15	己亥	4 28	3 15	己巳	5 29	4 17	庚子	6 29	5 18	辛未	7 31	6 20	癸卯
民	2 28	1 15	庚午	3 30	2 16	庚子	4 29	3 16	庚午	5 30	4 18	辛丑	6 30	5 19	壬申	8 1	6 21	甲辰
國	3 1	1 16	辛未	3 31	2 17	辛丑	4 30	3 17	辛未	5 31	4 19	壬寅	7 1	5 20	癸酉	8 2	6 22	乙巳
二	3 2	1 17	壬申	4 1	2 18	壬寅	5 1	3 18	壬申	6 1	4 20	癸卯	7 2	5 21	甲戌	8 3	6 23	丙午
十	3 3	1 18	癸酉	4 2	2 19	癸卯	5 2	3 19	癸酉	6 2	4 21	甲辰	7 3	5 22	乙亥	8 4	6 24	丁未
三	3 4	1 19	甲戌	4 3	2 20	甲辰	5 3	3 20	甲戌	6 3	4 22	乙巳	7 4	5 23	丙子	8 5	6 25	戊申
年	3 5	1 20	乙亥	4 4	2 21	乙巳	5 4	3 21	乙亥	6 4	4 23	丙午	7 5	5 24	丁丑	8 6	6 26	己酉
							5 5	3 22	丙子	6 5	4 24	丁未	7 6	5 25	戊寅	8 7	6 27	庚戌
													7 7	5 26	己卯			
中	雨水			春分			穀雨			小滿			夏至			大暑		
氣	2/19 16時1分 申時			3/21 15時27分 申時			4/21 3時0分 寅時			5/22 2時34分 丑時			6/22 10時47分 巳時			7/23 21時42分 亥時		

甲戌						年
壬申	癸酉	甲戌	乙亥	丙子	丁丑	月
立秋	白露	寒露	立冬	大雪	小寒	節氣
8/8 14時3分 未時	9/8 16時36分 申時	10/9 7時45分 辰時	11/8 10時26分 巳時	12/8 2時56分 丑時	1/6 14時2分 未時	

國曆	農曆	干支	國曆	農曆	干支	國曆	農曆	干支	國曆	農曆	干支	國曆	農曆	干支	國曆	農曆	干支	日
8 8	6 28	辛亥	9 8	7 30	壬午	10 9	9 2	癸丑	11 8	10 2	癸未	12 8	11 2	癸丑	1 6	12 2	壬午	
8 9	6 29	壬子	9 9	8 1	癸未	10 10	9 3	甲寅	11 9	10 3	甲申	12 9	11 3	甲寅	1 7	12 3	癸未	
8 10	7 1	癸丑	9 10	8 2	甲申	10 11	9 4	乙卯	11 10	10 4	乙酉	12 10	11 4	乙卯	1 8	12 4	甲申	1
8 11	7 2	甲寅	9 11	8 3	乙酉	10 12	9 5	丙辰	11 11	10 5	丙戌	12 11	11 5	丙辰	1 9	12 5	乙酉	9
8 12	7 3	乙卯	9 12	8 4	丙戌	10 13	9 6	丁巳	11 12	10 6	丁亥	12 12	11 6	丁巳	1 10	12 6	丙戌	3
8 13	7 4	丙辰	9 13	8 5	丁亥	10 14	9 7	戊午	11 13	10 7	戊子	12 13	11 7	戊午	1 11	12 7	丁亥	4
8 14	7 5	丁巳	9 14	8 6	戊子	10 15	9 8	己未	11 14	10 8	己丑	12 14	11 8	己未	1 12	12 8	戊子	·
8 15	7 6	戊午	9 15	8 7	己丑	10 16	9 9	庚申	11 15	10 9	庚寅	12 15	11 9	庚申	1 13	12 9	己丑	1
8 16	7 7	己未	9 16	8 8	庚寅	10 17	9 10	辛酉	11 16	10 10	辛卯	12 16	11 10	辛酉	1 14	12 10	庚寅	9
8 17	7 8	庚申	9 17	8 9	辛卯	10 18	9 11	壬戌	11 17	10 11	壬辰	12 17	11 11	壬戌	1 15	12 11	辛卯	3
8 18	7 9	辛酉	9 18	8 10	壬辰	10 19	9 12	癸亥	11 18	10 12	癸巳	12 18	11 12	癸亥	1 16	12 12	壬辰	5
8 19	7 10	壬戌	9 19	8 11	癸巳	10 20	9 13	甲子	11 19	10 13	甲午	12 19	11 13	甲子	1 17	12 13	癸巳	
8 20	7 11	癸亥	9 20	8 12	甲午	10 21	9 14	乙丑	11 20	10 14	乙未	12 20	11 14	乙丑	1 18	12 14	甲午	
8 21	7 12	甲子	9 21	8 13	乙未	10 22	9 15	丙寅	11 21	10 15	丙申	12 21	11 15	丙寅	1 19	12 15	乙未	
8 22	7 13	乙丑	9 22	8 14	丙申	10 23	9 16	丁卯	11 22	10 16	丁酉	12 22	11 16	丁卯	1 20	12 16	丙申	狗
8 23	7 14	丙寅	9 23	8 15	丁酉	10 24	9 17	戊辰	11 23	10 17	戊戌	12 23	11 17	戊辰	1 21	12 17	丁酉	
8 24	7 15	丁卯	9 24	8 16	戊戌	10 25	9 18	己巳	11 24	10 18	己亥	12 24	11 18	己巳	1 22	12 18	戊戌	
8 25	7 16	戊辰	9 25	8 17	己亥	10 26	9 19	庚午	11 25	10 19	庚子	12 25	11 19	庚午	1 23	12 19	己亥	
8 26	7 17	己巳	9 26	8 18	庚子	10 27	9 20	辛未	11 26	10 20	辛丑	12 26	11 20	辛未	1 24	12 20	庚子	中
8 27	7 18	庚午	9 27	8 19	辛丑	10 28	9 21	壬申	11 27	10 21	壬寅	12 27	11 21	壬申	1 25	12 21	辛丑	華
8 28	7 19	辛未	9 28	8 20	壬寅	10 29	9 22	癸酉	11 28	10 22	癸卯	12 28	11 22	癸酉	1 26	12 22	壬寅	民
8 29	7 20	壬申	9 29	8 21	癸卯	10 30	9 23	甲戌	11 29	10 23	甲辰	12 29	11 23	甲戌	1 27	12 23	癸卯	國
8 30	7 21	癸酉	9 30	8 22	甲辰	10 31	9 24	乙亥	11 30	10 24	乙巳	12 30	11 24	乙亥	1 28	12 24	甲辰	二
8 31	7 22	甲戌	10 1	8 23	乙巳	11 1	9 25	丙子	12 1	10 25	丙午	12 31	11 25	丙子	1 29	12 25	乙巳	十
9 1	7 23	乙亥	10 2	8 24	丙午	11 2	9 26	丁丑	12 2	10 26	丁未	1 1	11 26	丁丑	1 30	12 26	丙午	三
9 2	7 24	丙子	10 3	8 25	丁未	11 3	9 27	戊寅	12 3	10 27	戊申	1 2	11 27	戊寅	1 31	12 27	丁未	·
9 3	7 25	丁丑	10 4	8 26	戊申	11 4	9 28	己卯	12 4	10 28	己酉	1 3	11 28	己卯	2 1	12 28	戊申	二
9 4	7 26	戊寅	10 5	8 27	己酉	11 5	9 29	庚辰	12 5	10 29	庚戌	1 4	11 29	庚辰	2 2	12 29	己酉	十
9 5	7 27	己卯	10 6	8 28	庚戌	11 6	9 30	辛巳	12 6	10 30	辛亥	1 5	12 1	辛巳	2 3	12 30	庚戌	四
9 6	7 28	庚辰	10 7	8 29	辛亥	11 7	10 1	壬午	12 7	11 1	壬子				2 4	1 1	辛亥	年
9 7	7 29	辛巳	10 8	9 1	壬子													

處暑	秋分	霜降	小雪	冬至	大寒	中
8/24 4時32分 寅時	9/24 1時45分 丑時	10/24 10時36分 巳時	11/23 7時44分 辰時	12/22 20時49分 戌時	1/21 7時28分 辰時	氣

年	乙亥																	
月	戊寅			己卯			庚辰			辛巳			壬午			癸未		
節氣	立春			驚蟄			清明			立夏			芒種			小暑		
	2/5 1時48分 丑時			3/6 20時10分 戌時			4/6 1時26分 丑時			5/6 19時12分 戌時			6/6 23時41分 子時			7/8 10時5分 巳時		
日	國曆	農曆	干支	國曆	農曆	干支	國曆	農曆	干支	國曆	農曆	干支	國曆	農曆	干支	國曆	農曆	干支
	2 5	1 2	壬子	3 6	2 2	辛巳	4 6	3 4	壬子	5 6	4 4	壬午	6 6	5 6	癸丑	7 8	6 8	乙酉
	2 6	1 3	癸丑	3 7	2 3	壬午	4 7	3 5	癸丑	5 7	4 5	癸未	6 7	5 7	甲寅	7 9	6 9	丙戌
	2 7	1 4	甲寅	3 8	2 4	癸未	4 8	3 6	甲寅	5 8	4 6	甲申	6 8	5 8	乙卯	7 10	6 10	丁亥
	2 8	1 5	乙卯	3 9	2 5	甲申	4 9	3 7	乙卯	5 9	4 7	乙酉	6 9	5 9	丙辰	7 11	6 11	戊子
1	2 9	1 6	丙辰	3 10	2 6	乙酉	4 10	3 8	丙辰	5 10	4 8	丙戌	6 10	5 10	丁巳	7 12	6 12	己丑
9	2 10	1 7	丁巳	3 11	2 7	丙戌	4 11	3 9	丁巳	5 11	4 9	丁亥	6 11	5 11	戊午	7 13	6 13	庚寅
3	2 11	1 8	戊午	3 12	2 8	丁亥	4 12	3 10	戊午	5 12	4 10	戊子	6 12	5 12	己未	7 14	6 14	辛卯
5	2 12	1 9	己未	3 13	2 9	戊子	4 13	3 11	己未	5 13	4 11	己丑	6 13	5 13	庚申	7 15	6 15	壬辰
	2 13	1 10	庚申	3 14	2 10	己丑	4 14	3 12	庚申	5 14	4 12	庚寅	6 14	5 14	辛酉	7 16	6 16	癸巳
	2 14	1 11	辛酉	3 15	2 11	庚寅	4 15	3 13	辛酉	5 15	4 13	辛卯	6 15	5 15	壬戌	7 17	6 17	甲午
	2 15	1 12	壬戌	3 16	2 12	辛卯	4 16	3 14	壬戌	5 16	4 14	壬辰	6 16	5 16	癸亥	7 18	6 18	乙未
	2 16	1 13	癸亥	3 17	2 13	壬辰	4 17	3 15	癸亥	5 17	4 15	癸巳	6 17	5 17	甲子	7 19	6 19	丙申
	2 17	1 14	甲子	3 18	2 14	癸巳	4 18	3 16	甲子	5 18	4 16	甲午	6 18	5 18	乙丑	7 20	6 20	丁酉
豬	2 18	1 15	乙丑	3 19	2 15	甲午	4 19	3 17	乙丑	5 19	4 17	乙未	6 19	5 19	丙寅	7 21	6 21	戊戌
	2 19	1 16	丙寅	3 20	2 16	乙未	4 20	3 18	丙寅	5 20	4 18	丙申	6 20	5 20	丁卯	7 22	6 22	己亥
	2 20	1 17	丁卯	3 21	2 17	丙申	4 21	3 19	丁卯	5 21	4 19	丁酉	6 21	5 21	戊辰	7 23	6 23	庚子
	2 21	1 18	戊辰	3 22	2 18	丁酉	4 22	3 20	戊辰	5 22	4 20	戊戌	6 22	5 22	己巳	7 24	6 24	辛丑
	2 22	1 19	己巳	3 23	2 19	戊戌	4 23	3 21	己巳	5 23	4 21	己亥	6 23	5 23	庚午	7 25	6 25	壬寅
	2 23	1 20	庚午	3 24	2 20	己亥	4 24	3 22	庚午	5 24	4 22	庚子	6 24	5 24	辛未	7 26	6 26	癸卯
	2 24	1 21	辛未	3 25	2 21	庚子	4 25	3 23	辛未	5 25	4 23	辛丑	6 25	5 25	壬申	7 27	6 27	甲辰
	2 25	1 22	壬申	3 26	2 22	辛丑	4 26	3 24	壬申	5 26	4 24	壬寅	6 26	5 26	癸酉	7 28	6 28	乙巳
中	2 26	1 23	癸酉	3 27	2 23	壬寅	4 27	3 25	癸酉	5 27	4 25	癸卯	6 27	5 27	甲戌	7 29	6 29	丙午
華	2 27	1 24	甲戌	3 28	2 24	癸卯	4 28	3 26	甲戌	5 28	4 26	甲辰	6 28	5 28	乙亥	7 30	7 1	丁未
民	2 28	1 25	乙亥	3 29	2 25	甲辰	4 29	3 27	乙亥	5 29	4 27	乙巳	6 29	5 29	丙子	7 31	7 2	戊申
國	3 1	1 26	丙子	3 30	2 26	乙巳	4 30	3 28	丙子	5 30	4 28	丙午	6 30	5 30	丁丑	8 1	7 3	己酉
二	3 2	1 27	丁丑	3 31	2 27	丙午	5 1	3 29	丁丑	5 31	4 29	丁未	7 1	6 1	戊寅	8 2	7 4	庚戌
十	3 3	1 28	戊寅	4 1	2 28	丁未	5 2	3 30	戊寅	6 1	5 1	戊申	7 2	6 2	己卯	8 3	7 5	辛亥
四	3 4	1 29	己卯	4 2	2 29	戊申	5 3	4 1	己卯	6 2	5 2	己酉	7 3	6 3	庚辰	8 4	7 6	壬子
年	3 5	2 1	庚辰	4 3	3 1	己酉	5 4	4 2	庚辰	6 3	5 3	庚戌	7 4	6 4	辛巳	8 5	7 7	癸丑
				4 4	3 2	庚戌	5 5	4 3	辛巳	6 4	5 4	辛亥	7 5	6 5	壬午	8 6	7 8	甲寅
				4 5	3 3	辛亥				6 5	5 5	壬子	7 6	6 6	癸未	8 7	7 9	乙卯
													7 7	6 7	甲申			
中氣	雨水			春分			穀雨			小滿			夏至			大暑		
	2/19 21時52分 亥時			3/21 21時17分 亥時			4/21 8時50分 辰時			5/22 8時24分 辰時			6/22 16時37分 申時			7/24 3時32分 寅時		

乙亥																		年
甲申			乙酉			丙戌			丁亥			戊子			己丑			月
立秋			白露			寒露			立冬			大雪			小寒			節氣
8/8 19時47分 戊時			9/8 22時24分 亥時			10/9 13時35分 未時			11/8 16時17分 申時			12/8 8時44分 辰時			1/6 19時46分 戊時			
國曆	農曆	干支	國曆	農曆	干支	國曆	農曆	干支	國曆	農曆	干支	國曆	農曆	干支	國曆	農曆	干支	日
8 8	7 10	丙辰	9 8	8 11	丁亥	10 9	9 12	戊午	11 8	10 13	戊子	12 8	11 13	戊午	1 6	12 12	丁亥	
8 9	7 11	丁巳	9 9	8 12	戊子	10 10	9 13	己未	11 9	10 14	己丑	12 9	11 14	己未	1 7	12 13	戊子	
8 10	7 12	戊午	9 10	8 13	己丑	10 11	9 14	庚申	11 10	10 15	庚寅	12 10	11 15	庚申	1 8	12 14	己丑	1
8 11	7 13	己未	9 11	8 14	庚寅	10 12	9 15	辛酉	11 11	10 16	辛卯	12 11	11 16	辛酉	1 9	12 15	庚寅	9
8 12	7 14	庚申	9 12	8 15	辛卯	10 13	9 16	壬戌	11 12	10 17	壬辰	12 12	11 17	壬戌	1 10	12 16	辛卯	3
8 13	7 15	辛酉	9 13	8 16	壬辰	10 14	9 17	癸亥	11 13	10 18	癸巳	12 13	11 18	癸亥	1 11	12 17	壬辰	5
8 14	7 16	壬戌	9 14	8 17	癸巳	10 15	9 18	甲子	11 14	10 19	甲午	12 14	11 19	甲子	1 12	12 18	癸巳	·
8 15	7 17	癸亥	9 15	8 18	甲午	10 16	9 19	乙丑	11 15	10 20	乙未	12 15	11 20	乙丑	1 13	12 19	甲午	1
8 16	7 18	甲子	9 16	8 19	乙未	10 17	9 20	丙寅	11 16	10 21	丙申	12 16	11 21	丙寅	1 14	12 20	乙未	9
8 17	7 19	乙丑	9 17	8 20	丙申	10 18	9 21	丁卯	11 17	10 22	丁酉	12 17	11 22	丁卯	1 15	12 21	丙申	3
8 18	7 20	丙寅	9 18	8 21	丁酉	10 19	9 22	戊辰	11 18	10 23	戊戌	12 18	11 23	戊辰	1 16	12 22	丁酉	6
8 19	7 21	丁卯	9 19	8 22	戊戌	10 20	9 23	己巳	11 19	10 24	己亥	12 19	11 24	己巳	1 17	12 23	戊戌	
8 20	7 22	戊辰	9 20	8 23	己亥	10 21	9 24	庚午	11 20	10 25	庚子	12 20	11 25	庚午	1 18	12 24	己亥	
8 21	7 23	己巳	9 21	8 24	庚子	10 22	9 25	辛未	11 21	10 26	辛丑	12 21	11 26	辛未	1 19	12 25	庚子	
8 22	7 24	庚午	9 22	8 25	辛丑	10 23	9 26	壬申	11 22	10 27	壬寅	12 22	11 27	壬申	1 20	12 26	辛丑	豬
8 23	7 25	辛未	9 23	8 26	壬寅	10 24	9 27	癸酉	11 23	10 28	癸卯	12 23	11 28	癸酉	1 21	12 27	壬寅	
8 24	7 26	壬申	9 24	8 27	癸卯	10 25	9 28	甲戌	11 24	10 29	甲辰	12 24	11 29	甲戌	1 22	12 28	癸卯	
8 25	7 27	癸酉	9 25	8 28	甲辰	10 26	9 29	乙亥	11 25	10 30	乙巳	12 25	11 30	乙亥	1 23	12 29	甲辰	
8 26	7 28	甲戌	9 26	8 29	乙巳	10 27	10 1	丙子	11 26	11 1	丙午	12 26	12 1	丙子	1 24	1 1	乙巳	
8 27	7 29	乙亥	9 27	8 30	丙午	10 28	10 2	丁丑	11 27	11 2	丁未	12 27	12 2	丁丑	1 25	1 2	丙午	中
8 28	7 30	丙子	9 28	9 1	丁未	10 29	10 3	戊寅	11 28	11 3	戊申	12 28	12 3	戊寅	1 26	1 3	丁未	華
8 29	8 1	丁丑	9 29	9 2	戊申	10 30	10 4	己卯	11 29	11 4	己酉	12 29	12 4	己卯	1 27	1 4	戊申	民
8 30	8 2	戊寅	9 30	9 3	己酉	10 31	10 5	庚辰	11 30	11 5	庚戌	12 30	12 5	庚辰	1 28	1 5	己酉	國
8 31	8 3	己卯	10 1	9 4	庚戌	11 1	10 6	辛巳	12 1	11 6	辛亥	12 31	12 6	辛巳	1 29	1 6	庚戌	二
9 1	8 4	庚辰	10 2	9 5	辛亥	11 2	10 7	壬午	12 2	11 7	壬子	1 1	12 7	壬午	1 30	1 7	辛亥	十
9 2	8 5	辛巳	10 3	9 6	壬子	11 3	10 8	癸未	12 3	11 8	癸丑	1 2	12 8	癸未	1 31	1 8	壬子	四
9 3	8 6	壬午	10 4	9 7	癸丑	11 4	10 9	甲申	12 4	11 9	甲寅	1 3	12 9	甲申	2 1	1 9	癸丑	·
9 4	8 7	癸未	10 5	9 8	甲寅	11 5	10 10	乙酉	12 5	11 10	乙卯	1 4	12 10	乙酉	2 2	1 10	甲寅	二
9 5	8 8	甲申	10 6	9 9	乙卯	11 6	10 11	丙戌	12 6	11 11	丙辰	1 5	12 11	丙戌	2 3	1 11	乙卯	十
9 6	8 9	乙酉	10 7	9 10	丙辰	11 7	10 12	丁亥	12 7	11 12	丁巳				2 4	1 12	丙辰	五
9 7	8 10	丙戌	10 8	9 11	丁巳													年
處暑			秋分			霜降			小雪			冬至			大寒			中
8/24 10時24分 巳時			9/24 7時38分 辰時			10/24 16時29分 申時			11/23 13時35分 未時			12/23 2時37分 丑時			1/21 13時12分 未時			氣

年：丙子　　中華民國二十五年（鼠）　1936

月	庚寅			辛卯			壬辰			癸巳			甲午			乙未		
節氣	立春			驚蟄			清明			立夏			芒種			小暑		
	2/5 7時29分 辰時			3/6 1時49分 丑時			4/5 7時6分 辰時			5/6 0時56分 子時			6/6 5時30分 卯時			7/7 15時58分 申時		
日	國曆	農曆	干支	國曆	農曆	干支	國曆	農曆	干支	國曆	農曆	干支	國曆	農曆	干支	國曆	農曆	干支
	2/5	1 13	丁巳	3/6	2 13	丁亥	4/5	3 14	丁巳	5/6	3 16	戊子	6/6	4 17	己未	7/7	5 19	庚寅
	2/6	1 14	戊午	3/7	2 14	戊子	4/6	3 15	戊午	5/7	3 17	己丑	6/7	4 18	庚申	7/8	5 20	辛卯
	2/7	1 15	己未	3/8	2 15	己丑	4/7	3 16	己未	5/8	3 18	庚寅	6/8	4 19	辛酉	7/9	5 21	壬辰
	2/8	1 16	庚申	3/9	2 16	庚寅	4/8	3 17	庚申	5/9	3 19	辛卯	6/9	4 20	壬戌	7/10	5 22	癸巳
	2/9	1 17	辛酉	3/10	2 17	辛卯	4/9	3 18	辛酉	5/10	3 20	壬辰	6/10	4 21	癸亥	7/11	5 23	甲午
	2/10	1 18	壬戌	3/11	2 18	壬辰	4/10	3 19	壬戌	5/11	3 21	癸巳	6/11	4 22	甲子	7/12	5 24	乙未
	2/11	1 19	癸亥	3/12	2 19	癸巳	4/11	3 20	癸亥	5/12	3 22	甲午	6/12	4 23	乙丑	7/13	5 25	丙申
	2/12	1 20	甲子	3/13	2 20	甲午	4/12	3 21	甲子	5/13	3 23	乙未	6/13	4 24	丙寅	7/14	5 26	丁酉
	2/13	1 21	乙丑	3/14	2 21	乙未	4/13	3 22	乙丑	5/14	3 24	丙申	6/14	4 25	丁卯	7/15	5 27	戊戌
	2/14	1 22	丙寅	3/15	2 22	丙申	4/14	3 23	丙寅	5/15	3 25	丁酉	6/15	4 26	戊辰	7/16	5 28	己亥
	2/15	1 23	丁卯	3/16	2 23	丁酉	4/15	3 24	丁卯	5/16	3 26	戊戌	6/16	4 27	己巳	7/17	5 29	庚子
	2/16	1 24	戊辰	3/17	2 24	戊戌	4/16	3 25	戊辰	5/17	3 27	己亥	6/17	4 28	庚午	7/18	6 1	辛丑
	2/17	1 25	己巳	3/18	2 25	己亥	4/17	3 26	己巳	5/18	3 28	庚子	6/18	4 29	辛未	7/19	6 2	壬寅
	2/18	1 26	庚午	3/19	2 26	庚子	4/18	3 27	庚午	5/19	3 29	辛丑	6/19	5 1	壬申	7/20	6 3	癸卯
	2/19	1 27	辛未	3/20	2 27	辛丑	4/19	3 28	辛未	5/20	3 30	壬寅	6/20	5 2	癸酉	7/21	6 4	甲辰
	2/20	1 28	壬申	3/21	2 28	壬寅	4/20	3 29	壬申	5/21	4 1	癸卯	6/21	5 3	甲戌	7/22	6 5	乙巳
	2/21	1 29	癸酉	3/22	2 29	癸卯	4/21	閏3 1	癸酉	5/22	4 2	甲辰	6/22	5 4	乙亥	7/23	6 6	丙午
	2/22	1 30	甲戌	3/23	3 1	甲辰	4/22	3 2	甲戌	5/23	4 3	乙巳	6/23	5 5	丙子	7/24	6 7	丁未
	2/23	2 1	乙亥	3/24	3 2	乙巳	4/23	3 3	乙亥	5/24	4 4	丙午	6/24	5 6	丁丑	7/25	6 8	戊申
	2/24	2 2	丙子	3/25	3 3	丙午	4/24	3 4	丙子	5/25	4 5	丁未	6/25	5 7	戊寅	7/26	6 9	己酉
	2/25	2 3	丁丑	3/26	3 4	丁未	4/25	3 5	丁丑	5/26	4 6	戊申	6/26	5 8	己卯	7/27	6 10	庚戌
	2/26	2 4	戊寅	3/27	3 5	戊申	4/26	3 6	戊寅	5/27	4 7	己酉	6/27	5 9	庚辰	7/28	6 11	辛亥
	2/27	2 5	己卯	3/28	3 6	己酉	4/27	3 7	己卯	5/28	4 8	庚戌	6/28	5 10	辛巳	7/29	6 12	壬子
	2/28	2 6	庚辰	3/29	3 7	庚戌	4/28	3 8	庚辰	5/29	4 9	辛亥	6/29	5 11	壬午	7/30	6 13	癸丑
	2/29	2 7	辛巳	3/30	3 8	辛亥	4/29	3 9	辛巳	5/30	4 10	壬子	6/30	5 12	癸未	7/31	6 14	甲寅
	3/1	2 8	壬午	3/31	3 9	壬子	4/30	3 10	壬午	5/31	4 11	癸丑	7/1	5 13	甲申	8/1	6 15	乙卯
	3/2	2 9	癸未	4/1	3 10	癸丑	5/1	3 11	癸未	6/1	4 12	甲寅	7/2	5 14	乙酉	8/2	6 16	丙辰
	3/3	2 10	甲申	4/2	3 11	甲寅	5/2	3 12	甲申	6/2	4 13	乙卯	7/3	5 15	丙戌	8/3	6 17	丁巳
	3/4	2 11	乙酉	4/3	3 12	乙卯	5/3	3 13	乙酉	6/3	4 14	丙辰	7/4	5 16	丁亥	8/4	6 18	戊午
	3/5	2 12	丙戌	4/4	3 13	丙辰	5/4	3 14	丙戌	6/4	4 15	丁巳	7/5	5 17	戊子	8/5	6 19	己未
							5/5	3 15	丁亥	6/5	4 16	戊午	7/6	5 18	己丑	8/6	6 20	庚申
																8/7	6 21	辛酉

中氣	雨水			春分			穀雨			小滿			夏至			大暑		
	2/20 3時33分 寅時			3/21 2時57分 丑時			4/20 14時31分 未時			5/21 14時7分 未時			6/21 22時21分 亥時			7/23 9時17分 巳時		

丙子																		年
丙申			丁酉			戊戌			己亥			庚子			辛丑			月
立秋			白露			寒露			立冬			大雪			小寒			節氣
8/8 1時43分 丑時			9/8 4時20分 寅時			10/8 19時32分 戌時			11/7 22時14分 亥時			12/7 14時42分 未時			1/6 1時43分 丑時			
國曆	農曆	干支	國曆	農曆	干支	國曆	農曆	干支	國曆	農曆	干支	國曆	農曆	干支	國曆	農曆	干支	日
8 8	6 22	壬戌	9 8	7 23	癸巳	10 8	8 23	癸亥	11 7	9 24	癸巳	12 7	10 24	癸亥	1 6	11 24	癸巳	
8 9	6 23	癸亥	9 9	7 24	甲午	10 9	8 24	甲子	11 8	9 25	甲午	12 8	10 25	甲子	1 7	11 25	甲午	
8 10	6 24	甲子	9 10	7 25	乙未	10 10	8 25	乙丑	11 9	9 26	乙未	12 9	10 26	乙丑	1 8	11 26	乙未	1
8 11	6 25	乙丑	9 11	7 26	丙申	10 11	8 26	丙寅	11 10	9 27	丙申	12 10	10 27	丙寅	1 9	11 27	丙申	9
8 12	6 26	丙寅	9 12	7 27	丁酉	10 12	8 27	丁卯	11 11	9 28	丁酉	12 11	10 28	丁卯	1 10	11 28	丁酉	3
8 13	6 27	丁卯	9 13	7 28	戊戌	10 13	8 28	戊辰	11 12	9 29	戊戌	12 12	10 29	戊辰	1 11	11 29	戊戌	6
8 14	6 28	戊辰	9 14	7 29	己亥	10 14	8 29	己巳	11 13	9 30	己亥	12 13	10 30	己巳	1 12	11 30	己亥	·
8 15	6 29	己巳	9 15	7 30	庚子	10 15	9 1	庚午	11 14	10 1	庚子	12 14	11 1	庚午	1 13	12 1	庚子	1
8 16	6 30	庚午	9 16	8 1	辛丑	10 16	9 2	辛未	11 15	10 2	辛丑	12 15	11 2	辛未	1 14	12 2	辛丑	9
8 17	7 1	辛未	9 17	8 2	壬寅	10 17	9 3	壬申	11 16	10 3	壬寅	12 16	11 3	壬申	1 15	12 3	壬寅	3
8 18	7 2	壬申	9 18	8 3	癸卯	10 18	9 4	癸酉	11 17	10 4	癸卯	12 17	11 4	癸酉	1 16	12 4	癸卯	7
8 19	7 3	癸酉	9 19	8 4	甲辰	10 19	9 5	甲戌	11 18	10 5	甲辰	12 18	11 5	甲戌	1 17	12 5	甲辰	
8 20	7 4	甲戌	9 20	8 5	乙巳	10 20	9 6	乙亥	11 19	10 6	乙巳	12 19	11 6	乙亥	1 18	12 6	乙巳	
8 21	7 5	乙亥	9 21	8 6	丙午	10 21	9 7	丙子	11 20	10 7	丙午	12 20	11 7	丙子	1 19	12 7	丙午	
8 22	7 6	丙子	9 22	8 7	丁未	10 22	9 8	丁丑	11 21	10 8	丁未	12 21	11 8	丁丑	1 20	12 8	丁未	鼠
8 23	7 7	丁丑	9 23	8 8	戊申	10 23	9 9	戊寅	11 22	10 9	戊申	12 22	11 9	戊寅	1 21	12 9	戊申	
8 24	7 8	戊寅	9 24	8 9	己酉	10 24	9 10	己卯	11 23	10 10	己酉	12 23	11 10	己卯	1 22	12 10	己酉	
8 25	7 9	己卯	9 25	8 10	庚戌	10 25	9 11	庚辰	11 24	10 11	庚戌	12 24	11 11	庚辰	1 23	12 11	庚戌	
8 26	7 10	庚辰	9 26	8 11	辛亥	10 26	9 12	辛巳	11 25	10 12	辛亥	12 25	11 12	辛巳	1 24	12 12	辛亥	
8 27	7 11	辛巳	9 27	8 12	壬子	10 27	9 13	壬午	11 26	10 13	壬子	12 26	11 13	壬午	1 25	12 13	壬子	中
8 28	7 12	壬午	9 28	8 13	癸丑	10 28	9 14	癸未	11 27	10 14	癸丑	12 27	11 14	癸未	1 26	12 14	癸丑	華
8 29	7 13	癸未	9 29	8 14	甲寅	10 29	9 15	甲申	11 28	10 15	甲寅	12 28	11 15	甲申	1 27	12 15	甲寅	民
8 30	7 14	甲申	9 30	8 15	乙卯	10 30	9 16	乙酉	11 29	10 16	乙卯	12 29	11 16	乙酉	1 28	12 16	乙卯	國
8 31	7 15	乙酉	10 1	8 16	丙辰	10 31	9 17	丙戌	11 30	10 17	丙辰	12 30	11 17	丙戌	1 29	12 17	丙辰	二
9 1	7 16	丙戌	10 2	8 17	丁巳	11 1	9 18	丁亥	12 1	10 18	丁巳	12 31	11 18	丁亥	1 30	12 18	丁巳	十
9 2	7 17	丁亥	10 3	8 18	戊午	11 2	9 19	戊子	12 2	10 19	戊午	1 1	11 19	戊子	1 31	12 19	戊午	五
9 3	7 18	戊子	10 4	8 19	己未	11 3	9 20	己丑	12 3	10 20	己未	1 2	11 20	己丑	2 1	12 20	己未	·
9 4	7 19	己丑	10 5	8 20	庚申	11 4	9 21	庚寅	12 4	10 21	庚申	1 3	11 21	庚寅	2 2	12 21	庚申	二
9 5	7 20	庚寅	10 6	8 21	辛酉	11 5	9 22	辛卯	12 5	10 22	辛酉	1 4	11 22	辛卯	2 3	12 22	辛酉	十
9 6	7 21	辛卯	10 7	8 22	壬戌	11 6	9 23	壬辰	12 6	10 23	壬戌	1 5	11 23	壬辰				六
9 7	7 22	壬辰																年
處暑			秋分			霜降			小雪			冬至			大寒			中氣
8/23 16時10分 申時			9/23 13時25分 未時			10/23 22時18分 亥時			11/22 19時25分 戌時			12/22 8時26分 辰時			1/20 19時1分 戌時			

年	丁丑																
月	壬寅			癸卯			甲辰			乙巳			丙午			丁未		
節氣	立春 2/4 13時25分 未時			驚蟄 3/6 7時44分 辰時			清明 4/5 13時1分 未時			立夏 5/6 6時50分 卯時			芒種 6/6 11時22分 午時			小暑 7/7 21時46分 亥時		
日	國曆	農曆	干支	國曆	農曆	干支	國曆	農曆	干支	國曆	農曆	干支	國曆	農曆	干支	國曆	農曆	干支
	2 4	12 23	壬戌	3 6	1 24	壬辰	4 5	2 24	壬戌	5 6	3 26	癸巳	6 6	4 28	甲子	7 7	5 29	乙未
	2 5	12 24	癸亥	3 7	1 25	癸巳	4 6	2 25	癸亥	5 7	3 27	甲午	6 7	4 29	乙丑	7 8	6 1	丙申
	2 6	12 25	甲子	3 8	1 26	甲午	4 7	2 26	甲子	5 8	3 28	乙未	6 8	4 30	丙寅	7 9	6 2	丁酉
1	2 7	12 26	乙丑	3 9	1 27	乙未	4 8	2 27	乙丑	5 9	3 29	丙申	6 9	5 1	丁卯	7 10	6 3	戊戌
9	2 8	12 27	丙寅	3 10	1 28	丙申	4 9	2 28	丙寅	5 10	4 1	丁酉	6 10	5 2	戊辰	7 11	6 4	己亥
3	2 9	12 28	丁卯	3 11	1 29	丁酉	4 10	2 29	丁卯	5 11	4 2	戊戌	6 11	5 3	己巳	7 12	6 5	庚子
7	2 10	12 29	戊辰	3 12	1 30	戊戌	4 11	3 1	戊辰	5 12	4 3	己亥	6 12	5 4	庚午	7 13	6 6	辛丑
	2 11	1 1	己巳	3 13	2 1	己亥	4 12	3 2	己巳	5 13	4 4	庚子	6 13	5 5	辛未	7 14	6 7	壬寅
	2 12	1 2	庚午	3 14	2 2	庚子	4 13	3 3	庚午	5 14	4 5	辛丑	6 14	5 6	壬申	7 15	6 8	癸卯
	2 13	1 3	辛未	3 15	2 3	辛丑	4 14	3 4	辛未	5 15	4 6	壬寅	6 15	5 7	癸酉	7 16	6 9	甲辰
	2 14	1 4	壬申	3 16	2 4	壬寅	4 15	3 5	壬申	5 16	4 7	癸卯	6 16	5 8	甲戌	7 17	6 10	乙巳
	2 15	1 5	癸酉	3 17	2 5	癸卯	4 16	3 6	癸酉	5 17	4 8	甲辰	6 17	5 9	乙亥	7 18	6 11	丙午
	2 16	1 6	甲戌	3 18	2 6	甲辰	4 17	3 7	甲戌	5 18	4 9	乙巳	6 18	5 10	丙子	7 19	6 12	丁未
牛	2 17	1 7	乙亥	3 19	2 7	乙巳	4 18	3 8	乙亥	5 19	4 10	丙午	6 19	5 11	丁丑	7 20	6 13	戊申
	2 18	1 8	丙子	3 20	2 8	丙午	4 19	3 9	丙子	5 20	4 11	丁未	6 20	5 12	戊寅	7 21	6 14	己酉
	2 19	1 9	丁丑	3 21	2 9	丁未	4 20	3 10	丁丑	5 21	4 12	戊申	6 21	5 13	己卯	7 22	6 15	庚戌
	2 20	1 10	戊寅	3 22	2 10	戊申	4 21	3 11	戊寅	5 22	4 13	己酉	6 22	5 14	庚辰	7 23	6 16	辛亥
	2 21	1 11	己卯	3 23	2 11	己酉	4 22	3 12	己卯	5 23	4 14	庚戌	6 23	5 15	辛巳	7 24	6 17	壬子
	2 22	1 12	庚辰	3 24	2 12	庚戌	4 23	3 13	庚辰	5 24	4 15	辛亥	6 24	5 16	壬午	7 25	6 18	癸丑
	2 23	1 13	辛巳	3 25	2 13	辛亥	4 24	3 14	辛巳	5 25	4 16	壬子	6 25	5 17	癸未	7 26	6 19	甲寅
	2 24	1 14	壬午	3 26	2 14	壬子	4 25	3 15	壬午	5 26	4 17	癸丑	6 26	5 18	甲申	7 27	6 20	乙卯
中	2 25	1 15	癸未	3 27	2 15	癸丑	4 26	3 16	癸未	5 27	4 18	甲寅	6 27	5 19	乙酉	7 28	6 21	丙辰
華	2 26	1 16	甲申	3 28	2 16	甲寅	4 27	3 17	甲申	5 28	4 19	乙卯	6 28	5 20	丙戌	7 29	6 22	丁巳
民	2 27	1 17	乙酉	3 29	2 17	乙卯	4 28	3 18	乙酉	5 29	4 20	丙辰	6 29	5 21	丁亥	7 30	6 23	戊午
國	2 28	1 18	丙戌	3 30	2 18	丙辰	4 29	3 19	丙戌	5 30	4 21	丁巳	6 30	5 22	戊子	7 31	6 24	己未
二	3 1	1 19	丁亥	3 31	2 19	丁巳	4 30	3 20	丁亥	5 31	4 22	戊午	7 1	5 23	己丑	8 1	6 25	庚申
十	3 2	1 20	戊子	4 1	2 20	戊午	5 1	3 21	戊子	6 1	4 23	己未	7 2	5 24	庚寅	8 2	6 26	辛酉
六	3 3	1 21	己丑	4 2	2 21	己未	5 2	3 22	己丑	6 2	4 24	庚申	7 3	5 25	辛卯	8 3	6 27	壬戌
年	3 4	1 22	庚寅	4 3	2 22	庚申	5 3	3 23	庚寅	6 3	4 25	辛酉	7 4	5 26	壬辰	8 4	6 28	癸亥
	3 5	1 23	辛卯	4 4	2 23	辛酉	5 4	3 24	辛卯	6 4	4 26	壬戌	7 5	5 27	癸巳	8 5	6 29	甲子
							5 5	3 25	壬辰	6 5	4 27	癸亥	7 6	5 28	甲午	8 6	7 1	乙丑
																8 7	7 2	丙寅
中氣	雨水 2/19 9時20分 巳時			春分 3/21 8時45分 辰時			穀雨 4/20 20時19分 戌時			小滿 5/21 19時57分 戌時			夏至 6/22 4時12分 寅時			大暑 7/23 15時6分 申時		

page 283 of 614 (9789866030116)

年	丁丑																	
月	戊申			己酉			庚戌			辛亥			壬子			癸丑		
節氣	立秋			白露			寒露			立冬			大雪			小寒		
	8/8 7時25分 辰時			9/8 9時59分 巳時			10/9 1時10分 丑時			11/8 3時55分 寅時			12/7 20時26分 戌時			1/6 7時31分 辰時		
日	國曆	農曆	干支	國曆	農曆	干支	國曆	農曆	干支	國曆	農曆	干支	國曆	農曆	干支	國曆	農曆	干支
	8 8	7 3	丁卯	9 8	8 4	戊戌	10 9	9 6	己巳	11 8	10 6	己亥	12 7	11 5	戊辰	1 6	12 5	戊戌
	8 9	7 4	戊辰	9 9	8 5	己亥	10 10	9 7	庚午	11 9	10 7	庚子	12 8	11 6	己巳	1 7	12 6	己亥
	8 10	7 5	己巳	9 10	8 6	庚子	10 11	9 8	辛未	11 10	10 8	辛丑	12 9	11 7	庚午	1 8	12 7	庚子
	8 11	7 6	庚午	9 11	8 7	辛丑	10 12	9 9	壬申	11 11	10 9	壬寅	12 10	11 8	辛未	1 9	12 8	辛丑
	8 12	7 7	辛未	9 12	8 8	壬寅	10 13	9 10	癸酉	11 12	10 10	癸卯	12 11	11 9	壬申	1 10	12 9	壬寅
	8 13	7 8	壬申	9 13	8 9	癸卯	10 14	9 11	甲戌	11 13	10 11	甲辰	12 12	11 10	癸酉	1 11	12 10	癸卯
	8 14	7 9	癸酉	9 14	8 10	甲辰	10 15	9 12	乙亥	11 14	10 12	乙巳	12 13	11 11	甲戌	1 12	12 11	甲辰
	8 15	7 10	甲戌	9 15	8 11	乙巳	10 16	9 13	丙子	11 15	10 13	丙午	12 14	11 12	乙亥	1 13	12 12	乙巳
	8 16	7 11	乙亥	9 16	8 12	丙午	10 17	9 14	丁丑	11 16	10 14	丁未	12 15	11 13	丙子	1 14	12 13	丙午
	8 17	7 12	丙子	9 17	8 13	丁未	10 18	9 15	戊寅	11 17	10 15	戊申	12 16	11 14	丁丑	1 15	12 14	丁未
	8 18	7 13	丁丑	9 18	8 14	戊申	10 19	9 16	己卯	11 18	10 16	己酉	12 17	11 15	戊寅	1 16	12 15	戊申
	8 19	7 14	戊寅	9 19	8 15	己酉	10 20	9 17	庚辰	11 19	10 17	庚戌	12 18	11 16	己卯	1 17	12 16	己酉
	8 20	7 15	己卯	9 20	8 16	庚戌	10 21	9 18	辛巳	11 20	10 18	辛亥	12 19	11 17	庚辰	1 18	12 17	庚戌
	8 21	7 16	庚辰	9 21	8 17	辛亥	10 22	9 19	壬午	11 21	10 19	壬子	12 20	11 18	辛巳	1 19	12 18	辛亥
	8 22	7 17	辛巳	9 22	8 18	壬子	10 23	9 20	癸未	11 22	10 20	癸丑	12 21	11 19	壬午	1 20	12 19	壬子
	8 23	7 18	壬午	9 23	8 19	癸丑	10 24	9 21	甲申	11 23	10 21	甲寅	12 22	11 20	癸未	1 21	12 20	癸丑
	8 24	7 19	癸未	9 24	8 20	甲寅	10 25	9 22	乙酉	11 24	10 22	乙卯	12 23	11 21	甲申	1 22	12 21	甲寅
	8 25	7 20	甲申	9 25	8 21	乙卯	10 26	9 23	丙戌	11 25	10 23	丙辰	12 24	11 22	乙酉	1 23	12 22	乙卯
	8 26	7 21	乙酉	9 26	8 22	丙辰	10 27	9 24	丁亥	11 26	10 24	丁巳	12 25	11 23	丙戌	1 24	12 23	丙辰
	8 27	7 22	丙戌	9 27	8 23	丁巳	10 28	9 25	戊子	11 27	10 25	戊午	12 26	11 24	丁亥	1 25	12 24	丁巳
	8 28	7 23	丁亥	9 28	8 24	戊午	10 29	9 26	己丑	11 28	10 26	己未	12 27	11 25	戊子	1 26	12 25	戊午
	8 29	7 24	戊子	9 29	8 25	己未	10 30	9 27	庚寅	11 29	10 27	庚申	12 28	11 26	己丑	1 27	12 26	己未
	8 30	7 25	己丑	9 30	8 26	庚申	10 31	9 28	辛卯	11 30	10 28	辛酉	12 29	11 27	庚寅	1 28	12 27	庚申
	8 31	7 26	庚寅	10 1	8 27	辛酉	11 1	9 29	壬辰	12 1	10 29	壬戌	12 30	11 28	辛卯	1 29	12 28	辛酉
	9 1	7 27	辛卯	10 2	8 28	壬戌	11 2	9 30	癸巳	12 2	10 30	癸亥	12 31	11 29	壬辰	1 30	12 29	壬戌
	9 2	7 28	壬辰	10 3	8 29	癸亥	11 3	10 1	甲午	12 3	11 1	甲子	1 1	11 30	癸巳	1 31	1 1	癸亥
	9 3	7 29	癸巳	10 4	9 1	甲子	11 4	10 2	乙未	12 4	11 2	乙丑	1 2	12 1	甲午	2 1	1 2	甲子
	9 4	7 30	甲午	10 5	9 2	乙丑	11 5	10 3	丙申	12 5	11 3	丙寅	1 3	12 2	乙未	2 2	1 3	乙丑
	9 5	8 1	乙未	10 6	9 3	丙寅	11 6	10 4	丁酉	12 6	11 4	丁卯	1 4	12 3	丙申	2 3	1 4	丙寅
	9 6	8 2	丙申	10 7	9 4	丁卯	11 7	10 5	戊戌				1 5	12 4	丁酉			
	9 7	8 3	丁酉	10 8	9 5	戊辰												
中氣	處暑			秋分			霜降			小雪			冬至			大寒		
	8/23 21時57分 亥時			9/23 19時12分 戌時			10/24 4時6分 寅時			11/23 1時16分 丑時			12/22 14時21分 未時			1/21 0時58分 子時		

右欄年份註記：1937・1938　牛　中華民國二十六・二十七年

年：戊寅

左側直書：1938　虎　中華民國二十七年

月	甲寅			乙卯			丙辰			丁巳			戊午			己未		
節氣	立春			驚蟄			清明			立夏			芒種			小暑		
	2/4 19時15分 戊時			3/6 13時33分 未時			4/5 18時48分 酉時			5/6 12時35分 午時			6/6 17時6分 酉時			7/8 3時31分 寅時		
日	國曆	農曆	干支	國曆	農曆	干支	國曆	農曆	干支	國曆	農曆	干支	國曆	農曆	干支	國曆	農曆	干支
	2 4	1 5	丁卯	3 6	2 5	丁酉	4 5	3 5	丁卯	5 6	4 7	戊戌	6 6	5 9	己巳	7 8	6 11	辛丑
	2 5	1 6	戊辰	3 7	2 6	戊戌	4 6	3 6	戊辰	5 7	4 8	己亥	6 7	5 10	庚午	7 9	6 12	壬寅
	2 6	1 7	己巳	3 8	2 7	己亥	4 7	3 7	己巳	5 8	4 9	庚子	6 8	5 11	辛未	7 10	6 13	癸卯
	2 7	1 8	庚午	3 9	2 8	庚子	4 8	3 8	庚午	5 9	4 10	辛丑	6 9	5 12	壬申	7 11	6 14	甲辰
	2 8	1 9	辛未	3 10	2 9	辛丑	4 9	3 9	辛未	5 10	4 11	壬寅	6 10	5 13	癸酉	7 12	6 15	乙巳
	2 9	1 10	壬申	3 11	2 10	壬寅	4 10	3 10	壬申	5 11	4 12	癸卯	6 11	5 14	甲戌	7 13	6 16	丙午
	2 10	1 11	癸酉	3 12	2 11	癸卯	4 11	3 11	癸酉	5 12	4 13	甲辰	6 12	5 15	乙亥	7 14	6 17	丁未
	2 11	1 12	甲戌	3 13	2 12	甲辰	4 12	3 12	甲戌	5 13	4 14	乙巳	6 13	5 16	丙子	7 15	6 18	戊申
	2 12	1 13	乙亥	3 14	2 13	乙巳	4 13	3 13	乙亥	5 14	4 15	丙午	6 14	5 17	丁丑	7 16	6 19	己酉
	2 13	1 14	丙子	3 15	2 14	丙午	4 14	3 14	丙子	5 15	4 16	丁未	6 15	5 18	戊寅	7 17	6 20	庚戌
	2 14	1 15	丁丑	3 16	2 15	丁未	4 15	3 15	丁丑	5 16	4 17	戊申	6 16	5 19	己卯	7 18	6 21	辛亥
	2 15	1 16	戊寅	3 17	2 16	戊申	4 16	3 16	戊寅	5 17	4 18	己酉	6 17	5 20	庚辰	7 19	6 22	壬子
	2 16	1 17	己卯	3 18	2 17	己酉	4 17	3 17	己卯	5 18	4 19	庚戌	6 18	5 21	辛巳	7 20	6 23	癸丑
	2 17	1 18	庚辰	3 19	2 18	庚戌	4 18	3 18	庚辰	5 19	4 20	辛亥	6 19	5 22	壬午	7 21	6 24	甲寅
	2 18	1 19	辛巳	3 20	2 19	辛亥	4 19	3 19	辛巳	5 20	4 21	壬子	6 20	5 23	癸未	7 22	6 25	乙卯
	2 19	1 20	壬午	3 21	2 20	壬子	4 20	3 20	壬午	5 21	4 22	癸丑	6 21	5 24	甲申	7 23	6 26	丙辰
	2 20	1 21	癸未	3 22	2 21	癸丑	4 21	3 21	癸未	5 22	4 23	甲寅	6 22	5 25	乙酉	7 24	6 27	丁巳
	2 21	1 22	甲申	3 23	2 22	甲寅	4 22	3 22	甲申	5 23	4 24	乙卯	6 23	5 26	丙戌	7 25	6 28	戊午
	2 22	1 23	乙酉	3 24	2 23	乙卯	4 23	3 23	乙酉	5 24	4 25	丙辰	6 24	5 27	丁亥	7 26	6 29	己未
	2 23	1 24	丙戌	3 25	2 24	丙辰	4 24	3 24	丙戌	5 25	4 26	丁巳	6 25	5 28	戊子	7 27	7 1	庚申
	2 24	1 25	丁亥	3 26	2 25	丁巳	4 25	3 25	丁亥	5 26	4 27	戊午	6 26	5 29	己丑	7 28	7 2	辛酉
	2 25	1 26	戊子	3 27	2 26	戊午	4 26	3 26	戊子	5 27	4 28	己未	6 27	5 30	庚寅	7 29	7 3	壬戌
	2 26	1 27	己丑	3 28	2 27	己未	4 27	3 27	己丑	5 28	4 29	庚申	6 28	6 1	辛卯	7 30	7 4	癸亥
	2 27	1 28	庚寅	3 29	2 28	庚申	4 28	3 28	庚寅	5 29	5 1	辛酉	6 29	6 2	壬辰	7 31	7 5	甲子
	2 28	1 29	辛卯	3 30	2 29	辛酉	4 29	3 29	辛卯	5 30	5 2	壬戌	6 30	6 3	癸巳	8 1	7 6	乙丑
	3 1	1 30	壬辰	3 31	2 30	壬戌	4 30	4 1	壬辰	5 31	5 3	癸亥	7 1	6 4	甲午	8 2	7 7	丙寅
	3 2	2 1	癸巳	4 1	3 1	癸亥	5 1	4 2	癸巳	6 1	5 4	甲子	7 2	6 5	乙未	8 3	7 8	丁卯
	3 3	2 2	甲午	4 2	3 2	甲子	5 2	4 3	甲午	6 2	5 5	乙丑	7 3	6 6	丙申	8 4	7 9	戊辰
	3 4	2 3	乙未	4 3	3 3	乙丑	5 3	4 4	乙未	6 3	5 6	丙寅	7 4	6 7	丁酉	8 5	7 10	己巳
	3 5	2 4	丙申	4 4	3 4	丙寅	5 4	4 5	丙申	6 4	5 7	丁卯	7 5	6 8	戊戌	8 6	7 11	庚午
							5 5	4 6	丁酉	6 5	5 8	戊辰	7 6	6 9	己亥	8 7	7 12	辛未
													7 7	6 10	庚子			

中氣	雨水			春分			穀雨			小滿			夏至			大暑		
	2/19 15時19分 申時			3/21 14時43分 未時			4/21 2時14分 丑時			5/22 1時50分 丑時			6/22 10時3分 巳時			7/23 20時57分 戌時		

戊寅																			年
庚申			辛酉			壬戌			癸亥			甲子			乙丑				月
立秋			白露			寒露			立冬			大雪			小寒				節氣
8/8 13時12分 未時			9/8 15時48分 申時			10/9 7時1分 辰時			11/8 9時48分 巳時			12/8 2時22分 丑時			1/6 13時27分 未時				氣
國曆	農曆	干支	國曆	農曆	干支	國曆	農曆	干支	國曆	農曆	干支	國曆	農曆	干支	國曆	農曆	干支	日	
8 8	7 13	壬申	9 8	7 15	癸卯	10 9	8 16	甲戌	11 8	9 17	甲辰	12 8	10 17	甲戌	1 6	11 16	癸卯		1
8 9	7 14	癸酉	9 9	7 16	甲辰	10 10	8 17	乙亥	11 9	9 18	乙巳	12 9	10 18	乙亥	1 7	11 17	甲辰		9
8 10	7 15	甲戌	9 10	7 17	乙巳	10 11	8 18	丙子	11 10	9 19	丙午	12 10	10 19	丙子	1 8	11 18	乙巳		3
8 11	7 16	乙亥	9 11	7 18	丙午	10 12	8 19	丁丑	11 11	9 20	丁未	12 11	10 20	丁丑	1 9	11 19	丙午		8
8 12	7 17	丙子	9 12	7 19	丁未	10 13	8 20	戊寅	11 12	9 21	戊申	12 12	10 21	戊寅	1 10	11 20	丁未		·
8 13	7 18	丁丑	9 13	7 20	戊申	10 14	8 21	己卯	11 13	9 22	己酉	12 13	10 22	己卯	1 11	11 21	戊申		1
8 14	7 19	戊寅	9 14	7 21	己酉	10 15	8 22	庚辰	11 14	9 23	庚戌	12 14	10 23	庚辰	1 12	11 22	己酉		9
8 15	7 20	己卯	9 15	7 22	庚戌	10 16	8 23	辛巳	11 15	9 24	辛亥	12 15	10 24	辛巳	1 13	11 23	庚戌		3
8 16	7 21	庚辰	9 16	7 23	辛亥	10 17	8 24	壬午	11 16	9 25	壬子	12 16	10 25	壬午	1 14	11 24	辛亥		9
8 17	7 22	辛巳	9 17	7 24	壬子	10 18	8 25	癸未	11 17	9 26	癸丑	12 17	10 26	癸未	1 15	11 25	壬子		
8 18	7 23	壬午	9 18	7 25	癸丑	10 19	8 26	甲申	11 18	9 27	甲寅	12 18	10 27	甲申	1 16	11 26	癸丑		
8 19	7 24	癸未	9 19	7 26	甲寅	10 20	8 27	乙酉	11 19	9 28	乙卯	12 19	10 28	乙酉	1 17	11 27	甲寅		
8 20	7 25	甲申	9 20	7 27	乙卯	10 21	8 28	丙戌	11 20	9 29	丙辰	12 20	10 29	丙戌	1 18	11 28	乙卯		
8 21	7 26	乙酉	9 21	7 28	丙辰	10 22	8 29	丁亥	11 21	9 30	丁巳	12 21	10 30	丁亥	1 19	11 29	丙辰		虎
8 22	7 27	丙戌	9 22	7 29	丁巳	10 23	9 1	戊子	11 22	10 1	戊午	12 22	11 1	戊子	1 20	12 1	丁巳		
8 23	7 28	丁亥	9 23	7 30	戊午	10 24	9 2	己丑	11 23	10 2	己未	12 23	11 2	己丑	1 21	12 2	戊午		
8 24	7 29	戊子	9 24	8 1	己未	10 25	9 3	庚寅	11 24	10 3	庚申	12 24	11 3	庚寅	1 22	12 3	己未		
8 25	閏7 1	己丑	9 25	8 2	庚申	10 26	9 4	辛卯	11 25	10 4	辛酉	12 25	11 4	辛卯	1 23	12 4	庚申		
8 26	7 2	庚寅	9 26	8 3	辛酉	10 27	9 5	壬辰	11 26	10 5	壬戌	12 26	11 5	壬辰	1 24	12 5	辛酉		
8 27	7 3	辛卯	9 27	8 4	壬戌	10 28	9 6	癸巳	11 27	10 6	癸亥	12 27	11 6	癸巳	1 25	12 6	壬戌		中
8 28	7 4	壬辰	9 28	8 5	癸亥	10 29	9 7	甲午	11 28	10 7	甲子	12 28	11 7	甲午	1 26	12 7	癸亥		華
8 29	7 5	癸巳	9 29	8 6	甲子	10 30	9 8	乙未	11 29	10 8	乙丑	12 29	11 8	乙未	1 27	12 8	甲子		民
8 30	7 6	甲午	9 30	8 7	乙丑	10 31	9 9	丙申	11 30	10 9	丙寅	12 30	11 9	丙申	1 28	12 9	乙丑		國
8 31	7 7	乙未	10 1	8 8	丙寅	11 1	9 10	丁酉	12 1	10 10	丁卯	12 31	11 10	丁酉	1 29	12 10	丙寅		二
9 1	7 8	丙申	10 2	8 9	丁卯	11 2	9 11	戊戌	12 2	10 11	戊辰	1 1	11 11	戊戌	1 30	12 11	丁卯		十
9 2	7 9	丁酉	10 3	8 10	戊辰	11 3	9 12	己亥	12 3	10 12	己巳	1 2	11 12	己亥	1 31	12 12	戊辰		七
9 3	7 10	戊戌	10 4	8 11	己巳	11 4	9 13	庚子	12 4	10 13	庚午	1 3	11 13	庚子	2 1	12 13	己巳		·
9 4	7 11	己亥	10 5	8 12	庚午	11 5	9 14	辛丑	12 5	10 14	辛未	1 4	11 14	辛丑	2 2	12 14	庚午		二
9 5	7 12	庚子	10 6	8 13	辛未	11 6	9 15	壬寅	12 6	10 15	壬申	1 5	11 15	壬寅	2 3	12 15	辛未		十
9 6	7 13	辛丑	10 7	8 14	壬申	11 7	9 16	癸卯	12 7	10 16	癸酉				2 4	12 16	壬申		八
9 7	7 14	壬寅	10 8	8 15	癸酉														年
處暑			秋分			霜降			小雪			冬至			大寒				中
8/24 3時45分 寅時			9/24 0時59分 子時			10/24 9時53分 巳時			11/23 7時6分 辰時			12/22 20時13分 戌時			1/21 6時50分 卯時				氣

年	己卯																	
月	丙寅			丁卯			戊辰			己巳			庚午			辛未		
節氣	立春			驚蟄			清明			立夏			芒種			小暑		
	2/5 1時10分 丑時			3/6 19時26分 戊時			4/6 0時37分 子時			5/6 18時21分 酉時			6/6 22時51分 亥時			7/9 9時18分 巳時		
日	國曆	農曆	干支	國曆	農曆	干支	國曆	農曆	干支	國曆	農曆	干支	國曆	農曆	干支	國曆	農曆	干支
	2 5	12 17	癸酉	3 6	1 16	壬寅	4 6	2 17	癸酉	5 6	3 17	癸卯	6 6	4 19	甲戌	7 8	5 22	丙午
	2 6	12 18	甲戌	3 7	1 17	癸卯	4 7	2 18	甲戌	5 7	3 18	甲辰	6 7	4 20	乙亥	7 9	5 23	丁未
	2 7	12 19	乙亥	3 8	1 18	甲辰	4 8	2 19	乙亥	5 8	3 19	乙巳	6 8	4 21	丙子	7 10	5 24	戊申
	2 8	12 20	丙子	3 9	1 19	乙巳	4 9	2 20	丙子	5 9	3 20	丙午	6 9	4 22	丁丑	7 11	5 25	己酉
	2 9	12 21	丁丑	3 10	1 20	丙午	4 10	2 21	丁丑	5 10	3 21	丁未	6 10	4 23	戊寅	7 12	5 26	庚戌
1	2 10	12 22	戊寅	3 11	1 21	丁未	4 11	2 22	戊寅	5 11	3 22	戊申	6 11	4 24	己卯	7 13	5 27	辛亥
9	2 11	12 23	己卯	3 12	1 22	戊申	4 12	2 23	己卯	5 12	3 23	己酉	6 12	4 25	庚辰	7 14	5 28	壬子
3	2 12	12 24	庚辰	3 13	1 23	己酉	4 13	2 24	庚辰	5 13	3 24	庚戌	6 13	4 26	辛巳	7 15	5 29	癸丑
9	2 13	12 25	辛巳	3 14	1 24	庚戌	4 14	2 25	辛巳	5 14	3 25	辛亥	6 14	4 27	壬午	7 16	5 30	甲寅
	2 14	12 26	壬午	3 15	1 25	辛亥	4 15	2 26	壬午	5 15	3 26	壬子	6 15	4 28	癸未	7 17	6 1	乙卯
	2 15	12 27	癸未	3 16	1 26	壬子	4 16	2 27	癸未	5 16	3 27	癸丑	6 16	4 29	甲申	7 18	6 2	丙辰
	2 16	12 28	甲申	3 17	1 27	癸丑	4 17	2 28	甲申	5 17	3 28	甲寅	6 17	5 1	乙酉	7 19	6 3	丁巳
	2 17	12 29	乙酉	3 18	1 28	甲寅	4 18	2 29	乙酉	5 18	3 29	乙卯	6 18	5 2	丙戌	7 20	6 4	戊午
	2 18	12 30	丙戌	3 19	1 29	乙卯	4 19	2 30	丙戌	5 19	4 1	丙辰	6 19	5 3	丁亥	7 21	6 5	己未
兔	2 19	1 1	丁亥	3 20	1 30	丙辰	4 20	3 1	丁亥	5 20	4 2	丁巳	6 20	5 4	戊子	7 22	6 6	庚申
	2 20	1 2	戊子	3 21	2 1	丁巳	4 21	3 2	戊子	5 21	4 3	戊午	6 21	5 5	己丑	7 23	6 7	辛酉
	2 21	1 3	己丑	3 22	2 2	戊午	4 22	3 3	己丑	5 22	4 4	己未	6 22	5 6	庚寅	7 24	6 8	壬戌
	2 22	1 4	庚寅	3 23	2 3	己未	4 23	3 4	庚寅	5 23	4 5	庚申	6 23	5 7	辛卯	7 25	6 9	癸亥
	2 23	1 5	辛卯	3 24	2 4	庚申	4 24	3 5	辛卯	5 24	4 6	辛酉	6 24	5 8	壬辰	7 26	6 10	甲子
	2 24	1 6	壬辰	3 25	2 5	辛酉	4 25	3 6	壬辰	5 25	4 7	壬戌	6 25	5 9	癸巳	7 27	6 11	乙丑
	2 25	1 7	癸巳	3 26	2 6	壬戌	4 26	3 7	癸巳	5 26	4 8	癸亥	6 26	5 10	甲午	7 28	6 12	丙寅
	2 26	1 8	甲午	3 27	2 7	癸亥	4 27	3 8	甲午	5 27	4 9	甲子	6 27	5 11	乙未	7 29	6 13	丁卯
	2 27	1 9	乙未	3 28	2 8	甲子	4 28	3 9	乙未	5 28	4 10	乙丑	6 28	5 12	丙申	7 30	6 14	戊辰
	2 28	1 10	丙申	3 29	2 9	乙丑	4 29	3 10	丙申	5 29	4 11	丙寅	6 29	5 13	丁酉	7 31	6 15	己巳
中	3 1	1 11	丁酉	3 30	2 10	丙寅	4 30	3 11	丁酉	5 30	4 12	丁卯	6 30	5 14	戊戌	8 1	6 16	庚午
華	3 2	1 12	戊戌	3 31	2 11	丁卯	5 1	3 12	戊戌	5 31	4 13	戊辰	7 1	5 15	己亥	8 2	6 17	辛未
民	3 3	1 13	己亥	4 1	2 12	戊辰	5 2	3 13	己亥	6 1	4 14	己巳	7 2	5 16	庚子	8 3	6 18	壬申
國	3 4	1 14	庚子	4 2	2 13	己巳	5 3	3 14	庚子	6 2	4 15	庚午	7 3	5 17	辛丑	8 4	6 19	癸酉
二	3 5	1 15	辛丑	4 3	2 14	庚午	5 4	3 15	辛丑	6 3	4 16	辛未	7 4	5 18	壬寅	8 5	6 20	甲戌
十				4 4	2 15	辛未	5 5	3 16	壬寅	6 4	4 17	壬申	7 5	5 19	癸卯	8 6	6 21	乙亥
八				4 5	2 16	壬申				6 5	4 18	癸酉	7 6	5 20	甲辰	8 7	6 22	丙子
年													7 7	5 21	乙巳			
中氣	雨水			春分			穀雨			小滿			夏至			大暑		
	2/19 21時9分 亥時			3/21 20時28分 戊時			4/21 7時55分 辰時			5/22 7時26分 辰時			6/22 15時39分 申時			7/24 19時36分 丑時		

己卯																		年
壬申			癸酉			甲戌			乙亥			丙子			丁丑			月
立秋			白露			寒露			立冬			大雪			小寒			節氣
8/8 19時3分 戌時			9/8 21時42分 亥時			10/9 12時56分 午時			11/8 15時43分 申時			12/8 8時17分 辰時			1/6 19時23分 戌時			
國曆	農曆	干支	國曆	農曆	干支	國曆	農曆	干支	國曆	農曆	干支	國曆	農曆	干支	國曆	農曆	干支	日
8 8	6 23	丁丑	9 8	7 25	戊申	10 9	8 27	己卯	11 8	9 27	己酉	12 8	10 28	己卯	1 6	11 27	戊申	
8 9	6 24	戊寅	9 9	7 26	己酉	10 10	8 28	庚辰	11 9	9 28	庚戌	12 9	10 29	庚辰	1 7	11 28	己酉	
8 10	6 25	己卯	9 10	7 27	庚戌	10 11	8 29	辛巳	11 10	9 29	辛亥	12 10	10 30	辛巳	1 8	11 29	庚戌	
8 11	6 26	庚辰	9 11	7 28	辛亥	10 12	8 30	壬午	11 11	10 1	壬子	12 11	11 1	壬午	1 9	12 1	辛亥	1 9 3 9 · 1 9 4 0
8 12	6 27	辛巳	9 12	7 29	壬子	10 13	9 1	癸未	11 12	10 2	癸丑	12 12	11 2	癸未	1 10	12 2	壬子	
8 13	6 28	壬午	9 13	8 1	癸丑	10 14	9 2	甲申	11 13	10 3	甲寅	12 13	11 3	甲申	1 11	12 3	癸丑	
8 14	6 29	癸未	9 14	8 2	甲寅	10 15	9 3	乙酉	11 14	10 4	乙卯	12 14	11 4	乙酉	1 12	12 4	甲寅	
8 15	7 1	甲申	9 15	8 3	乙卯	10 16	9 4	丙戌	11 15	10 5	丙辰	12 15	11 5	丙戌	1 13	12 5	乙卯	
8 16	7 2	乙酉	9 16	8 4	丙辰	10 17	9 5	丁亥	11 16	10 6	丁巳	12 16	11 6	丁亥	1 14	12 6	丙辰	
8 17	7 3	丙戌	9 17	8 5	丁巳	10 18	9 6	戊子	11 17	10 7	戊午	12 17	11 7	戊子	1 15	12 7	丁巳	
8 18	7 4	丁亥	9 18	8 6	戊午	10 19	9 7	己丑	11 18	10 8	己未	12 18	11 8	己丑	1 16	12 8	戊午	
8 19	7 5	戊子	9 19	8 7	己未	10 20	9 8	庚寅	11 19	10 9	庚申	12 19	11 9	庚寅	1 17	12 9	己未	
8 20	7 6	己丑	9 20	8 8	庚申	10 21	9 9	辛卯	11 20	10 10	辛酉	12 20	11 10	辛卯	1 18	12 10	庚申	
8 21	7 7	庚寅	9 21	8 9	辛酉	10 22	9 10	壬辰	11 21	10 11	壬戌	12 21	11 11	壬辰	1 19	12 11	辛酉	兔
8 22	7 8	辛卯	9 22	8 10	壬戌	10 23	9 11	癸巳	11 22	10 12	癸亥	12 22	11 12	癸巳	1 20	12 12	壬戌	
8 23	7 9	壬辰	9 23	8 11	癸亥	10 24	9 12	甲午	11 23	10 13	甲子	12 23	11 13	甲午	1 21	12 13	癸亥	
8 24	7 10	癸巳	9 24	8 12	甲子	10 25	9 13	乙未	11 24	10 14	乙丑	12 24	11 14	乙未	1 22	12 14	甲子	
8 25	7 11	甲午	9 25	8 13	乙丑	10 26	9 14	丙申	11 25	10 15	丙寅	12 25	11 15	丙申	1 23	12 15	乙丑	
8 26	7 12	乙未	9 26	8 14	丙寅	10 27	9 15	丁酉	11 26	10 16	丁卯	12 26	11 16	丁酉	1 24	12 16	丙寅	
8 27	7 13	丙申	9 27	8 15	丁卯	10 28	9 16	戊戌	11 27	10 17	戊辰	12 27	11 17	戊戌	1 25	12 17	丁卯	
8 28	7 14	丁酉	9 28	8 16	戊辰	10 29	9 17	己亥	11 28	10 18	己巳	12 28	11 18	己亥	1 26	12 18	戊辰	中
8 29	7 15	戊戌	9 29	8 17	己巳	10 30	9 18	庚子	11 29	10 19	庚午	12 29	11 19	庚子	1 27	12 19	己巳	華
8 30	7 16	己亥	9 30	8 18	庚午	10 31	9 19	辛丑	11 30	10 20	辛未	12 30	11 20	辛丑	1 28	12 20	庚午	民
8 31	7 17	庚子	10 1	8 19	辛未	11 1	9 20	壬寅	12 1	10 21	壬申	12 31	11 21	壬寅	1 29	12 21	辛未	國
9 1	7 18	辛丑	10 2	8 20	壬申	11 2	9 21	癸卯	12 2	10 22	癸酉	1 1	11 22	癸卯	1 30	12 22	壬申	二
9 2	7 19	壬寅	10 3	8 21	癸酉	11 3	9 22	甲辰	12 3	10 23	甲戌	1 2	11 23	甲辰	1 31	12 23	癸酉	十
9 3	7 20	癸卯	10 4	8 22	甲戌	11 4	9 23	乙巳	12 4	10 24	乙亥	1 3	11 24	乙巳	2 1	12 24	甲戌	八
9 4	7 21	甲辰	10 5	8 23	乙亥	11 5	9 24	丙午	12 5	10 25	丙子	1 4	11 25	丙午	2 2	12 25	乙亥	·
9 5	7 22	乙巳	10 6	8 24	丙子	11 6	9 25	丁未	12 6	10 26	丁丑	1 5	11 26	丁未	2 3	12 26	丙子	二
9 6	7 23	丙午	10 7	8 25	丁丑	11 7	9 26	戊申	12 7	10 27	戊寅				2 4	12 27	丁丑	十
9 7	7 24	丁未	10 8	8 26	戊寅													九年
處暑			秋分			霜降			小雪			冬至			大寒			中
8/24 9時31分 巳時			9/24 6時49分 卯時			10/24 15時45分 申時			11/23 12時58分 午時			12/23 2時6分 丑時			1/21 12時44分 午時			氣

年	庚辰																	
月	戊寅			己卯			庚辰			辛巳			壬午			癸未		
節氣	立春			驚蟄			清明			立夏			芒種			小暑		
	2/5 7時7分 辰時			3/6 1時24分 丑時			4/5 6時34分 卯時			5/6 0時16分 子時			6/6 4時44分 寅時			7/7 15時8分 申時		
日	國曆	農曆	干支	國曆	農曆	干支	國曆	農曆	干支	國曆	農曆	干支	國曆	農曆	干支	國曆	農曆	干支
1940 龍 中華民國二十九年	2 5	12 28	戊寅	3 6	1 28	甲申	4 5	2 28	戊寅	5 6	3 29	己酉	6 6	5 1	庚辰	7 7	6 3	辛亥
	2 6	12 29	己卯	3 7	1 29	乙酉	4 6	2 29	己卯	5 7	4 1	庚戌	6 7	5 2	辛巳	7 8	6 4	壬子
	2 7	12 30	庚辰	3 8	1 30	庚戌	4 7	2 30	庚辰	5 8	4 2	辛亥	6 8	5 3	壬午	7 9	6 5	癸丑
	2 8	1 1	辛巳	3 9	2 1	辛亥	4 8	3 1	辛巳	5 9	4 3	壬子	6 9	5 4	癸未	7 10	6 6	甲寅
	2 9	1 2	壬午	3 10	2 2	壬子	4 9	3 2	壬午	5 10	4 4	癸丑	6 10	5 5	甲申	7 11	6 7	乙卯
	2 10	1 3	癸未	3 11	2 3	癸丑	4 10	3 3	癸未	5 11	4 5	甲寅	6 11	5 6	乙酉	7 12	6 8	丙辰
	2 11	1 4	甲申	3 12	2 4	甲寅	4 11	3 4	甲申	5 12	4 6	乙卯	6 12	5 7	丙戌	7 13	6 9	丁巳
	2 12	1 5	乙酉	3 13	2 5	乙卯	4 12	3 5	乙酉	5 13	4 7	丙辰	6 13	5 8	丁亥	7 14	6 10	戊午
	2 13	1 6	丙戌	3 14	2 6	丙辰	4 13	3 6	丙戌	5 14	4 8	丁巳	6 14	5 9	戊子	7 15	6 11	己未
	2 14	1 7	丁亥	3 15	2 7	丁巳	4 14	3 7	丁亥	5 15	4 9	戊午	6 15	5 10	己丑	7 16	6 12	庚申
	2 15	1 8	戊子	3 16	2 8	戊午	4 15	3 8	戊子	5 16	4 10	己未	6 16	5 11	庚寅	7 17	6 13	辛酉
	2 16	1 9	己丑	3 17	2 9	己未	4 16	3 9	己丑	5 17	4 11	庚申	6 17	5 12	辛卯	7 18	6 14	壬戌
	2 17	1 10	庚寅	3 18	2 10	庚申	4 17	3 10	庚寅	5 18	4 12	辛酉	6 18	5 13	壬辰	7 19	6 15	癸亥
	2 18	1 11	辛卯	3 19	2 11	辛酉	4 18	3 11	辛卯	5 19	4 13	壬戌	6 19	5 14	癸巳	7 20	6 16	甲子
	2 19	1 12	壬辰	3 20	2 12	壬戌	4 19	3 12	壬辰	5 20	4 14	癸亥	6 20	5 15	甲午	7 21	6 17	乙丑
	2 20	1 13	癸巳	3 21	2 13	癸亥	4 20	3 13	癸巳	5 21	4 15	甲子	6 21	5 16	乙未	7 22	6 18	丙寅
	2 21	1 14	甲午	3 22	2 14	甲子	4 21	3 14	甲午	5 22	4 16	乙丑	6 22	5 17	丙申	7 23	6 19	丁卯
	2 22	1 15	乙未	3 23	2 15	乙丑	4 22	3 15	乙未	5 23	4 17	丙寅	6 23	5 18	丁酉	7 24	6 20	戊辰
	2 23	1 16	丙申	3 24	2 16	丙寅	4 23	3 16	丙申	5 24	4 18	丁卯	6 24	5 19	戊戌	7 25	6 21	己巳
	2 24	1 17	丁酉	3 25	2 17	丁卯	4 24	3 17	丁酉	5 25	4 19	戊辰	6 25	5 20	己亥	7 26	6 22	庚午
	2 25	1 18	戊戌	3 26	2 18	戊辰	4 25	3 18	戊戌	5 26	4 20	己巳	6 26	5 21	庚子	7 27	6 23	辛未
	2 26	1 19	己亥	3 27	2 19	己巳	4 26	3 19	己亥	5 27	4 21	庚午	6 27	5 22	辛丑	7 28	6 24	壬申
	2 27	1 20	庚子	3 28	2 20	庚午	4 27	3 20	庚子	5 28	4 22	辛未	6 28	5 23	壬寅	7 29	6 25	癸酉
	2 28	1 21	辛丑	3 29	2 21	辛未	4 28	3 21	辛丑	5 29	4 23	壬申	6 29	5 24	癸卯	7 30	6 26	甲戌
	2 29	1 22	壬寅	3 30	2 22	壬申	4 29	3 22	壬寅	5 30	4 24	癸酉	6 30	5 25	甲辰	7 31	6 27	乙亥
	3 1	1 23	癸卯	3 31	2 23	癸酉	4 30	3 23	癸卯	5 31	4 25	甲戌	7 1	5 26	乙巳	8 1	6 28	丙子
	3 2	1 24	甲辰	4 1	2 24	甲戌	5 1	3 24	甲辰	6 1	4 26	乙亥	7 2	5 27	丙午	8 2	6 29	丁丑
	3 3	1 25	乙巳	4 2	2 25	乙亥	5 2	3 25	乙巳	6 2	4 27	丙子	7 3	5 28	丁未	8 3	6 30	戊寅
	3 4	1 26	丙午	4 3	2 26	丙子	5 3	3 26	丙午	6 3	4 28	丁丑	7 4	5 29	戊申	8 4	7 1	己卯
	3 5	1 27	丁未	4 4	2 27	丁丑	5 4	3 27	丁未	6 4	4 29	戊寅	7 5	6 1	己酉	8 5	7 2	庚辰
							5 5	3 28	戊申	6 5	4 30	己卯	7 6	6 2	庚戌	8 6	7 3	辛巳
																8 7	7 4	壬午
中氣	雨水			春分			穀雨			小滿			夏至			大暑		
	2/20 3時3分 寅時			3/21 2時23分 丑時			4/20 13時50分 未時			5/21 13時23分 未時			6/21 21時36分 亥時			7/23 8時34分 辰時		

年：庚辰　中華民國二十九・三十年（1940・1941）龍

甲申			乙酉			丙戌			丁亥			戊子			己丑			年
立秋			白露			寒露			立冬			大雪			小寒			月
8/8 0時51分 子時			9/8 3時29分 寅時			10/8 18時42分 酉時			11/7 21時26分 亥時			12/7 13時57分 未時			1/6 1時3分 丑時			節氣
國曆	農曆	干支	國曆	農曆	干支	國曆	農曆	干支	國曆	農曆	干支	國曆	農曆	干支	國曆	農曆	干支	日
8 8	7 5	癸未	9 8	8 7	甲寅	10 8	9 8	甲申	11 7	10 8	甲寅	12 7	11 9	甲申	1 6	12 9	甲寅	
8 9	7 6	甲申	9 9	8 8	乙卯	10 9	9 9	乙酉	11 8	10 9	乙卯	12 8	11 10	乙酉	1 7	12 10	乙卯	
8 10	7 7	乙酉	9 10	8 9	丙辰	10 10	9 10	丙戌	11 9	10 10	丙辰	12 9	11 11	丙戌	1 8	12 11	丙辰	
8 11	7 8	丙戌	9 11	8 10	丁巳	10 11	9 11	丁亥	11 10	10 11	丁巳	12 10	11 12	丁亥	1 9	12 12	丁巳	1
8 12	7 9	丁亥	9 12	8 11	戊午	10 12	9 12	戊子	11 11	10 12	戊午	12 11	11 13	戊子	1 10	12 13	戊午	9
8 13	7 10	戊子	9 13	8 12	己未	10 13	9 13	己丑	11 12	10 13	己未	12 12	11 14	己丑	1 11	12 14	己未	4
8 14	7 11	己丑	9 14	8 13	庚申	10 14	9 14	庚寅	11 13	10 14	庚申	12 13	11 15	庚寅	1 12	12 15	庚申	0
8 15	7 12	庚寅	9 15	8 14	辛酉	10 15	9 15	辛卯	11 14	10 15	辛酉	12 14	11 16	辛卯	1 13	12 16	辛酉	・
8 16	7 13	辛卯	9 16	8 15	壬戌	10 16	9 16	壬辰	11 15	10 16	壬戌	12 15	11 17	壬辰	1 14	12 17	壬戌	1
8 17	7 14	壬辰	9 17	8 16	癸亥	10 17	9 17	癸巳	11 16	10 17	癸亥	12 16	11 18	癸巳	1 15	12 18	癸亥	9
8 18	7 15	癸巳	9 18	8 17	甲子	10 18	9 18	甲午	11 17	10 18	甲子	12 17	11 19	甲午	1 16	12 19	甲子	4
8 19	7 16	甲午	9 19	8 18	乙丑	10 19	9 19	乙未	11 18	10 19	乙丑	12 18	11 20	乙未	1 17	12 20	乙丑	1
8 20	7 17	乙未	9 20	8 19	丙寅	10 20	9 20	丙申	11 19	10 20	丙寅	12 19	11 21	丙申	1 18	12 21	丙寅	
8 21	7 18	丙申	9 21	8 20	丁卯	10 21	9 21	丁酉	11 20	10 21	丁卯	12 20	11 22	丁酉	1 19	12 22	丁卯	
8 22	7 19	丁酉	9 22	8 21	戊辰	10 22	9 22	戊戌	11 21	10 22	戊辰	12 21	11 23	戊戌	1 20	12 23	戊辰	
8 23	7 20	戊戌	9 23	8 22	己巳	10 23	9 23	己亥	11 22	10 23	己巳	12 22	11 24	己亥	1 21	12 24	己巳	龍
8 24	7 21	己亥	9 24	8 23	庚午	10 24	9 24	庚子	11 23	10 24	庚午	12 23	11 25	庚子	1 22	12 25	庚午	
8 25	7 22	庚子	9 25	8 24	辛未	10 25	9 25	辛丑	11 24	10 25	辛未	12 24	11 26	辛丑	1 23	12 26	辛未	
8 26	7 23	辛丑	9 26	8 25	壬申	10 26	9 26	壬寅	11 25	10 26	壬申	12 25	11 27	壬寅	1 24	12 27	壬申	
8 27	7 24	壬寅	9 27	8 26	癸酉	10 27	9 27	癸卯	11 26	10 27	癸酉	12 26	11 28	癸卯	1 25	12 28	癸酉	
8 28	7 25	癸卯	9 28	8 27	甲戌	10 28	9 28	甲辰	11 27	10 28	甲戌	12 27	11 29	甲辰	1 26	12 29	甲戌	中
8 29	7 26	甲辰	9 29	8 28	乙亥	10 29	9 29	乙巳	11 28	10 29	乙亥	12 28	11 30	乙巳	1 27	1 1	乙亥	華
8 30	7 27	乙巳	9 30	8 29	丙子	10 30	9 30	丙午	11 29	11 1	丙子	12 29	12 1	丙午	1 28	1 2	丙子	民
8 31	7 28	丙午	10 1	9 1	丁丑	10 31	10 1	丁未	11 30	11 2	丁丑	12 30	12 2	丁未	1 29	1 3	丁丑	國
9 1	7 29	丁未	10 2	9 2	戊寅	11 1	10 2	戊申	12 1	11 3	戊寅	12 31	12 3	戊申	1 30	1 4	戊寅	二
9 2	8 1	戊申	10 3	9 3	己卯	11 2	10 3	己酉	12 2	11 4	己卯	1 1	12 4	己酉	1 31	1 5	己卯	十
9 3	8 2	己酉	10 4	9 4	庚辰	11 3	10 4	庚戌	12 3	11 5	庚辰	1 2	12 5	庚戌	2 1	1 6	庚辰	九
9 4	8 3	庚戌	10 5	9 5	辛巳	11 4	10 5	辛亥	12 4	11 6	辛巳	1 3	12 6	辛亥	2 2	1 7	辛巳	・
9 5	8 4	辛亥	10 6	9 6	壬午	11 5	10 6	壬子	12 5	11 7	壬午	1 4	12 7	壬子	2 3	1 8	壬午	三
9 6	8 5	壬子	10 7	9 7	癸未	11 6	10 7	癸丑	12 6	11 8	癸未	1 5	12 8	癸丑				十
9 7	8 6	癸丑																年
處暑			秋分			霜降			小雪			冬至			大寒			中
8/23 15時28分 申時			9/23 12時45分 午時			10/23 21時39分 亥時			11/22 18時49分 酉時			12/22 7時54分 辰時			1/20 18時33分 酉時			氣

年																	
								辛巳									

月	庚寅			辛卯			壬辰			癸巳			甲午			乙未		
節氣	立春			驚蟄			清明			立夏			芒種			小暑		
	2/4 12時49分 午時			3/6 7時10分 辰時			4/5 12時25分 午時			5/6 6時9分 卯時			6/6 10時39分 巳時			7/7 21時3分 亥時		
日	國曆	農曆	干支	國曆	農曆	干支	國曆	農曆	干支	國曆	農曆	干支	國曆	農曆	干支	國曆	農曆	干支
	2 4	1 9	癸未	3 6	2 9	癸丑	4 5	3 9	癸未	5 6	4 11	甲寅	6 6	5 12	乙酉	7 7	6 13	丙辰
	2 5	1 10	甲申	3 7	2 10	甲寅	4 6	3 10	甲申	5 7	4 12	乙卯	6 7	5 13	丙戌	7 8	6 14	丁巳
	2 6	1 11	乙酉	3 8	2 11	乙卯	4 7	3 11	乙酉	5 8	4 13	丙辰	6 8	5 14	丁亥	7 9	6 15	戊午
	2 7	1 12	丙戌	3 9	2 12	丙辰	4 8	3 12	丙戌	5 9	4 14	丁巳	6 9	5 15	戊子	7 10	6 16	己未
1	2 8	1 13	丁亥	3 10	2 13	丁巳	4 9	3 13	丁亥	5 10	4 15	戊午	6 10	5 16	己丑	7 11	6 17	庚申
9	2 9	1 14	戊子	3 11	2 14	戊午	4 10	3 14	戊子	5 11	4 16	己未	6 11	5 17	庚寅	7 12	6 18	辛酉
4	2 10	1 15	己丑	3 12	2 15	己未	4 11	3 15	己丑	5 12	4 17	庚申	6 12	5 18	辛卯	7 13	6 19	壬戌
1	2 11	1 16	庚寅	3 13	2 16	庚申	4 12	3 16	庚寅	5 13	4 18	辛酉	6 13	5 19	壬辰	7 14	6 20	癸亥
	2 12	1 17	辛卯	3 14	2 17	辛酉	4 13	3 17	辛卯	5 14	4 19	壬戌	6 14	5 20	癸巳	7 15	6 21	甲子
	2 13	1 18	壬辰	3 15	2 18	壬戌	4 14	3 18	壬辰	5 15	4 20	癸亥	6 15	5 21	甲午	7 16	6 22	乙丑
	2 14	1 19	癸巳	3 16	2 19	癸亥	4 15	3 19	癸巳	5 16	4 21	甲子	6 16	5 22	乙未	7 17	6 23	丙寅
	2 15	1 20	甲午	3 17	2 20	甲子	4 16	3 20	甲午	5 17	4 22	乙丑	6 17	5 23	丙申	7 18	6 24	丁卯
	2 16	1 21	乙未	3 18	2 21	乙丑	4 17	3 21	乙未	5 18	4 23	丙寅	6 18	5 24	丁酉	7 19	6 25	戊辰
蛇	2 17	1 22	丙申	3 19	2 22	丙寅	4 18	3 22	丙申	5 19	4 24	丁卯	6 19	5 25	戊戌	7 20	6 26	己巳
	2 18	1 23	丁酉	3 20	2 23	丁卯	4 19	3 23	丁酉	5 20	4 25	戊辰	6 20	5 26	己亥	7 21	6 27	庚午
	2 19	1 24	戊戌	3 21	2 24	戊辰	4 20	3 24	戊戌	5 21	4 26	己巳	6 21	5 27	庚子	7 22	6 28	辛未
	2 20	1 25	己亥	3 22	2 25	己巳	4 21	3 25	己亥	5 22	4 27	庚午	6 22	5 28	辛丑	7 23	6 29	壬申
	2 21	1 26	庚子	3 23	2 26	庚午	4 22	3 26	庚子	5 23	4 28	辛未	6 23	5 29	壬寅	7 24	閏6 1	癸酉
	2 22	1 27	辛丑	3 24	2 27	辛未	4 23	3 27	辛丑	5 24	4 29	壬申	6 24	5 30	癸卯	7 25	6 2	甲戌
	2 23	1 28	壬寅	3 25	2 28	壬申	4 24	3 28	壬寅	5 25	4 30	癸酉	6 25	6 1	甲辰	7 26	6 3	乙亥
	2 24	1 29	癸卯	3 26	2 29	癸酉	4 25	3 29	癸卯	5 26	5 1	甲戌	6 26	6 2	乙巳	7 27	6 4	丙子
	2 25	1 30	甲辰	3 27	2 30	甲戌	4 26	4 1	甲辰	5 27	5 2	乙亥	6 27	6 3	丙午	7 28	6 5	丁丑
中	2 26	2 1	乙巳	3 28	3 1	乙亥	4 27	4 2	乙巳	5 28	5 3	丙子	6 28	6 4	丁未	7 29	6 6	戊寅
華	2 27	2 2	丙午	3 29	3 2	丙子	4 28	4 3	丙午	5 29	5 4	丁丑	6 29	6 5	戊申	7 30	6 7	己卯
民	2 28	2 3	丁未	3 30	3 3	丁丑	4 29	4 4	丁未	5 30	5 5	戊寅	6 30	6 6	己酉	7 31	6 8	庚辰
國	3 1	2 4	戊申	3 31	3 4	戊寅	4 30	4 5	戊申	5 31	5 6	己卯	7 1	6 7	庚戌	8 1	6 9	辛巳
三	3 2	2 5	己酉	4 1	3 5	己卯	5 1	4 6	己酉	6 1	5 7	庚辰	7 2	6 8	辛亥	8 2	6 10	壬午
十	3 3	2 6	庚戌	4 2	3 6	庚辰	5 2	4 7	庚戌	6 2	5 8	辛巳	7 3	6 9	壬子	8 3	6 11	癸未
年	3 4	2 7	辛亥	4 3	3 7	辛巳	5 3	4 8	辛亥	6 3	5 9	壬午	7 4	6 10	癸丑	8 4	6 12	甲申
	3 5	2 8	壬子	4 4	3 8	壬午	5 4	4 9	壬子	6 4	5 10	癸未	7 5	6 11	甲寅	8 5	6 13	乙酉
							5 5	4 10	癸丑	6 5	5 11	甲申	7 6	6 12	乙卯	8 6	6 14	丙戌
																8 7	6 15	丁亥

中氣	雨水			春分			穀雨			小滿			夏至			大暑		
	2/19 8時56分 辰時			3/21 8時20分 辰時			4/20 19時50分 戌時			5/21 19時22分 戌時			6/22 3時33分 寅時			7/23 14時26分 未時		

辛巳																		年
丙申			丁酉			戊戌			己亥			庚子			辛丑			月
立秋			白露			寒露			立冬			大雪			小寒			節氣
8/8 6時45分 卯時			9/8 9時23分 巳時			10/9 0時38分 子時			11/8 3時24分 寅時			12/7 19時56分 戌時			1/6 7時2分 辰時			
國曆	農曆	干支	國曆	農曆	干支	國曆	農曆	干支	國曆	農曆	干支	國曆	農曆	干支	國曆	農曆	干支	日
8 8	6 16	戊子	9 8	7 17	己未	10 9	8 19	庚寅	11 8	9 20	庚申	12 7	10 19	己丑	1 6	11 20	己未	
8 9	6 17	己丑	9 9	7 18	庚申	10 10	8 20	辛卯	11 9	9 21	辛酉	12 8	10 20	庚寅	1 7	11 21	庚申	
8 10	6 18	庚寅	9 10	7 19	辛酉	10 11	8 21	壬辰	11 10	9 22	壬戌	12 9	10 21	辛卯	1 8	11 22	辛酉	
8 11	6 19	辛卯	9 11	7 20	壬戌	10 12	8 22	癸巳	11 11	9 23	癸亥	12 10	10 22	壬辰	1 9	11 23	壬戌	1
8 12	6 20	壬辰	9 12	7 21	癸亥	10 13	8 23	甲午	11 12	9 24	甲子	12 11	10 23	癸巳	1 10	11 24	癸亥	9
8 13	6 21	癸巳	9 13	7 22	甲子	10 14	8 24	乙未	11 13	9 25	乙丑	12 12	10 24	甲午	1 11	11 25	甲子	4
8 14	6 22	甲午	9 14	7 23	乙丑	10 15	8 25	丙申	11 14	9 26	丙寅	12 13	10 25	乙未	1 12	11 26	乙丑	1
8 15	6 23	乙未	9 15	7 24	丙寅	10 16	8 26	丁酉	11 15	9 27	丁卯	12 14	10 26	丙申	1 13	11 27	丙寅	·
8 16	6 24	丙申	9 16	7 25	丁卯	10 17	8 27	戊戌	11 16	9 28	戊辰	12 15	10 27	丁酉	1 14	11 28	丁卯	1
8 17	6 25	丁酉	9 17	7 26	戊辰	10 18	8 28	己亥	11 17	9 29	己巳	12 16	10 28	戊戌	1 15	11 29	戊辰	9
8 18	6 26	戊戌	9 18	7 27	己巳	10 19	8 29	庚子	11 18	9 30	庚午	12 17	10 29	己亥	1 16	11 30	己巳	4
8 19	6 27	己亥	9 19	7 28	庚午	10 20	9 1	辛丑	11 19	10 1	辛未	12 18	11 1	庚子	1 17	12 1	庚午	2
8 20	6 28	庚子	9 20	7 29	辛未	10 21	9 2	壬寅	11 20	10 2	壬申	12 19	11 2	辛丑	1 18	12 2	辛未	
8 21	6 29	辛丑	9 21	8 1	壬申	10 22	9 3	癸卯	11 21	10 3	癸酉	12 20	11 3	壬寅	1 19	12 3	壬申	
8 22	6 30	壬寅	9 22	8 2	癸酉	10 23	9 4	甲辰	11 22	10 4	甲戌	12 21	11 4	癸卯	1 20	12 4	癸酉	
8 23	7 1	癸卯	9 23	8 3	甲戌	10 24	9 5	乙巳	11 23	10 5	乙亥	12 22	11 5	甲辰	1 21	12 5	甲戌	蛇
8 24	7 2	甲辰	9 24	8 4	乙亥	10 25	9 6	丙午	11 24	10 6	丙子	12 23	11 6	乙巳	1 22	12 6	乙亥	
8 25	7 3	乙巳	9 25	8 5	丙子	10 26	9 7	丁未	11 25	10 7	丁丑	12 24	11 7	丙午	1 23	12 7	丙子	
8 26	7 4	丙午	9 26	8 6	丁丑	10 27	9 8	戊申	11 26	10 8	戊寅	12 25	11 8	丁未	1 24	12 8	丁丑	
8 27	7 5	丁未	9 27	8 7	戊寅	10 28	9 9	己酉	11 27	10 9	己卯	12 26	11 9	戊申	1 25	12 9	戊寅	
8 28	7 6	戊申	9 28	8 8	己卯	10 29	9 10	庚戌	11 28	10 10	庚辰	12 27	11 10	己酉	1 26	12 10	己卯	中
8 29	7 7	己酉	9 29	8 9	庚辰	10 30	9 11	辛亥	11 29	10 11	辛巳	12 28	11 11	庚戌	1 27	12 11	庚辰	華
8 30	7 8	庚戌	9 30	8 10	辛巳	10 31	9 12	壬子	11 30	10 12	壬午	12 29	11 12	辛亥	1 28	12 12	辛巳	民
8 31	7 9	辛亥	10 1	8 11	壬午	11 1	9 13	癸丑	12 1	10 13	癸未	12 30	11 13	壬子	1 29	12 13	壬午	國
9 1	7 10	壬子	10 2	8 12	癸未	11 2	9 14	甲寅	12 2	10 14	甲申	12 31	11 14	癸丑	1 30	12 14	癸未	三
9 2	7 11	癸丑	10 3	8 13	甲申	11 3	9 15	乙卯	12 3	10 15	乙酉	1 1	11 15	甲寅	1 31	12 15	甲申	十
9 3	7 12	甲寅	10 4	8 14	乙酉	11 4	9 16	丙辰	12 4	10 16	丙戌	1 2	11 16	乙卯	2 1	12 16	乙酉	·
9 4	7 13	乙卯	10 5	8 15	丙戌	11 5	9 17	丁巳	12 5	10 17	丁亥	1 3	11 17	丙辰	2 2	12 17	丙戌	三
9 5	7 14	丙辰	10 6	8 16	丁亥	11 6	9 18	戊午	12 6	10 18	戊子	1 4	11 18	丁巳	2 3	12 18	丁亥	十
9 6	7 15	丁巳	10 7	8 17	戊子	11 7	9 19	己未				1 5	11 19	戊午				一
9 7	7 16	戊午	10 8	8 18	己丑													年
處暑			秋分			霜降			小雪			冬至			大寒			中
8/23 21時16分 亥時			9/23 18時32分 酉時			10/24 3時27分 寅時			11/23 0時37分 子時			12/22 13時44分 未時			1/21 0時23分 子時			氣

年	壬午																
月	壬寅			癸卯			甲辰			乙巳			丙午			丁未		
節氣	立春			驚蟄			清明			立夏			芒種			小暑		
氣	2/4 18時48分 酉時			3/6 13時9分 未時			4/5 18時23分 酉時			5/6 12時6分 午時			6/6 16時32分 申時			7/8 2時51分 丑時		
日	國曆	農曆	干支	國曆	農曆	干支	國曆	農曆	干支	國曆	農曆	干支	國曆	農曆	干支	國曆	農曆	干支
	2 4	12 19	戊子	3 6	1 20	戊午	4 5	2 20	戊子	5 6	3 22	己未	6 6	4 23	庚寅	7 8	5 25	壬戌
	2 5	12 20	己丑	3 7	1 21	己未	4 6	2 21	己丑	5 7	3 23	庚申	6 7	4 24	辛卯	7 9	5 26	癸亥
	2 6	12 21	庚寅	3 8	1 22	庚申	4 7	2 22	庚寅	5 8	3 24	辛酉	6 8	4 25	壬辰	7 10	5 27	甲子
	2 7	12 22	辛卯	3 9	1 23	辛酉	4 8	2 23	辛卯	5 9	3 25	壬戌	6 9	4 26	癸巳	7 11	5 28	乙丑
	2 8	12 23	壬辰	3 10	1 24	壬戌	4 9	2 24	壬辰	5 10	3 26	癸亥	6 10	4 27	甲午	7 12	5 29	丙寅
	2 9	12 24	癸巳	3 11	1 25	癸亥	4 10	2 25	癸巳	5 11	3 27	甲子	6 11	4 28	乙未	7 13	6 1	丁卯
	2 10	12 25	甲午	3 12	1 26	甲子	4 11	2 26	甲午	5 12	3 28	乙丑	6 12	4 29	丙申	7 14	6 2	戊辰
	2 11	12 26	乙未	3 13	1 27	乙丑	4 12	2 27	乙未	5 13	3 29	丙寅	6 13	4 30	丁酉	7 15	6 3	己巳
	2 12	12 27	丙申	3 14	1 28	丙寅	4 13	2 28	丙申	5 14	3 30	丁卯	6 14	5 1	戊戌	7 16	6 4	庚午
	2 13	12 28	丁酉	3 15	1 29	丁卯	4 14	2 29	丁酉	5 15	4 1	戊辰	6 15	5 2	己亥	7 17	6 5	辛未
	2 14	12 29	戊戌	3 16	1 30	戊辰	4 15	3 1	戊戌	5 16	4 2	己巳	6 16	5 3	庚子	7 18	6 6	壬申
	2 15	1 1	己亥	3 17	2 1	己巳	4 16	3 2	己亥	5 17	4 3	庚午	6 17	5 4	辛丑	7 19	6 7	癸酉
	2 16	1 2	庚子	3 18	2 2	庚午	4 17	3 3	庚子	5 18	4 4	辛未	6 18	5 5	壬寅	7 20	6 8	甲戌
	2 17	1 3	辛丑	3 19	2 3	辛未	4 18	3 4	辛丑	5 19	4 5	壬申	6 19	5 6	癸卯	7 21	6 9	乙亥
	2 18	1 4	壬寅	3 20	2 4	壬申	4 19	3 5	壬寅	5 20	4 6	癸酉	6 20	5 7	甲辰	7 22	6 10	丙子
	2 19	1 5	癸卯	3 21	2 5	癸酉	4 20	3 6	癸卯	5 21	4 7	甲戌	6 21	5 8	乙巳	7 23	6 11	丁丑
	2 20	1 6	甲辰	3 22	2 6	甲戌	4 21	3 7	甲辰	5 22	4 8	乙亥	6 22	5 9	丙午	7 24	6 12	戊寅
	2 21	1 7	乙巳	3 23	2 7	乙亥	4 22	3 8	乙巳	5 23	4 9	丙子	6 23	5 10	丁未	7 25	6 13	己卯
	2 22	1 8	丙午	3 24	2 8	丙子	4 23	3 9	丙午	5 24	4 10	丁丑	6 24	5 11	戊申	7 26	6 14	庚辰
	2 23	1 9	丁未	3 25	2 9	丁丑	4 24	3 10	丁未	5 25	4 11	戊寅	6 25	5 12	己酉	7 27	6 15	辛巳
	2 24	1 10	戊申	3 26	2 10	戊寅	4 25	3 11	戊申	5 26	4 12	己卯	6 26	5 13	庚戌	7 28	6 16	壬午
	2 25	1 11	己酉	3 27	2 11	己卯	4 26	3 12	己酉	5 27	4 13	庚辰	6 27	5 14	辛亥	7 29	6 17	癸未
	2 26	1 12	庚戌	3 28	2 12	庚辰	4 27	3 13	庚戌	5 28	4 14	辛巳	6 28	5 15	壬子	7 30	6 18	甲申
	2 27	1 13	辛亥	3 29	2 13	辛巳	4 28	3 14	辛亥	5 29	4 15	壬午	6 29	5 16	癸丑	7 31	6 19	乙酉
	2 28	1 14	壬子	3 30	2 14	壬午	4 29	3 15	壬子	5 30	4 16	癸未	6 30	5 17	甲寅	8 1	6 20	丙戌
	3 1	1 15	癸丑	3 31	2 15	癸未	4 30	3 16	癸丑	5 31	4 17	甲申	7 1	5 18	乙卯	8 2	6 21	丁亥
	3 2	1 16	甲寅	4 1	2 16	甲申	5 1	3 17	甲寅	6 1	4 18	乙酉	7 2	5 19	丙辰	8 3	6 22	戊子
	3 3	1 17	乙卯	4 2	2 17	乙酉	5 2	3 18	乙卯	6 2	4 19	丙戌	7 3	5 20	丁巳	8 4	6 23	己丑
	3 4	1 18	丙辰	4 3	2 18	丙戌	5 3	3 19	丙辰	6 3	4 20	丁亥	7 4	5 21	戊午	8 5	6 24	庚寅
	3 5	1 19	丁巳	4 4	2 19	丁亥	5 4	3 20	丁巳	6 4	4 21	戊子	7 5	5 22	己未	8 6	6 25	辛卯
							5 5	3 21	戊午	6 5	4 22	己丑	7 6	5 23	庚申	8 7	6 26	壬辰
													7 7	5 24	辛酉			
中氣	雨水			春分			穀雨			小滿			夏至			大暑		
	2/19 14時46分 未時			3/21 14時10分 未時			4/21 1時39分 丑時			5/22 1時8分 丑時			6/22 9時16分 巳時			7/23 20時7分 戌時		

1942 馬 中華民國三十一年

壬午年（中華民國三十一・三十二年，1942・1943，馬）

月	戊申			己酉			庚戌			辛亥			壬子			癸丑		
節氣	立秋			白露			寒露			立冬			大雪			小寒		
	8/8 12時30分 午時			9/8 15時6分 申時			10/9 6時21分 卯時			11/8 9時11分 巳時			12/8 1時46分 丑時			1/6 12時54分 午時		
日	國曆	農曆	干支	國曆	農曆	干支	國曆	農曆	干支	國曆	農曆	干支	國曆	農曆	干支	國曆	農曆	干支
	8/8	6/27	癸巳	9/8	7/28	甲子	10/9	8/30	乙未	11/8	10/1	乙丑	12/8	11/1	乙未	1/6	12/1	甲子
	8/9	6/28	甲午	9/9	7/29	乙丑	10/10	9/1	丙申	11/9	10/2	丙寅	12/9	11/2	丙申	1/7	12/2	乙丑
	8/10	6/29	乙未	9/10	8/1	丙寅	10/11	9/2	丁酉	11/10	10/3	丁卯	12/10	11/3	丁酉	1/8	12/3	丙寅
	8/11	6/30	丙申	9/11	8/2	丁卯	10/12	9/3	戊戌	11/11	10/4	戊辰	12/11	11/4	戊戌	1/9	12/4	丁卯
	8/12	7/1	丁酉	9/12	8/3	戊辰	10/13	9/4	己亥	11/12	10/5	己巳	12/12	11/5	己亥	1/10	12/5	戊辰
	8/13	7/2	戊戌	9/13	8/4	己巳	10/14	9/5	庚子	11/13	10/6	庚午	12/13	11/6	庚子	1/11	12/6	己巳
	8/14	7/3	己亥	9/14	8/5	庚午	10/15	9/6	辛丑	11/14	10/7	辛未	12/14	11/7	辛丑	1/12	12/7	庚午
	8/15	7/4	庚子	9/15	8/6	辛未	10/16	9/7	壬寅	11/15	10/8	壬申	12/15	11/8	壬寅	1/13	12/8	辛未
	8/16	7/5	辛丑	9/16	8/7	壬申	10/17	9/8	癸卯	11/16	10/9	癸酉	12/16	11/9	癸卯	1/14	12/9	壬申
	8/17	7/6	壬寅	9/17	8/8	癸酉	10/18	9/9	甲辰	11/17	10/10	甲戌	12/17	11/10	甲辰	1/15	12/10	癸酉
	8/18	7/7	癸卯	9/18	8/9	甲戌	10/19	9/10	乙巳	11/18	10/11	乙亥	12/18	11/11	乙巳	1/16	12/11	甲戌
	8/19	7/8	甲辰	9/19	8/10	乙亥	10/20	9/11	丙午	11/19	10/12	丙子	12/19	11/12	丙午	1/17	12/12	乙亥
	8/20	7/9	乙巳	9/20	8/11	丙子	10/21	9/12	丁未	11/20	10/13	丁丑	12/20	11/13	丁未	1/18	12/13	丙子
	8/21	7/10	丙午	9/21	8/12	丁丑	10/22	9/13	戊申	11/21	10/14	戊寅	12/21	11/14	戊申	1/19	12/14	丁丑
	8/22	7/11	丁未	9/22	8/13	戊寅	10/23	9/14	己酉	11/22	10/15	己卯	12/22	11/15	己酉	1/20	12/15	戊寅
	8/23	7/12	戊申	9/23	8/14	己卯	10/24	9/15	庚戌	11/23	10/16	庚辰	12/23	11/16	庚戌	1/21	12/16	己卯
	8/24	7/13	己酉	9/24	8/15	庚辰	10/25	9/16	辛亥	11/24	10/17	辛巳	12/24	11/17	辛亥	1/22	12/17	庚辰
	8/25	7/14	庚戌	9/25	8/16	辛巳	10/26	9/17	壬子	11/25	10/18	壬午	12/25	11/18	壬子	1/23	12/18	辛巳
	8/26	7/15	辛亥	9/26	8/17	壬午	10/27	9/18	癸丑	11/26	10/19	癸未	12/26	11/19	癸丑	1/24	12/19	壬午
	8/27	7/16	壬子	9/27	8/18	癸未	10/28	9/19	甲寅	11/27	10/20	甲申	12/27	11/20	甲寅	1/25	12/20	癸未
	8/28	7/17	癸丑	9/28	8/19	甲申	10/29	9/20	乙卯	11/28	10/21	乙酉	12/28	11/21	乙卯	1/26	12/21	甲申
	8/29	7/18	甲寅	9/29	8/20	乙酉	10/30	9/21	丙辰	11/29	10/22	丙戌	12/29	11/22	丙辰	1/27	12/22	乙酉
	8/30	7/19	乙卯	9/30	8/21	丙戌	10/31	9/22	丁巳	11/30	10/23	丁亥	12/30	11/23	丁巳	1/28	12/23	丙戌
	8/31	7/20	丙辰	10/1	8/22	丁亥	11/1	9/23	戊午	12/1	10/24	戊子	12/31	11/24	戊午	1/29	12/24	丁亥
	9/1	7/21	丁巳	10/2	8/23	戊子	11/2	9/24	己未	12/2	10/25	己丑	1/1	11/25	己未	1/30	12/25	戊子
	9/2	7/22	戊午	10/3	8/24	己丑	11/3	9/25	庚申	12/3	10/26	庚寅	1/2	11/26	庚申	1/31	12/26	己丑
	9/3	7/23	己未	10/4	8/25	庚寅	11/4	9/26	辛酉	12/4	10/27	辛卯	1/3	11/27	辛酉	2/1	12/27	庚寅
	9/4	7/24	庚申	10/5	8/26	辛卯	11/5	9/27	壬戌	12/5	10/28	壬辰	1/4	11/28	壬戌	2/2	12/28	辛卯
	9/5	7/25	辛酉	10/6	8/27	壬辰	11/6	9/28	癸亥	12/6	10/29	癸巳	1/5	11/29	癸亥	2/3	12/29	壬辰
	9/6	7/26	壬戌	10/7	8/28	癸巳	11/7	9/29	甲子	12/7	10/30	甲午				2/4	12/30	癸巳
	9/7	7/27	癸亥	10/8	8/29	甲午												
中氣	處暑 8/24 2時58分 丑時			秋分 9/24 0時16分 子時			霜降 10/24 9時15分 巳時			小雪 11/23 6時30分 卯時			冬至 12/22 19時39分 戌時			大寒 1/21 6時18分 卯時		

年	癸未																
月	甲寅			乙卯			丙辰			丁巳			戊午			己未		
節氣	立春			驚蟄			清明			立夏			芒種			小暑		
氣	2/5 0時40分 子時			3/6 18時58分 酉時			4/6 0時11分 子時			5/6 17時53分 酉時			6/6 22時19分 亥時			7/8 8時38分 辰時		
日	國曆	農曆	干支	國曆	農曆	干支	國曆	農曆	干支	國曆	農曆	干支	國曆	農曆	干支	國曆	農曆	干支
	2 5	1 1	甲午	3 6	2 1	癸亥	4 6	3 2	甲午	5 6	4 3	甲子	6 6	5 4	乙未	7 8	6 7	丁卯
	2 6	1 2	乙未	3 7	2 2	甲子	4 7	3 3	乙未	5 7	4 4	乙丑	6 7	5 5	丙申	7 9	6 8	戊辰
	2 7	1 3	丙申	3 8	2 3	乙丑	4 8	3 4	丙申	5 8	4 5	丙寅	6 8	5 6	丁酉	7 10	6 9	己巳
	2 8	1 4	丁酉	3 9	2 4	丙寅	4 9	3 5	丁酉	5 9	4 6	丁卯	6 9	5 7	戊戌	7 11	6 10	庚午
1	2 9	1 5	戊戌	3 10	2 5	丁卯	4 10	3 6	戊戌	5 10	4 7	戊辰	6 10	5 8	己亥	7 12	6 11	辛未
9	2 10	1 6	己亥	3 11	2 6	戊辰	4 11	3 7	己亥	5 11	4 8	己巳	6 11	5 9	庚子	7 13	6 12	壬申
4	2 11	1 7	庚子	3 12	2 7	己巳	4 12	3 8	庚子	5 12	4 9	庚午	6 12	5 10	辛丑	7 14	6 13	癸酉
3	2 12	1 8	辛丑	3 13	2 8	庚午	4 13	3 9	辛丑	5 13	4 10	辛未	6 13	5 11	壬寅	7 15	6 14	甲戌
	2 13	1 9	壬寅	3 14	2 9	辛未	4 14	3 10	壬寅	5 14	4 11	壬申	6 14	5 12	癸卯	7 16	6 15	乙亥
	2 14	1 10	癸卯	3 15	2 10	壬申	4 15	3 11	癸卯	5 15	4 12	癸酉	6 15	5 13	甲辰	7 17	6 16	丙子
	2 15	1 11	甲辰	3 16	2 11	癸酉	4 16	3 12	甲辰	5 16	4 13	甲戌	6 16	5 14	乙巳	7 18	6 17	丁丑
	2 16	1 12	乙巳	3 17	2 12	甲戌	4 17	3 13	乙巳	5 17	4 14	乙亥	6 17	5 15	丙午	7 19	6 18	戊寅
	2 17	1 13	丙午	3 18	2 13	乙亥	4 18	3 14	丙午	5 18	4 15	丙子	6 18	5 16	丁未	7 20	6 19	己卯
羊	2 18	1 14	丁未	3 19	2 14	丙子	4 19	3 15	丁未	5 19	4 16	丁丑	6 19	5 17	戊申	7 21	6 20	庚辰
	2 19	1 15	戊申	3 20	2 15	丁丑	4 20	3 16	戊申	5 20	4 17	戊寅	6 20	5 18	己酉	7 22	6 21	辛巳
	2 20	1 16	己酉	3 21	2 16	戊寅	4 21	3 17	己酉	5 21	4 18	己卯	6 21	5 19	庚戌	7 23	6 22	壬午
	2 21	1 17	庚戌	3 22	2 17	己卯	4 22	3 18	庚戌	5 22	4 19	庚辰	6 22	5 20	辛亥	7 24	6 23	癸未
	2 22	1 18	辛亥	3 23	2 18	庚辰	4 23	3 19	辛亥	5 23	4 20	辛巳	6 23	5 21	壬子	7 25	6 24	甲申
	2 23	1 19	壬子	3 24	2 19	辛巳	4 24	3 20	壬子	5 24	4 21	壬午	6 24	5 22	癸丑	7 26	6 25	乙酉
	2 24	1 20	癸丑	3 25	2 20	壬午	4 25	3 21	癸丑	5 25	4 22	癸未	6 25	5 23	甲寅	7 27	6 26	丙戌
	2 25	1 21	甲寅	3 26	2 21	癸未	4 26	3 22	甲寅	5 26	4 23	甲申	6 26	5 24	乙卯	7 28	6 27	丁亥
中	2 26	1 22	乙卯	3 27	2 22	甲申	4 27	3 23	乙卯	5 27	4 24	乙酉	6 27	5 25	丙辰	7 29	6 28	戊子
華	2 27	1 23	丙辰	3 28	2 23	乙酉	4 28	3 24	丙辰	5 28	4 25	丙戌	6 28	5 26	丁巳	7 30	6 29	己丑
民	2 28	1 24	丁巳	3 29	2 24	丙戌	4 29	3 25	丁巳	5 29	4 26	丁亥	6 29	5 27	戊午	7 31	6 30	庚寅
國	3 1	1 25	戊午	3 30	2 25	丁亥	4 30	3 26	戊午	5 30	4 27	戊子	6 30	5 28	己未	8 1	7 1	辛卯
三	3 2	1 26	己未	3 31	2 26	戊子	5 1	3 27	己未	5 31	4 28	己丑	7 1	5 29	庚申	8 2	7 2	壬辰
十	3 3	1 27	庚申	4 1	2 27	己丑	5 2	3 28	庚申	6 1	4 29	庚寅	7 2	6 1	辛酉	8 3	7 3	癸巳
二	3 4	1 28	辛酉	4 2	2 28	庚寅	5 3	3 29	辛酉	6 2	4 30	辛卯	7 3	6 2	壬戌	8 4	7 4	甲午
年	3 5	1 29	壬戌	4 3	2 29	辛卯	5 4	4 1	壬戌	6 3	5 1	壬辰	7 4	6 3	癸亥	8 5	7 5	乙未
				4 4	2 30	壬辰	5 5	4 2	癸亥	6 4	5 2	癸巳	7 5	6 4	甲子	8 6	7 6	丙申
				4 5	3 1	癸巳				6 5	5 3	甲午	7 6	6 5	乙丑	8 7	7 7	丁酉
													7 7	6 6	丙寅			
中氣	雨水			春分			穀雨			小滿			夏至			大暑		
	2/19 20時40分 戌時			3/21 20時2分 戌時			4/21 7時31分 辰時			5/22 7時2分 辰時			6/22 15時12分 申時			7/24 2時4分 丑時		

年	癸未																	
月	庚申			辛酉			壬戌			癸亥			甲子			乙丑		
節氣	立秋			白露			寒露			立冬			大雪			小寒		
	8/8 18時18分 酉時			9/8 20時55分 戌時			10/9 12時10分 午時			11/8 14時58分 未時			12/8 7時32分 辰時			1/6 18時39分 酉時		
日	國曆	農曆	干支	國曆	農曆	干支	國曆	農曆	干支	國曆	農曆	干支	國曆	農曆	干支	國曆	農曆	干支
	8/8	7/8	戊戌	9/8	8/9	己巳	10/9	9/11	庚子	11/8	10/11	庚午	12/8	11/12	庚子	1/6	12/11	己巳
	8/9	7/9	己亥	9/9	8/10	庚午	10/10	9/12	辛丑	11/9	10/12	辛未	12/9	11/13	辛丑	1/7	12/12	庚午
	8/10	7/10	庚子	9/10	8/11	辛未	10/11	9/13	壬寅	11/10	10/13	壬申	12/10	11/14	壬寅	1/8	12/13	辛未
	8/11	7/11	辛丑	9/11	8/12	壬申	10/12	9/14	癸卯	11/11	10/14	癸酉	12/11	11/15	癸卯	1/9	12/14	壬申
	8/12	7/12	壬寅	9/12	8/13	癸酉	10/13	9/15	甲辰	11/12	10/15	甲戌	12/12	11/16	甲辰	1/10	12/15	癸酉
	8/13	7/13	癸卯	9/13	8/14	甲戌	10/14	9/16	乙巳	11/13	10/16	乙亥	12/13	11/17	乙巳	1/11	12/16	甲戌
	8/14	7/14	甲辰	9/14	8/15	乙亥	10/15	9/17	丙午	11/14	10/17	丙子	12/14	11/18	丙午	1/12	12/17	乙亥
	8/15	7/15	乙巳	9/15	8/16	丙子	10/16	9/18	丁未	11/15	10/18	丁丑	12/15	11/19	丁未	1/13	12/18	丙子
	8/16	7/16	丙午	9/16	8/17	丁丑	10/17	9/19	戊申	11/16	10/19	戊寅	12/16	11/20	戊申	1/14	12/19	丁丑
	8/17	7/17	丁未	9/17	8/18	戊寅	10/18	9/20	己酉	11/17	10/20	己卯	12/17	11/21	己酉	1/15	12/20	戊寅
	8/18	7/18	戊申	9/18	8/19	己卯	10/19	9/21	庚戌	11/18	10/21	庚辰	12/18	11/22	庚戌	1/16	12/21	己卯
	8/19	7/19	己酉	9/19	8/20	庚辰	10/20	9/22	辛亥	11/19	10/22	辛巳	12/19	11/23	辛亥	1/17	12/22	庚辰
	8/20	7/20	庚戌	9/20	8/21	辛巳	10/21	9/23	壬子	11/20	10/23	壬午	12/20	11/24	壬子	1/18	12/23	辛巳
	8/21	7/21	辛亥	9/21	8/22	壬午	10/22	9/24	癸丑	11/21	10/24	癸未	12/21	11/25	癸丑	1/19	12/24	壬午
	8/22	7/22	壬子	9/22	8/23	癸未	10/23	9/25	甲寅	11/22	10/25	甲申	12/22	11/26	甲寅	1/20	12/25	癸未
	8/23	7/23	癸丑	9/23	8/24	甲申	10/24	9/26	乙卯	11/23	10/26	乙酉	12/23	11/27	乙卯	1/21	12/26	甲申
	8/24	7/24	甲寅	9/24	8/25	乙酉	10/25	9/27	丙辰	11/24	10/27	丙戌	12/24	11/28	丙辰	1/22	12/27	乙酉
	8/25	7/25	乙卯	9/25	8/26	丙戌	10/26	9/28	丁巳	11/25	10/28	丁亥	12/25	11/29	丁巳	1/23	12/28	丙戌
	8/26	7/26	丙辰	9/26	8/27	丁亥	10/27	9/29	戊午	11/26	10/29	戊子	12/26	11/30	戊午	1/24	12/29	丁亥
	8/27	7/27	丁巳	9/27	8/28	戊子	10/28	9/30	己未	11/27	11/1	己丑	12/27	12/1	己未	1/25	1/1	戊子
	8/28	7/28	戊午	9/28	8/29	己丑	10/29	10/1	庚申	11/28	11/2	庚寅	12/28	12/2	庚申	1/26	1/2	己丑
	8/29	7/29	己未	9/29	9/1	庚寅	10/30	10/2	辛酉	11/29	11/3	辛卯	12/29	12/3	辛酉	1/27	1/3	庚寅
	8/30	7/30	庚申	9/30	9/2	辛卯	10/31	10/3	壬戌	11/30	11/4	壬辰	12/30	12/4	壬戌	1/28	1/4	辛卯
	8/31	8/1	辛酉	10/1	9/3	壬辰	11/1	10/4	癸亥	12/1	11/5	癸巳	12/31	12/5	癸亥	1/29	1/5	壬辰
	9/1	8/2	壬戌	10/2	9/4	癸巳	11/2	10/5	甲子	12/2	11/6	甲午	1/1	12/6	甲子	1/30	1/6	癸巳
	9/2	8/3	癸亥	10/3	9/5	甲午	11/3	10/6	乙丑	12/3	11/7	乙未	1/2	12/7	乙丑	1/31	1/7	甲午
	9/3	8/4	甲子	10/4	9/6	乙未	11/4	10/7	丙寅	12/4	11/8	丙申	1/3	12/8	丙寅	2/1	1/8	乙未
	9/4	8/5	乙丑	10/5	9/7	丙申	11/5	10/8	丁卯	12/5	11/9	丁酉	1/4	12/9	丁卯	2/2	1/9	丙申
	9/5	8/6	丙寅	10/6	9/8	丁酉	11/6	10/9	戊辰	12/6	11/10	戊戌	1/5	12/10	戊辰	2/3	1/10	丁酉
	9/6	8/7	丁卯	10/7	9/9	戊戌	11/7	10/10	己巳	12/7	11/11	己亥				2/4	1/11	戊戌
	9/7	8/8	戊辰	10/8	9/10	己亥												
中氣	處暑			秋分			霜降			小雪			冬至			大寒		
	8/24 8時55分 辰時			9/24 6時11分 卯時			10/24 15時8分 申時			11/23 12時21分 午時			12/23 1時29分 丑時			1/21 12時7分 午時		

年：1943·1944 羊 中華民國三十二·三十三年

年		甲申															
月	丙寅			丁卯			戊辰			己巳			庚午			辛未		
節氣	立春			驚蟄			清明			立夏			芒種			小暑		
	2/5 6時22分 卯時			3/6 0時40分 子時			4/5 5時54分 卯時			5/5 23時39分 子時			6/6 4時10分 寅時			7/7 14時36分 未時		
日	國曆	農曆	干支	國曆	農曆	干支	國曆	農曆	干支	國曆	農曆	干支	國曆	農曆	干支	國曆	農曆	干支
	2/5	1/12	己亥	3/6	2/12	己巳	4/5	3/13	己亥	5/5	4/13	己巳	6/6	閏4/16	辛丑	7/7	5/17	壬申
	2/6	1/13	庚子	3/7	2/13	庚午	4/6	3/14	庚子	5/6	4/14	庚午	6/7	閏4/17	壬寅	7/8	5/18	癸酉
	2/7	1/14	辛丑	3/8	2/14	辛未	4/7	3/15	辛丑	5/7	4/15	辛未	6/8	閏4/18	癸卯	7/9	5/19	甲戌
	2/8	1/15	壬寅	3/9	2/15	壬申	4/8	3/16	壬寅	5/8	4/16	壬申	6/9	閏4/19	甲辰	7/10	5/20	乙亥
	2/9	1/16	癸卯	3/10	2/16	癸酉	4/9	3/17	癸卯	5/9	4/17	癸酉	6/10	閏4/20	乙巳	7/11	5/21	丙子
	2/10	1/17	甲辰	3/11	2/17	甲戌	4/10	3/18	甲辰	5/10	4/18	甲戌	6/11	閏4/21	丙午	7/12	5/22	丁丑
	2/11	1/18	乙巳	3/12	2/18	乙亥	4/11	3/19	乙巳	5/11	4/19	乙亥	6/12	閏4/22	丁未	7/13	5/23	戊寅
	2/12	1/19	丙午	3/13	2/19	丙子	4/12	3/20	丙午	5/12	4/20	丙子	6/13	閏4/23	戊申	7/14	5/24	己卯
	2/13	1/20	丁未	3/14	2/20	丁丑	4/13	3/21	丁未	5/13	4/21	丁丑	6/14	閏4/24	己酉	7/15	5/25	庚辰
	2/14	1/21	戊申	3/15	2/21	戊寅	4/14	3/22	戊申	5/14	4/22	戊寅	6/15	閏4/25	庚戌	7/16	5/26	辛巳
	2/15	1/22	己酉	3/16	2/22	己卯	4/15	3/23	己酉	5/15	4/23	己卯	6/16	閏4/26	辛亥	7/17	5/27	壬午
	2/16	1/23	庚戌	3/17	2/23	庚辰	4/16	3/24	庚戌	5/16	4/24	庚辰	6/17	閏4/27	壬子	7/18	5/28	癸未
	2/17	1/24	辛亥	3/18	2/24	辛巳	4/17	3/25	辛亥	5/17	4/25	辛巳	6/18	閏4/28	癸丑	7/19	5/29	甲申
	2/18	1/25	壬子	3/19	2/25	壬午	4/18	3/26	壬子	5/18	4/26	壬午	6/19	閏4/29	甲寅	7/20	6/1	乙酉
	2/19	1/26	癸丑	3/20	2/26	癸未	4/19	3/27	癸丑	5/19	4/27	癸未	6/20	閏4/30	乙卯	7/21	6/2	丙戌
	2/20	1/27	甲寅	3/21	2/27	甲申	4/20	3/28	甲寅	5/20	4/28	甲申	6/21	5/1	丙辰	7/22	6/3	丁亥
	2/21	1/28	乙卯	3/22	2/28	乙酉	4/21	3/29	乙卯	5/21	4/29	乙酉	6/22	5/2	丁巳	7/23	6/4	戊子
	2/22	1/29	丙辰	3/23	2/29	丙戌	4/22	3/30	丙辰	5/22	閏4/1	丙戌	6/23	5/3	戊午	7/24	6/5	己丑
	2/23	1/30	丁巳	3/24	3/1	丁亥	4/23	4/1	丁巳	5/23	閏4/2	丁亥	6/24	5/4	己未	7/25	6/6	庚寅
	2/24	2/1	戊午	3/25	3/2	戊子	4/24	4/2	戊午	5/24	閏4/3	戊子	6/25	5/5	庚申	7/26	6/7	辛卯
	2/25	2/2	己未	3/26	3/3	己丑	4/25	4/3	己未	5/25	閏4/4	己丑	6/26	5/6	辛酉	7/27	6/8	壬辰
	2/26	2/3	庚申	3/27	3/4	庚寅	4/26	4/4	庚申	5/26	閏4/5	庚寅	6/27	5/7	壬戌	7/28	6/9	癸巳
	2/27	2/4	辛酉	3/28	3/5	辛卯	4/27	4/5	辛酉	5/27	閏4/6	辛卯	6/28	5/8	癸亥	7/29	6/10	甲午
	2/28	2/5	壬戌	3/29	3/6	壬辰	4/28	4/6	壬戌	5/28	閏4/7	壬辰	6/29	5/9	甲子	7/30	6/11	乙未
	2/29	2/6	癸亥	3/30	3/7	癸巳	4/29	4/7	癸亥	5/29	閏4/8	癸巳	6/30	5/10	乙丑	7/31	6/12	丙申
	3/1	2/7	甲子	3/31	3/8	甲午	4/30	4/8	甲子	5/30	閏4/9	甲午	7/1	5/11	丙寅	8/1	6/13	丁酉
	3/2	2/8	乙丑	4/1	3/9	乙未	5/1	4/9	乙丑	5/31	閏4/10	乙未	7/2	5/12	丁卯	8/2	6/14	戊戌
	3/3	2/9	丙寅	4/2	3/10	丙申	5/2	4/10	丙寅	6/1	閏4/11	丙申	7/3	5/13	戊辰	8/3	6/15	己亥
	3/4	2/10	丁卯	4/3	3/11	丁酉	5/3	4/11	丁卯	6/2	閏4/12	丁酉	7/4	5/14	己巳	8/4	6/16	庚子
	3/5	2/11	戊辰	4/4	3/12	戊戌	5/4	4/12	戊辰	6/3	閏4/13	戊戌	7/5	5/15	庚午	8/5	6/17	辛丑
										6/4	閏4/14	己亥	7/6	5/16	辛未	8/6	6/18	壬寅
										6/5	閏4/15	庚子				8/7	6/19	癸卯
中氣	雨水			春分			穀雨			小滿			夏至			大暑		
	2/20 2時27分 丑時			3/21 1時48分 丑時			4/20 13時17分 未時			5/21 12時50分 午時			6/21 21時2分 亥時			7/23 7時55分 辰時		

1944 猴 中華民國三十三年

甲申																		年
壬申			癸酉			甲戌			乙亥			丙子			丁丑			月
立秋			白露			寒露			立冬			大雪			小寒			節氣
8/8 0時18分 子時			9/8 2時55分 丑時			10/8 18時8分 酉時			11/7 20時54分 戌時			12/7 13時27分 未時			1/6 0時34分 子時			
國曆	農曆	干支	國曆	農曆	干支	國曆	農曆	干支	國曆	農曆	干支	國曆	農曆	干支	國曆	農曆	干支	日
8 8	6 20	甲辰	9 8	7 21	乙亥	10 8	8 22	乙巳	11 7	9 22	乙亥	12 7	10 22	乙巳	1 6	11 23	乙亥	
8 9	6 21	乙巳	9 9	7 22	丙子	10 9	8 23	丙午	11 8	9 23	丙子	12 8	10 23	丙午	1 7	11 24	丙子	
8 10	6 22	丙午	9 10	7 23	丁丑	10 10	8 24	丁未	11 9	9 24	丁丑	12 9	10 24	丁未	1 8	11 25	丁丑	
8 11	6 23	丁未	9 11	7 24	戊寅	10 11	8 25	戊申	11 10	9 25	戊寅	12 10	10 25	戊申	1 9	11 26	戊寅	1
8 12	6 24	戊申	9 12	7 25	己卯	10 12	8 26	己酉	11 11	9 26	己卯	12 11	10 26	己酉	1 10	11 27	己卯	9
8 13	6 25	己酉	9 13	7 26	庚辰	10 13	8 27	庚戌	11 12	9 27	庚辰	12 12	10 27	庚戌	1 11	11 28	庚辰	4
8 14	6 26	庚戌	9 14	7 27	辛巳	10 14	8 28	辛亥	11 13	9 28	辛巳	12 13	10 28	辛亥	1 12	11 29	辛巳	4
8 15	6 27	辛亥	9 15	7 28	壬午	10 15	8 29	壬子	11 14	9 29	壬午	12 14	10 29	壬子	1 13	11 30	壬午	·
8 16	6 28	壬子	9 16	7 29	癸未	10 16	8 30	癸丑	11 15	9 30	癸未	12 15	11 1	癸丑	1 14	12 1	癸未	1
8 17	6 29	癸丑	9 17	8 1	甲申	10 17	9 1	甲寅	11 16	10 1	甲申	12 16	11 2	甲寅	1 15	12 2	甲申	9
8 18	6 30	甲寅	9 18	8 2	乙酉	10 18	9 2	乙卯	11 17	10 2	乙酉	12 17	11 3	乙卯	1 16	12 3	乙酉	4
8 19	7 1	乙卯	9 19	8 3	丙戌	10 19	9 3	丙辰	11 18	10 3	丙戌	12 18	11 4	丙辰	1 17	12 4	丙戌	5
8 20	7 2	丙辰	9 20	8 4	丁亥	10 20	9 4	丁巳	11 19	10 4	丁亥	12 19	11 5	丁巳	1 18	12 5	丁亥	
8 21	7 3	丁巳	9 21	8 5	戊子	10 21	9 5	戊午	11 20	10 5	戊子	12 20	11 6	戊午	1 19	12 6	戊子	
8 22	7 4	戊午	9 22	8 6	己丑	10 22	9 6	己未	11 21	10 6	己丑	12 21	11 7	己未	1 20	12 7	己丑	
8 23	7 5	己未	9 23	8 7	庚寅	10 23	9 7	庚申	11 22	10 7	庚寅	12 22	11 8	庚申	1 21	12 8	庚寅	
8 24	7 6	庚申	9 24	8 8	辛卯	10 24	9 8	辛酉	11 23	10 8	辛卯	12 23	11 9	辛酉	1 22	12 9	辛卯	
8 25	7 7	辛酉	9 25	8 9	壬辰	10 25	9 9	壬戌	11 24	10 9	壬辰	12 24	11 10	壬戌	1 23	12 10	壬辰	
8 26	7 8	壬戌	9 26	8 10	癸巳	10 26	9 10	癸亥	11 25	10 10	癸巳	12 25	11 11	癸亥	1 24	12 11	癸巳	
8 27	7 9	癸亥	9 27	8 11	甲午	10 27	9 11	甲子	11 26	10 11	甲午	12 26	11 12	甲子	1 25	12 12	甲午	猴
8 28	7 10	甲子	9 28	8 12	乙未	10 28	9 12	乙丑	11 27	10 12	乙未	12 27	11 13	乙丑	1 26	12 13	乙未	
8 29	7 11	乙丑	9 29	8 13	丙申	10 29	9 13	丙寅	11 28	10 13	丙申	12 28	11 14	丙寅	1 27	12 14	丙申	
8 30	7 12	丙寅	9 30	8 14	丁酉	10 30	9 14	丁卯	11 29	10 14	丁酉	12 29	11 15	丁卯	1 28	12 15	丁酉	
8 31	7 13	丁卯	10 1	8 15	戊戌	10 31	9 15	戊辰	11 30	10 15	戊戌	12 30	11 16	戊辰	1 29	12 16	戊戌	
9 1	7 14	戊辰	10 2	8 16	己亥	11 1	9 16	己巳	12 1	10 16	己亥	12 31	11 17	己巳	1 30	12 17	己亥	中
9 2	7 15	己巳	10 3	8 17	庚子	11 2	9 17	庚午	12 2	10 17	庚子	1 1	11 18	庚午	1 31	12 18	庚子	華
9 3	7 16	庚午	10 4	8 18	辛丑	11 3	9 18	辛未	12 3	10 18	辛丑	1 2	11 19	辛未	2 1	12 19	辛丑	民
9 4	7 17	辛未	10 5	8 19	壬寅	11 4	9 19	壬申	12 4	10 19	壬寅	1 3	11 20	壬申	2 2	12 20	壬寅	國
9 5	7 18	壬申	10 6	8 20	癸卯	11 5	9 20	癸酉	12 5	10 20	癸卯	1 4	11 21	癸酉	2 3	12 21	癸卯	三
9 6	7 19	癸酉	10 7	8 21	甲辰	11 6	9 21	甲戌	12 6	10 21	甲辰	1 5	11 22	甲戌				十
9 7	7 20	甲戌																三
處暑			秋分			霜降			小雪			冬至			大寒			·
8/23 14時46分 未時			9/23 12時1分 午時			10/23 20時56分 戌時			11/22 18時7分 酉時			12/22 7時14分 辰時			1/20 17時53分 酉時			中氣

（右欄年份：三十四年　中氣）

年	乙酉																
月	戊寅			己卯			庚辰			辛巳			壬午			癸未		
節氣	立春			驚蟄			清明			立夏			芒種			小暑		
	2/4 12時19分 午時			3/6 6時38分 卯時			4/5 11時51分 午時			5/6 5時36分 卯時			6/6 10時5分 巳時			7/7 20時26分 戌時		
日	國曆	農曆	干支	國曆	農曆	干支	國曆	農曆	干支	國曆	農曆	干支	國曆	農曆	干支	國曆	農曆	干支
	2 4	12 22	甲辰	3 6	1 22	甲戌	4 5	2 23	甲辰	5 6	3 25	乙亥	6 6	4 26	丙午	7 7	5 28	丁丑
	2 5	12 23	乙巳	3 7	1 23	乙亥	4 6	2 24	乙巳	5 7	3 26	丙子	6 7	4 27	丁未	7 8	5 29	戊寅
	2 6	12 24	丙午	3 8	1 24	丙子	4 7	2 25	丙午	5 8	3 27	丁丑	6 8	4 28	戊申	7 9	6 1	己卯
	2 7	12 25	丁未	3 9	1 25	丁丑	4 8	2 26	丁未	5 9	3 28	戊寅	6 9	4 29	己酉	7 10	6 2	庚辰
1	2 8	12 26	戊申	3 10	1 26	戊寅	4 9	2 27	戊申	5 10	3 29	己卯	6 10	5 1	庚戌	7 11	6 3	辛巳
9	2 9	12 27	己酉	3 11	1 27	己卯	4 10	2 28	己酉	5 11	3 30	庚辰	6 11	5 2	辛亥	7 12	6 4	壬午
4	2 10	12 28	庚戌	3 12	1 28	庚辰	4 11	2 29	庚戌	5 12	4 1	辛巳	6 12	5 3	壬子	7 13	6 5	癸未
5	2 11	12 29	辛亥	3 13	1 29	辛巳	4 12	3 1	辛亥	5 13	4 2	壬午	6 13	5 4	癸丑	7 14	6 6	甲申
	2 12	12 30	壬子	3 14	2 1	壬午	4 13	3 2	壬子	5 14	4 3	癸未	6 14	5 5	甲寅	7 15	6 7	乙酉
	2 13	1 1	癸丑	3 15	2 2	癸未	4 14	3 3	癸丑	5 15	4 4	甲申	6 15	5 6	乙卯	7 16	6 8	丙戌
	2 14	1 2	甲寅	3 16	2 3	甲申	4 15	3 4	甲寅	5 16	4 5	乙酉	6 16	5 7	丙辰	7 17	6 9	丁亥
	2 15	1 3	乙卯	3 17	2 4	乙酉	4 16	3 5	乙卯	5 17	4 6	丙戌	6 17	5 8	丁巳	7 18	6 10	戊子
	2 16	1 4	丙辰	3 18	2 5	丙戌	4 17	3 6	丙辰	5 18	4 7	丁亥	6 18	5 9	戊午	7 19	6 11	己丑
	2 17	1 5	丁巳	3 19	2 6	丁亥	4 18	3 7	丁巳	5 19	4 8	戊子	6 19	5 10	己未	7 20	6 12	庚寅
	2 18	1 6	戊午	3 20	2 7	戊子	4 19	3 8	戊午	5 20	4 9	己丑	6 20	5 11	庚申	7 21	6 13	辛卯
	2 19	1 7	己未	3 21	2 8	己丑	4 20	3 9	己未	5 21	4 10	庚寅	6 21	5 12	辛酉	7 22	6 14	壬辰
雞	2 20	1 8	庚申	3 22	2 9	庚寅	4 21	3 10	庚申	5 22	4 11	辛卯	6 22	5 13	壬戌	7 23	6 15	癸巳
	2 21	1 9	辛酉	3 23	2 10	辛卯	4 22	3 11	辛酉	5 23	4 12	壬辰	6 23	5 14	癸亥	7 24	6 16	甲午
	2 22	1 10	壬戌	3 24	2 11	壬辰	4 23	3 12	壬戌	5 24	4 13	癸巳	6 24	5 15	甲子	7 25	6 17	乙未
	2 23	1 11	癸亥	3 25	2 12	癸巳	4 24	3 13	癸亥	5 25	4 14	甲午	6 25	5 16	乙丑	7 26	6 18	丙申
	2 24	1 12	甲子	3 26	2 13	甲午	4 25	3 14	甲子	5 26	4 15	乙未	6 26	5 17	丙寅	7 27	6 19	丁酉
	2 25	1 13	乙丑	3 27	2 14	乙未	4 26	3 15	乙丑	5 27	4 16	丙申	6 27	5 18	丁卯	7 28	6 20	戊戌
	2 26	1 14	丙寅	3 28	2 15	丙申	4 27	3 16	丙寅	5 28	4 17	丁酉	6 28	5 19	戊辰	7 29	6 21	己亥
中	2 27	1 15	丁卯	3 29	2 16	丁酉	4 28	3 17	丁卯	5 29	4 18	戊戌	6 29	5 20	己巳	7 30	6 22	庚子
華	2 28	1 16	戊辰	3 30	2 17	戊戌	4 29	3 18	戊辰	5 30	4 19	己亥	6 30	5 21	庚午	7 31	6 23	辛丑
民	3 1	1 17	己巳	3 31	2 18	己亥	4 30	3 19	己巳	5 31	4 20	庚子	7 1	5 22	辛未	8 1	6 24	壬寅
國	3 2	1 18	庚午	4 1	2 19	庚子	5 1	3 20	庚午	6 1	4 21	辛丑	7 2	5 23	壬申	8 2	6 25	癸卯
三	3 3	1 19	辛未	4 2	2 20	辛丑	5 2	3 21	辛未	6 2	4 22	壬寅	7 3	5 24	癸酉	8 3	6 26	甲辰
十	3 4	1 20	壬申	4 3	2 21	壬寅	5 3	3 22	壬申	6 3	4 23	癸卯	7 4	5 25	甲戌	8 4	6 27	乙巳
四	3 5	1 21	癸酉	4 4	2 22	癸卯	5 4	3 23	癸酉	6 4	4 24	甲辰	7 5	5 26	乙亥	8 5	6 28	丙午
年							5 5	3 24	甲戌	6 5	4 25	乙巳	7 6	5 27	丙子	8 6	6 29	丁未
																8 7	6 30	戊申
中氣	雨水			春分			穀雨			小滿			夏至			大暑		
	2/19 8時14分 辰時			3/21 7時37分 辰時			4/20 19時6分 戌時			5/21 18時40分 酉時			6/22 2時52分 丑時			7/23 13時45分 未時		

日光節約時間：五月一日至九月三十日

年	己丑			戊子			丁亥			丙戌			乙酉			甲申			乙酉
月	小寒			大雪			立冬			寒露			白露			立秋			節氣
	1/6 6時16分 卯時			12/7 19時7分 戌時			11/8 2時34分 丑時			10/8 23時49分 子時			9/8 8時38分 辰時			8/8 6時5分 卯時			

此頁為乙酉年（民國三十四・三十五年，雞）之農民曆對照表，欄位由左至右每組為：國曆、農曆、干支。

國曆	農曆	干支	國曆	農曆	干支	國曆	農曆	干支	國曆	農曆	干支	國曆	農曆	干支	國曆	農曆	干支	日
8 8	7 1	己酉	9 8	8 3	庚辰	10 8	9 3	庚戌	11 8	10 4	辛巳	12 7	11 3	庚戌	1 6	12 4	庚辰	1945・1946
8 9	7 2	庚戌	9 9	8 4	辛巳	10 9	9 4	辛亥	11 9	10 5	壬午	12 8	11 4	辛亥	1 7	12 5	辛巳	
8 10	7 3	辛亥	9 10	8 5	壬午	10 10	9 5	壬子	11 10	10 6	癸未	12 9	11 5	壬子	1 8	12 6	壬午	
8 11	7 4	壬子	9 11	8 6	癸未	10 11	9 6	癸丑	11 11	10 7	甲申	12 10	11 6	癸丑	1 9	12 7	癸未	
8 12	7 5	癸丑	9 12	8 7	甲申	10 12	9 7	甲寅	11 12	10 8	乙酉	12 11	11 7	甲寅	1 10	12 8	甲申	
8 13	7 6	甲寅	9 13	8 8	乙酉	10 13	9 8	乙卯	11 13	10 9	丙戌	12 12	11 8	乙卯	1 11	12 9	乙酉	
8 14	7 7	乙卯	9 14	8 9	丙戌	10 14	9 9	丙辰	11 14	10 10	丁亥	12 13	11 9	丙辰	1 12	12 10	丙戌	1
8 15	7 8	丙辰	9 15	8 10	丁亥	10 15	9 10	丁巳	11 15	10 11	戊子	12 14	11 10	丁巳	1 13	12 11	丁亥	9
8 16	7 9	丁巳	9 16	8 11	戊子	10 16	9 11	戊午	11 16	10 12	己丑	12 15	11 11	戊午	1 14	12 12	戊子	4
8 17	7 10	戊午	9 17	8 12	己丑	10 17	9 12	己未	11 17	10 13	庚寅	12 16	11 12	己未	1 15	12 13	己丑	5
8 18	7 11	己未	9 18	8 13	庚寅	10 18	9 13	庚申	11 18	10 14	辛卯	12 17	11 13	庚申	1 16	12 14	庚寅	·
8 19	7 12	庚申	9 19	8 14	辛卯	10 19	9 14	辛酉	11 19	10 15	壬辰	12 18	11 14	辛酉	1 17	12 15	辛卯	1
8 20	7 13	辛酉	9 20	8 15	壬辰	10 20	9 15	壬戌	11 20	10 16	癸巳	12 19	11 15	壬戌	1 18	12 16	壬辰	9
8 21	7 14	壬戌	9 21	8 16	癸巳	10 21	9 16	癸亥	11 21	10 17	甲午	12 20	11 16	癸亥	1 19	12 17	癸巳	4
8 22	7 15	癸亥	9 22	8 17	甲午	10 22	9 17	甲子	11 22	10 18	乙未	12 21	11 17	甲子	1 20	12 18	甲午	6
8 23	7 16	甲子	9 23	8 18	乙未	10 23	9 18	乙丑	11 23	10 19	丙申	12 22	11 18	乙丑	1 21	12 19	乙未	
8 24	7 17	乙丑	9 24	8 19	丙申	10 24	9 19	丙寅	11 24	10 20	丁酉	12 23	11 19	丙寅	1 22	12 20	丙申	
8 25	7 18	丙寅	9 25	8 20	丁酉	10 25	9 20	丁卯	11 25	10 21	戊戌	12 24	11 20	丁卯	1 23	12 21	丁酉	
8 26	7 19	丁卯	9 26	8 21	戊戌	10 26	9 21	戊辰	11 26	10 22	己亥	12 25	11 21	戊辰	1 24	12 22	戊戌	雞
8 27	7 20	戊辰	9 27	8 22	己亥	10 27	9 22	己巳	11 27	10 23	庚子	12 26	11 22	己巳	1 25	12 23	己亥	
8 28	7 21	己巳	9 28	8 23	庚子	10 28	9 23	庚午	11 28	10 24	辛丑	12 27	11 23	庚午	1 26	12 24	庚子	
8 29	7 22	庚午	9 29	8 24	辛丑	10 29	9 24	辛未	11 29	10 25	壬寅	12 28	11 24	辛未	1 27	12 25	辛丑	
8 30	7 23	辛未	9 30	8 25	壬寅	10 30	9 25	壬申	11 30	10 26	癸卯	12 29	11 25	壬申	1 28	12 26	壬寅	
8 31	7 24	壬申	10 1	8 26	癸卯	10 31	9 26	癸酉	12 1	10 27	甲辰	12 30	11 26	癸酉	1 29	12 27	癸卯	中
9 1	7 25	癸酉	10 2	8 27	甲辰	11 1	9 27	甲戌	12 2	10 28	乙巳	12 31	11 27	甲戌	1 30	12 28	甲辰	華
9 2	7 26	甲戌	10 3	8 28	乙巳	11 2	9 28	乙亥	12 3	10 29	丙午	1 1	11 28	乙亥	1 31	12 29	乙巳	民
9 3	7 27	乙亥	10 4	8 29	丙午	11 3	9 29	丙子	12 4	10 30	丁未	1 2	11 29	丙子	2 1	12 30	丙午	國
9 4	7 28	丙子	10 5	8 30	丁未	11 4	9 30	丁丑	12 5	11 1	戊申	1 3	12 1	丁丑	2 2	1 1	丁未	三
9 5	7 29	丁丑	10 6	9 1	戊申	11 5	10 1	戊寅	12 6	11 2	己酉	1 4	12 2	戊寅	2 3	1 2	戊申	十
9 6	8 1	戊寅	10 7	9 2	己酉	11 6	10 2	己卯				1 5	12 3	己卯				四
9 7	8 2	己卯				11 7	10 3	庚辰										· 三十五年

中氣	大寒			冬至			小雪			霜降			秋分			處暑		
	1/20 23時44分 子時			12/22 13時3分 未時			11/22 23時55分 子時			10/24 2時43分 丑時			9/23 17時49分 酉時			8/23 20時35分 戌時		

日光節約時間：五月一日至九月三十日

年	丙戌																	
月	庚寅			辛卯			壬辰			癸巳			甲午			乙未		
節氣	立春			驚蟄			清明			立夏			芒種			小暑		
	2/4 18時3分 酉時			3/6 12時24分 午時			4/5 17時38分 酉時			5/6 11時21分 午時			6/6 15時48分 申時			7/8 2時10分 丑時		
日	國曆	農曆	干支	國曆	農曆	干支	國曆	農曆	干支	國曆	農曆	干支	國曆	農曆	干支	國曆	農曆	干支
	2 4	1 3	己酉	3 6	2 3	己卯	4 5	3 4	己酉	5 6	4 6	庚辰	6 6	5 7	辛亥	7 8	6 10	癸未
	2 5	1 4	庚戌	3 7	2 4	庚辰	4 6	3 5	庚戌	5 7	4 7	辛巳	6 7	5 8	壬子	7 9	6 11	甲申
	2 6	1 5	辛亥	3 8	2 5	辛巳	4 7	3 6	辛亥	5 8	4 8	壬午	6 8	5 9	癸丑	7 10	6 12	乙酉
	2 7	1 6	壬子	3 9	2 6	壬午	4 8	3 7	壬子	5 9	4 9	癸未	6 9	5 10	甲寅	7 11	6 13	丙戌
1	2 8	1 7	癸丑	3 10	2 7	癸未	4 9	3 8	癸丑	5 10	4 10	甲申	6 10	5 11	乙卯	7 12	6 14	丁亥
9	2 9	1 8	甲寅	3 11	2 8	甲申	4 10	3 9	甲寅	5 11	4 11	乙酉	6 11	5 12	丙辰	7 13	6 15	戊子
4	2 10	1 9	乙卯	3 12	2 9	乙酉	4 11	3 10	乙卯	5 12	4 12	丙戌	6 12	5 13	丁巳	7 14	6 16	己丑
6	2 11	1 10	丙辰	3 13	2 10	丙戌	4 12	3 11	丙辰	5 13	4 13	丁亥	6 13	5 14	戊午	7 15	6 17	庚寅
	2 12	1 11	丁巳	3 14	2 11	丁亥	4 13	3 12	丁巳	5 14	4 14	戊子	6 14	5 15	己未	7 16	6 18	辛卯
	2 13	1 12	戊午	3 15	2 12	戊子	4 14	3 13	戊午	5 15	4 15	己丑	6 15	5 16	庚申	7 17	6 19	壬辰
	2 14	1 13	己未	3 16	2 13	己丑	4 15	3 14	己未	5 16	4 16	庚寅	6 16	5 17	辛酉	7 18	6 20	癸巳
	2 15	1 14	庚申	3 17	2 14	庚寅	4 16	3 15	庚申	5 17	4 17	辛卯	6 17	5 18	壬戌	7 19	6 21	甲午
	2 16	1 15	辛酉	3 18	2 15	辛卯	4 17	3 16	辛酉	5 18	4 18	壬辰	6 18	5 19	癸亥	7 20	6 22	乙未
狗	2 17	1 16	壬戌	3 19	2 16	壬辰	4 18	3 17	壬戌	5 19	4 19	癸巳	6 19	5 20	甲子	7 21	6 23	丙申
	2 18	1 17	癸亥	3 20	2 17	癸巳	4 19	3 18	癸亥	5 20	4 20	甲午	6 20	5 21	乙丑	7 22	6 24	丁酉
	2 19	1 18	甲子	3 21	2 18	甲午	4 20	3 19	甲子	5 21	4 21	乙未	6 21	5 22	丙寅	7 23	6 25	戊戌
	2 20	1 19	乙丑	3 22	2 19	乙未	4 21	3 20	乙丑	5 22	4 22	丙申	6 22	5 23	丁卯	7 24	6 26	己亥
	2 21	1 20	丙寅	3 23	2 20	丙申	4 22	3 21	丙寅	5 23	4 23	丁酉	6 23	5 24	戊辰	7 25	6 27	庚子
	2 22	1 21	丁卯	3 24	2 21	丁酉	4 23	3 22	丁卯	5 24	4 24	戊戌	6 24	5 25	己巳	7 26	6 28	辛丑
	2 23	1 22	戊辰	3 25	2 22	戊戌	4 24	3 23	戊辰	5 25	4 25	己亥	6 25	5 26	庚午	7 27	7 1	壬寅
中	2 24	1 23	己巳	3 26	2 23	己亥	4 25	3 24	己巳	5 26	4 26	庚子	6 26	5 27	辛未	7 28	7 2	癸卯
華	2 25	1 24	庚午	3 27	2 24	庚子	4 26	3 25	庚午	5 27	4 27	辛丑	6 27	5 28	壬申	7 29	7 3	甲辰
民	2 26	1 25	辛未	3 28	2 25	辛丑	4 27	3 26	辛未	5 28	4 28	壬寅	6 28	5 29	癸酉	7 30	7 4	乙巳
國	2 27	1 26	壬申	3 29	2 26	壬寅	4 28	3 27	壬申	5 29	4 29	癸卯	6 29	6 1	甲戌	7 31	7 5	丙午
三	2 28	1 27	癸酉	3 30	2 27	癸卯	4 29	3 28	癸酉	5 30	4 30	甲辰	6 30	6 2	乙亥	8 1	7 6	丁未
十	3 1	1 28	甲戌	3 31	2 28	甲辰	4 30	3 29	甲戌	5 31	5 1	乙巳	7 1	6 3	丙子	8 2	7 7	戊申
五	3 2	1 29	乙亥	4 1	2 29	乙巳	5 1	4 1	乙亥	6 1	5 2	丙午	7 2	6 4	丁丑	8 3	7 8	己酉
年	3 3	1 30	丙子	4 2	3 1	丙午	5 2	4 2	丙子	6 2	5 3	丁未	7 3	6 5	戊寅	8 4	7 9	庚戌
	3 4	2 1	丁丑	4 3	3 2	丁未	5 3	4 3	丁丑	6 3	5 4	戊申	7 4	6 6	己卯	8 5	7 10	辛亥
	3 5	2 2	戊寅	4 4	3 3	戊申	5 4	4 4	戊寅	6 4	5 5	己酉	7 5	6 7	庚辰	8 6	7 11	壬子
							5 5	4 5	己卯	6 5	5 6	庚戌	7 6	6 8	辛巳	8 7	7 12	癸丑
													7 7	6 9	壬午			
中氣	雨水			春分			穀雨			小滿			夏至			大暑		
	2/19 14時8分 未時			3/21 13時32分 未時			4/21 1時2分 丑時			5/22 0時33分 子時			6/22 8時44分 辰時			7/23 19時37分 戌時		

日光節約時間：五月一日至九月三十日

丙戌																		年
丙申			丁酉			戊戌			己亥			庚子			辛丑			月
立秋			白露			寒露			立冬			大雪			小寒			節氣
8/8 11時51分 午時			9/8 14時27分 未時			10/9 5時40分 卯時			11/8 8時27分 辰時			12/8 1時0分 丑時			1/6 12時6分 午時			
國曆	農曆	干支	國曆	農曆	干支	國曆	農曆	干支	國曆	農曆	干支	國曆	農曆	干支	國曆	農曆	干支	日
8/8	7/12	甲寅	9/8	8/13	乙酉	10/9	9/15	丙辰	11/8	10/15	丙戌	12/8	11/15	丙辰	1/6	12/15	乙酉	
8/9	7/13	乙卯	9/9	8/14	丙戌	10/10	9/16	丁巳	11/9	10/16	丁亥	12/9	11/16	丁巳	1/7	12/16	丙戌	
8/10	7/14	丙辰	9/10	8/15	丁亥	10/11	9/17	戊午	11/10	10/17	戊子	12/10	11/17	戊午	1/8	12/17	丁亥	
8/11	7/15	丁巳	9/11	8/16	戊子	10/12	9/18	己未	11/11	10/18	己丑	12/11	11/18	己未	1/9	12/18	戊子	1
8/12	7/16	戊午	9/12	8/17	己丑	10/13	9/19	庚申	11/12	10/19	庚寅	12/12	11/19	庚申	1/10	12/19	己丑	9
8/13	7/17	己未	9/13	8/18	庚寅	10/14	9/20	辛酉	11/13	10/20	辛卯	12/13	11/20	辛酉	1/11	12/20	庚寅	4
8/14	7/18	庚申	9/14	8/19	辛卯	10/15	9/21	壬戌	11/14	10/21	壬辰	12/14	11/21	壬戌	1/12	12/21	辛卯	6
8/15	7/19	辛酉	9/15	8/20	壬辰	10/16	9/22	癸亥	11/15	10/22	癸巳	12/15	11/22	癸亥	1/13	12/22	壬辰	·
8/16	7/20	壬戌	9/16	8/21	癸巳	10/17	9/23	甲子	11/16	10/23	甲午	12/16	11/23	甲子	1/14	12/23	癸巳	1
8/17	7/21	癸亥	9/17	8/22	甲午	10/18	9/24	乙丑	11/17	10/24	乙未	12/17	11/24	乙丑	1/15	12/24	甲午	9
8/18	7/22	甲子	9/18	8/23	乙未	10/19	9/25	丙寅	11/18	10/25	丙申	12/18	11/25	丙寅	1/16	12/25	乙未	4
8/19	7/23	乙丑	9/19	8/24	丙申	10/20	9/26	丁卯	11/19	10/26	丁酉	12/19	11/26	丁卯	1/17	12/26	丙申	7
8/20	7/24	丙寅	9/20	8/25	丁酉	10/21	9/27	戊辰	11/20	10/27	戊戌	12/20	11/27	戊辰	1/18	12/27	丁酉	
8/21	7/25	丁卯	9/21	8/26	戊戌	10/22	9/28	己巳	11/21	10/28	己亥	12/21	11/28	己巳	1/19	12/28	戊戌	狗
8/22	7/26	戊辰	9/22	8/27	己亥	10/23	9/29	庚午	11/22	10/29	庚子	12/22	11/29	庚午	1/20	12/29	己亥	
8/23	7/27	己巳	9/23	8/28	庚子	10/24	9/30	辛未	11/23	10/30	辛丑	12/23	12/1	辛未	1/21	12/30	庚子	
8/24	7/28	庚午	9/24	8/29	辛丑	10/25	10/1	壬申	11/24	11/1	壬寅	12/24	12/2	壬申	1/22	1/1	辛丑	
8/25	7/29	辛未	9/25	9/1	壬寅	10/26	10/2	癸酉	11/25	11/2	癸卯	12/25	12/3	癸酉	1/23	1/2	壬寅	中
8/26	7/30	壬申	9/26	9/2	癸卯	10/27	10/3	甲戌	11/26	11/3	甲辰	12/26	12/4	甲戌	1/24	1/3	癸卯	華
8/27	8/1	癸酉	9/27	9/3	甲辰	10/28	10/4	乙亥	11/27	11/4	乙巳	12/27	12/5	乙亥	1/25	1/4	甲辰	民
8/28	8/2	甲戌	9/28	9/4	乙巳	10/29	10/5	丙子	11/28	11/5	丙午	12/28	12/6	丙子	1/26	1/5	乙巳	國
8/29	8/3	乙亥	9/29	9/5	丙午	10/30	10/6	丁丑	11/29	11/6	丁未	12/29	12/7	丁丑	1/27	1/6	丙午	三
8/30	8/4	丙子	9/30	9/6	丁未	10/31	10/7	戊寅	11/30	11/7	戊申	12/30	12/8	戊寅	1/28	1/7	丁未	十
8/31	8/5	丁丑	10/1	9/7	戊申	11/1	10/8	己卯	12/1	11/8	己酉	12/31	12/9	己卯	1/29	1/8	戊申	五
9/1	8/6	戊寅	10/2	9/8	己酉	11/2	10/9	庚辰	12/2	11/9	庚戌	1/1	12/10	庚辰	1/30	1/9	己酉	·
9/2	8/7	己卯	10/3	9/9	庚戌	11/3	10/10	辛巳	12/3	11/10	辛亥	1/2	12/11	辛巳	1/31	1/10	庚戌	三
9/3	8/8	庚辰	10/4	9/10	辛亥	11/4	10/11	壬午	12/4	11/11	壬子	1/3	12/12	壬午	2/1	1/11	辛亥	十
9/4	8/9	辛巳	10/5	9/11	壬子	11/5	10/12	癸未	12/5	11/12	癸丑	1/4	12/13	癸未	2/2	1/12	壬子	六
9/5	8/10	壬午	10/6	9/12	癸丑	11/6	10/13	甲申	12/6	11/13	甲寅				2/3	1/13	癸丑	年
9/6	8/11	癸未	10/7	9/13	甲寅	11/7	10/14	乙酉	12/7	11/14	乙卯							
9/7	8/12	甲申	10/8	9/14	乙卯													
處暑			秋分			霜降			小雪			冬至			大寒			中氣
8/24 2時26分 丑時			9/23 23時40分 子時			10/24 8時34分 辰時			11/23 5時46分 卯時			12/22 18時53分 酉時			1/21 5時31分 卯時			

日光節約時間：五月一日至九月三十日

年	丁亥																
月	壬寅			癸卯			甲辰			乙巳			丙午			丁未		
節氣	立春			驚蟄			清明			立夏			芒種			小暑		
	2/4 23時50分 子時			3/6 18時7分 酉時			4/5 23時20分 子時			5/6 17時3分 酉時			6/6 21時31分 亥時			7/8 7時55分 辰時		
日	國曆	農曆	干支	國曆	農曆	干支	國曆	農曆	干支	國曆	農曆	干支	國曆	農曆	干支	國曆	農曆	干支
	2 4	1 14	甲寅	3 6	2 14	甲申	4 5	閏2 14	甲寅	5 6	3 16	乙酉	6 6	4 18	丙辰	7 8	5 20	戊子
	2 5	1 15	乙卯	3 7	2 15	乙酉	4 6	閏2 15	乙卯	5 7	3 17	丙戌	6 7	4 19	丁巳	7 9	5 21	己丑
	2 6	1 16	丙辰	3 8	2 16	丙戌	4 7	閏2 16	丙辰	5 8	3 18	丁亥	6 8	4 20	戊午	7 10	5 22	庚寅
	2 7	1 17	丁巳	3 9	2 17	丁亥	4 8	閏2 17	丁巳	5 9	3 19	戊子	6 9	4 21	己未	7 11	5 23	辛卯
	2 8	1 18	戊午	3 10	2 18	戊子	4 9	閏2 18	戊午	5 10	3 20	己丑	6 10	4 22	庚申	7 12	5 24	壬辰
1	2 9	1 19	己未	3 11	2 19	己丑	4 10	閏2 19	己未	5 11	3 21	庚寅	6 11	4 23	辛酉	7 13	5 25	癸巳
9	2 10	1 20	庚申	3 12	2 20	庚寅	4 11	閏2 20	庚申	5 12	3 22	辛卯	6 12	4 24	壬戌	7 14	5 26	甲午
4	2 11	1 21	辛酉	3 13	2 21	辛卯	4 12	閏2 21	辛酉	5 13	3 23	壬辰	6 13	4 25	癸亥	7 15	5 27	乙未
7	2 12	1 22	壬戌	3 14	2 22	壬辰	4 13	閏2 22	壬戌	5 14	3 24	癸巳	6 14	4 26	甲子	7 16	5 28	丙申
	2 13	1 23	癸亥	3 15	2 23	癸巳	4 14	閏2 23	癸亥	5 15	3 25	甲午	6 15	4 27	乙丑	7 17	5 29	丁酉
	2 14	1 24	甲子	3 16	2 24	甲午	4 15	閏2 24	甲子	5 16	3 26	乙未	6 16	4 28	丙寅	7 18	6 1	戊戌
	2 15	1 25	乙丑	3 17	2 25	乙未	4 16	閏2 25	乙丑	5 17	3 27	丙申	6 17	4 29	丁卯	7 19	6 2	己亥
	2 16	1 26	丙寅	3 18	2 26	丙申	4 17	閏2 26	丙寅	5 18	3 28	丁酉	6 18	4 30	戊辰	7 20	6 3	庚子
豬	2 17	1 27	丁卯	3 19	2 27	丁酉	4 18	閏2 27	丁卯	5 19	3 29	戊戌	6 19	5 1	己巳	7 21	6 4	辛丑
	2 18	1 28	戊辰	3 20	2 28	戊戌	4 19	閏2 28	戊辰	5 20	4 1	己亥	6 20	5 2	庚午	7 22	6 5	壬寅
	2 19	1 29	己巳	3 21	2 29	己亥	4 20	閏2 29	己巳	5 21	4 2	庚子	6 21	5 3	辛未	7 23	6 6	癸卯
	2 20	1 30	庚午	3 22	2 30	庚子	4 21	3 1	庚午	5 22	4 3	辛丑	6 22	5 4	壬申	7 24	6 7	甲辰
	2 21	2 1	辛未	3 23	閏2 1	辛丑	4 22	3 2	辛未	5 23	4 4	壬寅	6 23	5 5	癸酉	7 25	6 8	乙巳
	2 22	2 2	壬申	3 24	2 2	壬寅	4 23	3 3	壬申	5 24	4 5	癸卯	6 24	5 6	甲戌	7 26	6 9	丙午
	2 23	2 3	癸酉	3 25	2 3	癸卯	4 24	3 4	癸酉	5 25	4 6	甲辰	6 25	5 7	乙亥	7 27	6 10	丁未
	2 24	2 4	甲戌	3 26	2 4	甲辰	4 25	3 5	甲戌	5 26	4 7	乙巳	6 26	5 8	丙子	7 28	6 11	戊申
中	2 25	2 5	乙亥	3 27	2 5	乙巳	4 26	3 6	乙亥	5 27	4 8	丙午	6 27	5 9	丁丑	7 29	6 12	己酉
華	2 26	2 6	丙子	3 28	2 6	丙午	4 27	3 7	丙子	5 28	4 9	丁未	6 28	5 10	戊寅	7 30	6 13	庚戌
民	2 27	2 7	丁丑	3 29	2 7	丁未	4 28	3 8	丁丑	5 29	4 10	戊申	6 29	5 11	己卯	7 31	6 14	辛亥
國	2 28	2 8	戊寅	3 30	2 8	戊申	4 29	3 9	戊寅	5 30	4 11	己酉	6 30	5 12	庚辰	8 1	6 15	壬子
三	3 1	2 9	己卯	3 31	2 9	己酉	4 30	3 10	己卯	5 31	4 12	庚戌	7 1	5 13	辛巳	8 2	6 16	癸丑
十	3 2	2 10	庚辰	4 1	2 10	庚戌	5 1	3 11	庚辰	6 1	4 13	辛亥	7 2	5 14	壬午	8 3	6 17	甲寅
六	3 3	2 11	辛巳	4 2	2 11	辛亥	5 2	3 12	辛巳	6 2	4 14	壬子	7 3	5 15	癸未	8 4	6 18	乙卯
年	3 4	2 12	壬午	4 3	2 12	壬子	5 3	3 13	壬午	6 3	4 15	癸丑	7 4	5 16	甲申	8 5	6 19	丙辰
	3 5	2 13	癸未	4 4	2 13	癸丑	5 4	3 14	癸未	6 4	4 16	甲寅	7 5	5 17	乙酉	8 6	6 20	丁巳
							5 5	3 15	甲申	6 5	4 17	乙卯	7 6	5 18	丙戌	8 7	6 21	戊午
													7 7	5 19	丁亥			
中氣	雨水			春分			穀雨			小滿			夏至			大暑		
	2/19 19時51分 戌時			3/21 19時12分 戌時			4/21 6時39分 卯時			5/22 6時9分 卯時			6/22 14時18分 未時			7/24 1時14分 丑時		

日光節約時間：五月一日至九月三十日

丁亥																		年
戊申			己酉			庚戌			辛亥			壬子			癸丑			月
立秋			白露			寒露			立冬			大雪			小寒			節氣
8/8 17時40分 酉時			9/8 20時21分 戌時			10/9 11時37分 午時			11/8 14時24分 未時			12/8 6時56分 卯時			1/6 18時0分 酉時			
國曆	農曆	干支	國曆	農曆	干支	國曆	農曆	干支	國曆	農曆	干支	國曆	農曆	干支	國曆	農曆	干支	日
8/8	6/22	己未	9/8	7/24	庚寅	10/9	8/25	辛酉	11/8	9/26	辛卯	12/8	10/26	辛酉	1/6	11/26	庚寅	
8/9	6/23	庚申	9/9	7/25	辛卯	10/10	8/26	壬戌	11/9	9/27	壬辰	12/9	10/27	壬戌	1/7	11/27	辛卯	
8/10	6/24	辛酉	9/10	7/26	壬辰	10/11	8/27	癸亥	11/10	9/28	癸巳	12/10	10/28	癸亥	1/8	11/28	壬辰	1947・1948
8/11	6/25	壬戌	9/11	7/27	癸巳	10/12	8/28	甲子	11/11	9/29	甲午	12/11	10/29	甲子	1/9	11/29	癸巳	
8/12	6/26	癸亥	9/12	7/28	甲午	10/13	8/29	乙丑	11/12	9/30	乙未	12/12	11/1	乙丑	1/10	11/30	甲午	
8/13	6/27	甲子	9/13	7/29	乙未	10/14	9/1	丙寅	11/13	10/1	丙申	12/13	11/2	丙寅	1/11	12/1	乙未	
8/14	6/28	乙丑	9/14	7/30	丙申	10/15	9/2	丁卯	11/14	10/2	丁酉	12/14	11/3	丁卯	1/12	12/2	丙申	
8/15	6/29	丙寅	9/15	8/1	丁酉	10/16	9/3	戊辰	11/15	10/3	戊戌	12/15	11/4	戊辰	1/13	12/3	丁酉	
8/16	7/1	丁卯	9/16	8/2	戊戌	10/17	9/4	己巳	11/16	10/4	己亥	12/16	11/5	己巳	1/14	12/4	戊戌	豬
8/17	7/2	戊辰	9/17	8/3	己亥	10/18	9/5	庚午	11/17	10/5	庚子	12/17	11/6	庚午	1/15	12/5	己亥	
8/18	7/3	己巳	9/18	8/4	庚子	10/19	9/6	辛未	11/18	10/6	辛丑	12/18	11/7	辛未	1/16	12/6	庚子	
8/19	7/4	庚午	9/19	8/5	辛丑	10/20	9/7	壬申	11/19	10/7	壬寅	12/19	11/8	壬申	1/17	12/7	辛丑	
8/20	7/5	辛未	9/20	8/6	壬寅	10/21	9/8	癸酉	11/20	10/8	癸卯	12/20	11/9	癸酉	1/18	12/8	壬寅	
8/21	7/6	壬申	9/21	8/7	癸卯	10/22	9/9	甲戌	11/21	10/9	甲辰	12/21	11/10	甲戌	1/19	12/9	癸卯	
8/22	7/7	癸酉	9/22	8/8	甲辰	10/23	9/10	乙亥	11/22	10/10	乙巳	12/22	11/11	乙亥	1/20	12/10	甲辰	
8/23	7/8	甲戌	9/23	8/9	乙巳	10/24	9/11	丙子	11/23	10/11	丙午	12/23	11/12	丙子	1/21	12/11	乙巳	
8/24	7/9	乙亥	9/24	8/10	丙午	10/25	9/12	丁丑	11/24	10/12	丁未	12/24	11/13	丁丑	1/22	12/12	丙午	中華民國三十六・三十七年
8/25	7/10	丙子	9/25	8/11	丁未	10/26	9/13	戊寅	11/25	10/13	戊申	12/25	11/14	戊寅	1/23	12/13	丁未	
8/26	7/11	丁丑	9/26	8/12	戊申	10/27	9/14	己卯	11/26	10/14	己酉	12/26	11/15	己卯	1/24	12/14	戊申	
8/27	7/12	戊寅	9/27	8/13	己酉	10/28	9/15	庚辰	11/27	10/15	庚戌	12/27	11/16	庚辰	1/25	12/15	己酉	
8/28	7/13	己卯	9/28	8/14	庚戌	10/29	9/16	辛巳	11/28	10/16	辛亥	12/28	11/17	辛巳	1/26	12/16	庚戌	
8/29	7/14	庚辰	9/29	8/15	辛亥	10/30	9/17	壬午	11/29	10/17	壬子	12/29	11/18	壬午	1/27	12/17	辛亥	
8/30	7/15	辛巳	9/30	8/16	壬子	10/31	9/18	癸未	11/30	10/18	癸丑	12/30	11/19	癸未	1/28	12/18	壬子	
8/31	7/16	壬午	10/1	8/17	癸丑	11/1	9/19	甲申	12/1	10/19	甲寅	12/31	11/20	甲申	1/29	12/19	癸丑	
9/1	7/17	癸未	10/2	8/18	甲寅	11/2	9/20	乙酉	12/2	10/20	乙卯	1/1	11/21	乙酉	1/30	12/20	甲寅	
9/2	7/18	甲申	10/3	8/19	乙卯	11/3	9/21	丙戌	12/3	10/21	丙辰	1/2	11/22	丙戌	1/31	12/21	乙卯	
9/3	7/19	乙酉	10/4	8/20	丙辰	11/4	9/22	丁亥	12/4	10/22	丁巳	1/3	11/23	丁亥	2/1	12/22	丙辰	
9/4	7/20	丙戌	10/5	8/21	丁巳	11/5	9/23	戊子	12/5	10/23	戊午	1/4	11/24	戊子	2/2	12/23	丁巳	
9/5	7/21	丁亥	10/6	8/22	戊午	11/6	9/24	己丑	12/6	10/24	己未	1/5	11/25	己丑	2/3	12/24	戊午	
9/6	7/22	戊子	10/7	8/23	己未	11/7	9/25	庚寅	12/7	10/25	庚申				2/4	12/25	己未	
9/7	7/23	己丑	10/8	8/24	庚申													
處暑			秋分			霜降			小雪			冬至			大寒			中氣
8/24 8時9分 辰時			9/24 5時28分 卯時			10/24 14時25分 未時			11/23 11時37分 午時			12/23 0時42分 子時			1/21 11時18分 午時			

日光節約時間：五月一日至九月三十日

年：戊子　　中華民國三十七年（1948）　鼠

月	甲寅			乙卯			丙辰			丁巳			戊午			己未		
節氣	立春			驚蟄			清明			立夏			芒種			小暑		
	2/5 5時42分 卯時			3/5 23時57分 子時			4/5 5時9分 卯時			5/5 22時52分 亥時			6/6 3時20分 寅時			7/7 13時43分 未時		
日	國曆	農曆	干支	國曆	農曆	干支	國曆	農曆	干支	國曆	農曆	干支	國曆	農曆	干支	國曆	農曆	干支
	2 5	12 26	庚申	3 5	1 25	己丑	4 5	2 26	庚申	5 5	3 27	庚寅	6 6	4 29	壬戌	7 7	6 1	癸巳
	2 6	12 27	辛酉	3 6	1 26	庚寅	4 6	2 27	辛酉	5 6	3 28	辛卯	6 7	5 1	癸亥	7 8	6 2	甲午
	2 7	12 28	壬戌	3 7	1 27	辛卯	4 7	2 28	壬戌	5 7	3 29	壬辰	6 8	5 2	甲子	7 9	6 3	乙未
	2 8	12 29	癸亥	3 8	1 28	壬辰	4 8	2 29	癸亥	5 8	3 30	癸巳	6 9	5 3	乙丑	7 10	6 4	丙申
	2 9	12 30	甲子	3 9	1 29	癸巳	4 9	3 1	甲子	5 9	4 1	甲午	6 10	5 4	丙寅	7 11	6 5	丁酉
	2 10	1 1	乙丑	3 10	1 30	甲午	4 10	3 2	乙丑	5 10	4 2	乙未	6 11	5 5	丁卯	7 12	6 6	戊戌
	2 11	1 2	丙寅	3 11	2 1	乙未	4 11	3 3	丙寅	5 11	4 3	丙申	6 12	5 6	戊辰	7 13	6 7	己亥
	2 12	1 3	丁卯	3 12	2 2	丙申	4 12	3 4	丁卯	5 12	4 4	丁酉	6 13	5 7	己巳	7 14	6 8	庚子
	2 13	1 4	戊辰	3 13	2 3	丁酉	4 13	3 5	戊辰	5 13	4 5	戊戌	6 14	5 8	庚午	7 15	6 9	辛丑
	2 14	1 5	己巳	3 14	2 4	戊戌	4 14	3 6	己巳	5 14	4 6	己亥	6 15	5 9	辛未	7 16	6 10	壬寅
	2 15	1 6	庚午	3 15	2 5	己亥	4 15	3 7	庚午	5 15	4 7	庚子	6 16	5 10	壬申	7 17	6 11	癸卯
	2 16	1 7	辛未	3 16	2 6	庚子	4 16	3 8	辛未	5 16	4 8	辛丑	6 17	5 11	癸酉	7 18	6 12	甲辰
	2 17	1 8	壬申	3 17	2 7	辛丑	4 17	3 9	壬申	5 17	4 9	壬寅	6 18	5 12	甲戌	7 19	6 13	乙巳
	2 18	1 9	癸酉	3 18	2 8	壬寅	4 18	3 10	癸酉	5 18	4 10	癸卯	6 19	5 13	乙亥	7 20	6 14	丙午
	2 19	1 10	甲戌	3 19	2 9	癸卯	4 19	3 11	甲戌	5 19	4 11	甲辰	6 20	5 14	丙子	7 21	6 15	丁未
	2 20	1 11	乙亥	3 20	2 10	甲辰	4 20	3 12	乙亥	5 20	4 12	乙巳	6 21	5 15	丁丑	7 22	6 16	戊申
	2 21	1 12	丙子	3 21	2 11	乙巳	4 21	3 13	丙子	5 21	4 13	丙午	6 22	5 16	戊寅	7 23	6 17	己酉
	2 22	1 13	丁丑	3 22	2 12	丙午	4 22	3 14	丁丑	5 22	4 14	丁未	6 23	5 17	己卯	7 24	6 18	庚戌
	2 23	1 14	戊寅	3 23	2 13	丁未	4 23	3 15	戊寅	5 23	4 15	戊申	6 24	5 18	庚辰	7 25	6 19	辛亥
	2 24	1 15	己卯	3 24	2 14	戊申	4 24	3 16	己卯	5 24	4 16	己酉	6 25	5 19	辛巳	7 26	6 20	壬子
	2 25	1 16	庚辰	3 25	2 15	己酉	4 25	3 17	庚辰	5 25	4 17	庚戌	6 26	5 20	壬午	7 27	6 21	癸丑
	2 26	1 17	辛巳	3 26	2 16	庚戌	4 26	3 18	辛巳	5 26	4 18	辛亥	6 27	5 21	癸未	7 28	6 22	甲寅
	2 27	1 18	壬午	3 27	2 17	辛亥	4 27	3 19	壬午	5 27	4 19	壬子	6 28	5 22	甲申	7 29	6 23	乙卯
	2 28	1 19	癸未	3 28	2 18	壬子	4 28	3 20	癸未	5 28	4 20	癸丑	6 29	5 23	乙酉	7 30	6 24	丙辰
	2 29	1 20	甲申	3 29	2 19	癸丑	4 29	3 21	甲申	5 29	4 21	甲寅	6 30	5 24	丙戌	7 31	6 25	丁巳
	3 1	1 21	乙酉	3 30	2 20	甲寅	4 30	3 22	乙酉	5 30	4 22	乙卯	7 1	5 25	丁亥	8 1	6 26	戊午
	3 2	1 22	丙戌	3 31	2 21	乙卯	5 1	3 23	丙戌	5 31	4 23	丙辰	7 2	5 26	戊子	8 2	6 27	己未
	3 3	1 23	丁亥	4 1	2 22	丙辰	5 2	3 24	丁亥	6 1	4 24	丁巳	7 3	5 27	己丑	8 3	6 28	庚申
	3 4	1 24	戊子	4 2	2 23	丁巳	5 3	3 25	戊子	6 2	4 25	戊午	7 4	5 28	庚寅	8 4	6 29	辛酉
				4 3	2 24	戊午	5 4	3 26	己丑	6 3	4 26	己未	7 5	5 29	辛卯	8 5	7 1	壬戌
				4 4	2 25	己未				6 4	4 27	庚申	7 6	5 30	壬辰	8 6	7 2	癸亥
										6 5	4 28	辛酉						

中氣	雨水			春分			穀雨			小滿			夏至			大暑		
	2/20 1時36分 丑時			3/21 0時56分 子時			4/20 12時24分 午時			5/21 11時57分 午時			6/21 20時10分 戌時			7/23 7時7分 辰時		

日光節約時間：五月一日至九月三十日

	戊子																														年
庚申					辛酉					壬戌					癸亥					甲子					乙丑					月
立秋					白露					寒露					立冬					大雪					小寒					節氣
8/7 23時26分 子時					9/8 2時5分 丑時					10/8 17時20分 酉時					11/7 20時6分 戌時					12/7 12時37分 午時					1/5 23時41分 子時					
國曆		農曆		干支	國曆		農曆		干支	國曆		農曆		干支	國曆		農曆		干支	國曆		農曆		干支	國曆		農曆		干支	日
8	7	7	3	甲子	9	8	8	6	丙申	10	8	9	6	丙寅	11	7	10	7	丙申	12	7	11	7	丙寅	1	5	12	7	乙未	
8	8	7	4	乙丑	9	9	8	7	丁酉	10	9	9	7	丁卯	11	8	10	8	丁酉	12	8	11	8	丁卯	1	6	12	8	丙申	
8	9	7	5	丙寅	9	10	8	8	戊戌	10	10	9	8	戊辰	11	9	10	9	戊戌	12	9	11	9	戊辰	1	7	12	9	丁酉	
8	10	7	6	丁卯	9	11	8	9	己亥	10	11	9	9	己巳	11	10	10	10	己亥	12	10	11	10	己巳	1	8	12	10	戊戌	一
8	11	7	7	戊辰	9	12	8	10	庚子	10	12	9	10	庚午	11	11	10	11	庚子	12	11	11	11	庚午	1	9	12	11	己亥	九
8	12	7	8	己巳	9	13	8	11	辛丑	10	13	9	11	辛未	11	12	10	12	辛丑	12	12	11	12	辛未	1	10	12	12	庚子	四
8	13	7	9	庚午	9	14	8	12	壬寅	10	14	9	12	壬申	11	13	10	13	壬寅	12	13	11	13	壬申	1	11	12	13	辛丑	八
8	14	7	10	辛未	9	15	8	13	癸卯	10	15	9	13	癸酉	11	14	10	14	癸卯	12	14	11	14	癸酉	1	12	12	14	壬寅	·
8	15	7	11	壬申	9	16	8	14	甲辰	10	16	9	14	甲戌	11	15	10	15	甲辰	12	15	11	15	甲戌	1	13	12	15	癸卯	一
8	16	7	12	癸酉	9	17	8	15	乙巳	10	17	9	15	乙亥	11	16	10	16	乙巳	12	16	11	16	乙亥	1	14	12	16	甲辰	九
8	17	7	13	甲戌	9	18	8	16	丙午	10	18	9	16	丙子	11	17	10	17	丙午	12	17	11	17	丙子	1	15	12	17	乙巳	四
8	18	7	14	乙亥	9	19	8	17	丁未	10	19	9	17	丁丑	11	18	10	18	丁未	12	18	11	18	丁丑	1	16	12	18	丙午	九
8	19	7	15	丙子	9	20	8	18	戊申	10	20	9	18	戊寅	11	19	10	19	戊申	12	19	11	19	戊寅	1	17	12	19	丁未	
8	20	7	16	丁丑	9	21	8	19	己酉	10	21	9	19	己卯	11	20	10	20	己酉	12	20	11	20	己卯	1	18	12	20	戊申	
8	21	7	17	戊寅	9	22	8	20	庚戌	10	22	9	20	庚辰	11	21	10	21	庚戌	12	21	11	21	庚辰	1	19	12	21	己酉	
8	22	7	18	己卯	9	23	8	21	辛亥	10	23	9	21	辛巳	11	22	10	22	辛亥	12	22	11	22	辛巳	1	20	12	22	庚戌	鼠
8	23	7	19	庚辰	9	24	8	22	壬子	10	24	9	22	壬午	11	23	10	23	壬子	12	23	11	23	壬午	1	21	12	23	辛亥	
8	24	7	20	辛巳	9	25	8	23	癸丑	10	25	9	23	癸未	11	24	10	24	癸丑	12	24	11	24	癸未	1	22	12	24	壬子	
8	25	7	21	壬午	9	26	8	24	甲寅	10	26	9	24	甲申	11	25	10	25	甲寅	12	25	11	25	甲申	1	23	12	25	癸丑	
8	26	7	22	癸未	9	27	8	25	乙卯	10	27	9	25	乙酉	11	26	10	26	乙卯	12	26	11	26	乙酉	1	24	12	26	甲寅	
8	27	7	23	甲申	9	28	8	26	丙辰	10	28	9	26	丙戌	11	27	10	27	丙辰	12	27	11	27	丙戌	1	25	12	27	乙卯	中
8	28	7	24	乙酉	9	29	8	27	丁巳	10	29	9	27	丁亥	11	28	10	28	丁巳	12	28	11	28	丁亥	1	26	12	28	丙辰	華
8	29	7	25	丙戌	9	30	8	28	戊午	10	30	9	28	戊子	11	29	10	29	戊午	12	29	11	29	戊子	1	27	12	29	丁巳	民
8	30	7	26	丁亥	10	1	8	29	己未	10	31	9	29	己丑	11	30	10	30	己未	12	30	12	1	己丑	1	28	12	30	戊午	國
8	31	7	27	戊子	10	2	8	30	庚申	11	1	10	1	庚寅	12	1	11	1	庚申	12	31	12	2	庚寅	1	29	1	1	己未	三
9	1	7	28	己丑	10	3	9	1	辛酉	11	2	10	2	辛卯	12	2	11	2	辛酉	1	1	12	3	辛卯	1	30	1	2	庚申	十
9	2	7	29	庚寅	10	4	9	2	壬戌	11	3	10	3	壬辰	12	3	11	3	壬戌	1	2	12	4	壬辰	1	31	1	3	辛酉	七
9	3	8	1	辛卯	10	5	9	3	癸亥	11	4	10	4	癸巳	12	4	11	4	癸亥	1	3	12	5	癸巳	2	1	1	4	壬戌	·
9	4	8	2	壬辰	10	6	9	4	甲子	11	5	10	5	甲午	12	5	11	5	甲子	1	4	12	6	甲午	2	2	1	5	癸亥	三
9	5	8	3	癸巳	10	7	9	5	乙丑	11	6	10	6	乙未	12	6	11	6	乙丑						2	3	1	6	甲子	十
9	6	8	4	甲午																										八
9	7	8	5	乙未																										年
處暑					秋分					霜降					小雪					冬至					大寒					中
8/23 14時2分 未時					9/23 11時21分 午時					10/23 20時18分 戌時					11/22 17時28分 酉時					12/22 6時33分 卯時					1/20 17時8分 酉時					氣

日光節約時間：五月一日至九月三十日

年	己丑																	
月	丙寅			丁卯			戊辰			己巳			庚午			辛未		
節氣	立春			驚蟄			清明			立夏			芒種			小暑		
氣	2/4 11時22分 午時			3/6 5時39分 卯時			4/5 10時52分 巳時			5/6 4時36分 寅時			6/6 9時6分 巳時			7/7 19時31分 戌時		
日	國曆	農曆	干支	國曆	農曆	干支	國曆	農曆	干支	國曆	農曆	干支	國曆	農曆	干支	國曆	農曆	干支
	2 4	1 7	乙丑	3 6	2 7	乙未	4 5	3 8	乙丑	5 6	4 9	丙申	6 6	5 10	丁卯	7 7	6 12	戊戌
	2 5	1 8	丙寅	3 7	2 8	丙申	4 6	3 9	丙寅	5 7	4 10	丁酉	6 7	5 11	戊辰	7 8	6 13	己亥
	2 6	1 9	丁卯	3 8	2 9	丁酉	4 7	3 10	丁卯	5 8	4 11	戊戌	6 8	5 12	己巳	7 9	6 14	庚子
	2 7	1 10	戊辰	3 9	2 10	戊戌	4 8	3 11	戊辰	5 9	4 12	己亥	6 9	5 13	庚午	7 10	6 15	辛丑
	2 8	1 11	己巳	3 10	2 11	己亥	4 9	3 12	己巳	5 10	4 13	庚子	6 10	5 14	辛未	7 11	6 16	壬寅
1	2 9	1 12	庚午	3 11	2 12	庚子	4 10	3 13	庚午	5 11	4 14	辛丑	6 11	5 15	壬申	7 12	6 17	癸卯
9	2 10	1 13	辛未	3 12	2 13	辛丑	4 11	3 14	辛未	5 12	4 15	壬寅	6 12	5 16	癸酉	7 13	6 18	甲辰
4	2 11	1 14	壬申	3 13	2 14	壬寅	4 12	3 15	壬申	5 13	4 16	癸卯	6 13	5 17	甲戌	7 14	6 19	乙巳
9	2 12	1 15	癸酉	3 14	2 15	癸卯	4 13	3 16	癸酉	5 14	4 17	甲辰	6 14	5 18	乙亥	7 15	6 20	丙午
	2 13	1 16	甲戌	3 15	2 16	甲辰	4 14	3 17	甲戌	5 15	4 18	乙巳	6 15	5 19	丙子	7 16	6 21	丁未
	2 14	1 17	乙亥	3 16	2 17	乙巳	4 15	3 18	乙亥	5 16	4 19	丙午	6 16	5 20	丁丑	7 17	6 22	戊申
	2 15	1 18	丙子	3 17	2 18	丙午	4 16	3 19	丙子	5 17	4 20	丁未	6 17	5 21	戊寅	7 18	6 23	己酉
	2 16	1 19	丁丑	3 18	2 19	丁未	4 17	3 20	丁丑	5 18	4 21	戊申	6 18	5 22	己卯	7 19	6 24	庚戌
	2 17	1 20	戊寅	3 19	2 20	戊申	4 18	3 21	戊寅	5 19	4 22	己酉	6 19	5 23	庚辰	7 20	6 25	辛亥
牛	2 18	1 21	己卯	3 20	2 21	己酉	4 19	3 22	己卯	5 20	4 23	庚戌	6 20	5 24	辛巳	7 21	6 26	壬子
	2 19	1 22	庚辰	3 21	2 22	庚戌	4 20	3 23	庚辰	5 21	4 24	辛亥	6 21	5 25	壬午	7 22	6 27	癸丑
	2 20	1 23	辛巳	3 22	2 23	辛亥	4 21	3 24	辛巳	5 22	4 25	壬子	6 22	5 26	癸未	7 23	6 28	甲寅
	2 21	1 24	壬午	3 23	2 24	壬子	4 22	3 25	壬午	5 23	4 26	癸丑	6 23	5 27	甲申	7 24	6 29	乙卯
	2 22	1 25	癸未	3 24	2 25	癸丑	4 23	3 26	癸未	5 24	4 27	甲寅	6 24	5 28	乙酉	7 25	6 30	丙辰
	2 23	1 26	甲申	3 25	2 26	甲寅	4 24	3 27	甲申	5 25	4 28	乙卯	6 25	5 29	丙戌	7 26	7 1	丁巳
	2 24	1 27	乙酉	3 26	2 27	乙卯	4 25	3 28	乙酉	5 26	4 29	丙辰	6 26	6 1	丁亥	7 27	7 2	戊午
中	2 25	1 28	丙戌	3 27	2 28	丙辰	4 26	3 29	丙戌	5 27	4 30	丁巳	6 27	6 2	戊子	7 28	7 3	己未
華	2 26	1 29	丁亥	3 28	2 29	丁巳	4 27	3 30	丁亥	5 28	5 1	戊午	6 28	6 3	己丑	7 29	7 4	庚申
民	2 27	1 30	戊子	3 29	3 1	戊午	4 28	4 1	戊子	5 29	5 2	己未	6 29	6 4	庚寅	7 30	7 5	辛酉
國	2 28	2 1	己丑	3 30	3 2	己未	4 29	4 2	己丑	5 30	5 3	庚申	6 30	6 5	辛卯	7 31	7 6	壬戌
三	3 1	2 2	庚寅	3 31	3 3	庚申	4 30	4 3	庚寅	5 31	5 4	辛酉	7 1	6 6	壬辰	8 1	7 7	癸亥
十	3 2	2 3	辛卯	4 1	3 4	辛酉	5 1	4 4	辛卯	6 1	5 5	壬戌	7 2	6 7	癸巳	8 2	7 8	甲子
八	3 3	2 4	壬辰	4 2	3 5	壬戌	5 2	4 5	壬辰	6 2	5 6	癸亥	7 3	6 8	甲午	8 3	7 9	乙丑
年	3 4	2 5	癸巳	4 3	3 6	癸亥	5 3	4 6	癸巳	6 3	5 7	甲子	7 4	6 9	乙未	8 4	7 10	丙寅
	3 5	2 6	甲午	4 4	3 7	甲子	5 4	4 7	甲午	6 4	5 8	乙丑	7 5	6 10	丙申	8 5	7 11	丁卯
							5 5	4 8	乙未	6 5	5 9	丙寅	7 6	6 11	丁酉	8 6	7 12	戊辰
																8 7	7 13	己巳
中	雨水			春分			穀雨			小滿			夏至			大暑		
氣	2/19 7時27分 辰時			3/21 6時48分 卯時			4/20 18時17分 酉時			5/21 17時50分 酉時			6/22 2時2分 丑時			7/23 12時56分 午時		

日光節約時間：五月一日至九月三十日

己丑　年

月	壬申	癸酉	甲戌	乙亥	丙子	丁丑
節氣	立秋	白露	寒露	立冬	大雪	小寒
	8/8 5時15分 卯時	9/8 7時54分 辰時	10/8 23時11分 子時	11/8 1時59分 丑時	12/7 18時33分 酉時	1/6 5時38分 卯時

國曆	農曆	干支	國曆	農曆	干支	國曆	農曆	干支	國曆	農曆	干支	國曆	農曆	干支	國曆	農曆	干支
8 8	7 14	庚午	9 8	閏7 16	辛丑	10 8	8 17	辛未	11 8	9 18	壬寅	12 7	10 17	辛未	1 6	11 17	辛丑
8 9	7 15	辛未	9 9	閏7 17	壬寅	10 9	8 18	壬申	11 9	9 19	癸卯	12 8	10 18	壬申	1 7	11 18	壬寅
8 10	7 16	壬申	9 10	閏7 18	癸卯	10 10	8 19	癸酉	11 10	9 20	甲辰	12 9	10 19	癸酉	1 8	11 19	癸卯
8 11	7 17	癸酉	9 11	閏7 19	甲辰	10 11	8 20	甲戌	11 11	9 21	乙巳	12 10	10 20	甲戌	1 9	11 20	甲辰
8 12	7 18	甲戌	9 12	閏7 20	乙巳	10 12	8 21	乙亥	11 12	9 22	丙午	12 11	10 21	乙亥	1 10	11 21	乙巳
8 13	7 19	乙亥	9 13	閏7 21	丙午	10 13	8 22	丙子	11 13	9 23	丁未	12 12	10 22	丙子	1 11	11 22	丙午
8 14	7 20	丙子	9 14	閏7 22	丁未	10 14	8 23	丁丑	11 14	9 24	戊申	12 13	10 23	丁丑	1 12	11 23	丁未
8 15	7 21	丁丑	9 15	閏7 23	戊申	10 15	8 24	戊寅	11 15	9 25	己酉	12 14	10 24	戊寅	1 13	11 24	戊申
8 16	7 22	戊寅	9 16	閏7 24	己酉	10 16	8 25	己卯	11 16	9 26	庚戌	12 15	10 25	己卯	1 14	11 25	己酉
8 17	7 23	己卯	9 17	閏7 25	庚戌	10 17	8 26	庚辰	11 17	9 27	辛亥	12 16	10 26	庚辰	1 15	11 26	庚戌
8 18	7 24	庚辰	9 18	閏7 26	辛亥	10 18	8 27	辛巳	11 18	9 28	壬子	12 17	10 27	辛巳	1 16	11 27	辛亥
8 19	7 25	辛巳	9 19	閏7 27	壬子	10 19	8 28	壬午	11 19	9 29	癸丑	12 18	10 28	壬午	1 17	11 28	壬子
8 20	7 26	壬午	9 20	閏7 28	癸丑	10 20	8 29	癸未	11 20	9 30	甲寅	12 19	10 29	癸未	1 18	11 29	癸丑
8 21	7 27	癸未	9 21	閏7 29	甲寅	10 21	8 30	甲申	11 21	10 1	乙卯	12 20	10 30	甲申	1 19	11 30	甲寅
8 22	7 28	甲申	9 22	8 1	乙卯	10 22	9 1	乙酉	11 22	10 2	丙辰	12 21	11 1	乙酉	1 20	12 1	乙卯
8 23	7 29	乙酉	9 23	8 2	丙辰	10 23	9 2	丙戌	11 23	10 3	丁巳	12 22	11 2	丙戌	1 21	12 2	丙辰
8 24	閏7 1	丙戌	9 24	8 3	丁巳	10 24	9 3	丁亥	11 24	10 4	戊午	12 23	11 3	丁亥	1 22	12 3	丁巳
8 25	閏7 2	丁亥	9 25	8 4	戊午	10 25	9 4	戊子	11 25	10 5	己未	12 24	11 4	戊子	1 23	12 4	戊午
8 26	閏7 3	戊子	9 26	8 5	己未	10 26	9 5	己丑	11 26	10 6	庚申	12 25	11 5	己丑	1 24	12 5	己未
8 27	閏7 4	己丑	9 27	8 6	庚申	10 27	9 6	庚寅	11 27	10 7	辛酉	12 26	11 6	庚寅	1 25	12 6	庚申
8 28	閏7 5	庚寅	9 28	8 7	辛酉	10 28	9 7	辛卯	11 28	10 8	壬戌	12 27	11 7	辛卯	1 26	12 7	辛酉
8 29	閏7 6	辛卯	9 29	8 8	壬戌	10 29	9 8	壬辰	11 29	10 9	癸亥	12 28	11 8	壬辰	1 27	12 8	壬戌
8 30	閏7 7	壬辰	9 30	8 9	癸亥	10 30	9 9	癸巳	11 30	10 10	甲子	12 29	11 9	癸巳	1 28	12 9	癸亥
8 31	閏7 8	癸巳	10 1	8 10	甲子	10 31	9 10	甲午	12 1	10 11	乙丑	12 30	11 10	甲午	1 29	12 10	甲子
9 1	閏7 9	甲午	10 2	8 11	乙丑	11 1	9 11	乙未	12 2	10 12	丙寅	12 31	11 11	乙未	1 30	12 11	乙丑
9 2	閏7 10	乙未	10 3	8 12	丙寅	11 2	9 12	丙申	12 3	10 13	丁卯	1 1	11 12	丙申	1 31	12 12	丙寅
9 3	閏7 11	丙申	10 4	8 13	丁卯	11 3	9 13	丁酉	12 4	10 14	戊辰	1 2	11 13	丁酉	2 1	12 13	丁卯
9 4	閏7 12	丁酉	10 5	8 14	戊辰	11 4	9 14	戊戌	12 5	10 15	己巳	1 3	11 14	戊戌	2 2	12 14	戊辰
9 5	閏7 13	戊戌	10 6	8 15	己巳	11 5	9 15	己亥	12 6	10 16	庚午	1 4	11 15	己亥	2 3	12 15	己巳
9 6	閏7 14	己亥	10 7	8 16	庚午	11 6	9 16	庚子				1 5	11 16	庚子			
9 7	閏7 15	庚子				11 7	9 17	辛丑									

中氣	處暑	秋分	霜降	小雪	冬至	大寒
	8/23 19時48分 戌時	9/23 17時5分 酉時	10/24 2時3分 丑時	11/22 23時16分 子時	12/22 12時22分 午時	1/20 22時59分 亥時

年：1949·1950　牛　中華民國三十八·三十九年

日光節約時間：五月一日至九月三十日

年	\multicolumn{18}{c}{庚寅}

月	戊寅			己卯			庚辰			辛巳			壬午			癸未		
節氣	立春			驚蟄			清明			立夏			芒種			小暑		
	2/4 17時20分 酉時			3/6 11時35分 午時			4/5 16時44分 申時			5/6 10時24分 巳時			6/6 14時51分 未時			7/8 1時13分 丑時		
日	國曆	農曆	干支	國曆	農曆	干支	國曆	農曆	干支	國曆	農曆	干支	國曆	農曆	干支	國曆	農曆	干支
	2 4	12 18	庚午	3 6	1 18	庚子	4 5	2 19	庚午	5 6	3 20	辛丑	6 6	4 21	壬申	7 8	5 24	甲辰
	2 5	12 19	辛未	3 7	1 19	辛丑	4 6	2 20	辛未	5 7	3 21	壬寅	6 7	4 22	癸酉	7 9	5 25	乙巳
	2 6	12 20	壬申	3 8	1 20	壬寅	4 7	2 21	壬申	5 8	3 22	癸卯	6 8	4 23	甲戌	7 10	5 26	丙午
	2 7	12 21	癸酉	3 9	1 21	癸卯	4 8	2 22	癸酉	5 9	3 23	甲辰	6 9	4 24	乙亥	7 11	5 27	丁未
1	2 8	12 22	甲戌	3 10	1 22	甲辰	4 9	2 23	甲戌	5 10	3 24	乙巳	6 10	4 25	丙子	7 12	5 28	戊申
9	2 9	12 23	乙亥	3 11	1 23	乙巳	4 10	2 24	乙亥	5 11	3 25	丙午	6 11	4 26	丁丑	7 13	5 29	己酉
5	2 10	12 24	丙子	3 12	1 24	丙午	4 11	2 25	丙子	5 12	3 26	丁未	6 12	4 27	戊寅	7 14	5 30	庚戌
0	2 11	12 25	丁丑	3 13	1 25	丁未	4 12	2 26	丁丑	5 13	3 27	戊申	6 13	4 28	己卯	7 15	6 1	辛亥
	2 12	12 26	戊寅	3 14	1 26	戊申	4 13	2 27	戊寅	5 14	3 28	己酉	6 14	4 29	庚辰	7 16	6 2	壬子
	2 13	12 27	己卯	3 15	1 27	己酉	4 14	2 28	己卯	5 15	3 29	庚戌	6 15	5 1	辛巳	7 17	6 3	癸丑
	2 14	12 28	庚辰	3 16	1 28	庚戌	4 15	2 29	庚辰	5 16	3 30	辛亥	6 16	5 2	壬午	7 18	6 4	甲寅
	2 15	12 29	辛巳	3 17	1 29	辛亥	4 16	2 30	辛巳	5 17	4 1	壬子	6 17	5 3	癸未	7 19	6 5	乙卯
	2 16	12 30	壬午	3 18	2 1	壬子	4 17	3 1	壬午	5 18	4 2	癸丑	6 18	5 4	甲申	7 20	6 6	丙辰
	2 17	1 1	癸未	3 19	2 2	癸丑	4 18	3 2	癸未	5 19	4 3	甲寅	6 19	5 5	乙酉	7 21	6 7	丁巳
虎	2 18	1 2	甲申	3 20	2 3	甲寅	4 19	3 3	甲申	5 20	4 4	乙卯	6 20	5 6	丙戌	7 22	6 8	戊午
	2 19	1 3	乙酉	3 21	2 4	乙卯	4 20	3 4	乙酉	5 21	4 5	丙辰	6 21	5 7	丁亥	7 23	6 9	己未
	2 20	1 4	丙戌	3 22	2 5	丙辰	4 21	3 5	丙戌	5 22	4 6	丁巳	6 22	5 8	戊子	7 24	6 10	庚申
	2 21	1 5	丁亥	3 23	2 6	丁巳	4 22	3 6	丁亥	5 23	4 7	戊午	6 23	5 9	己丑	7 25	6 11	辛酉
	2 22	1 6	戊子	3 24	2 7	戊午	4 23	3 7	戊子	5 24	4 8	己未	6 24	5 10	庚寅	7 26	6 12	壬戌
	2 23	1 7	己丑	3 25	2 8	己未	4 24	3 8	己丑	5 25	4 9	庚申	6 25	5 11	辛卯	7 27	6 13	癸亥
	2 24	1 8	庚寅	3 26	2 9	庚申	4 25	3 9	庚寅	5 26	4 10	辛酉	6 26	5 12	壬辰	7 28	6 14	甲子
中	2 25	1 9	辛卯	3 27	2 10	辛酉	4 26	3 10	辛卯	5 27	4 11	壬戌	6 27	5 13	癸巳	7 29	6 15	乙丑
華	2 26	1 10	壬辰	3 28	2 11	壬戌	4 27	3 11	壬辰	5 28	4 12	癸亥	6 28	5 14	甲午	7 30	6 16	丙寅
民	2 27	1 11	癸巳	3 29	2 12	癸亥	4 28	3 12	癸巳	5 29	4 13	甲子	6 29	5 15	乙未	7 31	6 17	丁卯
國	2 28	1 12	甲午	3 30	2 13	甲子	4 29	3 13	甲午	5 30	4 14	乙丑	6 30	5 16	丙申	8 1	6 18	戊辰
三	3 1	1 13	乙未	3 31	2 14	乙丑	4 30	3 14	乙未	5 31	4 15	丙寅	7 1	5 17	丁酉	8 2	6 19	己巳
十	3 2	1 14	丙申	4 1	2 15	丙寅	5 1	3 15	丙申	6 1	4 16	丁卯	7 2	5 18	戊戌	8 3	6 20	庚午
九	3 3	1 15	丁酉	4 2	2 16	丁卯	5 2	3 16	丁酉	6 2	4 17	戊辰	7 3	5 19	己亥	8 4	6 21	辛未
年	3 4	1 16	戊戌	4 3	2 17	戊辰	5 3	3 17	戊戌	6 3	4 18	己巳	7 4	5 20	庚子	8 5	6 22	壬申
	3 5	1 17	己亥	4 4	2 18	己巳	5 4	3 18	己亥	6 4	4 19	庚午	7 5	5 21	辛丑	8 6	6 23	癸酉
							5 5	3 19	庚子	6 5	4 20	辛未	7 6	5 22	壬寅	8 7	6 24	甲戌
													7 7	5 23	癸卯			

中	雨水			春分			穀雨			小滿			夏至			大暑		
氣	2/19 13時17分 未時			3/21 12時35分 午時			4/20 23時59分 子時			5/21 23時27分 子時			6/22 7時36分 辰時			7/23 18時29分 酉時		

日光節約時間：五月一日至九月三十日

庚寅																		年
甲申			乙酉			丙戌			丁亥			戊子			己丑			月
立秋			白露			寒露			立冬			大雪			小寒			節氣
8/8 10時55分 巳時			9/8 13時33分 未時			10/9 4時51分 寅時			11/8 7時43分 辰時			12/8 0時21分 子時			1/6 11時30分 午時			
國曆	農曆	干支	國曆	農曆	干支	國曆	農曆	干支	國曆	農曆	干支	國曆	農曆	干支	國曆	農曆	干支	日
8 8	6 25	乙亥	9 8	7 26	丙午	10 9	8 28	丁丑	11 8	9 29	丁未	12 8	10 29	丁丑	1 6	11 29	丙午	
8 9	6 26	丙子	9 9	7 27	丁未	10 10	8 29	戊寅	11 9	9 30	戊申	12 9	11 1	戊寅	1 7	11 30	丁未	
8 10	6 27	丁丑	9 10	7 28	戊申	10 11	9 1	己卯	11 10	10 1	己酉	12 10	11 2	己卯	1 8	12 1	戊申	
8 11	6 28	戊寅	9 11	7 29	己酉	10 12	9 2	庚辰	11 11	10 2	庚戌	12 11	11 3	庚辰	1 9	12 2	己酉	1
8 12	6 29	己卯	9 12	8 1	庚戌	10 13	9 3	辛巳	11 12	10 3	辛亥	12 12	11 4	辛巳	1 10	12 3	庚戌	9
8 13	6 30	庚辰	9 13	8 2	辛亥	10 14	9 4	壬午	11 13	10 4	壬子	12 13	11 5	壬午	1 11	12 4	辛亥	5
8 14	7 1	辛巳	9 14	8 3	壬子	10 15	9 5	癸未	11 14	10 5	癸丑	12 14	11 6	癸未	1 12	12 5	壬子	0
8 15	7 2	壬午	9 15	8 4	癸丑	10 16	9 6	甲申	11 15	10 6	甲寅	12 15	11 7	甲申	1 13	12 6	癸丑	·
8 16	7 3	癸未	9 16	8 5	甲寅	10 17	9 7	乙酉	11 16	10 7	乙卯	12 16	11 8	乙酉	1 14	12 7	甲寅	1
8 17	7 4	甲申	9 17	8 6	乙卯	10 18	9 8	丙戌	11 17	10 8	丙辰	12 17	11 9	丙戌	1 15	12 8	乙卯	9
8 18	7 5	乙酉	9 18	8 7	丙辰	10 19	9 9	丁亥	11 18	10 9	丁巳	12 18	11 10	丁亥	1 16	12 9	丙辰	5
8 19	7 6	丙戌	9 19	8 8	丁巳	10 20	9 10	戊子	11 19	10 10	戊午	12 19	11 11	戊子	1 17	12 10	丁巳	1
8 20	7 7	丁亥	9 20	8 9	戊午	10 21	9 11	己丑	11 20	10 11	己未	12 20	11 12	己丑	1 18	12 11	戊午	
8 21	7 8	戊子	9 21	8 10	己未	10 22	9 12	庚寅	11 21	10 12	庚申	12 21	11 13	庚寅	1 19	12 12	己未	
8 22	7 9	己丑	9 22	8 11	庚申	10 23	9 13	辛卯	11 22	10 13	辛酉	12 22	11 14	辛卯	1 20	12 13	庚申	虎
8 23	7 10	庚寅	9 23	8 12	辛酉	10 24	9 14	壬辰	11 23	10 14	壬戌	12 23	11 15	壬辰	1 21	12 14	辛酉	
8 24	7 11	辛卯	9 24	8 13	壬戌	10 25	9 15	癸巳	11 24	10 15	癸亥	12 24	11 16	癸巳	1 22	12 15	壬戌	
8 25	7 12	壬辰	9 25	8 14	癸亥	10 26	9 16	甲午	11 25	10 16	甲子	12 25	11 17	甲午	1 23	12 16	癸亥	
8 26	7 13	癸巳	9 26	8 15	甲子	10 27	9 17	乙未	11 26	10 17	乙丑	12 26	11 18	乙未	1 24	12 17	甲子	
8 27	7 14	甲午	9 27	8 16	乙丑	10 28	9 18	丙申	11 27	10 18	丙寅	12 27	11 19	丙申	1 25	12 18	乙丑	
8 28	7 15	乙未	9 28	8 17	丙寅	10 29	9 19	丁酉	11 28	10 19	丁卯	12 28	11 20	丁酉	1 26	12 19	丙寅	中
8 29	7 16	丙申	9 29	8 18	丁卯	10 30	9 20	戊戌	11 29	10 20	戊辰	12 29	11 21	戊戌	1 27	12 20	丁卯	華
8 30	7 17	丁酉	9 30	8 19	戊辰	10 31	9 21	己亥	11 30	10 21	己巳	12 30	11 22	己亥	1 28	12 21	戊辰	民
8 31	7 18	戊戌	10 1	8 20	己巳	11 1	9 22	庚子	12 1	10 22	庚午	12 31	11 23	庚子	1 29	12 22	己巳	國
9 1	7 19	己亥	10 2	8 21	庚午	11 2	9 23	辛丑	12 2	10 23	辛未	1 1	11 24	辛丑	1 30	12 23	庚午	三
9 2	7 20	庚子	10 3	8 22	辛未	11 3	9 24	壬寅	12 3	10 24	壬申	1 2	11 25	壬寅	1 31	12 24	辛未	十
9 3	7 21	辛丑	10 4	8 23	壬申	11 4	9 25	癸卯	12 4	10 25	癸酉	1 3	11 26	癸卯	2 1	12 25	壬申	九
9 4	7 22	壬寅	10 5	8 24	癸酉	11 5	9 26	甲辰	12 5	10 26	甲戌	1 4	11 27	甲辰	2 2	12 26	癸酉	·
9 5	7 23	癸卯	10 6	8 25	甲戌	11 6	9 27	乙巳	12 6	10 27	乙亥	1 5	11 28	乙巳	2 3	12 27	甲戌	四
9 6	7 24	甲辰	10 7	8 26	乙亥	11 7	9 28	丙午	12 7	10 28	丙子							十
9 7	7 25	乙巳	10 8	8 27	丙子													年
處暑			秋分			霜降			小雪			冬至			大寒			中
8/24 1時23分 丑時			9/23 22時43分 亥時			10/24 7時44分 辰時			11/23 5時2分 卯時			12/22 18時13分 酉時			1/21 4時52分 寅時			氣

日光節約時間：五月一日至九月三十日

年	\	辛卯																
月	\	庚寅			辛卯			壬辰			癸巳			甲午			乙未		
節氣	\	立春			驚蟄			清明			立夏			芒種			小暑		
	\	2/4 23時13分 子時			3/6 17時26分 酉時			4/5 22時32分 亥時			5/6 16時9分 申時			6/6 20時32分 戌時			7/8 6時53分 卯時		
日	\	國曆	農曆	干支	國曆	農曆	干支	國曆	農曆	干支	國曆	農曆	干支	國曆	農曆	干支	國曆	農曆	干支
		2 4	12 28	乙亥	3 6	1 29	乙巳	4 5	2 29	乙亥	5 6	4 1	丙午	6 6	5 2	丁丑	7 8	6 5	己酉
		2 5	12 29	丙子	3 7	1 30	丙午	4 6	3 1	丙子	5 7	4 2	丁未	6 7	5 3	戊寅	7 9	6 6	庚戌
		2 6	1 1	丁丑	3 8	2 1	丁未	4 7	3 2	丁丑	5 8	4 3	戊申	6 8	5 4	己卯	7 10	6 7	辛亥
		2 7	1 2	戊寅	3 9	2 2	戊申	4 8	3 3	戊寅	5 9	4 4	己酉	6 9	5 5	庚辰	7 11	6 8	壬子
1		2 8	1 3	己卯	3 10	2 3	己酉	4 9	3 4	己卯	5 10	4 5	庚戌	6 10	5 6	辛巳	7 12	6 9	癸丑
9		2 9	1 4	庚辰	3 11	2 4	庚戌	4 10	3 5	庚辰	5 11	4 6	辛亥	6 11	5 7	壬午	7 13	6 10	甲寅
5		2 10	1 5	辛巳	3 12	2 5	辛亥	4 11	3 6	辛巳	5 12	4 7	壬子	6 12	5 8	癸未	7 14	6 11	乙卯
1		2 11	1 6	壬午	3 13	2 6	壬子	4 12	3 7	壬午	5 13	4 8	癸丑	6 13	5 9	甲申	7 15	6 12	丙辰
		2 12	1 7	癸未	3 14	2 7	癸丑	4 13	3 8	癸未	5 14	4 9	甲寅	6 14	5 10	乙酉	7 16	6 13	丁巳
		2 13	1 8	甲申	3 15	2 8	甲寅	4 14	3 9	甲申	5 15	4 10	乙卯	6 15	5 11	丙戌	7 17	6 14	戊午
		2 14	1 9	乙酉	3 16	2 9	乙卯	4 15	3 10	乙酉	5 16	4 11	丙辰	6 16	5 12	丁亥	7 18	6 15	己未
		2 15	1 10	丙戌	3 17	2 10	丙辰	4 16	3 11	丙戌	5 17	4 12	丁巳	6 17	5 13	戊子	7 19	6 16	庚申
兔		2 16	1 11	丁亥	3 18	2 11	丁巳	4 17	3 12	丁亥	5 18	4 13	戊午	6 18	5 14	己丑	7 20	6 17	辛酉
		2 17	1 12	戊子	3 19	2 12	戊午	4 18	3 13	戊子	5 19	4 14	己未	6 19	5 15	庚寅	7 21	6 18	壬戌
		2 18	1 13	己丑	3 20	2 13	己未	4 19	3 14	己丑	5 20	4 15	庚申	6 20	5 16	辛卯	7 22	6 19	癸亥
		2 19	1 14	庚寅	3 21	2 14	庚申	4 20	3 15	庚寅	5 21	4 16	辛酉	6 21	5 17	壬辰	7 23	6 20	甲子
		2 20	1 15	辛卯	3 22	2 15	辛酉	4 21	3 16	辛卯	5 22	4 17	壬戌	6 22	5 18	癸巳	7 24	6 21	乙丑
		2 21	1 16	壬辰	3 23	2 16	壬戌	4 22	3 17	壬辰	5 23	4 18	癸亥	6 23	5 19	甲午	7 25	6 22	丙寅
		2 22	1 17	癸巳	3 24	2 17	癸亥	4 23	3 18	癸巳	5 24	4 19	甲子	6 24	5 20	乙未	7 26	6 23	丁卯
		2 23	1 18	甲午	3 25	2 18	甲子	4 24	3 19	甲午	5 25	4 20	乙丑	6 25	5 21	丙申	7 27	6 24	戊辰
		2 24	1 19	乙未	3 26	2 19	乙丑	4 25	3 20	乙未	5 26	4 21	丙寅	6 26	5 22	丁酉	7 28	6 25	己巳
中		2 25	1 20	丙申	3 27	2 20	丙寅	4 26	3 21	丙申	5 27	4 22	丁卯	6 27	5 23	戊戌	7 29	6 26	庚午
華		2 26	1 21	丁酉	3 28	2 21	丁卯	4 27	3 22	丁酉	5 28	4 23	戊辰	6 28	5 24	己亥	7 30	6 27	辛未
民		2 27	1 22	戊戌	3 29	2 22	戊辰	4 28	3 23	戊戌	5 29	4 24	己巳	6 29	5 25	庚子	7 31	6 28	壬申
國		2 28	1 23	己亥	3 30	2 23	己巳	4 29	3 24	己亥	5 30	4 25	庚午	6 30	5 26	辛丑	8 1	6 29	癸酉
四		3 1	1 24	庚子	3 31	2 24	庚午	4 30	3 25	庚子	5 31	4 26	辛未	7 1	5 27	壬寅	8 2	6 30	甲戌
十		3 2	1 25	辛丑	4 1	2 25	辛未	5 1	3 26	辛丑	6 1	4 27	壬申	7 2	5 28	癸卯	8 3	7 1	乙亥
年		3 3	1 26	壬寅	4 2	2 26	壬申	5 2	3 27	壬寅	6 2	4 28	癸酉	7 3	5 29	甲辰	8 4	7 2	丙子
		3 4	1 27	癸卯	4 3	2 27	癸酉	5 3	3 28	癸卯	6 3	4 29	甲戌	7 4	6 1	乙巳	8 5	7 3	丁丑
		3 5	1 28	甲辰	4 4	2 28	甲戌	5 4	3 29	甲辰	6 4	4 30	乙亥	7 5	6 2	丙午	8 6	7 4	戊寅
								5 5	3 30	乙巳	6 5	5 1	丙子	7 6	6 3	丁未	8 7	7 5	己卯
														7 7	6 4	戊申			
中	\	雨水			春分			穀雨			小滿			夏至			大暑		
氣	\	2/19 19時9分 戌時			3/21 18時25分 酉時			4/21 5時48分 卯時			5/22 5時15分 卯時			6/22 13時24分 未時			7/24 0時20分 子時		

日光節約時間：五月一日至九月三十日

辛卯　年

月	丙申	丁酉	戊戌	己亥	庚子	辛丑
節氣	立秋	白露	寒露	立冬	大雪	小寒
	8/8 16時37分 申時	9/8 19時18分 戌時	10/9 10時36分 巳時	11/8 13時26分 未時	12/8 6時2分 卯時	1/6 17時9分 酉時

丙申 國曆	農曆	干支	丁酉 國曆	農曆	干支	戊戌 國曆	農曆	干支	己亥 國曆	農曆	干支	庚子 國曆	農曆	干支	辛丑 國曆	農曆	干支
8/8	7/6	庚辰	9/8	8/8	辛亥	10/9	9/9	壬午	11/8	10/10	壬子	12/8	11/10	壬午	1/6	12/10	辛亥
8/9	7/7	辛巳	9/9	8/9	壬子	10/10	9/10	癸未	11/9	10/11	癸丑	12/9	11/11	癸未	1/7	12/11	壬子
8/10	7/8	壬午	9/10	8/10	癸丑	10/11	9/11	甲申	11/10	10/12	甲寅	12/10	11/12	甲申	1/8	12/12	癸丑
8/11	7/9	癸未	9/11	8/11	甲寅	10/12	9/12	乙酉	11/11	10/13	乙卯	12/11	11/13	乙酉	1/9	12/13	甲寅
8/12	7/10	甲申	9/12	8/12	乙卯	10/13	9/13	丙戌	11/12	10/14	丙辰	12/12	11/14	丙戌	1/10	12/14	乙卯
8/13	7/11	乙酉	9/13	8/13	丙辰	10/14	9/14	丁亥	11/13	10/15	丁巳	12/13	11/15	丁亥	1/11	12/15	丙辰
8/14	7/12	丙戌	9/14	8/14	丁巳	10/15	9/15	戊子	11/14	10/16	戊午	12/14	11/16	戊子	1/12	12/16	丁巳
8/15	7/13	丁亥	9/15	8/15	戊午	10/16	9/16	己丑	11/15	10/17	己未	12/15	11/17	己丑	1/13	12/17	戊午
8/16	7/14	戊子	9/16	8/16	己未	10/17	9/17	庚寅	11/16	10/18	庚申	12/16	11/18	庚寅	1/14	12/18	己未
8/17	7/15	己丑	9/17	8/17	庚申	10/18	9/18	辛卯	11/17	10/19	辛酉	12/17	11/19	辛卯	1/15	12/19	庚申
8/18	7/16	庚寅	9/18	8/18	辛酉	10/19	9/19	壬辰	11/18	10/20	壬戌	12/18	11/20	壬辰	1/16	12/20	辛酉
8/19	7/17	辛卯	9/19	8/19	壬戌	10/20	9/20	癸巳	11/19	10/21	癸亥	12/19	11/21	癸巳	1/17	12/21	壬戌
8/20	7/18	壬辰	9/20	8/20	癸亥	10/21	9/21	甲午	11/20	10/22	甲子	12/20	11/22	甲午	1/18	12/22	癸亥
8/21	7/19	癸巳	9/21	8/21	甲子	10/22	9/22	乙未	11/21	10/23	乙丑	12/21	11/23	乙未	1/19	12/23	甲子
8/22	7/20	甲午	9/22	8/22	乙丑	10/23	9/23	丙申	11/22	10/24	丙寅	12/22	11/24	丙申	1/20	12/24	乙丑
8/23	7/21	乙未	9/23	8/23	丙寅	10/24	9/24	丁酉	11/23	10/25	丁卯	12/23	11/25	丁酉	1/21	12/25	丙寅
8/24	7/22	丙申	9/24	8/24	丁卯	10/25	9/25	戊戌	11/24	10/26	戊辰	12/24	11/26	戊戌	1/22	12/26	丁卯
8/25	7/23	丁酉	9/25	8/25	戊辰	10/26	9/26	己亥	11/25	10/27	己巳	12/25	11/27	己亥	1/23	12/27	戊辰
8/26	7/24	戊戌	9/26	8/26	己巳	10/27	9/27	庚子	11/26	10/28	庚午	12/26	11/28	庚子	1/24	12/28	己巳
8/27	7/25	己亥	9/27	8/27	庚午	10/28	9/28	辛丑	11/27	10/29	辛未	12/27	11/29	辛丑	1/25	12/29	庚午
8/28	7/26	庚子	9/28	8/28	辛未	10/29	9/29	壬寅	11/28	10/30	壬申	12/28	12/1	壬寅	1/26	12/30	辛未
8/29	7/27	辛丑	9/29	8/29	壬申	10/30	10/1	癸卯	11/29	11/1	癸酉	12/29	12/2	癸卯	1/27	1/1	壬申
8/30	7/28	壬寅	9/30	8/30	癸酉	10/31	10/2	甲辰	11/30	11/2	甲戌	12/30	12/3	甲辰	1/28	1/2	癸酉
8/31	7/29	癸卯	10/1	9/1	甲戌	11/1	10/3	乙巳	12/1	11/3	乙亥	12/31	12/4	乙巳	1/29	1/3	甲戌
9/1	8/1	甲辰	10/2	9/2	乙亥	11/2	10/4	丙午	12/2	11/4	丙子	1/1	12/5	丙午	1/30	1/4	乙亥
9/2	8/2	乙巳	10/3	9/3	丙子	11/3	10/5	丁未	12/3	11/5	丁丑	1/2	12/6	丁未	1/31	1/5	丙子
9/3	8/3	丙午	10/4	9/4	丁丑	11/4	10/6	戊申	12/4	11/6	戊寅	1/3	12/7	戊申	2/1	1/6	丁丑
9/4	8/4	丁未	10/5	9/5	戊寅	11/5	10/7	己酉	12/5	11/7	己卯	1/4	12/8	己酉	2/2	1/7	戊寅
9/5	8/5	戊申	10/6	9/6	己卯	11/6	10/8	庚戌	12/6	11/8	庚辰	1/5	12/9	庚戌	2/3	1/8	己卯
9/6	8/6	己酉	10/7	9/7	庚辰	11/7	10/9	辛亥	12/7	11/9	辛巳				2/4	1/9	庚辰
9/7	8/7	庚戌	10/8	9/8	辛巳												

中氣	處暑	秋分	霜降	小雪	冬至	大寒
	8/24 7時16分 辰時	9/24 4時36分 寅時	10/24 13時36分 未時	11/23 10時51分 巳時	12/23 0時0分 子時	1/21 10時38分 巳時

年：1951．1952　兔　中華民國四十．四十一年

日光節約時間：五月一日至九月三十日

年	壬辰																	
月	壬寅			癸卯			甲辰			乙巳			丙午			丁未		
節氣	立春			驚蟄			清明			立夏			芒種			小暑		
氣	2/5 4時52分 寅時			3/5 23時7分 子時			4/5 4時15分 寅時			5/5 21時54分 亥時			6/6 2時20分 丑時			7/7 12時44分 午時		
日	國曆	農曆	干支	國曆	農曆	干支	國曆	農曆	干支	國曆	農曆	干支	國曆	農曆	干支	國曆	農曆	干支
	2/5	1/10	辛巳	3/5	2/10	庚戌	4/5	3/11	辛巳	5/5	4/12	辛亥	6/6	5/14	癸未	7/7	閏5/16	甲寅
	2/6	1/11	壬午	3/6	2/11	辛亥	4/6	3/12	壬午	5/6	4/13	壬子	6/7	5/15	甲申	7/8	閏5/17	乙卯
	2/7	1/12	癸未	3/7	2/12	壬子	4/7	3/13	癸未	5/7	4/14	癸丑	6/8	5/16	乙酉	7/9	閏5/18	丙辰
	2/8	1/13	甲申	3/8	2/13	癸丑	4/8	3/14	甲申	5/8	4/15	甲寅	6/9	5/17	丙戌	7/10	閏5/19	丁巳
1	2/9	1/14	乙酉	3/9	2/14	甲寅	4/9	3/15	乙酉	5/9	4/16	乙卯	6/10	5/18	丁亥	7/11	閏5/20	戊午
9	2/10	1/15	丙戌	3/10	2/15	乙卯	4/10	3/16	丙戌	5/10	4/17	丙辰	6/11	5/19	戊子	7/12	閏5/21	己未
5	2/11	1/16	丁亥	3/11	2/16	丙辰	4/11	3/17	丁亥	5/11	4/18	丁巳	6/12	5/20	己丑	7/13	閏5/22	庚申
2	2/12	1/17	戊子	3/12	2/17	丁巳	4/12	3/18	戊子	5/12	4/19	戊午	6/13	5/21	庚寅	7/14	閏5/23	辛酉
	2/13	1/18	己丑	3/13	2/18	戊午	4/13	3/19	己丑	5/13	4/20	己未	6/14	5/22	辛卯	7/15	閏5/24	壬戌
	2/14	1/19	庚寅	3/14	2/19	己未	4/14	3/20	庚寅	5/14	4/21	庚申	6/15	5/23	壬辰	7/16	閏5/25	癸亥
	2/15	1/20	辛卯	3/15	2/20	庚申	4/15	3/21	辛卯	5/15	4/22	辛酉	6/16	5/24	癸巳	7/17	閏5/26	甲子
	2/16	1/21	壬辰	3/16	2/21	辛酉	4/16	3/22	壬辰	5/16	4/23	壬戌	6/17	5/25	甲午	7/18	閏5/27	乙丑
	2/17	1/22	癸巳	3/17	2/22	壬戌	4/17	3/23	癸巳	5/17	4/24	癸亥	6/18	5/26	乙未	7/19	閏5/28	丙寅
	2/18	1/23	甲午	3/18	2/23	癸亥	4/18	3/24	甲午	5/18	4/25	甲子	6/19	5/27	丙申	7/20	閏5/29	丁卯
龍	2/19	1/24	乙未	3/19	2/24	甲子	4/19	3/25	乙未	5/19	4/26	乙丑	6/20	5/28	丁酉	7/21	閏5/30	戊辰
	2/20	1/25	丙申	3/20	2/25	乙丑	4/20	3/26	丙申	5/20	4/27	丙寅	6/21	5/29	戊戌	7/22	6/1	己巳
	2/21	1/26	丁酉	3/21	2/26	丙寅	4/21	3/27	丁酉	5/21	4/28	丁卯	6/22	閏5/1	己亥	7/23	6/2	庚午
	2/22	1/27	戊戌	3/22	2/27	丁卯	4/22	3/28	戊戌	5/22	4/29	戊辰	6/23	閏5/2	庚子	7/24	6/3	辛未
	2/23	1/28	己亥	3/23	2/28	戊辰	4/23	3/29	己亥	5/23	4/30	己巳	6/24	閏5/3	辛丑	7/25	6/4	壬申
	2/24	1/29	庚子	3/24	2/29	己巳	4/24	4/1	庚子	5/24	5/1	庚午	6/25	閏5/4	壬寅	7/26	6/5	癸酉
	2/25	2/1	辛丑	3/25	2/30	庚午	4/25	4/2	辛丑	5/25	5/2	辛未	6/26	閏5/5	癸卯	7/27	6/6	甲戌
	2/26	2/2	壬寅	3/26	3/1	辛未	4/26	4/3	壬寅	5/26	5/3	壬申	6/27	閏5/6	甲辰	7/28	6/7	乙亥
中	2/27	2/3	癸卯	3/27	3/2	壬申	4/27	4/4	癸卯	5/27	5/4	癸酉	6/28	閏5/7	乙巳	7/29	6/8	丙子
華	2/28	2/4	甲辰	3/28	3/3	癸酉	4/28	4/5	甲辰	5/28	5/5	甲戌	6/29	閏5/8	丙午	7/30	6/9	丁丑
民	2/29	2/5	乙巳	3/29	3/4	甲戌	4/29	4/6	乙巳	5/29	5/6	乙亥	6/30	閏5/9	丁未	7/31	6/10	戊寅
國	3/1	2/6	丙午	3/30	3/5	乙亥	4/30	4/7	丙午	5/30	5/7	丙子	7/1	閏5/10	戊申	8/1	6/11	己卯
四	3/2	2/7	丁未	3/31	3/6	丙子	5/1	4/8	丁未	5/31	5/8	丁丑	7/2	閏5/11	己酉	8/2	6/12	庚辰
十	3/3	2/8	戊申	4/1	3/7	丁丑	5/2	4/9	戊申	6/1	5/9	戊寅	7/3	閏5/12	庚戌	8/3	6/13	辛巳
一	3/4	2/9	己酉	4/2	3/8	戊寅	5/3	4/10	己酉	6/2	5/10	己卯	7/4	閏5/13	辛亥	8/4	6/14	壬午
年				4/3	3/9	己卯	5/4	4/11	庚戌	6/3	5/11	庚辰	7/5	閏5/14	壬子	8/5	6/15	癸未
				4/4	3/10	庚辰				6/4	5/12	辛巳	7/6	閏5/15	癸丑	8/6	6/16	甲申
										6/5	5/13	壬午						
中氣	雨水			春分			穀雨			小滿			夏至			大暑		
	2/20 0時56分 子時			3/21 0時13分 子時			4/20 11時36分 午時			5/21 11時3分 午時			6/21 19時12分 戌時			7/23 6時7分 卯時		

日光節約時間：三月一日至十月卅一日

年																		

壬辰																		年
戊申			己酉			庚戌			辛亥			壬子			癸丑			月
立秋			白露			寒露			立冬			大雪			小寒			節氣
8/7 22時31分 亥時			9/8 1時13分 丑時			10/8 16時32分 申時			11/7 19時21分 戌時			12/7 11時55分 午時			1/5 23時2分 子時			
國曆	農曆	干支	國曆	農曆	干支	國曆	農曆	干支	國曆	農曆	干支	國曆	農曆	干支	國曆	農曆	干支	日
8 7	6 17	乙酉	9 8	7 20	丁巳	10 8	8 20	丁亥	11 7	9 20	丁巳	12 7	10 21	丁亥	1 5	11 20	丙辰	
8 8	6 18	丙戌	9 9	7 21	戊午	10 9	8 21	戊子	11 8	9 21	戊午	12 8	10 22	戊子	1 6	11 21	丁巳	
8 9	6 19	丁亥	9 10	7 22	己未	10 10	8 22	己丑	11 9	9 22	己未	12 9	10 23	己丑	1 7	11 22	戊午	
8 10	6 20	戊子	9 11	7 23	庚申	10 11	8 23	庚寅	11 10	9 23	庚申	12 10	10 24	庚寅	1 8	11 23	己未	
8 11	6 21	己丑	9 12	7 24	辛酉	10 12	8 24	辛卯	11 11	9 24	辛酉	12 11	10 25	辛卯	1 9	11 24	庚申	1
8 12	6 22	庚寅	9 13	7 25	壬戌	10 13	8 25	壬辰	11 12	9 25	壬戌	12 12	10 26	壬辰	1 10	11 25	辛酉	9
8 13	6 23	辛卯	9 14	7 26	癸亥	10 14	8 26	癸巳	11 13	9 26	癸亥	12 13	10 27	癸巳	1 11	11 26	壬戌	5
8 14	6 24	壬辰	9 15	7 27	甲子	10 15	8 27	甲午	11 14	9 27	甲子	12 14	10 28	甲午	1 12	11 27	癸亥	2
8 15	6 25	癸巳	9 16	7 28	乙丑	10 16	8 28	乙未	11 15	9 28	乙丑	12 15	10 29	乙未	1 13	11 28	甲子	·
8 16	6 26	甲午	9 17	7 29	丙寅	10 17	8 29	丙申	11 16	9 29	丙寅	12 16	10 30	丙申	1 14	11 29	乙丑	1
8 17	6 27	乙未	9 18	7 30	丁卯	10 18	8 30	丁酉	11 17	10 1	丁卯	12 17	11 1	丁酉	1 15	12 1	丙寅	9
8 18	6 28	丙申	9 19	8 1	戊辰	10 19	9 1	戊戌	11 18	10 2	戊辰	12 18	11 2	戊戌	1 16	12 2	丁卯	5
8 19	6 29	丁酉	9 20	8 2	己巳	10 20	9 2	己亥	11 19	10 3	己巳	12 19	11 3	己亥	1 17	12 3	戊辰	3
8 20	7 1	戊戌	9 21	8 3	庚午	10 21	9 3	庚子	11 20	10 4	庚午	12 20	11 4	庚子	1 18	12 4	己巳	
8 21	7 2	己亥	9 22	8 4	辛未	10 22	9 4	辛丑	11 21	10 5	辛未	12 21	11 5	辛丑	1 19	12 5	庚午	
8 22	7 3	庚子	9 23	8 5	壬申	10 23	9 5	壬寅	11 22	10 6	壬申	12 22	11 6	壬寅	1 20	12 6	辛未	龍
8 23	7 4	辛丑	9 24	8 6	癸酉	10 24	9 6	癸卯	11 23	10 7	癸酉	12 23	11 7	癸卯	1 21	12 7	壬申	
8 24	7 5	壬寅	9 25	8 7	甲戌	10 25	9 7	甲辰	11 24	10 8	甲戌	12 24	11 8	甲辰	1 22	12 8	癸酉	
8 25	7 6	癸卯	9 26	8 8	乙亥	10 26	9 8	乙巳	11 25	10 9	乙亥	12 25	11 9	乙巳	1 23	12 9	甲戌	
8 26	7 7	甲辰	9 27	8 9	丙子	10 27	9 9	丙午	11 26	10 10	丙子	12 26	11 10	丙午	1 24	12 10	乙亥	中
8 27	7 8	乙巳	9 28	8 10	丁丑	10 28	9 10	丁未	11 27	10 11	丁丑	12 27	11 11	丁未	1 25	12 11	丙子	華
8 28	7 9	丙午	9 29	8 11	戊寅	10 29	9 11	戊申	11 28	10 12	戊寅	12 28	11 12	戊申	1 26	12 12	丁丑	民
8 29	7 10	丁未	9 30	8 12	己卯	10 30	9 12	己酉	11 29	10 13	己卯	12 29	11 13	己酉	1 27	12 13	戊寅	國
8 30	7 11	戊申	10 1	8 13	庚辰	10 31	9 13	庚戌	11 30	10 14	庚辰	12 30	11 14	庚戌	1 28	12 14	己卯	四
8 31	7 12	己酉	10 2	8 14	辛巳	11 1	9 14	辛亥	12 1	10 15	辛巳	12 31	11 15	辛亥	1 29	12 15	庚辰	十
9 1	7 13	庚戌	10 3	8 15	壬午	11 2	9 15	壬子	12 2	10 16	壬午	1 1	11 16	壬子	1 30	12 16	辛巳	一
9 2	7 14	辛亥	10 4	8 16	癸未	11 3	9 16	癸丑	12 3	10 17	癸未	1 2	11 17	癸丑	1 31	12 17	壬午	·
9 3	7 15	壬子	10 5	8 17	甲申	11 4	9 17	甲寅	12 4	10 18	甲申	1 3	11 18	甲寅	2 1	12 18	癸未	四
9 4	7 16	癸丑	10 6	8 18	乙酉	11 5	9 18	乙卯	12 5	10 19	乙酉	1 4	11 19	乙卯	2 2	12 19	甲申	十
9 5	7 17	甲寅	10 7	8 19	丙戌	11 6	9 19	丙辰	12 6	10 20	丙戌				2 3	12 20	乙酉	二
9 6	7 18	乙卯																年
9 7	7 19	丙辰																
處暑			秋分			霜降			小雪			冬至			大寒			中
8/23 13時2分 未時			9/23 10時23分 巳時			10/23 19時22分 戌時			11/22 16時35分 申時			12/22 5時43分 卯時			1/20 16時21分 申時			氣

日光節約時間：三月一日至十月卅一日

年	癸巳																
月	甲寅			乙卯			丙辰			丁巳			戊午			己未		
節氣	立春 2/4 10時45分 巳時			驚蟄 3/6 5時2分 卯時			清明 4/5 10時12分 巳時			立夏 5/6 3時52分 寅時			芒種 6/6 8時16分 辰時			小暑 7/7 18時34分 酉時		
日	國曆	農曆	干支	國曆	農曆	干支	國曆	農曆	干支	國曆	農曆	干支	國曆	農曆	干支	國曆	農曆	干支
	2 4	12 21	丙戌	3 6	1 21	丙辰	4 5	2 22	丙戌	5 6	3 23	丁巳	6 6	4 25	戊子	7 7	5 27	己未
	2 5	12 22	丁亥	3 7	1 22	丁巳	4 6	2 23	丁亥	5 7	3 24	戊午	6 7	4 26	己丑	7 8	5 28	庚申
	2 6	12 23	戊子	3 8	1 23	戊午	4 7	2 24	戊子	5 8	3 25	己未	6 8	4 27	庚寅	7 9	5 29	辛酉
1	2 7	12 24	己丑	3 9	1 24	己未	4 8	2 25	己丑	5 9	3 26	庚申	6 9	4 28	辛卯	7 10	5 30	壬戌
9	2 8	12 25	庚寅	3 10	1 25	庚申	4 9	2 26	庚寅	5 10	3 27	辛酉	6 10	4 29	壬辰	7 11	6 1	癸亥
5	2 9	12 26	辛卯	3 11	1 26	辛酉	4 10	2 27	辛卯	5 11	3 28	壬戌	6 11	5 1	癸巳	7 12	6 2	甲子
3	2 10	12 27	壬辰	3 12	1 27	壬戌	4 11	2 28	壬辰	5 12	3 29	癸亥	6 12	5 2	甲午	7 13	6 3	乙丑
	2 11	12 28	癸巳	3 13	1 28	癸亥	4 12	2 29	癸巳	5 13	4 1	甲子	6 13	5 3	乙未	7 14	6 4	丙寅
	2 12	12 29	甲午	3 14	1 29	甲子	4 13	2 30	甲午	5 14	4 2	乙丑	6 14	5 4	丙申	7 15	6 5	丁卯
	2 13	12 30	乙未	3 15	2 1	乙丑	4 14	3 1	乙未	5 15	4 3	丙寅	6 15	5 5	丁酉	7 16	6 6	戊辰
	2 14	1 1	丙申	3 16	2 2	丙寅	4 15	3 2	丙申	5 16	4 4	丁卯	6 16	5 6	戊戌	7 17	6 7	己巳
	2 15	1 2	丁酉	3 17	2 3	丁卯	4 16	3 3	丁酉	5 17	4 5	戊辰	6 17	5 7	己亥	7 18	6 8	庚午
	2 16	1 3	戊戌	3 18	2 4	戊辰	4 17	3 4	戊戌	5 18	4 6	己巳	6 18	5 8	庚子	7 19	6 9	辛未
蛇	2 17	1 4	己亥	3 19	2 5	己巳	4 18	3 5	己亥	5 19	4 7	庚午	6 19	5 9	辛丑	7 20	6 10	壬申
	2 18	1 5	庚子	3 20	2 6	庚午	4 19	3 6	庚子	5 20	4 8	辛未	6 20	5 10	壬寅	7 21	6 11	癸酉
	2 19	1 6	辛丑	3 21	2 7	辛未	4 20	3 7	辛丑	5 21	4 9	壬申	6 21	5 11	癸卯	7 22	6 12	甲戌
	2 20	1 7	壬寅	3 22	2 8	壬申	4 21	3 8	壬寅	5 22	4 10	癸酉	6 22	5 12	甲辰	7 23	6 13	乙亥
	2 21	1 8	癸卯	3 23	2 9	癸酉	4 22	3 9	癸卯	5 23	4 11	甲戌	6 23	5 13	乙巳	7 24	6 14	丙子
	2 22	1 9	甲辰	3 24	2 10	甲戌	4 23	3 10	甲辰	5 24	4 12	乙亥	6 24	5 14	丙午	7 25	6 15	丁丑
	2 23	1 10	乙巳	3 25	2 11	乙亥	4 24	3 11	乙巳	5 25	4 13	丙子	6 25	5 15	丁未	7 26	6 16	戊寅
中	2 24	1 11	丙午	3 26	2 12	丙子	4 25	3 12	丙午	5 26	4 14	丁丑	6 26	5 16	戊申	7 27	6 17	己卯
華	2 25	1 12	丁未	3 27	2 13	丁丑	4 26	3 13	丁未	5 27	4 15	戊寅	6 27	5 17	己酉	7 28	6 18	庚辰
民	2 26	1 13	戊申	3 28	2 14	戊寅	4 27	3 14	戊申	5 28	4 16	己卯	6 28	5 18	庚戌	7 29	6 19	辛巳
國	2 27	1 14	己酉	3 29	2 15	己卯	4 28	3 15	己酉	5 29	4 17	庚辰	6 29	5 19	辛亥	7 30	6 20	壬午
四	2 28	1 15	庚戌	3 30	2 16	庚辰	4 29	3 16	庚戌	5 30	4 18	辛巳	6 30	5 20	壬子	7 31	6 21	癸未
十	3 1	1 16	辛亥	3 31	2 17	辛巳	4 30	3 17	辛亥	5 31	4 19	壬午	7 1	5 21	癸丑	8 1	6 22	甲申
二	3 2	1 17	壬子	4 1	2 18	壬午	5 1	3 18	壬子	6 1	4 20	癸未	7 2	5 22	甲寅	8 2	6 23	乙酉
年	3 3	1 18	癸丑	4 2	2 19	癸未	5 2	3 19	癸丑	6 2	4 21	甲申	7 3	5 23	乙卯	8 3	6 24	丙戌
	3 4	1 19	甲寅	4 3	2 20	甲申	5 3	3 20	甲寅	6 3	4 22	乙酉	7 4	5 24	丙辰	8 4	6 25	丁亥
	3 5	1 20	乙卯	4 4	2 21	乙酉	5 4	3 21	乙卯	6 4	4 23	丙戌	7 5	5 25	丁巳	8 5	6 26	戊子
							5 5	3 22	丙辰	6 5	4 24	丁亥	7 6	5 26	戊午	8 6	6 27	己丑
																8 7	6 28	庚寅
中氣	雨水 2/19 6時41分 卯時			春分 3/21 6時0分 卯時			穀雨 4/20 17時25分 酉時			小滿 5/21 16時52分 申時			夏至 6/22 0時59分 子時			大暑 7/23 11時52分 午時		

日光節約時間：四月一日至十月卅一日

癸巳																		年
庚申			辛酉			壬戌			癸亥			甲子			乙丑			月
立秋			白露			寒露			立冬			大雪			小寒			節氣
8/8 4時14分 寅時			9/8 6時52分 卯時			10/8 22時10分 亥時			11/8 1時1分 丑時			12/7 17時37分 酉時			1/6 4時45分 寅時			
國曆	農曆	干支	國曆	農曆	干支	國曆	農曆	干支	國曆	農曆	干支	國曆	農曆	干支	國曆	農曆	干支	日
8 8	6 29	辛卯	9 8	8 1	壬戌	10 8	9 1	壬辰	11 8	10 2	癸亥	12 7	11 2	壬辰	1 6	12 2	壬戌	
8 9	6 30	壬辰	9 9	8 2	癸亥	10 9	9 2	癸巳	11 9	10 3	甲子	12 8	11 3	癸巳	1 7	12 3	癸亥	
8 10	7 1	癸巳	9 10	8 3	甲子	10 10	9 3	甲午	11 10	10 4	乙丑	12 9	11 4	甲午	1 8	12 4	甲子	
8 11	7 2	甲午	9 11	8 4	乙丑	10 11	9 4	乙未	11 11	10 5	丙寅	12 10	11 5	乙未	1 9	12 5	乙丑	1
8 12	7 3	乙未	9 12	8 5	丙寅	10 12	9 5	丙申	11 12	10 6	丁卯	12 11	11 6	丙申	1 10	12 6	丙寅	9
8 13	7 4	丙申	9 13	8 6	丁卯	10 13	9 6	丁酉	11 13	10 7	戊辰	12 12	11 7	丁酉	1 11	12 7	丁卯	5
8 14	7 5	丁酉	9 14	8 7	戊辰	10 14	9 7	戊戌	11 14	10 8	己巳	12 13	11 8	戊戌	1 12	12 8	戊辰	3
8 15	7 6	戊戌	9 15	8 8	己巳	10 15	9 8	己亥	11 15	10 9	庚午	12 14	11 9	己亥	1 13	12 9	己巳	·
8 16	7 7	己亥	9 16	8 9	庚午	10 16	9 9	庚子	11 16	10 10	辛未	12 15	11 10	庚子	1 14	12 10	庚午	1
8 17	7 8	庚子	9 17	8 10	辛未	10 17	9 10	辛丑	11 17	10 11	壬申	12 16	11 11	辛丑	1 15	12 11	辛未	9
8 18	7 9	辛丑	9 18	8 11	壬申	10 18	9 11	壬寅	11 18	10 12	癸酉	12 17	11 12	壬寅	1 16	12 12	壬申	5
8 19	7 10	壬寅	9 19	8 12	癸酉	10 19	9 12	癸卯	11 19	10 13	甲戌	12 18	11 13	癸卯	1 17	12 13	癸酉	4
8 20	7 11	癸卯	9 20	8 13	甲戌	10 20	9 13	甲辰	11 20	10 14	乙亥	12 19	11 14	甲辰	1 18	12 14	甲戌	
8 21	7 12	甲辰	9 21	8 14	乙亥	10 21	9 14	乙巳	11 21	10 15	丙子	12 20	11 15	乙巳	1 19	12 15	乙亥	
8 22	7 13	乙巳	9 22	8 15	丙子	10 22	9 15	丙午	11 22	10 16	丁丑	12 21	11 16	丙午	1 20	12 16	丙子	蛇
8 23	7 14	丙午	9 23	8 16	丁丑	10 23	9 16	丁未	11 23	10 17	戊寅	12 22	11 17	丁未	1 21	12 17	丁丑	
8 24	7 15	丁未	9 24	8 17	戊寅	10 24	9 17	戊申	11 24	10 18	己卯	12 23	11 18	戊申	1 22	12 18	戊寅	
8 25	7 16	戊申	9 25	8 18	己卯	10 25	9 18	己酉	11 25	10 19	庚辰	12 24	11 19	己酉	1 23	12 19	己卯	
8 26	7 17	己酉	9 26	8 19	庚辰	10 26	9 19	庚戌	11 26	10 20	辛巳	12 25	11 20	庚戌	1 24	12 20	庚辰	
8 27	7 18	庚戌	9 27	8 20	辛巳	10 27	9 20	辛亥	11 27	10 21	壬午	12 26	11 21	辛亥	1 25	12 21	辛巳	
8 28	7 19	辛亥	9 28	8 21	壬午	10 28	9 21	壬子	11 28	10 22	癸未	12 27	11 22	壬子	1 26	12 22	壬午	中
8 29	7 20	壬子	9 29	8 22	癸未	10 29	9 22	癸丑	11 29	10 23	甲申	12 28	11 23	癸丑	1 27	12 23	癸未	華
8 30	7 21	癸丑	9 30	8 23	甲申	10 30	9 23	甲寅	11 30	10 24	乙酉	12 29	11 24	甲寅	1 28	12 24	甲申	民
8 31	7 22	甲寅	10 1	8 24	乙酉	10 31	9 24	乙卯	12 1	10 25	丙戌	12 30	11 25	乙卯	1 29	12 25	乙酉	國
9 1	7 23	乙卯	10 2	8 25	丙戌	11 1	9 25	丙辰	12 2	10 26	丁亥	12 31	11 26	丙辰	1 30	12 26	丙戌	四
9 2	7 24	丙辰	10 3	8 26	丁亥	11 2	9 26	丁巳	12 3	10 27	戊子	1 1	11 27	丁巳	1 31	12 27	丁亥	十
9 3	7 25	丁巳	10 4	8 27	戊子	11 3	9 27	戊午	12 4	10 28	己丑	1 2	11 28	戊午	2 1	12 28	戊子	二
9 4	7 26	戊午	10 5	8 28	己丑	11 4	9 28	己未	12 5	10 29	庚寅	1 3	11 29	己未	2 2	12 29	己丑	·
9 5	7 27	己未	10 6	8 29	庚寅	11 5	9 29	庚申	12 6	11 1	辛卯	1 4	11 30	庚申	2 3	1 1	庚寅	四
9 6	7 28	庚申	10 7	8 30	辛卯	11 6	9 30	辛酉				1 5	12 1	辛酉				十
9 7	7 29	辛酉				11 7	10 1	壬戌										三
處暑			秋分			霜降			小雪			冬至			大寒			中
8/23 18時45分 酉時			9/23 16時5分 申時			10/24 1時6分 丑時			11/22 22時22分 亥時			12/22 11時31分 午時			1/20 22時11分 亥時			氣

日光節約時間：四月一日至十月卅一日

年																		
	甲午																	
月	丙寅			丁卯			戊辰			己巳			庚午			辛未		
節氣	立春			驚蟄			清明			立夏			芒種			小暑		
	2/4 16時30分 申時			3/6 10時48分 巳時			4/5 15時59分 申時			5/6 9時38分 巳時			6/6 14時0分 未時			7/8 0時19分 子時		
日	國曆	農曆	干支	國曆	農曆	干支	國曆	農曆	干支	國曆	農曆	干支	國曆	農曆	干支	國曆	農曆	干支
	2 4	1 2	辛卯	3 6	2 2	辛酉	4 5	3 3	辛卯	5 6	4 4	壬戌	6 6	5 6	癸巳	7 8	6 9	乙丑
	2 5	1 3	壬辰	3 7	2 3	壬戌	4 6	3 4	壬辰	5 7	4 5	癸亥	6 7	5 7	甲午	7 9	6 10	丙寅
	2 6	1 4	癸巳	3 8	2 4	癸亥	4 7	3 5	癸巳	5 8	4 6	甲子	6 8	5 8	乙未	7 10	6 11	丁卯
	2 7	1 5	甲午	3 9	2 5	甲子	4 8	3 6	甲午	5 9	4 7	乙丑	6 9	5 9	丙申	7 11	6 12	戊辰
1	2 8	1 6	乙未	3 10	2 6	乙丑	4 9	3 7	乙未	5 10	4 8	丙寅	6 10	5 10	丁酉	7 12	6 13	己巳
9	2 9	1 7	丙申	3 11	2 7	丙寅	4 10	3 8	丙申	5 11	4 9	丁卯	6 11	5 11	戊戌	7 13	6 14	庚午
5	2 10	1 8	丁酉	3 12	2 8	丁卯	4 11	3 9	丁酉	5 12	4 10	戊辰	6 12	5 12	己亥	7 14	6 15	辛未
4	2 11	1 9	戊戌	3 13	2 9	戊辰	4 12	3 10	戊戌	5 13	4 11	己巳	6 13	5 13	庚子	7 15	6 16	壬申
	2 12	1 10	己亥	3 14	2 10	己巳	4 13	3 11	己亥	5 14	4 12	庚午	6 14	5 14	辛丑	7 16	6 17	癸酉
	2 13	1 11	庚子	3 15	2 11	庚午	4 14	3 12	庚子	5 15	4 13	辛未	6 15	5 15	壬寅	7 17	6 18	甲戌
	2 14	1 12	辛丑	3 16	2 12	辛未	4 15	3 13	辛丑	5 16	4 14	壬申	6 16	5 16	癸卯	7 18	6 19	乙亥
	2 15	1 13	壬寅	3 17	2 13	壬申	4 16	3 14	壬寅	5 17	4 15	癸酉	6 17	5 17	甲辰	7 19	6 20	丙子
	2 16	1 14	癸卯	3 18	2 14	癸酉	4 17	3 15	癸卯	5 18	4 16	甲戌	6 18	5 18	乙巳	7 20	6 21	丁丑
馬	2 17	1 15	甲辰	3 19	2 15	甲戌	4 18	3 16	甲辰	5 19	4 17	乙亥	6 19	5 19	丙午	7 21	6 22	戊寅
	2 18	1 16	乙巳	3 20	2 16	乙亥	4 19	3 17	乙巳	5 20	4 18	丙子	6 20	5 20	丁未	7 22	6 23	己卯
	2 19	1 17	丙午	3 21	2 17	丙子	4 20	3 18	丙午	5 21	4 19	丁丑	6 21	5 21	戊申	7 23	6 24	庚辰
	2 20	1 18	丁未	3 22	2 18	丁丑	4 21	3 19	丁未	5 22	4 20	戊寅	6 22	5 22	己酉	7 24	6 25	辛巳
	2 21	1 19	戊申	3 23	2 19	戊寅	4 22	3 20	戊申	5 23	4 21	己卯	6 23	5 23	庚戌	7 25	6 26	壬午
	2 22	1 20	己酉	3 24	2 20	己卯	4 23	3 21	己酉	5 24	4 22	庚辰	6 24	5 24	辛亥	7 26	6 27	癸未
	2 23	1 21	庚戌	3 25	2 21	庚辰	4 24	3 22	庚戌	5 25	4 23	辛巳	6 25	5 25	壬子	7 27	6 28	甲申
	2 24	1 22	辛亥	3 26	2 22	辛巳	4 25	3 23	辛亥	5 26	4 24	壬午	6 26	5 26	癸丑	7 28	6 29	乙酉
	2 25	1 23	壬子	3 27	2 23	壬午	4 26	3 24	壬子	5 27	4 25	癸未	6 27	5 27	甲寅	7 29	6 30	丙戌
中	2 26	1 24	癸丑	3 28	2 24	癸未	4 27	3 25	癸丑	5 28	4 26	甲申	6 28	5 28	乙卯	7 30	7 1	丁亥
華	2 27	1 25	甲寅	3 29	2 25	甲申	4 28	3 26	甲寅	5 29	4 27	乙酉	6 29	5 29	丙辰	7 31	7 2	戊子
民	2 28	1 26	乙卯	3 30	2 26	乙酉	4 29	3 27	乙卯	5 30	4 28	丙戌	6 30	6 1	丁巳	8 1	7 3	己丑
國	3 1	1 27	丙辰	3 31	2 27	丙戌	4 30	3 28	丙辰	5 31	4 29	丁亥	7 1	6 2	戊午	8 2	7 4	庚寅
四	3 2	1 28	丁巳	4 1	2 28	丁亥	5 1	3 29	丁巳	6 1	5 1	戊子	7 2	6 3	己未	8 3	7 5	辛卯
十	3 3	1 29	戊午	4 2	2 29	戊子	5 2	3 30	戊午	6 2	5 2	己丑	7 3	6 4	庚申	8 4	7 6	壬辰
三	3 4	1 30	己未	4 3	3 1	己丑	5 3	4 1	己未	6 3	5 3	庚寅	7 4	6 5	辛酉	8 5	7 7	癸巳
年	3 5	2 1	庚申	4 4	3 2	庚寅	5 4	4 2	庚申	6 4	5 4	辛卯	7 5	6 6	壬戌	8 6	7 8	甲午
							5 5	4 3	辛酉	6 5	5 5	壬辰	7 6	6 7	癸亥	8 7	7 9	乙未
													7 7	6 8	甲子			
中氣	雨水			春分			穀雨			小滿			夏至			大暑		
	2/19 12時32分 午時			3/21 11時53分 午時			4/20 23時19分 子時			5/21 22時47分 亥時			6/22 6時54分 卯時			7/23 17時44分 酉時		

日光節約時間：四月一日至十月卅一日

甲午																		年
壬申			癸酉			甲戌			乙亥			丙子			丁丑			月
立秋			白露			寒露			立冬			大雪			小寒			節氣
8/8 9時59分 巳時			9/8 12時37分 午時			10/9 3時57分 寅時			11/8 6時50分 卯時			12/7 23時28分 子時			1/6 10時35分 巳時			
國曆	農曆	干支	國曆	農曆	干支	國曆	農曆	干支	國曆	農曆	干支	國曆	農曆	干支	國曆	農曆	干支	日
8 8	7 10	丙申	9 8	8 12	丁卯	10 9	9 13	戊戌	11 8	10 13	戊辰	12 7	11 13	丁酉	1 6	12 13	丁卯	
8 9	7 11	丁酉	9 9	8 13	戊辰	10 10	9 14	己亥	11 9	10 14	己巳	12 8	11 14	戊戌	1 7	12 14	戊辰	
8 10	7 12	戊戌	9 10	8 14	己巳	10 11	9 15	庚子	11 10	10 15	庚午	12 9	11 15	己亥	1 8	12 15	己巳	1
8 11	7 13	己亥	9 11	8 15	庚午	10 12	9 16	辛丑	11 11	10 16	辛未	12 10	11 16	庚子	1 9	12 16	庚午	9
8 12	7 14	庚子	9 12	8 16	辛未	10 13	9 17	壬寅	11 12	10 17	壬申	12 11	11 17	辛丑	1 10	12 17	辛未	5
8 13	7 15	辛丑	9 13	8 17	壬申	10 14	9 18	癸卯	11 13	10 18	癸酉	12 12	11 18	壬寅	1 11	12 18	壬申	4
8 14	7 16	壬寅	9 14	8 18	癸酉	10 15	9 19	甲辰	11 14	10 19	甲戌	12 13	11 19	癸卯	1 12	12 19	癸酉	·
8 15	7 17	癸卯	9 15	8 19	甲戌	10 16	9 20	乙巳	11 15	10 20	乙亥	12 14	11 20	甲辰	1 13	12 20	甲戌	1
8 16	7 18	甲辰	9 16	8 20	乙亥	10 17	9 21	丙午	11 16	10 21	丙子	12 15	11 21	乙巳	1 14	12 21	乙亥	9
8 17	7 19	乙巳	9 17	8 21	丙子	10 18	9 22	丁未	11 17	10 22	丁丑	12 16	11 22	丙午	1 15	12 22	丙子	5
8 18	7 20	丙午	9 18	8 22	丁丑	10 19	9 23	戊申	11 18	10 23	戊寅	12 17	11 23	丁未	1 16	12 23	丁丑	5
8 19	7 21	丁未	9 19	8 23	戊寅	10 20	9 24	己酉	11 19	10 24	己卯	12 18	11 24	戊申	1 17	12 24	戊寅	
8 20	7 22	戊申	9 20	8 24	己卯	10 21	9 25	庚戌	11 20	10 25	庚辰	12 19	11 25	己酉	1 18	12 25	己卯	
8 21	7 23	己酉	9 21	8 25	庚辰	10 22	9 26	辛亥	11 21	10 26	辛巳	12 20	11 26	庚戌	1 19	12 26	庚辰	馬
8 22	7 24	庚戌	9 22	8 26	辛巳	10 23	9 27	壬子	11 22	10 27	壬午	12 21	11 27	辛亥	1 20	12 27	辛巳	
8 23	7 25	辛亥	9 23	8 27	壬午	10 24	9 28	癸丑	11 23	10 28	癸未	12 22	11 28	壬子	1 21	12 28	壬午	
8 24	7 26	壬子	9 24	8 28	癸未	10 25	9 29	甲寅	11 24	10 29	甲申	12 23	11 29	癸丑	1 22	12 29	癸未	
8 25	7 27	癸丑	9 25	8 29	甲申	10 26	9 30	乙卯	11 25	11 1	乙酉	12 24	11 30	甲寅	1 23	12 30	甲申	
8 26	7 28	甲寅	9 26	8 30	乙酉	10 27	10 1	丙辰	11 26	11 2	丙戌	12 25	12 1	乙卯	1 24	1 1	乙酉	中
8 27	7 29	乙卯	9 27	9 1	丙戌	10 28	10 2	丁巳	11 27	11 3	丁亥	12 26	12 2	丙辰	1 25	1 2	丙戌	華
8 28	8 1	丙辰	9 28	9 2	丁亥	10 29	10 3	戊午	11 28	11 4	戊子	12 27	12 3	丁巳	1 26	1 3	丁亥	民
8 29	8 2	丁巳	9 29	9 3	戊子	10 30	10 4	己未	11 29	11 5	己丑	12 28	12 4	戊午	1 27	1 4	戊子	國
8 30	8 3	戊午	9 30	9 4	己丑	10 31	10 5	庚申	11 30	11 6	庚寅	12 29	12 5	己未	1 28	1 5	己丑	四
8 31	8 4	己未	10 1	9 5	庚寅	11 1	10 6	辛酉	12 1	11 7	辛卯	12 30	12 6	庚申	1 29	1 6	庚寅	十
9 1	8 5	庚申	10 2	9 6	辛卯	11 2	10 7	壬戌	12 2	11 8	壬辰	12 31	12 7	辛酉	1 30	1 7	辛卯	三
9 2	8 6	辛酉	10 3	9 7	壬辰	11 3	10 8	癸亥	12 3	11 9	癸巳	1 1	12 8	壬戌	1 31	1 8	壬辰	·
9 3	8 7	壬戌	10 4	9 8	癸巳	11 4	10 9	甲子	12 4	11 10	甲午	1 2	12 9	癸亥	2 1	1 9	癸巳	四
9 4	8 8	癸亥	10 5	9 9	甲午	11 5	10 10	乙丑	12 5	11 11	乙未	1 3	12 10	甲子	2 2	1 10	甲午	十
9 5	8 9	甲子	10 6	9 10	乙未	11 6	10 11	丙寅	12 6	11 12	丙申	1 4	12 11	乙丑	2 3	1 11	乙未	四
9 6	8 10	乙丑	10 7	9 11	丙申	11 7	10 12	丁卯				1 5	12 12	丙寅				年
9 7	8 11	丙寅	10 8	9 12	丁酉													
處暑			秋分			霜降			小雪			冬至			大寒			中
8/24 0時35分 子時			9/23 21時55分 亥時			10/24 6時56分 卯時			11/23 4時14分 寅時			12/22 17時24分 酉時			1/21 4時1分 寅時			氣

日光節約時間：四月一日至十月卅一日

年	乙未																													
月	戊寅			己卯			庚辰			辛巳			壬午			癸未		
節氣	立春			驚蟄			清明			立夏			芒種			小暑		
	2/4 22時17分 亥時			3/6 16時31分 申時			4/5 21時38分 亥時			5/6 15時18分 申時			6/6 19時43分 戌時			7/8 6時5分 卯時		
日	國曆	農曆	干支	國曆	農曆	干支	國曆	農曆	干支	國曆	農曆	干支	國曆	農曆	干支	國曆	農曆	干支
	2 4	1 12	丙申	3 6	2 13	丙寅	4 5	3 13	丙申	5 6	閏3 15	丁卯	6 6	4 16	戊戌	7 8	5 19	庚午
	2 5	1 13	丁酉	3 7	2 14	丁卯	4 6	3 14	丁酉	5 7	閏3 16	戊辰	6 7	4 17	己亥	7 9	5 20	辛未
	2 6	1 14	戊戌	3 8	2 15	戊辰	4 7	3 15	戊戌	5 8	閏3 17	己巳	6 8	4 18	庚子	7 10	5 21	壬申
	2 7	1 15	己亥	3 9	2 16	己巳	4 8	3 16	己亥	5 9	閏3 18	庚午	6 9	4 19	辛丑	7 11	5 22	癸酉
1	2 8	1 16	庚子	3 10	2 17	庚午	4 9	3 17	庚子	5 10	閏3 19	辛未	6 10	4 20	壬寅	7 12	5 23	甲戌
9	2 9	1 17	辛丑	3 11	2 18	辛未	4 10	3 18	辛丑	5 11	閏3 20	壬申	6 11	4 21	癸卯	7 13	5 24	乙亥
5	2 10	1 18	壬寅	3 12	2 19	壬申	4 11	3 19	壬寅	5 12	閏3 21	癸酉	6 12	4 22	甲辰	7 14	5 25	丙子
5	2 11	1 19	癸卯	3 13	2 20	癸酉	4 12	3 20	癸卯	5 13	閏3 22	甲戌	6 13	4 23	乙巳	7 15	5 26	丁丑
	2 12	1 20	甲辰	3 14	2 21	甲戌	4 13	3 21	甲辰	5 14	閏3 23	乙亥	6 14	4 24	丙午	7 16	5 27	戊寅
	2 13	1 21	乙巳	3 15	2 22	乙亥	4 14	3 22	乙巳	5 15	閏3 24	丙子	6 15	4 25	丁未	7 17	5 28	己卯
	2 14	1 22	丙午	3 16	2 23	丙子	4 15	3 23	丙午	5 16	閏3 25	丁丑	6 16	4 26	戊申	7 18	5 29	庚辰
	2 15	1 23	丁未	3 17	2 24	丁丑	4 16	3 24	丁未	5 17	閏3 26	戊寅	6 17	4 27	己酉	7 19	6 1	辛巳
	2 16	1 24	戊申	3 18	2 25	戊寅	4 17	3 25	戊申	5 18	閏3 27	己卯	6 18	4 28	庚戌	7 20	6 2	壬午
	2 17	1 25	己酉	3 19	2 26	己卯	4 18	3 26	己酉	5 19	閏3 28	庚辰	6 19	4 29	辛亥	7 21	6 3	癸未
羊	2 18	1 26	庚戌	3 20	2 27	庚辰	4 19	3 27	庚戌	5 20	閏3 29	辛巳	6 20	5 1	壬子	7 22	6 4	甲申
	2 19	1 27	辛亥	3 21	2 28	辛巳	4 20	3 28	辛亥	5 21	閏3 30	壬午	6 21	5 2	癸丑	7 23	6 5	乙酉
	2 20	1 28	壬子	3 22	2 29	壬午	4 21	3 29	壬子	5 22	4 1	癸未	6 22	5 3	甲寅	7 24	6 6	丙戌
	2 21	1 29	癸丑	3 23	2 30	癸未	4 22	閏3 1	癸丑	5 23	4 2	甲申	6 23	5 4	乙卯	7 25	6 7	丁亥
	2 22	2 1	甲寅	3 24	3 1	甲申	4 23	閏3 2	甲寅	5 24	4 3	乙酉	6 24	5 5	丙辰	7 26	6 8	戊子
	2 23	2 2	乙卯	3 25	3 2	乙酉	4 24	閏3 3	乙卯	5 25	4 4	丙戌	6 25	5 6	丁巳	7 27	6 9	己丑
	2 24	2 3	丙辰	3 26	3 3	丙戌	4 25	閏3 4	丙辰	5 26	4 5	丁亥	6 26	5 7	戊午	7 28	6 10	庚寅
	2 25	2 4	丁巳	3 27	3 4	丁亥	4 26	閏3 5	丁巳	5 27	4 6	戊子	6 27	5 8	己未	7 29	6 11	辛卯
中	2 26	2 5	戊午	3 28	3 5	戊子	4 27	閏3 6	戊午	5 28	4 7	己丑	6 28	5 9	庚申	7 30	6 12	壬辰
華	2 27	2 6	己未	3 29	3 6	己丑	4 28	閏3 7	己未	5 29	4 8	庚寅	6 29	5 10	辛酉	7 31	6 13	癸巳
民	2 28	2 7	庚申	3 30	3 7	庚寅	4 29	閏3 8	庚申	5 30	4 9	辛卯	6 30	5 11	壬戌	8 1	6 14	甲午
國	3 1	2 8	辛酉	3 31	3 8	辛卯	4 30	閏3 9	辛酉	5 31	4 10	壬辰	7 1	5 12	癸亥	8 2	6 15	乙未
四	3 2	2 9	壬戌	4 1	3 9	壬辰	5 1	閏3 10	壬戌	6 1	4 11	癸巳	7 2	5 13	甲子	8 3	6 16	丙申
十	3 3	2 10	癸亥	4 2	3 10	癸巳	5 2	閏3 11	癸亥	6 2	4 12	甲午	7 3	5 14	乙丑	8 4	6 17	丁酉
四	3 4	2 11	甲子	4 3	3 11	甲午	5 3	閏3 12	甲子	6 3	4 13	乙未	7 4	5 15	丙寅	8 5	6 18	戊戌
年	3 5	2 12	乙丑	4 4	3 12	乙未	5 4	閏3 13	乙丑	6 4	4 14	丙申	7 5	5 16	丁卯	8 6	6 19	己亥
							5 5	閏3 14	丙寅	6 5	4 15	丁酉	7 6	5 17	戊辰	8 7	6 20	庚子
													7 7	5 18	己巳			
中氣	雨水			春分			穀雨			小滿			夏至			大暑		
	2/19 18時18分 酉時			3/21 17時35分 酉時			4/21 4時57分 寅時			5/22 4時24分 寅時			6/22 12時31分 午時			7/23 23時24分 子時		

日光節約時間：四月一日至九月三十日

甲申			乙酉			丙戌			丁亥			戊子			己丑			年
立秋			白露			寒露			立冬			大雪			小寒			月
8/8 15時50分 申時			9/8 18時31分 酉時			10/9 9時52分 巳時			11/8 12時45分 午時			12/8 5時22分 卯時			1/6 16時30分 申時			節氣
國曆	農曆	干支	國曆	農曆	干支	國曆	農曆	干支	國曆	農曆	干支	國曆	農曆	干支	國曆	農曆	干支	日
8 8	6 21	辛丑	9 8	7 22	壬申	10 9	8 24	癸卯	11 8	9 24	癸酉	12 8	10 25	癸卯	1 6	11 24	壬申	
8 9	6 22	壬寅	9 9	7 23	癸酉	10 10	8 25	甲辰	11 9	9 25	甲戌	12 9	10 26	甲辰	1 7	11 25	癸酉	
8 10	6 23	癸卯	9 10	7 24	甲戌	10 11	8 26	乙巳	11 10	9 26	乙亥	12 10	10 27	乙巳	1 8	11 26	甲戌	
8 11	6 24	甲辰	9 11	7 25	乙亥	10 12	8 27	丙午	11 11	9 27	丙子	12 11	10 28	丙午	1 9	11 27	乙亥	
8 12	6 25	乙巳	9 12	7 26	丙子	10 13	8 28	丁未	11 12	9 28	丁丑	12 12	10 29	丁未	1 10	11 28	丙子	1
8 13	6 26	丙午	9 13	7 27	丁丑	10 14	8 29	戊申	11 13	9 29	戊寅	12 13	10 30	戊申	1 11	11 29	丁丑	9
8 14	6 27	丁未	9 14	7 28	戊寅	10 15	8 30	己酉	11 14	10 1	己卯	12 14	11 1	己酉	1 12	11 30	戊寅	5
8 15	6 28	戊申	9 15	7 29	己卯	10 16	9 1	庚戌	11 15	10 2	庚辰	12 15	11 2	庚戌	1 13	12 1	己卯	5
8 16	6 29	己酉	9 16	8 1	庚辰	10 17	9 2	辛亥	11 16	10 3	辛巳	12 16	11 3	辛亥	1 14	12 2	庚辰	·
8 17	6 30	庚戌	9 17	8 2	辛巳	10 18	9 3	壬子	11 17	10 4	壬午	12 17	11 4	壬子	1 15	12 3	辛巳	1
8 18	7 1	辛亥	9 18	8 3	壬午	10 19	9 4	癸丑	11 18	10 5	癸未	12 18	11 5	癸丑	1 16	12 4	壬午	9
8 19	7 2	壬子	9 19	8 4	癸未	10 20	9 5	甲寅	11 19	10 6	甲申	12 19	11 6	甲寅	1 17	12 5	癸未	5
8 20	7 3	癸丑	9 20	8 5	甲申	10 21	9 6	乙卯	11 20	10 7	乙酉	12 20	11 7	乙卯	1 18	12 6	甲申	6
8 21	7 4	甲寅	9 21	8 6	乙酉	10 22	9 7	丙辰	11 21	10 8	丙戌	12 21	11 8	丙辰	1 19	12 7	乙酉	
8 22	7 5	乙卯	9 22	8 7	丙戌	10 23	9 8	丁巳	11 22	10 9	丁亥	12 22	11 9	丁巳	1 20	12 8	丙戌	
8 23	7 6	丙辰	9 23	8 8	丁亥	10 24	9 9	戊午	11 23	10 10	戊子	12 23	11 10	戊午	1 21	12 9	丁亥	
8 24	7 7	丁巳	9 24	8 9	戊子	10 25	9 10	己未	11 24	10 11	己丑	12 24	11 11	己未	1 22	12 10	戊子	羊
8 25	7 8	戊午	9 25	8 10	己丑	10 26	9 11	庚申	11 25	10 12	庚寅	12 25	11 12	庚申	1 23	12 11	己丑	
8 26	7 9	己未	9 26	8 11	庚寅	10 27	9 12	辛酉	11 26	10 13	辛卯	12 26	11 13	辛酉	1 24	12 12	庚寅	
8 27	7 10	庚申	9 27	8 12	辛卯	10 28	9 13	壬戌	11 27	10 14	壬辰	12 27	11 14	壬戌	1 25	12 13	辛卯	中
8 28	7 11	辛酉	9 28	8 13	壬辰	10 29	9 14	癸亥	11 28	10 15	癸巳	12 28	11 15	癸亥	1 26	12 14	壬辰	華
8 29	7 12	壬戌	9 29	8 14	癸巳	10 30	9 15	甲子	11 29	10 16	甲午	12 29	11 16	甲子	1 27	12 15	癸巳	民
8 30	7 13	癸亥	9 30	8 15	甲午	10 31	9 16	乙丑	11 30	10 17	乙丑	12 30	11 17	乙丑	1 28	12 16	甲午	國
8 31	7 14	甲子	10 1	8 16	乙未	11 1	9 17	丙寅	12 1	10 18	丙申	12 31	11 18	丙寅	1 29	12 17	乙未	四
9 1	7 15	乙丑	10 2	8 17	丙申	11 2	9 18	丁卯	12 2	10 19	丁酉	1 1	11 19	丁卯	1 30	12 18	丙申	十
9 2	7 16	丙寅	10 3	8 18	丁酉	11 3	9 19	戊辰	12 3	10 20	戊戌	1 2	11 20	戊辰	1 31	12 19	丁酉	四
9 3	7 17	丁卯	10 4	8 19	戊戌	11 4	9 20	己巳	12 4	10 21	己亥	1 3	11 21	己巳	2 1	12 20	戊戌	·
9 4	7 18	戊辰	10 5	8 20	己亥	11 5	9 21	庚午	12 5	10 22	庚子	1 4	11 22	庚午	2 2	12 21	己亥	四
9 5	7 19	己巳	10 6	8 21	庚子	11 6	9 22	辛未	12 6	10 23	辛丑	1 5	11 23	辛未	2 3	12 22	庚子	十
9 6	7 20	庚午	10 7	8 22	辛丑	11 7	9 23	壬申	12 7	10 24	壬寅				2 4	12 23	辛丑	五
9 7	7 21	辛未	10 8	8 23	壬寅													年
處暑			秋分			霜降			小雪			冬至			大寒			中
8/24 6時18分 卯時			9/24 3時40分 寅時			10/24 12時43分 午時			11/23 10時0分 巳時			12/22 23時10分 子時			1/21 9時48分 巳時			氣

日光節約時間：四月一日至九月三十日

年																							
月	庚寅			辛卯			壬辰			癸巳			甲午			乙未								
節氣	立春			驚蟄			清明			立夏			芒種			小暑								
	2/5 4時11分 寅時			3/5 22時24分 亥時			4/5 3時31分 寅時			5/5 21時10分 亥時			6/6 1時35分 丑時			7/7 11時58分 午時								
日	國曆	農曆	干支	國曆	農曆	干支	國曆	農曆	干支	國曆	農曆	干支	國曆	農曆	干支	國曆	農曆	干支						
	2 5	12 24	壬寅	3 5	1 23	辛未	4 5	2 25	壬寅	5 5	3 25	壬申	6 6	4 28	甲辰	7 7	5 29	乙亥
	2 6	12 25	癸卯	3 6	1 24	壬申	4 6	2 26	癸卯	5 6	3 26	癸酉	6 7	4 29	乙巳	7 8	6 1	丙子
	2 7	12 26	甲辰	3 7	1 25	癸酉	4 7	2 27	甲辰	5 7	3 27	甲戌	6 8	4 30	丙午	7 9	6 2	丁丑
	2 8	12 27	乙巳	3 8	1 26	甲戌	4 8	2 28	乙巳	5 8	3 28	乙亥	6 9	5 1	丁未	7 10	6 3	戊寅
1	2 9	12 28	丙午	3 9	1 27	乙亥	4 9	2 29	丙午	5 9	3 29	丙子	6 10	5 2	戊申	7 11	6 4	己卯
9	2 10	12 29	丁未	3 10	1 28	丙子	4 10	2 30	丁未	5 10	4 1	丁丑	6 11	5 3	己酉	7 12	6 5	庚辰
5	2 11	12 30	戊申	3 11	1 29	丁丑	4 11	3 1	戊申	5 11	4 2	戊寅	6 12	5 4	庚戌	7 13	6 6	辛巳
6	2 12	1 1	己酉	3 12	2 1	戊寅	4 12	3 2	己酉	5 12	4 3	己卯	6 13	5 5	辛亥	7 14	6 7	壬午
	2 13	1 2	庚戌	3 13	2 2	己卯	4 13	3 3	庚戌	5 13	4 4	庚辰	6 14	5 6	壬子	7 15	6 8	癸未
	2 14	1 3	辛亥	3 14	2 3	庚辰	4 14	3 4	辛亥	5 14	4 5	辛巳	6 15	5 7	癸丑	7 16	6 9	甲申
	2 15	1 4	壬子	3 15	2 4	辛巳	4 15	3 5	壬子	5 15	4 6	壬午	6 16	5 8	甲寅	7 17	6 10	乙酉
	2 16	1 5	癸丑	3 16	2 5	壬午	4 16	3 6	癸丑	5 16	4 7	癸未	6 17	5 9	乙卯	7 18	6 11	丙戌
	2 17	1 6	甲寅	3 17	2 6	癸未	4 17	3 7	甲寅	5 17	4 8	甲申	6 18	5 10	丙辰	7 19	6 12	丁亥
猴	2 18	1 7	乙卯	3 18	2 7	甲申	4 18	3 8	乙卯	5 18	4 9	乙酉	6 19	5 11	丁巳	7 20	6 13	戊子
	2 19	1 8	丙辰	3 19	2 8	乙酉	4 19	3 9	丙辰	5 19	4 10	丙戌	6 20	5 12	戊午	7 21	6 14	己丑
	2 20	1 9	丁巳	3 20	2 9	丙戌	4 20	3 10	丁巳	5 20	4 11	丁亥	6 21	5 13	己未	7 22	6 15	庚寅
	2 21	1 10	戊午	3 21	2 10	丁亥	4 21	3 11	戊午	5 21	4 12	戊子	6 22	5 14	庚申	7 23	6 16	辛卯
	2 22	1 11	己未	3 22	2 11	戊子	4 22	3 12	己未	5 22	4 13	己丑	6 23	5 15	辛酉	7 24	6 17	壬辰
	2 23	1 12	庚申	3 23	2 12	己丑	4 23	3 13	庚申	5 23	4 14	庚寅	6 24	5 16	壬戌	7 25	6 18	癸巳
	2 24	1 13	辛酉	3 24	2 13	庚寅	4 24	3 14	辛酉	5 24	4 15	辛卯	6 25	5 17	癸亥	7 26	6 19	甲午
	2 25	1 14	壬戌	3 25	2 14	辛卯	4 25	3 15	壬戌	5 25	4 16	壬辰	6 26	5 18	甲子	7 27	6 20	乙未
	2 26	1 15	癸亥	3 26	2 15	壬辰	4 26	3 16	癸亥	5 26	4 17	癸巳	6 27	5 19	乙丑	7 28	6 21	丙申
	2 27	1 16	甲子	3 27	2 16	癸巳	4 27	3 17	甲子	5 27	4 18	甲午	6 28	5 20	丙寅	7 29	6 22	丁酉
中	2 28	1 17	乙丑	3 28	2 17	甲午	4 28	3 18	乙丑	5 28	4 19	乙未	6 29	5 21	丁卯	7 30	6 23	戊戌
華	2 29	1 18	丙寅	3 29	2 18	乙未	4 29	3 19	丙寅	5 29	4 20	丙申	6 30	5 22	戊辰	7 31	6 24	己亥
民	3 1	1 19	丁卯	3 30	2 19	丙申	4 30	3 20	丁卯	5 30	4 21	丁酉	7 1	5 23	己巳	8 1	6 25	庚子
國	3 2	1 20	戊辰	3 31	2 20	丁酉	5 1	3 21	戊辰	5 31	4 22	戊戌	7 2	5 24	庚午	8 2	6 26	辛丑
四	3 3	1 21	己巳	4 1	2 21	戊戌	5 2	3 22	己巳	6 1	4 23	己亥	7 3	5 25	辛未	8 3	6 27	壬寅
十	3 4	1 22	庚午	4 2	2 22	己亥	5 3	3 23	庚午	6 2	4 24	庚子	7 4	5 26	壬申	8 4	6 28	癸卯
五				4 3	2 23	庚子	5 4	3 24	辛未	6 3	4 25	辛丑	7 5	5 27	癸酉	8 5	6 29	甲辰
年				4 4	2 24	辛丑				6 4	4 26	壬寅	7 6	5 28	甲戌	8 6	7 1	乙巳
										6 5	4 27	癸卯						
中氣	雨水			春分			穀雨			小滿			夏至			大暑								
	2/20 0時4分 子時			3/20 23時20分 子時			4/20 10時43分 巳時			5/21 10時12分 巳時			6/21 18時23分 酉時			7/23 5時19分 卯時								

日光節約時間：四月一日至九月三十日

丙申																		年
丙申			丁酉			戊戌			己亥			庚子			辛丑			月
立秋			白露			寒露			立冬			大雪			小寒			節氣
8/7 21時40分 亥時			9/8 0時18分 子時			10/8 15時35分 申時			11/7 18時25分 酉時			12/7 11時2分 午時			1/5 22時10分 亥時			節氣
國曆	農曆	干支	國曆	農曆	干支	國曆	農曆	干支	國曆	農曆	干支	國曆	農曆	干支	國曆	農曆	干支	日
8 7	7 2	丙午	9 8	8 4	戊寅	10 8	9 5	戊申	11 7	10 5	戊寅	12 7	11 6	戊申	1 5	12 5	丁丑	
8 8	7 3	丁未	9 9	8 5	己卯	10 9	9 6	己酉	11 8	10 6	己卯	12 8	11 7	己酉	1 6	12 6	戊寅	
8 9	7 4	戊申	9 10	8 6	庚辰	10 10	9 7	庚戌	11 9	10 7	庚辰	12 9	11 8	庚戌	1 7	12 7	己卯	1
8 10	7 5	己酉	9 11	8 7	辛巳	10 11	9 8	辛亥	11 10	10 8	辛巳	12 10	11 9	辛亥	1 8	12 8	庚辰	9
8 11	7 6	庚戌	9 12	8 8	壬午	10 12	9 9	壬子	11 11	10 9	壬午	12 11	11 10	壬子	1 9	12 9	辛巳	5
8 12	7 7	辛亥	9 13	8 9	癸未	10 13	9 10	癸丑	11 12	10 10	癸未	12 12	11 11	癸丑	1 10	12 10	壬午	6
8 13	7 8	壬子	9 14	8 10	甲申	10 14	9 11	甲寅	11 13	10 11	甲申	12 13	11 12	甲寅	1 11	12 11	癸未	·
8 14	7 9	癸丑	9 15	8 11	乙酉	10 15	9 12	乙卯	11 14	10 12	乙酉	12 14	11 13	乙卯	1 12	12 12	甲申	1
8 15	7 10	甲寅	9 16	8 12	丙戌	10 16	9 13	丙辰	11 15	10 13	丙戌	12 15	11 14	丙辰	1 13	12 13	乙酉	9
8 16	7 11	乙卯	9 17	8 13	丁亥	10 17	9 14	丁巳	11 16	10 14	丁亥	12 16	11 15	丁巳	1 14	12 14	丙戌	5
8 17	7 12	丙辰	9 18	8 14	戊子	10 18	9 15	戊午	11 17	10 15	戊子	12 17	11 16	戊午	1 15	12 15	丁亥	7
8 18	7 13	丁巳	9 19	8 15	己丑	10 19	9 16	己未	11 18	10 16	己丑	12 18	11 17	己未	1 16	12 16	戊子	
8 19	7 14	戊午	9 20	8 16	庚寅	10 20	9 17	庚申	11 19	10 17	庚寅	12 19	11 18	庚申	1 17	12 17	己丑	
8 20	7 15	己未	9 21	8 17	辛卯	10 21	9 18	辛酉	11 20	10 18	辛卯	12 20	11 19	辛酉	1 18	12 18	庚寅	
8 21	7 16	庚申	9 22	8 18	壬辰	10 22	9 19	壬戌	11 21	10 19	壬辰	12 21	11 20	壬戌	1 19	12 19	辛卯	猴
8 22	7 17	辛酉	9 23	8 19	癸巳	10 23	9 20	癸亥	11 22	10 20	癸巳	12 22	11 21	癸亥	1 20	12 20	壬辰	
8 23	7 18	壬戌	9 24	8 20	甲午	10 24	9 21	甲子	11 23	10 21	甲午	12 23	11 22	甲子	1 21	12 21	癸巳	
8 24	7 19	癸亥	9 25	8 21	乙未	10 25	9 22	乙丑	11 24	10 22	乙未	12 24	11 23	乙丑	1 22	12 22	甲午	
8 25	7 20	甲子	9 26	8 22	丙申	10 26	9 23	丙寅	11 25	10 23	丙申	12 25	11 24	丙寅	1 23	12 23	乙未	
8 26	7 21	乙丑	9 27	8 23	丁酉	10 27	9 24	丁卯	11 26	10 24	丁酉	12 26	11 25	丁卯	1 24	12 24	丙申	中
8 27	7 22	丙寅	9 28	8 24	戊戌	10 28	9 25	戊辰	11 27	10 25	戊戌	12 27	11 26	戊辰	1 25	12 25	丁酉	華
8 28	7 23	丁卯	9 29	8 25	己亥	10 29	9 26	己巳	11 28	10 26	己亥	12 28	11 27	己巳	1 26	12 26	戊戌	民
8 29	7 24	戊辰	9 30	8 26	庚子	10 30	9 27	庚午	11 29	10 27	庚子	12 29	11 28	庚午	1 27	12 27	己亥	國
8 30	7 25	己巳	10 1	8 27	辛丑	10 31	9 28	辛未	11 30	10 28	辛丑	12 30	11 29	辛未	1 28	12 28	庚子	四
8 31	7 26	庚午	10 2	8 28	壬寅	11 1	9 29	壬申	12 1	10 29	壬寅	12 31	11 30	壬申	1 29	12 29	辛丑	十
9 1	7 27	辛未	10 3	8 29	癸卯	11 2	9 30	癸酉	12 2	11 1	癸卯	1 1	12 1	癸酉	1 30	12 30	壬寅	五
9 2	7 28	壬申	10 4	9 1	甲辰	11 3	10 1	甲戌	12 3	11 2	甲辰	1 2	12 2	甲戌	1 31	1 1	癸卯	·
9 3	7 29	癸酉	10 5	9 2	乙巳	11 4	10 2	乙亥	12 4	11 3	乙巳	1 3	12 3	乙亥	2 1	1 2	甲辰	四
9 4	7 30	甲戌	10 6	9 3	丙午	11 5	10 3	丙子	12 5	11 4	丙午	1 4	12 4	丙子	2 2	1 3	乙巳	十
9 5	8 1	乙亥	10 7	9 4	丁未	11 6	10 4	丁丑	12 6	11 5	丁未				2 3	1 4	丙午	六
9 6	8 2	丙子																年
9 7	8 3	丁丑																
處暑			秋分			霜降			小雪			冬至			大寒			中氣
8/23 12時14分 午時			9/23 9時35分 巳時			10/23 18時34分 酉時			11/22 15時49分 申時			12/22 4時59分 寅時			1/20 15時38分 申時			中氣

日光節約時間：四月一日至九月三十日

年										丁酉								
月	壬寅			癸卯			甲辰			乙巳			丙午			丁未		
節氣	立春			驚蟄			清明			立夏			芒種			小暑		
	2/4 9時54分 巳時			3/6 4時10分 寅時			4/5 9時18分 巳時			5/6 2時58分 丑時			6/6 7時24分 辰時			7/7 17時48分 酉時		
日	國曆	農曆	干支	國曆	農曆	干支	國曆	農曆	干支	國曆	農曆	干支	國曆	農曆	干支	國曆	農曆	干支
	2 4	1 5	丁未	3 6	2 5	丁丑	4 5	3 6	丁未	5 6	4 7	戊寅	6 6	5 9	己酉	7 7	6 10	庚辰
	2 5	1 6	戊申	3 7	2 6	戊寅	4 6	3 7	戊申	5 7	4 8	己卯	6 7	5 10	庚戌	7 8	6 11	辛巳
	2 6	1 7	己酉	3 8	2 7	己卯	4 7	3 8	己酉	5 8	4 9	庚辰	6 8	5 11	辛亥	7 9	6 12	壬午
	2 7	1 8	庚戌	3 9	2 8	庚辰	4 8	3 9	庚戌	5 9	4 10	辛巳	6 9	5 12	壬子	7 10	6 13	癸未
1	2 8	1 9	辛亥	3 10	2 9	辛巳	4 9	3 10	辛亥	5 10	4 11	壬午	6 10	5 13	癸丑	7 11	6 14	甲申
9	2 9	1 10	壬子	3 11	2 10	壬午	4 10	3 11	壬子	5 11	4 12	癸未	6 11	5 14	甲寅	7 12	6 15	乙酉
5	2 10	1 11	癸丑	3 12	2 11	癸未	4 11	3 12	癸丑	5 12	4 13	甲申	6 12	5 15	乙卯	7 13	6 16	丙戌
7	2 11	1 12	甲寅	3 13	2 12	甲申	4 12	3 13	甲寅	5 13	4 14	乙酉	6 13	5 16	丙辰	7 14	6 17	丁亥
	2 12	1 13	乙卯	3 14	2 13	乙酉	4 13	3 14	乙卯	5 14	4 15	丙戌	6 14	5 17	丁巳	7 15	6 18	戊子
	2 13	1 14	丙辰	3 15	2 14	丙戌	4 14	3 15	丙辰	5 15	4 16	丁亥	6 15	5 18	戊午	7 16	6 19	己丑
	2 14	1 15	丁巳	3 16	2 15	丁亥	4 15	3 16	丁巳	5 16	4 17	戊子	6 16	5 19	己未	7 17	6 20	庚寅
	2 15	1 16	戊午	3 17	2 16	戊子	4 16	3 17	戊午	5 17	4 18	己丑	6 17	5 20	庚申	7 18	6 21	辛卯
	2 16	1 17	己未	3 18	2 17	己丑	4 17	3 18	己未	5 18	4 19	庚寅	6 18	5 21	辛酉	7 19	6 22	壬辰
	2 17	1 18	庚申	3 19	2 18	庚寅	4 18	3 19	庚申	5 19	4 20	辛卯	6 19	5 22	壬戌	7 20	6 23	癸巳
雞	2 18	1 19	辛酉	3 20	2 19	辛卯	4 19	3 20	辛酉	5 20	4 21	壬辰	6 20	5 23	癸亥	7 21	6 24	甲午
	2 19	1 20	壬戌	3 21	2 20	壬辰	4 20	3 21	壬戌	5 21	4 22	癸巳	6 21	5 24	甲子	7 22	6 25	乙未
	2 20	1 21	癸亥	3 22	2 21	癸巳	4 21	3 22	癸亥	5 22	4 23	甲午	6 22	5 25	乙丑	7 23	6 26	丙申
	2 21	1 22	甲子	3 23	2 22	甲午	4 22	3 23	甲子	5 23	4 24	乙未	6 23	5 26	丙寅	7 24	6 27	丁酉
	2 22	1 23	乙丑	3 24	2 23	乙未	4 23	3 24	乙丑	5 24	4 25	丙申	6 24	5 27	丁卯	7 25	6 28	戊戌
	2 23	1 24	丙寅	3 25	2 24	丙申	4 24	3 25	丙寅	5 25	4 26	丁酉	6 25	5 28	戊辰	7 26	6 29	己亥
	2 24	1 25	丁卯	3 26	2 25	丁酉	4 25	3 26	丁卯	5 26	4 27	戊戌	6 26	5 29	己巳	7 27	7 1	庚子
中	2 25	1 26	戊辰	3 27	2 26	戊戌	4 26	3 27	戊辰	5 27	4 28	己亥	6 27	5 30	庚午	7 28	7 2	辛丑
華	2 26	1 27	己巳	3 28	2 27	己亥	4 27	3 28	己巳	5 28	4 29	庚子	6 28	6 1	辛未	7 29	7 3	壬寅
民	2 27	1 28	庚午	3 29	2 28	庚子	4 28	3 29	庚午	5 29	5 1	辛丑	6 29	6 2	壬申	7 30	7 4	癸卯
國	2 28	1 29	辛未	3 30	2 29	辛丑	4 29	3 30	辛未	5 30	5 2	壬寅	6 30	6 3	癸酉	7 31	7 5	甲辰
四	3 1	1 30	壬申	3 31	3 1	壬寅	4 30	4 1	壬申	5 31	5 3	癸卯	7 1	6 4	甲戌	8 1	7 6	乙巳
十	3 2	2 1	癸酉	4 1	3 2	癸卯	5 1	4 2	癸酉	6 1	5 4	甲辰	7 2	6 5	乙亥	8 2	7 7	丙午
六	3 3	2 2	甲戌	4 2	3 3	甲辰	5 2	4 3	甲戌	6 2	5 5	乙巳	7 3	6 6	丙子	8 3	7 8	丁未
年	3 4	2 3	乙亥	4 3	3 4	乙巳	5 3	4 4	乙亥	6 3	5 6	丙午	7 4	6 7	丁丑	8 4	7 9	戊申
	3 5	2 4	丙子	4 4	3 5	丙午	5 4	4 5	丙子	6 4	5 7	丁未	7 5	6 8	戊寅	8 5	7 10	己酉
							5 5	4 6	丁丑	6 5	5 8	戊申	7 6	6 9	己卯	8 6	7 11	庚戌
																8 7	7 12	辛亥
中氣	雨水			春分			穀雨			小滿			夏至			大暑		
	2/19 5時58分 卯時			3/21 5時16分 卯時			4/20 16時41分 申時			5/21 16時10分 申時			6/22 0時20分 子時			7/23 11時14分 午時		

日光節約時間：四月一日至九月三十日

丁酉																			年
戊申			己酉			庚戌			辛亥			壬子			癸丑				月
立秋			白露			寒露			立冬			大雪			小寒				節氣
8/8 3時32分 寅時			9/8 6時12分 卯時			10/8 21時30分 亥時			11/8 0時20分 子時			12/7 16時56分 申時			1/6 4時4分 寅時				
國曆	農曆	干支	國曆	農曆	干支	國曆	農曆	干支	國曆	農曆	干支	國曆	農曆	干支	國曆	農曆	干支	日	
8 8	7 13	壬子	9 8	8 15	癸未	10 8	8 15	癸丑	11 8	9 17	甲申	12 7	10 16	癸丑	1 6	11 17	癸未		
8 9	7 14	癸丑	9 9	8 16	甲申	10 9	8 16	甲寅	11 9	9 18	乙酉	12 8	10 17	甲寅	1 7	11 18	甲申		
8 10	7 15	甲寅	9 10	8 17	乙酉	10 10	8 17	乙卯	11 10	9 19	丙戌	12 9	10 18	乙卯	1 8	11 19	乙酉		
8 11	7 16	乙卯	9 11	8 18	丙戌	10 11	8 18	丙辰	11 11	9 20	丁亥	12 10	10 19	丙辰	1 9	11 20	丙戌		
8 12	7 17	丙辰	9 12	8 19	丁亥	10 12	8 19	丁巳	11 12	9 21	戊子	12 11	10 20	丁巳	1 10	11 21	丁亥	一	
8 13	7 18	丁巳	9 13	8 20	戊子	10 13	8 20	戊午	11 13	9 22	己丑	12 12	10 21	戊午	1 11	11 22	戊子	九	
8 14	7 19	戊午	9 14	8 21	己丑	10 14	8 21	己未	11 14	9 23	庚寅	12 13	10 22	己未	1 12	11 23	己丑	五	
8 15	7 20	己未	9 15	8 22	庚寅	10 15	8 22	庚申	11 15	9 24	辛卯	12 14	10 23	庚申	1 13	11 24	庚寅	七	
8 16	7 21	庚申	9 16	8 23	辛卯	10 16	8 23	辛酉	11 16	9 25	壬辰	12 15	10 24	辛酉	1 14	11 25	辛卯	·	
8 17	7 22	辛酉	9 17	8 24	壬辰	10 17	8 24	壬戌	11 17	9 26	癸巳	12 16	10 25	壬戌	1 15	11 26	壬辰	一	
8 18	7 23	壬戌	9 18	8 25	癸巳	10 18	8 25	癸亥	11 18	9 27	甲午	12 17	10 26	癸亥	1 16	11 27	癸巳	九	
8 19	7 24	癸亥	9 19	8 26	甲午	10 19	8 26	甲子	11 19	9 28	乙未	12 18	10 27	甲子	1 17	11 28	甲午	五	
8 20	7 25	甲子	9 20	8 27	乙未	10 20	8 27	乙丑	11 20	9 29	丙申	12 19	10 28	乙丑	1 18	11 29	乙未	八	
8 21	7 26	乙丑	9 21	8 28	丙申	10 21	8 28	丙寅	11 21	9 30	丁酉	12 20	10 29	丙寅	1 19	11 30	丙申		
8 22	7 27	丙寅	9 22	8 29	丁酉	10 22	8 29	丁卯	11 22	10 1	戊戌	12 21	11 1	丁卯	1 20	12 1	丁酉		
8 23	7 28	丁卯	9 23	8 30	戊戌	10 23	9 1	戊辰	11 23	10 2	己亥	12 22	11 2	戊辰	1 21	12 2	戊戌		
8 24	7 29	戊辰	9 24	閏8 1	己亥	10 24	9 2	己巳	11 24	10 3	庚子	12 23	11 3	己巳	1 22	12 3	己亥		
8 25	8 1	己巳	9 25	8 2	庚子	10 25	9 3	庚午	11 25	10 4	辛丑	12 24	11 4	庚午	1 23	12 4	庚子		
8 26	8 2	庚午	9 26	8 3	辛丑	10 26	9 4	辛未	11 26	10 5	壬寅	12 25	11 5	辛未	1 24	12 5	辛丑		
8 27	8 3	辛未	9 27	8 4	壬寅	10 27	9 5	壬申	11 27	10 6	癸卯	12 26	11 6	壬申	1 25	12 6	壬寅	中	
8 28	8 4	壬申	9 28	8 5	癸卯	10 28	9 6	癸酉	11 28	10 7	甲辰	12 27	11 7	癸酉	1 26	12 7	癸卯	華	
8 29	8 5	癸酉	9 29	8 6	甲辰	10 29	9 7	甲戌	11 29	10 8	乙巳	12 28	11 8	甲戌	1 27	12 8	甲辰	民	
8 30	8 6	甲戌	9 30	8 7	乙巳	10 30	9 8	乙亥	11 30	10 9	丙午	12 29	11 9	乙亥	1 28	12 9	乙巳	國	
8 31	8 7	乙亥	10 1	8 8	丙午	10 31	9 9	丙子	12 1	10 10	丁未	12 30	11 10	丙子	1 29	12 10	丙午	四	
9 1	8 8	丙子	10 2	8 9	丁未	11 1	9 10	丁丑	12 2	10 11	戊申	12 31	11 11	丁丑	1 30	12 11	丁未	十	
9 2	8 9	丁丑	10 3	8 10	戊申	11 2	9 11	戊寅	12 3	10 12	己酉	1 1	11 12	戊寅	1 31	12 12	戊申	六	
9 3	8 10	戊寅	10 4	8 11	己酉	11 3	9 12	己卯	12 4	10 13	庚戌	1 2	11 13	己卯	2 1	12 13	己酉	·	
9 4	8 11	己卯	10 5	8 12	庚戌	11 4	9 13	庚辰	12 5	10 14	辛亥	1 3	11 14	庚辰	2 2	12 14	庚戌	四	
9 5	8 12	庚辰	10 6	8 13	辛亥	11 5	9 14	辛巳	12 6	10 15	壬子	1 4	11 15	辛巳	2 3	12 15	辛亥	十	
9 6	8 13	辛巳	10 7	8 14	壬子	11 6	9 15	壬午				1 5	11 16	壬午				七	
9 7	8 14	壬午				11 7	9 16	癸未										年	
處暑			秋分			霜降			小雪			冬至			大寒				中氣
8/23 18時7分 酉時			9/23 15時26分 申時			10/24 0時24分 子時			11/22 21時39分 亥時			12/22 10時48分 巳時			1/20 21時28分 亥時				

右欄：1957·1958　雞

日光節約時間：四月一日至九月三十日

年	\多colspan																

戊戌

月	甲寅			乙卯			丙辰			丁巳			戊午			己未		
節氣	立春 2/4 15時49分 申時			驚蟄 3/6 10時4分 巳時			清明 4/5 15時12分 申時			立夏 5/6 8時49分 辰時			芒種 6/6 13時12分 未時			小暑 7/7 23時33分 子時		
日	國曆	農曆	干支	國曆	農曆	干支	國曆	農曆	干支	國曆	農曆	干支	國曆	農曆	干支	國曆	農曆	干支
	2/4	12/16	壬子	3/6	1/17	壬午	4/5	2/17	壬子	5/6	3/18	癸未	6/6	4/19	甲寅	7/7	5/21	乙酉
	2/5	12/17	癸丑	3/7	1/18	癸未	4/6	2/18	癸丑	5/7	3/19	甲申	6/7	4/20	乙卯	7/8	5/22	丙戌
	2/6	12/18	甲寅	3/8	1/19	甲申	4/7	2/19	甲寅	5/8	3/20	乙酉	6/8	4/21	丙辰	7/9	5/23	丁亥
	2/7	12/19	乙卯	3/9	1/20	乙酉	4/8	2/20	乙卯	5/9	3/21	丙戌	6/9	4/22	丁巳	7/10	5/24	戊子
	2/8	12/20	丙辰	3/10	1/21	丙戌	4/9	2/21	丙辰	5/10	3/22	丁亥	6/10	4/23	戊午	7/11	5/25	己丑
	2/9	12/21	丁巳	3/11	1/22	丁亥	4/10	2/22	丁巳	5/11	3/23	戊子	6/11	4/24	己未	7/12	5/26	庚寅
1	2/10	12/22	戊午	3/12	1/23	戊子	4/11	2/23	戊午	5/12	3/24	己丑	6/12	4/25	庚申	7/13	5/27	辛卯
9	2/11	12/23	己未	3/13	1/24	己丑	4/12	2/24	己未	5/13	3/25	庚寅	6/13	4/26	辛酉	7/14	5/28	壬辰
5	2/12	12/24	庚申	3/14	1/25	庚寅	4/13	2/25	庚申	5/14	3/26	辛卯	6/14	4/27	壬戌	7/15	5/29	癸巳
8	2/13	12/25	辛酉	3/15	1/26	辛卯	4/14	2/26	辛酉	5/15	3/27	壬辰	6/15	4/28	癸亥	7/16	5/30	甲午
	2/14	12/26	壬戌	3/16	1/27	壬辰	4/15	2/27	壬戌	5/16	3/28	癸巳	6/16	4/29	甲子	7/17	6/1	乙未
	2/15	12/27	癸亥	3/17	1/28	癸巳	4/16	2/28	癸亥	5/17	3/29	甲午	6/17	5/1	乙丑	7/18	6/2	丙申
	2/16	12/28	甲子	3/18	1/29	甲午	4/17	2/29	甲子	5/18	3/30	乙未	6/18	5/2	丙寅	7/19	6/3	丁酉
	2/17	12/29	乙丑	3/19	1/30	乙未	4/18	2/30	乙丑	5/19	4/1	丙申	6/19	5/3	丁卯	7/20	6/4	戊戌
	2/18	1/1	丙寅	3/20	2/1	丙申	4/19	3/1	丙寅	5/20	4/2	丁酉	6/20	5/4	戊辰	7/21	6/5	己亥
	2/19	1/2	丁卯	3/21	2/2	丁酉	4/20	3/2	丁卯	5/21	4/3	戊戌	6/21	5/5	己巳	7/22	6/6	庚子
狗	2/20	1/3	戊辰	3/22	2/3	戊戌	4/21	3/3	戊辰	5/22	4/4	己亥	6/22	5/6	庚午	7/23	6/7	辛丑
	2/21	1/4	己巳	3/23	2/4	己亥	4/22	3/4	己巳	5/23	4/5	庚子	6/23	5/7	辛未	7/24	6/8	壬寅
	2/22	1/5	庚午	3/24	2/5	庚子	4/23	3/5	庚午	5/24	4/6	辛丑	6/24	5/8	壬申	7/25	6/9	癸卯
	2/23	1/6	辛未	3/25	2/6	辛丑	4/24	3/6	辛未	5/25	4/7	壬寅	6/25	5/9	癸酉	7/26	6/10	甲辰
	2/24	1/7	壬申	3/26	2/7	壬寅	4/25	3/7	壬申	5/26	4/8	癸卯	6/26	5/10	甲戌	7/27	6/11	乙巳
	2/25	1/8	癸酉	3/27	2/8	癸卯	4/26	3/8	癸酉	5/27	4/9	甲辰	6/27	5/11	乙亥	7/28	6/12	丙午
	2/26	1/9	甲戌	3/28	2/9	甲辰	4/27	3/9	甲戌	5/28	4/10	乙巳	6/28	5/12	丙子	7/29	6/13	丁未
中	2/27	1/10	乙亥	3/29	2/10	乙巳	4/28	3/10	乙亥	5/29	4/11	丙午	6/29	5/13	丁丑	7/30	6/14	戊申
華	2/28	1/11	丙子	3/30	2/11	丙午	4/29	3/11	丙子	5/30	4/12	丁未	6/30	5/14	戊寅	7/31	6/15	己酉
民	3/1	1/12	丁丑	3/31	2/12	丁未	4/30	3/12	丁丑	5/31	4/13	戊申	7/1	5/15	己卯	8/1	6/16	庚戌
國	3/2	1/13	戊寅	4/1	2/13	戊申	5/1	3/13	戊寅	6/1	4/14	己酉	7/2	5/16	庚辰	8/2	6/17	辛亥
四	3/3	1/14	己卯	4/2	2/14	己酉	5/2	3/14	己卯	6/2	4/15	庚戌	7/3	5/17	辛巳	8/3	6/18	壬子
十	3/4	1/15	庚辰	4/3	2/15	庚戌	5/3	3/15	庚辰	6/3	4/16	辛亥	7/4	5/18	壬午	8/4	6/19	癸丑
七	3/5	1/16	辛巳	4/4	2/16	辛亥	5/4	3/16	辛巳	6/4	4/17	壬子	7/5	5/19	癸未	8/5	6/20	甲寅
年							5/5	3/17	壬午	6/5	4/18	癸丑	7/6	5/20	甲申	8/6	6/21	乙卯
																8/7	6/22	丙辰
中氣	雨水 2/19 11時48分 午時			春分 3/21 11時5分 午時			穀雨 4/20 22時27分 亥時			小滿 5/21 21時51分 亥時			夏至 6/22 5時56分 卯時			大暑 7/23 16時50分 申時		

日光節約時間：四月一日至九月三十日

戊戌																		年
庚申			辛酉			壬戌			癸亥			甲子			乙丑			月
立秋			白露			寒露			立冬			大雪			小寒			節氣
8/8 9時17分 巳時			9/8 11時58分 午時			10/9 3時19分 寅時			11/8 6時11分 卯時			12/7 22時49分 亥時			1/6 9時58分 巳時			
國曆	農曆	干支	國曆	農曆	干支	國曆	農曆	干支	國曆	農曆	干支	國曆	農曆	干支	國曆	農曆	干支	日
8 8	6 23	丁巳	9 8	7 25	戊子	10 9	8 27	己未	11 8	9 27	己丑	12 7	10 27	戊午	1 6	11 27	戊子	
8 9	6 24	戊午	9 9	7 26	己丑	10 10	8 28	庚申	11 9	9 28	庚寅	12 8	10 28	己未	1 7	11 28	己丑	
8 10	6 25	己未	9 10	7 27	庚寅	10 11	8 29	辛酉	11 10	9 29	辛卯	12 9	10 29	庚申	1 8	11 29	庚寅	1
8 11	6 26	庚申	9 11	7 28	辛卯	10 12	8 30	壬戌	11 11	10 1	壬辰	12 10	10 30	辛酉	1 9	12 1	辛卯	9
8 12	6 27	辛酉	9 12	7 29	壬辰	10 13	9 1	癸亥	11 12	10 2	癸巳	12 11	11 1	壬戌	1 10	12 2	壬辰	5
8 13	6 28	壬戌	9 13	8 1	癸巳	10 14	9 2	甲子	11 13	10 3	甲午	12 12	11 2	癸亥	1 11	12 3	癸巳	8
8 14	6 29	癸亥	9 14	8 2	甲午	10 15	9 3	乙丑	11 14	10 4	乙未	12 13	11 3	甲子	1 12	12 4	甲午	·
8 15	7 1	甲子	9 15	8 3	乙未	10 16	9 4	丙寅	11 15	10 5	丙申	12 14	11 4	乙丑	1 13	12 5	乙未	1
8 16	7 2	乙丑	9 16	8 4	丙申	10 17	9 5	丁卯	11 16	10 6	丁酉	12 15	11 5	丙寅	1 14	12 6	丙申	9
8 17	7 3	丙寅	9 17	8 5	丁酉	10 18	9 6	戊辰	11 17	10 7	戊戌	12 16	11 6	丁卯	1 15	12 7	丁酉	5
8 18	7 4	丁卯	9 18	8 6	戊戌	10 19	9 7	己巳	11 18	10 8	己亥	12 17	11 7	戊辰	1 16	12 8	戊戌	9
8 19	7 5	戊辰	9 19	8 7	己亥	10 20	9 8	庚午	11 19	10 9	庚子	12 18	11 8	己巳	1 17	12 9	己亥	
8 20	7 6	己巳	9 20	8 8	庚子	10 21	9 9	辛未	11 20	10 10	辛丑	12 19	11 9	庚午	1 18	12 10	庚子	
8 21	7 7	庚午	9 21	8 9	辛丑	10 22	9 10	壬申	11 21	10 11	壬寅	12 20	11 10	辛未	1 19	12 11	辛丑	
8 22	7 8	辛未	9 22	8 10	壬寅	10 23	9 11	癸酉	11 22	10 12	癸卯	12 21	11 11	壬申	1 20	12 12	壬寅	
8 23	7 9	壬申	9 23	8 11	癸卯	10 24	9 12	甲戌	11 23	10 13	甲辰	12 22	11 12	癸酉	1 21	12 13	癸卯	
8 24	7 10	癸酉	9 24	8 12	甲辰	10 25	9 13	乙亥	11 24	10 14	乙巳	12 23	11 13	甲戌	1 22	12 14	甲辰	
8 25	7 11	甲戌	9 25	8 13	乙巳	10 26	9 14	丙子	11 25	10 15	丙午	12 24	11 14	乙亥	1 23	12 15	乙巳	
8 26	7 12	乙亥	9 26	8 14	丙午	10 27	9 15	丁丑	11 26	10 16	丁未	12 25	11 15	丙子	1 24	12 16	丙午	
8 27	7 13	丙子	9 27	8 15	丁未	10 28	9 16	戊寅	11 27	10 17	戊申	12 26	11 16	丁丑	1 25	12 17	丁未	中
8 28	7 14	丁丑	9 28	8 16	戊申	10 29	9 17	己卯	11 28	10 18	己酉	12 27	11 17	戊寅	1 26	12 18	戊申	華
8 29	7 15	戊寅	9 29	8 17	己酉	10 30	9 18	庚辰	11 29	10 19	庚戌	12 28	11 18	己卯	1 27	12 19	己酉	民
8 30	7 16	己卯	9 30	8 18	庚戌	10 31	9 19	辛巳	11 30	10 20	辛亥	12 29	11 19	庚辰	1 28	12 20	庚戌	國
8 31	7 17	庚辰	10 1	8 19	辛亥	11 1	9 20	壬午	12 1	10 21	壬子	12 30	11 20	辛巳	1 29	12 21	辛亥	四
9 1	7 18	辛巳	10 2	8 20	壬子	11 2	9 21	癸未	12 2	10 22	癸丑	12 31	11 21	壬午	1 30	12 22	壬子	十
9 2	7 19	壬午	10 3	8 21	癸丑	11 3	9 22	甲申	11 23	10 23	甲寅	1 1	11 22	癸未	1 31	12 23	癸丑	七
9 3	7 20	癸未	10 4	8 22	甲寅	11 4	9 23	乙酉	12 4	10 24	乙卯	1 2	11 23	甲申	2 1	12 24	甲寅	·
9 4	7 21	甲申	10 5	8 23	乙卯	11 5	9 24	丙戌	12 5	10 25	丙辰	1 3	11 24	乙酉	2 2	12 25	乙卯	四
9 5	7 22	乙酉	10 6	8 24	丙辰	11 6	9 25	丁亥	12 6	10 25	丁巳	1 4	11 25	丙戌	2 3	12 26	丙辰	十
9 6	7 23	丙戌	10 7	8 25	丁巳	11 7	9 26	戊子				1 5	11 26	丁亥				八
9 7	7 24	丁亥	10 8	8 26	戊午													年
處暑			秋分			霜降			小雪			冬至			大寒			中
8/23 23時45分 子時			9/23 21時8分 亥時			10/24 6時11分 卯時			11/23 3時29分 寅時			12/22 16時39分 申時			1/21 3時18分 寅時			氣

日光節約時間：四月一日至九月三十日

年	己亥																	
月	丙寅			丁卯			戊辰			己巳			庚午			辛未		
節氣	立春			驚蟄			清明			立夏			芒種			小暑		
	2/4 21時42分 亥時			3/6 15時56分 申時			4/5 21時3分 亥時			5/6 14時38分 未時			6/6 19時0分 戌時			7/8 5時19分 卯時		
日	國曆	農曆	干支	國曆	農曆	干支	國曆	農曆	干支	國曆	農曆	干支	國曆	農曆	干支	國曆	農曆	干支
	2 4	12 27	丁巳	3 6	1 27	丁亥	4 5	2 28	丁巳	5 6	3 29	戊子	6 6	5 1	己未	7 8	6 3	辛卯
	2 5	12 28	戊午	3 7	1 28	戊子	4 6	2 29	戊午	5 7	3 30	己丑	6 7	5 2	庚申	7 9	6 4	壬辰
	2 6	12 29	己未	3 8	1 29	己丑	4 7	2 30	己未	5 8	4 1	庚寅	6 8	5 3	辛酉	7 10	6 5	癸巳
	2 7	12 30	庚申	3 9	2 1	庚寅	4 8	3 1	庚申	5 9	4 2	辛卯	6 9	5 4	壬戌	7 11	6 6	甲午
1	2 8	1 1	辛酉	3 10	2 2	辛卯	4 9	3 2	辛酉	5 10	4 3	壬辰	6 10	5 5	癸亥	7 12	6 7	乙未
9	2 9	1 2	壬戌	3 11	2 3	壬辰	4 10	3 3	壬戌	5 11	4 4	癸巳	6 11	5 6	甲子	7 13	6 8	丙申
5	2 10	1 3	癸亥	3 12	2 4	癸巳	4 11	3 4	癸亥	5 12	4 5	甲午	6 12	5 7	乙丑	7 14	6 9	丁酉
9	2 11	1 4	甲子	3 13	2 5	甲午	4 12	3 5	甲子	5 13	4 6	乙未	6 13	5 8	丙寅	7 15	6 10	戊戌
	2 12	1 5	乙丑	3 14	2 6	乙未	4 13	3 6	乙丑	5 14	4 7	丙申	6 14	5 9	丁卯	7 16	6 11	己亥
	2 13	1 6	丙寅	3 15	2 7	丙申	4 14	3 7	丙寅	5 15	4 8	丁酉	6 15	5 10	戊辰	7 17	6 12	庚子
	2 14	1 7	丁卯	3 16	2 8	丁酉	4 15	3 8	丁卯	5 16	4 9	戊戌	6 16	5 11	己巳	7 18	6 13	辛丑
	2 15	1 8	戊辰	3 17	2 9	戊戌	4 16	3 9	戊辰	5 17	4 10	己亥	6 17	5 12	庚午	7 19	6 14	壬寅
	2 16	1 9	己巳	3 18	2 10	己亥	4 17	3 10	己巳	5 18	4 11	庚子	6 18	5 13	辛未	7 20	6 15	癸卯
	2 17	1 10	庚午	3 19	2 11	庚子	4 18	3 11	庚午	5 19	4 12	辛丑	6 19	5 14	壬申	7 21	6 16	甲辰
	2 18	1 11	辛未	3 20	2 12	辛丑	4 19	3 12	辛未	5 20	4 13	壬寅	6 20	5 15	癸酉	7 22	6 17	乙巳
	2 19	1 12	壬申	3 21	2 13	壬寅	4 20	3 13	壬申	5 21	4 14	癸卯	6 21	5 16	甲戌	7 23	6 18	丙午
	2 20	1 13	癸酉	3 22	2 14	癸卯	4 21	3 14	癸酉	5 22	4 15	甲辰	6 22	5 17	乙亥	7 24	6 19	丁未
	2 21	1 14	甲戌	3 23	2 15	甲辰	4 22	3 15	甲戌	5 23	4 16	乙巳	6 23	5 18	丙子	7 25	6 20	戊申
	2 22	1 15	乙亥	3 24	2 16	乙巳	4 23	3 16	乙亥	5 24	4 17	丙午	6 24	5 19	丁丑	7 26	6 21	己酉
	2 23	1 16	丙子	3 25	2 17	丙午	4 24	3 17	丙子	5 25	4 18	丁未	6 25	5 20	戊寅	7 27	6 22	庚戌
	2 24	1 17	丁丑	3 26	2 18	丁未	4 25	3 18	丁丑	5 26	4 19	戊申	6 26	5 21	己卯	7 28	6 23	辛亥
豬	2 25	1 18	戊寅	3 27	2 19	戊申	4 26	3 19	戊寅	5 27	4 20	己酉	6 27	5 22	庚辰	7 29	6 24	壬子
	2 26	1 19	己卯	3 28	2 20	己酉	4 27	3 20	己卯	5 28	4 21	庚戌	6 28	5 23	辛巳	7 30	6 25	癸丑
	2 27	1 20	庚辰	3 29	2 21	庚戌	4 28	3 21	庚辰	5 29	4 22	辛亥	6 29	5 24	壬午	7 31	6 26	甲寅
	2 28	1 21	辛巳	3 30	2 22	辛亥	4 29	3 22	辛巳	5 30	4 23	壬子	6 30	5 25	癸未	8 1	6 27	乙卯
中	3 1	1 22	壬午	3 31	2 23	壬子	4 30	3 23	壬午	5 31	4 24	癸丑	7 1	5 26	甲申	8 2	6 28	丙辰
華	3 2	1 23	癸未	4 1	2 24	癸丑	5 1	3 24	癸未	6 1	4 25	甲寅	7 2	5 27	乙酉	8 3	6 29	丁巳
民	3 3	1 24	甲申	4 2	2 25	甲寅	5 2	3 25	甲申	6 2	4 26	乙卯	7 3	5 28	丙戌	8 4	7 1	戊午
國	3 4	1 25	乙酉	4 3	2 26	乙卯	5 3	3 26	乙酉	6 3	4 27	丙辰	7 4	5 29	丁亥	8 5	7 2	己未
四	3 5	1 26	丙戌	4 4	2 27	丙辰	5 4	3 27	丙戌	6 4	4 28	丁巳	7 5	5 30	戊子	8 6	7 3	庚申
十							5 5	3 28	丁亥	6 5	4 29	戊午	7 6	6 1	己丑	8 7	7 4	辛酉
八													7 7	6 2	庚寅			
年 中氣	雨水			春分			穀雨			小滿			夏至			大暑		
	2/19 17時37分 酉時			3/21 16時54分 申時			4/21 4時16分 寅時			5/22 3時42分 寅時			6/22 11時49分 午時			7/23 22時45分 亥時		

日光節約時間：四月一日至九月三十日

己亥																		年
壬申			癸酉			甲戌			乙亥			丙子			丁丑			月
立秋			白露			寒露			立冬			大雪			小寒			節氣
8/8 15時4分 申時			9/8 17時47分 酉時			10/9 9時9分 巳時			11/8 12時2分 午時			12/8 4時37分 寅時			1/6 15時42分 申時			
國曆	農曆	干支	國曆	農曆	干支	國曆	農曆	干支	國曆	農曆	干支	國曆	農曆	干支	國曆	農曆	干支	日
8 8	7 5	壬戌	9 8	8 6	癸巳	10 9	9 8	甲子	11 8	10 8	甲午	12 8	11 9	甲子	1 6	12 8	癸巳	
8 9	7 6	癸亥	9 9	8 7	甲午	10 10	9 9	乙丑	11 9	10 9	乙未	12 9	11 10	乙丑	1 7	12 9	甲午	
8 10	7 7	甲子	9 10	8 8	乙未	10 11	9 10	丙寅	11 10	10 10	丙申	12 10	11 11	丙寅	1 8	12 10	乙未	
8 11	7 8	乙丑	9 11	8 9	丙申	10 12	9 11	丁卯	11 11	10 11	丁酉	12 11	11 12	丁卯	1 9	12 11	丙申	1
8 12	7 9	丙寅	9 12	8 10	丁酉	10 13	9 12	戊辰	11 12	10 12	戊戌	12 12	11 13	戊辰	1 10	12 12	丁酉	9
8 13	7 10	丁卯	9 13	8 11	戊戌	10 14	9 13	己巳	11 13	10 13	己亥	12 13	11 14	己巳	1 11	12 13	戊戌	5
8 14	7 11	戊辰	9 14	8 12	己亥	10 15	9 14	庚午	11 14	10 14	庚子	12 14	11 15	庚午	1 12	12 14	己亥	9
8 15	7 12	己巳	9 15	8 13	庚子	10 16	9 15	辛未	11 15	10 15	辛丑	12 15	11 16	辛未	1 13	12 15	庚子	·
8 16	7 13	庚午	9 16	8 14	辛丑	10 17	9 16	壬申	11 16	10 16	壬寅	12 16	11 17	壬申	1 14	12 16	辛丑	1
8 17	7 14	辛未	9 17	8 15	壬寅	10 18	9 17	癸酉	11 17	10 17	癸卯	12 17	11 18	癸酉	1 15	12 17	壬寅	9
8 18	7 15	壬申	9 18	8 16	癸卯	10 19	9 18	甲戌	11 18	10 18	甲辰	12 18	11 19	甲戌	1 16	12 18	癸卯	6
8 19	7 16	癸酉	9 19	8 17	甲辰	10 20	9 19	乙亥	11 19	10 19	乙巳	12 19	11 20	乙亥	1 17	12 19	甲辰	0
8 20	7 17	甲戌	9 20	8 18	乙巳	10 21	9 20	丙子	11 20	10 20	丙午	12 20	11 21	丙子	1 18	12 20	乙巳	
8 21	7 18	乙亥	9 21	8 19	丙午	10 22	9 21	丁丑	11 21	10 21	丁未	12 21	11 22	丁丑	1 19	12 21	丙午	
8 22	7 19	丙子	9 22	8 20	丁未	10 23	9 22	戊寅	11 22	10 22	戊申	12 22	11 23	戊寅	1 20	12 22	丁未	
8 23	7 20	丁丑	9 23	8 21	戊申	10 24	9 23	己卯	11 23	10 23	己酉	12 23	11 24	己卯	1 21	12 23	戊申	
8 24	7 21	戊寅	9 24	8 22	己酉	10 25	9 24	庚辰	11 24	10 24	庚戌	12 24	11 25	庚辰	1 22	12 24	己酉	豬
8 25	7 22	己卯	9 25	8 23	庚戌	10 26	9 25	辛巳	11 25	10 25	辛亥	12 25	11 26	辛巳	1 23	12 25	庚戌	
8 26	7 23	庚辰	9 26	8 24	辛亥	10 27	9 26	壬午	11 26	10 26	壬子	12 26	11 27	壬午	1 24	12 26	辛亥	
8 27	7 24	辛巳	9 27	8 25	壬子	10 28	9 27	癸未	11 27	10 27	癸丑	12 27	11 28	癸未	1 25	12 27	壬子	
8 28	7 25	壬午	9 28	8 26	癸丑	10 29	9 28	甲申	11 28	10 28	甲寅	12 28	11 29	甲申	1 26	12 28	癸丑	中
8 29	7 26	癸未	9 29	8 27	甲寅	10 30	9 29	乙酉	11 29	10 29	乙卯	12 29	11 30	乙酉	1 27	12 29	甲寅	華
8 30	7 27	甲申	9 30	8 28	乙卯	10 31	9 30	丙戌	11 30	11 1	丙辰	12 30	12 1	丙戌	1 28	1 1	乙卯	民
8 31	7 28	乙酉	10 1	8 29	丙辰	11 1	10 1	丁亥	12 1	11 2	丁巳	12 31	12 2	丁亥	1 29	1 2	丙辰	國
9 1	7 29	丙戌	10 2	9 1	丁巳	11 2	10 2	戊子	12 2	11 3	戊午	1 1	12 3	戊子	1 30	1 3	丁巳	四
9 2	7 30	丁亥	10 3	9 2	戊午	11 3	10 3	己丑	12 3	11 4	己未	1 2	12 4	己丑	1 31	1 4	戊午	十
9 3	8 1	戊子	10 4	9 3	己未	11 4	10 4	庚寅	12 4	11 5	庚申	1 3	12 5	庚寅	2 1	1 5	己未	八
9 4	8 2	己丑	10 5	9 4	庚申	11 5	10 5	辛卯	12 5	11 6	辛酉	1 4	12 6	辛卯	2 2	1 6	庚申	·
9 5	8 3	庚寅	10 6	9 5	辛酉	11 6	10 6	壬辰	12 6	11 7	壬戌	1 5	12 7	壬辰	2 3	1 7	辛酉	四
9 6	8 4	辛卯	10 7	9 6	壬戌	11 7	10 7	癸巳	12 7	11 8	癸亥				2 4	1 8	壬戌	十
9 7	8 5	壬辰	10 8	9 7	癸亥													九
																		年
處暑			秋分			霜降			小雪			冬至			大寒			中
8/24 5時43分 卯時			9/24 3時8分 寅時			10/24 12時11分 午時			11/23 9時26分 巳時			12/22 22時34分 亥時			1/21 9時10分 巳時			氣

日光節約時間：四月一日至九月三十日

年	\multicolumn{18}{c}{庚子}

月	戊寅			己卯			庚辰			辛巳			壬午			癸未		
節氣	立春			驚蟄			清明			立夏			芒種			小暑		
	2/5 3時23分 寅時			3/5 21時36分 亥時			4/5 2時43分 丑時			5/5 20時22分 戌時			6/6 0時48分 子時			7/7 11時12分 午時		
日	國曆	農曆	干支	國曆	農曆	干支	國曆	農曆	干支	國曆	農曆	干支	國曆	農曆	干支	國曆	農曆	干支
	2 5	1 9	癸亥	3 5	2 8	壬辰	4 5	3 10	癸亥	5 5	4 10	癸巳	6 6	5 13	乙丑	7 7	6 14	丙申
	2 6	1 10	甲子	3 6	2 9	癸巳	4 6	3 11	甲子	5 6	4 11	甲午	6 7	5 14	丙寅	7 8	6 15	丁酉
	2 7	1 11	乙丑	3 7	2 10	甲午	4 7	3 12	乙丑	5 7	4 12	乙未	6 8	5 15	丁卯	7 9	6 16	戊戌
	2 8	1 12	丙寅	3 8	2 11	乙未	4 8	3 13	丙寅	5 8	4 13	丙申	6 9	5 16	戊辰	7 10	6 17	己亥
1	2 9	1 13	丁卯	3 9	2 12	丙申	4 9	3 14	丁卯	5 9	4 14	丁酉	6 10	5 17	己巳	7 11	6 18	庚子
9	2 10	1 14	戊辰	3 10	2 13	丁酉	4 10	3 15	戊辰	5 10	4 15	戊戌	6 11	5 18	庚午	7 12	6 19	辛丑
6	2 11	1 15	己巳	3 11	2 14	戊戌	4 11	3 16	己巳	5 11	4 16	己亥	6 12	5 19	辛未	7 13	6 20	壬寅
0	2 12	1 16	庚午	3 12	2 15	己亥	4 12	3 17	庚午	5 12	4 17	庚子	6 13	5 20	壬申	7 14	6 21	癸卯
	2 13	1 17	辛未	3 13	2 16	庚子	4 13	3 18	辛未	5 13	4 18	辛丑	6 14	5 21	癸酉	7 15	6 22	甲辰
	2 14	1 18	壬申	3 14	2 17	辛丑	4 14	3 19	壬申	5 14	4 19	壬寅	6 15	5 22	甲戌	7 16	6 23	乙巳
	2 15	1 19	癸酉	3 15	2 18	壬寅	4 15	3 20	癸酉	5 15	4 20	癸卯	6 16	5 23	乙亥	7 17	6 24	丙午
	2 16	1 20	甲戌	3 16	2 19	癸卯	4 16	3 21	甲戌	5 16	4 21	甲辰	6 17	5 24	丙子	7 18	6 25	丁未
	2 17	1 21	乙亥	3 17	2 20	甲辰	4 17	3 22	乙亥	5 17	4 22	乙巳	6 18	5 25	丁丑	7 19	6 26	戊申
	2 18	1 22	丙子	3 18	2 21	乙巳	4 18	3 23	丙子	5 18	4 23	丙午	6 19	5 26	戊寅	7 20	6 27	己酉
	2 19	1 23	丁丑	3 19	2 22	丙午	4 19	3 24	丁丑	5 19	4 24	丁未	6 20	5 27	己卯	7 21	6 28	庚戌
	2 20	1 24	戊寅	3 20	2 23	丁未	4 20	3 25	戊寅	5 20	4 25	戊申	6 21	5 28	庚辰	7 22	6 29	辛亥
	2 21	1 25	己卯	3 21	2 24	戊申	4 21	3 26	己卯	5 21	4 26	己酉	6 22	5 29	辛巳	7 23	6 30	壬子
	2 22	1 26	庚辰	3 22	2 25	己酉	4 22	3 27	庚辰	5 22	4 27	庚戌	6 23	5 30	壬午	7 24	閏6 1	癸丑
	2 23	1 27	辛巳	3 23	2 26	庚戌	4 23	3 28	辛巳	5 23	4 28	辛亥	6 24	6 1	癸未	7 25	6 2	甲寅
	2 24	1 28	壬午	3 24	2 27	辛亥	4 24	3 29	壬午	5 24	4 29	壬子	6 25	6 2	甲申	7 26	6 3	乙卯
	2 25	1 29	癸未	3 25	2 28	壬子	4 25	3 30	癸未	5 25	5 1	癸丑	6 26	6 3	乙酉	7 27	6 4	丙辰
	2 26	1 30	甲申	3 26	2 29	癸丑	4 26	4 1	甲申	5 26	5 2	甲寅	6 27	6 4	丙戌	7 28	6 5	丁巳
鼠	2 27	2 1	乙酉	3 27	3 1	甲寅	4 27	4 2	乙酉	5 27	5 3	乙卯	6 28	6 5	丁亥	7 29	6 6	戊午
	2 28	2 2	丙戌	3 28	3 2	乙卯	4 28	4 3	丙戌	5 28	5 4	丙辰	6 29	6 6	戊子	7 30	6 7	己未
	2 29	2 3	丁亥	3 29	3 3	丙辰	4 29	4 4	丁亥	5 29	5 5	丁巳	6 30	6 7	己丑	7 31	6 8	庚申
	3 1	2 4	戊子	3 30	3 4	丁巳	4 30	4 5	戊子	5 30	5 6	戊午	7 1	6 8	庚寅	8 1	6 9	辛酉
	3 2	2 5	己丑	3 31	3 5	戊午	5 1	4 6	己丑	5 31	5 7	己未	7 2	6 9	辛卯	8 2	6 10	壬戌
中	3 3	2 6	庚寅	4 1	3 6	己未	5 2	4 7	庚寅	6 1	5 8	庚申	7 3	6 10	壬辰	8 3	6 11	癸亥
華	3 4	2 7	辛卯	4 2	3 7	庚申	5 3	4 8	辛卯	6 2	5 9	辛酉	7 4	6 11	癸巳	8 4	6 12	甲子
民				4 3	3 8	辛酉	5 4	4 9	壬辰	6 3	5 10	壬戌	7 5	6 12	甲午	8 5	6 13	乙丑
國				4 4	3 9	壬戌				6 4	5 11	癸亥	7 6	6 13	乙未	8 6	6 14	丙寅
四										6 5	5 12	甲子						
十																		
九																		
年																		
中氣	雨水			春分			穀雨			小滿			夏至			大暑		
	2/19 23時26分 子時			3/20 22時42分 亥時			4/20 10時5分 巳時			5/21 9時33分 巳時			6/21 17時42分 酉時			7/23 4時37分 寅時		

日光節約時間：六月一日至九月三十日

庚子																		年
甲申			乙酉			丙戌			丁亥			戊子			己丑			月
立秋			白露			寒露			立冬			大雪			小寒			節氣
8/7 20時59分 戌時			9/7 23時45分 子時			10/8 15時8分 申時			11/7 18時2分 酉時			12/7 10時37分 巳時			1/5 21時42分 亥時			
國曆	農曆	干支	國曆	農曆	干支	國曆	農曆	干支	國曆	農曆	干支	國曆	農曆	干支	國曆	農曆	干支	日
8/7	6/15	丁卯	9/7	7/17	戊戌	10/8	8/18	己巳	11/7	9/19	己亥	12/7	10/19	己巳	1/5	11/19	戊戌	1960·1961 鼠 中華民國四十九·五十年
8/8	6/16	戊辰	9/8	7/18	己亥	10/9	8/19	庚午	11/8	9/20	庚子	12/8	10/20	庚午	1/6	11/20	己亥	
8/9	6/17	己巳	9/9	7/19	庚子	10/10	8/20	辛未	11/9	9/21	辛丑	12/9	10/21	辛未	1/7	11/21	庚子	
8/10	6/18	庚午	9/10	7/20	辛丑	10/11	8/21	壬申	11/10	9/22	壬寅	12/10	10/22	壬申	1/8	11/22	辛丑	
8/11	6/19	辛未	9/11	7/21	壬寅	10/12	8/22	癸酉	11/11	9/23	癸卯	12/11	10/23	癸酉	1/9	11/23	壬寅	
8/12	6/20	壬申	9/12	7/22	癸卯	10/13	8/23	甲戌	11/12	9/24	甲辰	12/12	10/24	甲戌	1/10	11/24	癸卯	
8/13	6/21	癸酉	9/13	7/23	甲辰	10/14	8/24	乙亥	11/13	9/25	乙巳	12/13	10/25	乙亥	1/11	11/25	甲辰	
8/14	6/22	甲戌	9/14	7/24	乙巳	10/15	8/25	丙子	11/14	9/26	丙午	12/14	10/26	丙子	1/12	11/26	乙巳	
8/15	6/23	乙亥	9/15	7/25	丙午	10/16	8/26	丁丑	11/15	9/27	丁未	12/15	10/27	丁丑	1/13	11/27	丙午	
8/16	6/24	丙子	9/16	7/26	丁未	10/17	8/27	戊寅	11/16	9/28	戊申	12/16	10/28	戊寅	1/14	11/28	丁未	
8/17	6/25	丁丑	9/17	7/27	戊申	10/18	8/28	己卯	11/17	9/29	己酉	12/17	10/29	己卯	1/15	11/29	戊申	
8/18	6/26	戊寅	9/18	7/28	己酉	10/19	8/29	庚辰	11/18	9/30	庚戌	12/18	11/1	庚辰	1/16	11/30	己酉	
8/19	6/27	己卯	9/19	7/29	庚戌	10/20	9/1	辛巳	11/19	10/1	辛亥	12/19	11/2	辛巳	1/17	12/1	庚戌	
8/20	6/28	庚辰	9/20	7/30	辛亥	10/21	9/2	壬午	11/20	10/2	壬子	12/20	11/3	壬午	1/18	12/2	辛亥	
8/21	6/29	辛巳	9/21	8/1	壬子	10/22	9/3	癸未	11/21	10/3	癸丑	12/21	11/4	癸未	1/19	12/3	壬子	
8/22	7/1	壬午	9/22	8/2	癸丑	10/23	9/4	甲申	11/22	10/4	甲寅	12/22	11/5	甲申	1/20	12/4	癸丑	
8/23	7/2	癸未	9/23	8/3	甲寅	10/24	9/5	乙酉	11/23	10/5	乙卯	12/23	11/6	乙酉	1/21	12/5	甲寅	
8/24	7/3	甲申	9/24	8/4	乙卯	10/25	9/6	丙戌	11/24	10/6	丙辰	12/24	11/7	丙戌	1/22	12/6	乙卯	
8/25	7/4	乙酉	9/25	8/5	丙辰	10/26	9/7	丁亥	11/25	10/7	丁巳	12/25	11/8	丁亥	1/23	12/7	丙辰	
8/26	7/5	丙戌	9/26	8/6	丁巳	10/27	9/8	戊子	11/26	10/8	戊午	12/26	11/9	戊子	1/24	12/8	丁巳	
8/27	7/6	丁亥	9/27	8/7	戊午	10/28	9/9	己丑	11/27	10/9	己未	12/27	11/10	己丑	1/25	12/9	戊午	
8/28	7/7	戊子	9/28	8/8	己未	10/29	9/10	庚寅	11/28	10/10	庚申	12/28	11/11	庚寅	1/26	12/10	己未	
8/29	7/8	己丑	9/29	8/9	庚申	10/30	9/11	辛卯	11/29	10/11	辛酉	12/29	11/12	辛卯	1/27	12/11	庚申	
8/30	7/9	庚寅	9/30	8/10	辛酉	10/31	9/12	壬辰	11/30	10/12	壬戌	12/30	11/13	壬辰	1/28	12/12	辛酉	
8/31	7/10	辛卯	10/1	8/11	壬戌	11/1	9/13	癸巳	12/1	10/13	癸亥	12/31	11/14	癸巳	1/29	12/13	壬戌	
9/1	7/11	壬辰	10/2	8/12	癸亥	11/2	9/14	甲午	12/2	10/14	甲子	1/1	11/15	甲午	1/30	12/14	癸亥	
9/2	7/12	癸巳	10/3	8/13	甲子	11/3	9/15	乙未	12/3	10/15	乙丑	1/2	11/16	乙未	1/31	12/15	甲子	
9/3	7/13	甲午	10/4	8/14	乙丑	11/4	9/16	丙申	12/4	10/16	丙寅	1/3	11/17	丙申	2/1	12/16	乙丑	
9/4	7/14	乙未	10/5	8/15	丙寅	11/5	9/17	丁酉	12/5	10/17	丁卯	1/4	11/18	丁酉	2/2	12/17	丙寅	
9/5	7/15	丙申	10/6	8/16	丁卯	11/6	9/18	戊戌	12/6	10/18	戊辰				2/3	12/18	丁卯	
9/6	7/16	丁酉	10/7	8/17	戊辰													
處暑			秋分			霜降			小雪			冬至			大寒			中氣
8/23 11時34分 午時			9/23 8時58分 辰時			10/23 18時1分 酉時			11/22 15時18分 申時			12/22 4時25分 寅時			1/20 15時1分 申時			

日光節約時間：六月一日至九月三十日

年	辛丑																
月	庚寅			辛卯			壬辰			癸巳			甲午			乙未		
節氣	立春 2/4 9時22分 巳時			驚蟄 3/6 3時34分 寅時			清明 4/5 8時42分 辰時			立夏 5/6 2時21分 丑時			芒種 6/6 6時46分 卯時			小暑 7/7 17時6分 酉時		
日	國曆	農曆	干支	國曆	農曆	干支	國曆	農曆	干支	國曆	農曆	干支	國曆	農曆	干支	國曆	農曆	干支
	2 4	12 19	戊辰	3 6	1 20	戊戌	4 5	2 20	戊辰	5 6	3 22	己亥	6 6	4 23	庚午	7 7	5 25	辛丑
	2 5	12 20	己巳	3 7	1 21	己亥	4 6	2 21	己巳	5 7	3 23	庚子	6 7	4 24	辛未	7 8	5 26	壬寅
	2 6	12 21	庚午	3 8	1 22	庚子	4 7	2 22	庚午	5 8	3 24	辛丑	6 8	4 25	壬申	7 9	5 27	癸卯
	2 7	12 22	辛未	3 9	1 23	辛丑	4 8	2 23	辛未	5 9	3 25	壬寅	6 9	4 26	癸酉	7 10	5 28	甲辰
	2 8	12 23	壬申	3 10	1 24	壬寅	4 9	2 24	壬申	5 10	3 26	癸卯	6 10	4 27	甲戌	7 11	5 29	乙巳
1	2 9	12 24	癸酉	3 11	1 25	癸卯	4 10	2 25	癸酉	5 11	3 27	甲辰	6 11	4 28	乙亥	7 12	5 30	丙午
9	2 10	12 25	甲戌	3 12	1 26	甲辰	4 11	2 26	甲戌	5 12	3 28	乙巳	6 12	4 29	丙子	7 13	6 1	丁未
6	2 11	12 26	乙亥	3 13	1 27	乙巳	4 12	2 27	乙亥	5 13	3 29	丙午	6 13	5 1	丁丑	7 14	6 2	戊申
1	2 12	12 27	丙子	3 14	1 28	丙午	4 13	2 28	丙子	5 14	3 30	丁未	6 14	5 2	戊寅	7 15	6 3	己酉
	2 13	12 28	丁丑	3 15	1 29	丁未	4 14	2 29	丁丑	5 15	4 1	戊申	6 15	5 3	己卯	7 16	6 4	庚戌
	2 14	12 29	戊寅	3 16	1 30	戊申	4 15	3 1	戊寅	5 16	4 2	己酉	6 16	5 4	庚辰	7 17	6 5	辛亥
	2 15	1 1	己卯	3 17	2 1	己酉	4 16	3 2	己卯	5 17	4 3	庚戌	6 17	5 5	辛巳	7 18	6 6	壬子
	2 16	1 2	庚辰	3 18	2 2	庚戌	4 17	3 3	庚辰	5 18	4 4	辛亥	6 18	5 6	壬午	7 19	6 7	癸丑
	2 17	1 3	辛巳	3 19	2 3	辛亥	4 18	3 4	辛巳	5 19	4 5	壬子	6 19	5 7	癸未	7 20	6 8	甲寅
牛	2 18	1 4	壬午	3 20	2 4	壬子	4 19	3 5	壬午	5 20	4 6	癸丑	6 20	5 8	甲申	7 21	6 9	乙卯
	2 19	1 5	癸未	3 21	2 5	癸丑	4 20	3 6	癸未	5 21	4 7	甲寅	6 21	5 9	乙酉	7 22	6 10	丙辰
	2 20	1 6	甲申	3 22	2 6	甲寅	4 21	3 7	甲申	5 22	4 8	乙卯	6 22	5 10	丙戌	7 23	6 11	丁巳
	2 21	1 7	乙酉	3 23	2 7	乙卯	4 22	3 8	乙酉	5 23	4 9	丙辰	6 23	5 11	丁亥	7 24	6 12	戊午
	2 22	1 8	丙戌	3 24	2 8	丙辰	4 23	3 9	丙戌	5 24	4 10	丁巳	6 24	5 12	戊子	7 25	6 13	己未
	2 23	1 9	丁亥	3 25	2 9	丁巳	4 24	3 10	丁亥	5 25	4 11	戊午	6 25	5 13	己丑	7 26	6 14	庚申
	2 24	1 10	戊子	3 26	2 10	戊午	4 25	3 11	戊子	5 26	4 12	己未	6 26	5 14	庚寅	7 27	6 15	辛酉
中	2 25	1 11	己丑	3 27	2 11	己未	4 26	3 12	己丑	5 27	4 13	庚申	6 27	5 15	辛卯	7 28	6 16	壬戌
華	2 26	1 12	庚寅	3 28	2 12	庚申	4 27	3 13	庚寅	5 28	4 14	辛酉	6 28	5 16	壬辰	7 29	6 17	癸亥
民	2 27	1 13	辛卯	3 29	2 13	辛酉	4 28	3 14	辛卯	5 29	4 15	壬戌	6 29	5 17	癸巳	7 30	6 18	甲子
國	2 28	1 14	壬辰	3 30	2 14	壬戌	4 29	3 15	壬辰	5 30	4 16	癸亥	6 30	5 18	甲午	7 31	6 19	乙丑
五	3 1	1 15	癸巳	3 31	2 15	癸亥	4 30	3 16	癸巳	5 31	4 17	甲子	7 1	5 19	乙未	8 1	6 20	丙寅
十	3 2	1 16	甲午	4 1	2 16	甲子	5 1	3 17	甲午	6 1	4 18	乙丑	7 2	5 20	丙申	8 2	6 21	丁卯
年	3 3	1 17	乙未	4 2	2 17	乙丑	5 2	3 18	乙未	6 2	4 19	丙寅	7 3	5 21	丁酉	8 3	6 22	戊辰
	3 4	1 18	丙申	4 3	2 18	丙寅	5 3	3 19	丙申	6 3	4 20	丁卯	7 4	5 22	戊戌	8 4	6 23	己巳
	3 5	1 19	丁酉	4 4	2 19	丁卯	5 4	3 20	丁酉	6 4	4 21	戊辰	7 5	5 23	己亥	8 5	6 24	庚午
							5 5	3 21	戊戌	6 5	4 22	己巳	7 6	5 24	庚子	8 6	6 25	辛未
																8 7	6 26	壬申
中氣	雨水 2/19 5時16分 卯時			春分 3/21 4時32分 寅時			穀雨 4/20 15時55分 申時			小滿 5/21 15時22分 申時			夏至 6/21 23時30分 子時			大暑 7/23 10時23分 巳時		

日光節約時間：六月一日至九月三十日

辛丑																			年
丙申			丁酉			戊戌			己亥			庚子			辛丑			月
立秋			白露			寒露			立冬			大雪			小寒			節氣
8/8 2時48分 丑時			9/8 5時29分 卯時			10/8 20時50分 戌時			11/7 23時46分 子時			12/7 16時25分 申時			1/6 3時34分 寅時			
國曆	農曆	干支	國曆	農曆	干支	國曆	農曆	干支	國曆	農曆	干支	國曆	農曆	干支	國曆	農曆	干支	日
8 8	6 27	癸酉	9 8	7 29	甲辰	10 8	8 29	甲戌	11 7	9 29	甲辰	12 7	10 30	甲戌	1 6	12 1	甲辰	
8 9	6 28	甲戌	9 9	7 30	乙巳	10 9	8 30	乙亥	11 8	10 1	乙巳	12 8	11 1	乙亥	1 7	12 2	乙巳	
8 10	6 29	乙亥	9 10	8 1	丙午	10 10	9 1	丙子	11 9	10 2	丙午	12 9	11 2	丙子	1 8	12 3	丙午	
8 11	7 1	丙子	9 11	8 2	丁未	10 11	9 2	丁丑	11 10	10 3	丁未	12 10	11 3	丁丑	1 9	12 4	丁未	1
8 12	7 2	丁丑	9 12	8 3	戊申	10 12	9 3	戊寅	11 11	10 4	戊申	12 11	11 4	戊寅	1 10	12 5	戊申	9
8 13	7 3	戊寅	9 13	8 4	己酉	10 13	9 4	己卯	11 12	10 5	己酉	12 12	11 5	己卯	1 11	12 6	己酉	6
8 14	7 4	己卯	9 14	8 5	庚戌	10 14	9 5	庚辰	11 13	10 6	庚戌	12 13	11 6	庚辰	1 12	12 7	庚戌	1
8 15	7 5	庚辰	9 15	8 6	辛亥	10 15	9 6	辛巳	11 14	10 7	辛亥	12 14	11 7	辛巳	1 13	12 8	辛亥	·
8 16	7 6	辛巳	9 16	8 7	壬子	10 16	9 7	壬午	11 15	10 8	壬子	12 15	11 8	壬午	1 14	12 9	壬子	1
8 17	7 7	壬午	9 17	8 8	癸丑	10 17	9 8	癸未	11 16	10 9	癸丑	12 16	11 9	癸未	1 15	12 10	癸丑	9
8 18	7 8	癸未	9 18	8 9	甲寅	10 18	9 9	甲申	11 17	10 10	甲寅	12 17	11 10	甲申	1 16	12 11	甲寅	6
8 19	7 9	甲申	9 19	8 10	乙卯	10 19	9 10	乙酉	11 18	10 11	乙卯	12 18	11 11	乙酉	1 17	12 12	乙卯	2
8 20	7 10	乙酉	9 20	8 11	丙辰	10 20	9 11	丙戌	11 19	10 12	丙辰	12 19	11 12	丙戌	1 18	12 13	丙辰	
8 21	7 11	丙戌	9 21	8 12	丁巳	10 21	9 12	丁亥	11 20	10 13	丁巳	12 20	11 13	丁亥	1 19	12 14	丁巳	
8 22	7 12	丁亥	9 22	8 13	戊午	10 22	9 13	戊子	11 21	10 14	戊午	12 21	11 14	戊子	1 20	12 15	戊午	
8 23	7 13	戊子	9 23	8 14	己未	10 23	9 14	己丑	11 22	10 15	己未	12 22	11 15	己丑	1 21	12 16	己未	牛
8 24	7 14	己丑	9 24	8 15	庚申	10 24	9 15	庚寅	11 23	10 16	庚申	12 23	11 16	庚寅	1 22	12 17	庚申	
8 25	7 15	庚寅	9 25	8 16	辛酉	10 25	9 16	辛卯	11 24	10 17	辛酉	12 24	11 17	辛卯	1 23	12 18	辛酉	
8 26	7 16	辛卯	9 26	8 17	壬戌	10 26	9 17	壬辰	11 25	10 18	壬戌	12 25	11 18	壬辰	1 24	12 19	壬戌	
8 27	7 17	壬辰	9 27	8 18	癸亥	10 27	9 18	癸巳	11 26	10 19	癸亥	12 26	11 19	癸巳	1 25	12 20	癸亥	中
8 28	7 18	癸巳	9 28	8 19	甲子	10 28	9 19	甲午	11 27	10 20	甲子	12 27	11 20	甲午	1 26	12 21	甲子	華
8 29	7 19	甲午	9 29	8 20	乙丑	10 29	9 20	乙未	11 28	10 21	乙丑	12 28	11 21	乙未	1 27	12 22	乙丑	民
8 30	7 20	乙未	9 30	8 21	丙寅	10 30	9 21	丙申	11 29	10 22	丙寅	12 29	11 22	丙申	1 28	12 23	丙寅	國
8 31	7 21	丙申	10 1	8 22	丁卯	10 31	9 22	丁酉	11 30	10 23	丁卯	12 30	11 23	丁酉	1 29	12 24	丁卯	五
9 1	7 22	丁酉	10 2	8 23	戊辰	11 1	9 23	戊戌	12 1	10 24	戊辰	12 31	11 24	戊戌	1 30	12 25	戊辰	十
9 2	7 23	戊戌	10 3	8 24	己巳	11 2	9 24	己亥	12 2	10 25	己巳	1 1	11 25	己亥	1 31	12 26	己巳	·
9 3	7 24	己亥	10 4	8 25	庚午	11 3	9 25	庚子	12 3	10 26	庚午	1 2	11 26	庚子	2 1	12 27	庚午	五
9 4	7 25	庚子	10 5	8 26	辛未	11 4	9 26	辛丑	12 4	10 27	辛未	1 3	11 27	辛丑	2 2	12 28	辛未	十
9 5	7 26	辛丑	10 6	8 27	壬申	11 5	9 27	壬寅	12 5	10 28	壬申	1 4	11 28	壬寅	2 3	12 29	壬申	一
9 6	7 27	壬寅	10 7	8 28	癸酉	11 6	9 28	癸卯	12 6	10 29	癸酉	1 5	11 29	癸卯				年
9 7	7 28	癸卯																
處暑			秋分			霜降			小雪			冬至			大寒			中
8/23 17時18分 酉時			9/23 14時42分 未時			10/23 23時47分 子時			11/22 21時7分 亥時			12/22 10時19分 巳時			1/20 20時57分 戌時			氣

日光節約時間：六月一日至九月三十日

年：壬寅　（民國：1962　生肖：虎　中華民國五十一年）

月	壬寅			癸卯			甲辰			乙巳			丙午			丁未		
節氣	立春			驚蟄			清明			立夏			芒種			小暑		
氣	2/4 15時17分 申時			3/6 9時29分 巳時			4/5 14時34分 未時			5/6 8時9分 辰時			6/6 12時31分 午時			7/7 22時51分 亥時		
日	國曆	農曆	干支	國曆	農曆	干支	國曆	農曆	干支	國曆	農曆	干支	國曆	農曆	干支	國曆	農曆	干支
	2 4	12 30	癸酉	3 6	2 1	癸卯	4 5	3 1	癸酉	5 6	4 3	甲辰	6 6	5 5	乙亥	7 7	6 6	丙午
	2 5	1 1	甲戌	3 7	2 2	甲辰	4 6	3 2	甲戌	5 7	4 4	乙巳	6 7	5 6	丙子	7 8	6 7	丁未
	2 6	1 2	乙亥	3 8	2 3	乙巳	4 7	3 3	乙亥	5 8	4 5	丙午	6 8	5 7	丁丑	7 9	6 8	戊申
	2 7	1 3	丙子	3 9	2 4	丙午	4 8	3 4	丙子	5 9	4 6	丁未	6 9	5 8	戊寅	7 10	6 9	己酉
	2 8	1 4	丁丑	3 10	2 5	丁未	4 9	3 5	丁丑	5 10	4 7	戊申	6 10	5 9	己卯	7 11	6 10	庚戌
	2 9	1 5	戊寅	3 11	2 6	戊申	4 10	3 6	戊寅	5 11	4 8	己酉	6 11	5 10	庚辰	7 12	6 11	辛亥
	2 10	1 6	己卯	3 12	2 7	己酉	4 11	3 7	己卯	5 12	4 9	庚戌	6 12	5 11	辛巳	7 13	6 12	壬子
	2 11	1 7	庚辰	3 13	2 8	庚戌	4 12	3 8	庚辰	5 13	4 10	辛亥	6 13	5 12	壬午	7 14	6 13	癸丑
	2 12	1 8	辛巳	3 14	2 9	辛亥	4 13	3 9	辛巳	5 14	4 11	壬子	6 14	5 13	癸未	7 15	6 14	甲寅
	2 13	1 9	壬午	3 15	2 10	壬子	4 14	3 10	壬午	5 15	4 12	癸丑	6 15	5 14	甲申	7 16	6 15	乙卯
	2 14	1 10	癸未	3 16	2 11	癸丑	4 15	3 11	癸未	5 16	4 13	甲寅	6 16	5 15	乙酉	7 17	6 16	丙辰
	2 15	1 11	甲申	3 17	2 12	甲寅	4 16	3 12	甲申	5 17	4 14	乙卯	6 17	5 16	丙戌	7 18	6 17	丁巳
	2 16	1 12	乙酉	3 18	2 13	乙卯	4 17	3 13	乙酉	5 18	4 15	丙辰	6 18	5 17	丁亥	7 19	6 18	戊午
	2 17	1 13	丙戌	3 19	2 14	丙辰	4 18	3 14	丙戌	5 19	4 16	丁巳	6 19	5 18	戊子	7 20	6 19	己未
	2 18	1 14	丁亥	3 20	2 15	丁巳	4 19	3 15	丁亥	5 20	4 17	戊午	6 20	5 19	己丑	7 21	6 20	庚申
	2 19	1 15	戊子	3 21	2 16	戊午	4 20	3 16	戊子	5 21	4 18	己未	6 21	5 20	庚寅	7 22	6 21	辛酉
	2 20	1 16	己丑	3 22	2 17	己未	4 21	3 17	己丑	5 22	4 19	庚申	6 22	5 21	辛卯	7 23	6 22	壬戌
	2 21	1 17	庚寅	3 23	2 18	庚申	4 22	3 18	庚寅	5 23	4 20	辛酉	6 23	5 22	壬辰	7 24	6 23	癸亥
	2 22	1 18	辛卯	3 24	2 19	辛酉	4 23	3 19	辛卯	5 24	4 21	壬戌	6 24	5 23	癸巳	7 25	6 24	甲子
	2 23	1 19	壬辰	3 25	2 20	壬戌	4 24	3 20	壬辰	5 25	4 22	癸亥	6 25	5 24	甲午	7 26	6 25	乙丑
	2 24	1 20	癸巳	3 26	2 21	癸亥	4 25	3 21	癸巳	5 26	4 23	甲子	6 26	5 25	乙未	7 27	6 26	丙寅
	2 25	1 21	甲午	3 27	2 22	甲子	4 26	3 22	甲午	5 27	4 24	乙丑	6 27	5 26	丙申	7 28	6 27	丁卯
	2 26	1 22	乙未	3 28	2 23	乙丑	4 27	3 23	乙未	5 28	4 25	丙寅	6 28	5 27	丁酉	7 29	6 28	戊辰
	2 27	1 23	丙申	3 29	2 24	丙寅	4 28	3 24	丙申	5 29	4 26	丁卯	6 29	5 28	戊戌	7 30	6 29	己巳
	2 28	1 24	丁酉	3 30	2 25	丁卯	4 29	3 25	丁酉	5 30	4 27	戊辰	6 30	5 29	己亥	7 31	7 1	庚午
	3 1	1 25	戊戌	3 31	2 26	戊辰	4 30	3 26	戊戌	5 31	4 28	己巳	7 1	5 30	庚子	8 1	7 2	辛未
	3 2	1 26	己亥	4 1	2 27	己巳	5 1	3 27	己亥	6 1	4 29	庚午	7 2	6 1	辛丑	8 2	7 3	壬申
	3 3	1 27	庚子	4 2	2 28	庚午	5 2	3 28	庚子	6 2	5 1	辛未	7 3	6 2	壬寅	8 3	7 4	癸酉
	3 4	1 28	辛丑	4 3	2 29	辛未	5 3	3 29	辛丑	6 3	5 2	壬申	7 4	6 3	癸卯	8 4	7 5	甲戌
	3 5	1 29	壬寅	4 4	2 30	壬申	5 4	4 1	壬寅	6 4	5 3	癸酉	7 5	6 4	甲辰	8 5	7 6	乙亥
							5 5	4 2	癸卯	6 5	5 4	甲戌	7 6	6 5	乙巳	8 6	7 7	丙子
																8 7	7 8	丁丑
中氣	雨水			春分			穀雨			小滿			夏至			大暑		
	2/19 11時14分 午時			3/21 10時29分 巳時			4/20 21時50分 亥時			5/21 21時16分 亥時			6/22 5時24分 卯時			7/23 16時17分 申時		

壬寅																		年
戊申			己酉			庚戌			辛亥			壬子			癸丑			月
立秋			白露			寒露			立冬			大雪			小寒			節氣
8/8 8時33分 辰時			9/8 11時15分 午時			10/9 2時37分 丑時			11/8 5時34分 卯時			12/7 22時16分 亥時			1/6 9時26分 巳時			
國曆	農曆	干支	國曆	農曆	干支	國曆	農曆	干支	國曆	農曆	干支	國曆	農曆	干支	國曆	農曆	干支	日
8 8	7 9	戊寅	9 8	8 10	己酉	10 9	9 11	庚辰	11 8	10 12	庚戌	12 7	11 11	己卯	1 6	12 11	己酉	
8 9	7 10	己卯	9 9	8 11	庚戌	10 10	9 12	辛巳	11 9	10 13	辛亥	12 8	11 12	庚辰	1 7	12 12	庚戌	
8 10	7 11	庚辰	9 10	8 12	辛亥	10 11	9 13	壬午	11 10	10 14	壬子	12 9	11 13	辛巳	1 8	12 13	辛亥	
8 11	7 12	辛巳	9 11	8 13	壬子	10 12	9 14	癸未	11 11	10 15	癸丑	12 10	11 14	壬午	1 9	12 14	壬子	1
8 12	7 13	壬午	9 12	8 14	癸丑	10 13	9 15	甲申	11 12	10 16	甲寅	12 11	11 15	癸未	1 10	12 15	癸丑	9
8 13	7 14	癸未	9 13	8 15	甲寅	10 14	9 16	乙酉	11 13	10 17	乙卯	12 12	11 16	甲申	1 11	12 16	甲寅	6
8 14	7 15	甲申	9 14	8 16	乙卯	10 15	9 17	丙戌	11 14	10 18	丙辰	12 13	11 17	乙酉	1 12	12 17	乙卯	2
8 15	7 16	乙酉	9 15	8 17	丙辰	10 16	9 18	丁亥	11 15	10 19	丁巳	12 14	11 18	丙戌	1 13	12 18	丙辰	·
8 16	7 17	丙戌	9 16	8 18	丁巳	10 17	9 19	戊子	11 16	10 20	戊午	12 15	11 19	丁亥	1 14	12 19	丁巳	1
8 17	7 18	丁亥	9 17	8 19	戊午	10 18	9 20	己丑	11 17	10 21	己未	12 16	11 20	戊子	1 15	12 20	戊午	9
8 18	7 19	戊子	9 18	8 20	己未	10 19	9 21	庚寅	11 18	10 22	庚申	12 17	11 21	己丑	1 16	12 21	己未	6
8 19	7 20	己丑	9 19	8 21	庚申	10 20	9 22	辛卯	11 19	10 23	辛酉	12 18	11 22	庚寅	1 17	12 22	庚申	3
8 20	7 21	庚寅	9 20	8 22	辛酉	10 21	9 23	壬辰	11 20	10 24	壬戌	12 19	11 23	辛卯	1 18	12 23	辛酉	
8 21	7 22	辛卯	9 21	8 23	壬戌	10 22	9 24	癸巳	11 21	10 25	癸亥	12 20	11 24	壬辰	1 19	12 24	壬戌	
8 22	7 23	壬辰	9 22	8 24	癸亥	10 23	9 25	甲午	11 22	10 26	甲子	12 21	11 25	癸巳	1 20	12 25	癸亥	虎
8 23	7 24	癸巳	9 23	8 25	甲子	10 24	9 26	乙未	11 23	10 27	乙丑	12 22	11 26	甲午	1 21	12 26	甲子	
8 24	7 25	甲午	9 24	8 26	乙丑	10 25	9 27	丙申	11 24	10 28	丙寅	12 23	11 27	乙未	1 22	12 27	乙丑	
8 25	7 26	乙未	9 25	8 27	丙寅	10 26	9 28	丁酉	11 25	10 29	丁卯	12 24	11 28	丙申	1 23	12 28	丙寅	
8 26	7 27	丙申	9 26	8 28	丁卯	10 27	9 29	戊戌	11 26	10 30	戊辰	12 25	11 29	丁酉	1 24	12 29	丁卯	
8 27	7 28	丁酉	9 27	8 29	戊辰	10 28	10 1	己亥	11 27	11 1	己巳	12 26	11 30	戊戌	1 25	1 1	戊辰	中
8 28	7 29	戊戌	9 28	8 30	己巳	10 29	10 2	庚子	11 28	11 2	庚午	12 27	12 1	己亥	1 26	1 2	己巳	華
8 29	7 30	己亥	9 29	9 1	庚午	10 30	10 3	辛丑	11 29	11 3	辛未	12 28	12 2	庚子	1 27	1 3	庚午	民
8 30	8 1	庚子	9 30	9 2	辛未	10 31	10 4	壬寅	11 30	11 4	壬申	12 29	12 3	辛丑	1 28	1 4	辛未	國
8 31	8 2	辛丑	10 1	9 3	壬申	11 1	10 5	癸卯	12 1	11 5	癸酉	12 30	12 4	壬寅	1 29	1 5	壬申	五
9 1	8 3	壬寅	10 2	9 4	癸酉	11 2	10 6	甲辰	12 2	11 6	甲戌	12 31	12 5	癸卯	1 30	1 6	癸酉	十
9 2	8 4	癸卯	10 3	9 5	甲戌	11 3	10 7	乙巳	12 3	11 7	乙亥	1 1	12 6	甲辰	1 31	1 7	甲戌	一
9 3	8 5	甲辰	10 4	9 6	乙亥	11 4	10 8	丙午	12 4	11 8	丙子	1 2	12 7	乙巳	2 1	1 8	乙亥	·
9 4	8 6	乙巳	10 5	9 7	丙子	11 5	10 9	丁未	12 5	11 9	丁丑	1 3	12 8	丙午	2 2	1 9	丙子	五
9 5	8 7	丙午	10 6	9 8	丁丑	11 6	10 10	戊申	12 6	11 10	戊寅	1 4	12 9	丁未	2 3	1 10	丁丑	十
9 6	8 8	丁未	10 7	9 9	戊寅	11 7	10 11	己酉				1 5	12 10	戊申				二
9 7	8 9	戊申	10 8	9 10	己卯													年
處暑			秋分			霜降			小雪			冬至			大寒			中
8/23 23時12分 子時			9/23 20時35分 戌時			10/24 5時40分 卯時			11/23 3時1分 寅時			12/22 16時15分 申時			1/21 2時53分 丑時			氣

年	\u3000																	
	癸卯																	
月	甲寅			乙卯			丙辰			丁巳			戊午			己未		
節氣	立春			驚蟄			清明			立夏			芒種			小暑		
	2/4 21時7分 亥時			3/6 15時17分 申時			4/5 20時18分 戌時			5/6 13時52分 未時			6/6 18時14分 酉時			7/8 4時37分 寅時		
日	國曆	農曆	干支	國曆	農曆	干支	國曆	農曆	干支	國曆	農曆	干支	國曆	農曆	干支	國曆	農曆	干支
	2 4	1 11	戊寅	3 6	2 11	戊申	4 5	3 12	戊寅	5 6	4 13	己酉	6 6	4 15	庚辰	7 8	5 18	壬子
	2 5	1 12	己卯	3 7	2 12	己酉	4 6	3 13	己卯	5 7	4 14	庚戌	6 7	4 16	辛巳	7 9	5 19	癸丑
	2 6	1 13	庚辰	3 8	2 13	庚戌	4 7	3 14	庚辰	5 8	4 15	辛亥	6 8	4 17	壬午	7 10	5 20	甲寅
	2 7	1 14	辛巳	3 9	2 14	辛亥	4 8	3 15	辛巳	5 9	4 16	壬子	6 9	4 18	癸未	7 11	5 21	乙卯
	2 8	1 15	壬午	3 10	2 15	壬子	4 9	3 16	壬午	5 10	4 17	癸丑	6 10	4 19	甲申	7 12	5 22	丙辰
1	2 9	1 16	癸未	3 11	2 16	癸丑	4 10	3 17	癸未	5 11	4 18	甲寅	6 11	4 20	乙酉	7 13	5 23	丁巳
9	2 10	1 17	甲申	3 12	2 17	甲寅	4 11	3 18	甲申	5 12	4 19	乙卯	6 12	4 21	丙戌	7 14	5 24	戊午
6	2 11	1 18	乙酉	3 13	2 18	乙卯	4 12	3 19	乙酉	5 13	4 20	丙辰	6 13	4 22	丁亥	7 15	5 25	己未
3	2 12	1 19	丙戌	3 14	2 19	丙辰	4 13	3 20	丙戌	5 14	4 21	丁巳	6 14	4 23	戊子	7 16	5 26	庚申
	2 13	1 20	丁亥	3 15	2 20	丁巳	4 14	3 21	丁亥	5 15	4 22	戊午	6 15	4 24	己丑	7 17	5 27	辛酉
	2 14	1 21	戊子	3 16	2 21	戊午	4 15	3 22	戊子	5 16	4 23	己未	6 16	4 25	庚寅	7 18	5 28	壬戌
	2 15	1 22	己丑	3 17	2 22	己未	4 16	3 23	己丑	5 17	4 24	庚申	6 17	4 26	辛卯	7 19	5 29	癸亥
	2 16	1 23	庚寅	3 18	2 23	庚申	4 17	3 24	庚寅	5 18	4 25	辛酉	6 18	4 27	壬辰	7 20	5 30	甲子
	2 17	1 24	辛卯	3 19	2 24	辛酉	4 18	3 25	辛卯	5 19	4 26	壬戌	6 19	4 28	癸巳	7 21	6 1	乙丑
兔	2 18	1 25	壬辰	3 20	2 25	壬戌	4 19	3 26	壬辰	5 20	4 27	癸亥	6 20	4 29	甲午	7 22	6 2	丙寅
	2 19	1 26	癸巳	3 21	2 26	癸亥	4 20	3 27	癸巳	5 21	4 28	甲子	6 21	5 1	乙未	7 23	6 3	丁卯
	2 20	1 27	甲午	3 22	2 27	甲子	4 21	3 28	甲午	5 22	4 29	乙丑	6 22	5 2	丙申	7 24	6 4	戊辰
	2 21	1 28	乙未	3 23	2 28	乙丑	4 22	3 29	乙未	5 23	閏4 1	丙寅	6 23	5 3	丁酉	7 25	6 5	己巳
	2 22	1 29	丙申	3 24	2 29	丙寅	4 23	3 30	丙申	5 24	4 2	丁卯	6 24	5 4	戊戌	7 26	6 6	庚午
	2 23	1 30	丁酉	3 25	3 1	丁卯	4 24	4 1	丁酉	5 25	4 3	戊辰	6 25	5 5	己亥	7 27	6 7	辛未
	2 24	2 1	戊戌	3 26	3 2	戊辰	4 25	4 2	戊戌	5 26	4 4	己巳	6 26	5 6	庚子	7 28	6 8	壬申
中	2 25	2 2	己亥	3 27	3 3	己巳	4 26	4 3	己亥	5 27	4 5	庚午	6 27	5 7	辛丑	7 29	6 9	癸酉
華	2 26	2 3	庚子	3 28	3 4	庚午	4 27	4 4	庚子	5 28	4 6	辛未	6 28	5 8	壬寅	7 30	6 10	甲戌
民	2 27	2 4	辛丑	3 29	3 5	辛未	4 28	4 5	辛丑	5 29	4 7	壬申	6 29	5 9	癸卯	7 31	6 11	乙亥
國	2 28	2 5	壬寅	3 30	3 6	壬申	4 29	4 6	壬寅	5 30	4 8	癸酉	6 30	5 10	甲辰	8 1	6 12	丙子
五	3 1	2 6	癸卯	3 31	3 7	癸酉	4 30	4 7	癸卯	5 31	4 9	甲戌	7 1	5 11	乙巳	8 2	6 13	丁丑
十	3 2	2 7	甲辰	4 1	3 8	甲戌	5 1	4 8	甲辰	6 1	4 10	乙亥	7 2	5 12	丙午	8 3	6 14	戊寅
二	3 3	2 8	乙巳	4 2	3 9	乙亥	5 2	4 9	乙巳	6 2	4 11	丙子	7 3	5 13	丁未	8 4	6 15	己卯
年	3 4	2 9	丙午	4 3	3 10	丙子	5 3	4 10	丙午	6 3	4 12	丁丑	7 4	5 14	戊申	8 5	6 16	庚辰
	3 5	2 10	丁未	4 4	3 11	丁丑	5 4	4 11	丁未	6 4	4 13	戊寅	7 5	5 15	己酉	8 6	6 17	辛巳
							5 5	4 12	戊申	6 5	4 14	己卯	7 6	5 16	庚戌	8 7	6 18	壬午
													7 7	5 17	辛亥			
中	雨水			春分			穀雨			小滿			夏至			大暑		
氣	2/19 17時8分 酉時			3/21 16時19分 申時			4/21 3時36分 寅時			5/22 2時58分 丑時			6/22 11時4分 午時			7/23 21時59分 亥時		

																		年
癸卯																		
庚申			辛酉			壬戌			癸亥			甲子			乙丑			月
立秋			白露			寒露			立冬			大雪			小寒			節氣
8/8 14時25分 未時			9/8 17時11分 酉時			10/9 8時36分 辰時			11/8 11時32分 午時			12/8 4時12分 寅時			1/6 15時22分 申時			
國曆	農曆	干支	國曆	農曆	干支	國曆	農曆	干支	國曆	農曆	干支	國曆	農曆	干支	國曆	農曆	干支	日
8 8	6 19	癸未	9 8	7 21	甲寅	10 9	8 22	乙酉	11 8	9 23	乙卯	12 8	10 23	乙酉	1 6	11 22	甲寅	
8 9	6 20	甲申	9 9	7 22	乙卯	10 10	8 23	丙戌	11 9	9 24	丙辰	12 9	10 24	丙戌	1 7	11 23	乙卯	
8 10	6 21	乙酉	9 10	7 23	丙辰	10 11	8 24	丁亥	11 10	9 25	丁巳	12 10	10 25	丁亥	1 8	11 24	丙辰	
8 11	6 22	丙戌	9 11	7 24	丁巳	10 12	8 25	戊子	11 11	9 26	戊午	12 11	10 26	戊子	1 9	11 25	丁巳	1
8 12	6 23	丁亥	9 12	7 25	戊午	10 13	8 26	己丑	11 12	9 27	己未	12 12	10 27	己丑	1 10	11 26	戊午	9
8 13	6 24	戊子	9 13	7 26	己未	10 14	8 27	庚寅	11 13	9 28	庚申	12 13	10 28	庚寅	1 11	11 27	己未	6
8 14	6 25	己丑	9 14	7 27	庚申	10 15	8 28	辛卯	11 14	9 29	辛酉	12 14	10 29	辛卯	1 12	11 28	庚申	3
8 15	6 26	庚寅	9 15	7 28	辛酉	10 16	8 29	壬辰	11 15	9 30	壬戌	12 15	10 30	壬辰	1 13	11 29	辛酉	·
8 16	6 27	辛卯	9 16	7 29	壬戌	10 17	9 1	癸巳	11 16	10 1	癸亥	12 16	11 1	癸巳	1 14	11 30	壬戌	1
8 17	6 28	壬辰	9 17	7 30	癸亥	10 18	9 2	甲午	11 17	10 2	甲子	12 17	11 2	甲午	1 15	12 1	癸亥	9
8 18	6 29	癸巳	9 18	8 1	甲子	10 19	9 3	乙未	11 18	10 3	乙丑	12 18	11 3	乙未	1 16	12 2	甲子	6
8 19	7 1	甲午	9 19	8 2	乙丑	10 20	9 4	丙申	11 19	10 4	丙寅	12 19	11 4	丙申	1 17	12 3	乙丑	4
8 20	7 2	乙未	9 20	8 3	丙寅	10 21	9 5	丁酉	11 20	10 5	丁卯	12 20	11 5	丁酉	1 18	12 4	丙寅	
8 21	7 3	丙申	9 21	8 4	丁卯	10 22	9 6	戊戌	11 21	10 6	戊辰	12 21	11 6	戊戌	1 19	12 5	丁卯	
8 22	7 4	丁酉	9 22	8 5	戊辰	10 23	9 7	己亥	11 22	10 7	己巳	12 22	11 7	己亥	1 20	12 6	戊辰	
8 23	7 5	戊戌	9 23	8 6	己巳	10 24	9 8	庚子	11 23	10 8	庚午	12 23	11 8	庚子	1 21	12 7	己巳	兔
8 24	7 6	己亥	9 24	8 7	庚午	10 25	9 9	辛丑	11 24	10 9	辛未	12 24	11 9	辛丑	1 22	12 8	庚午	
8 25	7 7	庚子	9 25	8 8	辛未	10 26	9 10	壬寅	11 25	10 10	壬申	12 25	11 10	壬寅	1 23	12 9	辛未	
8 26	7 8	辛丑	9 26	8 9	壬申	10 27	9 11	癸卯	11 26	10 11	癸酉	12 26	11 11	癸卯	1 24	12 10	壬申	
8 27	7 9	壬寅	9 27	8 10	癸酉	10 28	9 12	甲辰	11 27	10 12	甲戌	12 27	11 12	甲辰	1 25	12 11	癸酉	
8 28	7 10	癸卯	9 28	8 11	甲戌	10 29	9 13	乙巳	11 28	10 13	乙亥	12 28	11 13	乙巳	1 26	12 12	甲戌	中
8 29	7 11	甲辰	9 29	8 12	乙亥	10 30	9 14	丙午	11 29	10 14	丙子	12 29	11 14	丙午	1 27	12 13	乙亥	華
8 30	7 12	乙巳	9 30	8 13	丙子	10 31	9 15	丁未	11 30	10 15	丁丑	12 30	11 15	丁未	1 28	12 14	丙子	民
8 31	7 13	丙午	10 1	8 14	丁丑	11 1	9 16	戊申	12 1	10 16	戊寅	12 31	11 16	戊申	1 29	12 15	丁丑	國
9 1	7 14	丁未	10 2	8 15	戊寅	11 2	9 17	己酉	12 2	10 17	己卯	1 1	11 17	己酉	1 30	12 16	戊寅	五
9 2	7 15	戊申	10 3	8 16	己卯	11 3	9 18	庚戌	12 3	10 18	庚辰	1 2	11 18	庚戌	1 31	12 17	己卯	十
9 3	7 16	己酉	10 4	8 17	庚辰	11 4	9 19	辛亥	12 4	10 19	辛巳	1 3	11 19	辛亥	2 1	12 18	庚辰	二
9 4	7 17	庚戌	10 5	8 18	辛巳	11 5	9 20	壬子	12 5	10 20	壬午	1 4	11 20	壬子	2 2	12 19	辛巳	·
9 5	7 18	辛亥	10 6	8 19	壬午	11 6	9 21	癸丑	12 6	10 21	癸未	1 5	11 21	癸丑	2 3	12 20	壬午	五
9 6	7 19	壬子	10 7	8 20	癸未	11 7	9 22	甲寅	12 7	10 22	甲申				2 4	12 21	癸未	十
9 7	7 20	癸丑	10 8	8 21	甲申													三
處暑			秋分			霜降			小雪			冬至			大寒			年
8/24 4時57分 寅時			9/24 2時23分 丑時			10/24 11時28分 午時			11/23 8時49分 辰時			12/22 22時1分 亥時			1/21 8時41分 辰時			中氣

年	甲辰																	
月	丙寅			丁卯			戊辰			己巳			庚午			辛未		
節氣	立春			驚蟄			清明			立夏			芒種			小暑		
節氣	2/5 3時4分 寅時			3/5 21時16分 亥時			4/5 2時18分 丑時			5/5 19時51分 戌時			6/6 0時11分 子時			7/7 10時32分 巳時		
日	國曆	農曆	干支	國曆	農曆	干支	國曆	農曆	干支	國曆	農曆	干支	國曆	農曆	干支	國曆	農曆	干支
	2 5	12 22	甲申	3 5	1 22	癸丑	4 5	2 23	甲申	5 5	3 24	甲寅	6 6	4 26	丙戌	7 7	5 28	丁巳
	2 6	12 23	乙酉	3 6	1 23	甲寅	4 6	2 24	乙酉	5 6	3 25	乙卯	6 7	4 27	丁亥	7 8	5 29	戊午
1	2 7	12 24	丙戌	3 7	1 24	乙卯	4 7	2 25	丙戌	5 7	3 26	丙辰	6 8	4 28	戊子	7 9	6 1	己未
9	2 8	12 25	丁亥	3 8	1 25	丙辰	4 8	2 26	丁亥	5 8	3 27	丁巳	6 9	4 29	己丑	7 10	6 2	庚申
6	2 9	12 26	戊子	3 9	1 26	丁巳	4 9	2 27	戊子	5 9	3 28	戊午	6 10	5 1	庚寅	7 11	6 3	辛酉
4	2 10	12 27	己丑	3 10	1 27	戊午	4 10	2 28	己丑	5 10	3 29	己未	6 11	5 2	辛卯	7 12	6 4	壬戌
	2 11	12 28	庚寅	3 11	1 28	己未	4 11	2 29	庚寅	5 11	3 30	庚申	6 12	5 3	壬辰	7 13	6 5	癸亥
	2 12	12 29	辛卯	3 12	1 29	庚申	4 12	3 1	辛卯	5 12	4 1	辛酉	6 13	5 4	癸巳	7 14	6 6	甲子
	2 13	1 1	壬辰	3 13	1 30	辛酉	4 13	3 2	壬辰	5 13	4 2	壬戌	6 14	5 5	甲午	7 15	6 7	乙丑
	2 14	1 2	癸巳	3 14	2 1	壬戌	4 14	3 3	癸巳	5 14	4 3	癸亥	6 15	5 6	乙未	7 16	6 8	丙寅
	2 15	1 3	甲午	3 15	2 2	癸亥	4 15	3 4	甲午	5 15	4 4	甲子	6 16	5 7	丙申	7 17	6 9	丁卯
	2 16	1 4	乙未	3 16	2 3	甲子	4 16	3 5	乙未	5 16	4 5	乙丑	6 17	5 8	丁酉	7 18	6 10	戊辰
	2 17	1 5	丙申	3 17	2 4	乙丑	4 17	3 6	丙申	5 17	4 6	丙寅	6 18	5 9	戊戌	7 19	6 11	己巳
	2 18	1 6	丁酉	3 18	2 5	丙寅	4 18	3 7	丁酉	5 18	4 7	丁卯	6 19	5 10	己亥	7 20	6 12	庚午
龍	2 19	1 7	戊戌	3 19	2 6	丁卯	4 19	3 8	戊戌	5 19	4 8	戊辰	6 20	5 11	庚子	7 21	6 13	辛未
	2 20	1 8	己亥	3 20	2 7	戊辰	4 20	3 9	己亥	5 20	4 9	己巳	6 21	5 12	辛丑	7 22	6 14	壬申
	2 21	1 9	庚子	3 21	2 8	己巳	4 21	3 10	庚子	5 21	4 10	庚午	6 22	5 13	壬寅	7 23	6 15	癸酉
	2 22	1 10	辛丑	3 22	2 9	庚午	4 22	3 11	辛丑	5 22	4 11	辛未	6 23	5 14	癸卯	7 24	6 16	甲戌
	2 23	1 11	壬寅	3 23	2 10	辛未	4 23	3 12	壬寅	5 23	4 12	壬申	6 24	5 15	甲辰	7 25	6 17	乙亥
	2 24	1 12	癸卯	3 24	2 11	壬申	4 24	3 13	癸卯	5 24	4 13	癸酉	6 25	5 16	乙巳	7 26	6 18	丙子
	2 25	1 13	甲辰	3 25	2 12	癸酉	4 25	3 14	甲辰	5 25	4 14	甲戌	6 26	5 17	丙午	7 27	6 19	丁丑
	2 26	1 14	乙巳	3 26	2 13	甲戌	4 26	3 15	乙巳	5 26	4 15	乙亥	6 27	5 18	丁未	7 28	6 20	戊寅
	2 27	1 15	丙午	3 27	2 14	乙亥	4 27	3 16	丙午	5 27	4 16	丙子	6 28	5 19	戊申	7 29	6 21	己卯
中	2 28	1 16	丁未	3 28	2 15	丙子	4 28	3 17	丁未	5 28	4 17	丁丑	6 29	5 20	己酉	7 30	6 22	庚辰
華	2 29	1 17	戊申	3 29	2 16	丁丑	4 29	3 18	戊申	5 29	4 18	戊寅	6 30	5 21	庚戌	7 31	6 23	辛巳
民	3 1	1 18	己酉	3 30	2 17	戊寅	4 30	3 19	己酉	5 30	4 19	己卯	7 1	5 22	辛亥	8 1	6 24	壬午
國	3 2	1 19	庚戌	3 31	2 18	己卯	5 1	3 20	庚戌	5 31	4 20	庚辰	7 2	5 23	壬子	8 2	6 25	癸未
五	3 3	1 20	辛亥	4 1	2 19	庚辰	5 2	3 21	辛亥	6 1	4 21	辛巳	7 3	5 24	癸丑	8 3	6 26	甲申
十	3 4	1 21	壬子	4 2	2 20	辛巳	5 3	3 22	壬子	6 2	4 22	壬午	7 4	5 25	甲寅	8 4	6 27	乙酉
三				4 3	2 21	壬午	5 4	3 23	癸丑	6 3	4 23	癸未	7 5	5 26	乙卯	8 5	6 28	丙戌
年				4 4	2 22	癸未				6 4	4 24	甲申	7 6	5 27	丙辰	8 6	6 29	丁亥
										6 5	4 25	乙酉						
中氣	雨水			春分			穀雨			小滿			夏至			大暑		
	2/19 22時57分 亥時			3/20 22時9分 亥時			4/20 9時27分 巳時			5/21 8時49分 辰時			6/21 16時56分 申時			7/23 3時52分 寅時		

壬申			癸酉			甲戌			乙亥			丙子			丁丑			年 月
立秋			白露			寒露			立冬			大雪			小寒			節氣
8/7 20時16分 戊時			9/7 22時59分 亥時			10/8 14時21分 未時			11/7 17時15分 酉時			12/7 9時53分 巳時			1/5 21時2分 亥時			
國曆	農曆	干支	國曆	農曆	干支	國曆	農曆	干支	國曆	農曆	干支	國曆	農曆	干支	國曆	農曆	干支	日
8 7	6 30	戊子	9 7	8 2	己未	10 8	9 3	庚寅	11 7	10 4	庚申	12 7	11 4	庚寅	1 5	12 3	己未	
8 8	7 1	己丑	9 8	8 3	庚申	10 9	9 4	辛卯	11 8	10 5	辛酉	12 8	11 5	辛卯	1 6	12 4	庚申	
8 9	7 2	庚寅	9 9	8 4	辛酉	10 10	9 5	壬辰	11 9	10 6	壬戌	12 9	11 6	壬辰	1 7	12 5	辛酉	
8 10	7 3	辛卯	9 10	8 5	壬戌	10 11	9 6	癸巳	11 10	10 7	癸亥	12 10	11 7	癸巳	1 8	12 6	壬戌	1 9 6 4 · 1 9 6 5
8 11	7 4	壬辰	9 11	8 6	癸亥	10 12	9 7	甲午	11 11	10 8	甲子	12 11	11 8	甲午	1 9	12 7	癸亥	
8 12	7 5	癸巳	9 12	8 7	甲子	10 13	9 8	乙未	11 12	10 9	乙丑	12 12	11 9	乙未	1 10	12 8	甲子	
8 13	7 6	甲午	9 13	8 8	乙丑	10 14	9 9	丙申	11 13	10 10	丙寅	12 13	11 10	丙申	1 11	12 9	乙丑	
8 14	7 7	乙未	9 14	8 9	丙寅	10 15	9 10	丁酉	11 14	10 11	丁卯	12 14	11 11	丁酉	1 12	12 10	丙寅	
8 15	7 8	丙申	9 15	8 10	丁卯	10 16	9 11	戊戌	11 15	10 12	戊辰	12 15	11 12	戊戌	1 13	12 11	丁卯	
8 16	7 9	丁酉	9 16	8 11	戊辰	10 17	9 12	己亥	11 16	10 13	己巳	12 16	11 13	己亥	1 14	12 12	戊辰	
8 17	7 10	戊戌	9 17	8 12	己巳	10 18	9 13	庚子	11 17	10 14	庚午	12 17	11 14	庚子	1 15	12 13	己巳	
8 18	7 11	己亥	9 18	8 13	庚午	10 19	9 14	辛丑	11 18	10 15	辛未	12 18	11 15	辛丑	1 16	12 14	庚午	
8 19	7 12	庚子	9 19	8 14	辛未	10 20	9 15	壬寅	11 19	10 16	壬申	12 19	11 16	壬寅	1 17	12 15	辛未	
8 20	7 13	辛丑	9 20	8 15	壬申	10 21	9 16	癸卯	11 20	10 17	癸酉	12 20	11 17	癸卯	1 18	12 16	壬申	
8 21	7 14	壬寅	9 21	8 16	癸酉	10 22	9 17	甲辰	11 21	10 18	甲戌	12 21	11 18	甲辰	1 19	12 17	癸酉	龍
8 22	7 15	癸卯	9 22	8 17	甲戌	10 23	9 18	乙巳	11 22	10 19	乙亥	12 22	11 19	乙巳	1 20	12 18	甲戌	
8 23	7 16	甲辰	9 23	8 18	乙亥	10 24	9 19	丙午	11 23	10 20	丙子	12 23	11 20	丙午	1 21	12 19	乙亥	
8 24	7 17	乙巳	9 24	8 19	丙子	10 25	9 20	丁未	11 24	10 21	丁丑	12 24	11 21	丁未	1 22	12 20	丙子	
8 25	7 18	丙午	9 25	8 20	丁丑	10 26	9 21	戊申	11 25	10 22	戊寅	12 25	11 22	戊申	1 23	12 21	丁丑	
8 26	7 19	丁未	9 26	8 21	戊寅	10 27	9 22	己酉	11 26	10 23	己卯	12 26	11 23	己酉	1 24	12 22	戊寅	
8 27	7 20	戊申	9 27	8 22	己卯	10 28	9 23	庚戌	11 27	10 24	庚辰	12 27	11 24	庚戌	1 25	12 23	己卯	中 華 民 國 五 十 三 · 五 十 四 年
8 28	7 21	己酉	9 28	8 23	庚辰	10 29	9 24	辛亥	11 28	10 25	辛巳	12 28	11 25	辛亥	1 26	12 24	庚辰	
8 29	7 22	庚戌	9 29	8 24	辛巳	10 30	9 25	壬子	11 29	10 26	壬午	12 29	11 26	壬子	1 27	12 25	辛巳	
8 30	7 23	辛亥	9 30	8 25	壬午	10 31	9 26	癸丑	11 30	10 27	癸未	12 30	11 27	癸丑	1 28	12 26	壬午	
8 31	7 24	壬子	10 1	8 26	癸未	11 1	9 27	甲寅	12 1	10 28	甲申	12 31	11 28	甲寅	1 29	12 27	癸未	
9 1	7 25	癸丑	10 2	8 27	甲申	11 2	9 28	乙卯	12 2	10 29	乙酉	1 1	11 29	乙卯	1 30	12 28	甲申	
9 2	7 26	甲寅	10 3	8 28	乙酉	11 3	9 29	丙辰	12 3	10 30	丙戌	1 2	11 30	丙辰	1 31	12 29	乙酉	
9 3	7 27	乙卯	10 4	8 29	丙戌	11 4	10 1	丁巳	12 4	11 1	丁亥	1 3	12 1	丁巳	2 1	12 30	丙戌	
9 4	7 28	丙辰	10 5	8 30	丁亥	11 5	10 2	戊午	12 5	11 2	戊子	1 4	12 2	戊午	2 2	1 1	丁亥	
9 5	7 29	丁巳	10 6	9 1	戊子	11 6	10 3	己未	12 6	11 3	己丑				2 3	1 2	戊子	
9 6	8 1	戊午	10 7	9 2	己丑													
處暑			秋分			霜降			小雪			冬至			大寒			中氣
8/23 10時51分 巳時			9/23 8時16分 辰時			10/23 17時20分 酉時			11/22 14時38分 未時			12/22 3時49分 寅時			1/20 14時28分 未時			

年	乙巳																
月	戊寅			己卯			庚辰			辛巳			壬午			癸未		
節氣	立春 2/4 8時46分 辰時			驚蟄 3/6 3時0分 寅時			清明 4/5 8時6分 辰時			立夏 5/6 1時41分 丑時			芒種 6/6 6時2分 卯時			小暑 7/7 16時21分 申時		
日	國曆	農曆	干支	國曆	農曆	干支	國曆	農曆	干支	國曆	農曆	干支	國曆	農曆	干支	國曆	農曆	干支
	2 4	1 3	己丑	3 6	2 4	己未	4 5	3 4	己丑	5 6	4 6	庚申	6 6	5 7	辛卯	7 7	6 9	壬戌
	2 5	1 4	庚寅	3 7	2 5	庚申	4 6	3 5	庚寅	5 7	4 7	辛酉	6 7	5 8	壬辰	7 8	6 10	癸亥
	2 6	1 5	辛卯	3 8	2 6	辛酉	4 7	3 6	辛卯	5 8	4 8	壬戌	6 8	5 9	癸巳	7 9	6 11	甲子
	2 7	1 6	壬辰	3 9	2 7	壬戌	4 8	3 7	壬辰	5 9	4 9	癸亥	6 9	5 10	甲午	7 10	6 12	乙丑
1	2 8	1 7	癸巳	3 10	2 8	癸亥	4 9	3 8	癸巳	5 10	4 10	甲子	6 10	5 11	乙未	7 11	6 13	丙寅
9	2 9	1 8	甲午	3 11	2 9	甲子	4 10	3 9	甲午	5 11	4 11	乙丑	6 11	5 12	丙申	7 12	6 14	丁卯
6	2 10	1 9	乙未	3 12	2 10	乙丑	4 11	3 10	乙未	5 12	4 12	丙寅	6 12	5 13	丁酉	7 13	6 15	戊辰
5	2 11	1 10	丙申	3 13	2 11	丙寅	4 12	3 11	丙申	5 13	4 13	丁卯	6 13	5 14	戊戌	7 14	6 16	己巳
	2 12	1 11	丁酉	3 14	2 12	丁卯	4 13	3 12	丁酉	5 14	4 14	戊辰	6 14	5 15	己亥	7 15	6 17	庚午
	2 13	1 12	戊戌	3 15	2 13	戊辰	4 14	3 13	戊戌	5 15	4 15	己巳	6 15	5 16	庚子	7 16	6 18	辛未
	2 14	1 13	己亥	3 16	2 14	己巳	4 15	3 14	己亥	5 16	4 16	庚午	6 16	5 17	辛丑	7 17	6 19	壬申
	2 15	1 14	庚子	3 17	2 15	庚午	4 16	3 15	庚子	5 17	4 17	辛未	6 17	5 18	壬寅	7 18	6 20	癸酉
	2 16	1 15	辛丑	3 18	2 16	辛未	4 17	3 16	辛丑	5 18	4 18	壬申	6 18	5 19	癸卯	7 19	6 21	甲戌
蛇	2 17	1 16	壬寅	3 19	2 17	壬申	4 18	3 17	壬寅	5 19	4 19	癸酉	6 19	5 20	甲辰	7 20	6 22	乙亥
	2 18	1 17	癸卯	3 20	2 18	癸酉	4 19	3 18	癸卯	5 20	4 20	甲戌	6 20	5 21	乙巳	7 21	6 23	丙子
	2 19	1 18	甲辰	3 21	2 19	甲戌	4 20	3 19	甲辰	5 21	4 21	乙亥	6 21	5 22	丙午	7 22	6 24	丁丑
	2 20	1 19	乙巳	3 22	2 20	乙亥	4 21	3 20	乙巳	5 22	4 22	丙子	6 22	5 23	丁未	7 23	6 25	戊寅
	2 21	1 20	丙午	3 23	2 21	丙子	4 22	3 21	丙午	5 23	4 23	丁丑	6 23	5 24	戊申	7 24	6 26	己卯
	2 22	1 21	丁未	3 24	2 22	丁丑	4 23	3 22	丁未	5 24	4 24	戊寅	6 24	5 25	己酉	7 25	6 27	庚辰
	2 23	1 22	戊申	3 25	2 23	戊寅	4 24	3 23	戊申	5 25	4 25	己卯	6 25	5 26	庚戌	7 26	6 28	辛巳
	2 24	1 23	己酉	3 26	2 24	己卯	4 25	3 24	己酉	5 26	4 26	庚辰	6 26	5 27	辛亥	7 27	6 29	壬午
	2 25	1 24	庚戌	3 27	2 25	庚辰	4 26	3 25	庚戌	5 27	4 27	辛巳	6 27	5 28	壬子	7 28	7 1	癸未
中	2 26	1 25	辛亥	3 28	2 26	辛巳	4 27	3 26	辛亥	5 28	4 28	壬午	6 28	5 29	癸丑	7 29	7 2	甲申
華	2 27	1 26	壬子	3 29	2 27	壬午	4 28	3 27	壬子	5 29	4 29	癸未	6 29	6 1	甲寅	7 30	7 3	乙酉
民	2 28	1 27	癸丑	3 30	2 28	癸未	4 29	3 28	癸丑	5 30	4 30	甲申	6 30	6 2	乙卯	7 31	7 4	丙戌
國	3 1	1 28	甲寅	3 31	2 29	甲申	4 30	3 29	甲寅	5 31	5 1	乙酉	7 1	6 3	丙辰	8 1	7 5	丁亥
五	3 2	1 29	乙卯	4 1	2 30	乙酉	5 1	4 1	乙卯	6 1	5 2	丙戌	7 2	6 4	丁巳	8 2	7 6	戊子
十	3 3	2 1	丙辰	4 2	3 1	丙戌	5 2	4 2	丙辰	6 2	5 3	丁亥	7 3	6 5	戊午	8 3	7 7	己丑
四	3 4	2 2	丁巳	4 3	3 2	丁亥	5 3	4 3	丁巳	6 3	5 4	戊子	7 4	6 6	己未	8 4	7 8	庚寅
年	3 5	2 3	戊午	4 4	3 3	戊子	5 4	4 4	戊午	6 4	5 5	己丑	7 5	6 7	庚申	8 5	7 9	辛卯
							5 5	4 5	己未	6 5	5 6	庚寅				8 6	7 10	壬辰
																8 7	7 11	癸巳
中氣	雨水 2/19 4時47分 寅時			春分 3/21 4時4分 寅時			穀雨 4/20 15時26分 申時			小滿 5/21 14時50分 未時			夏至 6/21 22時55分 亥時			大暑 7/23 9時48分 巳時		

乙巳																		年
甲申			乙酉			丙戌			丁亥			戊子			己丑			月
立秋			白露			寒露			立冬			大雪			小寒			節氣
8/8 2時4分 丑時			9/8 4時47分 寅時			10/8 20時11分 戌時			11/7 23時6分 子時			12/7 15時45分 申時			1/6 2時54分 丑時			
國曆	農曆	干支	國曆	農曆	干支	國曆	農曆	干支	國曆	農曆	干支	國曆	農曆	干支	國曆	農曆	干支	日
8 8	7 12	甲午	9 8	8 13	乙丑	10 8	9 14	乙未	11 7	10 15	乙丑	12 7	11 15	乙未	1 6	12 15	乙丑	
8 9	7 13	乙未	9 9	8 14	丙寅	10 9	9 15	丙申	11 8	10 16	丙寅	12 8	11 16	丙申	1 7	12 16	丙寅	
8 10	7 14	丙申	9 10	8 15	丁卯	10 10	9 16	丁酉	11 9	10 17	丁卯	12 9	11 17	丁酉	1 8	12 17	丁卯	
8 11	7 15	丁酉	9 11	8 16	戊辰	10 11	9 17	戊戌	11 10	10 18	戊辰	12 10	11 18	戊戌	1 9	12 18	戊辰	
8 12	7 16	戊戌	9 12	8 17	己巳	10 12	9 18	己亥	11 11	10 19	己巳	12 11	11 19	己亥	1 10	12 19	己巳	1
8 13	7 17	己亥	9 13	8 18	庚午	10 13	9 19	庚子	11 12	10 20	庚午	12 12	11 20	庚子	1 11	12 20	庚午	9
8 14	7 18	庚子	9 14	8 19	辛未	10 14	9 20	辛丑	11 13	10 21	辛未	12 13	11 21	辛丑	1 12	12 21	辛未	6
8 15	7 19	辛丑	9 15	8 20	壬申	10 15	9 21	壬寅	11 14	10 22	壬申	12 14	11 22	壬寅	1 13	12 22	壬申	5
8 16	7 20	壬寅	9 16	8 21	癸酉	10 16	9 22	癸卯	11 15	10 23	癸酉	12 15	11 23	癸卯	1 14	12 23	癸酉	·
8 17	7 21	癸卯	9 17	8 22	甲戌	10 17	9 23	甲辰	11 16	10 24	甲戌	12 16	11 24	甲辰	1 15	12 24	甲戌	1
8 18	7 22	甲辰	9 18	8 23	乙亥	10 18	9 24	乙巳	11 17	10 25	乙亥	12 17	11 25	乙巳	1 16	12 25	乙亥	9
8 19	7 23	乙巳	9 19	8 24	丙子	10 19	9 25	丙午	11 18	10 26	丙子	12 18	11 26	丙午	1 17	12 26	丙子	6
8 20	7 24	丙午	9 20	8 25	丁丑	10 20	9 26	丁未	11 19	10 27	丁丑	12 19	11 27	丁未	1 18	12 27	丁丑	6
8 21	7 25	丁未	9 21	8 26	戊寅	10 21	9 27	戊申	11 20	10 28	戊寅	12 20	11 28	戊申	1 19	12 28	戊寅	
8 22	7 26	戊申	9 22	8 27	己卯	10 22	9 28	己酉	11 21	10 29	己卯	12 21	11 29	己酉	1 20	12 29	己卯	
8 23	7 27	己酉	9 23	8 28	庚辰	10 23	9 29	庚戌	11 22	10 30	庚辰	12 22	11 30	庚戌	1 21	1 1	庚辰	
8 24	7 28	庚戌	9 24	8 29	辛巳	10 24	10 1	辛亥	11 23	11 1	辛巳	12 23	12 1	辛亥	1 22	1 2	辛巳	蛇
8 25	7 29	辛亥	9 25	9 1	壬午	10 25	10 2	壬子	11 24	11 2	壬午	12 24	12 2	壬子	1 23	1 3	壬午	
8 26	7 30	壬子	9 26	9 2	癸未	10 26	10 3	癸丑	11 25	11 3	癸未	12 25	12 3	癸丑	1 24	1 4	癸未	
8 27	8 1	癸丑	9 27	9 3	甲申	10 27	10 4	甲寅	11 26	11 4	甲申	12 26	12 4	甲寅	1 25	1 5	甲申	
8 28	8 2	甲寅	9 28	9 4	乙酉	10 28	10 5	乙卯	11 27	11 5	乙酉	12 27	12 5	乙卯	1 26	1 6	乙酉	
8 29	8 3	乙卯	9 29	9 5	丙戌	10 29	10 6	丙辰	11 28	11 6	丙戌	12 28	12 6	丙辰	1 27	1 7	丙戌	中
8 30	8 4	丙辰	9 30	9 6	丁亥	10 30	10 7	丁巳	11 29	11 7	丁亥	12 29	12 7	丁巳	1 28	1 8	丁亥	華
8 31	8 5	丁巳	10 1	9 7	戊子	10 31	10 8	戊午	11 30	11 8	戊子	12 30	12 8	戊午	1 29	1 9	戊子	民
9 1	8 6	戊午	10 2	9 8	己丑	11 1	10 9	己未	12 1	11 9	己丑	12 31	12 9	己未	1 30	1 10	己丑	國
9 2	8 7	己未	10 3	9 9	庚寅	11 2	10 10	庚申	12 2	11 10	庚寅	1 1	12 10	庚申	1 31	1 11	庚寅	五
9 3	8 8	庚申	10 4	9 10	辛卯	11 3	10 11	辛酉	12 3	11 11	辛卯	1 2	12 11	辛酉	2 1	1 12	辛卯	十
9 4	8 9	辛酉	10 5	9 11	壬辰	11 4	10 12	壬戌	12 4	11 12	壬辰	1 3	12 12	壬戌	2 2	1 13	壬辰	四
9 5	8 10	壬戌	10 6	9 12	癸巳	11 5	10 13	癸亥	12 5	11 13	癸巳	1 4	12 13	癸亥	2 3	1 14	癸巳	·
9 6	8 11	癸亥	10 7	9 13	甲午	11 6	10 14	甲子	12 6	11 14	甲午	1 5	12 14	甲子				五
9 7	8 12	甲子																十
處暑			秋分			霜降			小雪			冬至			大寒			五
8/23 16時42分 申時			9/23 14時6分 未時			10/23 23時9分 子時			11/22 20時29分 戌時			12/22 9時40分 巳時			1/20 20時19分 戌時			年
																		中氣

年：丙午　　中華民國五十五年（1966）　生肖：馬

月	庚寅			辛卯			壬辰			癸巳			甲午			乙未		
節氣	立春			驚蟄			清明			立夏			芒種			小暑		
	2/4 14時37分 未時			3/6 8時51分 辰時			4/5 13時56分 未時			5/6 7時30分 辰時			6/6 11時49分 午時			7/7 22時7分 亥時		
日	國曆	農曆	干支	國曆	農曆	干支	國曆	農曆	干支	國曆	農曆	干支	國曆	農曆	干支	國曆	農曆	干支
	2 4	1 15	甲午	3 6	2 15	甲子	4 5	3 15	甲午	5 6	閏3 16	乙丑	6 6	4 18	丙申	7 7	5 19	丁卯
	2 5	1 16	乙未	3 7	2 16	乙丑	4 6	3 16	乙未	5 7	閏3 17	丙寅	6 7	4 19	丁酉	7 8	5 20	戊辰
	2 6	1 17	丙申	3 8	2 17	丙寅	4 7	3 17	丙申	5 8	閏3 18	丁卯	6 8	4 20	戊戌	7 9	5 21	己巳
	2 7	1 18	丁酉	3 9	2 18	丁卯	4 8	3 18	丁酉	5 9	閏3 19	戊辰	6 9	4 21	己亥	7 10	5 22	庚午
	2 8	1 19	戊戌	3 10	2 19	戊辰	4 9	3 19	戊戌	5 10	閏3 20	己巳	6 10	4 22	庚子	7 11	5 23	辛未
	2 9	1 20	己亥	3 11	2 20	己巳	4 10	3 20	己亥	5 11	閏3 21	庚午	6 11	4 23	辛丑	7 12	5 24	壬申
	2 10	1 21	庚子	3 12	2 21	庚午	4 11	3 21	庚子	5 12	閏3 22	辛未	6 12	4 24	壬寅	7 13	5 25	癸酉
	2 11	1 22	辛丑	3 13	2 22	辛未	4 12	3 22	辛丑	5 13	閏3 23	壬申	6 13	4 25	癸卯	7 14	5 26	甲戌
	2 12	1 23	壬寅	3 14	2 23	壬申	4 13	3 23	壬寅	5 14	閏3 24	癸酉	6 14	4 26	甲辰	7 15	5 27	乙亥
	2 13	1 24	癸卯	3 15	2 24	癸酉	4 14	3 24	癸卯	5 15	閏3 25	甲戌	6 15	4 27	乙巳	7 16	5 28	丙子
	2 14	1 25	甲辰	3 16	2 25	甲戌	4 15	3 25	甲辰	5 16	閏3 26	乙亥	6 16	4 28	丙午	7 17	5 29	丁丑
	2 15	1 26	乙巳	3 17	2 26	乙亥	4 16	3 26	乙巳	5 17	閏3 27	丙子	6 17	4 29	丁未	7 18	6 1	戊寅
	2 16	1 27	丙午	3 18	2 27	丙子	4 17	3 27	丙午	5 18	閏3 28	丁丑	6 18	4 30	戊申	7 19	6 2	己卯
	2 17	1 28	丁未	3 19	2 28	丁丑	4 18	3 28	丁未	5 19	閏3 29	戊寅	6 19	5 1	己酉	7 20	6 3	庚辰
	2 18	1 29	戊申	3 20	2 29	戊寅	4 19	3 29	戊申	5 20	4 1	己卯	6 20	5 2	庚戌	7 21	6 4	辛巳
	2 19	1 30	己酉	3 21	2 30	己卯	4 20	3 30	己酉	5 21	4 2	庚辰	6 21	5 3	辛亥	7 22	6 5	壬午
	2 20	2 1	庚戌	3 22	3 1	庚辰	4 21	閏3 1	庚戌	5 22	4 3	辛巳	6 22	5 4	壬子	7 23	6 6	癸未
	2 21	2 2	辛亥	3 23	3 2	辛巳	4 22	閏3 2	辛亥	5 23	4 4	壬午	6 23	5 5	癸丑	7 24	6 7	甲申
	2 22	2 3	壬子	3 24	3 3	壬午	4 23	閏3 3	壬子	5 24	4 5	癸未	6 24	5 6	甲寅	7 25	6 8	乙酉
	2 23	2 4	癸丑	3 25	3 4	癸未	4 24	閏3 4	癸丑	5 25	4 6	甲申	6 25	5 7	乙卯	7 26	6 9	丙戌
	2 24	2 5	甲寅	3 26	3 5	甲申	4 25	閏3 5	甲寅	5 26	4 7	乙酉	6 26	5 8	丙辰	7 27	6 10	丁亥
	2 25	2 6	乙卯	3 27	3 6	乙酉	4 26	閏3 6	乙卯	5 27	4 8	丙戌	6 27	5 9	丁巳	7 28	6 11	戊子
	2 26	2 7	丙辰	3 28	3 7	丙戌	4 27	閏3 7	丙辰	5 28	4 9	丁亥	6 28	5 10	戊午	7 29	6 12	己丑
	2 27	2 8	丁巳	3 29	3 8	丁亥	4 28	閏3 8	丁巳	5 29	4 10	戊子	6 29	5 11	己未	7 30	6 13	庚寅
	2 28	2 9	戊午	3 30	3 9	戊子	4 29	閏3 9	戊午	5 30	4 11	己丑	6 30	5 12	庚申	7 31	6 14	辛卯
	3 1	2 10	己未	3 31	3 10	己丑	4 30	閏3 10	己未	5 31	4 12	庚寅	7 1	5 13	辛酉	8 1	6 15	壬辰
	3 2	2 11	庚申	4 1	3 11	庚寅	5 1	閏3 11	庚申	6 1	4 13	辛卯	7 2	5 14	壬戌	8 2	6 16	癸巳
	3 3	2 12	辛酉	4 2	3 12	辛卯	5 2	閏3 12	辛酉	6 2	4 14	壬辰	7 3	5 15	癸亥	8 3	6 17	甲午
	3 4	2 13	壬戌	4 3	3 13	壬辰	5 3	閏3 13	壬戌	6 3	4 15	癸巳	7 4	5 16	甲子	8 4	6 18	乙未
	3 5	2 14	癸亥	4 4	3 14	癸巳	5 4	閏3 14	癸亥	6 4	4 16	甲午	7 5	5 17	乙丑	8 5	6 19	丙申
							5 5	閏3 15	甲子	6 5	4 17	乙未	7 6	5 18	丙寅	8 6	6 20	丁酉
																8 7	6 21	戊戌
中氣	雨水			春分			穀雨			小滿			夏至			大暑		
	2/19 10時37分 巳時			3/21 9時52分 巳時			4/20 21時11分 亥時			5/21 20時32分 戌時			6/22 4時33分 寅時			7/23 15時23分 申時		

	丙午																	年
	丙申			丁酉			戊戌			己亥			庚子			辛丑			月
	立秋			白露			寒露			立冬			大雪			小寒			節氣
	8/8 7時49分 辰時			9/8 10時32分 巳時			10/9 1時56分 丑時			11/8 4時55分 寅時			12/7 21時37分 亥時			1/6 8時48分 辰時			
	國曆	農曆	干支	國曆	農曆	干支	國曆	農曆	干支	國曆	農曆	干支	國曆	農曆	干支	國曆	農曆	干支	日
	8 8	6 22	己亥	9 8	7 24	庚午	10 9	8 25	辛丑	11 8	9 26	辛未	12 7	10 26	庚子	1 6	11 26	庚午	
	8 9	6 23	庚子	9 9	7 25	辛未	10 10	8 26	壬寅	11 9	9 27	壬申	12 8	10 27	辛丑	1 7	11 27	辛未	
	8 10	6 24	辛丑	9 10	7 26	壬申	10 11	8 27	癸卯	11 10	9 28	癸酉	12 9	10 28	壬寅	1 8	11 28	壬申	1
	8 11	6 25	壬寅	9 11	7 27	癸酉	10 12	8 28	甲辰	11 11	9 29	甲戌	12 10	10 29	癸卯	1 9	11 29	癸酉	9
	8 12	6 26	癸卯	9 12	7 28	甲戌	10 13	8 29	乙巳	11 12	10 1	乙亥	12 11	10 30	甲辰	1 10	11 30	甲戌	6
	8 13	6 27	甲辰	9 13	7 29	乙亥	10 14	9 1	丙午	11 13	10 2	丙子	12 12	11 1	乙巳	1 11	12 1	乙亥	6
	8 14	6 28	乙巳	9 14	7 30	丙子	10 15	9 2	丁未	11 14	10 3	丁丑	12 13	11 2	丙午	1 12	12 2	丙子	·
	8 15	6 29	丙午	9 15	8 1	丁丑	10 16	9 3	戊申	11 15	10 4	戊寅	12 14	11 3	丁未	1 13	12 3	丁丑	1
	8 16	7 1	丁未	9 16	8 2	戊寅	10 17	9 4	己酉	11 16	10 5	己卯	12 15	11 4	戊申	1 14	12 4	戊寅	9
	8 17	7 2	戊申	9 17	8 3	己卯	10 18	9 5	庚戌	11 17	10 6	庚辰	12 16	11 5	己酉	1 15	12 5	己卯	6
	8 18	7 3	己酉	9 18	8 4	庚辰	10 19	9 6	辛亥	11 18	10 7	辛巳	12 17	11 6	庚戌	1 16	12 6	庚辰	7
	8 19	7 4	庚戌	9 19	8 5	辛巳	10 20	9 7	壬子	11 19	10 8	壬午	12 18	11 7	辛亥	1 17	12 7	辛巳	
	8 20	7 5	辛亥	9 20	8 6	壬午	10 21	9 8	癸丑	11 20	10 9	癸未	12 19	11 8	壬子	1 18	12 8	壬午	
	8 21	7 6	壬子	9 21	8 7	癸未	10 22	9 9	甲寅	11 21	10 10	甲申	12 20	11 9	癸丑	1 19	12 9	癸未	馬
	8 22	7 7	癸丑	9 22	8 8	甲申	10 23	9 10	乙卯	11 22	10 11	乙酉	12 21	11 10	甲寅	1 20	12 10	甲申	
	8 23	7 8	甲寅	9 23	8 9	乙酉	10 24	9 11	丙辰	11 23	10 12	丙戌	12 22	11 11	乙卯	1 21	12 11	乙酉	
	8 24	7 9	乙卯	9 24	8 10	丙戌	10 25	9 12	丁巳	11 24	10 13	丁亥	12 23	11 12	丙辰	1 22	12 12	丙戌	
	8 25	7 10	丙辰	9 25	8 11	丁亥	10 26	9 13	戊午	11 25	10 14	戊子	12 24	11 13	丁巳	1 23	12 13	丁亥	
	8 26	7 11	丁巳	9 26	8 12	戊子	10 27	9 14	己未	11 26	10 15	己丑	12 25	11 14	戊午	1 24	12 14	戊子	
	8 27	7 12	戊午	9 27	8 13	己丑	10 28	9 15	庚申	11 27	10 16	庚寅	12 26	11 15	己未	1 25	12 15	己丑	中
	8 28	7 13	己未	9 28	8 14	庚寅	10 29	9 16	辛酉	11 28	10 17	辛卯	12 27	11 16	庚申	1 26	12 16	庚寅	華
	8 29	7 14	庚申	9 29	8 15	辛卯	10 30	9 17	壬戌	11 29	10 18	壬辰	12 28	11 17	辛酉	1 27	12 17	辛卯	民
	8 30	7 15	辛酉	9 30	8 16	壬辰	10 31	9 18	癸亥	11 30	10 19	癸巳	12 29	11 18	壬戌	1 28	12 18	壬辰	國
	8 31	7 16	壬戌	10 1	8 17	癸巳	11 1	9 19	甲子	12 1	10 20	甲午	12 30	11 19	癸亥	1 29	12 19	癸巳	五
	9 1	7 17	癸亥	10 2	8 18	甲午	11 2	9 20	乙丑	12 2	10 21	乙未	12 31	11 20	甲子	1 30	12 20	甲午	十
	9 2	7 18	甲子	10 3	8 19	乙未	11 3	9 21	丙寅	12 3	10 22	丙申	1 1	11 21	乙丑	1 31	12 21	乙未	五
	9 3	7 19	乙丑	10 4	8 20	丙申	11 4	9 22	丁卯	12 4	10 23	丁酉	1 2	11 22	丙寅	2 1	12 22	丙申	·
	9 4	7 20	丙寅	10 5	8 21	丁酉	11 5	9 23	戊辰	12 5	10 24	戊戌	1 3	11 23	丁卯	2 2	12 23	丁酉	五
	9 5	7 21	丁卯	10 6	8 22	戊戌	11 6	9 24	己巳	12 6	10 25	己亥	1 4	11 24	戊辰	2 3	12 24	戊戌	十
	9 6	7 22	戊辰	10 7	8 23	己亥	11 7	9 25	庚午				1 5	11 25	己巳				六
	9 7	7 23	己巳	10 8	8 24	庚子													年
	處暑			秋分			霜降			小雪			冬至			大寒			中
	8/23 22時17分 亥時			9/23 19時43分 戌時			10/24 4時50分 寅時			11/23 2時14分 丑時			12/22 15時28分 申時			1/21 2時7分 丑時			氣

年	丁未																
月	壬寅			癸卯			甲辰			乙巳			丙午			丁未		
節氣	立春			驚蟄			清明			立夏			芒種			小暑		
	2/4 20時30分 戌時			3/6 14時41分 未時			4/5 19時44分 戌時			5/6 13時17分 未時			6/6 17時36分 酉時			7/8 3時53分 寅時		
日	國曆	農曆	干支	國曆	農曆	干支	國曆	農曆	干支	國曆	農曆	干支	國曆	農曆	干支	國曆	農曆	干支
	2 4	12 25	己亥	3 6	1 26	己巳	4 5	2 26	己亥	5 6	3 27	庚午	6 6	4 29	辛丑	7 8	6 1	癸酉
	2 5	12 26	庚子	3 7	1 27	庚午	4 6	2 27	庚子	5 7	3 28	辛未	6 7	4 30	壬寅	7 9	6 2	甲戌
	2 6	12 27	辛丑	3 8	1 28	辛未	4 7	2 28	辛丑	5 8	3 29	壬申	6 8	5 1	癸卯	7 10	6 3	乙亥
	2 7	12 28	壬寅	3 9	1 29	壬申	4 8	2 29	壬寅	5 9	4 1	癸酉	6 9	5 2	甲辰	7 11	6 4	丙子
1	2 8	12 29	癸卯	3 10	1 30	癸酉	4 9	2 30	癸卯	5 10	4 2	甲戌	6 10	5 3	乙巳	7 12	6 5	丁丑
9	2 9	1 1	甲辰	3 11	2 1	甲戌	4 10	3 1	甲辰	5 11	4 3	乙亥	6 11	5 4	丙午	7 13	6 6	戊寅
6	2 10	1 2	乙巳	3 12	2 2	乙亥	4 11	3 2	乙巳	5 12	4 4	丙子	6 12	5 5	丁未	7 14	6 7	己卯
7	2 11	1 3	丙午	3 13	2 3	丙子	4 12	3 3	丙午	5 13	4 5	丁丑	6 13	5 6	戊申	7 15	6 8	庚辰
	2 12	1 4	丁未	3 14	2 4	丁丑	4 13	3 4	丁未	5 14	4 6	戊寅	6 14	5 7	己酉	7 16	6 9	辛巳
	2 13	1 5	戊申	3 15	2 5	戊寅	4 14	3 5	戊申	5 15	4 7	己卯	6 15	5 8	庚戌	7 17	6 10	壬午
	2 14	1 6	己酉	3 16	2 6	己卯	4 15	3 6	己酉	5 16	4 8	庚辰	6 16	5 9	辛亥	7 18	6 11	癸未
	2 15	1 7	庚戌	3 17	2 7	庚辰	4 16	3 7	庚戌	5 17	4 9	辛巳	6 17	5 10	壬子	7 19	6 12	甲申
	2 16	1 8	辛亥	3 18	2 8	辛巳	4 17	3 8	辛亥	5 18	4 10	壬午	6 18	5 11	癸丑	7 20	6 13	乙酉
	2 17	1 9	壬子	3 19	2 9	壬午	4 18	3 9	壬子	5 19	4 11	癸未	6 19	5 12	甲寅	7 21	6 14	丙戌
羊	2 18	1 10	癸丑	3 20	2 10	癸未	4 19	3 10	癸丑	5 20	4 12	甲申	6 20	5 13	乙卯	7 22	6 15	丁亥
	2 19	1 11	甲寅	3 21	2 11	甲申	4 20	3 11	甲寅	5 21	4 13	乙酉	6 21	5 14	丙辰	7 23	6 16	戊子
	2 20	1 12	乙卯	3 22	2 12	乙酉	4 21	3 12	乙卯	5 22	4 14	丙戌	6 22	5 15	丁巳	7 24	6 17	己丑
	2 21	1 13	丙辰	3 23	2 13	丙戌	4 22	3 13	丙辰	5 23	4 15	丁亥	6 23	5 16	戊午	7 25	6 18	庚寅
	2 22	1 14	丁巳	3 24	2 14	丁亥	4 23	3 14	丁巳	5 24	4 16	戊子	6 24	5 17	己未	7 26	6 19	辛卯
	2 23	1 15	戊午	3 25	2 15	戊子	4 24	3 15	戊午	5 25	4 17	己丑	6 25	5 18	庚申	7 27	6 20	壬辰
	2 24	1 16	己未	3 26	2 16	己丑	4 25	3 16	己未	5 26	4 18	庚寅	6 26	5 19	辛酉	7 28	6 21	癸巳
中	2 25	1 17	庚申	3 27	2 17	庚寅	4 26	3 17	庚申	5 27	4 19	辛卯	6 27	5 20	壬戌	7 29	6 22	甲午
華	2 26	1 18	辛酉	3 28	2 18	辛卯	4 27	3 18	辛酉	5 28	4 20	壬辰	6 28	5 21	癸亥	7 30	6 23	乙未
民	2 27	1 19	壬戌	3 29	2 19	壬辰	4 28	3 19	壬戌	5 29	4 21	癸巳	6 29	5 22	甲子	7 31	6 24	丙申
國	2 28	1 20	癸亥	3 30	2 20	癸巳	4 29	3 20	癸亥	5 30	4 22	甲午	6 30	5 23	乙丑	8 1	6 25	丁酉
五	3 1	1 21	甲子	3 31	2 21	甲午	4 30	3 21	甲子	5 31	4 23	乙未	7 1	5 24	丙寅	8 2	6 26	戊戌
十	3 2	1 22	乙丑	4 1	2 22	乙未	5 1	3 22	乙丑	6 1	4 24	丙申	7 2	5 25	丁卯	8 3	6 27	己亥
六	3 3	1 23	丙寅	4 2	2 23	丙申	5 2	3 23	丙寅	6 2	4 25	丁酉	7 3	5 26	戊辰	8 4	6 28	庚子
年	3 4	1 24	丁卯	4 3	2 24	丁酉	5 3	3 24	丁卯	6 3	4 26	戊戌	7 4	5 27	己巳	8 5	6 29	辛丑
	3 5	1 25	戊辰	4 4	2 25	戊戌	5 4	3 25	戊辰	6 4	4 27	己亥	7 5	5 28	庚午	8 6	7 1	壬寅
							5 5	3 26	己巳	6 5	4 28	庚子	7 6	5 29	辛未	8 7	7 2	癸卯
													7 7	5 30	壬申			
中氣	雨水			春分			穀雨			小滿			夏至			大暑		
	2/19 16時23分 申時			3/21 15時36分 申時			4/21 2時55分 丑時			5/22 2時17分 丑時			6/22 10時22分 巳時			7/23 21時15分 亥時		

丁未																		年
戊申			己酉			庚戌			辛亥			壬子			癸丑			月
立秋			白露			寒露			立冬			大雪			小寒			節氣
8/8 13時34分 未時			9/8 16時17分 申時			10/9 7時41分 辰時			11/8 10時37分 巳時			12/8 3時17分 寅時			1/6 14時26分 未時			
國曆	農曆	干支	國曆	農曆	干支	國曆	農曆	干支	國曆	農曆	干支	國曆	農曆	干支	國曆	農曆	干支	日
8 8	7 3	甲辰	9 8	8 5	乙亥	10 9	9 6	丙午	11 8	10 7	丙子	12 8	11 7	丙午	1 6	12 7	乙亥	
8 9	7 4	乙巳	9 9	8 6	丙子	10 10	9 7	丁未	11 9	10 8	丁丑	12 9	11 8	丁未	1 7	12 8	丙子	
8 10	7 5	丙午	9 10	8 7	丁丑	10 11	9 8	戊申	11 10	10 9	戊寅	12 10	11 9	戊申	1 8	12 9	丁丑	1
8 11	7 6	丁未	9 11	8 8	戊寅	10 12	9 9	己酉	11 11	10 10	己卯	12 11	11 10	己酉	1 9	12 10	戊寅	9
8 12	7 7	戊申	9 12	8 9	己卯	10 13	9 10	庚戌	11 12	10 11	庚辰	12 12	11 11	庚戌	1 10	12 11	己卯	6
8 13	7 8	己酉	9 13	8 10	庚辰	10 14	9 11	辛亥	11 13	10 12	辛巳	12 13	11 12	辛亥	1 11	12 12	庚辰	7
8 14	7 9	庚戌	9 14	8 11	辛巳	10 15	9 12	壬子	11 14	10 13	壬午	12 14	11 13	壬子	1 12	12 13	辛巳	·
8 15	7 10	辛亥	9 15	8 12	壬午	10 16	9 13	癸丑	11 15	10 14	癸未	12 15	11 14	癸丑	1 13	12 14	壬午	1
8 16	7 11	壬子	9 16	8 13	癸未	10 17	9 14	甲寅	11 16	10 15	甲申	12 16	11 15	甲寅	1 14	12 15	癸未	9
8 17	7 12	癸丑	9 17	8 14	甲申	10 18	9 15	乙卯	11 17	10 16	乙酉	12 17	11 16	乙卯	1 15	12 16	甲申	6
8 18	7 13	甲寅	9 18	8 15	乙酉	10 19	9 16	丙辰	11 18	10 17	丙戌	12 18	11 17	丙辰	1 16	12 17	乙酉	8
8 19	7 14	乙卯	9 19	8 16	丙戌	10 20	9 17	丁巳	11 19	10 18	丁亥	12 19	11 18	丁巳	1 17	12 18	丙戌	
8 20	7 15	丙辰	9 20	8 17	丁亥	10 21	9 18	戊午	11 20	10 19	戊子	12 20	11 19	戊午	1 18	12 19	丁亥	
8 21	7 16	丁巳	9 21	8 18	戊子	10 22	9 19	己未	11 21	10 20	己丑	12 21	11 20	己未	1 19	12 20	戊子	羊
8 22	7 17	戊午	9 22	8 19	己丑	10 23	9 20	庚申	11 22	10 21	庚寅	12 22	11 21	庚申	1 20	12 21	己丑	
8 23	7 18	己未	9 23	8 20	庚寅	10 24	9 21	辛酉	11 23	10 22	辛卯	12 23	11 22	辛酉	1 21	12 22	庚寅	
8 24	7 19	庚申	9 24	8 21	辛卯	10 25	9 22	壬戌	11 24	10 23	壬辰	12 24	11 23	壬戌	1 22	12 23	辛卯	
8 25	7 20	辛酉	9 25	8 22	壬辰	10 26	9 23	癸亥	11 25	10 24	癸巳	12 25	11 24	癸亥	1 23	12 24	壬辰	中
8 26	7 21	壬戌	9 26	8 23	癸巳	10 27	9 24	甲子	11 26	10 25	甲午	12 26	11 25	甲子	1 24	12 25	癸巳	華
8 27	7 22	癸亥	9 27	8 24	甲午	10 28	9 25	乙丑	11 27	10 26	乙未	12 27	11 26	乙丑	1 25	12 26	甲午	民
8 28	7 23	甲子	9 28	8 25	乙未	10 29	9 26	丙寅	11 28	10 27	丙申	12 28	11 27	丙寅	1 26	12 27	乙未	國
8 29	7 24	乙丑	9 29	8 26	丙申	10 30	9 27	丁卯	11 29	10 28	丁酉	12 29	11 28	丁卯	1 27	12 28	丙申	五
8 30	7 25	丙寅	9 30	8 27	丁酉	10 31	9 28	戊辰	11 30	10 29	戊戌	12 30	11 29	戊辰	1 28	12 29	丁酉	十
8 31	7 26	丁卯	10 1	8 28	戊戌	11 1	9 29	己巳	12 1	10 30	己亥	12 31	12 1	己巳	1 29	12 30	戊戌	六
9 1	7 27	戊辰	10 2	8 29	己亥	11 2	10 1	庚午	12 2	11 1	庚子	1 1	12 2	庚午	1 30	1 1	己亥	·
9 2	7 28	己巳	10 3	8 30	庚子	11 3	10 2	辛未	12 3	11 2	辛丑	1 2	12 3	辛未	1 31	1 2	庚子	五
9 3	7 29	庚午	10 4	9 1	辛丑	11 4	10 3	壬申	12 4	11 3	壬寅	1 3	12 4	壬申	2 1	1 3	辛丑	十
9 4	8 1	辛未	10 5	9 2	壬寅	11 5	10 4	癸酉	12 5	11 4	癸卯	1 4	12 5	癸酉	2 2	1 4	壬寅	七
9 5	8 2	壬申	10 6	9 3	癸卯	11 6	10 5	甲戌	12 6	11 5	甲辰	1 5	12 6	甲戌	2 3	1 5	癸卯	年
9 6	8 3	癸酉	10 7	9 4	甲辰	11 7	10 6	乙亥	12 7	11 6	乙巳				2 4	1 6	甲辰	
9 7	8 4	甲戌	10 8	9 5	乙巳													
處暑			秋分			霜降			小雪			冬至			大寒			中
8/24 4時12分 寅時			9/24 1時38分 丑時			10/24 10時43分 巳時			11/23 8時4分 辰時			12/22 21時16分 亥時			1/21 7時54分 辰時			氣

年：戊申

左側標記：1968　猴　中華民國五十七年

月	甲寅			乙卯			丙辰			丁巳			戊午			己未		
節氣	立春			驚蟄			清明			立夏			芒種			小暑		
	2/5 2時7分 丑時			3/5 20時17分 戌時			4/5 1時20分 丑時			5/5 18時55分 酉時			6/5 23時19分 子時			7/7 9時41分 巳時		
日	國曆	農曆	干支	國曆	農曆	干支	國曆	農曆	干支	國曆	農曆	干支	國曆	農曆	干支	國曆	農曆	干支
	2/5	1/7	乙巳	3/5	2/7	甲戌	4/5	3/8	乙巳	5/5	4/9	乙亥	6/5	5/10	丙午	7/7	6/12	戊寅
	2/6	1/8	丙午	3/6	2/8	乙亥	4/6	3/9	丙午	5/6	4/10	丙子	6/6	5/11	丁未	7/8	6/13	己卯
	2/7	1/9	丁未	3/7	2/9	丙子	4/7	3/10	丁未	5/7	4/11	丁丑	6/7	5/12	戊申	7/9	6/14	庚辰
	2/8	1/10	戊申	3/8	2/10	丁丑	4/8	3/11	戊申	5/8	4/12	戊寅	6/8	5/13	己酉	7/10	6/15	辛巳
	2/9	1/11	己酉	3/9	2/11	戊寅	4/9	3/12	己酉	5/9	4/13	己卯	6/9	5/14	庚戌	7/11	6/16	壬午
	2/10	1/12	庚戌	3/10	2/12	己卯	4/10	3/13	庚戌	5/10	4/14	庚辰	6/10	5/15	辛亥	7/12	6/17	癸未
	2/11	1/13	辛亥	3/11	2/13	庚辰	4/11	3/14	辛亥	5/11	4/15	辛巳	6/11	5/16	壬子	7/13	6/18	甲申
	2/12	1/14	壬子	3/12	2/14	辛巳	4/12	3/15	壬子	5/12	4/16	壬午	6/12	5/17	癸丑	7/14	6/19	乙酉
	2/13	1/15	癸丑	3/13	2/15	壬午	4/13	3/16	癸丑	5/13	4/17	癸未	6/13	5/18	甲寅	7/15	6/20	丙戌
	2/14	1/16	甲寅	3/14	2/16	癸未	4/14	3/17	甲寅	5/14	4/18	甲申	6/14	5/19	乙卯	7/16	6/21	丁亥
	2/15	1/17	乙卯	3/15	2/17	甲申	4/15	3/18	乙卯	5/15	4/19	乙酉	6/15	5/20	丙辰	7/17	6/22	戊子
	2/16	1/18	丙辰	3/16	2/18	乙酉	4/16	3/19	丙辰	5/16	4/20	丙戌	6/16	5/21	丁巳	7/18	6/23	己丑
	2/17	1/19	丁巳	3/17	2/19	丙戌	4/17	3/20	丁巳	5/17	4/21	丁亥	6/17	5/22	戊午	7/19	6/24	庚寅
	2/18	1/20	戊午	3/18	2/20	丁亥	4/18	3/21	戊午	5/18	4/22	戊子	6/18	5/23	己未	7/20	6/25	辛卯
	2/19	1/21	己未	3/19	2/21	戊子	4/19	3/22	己未	5/19	4/23	己丑	6/19	5/24	庚申	7/21	6/26	壬辰
	2/20	1/22	庚申	3/20	2/22	己丑	4/20	3/23	庚申	5/20	4/24	庚寅	6/20	5/25	辛酉	7/22	6/27	癸巳
	2/21	1/23	辛酉	3/21	2/23	庚寅	4/21	3/24	辛酉	5/21	4/25	辛卯	6/21	5/26	壬戌	7/23	6/28	甲午
	2/22	1/24	壬戌	3/22	2/24	辛卯	4/22	3/25	壬戌	5/22	4/26	壬辰	6/22	5/27	癸亥	7/24	6/29	乙未
	2/23	1/25	癸亥	3/23	2/25	壬辰	4/23	3/26	癸亥	5/23	4/27	癸巳	6/23	5/28	甲子	7/25	7/1	丙申
	2/24	1/26	甲子	3/24	2/26	癸巳	4/24	3/27	甲子	5/24	4/28	甲午	6/24	5/29	乙丑	7/26	7/2	丁酉
	2/25	1/27	乙丑	3/25	2/27	甲午	4/25	3/28	乙丑	5/25	4/29	乙未	6/25	5/30	丙寅	7/27	7/3	戊戌
	2/26	1/28	丙寅	3/26	2/28	乙未	4/26	3/29	丙寅	5/26	4/30	丙申	6/26	6/1	丁卯	7/28	7/4	己亥
	2/27	1/29	丁卯	3/27	2/29	丙申	4/27	4/1	丁卯	5/27	5/1	丁酉	6/27	6/2	戊辰	7/29	7/5	庚子
	2/28	2/1	戊辰	3/28	2/30	丁酉	4/28	4/2	戊辰	5/28	5/2	戊戌	6/28	6/3	己巳	7/30	7/6	辛丑
	2/29	2/2	己巳	3/29	3/1	戊戌	4/29	4/3	己巳	5/29	5/3	己亥	6/29	6/4	庚午	7/31	7/7	壬寅
	3/1	2/3	庚午	3/30	3/2	己亥	4/30	4/4	庚午	5/30	5/4	庚子	6/30	6/5	辛未	8/1	7/8	癸卯
	3/2	2/4	辛未	3/31	3/3	庚子	5/1	4/5	辛未	5/31	5/5	辛丑	7/1	6/6	壬申	8/2	7/9	甲辰
	3/3	2/5	壬申	4/1	3/4	辛丑	5/2	4/6	壬申	6/1	5/6	壬寅	7/2	6/7	癸酉	8/3	7/10	乙巳
	3/4	2/6	癸酉	4/2	3/5	壬寅	5/3	4/7	癸酉	6/2	5/7	癸卯	7/3	6/8	甲戌	8/4	7/11	丙午
				4/3	3/6	癸卯	5/4	4/8	甲戌	6/3	5/8	甲辰	7/4	6/9	乙亥	8/5	7/12	丁未
				4/4	3/7	甲辰				6/4	5/9	乙巳	7/5	6/10	丙子	8/6	7/13	戊申
													7/6	6/11	丁丑			
中氣	雨水			春分			穀雨			小滿			夏至			大暑		
	2/19 22時9分 亥時			3/20 21時22分 亥時			4/20 8時41分 辰時			5/21 8時5分 辰時			6/21 16時13分 申時			7/23 3時7分 寅時		

戊申　年

月	庚申	辛酉	壬戌	癸亥	甲子	乙丑
節氣	立秋	白露	寒露	立冬	大雪	小寒
	8/7 19時27分 戌時	9/7 22時11分 亥時	10/8 13時34分 未時	11/7 16時29分 申時	12/7 9時8分 巳時	1/5 20時16分 戌時

國曆	農曆	干支	國曆	農曆	干支	國曆	農曆	干支	國曆	農曆	干支	國曆	農曆	干支	國曆	農曆	干支
8/7	7/14	己酉	9/7	閏7/15	庚辰	10/8	8/17	辛亥	11/7	9/17	辛巳	12/7	10/18	辛亥	1/5	11/17	庚辰
8/8	7/15	庚戌	9/8	閏7/16	辛巳	10/9	8/18	壬子	11/8	9/18	壬午	12/8	10/19	壬子	1/6	11/18	辛巳
8/9	7/16	辛亥	9/9	閏7/17	壬午	10/10	8/19	癸丑	11/9	9/19	癸未	12/9	10/20	癸丑	1/7	11/19	壬午
8/10	7/17	壬子	9/10	閏7/18	癸未	10/11	8/20	甲寅	11/10	9/20	甲申	12/10	10/21	甲寅	1/8	11/20	癸未
8/11	7/18	癸丑	9/11	閏7/19	甲申	10/12	8/21	乙卯	11/11	9/21	乙酉	12/11	10/22	乙卯	1/9	11/21	甲申
8/12	7/19	甲寅	9/12	閏7/20	乙酉	10/13	8/22	丙辰	11/12	9/22	丙戌	12/12	10/23	丙辰	1/10	11/22	乙酉
8/13	7/20	乙卯	9/13	閏7/21	丙戌	10/14	8/23	丁巳	11/13	9/23	丁亥	12/13	10/24	丁巳	1/11	11/23	丙戌
8/14	7/21	丙辰	9/14	閏7/22	丁亥	10/15	8/24	戊午	11/14	9/24	戊子	12/14	10/25	戊午	1/12	11/24	丁亥
8/15	7/22	丁巳	9/15	閏7/23	戊子	10/16	8/25	己未	11/15	9/25	己丑	12/15	10/26	己未	1/13	11/25	戊子
8/16	7/23	戊午	9/16	閏7/24	己丑	10/17	8/26	庚申	11/16	9/26	庚寅	12/16	10/27	庚申	1/14	11/26	己丑
8/17	7/24	己未	9/17	閏7/25	庚寅	10/18	8/27	辛酉	11/17	9/27	辛卯	12/17	10/28	辛酉	1/15	11/27	庚寅
8/18	7/25	庚申	9/18	閏7/26	辛卯	10/19	8/28	壬戌	11/18	9/28	壬辰	12/18	10/29	壬戌	1/16	11/28	辛卯
8/19	7/26	辛酉	9/19	閏7/27	壬辰	10/20	8/29	癸亥	11/19	9/29	癸巳	12/19	10/30	癸亥	1/17	11/29	壬辰
8/20	7/27	壬戌	9/20	閏7/28	癸巳	10/21	8/30	甲子	11/20	10/1	甲午	12/20	11/1	甲子	1/18	12/1	癸巳
8/21	7/28	癸亥	9/21	閏7/29	甲午	10/22	9/1	乙丑	11/21	10/2	乙未	12/21	11/2	乙丑	1/19	12/2	甲午
8/22	7/29	甲子	9/22	8/1	乙未	10/23	9/2	丙寅	11/22	10/3	丙申	12/22	11/3	丙寅	1/20	12/3	乙未
8/23	7/30	乙丑	9/23	8/2	丙申	10/24	9/3	丁卯	11/23	10/4	丁酉	12/23	11/4	丁卯	1/21	12/4	丙申
8/24	閏7/1	丙寅	9/24	8/3	丁酉	10/25	9/4	戊辰	11/24	10/5	戊戌	12/24	11/5	戊辰	1/22	12/5	丁酉
8/25	閏7/2	丁卯	9/25	8/4	戊戌	10/26	9/5	己巳	11/25	10/6	己亥	12/25	11/6	己巳	1/23	12/6	戊戌
8/26	閏7/3	戊辰	9/26	8/5	己亥	10/27	9/6	庚午	11/26	10/7	庚子	12/26	11/7	庚午	1/24	12/7	己亥
8/27	閏7/4	己巳	9/27	8/6	庚子	10/28	9/7	辛未	11/27	10/8	辛丑	12/27	11/8	辛未	1/25	12/8	庚子
8/28	閏7/5	庚午	9/28	8/7	辛丑	10/29	9/8	壬申	11/28	10/9	壬寅	12/28	11/9	壬申	1/26	12/9	辛丑
8/29	閏7/6	辛未	9/29	8/8	壬寅	10/30	9/9	癸酉	11/29	10/10	癸卯	12/29	11/10	癸酉	1/27	12/10	壬寅
8/30	閏7/7	壬申	9/30	8/9	癸卯	10/31	9/10	甲戌	11/30	10/11	甲辰	12/30	11/11	甲戌	1/28	12/11	癸卯
8/31	閏7/8	癸酉	10/1	8/10	甲辰	11/1	9/11	乙亥	12/1	10/12	乙巳	12/31	11/12	乙亥	1/29	12/12	甲辰
9/1	閏7/9	甲戌	10/2	8/11	乙巳	11/2	9/12	丙子	12/2	10/13	丙午	1/1	11/13	丙子	1/30	12/13	乙巳
9/2	閏7/10	乙亥	10/3	8/12	丙午	11/3	9/13	丁丑	12/3	10/14	丁未	1/2	11/14	丁丑	1/31	12/14	丙午
9/3	閏7/11	丙子	10/4	8/13	丁未	11/4	9/14	戊寅	12/4	10/15	戊申	1/3	11/15	戊寅	2/1	12/15	丁未
9/4	閏7/12	丁丑	10/5	8/14	戊申	11/5	9/15	己卯	12/5	10/16	己酉	1/4	11/16	己卯	2/2	12/16	戊申
9/5	閏7/13	戊寅	10/6	8/15	己酉	11/6	9/16	庚辰	12/6	10/17	庚戌				2/3	12/17	己酉
9/6	閏7/14	己卯	10/7	8/16	庚戌												

年：1968・1969　猴　中華民國五十七・五十八年

中氣	處暑	秋分	霜降	小雪	冬至	大寒
	8/23 10時2分 巳時	9/23 7時26分 辰時	10/23 16時29分 申時	11/22 13時48分 未時	12/22 2時59分 丑時	1/20 13時38分 未時

年	己酉																	
月	丙寅			丁卯			戊辰			己巳			庚午			辛未		
節氣	立春			驚蟄			清明			立夏			芒種			小暑		
	2/4 7時58分 辰時			3/6 2時10分 丑時			4/5 7時14分 辰時			5/6 0時49分 子時			6/6 5時11分 卯時			7/7 15時31分 申時		
日	國曆	農曆	干支	國曆	農曆	干支	國曆	農曆	干支	國曆	農曆	干支	國曆	農曆	干支	國曆	農曆	干支
	2 4	12 18	庚戌	3 6	1 18	庚辰	4 5	2 19	庚戌	5 6	3 20	辛巳	6 6	4 22	壬子	7 7	5 23	癸未
	2 5	12 19	辛亥	3 7	1 19	辛巳	4 6	2 20	辛亥	5 7	3 21	壬午	6 7	4 23	癸丑	7 8	5 24	甲申
	2 6	12 20	壬子	3 8	1 20	壬午	4 7	2 21	壬子	5 8	3 22	癸未	6 8	4 24	甲寅	7 9	5 25	乙酉
	2 7	12 21	癸丑	3 9	1 21	癸未	4 8	2 22	癸丑	5 9	3 23	甲申	6 9	4 25	乙卯	7 10	5 26	丙戌
1	2 8	12 22	甲寅	3 10	1 22	甲申	4 9	2 23	甲寅	5 10	3 24	乙酉	6 10	4 26	丙辰	7 11	5 27	丁亥
9	2 9	12 23	乙卯	3 11	1 23	乙酉	4 10	2 24	乙卯	5 11	3 25	丙戌	6 11	4 27	丁巳	7 12	5 28	戊子
6	2 10	12 24	丙辰	3 12	1 24	丙戌	4 11	2 25	丙辰	5 12	3 26	丁亥	6 12	4 28	戊午	7 13	5 29	己丑
9	2 11	12 25	丁巳	3 13	1 25	丁亥	4 12	2 26	丁巳	5 13	3 27	戊子	6 13	4 29	己未	7 14	6 1	庚寅
	2 12	12 26	戊午	3 14	1 26	戊子	4 13	2 27	戊午	5 14	3 28	己丑	6 14	4 30	庚申	7 15	6 2	辛卯
	2 13	12 27	己未	3 15	1 27	己丑	4 14	2 28	己未	5 15	3 29	庚寅	6 15	5 1	辛酉	7 16	6 3	壬辰
	2 14	12 28	庚申	3 16	1 28	庚寅	4 15	2 29	庚申	5 16	4 1	辛卯	6 16	5 2	壬戌	7 17	6 4	癸巳
	2 15	12 29	辛酉	3 17	1 29	辛卯	4 16	2 30	辛酉	5 17	4 2	壬辰	6 17	5 3	癸亥	7 18	6 5	甲午
	2 16	12 30	壬戌	3 18	2 1	壬辰	4 17	3 1	壬戌	5 18	4 3	癸巳	6 18	5 4	甲子	7 19	6 6	乙未
雞	2 17	1 1	癸亥	3 19	2 2	癸巳	4 18	3 2	癸亥	5 19	4 4	甲午	6 19	5 5	乙丑	7 20	6 7	丙申
	2 18	1 2	甲子	3 20	2 3	甲午	4 19	3 3	甲子	5 20	4 5	乙未	6 20	5 6	丙寅	7 21	6 8	丁酉
	2 19	1 3	乙丑	3 21	2 4	乙未	4 20	3 4	乙丑	5 21	4 6	丙申	6 21	5 7	丁卯	7 22	6 9	戊戌
	2 20	1 4	丙寅	3 22	2 5	丙申	4 21	3 5	丙寅	5 22	4 7	丁酉	6 22	5 8	戊辰	7 23	6 10	己亥
	2 21	1 5	丁卯	3 23	2 6	丁酉	4 22	3 6	丁卯	5 23	4 8	戊戌	6 23	5 9	己巳	7 24	6 11	庚子
	2 22	1 6	戊辰	3 24	2 7	戊戌	4 23	3 7	戊辰	5 24	4 9	己亥	6 24	5 10	庚午	7 25	6 12	辛丑
	2 23	1 7	己巳	3 25	2 8	己亥	4 24	3 8	己巳	5 25	4 10	庚子	6 25	5 11	辛未	7 26	6 13	壬寅
	2 24	1 8	庚午	3 26	2 9	庚子	4 25	3 9	庚午	5 26	4 11	辛丑	6 26	5 12	壬申	7 27	6 14	癸卯
	2 25	1 9	辛未	3 27	2 10	辛丑	4 26	3 10	辛未	5 27	4 12	壬寅	6 27	5 13	癸酉	7 28	6 15	甲辰
中	2 26	1 10	壬申	3 28	2 11	壬寅	4 27	3 11	壬申	5 28	4 13	癸卯	6 28	5 14	甲戌	7 29	6 16	乙巳
華	2 27	1 11	癸酉	3 29	2 12	癸卯	4 28	3 12	癸酉	5 29	4 14	甲辰	6 29	5 15	乙亥	7 30	6 17	丙午
民	2 28	1 12	甲戌	3 30	2 13	甲辰	4 29	3 13	甲戌	5 30	4 15	乙巳	6 30	5 16	丙子	7 31	6 18	丁未
國	3 1	1 13	乙亥	3 31	2 14	乙巳	4 30	3 14	乙亥	5 31	4 16	丙午	7 1	5 17	丁丑	8 1	6 19	戊申
五	3 2	1 14	丙子	4 1	2 15	丙午	5 1	3 15	丙子	6 1	4 17	丁未	7 2	5 18	戊寅	8 2	6 20	己酉
十	3 3	1 15	丁丑	4 2	2 16	丁未	5 2	3 16	丁丑	6 2	4 18	戊申	7 3	5 19	己卯	8 3	6 21	庚戌
八	3 4	1 16	戊寅	4 3	2 17	戊申	5 3	3 17	戊寅	6 3	4 19	己酉	7 4	5 20	庚辰	8 4	6 22	辛亥
年	3 5	1 17	己卯	4 4	2 18	己酉	5 4	3 18	己卯	6 4	4 20	庚戌	7 5	5 21	辛巳	8 5	6 23	壬子
							5 5	3 19	庚辰	6 5	4 21	辛亥	7 6	5 22	壬午	8 6	6 24	癸丑
																8 7	6 25	甲寅
中氣	雨水			春分			穀雨			小滿			夏至			大暑		
	2/19 3時54分 寅時			3/21 3時8分 寅時			4/20 14時26分 未時			5/21 13時49分 未時			6/21 21時55分 亥時			7/23 8時48分 辰時		

己酉																		年
壬申			癸酉			甲戌			乙亥			丙子			丁丑			月
立秋			白露			寒露			立冬			大雪			小寒			節氣
8/8 1時14分 丑時			9/8 3時55分 寅時			10/8 19時16分 戌時			11/7 22時11分 亥時			12/7 14時51分 未時			1/6 2時1分 丑時			
國曆	農曆	干支	國曆	農曆	干支	國曆	農曆	干支	國曆	農曆	干支	國曆	農曆	干支	國曆	農曆	干支	日
8 8	6 26	乙卯	9 8	7 27	丙戌	10 8	8 27	丙辰	11 7	9 28	丙戌	12 7	10 28	丙辰	1 6	11 29	丙戌	
8 9	6 27	丙辰	9 9	7 28	丁亥	10 9	8 28	丁巳	11 8	9 29	丁亥	12 8	10 29	丁巳	1 7	11 30	丁亥	
8 10	6 28	丁巳	9 10	7 29	戊子	10 10	8 29	戊午	11 9	9 30	戊子	12 9	11 1	戊午	1 8	12 1	戊子	
8 11	6 29	戊午	9 11	7 30	己丑	10 11	9 1	己未	11 10	10 1	己丑	12 10	11 2	己未	1 9	12 2	己丑	
8 12	6 30	己未	9 12	8 1	庚寅	10 12	9 2	庚申	11 11	10 2	庚寅	12 11	11 3	庚申	1 10	12 3	庚寅	1
8 13	7 1	庚申	9 13	8 2	辛卯	10 13	9 3	辛酉	11 12	10 3	辛卯	12 12	11 4	辛酉	1 11	12 4	辛卯	9
8 14	7 2	辛酉	9 14	8 3	壬辰	10 14	9 4	壬戌	11 13	10 4	壬辰	12 13	11 5	壬戌	1 12	12 5	壬辰	6
8 15	7 3	壬戌	9 15	8 4	癸巳	10 15	9 5	癸亥	11 14	10 5	癸巳	12 14	11 6	癸亥	1 13	12 6	癸巳	9
8 16	7 4	癸亥	9 16	8 5	甲午	10 16	9 6	甲子	11 15	10 6	甲午	12 15	11 7	甲子	1 14	12 7	甲午	·
8 17	7 5	甲子	9 17	8 6	乙未	10 17	9 7	乙丑	11 16	10 7	乙未	12 16	11 8	乙丑	1 15	12 8	乙未	1
8 18	7 6	乙丑	9 18	8 7	丙申	10 18	9 8	丙寅	11 17	10 8	丙申	12 17	11 9	丙寅	1 16	12 9	丙申	9
8 19	7 7	丙寅	9 19	8 8	丁酉	10 19	9 9	丁卯	11 18	10 9	丁酉	12 18	11 10	丁卯	1 17	12 10	丁酉	7
8 20	7 8	丁卯	9 20	8 9	戊戌	10 20	9 10	戊辰	11 19	10 10	戊戌	12 19	11 11	戊辰	1 18	12 11	戊戌	0
8 21	7 9	戊辰	9 21	8 10	己亥	10 21	9 11	己巳	11 20	10 11	己亥	12 20	11 12	己巳	1 19	12 12	己亥	
8 22	7 10	己巳	9 22	8 11	庚子	10 22	9 12	庚午	11 21	10 12	庚子	12 21	11 13	庚午	1 20	12 13	庚子	
8 23	7 11	庚午	9 23	8 12	辛丑	10 23	9 13	辛未	11 22	10 13	辛丑	12 22	11 14	辛未	1 21	12 14	辛丑	
8 24	7 12	辛未	9 24	8 13	壬寅	10 24	9 14	壬申	11 23	10 14	壬寅	12 23	11 15	壬申	1 22	12 15	壬寅	
8 25	7 13	壬申	9 25	8 14	癸卯	10 25	9 15	癸酉	11 24	10 15	癸卯	12 24	11 16	癸酉	1 23	12 16	癸卯	雞
8 26	7 14	癸酉	9 26	8 15	甲辰	10 26	9 16	甲戌	11 25	10 16	甲辰	12 25	11 17	甲戌	1 24	12 17	甲辰	
8 27	7 15	甲戌	9 27	8 16	乙巳	10 27	9 17	乙亥	11 26	10 17	乙巳	12 26	11 18	乙亥	1 25	12 18	乙巳	
8 28	7 16	乙亥	9 28	8 17	丙午	10 28	9 18	丙子	11 27	10 18	丙午	12 27	11 19	丙子	1 26	12 19	丙午	
8 29	7 17	丙子	9 29	8 18	丁未	10 29	9 19	丁丑	11 28	10 19	丁未	12 28	11 20	丁丑	1 27	12 20	丁未	
8 30	7 18	丁丑	9 30	8 19	戊申	10 30	9 20	戊寅	11 29	10 20	戊申	12 29	11 21	戊寅	1 28	12 21	戊申	中
8 31	7 19	戊寅	10 1	8 20	己酉	10 31	9 21	己卯	11 30	10 21	己酉	12 30	11 22	己卯	1 29	12 22	己酉	華
9 1	7 20	己卯	10 2	8 21	庚戌	11 1	9 22	庚辰	12 1	10 22	庚戌	12 31	11 23	庚辰	1 30	12 23	庚戌	民
9 2	7 21	庚辰	10 3	8 22	辛亥	11 2	9 23	辛巳	12 2	10 23	辛亥	1 1	11 24	辛巳	1 31	12 24	辛亥	國
9 3	7 22	辛巳	10 4	8 23	壬子	11 3	9 24	壬午	12 3	10 24	壬子	1 2	11 25	壬午	2 1	12 25	壬子	五
9 4	7 23	壬午	10 5	8 24	癸丑	11 4	9 25	癸未	12 4	10 25	癸丑	1 3	11 26	癸未	2 2	12 26	癸丑	十
9 5	7 24	癸未	10 6	8 25	甲寅	11 5	9 26	甲申	12 5	10 26	甲寅	1 4	11 27	甲申	2 3	12 27	甲寅	八
9 6	7 25	甲申	10 7	8 26	乙卯	11 6	9 27	乙酉	12 6	10 27	乙卯	1 5	11 28	乙酉				·
9 7	7 26	乙酉																五
處暑			秋分			霜降			小雪			冬至			大寒			中氣
8/23 15時43分 申時			9/23 13時6分 未時			10/23 22時11分 亥時			11/22 19時31分 戌時			12/22 8時43分 辰時			1/20 19時23分 戌時			十九年

年			庚戌															
月	戊寅			己卯			庚辰			辛巳			壬午			癸未		
節氣	立春 2/4 13時45分 未時			驚蟄 3/6 7時58分 辰時			清明 4/5 13時1分 未時			立夏 5/6 6時33分 卯時			芒種 6/6 10時52分 巳時			小暑 7/7 21時10分 亥時		
日	國曆	農曆	干支	國曆	農曆	干支	國曆	農曆	干支	國曆	農曆	干支	國曆	農曆	干支	國曆	農曆	干支
	2 4	12 28	乙卯	3 6	1 29	乙酉	4 5	2 29	乙卯	5 6	4 2	丙戌	6 6	5 3	丁巳	7 7	6 5	戊子
	2 5	12 29	丙辰	3 7	1 30	丙戌	4 6	3 1	丙辰	5 7	4 3	丁亥	6 7	5 4	戊午	7 8	6 6	己丑
	2 6	1 1	丁巳	3 8	2 1	丁亥	4 7	3 2	丁巳	5 8	4 4	戊子	6 8	5 5	己未	7 9	6 7	庚寅
	2 7	1 2	戊午	3 9	2 2	戊子	4 8	3 3	戊午	5 9	4 5	己丑	6 9	5 6	庚申	7 10	6 8	辛卯
1	2 8	1 3	己未	3 10	2 3	己丑	4 9	3 4	己未	5 10	4 6	庚寅	6 10	5 7	辛酉	7 11	6 9	壬辰
9	2 9	1 4	庚申	3 11	2 4	庚寅	4 10	3 5	庚申	5 11	4 7	辛卯	6 11	5 8	壬戌	7 12	6 10	癸巳
7	2 10	1 5	辛酉	3 12	2 5	辛卯	4 11	3 6	辛酉	5 12	4 8	壬辰	6 12	5 9	癸亥	7 13	6 11	甲午
0	2 11	1 6	壬戌	3 13	2 6	壬辰	4 12	3 7	壬戌	5 13	4 9	癸巳	6 13	5 10	甲子	7 14	6 12	乙未
	2 12	1 7	癸亥	3 14	2 7	癸巳	4 13	3 8	癸亥	5 14	4 10	甲午	6 14	5 11	乙丑	7 15	6 13	丙申
	2 13	1 8	甲子	3 15	2 8	甲午	4 14	3 9	甲子	5 15	4 11	乙未	6 15	5 12	丙寅	7 16	6 14	丁酉
	2 14	1 9	乙丑	3 16	2 9	乙未	4 15	3 10	乙丑	5 16	4 12	丙申	6 16	5 13	丁卯	7 17	6 15	戊戌
	2 15	1 10	丙寅	3 17	2 10	丙申	4 16	3 11	丙寅	5 17	4 13	丁酉	6 17	5 14	戊辰	7 18	6 16	己亥
	2 16	1 11	丁卯	3 18	2 11	丁酉	4 17	3 12	丁卯	5 18	4 14	戊戌	6 18	5 15	己巳	7 19	6 17	庚子
	2 17	1 12	戊辰	3 19	2 12	戊戌	4 18	3 13	戊辰	5 19	4 15	己亥	6 19	5 16	庚午	7 20	6 18	辛丑
狗	2 18	1 13	己巳	3 20	2 13	己亥	4 19	3 14	己巳	5 20	4 16	庚子	6 20	5 17	辛未	7 21	6 19	壬寅
	2 19	1 14	庚午	3 21	2 14	庚子	4 20	3 15	庚午	5 21	4 17	辛丑	6 21	5 18	壬申	7 22	6 20	癸卯
	2 20	1 15	辛未	3 22	2 15	辛丑	4 21	3 16	辛未	5 22	4 18	壬寅	6 22	5 19	癸酉	7 23	6 21	甲辰
	2 21	1 16	壬申	3 23	2 16	壬寅	4 22	3 17	壬申	5 23	4 19	癸卯	6 23	5 20	甲戌	7 24	6 22	乙巳
	2 22	1 17	癸酉	3 24	2 17	癸卯	4 23	3 18	癸酉	5 24	4 20	甲辰	6 24	5 21	乙亥	7 25	6 23	丙午
	2 23	1 18	甲戌	3 25	2 18	甲辰	4 24	3 19	甲戌	5 25	4 21	乙巳	6 25	5 22	丙子	7 26	6 24	丁未
	2 24	1 19	乙亥	3 26	2 19	乙巳	4 25	3 20	乙亥	5 26	4 22	丙午	6 26	5 23	丁丑	7 27	6 25	戊申
中	2 25	1 20	丙子	3 27	2 20	丙午	4 26	3 21	丙子	5 27	4 23	丁未	6 27	5 24	戊寅	7 28	6 26	己酉
華	2 26	1 21	丁丑	3 28	2 21	丁未	4 27	3 22	丁丑	5 28	4 24	戊申	6 28	5 25	己卯	7 29	6 27	庚戌
民	2 27	1 22	戊寅	3 29	2 22	戊申	4 28	3 23	戊寅	5 29	4 25	己酉	6 29	5 26	庚辰	7 30	6 28	辛亥
國	2 28	1 23	己卯	3 30	2 23	己酉	4 29	3 24	己卯	5 30	4 26	庚戌	6 30	5 27	辛巳	7 31	6 29	壬子
五	3 1	1 24	庚辰	3 31	2 24	庚戌	4 30	3 25	庚辰	5 31	4 27	辛亥	7 1	5 28	壬午	8 1	6 30	癸丑
十	3 2	1 25	辛巳	4 1	2 25	辛亥	5 1	3 26	辛巳	6 1	4 28	壬子	7 2	5 29	癸未	8 2	7 1	甲寅
九	3 3	1 26	壬午	4 2	2 26	壬子	5 2	3 27	壬午	6 2	4 29	癸丑	7 3	6 1	甲申	8 3	7 2	乙卯
年	3 4	1 27	癸未	4 3	2 27	癸丑	5 3	3 28	癸未	6 3	4 30	甲寅	7 4	6 2	乙酉	8 4	7 3	丙辰
	3 5	1 28	甲申	4 4	2 28	甲寅	5 4	3 29	甲申	6 4	5 1	乙卯	7 5	6 3	丙戌	8 5	7 4	丁巳
							5 5	4 1	乙酉	6 5	5 2	丙辰	7 6	6 4	丁亥	8 6	7 5	戊午
																8 7	7 6	己未
中氣	雨水 2/19 9時41分 巳時			春分 3/21 8時56分 辰時			穀雨 4/20 20時14分 戌時			小滿 5/21 19時37分 戌時			夏至 6/22 3時42分 寅時			大暑 7/23 14時36分 未時		

庚戌																		年
甲申			乙酉			丙戌			丁亥			戊子			己丑			月
立秋			白露			寒露			立冬			大雪			小寒			節氣
8/8 6時54分 卯時			9/8 9時37分 巳時			10/9 1時1分 丑時			11/8 3時57分 寅時			12/7 20時37分 戌時			1/6 7時45分 辰時			
國曆	農曆	干支	國曆	農曆	干支	國曆	農曆	干支	國曆	農曆	干支	國曆	農曆	干支	國曆	農曆	干支	日
8 8	7 7	庚申	9 8	8 8	辛卯	10 9	9 10	壬戌	11 8	10 10	壬辰	12 7	11 9	辛酉	1 6	12 10	辛卯	
8 9	7 8	辛酉	9 9	8 9	壬辰	10 10	9 11	癸亥	11 9	10 11	癸巳	12 8	11 10	壬戌	1 7	12 11	壬辰	
8 10	7 9	壬戌	9 10	8 10	癸巳	10 11	9 12	甲子	11 10	10 12	甲午	12 9	11 11	癸亥	1 8	12 12	癸巳	
8 11	7 10	癸亥	9 11	8 11	甲午	10 12	9 13	乙丑	11 11	10 13	乙未	12 10	11 12	甲子	1 9	12 13	甲午	1
8 12	7 11	甲子	9 12	8 12	乙未	10 13	9 14	丙寅	11 12	10 14	丙申	12 11	11 13	乙丑	1 10	12 14	乙未	9
8 13	7 12	乙丑	9 13	8 13	丙申	10 14	9 15	丁卯	11 13	10 15	丁酉	12 12	11 14	丙寅	1 11	12 15	丙申	7
8 14	7 13	丙寅	9 14	8 14	丁酉	10 16	9 17	己巳	11 14	10 16	戊戌	12 13	11 15	丁卯	1 12	12 16	丁酉	0
8 15	7 14	丁卯	9 15	8 15	戊戌	10 16	9 17	己巳	11 15	10 17	己亥	12 14	11 16	戊辰	1 13	12 17	戊戌	·
8 16	7 15	戊辰	9 16	8 16	己亥	10 17	9 18	庚午	11 16	10 18	庚子	12 15	11 17	己巳	1 14	12 18	己亥	1
8 17	7 16	己巳	9 17	8 17	庚子	10 18	9 19	辛未	11 17	10 19	辛丑	12 16	11 18	庚午	1 15	12 19	庚子	9
8 18	7 17	庚午	9 18	8 18	辛丑	10 19	9 20	壬申	11 18	10 20	壬寅	12 17	11 19	辛未	1 16	12 20	辛丑	7
8 19	7 18	辛未	9 19	8 19	壬寅	10 20	9 21	癸酉	11 19	10 21	癸卯	12 18	11 20	壬申	1 17	12 21	壬寅	1
8 20	7 19	壬申	9 20	8 20	癸卯	10 21	9 22	甲戌	11 20	10 22	甲辰	12 19	11 21	癸酉	1 18	12 22	癸卯	
8 21	7 20	癸酉	9 21	8 21	甲辰	10 22	9 23	乙亥	11 21	10 23	乙巳	12 20	11 22	甲戌	1 19	12 23	甲辰	
8 22	7 21	甲戌	9 22	8 22	乙巳	10 23	9 24	丙子	11 22	10 24	丙午	12 21	11 23	乙亥	1 20	12 24	乙巳	
8 23	7 22	乙亥	9 23	8 23	丙午	10 24	9 25	丁丑	11 23	10 25	丁未	12 22	11 24	丙子	1 21	12 25	丙午	狗
8 24	7 23	丙子	9 24	8 24	丁未	10 25	9 26	戊寅	11 24	10 26	戊申	12 23	11 25	丁丑	1 22	12 26	丁未	
8 25	7 24	丁丑	9 25	8 25	戊申	10 26	9 27	己卯	11 25	10 27	己酉	12 24	11 26	戊寅	1 23	12 27	戊申	
8 26	7 25	戊寅	9 26	8 26	己酉	10 27	9 28	庚辰	11 26	10 28	庚戌	12 25	11 27	己卯	1 24	12 28	己酉	
8 27	7 26	己卯	9 27	8 27	庚戌	10 28	9 29	辛巳	11 27	10 29	辛亥	12 26	11 28	庚辰	1 25	12 29	庚戌	
8 28	7 27	庚辰	9 28	8 28	辛亥	10 29	9 30	壬午	11 28	10 30	壬子	12 27	11 29	辛巳	1 26	12 30	辛亥	中
8 29	7 28	辛巳	9 29	8 29	壬子	10 30	10 1	癸未	11 29	11 1	癸丑	12 28	12 1	壬午	1 27	1 1	壬子	華
8 30	7 29	壬午	9 30	9 1	癸丑	10 31	10 2	甲申	11 30	11 2	甲寅	12 29	12 2	癸未	1 28	1 2	癸丑	民
8 31	7 30	癸未	10 1	9 2	甲寅	11 1	10 3	乙酉	12 1	11 3	乙卯	12 30	12 3	甲申	1 29	1 3	甲寅	國
9 1	8 1	甲申	10 2	9 3	乙卯	11 2	10 4	丙戌	12 2	11 4	丙辰	12 31	12 4	乙酉	1 30	1 4	乙卯	五
9 2	8 2	乙酉	10 3	9 4	丙辰	11 3	10 5	丁亥	12 3	11 5	丁巳	1 1	12 5	丙戌	1 31	1 5	丙辰	十
9 3	8 3	丙戌	10 4	9 5	丁巳	11 4	10 6	戊子	12 4	11 6	戊午	1 2	12 6	丁亥	2 1	1 6	丁巳	九
9 4	8 4	丁亥	10 5	9 6	戊午	11 5	10 7	己丑	12 5	11 7	己未	1 3	12 7	戊子	2 2	1 7	戊午	·
9 5	8 5	戊子	10 6	9 7	己未	11 6	10 8	庚寅	12 6	11 8	庚申	1 4	12 8	己丑	2 3	1 8	己未	六
9 6	8 6	己丑	10 7	9 8	庚申	11 7	10 9	辛卯				1 5	12 9	庚寅				十
9 7	8 7	庚寅	10 8	9 9	辛酉													年
處暑			秋分			霜降			小雪			冬至			大寒			中
8/23 21時33分 亥時			9/23 18時58分 酉時			10/24 4時4分 寅時			11/23 1時24分 丑時			12/22 14時35分 未時			1/21 1時12分 丑時			氣

年	辛亥																	
月	庚寅			辛卯			壬辰			癸巳			甲午			乙未		
節氣	立春			驚蟄			清明			立夏			芒種			小暑		
	2/4 19時25分 戌時			3/6 13時34分 未時			4/5 18時36分 酉時			5/6 12時8分 午時			6/6 16時28分 申時			7/8 2時51分 丑時		
日	國曆	農曆	干支	國曆	農曆	干支	國曆	農曆	干支	國曆	農曆	干支	國曆	農曆	干支	國曆	農曆	干支
	2 4	1 9	庚申	3 6	2 10	庚寅	4 5	3 10	庚申	5 6	4 12	辛卯	6 6	5 14	壬戌	7 8	5 16	甲午
	2 5	1 10	辛酉	3 7	2 11	辛卯	4 6	3 11	辛酉	5 7	4 13	壬辰	6 7	5 15	癸亥	7 9	5 17	乙未
	2 6	1 11	壬戌	3 8	2 12	壬辰	4 7	3 12	壬戌	5 8	4 14	癸巳	6 8	5 16	甲子	7 10	5 18	丙申
	2 7	1 12	癸亥	3 9	2 13	癸巳	4 8	3 13	癸亥	5 9	4 15	甲午	6 9	5 17	乙丑	7 11	5 19	丁酉
1	2 8	1 13	甲子	3 10	2 14	甲午	4 9	3 14	甲子	5 10	4 16	乙未	6 10	5 18	丙寅	7 12	5 20	戊戌
9	2 9	1 14	乙丑	3 11	2 15	乙未	4 10	3 15	乙丑	5 11	4 17	丙申	6 11	5 19	丁卯	7 13	5 21	己亥
7	2 10	1 15	丙寅	3 12	2 16	丙申	4 11	3 16	丙寅	5 12	4 18	丁酉	6 12	5 20	戊辰	7 14	5 22	庚子
1	2 11	1 16	丁卯	3 13	2 17	丁酉	4 12	3 17	丁卯	5 13	4 19	戊戌	6 13	5 21	己巳	7 15	5 23	辛丑
	2 12	1 17	戊辰	3 14	2 18	戊戌	4 13	3 18	戊辰	5 14	4 20	己亥	6 14	5 22	庚午	7 16	5 24	壬寅
	2 13	1 18	己巳	3 15	2 19	己亥	4 14	3 19	己巳	5 15	4 21	庚子	6 15	5 23	辛未	7 17	5 25	癸卯
	2 14	1 19	庚午	3 16	2 20	庚子	4 15	3 20	庚午	5 16	4 22	辛丑	6 16	5 24	壬申	7 18	5 26	甲辰
	2 15	1 20	辛未	3 17	2 21	辛丑	4 16	3 21	辛未	5 17	4 23	壬寅	6 17	5 25	癸酉	7 19	5 27	乙巳
	2 16	1 21	壬申	3 18	2 22	壬寅	4 17	3 22	壬申	5 18	4 24	癸卯	6 18	5 26	甲戌	7 20	5 28	丙午
	2 17	1 22	癸酉	3 19	2 23	癸卯	4 18	3 23	癸酉	5 19	4 25	甲辰	6 19	5 27	乙亥	7 21	5 29	丁未
豬	2 18	1 23	甲戌	3 20	2 24	甲辰	4 19	3 24	甲戌	5 20	4 26	乙巳	6 20	5 28	丙子	7 22	6 1	戊申
	2 19	1 24	乙亥	3 21	2 25	乙巳	4 20	3 25	乙亥	5 21	4 27	丙午	6 21	5 29	丁丑	7 23	6 2	己酉
	2 20	1 25	丙子	3 22	2 26	丙午	4 21	3 26	丙子	5 22	4 28	丁未	6 22	5 30	戊寅	7 24	6 3	庚戌
	2 21	1 26	丁丑	3 23	2 27	丁未	4 22	3 27	丁丑	5 23	4 29	戊申	6 23	閏5 1	己卯	7 25	6 4	辛亥
	2 22	1 27	戊寅	3 24	2 28	戊申	4 23	3 28	戊寅	5 24	5 1	己酉	6 24	5 2	庚辰	7 26	6 5	壬子
	2 23	1 28	己卯	3 25	2 29	己酉	4 24	3 29	己卯	5 25	5 2	庚戌	6 25	5 3	辛巳	7 27	6 6	癸丑
	2 24	1 29	庚辰	3 26	2 30	庚戌	4 25	4 1	庚辰	5 26	5 3	辛亥	6 26	5 4	壬午	7 28	6 7	甲寅
	2 25	2 1	辛巳	3 27	3 1	辛亥	4 26	4 2	辛巳	5 27	5 4	壬子	6 27	5 5	癸未	7 29	6 8	乙卯
	2 26	2 2	壬午	3 28	3 2	壬子	4 27	4 3	壬午	5 28	5 5	癸丑	6 28	5 6	甲申	7 30	6 9	丙辰
	2 27	2 3	癸未	3 29	3 3	癸丑	4 28	4 4	癸未	5 29	5 6	甲寅	6 29	5 7	乙酉	7 31	6 10	丁巳
	2 28	2 4	甲申	3 30	3 4	甲寅	4 29	4 5	甲申	5 30	5 7	乙卯	6 30	5 8	丙戌	8 1	6 11	戊午
中	3 1	2 5	乙酉	3 31	3 5	乙卯	4 30	4 6	乙酉	5 31	5 8	丙辰	7 1	5 9	丁亥	8 2	6 12	己未
華	3 2	2 6	丙戌	4 1	3 6	丙辰	5 1	4 7	丙戌	6 1	5 9	丁巳	7 2	5 10	戊子	8 3	6 13	庚申
民	3 3	2 7	丁亥	4 2	3 7	丁巳	5 2	4 8	丁亥	6 2	5 10	戊午	7 3	5 11	己丑	8 4	6 14	辛酉
國	3 4	2 8	戊子	4 3	3 8	戊午	5 3	4 9	戊子	6 3	5 11	己未	7 4	5 12	庚寅	8 5	6 15	壬戌
六	3 5	2 9	己丑	4 4	3 9	己未	5 4	4 10	己丑	6 4	5 12	庚申	7 5	5 13	辛卯	8 6	6 16	癸亥
十							5 5	4 11	庚寅	6 5	5 13	辛酉	7 6	5 14	壬辰	8 7	6 17	甲子
年													7 7	5 15	癸巳			
中氣	雨水			春分			穀雨			小滿			夏至			大暑		
	2/19 15時26分 申時			3/21 14時38分 未時			4/21 1時54分 丑時			5/22 1時15分 丑時			6/22 9時19分 巳時			7/23 20時14分 戌時		

辛亥　年

丙申			丁酉			戊戌			己亥			庚子			辛丑			月
立秋			白露			寒露			立冬			大雪			小寒			節氣
8/8 12時40分 午時			9/8 15時30分 申時			10/9 6時58分 卯時			11/8 9時56分 巳時			12/8 2時35分 丑時			1/6 13時41分 未時			
國曆	農曆	干支	國曆	農曆	干支	國曆	農曆	干支	國曆	農曆	干支	國曆	農曆	干支	國曆	農曆	干支	日
8 8	6 18	乙丑	9 8	7 19	丙申	10 9	8 21	丁卯	11 8	9 21	丁酉	12 8	10 21	丁卯	1 6	11 20	丙申	
8 9	6 19	丙寅	9 9	7 20	丁酉	10 10	8 22	戊辰	11 9	9 22	戊戌	12 9	10 22	戊辰	1 7	11 21	丁酉	
8 10	6 20	丁卯	9 10	7 21	戊戌	10 11	8 23	己巳	11 10	9 23	己亥	12 10	10 23	己巳	1 8	11 22	戊戌	
8 11	6 21	戊辰	9 11	7 22	己亥	10 12	8 24	庚午	11 11	9 24	庚子	12 11	10 24	庚午	1 9	11 23	己亥	1
8 12	6 22	己巳	9 12	7 23	庚子	10 13	8 25	辛未	11 12	9 25	辛丑	12 12	10 25	辛未	1 10	11 24	庚子	9
8 13	6 23	庚午	9 13	7 24	辛丑	10 14	8 26	壬申	11 13	9 26	壬寅	12 13	10 26	壬申	1 11	11 25	辛丑	7
8 14	6 24	辛未	9 14	7 25	壬寅	10 15	8 27	癸酉	11 14	9 27	癸卯	12 14	10 27	癸酉	1 12	11 26	壬寅	1
8 15	6 25	壬申	9 15	7 26	癸卯	10 16	8 28	甲戌	11 15	9 28	甲辰	12 15	10 28	甲戌	1 13	11 27	癸卯	·
8 16	6 26	癸酉	9 16	7 27	甲辰	10 17	8 29	乙亥	11 16	9 29	乙巳	12 16	10 29	乙亥	1 14	11 28	甲辰	1
8 17	6 27	甲戌	9 17	7 28	乙巳	10 18	8 30	丙子	11 17	9 30	丙午	12 17	10 30	丙子	1 15	11 29	乙巳	9
8 18	6 28	乙亥	9 18	7 29	丙午	10 19	9 1	丁丑	11 18	10 1	丁未	12 18	11 1	丁丑	1 16	12 1	丙午	7
8 19	6 29	丙子	9 19	8 1	丁未	10 20	9 2	戊寅	11 19	10 2	戊申	12 19	11 2	戊寅	1 17	12 2	丁未	2
8 20	6 30	丁丑	9 20	8 2	戊申	10 21	9 3	己卯	11 20	10 3	己酉	12 20	11 3	己卯	1 18	12 3	戊申	
8 21	7 1	戊寅	9 21	8 3	己酉	10 22	9 4	庚辰	11 21	10 4	庚戌	12 21	11 4	庚辰	1 19	12 4	己酉	
8 22	7 2	己卯	9 22	8 4	庚戌	10 23	9 5	辛巳	11 22	10 5	辛亥	12 22	11 5	辛巳	1 20	12 5	庚戌	豬
8 23	7 3	庚辰	9 23	8 5	辛亥	10 24	9 6	壬午	11 23	10 6	壬子	12 23	11 6	壬午	1 21	12 6	辛亥	
8 24	7 4	辛巳	9 24	8 6	壬子	10 25	9 7	癸未	11 24	10 7	癸丑	12 24	11 7	癸未	1 22	12 7	壬子	
8 25	7 5	壬午	9 25	8 7	癸丑	10 26	9 8	甲申	11 25	10 8	甲寅	12 25	11 8	甲申	1 23	12 8	癸丑	
8 26	7 6	癸未	9 26	8 8	甲寅	10 27	9 9	乙酉	11 26	10 9	乙卯	12 26	11 9	乙酉	1 24	12 9	甲寅	中
8 27	7 7	甲申	9 27	8 9	乙卯	10 28	9 10	丙戌	11 27	10 10	丙辰	12 27	11 10	丙戌	1 25	12 10	乙卯	華
8 28	7 8	乙酉	9 28	8 10	丙辰	10 29	9 11	丁亥	11 28	10 11	丁巳	12 28	11 11	丁亥	1 26	12 11	丙辰	民
8 29	7 9	丙戌	9 29	8 11	丁巳	10 30	9 12	戊子	11 29	10 12	戊午	12 29	11 12	戊子	1 27	12 12	丁巳	國
8 30	7 10	丁亥	9 30	8 12	戊午	10 31	9 13	己丑	11 30	10 13	己未	12 30	11 13	己丑	1 28	12 13	戊午	六
8 31	7 11	戊子	10 1	8 13	己未	11 1	9 14	庚寅	12 1	10 14	庚申	12 31	11 14	庚寅	1 29	12 14	己未	十
9 1	7 12	己丑	10 2	8 14	庚申	11 2	9 15	辛卯	12 2	10 15	辛酉	1 1	11 15	辛卯	1 30	12 15	庚申	·
9 2	7 13	庚寅	10 3	8 15	辛酉	11 3	9 16	壬辰	12 3	10 16	壬戌	1 2	11 16	壬辰	1 31	12 16	辛酉	六
9 3	7 14	辛卯	10 4	8 16	壬戌	11 4	9 17	癸巳	12 4	10 17	癸亥	1 3	11 17	癸巳	2 1	12 17	壬戌	十
9 4	7 15	壬辰	10 5	8 17	癸亥	11 5	9 18	甲午	12 5	10 18	甲子	1 4	11 18	甲午	2 2	12 18	癸亥	一
9 5	7 16	癸巳	10 6	8 18	甲子	11 6	9 19	乙未	12 6	10 19	乙丑	1 5	11 19	乙未	2 3	12 19	甲子	年
9 6	7 17	甲午	10 7	8 19	乙丑	11 7	9 20	丙申	12 7	10 20	丙寅				2 4	12 20	乙丑	
9 7	7 18	乙未	10 8	8 20	丙寅													
處暑			秋分			霜降			小雪			冬至			大寒			中氣
8/24 3時15分 寅時			9/24 0時44分 子時			10/24 9時53分 巳時			11/23 7時13分 辰時			12/22 20時23分 戌時			1/21 6時59分 卯時			

年																		
								壬子										

月	壬寅			癸卯			甲辰			乙巳			丙午			丁未		
節氣	立春			驚蟄			清明			立夏			芒種			小暑		
	2/5 1時20分 丑時			3/5 19時28分 戌時			4/5 0時28分 子時			5/5 18時1分 酉時			6/5 22時22分 亥時			7/7 8時42分 辰時		
日	國曆	農曆	干支	國曆	農曆	干支	國曆	農曆	干支	國曆	農曆	干支	國曆	農曆	干支	國曆	農曆	干支
	2 5	12 21	丙寅	3 5	1 20	乙未	4 5	2 22	丙寅	5 5	3 22	丙申	6 5	4 24	丁卯	7 7	5 27	己亥
	2 6	12 22	丁卯	3 6	1 21	丙申	4 6	2 23	丁卯	5 6	3 23	丁酉	6 6	4 25	戊辰	7 8	5 28	庚子
	2 7	12 23	戊辰	3 7	1 22	丁酉	4 7	2 24	戊辰	5 7	3 24	戊戌	6 7	4 26	己巳	7 9	5 29	辛丑
	2 8	12 24	己巳	3 8	1 23	戊戌	4 8	2 25	己巳	5 8	3 25	己亥	6 8	4 27	庚午	7 10	5 30	壬寅
1	2 9	12 25	庚午	3 9	1 24	己亥	4 9	2 26	庚午	5 9	3 26	庚子	6 9	4 28	辛未	7 11	6 1	癸卯
9	2 10	12 26	辛未	3 10	1 25	庚子	4 10	2 27	辛未	5 10	3 27	辛丑	6 10	4 29	壬申	7 12	6 2	甲辰
7	2 11	12 27	壬申	3 11	1 26	辛丑	4 11	2 28	壬申	5 11	3 28	壬寅	6 11	5 1	癸酉	7 13	6 3	乙巳
2	2 12	12 28	癸酉	3 12	1 27	壬寅	4 12	2 29	癸酉	5 12	3 29	癸卯	6 12	5 2	甲戌	7 14	6 4	丙午
	2 13	12 29	甲戌	3 13	1 28	癸卯	4 13	2 30	甲戌	5 13	4 1	甲辰	6 13	5 3	乙亥	7 15	6 5	丁未
	2 14	12 30	乙亥	3 14	1 29	甲辰	4 14	3 1	乙亥	5 14	4 2	乙巳	6 14	5 4	丙子	7 16	6 6	戊申
	2 15	1 1	丙子	3 15	2 1	乙巳	4 15	3 2	丙子	5 15	4 3	丙午	6 15	5 5	丁丑	7 17	6 7	己酉
	2 16	1 2	丁丑	3 16	2 2	丙午	4 16	3 3	丁丑	5 16	4 4	丁未	6 16	5 6	戊寅	7 18	6 8	庚戌
	2 17	1 3	戊寅	3 17	2 3	丁未	4 17	3 4	戊寅	5 17	4 5	戊申	6 17	5 7	己卯	7 19	6 9	辛亥
	2 18	1 4	己卯	3 18	2 4	戊申	4 18	3 5	己卯	5 18	4 6	己酉	6 18	5 8	庚辰	7 20	6 10	壬子
鼠	2 19	1 5	庚辰	3 19	2 5	己酉	4 19	3 6	庚辰	5 19	4 7	庚戌	6 19	5 9	辛巳	7 21	6 11	癸丑
	2 20	1 6	辛巳	3 20	2 6	庚戌	4 20	3 7	辛巳	5 20	4 8	辛亥	6 20	5 10	壬午	7 22	6 12	甲寅
	2 21	1 7	壬午	3 21	2 7	辛亥	4 21	3 8	壬午	5 21	4 9	壬子	6 21	5 11	癸未	7 23	6 13	乙卯
	2 22	1 8	癸未	3 22	2 8	壬子	4 22	3 9	癸未	5 22	4 10	癸丑	6 22	5 12	甲申	7 24	6 14	丙辰
	2 23	1 9	甲申	3 23	2 9	癸丑	4 23	3 10	甲申	5 23	4 11	甲寅	6 23	5 13	乙酉	7 25	6 15	丁巳
	2 24	1 10	乙酉	3 24	2 10	甲寅	4 24	3 11	乙酉	5 24	4 12	乙卯	6 24	5 14	丙戌	7 26	6 16	戊午
	2 25	1 11	丙戌	3 25	2 11	乙卯	4 25	3 12	丙戌	5 25	4 13	丙辰	6 25	5 15	丁亥	7 27	6 17	己未
中	2 26	1 12	丁亥	3 26	2 12	丙辰	4 26	3 13	丁亥	5 26	4 14	丁巳	6 26	5 16	戊子	7 28	6 18	庚申
華	2 27	1 13	戊子	3 27	2 13	丁巳	4 27	3 14	戊子	5 27	4 15	戊午	6 27	5 17	己丑	7 29	6 19	辛酉
民	2 28	1 14	己丑	3 28	2 14	戊午	4 28	3 15	己丑	5 28	4 16	己未	6 28	5 18	庚寅	7 30	6 20	壬戌
國	2 29	1 15	庚寅	3 29	2 15	己未	4 29	3 16	庚寅	5 29	4 17	庚申	6 29	5 19	辛卯	7 31	6 21	癸亥
六	3 1	1 16	辛卯	3 30	2 16	庚申	4 30	3 17	辛卯	5 30	4 18	辛酉	6 30	5 20	壬辰	8 1	6 22	甲子
十	3 2	1 17	壬辰	3 31	2 17	辛酉	5 1	3 18	壬辰	5 31	4 19	壬戌	7 1	5 21	癸巳	8 2	6 23	乙丑
一	3 3	1 18	癸巳	4 1	2 18	壬戌	5 2	3 19	癸巳	6 1	4 20	癸亥	7 2	5 22	甲午	8 3	6 24	丙寅
年	3 4	1 19	甲午	4 2	2 19	癸亥	5 3	3 20	甲午	6 2	4 21	甲子	7 3	5 23	乙未	8 4	6 25	丁卯
				4 3	2 20	甲子	5 4	3 21	乙未	6 3	4 22	乙丑	7 4	5 24	丙申	8 5	6 26	戊辰
				4 4	2 21	乙丑				6 4	4 23	丙寅	7 5	5 25	丁酉	8 6	6 27	己巳
													7 6	5 26	戊戌			

中氣	雨水			春分			穀雨			小滿			夏至			大暑		
	2/19 21時11分 亥時			3/20 20時21分 戌時			4/20 7時37分 辰時			5/21 6時59分 卯時			6/21 15時6分 申時			7/23 2時2分 丑時		

壬子																		年
戊申			己酉			庚戌			辛亥			壬子			癸丑			月
立秋			白露			寒露			立冬			大雪			小寒			節氣
8/7 18時28分 酉時			9/7 21時15分 亥時			10/8 12時41分 午時			11/7 15時39分 申時			12/7 8時18分 辰時			1/5 19時25分 戌時			
國曆	農曆	干支	國曆	農曆	干支	國曆	農曆	干支	國曆	農曆	干支	國曆	農曆	干支	國曆	農曆	干支	日
8 7	6 28	庚午	9 7	7 30	辛丑	10 8	9 2	壬申	11 7	10 2	壬寅	12 7	11 2	壬申	1 5	12 2	辛丑	一 九 七 二 · 一 九 七 三 鼠 中 華 民 國 六 十 一 · 六 十 二 年
8 8	6 29	辛未	9 8	8 1	壬寅	10 9	9 3	癸酉	11 8	10 3	癸卯	12 8	11 3	癸酉	1 6	12 3	壬寅	
8 9	7 1	壬申	9 9	8 2	癸卯	10 10	9 4	甲戌	11 9	10 4	甲辰	12 9	11 4	甲戌	1 7	12 4	癸卯	
8 10	7 2	癸酉	9 10	8 3	甲辰	10 11	9 5	乙亥	11 10	10 5	乙巳	12 10	11 5	乙亥	1 8	12 5	甲辰	
8 11	7 3	甲戌	9 11	8 4	乙巳	10 12	9 6	丙子	11 11	10 6	丙午	12 11	11 6	丙子	1 9	12 6	乙巳	
8 12	7 4	乙亥	9 12	8 5	丙午	10 13	9 7	丁丑	11 12	10 7	丁未	12 12	11 7	丁丑	1 10	12 7	丙午	
8 13	7 5	丙子	9 13	8 6	丁未	10 14	9 8	戊寅	11 13	10 8	戊申	12 13	11 8	戊寅	1 11	12 8	丁未	
8 14	7 6	丁丑	9 14	8 7	戊申	10 15	9 9	己卯	11 14	10 9	己酉	12 14	11 9	己卯	1 12	12 9	戊申	
8 15	7 7	戊寅	9 15	8 8	己酉	10 16	9 10	庚辰	11 15	10 10	庚戌	12 15	11 10	庚辰	1 13	12 10	己酉	
8 16	7 8	己卯	9 16	8 9	庚戌	10 17	9 11	辛巳	11 16	10 11	辛亥	12 16	11 11	辛巳	1 14	12 11	庚戌	
8 17	7 9	庚辰	9 17	8 10	辛亥	10 18	9 12	壬午	11 17	10 12	壬子	12 17	11 12	壬午	1 15	12 12	辛亥	
8 18	7 10	辛巳	9 18	8 11	壬子	10 19	9 13	癸未	11 18	10 13	癸丑	12 18	11 13	癸未	1 16	12 13	壬子	
8 19	7 11	壬午	9 19	8 12	癸丑	10 20	9 14	甲申	11 19	10 14	甲寅	12 19	11 14	甲申	1 17	12 14	癸丑	
8 20	7 12	癸未	9 20	8 13	甲寅	10 21	9 15	乙酉	11 20	10 15	乙卯	12 20	11 15	乙酉	1 18	12 15	甲寅	
8 21	7 13	甲申	9 21	8 14	乙卯	10 22	9 16	丙戌	11 21	10 16	丙辰	12 21	11 16	丙戌	1 19	12 16	乙卯	
8 22	7 14	乙酉	9 22	8 15	丙辰	10 23	9 17	丁亥	11 22	10 17	丁巳	12 22	11 17	丁亥	1 20	12 17	丙辰	
8 23	7 15	丙戌	9 23	8 16	丁巳	10 24	9 18	戊子	11 23	10 18	戊午	12 23	11 18	戊子	1 21	12 18	丁巳	
8 24	7 16	丁亥	9 24	8 17	戊午	10 25	9 19	己丑	11 24	10 19	己未	12 24	11 19	己丑	1 22	12 19	戊午	
8 25	7 17	戊子	9 25	8 18	己未	10 26	9 20	庚寅	11 25	10 20	庚申	12 25	11 20	庚寅	1 23	12 20	己未	
8 26	7 18	己丑	9 26	8 19	庚申	10 27	9 21	辛卯	11 26	10 21	辛酉	12 26	11 21	辛卯	1 24	12 21	庚申	
8 27	7 19	庚寅	9 27	8 20	辛酉	10 28	9 22	壬辰	11 27	10 22	壬戌	12 27	11 22	壬辰	1 25	12 22	辛酉	
8 28	7 20	辛卯	9 28	8 21	壬戌	10 29	9 23	癸巳	11 28	10 23	癸亥	12 28	11 23	癸巳	1 26	12 23	壬戌	
8 29	7 21	壬辰	9 29	8 22	癸亥	10 30	9 24	甲午	11 29	10 24	甲子	12 29	11 24	甲午	1 27	12 24	癸亥	
8 30	7 22	癸巳	9 30	8 23	甲子	10 31	9 25	乙未	11 30	10 25	乙丑	12 30	11 25	乙未	1 28	12 25	甲子	
8 31	7 23	甲午	10 1	8 24	乙丑	11 1	9 26	丙申	12 1	10 26	丙寅	12 31	11 26	丙申	1 29	12 26	乙丑	
9 1	7 24	乙未	10 2	8 25	丙寅	11 2	9 27	丁酉	12 2	10 27	丁卯	1 1	11 27	丁酉	1 30	12 27	丙寅	
9 2	7 25	丙申	10 3	8 26	丁卯	11 3	9 28	戊戌	12 3	10 28	戊辰	1 2	11 28	戊戌	1 31	12 28	丁卯	
9 3	7 26	丁酉	10 4	8 27	戊辰	11 4	9 29	己亥	12 4	10 29	己巳	1 3	11 29	己亥	2 1	12 29	戊辰	
9 4	7 27	戊戌	10 5	8 28	己巳	11 5	9 30	庚子	12 5	10 30	庚午	1 4	12 1	庚子	2 2	12 30	己巳	
9 5	7 28	己亥	10 6	8 29	庚午	11 6	10 1	辛丑	12 6	11 1	辛未				2 3	1 1	庚午	
9 6	7 29	庚子	10 7	9 1	辛未													
處暑			秋分			霜降			小雪			冬至			大寒			中 氣
8/23 9時3分 巳時			9/23 6時32分 卯時			10/23 15時41分 申時			11/22 13時2分 未時			12/22 2時12分 丑時			1/20 12時48分 午時			

年：癸丑

農曆六十二年（牛）／西元 1973 年／中華民國六十二年

月	甲寅	乙卯	丙辰	丁巳	戊午	己未
節氣	立春 2/4 7時4分 辰時	驚蟄 3/6 1時12分 丑時	清明 4/5 6時13分 卯時	立夏 5/5 23時46分 子時	芒種 6/6 4時6分 寅時	小暑 7/7 14時27分 未時

日：

國曆	農曆	干支	國曆	農曆	干支	國曆	農曆	干支	國曆	農曆	干支	國曆	農曆	干支	國曆	農曆	干支
2/4	1/2	辛未	3/6	2/2	辛丑	4/5	3/3	辛未	5/5	4/3	辛丑	6/6	5/6	癸酉	7/7	6/8	甲辰
2/5	1/3	壬申	3/7	2/3	壬寅	4/6	3/4	壬申	5/6	4/4	壬寅	6/7	5/7	甲戌	7/8	6/9	乙巳
2/6	1/4	癸酉	3/8	2/4	癸卯	4/7	3/5	癸酉	5/7	4/5	癸卯	6/8	5/8	乙亥	7/9	6/10	丙午
2/7	1/5	甲戌	3/9	2/5	甲辰	4/8	3/6	甲戌	5/8	4/6	甲辰	6/9	5/9	丙子	7/10	6/11	丁未
2/8	1/6	乙亥	3/10	2/6	乙巳	4/9	3/7	乙亥	5/9	4/7	乙巳	6/10	5/10	丁丑	7/11	6/12	戊申
2/9	1/7	丙子	3/11	2/7	丙午	4/10	3/8	丙子	5/10	4/8	丙午	6/11	5/11	戊寅	7/12	6/13	己酉
2/10	1/8	丁丑	3/12	2/8	丁未	4/11	3/9	丁丑	5/11	4/9	丁未	6/12	5/12	己卯	7/13	6/14	庚戌
2/11	1/9	戊寅	3/13	2/9	戊申	4/12	3/10	戊寅	5/12	4/10	戊申	6/13	5/13	庚辰	7/14	6/15	辛亥
2/12	1/10	己卯	3/14	2/10	己酉	4/13	3/11	己卯	5/13	4/11	己酉	6/14	5/14	辛巳	7/15	6/16	壬子
2/13	1/11	庚辰	3/15	2/11	庚戌	4/14	3/12	庚辰	5/14	4/12	庚戌	6/15	5/15	壬午	7/16	6/17	癸丑
2/14	1/12	辛巳	3/16	2/12	辛亥	4/15	3/13	辛巳	5/15	4/13	辛亥	6/16	5/16	癸未	7/17	6/18	甲寅
2/15	1/13	壬午	3/17	2/13	壬子	4/16	3/14	壬午	5/16	4/14	壬子	6/17	5/17	甲申	7/18	6/19	乙卯
2/16	1/14	癸未	3/18	2/14	癸丑	4/17	3/15	癸未	5/17	4/15	癸丑	6/18	5/18	乙酉	7/19	6/20	丙辰
2/17	1/15	甲申	3/19	2/15	甲寅	4/18	3/16	甲申	5/18	4/16	甲寅	6/19	5/19	丙戌	7/20	6/21	丁巳
2/18	1/16	乙酉	3/20	2/16	乙卯	4/19	3/17	乙酉	5/19	4/17	乙卯	6/20	5/20	丁亥	7/21	6/22	戊午
2/19	1/17	丙戌	3/21	2/17	丙辰	4/20	3/18	丙戌	5/20	4/18	丙辰	6/21	5/21	戊子	7/22	6/23	己未
2/20	1/18	丁亥	3/22	2/18	丁巳	4/21	3/19	丁亥	5/21	4/19	丁巳	6/22	5/22	己丑	7/23	6/24	庚申
2/21	1/19	戊子	3/23	2/19	戊午	4/22	3/20	戊子	5/22	4/20	戊午	6/23	5/23	庚寅	7/24	6/25	辛酉
2/22	1/20	己丑	3/24	2/20	己未	4/23	3/21	己丑	5/23	4/21	己未	6/24	5/24	辛卯	7/25	6/26	壬戌
2/23	1/21	庚寅	3/25	2/21	庚申	4/24	3/22	庚寅	5/24	4/22	庚申	6/25	5/25	壬辰	7/26	6/27	癸亥
2/24	1/22	辛卯	3/26	2/22	辛酉	4/25	3/23	辛卯	5/25	4/23	辛酉	6/26	5/26	癸巳	7/27	6/28	甲子
2/25	1/23	壬辰	3/27	2/23	壬戌	4/26	3/24	壬辰	5/26	4/24	壬戌	6/27	5/27	甲午	7/28	6/29	乙丑
2/26	1/24	癸巳	3/28	2/24	癸亥	4/27	3/25	癸巳	5/27	4/25	癸亥	6/28	5/28	乙未	7/29	6/30	丙寅
2/27	1/25	甲午	3/29	2/25	甲子	4/28	3/26	甲午	5/28	4/26	甲子	6/29	5/29	丙申	7/30	7/1	丁卯
2/28	1/26	乙未	3/30	2/26	乙丑	4/29	3/27	乙未	5/29	4/27	乙丑	6/30	6/1	丁酉	7/31	7/2	戊辰
3/1	1/27	丙申	3/31	2/27	丙寅	4/30	3/28	丙申	5/30	4/28	丙寅	7/1	6/2	戊戌	8/1	7/3	己巳
3/2	1/28	丁酉	4/1	2/28	丁卯	5/1	3/29	丁酉	5/31	4/29	丁卯	7/2	6/3	己亥	8/2	7/4	庚午
3/3	1/29	戊戌	4/2	2/29	戊辰	5/2	3/30	戊戌	6/1	5/1	戊辰	7/3	6/4	庚子	8/3	7/5	辛未
3/4	1/30	己亥	4/3	3/1	己巳	5/3	4/1	己亥	6/2	5/2	己巳	7/4	6/5	辛丑	8/4	7/6	壬申
3/5	2/1	庚子	4/4	3/2	庚午	5/4	4/2	庚子	6/3	5/3	庚午	7/5	6/6	壬寅	8/5	7/7	癸酉
									6/4	5/4	辛未	7/6	6/7	癸卯	8/6	7/8	甲戌
									6/5	5/5	壬申				8/7	7/9	乙亥

中氣	雨水 2/19 3時1分 寅時	春分 3/21 2時12分 丑時	穀雨 4/20 13時30分 未時	小滿 5/21 12時53分 午時	夏至 6/21 21時0分 亥時	大暑 7/23 7時55分 辰時

癸丑　年

月： 庚申　辛酉　壬戌　癸亥　甲子　乙丑

節氣：

立秋	白露	寒露	立冬	大雪	小寒
8/8 0時12分 子時	9/8 2時59分 丑時	10/8 18時27分 酉時	11/7 21時27分 亥時	12/7 14時10分 未時	1/6 1時19分 丑時

國曆	農曆	干支	國曆	農曆	干支	國曆	農曆	干支	國曆	農曆	干支	國曆	農曆	干支	國曆	農曆	干支
8 8	7 10	丙子	9 8	8 12	丁未	10 8	9 13	丁丑	11 7	10 13	丁未	12 7	11 13	丁丑	1 6	12 14	丁未
8 9	7 11	丁丑	9 9	8 13	戊申	10 9	9 14	戊寅	11 8	10 14	戊申	12 8	11 14	戊寅	1 7	12 15	戊申
8 10	7 12	戊寅	9 10	8 14	己酉	10 10	9 15	己卯	11 9	10 15	己酉	12 9	11 15	己卯	1 8	12 16	己酉
8 11	7 13	己卯	9 11	8 15	庚戌	10 11	9 16	庚辰	11 10	10 16	庚戌	12 10	11 16	庚辰	1 9	12 17	庚戌
8 12	7 14	庚辰	9 12	8 16	辛亥	10 12	9 17	辛巳	11 11	10 17	辛亥	12 11	11 17	辛巳	1 10	12 18	辛亥
8 13	7 15	辛巳	9 13	8 17	壬子	10 13	9 18	壬午	11 12	10 18	壬子	12 12	11 18	壬午	1 11	12 19	壬子
8 14	7 16	壬午	9 14	8 18	癸丑	10 14	9 19	癸未	11 13	10 19	癸丑	12 13	11 19	癸未	1 12	12 20	癸丑
8 15	7 17	癸未	9 15	8 19	甲寅	10 15	9 20	甲申	11 14	10 20	甲寅	12 14	11 20	甲申	1 13	12 21	甲寅
8 16	7 18	甲申	9 16	8 20	乙卯	10 16	9 21	乙酉	11 15	10 21	乙卯	12 15	11 21	乙酉	1 14	12 22	乙卯
8 17	7 19	乙酉	9 17	8 21	丙辰	10 17	9 22	丙戌	11 16	10 22	丙辰	12 16	11 22	丙戌	1 15	12 23	丙辰
8 18	7 20	丙戌	9 18	8 22	丁巳	10 18	9 23	丁亥	11 17	10 23	丁巳	12 17	11 23	丁亥	1 16	12 24	丁巳
8 19	7 21	丁亥	9 19	8 23	戊午	10 19	9 24	戊子	11 18	10 24	戊午	12 18	11 24	戊子	1 17	12 25	戊午
8 20	7 22	戊子	9 20	8 24	己未	10 20	9 25	己丑	11 19	10 25	己未	12 19	11 25	己丑	1 18	12 26	己未
8 21	7 23	己丑	9 21	8 25	庚申	10 21	9 26	庚寅	11 20	10 26	庚申	12 20	11 26	庚寅	1 19	12 27	庚申
8 22	7 24	庚寅	9 22	8 26	辛酉	10 22	9 27	辛卯	11 21	10 27	辛酉	12 21	11 27	辛卯	1 20	12 28	辛酉
8 23	7 25	辛卯	9 23	8 27	壬戌	10 23	9 28	壬辰	11 22	10 28	壬戌	12 22	11 28	壬辰	1 21	12 29	壬戌
8 24	7 26	壬辰	9 24	8 28	癸亥	10 24	9 29	癸巳	11 23	10 29	癸亥	12 23	11 29	癸巳	1 22	12 30	癸亥
8 25	7 27	癸巳	9 25	8 29	甲子	10 25	9 30	甲午	11 24	10 30	甲子	12 24	12 1	甲午	1 23	1 1	甲子
8 26	7 28	甲午	9 26	9 1	乙丑	10 26	10 1	乙未	11 25	11 1	乙丑	12 25	12 2	乙未	1 24	1 2	乙丑
8 27	7 29	乙未	9 27	9 2	丙寅	10 27	10 2	丙申	11 26	11 2	丙寅	12 26	12 3	丙申	1 25	1 3	丙寅
8 28	8 1	丙申	9 28	9 3	丁卯	10 28	10 3	丁酉	11 27	11 3	丁卯	12 27	12 4	丁酉	1 26	1 4	丁卯
8 29	8 2	丁酉	9 29	9 4	戊辰	10 29	10 4	戊戌	11 28	11 4	戊辰	12 28	12 5	戊戌	1 27	1 5	戊辰
8 30	8 3	戊戌	9 30	9 5	己巳	10 30	10 5	己亥	11 29	11 5	己巳	12 29	12 6	己亥	1 28	1 6	己巳
8 31	8 4	己亥	10 1	9 6	庚午	10 31	10 6	庚子	11 30	11 6	庚午	12 30	12 7	庚子	1 29	1 7	庚午
9 1	8 5	庚子	10 2	9 7	辛未	11 1	10 7	辛丑	12 1	11 7	辛未	12 31	12 8	辛丑	1 30	1 8	辛未
9 2	8 6	辛丑	10 3	9 8	壬申	11 2	10 8	壬寅	12 2	11 8	壬申	1 1	12 9	壬寅	1 31	1 9	壬申
9 3	8 7	壬寅	10 4	9 9	癸酉	11 3	10 9	癸卯	12 3	11 9	癸酉	1 2	12 10	癸卯	2 1	1 10	癸酉
9 4	8 8	癸卯	10 5	9 10	甲戌	11 4	10 10	甲辰	12 4	11 10	甲戌	1 3	12 11	甲辰	2 2	1 11	甲戌
9 5	8 9	甲辰	10 6	9 11	乙亥	11 5	10 11	乙巳	12 5	11 11	乙亥	1 4	12 12	乙巳	2 3	1 12	乙亥
9 6	8 10	乙巳	10 7	9 12	丙子	11 6	10 12	丙午	12 6	11 12	丙子	1 5	12 13	丙午			
9 7	8 11	丙午															

中氣：

處暑	秋分	霜降	小雪	冬至	大寒
8/23 14時53分 未時	9/23 12時21分 午時	10/23 21時30分 亥時	11/22 18時54分 酉時	12/22 8時7分 辰時	1/20 18時45分 酉時

年： 1973・1974　牛　中華民國六十二・六十三年

年	甲寅																
月	丙寅			丁卯			戊辰			己巳			庚午			辛未		
節氣	立春 2/4 13時0分 未時			驚蟄 3/6 7時7分 辰時			清明 4/5 12時5分 午時			立夏 5/6 5時33分 卯時			芒種 6/6 9時51分 巳時			小暑 7/7 20時11分 戌時		
日	國曆	農曆	干支	國曆	農曆	干支	國曆	農曆	干支	國曆	農曆	干支	國曆	農曆	干支	國曆	農曆	干支
	2 4	1 13	丙子	3 6	2 13	丙午	4 5	3 13	丙子	5 6	4 15	丁未	6 6	4 16	戊寅	7 7	5 18	己酉
	2 5	1 14	丁丑	3 7	2 14	丁未	4 6	3 14	丁丑	5 7	4 16	戊申	6 7	4 17	己卯	7 8	5 19	庚戌
	2 6	1 15	戊寅	3 8	2 15	戊申	4 7	3 15	戊寅	5 8	4 17	己酉	6 8	4 18	庚辰	7 9	5 20	辛亥
	2 7	1 16	己卯	3 9	2 16	己酉	4 8	3 16	己卯	5 9	4 18	庚戌	6 9	4 19	辛巳	7 10	5 21	壬子
1	2 8	1 17	庚辰	3 10	2 17	庚戌	4 9	3 17	庚辰	5 10	4 19	辛亥	6 10	4 20	壬午	7 11	5 22	癸丑
9	2 9	1 18	辛巳	3 11	2 18	辛亥	4 10	3 18	辛巳	5 11	4 20	壬子	6 11	4 21	癸未	7 12	5 23	甲寅
7	2 10	1 19	壬午	3 12	2 19	壬子	4 11	3 19	壬午	5 12	4 21	癸丑	6 12	4 22	甲申	7 13	5 24	乙卯
4	2 11	1 20	癸未	3 13	2 20	癸丑	4 12	3 20	癸未	5 13	4 22	甲寅	6 13	4 23	乙酉	7 14	5 25	丙辰
	2 12	1 21	甲申	3 14	2 21	甲寅	4 13	3 21	甲申	5 14	4 23	乙卯	6 14	4 24	丙戌	7 15	5 26	丁巳
	2 13	1 22	乙酉	3 15	2 22	乙卯	4 14	3 22	乙酉	5 15	4 24	丙辰	6 15	4 25	丁亥	7 16	5 27	戊午
	2 14	1 23	丙戌	3 16	2 23	丙辰	4 15	3 23	丙戌	5 16	4 25	丁巳	6 16	4 26	戊子	7 17	5 28	己未
虎	2 15	1 24	丁亥	3 17	2 24	丁巳	4 16	3 24	丁亥	5 17	4 26	戊午	6 17	4 27	己丑	7 18	5 29	庚申
	2 16	1 25	戊子	3 18	2 25	戊午	4 17	3 25	戊子	5 18	4 27	己未	6 18	4 28	庚寅	7 19	6 1	辛酉
	2 17	1 26	己丑	3 19	2 26	己未	4 18	3 26	己丑	5 19	4 28	庚申	6 19	4 29	辛卯	7 20	6 2	壬戌
	2 18	1 27	庚寅	3 20	2 27	庚申	4 19	3 27	庚寅	5 20	4 29	辛酉	6 20	5 1	壬辰	7 21	6 3	癸亥
	2 19	1 28	辛卯	3 21	2 28	辛酉	4 20	3 28	辛卯	5 21	4 30	壬戌	6 21	5 2	癸巳	7 22	6 4	甲子
	2 20	1 29	壬辰	3 22	2 29	壬戌	4 21	3 29	壬辰	5 22	閏4 1	癸亥	6 22	5 3	甲午	7 23	6 5	乙丑
	2 21	1 30	癸巳	3 23	2 30	癸亥	4 22	4 1	癸巳	5 23	4 2	甲子	6 23	5 4	乙未	7 24	6 6	丙寅
	2 22	2 1	甲午	3 24	3 1	甲子	4 23	4 2	甲午	5 24	4 3	乙丑	6 24	5 5	丙申	7 25	6 7	丁卯
	2 23	2 2	乙未	3 25	3 2	乙丑	4 24	4 3	乙未	5 25	4 4	丙寅	6 25	5 6	丁酉	7 26	6 8	戊辰
	2 24	2 3	丙申	3 26	3 3	丙寅	4 25	4 4	丙申	5 26	4 5	丁卯	6 26	5 7	戊戌	7 27	6 9	己巳
中	2 25	2 4	丁酉	3 27	3 4	丁卯	4 26	4 5	丁酉	5 27	4 6	戊辰	6 27	5 8	己亥	7 28	6 10	庚午
華	2 26	2 5	戊戌	3 28	3 5	戊辰	4 27	4 6	戊戌	5 28	4 7	己巳	6 28	5 9	庚子	7 29	6 11	辛未
民	2 27	2 6	己亥	3 29	3 6	己巳	4 28	4 7	己亥	5 29	4 8	庚午	6 29	5 10	辛丑	7 30	6 12	壬申
國	2 28	2 7	庚子	3 30	3 7	庚午	4 29	4 8	庚子	5 30	4 9	辛未	6 30	5 11	壬寅	7 31	6 13	癸酉
六	3 1	2 8	辛丑	3 31	3 8	辛未	4 30	4 9	辛丑	5 31	4 10	壬申	7 1	5 12	癸卯	8 1	6 14	甲戌
十	3 2	2 9	壬寅	4 1	3 9	壬申	5 1	4 10	壬寅	6 1	4 11	癸酉	7 2	5 13	甲辰	8 2	6 15	乙亥
三	3 3	2 10	癸卯	4 2	3 10	癸酉	5 2	4 11	癸卯	6 2	4 12	甲戌	7 3	5 14	乙巳	8 3	6 16	丙子
年	3 4	2 11	甲辰	4 3	3 11	甲戌	5 3	4 12	甲辰	6 3	4 13	乙亥	7 4	5 15	丙午	8 4	6 17	丁丑
	3 5	2 12	乙巳	4 4	3 12	乙亥	5 4	4 13	乙巳	6 4	4 14	丙子	7 5	5 16	丁未	8 5	6 18	戊寅
							5 5	4 14	丙午	6 5	4 15	丁丑	7 6	5 17	戊申	8 6	6 19	己卯
																8 7	6 20	庚辰
中氣	雨水 2/19 8時58分 辰時			春分 3/21 8時6分 辰時			穀雨 4/20 19時18分 戌時			小滿 5/21 18時36分 酉時			夏至 6/22 2時37分 丑時			大暑 7/23 13時30分 未時		

日光節約時間：四月一日至九月三十日

甲寅																		年
壬申			癸酉			甲戌			乙亥			丙子			丁丑			月
立秋			白露			寒露			立冬			大雪			小寒			節氣
8/8 5時57分 卯時			9/8 8時45分 辰時			10/9 0時14分 子時			11/8 3時17分 寅時			12/7 20時4分 戌時			1/6 7時17分 辰時			
國曆	農曆	干支	國曆	農曆	干支	國曆	農曆	干支	國曆	農曆	干支	國曆	農曆	干支	國曆	農曆	干支	日
8 8	6 21	辛巳	9 8	7 22	壬子	10 9	8 24	癸未	11 8	9 25	癸丑	12 7	10 24	壬午	1 6	11 24	壬子	
8 9	6 22	壬午	9 9	7 23	癸丑	10 10	8 25	甲申	11 9	9 26	甲寅	12 8	10 25	癸未	1 7	11 25	癸丑	
8 10	6 23	癸未	9 10	7 24	甲寅	10 11	8 26	乙酉	11 10	9 27	乙卯	12 9	10 26	甲申	1 8	11 26	甲寅	
8 11	6 24	甲申	9 11	7 25	乙卯	10 12	8 27	丙戌	11 11	9 28	丙辰	12 10	10 27	乙酉	1 9	11 27	乙卯	1
8 12	6 25	乙酉	9 12	7 26	丙辰	10 13	8 28	丁亥	11 12	9 29	丁巳	12 11	10 28	丙戌	1 10	11 28	丙辰	9
8 13	6 26	丙戌	9 13	7 27	丁巳	10 14	8 29	戊子	11 13	9 30	戊午	12 12	10 29	丁亥	1 11	11 29	丁巳	7
8 14	6 27	丁亥	9 14	7 28	戊午	10 15	9 1	己丑	11 14	10 1	己未	12 13	10 30	戊子	1 12	12 1	戊午	4
8 15	6 28	戊子	9 15	7 29	己未	10 16	9 2	庚寅	11 15	10 2	庚申	12 14	11 1	己丑	1 13	12 2	己未	·
8 16	6 29	己丑	9 16	8 1	庚申	10 17	9 3	辛卯	11 16	10 3	辛酉	12 15	11 2	庚寅	1 14	12 3	庚申	1
8 17	6 30	庚寅	9 17	8 2	辛酉	10 18	9 4	壬辰	11 17	10 4	壬戌	12 16	11 3	辛卯	1 15	12 4	辛酉	9
8 18	7 1	辛卯	9 18	8 3	壬戌	10 19	9 5	癸巳	11 18	10 5	癸亥	12 17	11 4	壬辰	1 16	12 5	壬戌	7
8 19	7 2	壬辰	9 19	8 4	癸亥	10 20	9 6	甲午	11 19	10 6	甲子	12 18	11 5	癸巳	1 17	12 6	癸亥	5
8 20	7 3	癸巳	9 20	8 5	甲子	10 21	9 7	乙未	11 20	10 7	乙丑	12 19	11 6	甲午	1 18	12 7	甲子	
8 21	7 4	甲午	9 21	8 6	乙丑	10 22	9 8	丙申	11 21	10 8	丙寅	12 20	11 7	乙未	1 19	12 8	乙丑	
8 22	7 5	乙未	9 22	8 7	丙寅	10 23	9 9	丁酉	11 22	10 9	丁卯	12 21	11 8	丙申	1 20	12 9	丙寅	虎
8 23	7 6	丙申	9 23	8 8	丁卯	10 24	9 10	戊戌	11 23	10 10	戊辰	12 22	11 9	丁酉	1 21	12 10	丁卯	
8 24	7 7	丁酉	9 24	8 9	戊辰	10 25	9 11	己亥	11 24	10 11	己巳	12 23	11 10	戊戌	1 22	12 11	戊辰	
8 25	7 8	戊戌	9 25	8 10	己巳	10 26	9 12	庚子	11 25	10 12	庚午	12 24	11 11	己亥	1 23	12 12	己巳	
8 26	7 9	己亥	9 26	8 11	庚午	10 27	9 13	辛丑	11 26	10 13	辛未	12 25	11 12	庚子	1 24	12 13	庚午	
8 27	7 10	庚子	9 27	8 12	辛未	10 28	9 14	壬寅	11 27	10 14	壬申	12 26	11 13	辛丑	1 25	12 14	辛未	中
8 28	7 11	辛丑	9 28	8 13	壬申	10 29	9 15	癸卯	11 28	10 15	癸酉	12 27	11 14	壬寅	1 26	12 15	壬申	華
8 29	7 12	壬寅	9 29	8 14	癸酉	10 30	9 16	甲辰	11 29	10 16	甲戌	12 28	11 15	癸卯	1 27	12 16	癸酉	民
8 30	7 13	癸卯	9 30	8 15	甲戌	10 31	9 17	乙巳	11 30	10 17	乙亥	12 29	11 16	甲辰	1 28	12 17	甲戌	國
8 31	7 14	甲辰	10 1	8 16	乙亥	11 1	9 18	丙午	12 1	10 18	丙子	12 30	11 17	乙巳	1 29	12 18	乙亥	六
9 1	7 15	乙巳	10 2	8 17	丙子	11 2	9 19	丁未	12 2	10 19	丁丑	12 31	11 18	丙午	1 30	12 19	丙子	十
9 2	7 16	丙午	10 3	8 18	丁丑	11 3	9 20	戊申	12 3	10 20	戊寅	1 1	11 19	丁未	1 31	12 20	丁丑	三
9 3	7 17	丁未	10 4	8 19	戊寅	11 4	9 21	己酉	12 4	10 21	己卯	1 2	11 20	戊申	2 1	12 21	戊寅	·
9 4	7 18	戊申	10 5	8 20	己卯	11 5	9 22	庚戌	12 5	10 22	庚辰	1 3	11 21	己酉	2 2	12 22	己卯	六
9 5	7 19	己酉	10 6	8 21	庚辰	11 6	9 23	辛亥	12 6	10 23	辛巳	1 4	11 22	庚戌	2 3	12 23	庚辰	十
9 6	7 20	庚戌	10 7	8 22	辛巳	11 7	9 24	壬子				1 5	11 23	辛亥				四
9 7	7 21	辛亥	10 8	8 23	壬午													年
處暑			秋分			霜降			小雪			冬至			大寒			中
8/23 20時28分 戌時			9/23 17時58分 酉時			10/24 3時10分 寅時			11/23 0時38分 子時			12/22 13時55分 未時			1/21 0時36分 子時			氣

日光節約時間：四月一日至九月三十日

年	乙卯																
月	戊寅			己卯			庚辰			辛巳			壬午			癸未		
節氣	立春			驚蟄			清明			立夏			芒種			小暑		
	2/4 18時59分 酉時			3/6 13時5分 未時			4/5 18時1分 酉時			5/6 11時27分 午時			6/6 15時42分 申時			7/8 1時59分 丑時		
日	國曆	農曆	干支	國曆	農曆	干支	國曆	農曆	干支	國曆	農曆	干支	國曆	農曆	干支	國曆	農曆	干支
	2 4	12 24	辛巳	3 6	1 24	辛亥	4 5	2 24	辛巳	5 6	3 25	壬子	6 6	4 27	癸未	7 8	5 29	乙卯
	2 5	12 25	壬午	3 7	1 25	壬子	4 6	2 25	壬午	5 7	3 26	癸丑	6 7	4 28	甲申	7 9	6 1	丙辰
	2 6	12 26	癸未	3 8	1 26	癸丑	4 7	2 26	癸未	5 8	3 27	甲寅	6 8	4 29	乙酉	7 10	6 2	丁巳
	2 7	12 27	甲申	3 9	1 27	甲寅	4 8	2 27	甲申	5 9	3 28	乙卯	6 9	4 30	丙戌	7 11	6 3	戊午
	2 8	12 28	乙酉	3 10	1 28	乙卯	4 9	2 28	乙酉	5 10	3 29	丙辰	6 10	5 1	丁亥	7 12	6 4	己未
	2 9	12 29	丙戌	3 11	1 29	丙辰	4 10	2 29	丙戌	5 11	4 1	丁巳	6 11	5 2	戊子	7 13	6 5	庚申
1	2 10	12 30	丁亥	3 12	1 30	丁巳	4 11	2 30	丁亥	5 12	4 2	戊午	6 12	5 3	己丑	7 14	6 6	辛酉
9	2 11	1 1	戊子	3 13	2 1	戊午	4 12	3 1	戊子	5 13	4 3	己未	6 13	5 4	庚寅	7 15	6 7	壬戌
7	2 12	1 2	己丑	3 14	2 2	己未	4 13	3 2	己丑	5 14	4 4	庚申	6 14	5 5	辛卯	7 16	6 8	癸亥
5	2 13	1 3	庚寅	3 15	2 3	庚申	4 14	3 3	庚寅	5 15	4 5	辛酉	6 15	5 6	壬辰	7 17	6 9	甲子
	2 14	1 4	辛卯	3 16	2 4	辛酉	4 15	3 4	辛卯	5 16	4 6	壬戌	6 16	5 7	癸巳	7 18	6 10	乙丑
	2 15	1 5	壬辰	3 17	2 5	壬戌	4 16	3 5	壬辰	5 17	4 7	癸亥	6 17	5 8	甲午	7 19	6 11	丙寅
	2 16	1 6	癸巳	3 18	2 6	癸亥	4 17	3 6	癸巳	5 18	4 8	甲子	6 18	5 9	乙未	7 20	6 12	丁卯
	2 17	1 7	甲午	3 19	2 7	甲子	4 18	3 7	甲午	5 19	4 9	乙丑	6 19	5 10	丙申	7 21	6 13	戊辰
兔	2 18	1 8	乙未	3 20	2 8	乙丑	4 19	3 8	乙未	5 20	4 10	丙寅	6 20	5 11	丁酉	7 22	6 14	己巳
	2 19	1 9	丙申	3 21	2 9	丙寅	4 20	3 9	丙申	5 21	4 11	丁卯	6 21	5 12	戊戌	7 23	6 15	庚午
	2 20	1 10	丁酉	3 22	2 10	丁卯	4 21	3 10	丁酉	5 22	4 12	戊辰	6 22	5 13	己亥	7 24	6 16	辛未
	2 21	1 11	戊戌	3 23	2 11	戊辰	4 22	3 11	戊戌	5 23	4 13	己巳	6 23	5 14	庚子	7 25	6 17	壬申
	2 22	1 12	己亥	3 24	2 12	己巳	4 23	3 12	己亥	5 24	4 14	庚午	6 24	5 15	辛丑	7 26	6 18	癸酉
	2 23	1 13	庚子	3 25	2 13	庚午	4 24	3 13	庚子	5 25	4 15	辛未	6 25	5 16	壬寅	7 27	6 19	甲戌
	2 24	1 14	辛丑	3 26	2 14	辛未	4 25	3 14	辛丑	5 26	4 16	壬申	6 26	5 17	癸卯	7 28	6 20	乙亥
中	2 25	1 15	壬寅	3 27	2 15	壬申	4 26	3 15	壬寅	5 27	4 17	癸酉	6 27	5 18	甲辰	7 29	6 21	丙子
華	2 26	1 16	癸卯	3 28	2 16	癸酉	4 27	3 16	癸卯	5 28	4 18	甲戌	6 28	5 19	乙巳	7 30	6 22	丁丑
民	2 27	1 17	甲辰	3 29	2 17	甲戌	4 28	3 17	甲辰	5 29	4 19	乙亥	6 29	5 20	丙午	7 31	6 23	戊寅
國	2 28	1 18	乙巳	3 30	2 18	乙亥	4 29	3 18	乙巳	5 30	4 20	丙子	6 30	5 21	丁未	8 1	6 24	己卯
六	3 1	1 19	丙午	3 31	2 19	丙子	4 30	3 19	丙午	5 31	4 21	丁丑	7 1	5 22	戊申	8 2	6 25	庚辰
十	3 2	1 20	丁未	4 1	2 20	丁丑	5 1	3 20	丁未	6 1	4 22	戊寅	7 2	5 23	己酉	8 3	6 26	辛巳
四	3 3	1 21	戊申	4 2	2 21	戊寅	5 2	3 21	戊申	6 2	4 23	己卯	7 3	5 24	庚戌	8 4	6 27	壬午
年	3 4	1 22	己酉	4 3	2 22	己卯	5 3	3 22	己酉	6 3	4 24	庚辰	7 4	5 25	辛亥	8 5	6 28	癸未
	3 5	1 23	庚戌	4 4	2 23	庚辰	5 4	3 23	庚戌	6 4	4 25	辛巳	7 5	5 26	壬子	8 6	6 29	甲申
							5 5	3 24	辛亥	6 5	4 26	壬午	7 6	5 27	癸丑	8 7	7 1	乙酉
													7 7	5 28	甲寅			
中氣	雨水			春分			穀雨			小滿			夏至			大暑		
	2/19 14時49分 未時			3/21 13時56分 未時			4/21 1時7分 丑時			5/22 0時23分 子時			6/22 8時26分 辰時			7/23 19時21分 戌時		

日光節約時間：四月一日至九月三十日

乙卯																		年
甲申			乙酉			丙戌			丁亥			戊子			己丑			月
立秋			白露			寒露			立冬			大雪			小寒			節氣
8/8 11時44分 午時			9/8 14時33分 未時			10/9 6時2分 卯時			11/8 9時2分 巳時			12/8 1時46分 丑時			1/6 12時57分 午時			節氣
國曆	農曆	干支	國曆	農曆	干支	國曆	農曆	干支	國曆	農曆	干支	國曆	農曆	干支	國曆	農曆	干支	日
8/8	7/2	丙戌	9/8	8/3	丁巳	10/9	9/5	戊子	11/8	10/6	戊午	12/8	11/6	戊子	1/6	12/6	丁巳	
8/9	7/3	丁亥	9/9	8/4	戊午	10/10	9/6	己丑	11/9	10/7	己未	12/9	11/7	己丑	1/7	12/7	戊午	
8/10	7/4	戊子	9/10	8/5	己未	10/11	9/7	庚寅	11/10	10/8	庚申	12/10	11/8	庚寅	1/8	12/8	己未	1
8/11	7/5	己丑	9/11	8/6	庚申	10/12	9/8	辛卯	11/11	10/9	辛酉	12/11	11/9	辛卯	1/9	12/9	庚申	9
8/12	7/6	庚寅	9/12	8/7	辛酉	10/13	9/9	壬辰	11/12	10/10	壬戌	12/12	11/10	壬辰	1/10	12/10	辛酉	7
8/13	7/7	辛卯	9/13	8/8	壬戌	10/14	9/10	癸巳	11/13	10/11	癸亥	12/13	11/11	癸巳	1/11	12/11	壬戌	5
8/14	7/8	壬辰	9/14	8/9	癸亥	10/15	9/11	甲午	11/14	10/12	甲子	12/14	11/12	甲午	1/12	12/12	癸亥	·
8/15	7/9	癸巳	9/15	8/10	甲子	10/16	9/12	乙未	11/15	10/13	乙丑	12/15	11/13	乙未	1/13	12/13	甲子	1
8/16	7/10	甲午	9/16	8/11	乙丑	10/17	9/13	丙申	11/16	10/14	丙寅	12/16	11/14	丙申	1/14	12/14	乙丑	9
8/17	7/11	乙未	9/17	8/12	丙寅	10/18	9/14	丁酉	11/17	10/15	丁卯	12/17	11/15	丁酉	1/15	12/15	丙寅	7
8/18	7/12	丙申	9/18	8/13	丁卯	10/19	9/15	戊戌	11/18	10/16	戊辰	12/18	11/16	戊戌	1/16	12/16	丁卯	6
8/19	7/13	丁酉	9/19	8/14	戊辰	10/20	9/16	己亥	11/19	10/17	己巳	12/19	11/17	己亥	1/17	12/17	戊辰	
8/20	7/14	戊戌	9/20	8/15	己巳	10/21	9/17	庚子	11/20	10/18	庚午	12/20	11/18	庚子	1/18	12/18	己巳	
8/21	7/15	己亥	9/21	8/16	庚午	10/22	9/18	辛丑	11/21	10/19	辛未	12/21	11/19	辛丑	1/19	12/19	庚午	
8/22	7/16	庚子	9/22	8/17	辛未	10/23	9/19	壬寅	11/22	10/20	壬申	12/22	11/20	壬寅	1/20	12/20	辛未	兔
8/23	7/17	辛丑	9/23	8/18	壬申	10/24	9/20	癸卯	11/23	10/21	癸酉	12/23	11/21	癸卯	1/21	12/21	壬申	
8/24	7/18	壬寅	9/24	8/19	癸酉	10/25	9/21	甲辰	11/24	10/22	甲戌	12/24	11/22	甲辰	1/22	12/22	癸酉	
8/25	7/19	癸卯	9/25	8/20	甲戌	10/26	9/22	乙巳	11/25	10/23	乙亥	12/25	11/23	乙巳	1/23	12/23	甲戌	
8/26	7/20	甲辰	9/26	8/21	乙亥	10/27	9/23	丙午	11/26	10/24	丙子	12/26	11/24	丙午	1/24	12/24	乙亥	
8/27	7/21	乙巳	9/27	8/22	丙子	10/28	9/24	丁未	11/27	10/25	丁丑	12/27	11/25	丁未	1/25	12/25	丙子	中
8/28	7/22	丙午	9/28	8/23	丁丑	10/29	9/25	戊申	11/28	10/26	戊寅	12/28	11/26	戊申	1/26	12/26	丁丑	華
8/29	7/23	丁未	9/29	8/24	戊寅	10/30	9/26	己酉	11/29	10/27	己卯	12/29	11/27	己酉	1/27	12/27	戊寅	民
8/30	7/24	戊申	9/30	8/25	己卯	10/31	9/27	庚戌	11/30	10/28	庚辰	12/30	11/28	庚戌	1/28	12/28	己卯	國
8/31	7/25	己酉	10/1	8/26	庚辰	11/1	9/28	辛亥	12/1	10/29	辛巳	12/31	11/29	辛亥	1/29	12/29	庚辰	六
9/1	7/26	庚戌	10/2	8/27	辛巳	11/2	9/29	壬子	12/2	10/30	壬午	1/1	12/1	壬子	1/30	12/30	辛巳	十
9/2	7/27	辛亥	10/3	8/28	壬午	11/3	10/1	癸丑	12/3	11/1	癸未	1/2	12/2	癸丑	1/31	1/1	壬午	四
9/3	7/28	壬子	10/4	8/29	癸未	11/4	10/2	甲寅	12/4	11/2	甲申	1/3	12/3	甲寅	2/1	1/2	癸未	·
9/4	7/29	癸丑	10/5	9/1	甲申	11/5	10/3	乙卯	12/5	11/3	乙酉	1/4	12/4	乙卯	2/2	1/3	甲申	六
9/5	7/30	甲寅	10/6	9/2	乙酉	11/6	10/4	丙辰	12/6	11/4	丙戌	1/5	12/5	丙辰	2/3	1/4	乙酉	十
9/6	8/1	乙卯	10/7	9/3	丙戌	11/7	10/5	丁巳	12/7	11/5	丁亥				2/4	1/5	丙戌	五
9/7	8/2	丙辰	10/8	9/4	丁亥													年
處暑			秋分			霜降			小雪			冬至			大寒			中
8/24 2時23分 丑時			9/23 23時55分 子時			10/24 9時6分 巳時			11/23 6時30分 卯時			12/22 19時45分 戌時			1/21 6時25分 卯時			氣

日光節約時間：四月一日至九月三十日

年	\	\	\	\	\	\	丙辰	\	\	\	\	\	\	\	\	\	\
月	庚寅			辛卯			壬辰			癸巳			甲午			乙未		
節氣	立春			驚蟄			清明			立夏			芒種			小暑		
節氣	2/5 0時39分 子時			3/5 18時48分 酉時			4/4 23時46分 子時			5/5 17時14分 酉時			6/5 21時31分 亥時			7/7 7時50分 辰時		
日	國曆	農曆	干支	國曆	農曆	干支	國曆	農曆	干支	國曆	農曆	干支	國曆	農曆	干支	國曆	農曆	干支
	2 5	1 6	丁亥	3 5	2 5	丙辰	4 4	3 5	丙戌	5 5	4 7	丁巳	6 5	5 8	戊子	7 7	6 11	庚申
	2 6	1 7	戊子	3 6	2 6	丁巳	4 5	3 6	丁亥	5 6	4 8	戊午	6 6	5 9	己丑	7 8	6 12	辛酉
	2 7	1 8	己丑	3 7	2 7	戊午	4 6	3 7	戊子	5 7	4 9	己未	6 7	5 10	庚寅	7 9	6 13	壬戌
	2 8	1 9	庚寅	3 8	2 8	己未	4 7	3 8	己丑	5 8	4 10	庚申	6 8	5 11	辛卯	7 10	6 14	癸亥
1	2 9	1 10	辛卯	3 9	2 9	庚申	4 8	3 9	庚寅	5 9	4 11	辛酉	6 9	5 12	壬辰	7 11	6 15	甲子
9	2 10	1 11	壬辰	3 10	2 10	辛酉	4 9	3 10	辛卯	5 10	4 12	壬戌	6 10	5 13	癸巳	7 12	6 16	乙丑
7	2 11	1 12	癸巳	3 11	2 11	壬戌	4 10	3 11	壬辰	5 11	4 13	癸亥	6 11	5 14	甲午	7 13	6 17	丙寅
6	2 12	1 13	甲午	3 12	2 12	癸亥	4 11	3 12	癸巳	5 12	4 14	甲子	6 12	5 15	乙未	7 14	6 18	丁卯
	2 13	1 14	乙未	3 13	2 13	甲子	4 12	3 13	甲午	5 13	4 15	乙丑	6 13	5 16	丙申	7 15	6 19	戊辰
	2 14	1 15	丙申	3 14	2 14	乙丑	4 13	3 14	乙未	5 14	4 16	丙寅	6 14	5 17	丁酉	7 16	6 20	己巳
	2 15	1 16	丁酉	3 15	2 15	丙寅	4 14	3 15	丙申	5 15	4 17	丁卯	6 15	5 18	戊戌	7 17	6 21	庚午
	2 16	1 17	戊戌	3 16	2 16	丁卯	4 15	3 16	丁酉	5 16	4 18	戊辰	6 16	5 19	己亥	7 18	6 22	辛未
	2 17	1 18	己亥	3 17	2 17	戊辰	4 16	3 17	戊戌	5 17	4 19	己巳	6 17	5 20	庚子	7 19	6 23	壬申
	2 18	1 19	庚子	3 18	2 18	己巳	4 17	3 18	己亥	5 18	4 20	庚午	6 18	5 21	辛丑	7 20	6 24	癸酉
	2 19	1 20	辛丑	3 19	2 19	庚午	4 18	3 19	庚子	5 19	4 21	辛未	6 19	5 22	壬寅	7 21	6 25	甲戌
	2 20	1 21	壬寅	3 20	2 20	辛未	4 19	3 20	辛丑	5 20	4 22	壬申	6 20	5 23	癸卯	7 22	6 26	乙亥
	2 21	1 22	癸卯	3 21	2 21	壬申	4 20	3 21	壬寅	5 21	4 23	癸酉	6 21	5 24	甲辰	7 23	6 27	丙子
	2 22	1 23	甲辰	3 22	2 22	癸酉	4 21	3 22	癸卯	5 22	4 24	甲戌	6 22	5 25	乙巳	7 24	6 28	丁丑
	2 23	1 24	乙巳	3 23	2 23	甲戌	4 22	3 23	甲辰	5 23	4 25	乙亥	6 23	5 26	丙午	7 25	6 29	戊寅
	2 24	1 25	丙午	3 24	2 24	乙亥	4 23	3 24	乙巳	5 24	4 26	丙子	6 24	5 27	丁未	7 26	6 30	己卯
	2 25	1 26	丁未	3 25	2 25	丙子	4 24	3 25	丙午	5 25	4 27	丁丑	6 25	5 28	戊申	7 27	7 1	庚辰
龍	2 26	1 27	戊申	3 26	2 26	丁丑	4 25	3 26	丁未	5 26	4 28	戊寅	6 26	5 29	己酉	7 28	7 2	辛巳
	2 27	1 28	己酉	3 27	2 27	戊寅	4 26	3 27	戊申	5 27	4 29	己卯	6 27	6 1	庚戌	7 29	7 3	壬午
	2 28	1 29	庚戌	3 28	2 28	己卯	4 27	3 28	己酉	5 28	4 30	庚辰	6 28	6 2	辛亥	7 30	7 4	癸未
	2 29	1 30	辛亥	3 29	2 29	庚辰	4 28	3 29	庚戌	5 29	5 1	辛巳	6 29	6 3	壬子	7 31	7 5	甲申
中	3 1	2 1	壬子	3 30	2 30	辛巳	4 29	4 1	辛亥	5 30	5 2	壬午	6 30	6 4	癸丑	8 1	7 6	乙酉
華	3 2	2 2	癸丑	3 31	3 1	壬午	4 30	4 2	壬子	5 31	5 3	癸未	7 1	6 5	甲寅	8 2	7 7	丙戌
民	3 3	2 3	甲寅	4 1	3 2	癸未	5 1	4 3	癸丑	6 1	5 4	甲申	7 2	6 6	乙卯	8 3	7 8	丁亥
國	3 4	2 4	乙卯	4 2	3 3	甲申	5 2	4 4	甲寅	6 2	5 5	乙酉	7 3	6 7	丙辰	8 4	7 9	戊子
六				4 3	3 4	乙酉	5 3	4 5	乙卯	6 3	5 6	丙戌	7 4	6 8	丁巳	8 5	7 10	己丑
十				4 4	3 4	乙酉	5 4	4 6	丙辰	6 4	5 7	丁亥	7 5	6 9	戊午	8 6	7 11	庚寅
五													7 6	6 10	己未			
年																		
中氣	雨水			春分			穀雨			小滿			夏至			大暑		
中氣	2/19 20時39分 戊時			3/20 19時49分 戊時			4/20 7時2分 辰時			5/21 6時21分 卯時			6/21 14時24分 未時			7/23 1時18分 丑時		

丙辰（年）

月	丙申	丁酉	戊戌	己亥	庚子	辛丑
節氣	立秋	白露	寒露	立冬	大雪	小寒
	8/7 17時38分 酉時	9/7 20時28分 戌時	10/8 11時58分 午時	11/7 14時58分 未時	12/7 7時40分 辰時	1/5 18時51分 酉時

年：1976・1977　龍　中華民國六十五・六十六年

國曆	農曆	干支	國曆	農曆	干支	國曆	農曆	干支	國曆	農曆	干支	國曆	農曆	干支	國曆	農曆	干支
8/7	7/12	辛卯	9/7	8/14	壬戌	10/8	8/15	癸巳	11/7	9/16	癸亥	12/7	10/17	癸巳	1/5	11/16	壬戌
8/8	7/13	壬辰	9/8	8/15	癸亥	10/9	8/16	甲午	11/8	9/17	甲子	12/8	10/18	甲午	1/6	11/17	癸亥
8/9	7/14	癸巳	9/9	8/16	甲子	10/10	8/17	乙未	11/9	9/18	乙丑	12/9	10/19	乙未	1/7	11/18	甲子
8/10	7/15	甲午	9/10	8/17	乙丑	10/11	8/18	丙申	11/10	9/19	丙寅	12/10	10/20	丙申	1/8	11/19	乙丑
8/11	7/16	乙未	9/11	8/18	丙寅	10/12	8/19	丁酉	11/11	9/20	丁卯	12/11	10/21	丁酉	1/9	11/20	丙寅
8/12	7/17	丙申	9/12	8/19	丁卯	10/13	8/20	戊戌	11/12	9/21	戊辰	12/12	10/22	戊戌	1/10	11/21	丁卯
8/13	7/18	丁酉	9/13	8/20	戊辰	10/14	8/21	己亥	11/13	9/22	己巳	12/13	10/23	己亥	1/11	11/22	戊辰
8/14	7/19	戊戌	9/14	8/21	己巳	10/15	8/22	庚子	11/14	9/23	庚午	12/14	10/24	庚子	1/12	11/23	己巳
8/15	7/20	己亥	9/15	8/22	庚午	10/16	8/23	辛丑	11/15	9/24	辛未	12/15	10/25	辛丑	1/13	11/24	庚午
8/16	7/21	庚子	9/16	8/23	辛未	10/17	8/24	壬寅	11/16	9/25	壬申	12/16	10/26	壬寅	1/14	11/25	辛未
8/17	7/22	辛丑	9/17	8/24	壬申	10/18	8/25	癸卯	11/17	9/26	癸酉	12/17	10/27	癸卯	1/15	11/26	壬申
8/18	7/23	壬寅	9/18	8/25	癸酉	10/19	8/26	甲辰	11/18	9/27	甲戌	12/18	10/28	甲辰	1/16	11/27	癸酉
8/19	7/24	癸卯	9/19	8/26	甲戌	10/20	8/27	乙巳	11/19	9/28	乙亥	12/19	10/29	乙巳	1/17	11/28	甲戌
8/20	7/25	甲辰	9/20	8/27	乙亥	10/21	8/28	丙午	11/20	9/29	丙子	12/20	10/30	丙午	1/18	11/29	乙亥
8/21	7/26	乙巳	9/21	8/28	丙子	10/22	8/29	丁未	11/21	10/1	丁丑	12/21	11/1	丁未	1/19	12/1	丙子
8/22	7/27	丙午	9/22	8/29	丁丑	10/23	9/1	戊申	11/22	10/2	戊寅	12/22	11/2	戊申	1/20	12/2	丁丑
8/23	7/28	丁未	9/23	8/30	戊寅	10/24	9/2	己酉	11/23	10/3	己卯	12/23	11/3	己酉	1/21	12/3	戊寅
8/24	7/29	戊申	9/24	閏8/1	己卯	10/25	9/3	庚戌	11/24	10/4	庚辰	12/24	11/4	庚戌	1/22	12/4	己卯
8/25	8/1	己酉	9/25	8/2	庚辰	10/26	9/4	辛亥	11/25	10/5	辛巳	12/25	11/5	辛亥	1/23	12/5	庚辰
8/26	8/2	庚戌	9/26	8/3	辛巳	10/27	9/5	壬子	11/26	10/6	壬午	12/26	11/6	壬子	1/24	12/6	辛巳
8/27	8/3	辛亥	9/27	8/4	壬午	10/28	9/6	癸丑	11/27	10/7	癸未	12/27	11/7	癸丑	1/25	12/7	壬午
8/28	8/4	壬子	9/28	8/5	癸未	10/29	9/7	甲寅	11/28	10/8	甲申	12/28	11/8	甲寅	1/26	12/8	癸未
8/29	8/5	癸丑	9/29	8/6	甲申	10/30	9/8	乙卯	11/29	10/9	乙酉	12/29	11/9	乙卯	1/27	12/9	甲申
8/30	8/6	甲寅	9/30	8/7	乙酉	10/31	9/9	丙辰	11/30	10/10	丙戌	12/30	11/10	丙辰	1/28	12/10	乙酉
8/31	8/7	乙卯	10/1	8/8	丙戌	11/1	9/10	丁巳	12/1	10/11	丁亥	12/31	11/11	丁巳	1/29	12/11	丙戌
9/1	8/8	丙辰	10/2	8/9	丁亥	11/2	9/11	戊午	12/2	10/12	戊子	1/1	11/12	戊午	1/30	12/12	丁亥
9/2	8/9	丁巳	10/3	8/10	戊子	11/3	9/12	己未	12/3	10/13	己丑	1/2	11/13	己未	1/31	12/13	戊子
9/3	8/10	戊午	10/4	8/11	己丑	11/4	9/13	庚申	12/4	10/14	庚寅	1/3	11/14	庚申	2/1	12/14	己丑
9/4	8/11	己未	10/5	8/12	庚寅	11/5	9/14	辛酉	12/5	10/15	辛卯	1/4	11/15	辛酉	2/2	12/15	庚寅
9/5	8/12	庚申	10/6	8/13	辛卯	11/6	9/15	壬戌	12/6	10/16	壬辰				2/3	12/16	辛卯
9/6	8/13	辛酉	10/7	8/14	壬辰												

中氣	處暑	秋分	霜降	小雪	冬至	大寒
	8/23 8時18分 辰時	9/23 5時48分 卯時	10/23 14時58分 未時	11/22 12時21分 午時	12/22 1時35分 丑時	1/20 12時14分 午時

年	丁巳																	
月	壬寅			癸卯			甲辰			乙巳			丙午			丁未		
節氣	立春 2/4 6時33分 卯時			驚蟄 3/6 0時44分 子時			清明 4/5 5時45分 卯時			立夏 5/5 23時16分 子時			芒種 6/6 3時32分 寅時			小暑 7/7 13時47分 未時		
日	國曆	農曆	干支	國曆	農曆	干支	國曆	農曆	干支	國曆	農曆	干支	國曆	農曆	干支	國曆	農曆	干支
	2 4	12 17	壬辰	3 6	1 17	壬戌	4 5	2 17	壬辰	5 5	3 18	壬戌	6 6	4 20	甲午	7 7	5 21	乙丑
	2 5	12 18	癸巳	3 7	1 18	癸亥	4 6	2 18	癸巳	5 6	3 19	癸亥	6 7	4 21	乙未	7 8	5 22	丙寅
	2 6	12 19	甲午	3 8	1 19	甲子	4 7	2 19	甲午	5 7	3 20	甲子	6 8	4 22	丙申	7 9	5 23	丁卯
1	2 7	12 20	乙未	3 9	1 20	乙丑	4 8	2 20	乙未	5 8	3 21	乙丑	6 9	4 23	丁酉	7 10	5 24	戊辰
9	2 8	12 21	丙申	3 10	1 21	丙寅	4 9	2 21	丙申	5 9	3 22	丙寅	6 10	4 24	戊戌	7 11	5 25	己巳
7	2 9	12 22	丁酉	3 11	1 22	丁卯	4 10	2 22	丁酉	5 10	3 23	丁卯	6 11	4 25	己亥	7 12	5 26	庚午
7	2 10	12 23	戊戌	3 12	1 23	戊辰	4 11	2 23	戊戌	5 11	3 24	戊辰	6 12	4 26	庚子	7 13	5 27	辛未
	2 11	12 24	己亥	3 13	1 24	己巳	4 12	2 24	己亥	5 12	3 25	己巳	6 13	4 27	辛丑	7 14	5 28	壬申
	2 12	12 25	庚子	3 14	1 25	庚午	4 13	2 25	庚子	5 13	3 26	庚午	6 14	4 28	壬寅	7 15	5 29	癸酉
	2 13	12 26	辛丑	3 15	1 26	辛未	4 14	2 26	辛丑	5 14	3 27	辛未	6 15	4 29	癸卯	7 16	6 1	甲戌
	2 14	12 27	壬寅	3 16	1 27	壬申	4 15	2 27	壬寅	5 15	3 28	壬申	6 16	4 30	甲辰	7 17	6 2	乙亥
	2 15	12 28	癸卯	3 17	1 28	癸酉	4 16	2 28	癸卯	5 16	3 29	癸酉	6 17	5 1	乙巳	7 18	6 3	丙子
	2 16	12 29	甲辰	3 18	1 29	甲戌	4 17	2 29	甲辰	5 17	3 30	甲戌	6 18	5 2	丙午	7 19	6 4	丁丑
	2 17	12 30	乙巳	3 19	1 30	乙亥	4 18	3 1	乙巳	5 18	4 1	乙亥	6 19	5 3	丁未	7 20	6 5	戊寅
蛇	2 18	1 1	丙午	3 20	2 1	丙子	4 19	3 2	丙午	5 19	4 2	丙子	6 20	5 4	戊申	7 21	6 6	己卯
	2 19	1 2	丁未	3 21	2 2	丁丑	4 20	3 3	丁未	5 20	4 3	丁丑	6 21	5 5	己酉	7 22	6 7	庚辰
	2 20	1 3	戊申	3 22	2 3	戊寅	4 21	3 4	戊申	5 21	4 4	戊寅	6 22	5 6	庚戌	7 23	6 8	辛巳
	2 21	1 4	己酉	3 23	2 4	己卯	4 22	3 5	己酉	5 22	4 5	己卯	6 23	5 7	辛亥	7 24	6 9	壬午
	2 22	1 5	庚戌	3 24	2 5	庚辰	4 23	3 6	庚戌	5 23	4 6	庚辰	6 24	5 8	壬子	7 25	6 10	癸未
	2 23	1 6	辛亥	3 25	2 6	辛巳	4 24	3 7	辛亥	5 24	4 7	辛巳	6 25	5 9	癸丑	7 26	6 11	甲申
	2 24	1 7	壬子	3 26	2 7	壬午	4 25	3 8	壬子	5 25	4 8	壬午	6 26	5 10	甲寅	7 27	6 12	乙酉
中	2 25	1 8	癸丑	3 27	2 8	癸未	4 26	3 9	癸丑	5 26	4 9	癸未	6 27	5 11	乙卯	7 28	6 13	丙戌
華	2 26	1 9	甲寅	3 28	2 9	甲申	4 27	3 10	甲寅	5 27	4 10	甲申	6 28	5 12	丙辰	7 29	6 14	丁亥
民	2 27	1 10	乙卯	3 29	2 10	乙酉	4 28	3 11	乙卯	5 28	4 11	乙酉	6 29	5 13	丁巳	7 30	6 15	戊子
國	2 28	1 11	丙辰	3 30	2 11	丙戌	4 29	3 12	丙辰	5 29	4 12	丙戌	6 30	5 14	戊午	7 31	6 16	己丑
六	3 1	1 12	丁巳	3 31	2 12	丁亥	4 30	3 13	丁巳	5 30	4 13	丁亥	7 1	5 15	己未	8 1	6 17	庚寅
十	3 2	1 13	戊午	4 1	2 13	戊子	5 1	3 14	戊午	5 31	4 14	戊子	7 2	5 16	庚申	8 2	6 18	辛卯
六	3 3	1 14	己未	4 2	2 14	己丑	5 2	3 15	己未	6 1	4 15	己丑	7 3	5 17	辛酉	8 3	6 19	壬辰
年	3 4	1 15	庚申	4 3	2 15	庚寅	5 3	3 16	庚申	6 2	4 16	庚寅	7 4	5 18	壬戌	8 4	6 20	癸巳
	3 5	1 16	辛酉	4 4	2 16	辛卯	5 4	3 17	辛酉	6 3	4 17	辛卯	7 5	5 19	癸亥	8 5	6 21	甲午
										6 4	4 18	壬辰	7 6	5 20	甲子	8 6	6 22	乙未
										6 5	4 19	癸巳						
中氣	雨水 2/19 2時30分 丑時			春分 3/21 1時42分 丑時			穀雨 4/20 12時57分 午時			小滿 5/21 12時14分 午時			夏至 6/21 20時13分 戌時			大暑 7/23 7時3分 辰時		

丁巳																		年
戊申			己酉			庚戌			辛亥			壬子			癸丑			月
立秋			白露			寒露			立冬			大雪			小寒			節氣
8/7 23時30分 子時			9/8 2時15分 丑時			10/8 17時43分 酉時			11/7 20時45分 戌時			12/7 13時30分 未時			1/6 0時43分 子時			
國曆	農曆	干支	國曆	農曆	干支	國曆	農曆	干支	國曆	農曆	干支	國曆	農曆	干支	國曆	農曆	干支	日
8 7	6 23	丙申	9 8	7 25	戊辰	10 8	8 26	戊戌	11 7	9 26	戊辰	12 7	10 27	戊戌	1 6	11 27	戊辰	
8 8	6 24	丁酉	9 9	7 26	己巳	10 9	8 27	己亥	11 8	9 27	己巳	12 8	10 28	己亥	1 7	11 28	己巳	
8 9	6 25	戊戌	9 10	7 27	庚午	10 10	8 28	庚子	11 9	9 28	庚午	12 9	10 29	庚子	1 8	11 29	庚午	1 9 7 7 · 1 9 7 8
8 10	6 26	己亥	9 11	7 28	辛未	10 11	8 29	辛丑	11 10	9 29	辛未	12 10	10 30	辛丑	1 9	12 1	辛未	
8 11	6 27	庚子	9 12	7 29	壬申	10 12	8 30	壬寅	11 11	10 1	壬申	12 11	11 1	壬寅	1 10	12 2	壬申	
8 12	6 28	辛丑	9 13	8 1	癸酉	10 13	9 1	癸卯	11 12	10 2	癸酉	12 12	11 2	癸卯	1 11	12 3	癸酉	
8 13	6 29	壬寅	9 14	8 2	甲戌	10 14	9 2	甲辰	11 13	10 3	甲戌	12 13	11 3	甲辰	1 12	12 4	甲戌	
8 14	6 30	癸卯	9 15	8 3	乙亥	10 15	9 3	乙巳	11 14	10 4	乙亥	12 14	11 4	乙巳	1 13	12 5	乙亥	
8 15	7 1	甲辰	9 16	8 4	丙子	10 16	9 4	丙午	11 15	10 5	丙子	12 15	11 5	丙午	1 14	12 6	丙子	
8 16	7 2	乙巳	9 17	8 5	丁丑	10 17	9 5	丁未	11 16	10 6	丁丑	12 16	11 6	丁未	1 15	12 7	丁丑	
8 17	7 3	丙午	9 18	8 6	戊寅	10 18	9 6	戊申	11 17	10 7	戊寅	12 17	11 7	戊申	1 16	12 8	戊寅	
8 18	7 4	丁未	9 19	8 7	己卯	10 19	9 7	己酉	11 18	10 8	己卯	12 18	11 8	己酉	1 17	12 9	己卯	
8 19	7 5	戊申	9 20	8 8	庚辰	10 20	9 8	庚戌	11 19	10 9	庚辰	12 19	11 9	庚戌	1 18	12 10	庚辰	蛇
8 20	7 6	己酉	9 21	8 9	辛巳	10 21	9 9	辛亥	11 20	10 10	辛巳	12 20	11 10	辛亥	1 19	12 11	辛巳	
8 21	7 7	庚戌	9 22	8 10	壬午	10 22	9 10	壬子	11 21	10 11	壬午	12 21	11 11	壬子	1 20	12 12	壬午	
8 22	7 8	辛亥	9 23	8 11	癸未	10 23	9 11	癸丑	11 22	10 12	癸未	12 22	11 12	癸丑	1 21	12 13	癸未	
8 23	7 9	壬子	9 24	8 12	甲申	10 24	9 12	甲寅	11 23	10 13	甲申	12 23	11 13	甲寅	1 22	12 14	甲申	
8 24	7 10	癸丑	9 25	8 13	乙酉	10 25	9 13	乙卯	11 24	10 14	乙酉	12 24	11 14	乙卯	1 23	12 15	乙酉	
8 25	7 11	甲寅	9 26	8 14	丙戌	10 26	9 14	丙辰	11 25	10 15	丙戌	12 25	11 15	丙辰	1 24	12 16	丙戌	中華民國六十六·六十七年
8 26	7 12	乙卯	9 27	8 15	丁亥	10 27	9 15	丁巳	11 26	10 16	丁亥	12 26	11 16	丁巳	1 25	12 17	丁亥	
8 27	7 13	丙辰	9 28	8 16	戊子	10 28	9 16	戊午	11 27	10 17	戊子	12 27	11 17	戊午	1 26	12 18	戊子	
8 28	7 14	丁巳	9 29	8 17	己丑	10 29	9 17	己未	11 28	10 18	己丑	12 28	11 18	己未	1 27	12 19	己丑	
8 29	7 15	戊午	9 30	8 18	庚寅	10 30	9 18	庚申	11 29	10 19	庚寅	12 29	11 19	庚申	1 28	12 20	庚寅	
8 30	7 16	己未	10 1	8 19	辛卯	10 31	9 19	辛酉	11 30	10 20	辛卯	12 30	11 20	辛酉	1 29	12 21	辛卯	
8 31	7 17	庚申	10 2	8 20	壬辰	11 1	9 20	壬戌	12 1	10 21	壬辰	12 31	11 21	壬戌	1 30	12 22	壬辰	
9 1	7 18	辛酉	10 3	8 21	癸巳	11 2	9 21	癸亥	12 2	10 22	癸巳	1 1	11 22	癸亥	1 31	12 23	癸巳	
9 2	7 19	壬戌	10 4	8 22	甲午	11 3	9 22	甲子	12 3	10 23	甲午	1 2	11 23	甲子	2 1	12 24	甲午	
9 3	7 20	癸亥	10 5	8 23	乙未	11 4	9 23	乙丑	12 4	10 24	乙未	1 3	11 24	乙丑	2 2	12 25	乙未	
9 4	7 21	甲子	10 6	8 24	丙申	11 5	9 24	丙寅	12 5	10 25	丙申	1 4	11 25	丙寅	2 3	12 26	丙申	
9 5	7 22	乙丑	10 7	8 25	丁酉	11 6	9 25	丁卯	12 6	10 26	丁酉	1 5	11 26	丁卯				
9 6	7 23	丙寅																
9 7	7 24	丁卯																
處暑			秋分			霜降			小雪			冬至			大寒			中
8/23 14時0分 未時			9/23 11時29分 午時			10/23 20時40分 戌時			11/22 18時7分 酉時			12/22 7時23分 辰時			1/20 18時4分 酉時			氣

年	戊午																
月	甲寅			乙卯			丙辰			丁巳			戊午			己未		
節氣	立春			驚蟄			清明			立夏			芒種			小暑		
	2/4 12時27分 午時			3/6 6時38分 卯時			4/5 11時39分 午時			5/6 5時8分 卯時			6/6 9時23分 巳時			7/7 19時36分 戌時		
日	國曆	農曆	干支	國曆	農曆	干支	國曆	農曆	干支	國曆	農曆	干支	國曆	農曆	干支	國曆	農曆	干支
	2 4	12 27	丁酉	3 6	1 28	丁卯	4 5	2 28	丁酉	5 6	3 30	戊辰	6 6	5 1	己亥	7 7	6 3	庚午
	2 5	12 28	戊戌	3 7	1 29	戊辰	4 6	2 29	戊戌	5 7	4 1	己巳	6 7	5 2	庚子	7 8	6 4	辛未
	2 6	12 29	己亥	3 8	1 30	己巳	4 7	3 1	己亥	5 8	4 2	庚午	6 8	5 3	辛丑	7 9	6 5	壬申
	2 7	1 1	庚子	3 9	2 1	庚午	4 8	3 2	庚子	5 9	4 3	辛未	6 9	5 4	壬寅	7 10	6 6	癸酉
1	2 8	1 2	辛丑	3 10	2 2	辛未	4 9	3 3	辛丑	5 10	4 4	壬申	6 10	5 5	癸卯	7 11	6 7	甲戌
9	2 9	1 3	壬寅	3 11	2 3	壬申	4 10	3 4	壬寅	5 11	4 5	癸酉	6 11	5 6	甲辰	7 12	6 8	乙亥
7	2 10	1 4	癸卯	3 12	2 4	癸酉	4 11	3 5	癸卯	5 12	4 6	甲戌	6 12	5 7	乙巳	7 13	6 9	丙子
8	2 11	1 5	甲辰	3 13	2 5	甲戌	4 12	3 6	甲辰	5 13	4 7	乙亥	6 13	5 8	丙午	7 14	6 10	丁丑
	2 12	1 6	乙巳	3 14	2 6	乙亥	4 13	3 7	乙巳	5 14	4 8	丙子	6 14	5 9	丁未	7 15	6 11	戊寅
	2 13	1 7	丙午	3 15	2 7	丙子	4 14	3 8	丙午	5 15	4 9	丁丑	6 15	5 10	戊申	7 16	6 12	己卯
	2 14	1 8	丁未	3 16	2 8	丁丑	4 15	3 9	丁未	5 16	4 10	戊寅	6 16	5 11	己酉	7 17	6 13	庚辰
	2 15	1 9	戊申	3 17	2 9	戊寅	4 16	3 10	戊申	5 17	4 11	己卯	6 17	5 12	庚戌	7 18	6 14	辛巳
	2 16	1 10	己酉	3 18	2 10	己卯	4 17	3 11	己酉	5 18	4 12	庚辰	6 18	5 13	辛亥	7 19	6 15	壬午
	2 17	1 11	庚戌	3 19	2 11	庚辰	4 18	3 12	庚戌	5 19	4 13	辛巳	6 19	5 14	壬子	7 20	6 16	癸未
馬	2 18	1 12	辛亥	3 20	2 12	辛巳	4 19	3 13	辛亥	5 20	4 14	壬午	6 20	5 15	癸丑	7 21	6 17	甲申
	2 19	1 13	壬子	3 21	2 13	壬午	4 20	3 14	壬子	5 21	4 15	癸未	6 21	5 16	甲寅	7 22	6 18	乙酉
	2 20	1 14	癸丑	3 22	2 14	癸未	4 21	3 15	癸丑	5 22	4 16	甲申	6 22	5 17	乙卯	7 23	6 19	丙戌
	2 21	1 15	甲寅	3 23	2 15	甲申	4 22	3 16	甲寅	5 23	4 17	乙酉	6 23	5 18	丙辰	7 24	6 20	丁亥
	2 22	1 16	乙卯	3 24	2 16	乙酉	4 23	3 17	乙卯	5 24	4 18	丙戌	6 24	5 19	丁巳	7 25	6 21	戊子
	2 23	1 17	丙辰	3 25	2 17	丙戌	4 24	3 18	丙辰	5 25	4 19	丁亥	6 25	5 20	戊午	7 26	6 22	己丑
	2 24	1 18	丁巳	3 26	2 18	丁亥	4 25	3 19	丁巳	5 26	4 20	戊子	6 26	5 21	己未	7 27	6 23	庚寅
中	2 25	1 19	戊午	3 27	2 19	戊子	4 26	3 20	戊午	5 27	4 21	己丑	6 27	5 22	庚申	7 28	6 24	辛卯
華	2 26	1 20	己未	3 28	2 20	己丑	4 27	3 21	己未	5 28	4 22	庚寅	6 28	5 23	辛酉	7 29	6 25	壬辰
民	2 27	1 21	庚申	3 29	2 21	庚寅	4 28	3 22	庚申	5 29	4 23	辛卯	6 29	5 24	壬戌	7 30	6 26	癸巳
國	2 28	1 22	辛酉	3 30	2 22	辛卯	4 29	3 23	辛酉	5 30	4 24	壬辰	6 30	5 25	癸亥	7 31	6 27	甲午
六	3 1	1 23	壬戌	3 31	2 23	壬辰	4 30	3 24	壬戌	5 31	4 25	癸巳	7 1	5 26	甲子	8 1	6 28	乙未
十	3 2	1 24	癸亥	4 1	2 24	癸巳	5 1	3 25	癸亥	6 1	4 26	甲午	7 2	5 27	乙丑	8 2	6 29	丙申
七	3 3	1 25	甲子	4 2	2 25	甲午	5 2	3 26	甲子	6 2	4 27	乙未	7 3	5 28	丙寅	8 3	6 30	丁酉
年	3 4	1 26	乙丑	4 3	2 26	乙未	5 3	3 27	乙丑	6 3	4 28	丙申	7 4	5 29	丁卯	8 4	7 1	戊戌
	3 5	1 27	丙寅	4 4	2 27	丙申	5 4	3 28	丙寅	6 4	4 29	丁酉	7 5	6 1	戊辰	8 5	7 2	己亥
							5 5	3 29	丁卯	6 5	4 30	戊戌	7 6	6 2	己巳	8 6	7 3	庚子
																8 7	7 4	辛丑
中	雨水			春分			穀雨			小滿			夏至			大暑		
氣	2/19 8時20分 辰時			3/21 7時33分 辰時			4/20 18時49分 酉時			5/21 18時8分 酉時			6/22 2時9分 丑時			7/23 13時0分 未時		

戊午																		年
庚申			辛酉			壬戌			癸亥			甲子			乙丑			月
立秋			白露			寒露			立冬			大雪			小寒			節氣
8/8 5時17分 卯時			9/8 8時2分 辰時			10/8 23時30分 子時			11/8 2時34分 丑時			12/7 19時20分 戌時			1/6 6時31分 卯時			節氣
國曆	農曆	干支	國曆	農曆	干支	國曆	農曆	干支	國曆	農曆	干支	國曆	農曆	干支	國曆	農曆	干支	日
8 8	7 5	壬寅	9 8	8 6	癸酉	10 8	9 7	癸卯	11 8	10 8	甲戌	12 7	11 8	癸卯	1 6	12 8	癸酉	
8 9	7 6	癸卯	9 9	8 7	甲戌	10 9	9 8	甲辰	11 9	10 9	乙亥	12 8	11 9	甲辰	1 7	12 9	甲戌	
8 10	7 7	甲辰	9 10	8 8	乙亥	10 10	9 9	乙巳	11 10	10 10	丙子	12 9	11 10	乙巳	1 8	12 10	乙亥	
8 11	7 8	乙巳	9 11	8 9	丙子	10 11	9 10	丙午	11 11	10 11	丁丑	12 10	11 11	丙午	1 9	12 11	丙子	1 9 7 8 · 1 9 7 9
8 12	7 9	丙午	9 12	8 10	丁丑	10 12	9 11	丁未	11 12	10 12	戊寅	12 11	11 12	丁未	1 10	12 12	丁丑	
8 13	7 10	丁未	9 13	8 11	戊寅	10 13	9 12	戊申	11 13	10 13	己卯	12 12	11 13	戊申	1 11	12 13	戊寅	
8 14	7 11	戊申	9 14	8 12	己卯	10 14	9 13	己酉	11 14	10 14	庚辰	12 13	11 14	己酉	1 12	12 14	己卯	
8 15	7 12	己酉	9 15	8 13	庚辰	10 15	9 14	庚戌	11 15	10 15	辛巳	12 14	11 15	庚戌	1 13	12 15	庚辰	
8 16	7 13	庚戌	9 16	8 14	辛巳	10 16	9 15	辛亥	11 16	10 16	壬午	12 15	11 16	辛亥	1 14	12 16	辛巳	
8 17	7 14	辛亥	9 17	8 15	壬午	10 17	9 16	壬子	11 17	10 17	癸未	12 16	11 17	壬子	1 15	12 17	壬午	
8 18	7 15	壬子	9 18	8 16	癸未	10 18	9 17	癸丑	11 18	10 18	甲申	12 17	11 18	癸丑	1 16	12 18	癸未	
8 19	7 16	癸丑	9 19	8 17	甲申	10 19	9 18	甲寅	11 19	10 19	乙酉	12 18	11 19	甲寅	1 17	12 19	甲申	
8 20	7 17	甲寅	9 20	8 18	乙酉	10 20	9 19	乙卯	11 20	10 20	丙戌	12 19	11 20	乙卯	1 18	12 20	乙酉	
8 21	7 18	乙卯	9 21	8 19	丙戌	10 21	9 20	丙辰	11 21	10 21	丁亥	12 20	11 21	丙辰	1 19	12 21	丙戌	馬
8 22	7 19	丙辰	9 22	8 20	丁亥	10 22	9 21	丁巳	11 22	10 22	戊子	12 21	11 22	丁巳	1 20	12 22	丁亥	
8 23	7 20	丁巳	9 23	8 21	戊子	10 23	9 22	戊午	11 23	10 23	己丑	12 22	11 23	戊午	1 21	12 23	戊子	
8 24	7 21	戊午	9 24	8 22	己丑	10 24	9 23	己未	11 24	10 24	庚寅	12 23	11 24	己未	1 22	12 24	己丑	
8 25	7 22	己未	9 25	8 23	庚寅	10 25	9 24	庚申	11 25	10 25	辛卯	12 24	11 25	庚申	1 23	12 25	庚寅	
8 26	7 23	庚申	9 26	8 24	辛卯	10 26	9 25	辛酉	11 26	10 26	壬辰	12 25	11 26	辛酉	1 24	12 26	辛卯	
8 27	7 24	辛酉	9 27	8 25	壬辰	10 27	9 26	壬戌	11 27	10 27	癸巳	12 26	11 27	壬戌	1 25	12 27	壬辰	
8 28	7 25	壬戌	9 28	8 26	癸巳	10 28	9 27	癸亥	11 28	10 28	甲午	12 27	11 28	癸亥	1 26	12 28	癸巳	中華民國六十七·六十八年
8 29	7 26	癸亥	9 29	8 27	甲午	10 29	9 28	甲子	11 29	10 29	乙未	12 28	11 29	甲子	1 27	12 29	甲午	
8 30	7 27	甲子	9 30	8 28	乙未	10 30	9 29	乙丑	11 30	11 1	丙申	12 29	11 30	乙丑	1 28	1 1	乙未	
8 31	7 28	乙丑	10 1	8 29	丙申	10 31	9 30	丙寅	12 1	11 2	丁酉	12 30	12 1	丙寅	1 29	1 2	丙申	
9 1	7 29	丙寅	10 2	9 1	丁酉	11 1	10 1	丁卯	12 2	11 3	戊戌	12 31	12 2	丁卯	1 30	1 3	丁酉	
9 2	7 30	丁卯	10 3	9 2	戊戌	11 2	10 2	戊辰	12 3	11 4	己亥	1 1	12 3	戊辰	1 31	1 4	戊戌	
9 3	8 1	戊辰	10 4	9 3	己亥	11 3	10 3	己巳	12 4	11 5	庚子	1 2	12 4	己巳	2 1	1 5	己亥	
9 4	8 2	己巳	10 5	9 4	庚子	11 4	10 4	庚午	12 5	11 6	辛丑	1 3	12 5	庚午	2 2	1 6	庚子	
9 5	8 3	庚午	10 6	9 5	辛丑	11 5	10 5	辛未	12 6	11 7	壬寅	1 4	12 6	辛未	2 3	1 7	辛丑	
9 6	8 4	辛未	10 7	9 6	壬寅	11 6	10 6	壬申				1 5	12 7	壬申				
9 7	8 5	壬申				11 7	10 7	癸酉										
處暑			秋分			霜降			小雪			冬至			大寒			中氣
8/23 19時56分 戌時			9/23 17時25分 酉時			10/24 2時37分 丑時			11/23 0時4分 子時			12/22 13時20分 未時			1/20 23時59分 子時			中氣

年	己未																
月	丙寅			丁卯			戊辰			己巳			庚午			辛未		
節氣	立春 2/4 18時12分 酉時			驚蟄 3/6 12時19分 午時			清明 4/5 17時17分 酉時			立夏 5/6 10時47分 巳時			芒種 6/6 15時5分 申時			小暑 7/8 1時24分 丑時		
日	國曆	農曆	干支	國曆	農曆	干支	國曆	農曆	干支	國曆	農曆	干支	國曆	農曆	干支	國曆	農曆	干支
	2/4	1/8	壬寅	3/6	2/8	壬申	4/5	3/9	壬寅	5/6	4/11	癸酉	6/6	5/12	甲辰	7/8	6/15	丙子
	2/5	1/9	癸卯	3/7	2/9	癸酉	4/6	3/10	癸卯	5/7	4/12	甲戌	6/7	5/13	乙巳	7/9	6/16	丁丑
	2/6	1/10	甲辰	3/8	2/10	甲戌	4/7	3/11	甲辰	5/8	4/13	乙亥	6/8	5/14	丙午	7/10	6/17	戊寅
	2/7	1/11	乙巳	3/9	2/11	乙亥	4/8	3/12	乙巳	5/9	4/14	丙子	6/9	5/15	丁未	7/11	6/18	己卯
1	2/8	1/12	丙午	3/10	2/12	丙子	4/9	3/13	丙午	5/10	4/15	丁丑	6/10	5/16	戊申	7/12	6/19	庚辰
9	2/9	1/13	丁未	3/11	2/13	丁丑	4/10	3/14	丁未	5/11	4/16	戊寅	6/11	5/17	己酉	7/13	6/20	辛巳
7	2/10	1/14	戊申	3/12	2/14	戊寅	4/11	3/15	戊申	5/12	4/17	己卯	6/12	5/18	庚戌	7/14	6/21	壬午
9	2/11	1/15	己酉	3/13	2/15	己卯	4/12	3/16	己酉	5/13	4/18	庚辰	6/13	5/19	辛亥	7/15	6/22	癸未
	2/12	1/16	庚戌	3/14	2/16	庚辰	4/13	3/17	庚戌	5/14	4/19	辛巳	6/14	5/20	壬子	7/16	6/23	甲申
	2/13	1/17	辛亥	3/15	2/17	辛巳	4/14	3/18	辛亥	5/15	4/20	壬午	6/15	5/21	癸丑	7/17	6/24	乙酉
	2/14	1/18	壬子	3/16	2/18	壬午	4/15	3/19	壬子	5/16	4/21	癸未	6/16	5/22	甲寅	7/18	6/25	丙戌
	2/15	1/19	癸丑	3/17	2/19	癸未	4/16	3/20	癸丑	5/17	4/22	甲申	6/17	5/23	乙卯	7/19	6/26	丁亥
羊	2/16	1/20	甲寅	3/18	2/20	甲申	4/17	3/21	甲寅	5/18	4/23	乙酉	6/18	5/24	丙辰	7/20	6/27	戊子
	2/17	1/21	乙卯	3/19	2/21	乙酉	4/18	3/22	乙卯	5/19	4/24	丙戌	6/19	5/25	丁巳	7/21	6/28	己丑
	2/18	1/22	丙辰	3/20	2/22	丙戌	4/19	3/23	丙辰	5/20	4/25	丁亥	6/20	5/26	戊午	7/22	6/29	庚寅
	2/19	1/23	丁巳	3/21	2/23	丁亥	4/20	3/24	丁巳	5/21	4/26	戊子	6/21	5/27	己未	7/23	6/30	辛卯
	2/20	1/24	戊午	3/22	2/24	戊子	4/21	3/25	戊午	5/22	4/27	己丑	6/22	5/28	庚申	7/24	閏6/1	壬辰
	2/21	1/25	己未	3/23	2/25	己丑	4/22	3/26	己未	5/23	4/28	庚寅	6/23	5/29	辛酉	7/25	6/2	癸巳
	2/22	1/26	庚申	3/24	2/26	庚寅	4/23	3/27	庚申	5/24	4/29	辛卯	6/24	6/1	壬戌	7/26	6/3	甲午
	2/23	1/27	辛酉	3/25	2/27	辛卯	4/24	3/28	辛酉	5/25	4/30	壬辰	6/25	6/2	癸亥	7/27	6/4	乙未
	2/24	1/28	壬戌	3/26	2/28	壬辰	4/25	3/29	壬戌	5/26	5/1	癸巳	6/26	6/3	甲子	7/28	6/5	丙申
中	2/25	1/29	癸亥	3/27	2/29	癸巳	4/26	4/1	癸亥	5/27	5/2	甲午	6/27	6/4	乙丑	7/29	6/6	丁酉
華	2/26	1/30	甲子	3/28	3/1	甲午	4/27	4/2	甲子	5/28	5/3	乙未	6/28	6/5	丙寅	7/30	6/7	戊戌
民	2/27	2/1	乙丑	3/29	3/2	乙未	4/28	4/3	乙丑	5/29	5/4	丙申	6/29	6/6	丁卯	7/31	6/8	己亥
國	2/28	2/2	丙寅	3/30	3/3	丙申	4/29	4/4	丙寅	5/30	5/5	丁酉	6/30	6/7	戊辰	8/1	6/9	庚子
六	3/1	2/3	丁卯	3/31	3/4	丁酉	4/30	4/5	丁卯	5/31	5/6	戊戌	7/1	6/8	己巳	8/2	6/10	辛丑
十	3/2	2/4	戊辰	4/1	3/5	戊戌	5/1	4/6	戊辰	6/1	5/7	己亥	7/2	6/9	庚午	8/3	6/11	壬寅
八	3/3	2/5	己巳	4/2	3/6	己亥	5/2	4/7	己巳	6/2	5/8	庚子	7/3	6/10	辛未	8/4	6/12	癸卯
年	3/4	2/6	庚午	4/3	3/7	庚子	5/3	4/8	庚午	6/3	5/9	辛丑	7/4	6/11	壬申	8/5	6/13	甲辰
	3/5	2/7	辛未	4/4	3/8	辛丑	5/4	4/9	辛未	6/4	5/10	壬寅	7/5	6/12	癸酉	8/6	6/14	乙巳
							5/5	4/10	壬申	6/5	5/11	癸卯	7/6	6/13	甲戌	8/7	6/15	丙午
													7/7	6/14	乙亥			
中氣	雨水 2/19 14時13分 未時			春分 3/21 13時21分 未時			穀雨 4/21 0時35分 子時			小滿 5/21 23時53分 子時			夏至 6/22 7時56分 辰時			大暑 7/23 18時48分 酉時		

日光節約時間：七月一日至九月三十日

																		年
己未																		
壬申			癸酉			甲戌			乙亥			丙子			丁丑			月
立秋			白露			寒露			立冬			大雪			小寒			節氣
8/8 11時10分 午時			9/8 13時59分 未時			10/9 5時30分 卯時			11/8 8時32分 辰時			12/8 1時17分 丑時			1/6 12時28分 午時			
國曆	農曆	干支	國曆	農曆	干支	國曆	農曆	干支	國曆	農曆	干支	國曆	農曆	干支	國曆	農曆	干支	日
8 8	6 16	丁未	9 8	7 17	戊寅	10 8	8 18	戊申	11 8	9 19	己卯	12 8	10 19	己酉	1 6	11 19	戊寅	
8 9	6 17	戊申	9 9	7 18	己卯	10 9	8 19	己酉	11 9	9 20	庚辰	12 9	10 20	庚戌	1 7	11 20	己卯	
8 10	6 18	己酉	9 10	7 19	庚辰	10 10	8 20	庚戌	11 10	9 21	辛巳	12 10	10 21	辛亥	1 8	11 21	庚辰	
8 11	6 19	庚戌	9 11	7 20	辛巳	10 11	8 21	辛亥	11 11	9 22	壬午	12 11	10 22	壬子	1 9	11 22	辛巳	
8 12	6 20	辛亥	9 12	7 21	壬午	10 12	8 22	壬子	11 12	9 23	癸未	12 12	10 23	癸丑	1 10	11 23	壬午	
8 13	6 21	壬子	9 13	7 22	癸未	10 13	8 23	癸丑	11 13	9 24	甲申	12 13	10 24	甲寅	1 11	11 24	癸未	1
8 14	6 22	癸丑	9 14	7 23	甲申	10 14	8 24	甲寅	11 14	9 25	乙酉	12 14	10 25	乙卯	1 12	11 25	甲申	9
8 15	6 23	甲寅	9 15	7 24	乙酉	10 15	8 25	乙卯	11 15	9 26	丙戌	12 15	10 26	丙辰	1 13	11 26	乙酉	7
8 16	6 24	乙卯	9 16	7 25	丙戌	10 16	8 26	丙辰	11 16	9 27	丁亥	12 16	10 27	丁巳	1 14	11 27	丙戌	9
8 17	6 25	丙辰	9 17	7 26	丁亥	10 17	8 27	丁巳	11 17	9 28	戊子	12 17	10 28	戊午	1 15	11 28	丁亥	·
8 18	6 26	丁巳	9 18	7 27	戊子	10 18	8 28	戊午	11 18	9 29	己丑	12 18	10 29	己未	1 16	11 29	戊子	1
8 19	6 27	戊午	9 19	7 28	己丑	10 19	8 29	己未	11 19	9 30	庚寅	12 19	11 1	庚申	1 17	11 30	己丑	9
8 20	6 28	己未	9 20	7 29	庚寅	10 20	8 30	庚申	11 20	10 1	辛卯	12 20	11 2	辛酉	1 18	12 1	庚寅	8
8 21	6 29	庚申	9 21	8 1	辛卯	10 21	9 1	辛酉	11 21	10 2	壬辰	12 21	11 3	壬戌	1 19	12 2	辛卯	0
8 22	6 30	辛酉	9 22	8 2	壬辰	10 22	9 2	壬戌	11 22	10 3	癸巳	12 22	11 4	癸亥	1 20	12 3	壬辰	
8 23	7 1	壬戌	9 23	8 3	癸巳	10 23	9 3	癸亥	11 23	10 4	甲午	12 23	11 5	甲子	1 21	12 4	癸巳	
8 24	7 2	癸亥	9 24	8 4	甲午	10 24	9 4	甲子	11 24	10 5	乙未	12 24	11 6	乙丑	1 22	12 5	甲午	
8 25	7 3	甲子	9 25	8 5	乙未	10 25	9 5	乙丑	11 25	10 6	丙申	12 25	11 7	丙寅	1 23	12 6	乙未	
8 26	7 4	乙丑	9 26	8 6	丙申	10 26	9 6	丙寅	11 26	10 7	丁酉	12 26	11 8	丁卯	1 24	12 7	丙申	
8 27	7 5	丙寅	9 27	8 7	丁酉	10 27	9 7	丁卯	11 27	10 8	戊戌	12 27	11 9	戊辰	1 25	12 8	丁酉	羊
8 28	7 6	丁卯	9 28	8 8	戊戌	10 28	9 8	戊辰	11 28	10 9	己亥	12 28	11 10	己巳	1 26	12 9	戊戌	
8 29	7 7	戊辰	9 29	8 9	己亥	10 29	9 9	己巳	11 29	10 10	庚子	12 29	11 11	庚午	1 27	12 10	己亥	
8 30	7 8	己巳	9 30	8 10	庚子	10 30	9 10	庚午	11 30	10 11	辛丑	12 30	11 12	辛未	1 28	12 11	庚子	
8 31	7 9	庚午	10 1	8 11	辛丑	10 31	9 11	辛未	12 1	10 12	壬寅	12 31	11 13	壬申	1 29	12 12	辛丑	中
9 1	7 10	辛未	10 2	8 12	壬寅	11 1	9 12	壬申	12 2	10 13	癸卯	1 1	11 14	癸酉	1 30	12 13	壬寅	華
9 2	7 11	壬申	10 3	8 13	癸卯	11 2	9 13	癸酉	12 3	10 14	甲辰	1 2	11 15	甲戌	1 31	12 14	癸卯	民
9 3	7 12	癸酉	10 4	8 14	甲辰	11 3	9 14	甲戌	12 4	10 15	乙巳	1 3	11 16	乙亥	2 1	12 15	甲辰	國
9 4	7 13	甲戌	10 5	8 15	乙巳	11 4	9 15	乙亥	12 5	10 16	丙午	1 4	11 17	丙子	2 2	12 16	乙巳	六
9 5	7 14	乙亥	10 6	8 16	丙午	11 5	9 16	丙子	12 6	10 17	丁未	1 5	11 18	丁丑	2 3	12 17	丙午	十
9 6	7 15	丙子	10 7	8 17	丁未	11 6	9 17	丁丑	12 7	10 18	戊申				2 4	12 18	丁未	八
9 7	7 16	丁丑				11 7	9 18	戊寅										·
處暑			秋分			霜降			小雪			冬至			大寒			六
8/24 1時46分 丑時			9/23 23時16分 子時			10/24 8時27分 辰時			11/23 5時54分 卯時			12/22 19時9分 戌時			1/21 5時48分 卯時			十九年
																		中氣

日光節約時間：七月一日至九月三十日

年	庚申																	
月	戊寅			己卯			庚辰			辛巳			壬午			癸未		
節氣	立春			驚蟄			清明			立夏			芒種			小暑		
	2/5 0時9分 子時			3/5 18時16分 酉時			4/4 23時14分 子時			5/5 16時44分 申時			6/5 21時3分 亥時			7/7 7時23分 辰時		
日	國曆	農曆	干支	國曆	農曆	干支	國曆	農曆	干支	國曆	農曆	干支	國曆	農曆	干支	國曆	農曆	干支
	2 5	12 19	戊申	3 5	1 19	丁丑	4 4	2 19	丁未	5 5	3 21	戊寅	6 5	4 23	己酉	7 7	5 25	辛巳
	2 6	12 20	己酉	3 6	1 20	戊寅	4 5	2 20	戊申	5 6	3 22	己卯	6 6	4 24	庚戌	7 8	5 26	壬午
	2 7	12 21	庚戌	3 7	1 21	己卯	4 6	2 21	己酉	5 7	3 23	庚辰	6 7	4 25	辛亥	7 9	5 27	癸未
	2 8	12 22	辛亥	3 8	1 22	庚辰	4 7	2 22	庚戌	5 8	3 24	辛巳	6 8	4 26	壬子	7 10	5 28	甲申
	2 9	12 23	壬子	3 9	1 23	辛巳	4 8	2 23	辛亥	5 9	3 25	壬午	6 9	4 27	癸丑	7 11	5 29	乙酉
1	2 10	12 24	癸丑	3 10	1 24	壬午	4 9	2 24	壬子	5 10	3 26	癸未	6 10	4 28	甲寅	7 12	6 1	丙戌
9	2 11	12 25	甲寅	3 11	1 25	癸未	4 10	2 25	癸丑	5 11	3 27	甲申	6 11	4 29	乙卯	7 13	6 2	丁亥
8	2 12	12 26	乙卯	3 12	1 26	甲申	4 11	2 26	甲寅	5 12	3 28	乙酉	6 12	4 30	丙辰	7 14	6 3	戊子
0	2 13	12 27	丙辰	3 13	1 27	乙酉	4 12	2 27	乙卯	5 13	3 29	丙戌	6 13	5 1	丁巳	7 15	6 4	己丑
	2 14	12 28	丁巳	3 14	1 28	丙戌	4 13	2 28	丙辰	5 14	4 1	丁亥	6 14	5 2	戊午	7 16	6 5	庚寅
	2 15	12 29	戊午	3 15	1 29	丁亥	4 14	2 29	丁巳	5 15	4 2	戊子	6 15	5 3	己未	7 17	6 6	辛卯
	2 16	1 1	己未	3 16	1 30	戊子	4 15	3 1	戊午	5 16	4 3	己丑	6 16	5 4	庚申	7 18	6 7	壬辰
	2 17	1 2	庚申	3 17	2 1	己丑	4 16	3 2	己未	5 17	4 4	庚寅	6 17	5 5	辛酉	7 19	6 8	癸巳
	2 18	1 3	辛酉	3 18	2 2	庚寅	4 17	3 3	庚申	5 18	4 5	辛卯	6 18	5 6	壬戌	7 20	6 9	甲午
猴	2 19	1 4	壬戌	3 19	2 3	辛卯	4 18	3 4	辛酉	5 19	4 6	壬辰	6 19	5 7	癸亥	7 21	6 10	乙未
	2 20	1 5	癸亥	3 20	2 4	壬辰	4 19	3 5	壬戌	5 20	4 7	癸巳	6 20	5 8	甲子	7 22	6 11	丙申
	2 21	1 6	甲子	3 21	2 5	癸巳	4 20	3 6	癸亥	5 21	4 8	甲午	6 21	5 9	乙丑	7 23	6 12	丁酉
	2 22	1 7	乙丑	3 22	2 6	甲午	4 21	3 7	甲子	5 22	4 9	乙未	6 22	5 10	丙寅	7 24	6 13	戊戌
	2 23	1 8	丙寅	3 23	2 7	乙未	4 22	3 8	乙丑	5 23	4 10	丙申	6 23	5 11	丁卯	7 25	6 14	己亥
	2 24	1 9	丁卯	3 24	2 8	丙申	4 23	3 9	丙寅	5 24	4 11	丁酉	6 24	5 12	戊辰	7 26	6 15	庚子
中	2 25	1 10	戊辰	3 25	2 9	丁酉	4 24	3 10	丁卯	5 25	4 12	戊戌	6 25	5 13	己巳	7 27	6 16	辛丑
華	2 26	1 11	己巳	3 26	2 10	戊戌	4 25	3 11	戊辰	5 26	4 13	己亥	6 26	5 14	庚午	7 28	6 17	壬寅
民	2 27	1 12	庚午	3 27	2 11	己亥	4 26	3 12	己巳	5 27	4 14	庚子	6 27	5 15	辛未	7 29	6 18	癸卯
國	2 28	1 13	辛未	3 28	2 12	庚子	4 27	3 13	庚午	5 28	4 15	辛丑	6 28	5 16	壬申	7 30	6 19	甲辰
六	2 29	1 14	壬申	3 29	2 13	辛丑	4 28	3 14	辛未	5 29	4 16	壬寅	6 29	5 17	癸酉	7 31	6 20	乙巳
十	3 1	1 15	癸酉	3 30	2 14	壬寅	4 29	3 15	壬申	5 30	4 17	癸卯	6 30	5 18	甲戌	8 1	6 21	丙午
九	3 2	1 16	甲戌	3 31	2 15	癸卯	4 30	3 16	癸酉	5 31	4 18	甲辰	7 1	5 19	乙亥	8 2	6 22	丁未
年	3 3	1 17	乙亥	4 1	2 16	甲辰	5 1	3 17	甲戌	6 1	4 19	乙巳	7 2	5 20	丙子	8 3	6 23	戊申
	3 4	1 18	丙子	4 2	2 17	乙巳	5 2	3 18	乙亥	6 2	4 20	丙午	7 3	5 21	丁丑	8 4	6 24	己酉
				4 3	2 18	丙午	5 3	3 19	丙子	6 3	4 21	丁未	7 4	5 22	戊寅	8 5	6 25	庚戌
							5 4	3 20	丁丑	6 4	4 22	戊申	7 5	5 23	己卯	8 6	6 26	辛亥
													7 6	5 24	庚辰			
中氣	雨水			春分			穀雨			小滿			夏至			大暑		
	2/19 20時1分 戌時			3/20 19時9分 戌時			4/20 6時22分 卯時			5/21 5時42分 卯時			6/21 13時47分 未時			7/23 0時42分 子時		

庚申																		年
甲申			乙酉			丙戌			丁亥			戊子			己丑			月
立秋			白露			寒露			立冬			大雪			小寒			節氣
8/7 17時8分 酉時			9/7 19時53分 戌時			10/8 11時19分 午時			11/7 14時18分 未時			12/7 7時1分 辰時			1/5 18時12分 酉時			氣
國曆	農曆	干支	國曆	農曆	干支	國曆	農曆	干支	國曆	農曆	干支	國曆	農曆	干支	國曆	農曆	干支	日
8 7	6 27	壬子	9 7	7 28	癸未	10 8	8 30	甲寅	11 7	9 30	甲申	12 7	11 1	甲寅	1 5	11 30	癸未	
8 8	6 28	癸丑	9 8	7 29	甲申	10 9	9 1	乙卯	11 8	10 1	乙酉	12 8	11 2	乙卯	1 6	12 1	甲申	
8 9	6 29	甲寅	9 9	8 1	乙酉	10 10	9 2	丙辰	11 9	10 2	丙戌	12 9	11 3	丙辰	1 7	12 2	乙酉	
8 10	6 30	乙卯	9 10	8 2	丙戌	10 11	9 3	丁巳	11 10	10 3	丁亥	12 10	11 4	丁巳	1 8	12 3	丙戌	1
8 11	7 1	丙辰	9 11	8 3	丁亥	10 12	9 4	戊午	11 11	10 4	戊子	12 11	11 5	戊午	1 9	12 4	丁亥	9
8 12	7 2	丁巳	9 12	8 4	戊子	10 13	9 5	己未	11 12	10 5	己丑	12 12	11 6	己未	1 10	12 5	戊子	8
8 13	7 3	戊午	9 13	8 5	己丑	10 14	9 6	庚申	11 13	10 6	庚寅	12 13	11 7	庚申	1 11	12 6	己丑	0
8 14	7 4	己未	9 14	8 6	庚寅	10 15	9 7	辛酉	11 14	10 7	辛卯	12 14	11 8	辛酉	1 12	12 7	庚寅	·
8 15	7 5	庚申	9 15	8 7	辛卯	10 16	9 8	壬戌	11 15	10 8	壬辰	12 15	11 9	壬戌	1 13	12 8	辛卯	1
8 16	7 6	辛酉	9 16	8 8	壬辰	10 17	9 9	癸亥	11 16	10 9	癸巳	12 16	11 10	癸亥	1 14	12 9	壬辰	9
8 17	7 7	壬戌	9 17	8 9	癸巳	10 18	9 10	甲子	11 17	10 10	甲午	12 17	11 11	甲子	1 15	12 10	癸巳	8
8 18	7 8	癸亥	9 18	8 10	甲午	10 19	9 11	乙丑	11 18	10 11	乙未	12 18	11 12	乙丑	1 16	12 11	甲午	1
8 19	7 9	甲子	9 19	8 11	乙未	10 20	9 12	丙寅	11 19	10 12	丙申	12 19	11 13	丙寅	1 17	12 12	乙未	
8 20	7 10	乙丑	9 20	8 12	丙申	10 21	9 13	丁卯	11 20	10 13	丁酉	12 20	11 14	丁卯	1 18	12 13	丙申	
8 21	7 11	丙寅	9 21	8 13	丁酉	10 22	9 14	戊辰	11 21	10 14	戊戌	12 21	11 15	戊辰	1 19	12 14	丁酉	猴
8 22	7 12	丁卯	9 22	8 14	戊戌	10 23	9 15	己巳	11 22	10 15	己亥	12 22	11 16	己巳	1 20	12 15	戊戌	
8 23	7 13	戊辰	9 23	8 15	己亥	10 24	9 16	庚午	11 23	10 16	庚子	12 23	11 17	庚午	1 21	12 16	己亥	
8 24	7 14	己巳	9 24	8 16	庚子	10 25	9 17	辛未	11 24	10 17	辛丑	12 24	11 18	辛未	1 22	12 17	庚子	
8 25	7 15	庚午	9 25	8 17	辛丑	10 26	9 18	壬申	11 25	10 18	壬寅	12 25	11 19	壬申	1 23	12 18	辛丑	
8 26	7 16	辛未	9 26	8 18	壬寅	10 27	9 19	癸酉	11 26	10 19	癸卯	12 26	11 20	癸酉	1 24	12 19	壬寅	
8 27	7 17	壬申	9 27	8 19	癸卯	10 28	9 20	甲戌	11 27	10 20	甲辰	12 27	11 21	甲戌	1 25	12 20	癸卯	中
8 28	7 18	癸酉	9 28	8 20	甲辰	10 29	9 21	乙亥	11 28	10 21	乙巳	12 28	11 22	乙亥	1 26	12 21	甲辰	華
8 29	7 19	甲戌	9 29	8 21	乙巳	10 30	9 22	丙子	11 29	10 22	丙午	12 29	11 23	丙子	1 27	12 22	乙巳	民
8 30	7 20	乙亥	9 30	8 22	丙午	10 31	9 23	丁丑	11 30	10 23	丁未	12 30	11 24	丁丑	1 28	12 23	丙午	國
8 31	7 21	丙子	10 1	8 23	丁未	11 1	9 24	戊寅	12 1	10 24	戊申	12 31	11 25	戊寅	1 29	12 24	丁未	六
9 1	7 22	丁丑	10 2	8 24	戊申	11 2	9 25	己卯	12 2	10 25	己酉	1 1	11 26	己卯	1 30	12 25	戊申	十
9 2	7 23	戊寅	10 3	8 25	己酉	11 3	9 26	庚辰	12 3	10 26	庚戌	1 2	11 27	庚辰	1 31	12 26	己酉	九
9 3	7 24	己卯	10 4	8 26	庚戌	11 4	9 27	辛巳	12 4	10 27	辛亥	1 3	11 28	辛巳	2 1	12 27	庚戌	·
9 4	7 25	庚辰	10 5	8 27	辛亥	11 5	9 28	壬午	12 5	10 28	壬子	1 4	11 29	壬午	2 2	12 28	辛亥	七
9 5	7 26	辛巳	10 6	8 28	壬子	11 6	9 29	癸未	12 6	10 29	癸丑				2 3	12 29	壬子	十
9 6	7 27	壬午	10 7	8 29	癸丑													年
處暑			秋分			霜降			小雪			冬至			大寒			中
8/23 7時40分 辰時			9/23 5時8分 卯時			10/23 14時17分 未時			11/22 11時41分 午時			12/22 0時56分 子時			1/20 11時35分 午時			氣

年	辛酉																	
月	庚寅			辛卯			壬辰			癸巳			甲午			乙未		
節氣	立春			驚蟄			清明			立夏			芒種			小暑		
	2/4 5時55分 卯時			3/6 0時5分 子時			4/5 5時5分 卯時			5/5 22時34分 亥時			6/6 2時52分 丑時			7/7 13時11分 未時		
日	國曆	農曆	干支	國曆	農曆	干支	國曆	農曆	干支	國曆	農曆	干支	國曆	農曆	干支	國曆	農曆	干支
	2 4	12 30	癸丑	3 6	2 1	癸未	4 5	3 1	癸丑	5 5	4 2	癸未	6 6	5 5	乙卯	7 7	6 6	丙戌
	2 5	1 1	甲寅	3 7	2 2	甲申	4 6	3 2	甲寅	5 6	4 3	甲申	6 7	5 6	丙辰	7 8	6 7	丁亥
	2 6	1 2	乙卯	3 8	2 3	乙酉	4 7	3 3	乙卯	5 7	4 4	乙酉	6 8	5 7	丁巳	7 9	6 8	戊子
	2 7	1 3	丙辰	3 9	2 4	丙戌	4 8	3 4	丙辰	5 8	4 5	丙戌	6 9	5 8	戊午	7 10	6 9	己丑
1	2 8	1 4	丁巳	3 10	2 5	丁亥	4 9	3 5	丁巳	5 9	4 6	丁亥	6 10	5 9	己未	7 11	6 10	庚寅
9	2 9	1 5	戊午	3 11	2 6	戊子	4 10	3 6	戊午	5 10	4 7	戊子	6 11	5 10	庚申	7 12	6 11	辛卯
8	2 10	1 6	己未	3 12	2 7	己丑	4 11	3 7	己未	5 11	4 8	己丑	6 12	5 11	辛酉	7 13	6 12	壬辰
1	2 11	1 7	庚申	3 13	2 8	庚寅	4 12	3 8	庚申	5 12	4 9	庚寅	6 13	5 12	壬戌	7 14	6 13	癸巳
	2 12	1 8	辛酉	3 14	2 9	辛卯	4 13	3 9	辛酉	5 13	4 10	辛卯	6 14	5 13	癸亥	7 15	6 14	甲午
	2 13	1 9	壬戌	3 15	2 10	壬辰	4 14	3 10	壬戌	5 14	4 11	壬辰	6 15	5 14	甲子	7 16	6 15	乙未
	2 14	1 10	癸亥	3 16	2 11	癸巳	4 15	3 11	癸亥	5 15	4 12	癸巳	6 16	5 15	乙丑	7 17	6 16	丙申
	2 15	1 11	甲子	3 17	2 12	甲午	4 16	3 12	甲子	5 16	4 13	甲午	6 17	5 16	丙寅	7 18	6 17	丁酉
	2 16	1 12	乙丑	3 18	2 13	乙未	4 17	3 13	乙丑	5 17	4 14	乙未	6 18	5 17	丁卯	7 19	6 18	戊戌
雞	2 17	1 13	丙寅	3 19	2 14	丙申	4 18	3 14	丙寅	5 18	4 15	丙申	6 19	5 18	戊辰	7 20	6 19	己亥
	2 18	1 14	丁卯	3 20	2 15	丁酉	4 19	3 15	丁卯	5 19	4 16	丁酉	6 20	5 19	己巳	7 21	6 20	庚子
	2 19	1 15	戊辰	3 21	2 16	戊戌	4 20	3 16	戊辰	5 20	4 17	戊戌	6 21	5 20	庚午	7 22	6 21	辛丑
	2 20	1 16	己巳	3 22	2 17	己亥	4 21	3 17	己巳	5 21	4 18	己亥	6 22	5 21	辛未	7 23	6 22	壬寅
	2 21	1 17	庚午	3 23	2 18	庚子	4 22	3 18	庚午	5 22	4 19	庚子	6 23	5 22	壬申	7 24	6 23	癸卯
	2 22	1 18	辛未	3 24	2 19	辛丑	4 23	3 19	辛未	5 23	4 20	辛丑	6 24	5 23	癸酉	7 25	6 24	甲辰
中	2 23	1 19	壬申	3 25	2 20	壬寅	4 24	3 20	壬申	5 24	4 21	壬寅	6 25	5 24	甲戌	7 26	6 25	乙巳
華	2 24	1 20	癸酉	3 26	2 21	癸卯	4 25	3 21	癸酉	5 25	4 22	癸卯	6 26	5 25	乙亥	7 27	6 26	丙午
民	2 25	1 21	甲戌	3 27	2 22	甲辰	4 26	3 22	甲戌	5 26	4 23	甲辰	6 27	5 26	丙子	7 28	6 27	丁未
國	2 26	1 22	乙亥	3 28	2 23	乙巳	4 27	3 23	乙亥	5 27	4 24	乙巳	6 28	5 27	丁丑	7 29	6 28	戊申
七	2 27	1 23	丙子	3 29	2 24	丙午	4 28	3 24	丙子	5 28	4 25	丙午	6 29	5 28	戊寅	7 30	6 29	己酉
十	2 28	1 24	丁丑	3 30	2 25	丁未	4 29	3 25	丁丑	5 29	4 26	丁未	6 30	5 29	己卯	7 31	7 1	庚戌
年	3 1	1 25	戊寅	3 31	2 26	戊申	4 30	3 26	戊寅	5 30	4 27	戊申	7 1	5 30	庚辰	8 1	7 2	辛亥
	3 2	1 26	己卯	4 1	2 27	己酉	5 1	3 27	己卯	5 31	4 28	己酉	7 2	6 1	辛巳	8 2	7 3	壬子
	3 3	1 27	庚辰	4 2	2 28	庚戌	5 2	3 28	庚辰	6 1	4 29	庚戌	7 3	6 2	壬午	8 3	7 4	癸丑
	3 4	1 28	辛巳	4 3	2 29	辛亥	5 3	3 29	辛巳	6 2	5 1	辛亥	7 4	6 3	癸未	8 4	7 5	甲寅
	3 5	1 29	壬午	4 4	2 30	壬子	5 4	4 1	壬午	6 3	5 2	壬子	7 5	6 4	甲申	8 5	7 6	乙卯
										6 4	5 3	癸丑	7 6	6 5	乙酉	8 6	7 7	丙辰
										6 5	5 4	甲寅						
中氣	雨水			春分			穀雨			小滿			夏至			大暑		
	2/19 1時51分 丑時			3/21 1時2分 丑時			4/20 12時18分 午時			5/21 11時39分 午時			6/21 19時44分 戌時			7/23 6時39分 卯時		

丙申			丁酉			戊戌			己亥			庚子			辛丑			年月
辛酉																		年
立秋			白露			寒露			立冬			大雪			小寒			節氣
8/7 22時57分 亥時			9/8 1時43分 丑時			10/8 17時9分 酉時			11/7 20時8分 戌時			12/7 12時51分 午時			1/6 0時2分 子時			
國曆	農曆	干支	國曆	農曆	干支	國曆	農曆	干支	國曆	農曆	干支	國曆	農曆	干支	國曆	農曆	干支	日
8 7	7 8	丁巳	9 8	8 11	己丑	10 8	9 11	己未	11 7	10 11	己丑	12 7	11 12	己未	1 6	12 12	己丑	
8 8	7 9	戊午	9 9	8 12	庚寅	10 9	9 12	庚申	11 8	10 12	庚寅	12 8	11 13	庚申	1 7	12 13	庚寅	
8 9	7 10	己未	9 10	8 13	辛卯	10 10	9 13	辛酉	11 9	10 13	辛卯	12 9	11 14	辛酉	1 8	12 14	辛卯	
8 10	7 11	庚申	9 11	8 14	壬辰	10 11	9 14	壬戌	11 10	10 14	壬辰	12 10	11 15	壬戌	1 9	12 15	壬辰	1
8 11	7 12	辛酉	9 12	8 15	癸巳	10 12	9 15	癸亥	11 11	10 15	癸巳	12 11	11 16	癸亥	1 10	12 16	癸巳	9
8 12	7 13	壬戌	9 13	8 16	甲午	10 13	9 16	甲子	11 12	10 16	甲午	12 12	11 17	甲子	1 11	12 17	甲午	8
8 13	7 14	癸亥	9 14	8 17	乙未	10 14	9 17	乙丑	11 13	10 17	乙未	12 13	11 18	乙丑	1 12	12 18	乙未	1
8 14	7 15	甲子	9 15	8 18	丙申	10 15	9 18	丙寅	11 14	10 18	丙申	12 14	11 19	丙寅	1 13	12 19	丙申	·
8 15	7 16	乙丑	9 16	8 19	丁酉	10 16	9 19	丁卯	11 15	10 19	丁酉	12 15	11 20	丁卯	1 14	12 20	丁酉	1
8 16	7 17	丙寅	9 17	8 20	戊戌	10 17	9 20	戊辰	11 16	10 20	戊戌	12 16	11 21	戊辰	1 15	12 21	戊戌	9
8 17	7 18	丁卯	9 18	8 21	己亥	10 18	9 21	己巳	11 17	10 21	己亥	12 17	11 22	己巳	1 16	12 22	己亥	8
8 18	7 19	戊辰	9 19	8 22	庚子	10 19	9 22	庚午	11 18	10 22	庚子	12 18	11 23	庚午	1 17	12 23	庚子	2
8 19	7 20	己巳	9 20	8 23	辛丑	10 20	9 23	辛未	11 19	10 23	辛丑	12 19	11 24	辛未	1 18	12 24	辛丑	
8 20	7 21	庚午	9 21	8 24	壬寅	10 21	9 24	壬申	11 20	10 24	壬寅	12 20	11 25	壬申	1 19	12 25	壬寅	
8 21	7 22	辛未	9 22	8 25	癸卯	10 22	9 25	癸酉	11 21	10 25	癸卯	12 21	11 26	癸酉	1 20	12 26	癸卯	
8 22	7 23	壬申	9 23	8 26	甲辰	10 23	9 26	甲戌	11 22	10 26	甲辰	12 22	11 27	甲戌	1 21	12 27	甲辰	雞
8 23	7 24	癸酉	9 24	8 27	乙巳	10 24	9 27	乙亥	11 23	10 27	乙巳	12 23	11 28	乙亥	1 22	12 28	乙巳	
8 24	7 25	甲戌	9 25	8 28	丙午	10 25	9 28	丙子	11 24	10 28	丙午	12 24	11 29	丙子	1 23	12 29	丙午	
8 25	7 26	乙亥	9 26	8 29	丁未	10 26	9 29	丁丑	11 25	10 29	丁未	12 25	11 30	丁丑	1 24	12 30	丁未	
8 26	7 27	丙子	9 27	8 30	戊申	10 27	9 30	戊寅	11 26	11 1	戊申	12 26	12 1	戊寅	1 25	1 1	戊申	
8 27	7 28	丁丑	9 28	9 1	己酉	10 28	10 1	己卯	11 27	11 2	己酉	12 27	12 2	己卯	1 26	1 2	己酉	中
8 28	7 29	戊寅	9 29	9 2	庚戌	10 29	10 2	庚辰	11 28	11 3	庚戌	12 28	12 3	庚辰	1 27	1 3	庚戌	華
8 29	8 1	己卯	9 30	9 3	辛亥	10 30	10 3	辛巳	11 29	11 4	辛亥	12 29	12 4	辛巳	1 28	1 4	辛亥	民
8 30	8 2	庚辰	10 1	9 4	壬子	10 31	10 4	壬午	11 30	11 5	壬子	12 30	12 5	壬午	1 29	1 5	壬子	國
8 31	8 3	辛巳	10 2	9 5	癸丑	11 1	10 5	癸未	12 1	11 6	癸丑	12 31	12 6	癸未	1 30	1 6	癸丑	七
9 1	8 4	壬午	10 3	9 6	甲寅	11 2	10 6	甲申	12 2	11 7	甲寅	1 1	12 7	甲申	1 31	1 7	甲寅	十
9 2	8 5	癸未	10 4	9 7	乙卯	11 3	10 7	乙酉	12 3	11 8	乙卯	1 2	12 8	乙酉	2 1	1 8	乙卯	·
9 3	8 6	甲申	10 5	9 8	丙辰	11 4	10 8	丙戌	12 4	11 9	丙辰	1 3	12 9	丙戌	2 2	1 9	丙辰	七
9 4	8 7	乙酉	10 6	9 9	丁巳	11 5	10 9	丁亥	12 5	11 10	丁巳	1 4	12 10	丁亥	2 3	1 10	丁巳	十
9 5	8 8	丙戌	10 7	9 10	戊午	11 6	10 10	戊子	12 6	11 11	戊午	1 5	12 11	戊子				一
9 6	8 9	丁亥																年
9 7	8 10	戊子																
處暑			秋分			霜降			小雪			冬至			大寒			中氣
8/23 13時38分 未時			9/23 11時5分 午時			10/23 20時12分 戌時			11/22 17時35分 酉時			12/22 6時50分 卯時			1/20 17時30分 酉時			

月	王寅			癸卯			甲辰			乙巳			丙午			丁未		
節氣	立春			驚蟄			清明			立夏			芒種			小暑		
	2/4 11時45分 午時			3/6 5時54分 卯時			4/5 10時52分 巳時			5/6 4時20分 寅時			6/6 8時35分 辰時			7/7 18時54分 酉時		
日	國曆	農曆	干支	國曆	農曆	干支	國曆	農曆	干支	國曆	農曆	干支	國曆	農曆	干支	國曆	農曆	干支
	2 4	1 11	戊午	3 6	2 11	戊子	4 5	3 12	戊午	5 6	4 13	己丑	6 6	4 15	庚申	7 7	5 17	辛卯
	2 5	1 12	己未	3 7	2 12	己丑	4 6	3 13	己未	5 7	4 14	庚寅	6 7	4 16	辛酉	7 8	5 18	壬辰
	2 6	1 13	庚申	3 8	2 13	庚寅	4 7	3 14	庚申	5 8	4 15	辛卯	6 8	4 17	壬戌	7 9	5 19	癸巳
	2 7	1 14	辛酉	3 9	2 14	辛卯	4 8	3 15	辛酉	5 9	4 16	壬辰	6 9	4 18	癸亥	7 10	5 20	甲午
	2 8	1 15	壬戌	3 10	2 15	壬辰	4 9	3 16	壬戌	5 10	4 17	癸巳	6 10	4 19	甲子	7 11	5 21	乙未
	2 9	1 16	癸亥	3 11	2 16	癸巳	4 10	3 17	癸亥	5 11	4 18	甲午	6 11	4 20	乙丑	7 12	5 22	丙申
	2 10	1 17	甲子	3 12	2 17	甲午	4 11	3 18	甲子	5 12	4 19	乙未	6 12	4 21	丙寅	7 13	5 23	丁酉
	2 11	1 18	乙丑	3 13	2 18	乙未	4 12	3 19	乙丑	5 13	4 20	丙申	6 13	4 22	丁卯	7 14	5 24	戊戌
	2 12	1 19	丙寅	3 14	2 19	丙申	4 13	3 20	丙寅	5 14	4 21	丁酉	6 14	4 23	戊辰	7 15	5 25	己亥
	2 13	1 20	丁卯	3 15	2 20	丁酉	4 14	3 21	丁卯	5 15	4 22	戊戌	6 15	4 24	己巳	7 16	5 26	庚子
1	2 14	1 21	戊辰	3 16	2 21	戊戌	4 15	3 22	戊辰	5 16	4 23	己亥	6 16	4 25	庚午	7 17	5 27	辛丑
9	2 15	1 22	己巳	3 17	2 22	己亥	4 16	3 23	己巳	5 17	4 24	庚子	6 17	4 26	辛未	7 18	5 28	壬寅
8	2 16	1 23	庚午	3 18	2 23	庚子	4 17	3 24	庚午	5 18	4 25	辛丑	6 18	4 27	壬申	7 19	5 29	癸卯
2	2 17	1 24	辛未	3 19	2 24	辛丑	4 18	3 25	辛未	5 19	4 26	壬寅	6 19	4 28	癸酉	7 20	5 30	甲辰
	2 18	1 25	壬申	3 20	2 25	壬寅	4 19	3 26	壬申	5 20	4 27	癸卯	6 20	4 29	甲戌	7 21	6 1	乙巳
	2 19	1 26	癸酉	3 21	2 26	癸卯	4 20	3 27	癸酉	5 21	4 28	甲辰	6 21	5 1	乙亥	7 22	6 2	丙午
	2 20	1 27	甲戌	3 22	2 27	甲辰	4 21	3 28	甲戌	5 22	4 29	乙巳	6 22	5 2	丙子	7 23	6 3	丁未
	2 21	1 28	乙亥	3 23	2 28	乙巳	4 22	3 29	乙亥	5 23	閏4 1	丙午	6 23	5 3	丁丑	7 24	6 4	戊申
狗	2 22	1 29	丙子	3 24	2 29	丙午	4 23	3 30	丙子	5 24	4 2	丁未	6 24	5 4	戊寅	7 25	6 5	己酉
	2 23	1 30	丁丑	3 25	3 1	丁未	4 24	4 1	丁丑	5 25	4 3	戊申	6 25	5 5	己卯	7 26	6 6	庚戌
	2 24	2 1	戊寅	3 26	3 2	戊申	4 25	4 2	戊寅	5 26	4 4	己酉	6 26	5 6	庚辰	7 27	6 7	辛亥
	2 25	2 2	己卯	3 27	3 3	己酉	4 26	4 3	己卯	5 27	4 5	庚戌	6 27	5 7	辛巳	7 28	6 8	壬子
	2 26	2 3	庚辰	3 28	3 4	庚戌	4 27	4 4	庚辰	5 28	4 6	辛亥	6 28	5 8	壬午	7 29	6 9	癸丑
	2 27	2 4	辛巳	3 29	3 5	辛亥	4 28	4 5	辛巳	5 29	4 7	壬子	6 29	5 9	癸未	7 30	6 10	甲寅
	2 28	2 5	壬午	3 30	3 6	壬子	4 29	4 6	壬午	5 30	4 8	癸丑	6 30	5 10	甲申	7 31	6 11	乙卯
中	3 1	2 6	癸未	3 31	3 7	癸丑	4 30	4 7	癸未	5 31	4 9	甲寅	7 1	5 11	乙酉	8 1	6 12	丙辰
華	3 2	2 7	甲申	4 1	3 8	甲寅	5 1	4 8	甲申	6 1	4 10	乙卯	7 2	5 12	丙戌	8 2	6 13	丁巳
民	3 3	2 8	乙酉	4 2	3 9	乙卯	5 2	4 9	乙酉	6 2	4 11	丙辰	7 3	5 13	丁亥	8 3	6 14	戊午
國	3 4	2 9	丙戌	4 3	3 10	丙辰	5 3	4 10	丙戌	6 3	4 12	丁巳	7 4	5 14	戊子	8 4	6 15	己未
七	3 5	2 10	丁亥	4 4	3 11	丁巳	5 4	4 11	丁亥	6 4	4 13	戊午	7 5	5 15	己丑	8 5	6 16	庚申
十							5 5	4 12	戊子	6 5	4 14	己未	7 6	5 16	庚寅	8 6	6 17	辛酉
一																8 7	6 18	壬戌
年																		

中氣	雨水			春分			穀雨			小滿			夏至			大暑		
	2/19 7時46分 辰時			3/21 6時55分 卯時			4/20 18時7分 酉時			5/21 17時22分 酉時			6/22 1時23分 丑時			7/23 12時15分 午時		

年	壬戌																	
月	戊申			己酉			庚戌			辛亥			壬子			癸丑		
節氣	立秋			白露			寒露			立冬			大雪			小寒		
	8/8 4時41分 寅時			9/8 7時31分 辰時			10/8 23時2分 子時			11/8 2時4分 丑時			12/7 18時48分 酉時			1/6 5時58分 卯時		
日	國曆	農曆	干支	國曆	農曆	干支	國曆	農曆	干支	國曆	農曆	干支	國曆	農曆	干支	國曆	農曆	干支
	8 8	6 19	癸亥	9 8	7 21	甲午	10 8	8 22	甲子	11 8	9 23	乙未	12 7	10 23	甲子	1 6	11 23	甲午
	8 9	6 20	甲子	9 9	7 22	乙未	10 9	8 23	乙丑	11 9	9 24	丙申	12 8	10 24	乙丑	1 7	11 24	乙未
	8 10	6 21	乙丑	9 10	7 23	丙申	10 10	8 24	丙寅	11 10	9 25	丁酉	12 9	10 25	丙寅	1 8	11 25	丙申
	8 11	6 22	丙寅	9 11	7 24	丁酉	10 11	8 25	丁卯	11 11	9 26	戊戌	12 10	10 26	丁卯	1 9	11 26	丁酉
	8 12	6 23	丁卯	9 12	7 25	戊戌	10 12	8 26	戊辰	11 12	9 27	己亥	12 11	10 27	戊辰	1 10	11 27	戊戌
	8 13	6 24	戊辰	9 13	7 26	己亥	10 13	8 27	己巳	11 13	9 28	庚子	12 12	10 28	己巳	1 11	11 28	己亥
	8 14	6 25	己巳	9 14	7 27	庚子	10 14	8 28	庚午	11 14	9 29	辛丑	12 13	10 29	庚午	1 12	11 29	庚子
	8 15	6 26	庚午	9 15	7 28	辛丑	10 15	8 29	辛未	11 15	10 1	壬寅	12 14	10 30	辛未	1 13	11 30	辛丑
	8 16	6 27	辛未	9 16	7 29	壬寅	10 16	8 30	壬申	11 16	10 2	癸卯	12 15	11 1	壬申	1 14	12 1	壬寅
	8 17	6 28	壬申	9 17	8 1	癸卯	10 17	9 1	癸酉	11 17	10 3	甲辰	12 16	11 2	癸酉	1 15	12 2	癸卯
	8 18	6 29	癸酉	9 18	8 2	甲辰	10 18	9 2	甲戌	11 18	10 4	乙巳	12 17	11 3	甲戌	1 16	12 3	甲辰
	8 19	7 1	甲戌	9 19	8 3	乙巳	10 19	9 3	乙亥	11 19	10 5	丙午	12 18	11 4	乙亥	1 17	12 4	乙巳
	8 20	7 2	乙亥	9 20	8 4	丙午	10 20	9 4	丙子	11 20	10 6	丁未	12 19	11 5	丙子	1 18	12 5	丙午
	8 21	7 3	丙子	9 21	8 5	丁未	10 21	9 5	丁丑	11 21	10 7	戊申	12 20	11 6	丁丑	1 19	12 6	丁未
	8 22	7 4	丁丑	9 22	8 6	戊申	10 22	9 6	戊寅	11 22	10 8	己酉	12 21	11 7	戊寅	1 20	12 7	戊申
	8 23	7 5	戊寅	9 23	8 7	己酉	10 23	9 7	己卯	11 23	10 9	庚戌	12 22	11 8	己卯	1 21	12 8	己酉
	8 24	7 6	己卯	9 24	8 8	庚戌	10 24	9 8	庚辰	11 24	10 10	辛亥	12 23	11 9	庚辰	1 22	12 9	庚戌
	8 25	7 7	庚辰	9 25	8 9	辛亥	10 25	9 9	辛巳	11 25	10 11	壬子	12 24	11 10	辛巳	1 23	12 10	辛亥
	8 26	7 8	辛巳	9 26	8 10	壬子	10 26	9 10	壬午	11 26	10 12	癸丑	12 25	11 11	壬午	1 24	12 11	壬子
	8 27	7 9	壬午	9 27	8 11	癸丑	10 27	9 11	癸未	11 27	10 13	甲寅	12 26	11 12	癸未	1 25	12 12	癸丑
	8 28	7 10	癸未	9 28	8 12	甲寅	10 28	9 12	甲申	11 28	10 14	乙卯	12 27	11 13	甲申	1 26	12 13	甲寅
	8 29	7 11	甲申	9 29	8 13	乙卯	10 29	9 13	乙酉	11 29	10 15	丙辰	12 28	11 14	乙酉	1 27	12 14	乙卯
	8 30	7 12	乙酉	9 30	8 14	丙辰	10 30	9 14	丙戌	11 30	10 16	丁巳	12 29	11 15	丙戌	1 28	12 15	丙辰
	8 31	7 13	丙戌	10 1	8 15	丁巳	10 31	9 15	丁亥	12 1	10 17	戊午	12 30	11 16	丁亥	1 29	12 16	丁巳
	9 1	7 14	丁亥	10 2	8 16	戊午	11 1	9 16	戊子	12 2	10 18	己未	12 31	11 17	戊子	1 30	12 17	戊午
	9 2	7 15	戊子	10 3	8 17	己未	11 2	9 17	己丑	12 3	10 19	庚申	1 1	11 18	己丑	1 31	12 18	己未
	9 3	7 16	己丑	10 4	8 18	庚申	11 3	9 18	庚寅	12 4	10 20	辛酉	1 2	11 19	庚寅	2 1	12 19	庚申
	9 4	7 17	庚寅	10 5	8 19	辛酉	11 4	9 19	辛卯	12 5	10 21	壬戌	1 3	11 20	辛卯	2 2	12 20	辛酉
	9 5	7 18	辛卯	10 6	8 20	壬戌	11 5	9 20	壬辰	12 6	10 22	癸亥	1 4	11 21	壬辰	2 3	12 21	壬戌
	9 6	7 19	壬辰	10 7	8 21	癸亥	11 6	9 21	癸巳				1 5	11 22	癸巳			
	9 7	7 20	癸巳				11 7	9 22	甲午									
中氣	處暑			秋分			霜降			小雪			冬至			大寒		
	8/23 19時15分 戌時			9/23 16時46分 申時			10/24 1時57分 丑時			11/22 23時23分 子時			12/22 12時38分 午時			1/20 23時16分 子時		

1982·1983　狗　中華民國七十一·七十二年

頁 374 / 614（文件編號：9789866030116）

年　癸亥

民國七十二年（1983）　豬　中華民國七十二年

月	甲寅			乙卯			丙辰			丁巳			戊午			己未		
節氣	立春			驚蟄			清明			立夏			芒種			小暑		
	2/4 17時39分 酉時			3/6 11時47分 午時			4/5 16時44分 申時			5/6 10時10分 巳時			6/6 14時25分 未時			7/8 0時43分 子時		
日	國曆	農曆	干支	國曆	農曆	干支	國曆	農曆	干支	國曆	農曆	干支	國曆	農曆	干支	國曆	農曆	干支
	2/4	12/22	癸亥	3/6	1/22	癸巳	4/5	2/22	癸亥	5/6	3/24	甲午	6/6	4/25	乙丑	7/8	5/28	丁酉
	2/5	12/23	甲子	3/7	1/23	甲午	4/6	2/23	甲子	5/7	3/25	乙未	6/7	4/26	丙寅	7/9	5/29	戊戌
	2/6	12/24	乙丑	3/8	1/24	乙未	4/7	2/24	乙丑	5/8	3/26	丙申	6/8	4/27	丁卯	7/10	6/1	己亥
	2/7	12/25	丙寅	3/9	1/25	丙申	4/8	2/25	丙寅	5/9	3/27	丁酉	6/9	4/28	戊辰	7/11	6/2	庚子
	2/8	12/26	丁卯	3/10	1/26	丁酉	4/9	2/26	丁卯	5/10	3/28	戊戌	6/10	4/29	己巳	7/12	6/3	辛丑
	2/9	12/27	戊辰	3/11	1/27	戊戌	4/10	2/27	戊辰	5/11	3/29	己亥	6/11	5/1	庚午	7/13	6/4	壬寅
	2/10	12/28	己巳	3/12	1/28	己亥	4/11	2/28	己巳	5/12	3/30	庚子	6/12	5/2	辛未	7/14	6/5	癸卯
	2/11	12/29	庚午	3/13	1/29	庚子	4/12	2/29	庚午	5/13	4/1	辛丑	6/13	5/3	壬申	7/15	6/6	甲辰
	2/12	12/30	辛未	3/14	1/30	辛丑	4/13	3/1	辛未	5/14	4/2	壬寅	6/14	5/4	癸酉	7/16	6/7	乙巳
	2/13	1/1	壬申	3/15	2/1	壬寅	4/14	3/2	壬申	5/15	4/3	癸卯	6/15	5/5	甲戌	7/17	6/8	丙午
	2/14	1/2	癸酉	3/16	2/2	癸卯	4/15	3/3	癸酉	5/16	4/4	甲辰	6/16	5/6	乙亥	7/18	6/9	丁未
	2/15	1/3	甲戌	3/17	2/3	甲辰	4/16	3/4	甲戌	5/17	4/5	乙巳	6/17	5/7	丙子	7/19	6/10	戊申
	2/16	1/4	乙亥	3/18	2/4	乙巳	4/17	3/5	乙亥	5/18	4/6	丙午	6/18	5/8	丁丑	7/20	6/11	己酉
	2/17	1/5	丙子	3/19	2/5	丙午	4/18	3/6	丙子	5/19	4/7	丁未	6/19	5/9	戊寅	7/21	6/12	庚戌
	2/18	1/6	丁丑	3/20	2/6	丁未	4/19	3/7	丁丑	5/20	4/8	戊申	6/20	5/10	己卯	7/22	6/13	辛亥
	2/19	1/7	戊寅	3/21	2/7	戊申	4/20	3/8	戊寅	5/21	4/9	己酉	6/21	5/11	庚辰	7/23	6/14	壬子
	2/20	1/8	己卯	3/22	2/8	己酉	4/21	3/9	己卯	5/22	4/10	庚戌	6/22	5/12	辛巳	7/24	6/15	癸丑
	2/21	1/9	庚辰	3/23	2/9	庚戌	4/22	3/10	庚辰	5/23	4/11	辛亥	6/23	5/13	壬午	7/25	6/16	甲寅
	2/22	1/10	辛巳	3/24	2/10	辛亥	4/23	3/11	辛巳	5/24	4/12	壬子	6/24	5/14	癸未	7/26	6/17	乙卯
	2/23	1/11	壬午	3/25	2/11	壬子	4/24	3/12	壬午	5/25	4/13	癸丑	6/25	5/15	甲申	7/27	6/18	丙辰
	2/24	1/12	癸未	3/26	2/12	癸丑	4/25	3/13	癸未	5/26	4/14	甲寅	6/26	5/16	乙酉	7/28	6/19	丁巳
	2/25	1/13	甲申	3/27	2/13	甲寅	4/26	3/14	甲申	5/27	4/15	乙卯	6/27	5/17	丙戌	7/29	6/20	戊午
	2/26	1/14	乙酉	3/28	2/14	乙卯	4/27	3/15	乙酉	5/28	4/16	丙辰	6/28	5/18	丁亥	7/30	6/21	己未
	2/27	1/15	丙戌	3/29	2/15	丙辰	4/28	3/16	丙戌	5/29	4/17	丁巳	6/29	5/19	戊子	7/31	6/22	庚申
	2/28	1/16	丁亥	3/30	2/16	丁巳	4/29	3/17	丁亥	5/30	4/18	戊午	6/30	5/20	己丑	8/1	6/23	辛酉
	3/1	1/17	戊子	3/31	2/17	戊午	4/30	3/18	戊子	5/31	4/19	己未	7/1	5/21	庚寅	8/2	6/24	壬戌
	3/2	1/18	己丑	4/1	2/18	己未	5/1	3/19	己丑	6/1	4/20	庚申	7/2	5/22	辛卯	8/3	6/25	癸亥
	3/3	1/19	庚寅	4/2	2/19	庚申	5/2	3/20	庚寅	6/2	4/21	辛酉	7/3	5/23	壬辰	8/4	6/26	甲子
	3/4	1/20	辛卯	4/3	2/20	辛酉	5/3	3/21	辛卯	6/3	4/22	壬戌	7/4	5/24	癸巳	8/5	6/27	乙丑
	3/5	1/21	壬辰	4/4	2/21	壬戌	5/4	3/22	壬辰	6/4	4/23	癸亥	7/5	5/25	甲午	8/6	6/28	丙寅
							5/5	3/23	癸巳	6/5	4/24	甲子	7/6	5/26	乙未	8/7	6/29	丁卯
													7/7	5/27	丙申			
中氣	雨水			春分			穀雨			小滿			夏至			大暑		
	2/19 13時30分 未時			3/21 12時38分 午時			4/20 23時50分 子時			5/21 23時6分 子時			6/22 7時8分 辰時			7/23 18時4分 酉時		

1983·1984　中華民國七十二·七十三年　豬

庚申			辛酉			壬戌			癸亥			甲子			乙丑			月
立秋			白露			寒露			立冬			大雪			小寒			節氣
8/8 10時29分 巳時			9/8 13時20分 未時			10/9 4時51分 寅時			11/8 7時52分 辰時			12/8 0時33分 子時			1/6 11時40分 午時			
國曆	農曆	干支	國曆	農曆	干支	國曆	農曆	干支	國曆	農曆	干支	國曆	農曆	干支	國曆	農曆	干支	日
8 8	6 30	戊辰	9 8	8 2	己亥	10 9	9 4	庚午	11 8	10 4	庚子	12 8	11 5	庚午	1 6	12 4	己亥	
8 9	7 1	己巳	9 9	8 3	庚子	10 10	9 5	辛未	11 9	10 5	辛丑	12 9	11 6	辛未	1 7	12 5	庚子	
8 10	7 2	庚午	9 10	8 4	辛丑	10 11	9 6	壬申	11 10	10 6	壬寅	12 10	11 7	壬申	1 8	12 6	辛丑	
8 11	7 3	辛未	9 11	8 5	壬寅	10 12	9 7	癸酉	11 11	10 7	癸卯	12 11	11 8	癸酉	1 9	12 7	壬寅	1
8 12	7 4	壬申	9 12	8 6	癸卯	10 13	9 8	甲戌	11 12	10 8	甲辰	12 12	11 9	甲戌	1 10	12 8	癸卯	9
8 13	7 5	癸酉	9 13	8 7	甲辰	10 14	9 9	乙亥	11 13	10 9	乙巳	12 13	11 10	乙亥	1 11	12 9	甲辰	8
8 14	7 6	甲戌	9 14	8 8	乙巳	10 15	9 10	丙子	11 14	10 10	丙午	12 14	11 11	丙子	1 12	12 10	乙巳	3
8 15	7 7	乙亥	9 15	8 9	丙午	10 16	9 11	丁丑	11 15	10 11	丁未	12 15	11 12	丁丑	1 13	12 11	丙午	·
8 16	7 8	丙子	9 16	8 10	丁未	10 17	9 12	戊寅	11 16	10 12	戊申	12 16	11 13	戊寅	1 14	12 12	丁未	1
8 17	7 9	丁丑	9 17	8 11	戊申	10 18	9 13	己卯	11 17	10 13	己酉	12 17	11 14	己卯	1 15	12 13	戊申	9
8 18	7 10	戊寅	9 18	8 12	己酉	10 19	9 14	庚辰	11 18	10 14	庚戌	12 18	11 15	庚辰	1 16	12 14	己酉	8
8 19	7 11	己卯	9 19	8 13	庚戌	10 20	9 15	辛巳	11 19	10 15	辛亥	12 19	11 16	辛巳	1 17	12 15	庚戌	4
8 20	7 12	庚辰	9 20	8 14	辛亥	10 21	9 16	壬午	11 20	10 16	壬子	12 20	11 17	壬午	1 18	12 16	辛亥	
8 21	7 13	辛巳	9 21	8 15	壬子	10 22	9 17	癸未	11 21	10 17	癸丑	12 21	11 18	癸未	1 19	12 17	壬子	
8 22	7 14	壬午	9 22	8 16	癸丑	10 23	9 18	甲申	11 22	10 18	甲寅	12 22	11 19	甲申	1 20	12 18	癸丑	豬
8 23	7 15	癸未	9 23	8 17	甲寅	10 24	9 19	乙酉	11 23	10 19	乙卯	12 23	11 20	乙酉	1 21	12 19	甲寅	
8 24	7 16	甲申	9 24	8 18	乙卯	10 25	9 20	丙戌	11 24	10 20	丙辰	12 24	11 21	丙戌	1 22	12 20	乙卯	
8 25	7 17	乙酉	9 25	8 19	丙辰	10 26	9 21	丁亥	11 25	10 21	丁巳	12 25	11 22	丁亥	1 23	12 21	丙辰	
8 26	7 18	丙戌	9 26	8 20	丁巳	10 27	9 22	戊子	11 26	10 22	戊午	12 26	11 23	戊子	1 24	12 22	丁巳	
8 27	7 19	丁亥	9 27	8 21	戊午	10 28	9 23	己丑	11 27	10 23	己未	12 27	11 24	己丑	1 25	12 23	戊午	中
8 28	7 20	戊子	9 28	8 22	己未	10 29	9 24	庚寅	11 28	10 24	庚申	12 28	11 25	庚寅	1 26	12 24	己未	華
8 29	7 21	己丑	9 29	8 23	庚申	10 30	9 25	辛卯	11 29	10 25	辛酉	12 29	11 26	辛卯	1 27	12 25	庚申	民
8 30	7 22	庚寅	9 30	8 24	辛酉	10 31	9 26	壬辰	11 30	10 26	壬戌	12 30	11 27	壬辰	1 28	12 26	辛酉	國
8 31	7 23	辛卯	10 1	8 25	壬戌	11 1	9 27	癸巳	12 1	10 27	癸亥	12 31	11 28	癸巳	1 29	12 27	壬戌	七
9 1	7 24	壬辰	10 2	8 26	癸亥	11 2	9 28	甲午	12 2	10 28	甲子	1 1	11 29	甲午	1 30	12 28	癸亥	十
9 2	7 25	癸巳	10 3	8 27	甲子	11 3	9 29	乙未	12 3	10 29	乙丑	1 2	11 30	乙未	1 31	12 29	甲子	二
9 3	7 26	甲午	10 4	8 28	乙丑	11 4	9 30	丙申	12 4	11 1	丙寅	1 3	12 1	丙申	2 1	12 30	乙丑	·
9 4	7 27	乙未	10 5	8 29	丙寅	11 5	10 1	丁酉	12 5	11 2	丁卯	1 4	12 2	丁酉	2 2	1 1	丙寅	七
9 5	7 28	丙申	10 6	9 1	丁卯	11 6	10 2	戊戌	12 6	11 3	戊辰	1 5	12 3	戊戌	2 3	1 2	丁卯	十
9 6	7 29	丁酉	10 7	9 2	戊辰	11 7	10 3	己亥	12 7	11 4	己巳							三
9 7	8 1	戊戌	10 8	9 3	己巳													年
處暑			秋分			霜降			小雪			冬至			大寒			中氣
8/24 1時7分 丑時			9/23 22時41分 亥時			10/24 7時54分 辰時			11/23 5時18分 卯時			12/22 18時29分 酉時			1/21 5時5分 卯時			

（年：癸亥）

年			甲子														
月	丙寅			丁卯			戊辰			己巳			庚午			辛未		
節氣	立春			驚蟄			清明			立夏			芒種			小暑		
	2/4 23時18分 子時			3/5 17時24分 酉時			4/4 22時22分 亥時			5/5 15時50分 申時			6/5 20時8分 戌時			7/7 6時29分 卯時		
日	國曆	農曆	干支	國曆	農曆	干支	國曆	農曆	干支	國曆	農曆	干支	國曆	農曆	干支	國曆	農曆	干支
	2 4	1 3	戊辰	3 5	2 3	戊戌	4 4	3 4	戊辰	5 5	4 5	己亥	6 5	5 6	庚午	7 7	6 9	壬寅
	2 5	1 4	己巳	3 6	2 4	己亥	4 5	3 5	己巳	5 6	4 6	庚子	6 6	5 7	辛未	7 8	6 10	癸卯
	2 6	1 5	庚午	3 7	2 5	庚子	4 6	3 6	庚午	5 7	4 7	辛丑	6 7	5 8	壬申	7 9	6 11	甲辰
	2 7	1 6	辛未	3 8	2 6	辛丑	4 7	3 7	辛未	5 8	4 8	壬寅	6 8	5 9	癸酉	7 10	6 12	乙巳
1	2 8	1 7	壬申	3 9	2 7	壬寅	4 8	3 8	壬申	5 9	4 9	癸卯	6 9	5 10	甲戌	7 11	6 13	丙午
9	2 9	1 8	癸酉	3 10	2 8	癸卯	4 9	3 9	癸酉	5 10	4 10	甲辰	6 10	5 11	乙亥	7 12	6 14	丁未
8	2 10	1 9	甲戌	3 11	2 9	甲辰	4 10	3 10	甲戌	5 11	4 11	乙巳	6 11	5 12	丙子	7 13	6 15	戊申
4	2 11	1 10	乙亥	3 12	2 10	乙巳	4 11	3 11	乙亥	5 12	4 12	丙午	6 12	5 13	丁丑	7 14	6 16	己酉
	2 12	1 11	丙子	3 13	2 11	丙午	4 12	3 12	丙子	5 13	4 13	丁未	6 13	5 14	戊寅	7 15	6 17	庚戌
	2 13	1 12	丁丑	3 14	2 12	丁未	4 13	3 13	丁丑	5 14	4 14	戊申	6 14	5 15	己卯	7 16	6 18	辛亥
	2 14	1 13	戊寅	3 15	2 13	戊申	4 14	3 14	戊寅	5 15	4 15	己酉	6 15	5 16	庚辰	7 17	6 19	壬子
鼠	2 15	1 14	己卯	3 16	2 14	己酉	4 15	3 15	己卯	5 16	4 16	庚戌	6 16	5 17	辛巳	7 18	6 20	癸丑
	2 16	1 15	庚辰	3 17	2 15	庚戌	4 16	3 16	庚辰	5 17	4 17	辛亥	6 17	5 18	壬午	7 19	6 21	甲寅
	2 17	1 16	辛巳	3 18	2 16	辛亥	4 17	3 17	辛巳	5 18	4 18	壬子	6 18	5 19	癸未	7 20	6 22	乙卯
	2 18	1 17	壬午	3 19	2 17	壬子	4 18	3 18	壬午	5 19	4 19	癸丑	6 19	5 20	甲申	7 21	6 23	丙辰
	2 19	1 18	癸未	3 20	2 18	癸丑	4 19	3 19	癸未	5 20	4 20	甲寅	6 20	5 21	乙酉	7 22	6 24	丁巳
	2 20	1 19	甲申	3 21	2 19	甲寅	4 20	3 20	甲申	5 21	4 21	乙卯	6 21	5 22	丙戌	7 23	6 25	戊午
	2 21	1 20	乙酉	3 22	2 20	乙卯	4 21	3 21	乙酉	5 22	4 22	丙辰	6 22	5 23	丁亥	7 24	6 26	己未
	2 22	1 21	丙戌	3 23	2 21	丙辰	4 22	3 22	丙戌	5 23	4 23	丁巳	6 23	5 24	戊子	7 25	6 27	庚申
	2 23	1 22	丁亥	3 24	2 22	丁巳	4 23	3 23	丁亥	5 24	4 24	戊午	6 24	5 25	己丑	7 26	6 28	辛酉
中	2 24	1 23	戊子	3 25	2 23	戊午	4 24	3 24	戊子	5 25	4 25	己未	6 25	5 26	庚寅	7 27	6 29	壬戌
華	2 25	1 24	己丑	3 26	2 24	己未	4 25	3 25	己丑	5 26	4 26	庚申	6 26	5 27	辛卯	7 28	7 1	癸亥
民	2 26	1 25	庚寅	3 27	2 25	庚申	4 26	3 26	庚寅	5 27	4 27	辛酉	6 27	5 28	壬辰	7 29	7 2	甲子
國	2 27	1 26	辛卯	3 28	2 26	辛酉	4 27	3 27	辛卯	5 28	4 28	壬戌	6 28	5 29	癸巳	7 30	7 3	乙丑
七	2 28	1 27	壬辰	3 29	2 27	壬戌	4 28	3 28	壬辰	5 29	4 29	癸亥	6 29	6 1	甲午	7 31	7 4	丙寅
十	2 29	1 28	癸巳	3 30	2 28	癸亥	4 29	3 29	癸巳	5 30	4 30	甲子	6 30	6 2	乙未	8 1	7 5	丁卯
三	3 1	1 29	甲午	3 31	2 29	甲子	4 30	3 30	甲午	5 31	5 1	乙丑	7 1	6 3	丙申	8 2	7 6	戊辰
年	3 2	1 30	乙未	4 1	3 1	乙丑	5 1	4 1	乙未	6 1	5 2	丙寅	7 2	6 4	丁酉	8 3	7 7	己巳
	3 3	2 1	丙申	4 2	3 2	丙寅	5 2	4 2	丙申	6 2	5 3	丁卯	7 3	6 5	戊戌	8 4	7 8	庚午
	3 4	2 2	丁酉	4 3	3 3	丁卯	5 3	4 3	丁酉	6 3	5 4	戊辰	7 4	6 6	己亥	8 5	7 9	辛未
							5 4	4 4	戊戌	6 4	5 5	己巳	7 5	6 7	庚子	8 6	7 10	壬申
													7 6	6 8	辛丑			
中氣	雨水			春分			穀雨			小滿			夏至			大暑		
	2/19 19時16分 戌時			3/20 18時24分 酉時			4/20 5時38分 卯時			5/21 4時57分 寅時			6/21 13時2分 未時			7/22 23時58分 子時		

甲子　年

壬申 (立秋)			癸酉 (白露)			甲戌 (寒露)			乙亥 (立冬)			丙子 (大雪)			丁丑 (小寒)		
8/7 16時17分 申時			9/7 19時9分 戌時			10/8 10時42分 巳時			11/7 13時45分 未時			12/7 6時28分 卯時			1/5 17時35分 酉時		
國曆	農曆	干支	國曆	農曆	干支	國曆	農曆	干支	國曆	農曆	干支	國曆	農曆	干支	國曆	農曆	干支
8 7	7 11	癸酉	9 7	8 12	甲辰	10 8	9 14	乙亥	11 7	10 15	乙巳	12 7	閏10 15	乙亥	1 5	11 15	甲辰
8 8	7 12	甲戌	9 8	8 13	乙巳	10 9	9 15	丙子	11 8	10 16	丙午	12 8	閏10 16	丙子	1 6	11 16	乙巳
8 9	7 13	乙亥	9 9	8 14	丙午	10 10	9 16	丁丑	11 9	10 17	丁未	12 9	閏10 17	丁丑	1 7	11 17	丙午
8 10	7 14	丙子	9 10	8 15	丁未	10 11	9 17	戊寅	11 10	10 18	戊申	12 10	閏10 18	戊寅	1 8	11 18	丁未
8 11	7 15	丁丑	9 11	8 16	戊申	10 12	9 18	己卯	11 11	10 19	己酉	12 11	閏10 19	己卯	1 9	11 19	戊申
8 12	7 16	戊寅	9 12	8 17	己酉	10 13	9 19	庚辰	11 12	10 20	庚戌	12 12	閏10 20	庚辰	1 10	11 20	己酉
8 13	7 17	己卯	9 13	8 18	庚戌	10 14	9 20	辛巳	11 13	10 21	辛亥	12 13	閏10 21	辛巳	1 11	11 21	庚戌
8 14	7 18	庚辰	9 14	8 19	辛亥	10 15	9 21	壬午	11 14	10 22	壬子	12 14	閏10 22	壬午	1 12	11 22	辛亥
8 15	7 19	辛巳	9 15	8 20	壬子	10 16	9 22	癸未	11 15	10 23	癸丑	12 15	閏10 23	癸未	1 13	11 23	壬子
8 16	7 20	壬午	9 16	8 21	癸丑	10 17	9 23	甲申	11 16	10 24	甲寅	12 16	閏10 24	甲申	1 14	11 24	癸丑
8 17	7 21	癸未	9 17	8 22	甲寅	10 18	9 24	乙酉	11 17	10 25	乙卯	12 17	閏10 25	乙酉	1 15	11 25	甲寅
8 18	7 22	甲申	9 18	8 23	乙卯	10 19	9 25	丙戌	11 18	10 26	丙辰	12 18	閏10 26	丙戌	1 16	11 26	乙卯
8 19	7 23	乙酉	9 19	8 24	丙辰	10 20	9 26	丁亥	11 19	10 27	丁巳	12 19	閏10 27	丁亥	1 17	11 27	丙辰
8 20	7 24	丙戌	9 20	8 25	丁巳	10 21	9 27	戊子	11 20	10 28	戊午	12 20	閏10 28	戊子	1 18	11 28	丁巳
8 21	7 25	丁亥	9 21	8 26	戊午	10 22	9 28	己丑	11 21	10 29	己未	12 21	閏10 29	己丑	1 19	11 29	戊午
8 22	7 26	戊子	9 22	8 27	己未	10 23	9 29	庚寅	11 22	10 30	庚申	12 22	11 1	庚寅	1 20	11 30	己未
8 23	7 27	己丑	9 23	8 28	庚申	10 24	10 1	辛卯	11 23	閏10 1	辛酉	12 23	11 2	辛卯	1 21	12 1	庚申
8 24	7 28	庚寅	9 24	8 29	辛酉	10 25	10 2	壬辰	11 24	閏10 2	壬戌	12 24	11 3	壬辰	1 22	12 2	辛酉
8 25	7 29	辛卯	9 25	9 1	壬戌	10 26	10 3	癸巳	11 25	閏10 3	癸亥	12 25	11 4	癸巳	1 23	12 3	壬戌
8 26	7 30	壬辰	9 26	9 2	癸亥	10 27	10 4	甲午	11 26	閏10 4	甲子	12 26	11 5	甲午	1 24	12 4	癸亥
8 27	8 1	癸巳	9 27	9 3	甲子	10 28	10 5	乙未	11 27	閏10 5	乙丑	12 27	11 6	乙未	1 25	12 5	甲子
8 28	8 2	甲午	9 28	9 4	乙丑	10 29	10 6	丙申	11 28	閏10 6	丙寅	12 28	11 7	丙申	1 26	12 6	乙丑
8 29	8 3	乙未	9 29	9 5	丙寅	10 30	10 7	丁酉	11 29	閏10 7	丁卯	12 29	11 8	丁酉	1 27	12 7	丙寅
8 30	8 4	丙申	9 30	9 6	丁卯	10 31	10 8	戊戌	11 30	閏10 8	戊辰	12 30	11 9	戊戌	1 28	12 8	丁卯
8 31	8 5	丁酉	10 1	9 7	戊辰	11 1	10 9	己亥	12 1	閏10 9	己巳	12 31	11 10	己亥	1 29	12 9	戊辰
9 1	8 6	戊戌	10 2	9 8	己巳	11 2	10 10	庚子	12 2	閏10 10	庚午	1 1	11 11	庚子	1 30	12 10	己巳
9 2	8 7	己亥	10 3	9 9	庚午	11 3	10 11	辛丑	12 3	閏10 11	辛未	1 2	11 12	辛丑	1 31	12 11	庚午
9 3	8 8	庚子	10 4	9 10	辛未	11 4	10 12	壬寅	12 4	閏10 12	壬申	1 3	11 13	壬寅	2 1	12 12	辛未
9 4	8 9	辛丑	10 5	9 11	壬申	11 5	10 13	癸卯	12 5	閏10 13	癸酉	1 4	11 14	癸卯	2 2	12 13	壬申
9 5	8 10	壬寅	10 6	9 12	癸酉	11 6	10 14	甲辰	12 6	閏10 14	甲戌				2 3	12 14	癸酉
9 6	8 11	癸卯	10 7	9 13	甲戌												

處暑	秋分	霜降	小雪	冬至	大寒	中氣
8/23 7時0分 辰時	9/23 4時32分 寅時	10/23 13時45分 未時	11/22 11時10分 午時	12/22 0時22分 子時	1/20 10時57分 巳時	

年：1984・1985　鼠　中華民國七十三・七十四年

年																	
							乙丑										

月	戊寅			己卯			庚辰			辛巳			壬午			癸未		
節氣	立春			驚蟄			清明			立夏			芒種			小暑		
	2/4 5時11分 卯時			3/5 23時16分 子時			4/5 4時13分 寅時			5/5 21時42分 亥時			6/6 1時59分 丑時			7/7 12時18分 午時		
日	國曆	農曆	干支	國曆	農曆	干支	國曆	農曆	干支	國曆	農曆	干支	國曆	農曆	干支	國曆	農曆	干支
	2 4	12 15	甲戌	3 5	1 14	癸卯	4 5	2 16	甲戌	5 5	3 16	甲辰	6 6	4 18	丙子	7 7	5 20	丁未
	2 5	12 16	乙亥	3 6	1 15	甲辰	4 6	2 17	乙亥	5 6	3 17	乙巳	6 7	4 19	丁丑	7 8	5 21	戊申
	2 6	12 17	丙子	3 7	1 16	乙巳	4 7	2 18	丙子	5 7	3 18	丙午	6 8	4 20	戊寅	7 9	5 22	己酉
	2 7	12 18	丁丑	3 8	1 17	丙午	4 8	2 19	丁丑	5 8	3 19	丁未	6 9	4 21	己卯	7 10	5 23	庚戌
1	2 8	12 19	戊寅	3 9	1 18	丁未	4 9	2 20	戊寅	5 9	3 20	戊申	6 10	4 22	庚辰	7 11	5 24	辛亥
9	2 9	12 20	己卯	3 10	1 19	戊申	4 10	2 21	己卯	5 10	3 21	己酉	6 11	4 23	辛巳	7 12	5 25	壬子
8	2 10	12 21	庚辰	3 11	1 20	己酉	4 11	2 22	庚辰	5 11	3 22	庚戌	6 12	4 24	壬午	7 13	5 26	癸丑
5	2 11	12 22	辛巳	3 12	1 21	庚戌	4 12	2 23	辛巳	5 12	3 23	辛亥	6 13	4 25	癸未	7 14	5 27	甲寅
	2 12	12 23	壬午	3 13	1 22	辛亥	4 13	2 24	壬午	5 13	3 24	壬子	6 14	4 26	甲申	7 15	5 28	乙卯
	2 13	12 24	癸未	3 14	1 23	壬子	4 14	2 25	癸未	5 14	3 25	癸丑	6 15	4 27	乙酉	7 16	5 29	丙辰
	2 14	12 25	甲申	3 15	1 24	癸丑	4 15	2 26	甲申	5 15	3 26	甲寅	6 16	4 28	丙戌	7 17	5 30	丁巳
	2 15	12 26	乙酉	3 16	1 25	甲寅	4 16	2 27	乙酉	5 16	3 27	乙卯	6 17	4 29	丁亥	7 18	6 1	戊午
	2 16	12 27	丙戌	3 17	1 26	乙卯	4 17	2 28	丙戌	5 17	3 28	丙辰	6 18	5 1	戊子	7 19	6 2	己未
牛	2 17	12 28	丁亥	3 18	1 27	丙辰	4 18	2 29	丁亥	5 18	3 29	丁巳	6 19	5 2	己丑	7 20	6 3	庚申
	2 18	12 29	戊子	3 19	1 28	丁巳	4 19	2 30	戊子	5 19	3 30	戊午	6 20	5 3	庚寅	7 21	6 4	辛酉
	2 19	12 30	己丑	3 20	1 29	戊午	4 20	3 1	己丑	5 20	4 1	己未	6 21	5 4	辛卯	7 22	6 5	壬戌
	2 20	1 1	庚寅	3 21	2 1	己未	4 21	3 2	庚寅	5 21	4 2	庚申	6 22	5 5	壬辰	7 23	6 6	癸亥
	2 21	1 2	辛卯	3 22	2 2	庚申	4 22	3 3	辛卯	5 22	4 3	辛酉	6 23	5 6	癸巳	7 24	6 7	甲子
	2 22	1 3	壬辰	3 23	2 3	辛酉	4 23	3 4	壬辰	5 23	4 4	壬戌	6 24	5 7	甲午	7 25	6 8	乙丑
	2 23	1 4	癸巳	3 24	2 4	壬戌	4 24	3 5	癸巳	5 24	4 5	癸亥	6 25	5 8	乙未	7 26	6 9	丙寅
	2 24	1 5	甲午	3 25	2 5	癸亥	4 25	3 6	甲午	5 25	4 6	甲子	6 26	5 9	丙申	7 27	6 10	丁卯
中	2 25	1 6	乙未	3 26	2 6	甲子	4 26	3 7	乙未	5 26	4 7	乙丑	6 27	5 10	丁酉	7 28	6 11	戊辰
華	2 26	1 7	丙申	3 27	2 7	乙丑	4 27	3 8	丙申	5 27	4 8	丙寅	6 28	5 11	戊戌	7 29	6 12	己巳
民	2 27	1 8	丁酉	3 28	2 8	丙寅	4 28	3 9	丁酉	5 28	4 9	丁卯	6 29	5 12	己亥	7 30	6 13	庚午
國	2 28	1 9	戊戌	3 29	2 9	丁卯	4 29	3 10	戊戌	5 29	4 10	戊辰	6 30	5 13	庚子	7 31	6 14	辛未
七	3 1	1 10	己亥	3 30	2 10	戊辰	4 30	3 11	己亥	5 30	4 11	己巳	7 1	5 14	辛丑	8 1	6 15	壬申
十	3 2	1 11	庚子	3 31	2 11	己巳	5 1	3 12	庚子	5 31	4 12	庚午	7 2	5 15	壬寅	8 2	6 16	癸酉
四	3 3	1 12	辛丑	4 1	2 12	庚午	5 2	3 13	辛丑	6 1	4 13	辛未	7 3	5 16	癸卯	8 3	6 17	甲戌
年	3 4	1 13	壬寅	4 2	2 13	辛未	5 3	3 14	壬寅	6 2	4 14	壬申	7 4	5 17	甲辰	8 4	6 18	乙亥
				4 3	2 14	壬申	5 4	3 15	癸卯	6 3	4 15	癸酉	7 5	5 18	乙巳	8 5	6 19	丙子
				4 4	2 15	癸酉				6 4	4 16	甲戌	7 6	5 19	丙午	8 6	6 20	丁丑
										6 5	4 17	乙亥						
中氣	雨水			春分			穀雨			小滿			夏至			大暑		
	2/19 1時7分 丑時			3/21 0時13分 子時			4/20 11時25分 午時			5/21 10時42分 巳時			6/21 18時44分 酉時			7/23 5時36分 卯時		

乙丑																														年
甲申					乙酉					丙戌					丁亥					戊子					己丑					月
立秋					白露					寒露					立冬					大雪					小寒					節氣
8/7 22時4分 亥時					9/8 0時53分 子時					10/8 16時24分 申時					11/7 19時29分 戌時					12/7 12時16分 午時					1/5 23時28分 子時					
國曆		農曆		干支	國曆		農曆		干支	國曆		農曆		干支	國曆		農曆		干支	國曆		農曆		干支	國曆		農曆		干支	日
8	7	6	21	戊寅	9	8	7	24	庚戌	10	8	8	24	庚辰	11	7	9	25	庚戌	12	7	10	26	庚辰	1	5	11	25	己酉	
8	8	6	22	己卯	9	9	7	25	辛亥	10	9	8	25	辛巳	11	8	9	26	辛亥	12	8	10	27	辛巳	1	6	11	26	庚戌	
8	9	6	23	庚辰	9	10	7	26	壬子	10	10	8	26	壬午	11	9	9	27	壬子	12	9	10	28	壬午	1	7	11	27	辛亥	1
8	10	6	24	辛巳	9	11	7	27	癸丑	10	11	8	27	癸未	11	10	9	28	癸丑	12	10	10	29	癸未	1	8	11	28	壬子	9
8	11	6	25	壬午	9	12	7	28	甲寅	10	12	8	28	甲申	11	11	9	29	甲寅	12	11	10	30	甲申	1	9	11	29	癸丑	8
8	12	6	26	癸未	9	13	7	29	乙卯	10	13	8	29	乙酉	11	12	10	1	乙卯	12	12	11	1	乙酉	1	10	12	1	甲寅	5
8	13	6	27	甲申	9	14	7	30	丙辰	10	14	9	1	丙戌	11	13	10	2	丙辰	12	13	11	2	丙戌	1	11	12	2	乙卯	·
8	14	6	28	乙酉	9	15	8	1	丁巳	10	15	9	2	丁亥	11	14	10	3	丁巳	12	14	11	3	丁亥	1	12	12	3	丙辰	1
8	15	6	29	丙戌	9	16	8	2	戊午	10	16	9	3	戊子	11	15	10	4	戊午	12	15	11	4	戊子	1	13	12	4	丁巳	9
8	16	7	1	丁亥	9	17	8	3	己未	10	17	9	4	己丑	11	16	10	5	己未	12	16	11	5	己丑	1	14	12	5	戊午	8
8	17	7	2	戊子	9	18	8	4	庚申	10	18	9	5	庚寅	11	17	10	6	庚申	12	17	11	6	庚寅	1	15	12	6	己未	6
8	18	7	3	己丑	9	19	8	5	辛酉	10	19	9	6	辛卯	11	18	10	7	辛酉	12	18	11	7	辛卯	1	16	12	7	庚申	
8	19	7	4	庚寅	9	20	8	6	壬戌	10	20	9	7	壬辰	11	19	10	8	壬戌	12	19	11	8	壬辰	1	17	12	8	辛酉	
8	20	7	5	辛卯	9	21	8	7	癸亥	10	21	9	8	癸巳	11	20	10	9	癸亥	12	20	11	9	癸巳	1	18	12	9	壬戌	牛
8	21	7	6	壬辰	9	22	8	8	甲子	10	22	9	9	甲午	11	21	10	10	甲子	12	21	11	10	甲午	1	19	12	10	癸亥	
8	22	7	7	癸巳	9	23	8	9	乙丑	10	23	9	10	乙未	11	22	10	11	乙丑	12	22	11	11	乙未	1	20	12	11	甲子	
8	23	7	8	甲午	9	24	8	10	丙寅	10	24	9	11	丙申	11	23	10	12	丙寅	12	23	11	12	丙申	1	21	12	12	乙丑	
8	24	7	9	乙未	9	25	8	11	丁卯	10	25	9	12	丁酉	11	24	10	13	丁卯	12	24	11	13	丁酉	1	22	12	13	丙寅	
8	25	7	10	丙申	9	26	8	12	戊辰	10	26	9	13	戊戌	11	25	10	14	戊辰	12	25	11	14	戊戌	1	23	12	14	丁卯	
8	26	7	11	丁酉	9	27	8	13	己巳	10	27	9	14	己亥	11	26	10	15	己巳	12	26	11	15	己亥	1	24	12	15	戊辰	中
8	27	7	12	戊戌	9	28	8	14	庚午	10	28	9	15	庚子	11	27	10	16	庚午	12	27	11	16	庚子	1	25	12	16	己巳	華
8	28	7	13	己亥	9	29	8	15	辛未	10	29	9	16	辛丑	11	28	10	17	辛未	12	28	11	17	辛丑	1	26	12	17	庚午	民
8	29	7	14	庚子	9	30	8	16	壬申	10	30	9	17	壬寅	11	29	10	18	壬申	12	29	11	18	壬寅	1	27	12	18	辛未	國
8	30	7	15	辛丑	10	1	8	17	癸酉	10	31	9	18	癸卯	11	30	10	19	癸酉	12	30	11	19	癸卯	1	28	12	19	壬申	七
8	31	7	16	壬寅	10	2	8	18	甲戌	11	1	9	19	甲辰	12	1	10	20	甲戌	12	31	11	20	甲辰	1	29	12	20	癸酉	十
9	1	7	17	癸卯	10	3	8	19	乙亥	11	2	9	20	乙巳	12	2	10	21	乙亥	1	1	11	21	乙巳	1	30	12	21	甲戌	四
9	2	7	18	甲辰	10	4	8	20	丙子	11	3	9	21	丙午	12	3	10	22	丙子	1	2	11	22	丙午	1	31	12	22	乙亥	·
9	3	7	19	乙巳	10	5	8	21	丁丑	11	4	9	22	丁未	12	4	10	23	丁丑	1	3	11	23	丁未	2	1	12	23	丙子	七
9	4	7	20	丙午	10	6	8	22	戊寅	11	5	9	23	戊申	12	5	10	24	戊寅	1	4	11	24	戊申	2	2	12	24	丁丑	十
9	5	7	21	丁未	10	7	8	23	己卯	11	6	9	24	己酉	12	6	10	25	己卯						2	3	12	25	戊寅	五
9	6	7	22	戊申																										年
9	7	7	23	己酉																										
處暑					秋分					霜降					小雪					冬至					大寒					中
8/23 12時35分 午時					9/23 10時7分 巳時					10/23 19時21分 戌時					11/22 16時50分 申時					12/22 6時7分 卯時					1/20 16時46分 申時					氣

年	丙寅																	
月	庚寅			辛卯			壬辰			癸巳			甲午			乙未		
節氣	立春			驚蟄			清明			立夏			芒種			小暑		
	2/4 11時7分 午時			3/6 5時12分 卯時			4/5 10時6分 巳時			5/6 3時30分 寅時			6/6 7時44分 辰時			7/7 18時0分 酉時		
日	國曆	農曆	干支	國曆	農曆	干支	國曆	農曆	干支	國曆	農曆	干支	國曆	農曆	干支	國曆	農曆	干支
	2 4	12 26	己卯	3 6	1 26	己酉	4 5	2 27	己卯	5 6	3 28	庚戌	6 6	4 29	辛巳	7 7	6 1	壬子
	2 5	12 27	庚辰	3 7	1 27	庚戌	4 6	2 28	庚辰	5 7	3 29	辛亥	6 7	5 1	壬午	7 8	6 2	癸丑
	2 6	12 28	辛巳	3 8	1 28	辛亥	4 7	2 29	辛巳	5 8	3 30	壬子	6 8	5 2	癸未	7 9	6 3	甲寅
1	2 7	12 29	壬午	3 9	1 29	壬子	4 8	2 30	壬午	5 9	4 1	癸丑	6 9	5 3	甲申	7 10	6 4	乙卯
9	2 8	12 30	癸未	3 10	2 1	癸丑	4 9	3 1	癸未	5 10	4 2	甲寅	6 10	5 4	乙酉	7 11	6 5	丙辰
8	2 9	1 1	甲申	3 11	2 2	甲寅	4 10	3 2	甲申	5 11	4 3	乙卯	6 11	5 5	丙戌	7 12	6 6	丁巳
6	2 10	1 2	乙酉	3 12	2 3	乙卯	4 11	3 3	乙酉	5 12	4 4	丙辰	6 12	5 6	丁亥	7 13	6 7	戊午
	2 11	1 3	丙戌	3 13	2 4	丙辰	4 12	3 4	丙戌	5 13	4 5	丁巳	6 13	5 7	戊子	7 14	6 8	己未
	2 12	1 4	丁亥	3 14	2 5	丁巳	4 13	3 5	丁亥	5 14	4 6	戊午	6 14	5 8	己丑	7 15	6 9	庚申
	2 13	1 5	戊子	3 15	2 6	戊午	4 14	3 6	戊子	5 15	4 7	己未	6 15	5 9	庚寅	7 16	6 10	辛酉
	2 14	1 6	己丑	3 16	2 7	己未	4 15	3 7	己丑	5 16	4 8	庚申	6 16	5 10	辛卯	7 17	6 11	壬戌
	2 15	1 7	庚寅	3 17	2 8	庚申	4 16	3 8	庚寅	5 17	4 9	辛酉	6 17	5 11	壬辰	7 18	6 12	癸亥
	2 16	1 8	辛卯	3 18	2 9	辛酉	4 17	3 9	辛卯	5 18	4 10	壬戌	6 18	5 12	癸巳	7 19	6 13	甲子
虎	2 17	1 9	壬辰	3 19	2 10	壬戌	4 18	3 10	壬辰	5 19	4 11	癸亥	6 19	5 13	甲午	7 20	6 14	乙丑
	2 18	1 10	癸巳	3 20	2 11	癸亥	4 19	3 11	癸巳	5 20	4 12	甲子	6 20	5 14	乙未	7 21	6 15	丙寅
	2 19	1 11	甲午	3 21	2 12	甲子	4 20	3 12	甲午	5 21	4 13	乙丑	6 21	5 15	丙申	7 22	6 16	丁卯
	2 20	1 12	乙未	3 22	2 13	乙丑	4 21	3 13	乙未	5 22	4 14	丙寅	6 22	5 16	丁酉	7 23	6 17	戊辰
	2 21	1 13	丙申	3 23	2 14	丙寅	4 22	3 14	丙申	5 23	4 15	丁卯	6 23	5 17	戊戌	7 24	6 18	己巳
	2 22	1 14	丁酉	3 24	2 15	丁卯	4 23	3 15	丁酉	5 24	4 16	戊辰	6 24	5 18	己亥	7 25	6 19	庚午
	2 23	1 15	戊戌	3 25	2 16	戊辰	4 24	3 16	戊戌	5 25	4 17	己巳	6 25	5 19	庚子	7 26	6 20	辛未
中	2 24	1 16	己亥	3 26	2 17	己巳	4 25	3 17	己亥	5 26	4 18	庚午	6 26	5 20	辛丑	7 27	6 21	壬申
華	2 25	1 17	庚子	3 27	2 18	庚午	4 26	3 18	庚子	5 27	4 19	辛未	6 27	5 21	壬寅	7 28	6 22	癸酉
民	2 26	1 18	辛丑	3 28	2 19	辛未	4 27	3 19	辛丑	5 28	4 20	壬申	6 28	5 22	癸卯	7 29	6 23	甲戌
國	2 27	1 19	壬寅	3 29	2 20	壬申	4 28	3 20	壬寅	5 29	4 21	癸酉	6 29	5 23	甲辰	7 30	6 24	乙亥
七	2 28	1 20	癸卯	3 30	2 21	癸酉	4 29	3 21	癸卯	5 30	4 22	甲戌	6 30	5 24	乙巳	7 31	6 25	丙子
十	3 1	1 21	甲辰	3 31	2 22	甲戌	4 30	3 22	甲辰	5 31	4 23	乙亥	7 1	5 25	丙午	8 1	6 26	丁丑
五	3 2	1 22	乙巳	4 1	2 23	乙亥	5 1	3 23	乙巳	6 1	4 24	丙子	7 2	5 26	丁未	8 2	6 27	戊寅
年	3 3	1 23	丙午	4 2	2 24	丙子	5 2	3 24	丙午	6 2	4 25	丁丑	7 3	5 27	戊申	8 3	6 28	己卯
	3 4	1 24	丁未	4 3	2 25	丁丑	5 3	3 25	丁未	6 3	4 26	戊寅	7 4	5 28	己酉	8 4	6 29	庚辰
	3 5	1 25	戊申	4 4	2 26	戊寅	5 4	3 26	戊申	6 4	4 27	己卯	7 5	5 29	庚戌	8 5	6 30	辛巳
							5 5	3 27	己酉	6 5	4 28	庚辰	7 6	5 30	辛亥	8 6	7 1	壬午
																8 7	7 2	癸未
中氣	雨水			春分			穀雨			小滿			夏至			大暑		
	2/19 6時57分 卯時			3/21 6時2分 卯時			4/20 17時12分 酉時			5/21 16時27分 申時			6/22 0時29分 子時			7/23 11時24分 午時		

丙寅

丙寅																		年
丙申			丁酉			戊戌			己亥			庚子			辛丑			月
立秋			白露			寒露			立冬			大雪			小寒			節氣
8/8 3時45分 寅時			9/8 6時34分 卯時			10/8 22時6分 亥時			11/8 1時12分 丑時			12/7 18時0分 酉時			1/6 5時13分 卯時			
國曆	農曆	干支	國曆	農曆	干支	國曆	農曆	干支	國曆	農曆	干支	國曆	農曆	干支	國曆	農曆	干支	日
8 8	7 3	甲申	9 8	8 5	乙卯	10 8	9 5	乙酉	11 8	10 7	丙辰	12 7	11 6	乙酉	1 6	12 7	乙卯	
8 9	7 4	乙酉	9 9	8 6	丙辰	10 9	9 6	丙戌	11 9	10 8	丁巳	12 8	11 7	丙戌	1 7	12 8	丙辰	
8 10	7 5	丙戌	9 10	8 7	丁巳	10 10	9 7	丁亥	11 10	10 9	戊午	12 9	11 8	丁亥	1 8	12 9	丁巳	
8 11	7 6	丁亥	9 11	8 8	戊午	10 11	9 8	戊子	11 11	10 10	己未	12 10	11 9	戊子	1 9	12 10	戊午	1
8 12	7 7	戊子	9 12	8 9	己未	10 12	9 9	己丑	11 12	10 11	庚申	12 11	11 10	己丑	1 10	12 11	己未	9
8 13	7 8	己丑	9 13	8 10	庚申	10 13	9 10	庚寅	11 13	10 12	辛酉	12 12	11 11	庚寅	1 11	12 12	庚申	8
8 14	7 9	庚寅	9 14	8 11	辛酉	10 14	9 11	辛卯	11 14	10 13	壬戌	12 13	11 12	辛卯	1 12	12 13	辛酉	6
8 15	7 10	辛卯	9 15	8 12	壬戌	10 15	9 12	壬辰	11 15	10 14	癸亥	12 14	11 13	壬辰	1 13	12 14	壬戌	1986·1987
8 16	7 11	壬辰	9 16	8 13	癸亥	10 16	9 13	癸巳	11 16	10 15	甲子	12 15	11 14	癸巳	1 14	12 15	癸亥	1
8 17	7 12	癸巳	9 17	8 14	甲子	10 17	9 14	甲午	11 17	10 16	乙丑	12 16	11 15	甲午	1 15	12 16	甲子	9
8 18	7 13	甲午	9 18	8 15	乙丑	10 18	9 15	乙未	11 18	10 17	丙寅	12 17	11 16	乙未	1 16	12 17	乙丑	8
8 19	7 14	乙未	9 19	8 16	丙寅	10 19	9 16	丙申	11 19	10 18	丁卯	12 18	11 17	丙申	1 17	12 18	丙寅	7
8 20	7 15	丙申	9 20	8 17	丁卯	10 20	9 17	丁酉	11 20	10 19	戊辰	12 19	11 18	丁酉	1 18	12 19	丁卯	
8 21	7 16	丁酉	9 21	8 18	戊辰	10 21	9 18	戊戌	11 21	10 20	己巳	12 20	11 19	戊戌	1 19	12 20	戊辰	虎
8 22	7 17	戊戌	9 22	8 19	己巳	10 22	9 19	己亥	11 22	10 21	庚午	12 21	11 20	己亥	1 20	12 21	己巳	
8 23	7 18	己亥	9 23	8 20	庚午	10 23	9 20	庚子	11 23	10 22	辛未	12 22	11 21	庚子	1 21	12 22	庚午	
8 24	7 19	庚子	9 24	8 21	辛未	10 24	9 21	辛丑	11 24	10 23	壬申	12 23	11 22	辛丑	1 22	12 23	辛未	
8 25	7 20	辛丑	9 25	8 22	壬申	10 25	9 22	壬寅	11 25	10 24	癸酉	12 24	11 23	壬寅	1 23	12 24	壬申	
8 26	7 21	壬寅	9 26	8 23	癸酉	10 26	9 23	癸卯	11 26	10 25	甲戌	12 25	11 24	癸卯	1 24	12 25	癸酉	
8 27	7 22	癸卯	9 27	8 24	甲戌	10 27	9 24	甲辰	11 27	10 26	乙亥	12 26	11 25	甲辰	1 25	12 26	甲戌	
8 28	7 23	甲辰	9 28	8 25	乙亥	10 28	9 25	乙巳	11 28	10 27	丙子	12 27	11 26	乙巳	1 26	12 27	乙亥	
8 29	7 24	乙巳	9 29	8 26	丙子	10 29	9 26	丙午	11 29	10 28	丁丑	12 28	11 27	丙午	1 27	12 28	丙子	中華民國七十五·七十六年
8 30	7 25	丙午	9 30	8 27	丁丑	10 30	9 27	丁未	11 30	10 29	戊寅	12 29	11 28	丁未	1 28	12 29	丁丑	
8 31	7 26	丁未	10 1	8 28	戊寅	10 31	9 28	戊申	12 1	10 30	己卯	12 30	11 29	戊申	1 29	1 1	戊寅	
9 1	7 27	戊申	10 2	8 29	己卯	11 1	9 29	己酉	12 2	11 1	庚辰	12 31	12 1	己酉	1 30	1 2	己卯	
9 2	7 28	己酉	10 3	8 30	庚辰	11 2	10 1	庚戌	12 3	11 2	辛巳	1 1	12 2	庚戌	1 31	1 3	庚辰	
9 3	7 29	庚戌	10 4	9 1	辛巳	11 3	10 2	辛亥	12 4	11 3	壬午	1 2	12 3	辛亥	2 1	1 4	辛巳	
9 4	8 1	辛亥	10 5	9 2	壬午	11 4	10 3	壬子	12 5	11 4	癸未	1 3	12 4	壬子	2 2	1 5	壬午	
9 5	8 2	壬子	10 6	9 3	癸未	11 5	10 4	癸丑	12 6	11 5	甲申	1 4	12 5	癸丑	2 3	1 6	癸未	
9 6	8 3	癸丑	10 7	9 4	甲申	11 6	10 5	甲寅				1 5	12 6	甲寅				
9 7	8 4	甲寅				11 7	10 6	乙卯										
處暑 8/23 18時25分 酉時			秋分 9/23 15時58分 申時			霜降 10/24 1時14分 丑時			小雪 11/22 22時44分 亥時			冬至 12/22 12時2分 午時			大寒 1/20 22時40分 亥時			中氣

年	丁卯																	
月	壬寅			癸卯			甲辰			乙巳			丙午			丁未		
節氣	立春			驚蟄			清明			立夏			芒種			小暑		
	2/4 16時51分 申時			3/6 10時53分 巳時			4/5 15時44分 申時			5/6 9時5分 巳時			6/6 13時18分 未時			7/7 23時38分 子時		
日	國曆	農曆	干支	國曆	農曆	干支	國曆	農曆	干支	國曆	農曆	干支	國曆	農曆	干支	國曆	農曆	干支
	2 4	1 7	甲申	3 6	2 7	甲寅	4 5	3 8	甲申	5 6	4 9	乙卯	6 6	5 11	丙戌	7 7	6 12	丁巳
	2 5	1 8	乙酉	3 7	2 8	乙卯	4 6	3 9	乙酉	5 7	4 10	丙辰	6 7	5 12	丁亥	7 8	6 13	戊午
	2 6	1 9	丙戌	3 8	2 9	丙辰	4 7	3 10	丙戌	5 8	4 11	丁巳	6 8	5 13	戊子	7 9	6 14	己未
	2 7	1 10	丁亥	3 9	2 10	丁巳	4 8	3 11	丁亥	5 9	4 12	戊午	6 9	5 14	己丑	7 10	6 15	庚申
1	2 8	1 11	戊子	3 10	2 11	戊午	4 9	3 12	戊子	5 10	4 13	己未	6 10	5 15	庚寅	7 11	6 16	辛酉
9	2 9	1 12	己丑	3 11	2 12	己未	4 10	3 13	己丑	5 11	4 14	庚申	6 11	5 16	辛卯	7 12	6 17	壬戌
8	2 10	1 13	庚寅	3 12	2 13	庚申	4 11	3 14	庚寅	5 12	4 15	辛酉	6 12	5 17	壬辰	7 13	6 18	癸亥
7	2 11	1 14	辛卯	3 13	2 14	辛酉	4 12	3 15	辛卯	5 13	4 16	壬戌	6 14	5 18	癸巳	7 14	6 19	甲子
	2 12	1 15	壬辰	3 14	2 15	壬戌	4 13	3 16	壬辰	5 14	4 17	癸亥	6 14	5 19	甲午	7 15	6 20	乙丑
	2 13	1 16	癸巳	3 15	2 16	癸亥	4 14	3 17	癸巳	5 15	4 18	甲子	6 15	5 20	乙未	7 16	6 21	丙寅
	2 14	1 17	甲午	3 16	2 17	甲子	4 15	3 18	甲午	5 16	4 19	乙丑	6 16	5 21	丙申	7 17	6 22	丁卯
	2 15	1 18	乙未	3 17	2 18	乙丑	4 16	3 19	乙未	5 17	4 20	丙寅	6 17	5 22	丁酉	7 18	6 23	戊辰
	2 16	1 19	丙申	3 18	2 19	丙寅	4 17	3 20	丙申	5 18	4 21	丁卯	6 18	5 23	戊戌	7 19	6 24	己巳
兔	2 17	1 20	丁酉	3 19	2 20	丁卯	4 18	3 21	丁酉	5 19	4 22	戊辰	6 19	5 24	己亥	7 20	6 25	庚午
	2 18	1 21	戊戌	3 20	2 21	戊辰	4 19	3 22	戊戌	5 20	4 23	己巳	6 20	5 25	庚子	7 21	6 26	辛未
	2 19	1 22	己亥	3 21	2 22	己巳	4 20	3 23	己亥	5 21	4 24	庚午	6 21	5 26	辛丑	7 22	6 27	壬申
	2 20	1 23	庚子	3 22	2 23	庚午	4 21	3 24	庚子	5 22	4 25	辛未	6 22	5 27	壬寅	7 23	6 28	癸酉
	2 21	1 24	辛丑	3 23	2 24	辛未	4 22	3 25	辛丑	5 23	4 26	壬申	6 23	5 28	癸卯	7 24	6 29	甲戌
	2 22	1 25	壬寅	3 24	2 25	壬申	4 23	3 26	壬寅	5 24	4 27	癸酉	6 24	5 29	甲辰	7 25	6 30	乙亥
	2 23	1 26	癸卯	3 25	2 26	癸酉	4 24	3 27	癸卯	5 25	4 28	甲戌	6 25	5 30	乙巳	7 26	閏6 1	丙子
	2 24	1 27	甲辰	3 26	2 27	甲戌	4 25	3 28	甲辰	5 26	4 29	乙亥	6 26	6 1	丙午	7 27	6 2	丁丑
中	2 25	1 28	乙巳	3 27	2 28	乙亥	4 26	3 29	乙巳	5 27	5 1	丙子	6 27	6 2	丁未	7 28	6 3	戊寅
華	2 26	1 29	丙午	3 28	2 29	丙子	4 27	3 30	丙午	5 28	5 2	丁丑	6 28	6 3	戊申	7 29	6 4	己卯
民	2 27	1 30	丁未	3 29	3 1	丁丑	4 28	4 1	丁未	5 29	5 3	戊寅	6 29	6 4	己酉	7 30	6 5	庚辰
國	2 28	2 1	戊申	3 30	3 2	戊寅	4 29	4 2	戊申	5 30	5 4	己卯	6 30	6 5	庚戌	7 31	6 6	辛巳
七	3 1	2 2	己酉	3 31	3 3	己卯	4 30	4 3	己酉	5 31	5 5	庚辰	7 1	6 6	辛亥	8 1	6 7	壬午
十	3 2	2 3	庚戌	4 1	3 4	庚辰	5 1	4 4	庚戌	6 1	5 6	辛巳	7 2	6 7	壬子	8 2	6 8	癸未
六	3 3	2 4	辛亥	4 2	3 5	辛巳	5 2	4 5	辛亥	6 2	5 7	壬午	7 3	6 8	癸丑	8 3	6 9	甲申
年	3 4	2 5	壬子	4 3	3 6	壬午	5 3	4 6	壬子	6 3	5 8	癸未	7 4	6 9	甲寅	8 4	6 10	乙酉
	3 5	2 6	癸丑	4 4	3 7	癸未	5 4	4 7	癸丑	6 4	5 9	甲申	7 5	6 10	乙卯	8 5	6 11	丙戌
							5 5	4 8	甲寅	6 5	5 10	乙酉	7 6	6 11	丙辰	8 6	6 12	丁亥
																8 7	6 13	戊子
中氣	雨水			春分			穀雨			小滿			夏至			大暑		
	2/19 12時49分 午時			3/21 11時51分 午時			4/20 22時57分 亥時			5/21 22時10分 亥時			6/22 6時10分 卯時			7/23 17時6分 酉時		

年 丁卯

	戊申			己酉			庚戌			辛亥			壬子			癸丑			月
	立秋			白露			寒露			立冬			大雪			小寒			節氣
	8/8 9時29分 巳時			9/8 12時24分 午時			10/9 3時59分 寅時			11/8 7時5分 辰時			12/7 23時52分 子時			1/6 11時3分 午時			
國曆	農曆	干支	國曆	農曆	干支	國曆	農曆	干支	國曆	農曆	干支	國曆	農曆	干支	國曆	農曆	干支	日
8 8	6 14	己丑	9 8	7 16	庚申	10 9	8 17	辛卯	11 8	9 17	辛酉	12 7	10 17	庚寅	1 6	11 17	庚申	
8 9	6 15	庚寅	9 9	7 17	辛酉	10 10	8 18	壬辰	11 9	9 18	壬戌	12 8	10 18	辛卯	1 7	11 18	辛酉	
8 10	6 16	辛卯	9 10	7 18	壬戌	10 11	8 19	癸巳	11 10	9 19	癸亥	12 9	10 19	壬辰	1 8	11 19	壬戌	
8 11	6 17	壬辰	9 11	7 19	癸亥	10 12	8 20	甲午	11 11	9 20	甲子	12 10	10 20	癸巳	1 9	11 20	癸亥	1
8 12	6 18	癸巳	9 12	7 20	甲子	10 13	8 21	乙未	11 12	9 21	乙丑	12 11	10 21	甲午	1 10	11 21	甲子	9
8 13	6 19	甲午	9 13	7 21	乙丑	10 14	8 22	丙申	11 13	9 22	丙寅	12 12	10 22	乙未	1 11	11 22	乙丑	8
8 14	6 20	乙未	9 14	7 22	丙寅	10 15	8 23	丁酉	11 14	9 23	丁卯	12 13	10 23	丙申	1 12	11 23	丙寅	7
8 15	6 21	丙申	9 15	7 23	丁卯	10 16	8 24	戊戌	11 15	9 24	戊辰	12 14	10 24	丁酉	1 13	11 24	丁卯	·
8 16	6 22	丁酉	9 16	7 24	戊辰	10 17	8 25	己亥	11 16	9 25	己巳	12 15	10 25	戊戌	1 14	11 25	戊辰	1
8 17	6 23	戊戌	9 17	7 25	己巳	10 18	8 26	庚子	11 17	9 26	庚午	12 16	10 26	己亥	1 15	11 26	己巳	9
8 18	6 24	己亥	9 18	7 26	庚午	10 19	8 27	辛丑	11 18	9 27	辛未	12 17	10 27	庚子	1 16	11 27	庚午	8
8 19	6 25	庚子	9 19	7 27	辛未	10 20	8 28	壬寅	11 19	9 28	壬申	12 18	10 28	辛丑	1 17	11 28	辛未	8
8 20	6 26	辛丑	9 20	7 28	壬申	10 21	8 29	癸卯	11 20	9 29	癸酉	12 19	10 29	壬寅	1 18	11 29	壬申	
8 21	6 27	壬寅	9 21	7 29	癸酉	10 22	8 30	甲辰	11 21	10 1	甲戌	12 20	10 30	癸卯	1 19	12 1	癸酉	
8 22	6 28	癸卯	9 22	7 30	甲戌	10 23	9 1	乙巳	11 22	10 2	乙亥	12 21	11 1	甲辰	1 20	12 2	甲戌	兔
8 23	6 29	甲辰	9 23	8 1	乙亥	10 24	9 2	丙午	11 23	10 3	丙子	12 22	11 2	乙巳	1 21	12 3	乙亥	
8 24	7 1	乙巳	9 24	8 2	丙子	10 25	9 3	丁未	11 24	10 4	丁丑	12 23	11 3	丙午	1 22	12 4	丙子	
8 25	7 2	丙午	9 25	8 3	丁丑	10 26	9 4	戊申	11 25	10 5	戊寅	12 24	11 4	丁未	1 23	12 5	丁丑	
8 26	7 3	丁未	9 26	8 4	戊寅	10 27	9 5	己酉	11 26	10 6	己卯	12 25	11 5	戊申	1 24	12 6	戊寅	中
8 27	7 4	戊申	9 27	8 5	己卯	10 28	9 6	庚戌	11 27	10 7	庚辰	12 26	11 6	己酉	1 25	12 7	己卯	華
8 28	7 5	己酉	9 28	8 6	庚辰	10 29	9 7	辛亥	11 28	10 8	辛巳	12 27	11 7	庚戌	1 26	12 8	庚辰	民
8 29	7 6	庚戌	9 29	8 7	辛巳	10 30	9 8	壬子	11 29	10 9	壬午	12 28	11 8	辛亥	1 27	12 9	辛巳	國
8 30	7 7	辛亥	9 30	8 8	壬午	10 31	9 9	癸丑	11 30	10 10	癸未	12 29	11 9	壬子	1 28	12 10	壬午	七
8 31	7 8	壬子	10 1	8 9	癸未	11 1	9 10	甲寅	12 1	10 11	甲申	12 30	11 10	癸丑	1 29	12 11	癸未	十
9 1	7 9	癸丑	10 2	8 10	甲申	11 2	9 11	乙卯	12 2	10 12	乙酉	12 31	11 11	甲寅	1 30	12 12	甲申	六
9 2	7 10	甲寅	10 3	8 11	乙酉	11 3	9 12	丙辰	12 3	10 13	丙戌	1 1	11 12	乙卯	1 31	12 13	乙酉	·
9 3	7 11	乙卯	10 4	8 12	丙戌	11 4	9 13	丁巳	12 4	10 14	丁亥	1 2	11 13	丙辰	2 1	12 14	丙戌	七
9 4	7 12	丙辰	10 5	8 13	丁亥	11 5	9 14	戊午	12 5	10 15	戊子	1 3	11 14	丁巳	2 2	12 15	丁亥	十
9 5	7 13	丁巳	10 6	8 14	戊子	11 6	9 15	己未	12 6	10 16	己丑	1 4	11 15	戊午	2 3	12 16	戊子	七
9 6	7 14	戊午	10 7	8 15	己丑	11 7	9 16	庚申				1 5	11 16	己未				年
9 7	7 15	己未	10 8	8 16	庚寅													

	處暑			秋分			霜降			小雪			冬至			大寒			中氣
	8/24 0時9分 子時			9/23 21時45分 亥時			10/24 7時0分 辰時			11/23 4時29分 寅時			12/22 17時45分 酉時			1/21 4時24分 寅時			

年																		戊辰
月	甲寅			乙卯			丙辰			丁巳			戊午			己未		
節氣	立春			驚蟄			清明			立夏			芒種			小暑		
	2/4 22時42分 亥時			3/5 16時46分 申時			4/4 21時39分 亥時			5/5 15時1分 申時			6/5 19時14分 戌時			7/7 5時32分 卯時		
日	國曆	農曆	干支	國曆	農曆	干支	國曆	農曆	干支	國曆	農曆	干支	國曆	農曆	干支	國曆	農曆	干支
	2 4	12 17	己丑	3 5	1 18	己未	4 4	2 18	己丑	5 5	3 20	庚申	6 5	4 21	辛卯	7 7	5 24	癸亥
	2 5	12 18	庚寅	3 6	1 19	庚申	4 5	2 19	庚寅	5 6	3 21	辛酉	6 6	4 22	壬辰	7 8	5 25	甲子
	2 6	12 19	辛卯	3 7	1 20	辛酉	4 6	2 20	辛卯	5 7	3 22	壬戌	6 7	4 23	癸巳	7 9	5 26	乙丑
1	2 7	12 20	壬辰	3 8	1 21	壬戌	4 7	2 21	壬辰	5 8	3 23	癸亥	6 8	4 24	甲午	7 10	5 27	丙寅
9	2 8	12 21	癸巳	3 9	1 22	癸亥	4 8	2 22	癸巳	5 9	3 24	甲子	6 9	4 25	乙未	7 11	5 28	丁卯
8	2 9	12 22	甲午	3 10	1 23	甲子	4 9	2 23	甲午	5 10	3 25	乙丑	6 10	4 26	丙申	7 12	5 29	戊辰
8	2 10	12 23	乙未	3 11	1 24	乙丑	4 10	2 24	乙未	5 11	3 26	丙寅	6 11	4 27	丁酉	7 13	5 30	己巳
	2 11	12 24	丙申	3 12	1 25	丙寅	4 11	2 25	丙申	5 12	3 27	丁卯	6 12	4 28	戊戌	7 14	6 1	庚午
	2 12	12 25	丁酉	3 13	1 26	丁卯	4 12	2 26	丁酉	5 13	3 28	戊辰	6 13	4 29	己亥	7 15	6 2	辛未
	2 13	12 26	戊戌	3 14	1 27	戊辰	4 13	2 27	戊戌	5 14	3 29	己巳	6 14	5 1	庚子	7 16	6 3	壬申
	2 14	12 27	己亥	3 15	1 28	己巳	4 14	2 28	己亥	5 15	3 30	庚午	6 15	5 2	辛丑	7 17	6 4	癸酉
	2 15	12 28	庚子	3 16	1 29	庚午	4 15	2 29	庚子	5 16	4 1	辛未	6 16	5 3	壬寅	7 18	6 5	甲戌
	2 16	12 29	辛丑	3 17	1 30	辛未	4 16	3 1	辛丑	5 17	4 2	壬申	6 17	5 4	癸卯	7 19	6 6	乙亥
龍	2 17	1 1	壬寅	3 18	2 1	壬申	4 17	3 2	壬寅	5 18	4 3	癸酉	6 18	5 5	甲辰	7 20	6 7	丙子
	2 18	1 2	癸卯	3 19	2 2	癸酉	4 18	3 3	癸卯	5 19	4 4	甲戌	6 19	5 6	乙巳	7 21	6 8	丁丑
	2 19	1 3	甲辰	3 20	2 3	甲戌	4 19	3 4	甲辰	5 20	4 5	乙亥	6 20	5 7	丙午	7 22	6 9	戊寅
	2 20	1 4	乙巳	3 21	2 4	乙亥	4 20	3 5	乙巳	5 21	4 6	丙子	6 21	5 8	丁未	7 23	6 10	己卯
	2 21	1 5	丙午	3 22	2 5	丙子	4 21	3 6	丙午	5 22	4 7	丁丑	6 22	5 9	戊申	7 24	6 11	庚辰
	2 22	1 6	丁未	3 23	2 6	丁丑	4 22	3 7	丁未	5 23	4 8	戊寅	6 23	5 10	己酉	7 25	6 12	辛巳
	2 23	1 7	戊申	3 24	2 7	戊寅	4 23	3 8	戊申	5 24	4 9	己卯	6 24	5 11	庚戌	7 26	6 13	壬午
中	2 24	1 8	己酉	3 25	2 8	己卯	4 24	3 9	己酉	5 25	4 10	庚辰	6 25	5 12	辛亥	7 27	6 14	癸未
華	2 25	1 9	庚戌	3 26	2 9	庚辰	4 25	3 10	庚戌	5 26	4 11	辛巳	6 26	5 13	壬子	7 28	6 15	甲申
民	2 26	1 10	辛亥	3 27	2 10	辛巳	4 26	3 11	辛亥	5 27	4 12	壬午	6 27	5 14	癸丑	7 29	6 16	乙酉
國	2 27	1 11	壬子	3 28	2 11	壬午	4 27	3 12	壬子	5 28	4 13	癸未	6 28	5 15	甲寅	7 30	6 17	丙戌
七	2 28	1 12	癸丑	3 29	2 12	癸未	4 28	3 13	癸丑	5 29	4 14	甲申	6 29	5 16	乙卯	7 31	6 18	丁亥
十	2 29	1 13	甲寅	3 30	2 13	甲申	4 29	3 14	甲寅	5 30	4 15	乙酉	6 30	5 17	丙辰	8 1	6 19	戊子
七	3 1	1 14	乙卯	3 31	2 14	乙酉	4 30	3 15	乙卯	5 31	4 16	丙戌	7 1	5 18	丁巳	8 2	6 20	己丑
年	3 2	1 15	丙辰	4 1	2 15	丙戌	5 1	3 16	丙辰	6 1	4 17	丁亥	7 2	5 19	戊午	8 3	6 21	庚寅
	3 3	1 16	丁巳	4 2	2 16	丁亥	5 2	3 17	丁巳	6 2	4 18	戊子	7 3	5 20	己未	8 4	6 22	辛卯
	3 4	1 17	戊午	4 3	2 17	戊子	5 3	3 18	戊午	6 3	4 19	己丑	7 4	5 21	庚申	8 5	6 23	壬辰
							5 4	3 19	己未	6 4	4 20	庚寅	7 5	5 22	辛酉	8 6	6 24	癸巳
													7 6	5 23	壬戌			
中氣	雨水			春分			穀雨			小滿			夏至			大暑		
	2/19 18時35分 酉時			3/20 17時38分 酉時			4/20 4時44分 寅時			5/21 3時56分 寅時			6/21 11時56分 午時			7/22 22時51分 亥時		

戊辰																														年
庚申					辛酉					壬戌					癸亥					甲子					乙丑					月
立秋					白露					寒露					立冬					大雪					小寒					節氣
8/7 15時20分 申時					9/7 18時11分 酉時					10/8 9時44分 巳時					11/7 12時48分 午時					12/7 5時34分 卯時					1/5 16時45分 申時					氣
國曆		農曆		干支	國曆		農曆		干支	國曆		農曆		干支	國曆		農曆		干支	國曆		農曆		干支	國曆		農曆		干支	日
8	7	6	25	甲午	9	7	7	27	乙丑	10	8	8	28	丙申	11	7	9	28	丙寅	12	7	10	29	丙申	1	5	11	28	乙丑	1
8	8	6	26	乙未	9	8	7	28	丙寅	10	9	8	29	丁酉	11	8	9	29	丁卯	12	8	10	30	丁酉	1	6	11	29	丙寅	9
8	9	6	27	丙申	9	9	7	29	丁卯	10	10	8	30	戊戌	11	9	10	1	戊辰	12	9	11	1	戊戌	1	7	11	30	丁卯	8
8	10	6	28	丁酉	9	10	7	30	戊辰	10	11	9	1	己亥	11	10	10	2	己巳	12	10	11	2	己亥	1	8	12	1	戊辰	8
8	11	6	29	戊戌	9	11	8	1	己巳	10	12	9	2	庚子	11	11	10	3	庚午	12	11	11	3	庚子	1	9	12	2	己巳	·
8	12	7	1	己亥	9	12	8	2	庚午	10	13	9	3	辛丑	11	12	10	4	辛未	12	12	11	4	辛丑	1	10	12	3	庚午	1
8	13	7	2	庚子	9	13	8	3	辛未	10	14	9	4	壬寅	11	13	10	5	壬申	12	13	11	5	壬寅	1	11	12	4	辛未	9
8	14	7	3	辛丑	9	14	8	4	壬申	10	15	9	5	癸卯	11	14	10	6	癸酉	12	14	11	6	癸卯	1	12	12	5	壬申	8
8	15	7	4	壬寅	9	15	8	5	癸酉	10	16	9	6	甲辰	11	15	10	7	甲戌	12	15	11	7	甲辰	1	13	12	6	癸酉	9
8	16	7	5	癸卯	9	16	8	6	甲戌	10	17	9	7	乙巳	11	16	10	8	乙亥	12	16	11	8	乙巳	1	14	12	7	甲戌	
8	17	7	6	甲辰	9	17	8	7	乙亥	10	18	9	8	丙午	11	17	10	9	丙子	12	17	11	9	丙午	1	15	12	8	乙亥	
8	18	7	7	乙巳	9	18	8	8	丙子	10	19	9	9	丁未	11	18	10	10	丁丑	12	18	11	10	丁未	1	16	12	9	丙子	
8	19	7	8	丙午	9	19	8	9	丁丑	10	20	9	10	戊申	11	19	10	11	戊寅	12	19	11	11	戊申	1	17	12	10	丁丑	
8	20	7	9	丁未	9	20	8	10	戊寅	10	21	9	11	己酉	11	20	10	12	己卯	12	20	11	12	己酉	1	18	12	11	戊寅	龍
8	21	7	10	戊申	9	21	8	11	己卯	10	22	9	12	庚戌	11	21	10	13	庚辰	12	21	11	13	庚戌	1	19	12	12	己卯	
8	22	7	11	己酉	9	22	8	12	庚辰	10	23	9	13	辛亥	11	22	10	14	辛巳	12	22	11	14	辛亥	1	20	12	13	庚辰	
8	23	7	12	庚戌	9	23	8	13	辛巳	10	24	9	14	壬子	11	23	10	15	壬午	12	23	11	15	壬子	1	21	12	14	辛巳	
8	24	7	13	辛亥	9	24	8	14	壬午	10	25	9	15	癸丑	11	24	10	16	癸未	12	24	11	16	癸丑	1	22	12	15	壬午	
8	25	7	14	壬子	9	25	8	15	癸未	10	26	9	16	甲寅	11	25	10	17	甲申	12	25	11	17	甲寅	1	23	12	16	癸未	
8	26	7	15	癸丑	9	26	8	16	甲申	10	27	9	17	乙卯	11	26	10	18	乙酉	12	26	11	18	乙卯	1	24	12	17	甲申	中
8	27	7	16	甲寅	9	27	8	17	乙酉	10	28	9	18	丙辰	11	27	10	19	丙戌	12	27	11	19	丙辰	1	25	12	18	乙酉	華
8	28	7	17	乙卯	9	28	8	18	丙戌	10	29	9	19	丁巳	11	28	10	20	丁亥	12	28	11	20	丁巳	1	26	12	19	丙戌	民
8	29	7	18	丙辰	9	29	8	19	丁亥	10	30	9	20	戊午	11	29	10	21	戊子	12	29	11	21	戊午	1	27	12	20	丁亥	國
8	30	7	19	丁巳	9	30	8	20	戊子	10	31	9	21	己未	11	30	10	22	己丑	12	30	11	22	己未	1	28	12	21	戊子	七
8	31	7	20	戊午	10	1	8	21	己丑	11	1	9	22	庚申	12	1	10	23	庚寅	12	31	11	23	庚申	1	29	12	22	己丑	十
9	1	7	21	己未	10	2	8	22	庚寅	11	2	9	23	辛酉	12	2	10	24	辛卯	1	1	11	24	辛酉	1	30	12	23	庚寅	七
9	2	7	22	庚申	10	3	8	23	辛卯	11	3	9	24	壬戌	12	3	10	25	壬辰	1	2	11	25	壬戌	1	31	12	24	辛卯	·
9	3	7	23	辛酉	10	4	8	24	壬辰	11	4	9	25	癸亥	12	4	10	26	癸巳	1	3	11	26	癸亥	2	1	12	25	壬辰	七
9	4	7	24	壬戌	10	5	8	25	癸巳	11	5	9	26	甲子	12	5	10	27	甲午	1	4	11	27	甲子	2	2	12	26	癸巳	十
9	5	7	25	癸亥	10	6	8	26	甲午	11	6	9	27	乙丑	12	6	10	28	乙未						2	3	12	27	甲午	八
9	6	7	26	甲子	10	7	8	27	乙未																					年
處暑					秋分					霜降					小雪					冬至					大寒					中
8/23 5時54分 卯時					9/23 3時28分 寅時					10/23 12時44分 午時					11/22 10時11分 巳時					12/21 23時27分 子時					1/20 10時6分 巳時					氣

年	己巳																	
月	丙寅			丁卯			戊辰			己巳			庚午			辛未		
節氣	立春			驚蟄			清明			立夏			芒種			小暑		
氣	2/4 4時27分 寅時			3/5 22時34分 亥時			4/5 3時29分 寅時			5/5 20時53分 戌時			6/6 1時5分 丑時			7/7 11時19分 午時		
日	國曆	農曆	干支	國曆	農曆	干支	國曆	農曆	干支	國曆	農曆	干支	國曆	農曆	干支	國曆	農曆	干支
	2 4	12 28	乙未	3 5	1 28	甲子	4 5	2 29	乙未	5 5	4 1	乙丑	6 6	5 3	丁酉	7 7	6 5	戊辰
	2 5	12 29	丙申	3 6	1 29	乙丑	4 6	3 1	丙申	5 6	4 2	丙寅	6 7	5 4	戊戌	7 8	6 6	己巳
	2 6	1 1	丁酉	3 7	1 30	丙寅	4 7	3 2	丁酉	5 7	4 3	丁卯	6 8	5 5	己亥	7 9	6 7	庚午
	2 7	1 2	戊戌	3 8	2 1	丁卯	4 8	3 3	戊戌	5 8	4 4	戊辰	6 9	5 6	庚子	7 10	6 8	辛未
1	2 8	1 3	己亥	3 9	2 2	戊辰	4 9	3 4	己亥	5 9	4 5	己巳	6 10	5 7	辛丑	7 11	6 9	壬申
9	2 9	1 4	庚子	3 10	2 3	己巳	4 10	3 5	庚子	5 10	4 6	庚午	6 11	5 8	壬寅	7 12	6 10	癸酉
8	2 10	1 5	辛丑	3 11	2 4	庚午	4 11	3 6	辛丑	5 11	4 7	辛未	6 12	5 9	癸卯	7 13	6 11	甲戌
9	2 11	1 6	壬寅	3 12	2 5	辛未	4 12	3 7	壬寅	5 12	4 8	壬申	6 13	5 10	甲辰	7 14	6 12	乙亥
	2 12	1 7	癸卯	3 13	2 6	壬申	4 13	3 8	癸卯	5 13	4 9	癸酉	6 14	5 11	乙巳	7 15	6 13	丙子
	2 13	1 8	甲辰	3 14	2 7	癸酉	4 14	3 9	甲辰	5 14	4 10	甲戌	6 15	5 12	丙午	7 16	6 14	丁丑
	2 14	1 9	乙巳	3 15	2 8	甲戌	4 15	3 10	乙巳	5 15	4 11	乙亥	6 16	5 13	丁未	7 17	6 15	戊寅
	2 15	1 10	丙午	3 16	2 9	乙亥	4 16	3 11	丙午	5 16	4 12	丙子	6 17	5 14	戊申	7 18	6 16	己卯
	2 16	1 11	丁未	3 17	2 10	丙子	4 17	3 12	丁未	5 17	4 13	丁丑	6 18	5 15	己酉	7 19	6 17	庚辰
	2 17	1 12	戊申	3 18	2 11	丁丑	4 18	3 13	戊申	5 18	4 14	戊寅	6 19	5 16	庚戌	7 20	6 18	辛巳
蛇	2 18	1 13	己酉	3 19	2 12	戊寅	4 19	3 14	己酉	5 19	4 15	己卯	6 20	5 17	辛亥	7 21	6 19	壬午
	2 19	1 14	庚戌	3 20	2 13	己卯	4 20	3 15	庚戌	5 20	4 16	庚辰	6 21	5 18	壬子	7 22	6 20	癸未
	2 20	1 15	辛亥	3 21	2 14	庚辰	4 21	3 16	辛亥	5 21	4 17	辛巳	6 22	5 19	癸丑	7 23	6 21	甲申
	2 21	1 16	壬子	3 22	2 15	辛巳	4 22	3 17	壬子	5 22	4 18	壬午	6 23	5 20	甲寅	7 24	6 22	乙酉
	2 22	1 17	癸丑	3 23	2 16	壬午	4 23	3 18	癸丑	5 23	4 19	癸未	6 24	5 21	乙卯	7 25	6 23	丙戌
	2 23	1 18	甲寅	3 24	2 17	癸未	4 24	3 19	甲寅	5 24	4 20	甲申	6 25	5 22	丙辰	7 26	6 24	丁亥
	2 24	1 19	乙卯	3 25	2 18	甲申	4 25	3 20	乙卯	5 25	4 21	乙酉	6 26	5 23	丁巳	7 27	6 25	戊子
中	2 25	1 20	丙辰	3 26	2 19	乙酉	4 26	3 21	丙辰	5 26	4 22	丙戌	6 27	5 24	戊午	7 28	6 26	己丑
華	2 26	1 21	丁巳	3 27	2 20	丙戌	4 27	3 22	丁巳	5 27	4 23	丁亥	6 28	5 25	己未	7 29	6 27	庚寅
民	2 27	1 22	戊午	3 28	2 21	丁亥	4 28	3 23	戊午	5 28	4 24	戊子	6 29	5 26	庚申	7 30	6 28	辛卯
國	2 28	1 23	己未	3 29	2 22	戊子	4 29	3 24	己未	5 29	4 25	己丑	6 30	5 27	辛酉	7 31	6 29	壬辰
七	3 1	1 24	庚申	3 30	2 23	己丑	4 30	3 25	庚申	5 30	4 26	庚寅	7 1	5 28	壬戌	8 1	6 30	癸巳
十	3 2	1 25	辛酉	3 31	2 24	庚寅	5 1	3 26	辛酉	5 31	4 27	辛卯	7 2	5 29	癸亥	8 2	7 1	甲午
八	3 3	1 26	壬戌	4 1	2 25	辛卯	5 2	3 27	壬戌	6 1	4 28	壬辰	7 3	6 1	甲子	8 3	7 2	乙未
年	3 4	1 27	癸亥	4 2	2 26	壬辰	5 3	3 28	癸亥	6 2	4 29	癸巳	7 4	6 2	乙丑	8 4	7 3	丙申
				4 3	2 27	癸巳	5 4	3 29	甲子	6 3	4 30	甲午	7 5	6 3	丙寅	8 5	7 4	丁酉
				4 4	2 28	甲午				6 4	5 1	乙未	7 6	6 4	丁卯	8 6	7 5	戊戌
										6 5	5 2	丙申						
中	雨水			春分			穀雨			小滿			夏至			大暑		
氣	2/19 0時20分 子時			3/20 23時28分 子時			4/20 10時38分 巳時			5/21 9時53分 巳時			6/21 17時53分 酉時			7/23 4時45分 寅時		

己巳 （年）

壬申（月）			癸酉			甲戌			乙亥			丙子			丁丑			日
立秋			**白露**			**寒露**			**立冬**			**大雪**			**小寒**			節氣
8/7 21時3分 亥時			9/7 23時53分 子時			10/8 15時27分 申時			11/7 18時33分 酉時			12/7 11時20分 午時			1/5 22時33分 亥時			
國曆	農曆	干支	國曆	農曆	干支	國曆	農曆	干支	國曆	農曆	干支	國曆	農曆	干支	國曆	農曆	干支	
8 7	7	6 己亥	9 7	8	8 庚午	10 8	9	9 辛丑	11 7	10	10 辛未	12 7	11	10 辛丑	1 5	12	9 庚午	
8 8	7	7 庚子	9 8	8	9 辛未	10 9	9	10 壬寅	11 8	10	11 壬申	12 8	11	11 壬寅	1 6	12	10 辛未	
8 9	7	8 辛丑	9 9	8	10 壬申	10 10	9	11 癸卯	11 9	10	12 癸酉	12 9	11	12 癸卯	1 7	12	11 壬申	
8 10	7	9 壬寅	9 10	8	11 癸酉	10 11	9	12 甲辰	11 10	10	13 甲戌	12 10	11	13 甲辰	1 8	12	12 癸酉	1
8 11	7	10 癸卯	9 11	8	12 甲戌	10 12	9	13 乙巳	11 11	10	14 乙亥	12 11	11	14 乙巳	1 9	12	13 甲戌	9
8 12	7	11 甲辰	9 12	8	13 乙亥	10 13	9	14 丙午	11 12	10	15 丙子	12 12	11	15 丙午	1 10	12	14 乙亥	8
8 13	7	12 乙巳	9 13	8	14 丙子	10 14	9	15 丁未	11 13	10	16 丁丑	12 13	11	16 丁未	1 11	12	15 丙子	9
8 14	7	13 丙午	9 14	8	15 丁丑	10 15	9	16 戊申	11 14	10	17 戊寅	12 14	11	17 戊申	1 12	12	16 丁丑	·
8 15	7	14 丁未	9 15	8	16 戊寅	10 16	9	17 己酉	11 15	10	18 己卯	12 15	11	18 己酉	1 13	12	17 戊寅	1
8 16	7	15 戊申	9 16	8	17 己卯	10 17	9	18 庚戌	11 16	10	19 庚辰	12 16	11	19 庚戌	1 14	12	18 己卯	9
8 17	7	16 己酉	9 17	8	18 庚辰	10 18	9	19 辛亥	11 17	10	20 辛巳	12 17	11	20 辛亥	1 15	12	19 庚辰	9
8 18	7	17 庚戌	9 18	8	19 辛巳	10 19	9	20 壬子	11 18	10	21 壬午	12 18	11	21 壬子	1 16	12	20 辛巳	0
8 19	7	18 辛亥	9 19	8	20 壬午	10 20	9	21 癸丑	11 19	10	22 癸未	12 19	11	22 癸丑	1 17	12	21 壬午	
8 20	7	19 壬子	9 20	8	21 癸未	10 21	9	22 甲寅	11 20	10	23 甲申	12 20	11	23 甲寅	1 18	12	22 癸未	
8 21	7	20 癸丑	9 21	8	22 甲申	10 22	9	23 乙卯	11 21	10	24 乙酉	12 21	11	24 乙卯	1 19	12	23 甲申	蛇
8 22	7	21 甲寅	9 22	8	23 乙酉	10 23	9	24 丙辰	11 22	10	25 丙戌	12 22	11	25 丙辰	1 20	12	24 乙酉	
8 23	7	22 乙卯	9 23	8	24 丙戌	10 24	9	25 丁巳	11 23	10	26 丁亥	12 23	11	26 丁巳	1 21	12	25 丙戌	
8 24	7	23 丙辰	9 24	8	25 丁亥	10 25	9	26 戊午	11 24	10	27 戊子	12 24	11	27 戊午	1 22	12	26 丁亥	
8 25	7	24 丁巳	9 25	8	26 戊子	10 26	9	27 己未	11 25	10	28 己丑	12 25	11	28 己未	1 23	12	27 戊子	中
8 26	7	25 戊午	9 26	8	27 己丑	10 27	9	28 庚申	11 26	10	29 庚寅	12 26	11	29 庚申	1 24	12	28 己丑	華
8 27	7	26 己未	9 27	8	28 庚寅	10 28	9	29 辛酉	11 27	10	30 辛卯	12 27	11	30 辛酉	1 25	12	29 庚寅	民
8 28	7	27 庚申	9 28	8	29 辛卯	10 29	10	1 壬戌	11 28	11	1 壬辰	12 28	12	1 壬戌	1 26	12	30 辛卯	國
8 29	7	28 辛酉	9 29	8	30 壬辰	10 30	10	2 癸亥	11 29	11	2 癸巳	12 29	12	2 癸亥	1 27	1	1 壬辰	七
8 30	7	29 壬戌	9 30	9	1 癸巳	10 31	10	3 甲子	11 30	11	3 甲午	12 30	12	3 甲子	1 28	1	2 癸巳	十
8 31	8	1 癸亥	10 1	9	2 甲午	11 1	10	4 乙丑	12 1	11	4 乙未	12 31	12	4 乙丑	1 29	1	3 甲午	八
9 1	8	2 甲子	10 2	9	3 乙未	11 2	10	5 丙寅	12 2	11	5 丙申				1 30	1	4 乙未	·
9 2	8	3 乙丑	10 3	9	4 丙申	11 3	10	6 丁卯	12 3	11	6 丁酉				1 31	1	5 丙申	七
9 3	8	4 丙寅	10 4	9	5 丁酉	11 4	10	7 戊辰	12 4	11	7 戊戌				2 1	1	6 丁酉	十
9 4	8	5 丁卯	10 5	9	6 戊戌	11 5	10	8 己巳	12 5	11	8 己亥				2 2	1	7 戊戌	九
9 5	8	6 戊辰	10 6	9	7 己亥	11 6	10	9 庚午	12 6	11	9 庚子				2 3	1	8 己亥	年
9 6	8	7 己巳	10 7	9	8 庚子													
處暑			**秋分**			**霜降**			**小雪**			**冬至**			**大寒**			中氣
8/23 11時46分 午時			9/23 9時19分 巳時			10/23 18時35分 酉時			11/22 16時4分 申時			12/22 5時22分 卯時			1/20 16時1分 申時			

年	庚午																	
月	戊寅			己卯			庚辰			辛巳			壬午			癸未		
節氣	立春			驚蟄			清明			立夏			芒種			小暑		
	2/4 10時14分 巳時			3/6 4時19分 寅時			4/5 9時12分 巳時			5/6 2時35分 丑時			6/6 6時46分 卯時			7/7 17時0分 酉時		
日	國曆	農曆	干支	國曆	農曆	干支	國曆	農曆	干支	國曆	農曆	干支	國曆	農曆	干支	國曆	農曆	干支
	2 4	1 9	庚子	3 6	2 10	庚午	4 5	3 10	庚子	5 6	4 12	辛未	6 6	5 14	壬寅	7 7	5 15	癸酉
	2 5	1 10	辛丑	3 7	2 11	辛未	4 6	3 11	辛丑	5 7	4 13	壬申	6 7	5 15	癸卯	7 8	5 16	甲戌
	2 6	1 11	壬寅	3 8	2 12	壬申	4 7	3 12	壬寅	5 8	4 14	癸酉	6 8	5 16	甲辰	7 9	5 17	乙亥
	2 7	1 12	癸卯	3 9	2 13	癸酉	4 8	3 13	癸卯	5 9	4 15	甲戌	6 9	5 17	乙巳	7 10	5 18	丙子
	2 8	1 13	甲辰	3 10	2 14	甲戌	4 9	3 14	甲辰	5 10	4 16	乙亥	6 10	5 18	丙午	7 11	5 19	丁丑
1	2 9	1 14	乙巳	3 11	2 15	乙亥	4 10	3 15	乙巳	5 11	4 17	丙子	6 11	5 19	丁未	7 12	5 20	戊寅
9	2 10	1 15	丙午	3 12	2 16	丙子	4 11	3 16	丙午	5 12	4 18	丁丑	6 12	5 20	戊申	7 13	5 21	己卯
9	2 11	1 16	丁未	3 13	2 17	丁丑	4 12	3 17	丁未	5 13	4 19	戊寅	6 13	5 21	己酉	7 14	5 22	庚辰
0	2 12	1 17	戊申	3 14	2 18	戊寅	4 13	3 18	戊申	5 14	4 20	己卯	6 14	5 22	庚戌	7 15	5 23	辛巳
	2 13	1 18	己酉	3 15	2 19	己卯	4 14	3 19	己酉	5 15	4 21	庚辰	6 15	5 23	辛亥	7 16	5 24	壬午
	2 14	1 19	庚戌	3 16	2 20	庚辰	4 15	3 20	庚戌	5 16	4 22	辛巳	6 16	5 24	壬子	7 17	5 25	癸未
	2 15	1 20	辛亥	3 17	2 21	辛巳	4 16	3 21	辛亥	5 17	4 23	壬午	6 17	5 25	癸丑	7 18	5 26	甲申
	2 16	1 21	壬子	3 18	2 22	壬午	4 17	3 22	壬子	5 18	4 24	癸未	6 18	5 26	甲寅	7 19	5 27	乙酉
馬	2 17	1 22	癸丑	3 19	2 23	癸未	4 18	3 23	癸丑	5 19	4 25	甲申	6 19	5 27	乙卯	7 20	5 28	丙戌
	2 18	1 23	甲寅	3 20	2 24	甲申	4 19	3 24	甲寅	5 20	4 26	乙酉	6 20	5 28	丙辰	7 21	5 29	丁亥
	2 19	1 24	乙卯	3 21	2 25	乙酉	4 20	3 25	乙卯	5 21	4 27	丙戌	6 21	5 29	丁巳	7 22	6 1	戊子
	2 20	1 25	丙辰	3 22	2 26	丙戌	4 21	3 26	丙辰	5 22	4 28	丁亥	6 22	5 30	戊午	7 23	6 2	己丑
	2 21	1 26	丁巳	3 23	2 27	丁亥	4 22	3 27	丁巳	5 23	4 29	戊子	6 23	閏5 1	己未	7 24	6 3	庚寅
	2 22	1 27	戊午	3 24	2 28	戊子	4 23	3 28	戊午	5 24	5 1	己丑	6 24	5 2	庚申	7 25	6 4	辛卯
	2 23	1 28	己未	3 25	2 29	己丑	4 24	3 29	己未	5 25	5 2	庚寅	6 25	5 3	辛酉	7 26	6 5	壬辰
	2 24	1 29	庚申	3 26	2 30	庚寅	4 25	4 1	庚申	5 26	5 3	辛卯	6 26	5 4	壬戌	7 27	6 6	癸巳
中	2 25	2 1	辛酉	3 27	3 1	辛卯	4 26	4 2	辛酉	5 27	5 4	壬辰	6 27	5 5	癸亥	7 28	6 7	甲午
華	2 26	2 2	壬戌	3 28	3 2	壬辰	4 27	4 3	壬戌	5 28	5 5	癸巳	6 28	5 6	甲子	7 29	6 8	乙未
民	2 27	2 3	癸亥	3 29	3 3	癸巳	4 28	4 4	癸亥	5 29	5 6	甲午	6 29	5 7	乙丑	7 30	6 9	丙申
國	2 28	2 4	甲子	3 30	3 4	甲午	4 29	4 5	甲子	5 30	5 7	乙未	6 30	5 8	丙寅	7 31	6 10	丁酉
七	3 1	2 5	乙丑	3 31	3 5	乙未	4 30	4 6	乙丑	5 31	5 8	丙申	7 1	5 9	丁卯	8 1	6 11	戊戌
十	3 2	2 6	丙寅	4 1	3 6	丙申	5 1	4 7	丙寅	6 1	5 9	丁酉	7 2	5 10	戊辰	8 2	6 12	己亥
九	3 3	2 7	丁卯	4 2	3 7	丁酉	5 2	4 8	丁卯	6 2	5 10	戊戌	7 3	5 11	己巳	8 3	6 13	庚子
年	3 4	2 8	戊辰	4 3	3 8	戊戌	5 3	4 9	戊辰	6 3	5 11	己亥	7 4	5 12	庚午	8 4	6 14	辛丑
	3 5	2 9	己巳	4 4	3 9	己亥	5 4	4 10	己巳	6 4	5 12	庚子	7 5	5 13	辛未	8 5	6 15	壬寅
							5 5	4 11	庚午	6 5	5 13	辛丑	7 6	5 14	壬申	8 6	6 16	癸卯
																8 7	6 17	甲辰
中氣	雨水			春分			穀雨			小滿			夏至			大暑		
	2/19 6時14分 卯時			3/21 5時19分 卯時			4/20 16時26分 申時			5/21 15時37分 申時			6/21 23時32分 子時			7/23 10時21分 巳時		

庚午																		年
甲申			乙酉			丙戌			丁亥			戊子			己丑			月
立秋			白露			寒露			立冬			大雪			小寒			節氣
8/8 2時45分 丑時			9/8 5時37分 卯時			10/8 21時13分 亥時			11/8 0時23分 子時			12/7 17時14分 酉時			1/6 4時28分 寅時			
國曆	農曆	干支	國曆	農曆	干支	國曆	農曆	干支	國曆	農曆	干支	國曆	農曆	干支	國曆	農曆	干支	日
8 8	6 18	乙巳	9 8	7 20	丙子	10 8	8 20	丙午	11 8	9 22	丁丑	12 7	10 21	丙午	1 6	11 21	丙子	
8 9	6 19	丙午	9 9	7 21	丁丑	10 9	8 21	丁未	11 9	9 23	戊寅	12 8	10 22	丁未	1 7	11 22	丁丑	
8 10	6 20	丁未	9 10	7 22	戊寅	10 10	8 22	戊申	11 10	9 24	己卯	12 9	10 23	戊申	1 8	11 23	戊寅	
8 11	6 21	戊申	9 11	7 23	己卯	10 11	8 23	己酉	11 11	9 25	庚辰	12 10	10 24	己酉	1 9	11 24	己卯	
8 12	6 22	己酉	9 12	7 24	庚辰	10 12	8 24	庚戌	11 12	9 26	辛巳	12 11	10 25	庚戌	1 10	11 25	庚辰	1
8 13	6 23	庚戌	9 13	7 25	辛巳	10 13	8 25	辛亥	11 13	9 27	壬午	12 12	10 26	辛亥	1 11	11 26	辛巳	9
8 14	6 24	辛亥	9 14	7 26	壬午	10 14	8 26	壬子	11 14	9 28	癸未	12 13	10 27	壬子	1 12	11 27	壬午	9
8 15	6 25	壬子	9 15	7 27	癸未	10 15	8 27	癸丑	11 15	9 29	甲申	12 14	10 28	癸丑	1 13	11 28	癸未	0
8 16	6 26	癸丑	9 16	7 28	甲申	10 16	8 28	甲寅	11 16	9 30	乙酉	12 15	10 29	甲寅	1 14	11 29	甲申	·
8 17	6 27	甲寅	9 17	7 29	乙酉	10 17	8 29	乙卯	11 17	10 1	丙戌	12 16	10 30	乙卯	1 15	11 30	乙酉	1
8 18	6 28	乙卯	9 18	7 30	丙戌	10 18	9 1	丙辰	11 18	10 2	丁亥	12 17	11 1	丙辰	1 16	12 1	丙戌	9
8 19	6 29	丙辰	9 19	8 1	丁亥	10 19	9 2	丁巳	11 19	10 3	戊子	12 18	11 2	丁巳	1 17	12 2	丁亥	9
8 20	7 1	丁巳	9 20	8 2	戊子	10 20	9 3	戊午	11 20	10 4	己丑	12 19	11 3	戊午	1 18	12 3	戊子	1
8 21	7 2	戊午	9 21	8 3	己丑	10 21	9 4	己未	11 21	10 5	庚寅	12 20	11 4	己未	1 19	12 4	己丑	
8 22	7 3	己未	9 22	8 4	庚寅	10 22	9 5	庚申	11 22	10 6	辛卯	12 21	11 5	庚申	1 20	12 5	庚寅	馬
8 23	7 4	庚申	9 23	8 5	辛卯	10 23	9 6	辛酉	11 23	10 7	壬辰	12 22	11 6	辛酉	1 21	12 6	辛卯	
8 24	7 5	辛酉	9 24	8 6	壬辰	10 24	9 7	壬戌	11 24	10 8	癸巳	12 23	11 7	壬戌	1 22	12 7	壬辰	
8 25	7 6	壬戌	9 25	8 7	癸巳	10 25	9 8	癸亥	11 25	10 9	甲午	12 24	11 8	癸亥	1 23	12 8	癸巳	
8 26	7 7	癸亥	9 26	8 8	甲午	10 26	9 9	甲子	11 26	10 10	乙未	12 25	11 9	甲子	1 24	12 9	甲午	
8 27	7 8	甲子	9 27	8 9	乙未	10 27	9 10	乙丑	11 27	10 11	丙申	12 26	11 10	乙丑	1 25	12 10	乙未	
8 28	7 9	乙丑	9 28	8 10	丙申	10 28	9 11	丙寅	11 28	10 12	丁酉	12 27	11 11	丙寅	1 26	12 11	丙申	中
8 29	7 10	丙寅	9 29	8 11	丁酉	10 29	9 12	丁卯	11 29	10 13	戊戌	12 28	11 12	丁卯	1 27	12 12	丁酉	華
8 30	7 11	丁卯	9 30	8 12	戊戌	10 30	9 13	戊辰	11 30	10 14	己亥	12 29	11 13	戊辰	1 28	12 13	戊戌	民
8 31	7 12	戊辰	10 1	8 13	己亥	10 31	9 14	己巳	12 1	10 15	庚子	12 30	11 14	己巳	1 29	12 14	己亥	國
9 1	7 13	己巳	10 2	8 14	庚子	11 1	9 15	庚午	12 2	10 16	辛丑	12 31	11 15	庚午	1 30	12 15	庚子	七
9 2	7 14	庚午	10 3	8 15	辛丑	11 2	9 16	辛未	12 3	10 17	壬寅	1 1	11 16	辛未	1 31	12 16	辛丑	十
9 3	7 15	辛未	10 4	8 16	壬寅	11 3	9 17	壬申	12 4	10 18	癸卯	1 2	11 17	壬申	2 1	12 17	壬寅	九
9 4	7 16	壬申	10 5	8 17	癸卯	11 4	9 18	癸酉	12 5	10 19	甲辰	1 3	11 18	癸酉	2 2	12 18	癸卯	·
9 5	7 17	癸酉	10 6	8 18	甲辰	11 5	9 19	甲戌	12 6	10 20	乙巳	1 4	11 19	甲戌	2 3	12 19	甲辰	八
9 6	7 18	甲戌	10 7	8 19	乙巳	11 6	9 20	乙亥				1 5	11 20	乙亥				十
9 7	7 19	乙亥				11 7	9 21	丙子										年
處暑			秋分			霜降			小雪			冬至			大寒			中
8/23 17時20分 酉時			9/23 14時55分 未時			10/24 0時13分 子時			11/22 21時46分 亥時			12/22 11時7分 午時			1/20 21時47分 亥時			氣

年	辛未																
月	庚寅			辛卯			壬辰			癸巳			甲午			乙未		
節氣	立春			驚蟄			清明			立夏			芒種			小暑		
	2/4 16時8分 申時			3/6 10時12分 巳時			4/5 15時4分 申時			5/6 8時26分 辰時			6/6 12時38分 午時			7/7 22時53分 亥時		
日	國曆	農曆	干支	國曆	農曆	干支	國曆	農曆	干支	國曆	農曆	干支	國曆	農曆	干支	國曆	農曆	干支
	2 4	12 20	乙巳	3 6	1 20	乙亥	4 5	2 21	乙巳	5 6	3 22	丙子	6 6	4 24	丁未	7 7	5 26	戊寅
	2 5	12 21	丙午	3 7	1 21	丙子	4 6	2 22	丙午	5 7	3 23	丁丑	6 7	4 25	戊申	7 8	5 27	己卯
	2 6	12 22	丁未	3 8	1 22	丁丑	4 7	2 23	丁未	5 8	3 24	戊寅	6 8	4 26	己酉	7 9	5 28	庚辰
	2 7	12 23	戊申	3 9	1 23	戊寅	4 8	2 24	戊申	5 9	3 25	己卯	6 9	4 27	庚戌	7 10	5 29	辛巳
	2 8	12 24	己酉	3 10	1 24	己卯	4 9	2 25	己酉	5 10	3 26	庚辰	6 10	4 28	辛亥	7 11	5 30	壬午
1	2 9	12 25	庚戌	3 11	1 25	庚辰	4 10	2 26	庚戌	5 11	3 27	辛巳	6 11	4 29	壬子	7 12	6 1	癸未
9	2 10	12 26	辛亥	3 12	1 26	辛巳	4 11	2 27	辛亥	5 12	3 28	壬午	6 12	5 1	癸丑	7 13	6 2	甲申
9	2 11	12 27	壬子	3 13	1 27	壬午	4 12	2 28	壬子	5 13	3 29	癸未	6 13	5 2	甲寅	7 14	6 3	乙酉
1	2 12	12 28	癸丑	3 14	1 28	癸未	4 13	2 29	癸丑	5 14	4 1	甲申	6 14	5 3	乙卯	7 15	6 4	丙戌
	2 13	12 29	甲寅	3 15	1 29	甲申	4 14	2 30	甲寅	5 15	4 2	乙酉	6 15	5 4	丙辰	7 16	6 5	丁亥
	2 14	12 30	乙卯	3 16	2 1	乙酉	4 15	3 1	乙卯	5 16	4 3	丙戌	6 16	5 5	丁巳	7 17	6 6	戊子
	2 15	1 1	丙辰	3 17	2 2	丙戌	4 16	3 2	丙辰	5 17	4 4	丁亥	6 17	5 6	戊午	7 18	6 7	己丑
	2 16	1 2	丁巳	3 18	2 3	丁亥	4 17	3 3	丁巳	5 18	4 5	戊子	6 18	5 7	己未	7 19	6 8	庚寅
羊	2 17	1 3	戊午	3 19	2 4	戊子	4 18	3 4	戊午	5 19	4 6	己丑	6 19	5 8	庚申	7 20	6 9	辛卯
	2 18	1 4	己未	3 20	2 5	己丑	4 19	3 5	己未	5 20	4 7	庚寅	6 20	5 9	辛酉	7 21	6 10	壬辰
	2 19	1 5	庚申	3 21	2 6	庚寅	4 20	3 6	庚申	5 21	4 8	辛卯	6 21	5 10	壬戌	7 22	6 11	癸巳
	2 20	1 6	辛酉	3 22	2 7	辛卯	4 21	3 7	辛酉	5 22	4 9	壬辰	6 22	5 11	癸亥	7 23	6 12	甲午
	2 21	1 7	壬戌	3 23	2 8	壬辰	4 22	3 8	壬戌	5 23	4 10	癸巳	6 23	5 12	甲子	7 24	6 13	乙未
	2 22	1 8	癸亥	3 24	2 9	癸巳	4 23	3 9	癸亥	5 24	4 11	甲午	6 24	5 13	乙丑	7 25	6 14	丙申
	2 23	1 9	甲子	3 25	2 10	甲午	4 24	3 10	甲子	5 25	4 12	乙未	6 25	5 14	丙寅	7 26	6 15	丁酉
	2 24	1 10	乙丑	3 26	2 11	乙未	4 25	3 11	乙丑	5 26	4 13	丙申	6 26	5 15	丁卯	7 27	6 16	戊戌
中	2 25	1 11	丙寅	3 27	2 12	丙申	4 26	3 12	丙寅	5 27	4 14	丁酉	6 27	5 16	戊辰	7 28	6 17	己亥
華	2 26	1 12	丁卯	3 28	2 13	丁酉	4 27	3 13	丁卯	5 28	4 15	戊戌	6 28	5 17	己巳	7 29	6 18	庚子
民	2 27	1 13	戊辰	3 29	2 14	戊戌	4 28	3 14	戊辰	5 29	4 16	己亥	6 29	5 18	庚午	7 30	6 19	辛丑
國	2 28	1 14	己巳	3 30	2 15	己亥	4 29	3 15	己巳	5 30	4 17	庚子	6 30	5 19	辛未	7 31	6 20	壬寅
八	3 1	1 15	庚午	3 31	2 16	庚子	4 30	3 16	庚午	5 31	4 18	辛丑	7 1	5 20	壬申	8 1	6 21	癸卯
十	3 2	1 16	辛未	4 1	2 17	辛丑	5 1	3 17	辛未	6 1	4 19	壬寅	7 2	5 21	癸酉	8 2	6 22	甲辰
年	3 3	1 17	壬申	4 2	2 18	壬寅	5 2	3 18	壬申	6 2	4 20	癸卯	7 3	5 22	甲戌	8 3	6 23	乙巳
	3 4	1 18	癸酉	4 3	2 19	癸卯	5 3	3 19	癸酉	6 3	4 21	甲辰	7 4	5 23	乙亥	8 4	6 24	丙午
	3 5	1 19	甲戌	4 4	2 20	甲辰	5 4	3 20	甲戌	6 4	4 22	乙巳	7 5	5 24	丙子	8 5	6 25	丁未
							5 5	3 21	乙亥	6 5	4 23	丙午	7 6	5 25	丁丑	8 6	6 26	戊申
																8 7	6 27	己酉
中	雨水			春分			穀雨			小滿			夏至			大暑		
氣	2/19 11時58分 午時			3/21 11時1分 午時			4/20 22時8分 亥時			5/21 21時20分 亥時			6/22 5時18分 卯時			7/23 16時11分 申時		

辛未																		年
丙申			丁酉			戊戌			己亥			庚子			辛丑			月
立秋			白露			寒露			立冬			大雪			小寒			節氣
8/8 8時37分 辰時			9/8 11時27分 午時			10/9 3時1分 寅時			11/8 6時7分 卯時			12/7 22時56分 亥時			1/6 10時8分 巳時			
國曆	農曆	干支	國曆	農曆	干支	國曆	農曆	干支	國曆	農曆	干支	國曆	農曆	干支	國曆	農曆	干支	日
8 8	6 28	庚戌	9 8	8 1	辛巳	10 9	9 2	壬子	11 8	10 3	壬午	12 7	11 2	辛亥	1 6	12 2	辛巳	
8 9	6 29	辛亥	9 9	8 2	壬午	10 10	9 3	癸丑	11 9	10 4	癸未	12 8	11 3	壬子	1 7	12 3	壬午	
8 10	7 1	壬子	9 10	8 3	癸未	10 11	9 4	甲寅	11 10	10 5	甲申	12 9	11 4	癸丑	1 8	12 4	癸未	
8 11	7 2	癸丑	9 11	8 4	甲申	10 12	9 5	乙卯	11 11	10 6	乙酉	12 10	11 5	甲寅	1 9	12 5	甲申	
8 12	7 3	甲寅	9 12	8 5	乙酉	10 13	9 6	丙辰	11 12	10 7	丙戌	12 11	11 6	乙卯	1 10	12 6	乙酉	1991·1992
8 13	7 4	乙卯	9 13	8 6	丙戌	10 14	9 7	丁巳	11 13	10 8	丁亥	12 12	11 7	丙辰	1 11	12 7	丙戌	
8 14	7 5	丙辰	9 14	8 7	丁亥	10 15	9 8	戊午	11 14	10 9	戊子	12 13	11 8	丁巳	1 12	12 8	丁亥	
8 15	7 6	丁巳	9 15	8 8	戊子	10 16	9 9	己未	11 15	10 10	己丑	12 14	11 9	戊午	1 13	12 9	戊子	
8 16	7 7	戊午	9 16	8 9	己丑	10 17	9 10	庚申	11 16	10 11	庚寅	12 15	11 10	己未	1 14	12 10	己丑	
8 17	7 8	己未	9 17	8 10	庚寅	10 18	9 11	辛酉	11 17	10 12	辛卯	12 16	11 11	庚申	1 15	12 11	庚寅	
8 18	7 9	庚申	9 18	8 11	辛卯	10 19	9 12	壬戌	11 18	10 13	壬辰	12 17	11 12	辛酉	1 16	12 12	辛卯	
8 19	7 10	辛酉	9 19	8 12	壬辰	10 20	9 13	癸亥	11 19	10 14	癸巳	12 18	11 13	壬戌	1 17	12 13	壬辰	
8 20	7 11	壬戌	9 20	8 13	癸巳	10 21	9 14	甲子	11 20	10 15	甲午	12 19	11 14	癸亥	1 18	12 14	癸巳	
8 21	7 12	癸亥	9 21	8 14	甲午	10 22	9 15	乙丑	11 21	10 16	乙未	12 20	11 15	甲子	1 19	12 15	甲午	羊
8 22	7 13	甲子	9 22	8 15	乙未	10 23	9 16	丙寅	11 22	10 17	丙申	12 21	11 16	乙丑	1 20	12 16	乙未	
8 23	7 14	乙丑	9 23	8 16	丙申	10 24	9 17	丁卯	11 23	10 18	丁酉	12 22	11 17	丙寅	1 21	12 17	丙申	
8 24	7 15	丙寅	9 24	8 17	丁酉	10 25	9 18	戊辰	11 24	10 19	戊戌	12 23	11 18	丁卯	1 22	12 18	丁酉	
8 25	7 16	丁卯	9 25	8 18	戊戌	10 26	9 19	己巳	11 25	10 20	己亥	12 24	11 19	戊辰	1 23	12 19	戊戌	
8 26	7 17	戊辰	9 26	8 19	己亥	10 27	9 20	庚午	11 26	10 21	庚子	12 25	11 20	己巳	1 24	12 20	己亥	
8 27	7 18	己巳	9 27	8 20	庚子	10 28	9 21	辛未	11 27	10 22	辛丑	12 26	11 21	庚午	1 25	12 21	庚子	
8 28	7 19	庚午	9 28	8 21	辛丑	10 29	9 22	壬申	11 28	10 23	壬寅	12 27	11 22	辛未	1 26	12 22	辛丑	中
8 29	7 20	辛未	9 29	8 22	壬寅	10 30	9 23	癸酉	11 29	10 24	癸卯	12 28	11 23	壬申	1 27	12 23	壬寅	華
8 30	7 21	壬申	9 30	8 23	癸卯	10 31	9 24	甲戌	11 30	10 25	甲辰	12 29	11 24	癸酉	1 28	12 24	癸卯	民
8 31	7 22	癸酉	10 1	8 24	甲辰	11 1	9 25	乙亥	12 1	10 26	乙巳	12 30	11 25	甲戌	1 29	12 25	甲辰	國
9 1	7 23	甲戌	10 2	8 25	乙巳	11 2	9 26	丙子	12 2	10 27	丙午	12 31	11 26	乙亥	1 30	12 26	乙巳	八
9 2	7 24	乙亥	10 3	8 26	丙午	11 3	9 27	丁丑	12 3	10 28	丁未	1 1	11 27	丙子	1 31	12 27	丙午	十
9 3	7 25	丙子	10 4	8 27	丁未	11 4	9 28	戊寅	12 4	10 29	戊申	1 2	11 28	丁丑	2 1	12 28	丁未	·
9 4	7 26	丁丑	10 5	8 28	戊申	11 5	9 29	己卯	12 5	10 30	己酉	1 3	11 29	戊寅	2 2	12 29	戊申	八
9 5	7 27	戊寅	10 6	8 29	己酉	11 6	10 1	庚辰	12 6	11 1	庚戌	1 4	11 30	己卯	2 3	12 30	己酉	十
9 6	7 28	己卯	10 7	8 30	庚戌	11 7	10 2	辛巳				1 5	12 1	庚辰				一
9 7	7 29	庚辰	10 8	9 1	辛亥													年
處暑			秋分			霜降			小雪			冬至			大寒			中
8/23 23時12分 子時			9/23 20時48分 戌時			10/24 6時5分 卯時			11/23 3時35分 寅時			12/22 16時53分 申時			1/21 3時32分 寅時			氣

年	壬申																	
月	壬寅			癸卯			甲辰			乙巳			丙午			丁未		
節氣	立春			驚蟄			清明			立夏			芒種			小暑		
	2/4 21時48分 亥時			3/5 15時52分 申時			4/4 20時45分 戌時			5/5 14時8分 未時			6/5 18時22分 酉時			7/7 4時40分 寅時		
日	國曆	農曆	干支	國曆	農曆	干支	國曆	農曆	干支	國曆	農曆	干支	國曆	農曆	干支	國曆	農曆	干支
	2 4	1 1	庚戌	3 5	2 2	庚辰	4 4	3 2	庚戌	5 5	4 3	辛巳	6 5	5 5	壬子	7 7	6 8	甲申
	2 5	1 2	辛亥	3 6	2 3	辛巳	4 5	3 3	辛亥	5 6	4 4	壬午	6 6	5 6	癸丑	7 8	6 9	乙酉
	2 6	1 3	壬子	3 7	2 4	壬午	4 6	3 4	壬子	5 7	4 5	癸未	6 7	5 7	甲寅	7 9	6 10	丙戌
	2 7	1 4	癸丑	3 8	2 5	癸未	4 7	3 5	癸丑	5 8	4 6	甲申	6 8	5 8	乙卯	7 10	6 11	丁亥
	2 8	1 5	甲寅	3 9	2 6	甲申	4 8	3 6	甲寅	5 9	4 7	乙酉	6 9	5 9	丙辰	7 11	6 12	戊子
1	2 9	1 6	乙卯	3 10	2 7	乙酉	4 9	3 7	乙卯	5 10	4 8	丙戌	6 10	5 10	丁巳	7 12	6 13	己丑
9	2 10	1 7	丙辰	3 11	2 8	丙戌	4 10	3 8	丙辰	5 11	4 9	丁亥	6 11	5 11	戊午	7 13	6 14	庚寅
9	2 11	1 8	丁巳	3 12	2 9	丁亥	4 11	3 9	丁巳	5 12	4 10	戊子	6 12	5 12	己未	7 14	6 15	辛卯
2	2 12	1 9	戊午	3 13	2 10	戊子	4 12	3 10	戊午	5 13	4 11	己丑	6 13	5 13	庚申	7 15	6 16	壬辰
	2 13	1 10	己未	3 14	2 11	己丑	4 13	3 11	己未	5 14	4 12	庚寅	6 14	5 14	辛酉	7 16	6 17	癸巳
	2 14	1 11	庚申	3 15	2 12	庚寅	4 14	3 12	庚申	5 15	4 13	辛卯	6 15	5 15	壬戌	7 17	6 18	甲午
	2 15	1 12	辛酉	3 16	2 13	辛卯	4 15	3 13	辛酉	5 16	4 14	壬辰	6 16	5 16	癸亥	7 18	6 19	乙未
	2 16	1 13	壬戌	3 17	2 14	壬辰	4 16	3 14	壬戌	5 17	4 15	癸巳	6 17	5 17	甲子	7 19	6 20	丙申
猴	2 17	1 14	癸亥	3 18	2 15	癸巳	4 17	3 15	癸亥	5 18	4 16	甲午	6 18	5 18	乙丑	7 20	6 21	丁酉
	2 18	1 15	甲子	3 19	2 16	甲午	4 18	3 16	甲子	5 19	4 17	乙未	6 19	5 19	丙寅	7 21	6 22	戊戌
	2 19	1 16	乙丑	3 20	2 17	乙未	4 19	3 17	乙丑	5 20	4 18	丙申	6 20	5 20	丁卯	7 22	6 23	己亥
	2 20	1 17	丙寅	3 21	2 18	丙申	4 20	3 18	丙寅	5 21	4 19	丁酉	6 21	5 21	戊辰	7 23	6 24	庚子
	2 21	1 18	丁卯	3 22	2 19	丁酉	4 21	3 19	丁卯	5 22	4 20	戊戌	6 22	5 22	己巳	7 24	6 25	辛丑
	2 22	1 19	戊辰	3 23	2 20	戊戌	4 22	3 20	戊辰	5 23	4 21	己亥	6 23	5 23	庚午	7 25	6 26	壬寅
中	2 23	1 20	己巳	3 24	2 21	己亥	4 23	3 21	己巳	5 24	4 22	庚子	6 24	5 24	辛未	7 26	6 27	癸卯
華	2 24	1 21	庚午	3 25	2 22	庚子	4 24	3 22	庚午	5 25	4 23	辛丑	6 25	5 25	壬申	7 27	6 28	甲辰
民	2 25	1 22	辛未	3 26	2 23	辛丑	4 25	3 23	辛未	5 26	4 24	壬寅	6 26	5 26	癸酉	7 28	6 29	乙巳
國	2 26	1 23	壬申	3 27	2 24	壬寅	4 26	3 24	壬申	5 27	4 25	癸卯	6 27	5 27	甲戌	7 29	6 30	丙午
八	2 27	1 24	癸酉	3 28	2 25	癸卯	4 27	3 25	癸酉	5 28	4 26	甲辰	6 28	5 28	乙亥	7 30	7 1	丁未
十	2 28	1 25	甲戌	3 29	2 26	甲辰	4 28	3 26	甲戌	5 29	4 27	乙巳	6 29	5 29	丙子	7 31	7 2	戊申
一	2 29	1 26	乙亥	3 30	2 27	乙巳	4 29	3 27	乙亥	5 30	4 28	丙午	6 30	6 1	丁丑	8 1	7 3	己酉
年	3 1	1 27	丙子	3 31	2 28	丙午	4 30	3 28	丙子	5 31	4 29	丁未	7 1	6 2	戊寅	8 2	7 4	庚戌
	3 2	1 28	丁丑	4 1	2 29	丁未	5 1	3 29	丁丑	6 1	5 1	戊申	7 2	6 3	己卯	8 3	7 5	辛亥
	3 3	1 29	戊寅	4 2	2 30	戊申	5 2	3 30	戊寅	6 2	5 2	己酉	7 3	6 4	庚辰	8 4	7 6	壬子
	3 4	2 1	己卯	4 3	3 1	己酉	5 3	4 1	己卯	6 3	5 3	庚戌	7 4	6 5	辛巳	8 5	7 7	癸丑
							5 4	4 2	庚辰	6 4	5 4	辛亥	7 5	6 6	壬午	8 6	7 8	甲寅
													7 6	6 7	癸未			
中氣	雨水			春分			穀雨			小滿			夏至			大暑		
	2/19 17時43分 酉時			3/20 16時48分 申時			4/20 3時56分 寅時			5/21 3時12分 寅時			6/21 11時14分 午時			7/22 22時8分 亥時		

壬申																		年
戊申			己酉			庚戌			辛亥			壬子			癸丑			月
立秋			白露			寒露			立冬			大雪			小寒			節氣
8/7 14時27分 未時			9/7 17時18分 酉時			10/8 8時51分 辰時			11/7 11時57分 午時			12/7 4時44分 寅時			1/5 15時56分 申時			
國曆	農曆	干支	國曆	農曆	干支	國曆	農曆	干支	國曆	農曆	干支	國曆	農曆	干支	國曆	農曆	干支	日
8 7	7 9	乙卯	9 7	8 11	丙戌	10 8	9 13	丁巳	11 7	10 13	丁亥	12 7	11 14	丁巳	1 5	12 13	丙戌	
8 8	7 10	丙辰	9 8	8 12	丁亥	10 9	9 14	戊午	11 8	10 14	戊子	12 8	11 15	戊午	1 6	12 14	丁亥	
8 9	7 11	丁巳	9 9	8 13	戊子	10 10	9 15	己未	11 9	10 15	己丑	12 9	11 16	己未	1 7	12 15	戊子	
8 10	7 12	戊午	9 10	8 14	己丑	10 11	9 16	庚申	11 10	10 16	庚寅	12 10	11 17	庚申	1 8	12 16	己丑	
8 11	7 13	己未	9 11	8 15	庚寅	10 12	9 17	辛酉	11 11	10 17	辛卯	12 11	11 18	辛酉	1 9	12 17	庚寅	
8 12	7 14	庚申	9 12	8 16	辛卯	10 13	9 18	壬戌	11 12	10 18	壬辰	12 12	11 19	壬戌	1 10	12 18	辛卯	1
8 13	7 15	辛酉	9 13	8 17	壬辰	10 14	9 19	癸亥	11 13	10 19	癸巳	12 13	11 20	癸亥	1 11	12 19	壬辰	9
8 14	7 16	壬戌	9 14	8 18	癸巳	10 15	9 20	甲子	11 14	10 20	甲午	12 14	11 21	甲子	1 12	12 20	癸巳	9
8 15	7 17	癸亥	9 15	8 19	甲午	10 16	9 21	乙丑	11 15	10 21	乙未	12 15	11 22	乙丑	1 13	12 21	甲午	2
8 16	7 18	甲子	9 16	8 20	乙未	10 17	9 22	丙寅	11 16	10 22	丙申	12 16	11 23	丙寅	1 14	12 22	乙未	·
8 17	7 19	乙丑	9 17	8 21	丙申	10 18	9 23	丁卯	11 17	10 23	丁酉	12 17	11 24	丁卯	1 15	12 23	丙申	1
8 18	7 20	丙寅	9 18	8 22	丁酉	10 19	9 24	戊辰	11 18	10 24	戊戌	12 18	11 25	戊辰	1 16	12 24	丁酉	9
8 19	7 21	丁卯	9 19	8 23	戊戌	10 20	9 25	己巳	11 19	10 25	己亥	12 19	11 26	己巳	1 17	12 25	戊戌	9
8 20	7 22	戊辰	9 20	8 24	己亥	10 21	9 26	庚午	11 20	10 26	庚子	12 20	11 27	庚午	1 18	12 26	己亥	3
8 21	7 23	己巳	9 21	8 25	庚子	10 22	9 27	辛未	11 21	10 27	辛丑	12 21	11 28	辛未	1 19	12 27	庚子	
8 22	7 24	庚午	9 22	8 26	辛丑	10 23	9 28	壬申	11 22	10 28	壬寅	12 22	11 29	壬申	1 20	12 28	辛丑	
8 23	7 25	辛未	9 23	8 27	壬寅	10 24	9 29	癸酉	11 23	10 29	癸卯	12 23	11 30	癸酉	1 21	12 29	壬寅	
8 24	7 26	壬申	9 24	8 28	癸卯	10 25	9 30	甲戌	11 24	11 1	甲辰	12 24	12 1	甲戌	1 22	12 30	癸卯	猴
8 25	7 27	癸酉	9 25	8 29	甲辰	10 26	10 1	乙亥	11 25	11 2	乙巳	12 25	12 2	乙亥	1 23	1 1	甲辰	
8 26	7 28	甲戌	9 26	9 1	乙巳	10 27	10 2	丙子	11 26	11 3	丙午	12 26	12 3	丙子	1 24	1 2	乙巳	
8 27	7 29	乙亥	9 27	9 2	丙午	10 28	10 3	丁丑	11 27	11 4	丁未	12 27	12 4	丁丑	1 25	1 3	丙午	中
8 28	8 1	丙子	9 28	9 3	丁未	10 29	10 4	戊寅	11 28	11 5	戊申	12 28	12 5	戊寅	1 26	1 4	丁未	華
8 29	8 2	丁丑	9 29	9 4	戊申	10 30	10 5	己卯	11 29	11 6	己酉	12 29	12 6	己卯	1 27	1 5	戊申	民
8 30	8 3	戊寅	9 30	9 5	己酉	10 31	10 6	庚辰	11 30	11 7	庚戌	12 30	12 7	庚辰	1 28	1 6	己酉	國
8 31	8 4	己卯	10 1	9 6	庚戌	11 1	10 7	辛巳	12 1	11 8	辛亥	12 31	12 8	辛巳	1 29	1 7	庚戌	八
9 1	8 5	庚辰	10 2	9 7	辛亥	11 2	10 8	壬午	12 2	11 9	壬子	1 1	12 9	壬午	1 30	1 8	辛亥	十
9 2	8 6	辛巳	10 3	9 8	壬子	11 3	10 9	癸未	12 3	11 10	癸丑	1 2	12 10	癸未	1 31	1 9	壬子	一
9 3	8 7	壬午	10 4	9 9	癸丑	11 4	10 10	甲申	12 4	11 11	甲寅	1 3	12 11	甲申	2 1	1 10	癸丑	·
9 4	8 8	癸未	10 5	9 10	甲寅	11 5	10 11	乙酉	12 5	11 12	乙卯	1 4	12 12	乙酉	2 2	1 11	甲寅	八
9 5	8 9	甲申	10 6	9 11	乙卯	11 6	10 12	丙戌	12 6	11 13	丙辰				2 3	1 12	乙卯	十
9 6	8 10	乙酉	10 7	9 12	丙辰													二
																		年
處暑			秋分			霜降			小雪			冬至			大寒			中
8/23 5時10分 卯時			9/23 2時42分 丑時			10/23 11時57分 午時			11/22 9時25分 巳時			12/21 22時43分 亥時			1/20 9時22分 巳時			氣

年	癸酉																	
月	甲寅			乙卯			丙辰			丁巳			戊午			己未		
節氣	立春			驚蟄			清明			立夏			芒種			小暑		
氣	2/4 3時37分 寅時			3/5 21時42分 亥時			4/5 2時37分 丑時			5/5 20時1分 戌時			6/6 0時15分 子時			7/7 10時32分 巳時		
日	國曆	農曆	干支	國曆	農曆	干支	國曆	農曆	干支	國曆	農曆	干支	國曆	農曆	干支	國曆	農曆	干支
	2 4	1 13	丙辰	3 5	2 13	乙酉	4 5	3 14	丙辰	5 5	3 14	丙戌	6 6	4 17	戊午	7 7	5 18	己丑
	2 5	1 14	丁巳	3 6	2 14	丙戌	4 6	3 15	丁巳	5 6	3 15	丁亥	6 7	4 18	己未	7 8	5 19	庚寅
	2 6	1 15	戊午	3 7	2 15	丁亥	4 7	3 16	戊午	5 7	3 16	戊子	6 8	4 19	庚申	7 9	5 20	辛卯
	2 7	1 16	己未	3 8	2 16	戊子	4 8	3 17	己未	5 8	3 17	己丑	6 9	4 20	辛酉	7 10	5 21	壬辰
1	2 8	1 17	庚申	3 9	2 17	己丑	4 9	3 18	庚申	5 9	3 18	庚寅	6 10	4 21	壬戌	7 11	5 22	癸巳
9	2 9	1 18	辛酉	3 10	2 18	庚寅	4 10	3 19	辛酉	5 10	3 19	辛卯	6 11	4 22	癸亥	7 12	5 23	甲午
9	2 10	1 19	壬戌	3 11	2 19	辛卯	4 11	3 20	壬戌	5 11	3 20	壬辰	6 12	4 23	甲子	7 13	5 24	乙未
3	2 11	1 20	癸亥	3 12	2 20	壬辰	4 12	3 21	癸亥	5 12	3 21	癸巳	6 13	4 24	乙丑	7 14	5 25	丙申
	2 12	1 21	甲子	3 13	2 21	癸巳	4 13	3 22	甲子	5 13	3 22	甲午	6 14	4 25	丙寅	7 15	5 26	丁酉
	2 13	1 22	乙丑	3 14	2 22	甲午	4 14	3 23	乙丑	5 14	3 23	乙未	6 15	4 26	丁卯	7 16	5 27	戊戌
	2 14	1 23	丙寅	3 15	2 23	乙未	4 15	3 24	丙寅	5 15	3 24	丙申	6 16	4 27	戊辰	7 17	5 28	己亥
	2 15	1 24	丁卯	3 16	2 24	丙申	4 16	3 25	丁卯	5 16	3 25	丁酉	6 17	4 28	己巳	7 18	5 29	庚子
	2 16	1 25	戊辰	3 17	2 25	丁酉	4 17	3 26	戊辰	5 17	3 26	戊戌	6 18	4 29	庚午	7 19	6 1	辛丑
	2 17	1 26	己巳	3 18	2 26	戊戌	4 18	3 27	己巳	5 18	3 27	己亥	6 19	4 30	辛未	7 20	6 2	壬寅
雞	2 18	1 27	庚午	3 19	2 27	己亥	4 19	3 28	庚午	5 19	3 28	庚子	6 20	5 1	壬申	7 21	6 3	癸卯
	2 19	1 28	辛未	3 20	2 28	庚子	4 20	3 29	辛未	5 20	3 29	辛丑	6 21	5 2	癸酉	7 22	6 4	甲辰
	2 20	1 29	壬申	3 21	2 29	辛丑	4 21	3 30	壬申	5 21	4 1	壬寅	6 22	5 3	甲戌	7 23	6 5	乙巳
	2 21	2 1	癸酉	3 22	2 30	壬寅	4 22	閏3 1	癸酉	5 22	4 2	癸卯	6 23	5 4	乙亥	7 24	6 6	丙午
	2 22	2 2	甲戌	3 23	3 1	癸卯	4 23	3 2	甲戌	5 23	4 3	甲辰	6 24	5 5	丙子	7 25	6 7	丁未
	2 23	2 3	乙亥	3 24	3 2	甲辰	4 24	3 3	乙亥	5 24	4 4	乙巳	6 25	5 6	丁丑	7 26	6 8	戊申
	2 24	2 4	丙子	3 25	3 3	乙巳	4 25	3 4	丙子	5 25	4 5	丙午	6 26	5 7	戊寅	7 27	6 9	己酉
中	2 25	2 5	丁丑	3 26	3 4	丙午	4 26	3 5	丁丑	5 26	4 6	丁未	6 27	5 8	己卯	7 28	6 10	庚戌
華	2 26	2 6	戊寅	3 27	3 5	丁未	4 27	3 6	戊寅	5 27	4 7	戊申	6 28	5 9	庚辰	7 29	6 11	辛亥
民	2 27	2 7	己卯	3 28	3 6	戊申	4 28	3 7	己卯	5 28	4 8	己酉	6 29	5 10	辛巳	7 30	6 12	壬子
國	2 28	2 8	庚辰	3 29	3 7	己酉	4 29	3 8	庚辰	5 29	4 9	庚戌	6 30	5 11	壬午	7 31	6 13	癸丑
八	3 1	2 9	辛巳	3 30	3 8	庚戌	4 30	3 9	辛巳	5 30	4 10	辛亥	7 1	5 12	癸未	8 1	6 14	甲寅
十	3 2	2 10	壬午	3 31	3 9	辛亥	5 1	3 10	壬午	5 31	4 11	壬子	7 2	5 13	甲申	8 2	6 15	乙卯
二	3 3	2 11	癸未	4 1	3 10	壬子	5 2	3 11	癸未	6 1	4 12	癸丑	7 3	5 14	乙酉	8 3	6 16	丙辰
年	3 4	2 12	甲申	4 2	3 11	癸丑	5 3	3 12	甲申	6 2	4 13	甲寅	7 4	5 15	丙戌	8 4	6 17	丁巳
				4 3	3 12	甲寅	5 4	3 13	乙酉	6 3	4 14	乙卯	7 5	5 16	丁亥	8 5	6 18	戊午
				4 4	3 13	乙卯				6 4	4 15	丙辰	7 6	5 17	戊子	8 6	6 19	己未
										6 5	4 16	丁巳						
中	雨水			春分			穀雨			小滿			夏至			大暑		
氣	2/18 23時35分 子時			3/20 22時40分 亥時			4/20 9時49分 巳時			5/21 9時1分 巳時			6/21 16時59分 申時			7/23 3時50分 寅時		

癸酉																		年
庚申			辛酉			壬戌			癸亥			甲子			乙丑			月
立秋			白露			寒露			立冬			大雪			小寒			節氣
8/7 20時17分 戌時			9/7 23時7分 子時			10/8 14時40分 未時			11/7 17時45分 酉時			12/7 10時33分 巳時			1/5 21時48分 亥時			
國曆	農曆	干支	國曆	農曆	干支	國曆	農曆	干支	國曆	農曆	干支	國曆	農曆	干支	國曆	農曆	干支	日
8 7	6 20	庚申	9 7	7 21	辛卯	10 8	8 23	壬戌	11 7	9 24	壬辰	12 7	10 24	壬戌	1 5	11 24	辛卯	
8 8	6 21	辛酉	9 8	7 22	壬辰	10 9	8 24	癸亥	11 8	9 25	癸巳	12 8	10 25	癸亥	1 6	11 25	壬辰	
8 9	6 22	壬戌	9 9	7 23	癸巳	10 10	8 25	甲子	11 9	9 26	甲午	12 9	10 26	甲子	1 7	11 26	癸巳	1
8 10	6 23	癸亥	9 10	7 24	甲午	10 11	8 26	乙丑	11 10	9 27	乙未	12 10	10 27	乙丑	1 8	11 27	甲午	9
8 11	6 24	甲子	9 11	7 25	乙未	10 12	8 27	丙寅	11 11	9 28	丙申	12 11	10 28	丙寅	1 9	11 28	乙未	9
8 12	6 25	乙丑	9 12	7 26	丙申	10 13	8 28	丁卯	11 12	9 29	丁酉	12 12	10 29	丁卯	1 10	11 29	丙申	3
8 13	6 26	丙寅	9 13	7 27	丁酉	10 14	8 29	戊辰	11 13	9 30	戊戌	12 13	11 1	戊辰	1 11	11 30	丁酉	·
8 14	6 27	丁卯	9 14	7 28	戊戌	10 15	9 1	己巳	11 14	10 1	己亥	12 14	11 2	己巳	1 12	12 1	戊戌	1
8 15	6 28	戊辰	9 15	7 29	己亥	10 16	9 2	庚午	11 15	10 2	庚子	12 15	11 3	庚午	1 13	12 2	己亥	9
8 16	6 29	己巳	9 16	8 1	庚子	10 17	9 3	辛未	11 16	10 3	辛丑	12 16	11 4	辛未	1 14	12 3	庚子	9
8 17	6 30	庚午	9 17	8 2	辛丑	10 18	9 4	壬申	11 17	10 4	壬寅	12 17	11 5	壬申	1 15	12 4	辛丑	4
8 18	7 1	辛未	9 18	8 3	壬寅	10 19	9 5	癸酉	11 18	10 5	癸卯	12 18	11 6	癸酉	1 16	12 5	壬寅	
8 19	7 2	壬申	9 19	8 4	癸卯	10 20	9 6	甲戌	11 19	10 6	甲辰	12 19	11 7	甲戌	1 17	12 6	癸卯	
8 20	7 3	癸酉	9 20	8 5	甲辰	10 21	9 7	乙亥	11 20	10 7	乙巳	12 20	11 8	乙亥	1 18	12 7	甲辰	
8 21	7 4	甲戌	9 21	8 6	乙巳	10 22	9 8	丙子	11 21	10 8	丙午	12 21	11 9	丙子	1 19	12 8	乙巳	雞
8 22	7 5	乙亥	9 22	8 7	丙午	10 23	9 9	丁丑	11 22	10 9	丁未	12 22	11 10	丁丑	1 20	12 9	丙午	
8 23	7 6	丙子	9 23	8 8	丁未	10 24	9 10	戊寅	11 23	10 10	戊申	12 23	11 11	戊寅	1 21	12 10	丁未	
8 24	7 7	丁丑	9 24	8 9	戊申	10 25	9 11	己卯	11 24	10 11	己酉	12 24	11 12	己卯	1 22	12 11	戊申	
8 25	7 8	戊寅	9 25	8 10	己酉	10 26	9 12	庚辰	11 25	10 12	庚戌	12 25	11 13	庚辰	1 23	12 12	己酉	
8 26	7 9	己卯	9 26	8 11	庚戌	10 27	9 13	辛巳	11 26	10 13	辛亥	12 26	11 14	辛巳	1 24	12 13	庚戌	中
8 27	7 10	庚辰	9 27	8 12	辛亥	10 28	9 14	壬午	11 27	10 14	壬子	12 27	11 15	壬午	1 25	12 14	辛亥	華
8 28	7 11	辛巳	9 28	8 13	壬子	10 29	9 15	癸未	11 28	10 15	癸丑	12 28	11 16	癸未	1 26	12 15	壬子	民
8 29	7 12	壬午	9 29	8 14	癸丑	10 30	9 16	甲申	11 29	10 16	甲寅	12 29	11 17	甲申	1 27	12 16	癸丑	國
8 30	7 13	癸未	9 30	8 15	甲寅	10 31	9 17	乙酉	11 30	10 17	乙卯	12 30	11 18	乙酉	1 28	12 17	甲寅	八
8 31	7 14	甲申	10 1	8 16	乙卯	11 1	9 18	丙戌	12 1	10 18	丙辰	12 31	11 19	丙戌	1 29	12 18	乙卯	十
9 1	7 15	乙酉	10 2	8 17	丙辰	11 2	9 19	丁亥	12 2	10 19	丁巳	1 1	11 20	丁亥	1 30	12 19	丙辰	二
9 2	7 16	丙戌	10 3	8 18	丁巳	11 3	9 20	戊子	12 3	10 20	戊午	1 2	11 21	戊子	1 31	12 20	丁巳	·
9 3	7 17	丁亥	10 4	8 19	戊午	11 4	9 21	己丑	12 4	10 21	己未	1 3	11 22	己丑	2 1	12 21	戊午	八
9 4	7 18	戊子	10 5	8 20	己未	11 5	9 22	庚寅	12 5	10 22	庚申	1 4	11 23	庚寅	2 2	12 22	己未	十
9 5	7 19	己丑	10 6	8 21	庚申	11 6	9 23	辛卯	12 6	10 23	辛酉				2 3	12 23	庚申	三
9 6	7 20	庚寅	10 7	8 22	辛酉													年
處暑			秋分			霜降			小雪			冬至			大寒			中
8/23 10時50分 巳時			9/23 8時22分 辰時			10/23 17時37分 酉時			11/22 15時6分 申時			12/22 4時25分 寅時			1/20 15時7分 申時			氣

年													甲戌					
月	丙寅			丁卯			戊辰			己巳			庚午			辛未		
節氣	立春			驚蟄			清明			立夏			芒種			小暑		
	2/4 9時30分 巳時			3/6 3時37分 寅時			4/5 8時31分 辰時			5/6 1時54分 丑時			6/6 6時4分 卯時			7/7 16時19分 申時		
日	國曆	農曆	干支	國曆	農曆	干支	國曆	農曆	干支	國曆	農曆	干支	國曆	農曆	干支	國曆	農曆	干支
	2 4	12 24	辛酉	3 6	1 25	辛卯	4 5	2 25	辛酉	5 6	3 26	壬辰	6 6	4 27	癸亥	7 7	5 29	甲午
	2 5	12 25	壬戌	3 7	1 26	壬辰	4 6	2 26	壬戌	5 7	3 27	癸巳	6 7	4 28	甲子	7 8	5 30	乙未
	2 6	12 26	癸亥	3 8	1 27	癸巳	4 7	2 27	癸亥	5 8	3 28	甲午	6 8	4 29	乙丑	7 9	6 1	丙申
	2 7	12 27	甲子	3 9	1 28	甲午	4 8	2 28	甲子	5 9	3 29	乙未	6 9	5 1	丙寅	7 10	6 2	丁酉
	2 8	12 28	乙丑	3 10	1 29	乙未	4 9	2 29	乙丑	5 10	3 30	丙申	6 10	5 2	丁卯	7 11	6 3	戊戌
1	2 9	12 29	丙寅	3 11	1 30	丙申	4 10	2 30	丙寅	5 11	4 1	丁酉	6 11	5 3	戊辰	7 12	6 4	己亥
9	2 10	1 1	丁卯	3 12	2 1	丁酉	4 11	3 1	丁卯	5 12	4 2	戊戌	6 12	5 4	己巳	7 13	6 5	庚子
9	2 11	1 2	戊辰	3 13	2 2	戊戌	4 12	3 2	戊辰	5 13	4 3	己亥	6 13	5 5	庚午	7 14	6 6	辛丑
4	2 12	1 3	己巳	3 14	2 3	己亥	4 13	3 3	己巳	5 14	4 4	庚子	6 14	5 6	辛未	7 15	6 7	壬寅
	2 13	1 4	庚午	3 15	2 4	庚子	4 14	3 4	庚午	5 15	4 5	辛丑	6 15	5 7	壬申	7 16	6 8	癸卯
	2 14	1 5	辛未	3 16	2 5	辛丑	4 15	3 5	辛未	5 16	4 6	壬寅	6 16	5 8	癸酉	7 17	6 9	甲辰
	2 15	1 6	壬申	3 17	2 6	壬寅	4 16	3 6	壬申	5 17	4 7	癸卯	6 17	5 9	甲戌	7 18	6 10	乙巳
	2 16	1 7	癸酉	3 18	2 7	癸卯	4 17	3 7	癸酉	5 18	4 8	甲辰	6 18	5 10	乙亥	7 19	6 11	丙午
	2 17	1 8	甲戌	3 19	2 8	甲辰	4 18	3 8	甲戌	5 19	4 9	乙巳	6 19	5 11	丙子	7 20	6 12	丁未
狗	2 18	1 9	乙亥	3 20	2 9	乙巳	4 19	3 9	乙亥	5 20	4 10	丙午	6 20	5 12	丁丑	7 21	6 13	戊申
	2 19	1 10	丙子	3 21	2 10	丙午	4 20	3 10	丙子	5 21	4 11	丁未	6 21	5 13	戊寅	7 22	6 14	己酉
	2 20	1 11	丁丑	3 22	2 11	丁未	4 21	3 11	丁丑	5 22	4 12	戊申	6 22	5 14	己卯	7 23	6 15	庚戌
	2 21	1 12	戊寅	3 23	2 12	戊申	4 22	3 12	戊寅	5 23	4 13	己酉	6 23	5 15	庚辰	7 24	6 16	辛亥
	2 22	1 13	己卯	3 24	2 13	己酉	4 23	3 13	己卯	5 24	4 14	庚戌	6 24	5 16	辛巳	7 25	6 17	壬子
	2 23	1 14	庚辰	3 25	2 14	庚戌	4 24	3 14	庚辰	5 25	4 15	辛亥	6 25	5 17	壬午	7 26	6 18	癸丑
	2 24	1 15	辛巳	3 26	2 15	辛亥	4 25	3 15	辛巳	5 27	4 17	癸丑	6 26	5 18	癸未	7 27	6 19	甲寅
中	2 25	1 16	壬午	3 27	2 16	壬子	4 26	3 16	壬午	5 27	4 17	癸丑	6 27	5 19	甲申	7 28	6 20	乙卯
華	2 26	1 17	癸未	3 28	2 17	癸丑	4 27	3 17	癸未	5 28	4 18	甲寅	6 28	5 20	乙酉	7 29	6 21	丙辰
民	2 27	1 18	甲申	3 29	2 18	甲寅	4 28	3 18	甲申	5 29	4 19	乙卯	6 29	5 21	丙戌	7 30	6 22	丁巳
國	2 28	1 19	乙酉	3 30	2 19	乙卯	4 29	3 19	乙酉	5 30	4 20	丙辰	6 30	5 22	丁亥	7 31	6 23	戊午
八	3 1	1 20	丙戌	3 31	2 20	丙辰	4 30	3 20	丙戌	5 31	4 21	丁巳	7 1	5 23	戊子	8 1	6 24	己未
十	3 2	1 21	丁亥	4 1	2 21	丁巳	5 1	3 21	丁亥	6 1	4 22	戊午	7 2	5 24	己丑	8 2	6 25	庚申
三	3 3	1 22	戊子	4 2	2 22	戊午	5 2	3 22	戊子	6 2	4 23	己未	7 3	5 25	庚寅	8 3	6 26	辛酉
年	3 4	1 23	己丑	4 3	2 23	己未	5 3	3 23	己丑	6 3	4 24	庚申	7 4	5 26	辛卯	8 4	6 27	壬戌
	3 5	1 24	庚寅	4 4	2 24	庚申	5 4	3 24	庚寅	6 4	4 25	辛酉	7 5	5 27	壬辰	8 5	6 28	癸亥
							5 5	3 25	辛卯	6 5	4 26	壬戌	7 6	5 28	癸巳	8 6	6 29	甲子
																8 7	7 1	乙丑
中氣	雨水			春分			穀雨			小滿			夏至			大暑		
	2/19 5時21分 卯時			3/21 4時28分 寅時			4/20 15時36分 申時			5/21 14時48分 未時			6/21 22時47分 亥時			7/23 9時41分 巳時		

甲戌																		年
壬申			癸酉			甲戌			乙亥			丙子			丁丑			月
立秋			白露			寒露			立冬			大雪			小寒			節氣
8/8 2時4分 丑時			9/8 4時55分 寅時			10/8 20時29分 戌時			11/7 23時35分 子時			12/7 16時22分 申時			1/6 3時34分 寅時			節氣
國曆	農曆	干支	國曆	農曆	干支	國曆	農曆	干支	國曆	農曆	干支	國曆	農曆	干支	國曆	農曆	干支	日
8 8	7 2	丙寅	9 8	8 3	丁酉	10 8	9 4	丁卯	11 7	10 5	丁酉	12 7	11 5	丁卯	1 6	12 6	丁酉	
8 9	7 3	丁卯	9 9	8 4	戊戌	10 9	9 5	戊辰	11 8	10 6	戊戌	12 8	11 6	戊辰	1 7	12 7	戊戌	
8 10	7 4	戊辰	9 10	8 5	己亥	10 10	9 6	己巳	11 9	10 7	己亥	12 9	11 7	己巳	1 8	12 8	己亥	
8 11	7 5	己巳	9 11	8 6	庚子	10 11	9 7	庚午	11 10	10 8	庚子	12 10	11 8	庚午	1 9	12 9	庚子	
8 12	7 6	庚午	9 12	8 7	辛丑	10 12	9 8	辛未	11 11	10 9	辛丑	12 11	11 9	辛未	1 10	12 10	辛丑	1
8 13	7 7	辛未	9 13	8 8	壬寅	10 13	9 9	壬申	11 12	10 10	壬寅	12 12	11 10	壬申	1 11	12 11	壬寅	9
8 14	7 8	壬申	9 14	8 9	癸卯	10 14	9 10	癸酉	11 13	10 11	癸卯	12 13	11 11	癸酉	1 12	12 12	癸卯	9
8 15	7 9	癸酉	9 15	8 10	甲辰	10 15	9 11	甲戌	11 14	10 12	甲辰	12 14	11 12	甲戌	1 13	12 13	甲辰	4
8 16	7 10	甲戌	9 16	8 11	乙巳	10 16	9 12	乙亥	11 15	10 13	乙巳	12 15	11 13	乙亥	1 14	12 14	乙巳	·
8 17	7 11	乙亥	9 17	8 12	丙午	10 17	9 13	丙子	11 16	10 14	丙午	12 16	11 14	丙子	1 15	12 15	丙午	1
8 18	7 12	丙子	9 18	8 13	丁未	10 18	9 14	丁丑	11 17	10 15	丁未	12 17	11 15	丁丑	1 16	12 16	丁未	9
8 19	7 13	丁丑	9 19	8 14	戊申	10 19	9 15	戊寅	11 18	10 16	戊申	12 18	11 16	戊寅	1 17	12 17	戊申	9
8 20	7 14	戊寅	9 20	8 15	己酉	10 20	9 16	己卯	11 19	10 17	己酉	12 19	11 17	己卯	1 18	12 18	己酉	5
8 21	7 15	己卯	9 21	8 16	庚戌	10 21	9 17	庚辰	11 20	10 18	庚戌	12 20	11 18	庚辰	1 19	12 19	庚戌	
8 22	7 16	庚辰	9 22	8 17	辛亥	10 22	9 18	辛巳	11 21	10 19	辛亥	12 21	11 19	辛巳	1 20	12 20	辛亥	
8 23	7 17	辛巳	9 23	8 18	壬子	10 23	9 19	壬午	11 22	10 20	壬子	12 22	11 20	壬午	1 21	12 21	壬子	
8 24	7 18	壬午	9 24	8 19	癸丑	10 24	9 20	癸未	11 23	10 21	癸丑	12 23	11 21	癸未	1 22	12 22	癸丑	狗
8 25	7 19	癸未	9 25	8 20	甲寅	10 25	9 21	甲申	11 24	10 22	甲寅	12 24	11 22	甲申	1 23	12 23	甲寅	
8 26	7 20	甲申	9 26	8 21	乙卯	10 26	9 22	乙酉	11 25	10 23	乙卯	12 25	11 23	乙酉	1 24	12 24	乙卯	
8 27	7 21	乙酉	9 27	8 22	丙辰	10 27	9 23	丙戌	11 26	10 24	丙辰	12 26	11 24	丙戌	1 25	12 25	丙辰	
8 28	7 22	丙戌	9 28	8 23	丁巳	10 28	9 24	丁亥	11 27	10 25	丁巳	12 27	11 25	丁亥	1 26	12 26	丁巳	中
8 29	7 23	丁亥	9 29	8 24	戊午	10 29	9 25	戊子	11 28	10 26	戊午	12 28	11 26	戊子	1 27	12 27	戊午	華
8 30	7 24	戊子	9 30	8 25	己未	10 30	9 26	己丑	11 29	10 27	己未	12 29	11 27	己丑	1 28	12 28	己未	民
8 31	7 25	己丑	10 1	8 26	庚申	10 31	9 27	庚寅	11 30	10 28	庚申	12 30	11 28	庚寅	1 29	12 29	庚申	國
9 1	7 26	庚寅	10 2	8 27	辛酉	11 1	9 28	辛卯	12 1	10 29	辛酉	12 31	11 29	辛卯	1 30	12 30	辛酉	八
9 2	7 27	辛卯	10 3	8 28	壬戌	11 2	9 29	壬辰	12 2	10 30	壬戌	1 1	12 1	壬辰	1 31	1 1	壬戌	十
9 3	7 28	壬辰	10 4	8 29	癸亥	11 3	10 1	癸巳	12 3	11 1	癸亥	1 2	12 2	癸巳	2 1	1 2	癸亥	三
9 4	7 29	癸巳	10 5	9 1	甲子	11 4	10 2	甲午	12 4	11 2	甲子	1 3	12 3	甲午	2 2	1 3	甲子	·
9 5	7 30	甲午	10 6	9 2	乙丑	11 5	10 3	乙未	12 5	11 3	乙丑	1 4	12 4	乙未	2 3	1 4	乙丑	八
9 6	8 1	乙未	10 7	9 3	丙寅	11 6	10 4	丙申	12 6	11 4	丙寅	1 5	12 5	丙申				十
9 7	8 2	丙申																四
處暑			秋分			霜降			小雪			冬至			大寒			年
8/23 16時43分 申時			9/23 14時19分 未時			10/23 23時36分 子時			11/22 21時5分 亥時			12/22 10時22分 巳時			1/20 21時0分 亥時			中氣

年	乙亥																	
月	戊寅			己卯			庚辰			辛巳			壬午			癸未		
節氣	立春 2/4 15時12分 申時			驚蟄 3/6 9時16分 巳時			清明 4/5 14時8分 未時			立夏 5/6 7時30分 辰時			芒種 6/6 11時42分 午時			小暑 7/7 22時1分 亥時		
日	國曆	農曆	干支	國曆	農曆	干支	國曆	農曆	干支	國曆	農曆	干支	國曆	農曆	干支	國曆	農曆	干支
	2 4	1 5	丙寅	3 6	2 6	丙申	4 5	3 6	丙寅	5 6	4 7	丁酉	6 6	5 9	戊辰	7 7	6 10	己亥
	2 5	1 6	丁卯	3 7	2 7	丁酉	4 6	3 7	丁卯	5 7	4 8	戊戌	6 7	5 10	己巳	7 8	6 11	庚子
	2 6	1 7	戊辰	3 8	2 8	戊戌	4 7	3 8	戊辰	5 8	4 9	己亥	6 8	5 11	庚午	7 9	6 12	辛丑
	2 7	1 8	己巳	3 9	2 9	己亥	4 8	3 9	己巳	5 9	4 10	庚子	6 9	5 12	辛未	7 10	6 13	壬寅
1	2 8	1 9	庚午	3 10	2 10	庚子	4 9	3 10	庚午	5 10	4 11	辛丑	6 10	5 13	壬申	7 11	6 14	癸卯
9	2 9	1 10	辛未	3 11	2 11	辛丑	4 10	3 11	辛未	5 11	4 12	壬寅	6 11	5 14	癸酉	7 12	6 15	甲辰
9	2 10	1 11	壬申	3 12	2 12	壬寅	4 11	3 12	壬申	5 12	4 13	癸卯	6 12	5 15	甲戌	7 13	6 16	乙巳
5	2 11	1 12	癸酉	3 13	2 13	癸卯	4 12	3 13	癸酉	5 13	4 14	甲辰	6 13	5 16	乙亥	7 14	6 17	丙午
	2 12	1 13	甲戌	3 14	2 14	甲辰	4 13	3 14	甲戌	5 14	4 15	乙巳	6 14	5 17	丙子	7 15	6 18	丁未
	2 13	1 14	乙亥	3 15	2 15	乙巳	4 14	3 15	乙亥	5 15	4 16	丙午	6 15	5 18	丁丑	7 16	6 19	戊申
	2 14	1 15	丙子	3 16	2 16	丙午	4 15	3 16	丙子	5 16	4 17	丁未	6 16	5 19	戊寅	7 17	6 20	己酉
	2 15	1 16	丁丑	3 17	2 17	丁未	4 16	3 17	丁丑	5 17	4 18	戊申	6 17	5 20	己卯	7 18	6 21	庚戌
	2 16	1 17	戊寅	3 18	2 18	戊申	4 17	3 18	戊寅	5 18	4 19	己酉	6 18	5 21	庚辰	7 19	6 22	辛亥
豬	2 17	1 18	己卯	3 19	2 19	己酉	4 18	3 19	己卯	5 19	4 20	庚戌	6 19	5 22	辛巳	7 20	6 23	壬子
	2 18	1 19	庚辰	3 20	2 20	庚戌	4 19	3 20	庚辰	5 20	4 21	辛亥	6 20	5 23	壬午	7 21	6 24	癸丑
	2 19	1 20	辛巳	3 21	2 21	辛亥	4 20	3 21	辛巳	5 21	4 22	壬子	6 21	5 24	癸未	7 22	6 25	甲寅
	2 20	1 21	壬午	3 22	2 22	壬子	4 21	3 22	壬午	5 22	4 23	癸丑	6 22	5 25	甲申	7 23	6 26	乙卯
	2 21	1 22	癸未	3 23	2 23	癸丑	4 22	3 23	癸未	5 23	4 24	甲寅	6 23	5 26	乙酉	7 24	6 27	丙辰
	2 22	1 23	甲申	3 24	2 24	甲寅	4 23	3 24	甲申	5 24	4 25	乙卯	6 24	5 27	丙戌	7 25	6 28	丁巳
	2 23	1 24	乙酉	3 25	2 25	乙卯	4 24	3 25	乙酉	5 25	4 26	丙辰	6 25	5 28	丁亥	7 26	6 29	戊午
	2 24	1 25	丙戌	3 26	2 26	丙辰	4 25	3 26	丙戌	5 26	4 27	丁巳	6 26	5 29	戊子	7 27	7 1	己未
中	2 25	1 26	丁亥	3 27	2 27	丁巳	4 26	3 27	丁亥	5 27	4 28	戊午	6 27	5 30	己丑	7 28	7 2	庚申
華	2 26	1 27	戊子	3 28	2 28	戊午	4 27	3 28	戊子	5 28	4 29	己未	6 28	6 1	庚寅	7 29	7 3	辛酉
民	2 27	1 28	己丑	3 29	2 29	己未	4 28	3 29	己丑	5 29	5 1	庚申	6 29	6 2	辛卯	7 30	7 4	壬戌
國	2 28	1 29	庚寅	3 30	2 30	庚申	4 29	3 30	庚寅	5 30	5 2	辛酉	6 30	6 3	壬辰	7 31	7 5	癸亥
八	3 1	2 1	辛卯	3 31	3 1	辛酉	4 30	4 1	辛卯	5 31	5 3	壬戌	7 1	6 4	癸巳	8 1	7 6	甲子
十	3 2	2 2	壬辰	4 1	3 2	壬戌	5 1	4 2	壬辰	6 1	5 4	癸亥	7 2	6 5	甲午	8 2	7 7	乙丑
四	3 3	2 3	癸巳	4 2	3 3	癸亥	5 2	4 3	癸巳	6 2	5 5	甲子	7 3	6 6	乙未	8 3	7 8	丙寅
年	3 4	2 4	甲午	4 3	3 4	甲子	5 3	4 4	甲午	6 3	5 6	乙丑	7 4	6 7	丙申	8 4	7 9	丁卯
	3 5	2 5	乙未	4 4	3 5	乙丑	5 4	4 5	乙未	6 4	5 7	丙寅	7 5	6 8	丁酉	8 5	7 10	戊辰
							5 5	4 6	丙申	6 5	5 8	丁卯	7 6	6 9	戊戌	8 6	7 11	己巳
																8 7	7 12	庚午
中氣	雨水 2/19 11時10分 午時			春分 3/21 10時14分 巳時			穀雨 4/20 21時21分 亥時			小滿 5/21 20時34分 戌時			夏至 6/22 4時34分 寅時			大暑 7/23 15時29分 申時		

乙亥						年
甲申	乙酉	丙戌	丁亥	戊子	己丑	月
立秋	白露	寒露	立冬	大雪	小寒	節氣
8/8 7時51分 辰時	9/8 10時48分 巳時	10/9 2時27分 丑時	11/8 5時35分 卯時	12/7 22時22分 亥時	1/6 9時31分 巳時	
國曆 農曆 干支	國曆 農曆 干支	國曆 農曆 干支	國曆 農曆 干支	國曆 農曆 干支	國曆 農曆 干支	日
8 8 / 7 13 / 辛未	9 8 / 8 14 / 壬寅	10 9 / 8 15 / 癸酉	11 8 / 9 16 / 癸卯	12 7 / 10 16 / 壬申	1 6 / 11 16 / 壬寅	
8 9 / 7 14 / 壬申	9 9 / 8 15 / 癸卯	10 10 / 8 16 / 甲戌	11 9 / 9 17 / 甲辰	12 8 / 10 17 / 癸酉	1 7 / 11 17 / 癸卯	
8 10 / 7 15 / 癸酉	9 10 / 8 16 / 甲辰	10 11 / 8 17 / 乙亥	11 10 / 9 18 / 乙巳	12 9 / 10 18 / 甲戌	1 8 / 11 18 / 甲辰	
8 11 / 7 16 / 甲戌	9 11 / 8 17 / 乙巳	10 12 / 8 18 / 丙子	11 11 / 9 19 / 丙午	12 10 / 10 19 / 乙亥	1 9 / 11 19 / 乙巳	
8 12 / 7 17 / 乙亥	9 12 / 8 18 / 丙午	10 13 / 8 19 / 丁丑	11 12 / 9 20 / 丁未	12 11 / 10 20 / 丙子	1 10 / 11 20 / 丙午	1
8 13 / 7 18 / 丙子	9 13 / 8 19 / 丁未	10 14 / 8 20 / 戊寅	11 13 / 9 21 / 戊申	12 12 / 10 21 / 丁丑	1 11 / 11 21 / 丁未	9
8 14 / 7 19 / 丁丑	9 14 / 8 20 / 戊申	10 15 / 8 21 / 己卯	11 14 / 9 22 / 己酉	12 13 / 10 22 / 戊寅	1 12 / 11 22 / 戊申	9
8 15 / 7 20 / 戊寅	9 15 / 8 21 / 己酉	10 16 / 8 22 / 庚辰	11 15 / 9 23 / 庚戌	12 14 / 10 23 / 己卯	1 13 / 11 23 / 己酉	5
8 16 / 7 21 / 己卯	9 16 / 8 22 / 庚戌	10 17 / 8 23 / 辛巳	11 16 / 9 24 / 辛亥	12 15 / 10 24 / 庚辰	1 14 / 11 24 / 庚戌	·
8 17 / 7 22 / 庚辰	9 17 / 8 23 / 辛亥	10 18 / 8 24 / 壬午	11 17 / 9 25 / 壬子	12 16 / 10 25 / 辛巳	1 15 / 11 25 / 辛亥	1
8 18 / 7 23 / 辛巳	9 18 / 8 24 / 壬子	10 19 / 8 25 / 癸未	11 18 / 9 26 / 癸丑	12 17 / 10 26 / 壬午	1 16 / 11 26 / 壬子	9
8 19 / 7 24 / 壬午	9 19 / 8 25 / 癸丑	10 20 / 8 26 / 甲申	11 19 / 9 27 / 甲寅	12 18 / 10 27 / 癸未	1 17 / 11 27 / 癸丑	9
8 20 / 7 25 / 癸未	9 20 / 8 26 / 甲寅	10 21 / 8 27 / 乙酉	11 20 / 9 28 / 乙卯	12 19 / 10 28 / 甲申	1 18 / 11 28 / 甲寅	6
8 21 / 7 26 / 甲申	9 21 / 8 27 / 乙卯	10 22 / 8 28 / 丙戌	11 21 / 9 29 / 丙辰	12 20 / 10 29 / 乙酉	1 19 / 11 29 / 乙卯	
8 22 / 7 27 / 乙酉	9 22 / 8 28 / 丙辰	10 23 / 8 29 / 丁亥	11 22 / 10 1 / 丁巳	12 21 / 10 30 / 丙戌	1 20 / 12 1 / 丙辰	
8 23 / 7 28 / 丙戌	9 23 / 8 29 / 丁巳	10 24 / 9 1 / 戊子	11 23 / 10 2 / 戊午	12 22 / 11 1 / 丁亥	1 21 / 12 2 / 丁巳	豬
8 24 / 7 29 / 丁亥	9 24 / 8 30 / 戊午	10 25 / 9 2 / 己丑	11 24 / 10 3 / 己未	12 23 / 11 2 / 戊子	1 22 / 12 3 / 戊午	
8 25 / 7 30 / 戊子	9 25 / 閏8 1 / 己未	10 26 / 9 3 / 庚寅	11 25 / 10 4 / 庚申	12 24 / 11 3 / 己丑	1 23 / 12 4 / 己未	
8 26 / 8 1 / 己丑	9 26 / 8 2 / 庚申	10 27 / 9 4 / 辛卯	11 26 / 10 5 / 辛酉	12 25 / 11 4 / 庚寅	1 24 / 12 5 / 庚申	中
8 27 / 8 2 / 庚寅	9 27 / 8 3 / 辛酉	10 28 / 9 5 / 壬辰	11 27 / 10 6 / 壬戌	12 26 / 11 5 / 辛卯	1 25 / 12 6 / 辛酉	華
8 28 / 8 3 / 辛卯	9 28 / 8 4 / 壬戌	10 29 / 9 6 / 癸巳	11 28 / 10 7 / 癸亥	12 27 / 11 6 / 壬辰	1 26 / 12 7 / 壬戌	民
8 29 / 8 4 / 壬辰	9 29 / 8 5 / 癸亥	10 30 / 9 7 / 甲午	11 29 / 10 8 / 甲子	12 28 / 11 7 / 癸巳	1 27 / 12 8 / 癸亥	國
8 30 / 8 5 / 癸巳	9 30 / 8 6 / 甲子	10 31 / 9 8 / 乙未	11 30 / 10 9 / 乙丑	12 29 / 11 8 / 甲午	1 28 / 12 9 / 甲子	八
8 31 / 8 6 / 甲午	10 1 / 8 7 / 乙丑	11 1 / 9 9 / 丙申	12 1 / 10 10 / 丙寅	12 30 / 11 9 / 乙未	1 29 / 12 10 / 乙丑	十
9 1 / 8 7 / 乙未	10 2 / 8 8 / 丙寅	11 2 / 9 10 / 丁酉	12 2 / 10 11 / 丁卯	12 31 / 11 10 / 丙申	1 30 / 12 11 / 丙寅	四
9 2 / 8 8 / 丙申	10 3 / 8 9 / 丁卯	11 3 / 9 11 / 戊戌	12 3 / 10 12 / 戊辰	1 1 / 11 11 / 丁酉	1 31 / 12 12 / 丁卯	·
9 3 / 8 9 / 丁酉	10 4 / 8 10 / 戊辰	11 4 / 9 12 / 己亥	12 4 / 10 13 / 己巳	1 2 / 11 12 / 戊戌	2 1 / 12 13 / 戊辰	八
9 4 / 8 10 / 戊戌	10 5 / 8 11 / 己巳	11 5 / 9 13 / 庚子	12 5 / 10 14 / 庚午	1 3 / 11 13 / 己亥	2 2 / 12 14 / 己巳	十
9 5 / 8 11 / 己亥	10 6 / 8 12 / 庚午	11 6 / 9 14 / 辛丑	12 6 / 10 15 / 辛未	1 4 / 11 14 / 庚子	2 3 / 12 15 / 庚午	五
9 6 / 8 12 / 庚子	10 7 / 8 13 / 辛未	11 7 / 9 15 / 壬寅		1 5 / 11 15 / 辛丑		年
9 7 / 8 13 / 辛丑	10 8 / 8 14 / 壬申					
處暑	秋分	霜降	小雪	冬至	大寒	中氣
8/23 22時34分 亥時	9/23 20時12分 戌時	10/24 5時31分 卯時	11/23 3時1分 寅時	12/22 16時16分 申時	1/21 2時52分 丑時	

年	丙子																
月	庚寅			辛卯			壬辰			癸巳			甲午			乙未		
節氣	立春			驚蟄			清明			立夏			芒種			小暑		
	2/4 21時7分 亥時			3/5 15時9分 申時			4/4 20時2分 戌時			5/5 13時26分 未時			6/5 17時40分 酉時			7/7 4時0分 寅時		
日	國曆	農曆	干支	國曆	農曆	干支	國曆	農曆	干支	國曆	農曆	干支	國曆	農曆	干支	國曆	農曆	干支
	2 4	12 16	辛未	3 5	1 16	辛丑	4 4	2 17	辛未	5 5	3 18	壬寅	6 5	4 20	癸酉	7 7	5 22	乙巳
	2 5	12 17	壬申	3 6	1 17	壬寅	4 5	2 18	壬申	5 6	3 19	癸卯	6 6	4 21	甲戌	7 8	5 23	丙午
	2 6	12 18	癸酉	3 7	1 18	癸卯	4 6	2 19	癸酉	5 7	3 20	甲辰	6 7	4 22	乙亥	7 9	5 24	丁未
	2 7	12 19	甲戌	3 8	1 19	甲辰	4 7	2 20	甲戌	5 8	3 21	乙巳	6 8	4 23	丙子	7 10	5 25	戊申
	2 8	12 20	乙亥	3 9	1 20	乙巳	4 8	2 21	乙亥	5 9	3 22	丙午	6 9	4 24	丁丑	7 11	5 26	己酉
1	2 9	12 21	丙子	3 10	1 21	丙午	4 9	2 22	丙子	5 10	3 23	丁未	6 10	4 25	戊寅	7 12	5 27	庚戌
9	2 10	12 22	丁丑	3 11	1 22	丁未	4 10	2 23	丁丑	5 11	3 24	戊申	6 11	4 26	己卯	7 13	5 28	辛亥
9	2 11	12 23	戊寅	3 12	1 23	戊申	4 11	2 24	戊寅	5 12	3 25	己酉	6 12	4 27	庚辰	7 14	5 29	壬子
6	2 12	12 24	己卯	3 13	1 24	己酉	4 12	2 25	己卯	5 13	3 26	庚戌	6 13	4 28	辛巳	7 15	5 30	癸丑
	2 13	12 25	庚辰	3 14	1 25	庚戌	4 13	2 26	庚辰	5 14	3 27	辛亥	6 14	4 29	壬午	7 16	6 1	甲寅
	2 14	12 26	辛巳	3 15	1 26	辛亥	4 14	2 27	辛巳	5 15	3 28	壬子	6 15	4 30	癸未	7 17	6 2	乙卯
	2 15	12 27	壬午	3 16	1 27	壬子	4 15	2 28	壬午	5 16	3 29	癸丑	6 16	5 1	甲申	7 18	6 3	丙辰
	2 16	12 28	癸未	3 17	1 28	癸丑	4 16	2 29	癸未	5 17	4 1	甲寅	6 17	5 2	乙酉	7 19	6 4	丁巳
	2 17	12 29	甲申	3 18	1 29	甲寅	4 17	2 30	甲申	5 18	4 2	乙卯	6 18	5 3	丙戌	7 20	6 5	戊午
	2 18	12 30	乙酉	3 19	2 1	乙卯	4 18	3 1	乙酉	5 19	4 3	丙辰	6 19	5 4	丁亥	7 21	6 6	己未
	2 19	1 1	丙戌	3 20	2 2	丙辰	4 19	3 2	丙戌	5 20	4 4	丁巳	6 20	5 5	戊子	7 22	6 7	庚申
	2 20	1 2	丁亥	3 21	2 3	丁巳	4 20	3 3	丁亥	5 21	4 5	戊午	6 21	5 6	己丑	7 23	6 8	辛酉
	2 21	1 3	戊子	3 22	2 4	戊午	4 21	3 4	戊子	5 22	4 6	己未	6 22	5 7	庚寅	7 24	6 9	壬戌
	2 22	1 4	己丑	3 23	2 5	己未	4 22	3 5	己丑	5 23	4 7	庚申	6 23	5 8	辛卯	7 25	6 10	癸亥
	2 23	1 5	庚寅	3 24	2 6	庚申	4 23	3 6	庚寅	5 24	4 8	辛酉	6 24	5 9	壬辰	7 26	6 11	甲子
鼠	2 24	1 6	辛卯	3 25	2 7	辛酉	4 24	3 7	辛卯	5 25	4 9	壬戌	6 25	5 10	癸巳	7 27	6 12	乙丑
	2 25	1 7	壬辰	3 26	2 8	壬戌	4 25	3 8	壬辰	5 26	4 10	癸亥	6 26	5 11	甲午	7 28	6 13	丙寅
	2 26	1 8	癸巳	3 27	2 9	癸亥	4 26	3 9	癸巳	5 27	4 11	甲子	6 27	5 12	乙未	7 29	6 14	丁卯
	2 27	1 9	甲午	3 28	2 10	甲子	4 27	3 10	甲午	5 28	4 12	乙丑	6 28	5 13	丙申	7 30	6 15	戊辰
中	2 28	1 10	乙未	3 29	2 11	乙丑	4 28	3 11	乙未	5 29	4 13	丙寅	6 29	5 14	丁酉	7 31	6 16	己巳
華	2 29	1 11	丙申	3 30	2 12	丙寅	4 29	3 12	丙申	5 30	4 14	丁卯	6 30	5 15	戊戌	8 1	6 17	庚午
民	3 1	1 12	丁酉	3 31	2 13	丁卯	4 30	3 13	丁酉	5 31	4 15	戊辰	7 1	5 16	己亥	8 2	6 18	辛未
國	3 2	1 13	戊戌	4 1	2 14	戊辰	5 1	3 14	戊戌	6 1	4 16	己巳	7 2	5 17	庚子	8 3	6 19	壬申
八	3 3	1 14	己亥	4 2	2 15	己巳	5 2	3 15	己亥	6 2	4 17	庚午	7 3	5 18	辛丑	8 4	6 20	癸酉
十	3 4	1 15	庚子	4 3	2 16	庚午	5 3	3 16	庚子	6 3	4 18	辛未	7 4	5 19	壬寅	8 5	6 21	甲戌
五							5 4	3 17	辛丑	6 4	4 19	壬申	7 5	5 20	癸卯	8 6	6 22	乙亥
年													7 6	5 21	甲辰			
中氣	雨水			春分			穀雨			小滿			夏至			大暑		
	2/19 17時0分 酉時			3/20 16時3分 申時			4/20 3時9分 寅時			5/21 2時23分 丑時			6/21 10時23分 巳時			7/22 21時18分 亥時		

丙子																		年
丙申			丁酉			戊戌			己亥			庚子			辛丑			月
立秋			白露			寒露			立冬			大雪			小寒			節氣
8/7 13時48分 未時			9/7 16時42分 申時			10/8 8時18分 辰時			11/7 11時26分 午時			12/7 4時14分 寅時			1/5 15時24分 申時			節氣
國曆	農曆	干支	國曆	農曆	干支	國曆	農曆	干支	國曆	農曆	干支	國曆	農曆	干支	國曆	農曆	干支	日
8 7	6 23	丙子	9 7	7 25	丁未	10 8	8 26	戊寅	11 7	9 27	戊申	12 7	10 27	戊寅	1 5	11 26	丁未	
8 8	6 24	丁丑	9 8	7 26	戊申	10 9	8 27	己卯	11 8	9 28	己酉	12 8	10 28	己卯	1 6	11 27	戊申	
8 9	6 25	戊寅	9 9	7 27	己酉	10 10	8 28	庚辰	11 9	9 29	庚戌	12 9	10 29	庚辰	1 7	11 28	己酉	
8 10	6 26	己卯	9 10	7 28	庚戌	10 11	8 29	辛巳	11 10	9 30	辛亥	12 10	10 30	辛巳	1 8	11 29	庚戌	1 9 9 6 · 1 9 9 7
8 11	6 27	庚辰	9 11	7 29	辛亥	10 12	9 1	壬午	11 11	10 1	壬子	12 11	11 1	壬午	1 9	12 1	辛亥	
8 12	6 28	辛巳	9 12	7 30	壬子	10 13	9 2	癸未	11 12	10 2	癸丑	12 12	11 2	癸未	1 10	12 2	壬子	
8 13	6 29	壬午	9 13	8 1	癸丑	10 14	9 3	甲申	11 13	10 3	甲寅	12 13	11 3	甲申	1 11	12 3	癸丑	
8 14	7 1	癸未	9 14	8 2	甲寅	10 15	9 4	乙酉	11 14	10 4	乙卯	12 14	11 4	乙酉	1 12	12 4	甲寅	
8 15	7 2	甲申	9 15	8 3	乙卯	10 16	9 5	丙戌	11 15	10 5	丙辰	12 15	11 5	丙戌	1 13	12 5	乙卯	
8 16	7 3	乙酉	9 16	8 4	丙辰	10 17	9 6	丁亥	11 16	10 6	丁巳	12 16	11 6	丁亥	1 14	12 6	丙辰	
8 17	7 4	丙戌	9 17	8 5	丁巳	10 18	9 7	戊子	11 17	10 7	戊午	12 17	11 7	戊子	1 15	12 7	丁巳	
8 18	7 5	丁亥	9 18	8 6	戊午	10 19	9 8	己丑	11 18	10 8	己未	12 18	11 8	己丑	1 16	12 8	戊午	
8 19	7 6	戊子	9 19	8 7	己未	10 20	9 9	庚寅	11 19	10 9	庚申	12 19	11 9	庚寅	1 17	12 9	己未	
8 20	7 7	己丑	9 20	8 8	庚申	10 21	9 10	辛卯	11 20	10 10	辛酉	12 20	11 10	辛卯	1 18	12 10	庚申	
8 21	7 8	庚寅	9 21	8 9	辛酉	10 22	9 11	壬辰	11 21	10 11	壬戌	12 21	11 11	壬辰	1 19	12 11	辛酉	
8 22	7 9	辛卯	9 22	8 10	壬戌	10 23	9 12	癸巳	11 22	10 12	癸亥	12 22	11 12	癸巳	1 20	12 12	壬戌	鼠
8 23	7 10	壬辰	9 23	8 11	癸亥	10 24	9 13	甲午	11 23	10 13	甲子	12 23	11 13	甲午	1 21	12 13	癸亥	
8 24	7 11	癸巳	9 24	8 12	甲子	10 25	9 14	乙未	11 24	10 14	乙丑	12 24	11 14	乙未	1 22	12 14	甲子	
8 25	7 12	甲午	9 25	8 13	乙丑	10 26	9 15	丙申	11 25	10 15	丙寅	12 25	11 15	丙申	1 23	12 15	乙丑	
8 26	7 13	乙未	9 26	8 14	丙寅	10 27	9 16	丁酉	11 26	10 16	丁卯	12 26	11 16	丁酉	1 24	12 16	丙寅	
8 27	7 14	丙申	9 27	8 15	丁卯	10 28	9 17	戊戌	11 27	10 17	戊辰	12 27	11 17	戊戌	1 25	12 17	丁卯	中華民國八十五·八十六年
8 28	7 15	丁酉	9 28	8 16	戊辰	10 29	9 18	己亥	11 28	10 18	己巳	12 28	11 18	己亥	1 26	12 18	戊辰	
8 29	7 16	戊戌	9 29	8 17	己巳	10 30	9 19	庚子	11 29	10 19	庚午	12 29	11 19	庚子	1 27	12 19	己巳	
8 30	7 17	己亥	9 30	8 18	庚午	10 31	9 20	辛丑	11 30	10 20	辛未	12 30	11 20	辛丑	1 28	12 20	庚午	
8 31	7 18	庚子	10 1	8 19	辛未	11 1	9 21	壬寅	12 1	10 21	壬申	12 31	11 21	壬寅	1 29	12 21	辛未	
9 1	7 19	辛丑	10 2	8 20	壬申	11 2	9 22	癸卯	12 2	10 22	癸酉	1 1	11 22	癸卯	1 30	12 22	壬申	
9 2	7 20	壬寅	10 3	8 21	癸酉	11 3	9 23	甲辰	12 3	10 23	甲戌	1 2	11 23	甲辰	1 31	12 23	癸酉	
9 3	7 21	癸卯	10 4	8 22	甲戌	11 4	9 24	乙巳	12 4	10 24	乙亥	1 3	11 24	乙巳	2 1	12 24	甲戌	
9 4	7 22	甲辰	10 5	8 23	乙亥	11 5	9 25	丙午	12 5	10 25	丙子	1 4	11 25	丙午	2 2	12 25	乙亥	
9 5	7 23	乙巳	10 6	8 24	丙子	11 6	9 26	丁未	12 6	10 26	丁丑				2 3	12 26	丙子	
9 6	7 24	丙午	10 7	8 25	丁丑													
處暑			秋分			霜降			小雪			冬至			大寒			中氣
8/23 4時22分 寅時			9/23 2時0分 丑時			10/23 11時18分 午時			11/22 8時49分 辰時			12/21 22時5分 亥時			1/20 8時42分 辰時			

年　丁丑　（1997　牛　中華民國八十六年）

月	壬寅			癸卯			甲辰			乙巳			丙午			丁未		
節氣	立春			驚蟄			清明			立夏			芒種			小暑		
氣	2/4 3時1分 寅時			3/5 21時4分 亥時			4/5 1時56分 丑時			5/5 19時19分 戌時			6/5 23時32分 子時			7/7 9時49分 巳時		
日	國曆	農曆	干支	國曆	農曆	干支	國曆	農曆	干支	國曆	農曆	干支	國曆	農曆	干支	國曆	農曆	干支
	2 4	12 27	丁丑	3 5	1 27	丙午	4 5	2 28	丁丑	5 5	3 29	丁未	6 5	5 1	戊寅	7 7	6 3	庚戌
	2 5	12 28	戊寅	3 6	1 28	丁未	4 6	2 29	戊寅	5 6	3 30	戊申	6 6	5 2	己卯	7 8	6 4	辛亥
	2 6	12 29	己卯	3 7	1 29	戊申	4 7	3 1	己卯	5 7	4 1	己酉	6 7	5 3	庚辰	7 9	6 5	壬子
	2 7	1 1	庚辰	3 8	1 30	己酉	4 8	3 2	庚辰	5 8	4 2	庚戌	6 8	5 4	辛巳	7 10	6 6	癸丑
1	2 8	1 2	辛巳	3 9	2 1	庚戌	4 9	3 3	辛巳	5 9	4 3	辛亥	6 9	5 5	壬午	7 11	6 7	甲寅
9	2 9	1 3	壬午	3 10	2 2	辛亥	4 10	3 4	壬午	5 10	4 4	壬子	6 10	5 6	癸未	7 12	6 8	乙卯
9	2 10	1 4	癸未	3 11	2 3	壬子	4 11	3 5	癸未	5 11	4 5	癸丑	6 11	5 7	甲申	7 13	6 9	丙辰
7	2 11	1 5	甲申	3 12	2 4	癸丑	4 12	3 6	甲申	5 12	4 6	甲寅	6 12	5 8	乙酉	7 14	6 10	丁巳
	2 12	1 6	乙酉	3 13	2 5	甲寅	4 13	3 7	乙酉	5 13	4 7	乙卯	6 13	5 9	丙戌	7 15	6 11	戊午
	2 13	1 7	丙戌	3 14	2 6	乙卯	4 14	3 8	丙戌	5 14	4 8	丙辰	6 14	5 10	丁亥	7 16	6 12	己未
	2 14	1 8	丁亥	3 15	2 7	丙辰	4 15	3 9	丁亥	5 15	4 9	丁巳	6 15	5 11	戊子	7 17	6 13	庚申
	2 15	1 9	戊子	3 16	2 8	丁巳	4 16	3 10	戊子	5 16	4 10	戊午	6 16	5 12	己丑	7 18	6 14	辛酉
	2 16	1 10	己丑	3 17	2 9	戊午	4 17	3 11	己丑	5 17	4 11	己未	6 17	5 13	庚寅	7 19	6 15	壬戌
牛	2 17	1 11	庚寅	3 18	2 10	己未	4 18	3 12	庚寅	5 18	4 12	庚申	6 18	5 14	辛卯	7 20	6 16	癸亥
	2 18	1 12	辛卯	3 19	2 11	庚申	4 19	3 13	辛卯	5 19	4 13	辛酉	6 19	5 15	壬辰	7 21	6 17	甲子
	2 19	1 13	壬辰	3 20	2 12	辛酉	4 20	3 14	壬辰	5 20	4 14	壬戌	6 20	5 16	癸巳	7 22	6 18	乙丑
	2 20	1 14	癸巳	3 21	2 13	壬戌	4 21	3 15	癸巳	5 21	4 15	癸亥	6 21	5 17	甲午	7 23	6 19	丙寅
	2 21	1 15	甲午	3 22	2 14	癸亥	4 22	3 16	甲午	5 22	4 16	甲子	6 22	5 18	乙未	7 24	6 20	丁卯
	2 22	1 16	乙未	3 23	2 15	甲子	4 23	3 17	乙未	5 23	4 17	乙丑	6 23	5 19	丙申	7 25	6 21	戊辰
	2 23	1 17	丙申	3 24	2 16	乙丑	4 24	3 18	丙申	5 24	4 18	丙寅	6 24	5 20	丁酉	7 26	6 22	己巳
	2 24	1 18	丁酉	3 25	2 17	丙寅	4 25	3 19	丁酉	5 25	4 19	丁卯	6 25	5 21	戊戌	7 27	6 23	庚午
	2 25	1 19	戊戌	3 26	2 18	丁卯	4 26	3 20	戊戌	5 26	4 20	戊辰	6 26	5 22	己亥	7 28	6 24	辛未
中	2 26	1 20	己亥	3 27	2 19	戊辰	4 27	3 21	己亥	5 27	4 21	己巳	6 27	5 23	庚子	7 29	6 25	壬申
華	2 27	1 21	庚子	3 28	2 20	己巳	4 28	3 22	庚子	5 28	4 22	庚午	6 28	5 24	辛丑	7 30	6 26	癸酉
民	2 28	1 22	辛丑	3 29	2 21	庚午	4 29	3 23	辛丑	5 29	4 23	辛未	6 29	5 25	壬寅	7 31	6 27	甲戌
國	3 1	1 23	壬寅	3 30	2 22	辛未	4 30	3 24	壬寅	5 30	4 24	壬申	6 30	5 26	癸卯	8 1	6 28	乙亥
八	3 2	1 24	癸卯	3 31	2 23	壬申	5 1	3 25	癸卯	5 31	4 25	癸酉	7 1	5 27	甲辰	8 2	6 29	丙子
十	3 3	1 25	甲辰	4 1	2 24	癸酉	5 2	3 26	甲辰	6 1	4 26	甲戌	7 2	5 28	乙巳	8 3	7 1	丁丑
六	3 4	1 26	乙巳	4 2	2 25	甲戌	5 3	3 27	乙巳	6 2	4 27	乙亥	7 3	5 29	丙午	8 4	7 2	戊寅
年				4 3	2 26	乙亥	5 4	3 28	丙午	6 3	4 28	丙子	7 4	5 30	丁未	8 5	7 3	己卯
				4 4	2 27	丙子				6 4	4 29	丁丑	7 5	6 1	戊申	8 6	7 4	庚辰
													7 6	6 2	己酉			

中氣	雨水			春分			穀雨			小滿			夏至			大暑		
	2/18 22時51分 亥時			3/20 21時54分 亥時			4/20 9時2分 巳時			5/21 8時17分 辰時			6/21 16時19分 申時			7/23 3時15分 寅時		

																		年
戊申			己酉			庚戌			辛亥			壬子			癸丑			月
立秋			白露			寒露			立冬			大雪			小寒			節氣
8/7 19時36分 戊時			9/7 22時28分 亥時			10/8 14時5分 未時			11/7 17時14分 酉時			12/7 10時4分 巳時			1/5 21時18分 亥時			
國曆	農曆	干支	國曆	農曆	干支	國曆	農曆	干支	國曆	農曆	干支	國曆	農曆	干支	國曆	農曆	干支	日
8 7	7 5	辛巳	9 7	8 6	壬子	10 8	9 7	癸未	11 7	10 8	癸丑	12 7	11 8	癸未	1 5	12 7	壬子	
8 8	7 6	壬午	9 8	8 7	癸丑	10 9	9 8	甲申	11 8	10 9	甲寅	12 8	11 9	甲申	1 6	12 8	癸丑	
8 9	7 7	癸未	9 9	8 8	甲寅	10 10	9 9	乙酉	11 9	10 10	乙卯	12 9	11 10	乙酉	1 7	12 9	甲寅	
8 10	7 8	甲申	9 10	8 9	乙卯	10 11	9 10	丙戌	11 10	10 11	丙辰	12 10	11 11	丙戌	1 8	12 10	乙卯	1
8 11	7 9	乙酉	9 11	8 10	丙辰	10 12	9 11	丁亥	11 11	10 12	丁巳	12 11	11 12	丁亥	1 9	12 11	丙辰	9
8 12	7 10	丙戌	9 12	8 11	丁巳	10 13	9 12	戊子	11 12	10 13	戊午	12 12	11 13	戊子	1 10	12 12	丁巳	9
8 13	7 11	丁亥	9 13	8 12	戊午	10 14	9 13	己丑	11 13	10 14	己未	12 13	11 14	己丑	1 11	12 13	戊午	7
8 14	7 12	戊子	9 14	8 13	己未	10 15	9 14	庚寅	11 14	10 15	庚申	12 14	11 15	庚寅	1 12	12 14	己未	·
8 15	7 13	己丑	9 15	8 14	庚申	10 16	9 15	辛卯	11 15	10 16	辛酉	12 15	11 16	辛卯	1 13	12 15	庚申	1
8 16	7 14	庚寅	9 16	8 15	辛酉	10 17	9 16	壬辰	11 16	10 17	壬戌	12 16	11 17	壬辰	1 14	12 16	辛酉	9
8 17	7 15	辛卯	9 17	8 16	壬戌	10 18	9 17	癸巳	11 17	10 18	癸亥	12 17	11 18	癸巳	1 15	12 17	壬戌	9
8 18	7 16	壬辰	9 18	8 17	癸亥	10 19	9 18	甲午	11 18	10 19	甲子	12 18	11 19	甲午	1 16	12 18	癸亥	8
8 19	7 17	癸巳	9 19	8 18	甲子	10 20	9 19	乙未	11 19	10 20	乙丑	12 19	11 20	乙未	1 17	12 19	甲子	
8 20	7 18	甲午	9 20	8 19	乙丑	10 21	9 20	丙申	11 20	10 21	丙寅	12 20	11 21	丙申	1 18	12 20	乙丑	牛
8 21	7 19	乙未	9 21	8 20	丙寅	10 22	9 21	丁酉	11 21	10 22	丁卯	12 21	11 22	丁酉	1 19	12 21	丙寅	
8 22	7 20	丙申	9 22	8 21	丁卯	10 23	9 22	戊戌	11 22	10 23	戊辰	12 22	11 23	戊戌	1 20	12 22	丁卯	
8 23	7 21	丁酉	9 23	8 22	戊辰	10 24	9 23	己亥	11 23	10 24	己巳	12 23	11 24	己亥	1 21	12 23	戊辰	
8 24	7 22	戊戌	9 24	8 23	己巳	10 25	9 24	庚子	11 24	10 25	庚午	12 24	11 25	庚子	1 22	12 24	己巳	
8 25	7 23	己亥	9 25	8 24	庚午	10 26	9 25	辛丑	11 25	10 26	辛未	12 25	11 26	辛丑	1 23	12 25	庚午	
8 26	7 24	庚子	9 26	8 25	辛未	10 27	9 26	壬寅	11 26	10 27	壬申	12 26	11 27	壬寅	1 24	12 26	辛未	中
8 27	7 25	辛丑	9 27	8 26	壬申	10 28	9 27	癸卯	11 27	10 28	癸酉	12 27	11 28	癸卯	1 25	12 27	壬申	華
8 28	7 26	壬寅	9 28	8 27	癸酉	10 29	9 28	甲辰	11 28	10 29	甲戌	12 28	11 29	甲辰	1 26	12 28	癸酉	民
8 29	7 27	癸卯	9 29	8 28	甲戌	10 30	9 29	乙巳	11 29	10 30	乙亥	12 29	11 30	乙巳	1 27	12 29	甲戌	國
8 30	7 28	甲辰	9 30	8 29	乙亥	10 31	10 1	丙午	11 30	11 1	丙子	12 30	12 1	丙午	1 28	1 1	乙亥	八
8 31	7 29	乙巳	10 1	8 30	丙子	11 1	10 2	丁未	12 1	11 2	丁丑	12 31	12 2	丁未	1 29	1 2	丙子	十
9 1	7 30	丙午	10 2	9 1	丁丑	11 2	10 3	戊申	12 2	11 3	戊寅	1 1	12 3	戊申	1 30	1 3	丁丑	六
9 2	8 1	丁未	10 3	9 2	戊寅	11 3	10 4	己酉	12 3	11 4	己卯	1 2	12 4	己酉	1 31	1 4	戊寅	·
9 3	8 2	戊申	10 4	9 3	己卯	11 4	10 5	庚戌	12 4	11 5	庚辰	1 3	12 5	庚戌	2 1	1 5	己卯	八
9 4	8 3	己酉	10 5	9 4	庚辰	11 5	10 6	辛亥	12 5	11 6	辛巳	1 4	12 6	辛亥	2 2	1 6	庚辰	十
9 5	8 4	庚戌	10 6	9 5	辛巳	11 6	10 7	壬子	12 6	11 7	壬午				2 3	1 7	辛巳	七
9 6	8 5	辛亥	10 7	9 6	壬午													年
處暑			秋分			霜降			小雪			冬至			大寒			中
8/23 10時19分 巳時			9/23 7時55分 辰時			10/23 17時14分 酉時			11/22 14時47分 未時			12/22 4時7分 寅時			1/20 14時46分 未時			氣

年	戊寅																
月	甲寅			乙卯			丙辰			丁巳			戊午			己未		
節氣	立春			驚蟄			清明			立夏			芒種			小暑		
	2/4 8時56分 辰時			3/6 2時57分 丑時			4/5 7時44分 辰時			5/6 1時3分 丑時			6/6 5時13分 卯時			7/7 15時30分 申時		
日	國曆	農曆	干支	國曆	農曆	干支	國曆	農曆	干支	國曆	農曆	干支	國曆	農曆	干支	國曆	農曆	干支
	2 4	1 8	壬午	3 6	2 8	壬子	4 5	3 9	壬午	5 6	4 11	癸丑	6 6	5 12	甲申	7 7	閏5 14	乙卯
	2 5	1 9	癸未	3 7	2 9	癸丑	4 6	3 10	癸未	5 7	4 12	甲寅	6 7	5 13	乙酉	7 8	閏5 15	丙辰
	2 6	1 10	甲申	3 8	2 10	甲寅	4 7	3 11	甲申	5 8	4 13	乙卯	6 8	5 14	丙戌	7 9	閏5 16	丁巳
	2 7	1 11	乙酉	3 9	2 11	乙卯	4 8	3 12	乙酉	5 9	4 14	丙辰	6 9	5 15	丁亥	7 10	閏5 17	戊午
1	2 8	1 12	丙戌	3 10	2 12	丙辰	4 9	3 13	丙戌	5 10	4 15	丁巳	6 10	5 16	戊子	7 11	閏5 18	己未
9	2 9	1 13	丁亥	3 11	2 13	丁巳	4 10	3 14	丁亥	5 11	4 16	戊午	6 11	5 17	己丑	7 12	閏5 19	庚申
9	2 10	1 14	戊子	3 12	2 14	戊午	4 11	3 15	戊子	5 12	4 17	己未	6 12	5 18	庚寅	7 13	閏5 20	辛酉
8	2 11	1 15	己丑	3 13	2 15	己未	4 12	3 16	己丑	5 13	4 18	庚申	6 13	5 19	辛卯	7 14	閏5 21	壬戌
	2 12	1 16	庚寅	3 14	2 16	庚申	4 13	3 17	庚寅	5 14	4 19	辛酉	6 14	5 20	壬辰	7 15	閏5 22	癸亥
	2 13	1 17	辛卯	3 15	2 17	辛酉	4 14	3 18	辛卯	5 15	4 20	壬戌	6 15	5 21	癸巳	7 16	閏5 23	甲子
	2 14	1 18	壬辰	3 16	2 18	壬戌	4 15	3 19	壬辰	5 16	4 21	癸亥	6 16	5 22	甲午	7 17	閏5 24	乙丑
虎	2 15	1 19	癸巳	3 17	2 19	癸亥	4 16	3 20	癸巳	5 17	4 22	甲子	6 17	5 23	乙未	7 18	閏5 25	丙寅
	2 16	1 20	甲午	3 18	2 20	甲子	4 17	3 21	甲午	5 18	4 23	乙丑	6 18	5 24	丙申	7 19	閏5 26	丁卯
	2 17	1 21	乙未	3 19	2 21	乙丑	4 18	3 22	乙未	5 19	4 24	丙寅	6 19	5 25	丁酉	7 20	閏5 27	戊辰
	2 18	1 22	丙申	3 20	2 22	丙寅	4 19	3 23	丙申	5 20	4 25	丁卯	6 20	5 26	戊戌	7 21	閏5 28	己巳
	2 19	1 23	丁酉	3 21	2 23	丁卯	4 20	3 24	丁酉	5 21	4 26	戊辰	6 21	5 27	己亥	7 22	閏5 29	庚午
	2 20	1 24	戊戌	3 22	2 24	戊辰	4 21	3 25	戊戌	5 22	4 27	己巳	6 22	5 28	庚子	7 23	6 1	辛未
	2 21	1 25	己亥	3 23	2 25	己巳	4 22	3 26	己亥	5 23	4 28	庚午	6 23	5 29	辛丑	7 24	6 2	壬申
	2 22	1 26	庚子	3 24	2 26	庚午	4 23	3 27	庚子	5 24	4 29	辛未	6 24	閏5 1	壬寅	7 25	6 3	癸酉
	2 23	1 27	辛丑	3 25	2 27	辛未	4 24	3 28	辛丑	5 25	4 30	壬申	6 25	閏5 2	癸卯	7 26	6 4	甲戌
	2 24	1 28	壬寅	3 26	2 28	壬申	4 25	3 29	壬寅	5 26	5 1	癸酉	6 26	閏5 3	甲辰	7 27	6 5	乙亥
中	2 25	1 29	癸卯	3 27	2 29	癸酉	4 26	4 1	癸卯	5 27	5 2	甲戌	6 27	閏5 4	乙巳	7 28	6 6	丙子
華	2 26	1 30	甲辰	3 28	3 1	甲戌	4 27	4 2	甲辰	5 28	5 3	乙亥	6 28	閏5 5	丙午	7 29	6 7	丁丑
民	2 27	2 1	乙巳	3 29	3 2	乙亥	4 28	4 3	乙巳	5 29	5 4	丙子	6 29	閏5 6	丁未	7 30	6 8	戊寅
國	2 28	2 2	丙午	3 30	3 3	丙子	4 29	4 4	丙午	5 30	5 5	丁丑	6 30	閏5 7	戊申	7 31	6 9	己卯
八	3 1	2 3	丁未	3 31	3 4	丁丑	4 30	4 5	丁未	5 31	5 6	戊寅	7 1	閏5 8	己酉	8 1	6 10	庚辰
十	3 2	2 4	戊申	4 1	3 5	戊寅	5 1	4 6	戊申	6 1	5 7	己卯	7 2	閏5 9	庚戌	8 2	6 11	辛巳
七	3 3	2 5	己酉	4 2	3 6	己卯	5 2	4 7	己酉	6 2	5 8	庚辰	7 3	閏5 10	辛亥	8 3	6 12	壬午
年	3 4	2 6	庚戌	4 3	3 7	庚辰	5 3	4 8	庚戌	6 3	5 9	辛巳	7 4	閏5 11	壬子	8 4	6 13	癸未
	3 5	2 7	辛亥	4 4	3 8	辛巳	5 4	4 9	辛亥	6 4	5 10	壬午	7 5	閏5 12	癸丑	8 5	6 14	甲申
							5 5	4 10	壬子	6 5	5 11	癸未	7 6	閏5 13	甲寅	8 6	6 15	乙酉
																8 7	6 16	丙戌
中	雨水			春分			穀雨			小滿			夏至			大暑		
氣	2/19 4時54分 寅時			3/21 3時54分 寅時			4/20 14時56分 未時			5/21 14時5分 未時			6/21 22時2分 亥時			7/23 8時55分 辰時		

戊寅																			年
庚申			辛酉			壬戌			癸亥			甲子			乙丑				月
立秋			白露			寒露			立冬			大雪			小寒				節氣
8/8 1時19分 丑時			9/8 4時15分 寅時			10/8 19時55分 戌時			11/7 23時8分 子時			12/7 16時1分 申時			1/6 3時17分 寅時				
國曆	農曆	干支	國曆	農曆	干支	國曆	農曆	干支	國曆	農曆	干支	國曆	農曆	干支	國曆	農曆	干支	日	
8 8	6 17	丁亥	9 8	7 18	戊午	10 8	8 18	戊子	11 7	9 19	戊午	12 7	10 19	戊子	1 6	11 19	戊午		
8 9	6 18	戊子	9 9	7 19	己未	10 9	8 19	己丑	11 8	9 20	己未	12 8	10 20	己丑	1 7	11 20	己未		
8 10	6 19	己丑	9 10	7 20	庚申	10 10	8 20	庚寅	11 9	9 21	庚申	12 9	10 21	庚寅	1 8	11 21	庚申		
8 11	6 20	庚寅	9 11	7 21	辛酉	10 11	8 21	辛卯	11 10	9 22	辛酉	12 10	10 22	辛卯	1 9	11 22	辛酉		1
8 12	6 21	辛卯	9 12	7 22	壬戌	10 12	8 22	壬辰	11 11	9 23	壬戌	12 11	10 23	壬辰	1 10	11 23	壬戌		9
8 13	6 22	壬辰	9 13	7 23	癸亥	10 13	8 23	癸巳	11 12	9 24	癸亥	12 12	10 24	癸巳	1 11	11 24	癸亥		9
8 14	6 23	癸巳	9 14	7 24	甲子	10 14	8 24	甲午	11 13	9 25	甲子	12 13	10 25	甲午	1 12	11 25	甲子		8
8 15	6 24	甲午	9 15	7 25	乙丑	10 15	8 25	乙未	11 14	9 26	乙丑	12 14	10 26	乙未	1 13	11 26	乙丑		·
8 16	6 25	乙未	9 16	7 26	丙寅	10 16	8 26	丙申	11 15	9 27	丙寅	12 15	10 27	丙申	1 14	11 27	丙寅		1
8 17	6 26	丙申	9 17	7 27	丁卯	10 17	8 27	丁酉	11 16	9 28	丁卯	12 16	10 28	丁酉	1 15	11 28	丁卯		9
8 18	6 27	丁酉	9 18	7 28	戊辰	10 18	8 28	戊戌	11 17	9 29	戊辰	12 17	10 29	戊戌	1 16	11 29	戊辰		9
8 19	6 28	戊戌	9 19	7 29	己巳	10 19	8 29	己亥	11 18	9 30	己巳	12 18	10 30	己亥	1 17	12 1	己巳		9
8 20	6 29	己亥	9 20	7 30	庚午	10 20	9 1	庚子	11 19	10 1	庚午	12 19	11 1	庚子	1 18	12 2	庚午		
8 21	6 30	庚子	9 21	8 1	辛未	10 21	9 2	辛丑	11 20	10 2	辛未	12 20	11 2	辛丑	1 19	12 3	辛未		虎
8 22	7 1	辛丑	9 22	8 2	壬申	10 22	9 3	壬寅	11 21	10 3	壬申	12 21	11 3	壬寅	1 20	12 4	壬申		
8 23	7 2	壬寅	9 23	8 3	癸酉	10 23	9 4	癸卯	11 22	10 4	癸酉	12 22	11 4	癸卯	1 21	12 5	癸酉		
8 24	7 3	癸卯	9 24	8 4	甲戌	10 24	9 5	甲辰	11 23	10 5	甲戌	12 23	11 5	甲辰	1 22	12 6	甲戌		
8 25	7 4	甲辰	9 25	8 5	乙亥	10 25	9 6	乙巳	11 24	10 6	乙亥	12 24	11 6	乙巳	1 23	12 7	乙亥		
8 26	7 5	乙巳	9 26	8 6	丙子	10 26	9 7	丙午	11 25	10 7	丙子	12 25	11 7	丙午	1 24	12 8	丙子		
8 27	7 6	丙午	9 27	8 7	丁丑	10 27	9 8	丁未	11 26	10 8	丁丑	12 26	11 8	丁未	1 25	12 9	丁丑		中
8 28	7 7	丁未	9 28	8 8	戊寅	10 28	9 9	戊申	11 27	10 9	戊寅	12 27	11 9	戊申	1 26	12 10	戊寅		華
8 29	7 8	戊申	9 29	8 9	己卯	10 29	9 10	己酉	11 28	10 10	己卯	12 28	11 10	己酉	1 27	12 11	己卯		民
8 30	7 9	己酉	9 30	8 10	庚辰	10 30	9 11	庚戌	11 29	10 11	庚辰	12 29	11 11	庚戌	1 28	12 12	庚辰		國
8 31	7 10	庚戌	10 1	8 11	辛巳	10 31	9 12	辛亥	11 30	10 12	辛巳	12 30	11 12	辛亥	1 29	12 13	辛巳		八
9 1	7 11	辛亥	10 2	8 12	壬午	11 1	9 13	壬子	12 1	10 13	壬午	12 31	11 13	壬子	1 30	12 14	壬午		十
9 2	7 12	壬子	10 3	8 13	癸未	11 2	9 14	癸丑	12 2	10 14	癸未	1 1	11 14	癸丑	1 31	12 15	癸未		七
9 3	7 13	癸丑	10 4	8 14	甲申	11 3	9 15	甲寅	12 3	10 15	甲申	1 2	11 15	甲寅	2 1	12 16	甲申		·
9 4	7 14	甲寅	10 5	8 15	乙酉	11 4	9 16	乙卯	12 4	10 16	乙酉	1 3	11 16	乙卯	2 2	12 17	乙酉		八
9 5	7 15	乙卯	10 6	8 16	丙戌	11 5	9 17	丙辰	12 5	10 17	丙戌	1 4	11 17	丙辰	2 3	12 18	丙戌		十
9 6	7 16	丙辰	10 7	8 17	丁亥	11 6	9 18	丁巳	12 6	10 18	丁亥	1 5	11 18	丁巳					八
9 7	7 17	丁巳																	年
處暑			秋分			霜降			小雪			冬至			大寒				中
8/23 15時58分 申時			9/23 13時37分 未時			10/23 22時58分 亥時			11/22 20時34分 戌時			12/22 9時56分 巳時			1/20 20時37分 戌時				氣

年	己卯																	
月	丙寅			丁卯			戊辰			己巳			庚午			辛未		
節氣	立春			驚蟄			清明			立夏			芒種			小暑		
	2/4 14時57分 未時			3/6 8時57分 辰時			4/5 13時44分 未時			5/6 7時0分 辰時			6/6 11時9分 午時			7/7 21時24分 亥時		
日	國曆	農曆	干支	國曆	農曆	干支	國曆	農曆	干支	國曆	農曆	干支	國曆	農曆	干支	國曆	農曆	干支
	2 4	12 19	丁亥	3 6	1 19	丁巳	4 5	2 19	丁亥	5 6	3 21	戊午	6 6	4 23	己丑	7 7	5 24	庚申
	2 5	12 20	戊子	3 7	1 20	戊午	4 6	2 20	戊子	5 7	3 22	己未	6 7	4 24	庚寅	7 8	5 25	辛酉
	2 6	12 21	己丑	3 8	1 21	己未	4 7	2 21	己丑	5 8	3 23	庚申	6 8	4 25	辛卯	7 9	5 26	壬戌
1	2 7	12 22	庚寅	3 9	1 22	庚申	4 8	2 22	庚寅	5 9	3 24	辛酉	6 9	4 26	壬辰	7 10	5 27	癸亥
9	2 8	12 23	辛卯	3 10	1 23	辛酉	4 9	2 23	辛卯	5 10	3 25	壬戌	6 10	4 27	癸巳	7 11	5 28	甲子
9	2 9	12 24	壬辰	3 11	1 24	壬戌	4 10	2 24	壬辰	5 11	3 26	癸亥	6 11	4 28	甲午	7 12	5 29	乙丑
9	2 10	12 25	癸巳	3 12	1 25	癸亥	4 11	2 25	癸巳	5 12	3 27	甲子	6 12	4 29	乙未	7 13	6 1	丙寅
	2 11	12 26	甲午	3 13	1 26	甲子	4 12	2 26	甲午	5 13	3 28	乙丑	6 13	4 30	丙申	7 14	6 2	丁卯
	2 12	12 27	乙未	3 14	1 27	乙丑	4 13	2 27	乙未	5 14	3 29	丙寅	6 14	5 1	丁酉	7 15	6 3	戊辰
	2 13	12 28	丙申	3 15	1 28	丙寅	4 14	2 28	丙申	5 15	4 1	丁卯	6 15	5 2	戊戌	7 16	6 4	己巳
	2 14	12 29	丁酉	3 16	1 29	丁卯	4 15	2 29	丁酉	5 16	4 2	戊辰	6 16	5 3	己亥	7 17	6 5	庚午
	2 15	12 30	戊戌	3 17	1 30	戊辰	4 16	3 1	戊戌	5 17	4 3	己巳	6 17	5 4	庚子	7 18	6 6	辛未
兔	2 16	1 1	己亥	3 18	2 1	己巳	4 17	3 2	己亥	5 18	4 4	庚午	6 18	5 5	辛丑	7 19	6 7	壬申
	2 17	1 2	庚子	3 19	2 2	庚午	4 18	3 3	庚子	5 19	4 5	辛未	6 19	5 6	壬寅	7 20	6 8	癸酉
	2 18	1 3	辛丑	3 20	2 3	辛未	4 19	3 4	辛丑	5 20	4 6	壬申	6 20	5 7	癸卯	7 21	6 9	甲戌
	2 19	1 4	壬寅	3 21	2 4	壬申	4 20	3 5	壬寅	5 21	4 7	癸酉	6 21	5 8	甲辰	7 22	6 10	乙亥
	2 20	1 5	癸卯	3 22	2 5	癸酉	4 21	3 6	癸卯	5 22	4 8	甲戌	6 22	5 9	乙巳	7 23	6 11	丙子
	2 21	1 6	甲辰	3 23	2 6	甲戌	4 22	3 7	甲辰	5 23	4 9	乙亥	6 23	5 10	丙午	7 24	6 12	丁丑
	2 22	1 7	乙巳	3 24	2 7	乙亥	4 23	3 8	乙巳	5 24	4 10	丙子	6 24	5 11	丁未	7 25	6 13	戊寅
	2 23	1 8	丙午	3 25	2 8	丙子	4 24	3 9	丙午	5 25	4 11	丁丑	6 25	5 12	戊申	7 26	6 14	己卯
	2 24	1 9	丁未	3 26	2 9	丁丑	4 25	3 10	丁未	5 26	4 12	戊寅	6 26	5 13	己酉	7 27	6 15	庚辰
	2 25	1 10	戊申	3 27	2 10	戊寅	4 26	3 11	戊申	5 27	4 13	己卯	6 27	5 14	庚戌	7 28	6 16	辛巳
中	2 26	1 11	己酉	3 28	2 11	己卯	4 27	3 12	己酉	5 28	4 14	庚辰	6 28	5 15	辛亥	7 29	6 17	壬午
華	2 27	1 12	庚戌	3 29	2 12	庚辰	4 28	3 13	庚戌	5 29	4 15	辛巳	6 29	5 16	壬子	7 30	6 18	癸未
民	2 28	1 13	辛亥	3 30	2 13	辛巳	4 29	3 14	辛亥	5 30	4 16	壬午	6 30	5 17	癸丑	7 31	6 19	甲申
國	3 1	1 14	壬子	3 31	2 14	壬午	4 30	3 15	壬子	5 31	4 17	癸未	7 1	5 18	甲寅	8 1	6 20	乙酉
八	3 2	1 15	癸丑	4 1	2 15	癸未	5 1	3 16	癸丑	6 1	4 18	甲申	7 2	5 19	乙卯	8 2	6 21	丙戌
十	3 3	1 16	甲寅	4 2	2 16	甲申	5 2	3 17	甲寅	6 2	4 19	乙酉	7 3	5 20	丙辰	8 3	6 22	丁亥
八	3 4	1 17	乙卯	4 3	2 17	乙酉	5 3	3 18	乙卯	6 3	4 20	丙戌	7 4	5 21	丁巳	8 4	6 23	戊子
年	3 5	1 18	丙辰	4 4	2 18	丙戌	5 4	3 19	丙辰	6 4	4 21	丁亥	7 5	5 22	戊午	8 5	6 24	己丑
							5 5	3 20	丁巳	6 5	4 22	戊子	7 6	5 23	己未	8 6	6 25	庚寅
																8 7	6 26	辛卯
中	雨水			春分			穀雨			小滿			夏至			大暑		
氣	2/19 10時46分 巳時			3/21 9時45分 巳時			4/20 20時45分 戌時			5/21 19時52分 戌時			6/22 3時49分 寅時			7/23 14時44分 未時		

己卯																		年
壬申			癸酉			甲戌			乙亥			丙子			丁丑			月
立秋			白露			寒露			立冬			大雪			小寒			節氣
8/8 7時14分 辰時			9/8 10時9分 巳時			10/9 1時48分 丑時			11/8 4時57分 寅時			12/7 21時47分 亥時			1/6 9時0分 巳時			
國曆	農曆	干支	國曆	農曆	干支	國曆	農曆	干支	國曆	農曆	干支	國曆	農曆	干支	國曆	農曆	干支	日
8 8	6 27	壬辰	9 8	7 29	癸亥	10 9	9 1	甲午	11 8	10 1	甲子	12 7	10 30	癸巳	1 6	11 30	癸亥	
8 9	6 28	癸巳	9 9	7 30	甲子	10 10	9 2	乙未	11 9	10 2	乙丑	12 8	11 1	甲午	1 7	12 1	甲子	
8 10	6 29	甲午	9 10	8 1	乙丑	10 11	9 3	丙申	11 10	10 3	丙寅	12 9	11 2	乙未	1 8	12 2	乙丑	
8 11	7 1	乙未	9 11	8 2	丙寅	10 12	9 4	丁酉	11 11	10 4	丁卯	12 10	11 3	丙申	1 9	12 3	丙寅	1
8 12	7 2	丙申	9 12	8 3	丁卯	10 13	9 5	戊戌	11 12	10 5	戊辰	12 11	11 4	丁酉	1 10	12 4	丁卯	9
8 13	7 3	丁酉	9 13	8 4	戊辰	10 14	9 6	己亥	11 13	10 6	己巳	12 12	11 5	戊戌	1 11	12 5	戊辰	9
8 14	7 4	戊戌	9 14	8 5	己巳	10 15	9 7	庚子	11 14	10 7	庚午	12 13	11 6	己亥	1 12	12 6	己巳	9
8 15	7 5	己亥	9 15	8 6	庚午	10 16	9 8	辛丑	11 15	10 8	辛未	12 14	11 7	庚子	1 13	12 7	庚午	·
8 16	7 6	庚子	9 16	8 7	辛未	10 17	9 9	壬寅	11 16	10 9	壬申	12 15	11 8	辛丑	1 14	12 8	辛未	2
8 17	7 7	辛丑	9 17	8 8	壬申	10 18	9 10	癸卯	11 17	10 10	癸酉	12 16	11 9	壬寅	1 15	12 9	壬申	0
8 18	7 8	壬寅	9 18	8 9	癸酉	10 19	9 11	甲辰	11 18	10 11	甲戌	12 17	11 10	癸卯	1 16	12 10	癸酉	0
8 19	7 9	癸卯	9 19	8 10	甲戌	10 20	9 12	乙巳	11 19	10 12	乙亥	12 18	11 11	甲辰	1 17	12 11	甲戌	0
8 20	7 10	甲辰	9 20	8 11	乙亥	10 21	9 13	丙午	11 20	10 13	丙子	12 19	11 12	乙巳	1 18	12 12	乙亥	
8 21	7 11	乙巳	9 21	8 12	丙子	10 22	9 14	丁未	11 21	10 14	丁丑	12 20	11 13	丙午	1 19	12 13	丙子	
8 22	7 12	丙午	9 22	8 13	丁丑	10 23	9 15	戊申	11 22	10 15	戊寅	12 21	11 14	丁未	1 20	12 14	丁丑	
8 23	7 13	丁未	9 23	8 14	戊寅	10 24	9 16	己酉	11 23	10 16	己卯	12 22	11 15	戊申	1 21	12 15	戊寅	兔
8 24	7 14	戊申	9 24	8 15	己卯	10 25	9 17	庚戌	11 24	10 17	庚辰	12 23	11 16	己酉	1 22	12 16	己卯	
8 25	7 15	己酉	9 25	8 16	庚辰	10 26	9 18	辛亥	11 25	10 18	辛巳	12 24	11 17	庚戌	1 23	12 17	庚辰	
8 26	7 16	庚戌	9 26	8 17	辛巳	10 27	9 19	壬子	11 26	10 19	壬午	12 25	11 18	辛亥	1 24	12 18	辛巳	
8 27	7 17	辛亥	9 27	8 18	壬午	10 28	9 20	癸丑	11 27	10 20	癸未	12 26	11 19	壬子	1 25	12 19	壬午	
8 28	7 18	壬子	9 28	8 19	癸未	10 29	9 21	甲寅	11 28	10 21	甲申	12 27	11 20	癸丑	1 26	12 20	癸未	中
8 29	7 19	癸丑	9 29	8 20	甲申	10 30	9 22	乙卯	11 29	10 22	乙酉	12 28	11 21	甲寅	1 27	12 21	甲申	華
8 30	7 20	甲寅	9 30	8 21	乙酉	10 31	9 23	丙辰	11 30	10 23	丙戌	12 29	11 22	乙卯	1 28	12 22	乙酉	民
8 31	7 21	乙卯	10 1	8 22	丙戌	11 1	9 24	丁巳	12 1	10 24	丁亥	12 30	11 23	丙辰	1 29	12 23	丙戌	國
9 1	7 22	丙辰	10 2	8 23	丁亥	11 2	9 25	戊午	12 2	10 25	戊子	12 31	11 24	丁巳	1 30	12 24	丁亥	八
9 2	7 23	丁巳	10 3	8 24	戊子	11 3	9 26	己未	12 3	10 26	己丑	1 1	11 25	戊午	1 31	12 25	戊子	十
9 3	7 24	戊午	10 4	8 25	己丑	11 4	9 27	庚申	12 4	10 27	庚寅	1 2	11 26	己未	2 1	12 26	己丑	八
9 4	7 25	己未	10 5	8 26	庚寅	11 5	9 28	辛酉	12 5	10 28	辛卯	1 3	11 27	庚申	2 2	12 27	庚寅	·
9 5	7 26	庚申	10 6	8 27	辛卯	11 6	9 29	壬戌	12 6	10 29	壬辰	1 4	11 28	辛酉	2 3	12 28	辛卯	八
9 6	7 27	辛酉	10 7	8 28	壬辰	11 7	9 30	癸亥				1 5	11 29	壬戌				十
9 7	7 28	壬戌	10 8	8 29	癸巳													九
																		年
處暑			秋分			霜降			小雪			冬至			大寒			中氣
8/23 21時51分 亥時			9/23 19時31分 戌時			10/24 4時52分 寅時			11/23 2時24分 丑時			12/22 15時43分 申時			1/21 2時23分 丑時			

年	庚辰																	
月	戊寅			己卯			庚辰			辛巳			壬午			癸未		
節氣	立春			驚蟄			清明			立夏			芒種			小暑		
	2/4 20時40分 戌時			3/5 14時42分 未時			4/4 19時31分 戌時			5/5 12時50分 午時			6/5 16時58分 申時			7/7 3時13分 寅時		
日	國曆	農曆	干支	國曆	農曆	干支	國曆	農曆	干支	國曆	農曆	干支	國曆	農曆	干支	國曆	農曆	干支
	2 4	12 29	壬辰	3 5	1 30	壬戌	4 4	2 30	壬辰	5 5	4 2	癸亥	6 5	5 4	甲午	7 7	6 6	丙寅
	2 5	1 1	癸巳	3 6	2 1	癸亥	4 5	3 1	癸巳	5 6	4 3	甲子	6 6	5 5	乙未	7 8	6 7	丁卯
	2 6	1 2	甲午	3 7	2 2	甲子	4 6	3 2	甲午	5 7	4 4	乙丑	6 7	5 6	丙申	7 9	6 8	戊辰
	2 7	1 3	乙未	3 8	2 3	乙丑	4 7	3 3	乙未	5 8	4 5	丙寅	6 8	5 7	丁酉	7 10	6 9	己巳
2	2 8	1 4	丙申	3 9	2 4	丙寅	4 8	3 4	丙申	5 9	4 6	丁卯	6 9	5 8	戊戌	7 11	6 10	庚午
0	2 9	1 5	丁酉	3 10	2 5	丁卯	4 9	3 5	丁酉	5 10	4 7	戊辰	6 10	5 9	己亥	7 12	6 11	辛未
0	2 10	1 6	戊戌	3 11	2 6	戊辰	4 10	3 6	戊戌	5 11	4 8	己巳	6 11	5 10	庚子	7 13	6 12	壬申
0	2 11	1 7	己亥	3 12	2 7	己巳	4 11	3 7	己亥	5 12	4 9	庚午	6 12	5 11	辛丑	7 14	6 13	癸酉
	2 12	1 8	庚子	3 13	2 8	庚午	4 12	3 8	庚子	5 13	4 10	辛未	6 13	5 12	壬寅	7 15	6 14	甲戌
	2 13	1 9	辛丑	3 14	2 9	辛未	4 13	3 9	辛丑	5 14	4 11	壬申	6 14	5 13	癸卯	7 16	6 15	乙亥
	2 14	1 10	壬寅	3 15	2 10	壬申	4 14	3 10	壬寅	5 15	4 12	癸酉	6 15	5 14	甲辰	7 17	6 16	丙子
	2 15	1 11	癸卯	3 16	2 11	癸酉	4 15	3 11	癸卯	5 16	4 13	甲戌	6 16	5 15	乙巳	7 18	6 17	丁丑
	2 16	1 12	甲辰	3 17	2 12	甲戌	4 16	3 12	甲辰	5 17	4 14	乙亥	6 17	5 16	丙午	7 19	6 18	戊寅
	2 17	1 13	乙巳	3 18	2 13	乙亥	4 17	3 13	乙巳	5 18	4 15	丙子	6 18	5 17	丁未	7 20	6 19	己卯
龍	2 18	1 14	丙午	3 19	2 14	丙子	4 18	3 14	丙午	5 19	4 16	丁丑	6 19	5 18	戊申	7 21	6 20	庚辰
	2 19	1 15	丁未	3 20	2 15	丁丑	4 19	3 15	丁未	5 20	4 17	戊寅	6 20	5 19	己酉	7 22	6 21	辛巳
	2 20	1 16	戊申	3 21	2 16	戊寅	4 20	3 16	戊申	5 21	4 18	己卯	6 21	5 20	庚戌	7 23	6 22	壬午
	2 21	1 17	己酉	3 22	2 17	己卯	4 21	3 17	己酉	5 22	4 19	庚辰	6 22	5 21	辛亥	7 24	6 23	癸未
	2 22	1 18	庚戌	3 23	2 18	庚辰	4 22	3 18	庚戌	5 23	4 20	辛巳	6 23	5 22	壬子	7 25	6 24	甲申
	2 23	1 19	辛亥	3 24	2 19	辛巳	4 23	3 19	辛亥	5 24	4 21	壬午	6 24	5 23	癸丑	7 26	6 25	乙酉
中	2 24	1 20	壬子	3 25	2 20	壬午	4 24	3 20	壬子	5 25	4 22	癸未	6 25	5 24	甲寅	7 27	6 26	丙戌
華	2 25	1 21	癸丑	3 26	2 21	癸未	4 25	3 21	癸丑	5 26	4 23	甲申	6 26	5 25	乙卯	7 28	6 27	丁亥
民	2 26	1 22	甲寅	3 27	2 22	甲申	4 26	3 22	甲寅	5 27	4 24	乙酉	6 27	5 26	丙辰	7 29	6 28	戊子
國	2 27	1 23	乙卯	3 28	2 23	乙酉	4 27	3 23	乙卯	5 28	4 25	丙戌	6 28	5 27	丁巳	7 30	6 29	己丑
八	2 28	1 24	丙辰	3 29	2 24	丙戌	4 28	3 24	丙辰	5 29	4 26	丁亥	6 29	5 28	戊午	7 31	7 1	庚寅
十	2 29	1 25	丁巳	3 30	2 25	丁亥	4 29	3 25	丁巳	5 30	4 27	戊子	6 30	5 29	己未	8 1	7 2	辛卯
九	3 1	1 26	戊午	3 31	2 26	戊子	4 30	3 26	戊午	5 31	4 28	己丑	7 1	5 30	庚申	8 2	7 3	壬辰
年	3 2	1 27	己未	4 1	2 27	己丑	5 1	3 27	己未	6 1	4 29	庚寅	7 2	6 1	辛酉	8 3	7 4	癸巳
	3 3	1 28	庚申	4 2	2 28	庚寅	5 2	3 28	庚申	6 2	5 1	辛卯	7 3	6 2	壬戌	8 4	7 5	甲午
	3 4	1 29	辛酉	4 3	2 29	辛卯	5 3	3 29	辛酉	6 3	5 2	壬辰	7 4	6 3	癸亥	8 5	7 6	乙未
							5 4	4 1	壬戌	6 4	5 3	癸巳	7 5	6 4	甲子	8 6	7 7	丙申
													7 6	6 5	乙丑			
中氣	雨水			春分			穀雨			小滿			夏至			大暑		
	2/19 16時33分 申時			3/20 15時35分 申時			4/20 2時39分 丑時			5/21 1時49分 丑時			6/21 9時47分 巳時			7/22 20時42分 戌時		

甲申			乙酉			丙戌			丁亥			戊子			己丑			年 / 月
立秋			白露			寒露			立冬			大雪			小寒			節氣
8/7 13時2分 未時			9/7 15時59分 申時			10/8 7時38分 辰時			11/7 10時48分 巳時			12/7 3時37分 寅時			1/5 14時49分 未時			
國曆	農曆	干支	國曆	農曆	干支	國曆	農曆	干支	國曆	農曆	干支	國曆	農曆	干支	國曆	農曆	干支	日
8 7	7 8	丁酉	9 7	8 10	戊辰	10 8	9 11	己亥	11 7	10 12	己巳	12 7	11 12	己亥	1 5	12 11	戊辰	
8 8	7 9	戊戌	9 8	8 11	己巳	10 9	9 12	庚子	11 8	10 13	庚午	12 8	11 13	庚子	1 6	12 12	己巳	
8 9	7 10	己亥	9 9	8 12	庚午	10 10	9 13	辛丑	11 9	10 14	辛未	12 9	11 14	辛丑	1 7	12 13	庚午	
8 10	7 11	庚子	9 10	8 13	辛未	10 11	9 14	壬寅	11 10	10 15	壬申	12 10	11 15	壬寅	1 8	12 14	辛未	2
8 11	7 12	辛丑	9 11	8 14	壬申	10 12	9 15	癸卯	11 11	10 16	癸酉	12 11	11 17	癸卯	1 9	12 15	壬申	0
8 12	7 13	壬寅	9 12	8 15	癸酉	10 13	9 16	甲辰	11 12	10 17	甲戌	12 12	11 17	甲辰	1 10	12 16	癸酉	0
8 13	7 14	癸卯	9 13	8 16	甲戌	10 14	9 17	乙巳	11 13	10 18	乙亥	12 13	11 18	乙巳	1 11	12 17	甲戌	0
8 14	7 15	甲辰	9 14	8 17	乙亥	10 15	9 18	丙午	11 14	10 19	丙子	12 14	11 19	丙午	1 12	12 18	乙亥	·
8 15	7 16	乙巳	9 15	8 18	丙子	10 16	9 19	丁未	11 15	10 20	丁丑	12 15	11 20	丁未	1 13	12 19	丙子	2
8 16	7 17	丙午	9 16	8 19	丁丑	10 17	9 20	戊申	11 16	10 21	戊寅	12 16	11 21	戊申	1 14	12 20	丁丑	0
8 17	7 18	丁未	9 17	8 20	戊寅	10 18	9 21	己酉	11 17	10 22	己卯	12 17	11 22	己酉	1 15	12 21	戊寅	0
8 18	7 19	戊申	9 18	8 21	己卯	10 19	9 22	庚戌	11 18	10 23	庚辰	12 18	11 23	庚戌	1 16	12 22	己卯	1
8 19	7 20	己酉	9 19	8 22	庚辰	10 20	9 23	辛亥	11 19	10 24	辛巳	12 19	11 24	辛亥	1 17	12 23	庚辰	
8 20	7 21	庚戌	9 20	8 23	辛巳	10 21	9 24	壬子	11 20	10 25	壬午	12 20	11 25	壬子	1 18	12 24	辛巳	
8 21	7 22	辛亥	9 21	8 24	壬午	10 22	9 25	癸丑	11 21	10 26	癸未	12 21	11 26	癸丑	1 19	12 25	壬午	龍
8 22	7 23	壬子	9 22	8 25	癸未	10 23	9 26	甲寅	11 22	10 27	甲申	12 22	11 27	甲寅	1 20	12 26	癸未	
8 23	7 24	癸丑	9 23	8 26	甲申	10 24	9 27	乙卯	11 23	10 28	乙酉	12 23	11 28	乙卯	1 21	12 27	甲申	
8 24	7 25	甲寅	9 24	8 27	乙酉	10 25	9 28	丙辰	11 24	10 29	丙戌	12 24	11 29	丙辰	1 22	12 28	乙酉	
8 25	7 26	乙卯	9 25	8 28	丙戌	10 26	9 29	丁巳	11 25	10 30	丁亥	12 25	11 30	丁巳	1 23	12 29	丙戌	
8 26	7 27	丙辰	9 26	8 29	丁亥	10 27	10 1	戊午	11 26	11 1	戊子	12 26	12 1	戊午	1 24	1 1	丁亥	
8 27	7 28	丁巳	9 27	8 30	戊子	10 28	10 2	己未	11 27	11 2	己丑	12 27	12 2	己未	1 25	1 2	戊子	中
8 28	7 29	戊午	9 28	9 1	己丑	10 29	10 3	庚申	11 28	11 3	庚寅	12 28	12 3	庚申	1 26	1 3	己丑	華
8 29	8 1	己未	9 29	9 2	庚寅	10 30	10 4	辛酉	11 29	11 4	辛卯	12 29	12 4	辛酉	1 27	1 4	庚寅	民
8 30	8 2	庚申	9 30	9 3	辛卯	10 31	10 5	壬戌	11 30	11 5	壬辰	12 30	12 5	壬戌	1 28	1 5	辛卯	國
8 31	8 3	辛酉	10 1	9 4	壬辰	11 1	10 6	癸亥	12 1	11 6	癸巳	12 31	12 6	癸亥	1 29	1 6	壬辰	八
9 1	8 4	壬戌	10 2	9 5	癸巳	11 2	10 7	甲子	12 2	11 7	甲午	1 1	12 7	甲子	1 30	1 7	癸巳	十
9 2	8 5	癸亥	10 3	9 6	甲午	11 3	10 8	乙丑	12 3	11 8	乙未	1 2	12 8	乙丑	1 31	1 8	甲午	九
9 3	8 6	甲子	10 4	9 7	乙未	11 4	10 9	丙寅	12 4	11 9	丙申	1 3	12 9	丙寅	2 1	1 9	乙未	·
9 4	8 7	乙丑	10 5	9 8	丙申	11 5	10 10	丁卯	12 5	11 10	丁酉	1 4	12 10	丁卯	2 2	1 10	丙申	九
9 5	8 8	丙寅	10 6	9 9	丁酉	11 6	10 11	戊辰	12 6	11 11	戊戌				2 3	1 11	丁酉	十
9 6	8 9	丁卯	10 7	9 10	戊戌													年
處暑			秋分			霜降			小雪			冬至			大寒			中氣
8/23 3時48分 寅時			9/23 1時27分 丑時			10/23 10時47分 巳時			11/22 8時19分 辰時			12/21 21時37分 亥時			1/20 8時16分 辰時			

年	辛巳																
月	庚寅			辛卯			壬辰			癸巳			甲午			乙未		
節氣	立春			驚蟄			清明			立夏			芒種			小暑		
	2/4 2時28分 丑時			3/5 20時32分 戌時			4/5 1時24分 丑時			5/5 18時44分 酉時			6/5 22時53分 亥時			7/7 9時6分 巳時		
日	國曆	農曆	干支	國曆	農曆	干支	國曆	農曆	干支	國曆	農曆	干支	國曆	農曆	干支	國曆	農曆	干支
	2/4	1/12	戊戌	3/5	2/11	丁卯	4/5	3/12	戊戌	5/5	4/13	戊辰	6/5	閏4/14	己亥	7/7	5/17	辛未
	2/5	1/13	己亥	3/6	2/12	戊辰	4/6	3/13	己亥	5/6	4/14	己巳	6/6	閏4/15	庚子	7/8	5/18	壬申
	2/6	1/14	庚子	3/7	2/13	己巳	4/7	3/14	庚子	5/7	4/15	庚午	6/7	閏4/16	辛丑	7/9	5/19	癸酉
	2/7	1/15	辛丑	3/8	2/14	庚午	4/8	3/15	辛丑	5/8	4/16	辛未	6/8	閏4/17	壬寅	7/10	5/20	甲戌
	2/8	1/16	壬寅	3/9	2/15	辛未	4/9	3/16	壬寅	5/9	4/17	壬申	6/9	閏4/18	癸卯	7/11	5/21	乙亥
2	2/9	1/17	癸卯	3/10	2/16	壬申	4/10	3/17	癸卯	5/10	4/18	癸酉	6/10	閏4/19	甲辰	7/12	5/22	丙子
0	2/10	1/18	甲辰	3/11	2/17	癸酉	4/11	3/18	甲辰	5/11	4/19	甲戌	6/11	閏4/20	乙巳	7/13	5/23	丁丑
0	2/11	1/19	乙巳	3/12	2/18	甲戌	4/12	3/19	乙巳	5/12	4/20	乙亥	6/12	閏4/21	丙午	7/14	5/24	戊寅
1	2/12	1/20	丙午	3/13	2/19	乙亥	4/13	3/20	丙午	5/13	4/21	丙子	6/13	閏4/22	丁未	7/15	5/25	己卯
	2/13	1/21	丁未	3/14	2/20	丙子	4/14	3/21	丁未	5/14	4/22	丁丑	6/14	閏4/23	戊申	7/16	5/26	庚辰
	2/14	1/22	戊申	3/15	2/21	丁丑	4/15	3/22	戊申	5/15	4/23	戊寅	6/15	閏4/24	己酉	7/17	5/27	辛巳
	2/15	1/23	己酉	3/16	2/22	戊寅	4/16	3/23	己酉	5/16	4/24	己卯	6/16	閏4/25	庚戌	7/18	5/28	壬午
	2/16	1/24	庚戌	3/17	2/23	己卯	4/17	3/24	庚戌	5/17	4/25	庚辰	6/17	閏4/26	辛亥	7/19	5/29	癸未
蛇	2/17	1/25	辛亥	3/18	2/24	庚辰	4/18	3/25	辛亥	5/18	4/26	辛巳	6/18	閏4/27	壬子	7/20	5/30	甲申
	2/18	1/26	壬子	3/19	2/25	辛巳	4/19	3/26	壬子	5/19	4/27	壬午	6/19	閏4/28	癸丑	7/21	6/1	乙酉
	2/19	1/27	癸丑	3/20	2/26	壬午	4/20	3/27	癸丑	5/20	4/28	癸未	6/20	閏4/29	甲寅	7/22	6/2	丙戌
	2/20	1/28	甲寅	3/21	2/27	癸未	4/21	3/28	甲寅	5/21	4/29	甲申	6/21	5/1	乙卯	7/23	6/3	丁亥
	2/21	1/29	乙卯	3/22	2/28	甲申	4/22	3/29	乙卯	5/22	4/30	乙酉	6/22	5/2	丙辰	7/24	6/4	戊子
	2/22	1/30	丙辰	3/23	2/29	乙酉	4/23	4/1	丙辰	5/23	閏4/1	丙戌	6/23	5/3	丁巳	7/25	6/5	己丑
	2/23	2/1	丁巳	3/24	2/30	丙戌	4/24	4/2	丁巳	5/24	閏4/2	丁亥	6/24	5/4	戊午	7/26	6/6	庚寅
	2/24	2/2	戊午	3/25	3/1	丁亥	4/25	4/3	戊午	5/25	閏4/3	戊子	6/25	5/5	己未	7/27	6/7	辛卯
中	2/25	2/3	己未	3/26	3/2	戊子	4/26	4/4	己未	5/26	閏4/4	己丑	6/26	5/6	庚申	7/28	6/8	壬辰
華	2/26	2/4	庚申	3/27	3/3	己丑	4/27	4/5	庚申	5/27	閏4/5	庚寅	6/27	5/7	辛酉	7/29	6/9	癸巳
民	2/27	2/5	辛酉	3/28	3/4	庚寅	4/28	4/6	辛酉	5/28	閏4/6	辛卯	6/28	5/8	壬戌	7/30	6/10	甲午
國	2/28	2/6	壬戌	3/29	3/5	辛卯	4/29	4/7	壬戌	5/29	閏4/7	壬辰	6/29	5/9	癸亥	7/31	6/11	乙未
九	3/1	2/7	癸亥	3/30	3/6	壬辰	4/30	4/8	癸亥	5/30	閏4/8	癸巳	6/30	5/10	甲子	8/1	6/12	丙申
十	3/2	2/8	甲子	3/31	3/7	癸巳	5/1	4/9	甲子	5/31	閏4/9	甲午	7/1	5/11	乙丑	8/2	6/13	丁酉
年	3/3	2/9	乙丑	4/1	3/8	甲午	5/2	4/10	乙丑	6/1	閏4/10	乙未	7/2	5/12	丙寅	8/3	6/14	戊戌
	3/4	2/10	丙寅	4/2	3/9	乙未	5/3	4/11	丙寅	6/2	閏4/11	丙申	7/3	5/13	丁卯	8/4	6/15	己亥
				4/3	3/10	丙申	5/4	4/12	丁卯	6/3	閏4/12	丁酉	7/4	5/14	戊辰	8/5	6/16	庚子
				4/4	3/11	丁酉				6/4	閏4/13	戊戌	7/5	5/15	己巳	8/6	6/17	辛丑
													7/6	5/16	庚午			
中氣	雨水			春分			穀雨			小滿			夏至			大暑		
	2/18 22時27分 亥時			3/20 21時30分 亥時			4/20 8時35分 辰時			5/21 7時44分 辰時			6/21 15時37分 申時			7/23 2時26分 丑時		

辛巳																		年
丙申			丁酉			戊戌			己亥			庚子			辛丑			月
立秋			白露			寒露			立冬			大雪			小寒			節氣
8/7 18時52分 酉時			9/7 21時46分 亥時			10/8 13時25分 未時			11/7 16時36分 申時			12/7 9時28分 巳時			1/5 20時43分 戌時			
國曆	農曆	干支	國曆	農曆	干支	國曆	農曆	干支	國曆	農曆	干支	國曆	農曆	干支	國曆	農曆	干支	日
8 7	6 18	壬寅	9 7	7 20	癸酉	10 8	8 22	甲辰	11 7	9 22	甲戌	12 7	10 23	甲辰	1 5	11 22	癸酉	
8 8	6 19	癸卯	9 8	7 21	甲戌	10 9	8 23	乙巳	11 8	9 23	乙亥	12 8	10 24	乙巳	1 6	11 23	甲戌	
8 9	6 20	甲辰	9 9	7 22	乙亥	10 10	8 24	丙午	11 9	9 24	丙子	12 9	10 25	丙午	1 7	11 24	乙亥	2
8 10	6 21	乙巳	9 10	7 23	丙子	10 11	8 25	丁未	11 10	9 25	丁丑	12 10	10 26	丁未	1 8	11 25	丙子	0
8 11	6 22	丙午	9 11	7 24	丁丑	10 12	8 26	戊申	11 11	9 26	戊寅	12 11	10 27	戊申	1 9	11 26	丁丑	0
8 12	6 23	丁未	9 12	7 25	戊寅	10 13	8 27	己酉	11 12	9 27	己卯	12 12	10 28	己酉	1 10	11 27	戊寅	1
8 13	6 24	戊申	9 13	7 26	己卯	10 14	8 28	庚戌	11 13	9 28	庚辰	12 13	10 29	庚戌	1 11	11 28	己卯	·
8 14	6 25	己酉	9 14	7 27	庚辰	10 15	8 29	辛亥	11 14	9 29	辛巳	12 14	10 30	辛亥	1 12	11 29	庚辰	2
8 15	6 26	庚戌	9 15	7 28	辛巳	10 16	8 30	壬子	11 15	10 1	壬午	12 15	11 1	壬子	1 13	12 1	辛巳	0
8 16	6 27	辛亥	9 16	7 29	壬午	10 17	9 1	癸丑	11 16	10 2	癸未	12 16	11 2	癸丑	1 14	12 2	壬午	0
8 17	6 28	壬子	9 17	8 1	癸未	10 18	9 2	甲寅	11 17	10 3	甲申	12 17	11 3	甲寅	1 15	12 3	癸未	2
8 18	6 29	癸丑	9 18	8 2	甲申	10 19	9 3	乙卯	11 18	10 4	乙酉	12 18	11 4	乙卯	1 16	12 4	甲申	
8 19	7 1	甲寅	9 19	8 3	乙酉	10 20	9 4	丙辰	11 19	10 5	丙戌	12 19	11 5	丙辰	1 17	12 5	乙酉	
8 20	7 2	乙卯	9 20	8 4	丙戌	10 21	9 5	丁巳	11 20	10 6	丁亥	12 20	11 6	丁巳	1 18	12 6	丙戌	蛇
8 21	7 3	丙辰	9 21	8 5	丁亥	10 22	9 6	戊午	11 21	10 7	戊子	12 21	11 7	戊午	1 19	12 7	丁亥	
8 22	7 4	丁巳	9 22	8 6	戊子	10 23	9 7	己未	11 22	10 8	己丑	12 22	11 8	己未	1 20	12 8	戊子	
8 23	7 5	戊午	9 23	8 7	己丑	10 24	9 8	庚申	11 23	10 9	庚寅	12 23	11 9	庚申	1 21	12 9	己丑	
8 24	7 6	己未	9 24	8 8	庚寅	10 25	9 9	辛酉	11 24	10 10	辛卯	12 24	11 10	辛酉	1 22	12 10	庚寅	
8 25	7 7	庚申	9 25	8 9	辛卯	10 26	9 10	壬戌	11 25	10 11	壬辰	12 25	11 11	壬戌	1 23	12 11	辛卯	中
8 26	7 8	辛酉	9 26	8 10	壬辰	10 27	9 11	癸亥	11 26	10 12	癸巳	12 26	11 12	癸亥	1 24	12 12	壬辰	華
8 27	7 9	壬戌	9 27	8 11	癸巳	10 28	9 12	甲子	11 27	10 13	甲午	12 27	11 13	甲子	1 25	12 13	癸巳	民
8 28	7 10	癸亥	9 28	8 12	甲午	10 29	9 13	乙丑	11 28	10 14	乙未	12 28	11 14	乙丑	1 26	12 14	甲午	國
8 29	7 11	甲子	9 29	8 13	乙未	10 30	9 14	丙寅	11 29	10 15	丙申	12 29	11 15	丙寅	1 27	12 15	乙未	九
8 30	7 12	乙丑	9 30	8 14	丙申	10 31	9 15	丁卯	11 30	10 16	丁酉	12 30	11 16	丁卯	1 28	12 16	丙申	十
8 31	7 13	丙寅	10 1	8 15	丁酉	11 1	9 16	戊辰	12 1	10 17	戊戌	12 31	11 17	戊辰	1 29	12 17	丁酉	·
9 1	7 14	丁卯	10 2	8 16	戊戌	11 2	9 17	己巳	12 2	10 18	己亥	1 1	11 18	己巳	1 30	12 18	戊戌	九
9 2	7 15	戊辰	10 3	8 17	己亥	11 3	9 18	庚午	12 3	10 19	庚子	1 2	11 19	庚午	1 31	12 19	己亥	十
9 3	7 16	己巳	10 4	8 18	庚子	11 4	9 19	辛未	12 4	10 20	辛丑	1 3	11 20	辛未	2 1	12 20	庚子	一
9 4	7 17	庚午	10 5	8 19	辛丑	11 5	9 20	壬申	12 5	10 21	壬寅	1 4	11 21	壬申	2 2	12 21	辛丑	年
9 5	7 18	辛未	10 6	8 20	壬寅	11 6	9 21	癸酉	12 6	10 22	癸卯				2 3	12 22	壬寅	
9 6	7 19	壬申	10 7	8 21	癸卯													
處暑			秋分			霜降			小雪			冬至			大寒			中氣
8/23 9時27分 巳時			9/23 7時4分 辰時			10/23 16時25分 申時			11/22 14時0分 未時			12/22 3時21分 寅時			1/20 14時2分 未時			

年：壬午（中華民國九十一年・2002・馬）

月	壬寅	癸卯	甲辰	乙巳	丙午	丁未
節氣	立春	驚蟄	清明	立夏	芒種	小暑
時間	2/4 8時24分 辰時	3/6 2時27分 丑時	4/5 7時18分 辰時	5/6 0時37分 子時	6/6 4時44分 寅時	7/7 14時56分 未時

壬寅 國曆	農曆	干支	癸卯 國曆	農曆	干支	甲辰 國曆	農曆	干支	乙巳 國曆	農曆	干支	丙午 國曆	農曆	干支	丁未 國曆	農曆	干支
2/4	12/23	癸卯	3/6	1/23	癸酉	4/5	2/23	癸卯	5/6	3/24	甲戌	6/6	4/26	乙巳	7/7	5/27	丙子
2/5	12/24	甲辰	3/7	1/24	甲戌	4/6	2/24	甲辰	5/7	3/25	乙亥	6/7	4/27	丙午	7/8	5/28	丁丑
2/6	12/25	乙巳	3/8	1/25	乙亥	4/7	2/25	乙巳	5/8	3/26	丙子	6/8	4/28	丁未	7/9	5/29	戊寅
2/7	12/26	丙午	3/9	1/26	丙子	4/8	2/26	丙午	5/9	3/27	丁丑	6/9	4/29	戊申	7/10	6/1	己卯
2/8	12/27	丁未	3/10	1/27	丁丑	4/9	2/27	丁未	5/10	3/28	戊寅	6/10	4/30	己酉	7/11	6/2	庚辰
2/9	12/28	戊申	3/11	1/28	戊寅	4/10	2/28	戊申	5/11	3/29	己卯	6/11	5/1	庚戌	7/12	6/3	辛巳
2/10	12/29	己酉	3/12	1/29	己卯	4/11	2/29	己酉	5/12	4/1	庚辰	6/12	5/2	辛亥	7/13	6/4	壬午
2/11	12/30	庚戌	3/13	1/30	庚辰	4/12	2/30	庚戌	5/13	4/2	辛巳	6/13	5/3	壬子	7/14	6/5	癸未
2/12	1/1	辛亥	3/14	2/1	辛巳	4/13	3/1	辛亥	5/14	4/3	壬午	6/14	5/4	癸丑	7/15	6/6	甲申
2/13	1/2	壬子	3/15	2/2	壬午	4/14	3/2	壬子	5/15	4/4	癸未	6/15	5/5	甲寅	7/16	6/7	乙酉
2/14	1/3	癸丑	3/16	2/3	癸未	4/15	3/3	癸丑	5/16	4/5	甲申	6/16	5/6	乙卯	7/17	6/8	丙戌
2/15	1/4	甲寅	3/17	2/4	甲申	4/16	3/4	甲寅	5/17	4/6	乙酉	6/17	5/7	丙辰	7/18	6/9	丁亥
2/16	1/5	乙卯	3/18	2/5	乙酉	4/17	3/5	乙卯	5/18	4/7	丙戌	6/18	5/8	丁巳	7/19	6/10	戊子
2/17	1/6	丙辰	3/19	2/6	丙戌	4/18	3/6	丙辰	5/19	4/8	丁亥	6/19	5/9	戊午	7/20	6/11	己丑
2/18	1/7	丁巳	3/20	2/7	丁亥	4/19	3/7	丁巳	5/20	4/9	戊子	6/20	5/10	己未	7/21	6/12	庚寅
2/19	1/8	戊午	3/21	2/8	戊子	4/20	3/8	戊午	5/21	4/10	己丑	6/21	5/11	庚申	7/22	6/13	辛卯
2/20	1/9	己未	3/22	2/9	己丑	4/21	3/9	己未	5/22	4/11	庚寅	6/22	5/12	辛酉	7/23	6/14	壬辰
2/21	1/10	庚申	3/23	2/10	庚寅	4/22	3/10	庚申	5/23	4/12	辛卯	6/23	5/13	壬戌	7/24	6/15	癸巳
2/22	1/11	辛酉	3/24	2/11	辛卯	4/23	3/11	辛酉	5/24	4/13	壬辰	6/24	5/14	癸亥	7/25	6/16	甲午
2/23	1/12	壬戌	3/25	2/12	壬辰	4/24	3/12	壬戌	5/25	4/14	癸巳	6/25	5/15	甲子	7/26	6/17	乙未
2/24	1/13	癸亥	3/26	2/13	癸巳	4/25	3/13	癸亥	5/26	4/15	甲午	6/26	5/16	乙丑	7/27	6/18	丙申
2/25	1/14	甲子	3/27	2/14	甲午	4/26	3/14	甲子	5/27	4/16	乙未	6/27	5/17	丙寅	7/28	6/19	丁酉
2/26	1/15	乙丑	3/28	2/15	乙未	4/27	3/15	乙丑	5/28	4/17	丙申	6/28	5/18	丁卯	7/29	6/20	戊戌
2/27	1/16	丙寅	3/29	2/16	丙申	4/28	3/16	丙寅	5/29	4/18	丁酉	6/29	5/19	戊辰	7/30	6/21	己亥
2/28	1/17	丁卯	3/30	2/17	丁酉	4/29	3/17	丁卯	5/30	4/19	戊戌	6/30	5/20	己巳	7/31	6/22	庚子
3/1	1/18	戊辰	3/31	2/18	戊戌	4/30	3/18	戊辰	5/31	4/20	己亥	7/1	5/21	庚午	8/1	6/23	辛丑
3/2	1/19	己巳	4/1	2/19	己亥	5/1	3/19	己巳	6/1	4/21	庚子	7/2	5/22	辛未	8/2	6/24	壬寅
3/3	1/20	庚午	4/2	2/20	庚子	5/2	3/20	庚午	6/2	4/22	辛丑	7/3	5/23	壬申	8/3	6/25	癸卯
3/4	1/21	辛未	4/3	2/21	辛丑	5/3	3/21	辛未	6/3	4/23	壬寅	7/4	5/24	癸酉	8/4	6/26	甲辰
3/5	1/22	壬申	4/4	2/22	壬寅	5/4	3/22	壬申	6/4	4/24	癸卯	7/5	5/25	甲戌	8/5	6/27	乙巳
						5/5	3/23	癸酉	6/5	4/25	甲辰	7/6	5/26	乙亥	8/6	6/28	丙午
															8/7	6/29	丁未

中氣	雨水	春分	穀雨	小滿	夏至	大暑
時間	2/19 4時13分 寅時	3/21 3時16分 寅時	4/20 14時20分 未時	5/21 13時29分 未時	6/21 21時24分 亥時	7/23 8時14分 辰時

壬午																		年
戊申			己酉			庚戌			辛亥			壬子			癸丑			月
立秋			白露			寒露			立冬			大雪			小寒			節氣
8/8 0時39分 子時			9/8 3時31分 寅時			10/8 19時9分 戌時			11/7 22時21分 亥時			12/7 15時14分 申時			1/6 2時27分 丑時			
國曆	農曆	干支	國曆	農曆	干支	國曆	農曆	干支	國曆	農曆	干支	國曆	農曆	干支	國曆	農曆	干支	日
8 8	6 30	戊申	9 8	8 2	己卯	10 8	9 3	己酉	11 7	10 3	己卯	12 7	11 4	己酉	1 6	12 4	己卯	
8 9	7 1	己酉	9 9	8 3	庚辰	10 9	9 4	庚戌	11 8	10 4	庚辰	12 8	11 5	庚戌	1 7	12 5	庚辰	
8 10	7 2	庚戌	9 10	8 4	辛巳	10 10	9 5	辛亥	11 9	10 5	辛巳	12 9	11 6	辛亥	1 8	12 6	辛巳	
8 11	7 3	辛亥	9 11	8 5	壬午	10 11	9 6	壬子	11 10	10 6	壬午	12 10	11 7	壬子	1 9	12 7	壬午	2 0 0 2 · 2 0 0 3
8 12	7 4	壬子	9 12	8 6	癸未	10 12	9 7	癸丑	11 11	10 7	癸未	12 11	11 8	癸丑	1 10	12 8	癸未	
8 13	7 5	癸丑	9 13	8 7	甲申	10 13	9 8	甲寅	11 12	10 8	甲申	12 12	11 9	甲寅	1 11	12 9	甲申	
8 14	7 6	甲寅	9 14	8 8	乙酉	10 14	9 9	乙卯	11 13	10 9	乙酉	12 13	11 10	乙卯	1 12	12 10	乙酉	
8 15	7 7	乙卯	9 15	8 9	丙戌	10 15	9 10	丙辰	11 14	10 10	丙戌	12 14	11 11	丙辰	1 13	12 11	丙戌	
8 16	7 8	丙辰	9 16	8 10	丁亥	10 16	9 11	丁巳	11 15	10 11	丁亥	12 15	11 12	丁巳	1 14	12 12	丁亥	
8 17	7 9	丁巳	9 17	8 11	戊子	10 17	9 12	戊午	11 16	10 12	戊子	12 16	11 13	戊午	1 15	12 13	戊子	
8 18	7 10	戊午	9 18	8 12	己丑	10 18	9 13	己未	11 17	10 13	己丑	12 17	11 14	己未	1 16	12 14	己丑	
8 19	7 11	己未	9 19	8 13	庚寅	10 19	9 14	庚申	11 18	10 14	庚寅	12 18	11 15	庚申	1 17	12 15	庚寅	
8 20	7 12	庚申	9 20	8 14	辛卯	10 20	9 15	辛酉	11 19	10 15	辛卯	12 19	11 16	辛酉	1 18	12 16	辛卯	
8 21	7 13	辛酉	9 21	8 15	壬辰	10 21	9 16	壬戌	11 20	10 16	壬辰	12 20	11 17	壬戌	1 19	12 17	壬辰	
8 22	7 14	壬戌	9 22	8 16	癸巳	10 22	9 17	癸亥	11 21	10 17	癸巳	12 21	11 18	癸亥	1 20	12 18	癸巳	馬
8 23	7 15	癸亥	9 23	8 17	甲午	10 23	9 18	甲子	11 22	10 18	甲午	12 22	11 19	甲子	1 21	12 19	甲午	
8 24	7 16	甲子	9 24	8 18	乙未	10 24	9 19	乙丑	11 23	10 19	乙未	12 23	11 20	乙丑	1 22	12 20	乙未	
8 25	7 17	乙丑	9 25	8 19	丙申	10 25	9 20	丙寅	11 24	10 20	丙申	12 24	11 21	丙寅	1 23	12 21	丙申	
8 26	7 18	丙寅	9 26	8 20	丁酉	10 26	9 21	丁卯	11 25	10 21	丁酉	12 25	11 22	丁卯	1 24	12 22	丁酉	
8 27	7 19	丁卯	9 27	8 21	戊戌	10 27	9 22	戊辰	11 26	10 22	戊戌	12 26	11 23	戊辰	1 25	12 23	戊戌	
8 28	7 20	戊辰	9 28	8 22	己亥	10 28	9 23	己巳	11 27	10 23	己亥	12 27	11 24	己巳	1 26	12 24	己亥	中 華 民 國 九 十 一 · 九 十 二 年
8 29	7 21	己巳	9 29	8 23	庚子	10 29	9 24	庚午	11 28	10 24	庚子	12 28	11 25	庚午	1 27	12 25	庚子	
8 30	7 22	庚午	9 30	8 24	辛丑	10 30	9 25	辛未	11 29	10 25	辛丑	12 29	11 26	辛未	1 28	12 26	辛丑	
8 31	7 23	辛未	10 1	8 25	壬寅	10 31	9 26	壬申	11 30	10 26	壬寅	12 30	11 27	壬申	1 29	12 27	壬寅	
9 1	7 24	壬申	10 2	8 26	癸卯	11 1	9 27	癸酉	12 1	10 27	癸卯	12 31	11 28	癸酉	1 30	12 28	癸卯	
9 2	7 25	癸酉	10 3	8 27	甲辰	11 2	9 28	甲戌	12 2	10 28	甲辰	1 1	11 29	甲戌	1 31	12 29	甲辰	
9 3	7 26	甲戌	10 4	8 28	乙巳	11 3	9 29	乙亥	12 3	10 29	乙巳	1 2	11 30	乙亥	2 1	1 1	乙巳	
9 4	7 27	乙亥	10 5	8 29	丙午	11 4	9 30	丙子	12 4	11 1	丙午	1 3	12 1	丙子	2 2	1 2	丙午	
9 5	7 28	丙子	10 6	9 1	丁未	11 5	10 1	丁丑	12 5	11 2	丁未	1 4	12 2	丁丑	2 3	1 3	丁未	
9 6	7 29	丁丑	10 7	9 2	戊申	11 6	10 2	戊寅	12 6	11 3	戊申	1 5	12 3	戊寅				
9 7	8 1	戊寅																
處暑			秋分			霜降			小雪			冬至			大寒			中氣
8/23 15時16分 申時			9/23 12時55分 午時			10/23 22時17分 亥時			11/22 19時53分 戌時			12/22 9時14分 巳時			1/20 19時52分 戌時			

年	癸未																	
月	甲寅			乙卯			丙辰			丁巳			戊午			己未		
節氣	立春			驚蟄			清明			立夏			芒種			小暑		
	2/4 14時5分 未時			3/6 8時4分 辰時			4/5 12時52分 午時			5/6 6時10分 卯時			6/6 10時19分 巳時			7/7 20時35分 戌時		
日	國曆	農曆	干支	國曆	農曆	干支	國曆	農曆	干支	國曆	農曆	干支	國曆	農曆	干支	國曆	農曆	干支
2003 羊 中華民國九十二年	2 4	1 4	戊申	3 6	2 4	戊寅	4 5	3 4	戊申	5 6	4 6	己卯	6 6	5 7	庚戌	7 7	6 8	辛巳
	2 5	1 5	己酉	3 7	2 5	己卯	4 6	3 5	己酉	5 7	4 7	庚辰	6 7	5 8	辛亥	7 8	6 9	壬午
	2 6	1 6	庚戌	3 8	2 6	庚辰	4 7	3 6	庚戌	5 8	4 8	辛巳	6 8	5 9	壬子	7 9	6 10	癸未
	2 7	1 7	辛亥	3 9	2 7	辛巳	4 8	3 7	辛亥	5 9	4 9	壬午	6 9	5 10	癸丑	7 10	6 11	甲申
	2 8	1 8	壬子	3 10	2 8	壬午	4 9	3 8	壬子	5 10	4 10	癸未	6 10	5 11	甲寅	7 11	6 12	乙酉
	2 9	1 9	癸丑	3 11	2 9	癸未	4 10	3 9	癸丑	5 11	4 11	甲申	6 11	5 12	乙卯	7 12	6 13	丙戌
	2 10	1 10	甲寅	3 12	2 10	甲申	4 11	3 10	甲寅	5 12	4 12	乙酉	6 12	5 13	丙辰	7 13	6 14	丁亥
	2 11	1 11	乙卯	3 13	2 11	乙酉	4 12	3 11	乙卯	5 13	4 13	丙戌	6 13	5 14	丁巳	7 14	6 15	戊子
	2 12	1 12	丙辰	3 14	2 12	丙戌	4 13	3 12	丙辰	5 14	4 14	丁亥	6 14	5 15	戊午	7 15	6 16	己丑
	2 13	1 13	丁巳	3 15	2 13	丁亥	4 14	3 13	丁巳	5 15	4 15	戊子	6 15	5 16	己未	7 16	6 17	庚寅
	2 14	1 14	戊午	3 16	2 14	戊子	4 15	3 14	戊午	5 16	4 16	己丑	6 16	5 17	庚申	7 17	6 18	辛卯
	2 15	1 15	己未	3 17	2 15	己丑	4 16	3 15	己未	5 17	4 17	庚寅	6 17	5 18	辛酉	7 18	6 19	壬辰
	2 16	1 16	庚申	3 18	2 16	庚寅	4 17	3 16	庚申	5 18	4 18	辛卯	6 18	5 19	壬戌	7 19	6 20	癸巳
	2 17	1 17	辛酉	3 19	2 17	辛卯	4 18	3 17	辛酉	5 19	4 19	壬辰	6 19	5 20	癸亥	7 20	6 21	甲午
	2 18	1 18	壬戌	3 20	2 18	壬辰	4 19	3 18	壬戌	5 20	4 20	癸巳	6 20	5 21	甲子	7 21	6 22	乙未
	2 19	1 19	癸亥	3 21	2 19	癸巳	4 20	3 19	癸亥	5 21	4 21	甲午	6 21	5 22	乙丑	7 22	6 23	丙申
	2 20	1 20	甲子	3 22	2 20	甲午	4 21	3 20	甲子	5 22	4 22	乙未	6 22	5 23	丙寅	7 23	6 24	丁酉
	2 21	1 21	乙丑	3 23	2 21	乙未	4 22	3 21	乙丑	5 23	4 23	丙申	6 23	5 24	丁卯	7 24	6 25	戊戌
	2 22	1 22	丙寅	3 24	2 22	丙申	4 23	3 22	丙寅	5 24	4 24	丁酉	6 24	5 25	戊辰	7 25	6 26	己亥
	2 23	1 23	丁卯	3 25	2 23	丁酉	4 24	3 23	丁卯	5 25	4 25	戊戌	6 25	5 26	己巳	7 26	6 27	庚子
	2 24	1 24	戊辰	3 26	2 24	戊戌	4 25	3 24	戊辰	5 26	4 26	己亥	6 26	5 27	庚午	7 27	6 28	辛丑
	2 25	1 25	己巳	3 27	2 25	己亥	4 26	3 25	己巳	5 27	4 27	庚子	6 27	5 28	辛未	7 28	6 29	壬寅
	2 26	1 26	庚午	3 28	2 26	庚子	4 27	3 26	庚午	5 28	4 28	辛丑	6 28	5 29	壬申	7 29	7 1	癸卯
	2 27	1 27	辛未	3 29	2 27	辛丑	4 28	3 27	辛未	5 29	4 29	壬寅	6 29	5 30	癸酉	7 30	7 2	甲辰
	2 28	1 28	壬申	3 30	2 28	壬寅	4 29	3 28	壬申	5 30	4 30	癸卯	6 30	6 1	甲戌	7 31	7 3	乙巳
	3 1	1 29	癸酉	3 31	2 29	癸卯	4 30	3 29	癸酉	5 31	5 1	甲辰	7 1	6 2	乙亥	8 1	7 4	丙午
	3 2	1 30	甲戌	4 1	2 30	甲辰	5 1	4 1	甲戌	6 1	5 2	乙巳	7 2	6 3	丙子	8 2	7 5	丁未
	3 3	2 1	乙亥	4 2	3 1	乙巳	5 2	4 2	乙亥	6 2	5 3	丙午	7 3	6 4	丁丑	8 3	7 6	戊申
	3 4	2 2	丙子	4 3	3 2	丙午	5 3	4 3	丙子	6 3	5 4	丁未	7 4	6 5	戊寅	8 4	7 7	己酉
	3 5	2 3	丁丑	4 4	3 3	丁未	5 4	4 4	丁丑	6 4	5 5	戊申	7 5	6 6	己卯	8 5	7 8	庚戌
							5 5	4 5	戊寅	6 5	5 6	己酉	7 6	6 7	庚辰	8 6	7 9	辛亥
																8 7	7 10	壬子
中氣	雨水			春分			穀雨			小滿			夏至			大暑		
	2/19 10時0分 巳時			3/21 8時59分 辰時			4/20 20時2分 戌時			5/21 19時12分 戌時			6/22 3時10分 寅時			7/23 14時4分 未時		

癸未																			年
庚申			辛酉			壬戌			癸亥			甲子			乙丑				月
立秋			白露			寒露			立冬			大雪			小寒				節氣
8/8 6時24分 卯時			9/8 9時20分 巳時			10/9 1時0分 丑時			11/8 4時13分 寅時			12/7 21時5分 亥時			1/6 8時18分 辰時				日
國曆	農曆	干支	國曆	農曆	干支	國曆	農曆	干支	國曆	農曆	干支	國曆	農曆	干支	國曆	農曆	干支		
8 8	7 11	癸丑	9 8	8 12	甲申	10 9	9 14	乙卯	11 8	10 15	乙酉	12 7	11 14	甲寅	1 6	12 15	甲申		2 0 0 3 · 2 0 0 4
8 9	7 12	甲寅	9 9	8 13	乙酉	10 10	9 15	丙辰	11 9	10 16	丙戌	12 8	11 15	乙卯	1 7	12 16	乙酉		
8 10	7 13	乙卯	9 10	8 14	丙戌	10 11	9 16	丁巳	11 10	10 17	丁亥	12 9	11 16	丙辰	1 8	12 17	丙戌		
8 11	7 14	丙辰	9 11	8 15	丁亥	10 12	9 17	戊午	11 11	10 18	戊子	12 10	11 17	丁巳	1 9	12 18	丁亥		
8 12	7 15	丁巳	9 12	8 16	戊子	10 13	9 18	己未	11 12	10 19	己丑	12 11	11 18	戊午	1 10	12 19	戊子		
8 13	7 16	戊午	9 13	8 17	己丑	10 14	9 19	庚申	11 13	10 20	庚寅	12 12	11 19	己未	1 11	12 20	己丑		
8 14	7 17	己未	9 14	8 18	庚寅	10 15	9 20	辛酉	11 14	10 21	辛卯	12 13	11 20	庚申	1 12	12 21	庚寅		
8 15	7 18	庚申	9 15	8 19	辛卯	10 16	9 21	壬戌	11 15	10 22	壬辰	12 14	11 21	辛酉	1 13	12 22	辛卯		
8 16	7 19	辛酉	9 16	8 20	壬辰	10 17	9 22	癸亥	11 16	10 23	癸巳	12 15	11 22	壬戌	1 14	12 23	壬辰		
8 17	7 20	壬戌	9 17	8 21	癸巳	10 18	9 23	甲子	11 17	10 24	甲午	12 16	11 23	癸亥	1 15	12 24	癸巳		
8 18	7 21	癸亥	9 18	8 22	甲午	10 19	9 24	乙丑	11 18	10 25	乙未	12 17	11 24	甲子	1 16	12 25	甲午		
8 19	7 22	甲子	9 19	8 23	乙未	10 20	9 25	丙寅	11 19	10 26	丙申	12 18	11 25	乙丑	1 17	12 26	乙未		
8 20	7 23	乙丑	9 20	8 24	丙申	10 21	9 26	丁卯	11 20	10 27	丁酉	12 19	11 26	丙寅	1 18	12 27	丙申		
8 21	7 24	丙寅	9 21	8 25	丁酉	10 22	9 27	戊辰	11 21	10 28	戊戌	12 20	11 27	丁卯	1 19	12 28	丁酉		羊
8 22	7 25	丁卯	9 22	8 26	戊戌	10 23	9 28	己巳	11 22	10 29	己亥	12 21	11 28	戊辰	1 20	12 29	戊戌		
8 23	7 26	戊辰	9 23	8 27	己亥	10 24	9 29	庚午	11 23	10 30	庚子	12 22	11 29	己巳	1 21	12 30	己亥		
8 24	7 27	己巳	9 24	8 28	庚子	10 25	10 1	辛未	11 24	11 1	辛丑	12 23	12 1	庚午	1 22	1 1	庚子		
8 25	7 28	庚午	9 25	8 29	辛丑	10 26	10 2	壬申	11 25	11 2	壬寅	12 24	12 2	辛未	1 23	1 2	辛丑		
8 26	7 29	辛未	9 26	9 1	壬寅	10 27	10 3	癸酉	11 26	11 3	癸卯	12 25	12 3	壬申	1 24	1 3	壬寅		
8 27	7 30	壬申	9 27	9 2	癸卯	10 28	10 4	甲戌	11 27	11 4	甲辰	12 26	12 4	癸酉	1 25	1 4	癸卯		
8 28	8 1	癸酉	9 28	9 3	甲辰	10 29	10 5	乙亥	11 28	11 5	乙巳	12 27	12 5	甲戌	1 26	1 5	甲辰		
8 29	8 2	甲戌	9 29	9 4	乙巳	10 30	10 6	丙子	11 29	11 6	丙午	12 28	12 6	乙亥	1 27	1 6	乙巳		中 華 民 國 九 十 二 · 九 十 三 年
8 30	8 3	乙亥	9 30	9 5	丙午	10 31	10 7	丁丑	11 30	11 7	丁未	12 29	12 7	丙子	1 28	1 7	丙午		
8 31	8 4	丙子	10 1	9 6	丁未	11 1	10 8	戊寅	12 1	11 8	戊申	12 30	12 8	丁丑	1 29	1 8	丁未		
9 1	8 5	丁丑	10 2	9 7	戊申	11 2	10 9	己卯	12 2	11 9	己酉	12 31	12 9	戊寅	1 30	1 9	戊申		
9 2	8 6	戊寅	10 3	9 8	己酉	11 3	10 10	庚辰	12 3	11 10	庚戌	1 1	12 10	己卯	1 31	1 10	己酉		
9 3	8 7	己卯	10 4	9 9	庚戌	11 4	10 11	辛巳	12 4	11 11	辛亥	1 2	12 11	庚辰	2 1	1 11	庚戌		
9 4	8 8	庚辰	10 5	9 10	辛亥	11 5	10 12	壬午	12 5	11 12	壬子	1 3	12 12	辛巳	2 2	1 12	辛亥		
9 5	8 9	辛巳	10 6	9 11	壬子	11 6	10 13	癸未	12 6	11 13	癸丑	1 4	12 13	壬午	2 3	1 13	壬子		
9 6	8 10	壬午	10 7	9 12	癸丑	11 7	10 14	甲申				1 5	12 14	癸未					
9 7	8 11	癸未	10 8	9 13	甲寅														
處暑			秋分			霜降			小雪			冬至			大寒				中氣
8/23 21時8分 亥時			9/23 18時46分 酉時			10/24 4時8分 寅時			11/23 1時43分 丑時			12/22 15時3分 申時			1/21 1時42分 丑時				

年　甲申（2004　猴　中華民國九十三年）

月	丙寅			丁卯			戊辰			己巳			庚午			辛未		
節氣	立春 2/4 19時56分 戊時			驚蟄 3/5 13時55分 未時			清明 4/4 18時43分 酉時			立夏 5/5 12時2分 午時			芒種 6/5 16時13分 申時			小暑 7/7 2時31分 丑時		
日	國曆	農曆	干支	國曆	農曆	干支	國曆	農曆	干支	國曆	農曆	干支	國曆	農曆	干支	國曆	農曆	干支
	2/4	1/14	癸丑	3/5	2/15	癸未	4/4	閏2/15	癸丑	5/5	3/17	甲申	6/5	4/18	乙卯	7/7	5/20	丁亥
	2/5	1/15	甲寅	3/6	2/16	甲申	4/5	閏2/16	甲寅	5/6	3/18	乙酉	6/6	4/19	丙辰	7/8	5/21	戊子
	2/6	1/16	乙卯	3/7	2/17	乙酉	4/6	閏2/17	乙卯	5/7	3/19	丙戌	6/7	4/20	丁巳	7/9	5/22	己丑
	2/7	1/17	丙辰	3/8	2/18	丙戌	4/7	閏2/18	丙辰	5/8	3/20	丁亥	6/8	4/21	戊午	7/10	5/23	庚寅
	2/8	1/18	丁巳	3/9	2/19	丁亥	4/8	閏2/19	丁巳	5/9	3/21	戊子	6/9	4/22	己未	7/11	5/24	辛卯
	2/9	1/19	戊午	3/10	2/20	戊子	4/9	閏2/20	戊午	5/10	3/22	己丑	6/10	4/23	庚申	7/12	5/25	壬辰
	2/10	1/20	己未	3/11	2/21	己丑	4/10	閏2/21	己未	5/11	3/23	庚寅	6/11	4/24	辛酉	7/13	5/26	癸巳
	2/11	1/21	庚申	3/12	2/22	庚寅	4/11	閏2/22	庚申	5/12	3/24	辛卯	6/12	4/25	壬戌	7/14	5/27	甲午
	2/12	1/22	辛酉	3/13	2/23	辛卯	4/12	閏2/23	辛酉	5/13	3/25	壬辰	6/13	4/26	癸亥	7/15	5/28	乙未
	2/13	1/23	壬戌	3/14	2/24	壬辰	4/13	閏2/24	壬戌	5/14	3/26	癸巳	6/14	4/27	甲子	7/16	5/29	丙申
	2/14	1/24	癸亥	3/15	2/25	癸巳	4/14	閏2/25	癸亥	5/15	3/27	甲午	6/15	4/28	乙丑	7/17	6/1	丁酉
	2/15	1/25	甲子	3/16	2/26	甲午	4/15	閏2/26	甲子	5/16	3/28	乙未	6/16	4/29	丙寅	7/18	6/2	戊戌
	2/16	1/26	乙丑	3/17	2/27	乙未	4/16	閏2/27	乙丑	5/17	3/29	丙申	6/17	4/30	丁卯	7/19	6/3	己亥
	2/17	1/27	丙寅	3/18	2/28	丙申	4/17	閏2/28	丙寅	5/18	3/30	丁酉	6/18	5/1	戊辰	7/20	6/4	庚子
	2/18	1/28	丁卯	3/19	2/29	丁酉	4/18	閏2/29	丁卯	5/19	4/1	戊戌	6/19	5/2	己巳	7/21	6/5	辛丑
	2/19	1/29	戊辰	3/20	2/30	戊戌	4/19	3/1	戊辰	5/20	4/2	己亥	6/20	5/3	庚午	7/22	6/6	壬寅
	2/20	2/1	己巳	3/21	閏2/1	己亥	4/20	3/2	己巳	5/21	4/3	庚子	6/21	5/4	辛未	7/23	6/7	癸卯
	2/21	2/2	庚午	3/22	2/2	庚子	4/21	3/3	庚午	5/22	4/4	辛丑	6/22	5/5	壬申	7/24	6/8	甲辰
	2/22	2/3	辛未	3/23	2/3	辛丑	4/22	3/4	辛未	5/23	4/5	壬寅	6/23	5/6	癸酉	7/25	6/9	乙巳
	2/23	2/4	壬申	3/24	2/4	壬寅	4/23	3/5	壬申	5/24	4/6	癸卯	6/24	5/7	甲戌	7/26	6/10	丙午
	2/24	2/5	癸酉	3/25	2/5	癸卯	4/24	3/6	癸酉	5/25	4/7	甲辰	6/25	5/8	乙亥	7/27	6/11	丁未
	2/25	2/6	甲戌	3/26	2/6	甲辰	4/25	3/7	甲戌	5/26	4/8	乙巳	6/26	5/9	丙子	7/28	6/12	戊申
	2/26	2/7	乙亥	3/27	2/7	乙巳	4/26	3/8	乙亥	5/27	4/9	丙午	6/27	5/10	丁丑	7/29	6/13	己酉
	2/27	2/8	丙子	3/28	2/8	丙午	4/27	3/9	丙子	5/28	4/10	丁未	6/28	5/11	戊寅	7/30	6/14	庚戌
	2/28	2/9	丁丑	3/29	2/9	丁未	4/28	3/10	丁丑	5/29	4/11	戊申	6/29	5/12	己卯	7/31	6/15	辛亥
	2/29	2/10	戊寅	3/30	2/10	戊申	4/29	3/11	戊寅	5/30	4/12	己酉	6/30	5/13	庚辰	8/1	6/16	壬子
	3/1	2/11	己卯	3/31	2/11	己酉	4/30	3/12	己卯	5/31	4/13	庚戌	7/1	5/14	辛巳	8/2	6/17	癸丑
	3/2	2/12	庚辰	4/1	2/12	庚戌	5/1	3/13	庚辰	6/1	4/14	辛亥	7/2	5/15	壬午	8/3	6/18	甲寅
	3/3	2/13	辛巳	4/2	2/13	辛亥	5/2	3/14	辛巳	6/2	4/15	壬子	7/3	5/16	癸未	8/4	6/19	乙卯
	3/4	2/14	壬午	4/3	2/14	壬子	5/3	3/15	壬午	6/3	4/16	癸丑	7/4	5/17	甲申	8/5	6/20	丙辰
							5/4	3/16	癸未	6/4	4/17	甲寅	7/5	5/18	乙酉	8/6	6/21	丁巳
													7/6	5/19	丙戌			
中氣	雨水 2/19 15時49分 申時			春分 3/20 14時48分 未時			穀雨 4/20 1時50分 丑時			小滿 5/21 0時59分 子時			夏至 6/21 8時56分 辰時			大暑 7/22 19時50分 戌時		

甲申																		年

壬申			癸酉			甲戌			乙亥			丙子			丁丑			月
立秋			白露			寒露			立冬			大雪			小寒			節氣
8/7 12時19分 午時			9/7 15時12分 申時			10/8 6時49分 卯時			11/7 9時58分 巳時			12/7 2時48分 丑時			1/5 14時2分 未時			
國曆	農曆	干支	國曆	農曆	干支	國曆	農曆	干支	國曆	農曆	干支	國曆	農曆	干支	國曆	農曆	干支	日
8 7	6 22	戊午	9 7	7 23	己丑	10 8	8 25	庚申	11 7	9 25	庚寅	12 7	10 26	庚申	1 5	11 25	己丑	
8 8	6 23	己未	9 8	7 24	庚寅	10 9	8 26	辛酉	11 8	9 26	辛卯	12 8	10 27	辛酉	1 6	11 26	庚寅	
8 9	6 24	庚申	9 9	7 25	辛卯	10 10	8 27	壬戌	11 9	9 27	壬辰	12 9	10 28	壬戌	1 7	11 27	辛卯	
8 10	6 25	辛酉	9 10	7 26	壬辰	10 11	8 28	癸亥	11 10	9 28	癸巳	12 10	10 29	癸亥	1 8	11 28	壬辰	2004·2005
8 11	6 26	壬戌	9 11	7 27	癸巳	10 12	8 29	甲子	11 11	9 29	甲午	12 11	10 30	甲子	1 9	11 29	癸巳	
8 12	6 27	癸亥	9 12	7 28	甲午	10 13	8 30	乙丑	11 12	10 1	乙未	12 12	11 1	乙丑	1 10	12 1	甲午	
8 13	6 28	甲子	9 13	7 29	乙未	10 14	9 1	丙寅	11 13	10 2	丙申	12 13	11 2	丙寅	1 11	12 2	乙未	
8 14	6 29	乙丑	9 14	8 1	丙申	10 15	9 2	丁卯	11 14	10 3	丁酉	12 14	11 3	丁卯	1 12	12 3	丙申	
8 15	6 30	丙寅	9 15	8 2	丁酉	10 16	9 3	戊辰	11 15	10 4	戊戌	12 15	11 4	戊辰	1 13	12 4	丁酉	
8 16	7 1	丁卯	9 16	8 3	戊戌	10 17	9 4	己巳	11 16	10 5	己亥	12 16	11 5	己巳	1 14	12 5	戊戌	
8 17	7 2	戊辰	9 17	8 4	己亥	10 18	9 5	庚午	11 17	10 6	庚子	12 17	11 6	庚午	1 15	12 6	己亥	
8 18	7 3	己巳	9 18	8 5	庚子	10 19	9 6	辛未	11 18	10 7	辛丑	12 18	11 7	辛未	1 16	12 7	庚子	
8 19	7 4	庚午	9 19	8 6	辛丑	10 20	9 7	壬申	11 19	10 8	壬寅	12 19	11 8	壬申	1 17	12 8	辛丑	
8 20	7 5	辛未	9 20	8 7	壬寅	10 21	9 8	癸酉	11 20	10 9	癸卯	12 20	11 9	癸酉	1 18	12 9	壬寅	
8 21	7 6	壬申	9 21	8 8	癸卯	10 22	9 9	甲戌	11 21	10 10	甲辰	12 21	11 10	甲戌	1 19	12 10	癸卯	猴
8 22	7 7	癸酉	9 22	8 9	甲辰	10 23	9 10	乙亥	11 22	10 11	乙巳	12 22	11 11	乙亥	1 20	12 11	甲辰	
8 23	7 8	甲戌	9 23	8 10	乙巳	10 24	9 11	丙子	11 23	10 12	丙午	12 23	11 12	丙子	1 21	12 12	乙巳	
8 24	7 9	乙亥	9 24	8 11	丙午	10 25	9 12	丁丑	11 24	10 13	丁未	12 24	11 13	丁丑	1 22	12 13	丙午	
8 25	7 10	丙子	9 25	8 12	丁未	10 26	9 13	戊寅	11 25	10 14	戊申	12 25	11 14	戊寅	1 23	12 14	丁未	
8 26	7 11	丁丑	9 26	8 13	戊申	10 27	9 14	己卯	11 26	10 15	己酉	12 26	11 15	己卯	1 24	12 15	戊申	
8 27	7 12	戊寅	9 27	8 14	己酉	10 28	9 15	庚辰	11 27	10 16	庚戌	12 27	11 16	庚辰	1 25	12 16	己酉	
8 28	7 13	己卯	9 28	8 15	庚戌	10 29	9 16	辛巳	11 28	10 17	辛亥	12 28	11 17	辛巳	1 26	12 17	庚戌	中
8 29	7 14	庚辰	9 29	8 16	辛亥	10 30	9 17	壬午	11 29	10 18	壬子	12 29	11 18	壬午	1 27	12 18	辛亥	華
8 30	7 15	辛巳	9 30	8 17	壬子	10 31	9 18	癸未	11 30	10 19	癸丑	12 30	11 19	癸未	1 28	12 19	壬子	民
8 31	7 16	壬午	10 1	8 18	癸丑	11 1	9 19	甲申	12 1	10 20	甲寅	12 31	11 20	甲申	1 29	12 20	癸丑	國
9 1	7 17	癸未	10 2	8 19	甲寅	11 2	9 20	乙酉	12 2	10 21	乙卯	1 1	11 21	乙酉	1 30	12 21	甲寅	九
9 2	7 18	甲申	10 3	8 20	乙卯	11 3	9 21	丙戌	12 3	10 22	丙辰	1 2	11 22	丙戌	1 31	12 22	乙卯	十
9 3	7 19	乙酉	10 4	8 21	丙辰	11 4	9 22	丁亥	12 4	10 23	丁巳	1 3	11 23	丁亥	2 1	12 23	丙辰	三
9 4	7 20	丙戌	10 5	8 22	丁巳	11 5	9 23	戊子	12 5	10 24	戊午	1 4	11 24	戊子	2 2	12 24	丁巳	·
9 5	7 21	丁亥	10 6	8 23	戊午	11 6	9 24	己丑	12 6	10 25	己未				2 3	12 25	戊午	九
9 6	7 22	戊子	10 7	8 24	己未													十
處暑			秋分			霜降			小雪			冬至			大寒			四
8/23 2時53分 丑時			9/23 0時29分 子時			10/23 9時48分 巳時			11/22 7時21分 辰時			12/21 20時41分 戌時			1/20 7時21分 辰時			年
																		中氣

年	乙酉																	
月	戊寅			己卯			庚辰			辛巳			壬午			癸未		
節氣	立春 2/4 1時43分 丑時			驚蟄 3/5 19時45分 戌時			清明 4/5 0時34分 子時			立夏 5/5 17時52分 酉時			芒種 6/5 22時1分 亥時			小暑 7/7 8時16分 辰時		
日	國曆	農曆	干支	國曆	農曆	干支	國曆	農曆	干支	國曆	農曆	干支	國曆	農曆	干支	國曆	農曆	干支
	2 4	12 26	己未	3 5	1 25	戊子	4 5	2 27	己未	5 5	3 27	己丑	6 5	4 29	庚申	7 7	6 2	壬辰
	2 5	12 27	庚申	3 6	1 26	己丑	4 6	2 28	庚申	5 6	3 28	庚寅	6 6	4 30	辛酉	7 8	6 3	癸巳
	2 6	12 28	辛酉	3 7	1 27	庚寅	4 7	2 29	辛酉	5 7	3 29	辛卯	6 7	5 1	壬戌	7 9	6 4	甲午
	2 7	12 29	壬戌	3 8	1 28	辛卯	4 8	2 30	壬戌	5 8	4 1	壬辰	6 8	5 2	癸亥	7 10	6 5	乙未
2	2 8	12 30	癸亥	3 9	1 29	壬辰	4 9	3 1	癸亥	5 9	4 2	癸巳	6 9	5 3	甲子	7 11	6 6	丙申
0	2 9	1 1	甲子	3 10	2 1	癸巳	4 10	3 2	甲子	5 10	4 3	甲午	6 10	5 4	乙丑	7 12	6 7	丁酉
0	2 10	1 2	乙丑	3 11	2 2	甲午	4 11	3 3	乙丑	5 11	4 4	乙未	6 11	5 5	丙寅	7 13	6 8	戊戌
5	2 11	1 3	丙寅	3 12	2 3	乙未	4 12	3 4	丙寅	5 12	4 5	丙申	6 12	5 6	丁卯	7 14	6 9	己亥
	2 12	1 4	丁卯	3 13	2 4	丙申	4 13	3 5	丁卯	5 13	4 6	丁酉	6 13	5 7	戊辰	7 15	6 10	庚子
	2 13	1 5	戊辰	3 14	2 5	丁酉	4 14	3 6	戊辰	5 14	4 7	戊戌	6 14	5 8	己巳	7 16	6 11	辛丑
	2 14	1 6	己巳	3 15	2 6	戊戌	4 15	3 7	己巳	5 15	4 8	己亥	6 15	5 9	庚午	7 17	6 12	壬寅
	2 15	1 7	庚午	3 16	2 7	己亥	4 16	3 8	庚午	5 16	4 9	庚子	6 16	5 10	辛未	7 18	6 13	癸卯
	2 16	1 8	辛未	3 17	2 8	庚子	4 17	3 9	辛未	5 17	4 10	辛丑	6 17	5 11	壬申	7 19	6 14	甲辰
雞	2 17	1 9	壬申	3 18	2 9	辛丑	4 18	3 10	壬申	5 18	4 11	壬寅	6 18	5 12	癸酉	7 20	6 15	乙巳
	2 18	1 10	癸酉	3 19	2 10	壬寅	4 19	3 11	癸酉	5 19	4 12	癸卯	6 19	5 13	甲戌	7 21	6 16	丙午
	2 19	1 11	甲戌	3 20	2 11	癸卯	4 20	3 12	甲戌	5 20	4 13	甲辰	6 20	5 14	乙亥	7 22	6 17	丁未
	2 20	1 12	乙亥	3 21	2 12	甲辰	4 21	3 13	乙亥	5 21	4 14	乙巳	6 21	5 15	丙子	7 23	6 18	戊申
	2 21	1 13	丙子	3 22	2 13	乙巳	4 22	3 14	丙子	5 22	4 15	丙午	6 22	5 16	丁丑	7 24	6 19	己酉
	2 22	1 14	丁丑	3 23	2 14	丙午	4 23	3 15	丁丑	5 23	4 16	丁未	6 23	5 17	戊寅	7 25	6 20	庚戌
	2 23	1 15	戊寅	3 24	2 15	丁未	4 24	3 16	戊寅	5 24	4 17	戊申	6 24	5 18	己卯	7 26	6 21	辛亥
中	2 24	1 16	己卯	3 25	2 16	戊申	4 25	3 17	己卯	5 25	4 18	己酉	6 25	5 19	庚辰	7 27	6 22	壬子
華	2 25	1 17	庚辰	3 26	2 17	己酉	4 26	3 18	庚辰	5 26	4 19	庚戌	6 26	5 20	辛巳	7 28	6 23	癸丑
民	2 26	1 18	辛巳	3 27	2 18	庚戌	4 27	3 19	辛巳	5 27	4 20	辛亥	6 27	5 21	壬午	7 29	6 24	甲寅
國	2 27	1 19	壬午	3 28	2 19	辛亥	4 28	3 20	壬午	5 28	4 21	壬子	6 28	5 22	癸未	7 30	6 25	乙卯
九	2 28	1 20	癸未	3 29	2 20	壬子	4 29	3 21	癸未	5 29	4 22	癸丑	6 29	5 23	甲申	7 31	6 26	丙辰
十	3 1	1 21	甲申	3 30	2 21	癸丑	4 30	3 22	甲申	5 30	4 23	甲寅	6 30	5 24	乙酉	8 1	6 27	丁巳
四	3 2	1 22	乙酉	3 31	2 22	甲寅	5 1	3 23	乙酉	5 31	4 24	乙卯	7 1	5 25	丙戌	8 2	6 28	戊午
年	3 3	1 23	丙戌	4 1	2 23	乙卯	5 2	3 24	丙戌	6 1	4 25	丙辰	7 2	5 26	丁亥	8 3	6 29	己未
	3 4	1 24	丁亥	4 2	2 24	丙辰	5 3	3 25	丁亥	6 2	4 26	丁巳	7 3	5 27	戊子	8 4	6 30	庚申
				4 3	2 25	丁巳	5 4	3 26	戊子	6 3	4 27	戊午	7 4	5 28	己丑	8 5	7 1	辛酉
				4 4	2 26	戊午				6 4	4 28	己未	7 5	5 29	庚寅	8 6	7 2	壬戌
													7 6	6 1	辛卯			
中	雨水			春分			穀雨			小滿			夏至			大暑		
氣	2/18 21時31分 亥時			3/20 20時33分 戌時			4/20 7時37分 辰時			5/21 6時47分 卯時			6/21 14時46分 未時			7/23 1時40分 丑時		

乙酉																		年
甲申			乙酉			丙戌			丁亥			戊子			己丑			月
立秋			白露			寒露			立冬			大雪			小寒			節氣
8/7 18時3分 酉時			9/7 20時56分 戌時			10/8 12時33分 午時			11/7 15時42分 申時			12/7 8時32分 辰時			1/5 19時46分 戌時			
國曆	農曆	干支	國曆	農曆	干支	國曆	農曆	干支	國曆	農曆	干支	國曆	農曆	干支	國曆	農曆	干支	日
8 7	7 3	癸亥	9 7	8 4	甲午	10 8	9 6	乙丑	11 7	10 6	乙未	12 7	11 7	乙丑	1 5	12 6	甲午	
8 8	7 4	甲子	9 8	8 5	乙未	10 9	9 7	丙寅	11 8	10 7	丙申	12 8	11 8	丙寅	1 6	12 7	乙未	
8 9	7 5	乙丑	9 9	8 6	丙申	10 10	9 8	丁卯	11 9	10 8	丁酉	12 9	11 9	丁卯	1 7	12 8	丙申	
8 10	7 6	丙寅	9 10	8 7	丁酉	10 11	9 9	戊辰	11 10	10 9	戊戌	12 10	11 10	戊辰	1 8	12 9	丁酉	2005·2006
8 11	7 7	丁卯	9 11	8 8	戊戌	10 12	9 10	己巳	11 11	10 10	己亥	12 11	11 11	己巳	1 9	12 10	戊戌	
8 12	7 8	戊辰	9 12	8 9	己亥	10 13	9 11	庚午	11 12	10 11	庚子	12 12	11 12	庚午	1 10	12 11	己亥	
8 13	7 9	己巳	9 13	8 10	庚子	10 14	9 12	辛未	11 13	10 12	辛丑	12 13	11 13	辛未	1 11	12 12	庚子	
8 14	7 10	庚午	9 14	8 11	辛丑	10 15	9 13	壬申	11 14	10 13	壬寅	12 14	11 14	壬申	1 12	12 13	辛丑	
8 15	7 11	辛未	9 15	8 12	壬寅	10 16	9 14	癸酉	11 15	10 14	癸卯	12 15	11 15	癸酉	1 13	12 14	壬寅	
8 16	7 12	壬申	9 16	8 13	癸卯	10 17	9 15	甲戌	11 16	10 15	甲辰	12 16	11 16	甲戌	1 14	12 15	癸卯	
8 17	7 13	癸酉	9 17	8 14	甲辰	10 18	9 16	乙亥	11 17	10 16	乙巳	12 17	11 17	乙亥	1 15	12 16	甲辰	
8 18	7 14	甲戌	9 18	8 15	乙巳	10 19	9 17	丙子	11 18	10 17	丙午	12 18	11 18	丙子	1 16	12 17	乙巳	
8 19	7 15	乙亥	9 19	8 16	丙午	10 20	9 18	丁丑	11 19	10 18	丁未	12 19	11 19	丁丑	1 17	12 18	丙午	
8 20	7 16	丙子	9 20	8 17	丁未	10 21	9 19	戊寅	11 20	10 19	戊申	12 20	11 20	戊寅	1 18	12 19	丁未	
8 21	7 17	丁丑	9 21	8 18	戊申	10 22	9 20	己卯	11 21	10 20	己酉	12 21	11 21	己卯	1 19	12 20	戊申	雞
8 22	7 18	戊寅	9 22	8 19	己酉	10 23	9 21	庚辰	11 22	10 21	庚戌	12 22	11 22	庚辰	1 20	12 21	己酉	
8 23	7 19	己卯	9 23	8 20	庚戌	10 24	9 22	辛巳	11 23	10 22	辛亥	12 23	11 23	辛巳	1 21	12 22	庚戌	
8 24	7 20	庚辰	9 24	8 21	辛亥	10 25	9 23	壬午	11 24	10 23	壬子	12 24	11 24	壬午	1 22	12 23	辛亥	
8 25	7 21	辛巳	9 25	8 22	壬子	10 26	9 24	癸未	11 25	10 24	癸丑	12 25	11 25	癸未	1 23	12 24	壬子	
8 26	7 22	壬午	9 26	8 23	癸丑	10 27	9 25	甲申	11 26	10 25	甲寅	12 26	11 26	甲申	1 24	12 25	癸丑	
8 27	7 23	癸未	9 27	8 24	甲寅	10 28	9 26	乙酉	11 27	10 26	乙卯	12 27	11 27	乙酉	1 25	12 26	甲寅	中華民國九十四·九十五年
8 28	7 24	甲申	9 28	8 25	乙卯	10 29	9 27	丙戌	11 28	10 27	丙辰	12 28	11 28	丙戌	1 26	12 27	乙卯	
8 29	7 25	乙酉	9 29	8 26	丙辰	10 30	9 28	丁亥	11 29	10 28	丁巳	12 29	11 29	丁亥	1 27	12 28	丙辰	
8 30	7 26	丙戌	9 30	8 27	丁巳	10 31	9 29	戊子	11 30	10 29	戊午	12 30	11 30	戊子	1 28	12 29	丁巳	
8 31	7 27	丁亥	10 1	8 28	戊午	11 1	9 30	己丑	12 1	11 1	己未	12 31	12 1	己丑	1 29	1 1	戊午	
9 1	7 28	戊子	10 2	8 29	己未	11 2	10 1	庚寅	12 2	11 2	庚申	1 1	12 2	庚寅	1 30	1 2	己未	
9 2	7 29	己丑	10 3	9 1	庚申	11 3	10 2	辛卯	12 3	11 3	辛酉	1 2	12 3	辛卯	1 31	1 3	庚申	
9 3	7 30	庚寅	10 4	9 2	辛酉	11 4	10 3	壬辰	12 4	11 4	壬戌	1 3	12 4	壬辰	2 1	1 4	辛酉	
9 4	8 1	辛卯	10 5	9 3	壬戌	11 5	10 4	癸巳	12 5	11 5	癸亥	1 4	12 5	癸巳	2 2	1 5	壬戌	
9 5	8 2	壬辰	10 6	9 4	癸亥	11 6	10 5	甲午	12 6	11 6	甲子				2 3	1 6	癸亥	
9 6	8 3	癸巳	10 7	9 5	甲子													
處暑			秋分			霜降			小雪			冬至			大寒			中氣
8/23 8時45分 辰時			9/23 6時23分 卯時			10/23 15時42分 申時			11/22 13時14分 未時			12/22 2時34分 丑時			1/20 13時15分 未時			

年	丙戌																
月	庚寅			辛卯			壬辰			癸巳			甲午			乙未		
節氣	立春			驚蟄			清明			立夏			芒種			小暑		
氣	2/4 7時27分 辰時			3/6 1時28分 丑時			4/5 6時15分 卯時			5/5 23時30分 子時			6/6 3時36分 寅時			7/7 13時51分 未時		
日	國曆	農曆	干支	國曆	農曆	干支	國曆	農曆	干支	國曆	農曆	干支	國曆	農曆	干支	國曆	農曆	干支
	2 4	1 7	甲子	3 6	2 7	甲午	4 5	3 8	甲子	5 5	4 8	甲午	6 6	5 11	丙寅	7 7	6 12	丁酉
	2 5	1 8	乙丑	3 7	2 8	乙未	4 6	3 9	乙丑	5 6	4 9	乙未	6 7	5 12	丁卯	7 8	6 13	戊戌
	2 6	1 9	丙寅	3 8	2 9	丙申	4 7	3 10	丙寅	5 7	4 10	丙申	6 8	5 13	戊辰	7 9	6 14	己亥
	2 7	1 10	丁卯	3 9	2 10	丁酉	4 8	3 11	丁卯	5 8	4 11	丁酉	6 9	5 14	己巳	7 10	6 15	庚子
2	2 8	1 11	戊辰	3 10	2 11	戊戌	4 9	3 12	戊辰	5 9	4 12	戊戌	6 10	5 15	庚午	7 11	6 16	辛丑
0	2 9	1 12	己巳	3 11	2 12	己亥	4 10	3 13	己巳	5 10	4 13	己亥	6 11	5 16	辛未	7 12	6 17	壬寅
0	2 10	1 13	庚午	3 12	2 13	庚子	4 11	3 14	庚午	5 11	4 14	庚子	6 12	5 17	壬申	7 13	6 18	癸卯
6	2 11	1 14	辛未	3 13	2 14	辛丑	4 12	3 15	辛未	5 12	4 15	辛丑	6 13	5 18	癸酉	7 14	6 19	甲辰
	2 12	1 15	壬申	3 14	2 15	壬寅	4 13	3 16	壬申	5 13	4 16	壬寅	6 14	5 19	甲戌	7 15	6 20	乙巳
	2 13	1 16	癸酉	3 15	2 16	癸卯	4 14	3 17	癸酉	5 14	4 17	癸卯	6 15	5 20	乙亥	7 16	6 21	丙午
	2 14	1 17	甲戌	3 16	2 17	甲辰	4 15	3 18	甲戌	5 15	4 18	甲辰	6 16	5 21	丙子	7 17	6 22	丁未
	2 15	1 18	乙亥	3 17	2 18	乙巳	4 16	3 19	乙亥	5 16	4 19	乙巳	6 17	5 22	丁丑	7 18	6 23	戊申
	2 16	1 19	丙子	3 18	2 19	丙午	4 17	3 20	丙子	5 17	4 20	丙午	6 18	5 23	戊寅	7 19	6 24	己酉
	2 17	1 20	丁丑	3 19	2 20	丁未	4 18	3 21	丁丑	5 18	4 21	丁未	6 19	5 24	己卯	7 20	6 25	庚戌
	2 18	1 21	戊寅	3 20	2 21	戊申	4 19	3 22	戊寅	5 19	4 22	戊申	6 20	5 25	庚辰	7 21	6 26	辛亥
狗	2 19	1 22	己卯	3 21	2 22	己酉	4 20	3 23	己卯	5 20	4 23	己酉	6 21	5 26	辛巳	7 22	6 27	壬子
	2 20	1 23	庚辰	3 22	2 23	庚戌	4 21	3 24	庚辰	5 21	4 24	庚戌	6 22	5 27	壬午	7 23	6 28	癸丑
	2 21	1 24	辛巳	3 23	2 24	辛亥	4 22	3 25	辛巳	5 22	4 25	辛亥	6 23	5 28	癸未	7 24	6 29	甲寅
	2 22	1 25	壬午	3 24	2 25	壬子	4 23	3 26	壬午	5 23	4 26	壬子	6 24	5 29	甲申	7 25	7 1	乙卯
	2 23	1 26	癸未	3 25	2 26	癸丑	4 24	3 27	癸未	5 24	4 27	癸丑	6 25	5 30	乙酉	7 26	7 2	丙辰
	2 24	1 27	甲申	3 26	2 27	甲寅	4 25	3 28	甲申	5 25	4 28	甲寅	6 26	6 1	丙戌	7 27	7 3	丁巳
	2 25	1 28	乙酉	3 27	2 28	乙卯	4 26	3 29	乙酉	5 26	4 29	乙卯	6 27	6 2	丁亥	7 28	7 4	戊午
中	2 26	1 29	丙戌	3 28	2 29	丙辰	4 27	3 30	丙戌	5 27	5 1	丙辰	6 28	6 3	戊子	7 29	7 5	己未
華	2 27	1 30	丁亥	3 29	3 1	丁巳	4 28	4 1	丁亥	5 28	5 2	丁巳	6 29	6 4	己丑	7 30	7 6	庚申
民	2 28	2 1	戊子	3 30	3 2	戊午	4 29	4 2	戊子	5 29	5 3	戊午	6 30	6 5	庚寅	7 31	7 7	辛酉
國	3 1	2 2	己丑	3 31	3 3	己未	4 30	4 3	己丑	5 30	5 4	己未	7 1	6 6	辛卯	8 1	7 8	壬戌
九	3 2	2 3	庚寅	4 1	3 4	庚申	5 1	4 4	庚寅	5 31	5 5	庚申	7 2	6 7	壬辰	8 2	7 9	癸亥
十	3 3	2 4	辛卯	4 2	3 5	辛酉	5 2	4 5	辛卯	6 1	5 6	辛酉	7 3	6 8	癸巳	8 3	7 10	甲子
五	3 4	2 5	壬辰	4 3	3 6	壬戌	5 3	4 6	壬辰	6 2	5 7	壬戌	7 4	6 9	甲午	8 4	7 11	乙丑
年	3 5	2 6	癸巳	4 4	3 7	癸亥	5 4	4 7	癸巳	6 3	5 8	癸亥	7 5	6 10	乙未	8 5	7 12	丙寅
										6 4	5 9	甲子	7 6	6 11	丙申	8 6	7 13	丁卯
										6 5	5 10	乙丑						
中	雨水			春分			穀雨			小滿			夏至			大暑		
氣	2/19 3時25分 寅時			3/21 2時25分 丑時			4/20 13時26分 未時			5/21 12時31分 午時			6/21 20時25分 戌時			7/23 7時17分 辰時		

丙戌																		年
丙申			丁酉			戊戌			己亥			庚子			辛丑			月
立秋			白露			寒露			立冬			大雪			小寒			節氣
8/7 23時40分 子時			9/8 2時38分 丑時			10/8 18時21分 酉時			11/7 21時34分 亥時			12/7 14時26分 未時			1/6 1時40分 丑時			
國曆	農曆	干支	國曆	農曆	干支	國曆	農曆	干支	國曆	農曆	干支	國曆	農曆	干支	國曆	農曆	干支	日
8 7	7 14	戊辰	9 8	7 16	庚子	10 8	8 17	庚午	11 7	9 17	庚子	12 7	10 17	庚午	1 6	11 18	庚子	
8 8	7 15	己巳	9 9	7 17	辛丑	10 9	8 18	辛未	11 8	9 18	辛丑	12 8	10 18	辛未	1 7	11 19	辛丑	
8 9	7 16	庚午	9 10	7 18	壬寅	10 10	8 19	壬申	11 9	9 19	壬寅	12 9	10 19	壬申	1 8	11 20	壬寅	2 0 0 6 · 2 0 0 7
8 10	7 17	辛未	9 11	7 19	癸卯	10 11	8 20	癸酉	11 10	9 20	癸卯	12 10	10 20	癸酉	1 9	11 21	癸卯	
8 11	7 18	壬申	9 12	7 20	甲辰	10 12	8 21	甲戌	11 11	9 21	甲辰	12 11	10 21	甲戌	1 10	11 22	甲辰	
8 12	7 19	癸酉	9 13	7 21	乙巳	10 13	8 22	乙亥	11 12	9 22	乙巳	12 12	10 22	乙亥	1 11	11 23	乙巳	
8 13	7 20	甲戌	9 14	7 22	丙午	10 14	8 23	丙子	11 13	9 23	丙午	12 13	10 23	丙子	1 12	11 24	丙午	
8 14	7 21	乙亥	9 15	7 23	丁未	10 15	8 24	丁丑	11 14	9 24	丁未	12 14	10 24	丁丑	1 13	11 25	丁未	
8 15	7 22	丙子	9 16	7 24	戊申	10 16	8 25	戊寅	11 15	9 25	戊申	12 15	10 25	戊寅	1 14	11 26	戊申	
8 16	7 23	丁丑	9 17	7 25	己酉	10 17	8 26	己卯	11 16	9 26	己酉	12 16	10 26	己卯	1 15	11 27	己酉	
8 17	7 24	戊寅	9 18	7 26	庚戌	10 18	8 27	庚辰	11 17	9 27	庚戌	12 17	10 27	庚辰	1 16	11 28	庚戌	
8 18	7 25	己卯	9 19	7 27	辛亥	10 19	8 28	辛巳	11 18	9 28	辛亥	12 18	10 28	辛巳	1 17	11 29	辛亥	
8 19	7 26	庚辰	9 20	7 28	壬子	10 20	8 29	壬午	11 19	9 29	壬子	12 19	10 29	壬午	1 18	11 30	壬子	
8 20	7 27	辛巳	9 21	7 29	癸丑	10 21	8 30	癸未	11 20	9 30	癸丑	12 20	11 1	癸未	1 19	12 1	癸丑	
8 21	7 28	壬午	9 22	8 1	甲寅	10 22	9 1	甲申	11 21	10 1	甲寅	12 21	11 2	甲申	1 20	12 2	甲寅	
8 22	7 29	癸未	9 23	8 2	乙卯	10 23	9 2	乙酉	11 22	10 2	乙卯	12 22	11 3	乙酉	1 21	12 3	乙卯	
8 23	7 30	甲申	9 24	8 3	丙辰	10 24	9 3	丙戌	11 23	10 3	丙辰	12 23	11 4	丙戌	1 22	12 4	丙辰	
8 24	閏1	乙酉	9 25	8 4	丁巳	10 25	9 4	丁亥	11 24	10 4	丁巳	12 24	11 5	丁亥	1 23	12 5	丁巳	狗
8 25	7 2	丙戌	9 26	8 5	戊午	10 26	9 5	戊子	11 25	10 5	戊午	12 25	11 6	戊子	1 24	12 6	戊午	
8 26	7 3	丁亥	9 27	8 6	己未	10 27	9 6	己丑	11 26	10 6	己未	12 26	11 7	己丑	1 25	12 7	己未	
8 27	7 4	戊子	9 28	8 7	庚申	10 28	9 7	庚寅	11 27	10 7	庚申	12 27	11 8	庚寅	1 26	12 8	庚申	
8 28	7 5	己丑	9 29	8 8	辛酉	10 29	9 8	辛卯	11 28	10 8	辛酉	12 28	11 9	辛卯	1 27	12 9	辛酉	
8 29	7 6	庚寅	9 30	8 9	壬戌	10 30	9 9	壬辰	11 29	10 9	壬戌	12 29	11 10	壬辰	1 28	12 10	壬戌	
8 30	7 7	辛卯	10 1	8 10	癸亥	10 31	9 10	癸巳	11 30	10 10	癸亥	12 30	11 11	癸巳	1 29	12 11	癸亥	中 華 民 國 九 十 五 · 九 十 六 年
8 31	7 8	壬辰	10 2	8 11	甲子	11 1	9 11	甲午	12 1	10 11	甲午	12 31	11 12	甲午	1 30	12 12	甲子	
9 1	7 9	癸巳	10 3	8 12	乙丑	11 2	9 12	乙未	12 2	10 12	乙未	1 1	11 13	乙未	1 31	12 13	乙丑	
9 2	7 10	甲午	10 4	8 13	丙寅	11 3	9 13	丙申	12 3	10 13	丙申	1 2	11 14	丙申	2 1	12 14	丙寅	
9 3	7 11	乙未	10 5	8 14	丁卯	11 4	9 14	丁酉	12 4	10 14	丁酉	1 3	11 15	丁酉	2 2	12 15	丁卯	
9 4	7 12	丙申	10 6	8 15	戊辰	11 5	9 15	戊戌	12 5	10 15	戊戌	1 4	11 16	戊戌	2 3	12 16	戊辰	
9 5	7 13	丁酉	10 7	8 16	己巳	11 6	9 16	己亥	12 6	10 16	己亥	1 5	11 17	己亥				
9 6	7 14	戊戌																
9 7	7 15	己亥																
處暑			秋分			霜降			小雪			冬至			大寒			中氣
8/23 14時22分 未時			9/23 12時3分 午時			10/23 21時26分 亥時			11/22 19時1分 戌時			12/22 8時22分 辰時			1/20 19時0分 戌時			

年	丁亥																	
月	壬寅			癸卯			甲辰			乙巳			丙午			丁未		
節氣	立春			驚蟄			清明			立夏			芒種			小暑		
	2/4 13時18分 未時			3/6 7時17分 辰時			4/5 12時4分 午時			5/6 5時20分 卯時			6/6 9時27分 巳時			7/7 19時41分 戌時		
日	國曆	農曆	干支	國曆	農曆	干支	國曆	農曆	干支	國曆	農曆	干支	國曆	農曆	干支	國曆	農曆	干支
	2/4	12/17	己巳	3/6	1/17	己亥	4/5	2/18	己巳	5/6	3/20	庚子	6/6	4/21	辛未	7/7	5/23	壬寅
	2/5	12/18	庚午	3/7	1/18	庚子	4/6	2/19	庚午	5/7	3/21	辛丑	6/7	4/22	壬申	7/8	5/24	癸卯
	2/6	12/19	辛未	3/8	1/19	辛丑	4/7	2/20	辛未	5/8	3/22	壬寅	6/8	4/23	癸酉	7/9	5/25	甲辰
	2/7	12/20	壬申	3/9	1/20	壬寅	4/8	2/21	壬申	5/9	3/23	癸卯	6/9	4/24	甲戌	7/10	5/26	乙巳
2	2/8	12/21	癸酉	3/10	1/21	癸卯	4/9	2/22	癸酉	5/10	3/24	甲辰	6/10	4/25	乙亥	7/11	5/27	丙午
0	2/9	12/22	甲戌	3/11	1/22	甲辰	4/10	2/23	甲戌	5/11	3/25	乙巳	6/11	4/26	丙子	7/12	5/28	丁未
0	2/10	12/23	乙亥	3/12	1/23	乙巳	4/11	2/24	乙亥	5/12	3/26	丙午	6/12	4/27	丁丑	7/13	5/29	戊申
7	2/11	12/24	丙子	3/13	1/24	丙午	4/12	2/25	丙子	5/13	3/27	丁未	6/13	4/28	戊寅	7/14	6/1	己酉
	2/12	12/25	丁丑	3/14	1/25	丁未	4/13	2/26	丁丑	5/14	3/28	戊申	6/14	4/29	己卯	7/15	6/2	庚戌
	2/13	12/26	戊寅	3/15	1/26	戊申	4/14	2/27	戊寅	5/15	3/29	己酉	6/15	5/1	庚辰	7/16	6/3	辛亥
	2/14	12/27	己卯	3/16	1/27	己酉	4/15	2/28	己卯	5/16	3/30	庚戌	6/16	5/2	辛巳	7/17	6/4	壬子
	2/15	12/28	庚辰	3/17	1/28	庚戌	4/16	2/29	庚辰	5/17	4/1	辛亥	6/17	5/3	壬午	7/18	6/5	癸丑
	2/16	12/29	辛巳	3/18	1/29	辛亥	4/17	3/1	辛巳	5/18	4/2	壬子	6/18	5/4	癸未	7/19	6/6	甲寅
	2/17	12/30	壬午	3/19	2/1	壬子	4/18	3/2	壬午	5/19	4/3	癸丑	6/19	5/5	甲申	7/20	6/7	乙卯
豬	2/18	1/1	癸未	3/20	2/2	癸丑	4/19	3/3	癸未	5/20	4/4	甲寅	6/20	5/6	乙酉	7/21	6/8	丙辰
	2/19	1/2	甲申	3/21	2/3	甲寅	4/20	3/4	甲申	5/21	4/5	乙卯	6/21	5/7	丙戌	7/22	6/9	丁巳
	2/20	1/3	乙酉	3/22	2/4	乙卯	4/21	3/5	乙酉	5/22	4/6	丙辰	6/22	5/8	丁亥	7/23	6/10	戊午
	2/21	1/4	丙戌	3/23	2/5	丙辰	4/22	3/6	丙戌	5/23	4/7	丁巳	6/23	5/9	戊子	7/24	6/11	己未
	2/22	1/5	丁亥	3/24	2/6	丁巳	4/23	3/7	丁亥	5/24	4/8	戊午	6/24	5/10	己丑	7/25	6/12	庚申
	2/23	1/6	戊子	3/25	2/7	戊午	4/24	3/8	戊子	5/25	4/9	己未	6/25	5/11	庚寅	7/26	6/13	辛酉
	2/24	1/7	己丑	3/26	2/8	己未	4/25	3/9	己丑	5/26	4/10	庚申	6/26	5/12	辛卯	7/27	6/14	壬戌
中	2/25	1/8	庚寅	3/27	2/9	庚申	4/26	3/10	庚寅	5/27	4/11	辛酉	6/27	5/13	壬辰	7/28	6/15	癸亥
華	2/26	1/9	辛卯	3/28	2/10	辛酉	4/27	3/11	辛卯	5/28	4/12	壬戌	6/28	5/14	癸巳	7/29	6/16	甲子
民	2/27	1/10	壬辰	3/29	2/11	壬戌	4/28	3/12	壬辰	5/29	4/13	癸亥	6/29	5/15	甲午	7/30	6/17	乙丑
國	2/28	1/11	癸巳	3/30	2/12	癸亥	4/29	3/13	癸巳	5/30	4/14	甲子	6/30	5/16	乙未	7/31	6/18	丙寅
九	3/1	1/12	甲午	3/31	2/13	甲子	4/30	3/14	甲午	5/31	4/15	乙丑	7/1	5/17	丙申	8/1	6/19	丁卯
十	3/2	1/13	乙未	4/1	2/14	乙丑	5/1	3/15	乙未	6/1	4/16	丙寅	7/2	5/18	丁酉	8/2	6/20	戊辰
六	3/3	1/14	丙申	4/2	2/15	丙寅	5/2	3/16	丙申	6/2	4/17	丁卯	7/3	5/19	戊戌	8/3	6/21	己巳
年	3/4	1/15	丁酉	4/3	2/16	丁卯	5/3	3/17	丁酉	6/3	4/18	戊辰	7/4	5/20	己亥	8/4	6/22	庚午
	3/5	1/16	戊戌	4/4	2/17	戊辰	5/4	3/18	戊戌	6/4	4/19	己巳	7/5	5/21	庚子	8/5	6/23	辛未
							5/5	3/19	己亥	6/5	4/20	庚午	7/6	5/22	辛丑	8/6	6/24	壬申
																8/7	6/25	癸酉
中氣	雨水			春分			穀雨			小滿			夏至			大暑		
	2/19 9時8分 巳時			3/21 8時7分 辰時			4/20 19時7分 戌時			5/21 18時11分 酉時			6/22 2時6分 丑時			7/23 13時0分 未時		

丁亥																		年
戊申			己酉			庚戌			辛亥			壬子			癸丑			月
立秋			白露			寒露			立冬			大雪			小寒			節氣
8/8 5時31分 卯時			9/8 8時29分 辰時			10/9 0時11分 子時			11/8 3時23分 寅時			12/7 20時14分 戌時			1/6 7時24分 辰時			
國曆	農曆	干支	國曆	農曆	干支	國曆	農曆	干支	國曆	農曆	干支	國曆	農曆	干支	國曆	農曆	干支	日
8 8	6 26	甲戌	9 8	7 27	乙巳	10 9	8 29	丙子	11 8	9 29	丙午	12 7	10 28	乙亥	1 6	11 28	乙巳	
8 9	6 27	乙亥	9 9	7 28	丙午	10 10	8 30	丁丑	11 9	9 30	丁未	12 8	10 29	丙子	1 7	11 29	丙午	
8 10	6 28	丙子	9 10	7 29	丁未	10 11	9 1	戊寅	11 10	10 1	戊申	12 9	10 30	丁丑	1 8	12 1	丁未	
8 11	6 29	丁丑	9 11	8 1	戊申	10 12	9 2	己卯	11 11	10 2	己酉	12 10	11 1	戊寅	1 9	12 2	戊申	
8 12	6 30	戊寅	9 12	8 2	己酉	10 13	9 3	庚辰	11 12	10 3	庚戌	12 11	11 2	己卯	1 10	12 3	己酉	
8 13	7 1	己卯	9 13	8 3	庚戌	10 14	9 4	辛巳	11 13	10 4	辛亥	12 12	11 3	庚辰	1 11	12 4	庚戌	2
8 14	7 2	庚辰	9 14	8 4	辛亥	10 15	9 5	壬午	11 14	10 5	壬子	12 13	11 4	辛巳	1 12	12 5	辛亥	0
8 15	7 3	辛巳	9 15	8 5	壬子	10 16	9 6	癸未	11 15	10 6	癸丑	12 14	11 5	壬午	1 13	12 6	壬子	0
8 16	7 4	壬午	9 16	8 6	癸丑	10 17	9 7	甲申	11 16	10 7	甲寅	12 15	11 6	癸未	1 14	12 7	癸丑	7
8 17	7 5	癸未	9 17	8 7	甲寅	10 18	9 8	乙酉	11 17	10 8	乙卯	12 16	11 7	甲申	1 15	12 8	甲寅	·
8 18	7 6	甲申	9 18	8 8	乙卯	10 19	9 9	丙戌	11 18	10 9	丙辰	12 17	11 8	乙酉	1 16	12 9	乙卯	2
8 19	7 7	乙酉	9 19	8 9	丙辰	10 20	9 10	丁亥	11 19	10 10	丁巳	12 18	11 9	丙戌	1 17	12 10	丙辰	0
8 20	7 8	丙戌	9 20	8 10	丁巳	10 21	9 11	戊子	11 20	10 11	戊午	12 19	11 10	丁亥	1 18	12 11	丁巳	0
8 21	7 9	丁亥	9 21	8 11	戊午	10 22	9 12	己丑	11 21	10 12	己未	12 20	11 11	戊子	1 19	12 12	戊午	8
8 22	7 10	戊子	9 22	8 12	己未	10 23	9 13	庚寅	11 22	10 13	庚申	12 21	11 12	己丑	1 20	12 13	己未	
8 23	7 11	己丑	9 23	8 13	庚申	10 24	9 14	辛卯	11 23	10 14	辛酉	12 22	11 13	庚寅	1 21	12 14	庚申	
8 24	7 12	庚寅	9 24	8 14	辛酉	10 25	9 15	壬辰	11 24	10 15	壬戌	12 23	11 14	辛卯	1 22	12 15	辛酉	
8 25	7 13	辛卯	9 25	8 15	壬戌	10 26	9 16	癸巳	11 25	10 16	癸亥	12 24	11 15	壬辰	1 23	12 16	壬戌	
8 26	7 14	壬辰	9 26	8 16	癸亥	10 27	9 17	甲午	11 26	10 17	甲子	12 25	11 16	癸巳	1 24	12 17	癸亥	
8 27	7 15	癸巳	9 27	8 17	甲子	10 28	9 18	乙未	11 27	10 18	乙丑	12 26	11 17	甲午	1 25	12 18	甲子	豬
8 28	7 16	甲午	9 28	8 18	乙丑	10 29	9 19	丙申	11 28	10 19	丙寅	12 27	11 18	乙未	1 26	12 19	乙丑	
8 29	7 17	乙未	9 29	8 19	丙寅	10 30	9 20	丁酉	11 29	10 20	丁卯	12 28	11 19	丙申	1 27	12 20	丙寅	
8 30	7 18	丙申	9 30	8 20	丁卯	10 31	9 21	戊戌	11 30	10 21	戊辰	12 29	11 20	丁酉	1 28	12 21	丁卯	
8 31	7 19	丁酉	10 1	8 21	戊辰	11 1	9 22	己亥	12 1	10 22	己巳	12 30	11 21	戊戌	1 29	12 22	戊辰	
9 1	7 20	戊戌	10 2	8 22	己巳	11 2	9 23	庚子	12 2	10 23	庚午	12 31	11 22	己亥	1 30	12 23	己巳	中
9 2	7 21	己亥	10 3	8 23	庚午	11 3	9 24	辛丑	12 3	10 24	辛未	1 1	11 23	庚子	1 31	12 24	庚午	華
9 3	7 22	庚子	10 4	8 24	辛未	11 4	9 25	壬寅	12 4	10 25	壬申	1 2	11 24	辛丑	2 1	12 25	辛未	民
9 4	7 23	辛丑	10 5	8 25	壬申	11 5	9 26	癸卯	12 5	10 26	癸酉	1 3	11 25	壬寅	2 2	12 26	壬申	國
9 5	7 24	壬寅	10 6	8 26	癸酉	11 6	9 27	甲辰	12 6	10 27	甲戌	1 4	11 26	癸卯	2 3	12 27	癸酉	九
9 6	7 25	癸卯	10 7	8 27	甲戌	11 7	9 28	乙巳				1 5	11 27	甲辰				十
9 7	7 26	甲辰	10 8	8 28	乙亥													六
處暑			秋分			霜降			小雪			冬至			大寒			中
8/23 20時7分 戌時			9/23 17時51分 酉時			10/24 3時15分 寅時			11/23 0時49分 子時			12/22 14時7分 未時			1/21 0時43分 子時			氣

中華民國九十六·九十七年

年	戊子																
月	甲寅			乙卯			丙辰			丁巳			戊午			己未		
節氣	立春			驚蟄			清明			立夏			芒種			小暑		
	2/4 19時0分 戊時			3/5 12時58分 午時			4/4 17時45分 酉時			5/5 11時3分 午時			6/5 15時11分 申時			7/7 1時26分 丑時		
日	國曆	農曆	干支	國曆	農曆	干支	國曆	農曆	干支	國曆	農曆	干支	國曆	農曆	干支	國曆	農曆	干支
	2/4	12/28	戊戌	3/5	1/28	甲辰	4/4	2/28	甲戌	5/5	4/1	乙巳	6/5	5/2	丙子	7/7	6/5	戊申
	2/5	12/29	乙亥	3/6	1/29	乙巳	4/5	2/29	乙亥	5/6	4/2	丙午	6/6	5/3	丁丑	7/8	6/6	己酉
	2/6	12/30	丙子	3/7	1/30	丙午	4/6	3/1	丙子	5/7	4/3	丁未	6/7	5/4	戊寅	7/9	6/7	庚戌
	2/7	1/1	丁丑	3/8	2/1	丁未	4/7	3/2	丁丑	5/8	4/4	戊申	6/8	5/5	己卯	7/10	6/8	辛亥
	2/8	1/2	戊寅	3/9	2/2	戊申	4/8	3/3	戊寅	5/9	4/5	己酉	6/9	5/6	庚辰	7/11	6/9	壬子
	2/9	1/3	己卯	3/10	2/3	己酉	4/9	3/4	己卯	5/10	4/6	庚戌	6/10	5/7	辛巳	7/12	6/10	癸丑
	2/10	1/4	庚辰	3/11	2/4	庚戌	4/10	3/5	庚辰	5/11	4/7	辛亥	6/11	5/8	壬午	7/13	6/11	甲寅
	2/11	1/5	辛巳	3/12	2/5	辛亥	4/11	3/6	辛巳	5/12	4/8	壬子	6/12	5/9	癸未	7/14	6/12	乙卯
	2/12	1/6	壬午	3/13	2/6	壬子	4/12	3/7	壬午	5/13	4/9	癸丑	6/13	5/10	甲申	7/15	6/13	丙辰
	2/13	1/7	癸未	3/14	2/7	癸丑	4/13	3/8	癸未	5/14	4/10	甲寅	6/14	5/11	乙酉	7/16	6/14	丁巳
	2/14	1/8	甲申	3/15	2/8	甲寅	4/14	3/9	甲申	5/15	4/11	乙卯	6/15	5/12	丙戌	7/17	6/15	戊午
	2/15	1/9	乙酉	3/16	2/9	乙卯	4/15	3/10	乙酉	5/16	4/12	丙辰	6/16	5/13	丁亥	7/18	6/16	己未
	2/16	1/10	丙戌	3/17	2/10	丙辰	4/16	3/11	丙戌	5/17	4/13	丁巳	6/17	5/14	戊子	7/19	6/17	庚申
	2/17	1/11	丁亥	3/18	2/11	丁巳	4/17	3/12	丁亥	5/18	4/14	戊午	6/18	5/15	己丑	7/20	6/18	辛酉
	2/18	1/12	戊子	3/19	2/12	戊午	4/18	3/13	戊子	5/19	4/15	己未	6/19	5/16	庚寅	7/21	6/19	壬戌
	2/19	1/13	己丑	3/20	2/13	己未	4/19	3/14	己丑	5/20	4/16	庚申	6/20	5/17	辛卯	7/22	6/20	癸亥
	2/20	1/14	庚寅	3/21	2/14	庚申	4/20	3/15	庚寅	5/21	4/17	辛酉	6/21	5/18	壬辰	7/23	6/21	甲子
	2/21	1/15	辛卯	3/22	2/15	辛酉	4/21	3/16	辛卯	5/22	4/18	壬戌	6/22	5/19	癸巳	7/24	6/22	乙丑
	2/22	1/16	壬辰	3/23	2/16	壬戌	4/22	3/17	壬辰	5/23	4/19	癸亥	6/23	5/20	甲午	7/25	6/23	丙寅
	2/23	1/17	癸巳	3/24	2/17	癸亥	4/23	3/18	癸巳	5/24	4/20	甲子	6/24	5/21	乙未	7/26	6/24	丁卯
	2/24	1/18	甲午	3/25	2/18	甲子	4/24	3/19	甲午	5/25	4/21	乙丑	6/25	5/22	丙申	7/27	6/25	戊辰
	2/25	1/19	乙未	3/26	2/19	乙丑	4/25	3/20	乙未	5/26	4/22	丙寅	6/26	5/23	丁酉	7/28	6/26	己巳
	2/26	1/20	丙申	3/27	2/20	丙寅	4/26	3/21	丙申	5/27	4/23	丁卯	6/27	5/24	戊戌	7/29	6/27	庚午
	2/27	1/21	丁酉	3/28	2/21	丁卯	4/27	3/22	丁酉	5/28	4/24	戊辰	6/28	5/25	己亥	7/30	6/28	辛未
	2/28	1/22	戊戌	3/29	2/22	戊辰	4/28	3/23	戊戌	5/29	4/25	己巳	6/29	5/26	庚子	7/31	6/29	壬申
	2/29	1/23	己亥	3/30	2/23	己巳	4/29	3/24	己亥	5/30	4/26	庚午	6/30	5/27	辛丑	8/1	7/1	癸酉
	3/1	1/24	庚子	3/31	2/24	庚午	4/30	3/25	庚子	5/31	4/27	辛未	7/1	5/28	壬寅	8/2	7/2	甲戌
	3/2	1/25	辛丑	4/1	2/25	辛未	5/1	3/26	辛丑	6/1	4/28	壬申	7/2	5/29	癸卯	8/3	7/3	乙亥
	3/3	1/26	壬寅	4/2	2/26	壬申	5/2	3/27	壬寅	6/2	4/29	癸酉	7/3	6/1	甲辰	8/4	7/4	丙子
	3/4	1/27	癸卯	4/3	2/27	癸酉	5/3	3/28	癸卯	6/3	4/30	甲戌	7/4	6/2	乙巳	8/5	7/5	丁丑
							5/4	3/29	甲辰	6/4	5/1	乙亥	7/5	6/3	丙午	8/6	7/6	戊寅
													7/6	6/4	丁未			
中氣	雨水			春分			穀雨			小滿			夏至			大暑		
	2/19 14時49分 未時			3/20 13時48分 未時			4/20 0時51分 子時			5/21 0時0分 子時			6/21 7時59分 辰時			7/22 18時54分 酉時		

2008 鼠 中華民國九十七年

戊子 年

庚申 月			辛酉 月			壬戌 月			癸亥 月			甲子 月			乙丑 月			
立秋			白露			寒露			立冬			大雪			小寒			節氣
8/7 11時16分 午時			9/7 14時14分 未時			10/8 5時56分 卯時			11/7 9時10分 巳時			12/7 2時2分 丑時			1/5 13時14分 未時			
國曆	農曆	干支	國曆	農曆	干支	國曆	農曆	干支	國曆	農曆	干支	國曆	農曆	干支	國曆	農曆	干支	日
8 7	7 7	己卯	9 7	8 8	庚戌	10 8	9 10	辛巳	11 7	10 10	辛亥	12 7	11 10	辛巳	1 5	12 10	庚戌	
8 8	7 8	庚辰	9 8	8 9	辛亥	10 9	9 11	壬午	11 8	10 11	壬子	12 8	11 11	壬午	1 6	12 11	辛亥	
8 9	7 9	辛巳	9 9	8 10	壬子	10 10	9 12	癸未	11 9	10 12	癸丑	12 9	11 12	癸未	1 7	12 12	壬子	
8 10	7 10	壬午	9 10	8 11	癸丑	10 11	9 13	甲申	11 10	10 13	甲寅	12 10	11 13	甲申	1 8	12 13	癸丑	
8 11	7 11	癸未	9 11	8 12	甲寅	10 12	9 14	乙酉	11 11	10 14	乙卯	12 11	11 14	乙酉	1 9	12 14	甲寅	2
8 12	7 12	甲申	9 12	8 13	乙卯	10 13	9 15	丙戌	11 12	10 15	丙辰	12 12	11 15	丙戌	1 10	12 15	乙卯	0
8 13	7 13	乙酉	9 13	8 14	丙辰	10 14	9 16	丁亥	11 13	10 16	丁巳	12 13	11 16	丁亥	1 11	12 16	丙辰	0
8 14	7 14	丙戌	9 14	8 15	丁巳	10 15	9 17	戊子	11 14	10 17	戊午	12 14	11 17	戊子	1 12	12 17	丁巳	8
8 15	7 15	丁亥	9 15	8 16	戊午	10 16	9 18	己丑	11 15	10 18	己未	12 15	11 18	己丑	1 13	12 18	戊午	·
8 16	7 16	戊子	9 16	8 17	己未	10 17	9 19	庚寅	11 16	10 19	庚申	12 16	11 19	庚寅	1 14	12 19	己未	2
8 17	7 17	己丑	9 17	8 18	庚申	10 18	9 20	辛卯	11 17	10 20	辛酉	12 17	11 20	辛卯	1 15	12 20	庚申	0
8 18	7 18	庚寅	9 18	8 19	辛酉	10 19	9 21	壬辰	11 18	10 21	壬戌	12 18	11 21	壬辰	1 16	12 21	辛酉	0
8 19	7 19	辛卯	9 19	8 20	壬戌	10 20	9 22	癸巳	11 19	10 22	癸亥	12 19	11 22	癸巳	1 17	12 22	壬戌	9
8 20	7 20	壬辰	9 20	8 21	癸亥	10 21	9 23	甲午	11 20	10 23	甲子	12 20	11 23	甲午	1 18	12 23	癸亥	
8 21	7 21	癸巳	9 21	8 22	甲子	10 22	9 24	乙未	11 21	10 24	乙丑	12 21	11 24	乙未	1 19	12 24	甲子	鼠
8 22	7 22	甲午	9 22	8 23	乙丑	10 23	9 25	丙申	11 22	10 25	丙寅	12 22	11 25	丙申	1 20	12 25	乙丑	
8 23	7 23	乙未	9 23	8 24	丙寅	10 24	9 26	丁酉	11 23	10 26	丁卯	12 23	11 26	丁酉	1 21	12 26	丙寅	
8 24	7 24	丙申	9 24	8 25	丁卯	10 25	9 27	戊戌	11 24	10 27	戊辰	12 24	11 27	戊戌	1 22	12 27	丁卯	
8 25	7 25	丁酉	9 25	8 26	戊辰	10 26	9 28	己亥	11 25	10 28	己巳	12 25	11 28	己亥	1 23	12 28	戊辰	
8 26	7 26	戊戌	9 26	8 27	己巳	10 27	9 29	庚子	11 26	10 29	庚午	12 26	11 29	庚子	1 24	12 29	己巳	中
8 27	7 27	己亥	9 27	8 28	庚午	10 28	9 30	辛丑	11 27	10 30	辛未	12 27	12 1	辛丑	1 25	12 30	庚午	華
8 28	7 28	庚子	9 28	8 29	辛未	10 29	10 1	壬寅	11 28	11 1	壬申	12 28	12 2	壬寅	1 26	1 1	辛未	民
8 29	7 29	辛丑	9 29	9 1	壬申	10 30	10 2	癸卯	11 29	11 2	癸酉	12 29	12 3	癸卯	1 27	1 2	壬申	國
8 30	7 30	壬寅	9 30	9 2	癸酉	10 31	10 3	甲辰	11 30	11 3	甲戌	12 30	12 4	甲辰	1 28	1 3	癸酉	九
8 31	8 1	癸卯	10 1	9 3	甲戌	11 1	10 4	乙巳	12 1	11 4	乙亥	12 31	12 5	乙巳	1 29	1 4	甲戌	十
9 1	8 2	甲辰	10 2	9 4	乙亥	11 2	10 5	丙午	12 2	11 5	丙子	1 1	12 6	丙午	1 30	1 5	乙亥	七
9 2	8 3	乙巳	10 3	9 5	丙子	11 3	10 6	丁未	12 3	11 6	丁丑	1 2	12 7	丁未	1 31	1 6	丙子	·
9 3	8 4	丙午	10 4	9 6	丁丑	11 4	10 7	戊申	12 4	11 7	戊寅	1 3	12 8	戊申	2 1	1 7	丁丑	九
9 4	8 5	丁未	10 5	9 7	戊寅	11 5	10 8	己酉	12 5	11 8	己卯	1 4	12 9	己酉	2 2	1 8	戊寅	十
9 5	8 6	戊申	10 6	9 8	己卯	11 6	10 9	庚戌	12 6	11 9	庚辰				2 3	1 9	己卯	八
9 6	8 7	己酉	10 7	9 9	庚辰													年
處暑			秋分			霜降			小雪			冬至			大寒			中
8/23 2時2分 丑時			9/22 23時44分 子時			10/23 9時8分 巳時			11/22 6時44分 卯時			12/21 20時3分 戌時			1/20 6時40分 卯時			氣

年	己丑																
月	丙寅			丁卯			戊辰			己巳			庚午			辛未		
節氣	立春			驚蟄			清明			立夏			芒種			小暑		
	2/4 0時49分 子時			3/5 18時47分 酉時			4/4 23時33分 子時			5/5 16時50分 申時			6/5 20時59分 戌時			7/7 7時13分 辰時		
日	國曆	農曆	干支	國曆	農曆	干支	國曆	農曆	干支	國曆	農曆	干支	國曆	農曆	干支	國曆	農曆	干支
	2 4	1 10	庚辰	3 5	2 9	己酉	4 4	3 9	己卯	5 5	4 11	庚戌	6 5	5 13	辛巳	7 7	閏5 15	癸丑
	2 5	1 11	辛巳	3 6	2 10	庚戌	4 5	3 10	庚辰	5 6	4 12	辛亥	6 6	5 14	壬午	7 8	閏5 16	甲寅
	2 6	1 12	壬午	3 7	2 11	辛亥	4 6	3 11	辛巳	5 7	4 13	壬子	6 7	5 15	癸未	7 9	閏5 17	乙卯
	2 7	1 13	癸未	3 8	2 12	壬子	4 7	3 12	壬午	5 8	4 14	癸丑	6 8	5 16	甲申	7 10	閏5 18	丙辰
2	2 8	1 14	甲申	3 9	2 13	癸丑	4 8	3 13	癸未	5 9	4 15	甲寅	6 9	5 17	乙酉	7 11	閏5 19	丁巳
0	2 9	1 15	乙酉	3 10	2 14	甲寅	4 9	3 14	甲申	5 10	4 16	乙卯	6 10	5 18	丙戌	7 12	閏5 20	戊午
0	2 10	1 16	丙戌	3 11	2 15	乙卯	4 10	3 15	乙酉	5 11	4 17	丙辰	6 11	5 19	丁亥	7 13	閏5 21	己未
9	2 11	1 17	丁亥	3 12	2 16	丙辰	4 11	3 16	丙戌	5 12	4 18	丁巳	6 12	5 20	戊子	7 14	閏5 22	庚申
	2 12	1 18	戊子	3 13	2 17	丁巳	4 12	3 17	丁亥	5 13	4 19	戊午	6 13	5 21	己丑	7 15	閏5 23	辛酉
	2 13	1 19	己丑	3 14	2 18	戊午	4 13	3 18	戊子	5 14	4 20	己未	6 14	5 22	庚寅	7 16	閏5 24	壬戌
	2 14	1 20	庚寅	3 15	2 19	己未	4 14	3 19	己丑	5 15	4 21	庚申	6 15	5 23	辛卯	7 17	閏5 25	癸亥
	2 15	1 21	辛卯	3 16	2 20	庚申	4 15	3 20	庚寅	5 16	4 22	辛酉	6 16	5 24	壬辰	7 18	閏5 26	甲子
	2 16	1 22	壬辰	3 17	2 21	辛酉	4 16	3 21	辛卯	5 17	4 23	壬戌	6 17	5 25	癸巳	7 19	閏5 27	乙丑
	2 17	1 23	癸巳	3 18	2 22	壬戌	4 17	3 22	壬辰	5 18	4 24	癸亥	6 18	5 26	甲午	7 20	閏5 28	丙寅
	2 18	1 24	甲午	3 19	2 23	癸亥	4 18	3 23	癸巳	5 19	4 25	甲子	6 19	5 27	乙未	7 21	閏5 29	丁卯
	2 19	1 25	乙未	3 20	2 24	甲子	4 19	3 24	甲午	5 20	4 26	乙丑	6 20	5 28	丙申	7 22	6 1	戊辰
	2 20	1 26	丙申	3 21	2 25	乙丑	4 20	3 25	乙未	5 21	4 27	丙寅	6 21	5 29	丁酉	7 23	6 2	己巳
	2 21	1 27	丁酉	3 22	2 26	丙寅	4 21	3 26	丙申	5 22	4 28	丁卯	6 22	5 30	戊戌	7 24	6 3	庚午
	2 22	1 28	戊戌	3 23	2 27	丁卯	4 22	3 27	丁酉	5 23	4 29	戊辰	6 23	閏5 1	己亥	7 25	6 4	辛未
牛	2 23	1 29	己亥	3 24	2 28	戊辰	4 23	3 28	戊戌	5 24	5 1	己巳	6 24	閏5 2	庚子	7 26	6 5	壬申
	2 24	1 30	庚子	3 25	2 29	己巳	4 24	3 29	己亥	5 25	5 2	庚午	6 25	閏5 3	辛丑	7 27	6 6	癸酉
	2 25	2 1	辛丑	3 26	2 30	庚午	4 25	4 1	庚子	5 26	5 3	辛未	6 26	閏5 4	壬寅	7 28	6 7	甲戌
	2 26	2 2	壬寅	3 27	3 1	辛未	4 26	4 2	辛丑	5 27	5 4	壬申	6 27	閏5 5	癸卯	7 29	6 8	乙亥
	2 27	2 3	癸卯	3 28	3 2	壬申	4 27	4 3	壬寅	5 28	5 5	癸酉	6 28	閏5 6	甲辰	7 30	6 9	丙子
	2 28	2 4	甲辰	3 29	3 3	癸酉	4 28	4 4	癸卯	5 29	5 6	甲戌	6 29	閏5 7	乙巳	7 31	6 10	丁丑
中	3 1	2 5	乙巳	3 30	3 4	甲戌	4 29	4 5	甲辰	5 30	5 7	乙亥	6 30	閏5 8	丙午	8 1	6 11	戊寅
華	3 2	2 6	丙午	3 31	3 5	乙亥	4 30	4 6	乙巳	5 31	5 8	丙子	7 1	閏5 9	丁未	8 2	6 12	己卯
民	3 3	2 7	丁未	4 1	3 6	丙子	5 1	4 7	丙午	6 1	5 9	丁丑	7 2	閏5 10	戊申	8 3	6 13	庚辰
國	3 4	2 8	戊申	4 2	3 7	丁丑	5 2	4 8	丁未	6 2	5 10	戊寅	7 3	閏5 11	己酉	8 4	6 14	辛巳
九				4 3	3 8	戊寅	5 3	4 9	戊申	6 3	5 11	己卯	7 4	閏5 12	庚戌	8 5	6 15	壬午
十							5 4	4 10	己酉	6 4	5 12	庚辰	7 5	閏5 13	辛亥	8 6	6 16	癸未
八													7 6	閏5 14	壬子			
年																		
中氣	雨水			春分			穀雨			小滿			夏至			大暑		
	2/18 20時46分 戌時			3/20 19時43分 戌時			4/20 6時44分 卯時			5/21 5時51分 卯時			6/21 13時45分 未時			7/23 0時35分 子時		

己丑																		年
壬申			癸酉			甲戌			乙亥			丙子			丁丑			月
立秋			白露			寒露			立冬			大雪			小寒			節氣
8/7 17時1分 酉時			9/7 19時57分 戌時			10/8 11時39分 午時			11/7 14時56分 未時			12/7 7時52分 辰時			1/5 19時8分 戌時			
國曆	農曆	干支	國曆	農曆	干支	國曆	農曆	干支	國曆	農曆	干支	國曆	農曆	干支	國曆	農曆	干支	日
8 7	6 17	甲申	9 7	7 19	乙卯	10 8	8 20	丙戌	11 7	9 21	丙辰	12 7	10 21	丙戌	1 5	11 21	乙卯	
8 8	6 18	乙酉	9 8	7 20	丙辰	10 9	8 21	丁亥	11 8	9 22	丁巳	12 8	10 22	丁亥	1 6	11 22	丙辰	
8 9	6 19	丙戌	9 9	7 21	丁巳	10 10	8 22	戊子	11 9	9 23	戊午	12 9	10 23	戊子	1 7	11 23	丁巳	
8 10	6 20	丁亥	9 10	7 22	戊午	10 11	8 23	己丑	11 10	9 24	己未	12 10	10 24	己丑	1 8	11 24	戊午	
8 11	6 21	戊子	9 11	7 23	己未	10 12	8 24	庚寅	11 11	9 25	庚申	12 11	10 25	庚寅	1 9	11 25	己未	2
8 12	6 22	己丑	9 12	7 24	庚申	10 13	8 25	辛卯	11 12	9 26	辛酉	12 12	10 26	辛卯	1 10	11 26	庚申	0
8 13	6 23	庚寅	9 13	7 25	辛酉	10 14	8 26	壬辰	11 13	9 27	壬戌	12 13	10 27	壬辰	1 11	11 27	辛酉	0
8 14	6 24	辛卯	9 14	7 26	壬戌	10 15	8 27	癸巳	11 14	9 28	癸亥	12 14	10 28	癸巳	1 12	11 28	壬戌	9
8 15	6 25	壬辰	9 15	7 27	癸亥	10 16	8 28	甲午	11 15	9 29	甲子	12 15	10 29	甲午	1 13	11 29	癸亥	·
8 16	6 26	癸巳	9 16	7 28	甲子	10 17	8 29	乙未	11 16	9 30	乙丑	12 16	11 1	乙未	1 14	11 30	甲子	2
8 17	6 27	甲午	9 17	7 29	乙丑	10 18	9 1	丙申	11 17	10 1	丙寅	12 17	11 2	丙申	1 15	12 1	乙丑	0
8 18	6 28	乙未	9 18	7 30	丙寅	10 19	9 2	丁酉	11 18	10 2	丁卯	12 18	11 3	丁酉	1 16	12 2	丙寅	1
8 19	6 29	丙申	9 19	8 1	丁卯	10 20	9 3	戊戌	11 19	10 3	戊辰	12 19	11 4	戊戌	1 17	12 3	丁卯	0
8 20	7 1	丁酉	9 20	8 2	戊辰	10 21	9 4	己亥	11 20	10 4	己巳	12 20	11 5	己亥	1 18	12 4	戊辰	
8 21	7 2	戊戌	9 21	8 3	己巳	10 22	9 5	庚子	11 21	10 5	庚午	12 21	11 6	庚子	1 19	12 5	己巳	
8 22	7 3	己亥	9 22	8 4	庚午	10 23	9 6	辛丑	11 22	10 6	辛未	12 22	11 7	辛丑	1 20	12 6	庚午	牛
8 23	7 4	庚子	9 23	8 5	辛未	10 24	9 7	壬寅	11 23	10 7	壬申	12 23	11 8	壬寅	1 21	12 7	辛未	
8 24	7 5	辛丑	9 24	8 6	壬申	10 25	9 8	癸卯	11 24	10 8	癸酉	12 24	11 9	癸卯	1 22	12 8	壬申	
8 25	7 6	壬寅	9 25	8 7	癸酉	10 26	9 9	甲辰	11 25	10 9	甲戌	12 25	11 10	甲辰	1 23	12 9	癸酉	
8 26	7 7	癸卯	9 26	8 8	甲戌	10 27	9 10	乙巳	11 26	10 10	乙亥	12 26	11 11	乙巳	1 24	12 10	甲戌	中
8 27	7 8	甲辰	9 27	8 9	乙亥	10 28	9 11	丙午	11 27	10 11	丙子	12 27	11 12	丙午	1 25	12 11	乙亥	華
8 28	7 9	乙巳	9 28	8 10	丙子	10 29	9 12	丁未	11 28	10 12	丁丑	12 28	11 13	丁未	1 26	12 12	丙子	民
8 29	7 10	丙午	9 29	8 11	丁丑	10 30	9 13	戊申	11 29	10 13	戊寅	12 29	11 14	戊申	1 27	12 13	丁丑	國
8 30	7 11	丁未	9 30	8 12	戊寅	10 31	9 14	己酉	11 30	10 14	己卯	12 30	11 15	己酉	1 28	12 14	戊寅	九
8 31	7 12	戊申	10 1	8 13	己卯	11 1	9 15	庚戌	12 1	10 15	庚辰	12 31	11 16	庚戌	1 29	12 15	己卯	十
9 1	7 13	己酉	10 2	8 14	庚辰	11 2	9 16	辛亥	12 2	10 16	辛巳	1 1	11 17	辛亥	1 30	12 16	庚辰	八
9 2	7 14	庚戌	10 3	8 15	辛巳	11 3	9 17	壬子	12 3	10 17	壬午	1 2	11 18	壬子	1 31	12 17	辛巳	·
9 3	7 15	辛亥	10 4	8 16	壬午	11 4	9 18	癸丑	12 4	10 18	癸未	1 3	11 19	癸丑	2 1	12 18	壬午	九
9 4	7 16	壬子	10 5	8 17	癸未	11 5	9 19	甲寅	12 5	10 19	甲申	1 4	11 20	甲寅	2 2	12 19	癸未	十
9 5	7 17	癸丑	10 6	8 18	甲申	11 6	9 20	乙卯	12 6	10 20	乙酉				2 3	12 20	甲申	九
9 6	7 18	甲寅	10 7	8 19	乙酉													年
處暑			秋分			霜降			小雪			冬至			大寒			中
8/23 7時38分 辰時			9/23 5時18分 卯時			10/23 14時43分 未時			11/22 12時22分 午時			12/22 1時46分 丑時			1/20 12時27分 午時			氣

年												庚寅						
月	戊寅			己卯			庚辰			辛巳			壬午			癸未		
節氣	立春 2/4 6時47分 卯時			驚蟄 3/6 0時46分 子時			清明 4/5 5時30分 卯時			立夏 5/5 22時43分 亥時			芒種 6/2 2時49分 丑時			小暑 7/7 13時2分 未時		
日	國曆	農曆	干支	國曆	農曆	干支	國曆	農曆	干支	國曆	農曆	干支	國曆	農曆	干支	國曆	農曆	干支
	2 4	12 21	乙酉	3 6	1 21	乙卯	4 5	2 21	乙酉	5 5	3 22	乙卯	6 6	4 24	丁亥	7 7	5 26	戊午
	2 5	12 22	丙戌	3 7	1 22	丙辰	4 6	2 22	丙戌	5 6	3 23	丙辰	6 7	4 25	戊子	7 8	5 27	己未
	2 6	12 23	丁亥	3 8	1 23	丁巳	4 7	2 23	丁亥	5 7	3 24	丁巳	6 8	4 26	己丑	7 9	5 28	庚申
2	2 7	12 24	戊子	3 9	1 24	戊午	4 8	2 24	戊子	5 8	3 25	戊午	6 9	4 27	庚寅	7 10	5 29	辛酉
0	2 8	12 25	己丑	3 10	1 25	己未	4 9	2 25	己丑	5 9	3 26	己未	6 10	4 28	辛卯	7 11	5 30	壬戌
1	2 9	12 26	庚寅	3 11	1 26	庚申	4 10	2 26	庚寅	5 10	3 27	庚申	6 11	4 29	壬辰	7 12	6 1	癸亥
0	2 10	12 27	辛卯	3 12	1 27	辛酉	4 11	2 27	辛卯	5 11	3 28	辛酉	6 12	5 1	癸巳	7 13	6 2	甲子
	2 11	12 28	壬辰	3 13	1 28	壬戌	4 12	2 28	壬辰	5 12	3 29	壬戌	6 13	5 2	甲午	7 14	6 3	乙丑
	2 12	12 29	癸巳	3 14	1 29	癸亥	4 13	2 29	癸巳	5 13	3 30	癸亥	6 14	5 3	乙未	7 15	6 4	丙寅
	2 13	12 30	甲午	3 15	1 30	甲子	4 14	3 1	甲午	5 14	4 1	甲子	6 15	5 4	丙申	7 16	6 5	丁卯
	2 14	1 1	乙未	3 16	2 1	乙丑	4 15	3 2	乙未	5 15	4 2	乙丑	6 16	5 5	丁酉	7 17	6 6	戊辰
	2 15	1 2	丙申	3 17	2 2	丙寅	4 16	3 3	丙申	5 16	4 3	丙寅	6 17	5 6	戊戌	7 18	6 7	己巳
	2 16	1 3	丁酉	3 18	2 3	丁卯	4 17	3 4	丁酉	5 17	4 4	丁卯	6 18	5 7	己亥	7 19	6 8	庚午
虎	2 17	1 4	戊戌	3 19	2 4	戊辰	4 18	3 5	戊戌	5 18	4 5	戊辰	6 19	5 8	庚子	7 20	6 9	辛未
	2 18	1 5	己亥	3 20	2 5	己巳	4 19	3 6	己亥	5 19	4 6	己巳	6 20	5 9	辛丑	7 21	6 10	壬申
	2 19	1 6	庚子	3 21	2 6	庚午	4 20	3 7	庚子	5 20	4 7	庚午	6 21	5 10	壬寅	7 22	6 11	癸酉
	2 20	1 7	辛丑	3 22	2 7	辛未	4 21	3 8	辛丑	5 21	4 8	辛未	6 22	5 11	癸卯	7 23	6 12	甲戌
	2 21	1 8	壬寅	3 23	2 8	壬申	4 22	3 9	壬寅	5 22	4 9	壬申	6 23	5 12	甲辰	7 24	6 13	乙亥
	2 22	1 9	癸卯	3 24	2 9	癸酉	4 23	3 10	癸卯	5 23	4 10	癸酉	6 24	5 13	乙巳	7 25	6 14	丙子
	2 23	1 10	甲辰	3 25	2 10	甲戌	4 24	3 11	甲辰	5 24	4 11	甲戌	6 25	5 14	丙午	7 26	6 15	丁丑
中	2 24	1 11	乙巳	3 26	2 11	乙亥	4 25	3 12	乙巳	5 25	4 12	乙亥	6 26	5 15	丁未	7 27	6 16	戊寅
華	2 25	1 12	丙午	3 27	2 12	丙子	4 26	3 13	丙午	5 26	4 13	丙子	6 27	5 16	戊申	7 28	6 17	己卯
民	2 26	1 13	丁未	3 28	2 13	丁丑	4 27	3 14	丁未	5 27	4 14	丁丑	6 28	5 17	己酉	7 29	6 18	庚辰
國	2 27	1 14	戊申	3 29	2 14	戊寅	4 28	3 15	戊申	5 28	4 15	戊寅	6 29	5 18	庚戌	7 30	6 19	辛巳
九	2 28	1 15	己酉	3 30	2 15	己卯	4 29	3 16	己酉	5 29	4 16	己卯	6 30	5 19	辛亥	7 31	6 20	壬午
十	3 1	1 16	庚戌	3 31	2 16	庚辰	4 30	3 17	庚戌	5 30	4 17	庚辰	7 1	5 20	壬子	8 1	6 21	癸未
九	3 2	1 17	辛亥	4 1	2 17	辛巳	5 1	3 18	辛亥	5 31	4 18	辛巳	7 2	5 21	癸丑	8 2	6 22	甲申
年	3 3	1 18	壬子	4 2	2 18	壬午	5 2	3 19	壬子	6 1	4 19	壬午	7 3	5 22	甲寅	8 3	6 23	乙酉
	3 4	1 19	癸丑	4 3	2 19	癸未	5 3	3 20	癸丑	6 2	4 20	癸未	7 4	5 23	乙卯	8 4	6 24	丙戌
	3 5	1 20	甲寅	4 4	2 20	甲申	5 4	3 21	甲寅	6 3	4 21	甲申	7 5	5 24	丙辰	8 5	6 25	丁亥
										6 4	4 22	乙酉	7 6	5 25	丁巳	8 6	6 26	戊子
										6 5	4 23	丙戌						
中氣	雨水 2/19 2時35分 丑時			春分 3/21 1時32分 丑時			穀雨 4/20 12時29分 午時			小滿 5/21 11時33分 午時			夏至 6/21 19時28分 戌時			大暑 7/23 6時21分 卯時		

庚寅　年

甲申					乙酉					丙戌					丁亥					戊子					己丑					月
立秋					白露					寒露					立冬					大雪					小寒					節氣
8/7 22時49分 亥時					9/8 1時44分 丑時					10/8 17時26分 酉時					11/7 20時42分 戌時					12/7 13時38分 未時					1/6 0時54分 子時					
國曆		農曆		干支	國曆		農曆		干支	國曆		農曆		干支	國曆		農曆		干支	國曆		農曆		干支	國曆		農曆		干支	日
8	7	6	27	己丑	9	8	8	1	辛酉	10	8	9	1	辛卯	11	7	10	2	辛酉	12	7	11	2	辛卯	1	6	12	2	辛酉	
8	8	6	28	庚寅	9	9	8	2	壬戌	10	9	9	2	壬辰	11	8	10	3	壬戌	12	8	11	3	壬辰	1	7	12	3	壬戌	
8	9	6	29	辛卯	9	10	8	3	癸亥	10	10	9	3	癸巳	11	9	10	4	癸亥	12	9	11	4	癸巳	1	8	12	4	癸亥	
8	10	7	1	壬辰	9	11	8	4	甲子	10	11	9	4	甲午	11	10	10	5	甲子	12	10	11	5	甲午	1	9	12	5	甲子	2
8	11	7	2	癸巳	9	12	8	5	乙丑	10	12	9	5	乙未	11	11	10	6	乙丑	12	11	11	6	乙未	1	10	12	6	乙丑	0
8	12	7	3	甲午	9	13	8	6	丙寅	10	13	9	6	丙申	11	12	10	7	丙寅	12	12	11	7	丙申	1	11	12	7	丙寅	1
8	13	7	4	乙未	9	14	8	7	丁卯	10	14	9	7	丁酉	11	13	10	8	丁卯	12	13	11	8	丁酉	1	12	12	8	丁卯	0
8	14	7	5	丙申	9	15	8	8	戊辰	10	15	9	8	戊戌	11	14	10	9	戊辰	12	14	11	9	戊戌	1	13	12	9	戊辰	·
8	15	7	6	丁酉	9	16	8	9	己巳	10	16	9	9	己亥	11	15	10	10	己巳	12	15	11	10	己亥	1	14	12	10	己巳	2
8	16	7	7	戊戌	9	17	8	10	庚午	10	17	9	10	庚子	11	16	10	11	庚午	12	16	11	11	庚子	1	15	12	11	庚午	0
8	17	7	8	己亥	9	18	8	11	辛未	10	18	9	11	辛丑	11	17	10	12	辛未	12	17	11	12	辛丑	1	16	12	12	辛未	1
8	18	7	9	庚子	9	19	8	12	壬申	10	19	9	12	壬寅	11	18	10	13	壬申	12	18	11	13	壬寅	1	17	12	13	壬申	1
8	19	7	10	辛丑	9	20	8	13	癸酉	10	20	9	13	癸卯	11	19	10	14	癸酉	12	19	11	14	癸卯	1	18	12	14	癸酉	
8	20	7	11	壬寅	9	21	8	14	甲戌	10	21	9	14	甲辰	11	20	10	15	甲戌	12	20	11	15	甲辰	1	19	12	15	甲戌	
8	21	7	12	癸卯	9	22	8	15	乙亥	10	22	9	15	乙巳	11	21	10	16	乙亥	12	21	11	16	乙巳	1	20	12	17	乙亥	虎
8	22	7	13	甲辰	9	23	8	16	丙子	10	23	9	16	丙午	11	22	10	17	丙子	12	22	11	17	丙午	1	21	12	18	丙子	
8	23	7	14	乙巳	9	24	8	17	丁丑	10	24	9	17	丁未	11	23	10	18	丁丑	12	23	11	18	丁未	1	22	12	19	丁丑	
8	24	7	15	丙午	9	25	8	18	戊寅	10	25	9	18	戊申	11	24	10	19	戊寅	12	24	11	19	戊申	1	23	12	20	戊寅	
8	25	7	16	丁未	9	26	8	19	己卯	10	26	9	19	己酉	11	25	10	20	己卯	12	25	11	20	己酉	1	24	12	21	己卯	
8	26	7	17	戊申	9	27	8	20	庚辰	10	27	9	20	庚戌	11	26	10	21	庚辰	12	26	11	21	庚戌	1	25	12	22	庚辰	中
8	27	7	18	己酉	9	28	8	21	辛巳	10	28	9	21	辛亥	11	27	10	22	辛巳	12	27	11	22	辛亥	1	26	12	23	辛巳	華
8	28	7	19	庚戌	9	29	8	22	壬午	10	29	9	22	壬子	11	28	10	23	壬午	12	28	11	23	壬子	1	27	12	24	壬午	民
8	29	7	20	辛亥	9	30	8	23	癸未	10	30	9	23	癸丑	11	29	10	24	癸未	12	29	11	24	癸丑	1	28	12	25	癸未	國
8	30	7	21	壬子	10	1	8	24	甲申	10	31	9	24	甲寅	11	30	10	25	甲申	12	30	11	25	甲寅	1	29	12	26	甲申	九
8	31	7	22	癸丑	10	2	8	25	乙酉	11	1	9	25	乙卯	12	1	10	26	乙酉	12	31	11	26	乙卯	1	30	12	27	乙酉	十
9	1	7	23	甲寅	10	3	8	26	丙戌	11	2	9	26	丙辰	12	2	10	27	丙戌	1	1	11	27	丙辰	1	31	12	28	丙戌	九
9	2	7	24	乙卯	10	4	8	27	丁亥	11	3	9	27	丁巳	12	3	10	28	丁亥	1	2	11	28	丁巳	2	1	12	29	丁亥	·
9	3	7	25	丙辰	10	5	8	28	戊子	11	4	9	28	戊午	12	4	10	29	戊子	1	3	11	29	戊午	2	2	12	30	戊子	一
9	4	7	26	丁巳	10	6	8	29	己丑	11	5	9	29	己未	12	5	10	30	己丑	1	4	11	30	己未	2	3	1	1	己丑	百
9	5	7	27	戊午	10	7	8	30	庚寅	11	6	10	1	庚申	12	6	11	1	庚寅	1	5	12	1	庚申						年
9	6	7	28	己未																										
9	7	7	29	庚申																										
處暑					秋分					霜降					小雪					冬至					大寒					中氣
8/23 13時26分 未時					9/23 11時8分 午時					10/23 20時34分 戌時					11/22 18時14分 酉時					12/22 7時38分 辰時					1/20 18時18分 酉時					

年	辛卯																	
月	庚寅			辛卯			壬辰			癸巳			甲午			乙未		
節氣	立春			驚蟄			清明			立夏			芒種			小暑		
	2/4 12時32分 午時			3/6 6時29分 卯時			4/5 11時11分 午時			5/6 4時23分 寅時			6/6 8時27分 辰時			7/7 18時41分 酉時		
日	國曆	農曆	干支	國曆	農曆	干支	國曆	農曆	干支	國曆	農曆	干支	國曆	農曆	干支	國曆	農曆	干支
	2 4	1 2	庚寅	3 6	2 2	庚申	4 5	3 3	庚寅	5 6	4 4	辛酉	6 6	5 5	壬辰	7 7	6 7	癸亥
	2 5	1 3	辛卯	3 7	2 3	辛酉	4 6	3 4	辛卯	5 7	4 5	壬戌	6 7	5 6	癸巳	7 8	6 8	甲子
	2 6	1 4	壬辰	3 8	2 4	壬戌	4 7	3 5	壬辰	5 8	4 6	癸亥	6 8	5 7	甲午	7 9	6 9	乙丑
	2 7	1 5	癸巳	3 9	2 5	癸亥	4 8	3 6	癸巳	5 9	4 7	甲子	6 9	5 8	乙未	7 10	6 10	丙寅
	2 8	1 6	甲午	3 10	2 6	甲子	4 9	3 7	甲午	5 10	4 8	乙丑	6 10	5 9	丙申	7 11	6 11	丁卯
	2 9	1 7	乙未	3 11	2 7	乙丑	4 10	3 8	乙未	5 11	4 9	丙寅	6 11	5 10	丁酉	7 12	6 12	戊辰
	2 10	1 8	丙申	3 12	2 8	丙寅	4 11	3 9	丙申	5 12	4 10	丁卯	6 12	5 11	戊戌	7 13	6 13	己巳
	2 11	1 9	丁酉	3 13	2 9	丁卯	4 12	3 10	丁酉	5 13	4 11	戊辰	6 13	5 12	己亥	7 14	6 14	庚午
	2 12	1 10	戊戌	3 14	2 10	戊辰	4 13	3 11	戊戌	5 14	4 12	己巳	6 14	5 13	庚子	7 15	6 15	辛未
	2 13	1 11	己亥	3 15	2 11	己巳	4 14	3 12	己亥	5 15	4 13	庚午	6 15	5 14	辛丑	7 16	6 16	壬申
	2 14	1 12	庚子	3 16	2 12	庚午	4 15	3 13	庚子	5 16	4 14	辛未	6 16	5 15	壬寅	7 17	6 17	癸酉
2	2 15	1 13	辛丑	3 17	2 13	辛未	4 16	3 14	辛丑	5 17	4 15	壬申	6 17	5 16	癸卯	7 18	6 18	甲戌
0	2 16	1 14	壬寅	3 18	2 14	壬申	4 17	3 15	壬寅	5 18	4 16	癸酉	6 18	5 17	甲辰	7 19	6 19	乙亥
1	2 17	1 15	癸卯	3 19	2 15	癸酉	4 18	3 16	癸卯	5 19	4 17	甲戌	6 19	5 18	乙巳	7 20	6 20	丙子
1	2 18	1 16	甲辰	3 20	2 16	甲戌	4 19	3 17	甲辰	5 20	4 18	乙亥	6 20	5 19	丙午	7 21	6 21	丁丑
	2 19	1 17	乙巳	3 21	2 17	乙亥	4 20	3 18	乙巳	5 21	4 19	丙子	6 21	5 20	丁未	7 22	6 22	戊寅
兔	2 20	1 18	丙午	3 22	2 18	丙子	4 21	3 19	丙午	5 22	4 20	丁丑	6 22	5 21	戊申	7 23	6 23	己卯
	2 21	1 19	丁未	3 23	2 19	丁丑	4 22	3 20	丁未	5 23	4 21	戊寅	6 23	5 22	己酉	7 24	6 24	庚辰
	2 22	1 20	戊申	3 24	2 20	戊寅	4 23	3 21	戊申	5 24	4 22	己卯	6 24	5 23	庚戌	7 25	6 25	辛巳
	2 23	1 21	己酉	3 25	2 21	己卯	4 24	3 22	己酉	5 25	4 23	庚辰	6 25	5 24	辛亥	7 26	6 26	壬午
	2 24	1 22	庚戌	3 26	2 22	庚辰	4 25	3 23	庚戌	5 26	4 24	辛巳	6 26	5 25	壬子	7 27	6 27	癸未
中	2 25	1 23	辛亥	3 27	2 23	辛巳	4 26	3 24	辛亥	5 27	4 25	壬午	6 27	5 26	癸丑	7 28	6 28	甲申
華	2 26	1 24	壬子	3 28	2 24	壬午	4 27	3 25	壬子	5 28	4 26	癸未	6 28	5 27	甲寅	7 29	6 29	乙酉
民	2 27	1 25	癸丑	3 29	2 25	癸未	4 28	3 26	癸丑	5 29	4 27	甲申	6 29	5 28	乙卯	7 30	6 30	丙戌
國	2 28	1 26	甲寅	3 30	2 26	甲申	4 29	3 27	甲寅	5 30	4 28	乙酉	6 30	5 29	丙辰	7 31	7 1	丁亥
一	3 1	1 27	乙卯	3 31	2 27	乙酉	4 30	3 28	乙卯	5 31	4 29	丙戌	7 1	6 1	丁巳	8 1	7 2	戊子
百	3 2	1 28	丙辰	4 1	2 28	丙戌	5 1	3 29	丙辰	6 1	4 30	丁亥	7 2	6 2	戊午	8 2	7 3	己丑
年	3 3	1 29	丁巳	4 2	2 29	丁亥	5 2	3 30	丁巳	6 2	5 1	戊子	7 3	6 3	己未	8 3	7 4	庚寅
	3 4	1 30	戊午	4 3	3 1	戊子	5 3	4 1	戊午	6 3	5 2	己丑	7 4	6 4	庚申	8 4	7 5	辛卯
	3 5	2 1	己未	4 4	3 2	己丑	5 4	4 2	己未	6 4	5 3	庚寅	7 5	6 5	辛酉	8 5	7 6	壬辰
							5 5	4 3	庚申	6 5	5 4	辛卯	7 6	6 6	壬戌	8 6	7 7	癸巳
																8 7	7 8	甲午
中氣	雨水			春分			穀雨			小滿			夏至			大暑		
	2/19 8時25分 辰時			3/21 7時20分 辰時			4/20 18時17分 酉時			5/21 17時21分 酉時			6/22 1時16分 丑時			7/23 12時11分 午時		

辛卯

丙申 立秋			丁酉 白露			戊戌 寒露			己亥 立冬			庚子 大雪			辛丑 小寒			年/月
8/8 4時33分 寅時			9/8 7時34分 辰時			10/8 23時19分 子時			11/8 2時34分 丑時			12/7 19時28分 戌時			1/6 6時43分 卯時			節氣
國曆	農曆	干支	國曆	農曆	干支	國曆	農曆	干支	國曆	農曆	干支	國曆	農曆	干支	國曆	農曆	干支	日
8 8	7 9	乙未	9 8	8 11	丙寅	10 8	9 12	丙申	11 8	10 13	丁卯	12 7	11 13	丙申	1 6	12 13	丙寅	
8 9	7 10	丙申	9 9	8 12	丁卯	10 9	9 13	丁酉	11 9	10 14	戊辰	12 8	11 14	丁酉	1 7	12 14	丁卯	
8 10	7 11	丁酉	9 10	8 13	戊辰	10 10	9 14	戊戌	11 10	10 15	己巳	12 9	11 15	戊戌	1 8	12 15	戊辰	
8 11	7 12	戊戌	9 11	8 14	己巳	10 11	9 15	己亥	11 11	10 16	庚午	12 10	11 16	己亥	1 9	12 16	己巳	2
8 12	7 13	己亥	9 12	8 15	庚午	10 12	9 16	庚子	11 12	10 17	辛未	12 11	11 17	庚子	1 10	12 17	庚午	0
8 13	7 14	庚子	9 13	8 16	辛未	10 13	9 17	辛丑	11 13	10 18	壬申	12 12	11 18	辛丑	1 11	12 18	辛未	1
8 14	7 15	辛丑	9 14	8 17	壬申	10 14	9 18	壬寅	11 14	10 19	癸酉	12 13	11 19	壬寅	1 12	12 19	壬申	1
8 15	7 16	壬寅	9 15	8 18	癸酉	10 15	9 19	癸卯	11 15	10 20	甲戌	12 14	11 20	癸卯	1 13	12 20	癸酉	·
8 16	7 17	癸卯	9 16	8 19	甲戌	10 16	9 20	甲辰	11 16	10 21	乙亥	12 15	11 21	甲辰	1 14	12 21	甲戌	2
8 17	7 18	甲辰	9 17	8 20	乙亥	10 17	9 21	乙巳	11 17	10 22	丙子	12 16	11 22	乙巳	1 15	12 22	乙亥	0
8 18	7 19	乙巳	9 18	8 21	丙子	10 18	9 22	丙午	11 18	10 23	丁丑	12 17	11 23	丙午	1 16	12 23	丙子	1
8 19	7 20	丙午	9 19	8 22	丁丑	10 19	9 23	丁未	11 19	10 24	戊寅	12 18	11 24	丁未	1 17	12 24	丁丑	2
8 20	7 21	丁未	9 20	8 23	戊寅	10 20	9 24	戊申	11 20	10 25	己卯	12 19	11 25	戊申	1 18	12 25	戊寅	
8 21	7 22	戊申	9 21	8 24	己卯	10 21	9 25	己酉	11 21	10 26	庚辰	12 20	11 26	己酉	1 19	12 26	己卯	兔
8 22	7 23	己酉	9 22	8 25	庚辰	10 22	9 26	庚戌	11 22	10 27	辛巳	12 21	11 27	庚戌	1 20	12 27	庚辰	
8 23	7 24	庚戌	9 23	8 26	辛巳	10 23	9 27	辛亥	11 23	10 28	壬午	12 22	11 28	辛亥	1 21	12 28	辛巳	
8 24	7 25	辛亥	9 24	8 27	壬午	10 24	9 28	壬子	11 24	10 29	癸未	12 23	11 29	壬子	1 22	12 29	壬午	中
8 25	7 26	壬子	9 25	8 28	癸未	10 25	9 29	癸丑	11 25	11 1	甲申	12 24	11 30	癸丑	1 23	1 1	癸未	華
8 26	7 27	癸丑	9 26	8 29	甲申	10 26	9 30	甲寅	11 26	11 2	乙酉	12 25	12 1	甲寅	1 24	1 2	甲申	民
8 27	7 28	甲寅	9 27	9 1	乙酉	10 27	10 1	乙卯	11 27	11 3	丙戌	12 26	12 2	乙卯	1 25	1 3	乙酉	國
8 28	7 29	乙卯	9 28	9 2	丙戌	10 28	10 2	丙辰	11 28	11 4	丁亥	12 27	12 3	丙辰	1 26	1 4	丙戌	一
8 29	8 1	丙辰	9 29	9 3	丁亥	10 29	10 3	丁巳	11 29	11 5	戊子	12 28	12 4	丁巳	1 27	1 5	丁亥	百
8 30	8 2	丁巳	9 30	9 4	戊子	10 30	10 4	戊午	11 30	11 6	己丑	12 29	12 5	戊午	1 28	1 6	戊子	·
8 31	8 3	戊午	10 1	9 5	己丑	10 31	10 5	己未	12 1	11 7	庚寅	12 30	12 6	己未	1 29	1 7	己丑	一
9 1	8 4	己未	10 2	9 6	庚寅	11 1	10 6	庚申	12 2	11 8	辛卯	12 31	12 7	庚申	1 30	1 8	庚寅	百
9 2	8 5	庚申	10 3	9 7	辛卯	11 2	10 7	辛酉	12 3	11 9	壬辰	1 1	12 8	辛酉	1 31	1 9	辛卯	零
9 3	8 6	辛酉	10 4	9 8	壬辰	11 3	10 8	壬戌	12 4	11 10	癸巳	1 2	12 9	壬戌	2 1	1 10	壬辰	一
9 4	8 7	壬戌	10 5	9 9	癸巳	11 4	10 9	癸亥	12 5	11 11	甲午	1 3	12 10	癸亥	2 2	1 11	癸巳	年
9 5	8 8	癸亥	10 6	9 10	甲午	11 5	10 10	甲子	12 6	11 12	乙未	1 4	12 11	甲子	2 3	1 12	甲午	
9 6	8 9	甲子	10 7	9 11	乙未	11 6	10 11	乙丑				1 5	12 12	乙丑				
9 7	8 10	乙丑				11 7	10 12	丙寅										
處暑			秋分			霜降			小雪			冬至			大寒			中氣
8/23 19時20分 戌時			9/23 17時4分 酉時			10/24 2時30分 丑時			11/23 0時7分 子時			12/22 13時29分 未時			1/21 0時9分 子時			

年: 壬辰 — 龍 — 中華民國一百零一年 — 2012

月	壬寅			癸卯			甲辰			乙巳			丙午			丁未		
節氣	立春 2/4 18時22分 酉時			驚蟄 3/5 12時20分 午時			清明 4/4 17時5分 酉時			立夏 5/5 10時19分 巳時			芒種 6/5 14時25分 未時			小暑 7/7 0時40分 子時		
日	國曆	農曆	干支	國曆	農曆	干支	國曆	農曆	干支	國曆	農曆	干支	國曆	農曆	干支	國曆	農曆	干支
	2/4	1/13	乙未	3/5	2/13	乙丑	4/4	3/14	乙未	5/5	4/15	丙寅	6/5	閏4/16	丁酉	7/7	5/19	己巳
	2/5	1/14	丙申	3/6	2/14	丙寅	4/5	3/15	丙申	5/6	4/16	丁卯	6/6	閏4/17	戊戌	7/8	5/20	庚午
	2/6	1/15	丁酉	3/7	2/15	丁卯	4/6	3/16	丁酉	5/7	4/17	戊辰	6/7	閏4/18	己亥	7/9	5/21	辛未
	2/7	1/16	戊戌	3/8	2/16	戊辰	4/7	3/17	戊戌	5/8	4/18	己巳	6/8	閏4/19	庚子	7/10	5/22	壬申
	2/8	1/17	己亥	3/9	2/17	己巳	4/8	3/18	己亥	5/9	4/19	庚午	6/9	閏4/20	辛丑	7/11	5/23	癸酉
	2/9	1/18	庚子	3/10	2/18	庚午	4/9	3/19	庚子	5/10	4/20	辛未	6/10	閏4/21	壬寅	7/12	5/24	甲戌
	2/10	1/19	辛丑	3/11	2/19	辛未	4/10	3/20	辛丑	5/11	4/21	壬申	6/11	閏4/22	癸卯	7/13	5/25	乙亥
	2/11	1/20	壬寅	3/12	2/20	壬申	4/11	3/21	壬寅	5/12	4/22	癸酉	6/12	閏4/23	甲辰	7/14	5/26	丙子
	2/12	1/21	癸卯	3/13	2/21	癸酉	4/12	3/22	癸卯	5/13	4/23	甲戌	6/13	閏4/24	乙巳	7/15	5/27	丁丑
	2/13	1/22	甲辰	3/14	2/22	甲戌	4/13	3/23	甲辰	5/14	4/24	乙亥	6/14	閏4/25	丙午	7/16	5/28	戊寅
	2/14	1/23	乙巳	3/15	2/23	乙亥	4/14	3/24	乙巳	5/15	4/25	丙子	6/15	閏4/26	丁未	7/17	5/29	己卯
	2/15	1/24	丙午	3/16	2/24	丙子	4/15	3/25	丙午	5/16	4/26	丁丑	6/16	閏4/27	戊申	7/18	5/30	庚辰
	2/16	1/25	丁未	3/17	2/25	丁丑	4/16	3/26	丁未	5/17	4/27	戊寅	6/17	閏4/28	己酉	7/19	6/1	辛巳
	2/17	1/26	戊申	3/18	2/26	戊寅	4/17	3/27	戊申	5/18	4/28	己卯	6/18	閏4/29	庚戌	7/20	6/2	壬午
	2/18	1/27	己酉	3/19	2/27	己卯	4/18	3/28	己酉	5/19	4/29	庚辰	6/19	5/1	辛亥	7/21	6/3	癸未
	2/19	1/28	庚戌	3/20	2/28	庚辰	4/19	3/29	庚戌	5/20	4/30	辛巳	6/20	5/2	壬子	7/22	6/4	甲申
	2/20	1/29	辛亥	3/21	2/29	辛巳	4/20	3/30	辛亥	5/21	閏4/1	壬午	6/21	5/3	癸丑	7/23	6/5	乙酉
	2/21	1/30	壬子	3/22	3/1	壬午	4/21	4/1	壬子	5/22	閏4/2	癸未	6/22	5/4	甲寅	7/24	6/6	丙戌
	2/22	2/1	癸丑	3/23	3/2	癸未	4/22	4/2	癸丑	5/23	閏4/3	甲申	6/23	5/5	乙卯	7/25	6/7	丁亥
	2/23	2/2	甲寅	3/24	3/3	甲申	4/23	4/3	甲寅	5/24	閏4/4	乙酉	6/24	5/6	丙辰	7/26	6/8	戊子
	2/24	2/3	乙卯	3/25	3/4	乙酉	4/24	4/4	乙卯	5/25	閏4/5	丙戌	6/25	5/7	丁巳	7/27	6/9	己丑
	2/25	2/4	丙辰	3/26	3/5	丙戌	4/25	4/5	丙辰	5/26	閏4/6	丁亥	6/26	5/8	戊午	7/28	6/10	庚寅
	2/26	2/5	丁巳	3/27	3/6	丁亥	4/26	4/6	丁巳	5/27	閏4/7	戊子	6/27	5/9	己未	7/29	6/11	辛卯
	2/27	2/6	戊午	3/28	3/7	戊子	4/27	4/7	戊午	5/28	閏4/8	己丑	6/28	5/10	庚申	7/30	6/12	壬辰
	2/28	2/7	己未	3/29	3/8	己丑	4/28	4/8	己未	5/29	閏4/9	庚寅	6/29	5/11	辛酉	7/31	6/13	癸巳
	2/29	2/8	庚申	3/30	3/9	庚寅	4/29	4/9	庚申	5/30	閏4/10	辛卯	6/30	5/12	壬戌	8/1	6/14	甲午
	3/1	2/9	辛酉	3/31	3/10	辛卯	4/30	4/10	辛酉	5/31	閏4/11	壬辰	7/1	5/13	癸亥	8/2	6/15	乙未
	3/2	2/10	壬戌	4/1	3/11	壬辰	5/1	4/11	壬戌	6/1	閏4/12	癸巳	7/2	5/14	甲子	8/3	6/16	丙申
	3/3	2/11	癸亥	4/2	3/12	癸巳	5/2	4/12	癸亥	6/2	閏4/13	甲午	7/3	5/15	乙丑	8/4	6/17	丁酉
	3/4	2/12	甲子	4/3	3/13	甲午	5/3	4/13	甲子	6/3	閏4/14	乙未	7/4	5/16	丙寅	8/5	6/18	戊戌
							5/4	4/14	乙丑	6/4	閏4/15	丙申	7/5	5/17	丁卯	8/6	6/19	己亥
													7/6	5/18	戊辰			

| 中氣 | 雨水 2/19 14時17分 未時 | | | 春分 3/20 13時14分 未時 | | | 穀雨 4/20 0時11分 子時 | | | 小滿 5/20 23時15分 子時 | | | 夏至 6/21 7時8分 辰時 | | | 大暑 7/22 18時0分 酉時 | | |

壬辰																														年
戊申					己酉					庚戌					辛亥					壬子					癸丑					月
立秋					白露					寒露					立冬					大雪					小寒					節氣
8/7 10時30分 巳時					9/7 13時28分 未時					10/8 5時11分 卯時					11/7 8時25分 辰時					12/7 1時18分 丑時					1/5 12時33分 午時					
國曆		農曆		干支	國曆		農曆		干支	國曆		農曆		干支	國曆		農曆		干支	國曆		農曆		干支	國曆		農曆		干支	日
8	7	6	20	庚子	9	7	7	22	辛未	10	8	8	23	壬寅	11	7	9	24	壬申	12	7	10	24	壬寅	1	5	11	24	辛未	
8	8	6	21	辛丑	9	8	7	23	壬申	10	9	8	24	癸卯	11	8	9	25	癸酉	12	8	10	25	癸卯	1	6	11	25	壬申	
8	9	6	22	壬寅	9	9	7	24	癸酉	10	10	8	25	甲辰	11	9	9	26	甲戌	12	9	10	26	甲辰	1	7	11	26	癸酉	
8	10	6	23	癸卯	9	10	7	25	甲戌	10	11	8	26	乙巳	11	10	9	27	乙亥	12	10	10	27	乙巳	1	8	11	27	甲戌	2
8	11	6	24	甲辰	9	11	7	26	乙亥	10	12	8	27	丙午	11	11	9	28	丙子	12	11	10	28	丙午	1	9	11	28	乙亥	0
8	12	6	25	乙巳	9	12	7	27	丙子	10	13	8	28	丁未	11	12	9	29	丁丑	12	12	10	29	丁未	1	10	11	29	丙子	1
8	13	6	26	丙午	9	13	7	28	丁丑	10	14	8	29	戊申	11	13	9	30	戊寅	12	13	11	1	戊申	1	11	11	30	丁丑	2
8	14	6	27	丁未	9	14	7	29	戊寅	10	15	9	1	己酉	11	14	10	1	己卯	12	14	11	2	己酉	1	12	12	1	戊寅	·
8	15	6	28	戊申	9	15	7	30	己卯	10	16	9	2	庚戌	11	15	10	2	庚辰	12	15	11	3	庚戌	1	13	12	2	己卯	2
8	16	6	29	己酉	9	16	8	1	庚辰	10	17	9	3	辛亥	11	16	10	3	辛巳	12	16	11	4	辛亥	1	14	12	3	庚辰	0
8	17	7	1	庚戌	9	17	8	2	辛巳	10	18	9	4	壬子	11	17	10	4	壬午	12	17	11	5	壬子	1	15	12	4	辛巳	1
8	18	7	2	辛亥	9	18	8	3	壬午	10	19	9	5	癸丑	11	18	10	5	癸未	12	18	11	6	癸丑	1	16	12	5	壬午	3
8	19	7	3	壬子	9	19	8	4	癸未	10	20	9	6	甲寅	11	19	10	6	甲申	12	19	11	7	甲寅	1	17	12	6	癸未	
8	20	7	4	癸丑	9	20	8	5	甲申	10	21	9	7	乙卯	11	20	10	7	乙酉	12	20	11	8	乙卯	1	18	12	7	甲申	
8	21	7	5	甲寅	9	21	8	6	乙酉	10	22	9	8	丙辰	11	21	10	8	丙戌	12	21	11	9	丙辰	1	19	12	8	乙酉	
8	22	7	6	乙卯	9	22	8	7	丙戌	10	23	9	9	丁巳	11	22	10	9	丁亥	12	22	11	10	丁巳	1	20	12	9	丙戌	
8	23	7	7	丙辰	9	23	8	8	丁亥	10	24	9	10	戊午	11	23	10	10	戊子	12	23	11	11	戊午	1	21	12	10	丁亥	龍
8	24	7	8	丁巳	9	24	8	9	戊子	10	25	9	11	己未	11	24	10	11	己丑	12	24	11	12	己未	1	22	12	11	戊子	
8	25	7	9	戊午	9	25	8	10	己丑	10	26	9	12	庚申	11	25	10	12	庚寅	12	25	11	13	庚申	1	23	12	12	己丑	
8	26	7	10	己未	9	26	8	11	庚寅	10	27	9	13	辛酉	11	26	10	13	辛卯	12	26	11	14	辛酉	1	24	12	13	庚寅	
8	27	7	11	庚申	9	27	8	12	辛卯	10	28	9	14	壬戌	11	27	10	14	壬辰	12	27	11	15	壬戌	1	25	12	14	辛卯	
8	28	7	12	辛酉	9	28	8	13	壬辰	10	29	9	15	癸亥	11	28	10	15	癸巳	12	28	11	16	癸亥	1	26	12	15	壬辰	中
8	29	7	13	壬戌	9	29	8	14	癸巳	10	30	9	16	甲子	11	29	10	16	甲午	12	29	11	17	甲子	1	27	12	16	癸巳	華
8	30	7	14	癸亥	9	30	8	15	甲午	10	31	9	17	乙丑	11	30	10	17	乙未	12	30	11	18	乙丑	1	28	12	17	甲午	民
8	31	7	15	甲子	10	1	8	16	乙未	11	1	9	18	丙寅	12	1	10	18	丙申	12	31	11	19	丙寅	1	29	12	18	乙未	國
9	1	7	16	乙丑	10	2	8	17	丙申	11	2	9	19	丁卯	12	2	10	19	丁酉	1	1	11	20	丁卯	1	30	12	19	丙申	一
9	2	7	17	丙寅	10	3	8	18	丁酉	11	3	9	20	戊辰	12	3	10	20	戊戌	1	2	11	21	戊辰	1	31	12	20	丁酉	百
9	3	7	18	丁卯	10	4	8	19	戊戌	11	4	9	21	己巳	12	4	10	21	己亥	1	3	11	22	己巳	2	1	12	21	戊戌	零
9	4	7	19	戊辰	10	5	8	20	己亥	11	5	9	22	庚午	12	5	10	22	庚子	1	4	11	23	庚午	2	2	12	22	己亥	一
9	5	7	20	己巳	10	6	8	21	庚子	11	6	9	23	辛未	12	6	10	23	辛丑						2	3	12	23	庚子	·
9	6	7	21	庚午	10	7	8	22	辛丑																					一
處暑					秋分					霜降					小雪					冬至					大寒					中
8/23 1時6分 丑時					9/22 22時48分 亥時					10/23 8時13分 辰時					11/22 5時50分 卯時					12/21 19時11分 戌時					1/20 5時51分 卯時					氣

（右欄年份註記：百零二年）

年	癸巳																													
月	甲寅					乙卯					丙辰					丁巳					戊午					己未				
節氣	立春					驚蟄					清明					立夏					芒種					小暑				
	2/4 0時13分 子時					3/5 18時14分 酉時					4/4 23時2分 子時					5/5 16時18分 申時					6/5 20時23分 戌時					7/7 6時34分 卯時				
日	國曆		農曆		干支	國曆		農曆		干支	國曆		農曆		干支	國曆		農曆		干支	國曆		農曆		干支	國曆		農曆		干支
	2	4	12	24	辛丑	3	5	1	24	庚午	4	4	2	24	庚子	5	5	3	26	辛未	6	5	4	27	壬寅	7	7	5	30	甲戌
	2	5	12	25	壬寅	3	6	1	25	辛未	4	5	2	25	辛丑	5	6	3	27	壬申	6	6	4	28	癸卯	7	8	6	1	乙亥
2	2	6	12	26	癸卯	3	7	1	26	壬申	4	6	2	26	壬寅	5	7	3	28	癸酉	6	7	4	29	甲辰	7	9	6	2	丙子
0	2	7	12	27	甲辰	3	8	1	27	癸酉	4	7	2	27	癸卯	5	8	3	29	甲戌	6	8	5	1	乙巳	7	10	6	3	丁丑
1	2	8	12	28	乙巳	3	9	1	28	甲戌	4	8	2	28	甲辰	5	9	3	30	乙亥	6	9	5	2	丙午	7	11	6	4	戊寅
3	2	9	12	29	丙午	3	10	1	29	乙亥	4	9	2	29	乙巳	5	10	4	1	丙子	6	10	5	3	丁未	7	12	6	5	己卯
	2	10	1	1	丁未	3	11	1	30	丙子	4	10	3	1	丙午	5	11	4	2	丁丑	6	11	5	4	戊申	7	13	6	6	庚辰
	2	11	1	2	戊申	3	12	2	1	丁丑	4	11	3	2	丁未	5	12	4	3	戊寅	6	12	5	5	己酉	7	14	6	7	辛巳
	2	12	1	3	己酉	3	13	2	2	戊寅	4	12	3	3	戊申	5	13	4	4	己卯	6	13	5	6	庚戌	7	15	6	8	壬午
	2	13	1	4	庚戌	3	14	2	3	己卯	4	13	3	4	己酉	5	14	4	5	庚辰	6	14	5	7	辛亥	7	16	6	9	癸未
	2	14	1	5	辛亥	3	15	2	4	庚辰	4	14	3	5	庚戌	5	15	4	6	辛巳	6	15	5	8	壬子	7	17	6	10	甲申
蛇	2	15	1	6	壬子	3	16	2	5	辛巳	4	15	3	6	辛亥	5	16	4	7	壬午	6	16	5	9	癸丑	7	18	6	11	乙酉
	2	16	1	7	癸丑	3	17	2	6	壬午	4	16	3	7	壬子	5	17	4	8	癸未	6	17	5	10	甲寅	7	19	6	12	丙戌
	2	17	1	8	甲寅	3	18	2	7	癸未	4	17	3	8	癸丑	5	18	4	9	甲申	6	18	5	11	乙卯	7	20	6	13	丁亥
	2	18	1	9	乙卯	3	19	2	8	甲申	4	18	3	9	甲寅	5	19	4	10	乙酉	6	19	5	12	丙辰	7	21	6	14	戊子
	2	19	1	10	丙辰	3	20	2	9	乙酉	4	19	3	10	乙卯	5	20	4	11	丙戌	6	20	5	13	丁巳	7	22	6	15	己丑
	2	20	1	11	丁巳	3	21	2	10	丙戌	4	20	3	11	丙辰	5	21	4	12	丁亥	6	21	5	14	戊午	7	23	6	16	庚寅
中	2	21	1	12	戊午	3	22	2	11	丁亥	4	21	3	12	丁巳	5	22	4	13	戊子	6	22	5	15	己未	7	24	6	17	辛卯
華	2	22	1	13	己未	3	23	2	12	戊子	4	22	3	13	戊午	5	23	4	14	己丑	6	23	5	16	庚申	7	25	6	18	壬辰
民	2	23	1	14	庚申	3	24	2	13	己丑	4	23	3	14	己未	5	24	4	15	庚寅	6	24	5	17	辛酉	7	26	6	19	癸巳
國	2	24	1	15	辛酉	3	25	2	14	庚寅	4	24	3	15	庚申	5	25	4	16	辛卯	6	25	5	18	壬戌	7	27	6	20	甲午
一	2	25	1	16	壬戌	3	26	2	15	辛卯	4	25	3	16	辛酉	5	26	4	17	壬辰	6	26	5	19	癸亥	7	28	6	21	乙未
百	2	26	1	17	癸亥	3	27	2	16	壬辰	4	26	3	17	壬戌	5	27	4	18	癸巳	6	27	5	20	甲子	7	29	6	22	丙申
零	2	27	1	18	甲子	3	28	2	17	癸巳	4	27	3	18	癸亥	5	28	4	19	甲午	6	28	5	21	乙丑	7	30	6	23	丁酉
二	2	28	1	19	乙丑	3	29	2	18	甲午	4	28	3	19	甲子	5	29	4	20	乙未	6	29	5	22	丙寅	7	31	6	24	戊戌
年	3	1	1	20	丙寅	3	30	2	19	乙未	4	29	3	20	乙丑	5	30	4	21	丙申	6	30	5	23	丁卯	8	1	6	25	己亥
	3	2	1	21	丁卯	3	31	2	20	丙申	4	30	3	21	丙寅	5	31	4	22	丁酉	7	1	5	24	戊辰	8	2	6	26	庚子
	3	3	1	22	戊辰	4	1	2	21	丁酉	5	1	3	22	丁卯	6	1	4	23	戊戌	7	2	5	25	己巳	8	3	6	27	辛丑
	3	4	1	23	己巳	4	2	2	22	戊戌	5	2	3	23	戊辰	6	2	4	24	己亥	7	3	5	26	庚午	8	4	6	28	壬寅
						4	3	2	23	己亥	5	3	3	24	己巳	6	3	4	25	庚子	7	4	5	27	辛未	8	5	6	29	癸卯
											5	4	3	25	庚午	6	4	4	26	辛丑	7	5	5	28	壬申	8	6	6	30	甲辰
																					7	6	5	29	癸酉					
中氣	雨水					春分					穀雨					小滿					夏至					大暑				
	2/18 20時1分 戌時					3/20 19時1分 戌時					4/20 6時3分 卯時					5/21 5時9分 卯時					6/21 13時3分 未時					7/22 23時55分 子時				

	癸巳																	年
庚申			辛酉			壬戌			癸亥			甲子			乙丑			月
立秋			白露			寒露			立冬			大雪			小寒			節氣
8/7 16時20分 申時			9/7 19時16分 戌時			10/8 10時58分 巳時			11/7 14時13分 未時			12/7 7時8分 辰時			1/5 18時24分 酉時			
國曆	農曆	干支	國曆	農曆	干支	國曆	農曆	干支	國曆	農曆	干支	國曆	農曆	干支	國曆	農曆	干支	日
8 7	7 1	乙巳	9 7	8 3	丙子	10 8	9 4	丁未	11 7	10 5	丁丑	12 7	11 5	丁未	1 5	12 5	丙子	
8 8	7 2	丙午	9 8	8 4	丁丑	10 9	9 5	戊申	11 8	10 6	戊寅	12 8	11 6	戊申	1 6	12 6	丁丑	
8 9	7 3	丁未	9 9	8 5	戊寅	10 10	9 6	己酉	11 9	10 7	己卯	12 9	11 7	己酉	1 7	12 7	戊寅	
8 10	7 4	戊申	9 10	8 6	己卯	10 11	9 7	庚戌	11 10	10 8	庚辰	12 10	11 8	庚戌	1 8	12 8	己卯	2 0 1 3 · 2 0 1 4
8 11	7 5	己酉	9 11	8 7	庚辰	10 12	9 8	辛亥	11 11	10 9	辛巳	12 11	11 9	辛亥	1 9	12 9	庚辰	
8 12	7 6	庚戌	9 12	8 8	辛巳	10 13	9 9	壬子	11 12	10 10	壬午	12 12	11 10	壬子	1 10	12 10	辛巳	
8 13	7 7	辛亥	9 13	8 9	壬午	10 14	9 10	癸丑	11 13	10 11	癸未	12 13	11 11	癸丑	1 11	12 11	壬午	
8 14	7 8	壬子	9 14	8 10	癸未	10 15	9 11	甲寅	11 14	10 12	甲申	12 14	11 12	甲寅	1 12	12 12	癸未	
8 15	7 9	癸丑	9 15	8 11	甲申	10 16	9 12	乙卯	11 15	10 13	乙酉	12 15	11 13	乙卯	1 13	12 13	甲申	
8 16	7 10	甲寅	9 16	8 12	乙酉	10 17	9 13	丙辰	11 16	10 14	丙戌	12 16	11 14	丙辰	1 14	12 14	乙酉	
8 17	7 11	乙卯	9 17	8 13	丙戌	10 18	9 14	丁巳	11 17	10 15	丁亥	12 17	11 15	丁巳	1 15	12 15	丙戌	
8 18	7 12	丙辰	9 18	8 14	丁亥	10 19	9 15	戊午	11 18	10 16	戊子	12 18	11 16	戊午	1 16	12 16	丁亥	
8 19	7 13	丁巳	9 19	8 15	戊子	10 20	9 16	己未	11 19	10 17	己丑	12 19	11 17	己未	1 17	12 17	戊子	
8 20	7 14	戊午	9 20	8 16	己丑	10 21	9 17	庚申	11 20	10 18	庚寅	12 20	11 18	庚申	1 18	12 18	己丑	蛇
8 21	7 15	己未	9 21	8 17	庚寅	10 22	9 18	辛酉	11 21	10 19	辛卯	12 21	11 19	辛酉	1 19	12 19	庚寅	
8 22	7 16	庚申	9 22	8 18	辛卯	10 23	9 19	壬戌	11 22	10 20	壬辰	12 22	11 20	壬戌	1 20	12 20	辛卯	
8 23	7 17	辛酉	9 23	8 19	壬辰	10 24	9 20	癸亥	11 23	10 21	癸巳	12 23	11 21	癸亥	1 21	12 21	壬辰	
8 24	7 18	壬戌	9 24	8 20	癸巳	10 25	9 21	甲子	11 24	10 22	甲午	12 24	11 22	甲子	1 22	12 22	癸巳	
8 25	7 19	癸亥	9 25	8 21	甲午	10 26	9 22	乙丑	11 25	10 23	乙未	12 25	11 23	乙丑	1 23	12 23	甲午	
8 26	7 20	甲子	9 26	8 22	乙未	10 27	9 23	丙寅	11 26	10 24	丙申	12 26	11 24	丙寅	1 24	12 24	乙未	
8 27	7 21	乙丑	9 27	8 23	丙申	10 28	9 24	丁卯	11 27	10 25	丁酉	12 27	11 25	丁卯	1 25	12 25	丙申	中
8 28	7 22	丙寅	9 28	8 24	丁酉	10 29	9 25	戊辰	11 28	10 26	戊戌	12 28	11 26	戊辰	1 26	12 26	丁酉	華
8 29	7 23	丁卯	9 29	8 25	戊戌	10 30	9 26	己巳	11 29	10 27	己亥	12 29	11 27	己巳	1 27	12 27	戊戌	民
8 30	7 24	戊辰	9 30	8 26	己亥	10 31	9 27	庚午	11 30	10 28	庚子	12 30	11 28	庚午	1 28	12 28	己亥	國
8 31	7 25	己巳	10 1	8 27	庚子	11 1	9 28	辛未	12 1	10 29	辛丑	12 31	11 29	辛未	1 29	12 29	庚子	一
9 1	7 26	庚午	10 2	8 28	辛丑	11 2	9 29	壬申	12 2	10 30	壬寅	1 1	12 1	壬申	1 30	12 30	辛丑	百
9 2	7 27	辛未	10 3	8 29	壬寅	11 3	10 1	癸酉	12 3	11 1	癸卯	1 2	12 2	癸酉	1 31	1 1	壬寅	零
9 3	7 28	壬申	10 4	8 30	癸卯	11 4	10 2	甲戌	12 4	11 2	甲辰	1 3	12 3	甲戌	2 1	1 2	癸卯	二
9 4	7 29	癸酉	10 5	9 1	甲辰	11 5	10 3	乙亥	12 5	11 3	乙巳	1 4	12 4	乙亥	2 2	1 3	甲辰	· 一
9 5	8 1	甲戌	10 6	9 2	乙巳	11 6	10 4	丙子	12 6	11 4	丙午				2 3	1 4	乙巳	百
9 6	8 2	乙亥	10 7	9 3	丙午													零 三 年
處暑			秋分			霜降			小雪			冬至			大寒			中氣
8/23 7時1分 辰時			9/23 4時44分 寅時			10/23 14時9分 未時			11/22 11時48分 午時			12/22 1時10分 丑時			1/20 11時51分 午時			

年																	
甲午																	

月	丙寅			丁卯			戊辰			己巳			庚午			辛未		
節氣	立春			驚蟄			清明			立夏			芒種			小暑		
	2/4 6時3分 卯時			3/6 0時2分 子時			4/5 4時46分 寅時			5/5 21時59分 亥時			6/6 2時2分 丑時			7/7 12時14分 午時		
日	國曆	農曆	干支	國曆	農曆	干支	國曆	農曆	干支	國曆	農曆	干支	國曆	農曆	干支	國曆	農曆	干支
	2 4	1 5	丙午	3 6	2 6	丙子	4 5	3 6	丙午	5 5	4 7	丙子	6 6	5 9	戊申	7 7	6 11	己卯
	2 5	1 6	丁未	3 7	2 7	丁丑	4 6	3 7	丁未	5 6	4 8	丁丑	6 7	5 10	己酉	7 8	6 12	庚辰
	2 6	1 7	戊申	3 8	2 8	戊寅	4 7	3 8	戊申	5 7	4 9	戊寅	6 8	5 11	庚戌	7 9	6 13	辛巳
	2 7	1 8	己酉	3 9	2 9	己卯	4 8	3 9	己酉	5 8	4 10	己卯	6 9	5 12	辛亥	7 10	6 14	壬午
2	2 8	1 9	庚戌	3 10	2 10	庚辰	4 9	3 10	庚戌	5 9	4 11	庚辰	6 10	5 13	壬子	7 11	6 15	癸未
0	2 9	1 10	辛亥	3 11	2 11	辛巳	4 10	3 11	辛亥	5 10	4 12	辛巳	6 11	5 14	癸丑	7 12	6 16	甲申
1	2 10	1 11	壬子	3 12	2 12	壬午	4 11	3 12	壬子	5 11	4 13	壬午	6 12	5 15	甲寅	7 13	6 17	乙酉
4	2 11	1 12	癸丑	3 13	2 13	癸未	4 12	3 13	癸丑	5 12	4 14	癸未	6 13	5 16	乙卯	7 14	6 18	丙戌
	2 12	1 13	甲寅	3 14	2 14	甲申	4 13	3 14	甲寅	5 13	4 15	甲申	6 14	5 17	丙辰	7 15	6 19	丁亥
	2 13	1 14	乙卯	3 15	2 15	乙酉	4 14	3 15	乙卯	5 14	4 16	乙酉	6 15	5 18	丁巳	7 16	6 20	戊子
	2 14	1 15	丙辰	3 16	2 16	丙戌	4 15	3 16	丙辰	5 15	4 17	丙戌	6 16	5 19	戊午	7 17	6 21	己丑
	2 15	1 16	丁巳	3 17	2 17	丁亥	4 16	3 17	丁巳	5 16	4 18	丁亥	6 17	5 20	己未	7 18	6 22	庚寅
	2 16	1 17	戊午	3 18	2 18	戊子	4 17	3 18	戊午	5 17	4 19	戊子	6 18	5 21	庚申	7 19	6 23	辛卯
馬	2 17	1 18	己未	3 19	2 19	己丑	4 18	3 19	己未	5 18	4 20	己丑	6 19	5 22	辛酉	7 20	6 24	壬辰
	2 18	1 19	庚申	3 20	2 20	庚寅	4 19	3 20	庚申	5 19	4 21	庚寅	6 20	5 23	壬戌	7 21	6 25	癸巳
	2 19	1 20	辛酉	3 21	2 21	辛卯	4 20	3 21	辛酉	5 20	4 22	辛卯	6 21	5 24	癸亥	7 22	6 26	甲午
	2 20	1 21	壬戌	3 22	2 22	壬辰	4 21	3 22	壬戌	5 21	4 23	壬辰	6 22	5 25	甲子	7 23	6 27	乙未
	2 21	1 22	癸亥	3 23	2 23	癸巳	4 22	3 23	癸亥	5 22	4 24	癸巳	6 23	5 26	乙丑	7 24	6 28	丙申
	2 22	1 23	甲子	3 24	2 24	甲午	4 23	3 24	甲子	5 23	4 25	甲午	6 24	5 27	丙寅	7 25	6 29	丁酉
	2 23	1 24	乙丑	3 25	2 25	乙未	4 24	3 25	乙丑	5 24	4 26	乙未	6 25	5 28	丁卯	7 26	6 30	戊戌
中	2 24	1 25	丙寅	3 26	2 26	丙申	4 25	3 26	丙寅	5 25	4 27	丙申	6 26	5 29	戊辰	7 27	7 1	己亥
華	2 25	1 26	丁卯	3 27	2 27	丁酉	4 26	3 27	丁卯	5 26	4 28	丁酉	6 27	6 1	己巳	7 28	7 2	庚子
民	2 26	1 27	戊辰	3 28	2 28	戊戌	4 27	3 28	戊辰	5 27	4 29	戊戌	6 28	6 2	庚午	7 29	7 3	辛丑
國	2 27	1 28	己巳	3 29	2 29	己亥	4 28	3 29	己巳	5 28	4 30	己亥	6 29	6 3	辛未	7 30	7 4	壬寅
一	2 28	1 29	庚午	3 30	2 30	庚子	4 29	4 1	庚午	5 29	5 1	庚子	6 30	6 4	壬申	7 31	7 5	癸卯
百	3 1	2 1	辛未	3 31	3 1	辛丑	4 30	4 2	辛未	5 30	5 2	辛丑	7 1	6 5	癸酉	8 1	7 6	甲辰
零	3 2	2 2	壬申	4 1	3 2	壬寅	5 1	4 3	壬申	5 31	5 3	壬寅	7 2	6 6	甲戌	8 2	7 7	乙巳
三	3 3	2 3	癸酉	4 2	3 3	癸卯	5 2	4 4	癸酉	6 1	5 4	癸卯	7 3	6 7	乙亥	8 3	7 8	丙午
年	3 4	2 4	甲戌	4 3	3 4	甲辰	5 3	4 5	甲戌	6 2	5 5	甲辰	7 4	6 8	丙子	8 4	7 9	丁未
	3 5	2 5	乙亥	4 4	3 5	乙巳	5 4	4 6	乙亥	6 3	5 6	乙巳	7 5	6 9	丁丑	8 5	7 10	戊申
										6 4	5 7	丙午	7 6	6 10	戊寅	8 6	7 11	己酉
										6 5	5 8	丁未						

中氣	雨水			春分			穀雨			小滿			夏至			大暑		
	2/19 1時59分 丑時			3/21 0時56分 子時			4/20 11時55分 午時			5/21 10時58分 巳時			6/21 18時51分 酉時			7/23 5時41分 卯時		

甲午 年

	壬申		癸酉		甲戌		乙亥		丙子		丁丑		月
節氣	立秋		白露		寒露		立冬		大雪		小寒		節氣
	8/7 22時2分 亥時		9/8 1時1分 丑時		10/8 16時47分 申時		11/7 20時6分 戌時		12/7 13時3分 未時		1/6 0時20分 子時		

國曆	農曆	干支	國曆	農曆	干支	國曆	農曆	干支	國曆	農曆	干支	國曆	農曆	干支	國曆	農曆	干支	日
8/7	7/12	庚戌	9/8	8/15	壬午	10/8	9/15	壬子	11/7	閏9/15	壬午	12/7	10/16	壬子	1/6	11/16	壬午	
8/8	7/13	辛亥	9/9	8/16	癸未	10/9	9/16	癸丑	11/8	閏9/16	癸未	12/8	10/17	癸丑	1/7	11/17	癸未	
8/9	7/14	壬子	9/10	8/17	甲申	10/10	9/17	甲寅	11/9	閏9/17	甲申	12/9	10/18	甲寅	1/8	11/18	甲申	
8/10	7/15	癸丑	9/11	8/18	乙酉	10/11	9/18	乙卯	11/10	閏9/18	乙酉	12/10	10/19	乙卯	1/9	11/19	乙酉	
8/11	7/16	甲寅	9/12	8/19	丙戌	10/12	9/19	丙辰	11/11	閏9/19	丙戌	12/11	10/20	丙辰	1/10	11/20	丙戌	2014·2015
8/12	7/17	乙卯	9/13	8/20	丁亥	10/13	9/20	丁巳	11/12	閏9/20	丁亥	12/12	10/21	丁巳	1/11	11/21	丁亥	
8/13	7/18	丙辰	9/14	8/21	戊子	10/14	9/21	戊午	11/13	閏9/21	戊子	12/13	10/22	戊午	1/12	11/22	戊子	
8/14	7/19	丁巳	9/15	8/22	己丑	10/15	9/22	己未	11/14	閏9/22	己丑	12/14	10/23	己未	1/13	11/23	己丑	
8/15	7/20	戊午	9/16	8/23	庚寅	10/16	9/23	庚申	11/15	閏9/23	庚寅	12/15	10/24	庚申	1/14	11/24	庚寅	
8/16	7/21	己未	9/17	8/24	辛卯	10/17	9/24	辛酉	11/16	閏9/24	辛卯	12/16	10/25	辛酉	1/15	11/25	辛卯	
8/17	7/22	庚申	9/18	8/25	壬辰	10/18	9/25	壬戌	11/17	閏9/25	壬辰	12/17	10/26	壬戌	1/16	11/26	壬辰	
8/18	7/23	辛酉	9/19	8/26	癸巳	10/19	9/26	癸亥	11/18	閏9/26	癸巳	12/18	10/27	癸亥	1/17	11/27	癸巳	
8/19	7/24	壬戌	9/20	8/27	甲午	10/20	9/27	甲子	11/19	閏9/27	甲午	12/19	10/28	甲子	1/18	11/28	甲午	
8/20	7/25	癸亥	9/21	8/28	乙未	10/21	9/28	乙丑	11/20	閏9/28	乙未	12/20	10/29	乙丑	1/19	11/29	乙未	
8/21	7/26	甲子	9/22	8/29	丙申	10/22	9/29	丙寅	11/21	閏9/29	丙申	12/21	10/30	丙寅	1/20	12/1	丙申	馬
8/22	7/27	乙丑	9/23	8/30	丁酉	10/23	9/30	丁卯	11/22	10/1	丁酉	12/22	11/1	丁卯	1/21	12/2	丁酉	
8/23	7/28	丙寅	9/24	9/1	戊戌	10/24	閏9/1	戊辰	11/23	10/2	戊戌	12/23	11/2	戊辰	1/22	12/3	戊戌	
8/24	7/29	丁卯	9/25	9/2	己亥	10/25	閏9/2	己巳	11/24	10/3	己亥	12/24	11/3	己巳	1/23	12/4	己亥	
8/25	8/1	戊辰	9/26	9/3	庚子	10/26	閏9/3	庚午	11/25	10/4	庚子	12/25	11/4	庚午	1/24	12/5	庚子	
8/26	8/2	己巳	9/27	9/4	辛丑	10/27	閏9/4	辛未	11/26	10/5	辛丑	12/26	11/5	辛未	1/25	12/6	辛丑	
8/27	8/3	庚午	9/28	9/5	壬寅	10/28	閏9/5	壬申	11/27	10/6	壬寅	12/27	11/6	壬申	1/26	12/7	壬寅	中華民國一百零三·一百零四年
8/28	8/4	辛未	9/29	9/6	癸卯	10/29	閏9/6	癸酉	11/28	10/7	癸卯	12/28	11/7	癸酉	1/27	12/8	癸卯	
8/29	8/5	壬申	9/30	9/7	甲辰	10/30	閏9/7	甲戌	11/29	10/8	甲辰	12/29	11/8	甲戌	1/28	12/9	甲辰	
8/30	8/6	癸酉	10/1	9/8	乙巳	10/31	閏9/8	乙亥	11/30	10/9	乙巳	12/30	11/9	乙亥	1/29	12/10	乙巳	
8/31	8/7	甲戌	10/2	9/9	丙午	11/1	閏9/9	丙子	12/1	10/10	丙午	12/31	11/10	丙子	1/30	12/11	丙午	
9/1	8/8	乙亥	10/3	9/10	丁未	11/2	閏9/10	丁丑	12/2	10/11	丁未	1/1	11/11	丁丑	1/31	12/12	丁未	
9/2	8/9	丙子	10/4	9/11	戊申	11/3	閏9/11	戊寅	12/3	10/12	戊申	1/2	11/12	戊寅	2/1	12/13	戊申	
9/3	8/10	丁丑	10/5	9/12	己酉	11/4	閏9/12	己卯	12/4	10/13	己酉	1/3	11/13	己卯	2/2	12/14	己酉	
9/4	8/11	戊寅	10/6	9/13	庚戌	11/5	閏9/13	庚辰	12/5	10/14	庚戌	1/4	11/14	庚辰	2/3	12/15	庚戌	
9/5	8/12	己卯	10/7	9/14	辛亥	11/6	閏9/14	辛巳	12/6	10/15	辛亥	1/5	11/15	辛巳				
9/6	8/13	庚辰																
9/7	8/14	辛巳																

中氣	處暑	秋分	霜降	小雪	冬至	大寒	中氣
	8/23 12時45分 午時	9/23 10時28分 巳時	10/23 19時56分 戌時	11/22 17時38分 酉時	12/22 7時2分 辰時	1/20 17時43分 酉時	

年	乙未																	
月	戊寅			己卯			庚辰			辛巳			壬午			癸未		
節氣	立春			驚蟄			清明			立夏			芒種			小暑		
氣	2/4 11時58分 午時			3/6 5時55分 卯時			4/5 10時38分 巳時			5/6 3時52分 寅時			6/6 7時58分 辰時			7/7 18時12分 酉時		
日	國曆	農曆	干支	國曆	農曆	干支	國曆	農曆	干支	國曆	農曆	干支	國曆	農曆	干支	國曆	農曆	干支
	2 4	12 16	辛亥	3 6	1 16	辛巳	4 5	2 17	辛亥	5 6	3 18	壬午	6 6	4 20	癸丑	7 7	5 22	甲申
	2 5	12 17	壬子	3 7	1 17	壬午	4 6	2 18	壬子	5 7	3 19	癸未	6 7	4 21	甲寅	7 8	5 23	乙酉
	2 6	12 18	癸丑	3 8	1 18	癸未	4 7	2 19	癸丑	5 8	3 20	甲申	6 8	4 22	乙卯	7 9	5 24	丙戌
	2 7	12 19	甲寅	3 9	1 19	甲申	4 8	2 20	甲寅	5 9	3 21	乙酉	6 9	4 23	丙辰	7 10	5 25	丁亥
2	2 8	12 20	乙卯	3 10	1 20	乙酉	4 9	2 21	乙卯	5 10	3 22	丙戌	6 10	4 24	丁巳	7 11	5 26	戊子
0	2 9	12 21	丙辰	3 11	1 21	丙戌	4 10	2 22	丙辰	5 11	3 23	丁亥	6 11	4 25	戊午	7 12	5 27	己丑
1	2 10	12 22	丁巳	3 12	1 22	丁亥	4 11	2 23	丁巳	5 12	3 24	戊子	6 12	4 26	己未	7 13	5 28	庚寅
5	2 11	12 23	戊午	3 13	1 23	戊子	4 12	2 24	戊午	5 13	3 25	己丑	6 13	4 27	庚申	7 14	5 29	辛卯
	2 12	12 24	己未	3 14	1 24	己丑	4 13	2 25	己未	5 14	3 26	庚寅	6 14	4 28	辛酉	7 15	5 30	壬辰
	2 13	12 25	庚申	3 15	1 25	庚寅	4 14	2 26	庚申	5 15	3 27	辛卯	6 15	4 29	壬戌	7 16	6 1	癸巳
	2 14	12 26	辛酉	3 16	1 26	辛卯	4 15	2 27	辛酉	5 16	3 28	壬辰	6 16	5 1	癸亥	7 17	6 2	甲午
	2 15	12 27	壬戌	3 17	1 27	壬辰	4 16	2 28	壬戌	5 17	3 29	癸巳	6 17	5 2	甲子	7 18	6 3	乙未
	2 16	12 28	癸亥	3 18	1 28	癸巳	4 17	2 29	癸亥	5 18	4 1	甲午	6 18	5 3	乙丑	7 19	6 4	丙申
羊	2 17	12 29	甲子	3 19	1 29	甲午	4 18	2 30	甲子	5 19	4 2	乙未	6 19	5 4	丙寅	7 20	6 5	丁酉
	2 18	12 30	乙丑	3 20	2 1	乙未	4 19	3 1	乙丑	5 20	4 3	丙申	6 20	5 5	丁卯	7 21	6 6	戊戌
	2 19	1 1	丙寅	3 21	2 2	丙申	4 20	3 2	丙寅	5 21	4 4	丁酉	6 21	5 6	戊辰	7 22	6 7	己亥
	2 20	1 2	丁卯	3 22	2 3	丁酉	4 21	3 3	丁卯	5 22	4 5	戊戌	6 22	5 7	己巳	7 23	6 8	庚子
	2 21	1 3	戊辰	3 23	2 4	戊戌	4 22	3 4	戊辰	5 23	4 6	己亥	6 23	5 8	庚午	7 24	6 9	辛丑
	2 22	1 4	己巳	3 24	2 5	己亥	4 23	3 5	己巳	5 24	4 7	庚子	6 24	5 9	辛未	7 25	6 10	壬寅
	2 23	1 5	庚午	3 25	2 6	庚子	4 24	3 6	庚午	5 25	4 8	辛丑	6 25	5 10	壬申	7 26	6 11	癸卯
中	2 24	1 6	辛未	3 26	2 7	辛丑	4 25	3 7	辛未	5 26	4 9	壬寅	6 26	5 11	癸酉	7 27	6 12	甲辰
華	2 25	1 7	壬申	3 27	2 8	壬寅	4 26	3 8	壬申	5 27	4 10	癸卯	6 27	5 12	甲戌	7 28	6 13	乙巳
民	2 26	1 8	癸酉	3 28	2 9	癸卯	4 27	3 9	癸酉	5 28	4 11	甲辰	6 28	5 13	乙亥	7 29	6 14	丙午
國	2 27	1 9	甲戌	3 29	2 10	甲辰	4 28	3 10	甲戌	5 29	4 12	乙巳	6 29	5 14	丙子	7 30	6 15	丁未
一	2 28	1 10	乙亥	3 30	2 11	乙巳	4 29	3 11	乙亥	5 30	4 13	丙午	6 30	5 15	丁丑	7 31	6 16	戊申
百	3 1	1 11	丙子	3 31	2 12	丙午	4 30	3 12	丙子	5 31	4 14	丁未	7 1	5 16	戊寅	8 1	6 17	己酉
零	3 2	1 12	丁丑	4 1	2 13	丁未	5 1	3 13	丁丑	6 1	4 15	戊申	7 2	5 17	己卯	8 2	6 18	庚戌
四	3 3	1 13	戊寅	4 2	2 14	戊申	5 2	3 14	戊寅	6 2	4 16	己酉	7 3	5 18	庚辰	8 3	6 19	辛亥
年	3 4	1 14	己卯	4 3	2 15	己酉	5 3	3 15	己卯	6 3	4 17	庚戌	7 4	5 19	辛巳	8 4	6 20	壬子
	3 5	1 15	庚辰	4 4	2 16	庚戌	5 4	3 16	庚辰	6 4	4 18	辛亥	7 5	5 20	壬午	8 5	6 21	癸丑
							5 5	3 17	辛巳	6 5	4 19	壬子	7 6	5 21	癸未	8 6	6 22	甲寅
																8 7	6 23	乙卯
中	雨水			春分			穀雨			小滿			夏至			大暑		
氣	2/19 7時49分 辰時			3/21 6時45分 卯時			4/20 17時41分 酉時			5/21 16時44分 申時			6/22 0時37分 子時			7/23 11時30分 午時		

乙未

甲申			乙酉			丙戌			丁亥			戊子			己丑			年
立秋			白露			寒露			立冬			大雪			小寒			月
8/8 4時1分 寅時			9/8 6時59分 卯時			10/8 22時42分 亥時			11/8 1時58分 丑時			12/7 18時53分 酉時			1/6 6時8分 卯時			節氣
國曆	農曆	干支	國曆	農曆	干支	國曆	農曆	干支	國曆	農曆	干支	國曆	農曆	干支	國曆	農曆	干支	日
8 8	6 24	丙辰	9 8	7 26	丁亥	10 8	8 26	丁巳	11 8	9 27	戊子	12 7	10 26	丁巳	1 6	11 27	丁亥	
8 9	6 25	丁巳	9 9	7 27	戊子	10 9	8 27	戊午	11 9	9 28	己丑	12 8	10 27	戊午	1 7	11 28	戊子	
8 10	6 26	戊午	9 10	7 28	己丑	10 10	8 28	己未	11 10	9 29	庚寅	12 9	10 28	己未	1 8	11 29	己丑	
8 11	6 27	己未	9 11	7 29	庚寅	10 11	8 29	庚申	11 11	9 30	辛卯	12 10	10 29	庚申	1 9	11 30	庚寅	2015·2016
8 12	6 28	庚申	9 12	7 30	辛卯	10 12	8 30	辛酉	11 12	10 1	壬辰	12 11	11 1	辛酉	1 10	12 1	辛卯	
8 13	6 29	辛酉	9 13	8 1	壬辰	10 13	9 1	壬戌	11 13	10 2	癸巳	12 12	11 2	壬戌	1 11	12 2	壬辰	
8 14	7 1	壬戌	9 14	8 2	癸巳	10 14	9 2	癸亥	11 14	10 3	甲午	12 13	11 3	癸亥	1 12	12 3	癸巳	
8 15	7 2	癸亥	9 15	8 3	甲午	10 15	9 3	甲子	11 15	10 4	乙未	12 14	11 4	甲子	1 13	12 4	甲午	
8 16	7 3	甲子	9 16	8 4	乙未	10 16	9 4	乙丑	11 16	10 5	丙申	12 15	11 5	乙丑	1 14	12 5	乙未	
8 17	7 4	乙丑	9 17	8 5	丙申	10 17	9 5	丙寅	11 17	10 6	丁酉	12 16	11 6	丙寅	1 15	12 6	丙申	
8 18	7 5	丙寅	9 18	8 6	丁酉	10 18	9 6	丁卯	11 18	10 7	戊戌	12 17	11 7	丁卯	1 16	12 7	丁酉	
8 19	7 6	丁卯	9 19	8 7	戊戌	10 19	9 7	戊辰	11 19	10 8	己亥	12 18	11 8	戊辰	1 17	12 8	戊戌	
8 20	7 7	戊辰	9 20	8 8	己亥	10 20	9 8	己巳	11 20	10 9	庚子	12 19	11 9	己巳	1 18	12 9	己亥	
8 21	7 8	己巳	9 21	8 9	庚子	10 21	9 9	庚午	11 21	10 10	辛丑	12 20	11 10	庚午	1 19	12 10	庚子	羊
8 22	7 9	庚午	9 22	8 10	辛丑	10 22	9 10	辛未	11 22	10 11	壬寅	12 21	11 11	辛未	1 20	12 11	辛丑	
8 23	7 10	辛未	9 23	8 11	壬寅	10 23	9 11	壬申	11 23	10 12	癸卯	12 22	11 12	壬申	1 21	12 12	壬寅	
8 24	7 11	壬申	9 24	8 12	癸卯	10 24	9 12	癸酉	11 24	10 13	甲辰	12 23	11 13	癸酉	1 22	12 13	癸卯	
8 25	7 12	癸酉	9 25	8 13	甲辰	10 25	9 13	甲戌	11 25	10 14	乙巳	12 24	11 14	甲戌	1 23	12 14	甲辰	
8 26	7 13	甲戌	9 26	8 14	乙巳	10 26	9 14	乙亥	11 26	10 15	丙午	12 25	11 15	乙亥	1 24	12 15	乙巳	
8 27	7 14	乙亥	9 27	8 15	丙午	10 27	9 15	丙子	11 27	10 16	丁未	12 26	11 16	丙子	1 25	12 16	丙午	中
8 28	7 15	丙子	9 28	8 16	丁未	10 28	9 16	丁丑	11 28	10 17	戊申	12 27	11 17	丁丑	1 26	12 17	丁未	華
8 29	7 16	丁丑	9 29	8 17	戊申	10 29	9 17	戊寅	11 29	10 18	己酉	12 28	11 18	戊寅	1 27	12 18	戊申	民
8 30	7 17	戊寅	9 30	8 18	己酉	10 30	9 18	己卯	11 30	10 19	庚戌	12 29	11 19	己卯	1 28	12 19	己酉	國
8 31	7 18	己卯	10 1	8 19	庚戌	10 31	9 19	庚辰	12 1	10 20	辛亥	12 30	11 20	庚辰	1 29	12 20	庚戌	一
9 1	7 19	庚辰	10 2	8 20	辛亥	11 1	9 20	辛巳	12 2	10 21	壬子	12 31	11 21	辛巳	1 30	12 21	辛亥	百
9 2	7 20	辛巳	10 3	8 21	壬子	11 2	9 21	壬午	12 3	10 22	癸丑	1 1	11 22	壬午	1 31	12 22	壬子	零
9 3	7 21	壬午	10 4	8 22	癸丑	11 3	9 22	癸未	12 4	10 23	甲寅	1 2	11 23	癸未	2 1	12 23	癸丑	四
9 4	7 22	癸未	10 5	8 23	甲寅	11 4	9 23	甲申	12 5	10 24	乙卯	1 3	11 24	甲申	2 2	12 24	甲寅	·
9 5	7 23	甲申	10 6	8 24	乙卯	11 5	9 24	乙酉	12 6	10 25	丙辰	1 4	11 25	乙酉	2 3	12 25	乙卯	一
9 6	7 24	乙酉	10 7	8 25	丙辰	11 6	9 25	丙戌				1 5	11 26	丙戌				百
9 7	7 25	丙戌				11 7	9 26	丁亥										零
處暑			秋分			霜降			小雪			冬至			大寒			五
8/23 18時37分 酉時			9/23 16時20分 申時			10/24 1時46分 丑時			11/22 23時25分 子時			12/22 12時47分 午時			1/20 23時26分 子時			年 中氣

年	丙申																	
月	庚寅			辛卯			壬辰			癸巳			甲午			乙未		
節氣	立春			驚蟄			清明			立夏			芒種			小暑		
	2/4 17時45分 酉時			3/5 11時43分 午時			4/4 16時27分 申時			5/5 9時41分 巳時			6/5 13時48分 未時			7/7 0時3分 子時		
日	國曆	農曆	干支	國曆	農曆	干支	國曆	農曆	干支	國曆	農曆	干支	國曆	農曆	干支	國曆	農曆	干支
2016 猴 中華民國一百零五年	2 4	12 26	丙辰	3 5	1 27	丙戌	4 4	2 27	丙辰	5 5	3 29	丁亥	6 5	5 1	戊午	7 7	6 4	庚寅
	2 5	12 27	丁巳	3 6	1 28	丁亥	4 5	2 28	丁巳	5 6	3 30	戊子	6 6	5 2	己未	7 8	6 5	辛卯
	2 6	12 28	戊午	3 7	1 29	戊子	4 6	2 29	戊午	5 7	4 1	己丑	6 7	5 3	庚申	7 9	6 6	壬辰
	2 7	12 29	己未	3 8	1 30	己丑	4 7	3 1	己未	5 8	4 2	庚寅	6 8	5 4	辛酉	7 10	6 7	癸巳
	2 8	1 1	庚申	3 9	2 1	庚寅	4 8	3 2	庚申	5 9	4 3	辛卯	6 9	5 5	壬戌	7 11	6 8	甲午
	2 9	1 2	辛酉	3 10	2 2	辛卯	4 9	3 3	辛酉	5 10	4 4	壬辰	6 10	5 6	癸亥	7 12	6 9	乙未
	2 10	1 3	壬戌	3 11	2 3	壬辰	4 10	3 4	壬戌	5 11	4 5	癸巳	6 11	5 7	甲子	7 13	6 10	丙申
	2 11	1 4	癸亥	3 12	2 4	癸巳	4 11	3 5	癸亥	5 12	4 6	甲午	6 12	5 8	乙丑	7 14	6 11	丁酉
	2 12	1 5	甲子	3 13	2 5	甲午	4 12	3 6	甲子	5 13	4 7	乙未	6 13	5 9	丙寅	7 15	6 12	戊戌
	2 13	1 6	乙丑	3 14	2 6	乙未	4 13	3 7	乙丑	5 14	4 8	丙申	6 14	5 10	丁卯	7 16	6 13	己亥
	2 14	1 7	丙寅	3 15	2 7	丙申	4 14	3 8	丙寅	5 15	4 9	丁酉	6 15	5 11	戊辰	7 17	6 14	庚子
	2 15	1 8	丁卯	3 16	2 8	丁酉	4 15	3 9	丁卯	5 16	4 10	戊戌	6 16	5 12	己巳	7 18	6 15	辛丑
	2 16	1 9	戊辰	3 17	2 9	戊戌	4 16	3 10	戊辰	5 17	4 11	己亥	6 17	5 13	庚午	7 19	6 16	壬寅
	2 17	1 10	己巳	3 18	2 10	己亥	4 17	3 11	己巳	5 18	4 12	庚子	6 18	5 14	辛未	7 20	6 17	癸卯
	2 18	1 11	庚午	3 19	2 11	庚子	4 18	3 12	庚午	5 19	4 13	辛丑	6 19	5 15	壬申	7 21	6 18	甲辰
	2 19	1 12	辛未	3 20	2 12	辛丑	4 19	3 13	辛未	5 20	4 14	壬寅	6 20	5 16	癸酉	7 22	6 19	乙巳
	2 20	1 13	壬申	3 21	2 13	壬寅	4 20	3 14	壬申	5 21	4 15	癸卯	6 21	5 17	甲戌	7 23	6 20	丙午
	2 21	1 14	癸酉	3 22	2 14	癸卯	4 21	3 15	癸酉	5 22	4 16	甲辰	6 22	5 18	乙亥	7 24	6 21	丁未
	2 22	1 15	甲戌	3 23	2 15	甲辰	4 22	3 16	甲戌	5 23	4 17	乙巳	6 23	5 19	丙子	7 25	6 22	戊申
	2 23	1 16	乙亥	3 24	2 16	乙巳	4 23	3 17	乙亥	5 24	4 18	丙午	6 24	5 20	丁丑	7 26	6 23	己酉
	2 24	1 17	丙子	3 25	2 17	丙午	4 24	3 18	丙子	5 25	4 19	丁未	6 25	5 21	戊寅	7 27	6 24	庚戌
	2 25	1 18	丁丑	3 26	2 18	丁未	4 25	3 19	丁丑	5 26	4 20	戊申	6 26	5 22	己卯	7 28	6 25	辛亥
	2 26	1 19	戊寅	3 27	2 19	戊申	4 26	3 20	戊寅	5 27	4 21	己酉	6 27	5 23	庚辰	7 29	6 26	壬子
	2 27	1 20	己卯	3 28	2 20	己酉	4 27	3 21	己卯	5 28	4 22	庚戌	6 28	5 24	辛巳	7 30	6 27	癸丑
	2 28	1 21	庚辰	3 29	2 21	庚戌	4 28	3 22	庚辰	5 29	4 23	辛亥	6 29	5 25	壬午	7 31	6 28	甲寅
	2 29	1 22	辛巳	3 30	2 22	辛亥	4 29	3 23	辛巳	5 30	4 24	壬子	6 30	5 26	癸未	8 1	6 29	乙卯
	3 1	1 23	壬午	3 31	2 23	壬子	4 30	3 24	壬午	5 31	4 25	癸丑	7 1	5 27	甲申	8 2	6 30	丙辰
	3 2	1 24	癸未	4 1	2 24	癸丑	5 1	3 25	癸未	6 1	4 26	甲寅	7 2	5 28	乙酉	8 3	7 1	丁巳
	3 3	1 25	甲申	4 2	2 25	甲寅	5 2	3 26	甲申	6 2	4 27	乙卯	7 3	5 29	丙戌	8 4	7 2	戊午
	3 4	1 26	乙酉	4 3	2 26	乙卯	5 3	3 27	乙酉	6 3	4 28	丙辰	7 4	6 1	丁亥	8 5	7 3	己未
							5 4	3 28	丙戌	6 4	4 29	丁巳	7 5	6 2	戊子	8 6	7 4	庚申
													7 6	6 3	己丑			
中氣	雨水			春分			穀雨			小滿			夏至			大暑		
	2/19 13時33分 未時			3/20 12時30分 午時			4/19 23時29分 子時			5/20 22時36分 亥時			6/21 6時34分 卯時			7/22 17時30分 酉時		

	丙申																	年
	丙申			丁酉			戊戌			己亥			庚子			辛丑			月
	立秋			白露			寒露			立冬			大雪			小寒			節氣
	8/7 9時52分 巳時			9/7 12時50分 午時			10/8 4時33分 寅時			11/7 7時47分 辰時			12/7 0時40分 子時			1/5 11時55分 午時			
	國曆	農曆	干支	國曆	農曆	干支	國曆	農曆	干支	國曆	農曆	干支	國曆	農曆	干支	國曆	農曆	干支	日
	8 7	7 5	辛酉	9 7	8 7	壬辰	10 8	9 8	癸亥	11 7	10 8	癸巳	12 7	11 9	癸亥	1 5	12 8	壬辰	2016·2017
	8 8	7 6	壬戌	9 8	8 8	癸巳	10 9	9 9	甲子	11 8	10 9	甲午	12 8	11 10	甲子	1 6	12 9	癸巳	
	8 9	7 7	癸亥	9 9	8 9	甲午	10 10	9 10	乙丑	11 9	10 10	乙未	12 9	11 11	乙丑	1 7	12 10	甲午	
	8 10	7 8	甲子	9 10	8 10	乙未	10 11	9 11	丙寅	11 10	10 11	丙申	12 10	11 12	丙寅	1 8	12 11	乙未	
	8 11	7 9	乙丑	9 11	8 11	丙申	10 12	9 12	丁卯	11 11	10 12	丁酉	12 11	11 13	丁卯	1 9	12 12	丙申	
	8 12	7 10	丙寅	9 12	8 12	丁酉	10 13	9 13	戊辰	11 12	10 13	戊戌	12 12	11 14	戊辰	1 10	12 13	丁酉	
	8 13	7 11	丁卯	9 13	8 13	戊戌	10 14	9 14	己巳	11 13	10 14	己亥	12 13	11 15	己巳	1 11	12 14	戊戌	
	8 14	7 12	戊辰	9 14	8 14	己亥	10 15	9 15	庚午	11 14	10 15	庚子	12 14	11 16	庚午	1 12	12 15	己亥	
	8 15	7 13	己巳	9 15	8 15	庚子	10 16	9 16	辛未	11 15	10 16	辛丑	12 15	11 17	辛未	1 13	12 16	庚子	
	8 16	7 14	庚午	9 16	8 16	辛丑	10 17	9 17	壬申	11 16	10 17	壬寅	12 16	11 18	壬申	1 14	12 17	辛丑	
	8 17	7 15	辛未	9 17	8 17	壬寅	10 18	9 18	癸酉	11 17	10 18	癸卯	12 17	11 19	癸酉	1 15	12 18	壬寅	
	8 18	7 16	壬申	9 18	8 18	癸卯	10 19	9 19	甲戌	11 18	10 19	甲辰	12 18	11 20	甲戌	1 16	12 19	癸卯	猴
	8 19	7 17	癸酉	9 19	8 19	甲辰	10 20	9 20	乙亥	11 19	10 20	乙巳	12 19	11 21	乙亥	1 17	12 20	甲辰	
	8 20	7 18	甲戌	9 20	8 20	乙巳	10 21	9 21	丙子	11 20	10 21	丙午	12 20	11 22	丙子	1 18	12 21	乙巳	
	8 21	7 19	乙亥	9 21	8 21	丙午	10 22	9 22	丁丑	11 21	10 22	丁未	12 21	11 23	丁丑	1 19	12 22	丙午	
	8 22	7 20	丙子	9 22	8 22	丁未	10 23	9 23	戊寅	11 22	10 23	戊申	12 22	11 24	戊寅	1 20	12 23	丁未	
	8 23	7 21	丁丑	9 23	8 23	戊申	10 24	9 24	己卯	11 23	10 24	己酉	12 23	11 25	己卯	1 21	12 24	戊申	
	8 24	7 22	戊寅	9 24	8 24	己酉	10 25	9 25	庚辰	11 24	10 25	庚戌	12 24	11 26	庚辰	1 22	12 25	己酉	
	8 25	7 23	己卯	9 25	8 25	庚戌	10 26	9 26	辛巳	11 25	10 26	辛亥	12 25	11 27	辛巳	1 23	12 26	庚戌	
	8 26	7 24	庚辰	9 26	8 26	辛亥	10 27	9 27	壬午	11 26	10 27	壬子	12 26	11 28	壬午	1 24	12 27	辛亥	
	8 27	7 25	辛巳	9 27	8 27	壬子	10 28	9 28	癸未	11 27	10 28	癸丑	12 27	11 29	癸未	1 25	12 28	壬子	中華民國一百零五·一百零六年
	8 28	7 26	壬午	9 28	8 28	癸丑	10 29	9 29	甲申	11 28	10 29	甲寅	12 28	11 30	甲申	1 26	12 29	癸丑	
	8 29	7 27	癸未	9 29	8 29	甲寅	10 30	9 30	乙酉	11 29	11 1	乙卯	12 29	12 1	乙酉	1 27	12 30	甲寅	
	8 30	7 28	甲申	9 30	8 30	乙卯	10 31	10 1	丙戌	11 30	11 2	丙辰	12 30	12 2	丙戌	1 28	1 1	乙卯	
	8 31	7 29	乙酉	10 1	9 1	丙辰	11 1	10 2	丁亥	12 1	11 3	丁巳	12 31	12 3	丁亥	1 29	1 2	丙辰	
	9 1	8 1	丙戌	10 2	9 2	丁巳	11 2	10 3	戊子	12 2	11 4	戊午	1 1	12 4	戊子	1 30	1 3	丁巳	
	9 2	8 2	丁亥	10 3	9 3	戊午	11 3	10 4	己丑	12 3	11 5	己未	1 2	12 5	己丑	1 31	1 4	戊午	
	9 3	8 3	戊子	10 4	9 4	己未	11 4	10 5	庚寅	12 4	11 6	庚申	1 3	12 6	庚寅	2 1	1 5	己未	
	9 4	8 4	己丑	10 5	9 5	庚申	11 5	10 6	辛卯	12 5	11 7	辛酉	1 4	12 7	辛卯	2 2	1 6	庚申	
	9 5	8 5	庚寅	10 6	9 6	辛酉	11 6	10 7	壬辰	12 6	11 8	壬戌							
	9 6	8 6	辛卯	10 7	9 7	壬戌													
	處暑			秋分			霜降			小雪			冬至			大寒			中氣
	8/23 0時38分 子時			9/22 22時20分 亥時			10/23 7時45分 辰時			11/22 5時22分 卯時			12/21 18時44分 酉時			1/20 5時23分 卯時			

年	丁酉																	
月	壬寅			癸卯			甲辰			乙巳			丙午			丁未		
節氣	立春			驚蟄			清明			立夏			芒種			小暑		
	2/3 23時33分 子時			3/5 17時32分 酉時			4/4 22時17分 亥時			5/5 15時30分 申時			6/5 19時36分 戌時			7/7 5時50分 卯時		
日	國曆	農曆	干支	國曆	農曆	干支	國曆	農曆	干支	國曆	農曆	干支	國曆	農曆	干支	國曆	農曆	干支
	2/3	1/7	辛酉	3/5	2/8	辛卯	4/4	3/8	辛酉	5/5	4/10	壬辰	6/5	5/11	癸亥	7/7	6/14	乙未
	2/4	1/8	壬戌	3/6	2/9	壬辰	4/5	3/9	壬戌	5/6	4/11	癸巳	6/6	5/12	甲子	7/8	6/15	丙申
	2/5	1/9	癸亥	3/7	2/10	癸巳	4/6	3/10	癸亥	5/7	4/12	甲午	6/7	5/13	乙丑	7/9	6/16	丁酉
2	2/6	1/10	甲子	3/8	2/11	甲午	4/7	3/11	甲子	5/8	4/13	乙未	6/8	5/14	丙寅	7/10	6/17	戊戌
0	2/7	1/11	乙丑	3/9	2/12	乙未	4/8	3/12	乙丑	5/9	4/14	丙申	6/9	5/15	丁卯	7/11	6/18	己亥
1	2/8	1/12	丙寅	3/10	2/13	丙申	4/9	3/13	丙寅	5/10	4/15	丁酉	6/10	5/16	戊辰	7/12	6/19	庚子
7	2/9	1/13	丁卯	3/11	2/14	丁酉	4/10	3/14	丁卯	5/11	4/16	戊戌	6/11	5/17	己巳	7/13	6/20	辛丑
	2/10	1/14	戊辰	3/12	2/15	戊戌	4/11	3/15	戊辰	5/12	4/17	己亥	6/12	5/18	庚午	7/14	6/21	壬寅
	2/11	1/15	己巳	3/13	2/16	己亥	4/12	3/16	己巳	5/13	4/18	庚子	6/13	5/19	辛未	7/15	6/22	癸卯
	2/12	1/16	庚午	3/14	2/17	庚子	4/13	3/17	庚午	5/14	4/19	辛丑	6/14	5/20	壬申	7/16	6/23	甲辰
	2/13	1/17	辛未	3/15	2/18	辛丑	4/14	3/18	辛未	5/15	4/20	壬寅	6/15	5/21	癸酉	7/17	6/24	乙巳
	2/14	1/18	壬申	3/16	2/19	壬寅	4/15	3/19	壬申	5/16	4/21	癸卯	6/16	5/22	甲戌	7/18	6/25	丙午
	2/15	1/19	癸酉	3/17	2/20	癸卯	4/16	3/20	癸酉	5/17	4/22	甲辰	6/17	5/23	乙亥	7/19	6/26	丁未
	2/16	1/20	甲戌	3/18	2/21	甲辰	4/17	3/21	甲戌	5/18	4/23	乙巳	6/18	5/24	丙子	7/20	6/27	戊申
雞	2/17	1/21	乙亥	3/19	2/22	乙巳	4/18	3/22	乙亥	5/19	4/24	丙午	6/19	5/25	丁丑	7/21	6/28	己酉
	2/18	1/22	丙子	3/20	2/23	丙午	4/19	3/23	丙子	5/20	4/25	丁未	6/20	5/26	戊寅	7/22	6/29	庚戌
	2/19	1/23	丁丑	3/21	2/24	丁未	4/20	3/24	丁丑	5/21	4/26	戊申	6/21	5/27	己卯	7/23	閏6/1	辛亥
	2/20	1/24	戊寅	3/22	2/25	戊申	4/21	3/25	戊寅	5/22	4/27	己酉	6/22	5/28	庚辰	7/24	閏6/2	壬子
	2/21	1/25	己卯	3/23	2/26	己酉	4/22	3/26	己卯	5/23	4/28	庚戌	6/23	5/29	辛巳	7/25	閏6/3	癸丑
	2/22	1/26	庚辰	3/24	2/27	庚戌	4/23	3/27	庚辰	5/24	4/29	辛亥	6/24	6/1	壬午	7/26	閏6/4	甲寅
	2/23	1/27	辛巳	3/25	2/28	辛亥	4/24	3/28	辛巳	5/25	4/30	壬子	6/25	6/2	癸未	7/27	閏6/5	乙卯
	2/24	1/28	壬午	3/26	2/29	壬子	4/25	3/29	壬午	5/26	5/1	癸丑	6/26	6/3	甲申	7/28	閏6/6	丙辰
中	2/25	1/29	癸未	3/27	2/30	癸丑	4/26	4/1	癸未	5/27	5/2	甲寅	6/27	6/4	乙酉	7/29	閏6/7	丁巳
華	2/26	2/1	甲申	3/28	3/1	甲寅	4/27	4/2	甲申	5/28	5/3	乙卯	6/28	6/5	丙戌	7/30	閏6/8	戊午
民	2/27	2/2	乙酉	3/29	3/2	乙卯	4/28	4/3	乙酉	5/29	5/4	丙辰	6/29	6/6	丁亥	7/31	閏6/9	己未
國	2/28	2/3	丙戌	3/30	3/3	丙辰	4/29	4/4	丙戌	5/30	5/5	丁巳	6/30	6/7	戊子	8/1	閏6/10	庚申
一	3/1	2/4	丁亥	3/31	3/4	丁巳	4/30	4/5	丁亥	5/31	5/6	戊午	7/1	6/8	己丑	8/2	閏6/11	辛酉
百	3/2	2/5	戊子	4/1	3/5	戊午	5/1	4/6	戊子	6/1	5/7	己未	7/2	6/9	庚寅	8/3	閏6/12	壬戌
零	3/3	2/6	己丑	4/2	3/6	己未	5/2	4/7	己丑	6/2	5/8	庚申	7/3	6/10	辛卯	8/4	閏6/13	癸亥
六	3/4	2/7	庚寅	4/3	3/7	庚申	5/3	4/8	庚寅	6/3	5/9	辛酉	7/4	6/11	壬辰	8/5	閏6/14	甲子
年							5/4	4/9	辛卯	6/4	5/10	壬戌	7/5	6/12	癸巳	8/6	閏6/15	乙丑
													7/6	6/13	甲午			
中氣	雨水			春分			穀雨			小滿			夏至			大暑		
	2/18 19時31分 戌時			3/20 18時28分 酉時			4/20 5時26分 卯時			5/21 4時30分 寅時			6/21 12時23分 午時			7/22 23時15分 子時		

丁酉																														年
戊申					己酉					庚戌					辛亥					壬子					癸丑					月
立秋					白露					寒露					立冬					大雪					小寒					節氣
8/7 15時39分 申時					9/7 18時38分 酉時					10/8 10時21分 巳時					11/7 13時37分 未時					12/7 6時32分 卯時					1/5 17時48分 酉時					氣
國曆		農曆		干支	國曆		農曆		干支	國曆		農曆		干支	國曆		農曆		干支	國曆		農曆		干支	國曆		農曆		干支	日
8	7	6	16	丙寅	9	7	7	17	丁酉	10	8	8	19	戊辰	11	7	9	19	戊戌	12	7	10	20	戊辰	1	5	11	19	丁酉	
8	8	6	17	丁卯	9	8	7	18	戊戌	10	9	8	20	己巳	11	8	9	20	己亥	12	8	10	21	己巳	1	6	11	20	戊戌	
8	9	6	18	戊辰	9	9	7	19	己亥	10	10	8	21	庚午	11	9	9	21	庚子	12	9	10	22	庚午	1	7	11	21	己亥	2
8	10	6	19	己巳	9	10	7	20	庚子	10	11	8	22	辛未	11	10	9	22	辛丑	12	10	10	23	辛未	1	8	11	22	庚子	0
8	11	6	20	庚午	9	11	7	21	辛丑	10	12	8	23	壬申	11	11	9	23	壬寅	12	11	10	24	壬申	1	9	11	23	辛丑	1
8	12	6	21	辛未	9	12	7	22	壬寅	10	13	8	24	癸酉	11	12	9	24	癸卯	12	12	10	25	癸酉	1	10	11	24	壬寅	7
8	13	6	22	壬申	9	13	7	23	癸卯	10	14	8	25	甲戌	11	13	9	25	甲辰	12	13	10	26	甲戌	1	11	11	25	癸卯	·
8	14	6	23	癸酉	9	14	7	24	甲辰	10	15	8	26	乙亥	11	14	9	26	乙巳	12	14	10	27	乙亥	1	12	11	26	甲辰	2
8	15	6	24	甲戌	9	15	7	25	乙巳	10	16	8	27	丙子	11	15	9	27	丙午	12	15	10	28	丙子	1	13	11	27	乙巳	0
8	16	6	25	乙亥	9	16	7	26	丙午	10	17	8	28	丁丑	11	16	9	28	丁未	12	16	10	29	丁丑	1	14	11	28	丙午	1
8	17	6	26	丙子	9	17	7	27	丁未	10	18	8	29	戊寅	11	17	9	29	戊申	12	17	10	30	戊寅	1	15	11	29	丁未	8
8	18	6	27	丁丑	9	18	7	28	戊申	10	19	8	30	己卯	11	18	10	1	己酉	12	18	11	1	己卯	1	16	11	30	戊申	
8	19	6	28	戊寅	9	19	7	29	己酉	10	20	9	1	庚辰	11	19	10	2	庚戌	12	19	11	2	庚辰	1	17	12	1	己酉	
8	20	6	29	己卯	9	20	8	1	庚戌	10	21	9	2	辛巳	11	20	10	3	辛亥	12	20	11	3	辛巳	1	18	12	2	庚戌	
8	21	6	30	庚辰	9	21	8	2	辛亥	10	22	9	3	壬午	11	21	10	4	壬子	12	21	11	4	壬午	1	19	12	3	辛亥	
8	22	7	1	辛巳	9	22	8	3	壬子	10	23	9	4	癸未	11	22	10	5	癸丑	12	22	11	5	癸未	1	20	12	4	壬子	雞
8	23	7	2	壬午	9	23	8	4	癸丑	10	24	9	5	甲申	11	23	10	6	甲寅	12	23	11	6	甲申	1	21	12	5	癸丑	
8	24	7	3	癸未	9	24	8	5	甲寅	10	25	9	6	乙酉	11	24	10	7	乙卯	12	24	11	7	乙酉	1	22	12	6	甲寅	
8	25	7	4	甲申	9	25	8	6	乙卯	10	26	9	7	丙戌	11	25	10	8	丙辰	12	25	11	8	丙戌	1	23	12	7	乙卯	
8	26	7	5	乙酉	9	26	8	7	丙辰	10	27	9	8	丁亥	11	26	10	9	丁巳	12	26	11	9	丁亥	1	24	12	8	丙辰	
8	27	7	6	丙戌	9	27	8	8	丁巳	10	28	9	9	戊子	11	27	10	10	戊午	12	27	11	10	戊子	1	25	12	9	丁巳	中
8	28	7	7	丁亥	9	28	8	9	戊午	10	29	9	10	己丑	11	28	10	11	己未	12	28	11	11	己丑	1	26	12	10	戊午	華
8	29	7	8	戊子	9	29	8	10	己未	10	30	9	11	庚寅	11	29	10	12	庚申	12	29	11	12	庚寅	1	27	12	11	己未	民
8	30	7	9	己丑	9	30	8	11	庚申	10	31	9	12	辛卯	11	30	10	13	辛酉	12	30	11	13	辛卯	1	28	12	12	庚申	國
8	31	7	10	庚寅	10	1	8	12	辛酉	11	1	9	13	壬辰	12	1	10	14	壬戌	12	31	11	14	壬辰	1	29	12	13	辛酉	一
9	1	7	11	辛卯	10	2	8	13	壬戌	11	2	9	14	癸巳	12	2	10	15	癸亥	1	1	11	15	癸巳	1	30	12	14	壬戌	百
9	2	7	12	壬辰	10	3	8	14	癸亥	11	3	9	15	甲午	12	3	10	16	甲子	1	2	11	16	甲午	1	31	12	15	癸亥	零
9	3	7	13	癸巳	10	4	8	15	甲子	11	4	9	16	乙未	12	4	10	17	乙丑	1	3	11	17	乙未	2	1	12	16	甲子	六
9	4	7	14	甲午	10	5	8	16	乙丑	11	5	9	17	丙申	12	5	10	18	丙寅	1	4	11	18	丙申	2	2	12	17	乙丑	·
9	5	7	15	乙未	10	6	8	17	丙寅	11	6	9	18	丁酉	12	6	10	19	丁卯						2	3	12	18	丙寅	一
9	6	7	16	丙申	10	7	8	18	丁卯																					百
處暑					秋分					霜降					小雪					冬至					大寒					中
8/23 6時20分 卯時					9/23 4時1分 寅時					10/23 13時26分 未時					11/22 11時4分 午時					12/22 0時27分 子時					1/20 11時8分 午時					氣

年	戊戌																													
月	甲寅					乙卯					丙辰					丁巳					戊午					己未				
節氣	立春					驚蟄					清明					立夏					芒種					小暑				
	2/4 5時28分 卯時					3/5 23時27分 子時					4/5 4時12分 寅時					5/5 21時25分 亥時					6/6 1時28分 丑時					7/7 11時41分 午時				
日	國曆		農曆		干支	國曆		農曆		干支	國曆		農曆		干支	國曆		農曆		干支	國曆		農曆		干支	國曆		農曆		干支
2018 狗 中華民國一百零七年	2	4	12	19	丁卯	3	5	1	18	丙申	4	5	2	20	丁卯	5	5	3	20	丁酉	6	6	4	23	己巳	7	7	5	24	庚子
	2	5	12	20	戊辰	3	6	1	19	丁酉	4	6	2	21	戊辰	5	6	3	21	戊戌	6	7	4	24	庚午	7	8	5	25	辛丑
	2	6	12	21	己巳	3	7	1	20	戊戌	4	7	2	22	己巳	5	7	3	22	己亥	6	8	4	25	辛未	7	9	5	26	壬寅
	2	7	12	22	庚午	3	8	1	21	己亥	4	8	2	23	庚午	5	8	3	23	庚子	6	9	4	26	壬申	7	10	5	27	癸卯
	2	8	12	23	辛未	3	9	1	22	庚子	4	9	2	24	辛未	5	9	3	24	辛丑	6	10	4	27	癸酉	7	11	5	28	甲辰
	2	9	12	24	壬申	3	10	1	23	辛丑	4	10	2	25	壬申	5	10	3	25	壬寅	6	11	4	28	甲戌	7	12	5	29	乙巳
	2	10	12	25	癸酉	3	11	1	24	壬寅	4	11	2	26	癸酉	5	11	3	26	癸卯	6	12	4	29	乙亥	7	13	6	1	丙午
	2	11	12	26	甲戌	3	12	1	25	癸卯	4	12	2	27	甲戌	5	12	3	27	甲辰	6	13	4	30	丙子	7	14	6	2	丁未
	2	12	12	27	乙亥	3	13	1	26	甲辰	4	13	2	28	乙亥	5	13	3	28	乙巳	6	14	5	1	丁丑	7	15	6	3	戊申
	2	13	12	28	丙子	3	14	1	27	乙巳	4	14	2	29	丙子	5	14	3	29	丙午	6	15	5	2	戊寅	7	16	6	4	己酉
	2	14	12	29	丁丑	3	15	1	28	丙午	4	15	2	30	丁丑	5	15	4	1	丁未	6	16	5	3	己卯	7	17	6	5	庚戌
	2	15	12	30	戊寅	3	16	1	29	丁未	4	16	3	1	戊寅	5	16	4	2	戊申	6	17	5	4	庚辰	7	18	6	6	辛亥
	2	16	1	1	己卯	3	17	2	1	戊申	4	17	3	2	己卯	5	17	4	3	己酉	6	18	5	5	辛巳	7	19	6	7	壬子
	2	17	1	2	庚辰	3	18	2	2	己酉	4	18	3	3	庚辰	5	18	4	4	庚戌	6	19	5	6	壬午	7	20	6	8	癸丑
	2	18	1	3	辛巳	3	19	2	3	庚戌	4	19	3	4	辛巳	5	19	4	5	辛亥	6	20	5	7	癸未	7	21	6	9	甲寅
	2	19	1	4	壬午	3	20	2	4	辛亥	4	20	3	5	壬午	5	20	4	6	壬子	6	21	5	8	甲申	7	22	6	10	乙卯
	2	20	1	5	癸未	3	21	2	5	壬子	4	21	3	6	癸未	5	21	4	7	癸丑	6	22	5	9	乙酉	7	23	6	11	丙辰
	2	21	1	6	甲申	3	22	2	6	癸丑	4	22	3	7	甲申	5	22	4	8	甲寅	6	23	5	10	丙戌	7	24	6	12	丁巳
	2	22	1	7	乙酉	3	23	2	7	甲寅	4	23	3	8	乙酉	5	23	4	9	乙卯	6	24	5	11	丁亥	7	25	6	13	戊午
	2	23	1	8	丙戌	3	24	2	8	乙卯	4	24	3	9	丙戌	5	24	4	10	丙辰	6	25	5	12	戊子	7	26	6	14	己未
	2	24	1	9	丁亥	3	25	2	9	丙辰	4	25	3	10	丁亥	5	25	4	11	丁巳	6	26	5	13	己丑	7	27	6	15	庚申
	2	25	1	10	戊子	3	26	2	10	丁巳	4	26	3	11	戊子	5	26	4	12	戊午	6	27	5	14	庚寅	7	28	6	16	辛酉
	2	26	1	11	己丑	3	27	2	11	戊午	4	27	3	12	己丑	5	27	4	13	己未	6	28	5	15	辛卯	7	29	6	17	壬戌
	2	27	1	12	庚寅	3	28	2	12	己未	4	28	3	13	庚寅	5	28	4	14	庚申	6	29	5	16	壬辰	7	30	6	18	癸亥
	2	28	1	13	辛卯	3	29	2	13	庚申	4	29	3	14	辛卯	5	29	4	15	辛酉	6	30	5	17	癸巳	7	31	6	19	甲子
	3	1	1	14	壬辰	3	30	2	14	辛酉	4	30	3	15	壬辰	5	30	4	16	壬戌	7	1	5	18	甲午	8	1	6	20	乙丑
	3	2	1	15	癸巳	3	31	2	15	壬戌	5	1	3	16	癸巳	5	31	4	17	癸亥	7	2	5	19	乙未	8	2	6	21	丙寅
	3	3	1	16	甲午	4	1	2	16	癸亥	5	2	3	17	甲午	6	1	4	18	甲子	7	3	5	20	丙申	8	3	6	22	丁卯
	3	4	1	17	乙未	4	2	2	17	甲子	5	3	3	18	乙未	6	2	4	19	乙丑	7	4	5	21	丁酉	8	4	6	23	戊辰
						4	3	2	18	乙丑	5	4	3	19	丙申	6	3	4	20	丙寅	7	5	5	22	戊戌	8	5	6	24	己巳
						4	4	2	19	丙寅						6	4	4	21	丁卯	7	6	5	23	己亥	8	6	6	25	庚午
																6	5	4	22	戊辰										
中氣	雨水					春分					穀雨					小滿					夏至					大暑				
	2/19 1時17分 丑時					3/21 0時15分 子時					4/20 11時12分 午時					5/21 10時14分 巳時					6/21 18時7分 酉時					7/23 5時0分 卯時				

戊戌																		年
庚申			辛酉			壬戌			癸亥			甲子			乙丑			月
立秋			白露			寒露			立冬			大雪			小寒			節氣
8/7 21時30分 亥時			9/8 0時29分 子時			10/8 16時14分 申時			11/7 19時31分 戌時			12/7 12時25分 午時			1/5 23時38分 子時			
國曆	農曆	干支	國曆	農曆	干支	國曆	農曆	干支	國曆	農曆	干支	國曆	農曆	干支	國曆	農曆	干支	日
8 7	6 26	辛未	9 8	7 29	癸卯	10 8	8 29	癸酉	11 7	9 30	癸卯	12 7	11 1	癸酉	1 5	11 30	壬寅	2018·2019 狗 中華民國一百零七·一百零八年
8 8	6 27	壬申	9 9	7 30	甲辰	10 9	9 1	甲戌	11 8	10 1	甲辰	12 8	11 2	甲戌	1 6	12 1	癸卯	
8 9	6 28	癸酉	9 10	8 1	乙巳	10 10	9 2	乙亥	11 9	10 2	乙巳	12 9	11 3	乙亥	1 7	12 2	甲辰	
8 10	6 29	甲戌	9 11	8 2	丙午	10 11	9 3	丙子	11 10	10 3	丙午	12 10	11 4	丙子	1 8	12 3	乙巳	
8 11	7 1	乙亥	9 12	8 3	丁未	10 12	9 4	丁丑	11 11	10 4	丁未	12 11	11 5	丁丑	1 9	12 4	丙午	
8 12	7 2	丙子	9 13	8 4	戊申	10 13	9 5	戊寅	11 12	10 5	戊申	12 12	11 6	戊寅	1 10	12 5	丁未	
8 13	7 3	丁丑	9 14	8 5	己酉	10 14	9 6	己卯	11 13	10 6	己酉	12 13	11 7	己卯	1 11	12 6	戊申	
8 14	7 4	戊寅	9 15	8 6	庚戌	10 15	9 7	庚辰	11 14	10 7	庚戌	12 14	11 8	庚辰	1 12	12 7	己酉	
8 15	7 5	己卯	9 16	8 7	辛亥	10 16	9 8	辛巳	11 15	10 8	辛亥	12 15	11 9	辛巳	1 13	12 8	庚戌	
8 16	7 6	庚辰	9 17	8 8	壬子	10 17	9 9	壬午	11 16	10 9	壬子	12 16	11 10	壬午	1 14	12 9	辛亥	
8 17	7 7	辛巳	9 18	8 9	癸丑	10 18	9 10	癸未	11 17	10 10	癸丑	12 17	11 11	癸未	1 15	12 10	壬子	
8 18	7 8	壬午	9 19	8 10	甲寅	10 19	9 11	甲申	11 18	10 11	甲寅	12 18	11 12	甲申	1 16	12 11	癸丑	
8 19	7 9	癸未	9 20	8 11	乙卯	10 20	9 12	乙酉	11 19	10 12	乙卯	12 19	11 13	乙酉	1 17	12 12	甲寅	
8 20	7 10	甲申	9 21	8 12	丙辰	10 21	9 13	丙戌	11 20	10 13	丙辰	12 20	11 14	丙戌	1 18	12 13	乙卯	
8 21	7 11	乙酉	9 22	8 13	丁巳	10 22	9 14	丁亥	11 21	10 14	丁巳	12 21	11 15	丁亥	1 19	12 14	丙辰	
8 22	7 12	丙戌	9 23	8 14	戊午	10 23	9 15	戊子	11 22	10 15	戊午	12 22	11 16	戊子	1 20	12 15	丁巳	
8 23	7 13	丁亥	9 24	8 15	己未	10 24	9 16	己丑	11 23	10 16	己未	12 23	11 17	己丑	1 21	12 16	戊午	
8 24	7 14	戊子	9 25	8 16	庚申	10 25	9 17	庚寅	11 24	10 17	庚申	12 24	11 18	庚寅	1 22	12 17	己未	
8 25	7 15	己丑	9 26	8 17	辛酉	10 26	9 18	辛卯	11 25	10 18	辛酉	12 25	11 19	辛卯	1 23	12 18	庚申	
8 26	7 16	庚寅	9 27	8 18	壬戌	10 27	9 19	壬辰	11 26	10 19	壬戌	12 26	11 20	壬辰	1 24	12 19	辛酉	
8 27	7 17	辛卯	9 28	8 19	癸亥	10 28	9 20	癸巳	11 27	10 20	癸亥	12 27	11 21	癸巳	1 25	12 20	壬戌	
8 28	7 18	壬辰	9 29	8 20	甲子	10 29	9 21	甲午	11 28	10 21	甲子	12 28	11 22	甲午	1 26	12 21	癸亥	
8 29	7 19	癸巳	9 30	8 21	乙丑	10 30	9 22	乙未	11 29	10 22	乙丑	12 29	11 23	乙未	1 27	12 22	甲子	
8 30	7 20	甲午	10 1	8 22	丙寅	10 31	9 23	丙申	11 30	10 23	丙寅	12 30	11 24	丙申	1 28	12 23	乙丑	
8 31	7 21	乙未	10 2	8 23	丁卯	11 1	9 24	丁酉	12 1	10 24	丁卯	12 31	11 25	丁酉	1 29	12 24	丙寅	
9 1	7 22	丙申	10 3	8 24	戊辰	11 2	9 25	戊戌	12 2	10 25	戊辰	1 1	11 26	戊戌	1 30	12 25	丁卯	
9 2	7 23	丁酉	10 4	8 25	己巳	11 3	9 26	己亥	12 3	10 26	己巳	1 2	11 27	己亥	1 31	12 26	戊辰	
9 3	7 24	戊戌	10 5	8 26	庚午	11 4	9 27	庚子	12 4	10 27	庚午	1 3	11 28	庚子	2 1	12 27	己巳	
9 4	7 25	己亥	10 6	8 27	辛未	11 5	9 28	辛丑	12 5	10 28	辛未	1 4	11 29	辛丑	2 2	12 28	庚午	
9 5	7 26	庚子	10 7	8 28	壬申	11 6	9 29	壬寅	12 6	10 29	壬申				2 3	12 29	辛未	
9 6	7 27	辛丑																
9 7	7 28	壬寅																
處暑			秋分			霜降			小雪			冬至			大寒			中氣
8/23 12時8分 午時			9/23 9時53分 巳時			10/23 19時22分 戌時			11/22 17時1分 酉時			12/22 6時22分 卯時			1/20 16時59分 申時			

年	己亥																	
月	丙寅			丁卯			戊辰			己巳			庚午			辛未		
節氣	立春 2/4 11時14分 午時			驚蟄 3/6 5時9分 卯時			清明 4/5 9時51分 巳時			立夏 5/6 3時2分 寅時			芒種 6/6 7時6分 辰時			小暑 7/7 17時20分 酉時		
日	國曆	農曆	干支	國曆	農曆	干支	國曆	農曆	干支	國曆	農曆	干支	國曆	農曆	干支	國曆	農曆	干支
	2/4	12/30	壬申	3/6	1/30	壬寅	4/5	3/1	壬申	5/6	4/2	癸卯	6/6	5/4	甲戌	7/7	6/5	乙巳
	2/5	1/1	癸酉	3/7	2/1	癸卯	4/6	3/2	癸酉	5/7	4/3	甲辰	6/7	5/5	乙亥	7/8	6/6	丙午
2	2/6	1/2	甲戌	3/8	2/2	甲辰	4/7	3/3	甲戌	5/8	4/4	乙巳	6/8	5/6	丙子	7/9	6/7	丁未
0	2/7	1/3	乙亥	3/9	2/3	乙巳	4/8	3/4	乙亥	5/9	4/5	丙午	6/9	5/7	丁丑	7/10	6/8	戊申
1	2/8	1/4	丙子	3/10	2/4	丙午	4/9	3/5	丙子	5/10	4/6	丁未	6/10	5/8	戊寅	7/11	6/9	己酉
9	2/9	1/5	丁丑	3/11	2/5	丁未	4/10	3/6	丁丑	5/11	4/7	戊申	6/11	5/9	己卯	7/12	6/10	庚戌
	2/10	1/6	戊寅	3/12	2/6	戊申	4/11	3/7	戊寅	5/12	4/8	己酉	6/12	5/10	庚辰	7/13	6/11	辛亥
	2/11	1/7	己卯	3/13	2/7	己酉	4/12	3/8	己卯	5/13	4/9	庚戌	6/13	5/11	辛巳	7/14	6/12	壬子
	2/12	1/8	庚辰	3/14	2/8	庚戌	4/13	3/9	庚辰	5/14	4/10	辛亥	6/14	5/12	壬午	7/15	6/13	癸丑
	2/13	1/9	辛巳	3/15	2/9	辛亥	4/14	3/10	辛巳	5/15	4/11	壬子	6/15	5/13	癸未	7/16	6/14	甲寅
豬	2/14	1/10	壬午	3/16	2/10	壬子	4/15	3/11	壬午	5/16	4/12	癸丑	6/16	5/14	甲申	7/17	6/15	乙卯
	2/15	1/11	癸未	3/17	2/11	癸丑	4/16	3/12	癸未	5/17	4/13	甲寅	6/17	5/15	乙酉	7/18	6/16	丙辰
	2/16	1/12	甲申	3/18	2/12	甲寅	4/17	3/13	甲申	5/18	4/14	乙卯	6/18	5/16	丙戌	7/19	6/17	丁巳
	2/17	1/13	乙酉	3/19	2/13	乙卯	4/18	3/14	乙酉	5/19	4/15	丙辰	6/19	5/17	丁亥	7/20	6/18	戊午
	2/18	1/14	丙戌	3/20	2/14	丙辰	4/19	3/15	丙戌	5/20	4/16	丁巳	6/20	5/18	戊子	7/21	6/19	己未
	2/19	1/15	丁亥	3/21	2/15	丁巳	4/20	3/16	丁亥	5/21	4/17	戊午	6/21	5/19	己丑	7/22	6/20	庚申
	2/20	1/16	戊子	3/22	2/16	戊午	4/21	3/17	戊子	5/22	4/18	己未	6/22	5/20	庚寅	7/23	6/21	辛酉
中	2/21	1/17	己丑	3/23	2/17	己未	4/22	3/18	己丑	5/23	4/19	庚申	6/23	5/21	辛卯	7/24	6/22	壬戌
華	2/22	1/18	庚寅	3/24	2/18	庚申	4/23	3/19	庚寅	5/24	4/20	辛酉	6/24	5/22	壬辰	7/25	6/23	癸亥
民	2/23	1/19	辛卯	3/25	2/19	辛酉	4/24	3/20	辛卯	5/25	4/21	壬戌	6/25	5/23	癸巳	7/26	6/24	甲子
國	2/24	1/20	壬辰	3/26	2/20	壬戌	4/25	3/21	壬辰	5/26	4/22	癸亥	6/26	5/24	甲午	7/27	6/25	乙丑
一	2/25	1/21	癸巳	3/27	2/21	癸亥	4/26	3/22	癸巳	5/27	4/23	甲子	6/27	5/25	乙未	7/28	6/26	丙寅
百	2/26	1/22	甲午	3/28	2/22	甲子	4/27	3/23	甲午	5/28	4/24	乙丑	6/28	5/26	丙申	7/29	6/27	丁卯
零	2/27	1/23	乙未	3/29	2/23	乙丑	4/28	3/24	乙未	5/29	4/25	丙寅	6/29	5/27	丁酉	7/30	6/28	戊辰
八	2/28	1/24	丙申	3/30	2/24	丙寅	4/29	3/25	丙申	5/30	4/26	丁卯	6/30	5/28	戊戌	7/31	6/29	己巳
年	3/1	1/25	丁酉	3/31	2/25	丁卯	4/30	3/26	丁酉	5/31	4/27	戊辰	7/1	5/29	己亥	8/1	7/1	庚午
	3/2	1/26	戊戌	4/1	2/26	戊辰	5/1	3/27	戊戌	6/1	4/28	己巳	7/2	5/30	庚子	8/2	7/2	辛未
	3/3	1/27	己亥	4/2	2/27	己巳	5/2	3/28	己亥	6/2	4/29	庚午	7/3	6/1	辛丑	8/3	7/3	壬申
	3/4	1/28	庚子	4/3	2/28	庚午	5/3	3/29	庚子	6/3	5/1	辛未	7/4	6/2	壬寅	8/4	7/4	癸酉
	3/5	1/29	辛丑	4/4	2/29	辛未	5/4	3/30	辛丑	6/4	5/2	壬申	7/5	6/3	癸卯	8/5	7/5	甲戌
							5/5	4/1	壬寅	6/5	5/3	癸酉				8/6	7/6	乙亥
																8/7	7/7	丙子
中氣	雨水 2/19 7時3分 辰時			春分 3/21 5時58分 卯時			穀雨 4/20 16時55分 申時			小滿 5/21 15時58分 申時			夏至 6/21 23時54分 子時			大暑 7/23 10時50分 巳時		

壬申 國曆	農曆	干支	癸酉 國曆	農曆	干支	甲戌 國曆	農曆	干支	乙亥 國曆	農曆	干支	丙子 國曆	農曆	干支	丁丑 國曆	農曆	干支
	立秋 8/8 3時12分 寅時			白露 9/8 6時16分 卯時			寒露 10/8 22時5分 亥時			立冬 11/8 1時24分 丑時			大雪 12/7 18時18分 酉時			小寒 1/6 5時29分 卯時	
8 8	7 8	丁丑	9 8	8 10	戊申	10 8	9 10	戊寅	11 8	10 12	己酉	12 7	11 12	戊寅	1 6	12 12	戊申
8 9	7 9	戊寅	9 9	8 11	己酉	10 9	9 11	己卯	11 9	10 13	庚戌	12 8	11 13	己卯	1 7	12 13	己酉
8 10	7 10	己卯	9 10	8 12	庚戌	10 10	9 12	庚辰	11 10	10 14	辛亥	12 9	11 14	庚辰	1 8	12 14	庚戌
8 11	7 11	庚辰	9 11	8 13	辛亥	10 11	9 13	辛巳	11 11	10 15	壬子	12 10	11 15	辛巳	1 9	12 15	辛亥
8 12	7 12	辛巳	9 12	8 14	壬子	10 12	9 14	壬午	11 12	10 16	癸丑	12 11	11 16	壬午	1 10	12 16	壬子
8 13	7 13	壬午	9 13	8 15	癸丑	10 13	9 15	癸未	11 13	10 17	甲寅	12 12	11 17	癸未	1 11	12 17	癸丑
8 14	7 14	癸未	9 14	8 16	甲寅	10 14	9 16	甲申	11 14	10 18	乙卯	12 13	11 18	甲申	1 12	12 18	甲寅
8 15	7 15	甲申	9 15	8 17	乙卯	10 15	9 17	乙酉	11 15	10 19	丙辰	12 14	11 19	乙酉	1 13	12 19	乙卯
8 16	7 16	乙酉	9 16	8 18	丙辰	10 16	9 18	丙戌	11 16	10 20	丁巳	12 15	11 20	丙戌	1 14	12 20	丙辰
8 17	7 17	丙戌	9 17	8 19	丁巳	10 17	9 19	丁亥	11 17	10 21	戊午	12 16	11 21	丁亥	1 15	12 21	丁巳
8 18	7 18	丁亥	9 18	8 20	戊午	10 18	9 20	戊子	11 18	10 22	己未	12 17	11 22	戊子	1 16	12 22	戊午
8 19	7 19	戊子	9 19	8 21	己未	10 19	9 21	己丑	11 19	10 23	庚申	12 18	11 23	己丑	1 17	12 23	己未
8 20	7 20	己丑	9 20	8 22	庚申	10 20	9 22	庚寅	11 20	10 24	辛酉	12 19	11 24	庚寅	1 18	12 24	庚申
8 21	7 21	庚寅	9 21	8 23	辛酉	10 21	9 23	辛卯	11 21	10 25	壬戌	12 20	11 25	辛卯	1 19	12 25	辛酉
8 22	7 22	辛卯	9 22	8 24	壬戌	10 22	9 24	壬辰	11 22	10 26	癸亥	12 21	11 26	壬辰	1 20	12 26	壬戌
8 23	7 23	壬辰	9 23	8 25	癸亥	10 23	9 25	癸巳	11 23	10 27	甲子	12 22	11 27	癸巳	1 21	12 27	癸亥
8 24	7 24	癸巳	9 24	8 26	甲子	10 24	9 26	甲午	11 24	10 28	乙丑	12 23	11 28	甲午	1 22	12 28	甲子
8 25	7 25	甲午	9 25	8 27	乙丑	10 25	9 27	乙未	11 25	10 29	丙寅	12 24	11 29	乙未	1 23	12 29	乙丑
8 26	7 26	乙未	9 26	8 28	丙寅	10 26	9 28	丙申	11 26	11 1	丁卯	12 25	11 30	丙申	1 24	12 30	丙寅
8 27	7 27	丙申	9 27	8 29	丁卯	10 27	9 29	丁酉	11 27	11 2	戊辰	12 26	12 1	丁酉	1 25	1 1	丁卯
8 28	7 28	丁酉	9 28	8 30	戊辰	10 28	10 1	戊戌	11 28	11 3	己巳	12 27	12 2	戊戌	1 26	1 2	戊辰
8 29	7 29	戊戌	9 29	9 1	己巳	10 29	10 2	己亥	11 29	11 4	庚午	12 28	12 3	己亥	1 27	1 3	己巳
8 30	8 1	己亥	9 30	9 2	庚午	10 30	10 3	庚子	11 30	11 5	辛未	12 29	12 4	庚子	1 28	1 4	庚午
8 31	8 2	庚子	10 1	9 3	辛未	10 31	10 4	辛丑	12 1	11 6	壬申	12 30	12 5	辛丑	1 29	1 5	辛未
9 1	8 3	辛丑	10 2	9 4	壬申	11 1	10 5	壬寅	12 2	11 7	癸酉	12 31	12 6	壬寅	1 30	1 6	壬申
9 2	8 4	壬寅	10 3	9 5	癸酉	11 2	10 6	癸卯	12 3	11 8	甲戌	1 1	12 7	癸卯	1 31	1 7	癸酉
9 3	8 5	癸卯	10 4	9 6	甲戌	11 3	10 7	甲辰	12 4	11 9	乙亥	1 2	12 8	甲辰	2 1	1 8	甲戌
9 4	8 6	甲辰	10 5	9 7	乙亥	11 4	10 8	乙巳	12 5	11 10	丙子	1 3	12 9	乙巳	2 2	1 9	乙亥
9 5	8 7	乙巳	10 6	9 8	丙子	11 5	10 9	丙午	12 6	11 11	丁丑	1 4	12 10	丙午	2 3	1 10	丙子
9 6	8 8	丙午	10 7	9 9	丁丑	11 6	10 10	丁未				1 5	12 11	丁未			
9 7	8 9	丁未				11 7	10 11	戊申									
	處暑 8/23 18時1分 酉時			秋分 9/23 15時49分 申時			霜降 10/24 1時19分 丑時			小雪 11/22 22時58分 亥時			冬至 12/22 12時19分 午時			大寒 1/20 22時54分 亥時	

年：己亥

月：壬申 癸酉 甲戌 乙亥 丙子 丁丑

節氣：立秋 白露 寒露 立冬 大雪 小寒

日

2019．2020　豬　中華民國一百零八．一百零九年

中氣：處暑 秋分 霜降 小雪 冬至 大寒

年	庚子																	
月	戊寅			己卯			庚辰			辛巳			壬午			癸未		
節氣	立春			驚蟄			清明			立夏			芒種			小暑		
	2/4 17時3分 酉時			3/5 10時56分 巳時			4/4 15時37分 申時			5/5 8時51分 辰時			6/5 12時58分 午時			7/6 23時14分 子時		
日	國曆	農曆	干支	國曆	農曆	干支	國曆	農曆	干支	國曆	農曆	干支	國曆	農曆	干支	國曆	農曆	干支
2020	2 4	1 11	丁丑	3 5	2 12	丁未	4 4	3 12	丁丑	5 5	4 13	戊申	6 5	4 14	己卯	7 6	5 16	庚戌
	2 5	1 12	戊寅	3 6	2 13	戊申	4 5	3 13	戊寅	5 6	4 14	己酉	6 6	4 15	庚辰	7 7	5 17	辛亥
	2 6	1 13	己卯	3 7	2 14	己酉	4 6	3 14	己卯	5 7	4 15	庚戌	6 7	4 16	辛巳	7 8	5 18	壬子
	2 7	1 14	庚辰	3 8	2 15	庚戌	4 7	3 15	庚辰	5 8	4 16	辛亥	6 8	4 17	壬午	7 9	5 19	癸丑
	2 8	1 15	辛巳	3 9	2 16	辛亥	4 8	3 16	辛巳	5 9	4 17	壬子	6 9	4 18	癸未	7 10	5 20	甲寅
	2 9	1 16	壬午	3 10	2 17	壬子	4 9	3 17	壬午	5 10	4 18	癸丑	6 10	4 19	甲申	7 11	5 21	乙卯
	2 10	1 17	癸未	3 11	2 18	癸丑	4 10	3 18	癸未	5 11	4 19	甲寅	6 11	4 20	乙酉	7 12	5 22	丙辰
	2 11	1 18	甲申	3 12	2 19	甲寅	4 11	3 19	甲申	5 12	4 20	乙卯	6 12	4 21	丙戌	7 13	5 23	丁巳
	2 12	1 19	乙酉	3 13	2 20	乙卯	4 12	3 20	乙酉	5 13	4 21	丙辰	6 13	4 22	丁亥	7 14	5 24	戊午
	2 13	1 20	丙戌	3 14	2 21	丙辰	4 13	3 21	丙戌	5 14	4 22	丁巳	6 14	4 23	戊子	7 15	5 25	己未
	2 14	1 21	丁亥	3 15	2 22	丁巳	4 14	3 22	丁亥	5 15	4 23	戊午	6 15	4 24	己丑	7 16	5 26	庚申
	2 15	1 22	戊子	3 16	2 23	戊午	4 15	3 23	戊子	5 16	4 24	己未	6 16	4 25	庚寅	7 17	5 27	辛酉
	2 16	1 23	己丑	3 17	2 24	己未	4 16	3 24	己丑	5 17	4 25	庚申	6 17	4 26	辛卯	7 18	5 28	壬戌
	2 17	1 24	庚寅	3 18	2 25	庚申	4 17	3 25	庚寅	5 18	4 26	辛酉	6 18	4 27	壬辰	7 19	5 29	癸亥
	2 18	1 25	辛卯	3 19	2 26	辛酉	4 18	3 26	辛卯	5 19	4 27	壬戌	6 19	4 28	癸巳	7 20	5 30	甲子
	2 19	1 26	壬辰	3 20	2 27	壬戌	4 19	3 27	壬辰	5 20	4 28	癸亥	6 20	4 29	甲午	7 21	6 1	乙丑
	2 20	1 27	癸巳	3 21	2 28	癸亥	4 20	3 28	癸巳	5 21	4 29	甲子	6 21	5 1	乙未	7 22	6 2	丙寅
	2 21	1 28	甲午	3 22	2 29	甲子	4 21	3 29	甲午	5 22	4 30	乙丑	6 22	5 2	丙申	7 23	6 3	丁卯
	2 22	1 29	乙未	3 23	2 30	乙丑	4 22	3 30	乙未	5 23	閏4 1	丙寅	6 23	5 3	丁酉	7 24	6 4	戊辰
	2 23	2 1	丙申	3 24	3 1	丙寅	4 23	4 1	丙申	5 24	4 2	丁卯	6 24	5 4	戊戌	7 25	6 5	己巳
鼠	2 24	2 2	丁酉	3 25	3 2	丁卯	4 24	4 2	丁酉	5 25	4 3	戊辰	6 25	5 5	己亥	7 26	6 6	庚午
	2 25	2 3	戊戌	3 26	3 3	戊辰	4 25	4 3	戊戌	5 26	4 4	己巳	6 26	5 6	庚子	7 27	6 7	辛未
	2 26	2 4	己亥	3 27	3 4	己巳	4 26	4 4	己亥	5 27	4 5	庚午	6 27	5 7	辛丑	7 28	6 8	壬申
	2 27	2 5	庚子	3 28	3 5	庚午	4 27	4 5	庚子	5 28	4 6	辛未	6 28	5 8	壬寅	7 29	6 9	癸酉
	2 28	2 6	辛丑	3 29	3 6	辛未	4 28	4 6	辛丑	5 29	4 7	壬申	6 29	5 9	癸卯	7 30	6 10	甲戌
	2 29	2 7	壬寅	3 30	3 7	壬申	4 29	4 7	壬寅	5 30	4 8	癸酉	6 30	5 10	甲辰	7 31	6 11	乙亥
中華民國一百零九年	3 1	2 8	癸卯	3 31	3 8	癸酉	4 30	4 8	癸卯	5 31	4 9	甲戌	7 1	5 11	乙巳	8 1	6 12	丙子
	3 2	2 9	甲辰	4 1	3 9	甲戌	5 1	4 9	甲辰	6 1	4 10	乙亥	7 2	5 12	丙午	8 2	6 13	丁丑
	3 3	2 10	乙巳	4 2	3 10	乙亥	5 2	4 10	乙巳	6 2	4 11	丙子	7 3	5 13	丁未	8 3	6 14	戊寅
	3 4	2 11	丙午	4 3	3 11	丙子	5 3	4 11	丙午	6 3	4 12	丁丑	7 4	5 14	戊申	8 4	6 15	己卯
							5 4	4 12	丁未	6 4	4 13	戊寅	7 5	5 15	己酉	8 5	6 16	庚辰
																8 6	6 17	辛巳
中氣	雨水			春分			穀雨			小滿			夏至			大暑		
	2/19 12時56分 午時			3/20 11時49分 午時			4/19 22時45分 亥時			5/20 21時49分 亥時			6/21 5時43分 卯時			7/22 16時36分 申時		

庚子																		年
甲申			乙酉			丙戌			丁亥			戊子			己丑			月
立秋			白露			寒露			立冬			大雪			小寒			節氣
8/7 9時5分 巳時			9/7 12時7分 午時			10/8 3時55分 寅時			11/7 7時13分 辰時			12/7 0時9分 子時			1/5 11時23分 午時			
國曆	農曆	干支	國曆	農曆	干支	國曆	農曆	干支	國曆	農曆	干支	國曆	農曆	干支	國曆	農曆	干支	日
8 7	6 18	壬午	9 7	7 20	癸丑	10 8	8 22	甲申	11 7	9 22	甲寅	12 7	10 23	甲申	1 5	11 22	癸丑	
8 8	6 19	癸未	9 8	7 21	甲寅	10 9	8 23	乙酉	11 8	9 23	乙卯	12 8	10 24	乙酉	1 6	11 23	甲寅	
8 9	6 20	甲申	9 9	7 22	乙卯	10 10	8 24	丙戌	11 9	9 24	丙辰	12 9	10 25	丙戌	1 7	11 24	乙卯	
8 10	6 21	乙酉	9 10	7 23	丙辰	10 11	8 25	丁亥	11 10	9 25	丁巳	12 10	10 26	丁亥	1 8	11 25	丙辰	
8 11	6 22	丙戌	9 11	7 24	丁巳	10 12	8 26	戊子	11 11	9 26	戊午	12 11	10 27	戊子	1 9	11 26	丁巳	
8 12	6 23	丁亥	9 12	7 25	戊午	10 13	8 27	己丑	11 12	9 27	己未	12 12	10 28	己丑	1 10	11 27	戊午	2
8 13	6 24	戊子	9 13	7 26	己未	10 14	8 28	庚寅	11 13	9 28	庚申	12 13	10 29	庚寅	1 11	11 28	己未	0
8 14	6 25	己丑	9 14	7 27	庚申	10 15	8 29	辛卯	11 14	9 29	辛酉	12 14	10 30	辛卯	1 12	11 29	庚申	2
8 15	6 26	庚寅	9 15	7 28	辛酉	10 16	8 30	壬辰	11 15	10 1	壬戌	12 15	11 1	壬辰	1 13	12 1	辛酉	0
8 16	6 27	辛卯	9 16	7 29	壬戌	10 17	9 1	癸巳	11 16	10 2	癸亥	12 16	11 2	癸巳	1 14	12 2	壬戌	·
8 17	6 28	壬辰	9 17	8 1	癸亥	10 18	9 2	甲午	11 17	10 3	甲子	12 17	11 3	甲午	1 15	12 3	癸亥	2
8 18	6 29	癸巳	9 18	8 2	甲子	10 19	9 3	乙未	11 18	10 4	乙丑	12 18	11 4	乙未	1 16	12 4	甲子	0
8 19	7 1	甲午	9 19	8 3	乙丑	10 20	9 4	丙申	11 19	10 5	丙寅	12 19	11 5	丙申	1 17	12 5	乙丑	2
8 20	7 2	乙未	9 20	8 4	丙寅	10 21	9 5	丁酉	11 20	10 6	丁卯	12 20	11 6	丁酉	1 18	12 6	丙寅	1
8 21	7 3	丙申	9 21	8 5	丁卯	10 22	9 6	戊戌	11 21	10 7	戊辰	12 21	11 7	戊戌	1 19	12 7	丁卯	
8 22	7 4	丁酉	9 22	8 6	戊辰	10 23	9 7	己亥	11 22	10 8	己巳	12 22	11 8	己亥	1 20	12 8	戊辰	
8 23	7 5	戊戌	9 23	8 7	己巳	10 24	9 8	庚子	11 23	10 9	庚午	12 23	11 9	庚子	1 21	12 9	己巳	鼠
8 24	7 6	己亥	9 24	8 8	庚午	10 25	9 9	辛丑	11 24	10 10	辛未	12 24	11 10	辛丑	1 22	12 10	庚午	
8 25	7 7	庚子	9 25	8 9	辛未	10 26	9 10	壬寅	11 25	10 11	壬申	12 25	11 11	壬寅	1 23	12 11	辛未	
8 26	7 8	辛丑	9 26	8 10	壬申	10 27	9 11	癸卯	11 26	10 12	癸酉	12 26	11 12	癸卯	1 24	12 12	壬申	
8 27	7 9	壬寅	9 27	8 11	癸酉	10 28	9 12	甲辰	11 27	10 13	甲戌	12 27	11 13	甲辰	1 25	12 13	癸酉	中
8 28	7 10	癸卯	9 28	8 12	甲戌	10 29	9 13	乙巳	11 28	10 14	乙亥	12 28	11 14	乙巳	1 26	12 14	甲戌	華
8 29	7 11	甲辰	9 29	8 13	乙亥	10 30	9 14	丙午	11 29	10 15	丙子	12 29	11 15	丙午	1 27	12 15	乙亥	民
8 30	7 12	乙巳	9 30	8 14	丙子	10 31	9 15	丁未	11 30	10 16	丁丑	12 30	11 16	丁未	1 28	12 16	丙子	國
8 31	7 13	丙午	10 1	8 15	丁丑	11 1	9 16	戊申	12 1	10 17	戊寅	12 31	11 17	戊申	1 29	12 17	丁丑	一
9 1	7 14	丁未	10 2	8 16	戊寅	11 2	9 17	己酉	12 2	10 18	己卯	1 1	11 18	己酉	1 30	12 18	戊寅	百
9 2	7 15	戊申	10 3	8 17	己卯	11 3	9 18	庚戌	12 3	10 19	庚辰	1 2	11 19	庚戌	1 31	12 19	己卯	零
9 3	7 16	己酉	10 4	8 18	庚辰	11 4	9 19	辛亥	12 4	10 20	辛巳	1 3	11 20	辛亥	2 1	12 20	庚辰	九
9 4	7 17	庚戌	10 5	8 19	辛巳	11 5	9 20	壬子	12 5	10 21	壬午	1 4	11 21	壬子	2 2	12 21	辛巳	·
9 5	7 18	辛亥	10 6	8 20	壬午	11 6	9 21	癸丑	12 6	10 22	癸未							一
9 6	7 19	壬子	10 7	8 21	癸未													百
處暑			秋分			霜降			小雪			冬至			大寒			一
8/22 23時44分 子時			9/22 21時30分 亥時			10/23 6時59分 卯時			11/22 4時39分 寅時			12/21 18時2分 酉時			1/20 4時39分 寅時			十
																		中氣

辛丑年（中華民國一百一十年・2021・牛）

月	庚寅			辛卯			壬辰			癸巳			甲午			乙未		
節氣	立春			驚蟄			清明			立夏			芒種			小暑		
	2/3 22時58分 亥時			3/5 16時53分 申時			4/4 21時34分 亥時			5/5 14時46分 未時			6/5 18時51分 酉時			7/7 5時5分 卯時		
日	國曆	農曆	干支	國曆	農曆	干支	國曆	農曆	干支	國曆	農曆	干支	國曆	農曆	干支	國曆	農曆	干支
	2/3	12/22	壬午	3/5	1/22	壬子	4/4	2/23	壬午	5/5	3/24	癸丑	6/5	4/25	甲申	7/7	5/28	丙辰
	2/4	12/23	癸未	3/6	1/23	癸丑	4/5	2/24	癸未	5/6	3/25	甲寅	6/6	4/26	乙酉	7/8	5/29	丁巳
	2/5	12/24	甲申	3/7	1/24	甲寅	4/6	2/25	甲申	5/7	3/26	乙卯	6/7	4/27	丙戌	7/9	5/30	戊午
	2/6	12/25	乙酉	3/8	1/25	乙卯	4/7	2/26	乙酉	5/8	3/27	丙辰	6/8	4/28	丁亥	7/10	6/1	己未
	2/7	12/26	丙戌	3/9	1/26	丙辰	4/8	2/27	丙戌	5/9	3/28	丁巳	6/9	4/29	戊子	7/11	6/2	庚申
	2/8	12/27	丁亥	3/10	1/27	丁巳	4/9	2/28	丁亥	5/10	3/29	戊午	6/10	5/1	己丑	7/12	6/3	辛酉
	2/9	12/28	戊子	3/11	1/28	戊午	4/10	2/29	戊子	5/11	3/30	己未	6/11	5/2	庚寅	7/13	6/4	壬戌
	2/10	12/29	己丑	3/12	1/29	己未	4/11	2/30	己丑	5/12	4/1	庚申	6/12	5/3	辛卯	7/14	6/5	癸亥
	2/11	12/30	庚寅	3/13	2/1	庚申	4/12	3/1	庚寅	5/13	4/2	辛酉	6/13	5/4	壬辰	7/15	6/6	甲子
	2/12	1/1	辛卯	3/14	2/2	辛酉	4/13	3/2	辛卯	5/14	4/3	壬戌	6/14	5/5	癸巳	7/16	6/7	乙丑
	2/13	1/2	壬辰	3/15	2/3	壬戌	4/14	3/3	壬辰	5/15	4/4	癸亥	6/15	5/6	甲午	7/17	6/8	丙寅
	2/14	1/3	癸巳	3/16	2/4	癸亥	4/15	3/4	癸巳	5/16	4/5	甲子	6/16	5/7	乙未	7/18	6/9	丁卯
	2/15	1/4	甲午	3/17	2/5	甲子	4/16	3/5	甲午	5/17	4/6	乙丑	6/17	5/8	丙申	7/19	6/10	戊辰
	2/16	1/5	乙未	3/18	2/6	乙丑	4/17	3/6	乙未	5/18	4/7	丙寅	6/18	5/9	丁酉	7/20	6/11	己巳
	2/17	1/6	丙申	3/19	2/7	丙寅	4/18	3/7	丙申	5/19	4/8	丁卯	6/19	5/10	戊戌	7/21	6/12	庚午
	2/18	1/7	丁酉	3/20	2/8	丁卯	4/19	3/8	丁酉	5/20	4/9	戊辰	6/20	5/11	己亥	7/22	6/13	辛未
	2/19	1/8	戊戌	3/21	2/9	戊辰	4/20	3/9	戊戌	5/21	4/10	己巳	6/21	5/12	庚子	7/23	6/14	壬申
	2/20	1/9	己亥	3/22	2/10	己巳	4/21	3/10	己亥	5/22	4/11	庚午	6/22	5/13	辛丑	7/24	6/15	癸酉
	2/21	1/10	庚子	3/23	2/11	庚午	4/22	3/11	庚子	5/23	4/12	辛未	6/23	5/14	壬寅	7/25	6/16	甲戌
	2/22	1/11	辛丑	3/24	2/12	辛未	4/23	3/12	辛丑	5/24	4/13	壬申	6/24	5/15	癸卯	7/26	6/17	乙亥
	2/23	1/12	壬寅	3/25	2/13	壬申	4/24	3/13	壬寅	5/25	4/14	癸酉	6/25	5/16	甲辰	7/27	6/18	丙子
	2/24	1/13	癸卯	3/26	2/14	癸酉	4/25	3/14	癸卯	5/26	4/15	甲戌	6/26	5/17	乙巳	7/28	6/19	丁丑
	2/25	1/14	甲辰	3/27	2/15	甲戌	4/26	3/15	甲辰	5/27	4/16	乙亥	6/27	5/18	丙午	7/29	6/20	戊寅
	2/26	1/15	乙巳	3/28	2/16	乙亥	4/27	3/16	乙巳	5/28	4/17	丙子	6/28	5/19	丁未	7/30	6/21	己卯
	2/27	1/16	丙午	3/29	2/17	丙子	4/28	3/17	丙午	5/29	4/18	丁丑	6/29	5/20	戊申	7/31	6/22	庚辰
	2/28	1/17	丁未	3/30	2/18	丁丑	4/29	3/18	丁未	5/30	4/19	戊寅	6/30	5/21	己酉	8/1	6/23	辛巳
	3/1	1/18	戊申	3/31	2/19	戊寅	4/30	3/19	戊申	5/31	4/20	己卯	7/1	5/22	庚戌	8/2	6/24	壬午
	3/2	1/19	己酉	4/1	2/20	己卯	5/1	3/20	己酉	6/1	4/21	庚辰	7/2	5/23	辛亥	8/3	6/25	癸未
	3/3	1/20	庚戌	4/2	2/21	庚辰	5/2	3/21	庚戌	6/2	4/22	辛巳	7/3	5/24	壬子	8/4	6/26	甲申
	3/4	1/21	辛亥	4/3	2/22	辛巳	5/3	3/22	辛亥	6/3	4/23	壬午	7/4	5/25	癸丑	8/5	6/27	乙酉
							5/4	3/23	壬子	6/4	4/24	癸未	7/5	5/26	甲寅	8/6	6/28	丙戌
													7/6	5/27	乙卯			

中氣	雨水	春分	穀雨	小滿	夏至	大暑
	2/18 18時43分 酉時	3/20 17時37分 酉時	4/20 4時33分 寅時	5/21 3時36分 寅時	6/21 11時31分 午時	7/22 22時26分 亥時

																		年
丙申			丁酉			戊戌			己亥			庚子			辛丑			月
立秋			白露			寒露			立冬			大雪			小寒			節氣
8/7 14時53分 未時			9/7 17時52分 酉時			10/8 9時38分 巳時			11/7 12時58分 午時			12/7 5時56分 卯時			1/5 17時13分 酉時			
國曆	農曆	干支	國曆	農曆	干支	國曆	農曆	干支	國曆	農曆	干支	國曆	農曆	干支	國曆	農曆	干支	日
8 7	6 29	丁亥	9 7	8 1	戊午	10 8	9 3	己丑	11 7	10 3	己未	12 7	11 4	己丑	1 5	12 3	戊午	
8 8	7 1	戊子	9 8	8 2	己未	10 9	9 4	庚寅	11 8	10 4	庚申	12 8	11 5	庚寅	1 6	12 4	己未	
8 9	7 2	己丑	9 9	8 3	庚申	10 10	9 5	辛卯	11 9	10 5	辛酉	12 9	11 6	辛卯	1 7	12 5	庚申	
8 10	7 3	庚寅	9 10	8 4	辛酉	10 11	9 6	壬辰	11 10	10 6	壬戌	12 10	11 7	壬辰	1 8	12 6	辛酉	2 0 2 1 · 2 0 2 2
8 11	7 4	辛卯	9 11	8 5	壬戌	10 12	9 7	癸巳	11 11	10 7	癸亥	12 11	11 8	癸巳	1 9	12 7	壬戌	
8 12	7 5	壬辰	9 12	8 6	癸亥	10 13	9 8	甲午	11 12	10 8	甲子	12 12	11 9	甲午	1 10	12 8	癸亥	
8 13	7 6	癸巳	9 13	8 7	甲子	10 14	9 9	乙未	11 13	10 9	乙丑	12 13	11 10	乙未	1 11	12 9	甲子	
8 14	7 7	甲午	9 14	8 8	乙丑	10 15	9 10	丙申	11 14	10 10	丙寅	12 14	11 11	丙申	1 12	12 10	乙丑	
8 15	7 8	乙未	9 15	8 9	丙寅	10 16	9 11	丁酉	11 15	10 11	丁卯	12 15	11 12	丁酉	1 13	12 11	丙寅	
8 16	7 9	丙申	9 16	8 10	丁卯	10 17	9 12	戊戌	11 16	10 12	戊辰	12 16	11 13	戊戌	1 14	12 12	丁卯	
8 17	7 10	丁酉	9 17	8 11	戊辰	10 18	9 13	己亥	11 17	10 13	己巳	12 17	11 14	己亥	1 15	12 13	戊辰	
8 18	7 11	戊戌	9 18	8 12	己巳	10 19	9 14	庚子	11 18	10 14	庚午	12 18	11 15	庚子	1 16	12 14	己巳	
8 19	7 12	己亥	9 19	8 13	庚午	10 20	9 15	辛丑	11 19	10 15	辛未	12 19	11 16	辛丑	1 17	12 15	庚午	
8 20	7 13	庚子	9 20	8 14	辛未	10 21	9 16	壬寅	11 20	10 16	壬申	12 20	11 17	壬寅	1 18	12 16	辛未	牛
8 21	7 14	辛丑	9 21	8 15	壬申	10 22	9 17	癸卯	11 21	10 17	癸酉	12 21	11 18	癸卯	1 19	12 17	壬申	
8 22	7 15	壬寅	9 22	8 16	癸酉	10 23	9 18	甲辰	11 22	10 18	甲戌	12 22	11 19	甲辰	1 20	12 18	癸酉	
8 23	7 16	癸卯	9 23	8 17	甲戌	10 24	9 19	乙巳	11 23	10 19	乙亥	12 23	11 20	乙巳	1 21	12 19	甲戌	
8 24	7 17	甲辰	9 24	8 18	乙亥	10 25	9 20	丙午	11 24	10 20	丙子	12 24	11 21	丙午	1 22	12 20	乙亥	
8 25	7 18	乙巳	9 25	8 19	丙子	10 26	9 21	丁未	11 25	10 21	丁丑	12 25	11 22	丁未	1 23	12 21	丙子	
8 26	7 19	丙午	9 26	8 20	丁丑	10 27	9 22	戊申	11 26	10 22	戊寅	12 26	11 23	戊申	1 24	12 22	丁丑	中
8 27	7 20	丁未	9 27	8 21	戊寅	10 28	9 23	己酉	11 27	10 23	己卯	12 27	11 24	己酉	1 25	12 23	戊寅	華
8 28	7 21	戊申	9 28	8 22	己卯	10 29	9 24	庚戌	11 28	10 24	庚辰	12 28	11 25	庚戌	1 26	12 24	己卯	民
8 29	7 22	己酉	9 29	8 23	庚辰	10 30	9 25	辛亥	11 29	10 25	辛巳	12 29	11 26	辛亥	1 27	12 25	庚辰	國
8 30	7 23	庚戌	9 30	8 24	辛巳	10 31	9 26	壬子	11 30	10 26	壬午	12 30	11 27	壬子	1 28	12 26	辛巳	一
8 31	7 24	辛亥	10 1	8 25	壬午	11 1	9 27	癸丑	12 1	10 27	癸未	12 31	11 28	癸丑	1 29	12 27	壬午	百
9 1	7 25	壬子	10 2	8 26	癸未	11 2	9 28	甲寅	12 2	10 28	甲申	1 1	11 29	甲寅	1 30	12 28	癸未	一
9 2	7 26	癸丑	10 3	8 27	甲申	11 3	9 29	乙卯	12 3	10 29	乙酉	1 2	11 30	乙卯	1 31	12 29	甲申	十
9 3	7 27	甲寅	10 4	8 28	乙酉	11 4	9 30	丙辰	12 4	11 1	丙戌	1 3	12 1	丙辰	2 1	1 1	乙酉	·
9 4	7 28	乙卯	10 5	8 29	丙戌	11 5	10 1	丁巳	12 5	11 2	丁亥	1 4	12 2	丁巳	2 2	1 2	丙戌	一
9 5	7 29	丙辰	10 6	9 1	丁亥	11 6	10 2	戊午	12 6	11 3	戊子				2 3	1 3	丁亥	百
9 6	7 30	丁巳	10 7	9 2	戊子													一 十 一 年
處暑			秋分			霜降			小雪			冬至			大寒			中 氣
8/23 5時34分 卯時			9/23 3時20分 寅時			10/23 12時50分 午時			11/22 10時33分 巳時			12/21 23時59分 子時			1/20 10時38分 巳時			

年：壬寅

左側註記：2022　虎　中華民國一百十一年

月	壬寅	癸卯	甲辰	乙巳	丙午	丁未
節氣	立春	驚蟄	清明	立夏	芒種	小暑
（時刻）	2/4 4時50分 寅時	3/5 22時43分 亥時	4/5 3時19分 寅時	5/5 20時25分 戌時	6/6 0時25分 子時	7/7 10時37分 巳時
中氣	雨水	春分	穀雨	小滿	夏至	大暑
（時刻）	2/19 0時42分 子時	3/20 23時33分 子時	4/20 10時23分 巳時	5/21 9時22分 巳時	6/21 17時13分 酉時	7/23 4時6分 寅時

壬寅 國曆	農曆	干支	癸卯 國曆	農曆	干支	甲辰 國曆	農曆	干支	乙巳 國曆	農曆	干支	丙午 國曆	農曆	干支	丁未 國曆	農曆	干支
2/4	1/4	戊子	3/5	2/3	丁巳	4/5	3/5	戊子	5/5	4/5	戊午	6/6	5/8	庚寅	7/7	6/9	辛酉
2/5	1/5	己丑	3/6	2/4	戊午	4/6	3/6	己丑	5/6	4/6	己未	6/7	5/9	辛卯	7/8	6/10	壬戌
2/6	1/6	庚寅	3/7	2/5	己未	4/7	3/7	庚寅	5/7	4/7	庚申	6/8	5/10	壬辰	7/9	6/11	癸亥
2/7	1/7	辛卯	3/8	2/6	庚申	4/8	3/8	辛卯	5/8	4/8	辛酉	6/9	5/11	癸巳	7/10	6/12	甲子
2/8	1/8	壬辰	3/9	2/7	辛酉	4/9	3/9	壬辰	5/9	4/9	壬戌	6/10	5/12	甲午	7/11	6/13	乙丑
2/9	1/9	癸巳	3/10	2/8	壬戌	4/10	3/10	癸巳	5/10	4/10	癸亥	6/11	5/13	乙未	7/12	6/14	丙寅
2/10	1/10	甲午	3/11	2/9	癸亥	4/11	3/11	甲午	5/11	4/11	甲子	6/12	5/14	丙申	7/13	6/15	丁卯
2/11	1/11	乙未	3/12	2/10	甲子	4/12	3/12	乙未	5/12	4/12	乙丑	6/13	5/15	丁酉	7/14	6/16	戊辰
2/12	1/12	丙申	3/13	2/11	乙丑	4/13	3/13	丙申	5/13	4/13	丙寅	6/14	5/16	戊戌	7/15	6/17	己巳
2/13	1/13	丁酉	3/14	2/12	丙寅	4/14	3/14	丁酉	5/14	4/14	丁卯	6/15	5/17	己亥	7/16	6/18	庚午
2/14	1/14	戊戌	3/15	2/13	丁卯	4/15	3/15	戊戌	5/15	4/15	戊辰	6/16	5/18	庚子	7/17	6/19	辛未
2/15	1/15	己亥	3/16	2/14	戊辰	4/16	3/16	己亥	5/16	4/16	己巳	6/17	5/19	辛丑	7/18	6/20	壬申
2/16	1/16	庚子	3/17	2/15	己巳	4/17	3/17	庚子	5/17	4/17	庚午	6/18	5/20	壬寅	7/19	6/21	癸酉
2/17	1/17	辛丑	3/18	2/16	庚午	4/18	3/18	辛丑	5/18	4/18	辛未	6/19	5/21	癸卯	7/20	6/22	甲戌
2/18	1/18	壬寅	3/19	2/17	辛未	4/19	3/19	壬寅	5/19	4/19	壬申	6/20	5/22	甲辰	7/21	6/23	乙亥
2/19	1/19	癸卯	3/20	2/18	壬申	4/20	3/20	癸卯	5/20	4/20	癸酉	6/21	5/23	乙巳	7/22	6/24	丙子
2/20	1/20	甲辰	3/21	2/19	癸酉	4/21	3/21	甲辰	5/21	4/21	甲戌	6/22	5/24	丙午	7/23	6/25	丁丑
2/21	1/21	乙巳	3/22	2/20	甲戌	4/22	3/22	乙巳	5/22	4/22	乙亥	6/23	5/25	丁未	7/24	6/26	戊寅
2/22	1/22	丙午	3/23	2/21	乙亥	4/23	3/23	丙午	5/23	4/23	丙子	6/24	5/26	戊申	7/25	6/27	己卯
2/23	1/23	丁未	3/24	2/22	丙子	4/24	3/24	丁未	5/24	4/24	丁丑	6/25	5/27	己酉	7/26	6/28	庚辰
2/24	1/24	戊申	3/25	2/23	丁丑	4/25	3/25	戊申	5/25	4/25	戊寅	6/26	5/28	庚戌	7/27	6/29	辛巳
2/25	1/25	己酉	3/26	2/24	戊寅	4/26	3/26	己酉	5/26	4/26	己卯	6/27	5/29	辛亥	7/28	6/30	壬午
2/26	1/26	庚戌	3/27	2/25	己卯	4/27	3/27	庚戌	5/27	4/27	庚辰	6/28	5/30	壬子	7/29	7/1	癸未
2/27	1/27	辛亥	3/28	2/26	庚辰	4/28	3/28	辛亥	5/28	4/28	辛巳	6/29	6/1	癸丑	7/30	7/2	甲申
2/28	1/28	壬子	3/29	2/27	辛巳	4/29	3/29	壬子	5/29	4/29	壬午	6/30	6/2	甲寅	7/31	7/3	乙酉
3/1	1/29	癸丑	3/30	2/28	壬午	4/30	3/30	癸丑	5/30	5/1	癸未	7/1	6/3	乙卯	8/1	7/4	丙戌
3/2	1/30	甲寅	3/31	2/29	癸未	5/1	4/1	甲寅	5/31	5/2	甲申	7/2	6/4	丙辰	8/2	7/5	丁亥
3/3	2/1	乙卯	4/1	3/1	甲申	5/2	4/2	乙卯	6/1	5/3	乙酉	7/3	6/5	丁巳	8/3	7/6	戊子
3/4	2/2	丙辰	4/2	3/2	乙酉	5/3	4/3	丙辰	6/2	5/4	丙戌	7/4	6/6	戊午	8/4	7/7	己丑
			4/3	3/3	丙戌	5/4	4/4	丁巳	6/3	5/5	丁亥	7/5	6/7	己未	8/5	7/8	庚寅
			4/4	3/4	丁亥				6/4	5/6	戊子	7/6	6/8	庚申	8/6	7/9	辛卯
									6/5	5/7	己丑						

王寅																		年
戊申			己酉			庚戌			辛亥			壬子			癸丑			月
立秋			白露			寒露			立冬			大雪			小寒			節氣
8/7 20時28分 戊時			9/7 23時32分 子時			10/8 15時22分 申時			11/7 18時45分 酉時			12/7 11時45分 午時			1/5 23時4分 子時			
國曆	農曆	干支	國曆	農曆	干支	國曆	農曆	干支	國曆	農曆	干支	國曆	農曆	干支	國曆	農曆	干支	日
8 7	7 10	壬辰	9 7	8 12	癸亥	10 8	9 13	甲午	11 7	10 14	甲子	12 7	11 14	甲午	1 5	12 14	癸亥	
8 8	7 11	癸巳	9 8	8 13	甲子	10 9	9 14	乙未	11 8	10 15	乙丑	12 8	11 15	乙未	1 6	12 15	甲子	
8 9	7 12	甲午	9 9	8 14	乙丑	10 10	9 15	丙申	11 9	10 16	丙寅	12 9	11 16	丙申	1 7	12 16	乙丑	2
8 10	7 13	乙未	9 10	8 15	丙寅	10 11	9 16	丁酉	11 10	10 17	丁卯	12 10	11 17	丁酉	1 8	12 17	丙寅	0
8 11	7 14	丙申	9 11	8 16	丁卯	10 12	9 17	戊戌	11 11	10 18	戊辰	12 11	11 18	戊戌	1 9	12 18	丁卯	2
8 12	7 15	丁酉	9 12	8 17	戊辰	10 13	9 18	己亥	11 12	10 19	己巳	12 12	11 19	己亥	1 10	12 19	戊辰	2
8 13	7 16	戊戌	9 13	8 18	己巳	10 14	9 19	庚子	11 13	10 20	庚午	12 13	11 20	庚子	1 11	12 20	己巳	·
8 14	7 17	己亥	9 14	8 19	庚午	10 15	9 20	辛丑	11 14	10 21	辛未	12 14	11 21	辛丑	1 12	12 21	庚午	2
8 15	7 18	庚子	9 15	8 20	辛未	10 16	9 21	壬寅	11 15	10 22	壬申	12 15	11 22	壬寅	1 13	12 22	辛未	0
8 16	7 19	辛丑	9 16	8 21	壬申	10 17	9 22	癸卯	11 16	10 23	癸酉	12 16	11 23	癸卯	1 14	12 23	壬申	2
8 17	7 20	壬寅	9 17	8 22	癸酉	10 18	9 23	甲辰	11 17	10 24	甲戌	12 17	11 24	甲辰	1 15	12 24	癸酉	3
8 18	7 21	癸卯	9 18	8 23	甲戌	10 19	9 24	乙巳	11 18	10 25	乙亥	12 18	11 25	乙巳	1 16	12 25	甲戌	
8 19	7 22	甲辰	9 19	8 24	乙亥	10 20	9 25	丙午	11 19	10 26	丙子	12 19	11 26	丙午	1 17	12 26	乙亥	
8 20	7 23	乙巳	9 20	8 25	丙子	10 21	9 26	丁未	11 20	10 27	丁丑	12 20	11 27	丁未	1 18	12 27	丙子	
8 21	7 24	丙午	9 21	8 26	丁丑	10 22	9 27	戊申	11 21	10 28	戊寅	12 21	11 28	戊申	1 19	12 28	丁丑	虎
8 22	7 25	丁未	9 22	8 27	戊寅	10 23	9 28	己酉	11 22	10 29	己卯	12 22	11 29	己酉	1 20	12 29	戊寅	
8 23	7 26	戊申	9 23	8 28	己卯	10 24	9 29	庚戌	11 23	10 30	庚辰	12 23	12 1	庚戌	1 21	12 30	己卯	
8 24	7 27	己酉	9 24	8 29	庚辰	10 25	10 1	辛亥	11 24	11 1	辛巳	12 24	12 2	辛亥	1 22	1 1	庚辰	
8 25	7 28	庚戌	9 25	8 30	辛巳	10 26	10 2	壬子	11 25	11 2	壬午	12 25	12 3	壬子	1 23	1 2	辛巳	中
8 26	7 29	辛亥	9 26	9 1	壬午	10 27	10 3	癸丑	11 26	11 3	癸未	12 26	12 4	癸丑	1 24	1 3	壬午	華
8 27	8 1	壬子	9 27	9 2	癸未	10 28	10 4	甲寅	11 27	11 4	甲申	12 27	12 5	甲寅	1 25	1 4	癸未	民
8 28	8 2	癸丑	9 28	9 3	甲申	10 29	10 5	乙卯	11 28	11 5	乙酉	12 28	12 6	乙卯	1 26	1 5	甲申	國
8 29	8 3	甲寅	9 29	9 4	乙酉	10 30	10 6	丙辰	11 29	11 6	丙戌	12 29	12 7	丙辰	1 27	1 6	乙酉	一
8 30	8 4	乙卯	9 30	9 5	丙戌	10 31	10 7	丁巳	11 30	11 7	丁亥	12 30	12 8	丁巳	1 28	1 7	丙戌	百
8 31	8 5	丙辰	10 1	9 6	丁亥	11 1	10 8	戊午	12 1	11 8	戊子	12 31	12 9	戊午	1 29	1 8	丁亥	十
9 1	8 6	丁巳	10 2	9 7	戊子	11 2	10 9	己未	12 2	11 9	己丑	1 1	12 10	己未	1 30	1 9	戊子	一
9 2	8 7	戊午	10 3	9 8	己丑	11 3	10 10	庚申	12 3	11 10	庚寅	1 2	12 11	庚申	1 31	1 10	己丑	·
9 3	8 8	己未	10 4	9 9	庚寅	11 4	10 11	辛酉	12 4	11 11	辛卯	1 3	12 12	辛酉	2 1	1 11	庚寅	一
9 4	8 9	庚申	10 5	9 10	辛卯	11 5	10 12	壬戌	12 5	11 12	壬辰	1 4	12 13	壬戌	2 2	1 12	辛卯	百
9 5	8 10	辛酉	10 6	9 11	壬辰	11 6	10 13	癸亥	12 6	11 13	癸巳				2 3	1 13	壬辰	十
9 6	8 11	壬戌	10 7	9 12	癸巳													二
處暑			秋分			霜降			小雪			冬至			大寒			中
8/23 11時15分 午時			9/23 9時3分 巳時			10/23 18時35分 酉時			11/22 16時20分 申時			12/22 5時47分 卯時			1/20 16時29分 申時			氣

年	癸卯																
月	甲寅			乙卯			丙辰			丁巳			戊午			己未		
節氣	立春			驚蟄			清明			立夏			芒種			小暑		
	2/4 10時42分 巳時			3/6 4時35分 寅時			4/5 9時12分 巳時			5/6 2時18分 丑時			6/6 6時18分 卯時			7/7 16時30分 申時		
日	國曆	農曆	干支	國曆	農曆	干支	國曆	農曆	干支	國曆	農曆	干支	國曆	農曆	干支	國曆	農曆	干支
	2 4	1 14	癸巳	3 6	2 15	癸亥	4 5	2 15	癸巳	5 6	3 17	甲子	6 6	4 19	乙未	7 7	5 20	丙寅
	2 5	1 15	甲午	3 7	2 16	甲子	4 6	2 16	甲午	5 7	3 18	乙丑	6 7	4 20	丙申	7 8	5 21	丁卯
	2 6	1 16	乙未	3 8	2 17	乙丑	4 7	2 17	乙未	5 8	3 19	丙寅	6 8	4 21	丁酉	7 9	5 22	戊辰
	2 7	1 17	丙申	3 9	2 18	丙寅	4 8	2 18	丙申	5 9	3 20	丁卯	6 9	4 22	戊戌	7 10	5 23	己巳
2	2 8	1 18	丁酉	3 10	2 19	丁卯	4 9	2 19	丁酉	5 10	3 21	戊辰	6 10	4 23	己亥	7 11	5 24	庚午
0	2 9	1 19	戊戌	3 11	2 20	戊辰	4 10	2 20	戊戌	5 11	3 22	己巳	6 11	4 24	庚子	7 12	5 25	辛未
2	2 10	1 20	己亥	3 12	2 21	己巳	4 11	2 21	己亥	5 12	3 23	庚午	6 12	4 25	辛丑	7 13	5 26	壬申
3	2 11	1 21	庚子	3 13	2 22	庚午	4 12	2 22	庚子	5 13	3 24	辛未	6 13	4 26	壬寅	7 14	5 27	癸酉
	2 12	1 22	辛丑	3 14	2 23	辛未	4 13	2 23	辛丑	5 14	3 25	壬申	6 14	4 27	癸卯	7 15	5 28	甲戌
	2 13	1 23	壬寅	3 15	2 24	壬申	4 14	2 24	壬寅	5 15	3 26	癸酉	6 15	4 28	甲辰	7 16	5 29	乙亥
	2 14	1 24	癸卯	3 16	2 25	癸酉	4 15	2 25	癸卯	5 16	3 27	甲戌	6 16	4 29	乙巳	7 17	5 30	丙子
	2 15	1 25	甲辰	3 17	2 26	甲戌	4 16	2 26	甲辰	5 17	3 28	乙亥	6 17	4 30	丙午	7 18	6 1	丁丑
	2 16	1 26	乙巳	3 18	2 27	乙亥	4 17	2 27	乙巳	5 18	3 29	丙子	6 18	5 1	丁未	7 19	6 2	戊寅
兔	2 17	1 27	丙午	3 19	2 28	丙子	4 18	2 28	丙午	5 19	4 1	丁丑	6 19	5 2	戊申	7 20	6 3	己卯
	2 18	1 28	丁未	3 20	2 29	丁丑	4 19	2 29	丁未	5 20	4 2	戊寅	6 20	5 3	己酉	7 21	6 4	庚辰
	2 19	1 29	戊申	3 21	2 30	戊寅	4 20	3 1	戊申	5 21	4 3	己卯	6 21	5 4	庚戌	7 22	6 5	辛巳
	2 20	2 1	己酉	3 22	閏2 1	己卯	4 21	3 2	己酉	5 22	4 4	庚辰	6 22	5 5	辛亥	7 23	6 6	壬午
	2 21	2 2	庚戌	3 23	2 2	庚辰	4 22	3 3	庚戌	5 23	4 5	辛巳	6 23	5 6	壬子	7 24	6 7	癸未
	2 22	2 3	辛亥	3 24	2 3	辛巳	4 23	3 4	辛亥	5 24	4 6	壬午	6 24	5 7	癸丑	7 25	6 8	甲申
	2 23	2 4	壬子	3 25	2 4	壬午	4 24	3 5	壬子	5 25	4 7	癸未	6 25	5 8	甲寅	7 26	6 9	乙酉
	2 24	2 5	癸丑	3 26	2 5	癸未	4 25	3 6	癸丑	5 26	4 8	甲申	6 26	5 9	乙卯	7 27	6 10	丙戌
中	2 25	2 6	甲寅	3 27	2 6	甲申	4 26	3 7	甲寅	5 27	4 9	乙酉	6 27	5 10	丙辰	7 28	6 11	丁亥
華	2 26	2 7	乙卯	3 28	2 7	乙酉	4 27	3 8	乙卯	5 28	4 10	丙戌	6 28	5 11	丁巳	7 29	6 12	戊子
民	2 27	2 8	丙辰	3 29	2 8	丙戌	4 28	3 9	丙辰	5 29	4 11	丁亥	6 29	5 12	戊午	7 30	6 13	己丑
國	2 28	2 9	丁巳	3 30	2 9	丁亥	4 29	3 10	丁巳	5 30	4 12	戊子	6 30	5 13	己未	7 31	6 14	庚寅
一	3 1	2 10	戊午	3 31	2 10	戊子	4 30	3 11	戊午	5 31	4 13	己丑	7 1	5 14	庚申	8 1	6 15	辛卯
百	3 2	2 11	己未	4 1	2 11	己丑	5 1	3 12	己未	6 1	4 14	庚寅	7 2	5 15	辛酉	8 2	6 16	壬辰
十	3 3	2 12	庚申	4 2	2 12	庚寅	5 2	3 13	庚申	6 2	4 15	辛卯	7 3	5 16	壬戌	8 3	6 17	癸巳
二	3 4	2 13	辛酉	4 3	2 13	辛卯	5 3	3 14	辛酉	6 3	4 16	壬辰	7 4	5 17	癸亥	8 4	6 18	甲午
年	3 5	2 14	壬戌	4 4	2 14	壬辰	5 4	3 15	壬戌	6 4	4 17	癸巳	7 5	5 18	甲子	8 5	6 19	乙未
							5 5	3 16	癸亥	6 5	4 18	甲午	7 6	5 19	乙丑	8 6	6 20	丙申
																8 7	6 21	丁酉
中氣	雨水			春分			穀雨			小滿			夏至			大暑		
	2/19 6時34分 卯時			3/21 5時24分 卯時			4/20 16時13分 申時			5/21 15時8分 申時			6/21 22時57分 亥時			7/23 9時50分 巳時		

年
癸卯

庚申			辛酉			壬戌			癸亥			甲子			乙丑			月
立秋			白露			寒露			立冬			大雪			小寒			節氣
8/8 2時22分 丑時			9/8 5時26分 卯時			10/8 21時15分 亥時			11/8 0時35分 子時			12/7 17時32分 酉時			1/6 4時49分 寅時			
國曆	農曆	干支	國曆	農曆	干支	國曆	農曆	干支	國曆	農曆	干支	國曆	農曆	干支	國曆	農曆	干支	日
8 8	6 22	戊戌	9 8	7 24	己巳	10 8	8 24	己亥	11 8	9 25	庚午	12 7	10 25	己亥	1 6	11 25	己巳	
8 9	6 23	己亥	9 9	7 25	庚午	10 9	8 25	庚子	11 9	9 26	辛未	12 8	10 26	庚子	1 7	11 26	庚午	
8 10	6 24	庚子	9 10	7 26	辛未	10 10	8 26	辛丑	11 10	9 27	壬申	12 9	10 27	辛丑	1 8	11 27	辛未	
8 11	6 25	辛丑	9 11	7 27	壬申	10 11	8 27	壬寅	11 11	9 28	癸酉	12 10	10 28	壬寅	1 9	11 28	壬申	2023·2024
8 12	6 26	壬寅	9 12	7 28	癸酉	10 12	8 28	癸卯	11 12	9 29	甲戌	12 11	10 29	癸卯	1 10	11 29	癸酉	
8 13	6 27	癸卯	9 13	7 29	甲戌	10 13	8 29	甲辰	11 13	10 1	乙亥	12 12	10 30	甲辰	1 11	12 1	甲戌	
8 14	6 28	甲辰	9 14	7 30	乙亥	10 14	8 30	乙巳	11 14	10 2	丙子	12 13	11 1	乙巳	1 12	12 2	乙亥	
8 15	6 29	乙巳	9 15	8 1	丙子	10 15	9 1	丙午	11 15	10 3	丁丑	12 14	11 2	丙午	1 13	12 3	丙子	
8 16	7 1	丙午	9 16	8 2	丁丑	10 16	9 2	丁未	11 16	10 4	戊寅	12 15	11 3	丁未	1 14	12 4	丁丑	
8 17	7 2	丁未	9 17	8 3	戊寅	10 17	9 3	戊申	11 17	10 5	己卯	12 16	11 4	戊申	1 15	12 5	戊寅	
8 18	7 3	戊申	9 18	8 4	己卯	10 18	9 4	己酉	11 18	10 6	庚辰	12 17	11 5	己酉	1 16	12 6	己卯	
8 19	7 4	己酉	9 19	8 5	庚辰	10 19	9 5	庚戌	11 19	10 7	辛巳	12 18	11 6	庚戌	1 17	12 7	庚辰	
8 20	7 5	庚戌	9 20	8 6	辛巳	10 20	9 6	辛亥	11 20	10 8	壬午	12 19	11 7	辛亥	1 18	12 8	辛巳	
8 21	7 6	辛亥	9 21	8 7	壬午	10 21	9 7	壬子	11 21	10 9	癸未	12 20	11 8	壬子	1 19	12 9	壬午	兔
8 22	7 7	壬子	9 22	8 8	癸未	10 22	9 8	癸丑	11 22	10 10	甲申	12 21	11 9	癸丑	1 20	12 10	癸未	
8 23	7 8	癸丑	9 23	8 9	甲申	10 23	9 9	甲寅	11 23	10 11	乙酉	12 22	11 10	甲寅	1 21	12 11	甲申	
8 24	7 9	甲寅	9 24	8 10	乙酉	10 24	9 10	乙卯	11 24	10 12	丙戌	12 23	11 11	乙卯	1 22	12 12	乙酉	
8 25	7 10	乙卯	9 25	8 11	丙戌	10 25	9 11	丙辰	11 25	10 13	丁亥	12 24	11 12	丙辰	1 23	12 13	丙戌	
8 26	7 11	丙辰	9 26	8 12	丁亥	10 26	9 12	丁巳	11 26	10 14	戊子	12 25	11 13	丁巳	1 24	12 14	丁亥	
8 27	7 12	丁巳	9 27	8 13	戊子	10 27	9 13	戊午	11 27	10 15	己丑	12 26	11 14	戊午	1 25	12 15	戊子	中
8 28	7 13	戊午	9 28	8 14	己丑	10 28	9 14	己未	11 28	10 16	庚寅	12 27	11 15	己未	1 26	12 16	己丑	華
8 29	7 14	己未	9 29	8 15	庚寅	10 29	9 15	庚申	11 29	10 17	辛卯	12 28	11 16	庚申	1 27	12 17	庚寅	民
8 30	7 15	庚申	9 30	8 16	辛卯	10 30	9 16	辛酉	11 30	10 18	壬辰	12 29	11 17	辛酉	1 28	12 18	辛卯	國
8 31	7 16	辛酉	10 1	8 17	壬辰	10 31	9 17	壬戌	12 1	10 19	癸巳	12 30	11 18	壬戌	1 29	12 19	壬辰	一
9 1	7 17	壬戌	10 2	8 18	癸巳	11 1	9 18	癸亥	12 2	10 20	甲午	12 31	11 19	癸亥	1 30	12 20	癸巳	百
9 2	7 18	癸亥	10 3	8 19	甲午	11 2	9 19	甲子	12 3	10 21	乙未	1 1	11 20	甲子	1 31	12 21	甲午	十
9 3	7 19	甲子	10 4	8 20	乙未	11 3	9 20	乙丑	12 4	10 22	丙申	1 2	11 21	乙丑	2 1	12 22	乙未	二
9 4	7 20	乙丑	10 5	8 21	丙申	11 4	9 21	丙寅	12 5	10 23	丁酉	1 3	11 22	丙寅	2 2	12 23	丙申	·
9 5	7 21	丙寅	10 6	8 22	丁酉	11 5	9 22	丁卯	12 6	10 24	戊戌	1 4	11 23	丁卯	2 3	12 24	丁酉	一
9 6	7 22	丁卯	10 7	8 23	戊戌	11 6	9 23	戊辰				1 5	11 24	戊辰				百
9 7	7 23	戊辰				11 7	9 24	己巳										十

處暑			秋分			霜降			小雪			冬至			大寒			中氣
8/23 17時1分 酉時			9/23 14時49分 未時			10/24 0時20分 子時			11/22 22時2分 亥時			12/22 11時27分 午時			1/20 22時7分 亥時			三年

年																		
月	丙寅			丁卯			戊辰			己巳			庚午			辛未		
節氣	立春 2/4 16時26分 申時			驚蟄 3/5 10時22分 巳時			清明 4/4 15時1分 申時			立夏 5/5 8時9分 辰時			芒種 6/5 12時9分 午時			小暑 7/6 22時19分 亥時		
日	國曆	農曆	干支	國曆	農曆	干支	國曆	農曆	干支	國曆	農曆	干支	國曆	農曆	干支	國曆	農曆	干支
	2 4	12 25	戊戌	3 5	1 25	戊辰	4 4	2 26	戊戌	5 5	3 27	己巳	6 5	4 29	庚子	7 6	6 1	辛未
	2 5	12 26	己亥	3 6	1 26	己巳	4 5	2 27	己亥	5 6	3 28	庚午	6 6	5 1	辛丑	7 7	6 2	壬申
	2 6	12 27	庚子	3 7	1 27	庚午	4 6	2 28	庚子	5 7	3 29	辛未	6 7	5 2	壬寅	7 8	6 3	癸酉
	2 7	12 28	辛丑	3 8	1 28	辛未	4 7	2 29	辛丑	5 8	4 1	壬申	6 8	5 3	癸卯	7 9	6 4	甲戌
	2 8	12 29	壬寅	3 9	1 29	壬申	4 8	2 30	壬寅	5 9	4 2	癸酉	6 9	5 4	甲辰	7 10	6 5	乙亥
	2 9	12 30	癸卯	3 10	2 1	癸酉	4 9	3 1	癸卯	5 10	4 3	甲戌	6 10	5 5	乙巳	7 11	6 6	丙子
	2 10	1 1	甲辰	3 11	2 2	甲戌	4 10	3 2	甲辰	5 11	4 4	乙亥	6 11	5 6	丙午	7 12	6 7	丁丑
	2 11	1 2	乙巳	3 12	2 3	乙亥	4 11	3 3	乙巳	5 12	4 5	丙子	6 12	5 7	丁未	7 13	6 8	戊寅
	2 12	1 3	丙午	3 13	2 4	丙子	4 12	3 4	丙午	5 13	4 6	丁丑	6 13	5 8	戊申	7 14	6 9	己卯
	2 13	1 4	丁未	3 14	2 5	丁丑	4 13	3 5	丁未	5 14	4 7	戊寅	6 14	5 9	己酉	7 15	6 10	庚辰
	2 14	1 5	戊申	3 15	2 6	戊寅	4 14	3 6	戊申	5 15	4 8	己卯	6 15	5 10	庚戌	7 16	6 11	辛巳
	2 15	1 6	己酉	3 16	2 7	己卯	4 15	3 7	己酉	5 16	4 9	庚辰	6 16	5 11	辛亥	7 17	6 12	壬午
	2 16	1 7	庚戌	3 17	2 8	庚辰	4 16	3 8	庚戌	5 17	4 10	辛巳	6 17	5 12	壬子	7 18	6 13	癸未
	2 17	1 8	辛亥	3 18	2 9	辛巳	4 17	3 9	辛亥	5 18	4 11	壬午	6 18	5 13	癸丑	7 19	6 14	甲申
	2 18	1 9	壬子	3 19	2 10	壬午	4 18	3 10	壬子	5 19	4 12	癸未	6 19	5 14	甲寅	7 20	6 15	乙酉
	2 19	1 10	癸丑	3 20	2 11	癸未	4 19	3 11	癸丑	5 20	4 13	甲申	6 20	5 15	乙卯	7 21	6 16	丙戌
	2 20	1 11	甲寅	3 21	2 12	甲申	4 20	3 12	甲寅	5 21	4 14	乙酉	6 21	5 16	丙辰	7 22	6 17	丁亥
	2 21	1 12	乙卯	3 22	2 13	乙酉	4 21	3 13	乙卯	5 22	4 15	丙戌	6 22	5 17	丁巳	7 23	6 18	戊子
	2 22	1 13	丙辰	3 23	2 14	丙戌	4 22	3 14	丙辰	5 23	4 16	丁亥	6 23	5 18	戊午	7 24	6 19	己丑
	2 23	1 14	丁巳	3 24	2 15	丁亥	4 23	3 15	丁巳	5 24	4 17	戊子	6 24	5 19	己未	7 25	6 20	庚寅
	2 24	1 15	戊午	3 25	2 16	戊子	4 24	3 16	戊午	5 25	4 18	己丑	6 25	5 20	庚申	7 26	6 21	辛卯
	2 25	1 16	己未	3 26	2 17	己丑	4 25	3 17	己未	5 26	4 19	庚寅	6 26	5 21	辛酉	7 27	6 22	壬辰
	2 26	1 17	庚申	3 27	2 18	庚寅	4 26	3 18	庚申	5 27	4 20	辛卯	6 27	5 22	壬戌	7 28	6 23	癸巳
	2 27	1 18	辛酉	3 28	2 19	辛卯	4 27	3 19	辛酉	5 28	4 21	壬辰	6 28	5 23	癸亥	7 29	6 24	甲午
	2 28	1 19	壬戌	3 29	2 20	壬辰	4 28	3 20	壬戌	5 29	4 22	癸巳	6 29	5 24	甲子	7 30	6 25	乙未
	2 29	1 20	癸亥	3 30	2 21	癸巳	4 29	3 21	癸亥	5 30	4 23	甲午	6 30	5 25	乙丑	7 31	6 26	丙申
	3 1	1 21	甲子	3 31	2 22	甲午	4 30	3 22	甲子	5 31	4 24	乙未	7 1	5 26	丙寅	8 1	6 27	丁酉
	3 2	1 22	乙丑	4 1	2 23	乙未	5 1	3 23	乙丑	6 1	4 25	丙申	7 2	5 27	丁卯	8 2	6 28	戊戌
	3 3	1 23	丙寅	4 2	2 24	丙申	5 2	3 24	丙寅	6 2	4 26	丁酉	7 3	5 28	戊辰	8 3	6 29	己亥
	3 4	1 24	丁卯	4 3	2 25	丁酉	5 3	3 25	丁卯	6 3	4 27	戊戌	7 4	5 29	己巳	8 4	7 1	庚子
							5 4	3 26	戊辰	6 4	4 28	己亥	7 5	5 30	庚午	8 5	7 2	辛丑
																8 6	7 3	壬寅
中氣	雨水 2/19 12時12分 午時			春分 3/20 11時6分 午時			穀雨 4/19 21時59分 亥時			小滿 5/20 20時59分 戌時			夏至 6/21 4時50分 寅時			大暑 7/22 15時44分 申時		

左側：2024　龍　中華民國一百十三年

甲辰																		年
壬申			癸酉			甲戌			乙亥			丙子			丁丑			月
立秋			白露			寒露			立冬			大雪			小寒			節氣
8/7 8時8分 辰時			9/7 11時10分 午時			10/8 2時59分 丑時			11/7 6時19分 卯時			12/6 23時16分 子時			1/5 10時32分 巳時			
國曆	農曆	干支	國曆	農曆	干支	國曆	農曆	干支	國曆	農曆	干支	國曆	農曆	干支	國曆	農曆	干支	日
8 7	7 4	癸卯	9 7	8 5	甲戌	10 8	9 6	乙巳	11 7	10 7	乙亥	12 6	11 6	甲辰	1 5	12 6	甲戌	
8 8	7 5	甲辰	9 8	8 6	乙亥	10 9	9 7	丙午	11 8	10 8	丙子	12 7	11 7	乙巳	1 6	12 7	乙亥	
8 9	7 6	乙巳	9 9	8 7	丙子	10 10	9 8	丁未	11 9	10 9	丁丑	12 8	11 8	丙午	1 7	12 8	丙子	
8 10	7 7	丙午	9 10	8 8	丁丑	10 11	9 9	戊申	11 10	10 10	戊寅	12 9	11 9	丁未	1 8	12 9	丁丑	2
8 11	7 8	丁未	9 11	8 9	戊寅	10 12	9 10	己酉	11 11	10 11	己卯	12 10	11 10	戊申	1 9	12 10	戊寅	0
8 12	7 9	戊申	9 12	8 10	己卯	10 13	9 11	庚戌	11 12	10 12	庚辰	12 11	11 11	己酉	1 10	12 11	己卯	2
8 13	7 10	己酉	9 13	8 11	庚辰	10 14	9 12	辛亥	11 13	10 13	辛巳	12 12	11 12	庚戌	1 11	12 12	庚辰	4
8 14	7 11	庚戌	9 14	8 12	辛巳	10 15	9 13	壬子	11 14	10 14	壬午	12 13	11 13	辛亥	1 12	12 13	辛巳	·
8 15	7 12	辛亥	9 15	8 13	壬午	10 16	9 14	癸丑	11 15	10 15	癸未	12 14	11 14	壬子	1 13	12 14	壬午	2
8 16	7 13	壬子	9 16	8 14	癸未	10 17	9 15	甲寅	11 16	10 16	甲申	12 15	11 15	癸丑	1 14	12 15	癸未	0
8 17	7 14	癸丑	9 17	8 15	甲申	10 18	9 16	乙卯	11 17	10 17	乙酉	12 16	11 16	甲寅	1 15	12 16	甲申	2
8 18	7 15	甲寅	9 18	8 16	乙酉	10 19	9 17	丙辰	11 18	10 18	丙戌	12 17	11 17	乙卯	1 16	12 17	乙酉	5
8 19	7 16	乙卯	9 19	8 17	丙戌	10 20	9 18	丁巳	11 19	10 19	丁亥	12 18	11 18	丙辰	1 17	12 18	丙戌	
8 20	7 17	丙辰	9 20	8 18	丁亥	10 21	9 19	戊午	11 20	10 20	戊子	12 19	11 19	丁巳	1 18	12 19	丁亥	
8 21	7 18	丁巳	9 21	8 19	戊子	10 22	9 20	己未	11 21	10 21	己丑	12 20	11 20	戊午	1 19	12 20	戊子	
8 22	7 19	戊午	9 22	8 20	己丑	10 23	9 21	庚申	11 22	10 22	庚寅	12 21	11 21	己未	1 20	12 21	己丑	龍
8 23	7 20	己未	9 23	8 21	庚寅	10 24	9 22	辛酉	11 23	10 23	辛卯	12 22	11 22	庚申	1 21	12 22	庚寅	
8 24	7 21	庚申	9 24	8 22	辛卯	10 25	9 23	壬戌	11 24	10 24	壬辰	12 23	11 23	辛酉	1 22	12 23	辛卯	
8 25	7 22	辛酉	9 25	8 23	壬辰	10 26	9 24	癸亥	11 25	10 25	癸巳	12 24	11 24	壬戌	1 23	12 24	壬辰	
8 26	7 23	壬戌	9 26	8 24	癸巳	10 27	9 25	甲子	11 26	10 26	甲午	12 25	11 25	癸亥	1 24	12 25	癸巳	
8 27	7 24	癸亥	9 27	8 25	甲午	10 28	9 26	乙丑	11 27	10 27	乙未	12 26	11 26	甲子	1 25	12 26	甲午	中
8 28	7 25	甲子	9 28	8 26	乙未	10 29	9 27	丙寅	11 28	10 28	丙申	12 27	11 27	乙丑	1 26	12 27	乙未	華
8 29	7 26	乙丑	9 29	8 27	丙申	10 30	9 28	丁卯	11 29	10 29	丁酉	12 28	11 28	丙寅	1 27	12 28	丙申	民
8 30	7 27	丙寅	9 30	8 28	丁酉	10 31	9 29	戊辰	11 30	10 30	戊戌	12 29	11 29	丁卯	1 28	12 29	丁酉	國
8 31	7 28	丁卯	10 1	8 29	戊戌	11 1	10 1	己巳	12 1	11 1	己亥	12 30	11 30	戊辰	1 29	1 1	戊戌	一
9 1	7 29	戊辰	10 2	8 30	己亥	11 2	10 2	庚午	12 2	11 2	庚子	12 31	12 1	己巳	1 30	1 2	己亥	百
9 2	7 30	己巳	10 3	9 1	庚子	11 3	10 3	辛未	12 3	11 3	辛丑	1 1	12 2	庚午	1 31	1 3	庚子	十
9 3	8 1	庚午	10 4	9 2	辛丑	11 4	10 4	壬申	12 4	11 4	壬寅	1 2	12 3	辛未	2 1	1 4	辛丑	三
9 4	8 2	辛未	10 5	9 3	壬寅	11 5	10 5	癸酉	12 5	11 5	癸卯	1 3	12 4	壬申	2 2	1 5	壬寅	·
9 5	8 3	壬申	10 6	9 4	癸卯	11 6	10 6	甲戌				1 4	12 5	癸酉				一
9 6	8 4	癸酉	10 7	9 5	甲辰													百
處暑			秋分			霜降			小雪			冬至			大寒			中
8/22 22時54分 亥時			9/22 20時43分 戌時			10/23 6時14分 卯時			11/22 3時56分 寅時			12/21 17時20分 酉時			1/20 3時59分 寅時			氣

右欄年份標示：二〇二四・二〇二五　龍　中華民國一百一十三・一百一十四年

年	乙巳																	
月	戊寅			己卯			庚辰			辛巳			壬午			癸未		
節氣	立春			驚蟄			清明			立夏			芒種			小暑		
	2/3 22時10分 亥時			3/5 16時6分 申時			4/4 20時48分 戌時			5/5 13時56分 未時			6/5 17時56分 酉時			7/7 4時4分 寅時		
日	國曆	農曆	干支	國曆	農曆	干支	國曆	農曆	干支	國曆	農曆	干支	國曆	農曆	干支	國曆	農曆	干支
	2 3	1 6	癸卯	3 5	2 6	癸酉	4 4	3 7	癸卯	5 5	4 8	甲戌	6 5	5 10	乙巳	7 7	6 13	丁丑
	2 4	1 7	甲辰	3 6	2 7	甲戌	4 5	3 8	甲辰	5 6	4 9	乙亥	6 6	5 11	丙午	7 8	6 14	戊寅
	2 5	1 8	乙巳	3 7	2 8	乙亥	4 6	3 9	乙巳	5 7	4 10	丙子	6 7	5 12	丁未	7 9	6 15	己卯
	2 6	1 9	丙午	3 8	2 9	丙子	4 7	3 10	丙午	5 8	4 11	丁丑	6 8	5 13	戊申	7 10	6 16	庚辰
2	2 7	1 10	丁未	3 9	2 10	丁丑	4 8	3 11	丁未	5 9	4 12	戊寅	6 9	5 14	己酉	7 11	6 17	辛巳
0	2 8	1 11	戊申	3 10	2 11	戊寅	4 9	3 12	戊申	5 10	4 13	己卯	6 10	5 15	庚戌	7 12	6 18	壬午
2	2 9	1 12	己酉	3 11	2 12	己卯	4 10	3 13	己酉	5 11	4 14	庚辰	6 11	5 16	辛亥	7 13	6 19	癸未
5	2 10	1 13	庚戌	3 12	2 13	庚辰	4 11	3 14	庚戌	5 12	4 15	辛巳	6 12	5 17	壬子	7 14	6 20	甲申
	2 11	1 14	辛亥	3 13	2 14	辛巳	4 12	3 15	辛亥	5 13	4 16	壬午	6 13	5 18	癸丑	7 15	6 21	乙酉
	2 12	1 15	壬子	3 14	2 15	壬午	4 13	3 16	壬子	5 14	4 17	癸未	6 14	5 19	甲寅	7 16	6 22	丙戌
	2 13	1 16	癸丑	3 15	2 16	癸未	4 14	3 17	癸丑	5 15	4 18	甲申	6 15	5 20	乙卯	7 17	6 23	丁亥
	2 14	1 17	甲寅	3 16	2 17	甲申	4 15	3 18	甲寅	5 16	4 19	乙酉	6 16	5 21	丙辰	7 18	6 24	戊子
	2 15	1 18	乙卯	3 17	2 18	乙酉	4 16	3 19	乙卯	5 17	4 20	丙戌	6 17	5 22	丁巳	7 19	6 25	己丑
蛇	2 16	1 19	丙辰	3 18	2 19	丙戌	4 17	3 20	丙辰	5 18	4 21	丁亥	6 18	5 23	戊午	7 20	6 26	庚寅
	2 17	1 20	丁巳	3 19	2 20	丁亥	4 18	3 21	丁巳	5 19	4 22	戊子	6 19	5 24	己未	7 21	6 27	辛卯
	2 18	1 21	戊午	3 20	2 21	戊子	4 19	3 22	戊午	5 20	4 23	己丑	6 20	5 25	庚申	7 22	6 28	壬辰
	2 19	1 22	己未	3 21	2 22	己丑	4 20	3 23	己未	5 21	4 24	庚寅	6 21	5 26	辛酉	7 23	6 29	癸巳
	2 20	1 23	庚申	3 22	2 23	庚寅	4 21	3 24	庚申	5 22	4 25	辛卯	6 22	5 27	壬戌	7 24	6 30	甲午
	2 21	1 24	辛酉	3 23	2 24	辛卯	4 22	3 25	辛酉	5 23	4 26	壬辰	6 23	5 28	癸亥	7 25	閏6 1	乙未
	2 22	1 25	壬戌	3 24	2 25	壬辰	4 23	3 26	壬戌	5 24	4 27	癸巳	6 24	5 29	甲子	7 26	6 2	丙申
	2 23	1 26	癸亥	3 25	2 26	癸巳	4 24	3 27	癸亥	5 25	4 28	甲午	6 25	6 1	乙丑	7 27	6 3	丁酉
	2 24	1 27	甲子	3 26	2 27	甲午	4 25	3 28	甲子	5 26	4 29	乙未	6 26	6 2	丙寅	7 28	6 4	戊戌
中	2 25	1 28	乙丑	3 27	2 28	乙未	4 26	3 29	乙丑	5 27	5 1	丙申	6 27	6 3	丁卯	7 29	6 5	己亥
華	2 26	1 29	丙寅	3 28	2 29	丙申	4 27	3 30	丙寅	5 28	5 2	丁酉	6 28	6 4	戊辰	7 30	6 6	庚子
民	2 27	1 30	丁卯	3 29	3 1	丁酉	4 28	4 1	丁卯	5 29	5 3	戊戌	6 29	6 5	己巳	7 31	6 7	辛丑
國	2 28	2 1	戊辰	3 30	3 2	戊戌	4 29	4 2	戊辰	5 30	5 4	己亥	6 30	6 6	庚午	8 1	6 8	壬寅
一	3 1	2 2	己巳	3 31	3 3	己亥	4 30	4 3	己巳	5 31	5 5	庚子	7 1	6 7	辛未	8 2	6 9	癸卯
百	3 2	2 3	庚午	4 1	3 4	庚子	5 1	4 4	庚午	6 1	5 6	辛丑	7 2	6 8	壬申	8 3	6 10	甲辰
十	3 3	2 4	辛未	4 2	3 5	辛丑	5 2	4 5	辛未	6 2	5 7	壬寅	7 3	6 9	癸酉	8 4	6 11	乙巳
四	3 4	2 5	壬申	4 3	3 6	壬寅	5 3	4 6	壬申	6 3	5 8	癸卯	7 4	6 10	甲戌	8 5	6 12	丙午
年							5 4	4 7	癸酉	6 4	5 9	甲辰	7 5	6 11	乙亥	8 6	6 13	丁未
													7 6	6 12	丙子			
中氣	雨水			春分			穀雨			小滿			夏至			大暑		
	2/18 18時6分 酉時			3/20 17時1分 酉時			4/20 3時55分 寅時			5/21 2時54分 丑時			6/21 10時41分 巳時			7/22 21時29分 亥時		

乙巳																		年
甲申			乙酉			丙戌			丁亥			戊子			己丑			月
立秋			白露			寒露			立冬			大雪			小寒			節氣
8/7 13時51分 未時			9/7 16時51分 申時			10/8 8時40分 辰時			11/7 12時3分 午時			12/7 5時4分 卯時			1/5 16時22分 申時			
國曆	農曆	干支	國曆	農曆	干支	國曆	農曆	干支	國曆	農曆	干支	國曆	農曆	干支	國曆	農曆	干支	日
8 7	6 14	戊申	9 7	7 16	己卯	10 8	8 17	庚戌	11 7	9 18	庚辰	12 7	10 18	庚戌	1 5	11 17	己卯	
8 8	6 15	己酉	9 8	7 17	庚辰	10 9	8 18	辛亥	11 8	9 19	辛巳	12 8	10 19	辛亥	1 6	11 18	庚辰	
8 9	6 16	庚戌	9 9	7 18	辛巳	10 10	8 19	壬子	11 9	9 20	壬午	12 9	10 20	壬子	1 7	11 19	辛巳	
8 10	6 17	辛亥	9 10	7 19	壬午	10 11	8 20	癸丑	11 10	9 21	癸未	12 10	10 21	癸丑	1 8	11 20	壬午	
8 11	6 18	壬子	9 11	7 20	癸未	10 12	8 21	甲寅	11 11	9 22	甲申	12 11	10 22	甲寅	1 9	11 21	癸未	
8 12	6 19	癸丑	9 12	7 21	甲申	10 13	8 22	乙卯	11 12	9 23	乙酉	12 12	10 23	乙卯	1 10	11 22	甲申	2
8 13	6 20	甲寅	9 13	7 22	乙酉	10 14	8 23	丙辰	11 13	9 24	丙戌	12 13	10 24	丙辰	1 11	11 23	乙酉	0
8 14	6 21	乙卯	9 14	7 23	丙戌	10 15	8 24	丁巳	11 14	9 25	丁亥	12 14	10 25	丁巳	1 12	11 24	丙戌	2
8 15	6 22	丙辰	9 15	7 24	丁亥	10 16	8 25	戊午	11 15	9 26	戊子	12 15	10 26	戊午	1 13	11 25	丁亥	5
8 16	6 23	丁巳	9 16	7 25	戊子	10 17	8 26	己未	11 16	9 27	己丑	12 16	10 27	己未	1 14	11 26	戊子	·
8 17	6 24	戊午	9 17	7 26	己丑	10 18	8 27	庚申	11 17	9 28	庚寅	12 17	10 28	庚申	1 15	11 27	己丑	2
8 18	6 25	己未	9 18	7 27	庚寅	10 19	8 28	辛酉	11 18	9 29	辛卯	12 18	10 29	辛酉	1 16	11 28	庚寅	0
8 19	6 26	庚申	9 19	7 28	辛卯	10 20	8 29	壬戌	11 19	9 30	壬辰	12 19	10 30	壬戌	1 17	11 29	辛卯	2
8 20	6 27	辛酉	9 20	7 29	壬辰	10 21	9 1	癸亥	11 20	10 1	癸巳	12 20	11 1	癸亥	1 18	11 30	壬辰	6
8 21	6 28	壬戌	9 21	7 30	癸巳	10 22	9 2	甲子	11 21	10 2	甲午	12 21	11 2	甲子	1 19	12 1	癸巳	
8 22	6 29	癸亥	9 22	8 1	甲午	10 23	9 3	乙丑	11 22	10 3	乙未	12 22	11 3	乙丑	1 20	12 2	甲午	
8 23	7 1	甲子	9 23	8 2	乙未	10 24	9 4	丙寅	11 23	10 4	丙申	12 23	11 4	丙寅	1 21	12 3	乙未	
8 24	7 2	乙丑	9 24	8 3	丙申	10 25	9 5	丁卯	11 24	10 5	丁酉	12 24	11 5	丁卯	1 22	12 4	丙申	
8 25	7 3	丙寅	9 25	8 4	丁酉	10 26	9 6	戊辰	11 25	10 6	戊戌	12 25	11 6	戊辰	1 23	12 5	丁酉	蛇
8 26	7 4	丁卯	9 26	8 5	戊戌	10 27	9 7	己巳	11 26	10 7	己亥	12 26	11 7	己巳	1 24	12 6	戊戌	
8 27	7 5	戊辰	9 27	8 6	己亥	10 28	9 8	庚午	11 27	10 8	庚子	12 27	11 8	庚午	1 25	12 7	己亥	
8 28	7 6	己巳	9 28	8 7	庚子	10 29	9 9	辛未	11 28	10 9	辛丑	12 28	11 9	辛未	1 26	12 8	庚子	
8 29	7 7	庚午	9 29	8 8	辛丑	10 30	9 10	壬申	11 29	10 10	壬寅	12 29	11 10	壬申	1 27	12 9	辛丑	中
8 30	7 8	辛未	9 30	8 9	壬寅	10 31	9 11	癸酉	11 30	10 11	癸卯	12 30	11 11	癸酉	1 28	12 10	壬寅	華
8 31	7 9	壬申	10 1	8 10	癸卯	11 1	9 12	甲戌	12 1	10 12	甲辰	12 31	11 12	甲戌	1 29	12 11	癸卯	民
9 1	7 10	癸酉	10 2	8 11	甲辰	11 2	9 13	乙亥	12 2	10 13	乙巳	1 1	11 13	乙亥	1 30	12 12	甲辰	國
9 2	7 11	甲戌	10 3	8 12	乙巳	11 3	9 14	丙子	12 3	10 14	丙午	1 2	11 14	丙子	1 31	12 13	乙巳	一
9 3	7 12	乙亥	10 4	8 13	丙午	11 4	9 15	丁丑	12 4	10 15	丁未	1 3	11 15	丁丑	2 1	12 14	丙午	百
9 4	7 13	丙子	10 5	8 14	丁未	11 5	9 16	戊寅	12 5	10 16	戊申	1 4	11 16	戊寅	2 2	12 15	丁未	十
9 5	7 14	丁丑	10 6	8 15	戊申	11 6	9 17	己卯	12 6	10 17	己酉				2 3	12 16	戊申	四
9 6	7 15	戊寅	10 7	8 16	己酉													·
處暑			秋分			霜降			小雪			冬至			大寒			中氣
8/23 4時33分 寅時			9/23 2時18分 丑時			10/23 11時50分 午時			11/22 9時35分 巳時			12/21 23時2分 子時			1/20 9時44分 巳時			

一百十五年

年	丙午																
月	庚寅			辛卯			壬辰			癸巳			甲午			乙未		
節氣	立春			驚蟄			清明			立夏			芒種			小暑		
氣	2/4 4時1分 寅時			3/5 21時58分 亥時			4/5 2時39分 丑時			5/5 19時48分 戌時			6/5 23時47分 子時			7/7 9時56分 巳時		
日	國曆	農曆	干支	國曆	農曆	干支	國曆	農曆	干支	國曆	農曆	干支	國曆	農曆	干支	國曆	農曆	干支
	2 4	12 17	己酉	3 5	1 17	戊寅	4 5	2 18	己酉	5 5	3 19	己卯	6 5	4 20	庚戌	7 7	5 23	壬午
	2 5	12 18	庚戌	3 6	1 18	己卯	4 6	2 19	庚戌	5 6	3 20	庚辰	6 6	4 21	辛亥	7 8	5 24	癸未
	2 6	12 19	辛亥	3 7	1 19	庚辰	4 7	2 20	辛亥	5 7	3 21	辛巳	6 7	4 22	壬子	7 9	5 25	甲申
2	2 7	12 20	壬子	3 8	1 20	辛巳	4 8	2 21	壬子	5 8	3 22	壬午	6 8	4 23	癸丑	7 10	5 26	乙酉
0	2 8	12 21	癸丑	3 9	1 21	壬午	4 9	2 22	癸丑	5 9	3 23	癸未	6 9	4 24	甲寅	7 11	5 27	丙戌
2	2 9	12 22	甲寅	3 10	1 22	癸未	4 10	2 23	甲寅	5 10	3 24	甲申	6 10	4 25	乙卯	7 12	5 28	丁亥
6	2 10	12 23	乙卯	3 11	1 23	甲申	4 11	2 24	乙卯	5 11	3 25	乙酉	6 11	4 26	丙辰	7 13	5 29	戊子
	2 11	12 24	丙辰	3 12	1 24	乙酉	4 12	2 25	丙辰	5 12	3 26	丙戌	6 12	4 27	丁巳	7 14	6 1	己丑
	2 12	12 25	丁巳	3 13	1 25	丙戌	4 13	2 26	丁巳	5 13	3 27	丁亥	6 13	4 28	戊午	7 15	6 2	庚寅
	2 13	12 26	戊午	3 14	1 26	丁亥	4 14	2 27	戊午	5 14	3 28	戊子	6 14	4 29	己未	7 16	6 3	辛卯
	2 14	12 27	己未	3 15	1 27	戊子	4 15	2 28	己未	5 15	3 29	己丑	6 15	5 1	庚申	7 17	6 4	壬辰
	2 15	12 28	庚申	3 16	1 28	己丑	4 16	2 29	庚申	5 16	3 30	庚寅	6 16	5 2	辛酉	7 18	6 5	癸巳
	2 16	12 29	辛酉	3 17	1 29	庚寅	4 17	3 1	辛酉	5 17	4 1	辛卯	6 17	5 3	壬戌	7 19	6 6	甲午
	2 17	1 1	壬戌	3 18	1 30	辛卯	4 18	3 2	壬戌	5 18	4 2	壬辰	6 18	5 4	癸亥	7 20	6 7	乙未
馬	2 18	1 2	癸亥	3 19	2 1	壬辰	4 19	3 3	癸亥	5 19	4 3	癸巳	6 19	5 5	甲子	7 21	6 8	丙申
	2 19	1 3	甲子	3 20	2 2	癸巳	4 20	3 4	甲子	5 20	4 4	甲午	6 20	5 6	乙丑	7 22	6 9	丁酉
	2 20	1 4	乙丑	3 21	2 3	甲午	4 21	3 5	乙丑	5 21	4 5	乙未	6 21	5 7	丙寅	7 23	6 10	戊戌
	2 21	1 5	丙寅	3 22	2 4	乙未	4 22	3 6	丙寅	5 22	4 6	丙申	6 22	5 8	丁卯	7 24	6 11	己亥
	2 22	1 6	丁卯	3 23	2 5	丙申	4 23	3 7	丁卯	5 23	4 7	丁酉	6 23	5 9	戊辰	7 25	6 12	庚子
中	2 23	1 7	戊辰	3 24	2 6	丁酉	4 24	3 8	戊辰	5 24	4 8	戊戌	6 24	5 10	己巳	7 26	6 13	辛丑
華	2 24	1 8	己巳	3 25	2 7	戊戌	4 25	3 9	己巳	5 25	4 9	己亥	6 25	5 11	庚午	7 27	6 14	壬寅
民	2 25	1 9	庚午	3 26	2 8	己亥	4 26	3 10	庚午	5 26	4 10	庚子	6 26	5 12	辛未	7 28	6 15	癸卯
國	2 26	1 10	辛未	3 27	2 9	庚子	4 27	3 11	辛未	5 27	4 11	辛丑	6 27	5 13	壬申	7 29	6 16	甲辰
一	2 27	1 11	壬申	3 28	2 10	辛丑	4 28	3 12	壬申	5 28	4 12	壬寅	6 28	5 14	癸酉	7 30	6 17	乙巳
百	2 28	1 12	癸酉	3 29	2 11	壬寅	4 29	3 13	癸酉	5 29	4 13	癸卯	6 29	5 15	甲戌	7 31	6 18	丙午
十	3 1	1 13	甲戌	3 30	2 12	癸卯	4 30	3 14	甲戌	5 30	4 14	甲辰	6 30	5 16	乙亥	8 1	6 19	丁未
五	3 2	1 14	乙亥	3 31	2 13	甲辰	5 1	3 15	乙亥	5 31	4 15	乙巳	7 1	5 17	丙子	8 2	6 20	戊申
年	3 3	1 15	丙子	4 1	2 14	乙巳	5 2	3 16	丙子	6 1	4 16	丙午	7 2	5 18	丁丑	8 3	6 21	己酉
	3 4	1 16	丁丑	4 2	2 15	丙午	5 3	3 17	丁丑	6 2	4 17	丁未	7 3	5 19	戊寅	8 4	6 22	庚戌
				4 3	2 16	丁未	5 4	3 18	戊寅	6 3	4 18	戊申	7 4	5 20	己卯	8 5	6 23	辛亥
				4 4	2 17	戊申				6 4	4 19	己酉	7 5	5 21	庚辰	8 6	6 24	壬子
													7 6	5 22	辛巳			
中	雨水			春分			穀雨			小滿			夏至			大暑		
氣	2/18 23時51分 子時			3/20 22時45分 亥時			4/20 9時38分 巳時			5/21 8時36分 辰時			6/21 16時24分 申時			7/23 3時12分 寅時		

丙午																		年
丙申			丁酉			戊戌			己亥			庚子			辛丑			月
立秋			白露			寒露			立冬			大雪			小寒			節氣
8/7 19時42分 戊時			9/7 22時40分 亥時			10/8 14時28分 未時			11/7 17時51分 酉時			12/7 10時52分 巳時			1/5 22時9分 亥時			
國曆	農曆	干支	國曆	農曆	干支	國曆	農曆	干支	國曆	農曆	干支	國曆	農曆	干支	國曆	農曆	干支	日
8 7	6 25	癸丑	9 7	7 26	甲申	10 8	8 28	乙卯	11 7	9 29	乙酉	12 7	10 29	乙卯	1 5	11 28	甲申	
8 8	6 26	甲寅	9 8	7 27	乙酉	10 9	8 29	丙辰	11 8	9 30	丙戌	12 8	10 30	丙辰	1 6	11 29	乙酉	
8 9	6 27	乙卯	9 9	7 28	丙戌	10 10	9 1	丁巳	11 9	10 1	丁亥	12 9	11 1	丁巳	1 7	11 30	丙戌	
8 10	6 28	丙辰	9 10	7 29	丁亥	10 11	9 2	戊午	11 10	10 2	戊子	12 10	11 2	戊午	1 8	12 1	丁亥	
8 11	6 29	丁巳	9 11	8 1	戊子	10 12	9 3	己未	11 11	10 3	己丑	12 11	11 3	己未	1 9	12 2	戊子	2026·2027
8 12	6 30	戊午	9 12	8 2	己丑	10 13	9 4	庚申	11 12	10 4	庚寅	12 12	11 4	庚申	1 10	12 3	己丑	
8 13	7 1	己未	9 13	8 3	庚寅	10 14	9 5	辛酉	11 13	10 5	辛卯	12 13	11 5	辛酉	1 11	12 4	庚寅	
8 14	7 2	庚申	9 14	8 4	辛卯	10 15	9 6	壬戌	11 14	10 6	壬辰	12 14	11 6	壬戌	1 12	12 5	辛卯	
8 15	7 3	辛酉	9 15	8 5	壬辰	10 16	9 7	癸亥	11 15	10 7	癸巳	12 15	11 7	癸亥	1 13	12 6	壬辰	
8 16	7 4	壬戌	9 16	8 6	癸巳	10 17	9 8	甲子	11 16	10 8	甲午	12 16	11 8	甲子	1 14	12 7	癸巳	
8 17	7 5	癸亥	9 17	8 7	甲午	10 18	9 9	乙丑	11 17	10 9	乙未	12 17	11 9	乙丑	1 15	12 8	甲午	
8 18	7 6	甲子	9 18	8 8	乙未	10 19	9 10	丙寅	11 18	10 10	丙申	12 18	11 10	丙寅	1 16	12 9	乙未	
8 19	7 7	乙丑	9 19	8 9	丙申	10 20	9 11	丁卯	11 19	10 11	丁酉	12 19	11 11	丁卯	1 17	12 10	丙申	
8 20	7 8	丙寅	9 20	8 10	丁酉	10 21	9 12	戊辰	11 20	10 12	戊戌	12 20	11 12	戊辰	1 18	12 11	丁酉	
8 21	7 9	丁卯	9 21	8 11	戊戌	10 22	9 13	己巳	11 21	10 13	己亥	12 21	11 13	己巳	1 19	12 12	戊戌	馬
8 22	7 10	戊辰	9 22	8 12	己亥	10 23	9 14	庚午	11 22	10 14	庚子	12 22	11 14	庚午	1 20	12 13	己亥	
8 23	7 11	己巳	9 23	8 13	庚子	10 24	9 15	辛未	11 23	10 15	辛丑	12 23	11 15	辛未	1 21	12 14	庚子	
8 24	7 12	庚午	9 24	8 14	辛丑	10 25	9 16	壬申	11 24	10 16	壬寅	12 24	11 16	壬申	1 22	12 15	辛丑	
8 25	7 13	辛未	9 25	8 15	壬寅	10 26	9 17	癸酉	11 25	10 17	癸卯	12 25	11 17	癸酉	1 23	12 16	壬寅	
8 26	7 14	壬申	9 26	8 16	癸卯	10 27	9 18	甲戌	11 26	10 18	甲辰	12 26	11 18	甲戌	1 24	12 17	癸卯	
8 27	7 15	癸酉	9 27	8 17	甲辰	10 28	9 19	乙亥	11 27	10 19	乙巳	12 27	11 19	乙亥	1 25	12 18	甲辰	中
8 28	7 16	甲戌	9 28	8 18	乙巳	10 29	9 20	丙子	11 28	10 20	丙午	12 28	11 20	丙子	1 26	12 19	乙巳	華
8 29	7 17	乙亥	9 29	8 19	丙午	10 30	9 21	丁丑	11 29	10 21	丁未	12 29	11 21	丁丑	1 27	12 20	丙午	民
8 30	7 18	丙子	9 30	8 20	丁未	10 31	9 22	戊寅	11 30	10 22	戊申	12 30	11 22	戊寅	1 28	12 21	丁未	國
8 31	7 19	丁丑	10 1	8 21	戊申	11 1	9 23	己卯	12 1	10 23	己酉	12 31	11 23	己卯	1 29	12 22	戊申	一
9 1	7 20	戊寅	10 2	8 22	己酉	11 2	9 24	庚辰	12 2	10 24	庚戌	1 1	11 24	庚辰	1 30	12 23	己酉	百
9 2	7 21	己卯	10 3	8 23	庚戌	11 3	9 25	辛巳	12 3	10 25	辛亥	1 2	11 25	辛巳	1 31	12 24	庚戌	十
9 3	7 22	庚辰	10 4	8 24	辛亥	11 4	9 26	壬午	12 4	10 26	壬子	1 3	11 26	壬午	2 1	12 25	辛亥	五
9 4	7 23	辛巳	10 5	8 25	壬子	11 5	9 27	癸未	12 5	10 27	癸丑	1 4	11 27	癸未	2 2	12 26	壬子	·
9 5	7 24	壬午	10 6	8 26	癸丑	11 6	9 28	甲申	12 6	10 28	甲寅				2 3	12 27	癸丑	一
9 6	7 25	癸未	10 7	8 27	甲寅													百
處暑			秋分			霜降			小雪			冬至			大寒			中
8/23 10時18分 巳時			9/23 8時4分 辰時			10/23 17時37分 酉時			11/22 15時22分 申時			12/22 4時49分 寅時			1/20 15時29分 申時			氣

年	\multicolumn{18}{丁未}

年：丁未

月	壬寅			癸卯			甲辰			乙巳			丙午			丁未		
節氣	立春			驚蟄			清明			立夏			芒種			小暑		
	2/4 9時45分 巳時			3/6 3時39分 寅時			4/5 8時17分 辰時			5/6 1時24分 丑時			6/5 5時25分 卯時			7/7 15時36分 申時		
日	國曆	農曆	干支	國曆	農曆	干支	國曆	農曆	干支	國曆	農曆	干支	國曆	農曆	干支	國曆	農曆	干支
	2 4	12 28	甲寅	3 6	1 29	甲申	4 5	2 29	甲寅	5 6	4 1	乙酉	6 6	5 2	丙辰	7 7	6 4	丁亥
	2 5	12 29	乙卯	3 7	1 30	乙酉	4 6	2 30	乙卯	5 7	4 2	丙戌	6 7	5 3	丁巳	7 8	6 5	戊子
	2 6	1 1	丙辰	3 8	2 1	丙戌	4 7	3 1	丙辰	5 8	4 3	丁亥	6 8	5 4	戊午	7 9	6 6	己丑
2	2 7	1 2	丁巳	3 9	2 2	丁亥	4 8	3 2	丁巳	5 9	4 4	戊子	6 9	5 5	己未	7 10	6 7	庚寅
0	2 8	1 3	戊午	3 10	2 3	戊子	4 9	3 3	戊午	5 10	4 5	己丑	6 10	5 6	庚申	7 11	6 8	辛卯
2	2 9	1 4	己未	3 11	2 4	己丑	4 10	3 4	己未	5 11	4 6	庚寅	6 11	5 7	辛酉	7 12	6 9	壬辰
7	2 10	1 5	庚申	3 12	2 5	庚寅	4 11	3 5	庚申	5 12	4 7	辛卯	6 12	5 8	壬戌	7 13	6 10	癸巳
	2 11	1 6	辛酉	3 13	2 6	辛卯	4 12	3 6	辛酉	5 13	4 8	壬辰	6 13	5 9	癸亥	7 14	6 11	甲午
	2 12	1 7	壬戌	3 14	2 7	壬辰	4 13	3 7	壬戌	5 14	4 9	癸巳	6 14	5 10	甲子	7 15	6 12	乙未
	2 13	1 8	癸亥	3 15	2 8	癸巳	4 14	3 8	癸亥	5 15	4 10	甲午	6 15	5 11	乙丑	7 16	6 13	丙申
	2 14	1 9	甲子	3 16	2 9	甲午	4 15	3 9	甲子	5 16	4 11	乙未	6 16	5 12	丙寅	7 17	6 14	丁酉
	2 15	1 10	乙丑	3 17	2 10	乙未	4 16	3 10	乙丑	5 17	4 12	丙申	6 17	5 13	丁卯	7 18	6 15	戊戌
	2 16	1 11	丙寅	3 18	2 11	丙申	4 17	3 11	丙寅	5 18	4 13	丁酉	6 18	5 14	戊辰	7 19	6 16	己亥
	2 17	1 12	丁卯	3 19	2 12	丁酉	4 18	3 12	丁卯	5 19	4 14	戊戌	6 19	5 15	己巳	7 20	6 17	庚子
	2 18	1 13	戊辰	3 20	2 13	戊戌	4 19	3 13	戊辰	5 20	4 15	己亥	6 20	5 16	庚午	7 21	6 18	辛丑
羊	2 19	1 14	己巳	3 21	2 14	己亥	4 20	3 14	己巳	5 21	4 16	庚子	6 21	5 17	辛未	7 22	6 19	壬寅
	2 20	1 15	庚午	3 22	2 15	庚子	4 21	3 15	庚午	5 22	4 17	辛丑	6 22	5 18	壬申	7 23	6 20	癸卯
	2 21	1 16	辛未	3 23	2 16	辛丑	4 22	3 16	辛未	5 23	4 18	壬寅	6 23	5 19	癸酉	7 24	6 21	甲辰
	2 22	1 17	壬申	3 24	2 17	壬寅	4 23	3 17	壬申	5 24	4 19	癸卯	6 24	5 20	甲戌	7 25	6 22	乙巳
	2 23	1 18	癸酉	3 25	2 18	癸卯	4 24	3 18	癸酉	5 25	4 20	甲辰	6 25	5 21	乙亥	7 26	6 23	丙午
	2 24	1 19	甲戌	3 26	2 19	甲辰	4 25	3 19	甲戌	5 26	4 21	乙巳	6 26	5 22	丙子	7 27	6 24	丁未
	2 25	1 20	乙亥	3 27	2 20	乙巳	4 26	3 20	乙亥	5 27	4 22	丙午	6 27	5 23	丁丑	7 28	6 25	戊申
中	2 26	1 21	丙子	3 28	2 21	丙午	4 27	3 21	丙子	5 28	4 23	丁未	6 28	5 24	戊寅	7 29	6 26	己酉
華	2 27	1 22	丁丑	3 29	2 22	丁未	4 28	3 22	丁丑	5 29	4 24	戊申	6 29	5 25	己卯	7 30	6 27	庚戌
民	2 28	1 23	戊寅	3 30	2 23	戊申	4 29	3 23	戊寅	5 30	4 25	己酉	6 30	5 26	庚辰	7 31	6 28	辛亥
國	3 1	1 24	己卯	3 31	2 24	己酉	4 30	3 24	己卯	5 31	4 26	庚戌	7 1	5 27	辛巳	8 1	6 29	壬子
一	3 2	1 25	庚辰	4 1	2 25	庚戌	5 1	3 25	庚辰	6 1	4 27	辛亥	7 2	5 28	壬午	8 2	7 1	癸丑
百	3 3	1 26	辛巳	4 2	2 26	辛亥	5 2	3 26	辛巳	6 2	4 28	壬子	7 3	5 29	癸未	8 3	7 2	甲寅
十	3 4	1 27	壬午	4 3	2 27	壬子	5 3	3 27	壬午	6 3	4 29	癸丑	7 4	6 1	甲申	8 4	7 3	乙卯
六	3 5	1 28	癸未	4 4	2 28	癸丑	5 4	3 28	癸未	6 4	4 30	甲寅	7 5	6 2	乙酉	8 5	7 4	丙辰
年							5 5	3 29	甲申	6 5	5 1	乙卯	7 6	6 3	丙戌	8 6	7 5	丁巳
																8 7	7 6	戊午
中氣	雨水			春分			穀雨			小滿			夏至			大暑		
	2/19 5時33分 卯時			3/21 4時24分 寅時			4/20 15時17分 申時			5/21 14時17分 未時			6/21 22時10分 亥時			7/23 9時4分 巳時		

丁未

戊申			己酉			庚戌			辛亥			壬子			癸丑			年／月
立秋			白露			寒露			立冬			大雪			小寒			節氣
8/8 1時26分 丑時			9/8 4時28分 寅時			10/8 20時16分 戌時			11/7 23時38分 子時			12/7 16時37分 申時			1/6 3時54分 寅時			
國曆	農曆	干支	國曆	農曆	干支	國曆	農曆	干支	國曆	農曆	干支	國曆	農曆	干支	國曆	農曆	干支	日
8 8	7 7	己未	9 8	8 8	庚寅	10 8	9 9	庚申	11 7	10 10	庚寅	12 7	11 10	庚申	1 6	12 10	庚寅	
8 9	7 8	庚申	9 9	8 9	辛卯	10 9	9 10	辛酉	11 8	10 11	辛卯	12 8	11 11	辛酉	1 7	12 11	辛卯	
8 10	7 9	辛酉	9 10	8 10	壬辰	10 10	9 11	壬戌	11 9	10 12	壬辰	12 9	11 12	壬戌	1 8	12 12	壬辰	2
8 11	7 10	壬戌	9 11	8 11	癸巳	10 11	9 12	癸亥	11 10	10 13	癸巳	12 10	11 13	癸亥	1 9	12 13	癸巳	0
8 12	7 11	癸亥	9 12	8 12	甲午	10 12	9 13	甲子	11 11	10 14	甲午	12 11	11 14	甲子	1 10	12 14	甲午	2
8 13	7 12	甲子	9 13	8 13	乙未	10 13	9 14	乙丑	11 12	10 15	乙未	12 12	11 15	乙丑	1 11	12 15	乙未	7
8 14	7 13	乙丑	9 14	8 14	丙申	10 14	9 15	丙寅	11 13	10 16	丙申	12 13	11 16	丙寅	1 12	12 16	丙申	·
8 15	7 14	丙寅	9 15	8 15	丁酉	10 15	9 16	丁卯	11 14	10 17	丁酉	12 14	11 17	丁卯	1 13	12 17	丁酉	2
8 16	7 15	丁卯	9 16	8 16	戊戌	10 16	9 17	戊辰	11 15	10 18	戊戌	12 15	11 18	戊辰	1 14	12 18	戊戌	0
8 17	7 16	戊辰	9 17	8 17	己亥	10 17	9 18	己巳	11 16	10 19	己亥	12 16	11 19	己巳	1 15	12 19	己亥	2
8 18	7 17	己巳	9 18	8 18	庚子	10 18	9 19	庚午	11 17	10 20	庚子	12 17	11 20	庚午	1 16	12 20	庚午	8
8 19	7 18	庚午	9 19	8 19	辛丑	10 19	9 20	辛未	11 18	10 21	辛丑	12 18	11 21	辛未	1 17	12 21	辛未	
8 20	7 19	辛未	9 20	8 20	壬寅	10 20	9 21	壬申	11 19	10 22	壬寅	12 19	11 22	壬申	1 18	12 22	壬申	
8 21	7 20	壬申	9 21	8 21	癸卯	10 21	9 22	癸酉	11 20	10 23	癸卯	12 20	11 23	癸酉	1 19	12 23	癸卯	
8 22	7 21	癸酉	9 22	8 22	甲辰	10 22	9 23	甲戌	11 21	10 24	甲辰	12 21	11 24	甲戌	1 20	12 24	甲辰	
8 23	7 22	甲戌	9 23	8 23	乙巳	10 23	9 24	乙亥	11 22	10 25	乙巳	12 22	11 25	乙亥	1 21	12 25	乙巳	
8 24	7 23	乙亥	9 24	8 24	丙午	10 24	9 25	丙子	11 23	10 26	丙午	12 23	11 26	丙子	1 22	12 26	丙午	羊
8 25	7 24	丙子	9 25	8 25	丁未	10 25	9 26	丁丑	11 24	10 27	丁未	12 24	11 27	丁丑	1 23	12 27	丁未	
8 26	7 25	丁丑	9 26	8 26	戊申	10 26	9 27	戊寅	11 25	10 28	戊申	12 25	11 28	戊寅	1 24	12 28	戊申	
8 27	7 26	戊寅	9 27	8 27	己酉	10 27	9 28	己卯	11 26	10 29	己酉	12 26	11 29	己卯	1 25	12 29	己酉	
8 28	7 27	己卯	9 28	8 28	庚戌	10 28	9 29	庚辰	11 27	10 30	庚戌	12 27	11 30	庚辰	1 26	1 1	庚戌	中
8 29	7 28	庚辰	9 29	8 29	辛亥	10 29	10 1	辛巳	11 28	11 1	辛亥	12 28	12 1	辛巳	1 27	1 2	辛亥	華
8 30	7 29	辛巳	9 30	9 1	壬子	10 30	10 2	壬午	11 29	11 2	壬子	12 29	12 2	壬午	1 28	1 3	壬子	民
8 31	7 30	壬午	10 1	9 2	癸丑	10 31	10 3	癸未	11 30	11 3	癸丑	12 30	12 3	癸未	1 29	1 4	癸丑	國
9 1	8 1	癸未	10 2	9 3	甲寅	11 1	10 4	甲申	12 1	11 4	甲寅	12 31	12 4	甲申	1 30	1 5	甲寅	一
9 2	8 2	甲申	10 3	9 4	乙卯	11 2	10 5	乙酉	12 2	11 5	乙卯	1 1	12 5	乙酉	1 31	1 6	乙卯	百
9 3	8 3	乙酉	10 4	9 5	丙辰	11 3	10 6	丙戌	12 3	11 6	丙辰	1 2	12 6	丙戌	2 1	1 7	丙辰	十
9 4	8 4	丙戌	10 5	9 6	丁巳	11 4	10 7	丁亥	12 4	11 7	丁巳	1 3	12 7	丁亥	2 2	1 8	丁巳	六
9 5	8 5	丁亥	10 6	9 7	戊午	11 5	10 8	戊子	12 5	11 8	戊午	1 4	12 8	戊子	2 3	1 9	戊午	·
9 6	8 6	戊子	10 7	9 8	己未	11 6	10 9	己丑	12 6	11 9	己未	1 5	12 9	己丑				一
9 7	8 7	己丑																百
																		十
																		七
																		年
處暑			秋分			霜降			小雪			冬至			大寒			中氣
8/23 16時13分 申時			9/23 14時1分 未時			10/23 23時32分 子時			11/22 21時15分 亥時			12/22 10時41分 巳時			1/20 21時21分 亥時			

年	戊申																	
月	甲寅			乙卯			丙辰			丁巳			戊午			己未		
節氣	立春			驚蟄			清明			立夏			芒種			小暑		
氣	2/4 15時30分 申時			3/5 9時24分 巳時			4/4 14時2分 未時			5/5 7時11分 辰時			6/5 11時15分 午時			7/6 21時29分 亥時		
日	國曆	農曆	干支	國曆	農曆	干支	國曆	農曆	干支	國曆	農曆	干支	國曆	農曆	干支	國曆	農曆	干支
	2 4	1 10	己未	3 5	2 10	己丑	4 4	3 10	己未	5 5	4 11	庚寅	6 5	5 13	辛酉	7 6	5 14	壬辰
	2 5	1 11	庚申	3 6	2 11	庚寅	4 5	3 11	庚申	5 6	4 12	辛卯	6 6	5 14	壬戌	7 7	5 15	癸巳
	2 6	1 12	辛酉	3 7	2 12	辛卯	4 6	3 12	辛酉	5 7	4 13	壬辰	6 7	5 15	癸亥	7 8	5 16	甲午
	2 7	1 13	壬戌	3 8	2 13	壬辰	4 7	3 13	壬戌	5 8	4 14	癸巳	6 8	5 16	甲子	7 9	5 17	乙未
2	2 8	1 14	癸亥	3 9	2 14	癸巳	4 8	3 14	癸亥	5 9	4 15	甲午	6 9	5 17	乙丑	7 10	5 18	丙申
0	2 9	1 15	甲子	3 10	2 15	甲午	4 9	3 15	甲子	5 10	4 16	乙未	6 10	5 18	丙寅	7 11	5 19	丁酉
2	2 10	1 16	乙丑	3 11	2 16	乙未	4 10	3 16	乙丑	5 11	4 17	丙申	6 11	5 19	丁卯	7 12	5 20	戊戌
8	2 11	1 17	丙寅	3 12	2 17	丙申	4 11	3 17	丙寅	5 12	4 18	丁酉	6 12	5 20	戊辰	7 13	5 21	己亥
	2 12	1 18	丁卯	3 13	2 18	丁酉	4 12	3 18	丁卯	5 13	4 19	戊戌	6 13	5 21	己巳	7 14	5 22	庚子
	2 13	1 19	戊辰	3 14	2 19	戊戌	4 13	3 19	戊辰	5 14	4 20	己亥	6 14	5 22	庚午	7 15	5 23	辛丑
	2 14	1 20	己巳	3 15	2 20	己亥	4 14	3 20	己巳	5 15	4 21	庚子	6 15	5 23	辛未	7 16	5 24	壬寅
	2 15	1 21	庚午	3 16	2 21	庚子	4 15	3 21	庚午	5 16	4 22	辛丑	6 16	5 24	壬申	7 17	5 25	癸卯
	2 16	1 22	辛未	3 17	2 22	辛丑	4 16	3 22	辛未	5 17	4 23	壬寅	6 17	5 25	癸酉	7 18	5 26	甲辰
	2 17	1 23	壬申	3 18	2 23	壬寅	4 17	3 23	壬申	5 18	4 24	癸卯	6 18	5 26	甲戌	7 19	5 27	乙巳
猴	2 18	1 24	癸酉	3 19	2 24	癸卯	4 18	3 24	癸酉	5 19	4 25	甲辰	6 19	5 27	乙亥	7 20	5 28	丙午
	2 19	1 25	甲戌	3 20	2 25	甲辰	4 19	3 25	甲戌	5 20	4 26	乙巳	6 20	5 28	丙子	7 21	5 29	丁未
	2 20	1 26	乙亥	3 21	2 26	乙巳	4 20	3 26	乙亥	5 21	4 27	丙午	6 21	5 29	丁丑	7 22	6 1	戊申
	2 21	1 27	丙子	3 22	2 27	丙午	4 21	3 27	丙子	5 22	4 28	丁未	6 22	5 30	戊寅	7 23	6 2	己酉
	2 22	1 28	丁丑	3 23	2 28	丁未	4 22	3 28	丁丑	5 23	4 29	戊申	6 23	閏5 1	己卯	7 24	6 3	庚戌
	2 23	1 29	戊寅	3 24	2 29	戊申	4 23	3 29	戊寅	5 24	5 1	己酉	6 24	5 2	庚辰	7 25	6 4	辛亥
中	2 24	1 30	己卯	3 25	2 30	己酉	4 24	3 30	己卯	5 25	5 2	庚戌	6 25	5 3	辛巳	7 26	6 5	壬子
華	2 25	2 1	庚辰	3 26	3 1	庚戌	4 25	4 1	庚辰	5 26	5 3	辛亥	6 26	5 4	壬午	7 27	6 6	癸丑
民	2 26	2 2	辛巳	3 27	3 2	辛亥	4 26	4 2	辛巳	5 27	5 4	壬子	6 27	5 5	癸未	7 28	6 7	甲寅
國	2 27	2 3	壬午	3 28	3 3	壬子	4 27	4 3	壬午	5 28	5 5	癸丑	6 28	5 6	甲申	7 29	6 8	乙卯
一	2 28	2 4	癸未	3 29	3 4	癸丑	4 28	4 4	癸未	5 29	5 6	甲寅	6 29	5 7	乙酉	7 30	6 9	丙辰
百	2 29	2 5	甲申	3 30	3 5	甲寅	4 29	4 5	甲申	5 30	5 7	乙卯	6 30	5 8	丙戌	7 31	6 10	丁巳
十	3 1	2 6	乙酉	3 31	3 6	乙卯	4 30	4 6	乙酉	5 31	5 8	丙辰	7 1	5 9	丁亥	8 1	6 11	戊午
七	3 2	2 7	丙戌	4 1	3 7	丙辰	5 1	4 7	丙戌	6 1	5 9	丁巳	7 2	5 10	戊子	8 2	6 12	己未
年	3 3	2 8	丁亥	4 2	3 8	丁巳	5 2	4 8	丁亥	6 2	5 10	戊午	7 3	5 11	己丑	8 3	6 13	庚申
	3 4	2 9	戊子	4 3	3 9	戊午	5 3	4 9	戊子	6 3	5 11	己未	7 4	5 12	庚寅	8 4	6 14	辛酉
							5 4	4 10	己丑	6 4	5 12	庚申	7 5	5 13	辛卯	8 5	6 15	壬戌
																8 6	6 16	癸亥
中氣	雨水			春分			穀雨			小滿			夏至			大暑		
	2/19 11時25分 午時			3/20 10時16分 巳時			4/19 21時9分 亥時			5/20 20時9分 戌時			6/21 4時1分 寅時			7/22 14時53分 未時		

戊申																		年
庚申			辛酉			壬戌			癸亥			甲子			乙丑			月
立秋			白露			寒露			立冬			大雪			小寒			節氣
8/7 7時20分 辰時			9/7 10時21分 巳時			10/8 2時8分 丑時			11/7 5時26分 卯時			12/6 22時24分 亥時			1/5 9時41分 巳時			
國曆	農曆	干支	國曆	農曆	干支	國曆	農曆	干支	國曆	農曆	干支	國曆	農曆	干支	國曆	農曆	干支	日
8 7	6 17	甲子	9 7	7 19	乙未	10 8	8 20	丙寅	11 7	9 21	丙申	12 6	10 21	乙丑	1 5	11 21	乙未	
8 8	6 18	乙丑	9 8	7 20	丙申	10 9	8 21	丁卯	11 8	9 22	丁酉	12 7	10 22	丙寅	1 6	11 22	丙申	
8 9	6 19	丙寅	9 9	7 21	丁酉	10 10	8 22	戊辰	11 9	9 23	戊戌	12 8	10 23	丁卯	1 7	11 23	丁酉	2
8 10	6 20	丁卯	9 10	7 22	戊戌	10 11	8 23	己巳	11 10	9 24	己亥	12 9	10 24	戊辰	1 8	11 24	戊戌	0
8 11	6 21	戊辰	9 11	7 23	己亥	10 12	8 24	庚午	11 11	9 25	庚子	12 10	10 25	己巳	1 9	11 25	己亥	2
8 12	6 22	己巳	9 12	7 24	庚子	10 13	8 25	辛未	11 12	9 26	辛丑	12 11	10 26	庚午	1 10	11 26	庚子	8
8 13	6 23	庚午	9 13	7 25	辛丑	10 14	8 26	壬申	11 13	9 27	壬寅	12 12	10 27	辛未	1 11	11 27	辛丑	·
8 14	6 24	辛未	9 14	7 26	壬寅	10 15	8 27	癸酉	11 14	9 28	癸卯	12 13	10 28	壬申	1 12	11 28	壬寅	2
8 15	6 25	壬申	9 15	7 27	癸卯	10 16	8 28	甲戌	11 15	9 29	甲辰	12 14	10 29	癸酉	1 13	11 29	癸卯	0
8 16	6 26	癸酉	9 16	7 28	甲辰	10 17	8 29	乙亥	11 16	10 1	乙巳	12 15	10 30	甲戌	1 14	11 30	甲辰	2
8 17	6 27	甲戌	9 17	7 29	乙巳	10 18	9 1	丙子	11 17	10 2	丙午	12 16	11 1	乙亥	1 15	12 1	乙巳	9
8 18	6 28	乙亥	9 18	7 30	丙午	10 19	9 2	丁丑	11 18	10 3	丁未	12 17	11 2	丙子	1 16	12 2	丙午	
8 19	6 29	丙子	9 19	8 1	丁未	10 20	9 3	戊寅	11 19	10 4	戊申	12 18	11 3	丁丑	1 17	12 3	丁未	
8 20	7 1	丁丑	9 20	8 2	戊申	10 21	9 4	己卯	11 20	10 5	己酉	12 19	11 4	戊寅	1 18	12 4	戊申	
8 21	7 2	戊寅	9 21	8 3	己酉	10 22	9 5	庚辰	11 21	10 6	庚戌	12 20	11 5	己卯	1 19	12 5	己酉	猴
8 22	7 3	己卯	9 22	8 4	庚戌	10 23	9 6	辛巳	11 22	10 7	辛亥	12 21	11 6	庚辰	1 20	12 6	庚戌	
8 23	7 4	庚辰	9 23	8 5	辛亥	10 24	9 7	壬午	11 23	10 8	壬子	12 22	11 7	辛巳	1 21	12 7	辛亥	
8 24	7 5	辛巳	9 24	8 6	壬子	10 25	9 8	癸未	11 24	10 9	癸丑	12 23	11 8	壬午	1 22	12 8	壬子	
8 25	7 6	壬午	9 25	8 7	癸丑	10 26	9 9	甲申	11 25	10 10	甲寅	12 24	11 9	癸未	1 23	12 9	癸丑	
8 26	7 7	癸未	9 26	8 8	甲寅	10 27	9 10	乙酉	11 26	10 11	乙卯	12 25	11 10	甲申	1 24	12 10	甲寅	中
8 27	7 8	甲申	9 27	8 9	乙卯	10 28	9 11	丙戌	11 27	10 12	丙辰	12 26	11 11	乙酉	1 25	12 11	乙卯	華
8 28	7 9	乙酉	9 28	8 10	丙辰	10 29	9 12	丁亥	11 28	10 13	丁巳	12 27	11 12	丙戌	1 26	12 12	丙辰	民
8 29	7 10	丙戌	9 29	8 11	丁巳	10 30	9 13	戊子	11 29	10 14	戊午	12 28	11 13	丁亥	1 27	12 13	丁巳	國
8 30	7 11	丁亥	9 30	8 12	戊午	10 31	9 14	己丑	11 30	10 15	己未	12 29	11 14	戊子	1 28	12 14	戊午	一
8 31	7 12	戊子	10 1	8 13	己未	11 1	9 15	庚寅	12 1	10 16	庚申	12 30	11 15	己丑	1 29	12 15	己未	百
9 1	7 13	己丑	10 2	8 14	庚申	11 2	9 16	辛卯	12 2	10 17	辛酉	12 31	11 16	庚寅	1 30	12 16	庚申	十
9 2	7 14	庚寅	10 3	8 15	辛酉	11 3	9 17	壬辰	12 3	10 18	壬戌	1 1	11 17	辛卯	1 31	12 17	辛酉	七
9 3	7 15	辛卯	10 4	8 16	壬戌	11 4	9 18	癸巳	12 4	10 19	癸亥	1 2	11 18	壬辰	2 1	12 18	壬戌	·
9 4	7 16	壬辰	10 5	8 17	癸亥	11 5	9 19	甲午	12 5	10 20	甲子	1 3	11 19	癸巳	2 2	12 19	癸亥	一
9 5	7 17	癸巳	10 6	8 18	甲子	11 6	9 20	乙未				1 4	11 20	甲午				百
9 6	7 18	甲午	10 7	8 19	乙丑													十
處暑			秋分			霜降			小雪			冬至			大寒			八
8/22 22時0分 亥時			9/22 19時44分 戌時			10/23 5時12分 卯時			11/22 2時53分 丑時			12/21 16時19分 申時			1/20 3時0分 寅時			年 中氣

年	己酉																
月	丙寅			丁卯			戊辰			己巳			庚午			辛未		
節氣	立春			驚蟄			清明			立夏			芒種			小暑		
	2/3 21時20分 亥時			3/5 15時17分 申時			4/4 19時57分 戌時			5/5 13時7分 未時			6/5 17時9分 酉時			7/7 3時21分 寅時		
日	國曆	農曆	干支	國曆	農曆	干支	國曆	農曆	干支	國曆	農曆	干支	國曆	農曆	干支	國曆	農曆	干支
2029 雞 中華民國一百十八年	2 3	12 20	甲子	3 5	1 21	甲午	4 4	2 21	甲子	5 5	3 22	乙未	6 5	4 24	丙寅	7 7	5 26	戊戌
	2 4	12 21	乙丑	3 6	1 22	乙未	4 5	2 22	乙丑	5 6	3 23	丙申	6 6	4 25	丁卯	7 8	5 27	己亥
	2 5	12 22	丙寅	3 7	1 23	丙申	4 6	2 23	丙寅	5 7	3 24	丁酉	6 7	4 26	戊辰	7 9	5 28	庚子
	2 6	12 23	丁卯	3 8	1 24	丁酉	4 7	2 24	丁卯	5 8	3 25	戊戌	6 8	4 27	己巳	7 10	5 29	辛丑
	2 7	12 24	戊辰	3 9	1 25	戊戌	4 8	2 25	戊辰	5 9	3 26	己亥	6 9	4 28	庚午	7 11	6 1	壬寅
	2 8	12 25	己巳	3 10	1 26	己亥	4 9	2 26	己巳	5 10	3 27	庚子	6 10	4 29	辛未	7 12	6 2	癸卯
	2 9	12 26	庚午	3 11	1 27	庚子	4 10	2 27	庚午	5 11	3 28	辛丑	6 11	4 30	壬申	7 13	6 3	甲辰
	2 10	12 27	辛未	3 12	1 28	辛丑	4 11	2 28	辛未	5 12	3 29	壬寅	6 12	5 1	癸酉	7 14	6 4	乙巳
	2 11	12 28	壬申	3 13	1 29	壬寅	4 12	2 29	壬申	5 13	4 1	癸卯	6 13	5 2	甲戌	7 15	6 5	丙午
	2 12	12 29	癸酉	3 14	1 30	癸卯	4 13	2 30	癸酉	5 14	4 2	甲辰	6 14	5 3	乙亥	7 16	6 6	丁未
	2 13	1 1	甲戌	3 15	2 1	甲辰	4 14	3 1	甲戌	5 15	4 3	乙巳	6 15	5 4	丙子	7 17	6 7	戊申
	2 14	1 2	乙亥	3 16	2 2	乙巳	4 15	3 2	乙亥	5 16	4 4	丙午	6 16	5 5	丁丑	7 18	6 8	己酉
	2 15	1 3	丙子	3 17	2 3	丙午	4 16	3 3	丙子	5 17	4 5	丁未	6 17	5 6	戊寅	7 19	6 9	庚戌
	2 16	1 4	丁丑	3 18	2 4	丁未	4 17	3 4	丁丑	5 18	4 6	戊申	6 18	5 7	己卯	7 20	6 10	辛亥
	2 17	1 5	戊寅	3 19	2 5	戊申	4 18	3 5	戊寅	5 19	4 7	己酉	6 19	5 8	庚辰	7 21	6 11	壬子
	2 18	1 6	己卯	3 20	2 6	己酉	4 19	3 6	己卯	5 20	4 8	庚戌	6 20	5 9	辛巳	7 22	6 12	癸丑
	2 19	1 7	庚辰	3 21	2 7	庚戌	4 20	3 7	庚辰	5 21	4 9	辛亥	6 21	5 10	壬午	7 23	6 13	甲寅
	2 20	1 8	辛巳	3 22	2 8	辛亥	4 21	3 8	辛巳	5 22	4 10	壬子	6 22	5 11	癸未	7 24	6 14	乙卯
	2 21	1 9	壬午	3 23	2 9	壬子	4 22	3 9	壬午	5 23	4 11	癸丑	6 23	5 12	甲申	7 25	6 15	丙辰
	2 22	1 10	癸未	3 24	2 10	癸丑	4 23	3 10	癸未	5 24	4 12	甲寅	6 24	5 13	乙酉	7 26	6 16	丁巳
	2 23	1 11	甲申	3 25	2 11	甲寅	4 24	3 11	甲申	5 25	4 13	乙卯	6 25	5 14	丙戌	7 27	6 17	戊午
	2 24	1 12	乙酉	3 26	2 12	乙卯	4 25	3 12	乙酉	5 26	4 14	丙辰	6 26	5 15	丁亥	7 28	6 18	己未
	2 25	1 13	丙戌	3 27	2 13	丙辰	4 26	3 13	丙戌	5 27	4 15	丁巳	6 27	5 16	戊子	7 29	6 19	庚申
	2 26	1 14	丁亥	3 28	2 14	丁巳	4 27	3 14	丁亥	5 28	4 16	戊午	6 28	5 17	己丑	7 30	6 20	辛酉
	2 27	1 15	戊子	3 29	2 15	戊午	4 28	3 15	戊子	5 29	4 17	己未	6 29	5 18	庚寅	7 31	6 21	壬戌
	2 28	1 16	己丑	3 30	2 16	己未	4 29	3 16	己丑	5 30	4 18	庚申	6 30	5 19	辛卯	8 1	6 22	癸亥
	3 1	1 17	庚寅	3 31	2 17	庚申	4 30	3 17	庚寅	5 31	4 19	辛酉	7 1	5 20	壬辰	8 2	6 23	甲子
	3 2	1 18	辛卯	4 1	2 18	辛酉	5 1	3 18	辛卯	6 1	4 20	壬戌	7 2	5 21	癸巳	8 3	6 24	乙丑
	3 3	1 19	壬辰	4 2	2 19	壬戌	5 2	3 19	壬辰	6 2	4 21	癸亥	7 3	5 22	甲午	8 4	6 25	丙寅
	3 4	1 20	癸巳	4 3	2 20	癸亥	5 3	3 20	癸巳	6 3	4 22	甲子	7 4	5 23	乙未	8 5	6 26	丁卯
							5 4	3 21	甲午	6 4	4 23	乙丑	7 5	5 24	丙申	8 6	6 27	戊辰
													7 6	5 25	丁酉			
中氣	雨水			春分			穀雨			小滿			夏至			大暑		
	2/18 17時7分 酉時			3/20 16時1分 申時			4/20 2時55分 丑時			5/21 1時55分 丑時			6/21 9時47分 巳時			7/22 20時41分 戌時		

己酉																		年
壬申			癸酉			甲戌			乙亥			丙子			丁丑			月
立秋			白露			寒露			立冬			大雪			小寒			節氣
8/7 13時11分 未時			9/7 16時11分 申時			10/8 7時57分 辰時			11/7 11時16分 午時			12/7 4時13分 寅時			1/5 15時30分 申時			
國曆	農曆	干支	國曆	農曆	干支	國曆	農曆	干支	國曆	農曆	干支	國曆	農曆	干支	國曆	農曆	干支	日
8 7	6 28	己巳	9 7	7 29	庚子	10 8	9 1	辛未	11 7	10 2	辛丑	12 7	11 3	辛未	1 5	12 2	庚子	
8 8	6 29	庚午	9 8	8 1	辛丑	10 9	9 2	壬申	11 8	10 3	壬寅	12 8	11 4	壬申	1 6	12 3	辛丑	
8 9	6 30	辛未	9 9	8 2	壬寅	10 10	9 3	癸酉	11 9	10 4	癸卯	12 9	11 5	癸酉	1 7	12 4	壬寅	
8 10	7 1	壬申	9 10	8 3	癸卯	10 11	9 4	甲戌	11 10	10 5	甲辰	12 10	11 6	甲戌	1 8	12 5	癸卯	2
8 11	7 2	癸酉	9 11	8 4	甲辰	10 12	9 5	乙亥	11 11	10 6	乙巳	12 11	11 7	乙亥	1 9	12 6	甲辰	0
8 12	7 3	甲戌	9 12	8 5	乙巳	10 13	9 6	丙子	11 12	10 7	丙午	12 12	11 8	丙子	1 10	12 7	乙巳	2
8 13	7 4	乙亥	9 13	8 6	丙午	10 14	9 7	丁丑	11 13	10 8	丁未	12 13	11 9	丁丑	1 11	12 8	丙午	9
8 14	7 5	丙子	9 14	8 7	丁未	10 15	9 8	戊寅	11 14	10 9	戊申	12 14	11 10	戊寅	1 12	12 9	丁未	·
8 15	7 6	丁丑	9 15	8 8	戊申	10 16	9 9	己卯	11 15	10 10	己酉	12 15	11 11	己卯	1 13	12 10	戊申	2
8 16	7 7	戊寅	9 16	8 9	己酉	10 17	9 10	庚辰	11 16	10 11	庚戌	12 16	11 12	庚辰	1 14	12 11	己酉	0
8 17	7 8	己卯	9 17	8 10	庚戌	10 18	9 11	辛巳	11 17	10 12	辛亥	12 17	11 13	辛巳	1 15	12 12	庚戌	3
8 18	7 9	庚辰	9 18	8 11	辛亥	10 19	9 12	壬午	11 18	10 13	壬子	12 18	11 14	壬午	1 16	12 13	辛亥	0
8 19	7 10	辛巳	9 19	8 12	壬子	10 20	9 13	癸未	11 19	10 14	癸丑	12 19	11 15	癸未	1 17	12 14	壬子	
8 20	7 11	壬午	9 20	8 13	癸丑	10 21	9 14	甲申	11 20	10 15	甲寅	12 20	11 16	甲申	1 18	12 15	癸丑	
8 21	7 12	癸未	9 21	8 14	甲寅	10 22	9 15	乙酉	11 21	10 16	乙卯	12 21	11 17	乙酉	1 19	12 16	甲寅	
8 22	7 13	甲申	9 22	8 15	乙卯	10 23	9 16	丙戌	11 22	10 17	丙辰	12 22	11 18	丙戌	1 20	12 17	乙卯	
8 23	7 14	乙酉	9 23	8 16	丙辰	10 24	9 17	丁亥	11 23	10 18	丁巳	12 23	11 19	丁亥	1 21	12 18	丙辰	
8 24	7 15	丙戌	9 24	8 17	丁巳	10 25	9 18	戊子	11 24	10 19	戊午	12 24	11 20	戊子	1 22	12 19	丁巳	雞
8 25	7 16	丁亥	9 25	8 18	戊午	10 26	9 19	己丑	11 25	10 20	己未	12 25	11 21	己丑	1 23	12 20	戊午	
8 26	7 17	戊子	9 26	8 19	己未	10 27	9 20	庚寅	11 26	10 21	庚申	12 26	11 22	庚寅	1 24	12 21	己未	
8 27	7 18	己丑	9 27	8 20	庚申	10 28	9 21	辛卯	11 27	10 22	辛酉	12 27	11 23	辛卯	1 25	12 22	庚申	
8 28	7 19	庚寅	9 28	8 21	辛酉	10 29	9 22	壬辰	11 28	10 23	壬戌	12 28	11 24	壬辰	1 26	12 23	辛酉	
8 29	7 20	辛卯	9 29	8 22	壬戌	10 30	9 23	癸巳	11 29	10 24	癸亥	12 29	11 25	癸巳	1 27	12 24	壬戌	中
8 30	7 21	壬辰	9 30	8 23	癸亥	10 31	9 24	甲午	11 30	10 25	甲子	12 30	11 26	甲午	1 28	12 25	癸亥	華
8 31	7 22	癸巳	10 1	8 24	甲子	11 1	9 25	乙未	12 1	10 26	乙丑	12 31	11 27	乙未	1 29	12 26	甲子	民
9 1	7 23	甲午	10 2	8 25	乙丑	11 2	9 26	丙申	12 2	10 27	丙寅	1 1	11 28	丙申	1 30	12 27	乙丑	國
9 2	7 24	乙未	10 3	8 26	丙寅	11 3	9 27	丁酉	12 3	10 28	丁卯	1 2	11 29	丁酉	1 31	12 28	丙寅	一
9 3	7 25	丙申	10 4	8 27	丁卯	11 4	9 28	戊戌	12 4	10 29	戊辰	1 3	11 30	戊戌	2 1	12 29	丁卯	百
9 4	7 26	丁酉	10 5	8 28	戊辰	11 5	9 29	己亥	12 5	11 1	己巳	1 4	12 1	己亥	2 2	12 30	戊辰	十八·一百十九年
9 5	7 27	戊戌	10 6	8 29	己巳	11 6	10 1	庚子	12 6	11 2	庚午				2 3	1 1	己巳	
9 6	7 28	己亥	10 7	8 30	庚午													
處暑			秋分			霜降			小雪			冬至			大寒			中氣
8/23 3時51分 寅時			9/23 1時38分 丑時			10/23 11時7分 午時			11/22 8時48分 辰時			12/21 22時13分 亥時			1/20 8時53分 辰時			

年	庚戌																						
月	戊寅			己卯			庚辰			辛巳			壬午			癸未		
節氣	立春			驚蟄			清明			立夏			芒種			小暑		
	2/4 3時7分 寅時			3/5 21時2分 亥時			4/5 1時40分 丑時			5/5 18時45分 酉時			6/5 22時44分 亥時			7/7 8時54分 辰時		
日	國曆	農曆	干支	國曆	農曆	干支	國曆	農曆	干支	國曆	農曆	干支	國曆	農曆	干支	國曆	農曆	干支
	2 4	1 2	庚午	3 5	2 2	己亥	4 5	3 3	庚午	5 5	4 4	庚子	6 5	5 5	辛未	7 7	6 7	癸卯
	2 5	1 3	辛未	3 6	2 3	庚子	4 6	3 4	辛未	5 6	4 5	辛丑	6 6	5 6	壬申	7 8	6 8	甲辰
	2 6	1 4	壬申	3 7	2 4	辛丑	4 7	3 5	壬申	5 7	4 6	壬寅	6 7	5 7	癸酉	7 9	6 9	乙巳
	2 7	1 5	癸酉	3 8	2 5	壬寅	4 8	3 6	癸酉	5 8	4 7	癸卯	6 8	5 8	甲戌	7 10	6 10	丙午
2	2 8	1 6	甲戌	3 9	2 6	癸卯	4 9	3 7	甲戌	5 9	4 8	甲辰	6 9	5 9	乙亥	7 11	6 11	丁未
0	2 9	1 7	乙亥	3 10	2 7	甲辰	4 10	3 8	乙亥	5 10	4 9	乙巳	6 10	5 10	丙子	7 12	6 12	戊申
3	2 10	1 8	丙子	3 11	2 8	乙巳	4 11	3 9	丙子	5 11	4 10	丙午	6 11	5 11	丁丑	7 13	6 13	己酉
0	2 11	1 9	丁丑	3 12	2 9	丙午	4 12	3 10	丁丑	5 12	4 11	丁未	6 12	5 12	戊寅	7 14	6 14	庚戌
	2 12	1 10	戊寅	3 13	2 10	丁未	4 13	3 11	戊寅	5 13	4 12	戊申	6 13	5 13	己卯	7 15	6 15	辛亥
	2 13	1 11	己卯	3 14	2 11	戊申	4 14	3 12	己卯	5 14	4 13	己酉	6 14	5 14	庚辰	7 16	6 16	壬子
	2 14	1 12	庚辰	3 15	2 12	己酉	4 15	3 13	庚辰	5 15	4 14	庚戌	6 15	5 15	辛巳	7 17	6 17	癸丑
	2 15	1 13	辛巳	3 16	2 13	庚戌	4 16	3 14	辛巳	5 16	4 15	辛亥	6 16	5 16	壬午	7 18	6 18	甲寅
	2 16	1 14	壬午	3 17	2 14	辛亥	4 17	3 15	壬午	5 17	4 16	壬子	6 17	5 17	癸未	7 19	6 19	乙卯
	2 17	1 15	癸未	3 18	2 15	壬子	4 18	3 16	癸未	5 18	4 17	癸丑	6 18	5 18	甲申	7 20	6 20	丙辰
狗	2 18	1 16	甲申	3 19	2 16	癸丑	4 19	3 17	甲申	5 19	4 18	甲寅	6 19	5 19	乙酉	7 21	6 21	丁巳
	2 19	1 17	乙酉	3 20	2 17	甲寅	4 20	3 18	乙酉	5 20	4 19	乙卯	6 20	5 20	丙戌	7 22	6 22	戊午
	2 20	1 18	丙戌	3 21	2 18	乙卯	4 21	3 19	丙戌	5 21	4 20	丙辰	6 21	5 21	丁亥	7 23	6 23	己未
	2 21	1 19	丁亥	3 22	2 19	丙辰	4 22	3 20	丁亥	5 22	4 21	丁巳	6 22	5 22	戊子	7 24	6 24	庚申
	2 22	1 20	戊子	3 23	2 20	丁巳	4 23	3 21	戊子	5 23	4 22	戊午	6 23	5 23	己丑	7 25	6 25	辛酉
	2 23	1 21	己丑	3 24	2 21	戊午	4 24	3 22	己丑	5 24	4 23	己未	6 24	5 24	庚寅	7 26	6 26	壬戌
	2 24	1 22	庚寅	3 25	2 22	己未	4 25	3 23	庚寅	5 25	4 24	庚申	6 25	5 25	辛卯	7 27	6 27	癸亥
中	2 25	1 23	辛卯	3 26	2 23	庚申	4 26	3 24	辛卯	5 26	4 25	辛酉	6 26	5 26	壬辰	7 28	6 28	甲子
華	2 26	1 24	壬辰	3 27	2 24	辛酉	4 27	3 25	壬辰	5 27	4 26	壬戌	6 27	5 27	癸巳	7 29	6 29	乙丑
民	2 27	1 25	癸巳	3 28	2 25	壬戌	4 28	3 26	癸巳	5 28	4 27	癸亥	6 28	5 28	甲午	7 30	7 1	丙寅
國	2 28	1 26	甲午	3 29	2 26	癸亥	4 29	3 27	甲午	5 29	4 28	甲子	6 29	5 29	乙未	7 31	7 2	丁卯
一	3 1	1 27	乙未	3 30	2 27	甲子	4 30	3 28	乙未	5 30	4 29	乙丑	6 30	5 30	丙申	8 1	7 3	戊辰
百	3 2	1 28	丙申	3 31	2 28	乙丑	5 1	3 29	丙申	5 31	4 30	丙寅	7 1	6 1	丁酉	8 2	7 4	己巳
十	3 3	1 29	丁酉	4 1	2 29	丙寅	5 2	4 1	丁酉	6 1	5 1	丁卯	7 2	6 2	戊戌	8 3	7 5	庚午
九	3 4	2 1	戊戌	4 2	2 30	丁卯	5 3	4 2	戊戌	6 2	5 2	戊辰	7 3	6 3	己亥	8 4	7 6	辛未
年				4 3	3 1	戊辰	5 4	4 3	己亥	6 3	5 3	己巳	7 4	6 4	庚子	8 5	7 7	壬申
				4 4	3 2	己巳				6 4	5 4	庚午	7 5	6 5	辛丑	8 6	7 8	癸酉
													7 6	6 6	壬寅			
中氣	雨水			春分			穀雨			小滿			夏至			大暑		
	2/18 22時59分 亥時			3/20 21時51分 亥時			4/20 8時43分 辰時			5/21 7時40分 辰時			6/21 15時30分 申時			7/23 2時24分 丑時		

庚戌																								年
甲申			乙酉			丙戌			丁亥			戊子			己丑										月
立秋			白露			寒露			立冬			大雪			小寒										節氣
8/7 18時46分 酉時			9/7 21時52分 亥時			10/8 13時44分 未時			11/7 17時8分 酉時			12/7 10時7分 巳時			1/5 21時22分 亥時									
國曆	農曆	干支	國曆	農曆	干支	國曆	農曆	干支	國曆	農曆	干支	國曆	農曆	干支	國曆	農曆	干支							日
8 7	7 9	甲戌	9 7	8 10	乙巳	10 8	9 12	丙子	11 7	10 12	丙午	12 7	11 13	丙子	1 5	12 12	乙巳							
8 8	7 10	乙亥	9 8	8 11	丙午	10 9	9 13	丁丑	11 8	10 13	丁未	12 8	11 14	丁丑	1 6	12 13	丙午							
8 9	7 11	丙子	9 9	8 12	丁未	10 10	9 14	戊寅	11 9	10 14	戊申	12 9	11 15	戊寅	1 7	12 14	丁未							
8 10	7 12	丁丑	9 10	8 13	戊申	10 11	9 15	己卯	11 10	10 15	己酉	12 10	11 16	己卯	1 8	12 15	戊申							
8 11	7 13	戊寅	9 11	8 14	己酉	10 12	9 16	庚辰	11 11	10 16	庚戌	12 11	11 17	庚辰	1 9	12 16	己酉							
8 12	7 14	己卯	9 12	8 15	庚戌	10 13	9 17	辛巳	11 12	10 17	辛亥	12 12	11 18	辛巳	1 10	12 17	庚戌							
8 13	7 15	庚辰	9 13	8 16	辛亥	10 14	9 18	壬午	11 13	10 18	壬子	12 13	11 19	壬午	1 11	12 18	辛亥							
8 14	7 16	辛巳	9 14	8 17	壬子	10 15	9 19	癸未	11 14	10 19	癸丑	12 14	11 20	癸未	1 12	12 19	壬子							
8 15	7 17	壬午	9 15	8 18	癸丑	10 16	9 20	甲申	11 15	10 20	甲寅	12 15	11 21	甲申	1 13	12 20	癸丑							
8 16	7 18	癸未	9 16	8 19	甲寅	10 17	9 21	乙酉	11 16	10 21	乙卯	12 16	11 22	乙酉	1 14	12 21	甲寅							
8 17	7 19	甲申	9 17	8 20	乙卯	10 18	9 22	丙戌	11 17	10 22	丙辰	12 17	11 23	丙戌	1 15	12 22	乙卯							
8 18	7 20	乙酉	9 18	8 21	丙辰	10 19	9 23	丁亥	11 18	10 23	丁巳	12 18	11 24	丁亥	1 16	12 23	丙辰							
8 19	7 21	丙戌	9 19	8 22	丁巳	10 20	9 24	戊子	11 19	10 24	戊午	12 19	11 25	戊子	1 17	12 24	丁巳							
8 20	7 22	丁亥	9 20	8 23	戊午	10 21	9 25	己丑	11 20	10 25	己未	12 20	11 26	己丑	1 18	12 25	戊午							
8 21	7 23	戊子	9 21	8 24	己未	10 22	9 26	庚寅	11 21	10 26	庚申	12 21	11 27	庚寅	1 19	12 26	己未							狗
8 22	7 24	己丑	9 22	8 25	庚申	10 23	9 27	辛卯	11 22	10 27	辛酉	12 22	11 28	辛卯	1 20	12 27	庚申							
8 23	7 25	庚寅	9 23	8 26	辛酉	10 24	9 28	壬辰	11 23	10 28	壬戌	12 23	11 29	壬辰	1 21	12 28	辛酉							
8 24	7 26	辛卯	9 24	8 27	壬戌	10 25	9 29	癸巳	11 24	10 29	癸亥	12 24	11 30	癸巳										
8 25	7 27	壬辰	9 25	8 28	癸亥	10 26	9 30	甲午	11 25	11 1	甲子	12 25	12 1	甲午	1 23	1 1	癸亥							
8 26	7 28	癸巳	9 26	8 29	甲子	10 27	10 1	乙未	11 26	11 2	乙丑	12 26	12 2	乙未	1 24	1 2	甲子							中
8 27	7 29	甲午	9 27	9 1	乙丑	10 28	10 2	丙申	11 27	11 3	丙寅	12 27	12 3	丙申	1 25	1 3	乙丑							華
8 28	7 30	乙未	9 28	9 2	丙寅	10 29	10 3	丁酉	11 28	11 4	丁卯	12 28	12 4	丁酉	1 26	1 4	丙寅							民
8 29	8 1	丙申	9 29	9 3	丁卯	10 30	10 4	戊戌	11 29	11 5	戊辰	12 29	12 5	戊戌	1 27	1 5	丁卯							國
8 30	8 2	丁酉	9 30	9 4	戊辰	10 31	10 5	己亥	11 30	11 6	己巳	12 30	12 6	己亥	1 28	1 6	戊辰							一
8 31	8 3	戊戌	10 1	9 5	己巳	11 1	10 6	庚子	12 1	11 7	庚午	12 31	12 7	庚子	1 29	1 7	己巳							百
9 1	8 4	己亥	10 2	9 6	庚午	11 2	10 7	辛丑	12 2	11 8	辛未	1 1	12 8	辛丑	1 30	1 8	庚午							十
9 2	8 5	庚子	10 3	9 7	辛未	11 3	10 8	壬寅	12 3	11 9	壬申	1 2	12 9	壬寅	1 31	1 9	辛未							九
9 3	8 6	辛丑	10 4	9 8	壬申	11 4	10 9	癸卯	12 4	11 10	癸酉	1 3	12 10	癸卯	2 1	1 10	壬申							·
9 4	8 7	壬寅	10 5	9 9	癸酉	11 5	10 10	甲辰	12 5	11 11	甲戌	1 4	12 11	甲辰	2 2	1 11	癸酉							一
9 5	8 8	癸卯	10 6	9 10	甲戌	11 6	10 11	乙巳	12 6	11 12	乙亥				2 3	1 12	甲戌							百
9 6	8 9	甲辰	10 7	9 11	乙亥																			二
處暑			秋分			霜降			小雪			冬至			大寒									十 年
8/23 9時35分 巳時			9/23 7時26分 辰時			10/23 17時0分 酉時			11/22 14時44分 未時			12/22 4時9分 寅時			1/20 14時47分 未時									中氣

2030·2031

年																		
	辛亥																	
月	庚寅			辛卯			壬辰			癸巳			甲午			乙未		
節氣	立春			驚蟄			清明			立夏			芒種			小暑		
	2/4 8時57分 辰時			3/6 2時50分 丑時			4/5 7時27分 辰時			5/6 0時34分 子時			6/6 4時35分 寅時			7/7 14時48分 未時		
日	國曆	農曆	干支	國曆	農曆	干支	國曆	農曆	干支	國曆	農曆	干支	國曆	農曆	干支	國曆	農曆	干支
	2 4	1 13	乙亥	3 6	2 14	乙巳	4 5	3 14	乙亥	5 6	3 15	丙午	6 6	4 17	丁丑	7 7	5 18	戊申
	2 5	1 14	丙子	3 7	2 15	丙午	4 6	3 15	丙子	5 7	3 16	丁未	6 7	4 18	戊寅	7 8	5 19	己酉
	2 6	1 15	丁丑	3 8	2 16	丁未	4 7	3 16	丁丑	5 8	3 17	戊申	6 8	4 19	己卯	7 9	5 20	庚戌
	2 7	1 16	戊寅	3 9	2 17	戊申	4 8	3 17	戊寅	5 9	3 18	己酉	6 9	4 20	庚辰	7 10	5 21	辛亥
2	2 8	1 17	己卯	3 10	2 18	己酉	4 9	3 18	己卯	5 10	3 19	庚戌	6 10	4 21	辛巳	7 11	5 22	壬子
0	2 9	1 18	庚辰	3 11	2 19	庚戌	4 10	3 19	庚辰	5 11	3 20	辛亥	6 11	4 22	壬午	7 12	5 23	癸丑
3	2 10	1 19	辛巳	3 12	2 20	辛亥	4 11	3 20	辛巳	5 12	3 21	壬子	6 12	4 23	癸未	7 13	5 24	甲寅
1	2 11	1 20	壬午	3 13	2 21	壬子	4 12	3 21	壬午	5 13	3 22	癸丑	6 13	4 24	甲申	7 14	5 25	乙卯
	2 12	1 21	癸未	3 14	2 22	癸丑	4 13	3 22	癸未	5 14	3 23	甲寅	6 14	4 25	乙酉	7 15	5 26	丙辰
	2 13	1 22	甲申	3 15	2 23	甲寅	4 14	3 23	甲申	5 15	3 24	乙卯	6 15	4 26	丙戌	7 16	5 27	丁巳
	2 14	1 23	乙酉	3 16	2 24	乙卯	4 15	3 24	乙酉	5 16	3 25	丙辰	6 16	4 27	丁亥	7 17	5 28	戊午
	2 15	1 24	丙戌	3 17	2 25	丙辰	4 16	3 25	丙戌	5 17	3 26	丁巳	6 17	4 28	戊子	7 18	5 29	己未
	2 16	1 25	丁亥	3 18	2 26	丁巳	4 17	3 26	丁亥	5 18	3 27	戊午	6 18	4 29	己丑	7 19	6 1	庚申
	2 17	1 26	戊子	3 19	2 27	戊午	4 18	3 27	戊子	5 19	3 28	己未	6 19	4 30	庚寅	7 20	6 2	辛酉
豬	2 18	1 27	己丑	3 20	2 28	己未	4 19	3 28	己丑	5 20	3 29	庚申	6 20	5 1	辛卯	7 21	6 3	壬戌
	2 19	1 28	庚寅	3 21	2 29	庚申	4 20	3 29	庚寅	5 21	4 1	辛酉	6 21	5 2	壬辰	7 22	6 4	癸亥
	2 20	1 29	辛卯	3 22	2 30	辛酉	4 21	3 30	辛卯	5 22	4 2	壬戌	6 22	5 3	癸巳	7 23	6 5	甲子
	2 21	2 1	壬辰	3 23	3 1	壬戌	4 22	閏3 1	壬辰	5 23	4 3	癸亥	6 23	5 4	甲午	7 24	6 6	乙丑
	2 22	2 2	癸巳	3 24	3 2	癸亥	4 23	3 2	癸巳	5 24	4 4	甲子	6 24	5 5	乙未	7 25	6 7	丙寅
	2 23	2 3	甲午	3 25	3 3	甲子	4 24	3 3	甲午	5 25	4 5	乙丑	6 25	5 6	丙申	7 26	6 8	丁卯
中	2 24	2 4	乙未	3 26	3 4	乙丑	4 25	3 4	乙未	5 26	4 6	丙寅	6 26	5 7	丁酉	7 27	6 9	戊辰
華	2 25	2 5	丙申	3 27	3 5	丙寅	4 26	3 5	丙申	5 27	4 7	丁卯	6 27	5 8	戊戌	7 28	6 10	己巳
民	2 26	2 6	丁酉	3 28	3 6	丁卯	4 27	3 6	丁酉	5 28	4 8	戊辰	6 28	5 9	己亥	7 29	6 11	庚午
國	2 27	2 7	戊戌	3 29	3 7	戊辰	4 28	3 7	戊戌	5 29	4 9	己巳	6 29	5 10	庚子	7 30	6 12	辛未
一	2 28	2 8	己亥	3 30	3 8	己巳	4 29	3 8	己亥	5 30	4 10	庚午	6 30	5 11	辛丑	7 31	6 13	壬申
百	3 1	2 9	庚子	3 31	3 9	庚午	4 30	3 9	庚子	5 31	4 11	辛未	7 1	5 12	壬寅	8 1	6 14	癸酉
二	3 2	2 10	辛丑	4 1	3 10	辛未	5 1	3 10	辛丑	6 1	4 12	壬申	7 2	5 13	癸卯	8 2	6 15	甲戌
十	3 3	2 11	壬寅	4 2	3 11	壬申	5 2	3 11	壬寅	6 2	4 13	癸酉	7 3	5 14	甲辰	8 3	6 16	乙亥
年	3 4	2 12	癸卯	4 3	3 12	癸酉	5 3	3 12	癸卯	6 3	4 14	甲戌	7 4	5 15	乙巳	8 4	6 17	丙子
	3 5	2 13	甲辰	4 4	3 13	甲戌	5 4	3 13	甲辰	6 4	4 15	乙亥	7 5	5 16	丙午	8 5	6 18	丁丑
							5 5	3 14	乙巳	6 5	4 16	丙子	7 6	5 17	丁未	8 6	6 19	戊寅
																8 7	6 20	己卯
中	雨水			春分			穀雨			小滿			夏至			大暑		
氣	2/19 4時50分 寅時			3/21 3時40分 寅時			4/20 14時30分 未時			5/21 13時27分 未時			6/21 21時16分 亥時			7/23 8時9分 辰時		

辛亥																														年
丙申					丁酉					戊戌					己亥					庚子					辛丑					月
立秋					白露					寒露					立冬					大雪					小寒					節氣
8/8 0時42分 子時					9/8 3時49分 寅時					10/8 19時42分 戌時					11/7 23時5分 子時					12/7 16時2分 申時					1/6 3時15分 寅時					
國曆		農曆		干支	國曆		農曆		干支	國曆		農曆		干支	國曆		農曆		干支	國曆		農曆		干支	國曆		農曆		干支	日
8	8	6	21	庚辰	9	8	7	22	辛亥	10	8	8	22	辛巳	11	7	9	23	辛亥	12	7	10	23	辛巳	1	6	11	24	辛亥	
8	9	6	22	辛巳	9	9	7	23	壬子	10	9	8	23	壬午	11	8	9	24	壬子	12	8	10	24	壬午	1	7	11	25	壬子	
8	10	6	23	壬午	9	10	7	24	癸丑	10	10	8	24	癸未	11	9	9	25	癸丑	12	9	10	25	癸未	1	8	11	26	癸丑	
8	11	6	24	癸未	9	11	7	25	甲寅	10	11	8	25	甲申	11	10	9	26	甲寅	12	10	10	26	甲申	1	9	11	27	甲寅	
8	12	6	25	甲申	9	12	7	26	乙卯	10	12	8	26	乙酉	11	11	9	27	乙卯	12	11	10	27	乙酉	1	10	11	28	乙卯	
8	13	6	26	乙酉	9	13	7	27	丙辰	10	13	8	27	丙戌	11	12	9	28	丙辰	12	12	10	28	丙戌	1	11	11	29	丙辰	2
8	14	6	27	丙戌	9	14	7	28	丁巳	10	14	8	28	丁亥	11	13	9	29	丁巳	12	13	10	29	丁亥	1	12	11	30	丁巳	0
8	15	6	28	丁亥	9	15	7	29	戊午	10	15	8	29	戊子	11	14	9	30	戊午	12	14	11	1	戊子	1	13	12	1	戊午	3
8	16	6	29	戊子	9	16	7	30	己未	10	16	9	1	己丑	11	15	10	1	己未	12	15	11	2	己丑	1	14	12	2	己未	1
8	17	6	30	己丑	9	17	8	1	庚申	10	17	9	2	庚寅	11	16	10	2	庚申	12	16	11	3	庚寅	1	15	12	3	庚申	·
8	18	7	1	庚寅	9	18	8	2	辛酉	10	18	9	3	辛卯	11	17	10	3	辛酉	12	17	11	4	辛卯	1	16	12	4	辛酉	2
8	19	7	2	辛卯	9	19	8	3	壬戌	10	19	9	4	壬辰	11	18	10	4	壬戌	12	18	11	5	壬辰	1	17	12	5	壬戌	0
8	20	7	3	壬辰	9	20	8	4	癸亥	10	20	9	5	癸巳	11	19	10	5	癸亥	12	19	11	6	癸巳	1	18	12	6	癸亥	3
8	21	7	4	癸巳	9	21	8	5	甲子	10	21	9	6	甲午	11	20	10	6	甲子	12	20	11	7	甲午	1	19	12	7	甲子	2
8	22	7	5	甲午	9	22	8	6	乙丑	10	22	9	7	乙未	11	21	10	7	乙丑	12	21	11	8	乙未	1	20	12	8	乙丑	
8	23	7	6	乙未	9	23	8	7	丙寅	10	23	9	8	丙申	11	22	10	8	丙寅	12	22	11	9	丙申	1	21	12	9	丙寅	
8	24	7	7	丙申	9	24	8	8	丁卯	10	24	9	9	丁酉	11	23	10	9	丁卯	12	23	11	10	丁酉	1	22	12	10	丁卯	
8	25	7	8	丁酉	9	25	8	9	戊辰	10	25	9	10	戊戌	11	24	10	10	戊辰	12	24	11	11	戊戌	1	23	12	11	戊辰	
8	26	7	9	戊戌	9	26	8	10	己巳	10	26	9	11	己亥	11	25	10	11	己巳	12	25	11	12	己亥	1	24	12	12	己巳	豬
8	27	7	10	己亥	9	27	8	11	庚午	10	27	9	12	庚子	11	26	10	12	庚午	12	26	11	13	庚子	1	25	12	13	庚午	
8	28	7	11	庚子	9	28	8	12	辛未	10	28	9	13	辛丑	11	27	10	13	辛未	12	27	11	14	辛丑	1	26	12	14	辛未	
8	29	7	12	辛丑	9	29	8	13	壬申	10	29	9	14	壬寅	11	28	10	14	壬申	12	28	11	15	壬寅	1	27	12	15	壬申	
8	30	7	13	壬寅	9	30	8	14	癸酉	10	30	9	15	癸卯	11	29	10	15	癸酉	12	29	11	16	癸卯	1	28	12	16	癸酉	中
8	31	7	14	癸卯	10	1	8	15	甲戌	10	31	9	16	甲辰	11	30	10	16	甲戌	12	30	11	17	甲辰	1	29	12	17	甲戌	華
9	1	7	15	甲辰	10	2	8	16	乙亥	11	1	9	17	乙巳	12	1	10	17	乙亥	12	31	11	18	乙巳	1	30	12	18	乙亥	民
9	2	7	16	乙巳	10	3	8	17	丙子	11	2	9	18	丙午	12	2	10	18	丙子	1	1	11	19	丙午	1	31	12	19	丙子	國
9	3	7	17	丙午	10	4	8	18	丁丑	11	3	9	19	丁未	12	3	10	19	丁丑	1	2	11	20	丁未	2	1	12	20	丁丑	一
9	4	7	18	丁未	10	5	8	19	戊寅	11	4	9	20	戊申	12	4	10	20	戊寅	1	3	11	21	戊申	2	2	12	21	戊寅	百
9	5	7	19	戊申	10	6	8	20	己卯	11	5	9	21	己酉	12	5	10	21	己卯	1	4	11	22	己酉	2	3	12	22	己卯	二
9	6	7	20	己酉	10	7	8	21	庚辰	11	6	9	22	庚戌	12	6	10	22	庚辰	1	5	11	23	庚戌						十
9	7	7	21	庚戌																										·
																														一
																														百
																														二
																														十
																														一
																														年
處暑					秋分					霜降					小雪					冬至					大寒					中
8/23 15時22分 申時					9/23 13時14分 未時					10/23 22時48分 亥時					11/22 20時32分 戌時					12/22 9時55分 巳時					1/20 20時30分 戌時					氣

年	壬子																	
月	壬寅			癸卯			甲辰			乙巳			丙午			丁未		
節氣	立春			驚蟄			清明			立夏			芒種			小暑		
氣	2/4 14時48分 未時			3/5 8時39分 辰時			4/4 13時17分 未時			5/5 6時25分 卯時			6/5 10時27分 巳時			7/6 20時40分 戌時		
日	國曆	農曆	干支	國曆	農曆	干支	國曆	農曆	干支	國曆	農曆	干支	國曆	農曆	干支	國曆	農曆	干支
	2 4	12 23	庚辰	3 5	1 24	庚戌	4 4	2 24	庚辰	5 5	3 26	辛亥	6 5	4 28	壬午	7 6	5 29	癸丑
	2 5	12 24	辛巳	3 6	1 25	辛亥	4 5	2 25	辛巳	5 6	3 27	壬子	6 6	4 29	癸未	7 7	6 1	甲寅
	2 6	12 25	壬午	3 7	1 26	壬子	4 6	2 26	壬午	5 7	3 28	癸丑	6 7	4 30	甲申	7 8	6 2	乙卯
	2 7	12 26	癸未	3 8	1 27	癸丑	4 7	2 27	癸未	5 8	3 29	甲寅	6 8	5 1	乙酉	7 9	6 3	丙辰
2	2 8	12 27	甲申	3 9	1 28	甲寅	4 8	2 28	甲申	5 9	4 1	乙卯	6 9	5 2	丙戌	7 10	6 4	丁巳
0	2 9	12 28	乙酉	3 10	1 29	乙卯	4 9	2 29	乙酉	5 10	4 2	丙辰	6 10	5 3	丁亥	7 11	6 5	戊午
3	2 10	12 29	丙戌	3 11	1 30	丙辰	4 10	3 1	丙戌	5 11	4 3	丁巳	6 11	5 4	戊子	7 12	6 6	己未
2	2 11	1 1	丁亥	3 12	2 1	丁巳	4 11	3 2	丁亥	5 12	4 4	戊午	6 12	5 5	己丑	7 13	6 7	庚申
	2 12	1 2	戊子	3 13	2 2	戊午	4 12	3 3	戊子	5 13	4 5	己未	6 13	5 6	庚寅	7 14	6 8	辛酉
	2 13	1 3	己丑	3 14	2 3	己未	4 13	3 4	己丑	5 14	4 6	庚申	6 14	5 7	辛卯	7 15	6 9	壬戌
	2 14	1 4	庚寅	3 15	2 4	庚申	4 14	3 5	庚寅	5 15	4 7	辛酉	6 15	5 8	壬辰	7 16	6 10	癸亥
	2 15	1 5	辛卯	3 16	2 5	辛酉	4 15	3 6	辛卯	5 16	4 8	壬戌	6 16	5 9	癸巳	7 17	6 11	甲子
	2 16	1 6	壬辰	3 17	2 6	壬戌	4 16	3 7	壬辰	5 17	4 9	癸亥	6 17	5 10	甲午	7 18	6 12	乙丑
	2 17	1 7	癸巳	3 18	2 7	癸亥	4 17	3 8	癸巳	5 18	4 10	甲子	6 18	5 11	乙未	7 19	6 13	丙寅
	2 18	1 8	甲午	3 19	2 8	甲子	4 18	3 9	甲午	5 19	4 11	乙丑	6 19	5 12	丙申	7 20	6 14	丁卯
	2 19	1 9	乙未	3 20	2 9	乙丑	4 19	3 10	乙未	5 20	4 12	丙寅	6 20	5 13	丁酉	7 21	6 15	戊辰
	2 20	1 10	丙申	3 21	2 10	丙寅	4 20	3 11	丙申	5 21	4 13	丁卯	6 21	5 14	戊戌	7 22	6 16	己巳
	2 21	1 11	丁酉	3 22	2 11	丁卯	4 21	3 12	丁酉	5 22	4 14	戊辰	6 22	5 15	己亥	7 23	6 17	庚午
	2 22	1 12	戊戌	3 23	2 12	戊辰	4 22	3 13	戊戌	5 23	4 15	己巳	6 23	5 16	庚子	7 24	6 18	辛未
	2 23	1 13	己亥	3 24	2 13	己巳	4 23	3 14	己亥	5 24	4 16	庚午	6 24	5 17	辛丑	7 25	6 19	壬申
鼠	2 24	1 14	庚子	3 25	2 14	庚午	4 24	3 15	庚子	5 25	4 17	辛未	6 25	5 18	壬寅	7 26	6 20	癸酉
	2 25	1 15	辛丑	3 26	2 15	辛未	4 25	3 16	辛丑	5 26	4 18	壬申	6 26	5 19	癸卯	7 27	6 21	甲戌
	2 26	1 16	壬寅	3 27	2 16	壬申	4 26	3 17	壬寅	5 27	4 19	癸酉	6 27	5 20	甲辰	7 28	6 22	乙亥
	2 27	1 17	癸卯	3 28	2 17	癸酉	4 27	3 18	癸卯	5 28	4 20	甲戌	6 28	5 21	乙巳	7 29	6 23	丙子
中	2 28	1 18	甲辰	3 29	2 18	甲戌	4 28	3 19	甲辰	5 29	4 21	乙亥	6 29	5 22	丙午	7 30	6 24	丁丑
華	2 29	1 19	乙巳	3 30	2 19	乙亥	4 29	3 20	乙巳	5 30	4 22	丙子	6 30	5 23	丁未	7 31	6 25	戊寅
民	3 1	1 20	丙午	3 31	2 20	丙子	4 30	3 21	丙午	5 31	4 23	丁丑	7 1	5 24	戊申	8 1	6 26	己卯
國	3 2	1 21	丁未	4 1	2 21	丁丑	5 1	3 22	丁未	6 1	4 24	戊寅	7 2	5 25	己酉	8 2	6 27	庚辰
一	3 3	1 22	戊申	4 2	2 22	戊寅	5 2	3 23	戊申	6 2	4 25	己卯	7 3	5 26	庚戌	8 3	6 28	辛巳
百	3 4	1 23	己酉	4 3	2 23	己卯	5 3	3 24	己酉	6 3	4 26	庚辰	7 4	5 27	辛亥	8 4	6 29	壬午
二							5 4	3 25	庚戌	6 4	4 27	辛巳	7 5	5 28	壬子	8 5	6 30	癸未
十																8 6	7 1	甲申
一年																		
中氣	雨水			春分			穀雨			小滿			夏至			大暑		
	2/19 10時31分 巳時			3/20 9時21分 巳時			4/19 20時13分 戌時			5/20 19時14分 戌時			6/21 3時8分 寅時			7/22 14時4分 未時		

年																		
壬子																			年
戊申			己酉			庚戌			辛亥			壬子			癸丑			月
立秋			白露			寒露			立冬			大雪			小寒			節氣
8/7 6時32分 卯時			9/7 9時37分 巳時			10/8 1時29分 丑時			11/7 4時53分 寅時			12/6 21時52分 亥時			1/5 9時7分 巳時			
國曆	農曆	干支	國曆	農曆	干支	國曆	農曆	干支	國曆	農曆	干支	國曆	農曆	干支	國曆	農曆	干支	日
8 7	7 2	乙酉	9 7	8 3	丙辰	10 8	9 5	丁亥	11 7	10 5	丁巳	12 6	11 4	丙戌	1 5	12 5	丙辰	2032·2033
8 8	7 3	丙戌	9 8	8 4	丁巳	10 9	9 6	戊子	11 8	10 6	戊午	12 7	11 5	丁亥	1 6	12 6	丁巳	
8 9	7 4	丁亥	9 9	8 5	戊午	10 10	9 7	己丑	11 9	10 7	己未	12 8	11 6	戊子	1 7	12 7	戊午	
8 10	7 5	戊子	9 10	8 6	己未	10 11	9 8	庚寅	11 10	10 8	庚申	12 9	11 7	己丑	1 8	12 8	己未	
8 11	7 6	己丑	9 11	8 7	庚申	10 12	9 9	辛卯	11 11	10 9	辛酉	12 10	11 8	庚寅	1 9	12 9	庚申	
8 12	7 7	庚寅	9 12	8 8	辛酉	10 13	9 10	壬辰	11 12	10 10	壬戌	12 11	11 9	辛卯	1 10	12 10	辛酉	
8 13	7 8	辛卯	9 13	8 9	壬戌	10 14	9 11	癸巳	11 13	10 11	癸亥	12 12	11 10	壬辰	1 11	12 11	壬戌	
8 14	7 9	壬辰	9 14	8 10	癸亥	10 15	9 12	甲午	11 14	10 12	甲子	12 13	11 11	癸巳	1 12	12 12	癸亥	鼠
8 15	7 10	癸巳	9 15	8 11	甲子	10 16	9 13	乙未	11 15	10 13	乙丑	12 14	11 12	甲午	1 13	12 13	甲子	
8 16	7 11	甲午	9 16	8 12	乙丑	10 17	9 14	丙申	11 16	10 14	丙寅	12 15	11 13	乙未	1 14	12 14	乙丑	
8 17	7 12	乙未	9 17	8 13	丙寅	10 18	9 15	丁酉	11 17	10 15	丁卯	12 16	11 14	丙申	1 15	12 15	丙寅	
8 18	7 13	丙申	9 18	8 14	丁卯	10 19	9 16	戊戌	11 18	10 16	戊辰	12 17	11 15	丁酉	1 16	12 16	丁卯	
8 19	7 14	丁酉	9 19	8 15	戊辰	10 20	9 17	己亥	11 19	10 17	己巳	12 18	11 16	戊戌	1 17	12 17	戊辰	
8 20	7 15	戊戌	9 20	8 16	己巳	10 21	9 18	庚子	11 20	10 18	庚午	12 19	11 17	己亥	1 18	12 18	己巳	
8 21	7 16	己亥	9 21	8 17	庚午	10 22	9 19	辛丑	11 21	10 19	辛未	12 20	11 18	庚子	1 19	12 19	庚午	
8 22	7 17	庚子	9 22	8 18	辛未	10 23	9 20	壬寅	11 22	10 20	壬申	12 21	11 19	辛丑	1 20	12 20	辛未	中華民國一百二十一·一百二十二年
8 23	7 18	辛丑	9 23	8 19	壬申	10 24	9 21	癸卯	11 23	10 21	癸酉	12 22	11 20	壬寅	1 21	12 21	壬申	
8 24	7 19	壬寅	9 24	8 20	癸酉	10 25	9 22	甲辰	11 24	10 22	甲戌	12 23	11 21	癸卯	1 22	12 22	癸酉	
8 25	7 20	癸卯	9 25	8 21	甲戌	10 26	9 23	乙巳	11 25	10 23	乙亥	12 24	11 22	甲辰	1 23	12 23	甲戌	
8 26	7 21	甲辰	9 26	8 22	乙亥	10 27	9 24	丙午	11 26	10 24	丙子	12 25	11 23	乙巳	1 24	12 24	乙亥	
8 27	7 22	乙巳	9 27	8 23	丙子	10 28	9 25	丁未	11 27	10 25	丁丑	12 26	11 24	丙午	1 25	12 25	丙子	
8 28	7 23	丙午	9 28	8 24	丁丑	10 29	9 26	戊申	11 28	10 26	戊寅	12 27	11 25	丁未	1 26	12 26	丁丑	
8 29	7 24	丁未	9 29	8 25	戊寅	10 30	9 27	己酉	11 29	10 27	己卯	12 28	11 26	戊申	1 27	12 27	戊寅	
8 30	7 25	戊申	9 30	8 26	己卯	10 31	9 28	庚戌	11 30	10 28	庚辰	12 29	11 27	己酉	1 28	12 28	己卯	
8 31	7 26	己酉	10 1	8 27	庚辰	11 1	9 29	辛亥	12 1	10 29	辛巳	12 30	11 28	庚戌	1 29	12 29	庚辰	
9 1	7 27	庚戌	10 2	8 28	辛巳	11 2	9 30	壬子	12 2	10 30	壬午	12 31	11 29	辛亥	1 30	12 30	辛巳	
9 2	7 28	辛亥	10 3	8 29	壬午	11 3	10 1	癸丑	12 3	11 1	癸未	1 1	12 1	壬子	1 31	1 1	壬午	
9 3	7 29	壬子	10 4	9 1	癸未	11 4	10 2	甲寅	12 4	11 2	甲申	1 2	12 2	癸丑	2 1	1 2	癸未	
9 4	7 30	癸丑	10 5	9 2	甲申	11 5	10 3	乙卯	12 5	11 3	乙酉	1 3	12 3	甲寅	2 2	1 3	甲申	
9 5	8 1	甲寅	10 6	9 3	乙酉	11 6	10 4	丙辰				1 4	12 4	乙卯				
9 6	8 2	乙卯	10 7	9 4	丙戌													
處暑			秋分			霜降			小雪			冬至			大寒			中氣
8/22 21時17分 亥時			9/22 19時10分 戌時			10/23 4時45分 寅時			11/22 2時30分 丑時			12/21 15時55分 申時			1/20 2時32分 丑時			

年			癸丑																
月	甲寅			乙卯			丙辰			丁巳			戊午			己未				
節氣	立春			驚蟄			清明			立夏			芒種			小暑				
	2/3 20時41分 戌時			3/5 14時31分 未時			4/4 19時7分 戌時			5/5 12時13分 午時			6/5 16時12分 申時			7/7 2時24分 丑時				
日	國曆	農曆	干支	國曆	農曆	干支	國曆	農曆	干支	國曆	農曆	干支	國曆	農曆	干支	國曆	農曆	干支		
	2 3	1 4	乙酉	3 5	2 5	乙卯	4 4	3 5	乙酉	5 5	4 7	丙辰	6 5	5 9	丁亥	7 7	6 11	己未		
	2 4	1 5	丙戌	3 6	2 6	丙辰	4 5	3 6	丙戌	5 6	4 8	丁巳	6 6	5 10	戊子	7 8	6 12	庚申		
	2 5	1 6	丁亥	3 7	2 7	丁巳	4 6	3 7	丁亥	5 7	4 9	戊午	6 7	5 11	己丑	7 9	6 13	辛酉		
	2 6	1 7	戊子	3 8	2 8	戊午	4 7	3 8	戊子	5 8	4 10	己未	6 8	5 12	庚寅	7 10	6 14	壬戌		
2	2 7	1 8	己丑	3 9	2 9	己未	4 8	3 9	己丑	5 9	4 11	庚申	6 9	5 13	辛卯	7 11	6 15	癸亥		
0	2 8	1 9	庚寅	3 10	2 10	庚申	4 9	3 10	庚寅	5 10	4 12	辛酉	6 10	5 14	壬辰	7 12	6 16	甲子		
3	2 9	1 10	辛卯	3 11	2 11	辛酉	4 10	3 11	辛卯	5 11	4 13	壬戌	6 11	5 15	癸巳	7 13	6 17	乙丑		
3	2 10	1 11	壬辰	3 12	2 12	壬戌	4 11	3 12	壬辰	5 12	4 14	癸亥	6 12	5 16	甲午	7 14	6 18	丙寅		
	2 11	1 12	癸巳	3 13	2 13	癸亥	4 12	3 13	癸巳	5 13	4 15	甲子	6 13	5 17	乙未	7 15	6 19	丁卯		
	2 12	1 13	甲午	3 14	2 14	甲子	4 13	3 14	甲午	5 14	4 16	乙丑	6 14	5 18	丙申	7 16	6 20	戊辰		
	2 13	1 14	乙未	3 15	2 15	乙丑	4 14	3 15	乙未	5 15	4 17	丙寅	6 15	5 19	丁酉	7 17	6 21	己巳		
	2 14	1 15	丙申	3 16	2 16	丙寅	4 15	3 16	丙申	5 16	4 18	丁卯	6 16	5 20	戊戌	7 18	6 22	庚午		
	2 15	1 16	丁酉	3 17	2 17	丁卯	4 16	3 17	丁酉	5 17	4 19	戊辰	6 17	5 21	己亥	7 19	6 23	辛未		
牛	2 16	1 17	戊戌	3 18	2 18	戊辰	4 17	3 18	戊戌	5 18	4 20	己巳	6 18	5 22	庚子	7 20	6 24	壬申		
	2 17	1 18	己亥	3 19	2 19	己巳	4 18	3 19	己亥	5 19	4 21	庚午	6 19	5 23	辛丑	7 21	6 25	癸酉		
	2 18	1 19	庚子	3 20	2 20	庚午	4 19	3 20	庚子	5 20	4 22	辛未	6 20	5 24	壬寅	7 22	6 26	甲戌		
	2 19	1 20	辛丑	3 21	2 21	辛未	4 20	3 21	辛丑	5 21	4 23	壬申	6 21	5 25	癸卯	7 23	6 27	乙亥		
	2 20	1 21	壬寅	3 22	2 22	壬申	4 21	3 22	壬寅	5 22	4 24	癸酉	6 22	5 26	甲辰	7 24	6 28	丙子		
	2 21	1 22	癸卯	3 23	2 23	癸酉	4 22	3 23	癸卯	5 23	4 25	甲戌	6 23	5 27	乙巳	7 25	6 29	丁丑		
	2 22	1 23	甲辰	3 24	2 24	甲戌	4 23	3 24	甲辰	5 24	4 26	乙亥	6 24	5 28	丙午	7 26	7 1	戊寅		
中	2 23	1 24	乙巳	3 25	2 25	乙亥	4 24	3 25	乙巳	5 25	4 27	丙子	6 25	5 29	丁未	7 27	7 2	己卯		
華	2 24	1 25	丙午	3 26	2 26	丙子	4 25	3 26	丙午	5 26	4 28	丁丑	6 26	5 30	戊申	7 28	7 3	庚辰		
民	2 25	1 26	丁未	3 27	2 27	丁丑	4 26	3 27	丁未	5 27	4 29	戊寅	6 27	6 1	己酉	7 29	7 4	辛巳		
國	2 26	1 27	戊申	3 28	2 28	戊寅	4 27	3 28	戊申	5 28	5 1	己卯	6 28	6 2	庚戌	7 30	7 5	壬午		
一	2 27	1 28	己酉	3 29	2 29	己卯	4 28	3 29	己酉	5 29	5 2	庚辰	6 29	6 3	辛亥	7 31	7 6	癸未		
百	2 28	1 29	庚戌	3 30	2 30	庚辰	4 29	4 1	庚戌	5 30	5 3	辛巳	6 30	6 4	壬子	8 1	7 7	甲申		
二	3 1	2 1	辛亥	3 31	3 1	辛巳	4 30	4 2	辛亥	5 31	5 4	壬午	7 1	6 5	癸丑	8 2	7 8	乙酉		
十	3 2	2 2	壬子	4 1	3 2	壬午	5 1	4 3	壬子	6 1	5 5	癸未	7 2	6 6	甲寅	8 3	7 9	丙戌		
二	3 3	2 3	癸丑	4 2	3 3	癸未	5 2	4 4	癸丑	6 2	5 6	甲申	7 3	6 7	乙卯	8 4	7 10	丁亥		
年	3 4	2 4	甲寅	4 3	3 4	甲申	5 3	4 5	甲寅	6 3	5 7	乙酉	7 4	6 8	丙辰	8 5	7 11	戊子		
							5 4	4 6	乙卯	6 4	5 8	丙戌	7 5	6 9	丁巳	8 6	7 12	己丑		
													7 6	6 10	戊午					
中氣	雨水			春分			穀雨			小滿			夏至			大暑				
	2/18 16時33分 申時			3/20 15時22分 申時			4/20 2時12分 丑時			5/21 1時10分 丑時			6/21 9時0分 巳時			7/22 19時52分 戌時				

癸丑																		年
庚申			辛酉			壬戌			癸亥			甲子			乙丑			月
立秋			白露			寒露			立冬			大雪			小寒			節氣
8/7 12時15分 午時			9/7 15時19分 申時			10/8 7時13分 辰時			11/7 10時40分 巳時			12/7 3時44分 寅時			1/5 15時3分 申時			
國曆	農曆	干支	國曆	農曆	干支	國曆	農曆	干支	國曆	農曆	干支	國曆	農曆	干支	國曆	農曆	干支	日
8 7	7 13	庚寅	9 7	8 14	辛酉	10 8	9 16	壬辰	11 7	10 16	壬戌	12 7	11 16	壬辰	1 5	11 15	辛酉	
8 8	7 14	辛卯	9 8	8 15	壬戌	10 9	9 17	癸巳	11 8	10 17	癸亥	12 8	11 17	癸巳	1 6	11 16	壬戌	
8 9	7 15	壬辰	9 9	8 16	癸亥	10 10	9 18	甲午	11 9	10 18	甲子	12 9	11 18	甲午	1 7	11 17	癸亥	
8 10	7 16	癸巳	9 10	8 17	甲子	10 11	9 19	乙未	11 10	10 19	乙丑	12 10	11 19	乙未	1 8	11 18	甲子	
8 11	7 17	甲午	9 11	8 18	乙丑	10 12	9 20	丙申	11 11	10 20	丙寅	12 11	11 20	丙申	1 9	11 19	乙丑	2
8 12	7 18	乙未	9 12	8 19	丙寅	10 13	9 21	丁酉	11 12	10 21	丁卯	12 12	11 21	丁酉	1 10	11 20	丙寅	0
8 13	7 19	丙申	9 13	8 20	丁卯	10 14	9 22	戊戌	11 13	10 22	戊辰	12 13	11 22	戊戌	1 11	11 21	丁卯	3
8 14	7 20	丁酉	9 14	8 21	戊辰	10 15	9 23	己亥	11 14	10 23	己巳	12 14	11 23	己亥	1 12	11 22	戊辰	3
8 15	7 21	戊戌	9 15	8 22	己巳	10 16	9 24	庚子	11 15	10 24	庚午	12 15	11 24	庚子	1 13	11 23	己巳	·
8 16	7 22	己亥	9 16	8 23	庚午	10 17	9 25	辛丑	11 16	10 25	辛未	12 16	11 25	辛丑	1 14	11 24	庚午	2
8 17	7 23	庚子	9 17	8 24	辛未	10 18	9 26	壬寅	11 17	10 26	壬申	12 17	11 26	壬寅	1 15	11 25	辛未	0
8 18	7 24	辛丑	9 18	8 25	壬申	10 19	9 27	癸卯	11 18	10 27	癸酉	12 18	11 27	癸卯	1 16	11 26	壬申	3
8 19	7 25	壬寅	9 19	8 26	癸酉	10 20	9 28	甲辰	11 19	10 28	甲戌	12 19	11 28	甲辰	1 17	11 27	癸酉	4
8 20	7 26	癸卯	9 20	8 27	甲戌	10 21	9 29	乙巳	11 20	10 29	乙亥	12 20	11 29	乙巳	1 18	11 28	甲戌	
8 21	7 27	甲辰	9 21	8 28	乙亥	10 22	9 30	丙午	11 21	10 30	丙子	12 21	11 30	丙午	1 19	11 29	乙亥	
8 22	7 28	乙巳	9 22	8 29	丙子	10 23	10 1	丁未	11 22	11 1	丁丑	12 22	閏11 1	丁未	1 20	12 1	丙子	牛
8 23	7 29	丙午	9 23	9 1	丁丑	10 24	10 2	戊申	11 23	11 2	戊寅	12 23	11 2	戊申	1 21	12 2	丁丑	
8 24	7 30	丁未	9 24	9 2	戊寅	10 25	10 3	己酉	11 24	11 3	己卯	12 24	11 3	己酉	1 22	12 3	戊寅	
8 25	8 1	戊申	9 25	9 3	己卯	10 26	10 4	庚戌	11 25	11 4	庚辰	12 25	11 4	庚戌	1 23	12 4	己卯	
8 26	8 2	己酉	9 26	9 4	庚辰	10 27	10 5	辛亥	11 26	11 5	辛巳	12 26	11 5	辛亥	1 24	12 5	庚辰	中
8 27	8 3	庚戌	9 27	9 5	辛巳	10 28	10 6	壬子	11 27	11 6	壬午	12 27	11 6	壬子	1 25	12 6	辛巳	華
8 28	8 4	辛亥	9 28	9 6	壬午	10 29	10 7	癸丑	11 28	11 7	癸未	12 28	11 7	癸丑	1 26	12 7	壬午	民
8 29	8 5	壬子	9 29	9 7	癸未	10 30	10 8	甲寅	11 29	11 8	甲申	12 29	11 8	甲寅	1 27	12 8	癸未	國
8 30	8 6	癸丑	9 30	9 8	甲申	10 31	10 9	乙卯	11 30	11 9	乙酉	12 30	11 9	乙卯	1 28	12 9	甲申	一
8 31	8 7	甲寅	10 1	9 9	乙酉	11 1	10 10	丙辰	12 1	11 10	丙戌	12 31	11 10	丙辰	1 29	12 10	乙酉	百
9 1	8 8	乙卯	10 2	9 10	丙戌	11 2	10 11	丁巳	12 2	11 11	丁亥	1 1	11 11	丁巳	1 30	12 11	丙戌	二
9 2	8 9	丙辰	10 3	9 11	丁亥	11 3	10 12	戊午	12 3	11 12	戊子	1 2	11 12	戊午	1 31	12 12	丁亥	十
9 3	8 10	丁巳	10 4	9 12	戊子	11 4	10 13	己未	12 4	11 13	己丑	1 3	11 13	己未	2 1	12 13	戊子	二
9 4	8 11	戊午	10 5	9 13	己丑	11 5	10 14	庚申	12 5	11 14	庚寅	1 4	11 14	庚申	2 2	12 14	己丑	·
9 5	8 12	己未	10 6	9 14	庚寅	11 6	10 15	辛酉	12 6	11 15	辛卯				2 3	12 15	庚寅	一
9 6	8 13	庚申	10 7	9 15	辛卯													百
處暑			秋分			霜降			小雪			冬至			大寒			中
8/23 3時1分 寅時			9/23 0時51分 子時			10/23 10時27分 巳時			11/22 8時15分 辰時			12/21 21時45分 亥時			1/20 8時26分 辰時			氣

年欄：2033·2034　牛　中華民國一百二十二·一百二十三年

年	甲寅																	
月	丙寅			丁卯			戊辰			己巳			庚午			辛未		
節氣	立春			驚蟄			清明			立夏			芒種			小暑		
	2/4 2時40分 丑時			3/5 20時31分 戌時			4/5 1時5分 丑時			5/5 18時8分 酉時			6/5 22時6分 亥時			7/7 8時17分 辰時		
日	國曆	農曆	干支	國曆	農曆	干支	國曆	農曆	干支	國曆	農曆	干支	國曆	農曆	干支	國曆	農曆	干支
	2/4	12/16	辛卯	3/5	1/15	庚申	4/5	2/17	辛卯	5/5	3/17	辛酉	6/5	4/19	壬辰	7/7	5/22	甲子
	2/5	12/17	壬辰	3/6	1/16	辛酉	4/6	2/18	壬辰	5/6	3/18	壬戌	6/6	4/20	癸巳	7/8	5/23	乙丑
	2/6	12/18	癸巳	3/7	1/17	壬戌	4/7	2/19	癸巳	5/7	3/19	癸亥	6/7	4/21	甲午	7/9	5/24	丙寅
	2/7	12/19	甲午	3/8	1/18	癸亥	4/8	2/20	甲午	5/8	3/20	甲子	6/8	4/22	乙未	7/10	5/25	丁卯
	2/8	12/20	乙未	3/9	1/19	甲子	4/9	2/21	乙未	5/9	3/21	乙丑	6/9	4/23	丙申	7/11	5/26	戊辰
	2/9	12/21	丙申	3/10	1/20	乙丑	4/10	2/22	丙申	5/10	3/22	丙寅	6/10	4/24	丁酉	7/12	5/27	己巳
	2/10	12/22	丁酉	3/11	1/21	丙寅	4/11	2/23	丁酉	5/11	3/23	丁卯	6/11	4/25	戊戌	7/13	5/28	庚午
	2/11	12/23	戊戌	3/12	1/22	丁卯	4/12	2/24	戊戌	5/12	3/24	戊辰	6/12	4/26	己亥	7/14	5/29	辛未
	2/12	12/24	己亥	3/13	1/23	戊辰	4/13	2/25	己亥	5/13	3/25	己巳	6/13	4/27	庚子	7/15	5/30	壬申
	2/13	12/25	庚子	3/14	1/24	己巳	4/14	2/26	庚子	5/14	3/26	庚午	6/14	4/28	辛丑	7/16	6/1	癸酉
	2/14	12/26	辛丑	3/15	1/25	庚午	4/15	2/27	辛丑	5/15	3/27	辛未	6/15	4/29	壬寅	7/17	6/2	甲戌
	2/15	12/27	壬寅	3/16	1/26	辛未	4/16	2/28	壬寅	5/16	3/28	壬申	6/16	5/1	癸卯	7/18	6/3	乙亥
	2/16	12/28	癸卯	3/17	1/27	壬申	4/17	2/29	癸卯	5/17	3/29	癸酉	6/17	5/2	甲辰	7/19	6/4	丙子
	2/17	12/29	甲辰	3/18	1/28	癸酉	4/18	2/30	甲辰	5/18	4/1	甲戌	6/18	5/3	乙巳	7/20	6/5	丁丑
	2/18	12/30	乙巳	3/19	1/29	甲戌	4/19	3/1	乙巳	5/19	4/2	乙亥	6/19	5/4	丙午	7/21	6/6	戊寅
	2/19	1/1	丙午	3/20	2/1	乙亥	4/20	3/2	丙午	5/20	4/3	丙子	6/20	5/5	丁未	7/22	6/7	己卯
	2/20	1/2	丁未	3/21	2/2	丙子	4/21	3/3	丁未	5/21	4/4	丁丑	6/21	5/6	戊申	7/23	6/8	庚辰
	2/21	1/3	戊申	3/22	2/3	丁丑	4/22	3/4	戊申	5/22	4/5	戊寅	6/22	5/7	己酉	7/24	6/9	辛巳
	2/22	1/4	己酉	3/23	2/4	戊寅	4/23	3/5	己酉	5/23	4/6	己卯	6/23	5/8	庚戌	7/25	6/10	壬午
	2/23	1/5	庚戌	3/24	2/5	己卯	4/24	3/6	庚戌	5/24	4/7	庚辰	6/24	5/9	辛亥	7/26	6/11	癸未
	2/24	1/6	辛亥	3/25	2/6	庚辰	4/25	3/7	辛亥	5/25	4/8	辛巳	6/25	5/10	壬子	7/27	6/12	甲申
	2/25	1/7	壬子	3/26	2/7	辛巳	4/26	3/8	壬子	5/26	4/9	壬午	6/26	5/11	癸丑	7/28	6/13	乙酉
	2/26	1/8	癸丑	3/27	2/8	壬午	4/27	3/9	癸丑	5/27	4/10	癸未	6/27	5/12	甲寅	7/29	6/14	丙戌
	2/27	1/9	甲寅	3/28	2/9	癸未	4/28	3/10	甲寅	5/28	4/11	甲申	6/28	5/13	乙卯	7/30	6/15	丁亥
	2/28	1/10	乙卯	3/29	2/10	甲申	4/29	3/11	乙卯	5/29	4/12	乙酉	6/29	5/14	丙辰	7/31	6/16	戊子
	3/1	1/11	丙辰	3/30	2/11	乙酉	4/30	3/12	丙辰	5/30	4/13	丙戌	6/30	5/15	丁巳	8/1	6/17	己丑
	3/2	1/12	丁巳	3/31	2/12	丙戌	5/1	3/13	丁巳	5/31	4/14	丁亥	7/1	5/16	戊午	8/2	6/18	庚寅
	3/3	1/13	戊午	4/1	2/13	丁亥	5/2	3/14	戊午	6/1	4/15	戊子	7/2	5/17	己未	8/3	6/19	辛卯
	3/4	1/14	己未	4/2	2/14	戊子	5/3	3/15	己未	6/2	4/16	己丑	7/3	5/18	庚申	8/4	6/20	壬辰
				4/3	2/15	己丑	5/4	3/16	庚申	6/3	4/17	庚寅	7/4	5/19	辛酉	8/5	6/21	癸巳
				4/4	2/16	庚寅				6/4	4/18	辛卯	7/5	5/20	壬戌	8/6	6/22	甲午
													7/6	5/21	癸亥			
中氣	雨水			春分			穀雨			小滿			夏至			大暑		
	2/18 22時29分 亥時			3/20 21時16分 戌時			4/20 8時3分 辰時			5/21 6時56分 卯時			6/21 14時43分 未時			7/23 1時35分 丑時		

左欄：2034　虎　中華民國一百二十三年

甲寅																		年
壬申			癸酉			甲戌			乙亥			丙子			丁丑			月
立秋			白露			寒露			立冬			大雪			小寒			節氣
8/7 18時8分 酉時			9/7 21時13分 亥時			10/8 13時6分 未時			11/7 16時33分 申時			12/7 9時36分 巳時			1/5 20時55分 戌時			
國曆	農曆	干支	國曆	農曆	干支	國曆	農曆	干支	國曆	農曆	干支	國曆	農曆	干支	國曆	農曆	干支	日
8 7	6 23	乙未	9 7	7 25	丙寅	10 8	8 26	丁酉	11 7	9 27	丁卯	12 7	10 27	丁酉	1 5	11 26	丙寅	
8 8	6 24	丙申	9 8	7 26	丁卯	10 9	8 27	戊戌	11 8	9 28	戊辰	12 8	10 28	戊戌	1 6	11 27	丁卯	
8 9	6 25	丁酉	9 9	7 27	戊辰	10 10	8 28	己亥	11 9	9 29	己巳	12 9	10 29	己亥	1 7	11 28	戊辰	
8 10	6 26	戊戌	9 10	7 28	己巳	10 11	8 29	庚子	11 10	9 30	庚午	12 10	10 30	庚子	1 8	11 29	己巳	
8 11	6 27	己亥	9 11	7 29	庚午	10 12	9 1	辛丑	11 11	10 1	辛丑	12 11	11 1	辛丑	1 9	12 1	庚午	2
8 12	6 28	庚子	9 12	7 30	辛未	10 13	9 2	壬寅	11 12	10 2	壬申	12 12	11 2	壬寅	1 10	12 2	辛未	0
8 13	6 29	辛丑	9 13	8 1	壬申	10 14	9 3	癸卯	11 13	10 3	癸酉	12 13	11 3	癸卯	1 11	12 3	壬申	3
8 14	7 1	壬寅	9 14	8 2	癸酉	10 15	9 4	甲辰	11 14	10 4	甲戌	12 14	11 4	甲辰	1 12	12 4	癸酉	4
8 15	7 2	癸卯	9 15	8 3	甲戌	10 16	9 5	乙巳	11 15	10 5	乙亥	12 15	11 5	乙巳	1 13	12 5	甲戌	·
8 16	7 3	甲辰	9 16	8 4	乙亥	10 17	9 6	丙午	11 16	10 6	丙子	12 16	11 6	丙午	1 14	12 6	乙亥	2
8 17	7 4	乙巳	9 17	8 5	丙子	10 18	9 7	丁未	11 17	10 7	丁丑	12 17	11 7	丁未	1 15	12 7	丙子	0
8 18	7 5	丙午	9 18	8 6	丁丑	10 19	9 8	戊申	11 18	10 8	戊寅	12 18	11 8	戊申	1 16	12 8	丁丑	3
8 19	7 6	丁未	9 19	8 7	戊寅	10 20	9 9	己酉	11 19	10 9	己卯	12 19	11 9	己酉	1 17	12 9	戊寅	5
8 20	7 7	戊申	9 20	8 8	己卯	10 21	9 10	庚戌	11 20	10 10	庚辰	12 20	11 10	庚戌	1 18	12 10	己卯	
8 21	7 8	己酉	9 21	8 9	庚辰	10 22	9 11	辛亥	11 21	10 11	辛巳	12 21	11 11	辛亥	1 19	12 11	庚辰	
8 22	7 9	庚戌	9 22	8 10	辛巳	10 23	9 12	壬子	11 22	10 12	壬午	12 22	11 12	壬子	1 20	12 12	辛巳	
8 23	7 10	辛亥	9 23	8 11	壬午	10 24	9 13	癸丑	11 23	10 13	癸未	12 23	11 13	癸丑	1 21	12 13	壬午	
8 24	7 11	壬子	9 24	8 12	癸未	10 25	9 14	甲寅	11 24	10 14	甲申	12 24	11 14	甲寅	1 22	12 14	癸未	虎
8 25	7 12	癸丑	9 25	8 13	甲申	10 26	9 15	乙卯	11 25	10 15	乙酉	12 25	11 15	乙卯	1 23	12 15	甲申	
8 26	7 13	甲寅	9 26	8 14	乙酉	10 27	9 16	丙辰	11 26	10 16	丙戌	12 26	11 16	丙辰	1 24	12 16	乙酉	
8 27	7 14	乙卯	9 27	8 15	丙戌	10 28	9 17	丁巳	11 27	10 17	丁亥	12 27	11 17	丁巳	1 25	12 17	丙戌	
8 28	7 15	丙辰	9 28	8 16	丁亥	10 29	9 18	戊午	11 28	10 18	戊子	12 28	11 18	戊午	1 26	12 18	丁亥	中
8 29	7 16	丁巳	9 29	8 17	戊子	10 30	9 19	己未	11 29	10 19	己丑	12 29	11 19	己未	1 27	12 19	戊子	華
8 30	7 17	戊午	9 30	8 18	己丑	10 31	9 20	庚申	11 30	10 20	庚寅	12 30	11 20	庚申	1 28	12 20	己丑	民
8 31	7 18	己未	10 1	8 19	庚寅	11 1	9 21	辛酉	12 1	10 21	辛卯	12 31	11 21	辛酉	1 29	12 21	庚寅	國
9 1	7 19	庚申	10 2	8 20	辛卯	11 2	9 22	壬戌	12 2	10 22	壬辰	1 1	11 22	壬戌	1 30	12 22	辛卯	一
9 2	7 20	辛酉	10 3	8 21	壬辰	11 3	9 23	癸亥	12 3	10 23	癸巳	1 2	11 23	癸亥	1 31	12 23	壬辰	百
9 3	7 21	壬戌	10 4	8 22	癸巳	11 4	9 24	甲子	12 4	10 24	甲午	1 3	11 24	甲子	2 1	12 24	癸巳	二
9 4	7 22	癸亥	10 5	8 23	甲午	11 5	9 25	乙丑	12 5	10 25	乙未	1 4	11 25	乙丑	2 2	12 25	甲午	十
9 5	7 23	甲子	10 6	8 24	乙未	11 6	9 26	丙寅	12 6	10 26	丙申				2 3	12 26	乙未	三
9 6	7 24	乙丑	10 7	8 25	丙申													·
處暑			秋分			霜降			小雪			冬至			大寒			中氣
8/23 8時47分 辰時			9/23 6時38分 卯時			10/23 16時15分 申時			11/22 14時4分 未時			12/22 3時33分 寅時			1/20 14時13分 未時			

一百二十四年

年	乙卯																
月	戊寅			己卯			庚辰			辛巳			壬午			癸未		
節氣	立春 2/4 8時30分 辰時			驚蟄 3/6 2時21分 丑時			清明 4/5 6時53分 卯時			立夏 5/5 23時54分 子時			芒種 6/3 3時50分 寅時			小暑 7/7 14時0分 未時		
日	國曆	農曆	干支	國曆	農曆	干支	國曆	農曆	干支	國曆	農曆	干支	國曆	農曆	干支	國曆	農曆	干支
	2 4	12 27	丙申	3 6	1 27	丙寅	4 5	2 27	丙申	5 5	3 28	丙寅	6 6	5 1	戊戌	7 7	6 3	己巳
	2 5	12 28	丁酉	3 7	1 28	丁卯	4 6	2 28	丁酉	5 6	3 29	丁卯	6 7	5 2	己亥	7 8	6 4	庚午
	2 6	12 29	戊戌	3 8	1 29	戊辰	4 7	2 29	戊戌	5 7	3 30	戊辰	6 8	5 3	庚子	7 9	6 5	辛未
	2 7	12 30	己亥	3 9	1 30	己巳	4 8	3 1	己亥	5 8	4 1	己巳	6 9	5 4	辛丑	7 10	6 6	壬申
	2 8	1 1	庚子	3 10	2 1	庚午	4 9	3 2	庚子	5 9	4 2	庚午	6 10	5 5	壬寅	7 11	6 7	癸酉
	2 9	1 2	辛丑	3 11	2 2	辛未	4 10	3 3	辛丑	5 10	4 3	辛未	6 11	5 6	癸卯	7 12	6 8	甲戌
	2 10	1 3	壬寅	3 12	2 3	壬申	4 11	3 4	壬寅	5 11	4 4	壬申	6 12	5 7	甲辰	7 13	6 9	乙亥
	2 11	1 4	癸卯	3 13	2 4	癸酉	4 12	3 5	癸卯	5 12	4 5	癸酉	6 13	5 8	乙巳	7 14	6 10	丙子
	2 12	1 5	甲辰	3 14	2 5	甲戌	4 13	3 6	甲辰	5 13	4 6	甲戌	6 14	5 9	丙午	7 15	6 11	丁丑
	2 13	1 6	乙巳	3 15	2 6	乙亥	4 14	3 7	乙巳	5 14	4 7	乙亥	6 15	5 10	丁未	7 16	6 12	戊寅
2	2 14	1 7	丙午	3 16	2 7	丙子	4 15	3 8	丙午	5 15	4 8	丙子	6 16	5 11	戊申	7 17	6 13	己卯
0	2 15	1 8	丁未	3 17	2 8	丁丑	4 16	3 9	丁未	5 16	4 9	丁丑	6 17	5 12	己酉	7 18	6 14	庚辰
3	2 16	1 9	戊申	3 18	2 9	戊寅	4 17	3 10	戊申	5 17	4 10	戊寅	6 18	5 13	庚戌	7 19	6 15	辛巳
5	2 17	1 10	己酉	3 19	2 10	己卯	4 18	3 11	己酉	5 18	4 11	己卯	6 19	5 14	辛亥	7 20	6 16	壬午
	2 18	1 11	庚戌	3 20	2 11	庚辰	4 19	3 12	庚戌	5 19	4 12	庚辰	6 20	5 15	壬子	7 21	6 17	癸未
	2 19	1 12	辛亥	3 21	2 12	辛巳	4 20	3 13	辛亥	5 20	4 13	辛巳	6 21	5 16	癸丑	7 22	6 18	甲申
	2 20	1 13	壬子	3 22	2 13	壬午	4 21	3 14	壬子	5 21	4 14	壬午	6 22	5 17	甲寅	7 23	6 19	乙酉
	2 21	1 14	癸丑	3 23	2 14	癸未	4 22	3 15	癸丑	5 22	4 15	癸未	6 23	5 18	乙卯	7 24	6 20	丙戌
	2 22	1 15	甲寅	3 24	2 15	甲申	4 23	3 16	甲寅	5 23	4 16	甲申	6 24	5 19	丙辰	7 25	6 21	丁亥
	2 23	1 16	乙卯	3 25	2 16	乙酉	4 24	3 17	乙卯	5 24	4 17	乙酉	6 25	5 20	丁巳	7 26	6 22	戊子
兔	2 24	1 17	丙辰	3 26	2 17	丙戌	4 25	3 18	丙辰	5 25	4 18	丙戌	6 26	5 21	戊午	7 27	6 23	己丑
	2 25	1 18	丁巳	3 27	2 18	丁亥	4 26	3 19	丁巳	5 26	4 19	丁亥	6 27	5 22	己未	7 28	6 24	庚寅
	2 26	1 19	戊午	3 28	2 19	戊子	4 27	3 20	戊午	5 27	4 20	戊子	6 28	5 23	庚申	7 29	6 25	辛卯
	2 27	1 20	己未	3 29	2 20	己丑	4 28	3 21	己未	5 28	4 21	己丑	6 29	5 24	辛酉	7 30	6 26	壬辰
中	2 28	1 21	庚申	3 30	2 21	庚寅	4 29	3 22	庚申	5 29	4 22	庚寅	6 30	5 25	壬戌	7 31	6 27	癸巳
華	3 1	1 22	辛酉	3 31	2 22	辛卯	4 30	3 23	辛酉	5 30	4 23	辛卯	7 1	5 26	癸亥	8 1	6 28	甲午
民	3 2	1 23	壬戌	4 1	2 23	壬辰	5 1	3 24	壬戌	5 31	4 24	壬辰	7 2	5 27	甲子	8 2	6 29	乙未
國	3 3	1 24	癸亥	4 2	2 24	癸巳	5 2	3 25	癸亥	6 1	4 25	癸巳	7 3	5 28	乙丑	8 3	6 30	丙申
一	3 4	1 25	甲子	4 3	2 25	甲午	5 3	3 26	甲子	6 2	4 26	甲午	7 4	5 29	丙寅	8 4	7 1	丁酉
百	3 5	1 26	乙丑	4 4	2 26	乙未	5 4	3 27	乙丑	6 3	4 27	乙未	7 5	6 1	丁卯	8 5	7 2	戊戌
二										6 4	4 28	丙申	7 6	6 2	戊辰	8 6	7 3	己亥
十 四 年										6 5	4 29	丁酉						
中氣	雨水 2/19 4時15分 寅時			春分 3/21 3時2分 寅時			穀雨 4/20 13時48分 未時			小滿 5/21 12時42分 午時			夏至 6/21 20時32分 戌時			大暑 7/23 7時28分 辰時		

乙卯																		年
甲申			乙酉			丙戌			丁亥			戊子			己丑			月
立秋			白露			寒露			立冬			大雪			小寒			節氣
8/7 23時53分 子時			9/8 3時1分 寅時			10/8 18時57分 酉時			11/7 22時23分 亥時			12/7 15時24分 申時			1/6 2時42分 丑時			
國曆	農曆	干支	國曆	農曆	干支	國曆	農曆	干支	國曆	農曆	干支	國曆	農曆	干支	國曆	農曆	干支	日
8 7	7 4	庚子	9 8	8 7	壬申	10 8	9 8	壬寅	11 7	10 8	壬申	12 7	11 8	壬寅	1 6	12 9	壬申	
8 8	7 5	辛丑	9 9	8 8	癸酉	10 9	9 9	癸卯	11 8	10 9	癸酉	12 8	11 9	癸卯	1 7	12 10	癸酉	
8 9	7 6	壬寅	9 10	8 9	甲戌	10 10	9 10	甲辰	11 9	10 10	甲戌	12 9	11 10	甲辰	1 8	12 11	甲戌	2035・2036
8 10	7 7	癸卯	9 11	8 10	乙亥	10 11	9 11	乙巳	11 10	10 11	乙亥	12 10	11 11	乙巳	1 9	12 12	乙亥	
8 11	7 8	甲辰	9 12	8 11	丙子	10 12	9 12	丙午	11 11	10 12	丙子	12 11	11 12	丙午	1 10	12 13	丙子	
8 12	7 9	乙巳	9 13	8 12	丁丑	10 13	9 13	丁未	11 12	10 13	丁丑	12 12	11 13	丁未	1 11	12 14	丁丑	
8 13	7 10	丙午	9 14	8 13	戊寅	10 14	9 14	戊申	11 13	10 14	戊寅	12 13	11 14	戊申	1 12	12 15	戊寅	
8 14	7 11	丁未	9 15	8 14	己卯	10 15	9 15	己酉	11 14	10 15	己卯	12 14	11 15	己酉	1 13	12 16	己卯	
8 15	7 12	戊申	9 16	8 15	庚辰	10 16	9 16	庚戌	11 15	10 16	庚辰	12 15	11 16	庚戌	1 14	12 17	庚辰	
8 16	7 13	己酉	9 17	8 16	辛巳	10 17	9 17	辛亥	11 16	10 17	辛巳	12 16	11 17	辛亥	1 15	12 18	辛巳	
8 17	7 14	庚戌	9 18	8 17	壬午	10 18	9 18	壬子	11 17	10 18	壬午	12 17	11 18	壬子	1 16	12 19	壬午	
8 18	7 15	辛亥	9 19	8 18	癸未	10 19	9 19	癸丑	11 18	10 19	癸未	12 18	11 19	癸丑	1 17	12 20	癸未	
8 19	7 16	壬子	9 20	8 19	甲申	10 20	9 20	甲寅	11 19	10 20	甲申	12 19	11 20	甲寅	1 18	12 21	甲申	
8 20	7 17	癸丑	9 21	8 20	乙酉	10 21	9 21	乙卯	11 20	10 21	乙酉	12 20	11 21	乙卯	1 19	12 22	乙酉	
8 21	7 18	甲寅	9 22	8 21	丙戌	10 22	9 22	丙辰	11 21	10 22	丙戌	12 21	11 22	丙辰	1 20	12 23	丙戌	兔
8 22	7 19	乙卯	9 23	8 22	丁亥	10 23	9 23	丁巳	11 22	10 23	丁亥	12 22	11 23	丁巳	1 21	12 24	丁亥	
8 23	7 20	丙辰	9 24	8 23	戊子	10 24	9 24	戊午	11 23	10 24	戊子	12 23	11 24	戊午	1 22	12 25	戊子	
8 24	7 21	丁巳	9 25	8 24	己丑	10 25	9 25	己未	11 24	10 25	己丑	12 24	11 25	己未	1 23	12 26	己丑	
8 25	7 22	戊午	9 26	8 25	庚寅	10 26	9 26	庚申	11 25	10 26	庚寅	12 25	11 26	庚申	1 24	12 27	庚寅	中華民國一百二十四・一百二十五年
8 26	7 23	己未	9 27	8 26	辛卯	10 27	9 27	辛酉	11 26	10 27	辛卯	12 26	11 27	辛酉	1 25	12 28	辛卯	
8 27	7 24	庚申	9 28	8 27	壬辰	10 28	9 28	壬戌	11 27	10 28	壬辰	12 27	11 28	壬戌	1 26	12 29	壬辰	
8 28	7 25	辛酉	9 29	8 28	癸巳	10 29	9 29	癸亥	11 28	10 29	癸巳	12 28	11 29	癸亥	1 27	12 30	癸巳	
8 29	7 26	壬戌	9 30	8 29	甲午	10 30	9 30	甲子	11 29	10 30	甲午	12 29	12 1	甲子	1 28	1 1	甲午	
8 30	7 27	癸亥	10 1	9 1	乙未	10 31	10 1	乙丑	11 30	11 1	乙未	12 30	12 2	乙丑	1 29	1 2	乙未	
8 31	7 28	甲子	10 2	9 2	丙申	11 1	10 2	丙寅	12 1	11 2	丙申	12 31	12 3	丙寅	1 30	1 3	丙申	
9 1	7 29	乙丑	10 3	9 3	丁酉	11 2	10 3	丁卯	12 2	11 3	丁酉	1 1	12 4	丁卯	1 31	1 4	丁酉	
9 2	8 1	丙寅	10 4	9 4	戊戌	11 3	10 4	戊辰	12 3	11 4	戊戌	1 2	12 5	戊辰	2 1	1 5	戊戌	
9 3	8 2	丁卯	10 5	9 5	己亥	11 4	10 5	己巳	12 4	11 5	己亥	1 3	12 6	己巳	2 2	1 6	己亥	
9 4	8 3	戊辰	10 6	9 6	庚子	11 5	10 6	庚午	12 5	11 6	庚子	1 4	12 7	庚午	2 3	1 7	庚子	
9 5	8 4	己巳	10 7	9 7	辛丑	11 6	10 7	辛未	12 6	11 7	辛丑	1 5	12 8	辛未				
9 6	8 5	庚午																
8 7	8 6	辛未																
處暑			秋分			霜降			小雪			冬至			大寒			中氣
8/23 14時43分 未時			9/23 12時38分 午時			10/23 22時15分 亥時			11/22 20時2分 戌時			12/22 9時30分 巳時			1/20 20時10分 戌時			

年	丙辰																	
月	庚寅			辛卯			壬辰			癸巳			甲午			乙未		
節氣	立春			驚蟄			清明			立夏			芒種			小暑		
	2/4 14時19分 未時			3/5 8時11分 辰時			4/4 12時45分 午時			5/5 5時48分 卯時			6/5 9時46分 巳時			7/6 19時56分 戌時		
日	國曆	農曆	干支	國曆	農曆	干支	國曆	農曆	干支	國曆	農曆	干支	國曆	農曆	干支	國曆	農曆	干支
	2 4	1 8	辛丑	3 5	2 8	辛未	4 4	3 8	辛丑	5 5	4 10	壬申	6 5	5 11	癸卯	7 6	6 13	甲戌
	2 5	1 9	壬寅	3 6	2 9	壬申	4 5	3 9	壬寅	5 6	4 11	癸酉	6 6	5 12	甲辰	7 7	6 14	乙亥
	2 6	1 10	癸卯	3 7	2 10	癸酉	4 6	3 10	癸卯	5 7	4 12	甲戌	6 7	5 13	乙巳	7 8	6 15	丙子
	2 7	1 11	甲辰	3 8	2 11	甲戌	4 7	3 11	甲辰	5 8	4 13	乙亥	6 8	5 14	丙午	7 9	6 16	丁丑
2	2 8	1 12	乙巳	3 9	2 12	乙亥	4 8	3 12	乙巳	5 9	4 14	丙子	6 9	5 15	丁未	7 10	6 17	戊寅
0	2 9	1 13	丙午	3 10	2 13	丙子	4 9	3 13	丙午	5 10	4 15	丁丑	6 10	5 16	戊申	7 11	6 18	己卯
3	2 10	1 14	丁未	3 11	2 14	丁丑	4 10	3 14	丁未	5 11	4 16	戊寅	6 11	5 17	己酉	7 12	6 19	庚辰
6	2 11	1 15	戊申	3 12	2 15	戊寅	4 11	3 15	戊申	5 12	4 17	己卯	6 12	5 18	庚戌	7 13	6 20	辛巳
	2 12	1 16	己酉	3 13	2 16	己卯	4 12	3 16	己酉	5 13	4 18	庚辰	6 13	5 19	辛亥	7 14	6 21	壬午
	2 13	1 17	庚戌	3 14	2 17	庚辰	4 13	3 17	庚戌	5 14	4 19	辛巳	6 14	5 20	壬子	7 15	6 22	癸未
	2 14	1 18	辛亥	3 15	2 18	辛巳	4 14	3 18	辛亥	5 15	4 20	壬午	6 15	5 21	癸丑	7 16	6 23	甲申
	2 15	1 19	壬子	3 16	2 19	壬午	4 15	3 19	壬子	5 16	4 21	癸未	6 16	5 22	甲寅	7 17	6 24	乙酉
	2 16	1 20	癸丑	3 17	2 20	癸未	4 16	3 20	癸丑	5 17	4 22	甲申	6 17	5 23	乙卯	7 18	6 25	丙戌
龍	2 17	1 21	甲寅	3 18	2 21	甲申	4 17	3 21	甲寅	5 18	4 23	乙酉	6 18	5 24	丙辰	7 19	6 26	丁亥
	2 18	1 22	乙卯	3 19	2 22	乙酉	4 18	3 22	乙卯	5 19	4 24	丙戌	6 19	5 25	丁巳	7 20	6 27	戊子
	2 19	1 23	丙辰	3 20	2 23	丙戌	4 19	3 23	丙辰	5 20	4 25	丁亥	6 20	5 26	戊午	7 21	6 28	己丑
	2 20	1 24	丁巳	3 21	2 24	丁亥	4 20	3 24	丁巳	5 21	4 26	戊子	6 21	5 27	己未	7 22	6 29	庚寅
	2 21	1 25	戊午	3 22	2 25	戊子	4 21	3 25	戊午	5 22	4 27	己丑	6 22	5 28	庚申	7 23	閏6 1	辛卯
	2 22	1 26	己未	3 23	2 26	己丑	4 22	3 26	己未	5 23	4 28	庚寅	6 23	5 29	辛酉	7 24	6 2	壬辰
	2 23	1 27	庚申	3 24	2 27	庚寅	4 23	3 27	庚申	5 24	4 29	辛卯	6 24	6 1	壬戌	7 25	6 3	癸巳
中	2 24	1 28	辛酉	3 25	2 28	辛卯	4 24	3 28	辛酉	5 25	5 1	壬辰	6 25	6 2	癸亥	7 26	6 4	甲午
華	2 25	1 29	壬戌	3 26	2 29	壬辰	4 25	3 29	壬戌	5 26	5 2	癸巳	6 26	6 3	甲子	7 27	6 5	乙未
民	2 26	1 30	癸亥	3 27	2 30	癸巳	4 26	4 1	癸亥	5 27	5 3	甲午	6 27	6 4	乙丑	7 28	6 6	丙申
國	2 27	2 1	甲子	3 28	3 1	甲午	4 27	4 2	甲子	5 28	5 4	乙未	6 28	6 5	丙寅	7 29	6 7	丁酉
一	2 28	2 2	乙丑	3 29	3 2	乙未	4 28	4 3	乙丑	5 29	5 5	丙申	6 29	6 6	丁卯	7 30	6 8	戊戌
百	2 29	2 3	丙寅	3 30	3 3	丙申	4 29	4 4	丙寅	5 30	5 6	丁酉	6 30	6 7	戊辰	7 31	6 9	己亥
二	3 1	2 4	丁卯	3 31	3 4	丁酉	4 30	4 5	丁卯	5 31	5 7	戊戌	7 1	6 8	己巳	8 1	6 10	庚子
十	3 2	2 5	戊辰	4 1	3 5	戊戌	5 1	4 6	戊辰	6 1	5 8	己亥	7 2	6 9	庚午	8 2	6 11	辛丑
五	3 3	2 6	己巳	4 2	3 6	己亥	5 2	4 7	己巳	6 2	5 9	庚子	7 3	6 10	辛未	8 3	6 12	壬寅
年	3 4	2 7	庚午	4 3	3 7	庚子	5 3	4 8	庚午	6 3	5 10	辛丑	7 4	6 11	壬申	8 4	6 13	癸卯
							5 4	4 9	辛未	6 4	5 11	壬寅	7 5	6 12	癸酉	8 5	6 14	甲辰
																8 6	6 15	乙巳
中氣	雨水			春分			穀雨			小滿			夏至			大暑		
	2/19 10時13分 巳時			3/20 9時2分 巳時			4/19 19時49分 戌時			5/20 18時44分 酉時			6/21 2時31分 丑時			7/22 13時22分 未時		

丙辰																		年
丙申			丁酉			戊戌			己亥			庚子			辛丑			月
立秋			白露			寒露			立冬			大雪			小寒			節氣
8/7 5時48分 卯時			9/7 8時54分 辰時			10/8 0時48分 子時			11/7 4時13分 寅時			12/6 21時15分 亥時			1/5 8時33分 辰時			
國曆	農曆	干支	國曆	農曆	干支	國曆	農曆	干支	國曆	農曆	干支	國曆	農曆	干支	國曆	農曆	干支	日
8 7	6 16	丙午	9 7	7 17	丁丑	10 8	8 19	戊申	11 7	9 20	戊寅	12 6	10 19	丁未	1 5	11 20	丁丑	2036·2037
8 8	6 17	丁未	9 8	7 18	戊寅	10 9	8 20	己酉	11 8	9 21	己卯	12 7	10 20	戊申	1 6	11 21	戊寅	
8 9	6 18	戊申	9 9	7 19	己卯	10 10	8 21	庚戌	11 9	9 22	庚辰	12 8	10 21	己酉	1 7	11 22	己卯	
8 10	6 19	己酉	9 10	7 20	庚辰	10 11	8 22	辛亥	11 10	9 23	辛巳	12 9	10 22	庚戌	1 8	11 23	庚辰	
8 11	6 20	庚戌	9 11	7 21	辛巳	10 12	8 23	壬子	11 11	9 24	壬午	12 10	10 23	辛亥	1 9	11 24	辛巳	
8 12	6 21	辛亥	9 12	7 22	壬午	10 13	8 24	癸丑	11 12	9 25	癸未	12 11	10 24	壬子	1 10	11 25	壬午	
8 13	6 22	壬子	9 13	7 23	癸未	10 14	8 25	甲寅	11 13	9 26	甲申	12 12	10 25	癸丑	1 11	11 26	癸未	
8 14	6 23	癸丑	9 14	7 24	甲申	10 15	8 26	乙卯	11 14	9 27	乙酉	12 13	10 26	甲寅	1 12	11 27	甲申	
8 15	6 24	甲寅	9 15	7 25	乙酉	10 16	8 27	丙辰	11 15	9 28	丙戌	12 14	10 27	乙卯	1 13	11 28	乙酉	
8 16	6 25	乙卯	9 16	7 26	丙戌	10 17	8 28	丁巳	11 16	9 29	丁亥	12 15	10 28	丙辰	1 14	11 29	丙戌	
8 17	6 26	丙辰	9 17	7 27	丁亥	10 18	8 29	戊午	11 17	9 30	戊子	12 16	10 29	丁巳	1 15	11 30	丁亥	
8 18	6 27	丁巳	9 18	7 28	戊子	10 19	9 1	己未	11 18	10 1	己丑	12 17	11 1	戊午	1 16	12 1	戊子	
8 19	6 28	戊午	9 19	7 29	己丑	10 20	9 2	庚申	11 19	10 2	庚寅	12 18	11 2	己未	1 17	12 2	己丑	
8 20	6 29	己未	9 20	8 1	庚寅	10 21	9 3	辛酉	11 20	10 3	辛卯	12 19	11 3	庚申	1 18	12 3	庚寅	
8 21	6 30	庚申	9 21	8 2	辛卯	10 22	9 4	壬戌	11 21	10 4	壬辰	12 20	11 4	辛酉	1 19	12 4	辛卯	龍
8 22	7 1	辛酉	9 22	8 3	壬辰	10 23	9 5	癸亥	11 22	10 5	癸巳	12 21	11 5	壬戌	1 20	12 5	壬辰	
8 23	7 2	壬戌	9 23	8 4	癸巳	10 24	9 6	甲子	11 23	10 6	甲午	12 22	11 6	癸亥	1 21	12 6	癸巳	
8 24	7 3	癸亥	9 24	8 5	甲午	10 25	9 7	乙丑	11 24	10 7	乙未	12 23	11 7	甲子	1 22	12 7	甲午	
8 25	7 4	甲子	9 25	8 6	乙未	10 26	9 8	丙寅	11 25	10 8	丙申	12 24	11 8	乙丑	1 23	12 8	乙未	
8 26	7 5	乙丑	9 26	8 7	丙申	10 27	9 9	丁卯	11 26	10 9	丁酉	12 25	11 9	丙寅	1 24	12 9	丙申	中
8 27	7 6	丙寅	9 27	8 8	丁酉	10 28	9 10	戊辰	11 27	10 10	戊戌	12 26	11 10	丁卯	1 25	12 10	丁酉	華
8 28	7 7	丁卯	9 28	8 9	戊戌	10 29	9 11	己巳	11 28	10 11	己亥	12 27	11 11	戊辰	1 26	12 11	戊戌	民
8 29	7 8	戊辰	9 29	8 10	己亥	10 30	9 12	庚午	11 29	10 12	庚子	12 28	11 12	己巳	1 27	12 12	己亥	國
8 30	7 9	己巳	9 30	8 11	庚子	10 31	9 13	辛未	11 30	10 13	辛丑	12 29	11 13	庚午	1 28	12 13	庚子	一
8 31	7 10	庚午	10 1	8 12	辛丑	11 1	9 14	壬申	12 1	10 14	壬寅	12 30	11 14	辛未	1 29	12 14	辛丑	百
9 1	7 11	辛未	10 2	8 13	壬寅	11 2	9 15	癸酉	12 2	10 15	癸卯	12 31	11 15	壬申	1 30	12 15	壬寅	二
9 2	7 12	壬申	10 3	8 14	癸卯	11 3	9 16	甲戌	12 3	10 16	甲辰	1 1	11 16	癸酉	1 31	12 16	癸卯	十
9 3	7 13	癸酉	10 4	8 15	甲辰	11 4	9 17	乙亥	12 4	10 17	乙巳	1 2	11 17	甲戌	2 1	12 17	甲辰	五
9 4	7 14	甲戌	10 5	8 16	乙巳	11 5	9 18	丙子	12 5	10 18	丙午	1 3	11 18	乙亥	2 2	12 18	乙巳	·
9 5	7 15	乙亥	10 6	8 17	丙午	11 6	9 19	丁丑				1 4	11 19	丙子				一
9 6	7 16	丙子	10 7	8 18	丁未													百
處暑			秋分			霜降			小雪			冬至			大寒			中氣
8/22 20時31分 戌時			9/22 18時22分 酉時			10/23 3時58分 寅時			11/22 1時44分 丑時			12/21 15時12分 申時			1/20 1時53分 丑時			

二十六年

年	丁巳																
月	壬寅			癸卯			甲辰			乙巳			丙午			丁未		
節氣	立春			驚蟄			清明			立夏			芒種			小暑		
	2/3 20時10分 戊時			3/5 14時5分 未時			4/4 18時43分 酉時			5/5 11時48分 午時			6/5 15時46分 申時			7/7 1時54分 丑時		
日	國曆	農曆	干支	國曆	農曆	干支	國曆	農曆	干支	國曆	農曆	干支	國曆	農曆	干支	國曆	農曆	干支
	2 3	12 19	丙午	3 5	1 19	丙子	4 4	2 19	丙午	5 5	3 20	丁丑	6 5	4 22	戊申	7 7	5 24	庚辰
	2 4	12 20	丁未	3 6	1 20	丁丑	4 5	2 20	丁未	5 6	3 21	戊寅	6 6	4 23	己酉	7 8	5 25	辛巳
	2 5	12 21	戊申	3 7	1 21	戊寅	4 6	2 21	戊申	5 7	3 22	己卯	6 7	4 24	庚戌	7 9	5 26	壬午
	2 6	12 22	己酉	3 8	1 22	己卯	4 7	2 22	己酉	5 8	3 23	庚辰	6 8	4 25	辛亥	7 10	5 27	癸未
	2 7	12 23	庚戌	3 9	1 23	庚辰	4 8	2 23	庚戌	5 9	3 24	辛巳	6 9	4 26	壬子	7 11	5 28	甲申
	2 8	12 24	辛亥	3 10	1 24	辛巳	4 9	2 24	辛亥	5 10	3 25	壬午	6 10	4 27	癸丑	7 12	5 29	乙酉
	2 9	12 25	壬子	3 11	1 25	壬午	4 10	2 25	壬子	5 11	3 26	癸未	6 11	4 28	甲寅	7 13	6 1	丙戌
	2 10	12 26	癸丑	3 12	1 26	癸未	4 11	2 26	癸丑	5 12	3 27	甲申	6 12	4 29	乙卯	7 14	6 2	丁亥
	2 11	12 27	甲寅	3 13	1 27	甲申	4 12	2 27	甲寅	5 13	3 28	乙酉	6 13	4 30	丙辰	7 15	6 3	戊子
	2 12	12 28	乙卯	3 14	1 28	乙酉	4 13	2 28	乙卯	5 14	3 29	丙戌	6 14	5 1	丁巳	7 16	6 4	己丑
	2 13	12 29	丙辰	3 15	1 29	丙戌	4 14	2 29	丙辰	5 15	4 1	丁亥	6 15	5 2	戊午	7 17	6 5	庚寅
	2 14	12 30	丁巳	3 16	1 30	丁亥	4 15	2 30	丁巳	5 16	4 2	戊子	6 16	5 3	己未	7 18	6 6	辛卯
	2 15	1 1	戊午	3 17	2 1	戊子	4 16	3 1	戊午	5 17	4 3	己丑	6 17	5 4	庚申	7 19	6 7	壬辰
	2 16	1 2	己未	3 18	2 2	己丑	4 17	3 2	己未	5 18	4 4	庚寅	6 18	5 5	辛酉	7 20	6 8	癸巳
	2 17	1 3	庚申	3 19	2 3	庚寅	4 18	3 3	庚申	5 19	4 5	辛卯	6 19	5 6	壬戌	7 21	6 9	甲午
	2 18	1 4	辛酉	3 20	2 4	辛卯	4 19	3 4	辛酉	5 20	4 6	壬辰	6 20	5 7	癸亥	7 22	6 10	乙未
	2 19	1 5	壬戌	3 21	2 5	壬辰	4 20	3 5	壬戌	5 21	4 7	癸巳	6 21	5 8	甲子	7 23	6 11	丙申
	2 20	1 6	癸亥	3 22	2 6	癸巳	4 21	3 6	癸亥	5 22	4 8	甲午	6 22	5 9	乙丑	7 24	6 12	丁酉
	2 21	1 7	甲子	3 23	2 7	甲午	4 22	3 7	甲子	5 23	4 9	乙未	6 23	5 10	丙寅	7 25	6 13	戊戌
	2 22	1 8	乙丑	3 24	2 8	乙未	4 23	3 8	乙丑	5 24	4 10	丙申	6 24	5 11	丁卯	7 26	6 14	己亥
	2 23	1 9	丙寅	3 25	2 9	丙申	4 24	3 9	丙寅	5 25	4 11	丁酉	6 25	5 12	戊辰	7 27	6 15	庚子
	2 24	1 10	丁卯	3 26	2 10	丁酉	4 25	3 10	丁卯	5 26	4 12	戊戌	6 26	5 13	己巳	7 28	6 16	辛丑
	2 25	1 11	戊辰	3 27	2 11	戊戌	4 26	3 11	戊辰	5 27	4 13	己亥	6 27	5 14	庚午	7 29	6 17	壬寅
	2 26	1 12	己巳	3 28	2 12	己亥	4 27	3 12	己巳	5 28	4 14	庚子	6 28	5 15	辛未	7 30	6 18	癸卯
	2 27	1 13	庚午	3 29	2 13	庚子	4 28	3 13	庚午	5 29	4 15	辛丑	6 29	5 16	壬申	7 31	6 19	甲辰
	2 28	1 14	辛未	3 30	2 14	辛丑	4 29	3 14	辛未	5 30	4 16	壬寅	6 30	5 17	癸酉	8 1	6 20	乙巳
	3 1	1 15	壬申	3 31	2 15	壬寅	4 30	3 15	壬申	5 31	4 17	癸卯	7 1	5 18	甲戌	8 2	6 21	丙午
	3 2	1 16	癸酉	4 1	2 16	癸卯	5 1	3 16	癸酉	6 1	4 18	甲辰	7 2	5 19	乙亥	8 3	6 22	丁未
	3 3	1 17	甲戌	4 2	2 17	甲辰	5 2	3 17	甲戌	6 2	4 19	乙巳	7 3	5 20	丙子	8 4	6 23	戊申
	3 4	1 18	乙亥	4 3	2 18	乙巳	5 3	3 18	乙亥	6 3	4 20	丙午	7 4	5 21	丁丑	8 5	6 24	己酉
							5 4	3 19	丙子	6 4	4 21	丁未	7 5	5 22	戊寅	8 6	6 25	庚戌
													7 6	5 23	己卯			
中氣	雨水			春分			穀雨			小滿			夏至			大暑		
	2/18 15時58分 申時			3/20 14時49分 未時			4/20 1時39分 丑時			5/21 0時34分 子時			6/21 8時21分 辰時			7/22 19時11分 戌時		

年：2037　蛇　中華民國一百二十六年

丁巳																														年
戊申					己酉					庚戌					辛亥					壬子					癸丑					月
立秋					白露					寒露					立冬					大雪					小寒					節氣
8/7 11時42分 午時					9/7 14時44分 未時					10/8 6時37分 卯時					11/7 10時3分 巳時					12/7 3時6分 寅時					1/5 14時26分 未時					
國曆		農曆		干支	國曆		農曆		干支	國曆		農曆		干支	國曆		農曆		干支	國曆		農曆		干支	國曆		農曆		干支	日
8	7	6	26	辛亥	9	7	7	28	壬午	10	8	8	29	癸丑	11	7	10	1	癸未	12	7	11	1	癸丑	1	5	12	1	壬午	
8	8	6	27	壬子	9	8	7	29	癸未	10	9	9	1	甲寅	11	8	10	2	甲申	12	8	11	2	甲寅	1	6	12	2	癸未	
8	9	6	28	癸丑	9	9	7	30	甲申	10	10	9	2	乙卯	11	9	10	3	乙酉	12	9	11	3	乙卯	1	7	12	3	甲申	
8	10	6	29	甲寅	9	10	8	1	乙酉	10	11	9	3	丙辰	11	10	10	4	丙戌	12	10	11	4	丙辰	1	8	12	4	乙酉	2
8	11	7	1	乙卯	9	11	8	2	丙戌	10	12	9	4	丁巳	11	11	10	5	丁亥	12	11	11	5	丁巳	1	9	12	5	丙戌	0
8	12	7	2	丙辰	9	12	8	3	丁亥	10	13	9	5	戊午	11	12	10	6	戊子	12	12	11	6	戊午	1	10	12	6	丁亥	3
8	13	7	3	丁巳	9	13	8	4	戊子	10	14	9	6	己未	11	13	10	7	己丑	12	13	11	7	己未	1	11	12	7	戊子	7
8	14	7	4	戊午	9	14	8	5	己丑	10	15	9	7	庚申	11	14	10	8	庚寅	12	14	11	8	庚申	1	12	12	8	己丑	·
8	15	7	5	己未	9	15	8	6	庚寅	10	16	9	8	辛酉	11	15	10	9	辛卯	12	15	11	9	辛酉	1	13	12	9	庚寅	2
8	16	7	6	庚申	9	16	8	7	辛卯	10	17	9	9	壬戌	11	16	10	10	壬辰	12	16	11	10	壬戌	1	14	12	10	辛卯	0
8	17	7	7	辛酉	9	17	8	8	壬辰	10	18	9	10	癸亥	11	17	10	11	癸巳	12	17	11	11	癸亥	1	15	12	11	壬辰	3
8	18	7	8	壬戌	9	18	8	9	癸巳	10	19	9	11	甲子	11	18	10	12	甲午	12	18	11	12	甲子	1	16	12	12	癸巳	8
8	19	7	9	癸亥	9	19	8	10	甲午	10	20	9	12	乙丑	11	19	10	13	乙未	12	19	11	13	乙丑	1	17	12	13	甲午	
8	20	7	10	甲子	9	20	8	11	乙未	10	21	9	13	丙寅	11	20	10	14	丙申	12	20	11	14	丙寅	1	18	12	14	乙未	
8	21	7	11	乙丑	9	21	8	12	丙申	10	22	9	14	丁卯	11	21	10	15	丁酉	12	21	11	15	丁卯	1	19	12	15	丙申	蛇
8	22	7	12	丙寅	9	22	8	13	丁酉	10	23	9	15	戊辰	11	22	10	16	戊戌	12	22	11	16	戊辰	1	20	12	16	丁酉	
8	23	7	13	丁卯	9	23	8	14	戊戌	10	24	9	16	己巳	11	23	10	17	己亥	12	23	11	17	己巳	1	21	12	17	戊戌	
8	24	7	14	戊辰	9	24	8	15	己亥	10	25	9	17	庚午	11	24	10	18	庚子	12	24	11	18	庚午	1	22	12	18	己亥	中
8	25	7	15	己巳	9	25	8	16	庚子	10	26	9	18	辛未	11	25	10	19	辛丑	12	25	11	19	辛未	1	23	12	19	庚子	華
8	26	7	16	庚午	9	26	8	17	辛丑	10	27	9	19	壬申	11	26	10	20	壬寅	12	26	11	20	壬申	1	24	12	20	辛丑	民
8	27	7	17	辛未	9	27	8	18	壬寅	10	28	9	20	癸酉	11	27	10	21	癸卯	12	27	11	21	癸酉	1	25	12	21	壬寅	國
8	28	7	18	壬申	9	28	8	19	癸卯	10	29	9	21	甲戌	11	28	10	22	甲辰	12	28	11	22	甲戌	1	26	12	22	癸卯	一
8	29	7	19	癸酉	9	29	8	20	甲辰	10	30	9	22	乙亥	11	29	10	23	乙巳	12	29	11	23	乙亥	1	27	12	23	甲辰	百
8	30	7	20	甲戌	9	30	8	21	乙巳	10	31	9	23	丙子	11	30	10	24	丙午	12	30	11	24	丙子	1	28	12	24	乙巳	二
8	31	7	21	乙亥	10	1	8	22	丙午	11	1	9	24	丁丑	12	1	10	25	丁未	12	31	11	25	丁丑	1	29	12	25	丙午	十
9	1	7	22	丙子	10	2	8	23	丁未	11	2	9	25	戊寅	12	2	10	26	戊申	1	1	11	26	戊寅	1	30	12	26	丁未	六
9	2	7	23	丁丑	10	3	8	24	戊申	11	3	9	26	己卯	12	3	10	27	己酉	1	2	11	27	己卯	1	31	12	27	戊申	·
9	3	7	24	戊寅	10	4	8	25	己酉	11	4	9	27	庚辰	12	4	10	28	庚戌	1	3	11	28	庚辰	2	1	12	28	己酉	一
9	4	7	25	己卯	10	5	8	26	庚戌	11	5	9	28	辛巳	12	5	10	29	辛亥	1	4	11	29	辛巳	2	2	12	29	庚戌	百
9	5	7	26	庚辰	10	6	8	27	辛亥	11	6	9	29	壬午	12	6	10	30	壬子						2	3	12	30	辛亥	二
9	6	7	27	辛巳	10	7	8	28	壬子																					十
																														七
處暑					秋分					霜降					小雪					冬至					大寒					年
8/23 2時21分 丑時					9/23 0時12分 子時					10/23 9時49分 巳時					11/22 7時37分 辰時					12/21 21時7分 亥時					1/20 7時48分 辰時					中氣

年	戊午																	
月	甲寅			乙卯			丙辰			丁巳			戊午			己未		
節氣	立春			驚蟄			清明			立夏			芒種			小暑		
	2/4 2時3分 丑時			3/5 19時54分 戌時			4/5 0時28分 子時			5/5 17時30分 酉時			6/5 21時24分 亥時			7/7 7時31分 辰時		
日	國曆	農曆	干支	國曆	農曆	干支	國曆	農曆	干支	國曆	農曆	干支	國曆	農曆	干支	國曆	農曆	干支
	2 4	1 1	壬子	3 5	1 30	辛巳	4 5	3 1	壬子	5 5	4 2	壬午	6 5	5 3	癸丑	7 7	6 6	乙酉
	2 5	1 2	癸丑	3 6	2 1	壬午	4 6	3 2	癸丑	5 6	4 3	癸未	6 6	5 4	甲寅	7 8	6 7	丙戌
2	2 6	1 3	甲寅	3 7	2 2	癸未	4 7	3 3	甲寅	5 7	4 4	甲申	6 7	5 5	乙卯	7 9	6 8	丁亥
0	2 7	1 4	乙卯	3 8	2 3	甲申	4 8	3 4	乙卯	5 8	4 5	乙酉	6 8	5 6	丙辰	7 10	6 9	戊子
3	2 8	1 5	丙辰	3 9	2 4	乙酉	4 9	3 5	丙辰	5 9	4 6	丙戌	6 9	5 7	丁巳	7 11	6 10	己丑
8	2 9	1 6	丁巳	3 10	2 5	丙戌	4 10	3 6	丁巳	5 10	4 7	丁亥	6 10	5 8	戊午	7 12	6 11	庚寅
	2 10	1 7	戊午	3 11	2 6	丁亥	4 11	3 7	戊午	5 11	4 8	戊子	6 11	5 9	己未	7 13	6 12	辛卯
	2 11	1 8	己未	3 12	2 7	戊子	4 12	3 8	己未	5 12	4 9	己丑	6 12	5 10	庚申	7 14	6 13	壬辰
	2 12	1 9	庚申	3 13	2 8	己丑	4 13	3 9	庚申	5 13	4 10	庚寅	6 13	5 11	辛酉	7 15	6 14	癸巳
	2 13	1 10	辛酉	3 14	2 9	庚寅	4 14	3 10	辛酉	5 14	4 11	辛卯	6 14	5 12	壬戌	7 16	6 15	甲午
	2 14	1 11	壬戌	3 15	2 10	辛卯	4 15	3 11	壬戌	5 15	4 12	壬辰	6 15	5 13	癸亥	7 17	6 16	乙未
馬	2 15	1 12	癸亥	3 16	2 11	壬辰	4 16	3 12	癸亥	5 16	4 13	癸巳	6 16	5 14	甲子	7 18	6 17	丙申
	2 16	1 13	甲子	3 17	2 12	癸巳	4 17	3 13	甲子	5 17	4 14	甲午	6 17	5 15	乙丑	7 19	6 18	丁酉
	2 17	1 14	乙丑	3 18	2 13	甲午	4 18	3 14	乙丑	5 18	4 15	乙未	6 18	5 16	丙寅	7 20	6 19	戊戌
	2 18	1 15	丙寅	3 19	2 14	乙未	4 19	3 15	丙寅	5 19	4 16	丙申	6 19	5 17	丁卯	7 21	6 20	己亥
	2 19	1 16	丁卯	3 20	2 15	丙申	4 20	3 16	丁卯	5 20	4 17	丁酉	6 20	5 18	戊辰	7 22	6 21	庚子
	2 20	1 17	戊辰	3 21	2 16	丁酉	4 21	3 17	戊辰	5 21	4 18	戊戌	6 21	5 19	己巳	7 23	6 22	辛丑
	2 21	1 18	己巳	3 22	2 17	戊戌	4 22	3 18	己巳	5 22	4 19	己亥	6 22	5 20	庚午	7 24	6 23	壬寅
中	2 22	1 19	庚午	3 23	2 18	己亥	4 23	3 19	庚午	5 23	4 20	庚子	6 23	5 21	辛未	7 25	6 24	癸卯
華	2 23	1 20	辛未	3 24	2 19	庚子	4 24	3 20	辛未	5 24	4 21	辛丑	6 24	5 22	壬申	7 26	6 25	甲辰
民	2 24	1 21	壬申	3 25	2 20	辛丑	4 25	3 21	壬申	5 25	4 22	壬寅	6 25	5 23	癸酉	7 27	6 26	乙巳
國	2 25	1 22	癸酉	3 26	2 21	壬寅	4 26	3 22	癸酉	5 26	4 23	癸卯	6 26	5 24	甲戌	7 28	6 27	丙午
一	2 26	1 23	甲戌	3 27	2 22	癸卯	4 27	3 23	甲戌	5 27	4 24	甲辰	6 27	5 25	乙亥	7 29	6 28	丁未
百	2 27	1 24	乙亥	3 28	2 23	甲辰	4 28	3 24	乙亥	5 28	4 25	乙巳	6 28	5 26	丙子	7 30	6 29	戊申
二	2 28	1 25	丙子	3 29	2 24	乙巳	4 29	3 25	丙子	5 29	4 26	丙午	6 29	5 27	丁丑	7 31	6 30	己酉
十	3 1	1 26	丁丑	3 30	2 25	丙午	4 30	3 26	丁丑	5 30	4 27	丁未	6 30	5 28	戊寅	8 1	7 1	庚戌
七	3 2	1 27	戊寅	3 31	2 26	丁未	5 1	3 27	戊寅	5 31	4 28	戊申	7 1	5 29	己卯	8 2	7 2	辛亥
年	3 3	1 28	己卯	4 1	2 27	戊申	5 2	3 28	己卯	6 1	4 29	己酉	7 2	6 1	庚辰	8 3	7 3	壬子
	3 4	1 29	庚辰	4 2	2 28	己酉	5 3	3 29	庚辰	6 2	4 30	庚戌	7 3	6 2	辛巳	8 4	7 4	癸丑
				4 3	2 29	庚戌	5 4	4 1	辛巳	6 3	5 1	辛亥	7 4	6 3	壬午	8 5	7 5	甲寅
				4 4	2 30	辛亥				6 4	5 2	壬子	7 5	6 4	癸未	8 6	7 6	乙卯
													7 6	6 5	甲申			
中氣	雨水			春分			穀雨			小滿			夏至			大暑		
	2/18 21時51分 亥時			3/20 20時39分 戌時			4/20 7時27分 辰時			5/21 6時22分 卯時			6/21 14時8分 未時			7/23 0時59分 子時		

年
戊午

庚申			辛酉			壬戌			癸亥			甲子			乙丑			月
立秋			白露			寒露			立冬			大雪			小寒			節氣
8/7 17時20分 酉時			9/7 20時25分 戌時			10/8 12時20分 午時			11/7 15時50分 申時			12/7 8時55分 辰時			1/5 20時15分 戌時			
國曆	農曆	干支	國曆	農曆	干支	國曆	農曆	干支	國曆	農曆	干支	國曆	農曆	干支	國曆	農曆	干支	日
8 7	7 7	丙辰	9 7	8 9	丁亥	10 8	9 10	戊午	11 7	10 11	戊子	12 7	11 12	戊午	1 5	12 11	丁亥	
8 8	7 8	丁巳	9 8	8 10	戊子	10 9	9 11	己未	11 8	10 12	己丑	12 8	11 13	己未	1 6	12 12	戊子	
8 9	7 9	戊午	9 9	8 11	己丑	10 10	9 12	庚申	11 9	10 13	庚寅	12 9	11 14	庚申	1 7	12 13	己丑	
8 10	7 10	己未	9 10	8 12	庚寅	10 11	9 13	辛酉	11 10	10 14	辛卯	12 10	11 15	辛酉	1 8	12 14	庚寅	2
8 11	7 11	庚申	9 11	8 13	辛卯	10 12	9 14	壬戌	11 11	10 15	壬辰	12 11	11 16	壬戌	1 9	12 15	辛卯	0
8 12	7 12	辛酉	9 12	8 14	壬辰	10 13	9 15	癸亥	11 12	10 16	癸巳	12 12	11 17	癸亥	1 10	12 16	壬辰	3
8 13	7 13	壬戌	9 13	8 15	癸巳	10 14	9 16	甲子	11 13	10 17	甲午	12 13	11 18	甲子	1 11	12 17	癸巳	8
8 14	7 14	癸亥	9 14	8 16	甲午	10 15	9 17	乙丑	11 14	10 18	乙未	12 14	11 19	乙丑	1 12	12 18	甲午	·
8 15	7 15	甲子	9 15	8 17	乙未	10 16	9 18	丙寅	11 15	10 19	丙申	12 15	11 20	丙寅	1 13	12 19	乙未	2
8 16	7 16	乙丑	9 16	8 18	丙申	10 17	9 19	丁卯	11 16	10 20	丁酉	12 16	11 21	丁卯	1 14	12 20	丙申	0
8 17	7 17	丙寅	9 17	8 19	丁酉	10 18	9 20	戊辰	11 17	10 21	戊戌	12 17	11 22	戊辰	1 15	12 21	丁酉	3
8 18	7 18	丁卯	9 18	8 20	戊戌	10 19	9 21	己巳	11 18	10 22	己亥	12 18	11 23	己巳	1 16	12 22	戊戌	9
8 19	7 19	戊辰	9 19	8 21	己亥	10 20	9 22	庚午	11 19	10 23	庚子	12 19	11 24	庚午	1 17	12 23	己亥	
8 20	7 20	己巳	9 20	8 22	庚子	10 21	9 23	辛未	11 20	10 24	辛丑	12 20	11 25	辛未	1 18	12 24	庚子	
8 21	7 21	庚午	9 21	8 23	辛丑	10 22	9 24	壬申	11 21	10 25	壬寅	12 21	11 26	壬申	1 19	12 25	辛丑	馬
8 22	7 22	辛未	9 22	8 24	壬寅	10 23	9 25	癸酉	11 22	10 26	癸卯	12 22	11 27	癸酉	1 20	12 26	壬寅	
8 23	7 23	壬申	9 23	8 25	癸卯	10 24	9 26	甲戌	11 23	10 27	甲辰	12 23	11 28	甲戌	1 21	12 27	癸卯	
8 24	7 24	癸酉	9 24	8 26	甲辰	10 25	9 27	乙亥	11 24	10 28	乙巳	12 24	11 29	乙亥	1 22	12 28	甲辰	中
8 25	7 25	甲戌	9 25	8 27	乙巳	10 26	9 28	丙子	11 25	10 29	丙午	12 25	11 30	丙子	1 23	12 29	乙巳	華
8 26	7 26	乙亥	9 26	8 28	丙午	10 27	9 29	丁丑	11 26	11 1	丁未	12 26	12 1	丁丑	1 24	1 1	丙午	民
8 27	7 27	丙子	9 27	8 29	丁未	10 28	10 1	戊寅	11 27	11 2	戊申	12 27	12 2	戊寅	1 25	1 2	丁未	國
8 28	7 28	丁丑	9 28	8 30	戊申	10 29	10 2	己卯	11 28	11 3	己酉	12 28	12 3	己卯	1 26	1 3	戊申	一
8 29	7 29	戊寅	9 29	9 1	己酉	10 30	10 3	庚辰	11 29	11 4	庚戌	12 29	12 4	庚辰	1 27	1 4	己酉	百
8 30	8 1	己卯	9 30	9 2	庚戌	10 31	10 4	辛巳	11 30	11 5	辛亥	12 30	12 5	辛巳	1 28	1 5	庚戌	二
8 31	8 2	庚辰	10 1	9 3	辛亥	11 1	10 5	壬午	12 1	11 6	壬子	12 31	12 6	壬午	1 29	1 6	辛亥	十
9 1	8 3	辛巳	10 2	9 4	壬子	11 2	10 6	癸未	12 2	11 7	癸丑	1 1	12 7	癸未	1 30	1 7	壬子	七
9 2	8 4	壬午	10 3	9 5	癸丑	11 3	10 7	甲申	12 3	11 8	甲寅	1 2	12 8	甲申	1 31	1 8	癸丑	·
9 3	8 5	癸未	10 4	9 6	甲寅	11 4	10 8	乙酉	12 4	11 9	乙卯	1 3	12 9	乙酉	2 1	1 9	甲寅	一
9 4	8 6	甲申	10 5	9 7	乙卯	11 5	10 9	丙戌	12 5	11 10	丙辰	1 4	12 10	丙戌	2 2	1 10	乙卯	百
9 5	8 7	乙酉	10 6	9 8	丙辰	11 6	10 10	丁亥	12 6	11 11	丁巳				2 3	1 11	丙辰	二
9 6	8 8	丙戌	10 7	9 9	丁巳													十
																		八
																		年

處暑			秋分			霜降			小雪			冬至			大寒			中
8/23 8時9分 辰時			9/23 6時1分 卯時			10/23 15時39分 申時			11/22 13時30分 未時			12/22 3時1分 寅時			1/20 13時42分 未時			氣

年	己未																	
月	丙寅			丁卯			戊辰			己巳			庚午			辛未		
節氣	立春			驚蟄			清明			立夏			芒種			小暑		
	2/4 7時52分 辰時			3/6 1時42分 丑時			4/5 6時15分 卯時			5/5 23時17分 子時			6/6 3時14分 寅時			7/7 13時25分 未時		
日	國曆	農曆	干支	國曆	農曆	干支	國曆	農曆	干支	國曆	農曆	干支	國曆	農曆	干支	國曆	農曆	干支
	2 4	1 12	丁巳	3 6	2 12	丁亥	4 5	3 12	丁巳	5 5	4 13	丁亥	6 6	5 15	己未	7 7	5 16	庚寅
	2 5	1 13	戊午	3 7	2 13	戊子	4 6	3 13	戊午	5 6	4 14	戊子	6 7	5 16	庚申	7 8	5 17	辛卯
2	2 6	1 14	己未	3 8	2 14	己丑	4 7	3 14	己未	5 7	4 15	己丑	6 8	5 17	辛酉	7 9	5 18	壬辰
0	2 7	1 15	庚申	3 9	2 15	庚寅	4 8	3 15	庚申	5 8	4 16	庚寅	6 9	5 18	壬戌	7 10	5 19	癸巳
3	2 8	1 16	辛酉	3 10	2 16	辛卯	4 9	3 16	辛酉	5 9	4 17	辛卯	6 10	5 19	癸亥	7 11	5 20	甲午
9	2 9	1 17	壬戌	3 11	2 17	壬辰	4 10	3 17	壬戌	5 10	4 18	壬辰	6 11	5 20	甲子	7 12	5 21	乙未
	2 10	1 18	癸亥	3 12	2 18	癸巳	4 11	3 18	癸亥	5 11	4 19	癸巳	6 12	5 21	乙丑	7 13	5 22	丙申
	2 11	1 19	甲子	3 13	2 19	甲午	4 12	3 19	甲子	5 12	4 20	甲午	6 13	5 22	丙寅	7 14	5 23	丁酉
	2 12	1 20	乙丑	3 14	2 20	乙未	4 13	3 20	乙丑	5 13	4 21	乙未	6 14	5 23	丁卯	7 15	5 24	戊戌
	2 13	1 21	丙寅	3 15	2 21	丙申	4 14	3 21	丙寅	5 14	4 22	丙申	6 15	5 24	戊辰	7 16	5 25	己亥
	2 14	1 22	丁卯	3 16	2 22	丁酉	4 15	3 22	丁卯	5 15	4 23	丁酉	6 16	5 25	己巳	7 17	5 26	庚子
	2 15	1 23	戊辰	3 17	2 23	戊戌	4 16	3 23	戊辰	5 16	4 24	戊戌	6 17	5 26	庚午	7 18	5 27	辛丑
	2 16	1 24	己巳	3 18	2 24	己亥	4 17	3 24	己巳	5 17	4 25	己亥	6 18	5 27	辛未	7 19	5 28	壬寅
	2 17	1 25	庚午	3 19	2 25	庚子	4 18	3 25	庚午	5 18	4 26	庚子	6 19	5 28	壬申	7 20	5 29	癸卯
羊	2 18	1 26	辛未	3 20	2 26	辛丑	4 19	3 26	辛未	5 19	4 27	辛丑	6 20	5 29	癸酉	7 21	6 1	甲辰
	2 19	1 27	壬申	3 21	2 27	壬寅	4 20	3 27	壬申	5 20	4 28	壬寅	6 21	5 30	甲戌	7 22	6 2	乙巳
	2 20	1 28	癸酉	3 22	2 28	癸卯	4 21	3 28	癸酉	5 21	4 29	癸卯	6 22	閏5 1	乙亥	7 23	6 3	丙午
	2 21	1 29	甲戌	3 23	2 29	甲辰	4 22	3 29	甲戌	5 22	4 30	甲辰	6 23	5 2	丙子	7 24	6 4	丁未
	2 22	1 30	乙亥	3 24	2 30	乙巳	4 23	4 1	乙亥	5 23	5 1	乙巳	6 24	5 3	丁丑	7 25	6 5	戊申
	2 23	2 1	丙子	3 25	3 1	丙午	4 24	4 2	丙子	5 24	5 2	丙午	6 25	5 4	戊寅	7 26	6 6	己酉
	2 24	2 2	丁丑	3 26	3 2	丁未	4 25	4 3	丁丑	5 25	5 3	丁未	6 26	5 5	己卯	7 27	6 7	庚戌
中	2 25	2 3	戊寅	3 27	3 3	戊申	4 26	4 4	戊寅	5 26	5 4	戊申	6 27	5 6	庚辰	7 28	6 8	辛亥
華	2 26	2 4	己卯	3 28	3 4	己酉	4 27	4 5	己卯	5 27	5 5	己酉	6 28	5 7	辛巳	7 29	6 9	壬子
民	2 27	2 5	庚辰	3 29	3 5	庚戌	4 28	4 6	庚辰	5 28	5 6	庚戌	6 29	5 8	壬午	7 30	6 10	癸丑
國	2 28	2 6	辛巳	3 30	3 6	辛亥	4 29	4 7	辛巳	5 29	5 7	辛亥	6 30	5 9	癸未	7 31	6 11	甲寅
一	3 1	2 7	壬午	3 31	3 7	壬子	4 30	4 8	壬午	5 30	5 8	壬子	7 1	5 10	甲申	8 1	6 12	乙卯
百	3 2	2 8	癸未	4 1	3 8	癸丑	5 1	4 9	癸未	5 31	5 9	癸丑	7 2	5 11	乙酉	8 2	6 13	丙辰
二	3 3	2 9	甲申	4 2	3 9	甲寅	5 2	4 10	甲申	6 1	5 10	甲寅	7 3	5 12	丙戌	8 3	6 14	丁巳
十	3 4	2 10	乙酉	4 3	3 10	乙卯	5 3	4 11	乙酉	6 2	5 11	乙卯	7 4	5 13	丁亥	8 4	6 15	戊午
八	3 5	2 11	丙戌	4 4	3 11	丙辰	5 4	4 12	丙戌	6 3	5 12	丙辰	7 5	5 14	戊子	8 5	6 16	己未
年										6 4	5 13	丁巳	7 6	5 15	己丑	8 6	6 17	庚申
										6 5	5 14	戊午						
中氣	雨水			春分			穀雨			小滿			夏至			大暑		
	2/19 3時45分 寅時			3/21 2時31分 丑時			4/20 13時17分 未時			5/21 12時10分 午時			6/21 19時56分 戌時			7/23 6時47分 卯時		

																		年
己未																		
壬申			癸酉			甲戌			乙亥			丙子			丁丑			月
立秋			白露			寒露			立冬			大雪			小寒			節氣
8/7 23時17分 子時			9/8 2時23分 丑時			10/8 18時16分 酉時			11/7 21時42分 亥時			12/7 14時44分 未時			1/6 2時2分 丑時			
國曆	農曆	干支	國曆	農曆	干支	國曆	農曆	干支	國曆	農曆	干支	國曆	農曆	干支	國曆	農曆	干支	日
8 7	6 18	辛酉	9 8	7 20	癸巳	10 8	8 21	癸亥	11 7	9 21	癸巳	12 7	10 22	癸亥	1 6	11 22	癸巳	
8 8	6 19	壬戌	9 9	7 21	甲午	10 9	8 22	甲子	11 8	9 22	甲午	12 8	10 23	甲子	1 7	11 23	甲午	
8 9	6 20	癸亥	9 10	7 22	乙未	10 10	8 23	乙丑	11 9	9 23	乙未	12 9	10 24	乙丑	1 8	11 24	乙未	
8 10	6 21	甲子	9 11	7 23	丙申	10 11	8 24	丙寅	11 10	9 24	丙申	12 10	10 25	丙寅	1 9	11 25	丙申	2
8 11	6 22	乙丑	9 12	7 24	丁酉	10 12	8 25	丁卯	11 11	9 25	丁酉	12 11	10 26	丁卯	1 10	11 26	丁酉	0
8 12	6 23	丙寅	9 13	7 25	戊戌	10 13	8 26	戊辰	11 12	9 26	戊戌	12 12	10 27	戊辰	1 11	11 27	戊戌	3
8 13	6 24	丁卯	9 14	7 26	己亥	10 14	8 27	己巳	11 13	9 27	己亥	12 13	10 28	己巳	1 12	11 28	己亥	9
8 14	6 25	戊辰	9 15	7 27	庚子	10 15	8 28	庚午	11 14	9 28	庚子	12 14	10 29	庚午	1 13	11 29	庚子	·
8 15	6 26	己巳	9 16	7 28	辛丑	10 16	8 29	辛未	11 15	9 29	辛丑	12 15	10 30	辛未	1 14	12 1	辛丑	2
8 16	6 27	庚午	9 17	7 29	壬寅	10 17	8 30	壬申	11 16	10 1	壬寅	12 16	11 1	壬申	1 15	12 2	壬寅	0
8 17	6 28	辛未	9 18	8 1	癸卯	10 18	9 1	癸酉	11 17	10 2	癸卯	12 17	11 2	癸酉	1 16	12 3	癸卯	4
8 18	6 29	壬申	9 19	8 2	甲辰	10 19	9 2	甲戌	11 18	10 3	甲辰	12 18	11 3	甲戌	1 17	12 4	甲辰	0
8 19	6 30	癸酉	9 20	8 3	乙巳	10 20	9 3	乙亥	11 19	10 4	乙巳	12 19	11 4	乙亥	1 18	12 5	乙巳	
8 20	7 1	甲戌	9 21	8 4	丙午	10 21	9 4	丙子	11 20	10 5	丙午	12 20	11 5	丙子	1 19	12 6	丙午	
8 21	7 2	乙亥	9 22	8 5	丁未	10 22	9 5	丁丑	11 21	10 6	丁未	12 21	11 6	丁丑	1 20	12 7	丁未	
8 22	7 3	丙子	9 23	8 6	戊申	10 23	9 6	戊寅	11 22	10 7	戊申	12 22	11 7	戊寅	1 21	12 8	戊申	
8 23	7 4	丁丑	9 24	8 7	己酉	10 24	9 7	己卯	11 23	10 8	己酉	12 23	11 8	己卯	1 22	12 9	己酉	
8 24	7 5	戊寅	9 25	8 8	庚戌	10 25	9 8	庚辰	11 24	10 9	庚戌	12 24	11 9	庚辰	1 23	12 10	庚戌	羊
8 25	7 6	己卯	9 26	8 9	辛亥	10 26	9 9	辛巳	11 25	10 10	辛亥	12 25	11 10	辛巳	1 24	12 11	辛亥	
8 26	7 7	庚辰	9 27	8 10	壬子	10 27	9 10	壬午	11 26	10 11	壬子	12 26	11 11	壬午	1 25	12 12	壬子	
8 27	7 8	辛巳	9 28	8 11	癸丑	10 28	9 11	癸未	11 27	10 12	癸丑	12 27	11 12	癸未	1 26	12 13	癸丑	中
8 28	7 9	壬午	9 29	8 12	甲寅	10 29	9 12	甲申	11 28	10 13	甲寅	12 28	11 13	甲申	1 27	12 14	甲寅	華
8 29	7 10	癸未	9 30	8 13	乙卯	10 30	9 13	乙酉	11 29	10 14	乙卯	12 29	11 14	乙酉	1 28	12 15	乙卯	民
8 30	7 11	甲申	10 1	8 14	丙辰	10 31	9 14	丙戌	11 30	10 15	丙辰	12 30	11 15	丙戌	1 29	12 16	丙辰	國
8 31	7 12	乙酉	10 2	8 15	丁巳	11 1	9 15	丁亥	12 1	10 16	丁巳	12 31	11 16	丁亥	1 30	12 17	丁巳	一
9 1	7 13	丙戌	10 3	8 16	戊午	11 2	9 16	戊子	12 2	10 17	戊午	1 1	11 17	戊子	1 31	12 18	戊午	百
9 2	7 14	丁亥	10 4	8 17	己未	11 3	9 17	己丑	12 3	10 18	己未	1 2	11 18	己丑	2 1	12 19	己未	二
9 3	7 15	戊子	10 5	8 18	庚申	11 4	9 18	庚寅	12 4	10 19	庚申	1 3	11 19	庚寅	2 2	12 20	庚申	十
9 4	7 16	己丑	10 6	8 19	辛酉	11 5	9 19	辛卯	12 5	10 20	辛酉	1 4	11 20	辛卯	2 3	12 21	辛酉	八
9 5	7 17	庚寅	10 7	8 20	壬戌	11 6	9 20	壬辰	12 6	10 21	壬戌	1 5	11 21	壬辰				·
9 6	7 18	辛卯																一
9 7	7 19	壬辰																百
處暑			秋分			霜降			小雪			冬至			大寒			二
8/23 13時57分 未時			9/23 11時48分 午時			10/23 21時24分 亥時			11/22 19時11分 戌時			12/22 8時39分 辰時			1/20 19時20分 戌時			中氣

右欄年份：二十九年

年	庚申																	
月	戊寅			己卯			庚辰			辛巳			壬午			癸未		
節氣	立春			驚蟄			清明			立夏			芒種			小暑		
	2/4 13時39分 未時			3/5 7時30分 辰時			4/4 12時4分 午時			5/5 5時8分 卯時			6/5 9時7分 巳時			7/6 19時18分 戌時		
日	國曆	農曆	干支	國曆	農曆	干支	國曆	農曆	干支	國曆	農曆	干支	國曆	農曆	干支	國曆	農曆	干支
	2 4	12 22	壬戌	3 5	1 23	壬辰	4 4	2 23	壬戌	5 5	3 25	癸巳	6 5	4 26	甲子	7 6	5 27	乙未
	2 5	12 23	癸亥	3 6	1 24	癸巳	4 5	2 24	癸亥	5 6	3 26	甲午	6 6	4 27	乙丑	7 7	5 28	丙申
	2 6	12 24	甲子	3 7	1 25	甲午	4 6	2 25	甲子	5 7	3 27	乙未	6 7	4 28	丙寅	7 8	5 29	丁酉
	2 7	12 25	乙丑	3 8	1 26	乙未	4 7	2 26	乙丑	5 8	3 28	丙申	6 8	4 29	丁卯	7 9	6 1	戊戌
	2 8	12 26	丙寅	3 9	1 27	丙申	4 8	2 27	丙寅	5 9	3 29	丁酉	6 9	4 30	戊辰	7 10	6 2	己亥
2	2 9	12 27	丁卯	3 10	1 28	丁酉	4 9	2 28	丁卯	5 10	3 30	戊戌	6 10	5 1	己巳	7 11	6 3	庚子
0	2 10	12 28	戊辰	3 11	1 29	戊戌	4 10	2 29	戊辰	5 11	4 1	己亥	6 11	5 2	庚午	7 12	6 4	辛丑
4	2 11	12 29	己巳	3 12	1 30	己亥	4 11	3 1	己巳	5 12	4 2	庚子	6 12	5 3	辛未	7 13	6 5	壬寅
0	2 12	1 1	庚午	3 13	2 1	庚子	4 12	3 2	庚午	5 13	4 3	辛丑	6 13	5 4	壬申	7 14	6 6	癸卯
	2 13	1 2	辛未	3 14	2 2	辛丑	4 13	3 3	辛未	5 14	4 4	壬寅	6 14	5 5	癸酉	7 15	6 7	甲辰
	2 14	1 3	壬申	3 15	2 3	壬寅	4 14	3 4	壬申	5 15	4 5	癸卯	6 15	5 6	甲戌	7 16	6 8	乙巳
	2 15	1 4	癸酉	3 16	2 4	癸卯	4 15	3 5	癸酉	5 16	4 6	甲辰	6 16	5 7	乙亥	7 17	6 9	丙午
	2 16	1 5	甲戌	3 17	2 5	甲辰	4 16	3 6	甲戌	5 17	4 7	乙巳	6 17	5 8	丙子	7 18	6 10	丁未
猴	2 17	1 6	乙亥	3 18	2 6	乙巳	4 17	3 7	乙亥	5 18	4 8	丙午	6 18	5 9	丁丑	7 19	6 11	戊申
	2 18	1 7	丙子	3 19	2 7	丙午	4 18	3 8	丙子	5 19	4 9	丁未	6 19	5 10	戊寅	7 20	6 12	己酉
	2 19	1 8	丁丑	3 20	2 8	丁未	4 19	3 9	丁丑	5 20	4 10	戊申	6 20	5 11	己卯	7 21	6 13	庚戌
	2 20	1 9	戊寅	3 21	2 9	戊申	4 20	3 10	戊寅	5 21	4 11	己酉	6 21	5 12	庚辰	7 22	6 14	辛亥
	2 21	1 10	己卯	3 22	2 10	己酉	4 21	3 11	己卯	5 22	4 12	庚戌	6 22	5 13	辛巳	7 23	6 15	壬子
	2 22	1 11	庚辰	3 23	2 11	庚戌	4 22	3 12	庚辰	5 23	4 13	辛亥	6 23	5 14	壬午	7 24	6 16	癸丑
中	2 23	1 12	辛巳	3 24	2 12	辛亥	4 23	3 13	辛巳	5 24	4 14	壬子	6 24	5 15	癸未	7 25	6 17	甲寅
華	2 24	1 13	壬午	3 25	2 13	壬子	4 24	3 14	壬午	5 25	4 15	癸丑	6 25	5 16	甲申	7 26	6 18	乙卯
民	2 25	1 14	癸未	3 26	2 14	癸丑	4 25	3 15	癸未	5 26	4 16	甲寅	6 26	5 17	乙酉	7 27	6 19	丙辰
國	2 26	1 15	甲申	3 27	2 15	甲寅	4 26	3 16	甲申	5 27	4 17	乙卯	6 27	5 18	丙戌	7 28	6 20	丁巳
一	2 27	1 16	乙酉	3 28	2 16	乙卯	4 27	3 17	乙酉	5 28	4 18	丙辰	6 28	5 19	丁亥	7 29	6 21	戊午
百	2 28	1 17	丙戌	3 29	2 17	丙辰	4 28	3 18	丙戌	5 29	4 19	丁巳	6 29	5 20	戊子	7 30	6 22	己未
二	2 29	1 18	丁亥	3 30	2 18	丁巳	4 29	3 19	丁亥	5 30	4 20	戊午	6 30	5 21	己丑	7 31	6 23	庚申
十	3 1	1 19	戊子	3 31	2 19	戊午	4 30	3 20	戊子	5 31	4 21	己未	7 1	5 22	庚寅	8 1	6 24	辛酉
九	3 2	1 20	己丑	4 1	2 20	己未	5 1	3 21	己丑	6 1	4 22	庚申	7 2	5 23	辛卯	8 2	6 25	壬戌
年	3 3	1 21	庚寅	4 2	2 21	庚申	5 2	3 22	庚寅	6 2	4 23	辛酉	7 3	5 24	壬辰	8 3	6 26	癸亥
	3 4	1 22	辛卯	4 3	2 22	辛酉	5 3	3 23	辛卯	6 3	4 24	壬戌	7 4	5 25	癸巳	8 4	6 27	甲子
							5 4	3 24	壬辰	6 4	4 25	癸亥	7 5	5 26	甲午	8 5	6 28	乙丑
																8 6	6 29	丙寅
中氣	雨水			春分			穀雨			小滿			夏至			大暑		
	2/19 9時23分 巳時			3/20 8時10分 辰時			4/19 18時58分 酉時			5/20 17時54分 酉時			6/21 1時45分 丑時			7/22 12時40分 午時		

庚申																		年
甲申			乙酉			丙戌			丁亥			戊子			己丑			月
立秋			白露			寒露			立冬			大雪			小寒			節氣
8/7 5時9分 卯時			9/7 8時13分 辰時			10/8 0時4分 子時			11/7 3時28分 寅時			12/6 20時29分 戌時			1/5 7時47分 辰時			
國曆	農曆	干支	國曆	農曆	干支	國曆	農曆	干支	國曆	農曆	干支	國曆	農曆	干支	國曆	農曆	干支	日
8 7	6 30	丁卯	9 7	8 2	戊戌	10 8	9 3	己巳	11 7	10 3	己亥	12 6	11 3	戊辰	1 5	12 3	戊戌	
8 8	7 1	戊辰	9 8	8 3	己亥	10 9	9 4	庚午	11 8	10 4	庚子	12 7	11 4	己巳	1 6	12 4	己亥	
8 9	7 2	己巳	9 9	8 4	庚子	10 10	9 5	辛未	11 9	10 5	辛丑	12 8	11 5	庚午	1 7	12 5	庚子	
8 10	7 3	庚午	9 10	8 5	辛丑	10 11	9 6	壬申	11 10	10 6	壬寅	12 9	11 6	辛未	1 8	12 6	辛丑	
8 11	7 4	辛未	9 11	8 6	壬寅	10 12	9 7	癸酉	11 11	10 7	癸卯	12 10	11 7	壬申	1 9	12 7	壬寅	
8 12	7 5	壬申	9 12	8 7	癸卯	10 13	9 8	甲戌	11 12	10 8	甲辰	12 11	11 8	癸酉	1 10	12 8	癸卯	2 0 4 0 ・ 2 0 4 1
8 13	7 6	癸酉	9 13	8 8	甲辰	10 14	9 9	乙亥	11 13	10 9	乙巳	12 12	11 9	甲戌	1 11	12 9	甲辰	
8 14	7 7	甲戌	9 14	8 9	乙巳	10 15	9 10	丙子	11 14	10 10	丙午	12 13	11 10	乙亥	1 12	12 10	乙巳	
8 15	7 8	乙亥	9 15	8 10	丙午	10 16	9 11	丁丑	11 15	10 11	丁未	12 14	11 11	丙子	1 13	12 11	丙午	
8 16	7 9	丙子	9 16	8 11	丁未	10 17	9 12	戊寅	11 16	10 12	戊申	12 15	11 12	丁丑	1 14	12 12	丁未	
8 17	7 10	丁丑	9 17	8 12	戊申	10 18	9 13	己卯	11 17	10 13	己酉	12 16	11 13	戊寅	1 15	12 13	戊申	
8 18	7 11	戊寅	9 18	8 13	己酉	10 19	9 14	庚辰	11 18	10 14	庚戌	12 17	11 14	己卯	1 16	12 14	己酉	
8 19	7 12	己卯	9 19	8 14	庚戌	10 20	9 15	辛巳	11 19	10 15	辛亥	12 18	11 15	庚辰	1 17	12 15	庚戌	
8 20	7 13	庚辰	9 20	8 15	辛亥	10 21	9 16	壬午	11 20	10 16	壬子	12 19	11 16	辛巳	1 18	12 16	辛亥	
8 21	7 14	辛巳	9 21	8 16	壬子	10 22	9 17	癸未	11 21	10 17	癸丑	12 20	11 17	壬午	1 19	12 17	壬子	猴
8 22	7 15	壬午	9 22	8 17	癸丑	10 23	9 18	甲申	11 22	10 18	甲寅	12 21	11 18	癸未	1 20	12 18	癸丑	
8 23	7 16	癸未	9 23	8 18	甲寅	10 24	9 19	乙酉	11 23	10 19	乙卯	12 22	11 19	甲申	1 21	12 19	甲寅	
8 24	7 17	甲申	9 24	8 19	乙卯	10 25	9 20	丙戌	11 24	10 20	丙辰	12 23	11 20	乙酉	1 22	12 20	乙卯	
8 25	7 18	乙酉	9 25	8 20	丙辰	10 26	9 21	丁亥	11 25	10 21	丁巳	12 24	11 21	丙戌	1 23	12 21	丙辰	中 華 民 國 一 百 二 十 九 ・ 一 百 三 十 年
8 26	7 19	丙戌	9 26	8 21	丁巳	10 27	9 22	戊子	11 26	10 22	戊午	12 25	11 22	丁亥	1 24	12 22	丁巳	
8 27	7 20	丁亥	9 27	8 22	戊午	10 28	9 23	己丑	11 27	10 23	己未	12 26	11 23	戊子	1 25	12 23	戊午	
8 28	7 21	戊子	9 28	8 23	己未	10 29	9 24	庚寅	11 28	10 24	庚申	12 27	11 24	己丑	1 26	12 24	己未	
8 29	7 22	己丑	9 29	8 24	庚申	10 30	9 25	辛卯	11 29	10 25	辛酉	12 28	11 25	庚寅	1 27	12 25	庚申	
8 30	7 23	庚寅	9 30	8 25	辛酉	10 31	9 26	壬辰	11 30	10 26	壬戌	12 29	11 26	辛卯	1 28	12 26	辛酉	
8 31	7 24	辛卯	10 1	8 26	壬戌	11 1	9 27	癸巳	12 1	10 27	癸亥	12 30	11 27	壬辰	1 29	12 27	壬戌	
9 1	7 25	壬辰	10 2	8 27	癸亥	11 2	9 28	甲午	12 2	10 28	甲子	12 31	11 28	癸巳	1 30	12 28	癸亥	
9 2	7 26	癸巳	10 3	8 28	甲子	11 3	9 29	乙未	12 3	10 29	乙丑	1 1	11 29	甲午	1 31	12 29	甲子	
9 3	7 27	甲午	10 4	8 29	乙丑	11 4	9 30	丙申	12 4	11 1	丙寅	1 2	11 30	乙未	2 1	1 1	乙丑	
9 4	7 28	乙未	10 5	8 30	丙寅	11 5	10 1	丁酉	12 5	11 2	丁卯	1 3	12 1	丙申	2 2	1 2	丙寅	
9 5	7 29	丙申	10 6	9 1	丁卯	11 6	10 2	戊戌				1 4	12 2	丁酉				
9 6	8 1	丁酉	10 7	9 2	戊辰													
處暑			秋分			霜降			小雪			冬至			大寒			中
8/22 19時52分 戌時			9/22 17時44分 酉時			10/23 3時18分 寅時			11/22 1時4分 丑時			12/21 14時32分 未時			1/20 1時12分 丑時			氣

年	辛酉																
月	庚寅			辛卯			壬辰			癸巳			甲午			乙未		
節氣	立春 2/3 19時24分 戊時			驚蟄 3/5 13時17分 未時			清明 4/4 17時51分 酉時			立夏 5/5 10時53分 巳時			芒種 6/5 14時49分 未時			小暑 7/7 0時57分 子時		
日	國曆	農曆	干支	國曆	農曆	干支	國曆	農曆	干支	國曆	農曆	干支	國曆	農曆	干支	國曆	農曆	干支
	2 3	1 3	丁卯	3 5	2 4	丁酉	4 5	3 5	戊辰	5 5	4 6	戊戌	6 5	5 7	己巳	7 7	6 10	辛丑
	2 4	1 4	戊辰	3 6	2 5	戊戌	4 6	3 6	己巳	5 6	4 7	己亥	6 6	5 8	庚午	7 8	6 11	壬寅
	2 5	1 5	己巳	3 7	2 6	己亥	4 7	3 7	庚午	5 7	4 8	庚子	6 7	5 9	辛未	7 9	6 12	癸卯
	2 6	1 6	庚午	3 8	2 7	庚子	4 8	3 8	辛未	5 8	4 9	辛丑	6 8	5 10	壬申	7 10	6 13	甲辰
	2 7	1 7	辛未	3 9	2 8	辛丑	4 9	3 9	壬申	5 9	4 10	壬寅	6 9	5 11	癸酉	7 11	6 14	乙巳
	2 8	1 8	壬申	3 10	2 9	壬寅	4 10	3 10	癸酉	5 10	4 11	癸卯	6 10	5 12	甲戌	7 12	6 15	丙午
	2 9	1 9	癸酉	3 11	2 10	癸卯	4 11	3 11	甲戌	5 11	4 12	甲辰	6 11	5 13	乙亥	7 13	6 16	丁未
	2 10	1 10	甲戌	3 12	2 11	甲辰	4 12	3 12	乙亥	5 12	4 13	乙巳	6 12	5 14	丙子	7 14	6 17	戊申
	2 11	1 11	乙亥	3 13	2 12	乙巳	4 13	3 13	丙子	5 13	4 14	丙午	6 13	5 15	丁丑	7 15	6 18	己酉
	2 12	1 12	丙子	3 14	2 13	丙午	4 14	3 14	丁丑	5 14	4 15	丁未	6 14	5 16	戊寅	7 16	6 19	庚戌
2	2 13	1 13	丁丑	3 15	2 14	丁未	4 15	3 15	戊寅	5 15	4 16	戊申	6 15	5 17	己卯	7 17	6 20	辛亥
0	2 14	1 14	戊寅	3 16	2 15	戊申	4 16	3 16	己卯	5 16	4 17	己酉	6 16	5 18	庚辰	7 18	6 21	壬子
4	2 15	1 15	己卯	3 17	2 16	己酉	4 17	3 17	庚辰	5 17	4 18	庚戌	6 17	5 19	辛巳	7 19	6 22	癸丑
1	2 16	1 16	庚辰	3 18	2 17	庚戌	4 18	3 18	辛巳	5 18	4 19	辛亥	6 18	5 20	壬午	7 20	6 23	甲寅
	2 17	1 17	辛巳	3 19	2 18	辛亥	4 19	3 19	壬午	5 19	4 20	壬子	6 19	5 21	癸未	7 21	6 24	乙卯
	2 18	1 18	壬午	3 20	2 19	壬子	4 20	3 20	癸未	5 20	4 21	癸丑	6 20	5 22	甲申	7 22	6 25	丙辰
	2 19	1 19	癸未	3 21	2 20	癸丑	4 21	3 21	甲申	5 21	4 22	甲寅	6 21	5 23	乙酉	7 23	6 26	丁巳
	2 20	1 20	甲申	3 22	2 21	甲寅	4 22	3 22	乙酉	5 22	4 23	乙卯	6 22	5 24	丙戌	7 24	6 27	戊午
雞	2 21	1 21	乙酉	3 23	2 22	乙卯	4 23	3 23	丙戌	5 23	4 24	丙辰	6 23	5 25	丁亥	7 25	6 28	己未
	2 22	1 22	丙戌	3 24	2 23	丙辰	4 24	3 24	丁亥	5 24	4 25	丁巳	6 24	5 26	戊子	7 26	6 29	庚申
	2 23	1 23	丁亥	3 25	2 24	丁巳	4 25	3 25	戊子	5 25	4 26	戊午	6 25	5 27	己丑	7 27	6 30	辛酉
	2 24	1 24	戊子	3 26	2 25	戊午	4 26	3 26	己丑	5 26	4 27	己未	6 26	5 28	庚寅	7 28	7 1	壬戌
	2 25	1 25	己丑	3 27	2 26	己未	4 27	3 27	庚寅	5 27	4 28	庚申	6 27	5 29	辛卯	7 29	7 2	癸亥
中	2 26	1 26	庚寅	3 28	2 27	庚申	4 28	3 28	辛卯	5 28	4 29	辛酉	6 28	6 1	壬辰	7 30	7 3	甲子
華	2 27	1 27	辛卯	3 29	2 28	辛酉	4 29	3 29	壬辰	5 29	4 30	壬戌	6 29	6 2	癸巳	7 31	7 4	乙丑
民	2 28	1 28	壬辰	3 30	2 29	壬戌	4 30	4 1	癸巳	5 30	5 1	癸亥	6 30	6 3	甲午	8 1	7 5	丙寅
國	3 1	1 29	癸巳	3 31	2 30	癸亥	5 1	4 2	甲午	5 31	5 2	甲子	7 1	6 4	乙未	8 2	7 6	丁卯
一	3 2	2 1	甲午	4 1	3 1	甲子	5 2	4 3	乙未	6 1	5 3	乙丑	7 2	6 5	丙申	8 3	7 7	戊辰
百	3 3	2 2	乙未	4 2	3 2	乙丑	5 3	4 4	丙申	6 2	5 4	丙寅	7 3	6 6	丁酉	8 4	7 8	己巳
三	3 4	2 3	丙申	4 3	3 3	丙寅	5 4	4 5	丁酉	6 3	5 5	丁卯	7 4	6 7	戊戌	8 5	7 9	庚午
十				4 4	3 4	丁卯				6 4	5 6	戊辰	7 5	6 8	己亥	8 6	7 10	辛未
年													7 6	6 9	庚子			
中氣	雨水 2/18 15時16分 申時			春分 3/20 14時6分 未時			穀雨 4/20 0時54分 子時			小滿 5/20 23時48分 子時			夏至 6/21 7時35分 辰時			大暑 7/22 18時25分 酉時		

辛酉																		年
丙申			丁酉			戊戌			己亥			庚子			辛丑			月
立秋			白露			寒露			立冬			大雪			小寒			節氣
8/7 10時47分 巳時			9/7 13時52分 未時			10/8 5時46分 卯時			11/7 9時12分 巳時			12/7 2時15分 丑時			1/5 13時34分 未時			
國曆	農曆	干支	國曆	農曆	干支	國曆	農曆	干支	國曆	農曆	干支	國曆	農曆	干支	國曆	農曆	干支	日
8 7	7 11	壬申	9 7	8 12	癸卯	10 8	9 14	甲戌	11 7	10 14	甲辰	12 7	11 14	甲戌	1 5	12 14	癸卯	
8 8	7 12	癸酉	9 8	8 13	甲辰	10 9	9 15	乙亥	11 8	10 15	乙巳	12 8	11 15	乙亥	1 6	12 15	甲辰	
8 9	7 13	甲戌	9 9	8 14	乙巳	10 10	9 16	丙子	11 9	10 16	丙午	12 9	11 16	丙子	1 7	12 16	乙巳	
8 10	7 14	乙亥	9 10	8 15	丙午	10 11	9 17	丁丑	11 10	10 17	丁未	12 10	11 17	丁丑	1 8	12 17	丙午	2
8 11	7 15	丙子	9 11	8 16	丁未	10 12	9 18	戊寅	11 11	10 18	戊申	12 11	11 18	戊寅	1 9	12 18	丁未	0
8 12	7 16	丁丑	9 12	8 17	戊申	10 13	9 19	己卯	11 12	10 19	己酉	12 12	11 19	己卯	1 10	12 19	戊申	4
8 13	7 17	戊寅	9 13	8 18	己酉	10 14	9 20	庚辰	11 13	10 20	庚戌	12 13	11 20	庚辰	1 11	12 20	己酉	1
8 14	7 18	己卯	9 14	8 19	庚戌	10 15	9 21	辛巳	11 14	10 21	辛亥	12 14	11 21	辛巳	1 12	12 21	庚戌	·
8 15	7 19	庚辰	9 15	8 20	辛亥	10 16	9 22	壬午	11 15	10 22	壬子	12 15	11 22	壬午	1 13	12 22	辛亥	2
8 16	7 20	辛巳	9 16	8 21	壬子	10 17	9 23	癸未	11 16	10 23	癸丑	12 16	11 23	癸未	1 14	12 23	壬子	0
8 17	7 21	壬午	9 17	8 22	癸丑	10 18	9 24	甲申	11 17	10 24	甲寅	12 17	11 24	甲申	1 15	12 24	癸丑	4
8 18	7 22	癸未	9 18	8 23	甲寅	10 19	9 25	乙酉	11 18	10 25	乙卯	12 18	11 25	乙酉	1 16	12 25	甲寅	2
8 19	7 23	甲申	9 19	8 24	乙卯	10 20	9 26	丙戌	11 19	10 26	丙辰	12 19	11 26	丙戌	1 17	12 26	乙卯	
8 20	7 24	乙酉	9 20	8 25	丙辰	10 21	9 27	丁亥	11 20	10 27	丁巳	12 20	11 27	丁亥	1 18	12 27	丙辰	
8 21	7 25	丙戌	9 21	8 26	丁巳	10 22	9 28	戊子	11 21	10 28	戊午	12 21	11 28	戊子	1 19	12 28	丁巳	
8 22	7 26	丁亥	9 22	8 27	戊午	10 23	9 29	己丑	11 22	10 29	己未	12 22	11 29	己丑	1 20	12 29	戊午	
8 23	7 27	戊子	9 23	8 28	己未	10 24	9 30	庚寅	11 23	10 30	庚申	12 23	12 1	庚寅	1 21	12 30	己未	
8 24	7 28	己丑	9 24	8 29	庚申	10 25	10 1	辛卯	11 24	11 1	辛酉	12 24	12 2	辛卯	1 22	1 1	庚申	
8 25	7 29	庚寅	9 25	9 1	辛酉	10 26	10 2	壬辰	11 25	11 2	壬戌	12 25	12 3	壬辰	1 23	1 2	辛酉	
8 26	7 30	辛卯	9 26	9 2	壬戌	10 27	10 3	癸巳	11 26	11 3	癸亥	12 26	12 4	癸巳	1 24	1 3	壬戌	雞
8 27	8 1	壬辰	9 27	9 3	癸亥	10 28	10 4	甲午	11 27	11 4	甲子	12 27	12 5	甲午	1 25	1 4	癸亥	
8 28	8 2	癸巳	9 28	9 4	甲子	10 29	10 5	乙未	11 28	11 5	乙丑	12 28	12 6	乙未	1 26	1 5	甲子	
8 29	8 3	甲午	9 29	9 5	乙丑	10 30	10 6	丙申	11 29	11 6	丙寅	12 29	12 7	丙申	1 27	1 6	乙丑	
8 30	8 4	乙未	9 30	9 6	丙寅	10 31	10 7	丁酉	11 30	11 7	丁卯	12 30	12 8	丁酉	1 28	1 7	丙寅	中
8 31	8 5	丙申	10 1	9 7	丁卯	11 1	10 8	戊戌	12 1	11 8	戊辰	12 31	12 9	戊戌	1 29	1 8	丁卯	華
9 1	8 6	丁酉	10 2	9 8	戊辰	11 2	10 9	己亥	12 2	11 9	己巳	1 1	12 10	己亥	1 30	1 9	戊辰	民
9 2	8 7	戊戌	10 3	9 9	己巳	11 3	10 10	庚子	12 3	11 10	庚午	1 2	12 11	庚子	1 31	1 10	己巳	國
9 3	8 8	己亥	10 4	9 10	庚午	11 4	10 11	辛丑	12 4	11 11	辛未	1 3	12 12	辛丑	2 1	1 11	庚午	一
9 4	8 9	庚子	10 5	9 11	辛未	11 5	10 12	壬寅	12 5	11 12	壬申	1 4	12 13	壬寅	2 2	1 12	辛未	百
9 5	8 10	辛丑	10 6	9 12	壬申	11 6	10 13	癸卯	12 6	11 13	癸酉				2 3	1 13	壬申	三
9 6	8 11	壬寅	10 7	9 13	癸酉													十
處暑			秋分			霜降			小雪			冬至			大寒			中氣
8/23 1時35分 丑時			9/22 23時25分 子時			10/23 9時1分 巳時			11/22 6時48分 卯時			12/21 20時17分 戌時			1/20 6時59分 卯時			

年	壬戌																

年：壬戌　（狗）　中華民國一百三十一年　2042

月	壬寅			癸卯			甲辰			乙巳			丙午			丁未		
節氣	立春			驚蟄			清明			立夏			芒種			小暑		
	2/4 1時12分 丑時			3/5 19時5分 戌時			4/4 23時39分 子時			5/5 16時42分 申時			6/5 20時37分 戌時			7/7 6時46分 卯時		
日	國曆	農曆	干支	國曆	農曆	干支	國曆	農曆	干支	國曆	農曆	干支	國曆	農曆	干支	國曆	農曆	干支
	2 4	1 14	癸酉	3 5	2 14	壬寅	4 4	2 14	壬申	5 5	3 16	癸卯	6 5	4 18	甲戌	7 7	5 20	丙午
	2 5	1 15	甲戌	3 6	2 15	癸卯	4 5	2 15	癸酉	5 6	3 17	甲辰	6 6	4 19	乙亥	7 8	5 21	丁未
	2 6	1 16	乙亥	3 7	2 16	甲辰	4 6	2 16	甲戌	5 7	3 18	乙巳	6 7	4 20	丙子	7 9	5 22	戊申
	2 7	1 17	丙子	3 8	2 17	乙巳	4 7	2 17	乙亥	5 8	3 19	丙午	6 8	4 21	丁丑	7 10	5 23	己酉
	2 8	1 18	丁丑	3 9	2 18	丙午	4 8	2 18	丙子	5 9	3 20	丁未	6 9	4 22	戊寅	7 11	5 24	庚戌
	2 9	1 19	戊寅	3 10	2 19	丁未	4 9	2 19	丁丑	5 10	3 21	戊申	6 10	4 23	己卯	7 12	5 25	辛亥
	2 10	1 20	己卯	3 11	2 20	戊申	4 10	2 20	戊寅	5 11	3 22	己酉	6 11	4 24	庚辰	7 13	5 26	壬子
	2 11	1 21	庚辰	3 12	2 21	己酉	4 11	2 21	己卯	5 12	3 23	庚戌	6 12	4 25	辛巳	7 14	5 27	癸丑
	2 12	1 22	辛巳	3 13	2 22	庚戌	4 12	2 22	庚辰	5 13	3 24	辛亥	6 13	4 26	壬午	7 15	5 28	甲寅
	2 13	1 23	壬午	3 14	2 23	辛亥	4 13	2 23	辛巳	5 14	3 25	壬子	6 14	4 27	癸未	7 16	5 29	乙卯
	2 14	1 24	癸未	3 15	2 24	壬子	4 14	2 24	壬午	5 15	3 26	癸丑	6 15	4 28	甲申	7 17	6 1	丙辰
	2 15	1 25	甲申	3 16	2 25	癸丑	4 15	2 25	癸未	5 16	3 27	甲寅	6 16	4 29	乙酉	7 18	6 2	丁巳
	2 16	1 26	乙酉	3 17	2 26	甲寅	4 16	2 26	甲申	5 17	3 28	乙卯	6 17	4 30	丙戌	7 19	6 3	戊午
	2 17	1 27	丙戌	3 18	2 27	乙卯	4 17	2 27	乙酉	5 18	3 29	丙辰	6 18	5 1	丁亥	7 20	6 4	己未
	2 18	1 28	丁亥	3 19	2 28	丙辰	4 18	2 28	丙戌	5 19	4 1	丁巳	6 19	5 2	戊子	7 21	6 5	庚申
	2 19	1 29	戊子	3 20	2 29	丁巳	4 19	2 29	丁亥	5 20	4 2	戊午	6 20	5 3	己丑	7 22	6 6	辛酉
	2 20	2 1	己丑	3 21	2 30	戊午	4 20	3 1	戊子	5 21	4 3	己未	6 21	5 4	庚寅	7 23	6 7	壬戌
	2 21	2 2	庚寅	3 22	閏2 1	己未	4 21	3 2	己丑	5 22	4 4	庚申	6 22	5 5	辛卯	7 24	6 8	癸亥
	2 22	2 3	辛卯	3 23	2	庚申	4 22	3 3	庚寅	5 23	4 5	辛酉	6 23	5 6	壬辰	7 25	6 9	甲子
	2 23	2 4	壬辰	3 24	3	辛酉	4 23	3 4	辛卯	5 24	4 6	壬戌	6 24	5 7	癸巳	7 26	6 10	乙丑
	2 24	2 5	癸巳	3 25	4	壬戌	4 24	3 5	壬辰	5 25	4 7	癸亥	6 25	5 8	甲午	7 27	6 11	丙寅
	2 25	2 6	甲午	3 26	5	癸亥	4 25	3 6	癸巳	5 26	4 8	甲子	6 26	5 9	乙未	7 28	6 12	丁卯
	2 26	2 7	乙未	3 27	6	甲子	4 26	3 7	甲午	5 27	4 9	乙丑	6 27	5 10	丙申	7 29	6 13	戊辰
	2 27	2 8	丙申	3 28	7	乙丑	4 27	3 8	乙未	5 28	4 10	丙寅	6 28	5 11	丁酉	7 30	6 14	己巳
	2 28	2 9	丁酉	3 29	8	丙寅	4 28	3 9	丙申	5 29	4 11	丁卯	6 29	5 12	戊戌	7 31	6 15	庚午
	3 1	2 10	戊戌	3 30	9	丁卯	4 29	3 10	丁酉	5 30	4 12	戊辰	6 30	5 13	己亥	8 1	6 16	辛未
	3 2	2 11	己亥	3 31	10	戊辰	4 30	3 11	戊戌	5 31	4 13	己巳	7 1	5 14	庚子	8 2	6 17	壬申
	3 3	2 12	庚子	4 1	11	己巳	5 1	3 12	己亥	6 1	4 14	庚午	7 2	5 15	辛丑	8 3	6 18	癸酉
	3 4	2 13	辛丑	4 2	12	庚午	5 2	3 13	庚子	6 2	4 15	辛未	7 3	5 16	壬寅	8 4	6 19	甲戌
				4 3	13	辛未	5 3	3 14	辛丑	6 3	4 16	壬申	7 4	5 17	癸卯	8 5	6 20	乙亥
							5 4	3 15	壬寅	6 4	4 17	癸酉	7 5	5 18	甲辰	8 6	6 21	丙子
													7 6	5 19	乙巳			
中氣	雨水			春分			穀雨			小滿			夏至			大暑		
	2/18 21時3分 亥時			3/20 19時52分 戌時			4/20 6時38分 卯時			5/21 5時30分 卯時			6/21 13時15分 未時			7/23 0時5分 子時		

壬戌																														年
戊申					己酉					庚戌					辛亥					壬子					癸丑					月
立秋					白露					寒露					立冬					大雪					小寒					節氣
8/7 16時38分 申時					9/7 19時44分 戌時					10/8 11時39分 午時					11/7 15時6分 申時					12/7 8時8分 辰時					1/5 19時24分 戌時					
國曆		農曆		干支	國曆		農曆		干支	國曆		農曆		干支	國曆		農曆		干支	國曆		農曆		干支	國曆		農曆		干支	日
8	7	6	22	丁丑	9	7	7	23	戊申	10	8	8	25	己卯	11	7	9	25	己酉	12	7	10	25	己卯	1	5	11	25	戊申	
8	8	6	23	戊寅	9	8	7	24	己酉	10	9	8	26	庚辰	11	8	9	26	庚戌	12	8	10	26	庚辰	1	6	11	26	己酉	
8	9	6	24	己卯	9	9	7	25	庚戌	10	10	8	27	辛巳	11	9	9	27	辛亥	12	9	10	27	辛巳	1	7	11	27	庚戌	2
8	10	6	25	庚辰	9	10	7	26	辛亥	10	11	8	28	壬午	11	10	9	28	壬子	12	10	10	28	壬午	1	8	11	28	辛亥	0
8	11	6	26	辛巳	9	11	7	27	壬子	10	12	8	29	癸未	11	11	9	29	癸丑	12	11	10	29	癸未	1	9	11	29	壬子	4
8	12	6	27	壬午	9	12	7	28	癸丑	10	13	8	30	甲申	11	12	9	30	甲寅	12	12	11	1	甲申	1	10	11	30	癸丑	2
8	13	6	28	癸未	9	13	7	29	甲寅	10	14	9	1	乙酉	11	13	10	1	乙卯	12	13	11	2	乙酉	1	11	12	1	甲寅	·
8	14	6	29	甲申	9	14	8	1	乙卯	10	15	9	2	丙戌	11	14	10	2	丙辰	12	14	11	3	丙戌	1	12	12	2	乙卯	2
8	15	6	30	乙酉	9	15	8	2	丙辰	10	16	9	3	丁亥	11	15	10	3	丁巳	12	15	11	4	丁亥	1	13	12	3	丙辰	0
8	16	7	1	丙戌	9	16	8	3	丁巳	10	17	9	4	戊子	11	16	10	4	戊午	12	16	11	5	戊子	1	14	12	4	丁巳	4
8	17	7	2	丁亥	9	17	8	4	戊午	10	18	9	5	己丑	11	17	10	5	己未	12	17	11	6	己丑	1	15	12	5	戊午	3
8	18	7	3	戊子	9	18	8	5	己未	10	19	9	6	庚寅	11	18	10	6	庚申	12	18	11	7	庚寅	1	16	12	6	己未	
8	19	7	4	己丑	9	19	8	6	庚申	10	20	9	7	辛卯	11	19	10	7	辛酉	12	19	11	8	辛卯	1	17	12	7	庚申	
8	20	7	5	庚寅	9	20	8	7	辛酉	10	21	9	8	壬辰	11	20	10	8	壬戌	12	20	11	9	壬辰	1	18	12	8	辛酉	狗
8	21	7	6	辛卯	9	21	8	8	壬戌	10	22	9	9	癸巳	11	21	10	9	癸亥	12	21	11	10	癸巳	1	19	12	9	壬戌	
8	22	7	7	壬辰	9	22	8	9	癸亥	10	23	9	10	甲午	11	22	10	10	甲子	12	22	11	11	甲午	1	20	12	10	癸亥	
8	23	7	8	癸巳	9	23	8	10	甲子	10	24	9	11	乙未	11	23	10	11	乙丑	12	23	11	12	乙未	1	21	12	11	甲子	
8	24	7	9	甲午	9	24	8	11	乙丑	10	25	9	12	丙申	11	24	10	12	丙寅	12	24	11	13	丙申	1	22	12	12	乙丑	中
8	25	7	10	乙未	9	25	8	12	丙寅	10	26	9	13	丁酉	11	25	10	13	丁卯	12	25	11	14	丁酉	1	23	12	13	丙寅	華
8	26	7	11	丙申	9	26	8	13	丁卯	10	27	9	14	戊戌	11	26	10	14	戊辰	12	26	11	15	戊戌	1	24	12	14	丁卯	民
8	27	7	12	丁酉	9	27	8	14	戊辰	10	28	9	15	己亥	11	27	10	15	己巳	12	27	11	16	己亥	1	25	12	15	戊辰	國
8	28	7	13	戊戌	9	28	8	15	己巳	10	29	9	16	庚子	11	28	10	16	庚午	12	28	11	17	庚子	1	26	12	16	己巳	一
8	29	7	14	己亥	9	29	8	16	庚午	10	30	9	17	辛丑	11	29	10	17	辛未	12	29	11	18	辛丑	1	27	12	17	庚午	百
8	30	7	15	庚子	9	30	8	17	辛未	10	31	9	18	壬寅	11	30	10	18	壬申	12	30	11	19	壬寅	1	28	12	18	辛未	三
8	31	7	16	辛丑	10	1	8	18	壬申	11	1	9	19	癸卯	12	1	10	19	癸酉	12	31	11	20	癸卯	1	29	12	19	壬申	十
9	1	7	17	壬寅	10	2	8	19	癸酉	11	2	9	20	甲辰	12	2	10	20	甲戌	1	1	11	21	甲辰	1	30	12	20	癸酉	一
9	2	7	18	癸卯	10	3	8	20	甲戌	11	3	9	21	乙巳	12	3	10	21	乙亥	1	2	11	22	乙巳	1	31	12	21	甲戌	·
9	3	7	19	甲辰	10	4	8	21	乙亥	11	4	9	22	丙午	12	4	10	22	丙子	1	3	11	23	丙午	2	1	12	22	乙亥	一
9	4	7	20	乙巳	10	5	8	22	丙子	11	5	9	23	丁未	12	5	10	23	丁丑	1	4	11	24	丁未	2	2	12	23	丙子	百
9	5	7	21	丙午	10	6	8	23	丁丑	11	6	9	24	戊申	12	6	10	24	戊寅						2	3	12	24	丁丑	三
9	6	7	22	丁未	10	7	8	24	戊寅																					十
處暑					秋分					霜降					小雪					冬至					大寒					中
8/23 7時17分 辰時					9/23 5時10分 卯時					10/23 14時48分 未時					11/22 12時36分 午時					12/22 2時3分 丑時					1/20 12時40分 午時					氣

二年

年	癸亥																	
月	甲寅			乙卯			丙辰			丁巳			戊午			己未		
節氣	立春			驚蟄			清明			立夏			芒種			小暑		
氣	2/4 6時57分 卯時			3/6 0時46分 子時			4/5 5時19分 卯時			5/5 22時21分 亥時			6/6 2時17分 丑時			7/7 12時27分 午時		
日	國曆	農曆	干支	國曆	農曆	干支	國曆	農曆	干支	國曆	農曆	干支	國曆	農曆	干支	國曆	農曆	干支
	2 4	12 25	戊寅	3 6	1 25	戊申	4 5	2 26	戊寅	5 5	3 26	戊申	6 6	4 29	庚辰	7 7	6 1	辛亥
	2 5	12 26	己卯	3 7	1 26	己酉	4 6	2 27	己卯	5 6	3 27	己酉	6 7	5 1	辛巳	7 8	6 2	壬子
	2 6	12 27	庚辰	3 8	1 27	庚戌	4 7	2 28	庚辰	5 7	3 28	庚戌	6 8	5 2	壬午	7 9	6 3	癸丑
	2 7	12 28	辛巳	3 9	1 28	辛亥	4 8	2 29	辛巳	5 8	3 29	辛亥	6 9	5 3	癸未	7 10	6 4	甲寅
	2 8	12 29	壬午	3 10	1 29	壬子	4 9	2 30	壬午	5 9	4 1	壬子	6 10	5 4	甲申	7 11	6 5	乙卯
	2 9	12 30	癸未	3 11	2 1	癸丑	4 10	3 1	癸未	5 10	4 2	癸丑	6 11	5 5	乙酉	7 12	6 6	丙辰
	2 10	1 1	甲申	3 12	2 2	甲寅	4 11	3 2	甲申	5 11	4 3	甲寅	6 12	5 6	丙戌	7 13	6 7	丁巳
	2 11	1 2	乙酉	3 13	2 3	乙卯	4 12	3 3	乙酉	5 12	4 4	乙卯	6 13	5 7	丁亥	7 14	6 8	戊午
	2 12	1 3	丙戌	3 14	2 4	丙辰	4 13	3 4	丙戌	5 13	4 5	丙辰	6 14	5 8	戊子	7 15	6 9	己未
	2 13	1 4	丁亥	3 15	2 5	丁巳	4 14	3 5	丁亥	5 14	4 6	丁巳	6 15	5 9	己丑	7 16	6 10	庚申
2	2 14	1 5	戊子	3 16	2 6	戊午	4 15	3 6	戊子	5 15	4 7	戊午	6 16	5 10	庚寅	7 17	6 11	辛酉
0	2 15	1 6	己丑	3 17	2 7	己未	4 16	3 7	己丑	5 16	4 8	己未	6 17	5 11	辛卯	7 18	6 12	壬戌
4	2 16	1 7	庚寅	3 18	2 8	庚申	4 17	3 8	庚寅	5 17	4 9	庚申	6 18	5 12	壬辰	7 19	6 13	癸亥
3	2 17	1 8	辛卯	3 19	2 9	辛酉	4 18	3 9	辛卯	5 18	4 10	辛酉	6 19	5 13	癸巳	7 20	6 14	甲子
	2 18	1 9	壬辰	3 20	2 10	壬戌	4 19	3 10	壬辰	5 19	4 11	壬戌	6 20	5 14	甲午	7 21	6 15	乙丑
	2 19	1 10	癸巳	3 21	2 11	癸亥	4 20	3 11	癸巳	5 20	4 12	癸亥	6 21	5 15	乙未	7 22	6 16	丙寅
	2 20	1 11	甲午	3 22	2 12	甲子	4 21	3 12	甲午	5 21	4 13	甲子	6 22	5 16	丙申	7 23	6 17	丁卯
	2 21	1 12	乙未	3 23	2 13	乙丑	4 22	3 13	乙未	5 22	4 14	乙丑	6 23	5 17	丁酉	7 24	6 18	戊辰
豬	2 22	1 13	丙申	3 24	2 14	丙寅	4 23	3 14	丙申	5 23	4 15	丙寅	6 24	5 18	戊戌	7 25	6 19	己巳
	2 23	1 14	丁酉	3 25	2 15	丁卯	4 24	3 15	丁酉	5 24	4 16	丁卯	6 25	5 19	己亥	7 26	6 20	庚午
	2 24	1 15	戊戌	3 26	2 16	戊辰	4 25	3 16	戊戌	5 25	4 17	戊辰	6 26	5 20	庚子	7 27	6 21	辛未
	2 25	1 16	己亥	3 27	2 17	己巳	4 26	3 17	己亥	5 26	4 18	己巳	6 27	5 21	辛丑	7 28	6 22	壬申
中	2 26	1 17	庚子	3 28	2 18	庚午	4 27	3 18	庚子	5 27	4 19	庚午	6 28	5 22	壬寅	7 29	6 23	癸酉
華	2 27	1 18	辛丑	3 29	2 19	辛未	4 28	3 19	辛丑	5 28	4 20	辛未	6 29	5 23	癸卯	7 30	6 24	甲戌
民	2 28	1 19	壬寅	3 30	2 20	壬申	4 29	3 20	壬寅	5 29	4 21	壬申	6 30	5 24	甲辰	7 31	6 25	乙亥
國	3 1	1 20	癸卯	3 31	2 21	癸酉	4 30	3 21	癸卯	5 30	4 22	癸酉	7 1	5 25	乙巳	8 1	6 26	丙子
一	3 2	1 21	甲辰	4 1	2 22	甲戌	5 1	3 22	甲辰	5 31	4 23	甲戌	7 2	5 26	丙午	8 2	6 27	丁丑
百	3 3	1 22	乙巳	4 2	2 23	乙亥	5 2	3 23	乙巳	6 1	4 24	乙亥	7 3	5 27	丁未	8 3	6 28	戊寅
三	3 4	1 23	丙午	4 3	2 24	丙子	5 3	3 24	丙午	6 2	4 25	丙子	7 4	5 28	戊申	8 4	6 29	己卯
十	3 5	1 24	丁未	4 4	2 25	丁丑	5 4	3 25	丁未	6 3	4 26	丁丑	7 5	5 29	己酉	8 5	7 1	庚辰
二										6 4	4 27	戊寅	7 6	5 30	庚戌	8 6	7 2	辛巳
年										6 5	4 28	己卯						
中氣	雨水			春分			穀雨			小滿			夏至			大暑		
	2/19 2時40分 丑時			3/21 1時27分 丑時			4/20 12時13分 午時			5/21 11時8分 午時			6/21 18時57分 酉時			7/23 5時52分 卯時		

庚申 立秋 8/7 22時19分 亥時			辛酉 白露 9/8 1時29分 丑時			壬戌 寒露 10/8 17時26分 酉時			癸亥 立冬 11/7 20時55分 戌時			甲子 大雪 12/7 13時56分 未時			乙丑 小寒 1/6 1時11分 丑時		
國曆	農曆	干支	國曆	農曆	干支	國曆	農曆	干支	國曆	農曆	干支	國曆	農曆	干支	國曆	農曆	干支
8/7	7/3	壬午	9/8	8/6	甲寅	10/8	9/6	甲申	11/7	10/6	甲寅	12/7	11/7	甲申	1/6	12/7	甲寅
8/8	7/4	癸未	9/9	8/7	乙卯	10/9	9/7	乙酉	11/8	10/7	乙卯	12/8	11/8	乙酉	1/7	12/8	乙卯
8/9	7/5	甲申	9/10	8/8	丙辰	10/10	9/8	丙戌	11/9	10/8	丙辰	12/9	11/9	丙戌	1/8	12/9	丙辰
8/10	7/6	乙酉	9/11	8/9	丁巳	10/11	9/9	丁亥	11/10	10/9	丁巳	12/10	11/10	丁亥	1/9	12/10	丁巳
8/11	7/7	丙戌	9/12	8/10	戊午	10/12	9/10	戊子	11/11	10/10	戊午	12/11	11/11	戊子	1/10	12/11	戊午
8/12	7/8	丁亥	9/13	8/11	己未	10/13	9/11	己丑	11/12	10/11	己未	12/12	11/12	己丑	1/11	12/12	己未
8/13	7/9	戊子	9/14	8/12	庚申	10/14	9/12	庚寅	11/13	10/12	庚申	12/13	11/13	庚寅	1/12	12/13	庚申
8/14	7/10	己丑	9/15	8/13	辛酉	10/15	9/13	辛卯	11/14	10/13	辛酉	12/14	11/14	辛卯	1/13	12/14	辛酉
8/15	7/11	庚寅	9/16	8/14	壬戌	10/16	9/14	壬辰	11/15	10/14	壬戌	12/15	11/15	壬辰	1/14	12/15	壬戌
8/16	7/12	辛卯	9/17	8/15	癸亥	10/17	9/15	癸巳	11/16	10/15	癸亥	12/16	11/16	癸巳	1/15	12/16	癸亥
8/17	7/13	壬辰	9/18	8/16	甲子	10/18	9/16	甲午	11/17	10/16	甲子	12/17	11/17	甲午	1/16	12/17	甲子
8/18	7/14	癸巳	9/19	8/17	乙丑	10/19	9/17	乙未	11/18	10/17	乙丑	12/18	11/18	乙未	1/17	12/18	乙丑
8/19	7/15	甲午	9/20	8/18	丙寅	10/20	9/18	丙申	11/19	10/18	丙寅	12/19	11/19	丙申	1/18	12/19	丙寅
8/20	7/16	乙未	9/21	8/19	丁卯	10/21	9/19	丁酉	11/20	10/19	丁卯	12/20	11/20	丁酉	1/19	12/20	丁卯
8/21	7/17	丙申	9/22	8/20	戊辰	10/22	9/20	戊戌	11/21	10/20	戊辰	12/21	11/21	戊戌	1/20	12/21	戊辰
8/22	7/18	丁酉	9/23	8/21	己巳	10/23	9/21	己亥	11/22	10/21	己巳	12/22	11/22	己亥	1/21	12/22	己巳
8/23	7/19	戊戌	9/24	8/22	庚午	10/24	9/22	庚子	11/23	10/22	庚午	12/23	11/23	庚子	1/22	12/23	庚午
8/24	7/20	己亥	9/25	8/23	辛未	10/25	9/23	辛丑	11/24	10/23	辛未	12/24	11/24	辛丑	1/23	12/24	辛未
8/25	7/21	庚子	9/26	8/24	壬申	10/26	9/24	壬寅	11/25	10/24	壬申	12/25	11/25	壬寅	1/24	12/25	壬申
8/26	7/22	辛丑	9/27	8/25	癸酉	10/27	9/25	癸卯	11/26	10/25	癸酉	12/26	11/26	癸卯	1/25	12/26	癸酉
8/27	7/23	壬寅	9/28	8/26	甲戌	10/28	9/26	甲辰	11/27	10/26	甲戌	12/27	11/27	甲辰	1/26	12/27	甲戌
8/28	7/24	癸卯	9/29	8/27	乙亥	10/29	9/27	乙巳	11/28	10/27	乙亥	12/28	11/28	乙巳	1/27	12/28	乙亥
8/29	7/25	甲辰	9/30	8/28	丙子	10/30	9/28	丙午	11/29	10/28	丙子	12/29	11/29	丙午	1/28	12/29	丙子
8/30	7/26	乙巳	10/1	8/29	丁丑	10/31	9/29	丁未	11/30	10/29	丁丑	12/30	11/30	丁未	1/29	12/30	丁丑
8/31	7/27	丙午	10/2	8/30	戊寅	11/1	9/30	戊申	12/1	11/1	戊寅	12/31	12/1	戊申	1/30	1/1	戊寅
9/1	7/28	丁未	10/3	9/1	己卯	11/2	10/1	己酉	12/2	11/2	己卯	1/1	12/2	己酉	1/31	1/2	己卯
9/2	7/29	戊申	10/4	9/2	庚辰	11/3	10/2	庚戌	12/3	11/3	庚辰	1/2	12/3	庚戌	2/1	1/3	庚辰
9/3	8/1	己酉	10/5	9/3	辛巳	11/4	10/3	辛亥	12/4	11/4	辛巳	1/3	12/4	辛亥	2/2	1/4	辛巳
9/4	8/2	庚戌	10/6	9/4	壬午	11/5	10/4	壬子	12/5	11/5	壬午	1/4	12/5	壬子	2/3	1/5	壬午
9/5	8/3	辛亥	10/7	9/5	癸未	11/6	10/5	癸丑	12/6	11/6	癸未	1/5	12/6	癸丑			
9/6	8/4	壬子															
9/7	8/5	癸丑															

中氣	處暑 8/23 13時8分 未時	秋分 9/23 11時6分 午時	霜降 10/23 20時46分 戌時	小雪 11/22 18時34分 酉時	冬至 12/22 8時0分 辰時	大寒 1/20 18時36分 酉時

年：癸亥　2043・2044　豬　中華民國一百三十二・一百三十三年

年	甲子																
月	丙寅			丁卯			戊辰			己巳			庚午			辛未		
節氣	立春			驚蟄			清明			立夏			芒種			小暑		
節氣	2/4 12時43分 午時			3/5 6時30分 卯時			4/4 11時2分 午時			5/5 4時4分 寅時			6/5 8時3分 辰時			7/6 18時15分 酉時		
日	國曆	農曆	干支	國曆	農曆	干支	國曆	農曆	干支	國曆	農曆	干支	國曆	農曆	干支	國曆	農曆	干支
	2 4	1 6	癸未	3 5	2 6	癸丑	4 4	3 7	癸未	5 5	4 8	甲寅	6 5	5 10	乙酉	7 6	6 12	丙辰
	2 5	1 7	甲申	3 6	2 7	甲寅	4 5	3 8	甲申	5 6	4 9	乙卯	6 6	5 11	丙戌	7 7	6 13	丁巳
	2 6	1 8	乙酉	3 7	2 8	乙卯	4 6	3 9	乙酉	5 7	4 10	丙辰	6 7	5 12	丁亥	7 8	6 14	戊午
	2 7	1 9	丙戌	3 8	2 9	丙辰	4 7	3 10	丙戌	5 8	4 11	丁巳	6 8	5 13	戊子	7 9	6 15	己未
	2 8	1 10	丁亥	3 9	2 10	丁巳	4 8	3 11	丁亥	5 9	4 12	戊午	6 9	5 14	己丑	7 10	6 16	庚申
2	2 9	1 11	戊子	3 10	2 11	戊午	4 9	3 12	戊子	5 10	4 13	己未	6 10	5 15	庚寅	7 11	6 17	辛酉
0	2 10	1 12	己丑	3 11	2 12	己未	4 10	3 13	己丑	5 11	4 14	庚申	6 11	5 16	辛卯	7 12	6 18	壬戌
4	2 11	1 13	庚寅	3 12	2 13	庚申	4 11	3 14	庚寅	5 12	4 15	辛酉	6 12	5 17	壬辰	7 13	6 19	癸亥
4	2 12	1 14	辛卯	3 13	2 14	辛酉	4 12	3 15	辛卯	5 13	4 16	壬戌	6 13	5 18	癸巳	7 14	6 20	甲子
	2 13	1 15	壬辰	3 14	2 15	壬戌	4 13	3 16	壬辰	5 14	4 17	癸亥	6 14	5 19	甲午	7 15	6 21	乙丑
	2 14	1 16	癸巳	3 15	2 16	癸亥	4 14	3 17	癸巳	5 15	4 18	甲子	6 15	5 20	乙未	7 16	6 22	丙寅
	2 15	1 17	甲午	3 16	2 17	甲子	4 15	3 18	甲午	5 16	4 19	乙丑	6 16	5 21	丙申	7 17	6 23	丁卯
	2 16	1 18	乙未	3 17	2 18	乙丑	4 16	3 19	乙未	5 17	4 20	丙寅	6 17	5 22	丁酉	7 18	6 24	戊辰
	2 17	1 19	丙申	3 18	2 19	丙寅	4 17	3 20	丙申	5 18	4 21	丁卯	6 18	5 23	戊戌	7 19	6 25	己巳
鼠	2 18	1 20	丁酉	3 19	2 20	丁卯	4 18	3 21	丁酉	5 19	4 22	戊辰	6 19	5 24	己亥	7 20	6 26	庚午
	2 19	1 21	戊戌	3 20	2 21	戊辰	4 19	3 22	戊戌	5 20	4 23	己巳	6 20	5 25	庚子	7 21	6 27	辛未
	2 20	1 22	己亥	3 21	2 22	己巳	4 20	3 23	己亥	5 21	4 24	庚午	6 21	5 26	辛丑	7 22	6 28	壬申
	2 21	1 23	庚子	3 22	2 23	庚午	4 21	3 24	庚子	5 22	4 25	辛未	6 22	5 27	壬寅	7 23	6 29	癸酉
	2 22	1 24	辛丑	3 23	2 24	辛未	4 22	3 25	辛丑	5 23	4 26	壬申	6 23	5 28	癸卯	7 24	6 30	甲戌
	2 23	1 25	壬寅	3 24	2 25	壬申	4 23	3 26	壬寅	5 24	4 27	癸酉	6 24	5 29	甲辰	7 25	7 1	乙亥
中	2 24	1 26	癸卯	3 25	2 26	癸酉	4 24	3 27	癸卯	5 25	4 28	甲戌	6 25	6 1	乙巳	7 26	7 2	丙子
華	2 25	1 27	甲辰	3 26	2 27	甲戌	4 25	3 28	甲辰	5 26	4 29	乙亥	6 26	6 2	丙午	7 27	7 3	丁丑
民	2 26	1 28	乙巳	3 27	2 28	乙亥	4 26	3 29	乙巳	5 27	5 1	丙子	6 27	6 3	丁未	7 28	7 4	戊寅
國	2 27	1 29	丙午	3 28	2 29	丙子	4 27	3 30	丙午	5 28	5 2	丁丑	6 28	6 4	戊申	7 29	7 5	己卯
一	2 28	1 30	丁未	3 29	3 1	丁丑	4 28	4 1	丁未	5 29	5 3	戊寅	6 29	6 5	己酉	7 30	7 6	庚辰
百	2 29	2 1	戊申	3 30	3 2	戊寅	4 29	4 2	戊申	5 30	5 4	己卯	6 30	6 6	庚戌	7 31	7 7	辛巳
三	3 1	2 2	己酉	3 31	3 3	己卯	4 30	4 3	己酉	5 31	5 5	庚辰	7 1	6 7	辛亥	8 1	7 8	壬午
十	3 2	2 3	庚戌	4 1	3 4	庚辰	5 1	4 4	庚戌	6 1	5 6	辛巳	7 2	6 8	壬子	8 2	7 9	癸未
三	3 3	2 4	辛亥	4 2	3 5	辛巳	5 2	4 5	辛亥	6 2	5 7	壬午	7 3	6 9	癸丑	8 3	7 10	甲申
年	3 4	2 5	壬子	4 3	3 6	壬午	5 3	4 6	壬子	6 3	5 8	癸未	7 4	6 10	甲寅	8 4	7 11	乙酉
							5 4	4 7	癸丑	6 4	5 9	甲申	7 5	6 11	乙卯	8 5	7 12	丙戌
																8 6	7 13	丁亥
中氣	雨水 2/19 8時35分 辰時			春分 3/20 7時19分 辰時			穀雨 4/19 18時5分 酉時			小滿 5/20 17時1分 酉時			夏至 6/21 0時50分 子時			大暑 7/22 11時42分 午時		

甲子																		年
壬申			癸酉			甲戌			乙亥			丙子			丁丑			月
立秋			白露			寒露			立冬			大雪			小寒			節氣
8/7 4時7分 寅時			9/7 7時15分 辰時			10/7 23時12分 子時			11/7 2時41分 丑時			12/6 19時44分 戌時			1/5 7時1分 辰時			
國曆	農曆	干支	國曆	農曆	干支	國曆	農曆	干支	國曆	農曆	干支	國曆	農曆	干支	國曆	農曆	干支	日
8 7	7 14	戊子	9 7	7 16	己未	10 7	8 17	己丑	11 7	9 18	庚申	12 6	10 18	己丑	1 5	11 18	己未	
8 8	7 15	己丑	9 8	7 17	庚申	10 8	8 18	庚寅	11 8	9 19	辛酉	12 7	10 19	庚寅	1 6	11 19	庚申	
8 9	7 16	庚寅	9 9	7 18	辛酉	10 9	8 19	辛卯	11 9	9 20	壬戌	12 8	10 20	辛卯	1 7	11 20	辛酉	2
8 10	7 17	辛卯	9 10	7 19	壬戌	10 10	8 20	壬辰	11 10	9 21	癸亥	12 9	10 21	壬辰	1 8	11 21	壬戌	0
8 11	7 18	壬辰	9 11	7 20	癸亥	10 11	8 21	癸巳	11 11	9 22	甲子	12 10	10 22	癸巳	1 9	11 22	癸亥	4
8 12	7 19	癸巳	9 12	7 21	甲子	10 12	8 22	甲午	11 12	9 23	乙丑	12 11	10 23	甲午	1 10	11 23	甲子	4
8 13	7 20	甲午	9 13	7 22	乙丑	10 13	8 23	乙未	11 13	9 24	丙寅	12 12	10 24	乙未	1 11	11 24	乙丑	·
8 14	7 21	乙未	9 14	7 23	丙寅	10 14	8 24	丙申	11 14	9 25	丁卯	12 13	10 25	丙申	1 12	11 25	丙寅	2
8 15	7 22	丙申	9 15	7 24	丁卯	10 15	8 25	丁酉	11 15	9 26	戊辰	12 14	10 26	丁酉	1 13	11 26	丁卯	0
8 16	7 23	丁酉	9 16	7 25	戊辰	10 16	8 26	戊戌	11 16	9 27	己巳	12 15	10 27	戊戌	1 14	11 27	戊辰	4
8 17	7 24	戊戌	9 17	7 26	己巳	10 17	8 27	己亥	11 17	9 28	庚午	12 16	10 28	己亥	1 15	11 28	己巳	5
8 18	7 25	己亥	9 18	7 27	庚午	10 18	8 28	庚子	11 18	9 29	辛未	12 17	10 29	庚子	1 16	11 29	庚午	
8 19	7 26	庚子	9 19	7 28	辛未	10 19	8 29	辛丑	11 19	10 1	壬申	12 18	10 30	辛丑	1 17	11 30	辛未	
8 20	7 27	辛丑	9 20	7 29	壬申	10 20	8 30	壬寅	11 20	10 2	癸酉	12 19	11 1	壬寅	1 18	12 1	壬申	
8 21	7 28	壬寅	9 21	8 1	癸酉	10 21	9 1	癸卯	11 21	10 3	甲戌	12 20	11 2	癸卯	1 19	12 2	癸酉	
8 22	7 29	癸卯	9 22	8 2	甲戌	10 22	9 2	甲辰	11 22	10 4	乙亥	12 21	11 3	甲辰	1 20	12 3	甲戌	鼠
8 23	閏7 1	甲辰	9 23	8 3	乙亥	10 23	9 3	乙巳	11 23	10 5	丙子	12 22	11 4	乙巳	1 21	12 4	乙亥	
8 24	7 2	乙巳	9 24	8 4	丙子	10 24	9 4	丙午	11 24	10 6	丁丑	12 23	11 5	丙午	1 22	12 5	丙子	
8 25	7 3	丙午	9 25	8 5	丁丑	10 25	9 5	丁未	11 25	10 7	戊寅	12 24	11 6	丁未	1 23	12 6	丁丑	
8 26	7 4	丁未	9 26	8 6	戊寅	10 26	9 6	戊申	11 26	10 8	己卯	12 25	11 7	戊申	1 24	12 7	戊寅	中
8 27	7 5	戊申	9 27	8 7	己卯	10 27	9 7	己酉	11 27	10 9	庚辰	12 26	11 8	己酉	1 25	12 8	己卯	華
8 28	7 6	己酉	9 28	8 8	庚辰	10 28	9 8	庚戌	11 28	10 10	辛巳	12 27	11 9	庚戌	1 26	12 9	庚辰	民
8 29	7 7	庚戌	9 29	8 9	辛巳	10 29	9 9	辛亥	11 29	10 11	壬午	12 28	11 10	辛亥	1 27	12 10	辛巳	國
8 30	7 8	辛亥	9 30	8 10	壬午	10 30	9 10	壬子	11 30	10 12	癸未	12 29	11 11	壬子	1 28	12 11	壬午	一
8 31	7 9	壬子	10 1	8 11	癸未	10 31	9 11	癸丑	12 1	10 13	甲申	12 30	11 12	癸丑	1 29	12 12	癸未	百
9 1	7 10	癸丑	10 2	8 12	甲申	11 1	9 12	甲寅	12 2	10 14	乙酉	12 31	11 13	甲寅	1 30	12 13	甲申	三
9 2	7 11	甲寅	10 3	8 13	乙酉	11 2	9 13	乙卯	12 3	10 15	丙戌	1 1	11 14	乙卯	1 31	12 14	乙酉	十
9 3	7 12	乙卯	10 4	8 14	丙戌	11 3	9 14	丙辰	12 4	10 16	丁亥	1 2	11 15	丙辰	2 1	12 15	丙戌	三
9 4	7 13	丙辰	10 5	8 15	丁亥	11 4	9 15	丁巳	12 5	10 17	戊子	1 3	11 16	丁巳	2 2	12 16	丁亥	·
9 5	7 14	丁巳	10 6	8 16	戊子	11 5	9 16	戊午				1 4	11 17	戊午				一
9 6	7 15	戊午				11 6	9 17	己未										三
處暑			秋分			霜降			小雪			冬至			大寒			中氣
8/22 18時53分 酉時			9/22 16時47分 申時			10/23 2時25分 丑時			11/22 0時14分 子時			12/21 13時42分 未時			1/20 0時21分 子時			

年	乙丑																	
月	戊寅			己卯			庚辰			辛巳			壬午			癸未		
節氣	立春			驚蟄			清明			立夏			芒種			小暑		
	2/3 18時35分 酉時			3/5 12時24分 午時			4/4 16時56分 申時			5/5 9時58分 巳時			6/5 13時56分 未時			7/7 0時7分 子時		
日	國曆	農曆	干支	國曆	農曆	干支	國曆	農曆	干支	國曆	農曆	干支	國曆	農曆	干支	國曆	農曆	干支
	2/3	12/17	戊子	3/5	1/17	戊午	4/4	2/17	戊子	5/5	3/19	己未	6/5	4/20	庚寅	7/7	5/23	壬戌
	2/4	12/18	己丑	3/6	1/18	己未	4/5	2/18	己丑	5/6	3/20	庚申	6/6	4/21	辛卯	7/8	5/24	癸亥
	2/5	12/19	庚寅	3/7	1/19	庚申	4/6	2/19	庚寅	5/7	3/21	辛酉	6/7	4/22	壬辰	7/9	5/25	甲子
	2/6	12/20	辛卯	3/8	1/20	辛酉	4/7	2/20	辛卯	5/8	3/22	壬戌	6/8	4/23	癸巳	7/10	5/26	乙丑
2	2/7	12/21	壬辰	3/9	1/21	壬戌	4/8	2/21	壬辰	5/9	3/23	癸亥	6/9	4/24	甲午	7/11	5/27	丙寅
0	2/8	12/22	癸巳	3/10	1/22	癸亥	4/9	2/22	癸巳	5/10	3/24	甲子	6/10	4/25	乙未	7/12	5/28	丁卯
4	2/9	12/23	甲午	3/11	1/23	甲子	4/10	2/23	甲午	5/11	3/25	乙丑	6/11	4/26	丙申	7/13	5/29	戊辰
5	2/10	12/24	乙未	3/12	1/24	乙丑	4/11	2/24	乙未	5/12	3/26	丙寅	6/12	4/27	丁酉	7/14	6/1	己巳
	2/11	12/25	丙申	3/13	1/25	丙寅	4/12	2/25	丙申	5/13	3/27	丁卯	6/13	4/28	戊戌	7/15	6/2	庚午
	2/12	12/26	丁酉	3/14	1/26	丁卯	4/13	2/26	丁酉	5/14	3/28	戊辰	6/14	4/29	己亥	7/16	6/3	辛未
	2/13	12/27	戊戌	3/15	1/27	戊辰	4/14	2/27	戊戌	5/15	3/29	己巳	6/15	5/1	庚子	7/17	6/4	壬申
	2/14	12/28	己亥	3/16	1/28	己巳	4/15	2/28	己亥	5/16	3/30	庚午	6/16	5/2	辛丑	7/18	6/5	癸酉
	2/15	12/29	庚子	3/17	1/29	庚午	4/16	2/29	庚子	5/17	4/1	辛未	6/17	5/3	壬寅	7/19	6/6	甲戌
	2/16	12/30	辛丑	3/18	1/30	辛未	4/17	3/1	辛丑	5/18	4/2	壬申	6/18	5/4	癸卯	7/20	6/7	乙亥
牛	2/17	1/1	壬寅	3/19	2/1	壬申	4/18	3/2	壬寅	5/19	4/3	癸酉	6/19	5/5	甲辰	7/21	6/8	丙子
	2/18	1/2	癸卯	3/20	2/2	癸酉	4/19	3/3	癸卯	5/20	4/4	甲戌	6/20	5/6	乙巳	7/22	6/9	丁丑
	2/19	1/3	甲辰	3/21	2/3	甲戌	4/20	3/4	甲辰	5/21	4/5	乙亥	6/21	5/7	丙午	7/23	6/10	戊寅
	2/20	1/4	乙巳	3/22	2/4	乙亥	4/21	3/5	乙巳	5/22	4/6	丙子	6/22	5/8	丁未	7/24	6/11	己卯
	2/21	1/5	丙午	3/23	2/5	丙子	4/22	3/6	丙午	5/23	4/7	丁丑	6/23	5/9	戊申	7/25	6/12	庚辰
	2/22	1/6	丁未	3/24	2/6	丁丑	4/23	3/7	丁未	5/24	4/8	戊寅	6/24	5/10	己酉	7/26	6/13	辛巳
	2/23	1/7	戊申	3/25	2/7	戊寅	4/24	3/8	戊申	5/25	4/9	己卯	6/25	5/11	庚戌	7/27	6/14	壬午
	2/24	1/8	己酉	3/26	2/8	己卯	4/25	3/9	己酉	5/26	4/10	庚辰	6/26	5/12	辛亥	7/28	6/15	癸未
中	2/25	1/9	庚戌	3/27	2/9	庚辰	4/26	3/10	庚戌	5/27	4/11	辛巳	6/27	5/13	壬子	7/29	6/16	甲申
華	2/26	1/10	辛亥	3/28	2/10	辛巳	4/27	3/11	辛亥	5/28	4/12	壬午	6/28	5/14	癸丑	7/30	6/17	乙酉
民	2/27	1/11	壬子	3/29	2/11	壬午	4/28	3/12	壬子	5/29	4/13	癸未	6/29	5/15	甲寅	7/31	6/18	丙戌
國	2/28	1/12	癸丑	3/30	2/12	癸未	4/29	3/13	癸丑	5/30	4/14	甲申	6/30	5/16	乙卯	8/1	6/19	丁亥
一	3/1	1/13	甲寅	3/31	2/13	甲申	4/30	3/14	甲寅	5/31	4/15	乙酉	7/1	5/17	丙辰	8/2	6/20	戊子
百	3/2	1/14	乙卯	4/1	2/14	乙酉	5/1	3/15	乙卯	6/1	4/16	丙戌	7/2	5/18	丁巳	8/3	6/21	己丑
三	3/3	1/15	丙辰	4/2	2/15	丙戌	5/2	3/16	丙辰	6/2	4/17	丁亥	7/3	5/19	戊午	8/4	6/22	庚寅
十	3/4	1/16	丁巳	4/3	2/16	丁亥	5/3	3/17	丁巳	6/3	4/18	戊子	7/4	5/20	己未	8/5	6/23	辛卯
四							5/4	3/18	戊午	6/4	4/19	己丑	7/5	5/21	庚申	8/6	6/24	壬辰
年													7/6	5/22	辛酉			
中氣	雨水			春分			穀雨			小滿			夏至			大暑		
	2/18 14時21分 未時			3/20 13時6分 未時			4/19 23時52分 子時			5/20 22時45分 亥時			6/21 6時33分 卯時			7/22 17時25分 酉時		

乙丑																		年
甲申			乙酉			丙戌			丁亥			戊子			己丑			月
立秋			白露			寒露			立冬			大雪			小寒			節氣
8/7 9時58分 巳時			9/7 13時4分 未時			10/8 4時59分 寅時			11/7 8時29分 辰時			12/7 1時34分 丑時			1/5 12時55分 午時			
國曆	農曆	干支	國曆	農曆	干支	國曆	農曆	干支	國曆	農曆	干支	國曆	農曆	干支	國曆	農曆	干支	日
8 7	6 25	癸巳	9 7	7 26	甲子	10 8	8 28	乙未	11 7	9 29	乙丑	12 7	10 29	乙未	1 5	11 29	甲子	
8 8	6 26	甲午	9 8	7 27	乙丑	10 9	8 29	丙申	11 8	9 30	丙寅	12 8	11 1	丙申	1 6	11 30	乙丑	
8 9	6 27	乙未	9 9	7 28	丙寅	10 10	9 1	丁酉	11 9	10 1	丁卯	12 9	11 2	丁酉	1 7	12 1	丙寅	
8 10	6 28	丙申	9 10	7 29	丁卯	10 11	9 2	戊戌	11 10	10 2	戊辰	12 10	11 3	戊戌	1 8	12 2	丁卯	
8 11	6 29	丁酉	9 11	8 1	戊辰	10 12	9 3	己亥	11 11	10 3	己巳	12 11	11 4	己亥	1 9	12 3	戊辰	2
8 12	6 30	戊戌	9 12	8 2	己巳	10 13	9 4	庚子	11 12	10 4	庚午	12 12	11 5	庚子	1 10	12 4	己巳	0
8 13	7 1	己亥	9 13	8 3	庚午	10 14	9 5	辛丑	11 13	10 5	辛未	12 13	11 6	辛丑	1 11	12 5	庚午	4
8 14	7 2	庚子	9 14	8 4	辛未	10 15	9 6	壬寅	11 14	10 6	壬申	12 14	11 7	壬寅	1 12	12 6	辛未	5
8 15	7 3	辛丑	9 15	8 5	壬申	10 16	9 7	癸卯	11 15	10 7	癸酉	12 15	11 8	癸卯	1 13	12 7	壬申	·
8 16	7 4	壬寅	9 16	8 6	癸酉	10 17	9 8	甲辰	11 16	10 8	甲戌	12 16	11 9	甲辰	1 14	12 8	癸酉	2
8 17	7 5	癸卯	9 17	8 7	甲戌	10 18	9 9	乙巳	11 17	10 9	乙亥	12 17	11 10	乙巳	1 15	12 9	甲戌	0
8 18	7 6	甲辰	9 18	8 8	乙亥	10 19	9 10	丙午	11 18	10 10	丙子	12 18	11 11	丙午	1 16	12 10	乙亥	4
8 19	7 7	乙巳	9 19	8 9	丙子	10 20	9 11	丁未	11 19	10 11	丁丑	12 19	11 12	丁未	1 17	12 11	丙子	6
8 20	7 8	丙午	9 20	8 10	丁丑	10 21	9 12	戊申	11 20	10 12	戊寅	12 20	11 13	戊申	1 18	12 12	丁丑	
8 21	7 9	丁未	9 21	8 11	戊寅	10 22	9 13	己酉	11 21	10 13	己卯	12 21	11 14	己酉	1 19	12 13	戊寅	牛
8 22	7 10	戊申	9 22	8 12	己卯	10 23	9 14	庚戌	11 22	10 14	庚辰	12 22	11 15	庚戌	1 20	12 14	己卯	
8 23	7 11	己酉	9 23	8 13	庚辰	10 24	9 15	辛亥	11 23	10 15	辛巳	12 23	11 16	辛亥	1 21	12 15	庚辰	
8 24	7 12	庚戌	9 24	8 14	辛巳	10 25	9 16	壬子	11 24	10 16	壬午	12 24	11 17	壬子	1 22	12 16	辛巳	中
8 25	7 13	辛亥	9 25	8 15	壬午	10 26	9 17	癸丑	11 25	10 17	癸未	12 25	11 18	癸丑	1 23	12 17	壬午	華
8 26	7 14	壬子	9 26	8 16	癸未	10 27	9 18	甲寅	11 26	10 18	甲申	12 26	11 19	甲寅	1 24	12 18	癸未	民
8 27	7 15	癸丑	9 27	8 17	甲申	10 28	9 19	乙卯	11 27	10 19	乙酉	12 27	11 20	乙卯	1 25	12 19	甲申	國
8 28	7 16	甲寅	9 28	8 18	乙酉	10 29	9 20	丙辰	11 28	10 20	丙戌	12 28	11 21	丙辰	1 26	12 20	乙酉	一
8 29	7 17	乙卯	9 29	8 19	丙戌	10 30	9 21	丁巳	11 29	10 21	丁亥	12 29	11 22	丁巳	1 27	12 21	丙戌	百
8 30	7 18	丙辰	9 30	8 20	丁亥	10 31	9 22	戊午	11 30	10 22	戊子	12 30	11 23	戊午	1 28	12 22	丁亥	三
8 31	7 19	丁巳	10 1	8 21	戊子	11 1	9 23	己未	12 1	10 23	己丑	12 31	11 24	己未	1 29	12 23	戊子	十
9 1	7 20	戊午	10 2	8 22	己丑	11 2	9 24	庚申	12 2	10 24	庚寅	1 1	11 25	庚申	1 30	12 24	己丑	四
9 2	7 21	己未	10 3	8 23	庚寅	11 3	9 25	辛酉	12 3	10 25	辛卯	1 2	11 26	辛酉	1 31	12 25	庚寅	·
9 3	7 22	庚申	10 4	8 24	辛卯	11 4	9 26	壬戌	12 4	10 26	壬辰	1 3	11 27	壬戌	2 1	12 26	辛卯	一
9 4	7 23	辛酉	10 5	8 25	壬辰	11 5	9 27	癸亥	12 5	10 27	癸巳	1 4	11 28	癸亥	2 2	12 27	壬辰	百
9 5	7 24	壬戌	10 6	8 26	癸巳	11 6	9 28	甲子	12 6	10 28	甲午				2 3	12 28	癸巳	三
9 6	7 25	癸亥	10 7	8 27	甲午													十
處暑			秋分			霜降			小雪			冬至			大寒			中
8/23 0時38分 子時			9/22 22時32分 亥時			10/23 8時11分 辰時			11/22 6時3分 卯時			12/21 19時34分 戌時			1/20 6時15分 卯時			氣

五年

年	丙寅																
月	庚寅			辛卯			壬辰			癸巳			甲午			乙未		
節氣	立春			驚蟄			清明			立夏			芒種			小暑		
	2/4 0時30分 子時			3/5 18時16分 酉時			4/4 22時44分 亥時			5/5 15時39分 申時			6/5 19時31分 戌時			7/7 5時39分 卯時		
日	國曆	農曆	干支	國曆	農曆	干支	國曆	農曆	干支	國曆	農曆	干支	國曆	農曆	干支	國曆	農曆	干支
	2 4	12 29	甲午	3 5	1 28	癸亥	4 4	2 28	癸巳	5 5	3 30	甲子	6 5	5 2	乙未	7 7	6 4	丁卯
	2 5	12 30	乙未	3 6	1 29	甲子	4 5	2 29	甲午	5 6	4 1	乙丑	6 6	5 3	丙申	7 8	6 5	戊辰
	2 6	1 1	丙申	3 7	1 30	乙丑	4 6	3 1	乙未	5 7	4 2	丙寅	6 7	5 4	丁酉	7 9	6 6	己巳
2	2 7	1 2	丁酉	3 8	2 1	丙寅	4 7	3 2	丙申	5 8	4 3	丁卯	6 8	5 5	戊戌	7 10	6 7	庚午
0	2 8	1 3	戊戌	3 9	2 2	丁卯	4 8	3 3	丁酉	5 9	4 4	戊辰	6 9	5 6	己亥	7 11	6 8	辛未
4	2 9	1 4	己亥	3 10	2 3	戊辰	4 9	3 4	戊戌	5 10	4 5	己巳	6 10	5 7	庚子	7 12	6 9	壬申
6	2 10	1 5	庚子	3 11	2 4	己巳	4 10	3 5	己亥	5 11	4 6	庚午	6 11	5 8	辛丑	7 13	6 10	癸酉
	2 11	1 6	辛丑	3 12	2 5	庚午	4 11	3 6	庚子	5 12	4 7	辛未	6 12	5 9	壬寅	7 14	6 11	甲戌
	2 12	1 7	壬寅	3 13	2 6	辛未	4 12	3 7	辛丑	5 13	4 8	壬申	6 13	5 10	癸卯	7 15	6 12	乙亥
	2 13	1 8	癸卯	3 14	2 7	壬申	4 13	3 8	壬寅	5 14	4 9	癸酉	6 14	5 11	甲辰	7 16	6 13	丙子
虎	2 14	1 9	甲辰	3 15	2 8	癸酉	4 14	3 9	癸卯	5 15	4 10	甲戌	6 15	5 12	乙巳	7 17	6 14	丁丑
	2 15	1 10	乙巳	3 16	2 9	甲戌	4 15	3 10	甲辰	5 16	4 11	乙亥	6 16	5 13	丙午	7 18	6 15	戊寅
	2 16	1 11	丙午	3 17	2 10	乙亥	4 16	3 11	乙巳	5 17	4 12	丙子	6 17	5 14	丁未	7 19	6 16	己卯
	2 17	1 12	丁未	3 18	2 11	丙子	4 17	3 12	丙午	5 18	4 13	丁丑	6 18	5 15	戊申	7 20	6 17	庚辰
	2 18	1 13	戊申	3 19	2 12	丁丑	4 18	3 13	丁未	5 19	4 14	戊寅	6 19	5 16	己酉	7 21	6 18	辛巳
	2 19	1 14	己酉	3 20	2 13	戊寅	4 19	3 14	戊申	5 20	4 15	己卯	6 20	5 17	庚戌	7 22	6 19	壬午
	2 20	1 15	庚戌	3 21	2 14	己卯	4 20	3 15	己酉	5 21	4 16	庚辰	6 21	5 18	辛亥	7 23	6 20	癸未
	2 21	1 16	辛亥	3 22	2 15	庚辰	4 21	3 16	庚戌	5 22	4 17	辛巳	6 22	5 19	壬子	7 24	6 21	甲申
	2 22	1 17	壬子	3 23	2 16	辛巳	4 22	3 17	辛亥	5 23	4 18	壬午	6 23	5 20	癸丑	7 25	6 22	乙酉
	2 23	1 18	癸丑	3 24	2 17	壬午	4 23	3 18	壬子	5 24	4 19	癸未	6 24	5 21	甲寅	7 26	6 23	丙戌
中	2 24	1 19	甲寅	3 25	2 18	癸未	4 24	3 19	癸丑	5 25	4 20	甲申	6 25	5 22	乙卯	7 27	6 24	丁亥
華	2 25	1 20	乙卯	3 26	2 19	甲申	4 25	3 20	甲寅	5 26	4 21	乙酉	6 26	5 23	丙辰	7 28	6 25	戊子
民	2 26	1 21	丙辰	3 27	2 20	乙酉	4 26	3 21	乙卯	5 27	4 22	丙戌	6 27	5 24	丁巳	7 29	6 26	己丑
國	2 27	1 22	丁巳	3 28	2 21	丙戌	4 27	3 22	丙辰	5 28	4 23	丁亥	6 28	5 25	戊午	7 30	6 27	庚寅
一	2 28	1 23	戊午	3 29	2 22	丁亥	4 28	3 23	丁巳	5 29	4 24	戊子	6 29	5 26	己未	7 31	6 28	辛卯
百	3 1	1 24	己未	3 30	2 23	戊子	4 29	3 24	戊午	5 30	4 25	己丑	6 30	5 27	庚申	8 1	6 29	壬辰
三	3 2	1 25	庚申	3 31	2 24	己丑	4 30	3 25	己未	5 31	4 26	庚寅	7 1	5 28	辛酉	8 2	7 1	癸巳
十	3 3	1 26	辛酉	4 1	2 25	庚寅	5 1	3 26	庚申	6 1	4 27	辛卯	7 2	5 29	壬戌	8 3	7 2	甲午
五	3 4	1 27	壬戌	4 2	2 26	辛卯	5 2	3 27	辛酉	6 2	4 28	壬辰	7 3	5 30	癸亥	8 4	7 3	乙未
年				4 3	2 27	壬辰	5 3	3 28	壬戌	6 3	4 29	癸巳	7 4	6 1	甲子	8 5	7 4	丙申
							5 4	3 29	癸亥	6 4	5 1	甲午	7 5	6 2	乙丑	8 6	7 5	丁酉
													7 6	6 3	丙寅			
中氣	雨水			春分			穀雨			小滿			夏至			大暑		
	2/18 20時14分 戌時			3/20 18時57分 酉時			4/20 5時38分 卯時			5/21 4時27分 寅時			6/21 12時13分 午時			7/22 23時7分 子時		

丙寅 年表

年干支：丙寅　年份：2046・2047（中華民國一百三十五・一百三十六年）　生肖：虎

月	丙申	丁酉	戊戌	己亥	庚子	辛丑
節氣	立秋	白露	寒露	立冬	大雪	小寒
	8/7 15時32分 申時	9/7 18時42分 酉時	10/8 10時41分 巳時	11/7 14時13分 未時	12/7 7時20分 辰時	1/5 18時41分 酉時
日（國曆 農曆 干支）	8 7　7 6　戊戌	9 7　8 7　己巳	10 8　9 9　庚子	11 7　10 10　庚午	12 7　11 10　庚子	1 5　12 10　己巳
	8 8　7 7　己亥	9 8　8 8　庚午	10 9　9 10　辛丑	11 8　10 11　辛未	12 8　11 11　辛丑	1 6　12 11　庚午
	8 9　7 8　庚子	9 9　8 9　辛未	10 10　9 11　壬寅	11 9　10 12　壬申	12 9　11 12　壬寅	1 7　12 12　辛未
	8 10　7 9　辛丑	9 10　8 10　壬申	10 11　9 12　癸卯	11 10　10 13　癸酉	12 10　11 13　癸卯	1 8　12 13　壬申
	8 11　7 10　壬寅	9 11　8 11　癸酉	10 12　9 13　甲辰	11 11　10 14　甲戌	12 11　11 14　甲辰	1 9　12 14　癸酉
	8 12　7 11　癸卯	9 12　8 12　甲戌	10 13　9 14　乙巳	11 12　10 15　乙亥	12 12　11 15　乙巳	1 10　12 15　甲戌
	8 13　7 12　甲辰	9 13　8 13　乙亥	10 14　9 15　丙午	11 13　10 16　丙子	12 13　11 16　丙午	1 11　12 16　乙亥
	8 14　7 13　乙巳	9 14　8 14　丙子	10 15　9 16　丁未	11 14　10 17　丁丑	12 14　11 17　丁未	1 12　12 17　丙子
	8 15　7 14　丙午	9 15　8 15　丁丑	10 16　9 17　戊申	11 15　10 18　戊寅	12 15　11 18　戊申	1 13　12 18　丁丑
	8 16　7 15　丁未	9 16　8 16　戊寅	10 17　9 18　己酉	11 16　10 19　己卯	12 16　11 19　己酉	1 14　12 19　戊寅
	8 17　7 16　戊申	9 17　8 17　己卯	10 18　9 19　庚戌	11 17　10 20　庚辰	12 17　11 20　庚戌	1 15　12 20　己卯
	8 18　7 17　己酉	9 18　8 18　庚辰	10 19　9 20　辛亥	11 18　10 21　辛巳	12 18　11 21　辛亥	1 16　12 21　庚辰
	8 19　7 18　庚戌	9 19　8 19　辛巳	10 20　9 21　壬子	11 19　10 22　壬午	12 19　11 22　壬子	1 17　12 22　辛巳
	8 20　7 19　辛亥	9 20　8 20　壬午	10 21　9 22　癸丑	11 20　10 23　癸未	12 20　11 23　癸丑	1 18　12 23　壬午
	8 21　7 20　壬子	9 21　8 21　癸未	10 22　9 23　甲寅	11 21　10 24　甲申	12 21　11 24　甲寅	1 19　12 24　癸未
	8 22　7 21　癸丑	9 22　8 22　甲申	10 23　9 24　乙卯	11 22　10 25　乙酉	12 22　11 25　乙卯	1 20　12 25　甲申
	8 23　7 22　甲寅	9 23　8 23　乙酉	10 24　9 25　丙辰	11 23　10 26　丙戌	12 23　11 26　丙辰	1 21　12 26　乙酉
	8 24　7 23　乙卯	9 24　8 24　丙戌	10 25　9 26　丁巳	11 24　10 27　丁亥	12 24　11 27　丁巳	1 22　12 27　丙戌
	8 25　7 24　丙辰	9 25　8 25　丁亥	10 26　9 27　戊午	11 25　10 28　戊子	12 25　11 28　戊午	1 23　12 28　丁亥
	8 26　7 25　丁巳	9 26　8 26　戊子	10 27　9 28　己未	11 26　10 29　己丑	12 26　11 29　己未	1 24　12 29　戊子
	8 27　7 26　戊午	9 27　8 27　己丑	10 28　9 29　庚申	11 27　10 30　庚寅	12 27　12 1　庚申	1 25　12 30　己丑
	8 28　7 27　己未	9 28　8 28　庚寅	10 29　10 1　辛酉	11 28　11 1　辛卯	12 28　12 2　辛酉	1 26　1 1　庚寅
	8 29　7 28　庚申	9 29　8 29　辛卯	10 30　10 2　壬戌	11 29　11 2　壬辰	12 29　12 3　壬戌	1 27　1 2　辛卯
	8 30　7 29　辛酉	9 30　9 1　壬辰	10 31　10 3　癸亥	11 30　11 3　癸巳	12 30　12 4　癸亥	1 28　1 3　壬辰
	8 31　7 30　壬戌	10 1　9 2　癸巳	11 1　10 4　甲子	12 1　11 4　甲午	12 31　12 5　甲子	1 29　1 4　癸巳
	9 1　8 1　癸亥	10 2　9 3　甲午	11 2　10 5　乙丑	12 2　11 5　乙未	1 1　12 6　乙丑	1 30　1 5　甲午
	9 2　8 2　甲子	10 3　9 4　乙未	11 3　10 6　丙寅	12 3　11 6　丙申	1 2　12 7　丙寅	1 31　1 6　乙未
	9 3　8 3　乙丑	10 4　9 5　丙申	11 4　10 7　丁卯	12 4　11 7　丁酉	1 3　12 8　丁卯	2 1　1 7　丙申
	9 4　8 4　丙寅	10 5　9 6　丁酉	11 5　10 8　戊辰	12 5　11 8　戊戌	1 4　12 9　戊辰	2 2　1 8　丁酉
	9 5　8 5　丁卯	10 6　9 7　戊戌	11 6　10 9　己巳	12 6　11 9　己亥		2 3　1 9　戊戌
	9 6　8 6　戊辰	10 7　9 8　己亥				
中氣	處暑	秋分	霜降	小雪	冬至	大寒
	8/23 6時23分 卯時	9/23 4時20分 寅時	10/23 14時2分 未時	11/22 11時55分 午時	12/22 1時27分 丑時	1/20 12時9分 午時

年																丁卯	
月	壬寅			癸卯			甲辰			乙巳			丙午			丁未		
節氣	立春			驚蟄			清明			立夏			芒種			小暑		
	2/4 6時17分 卯時			3/6 0時4分 子時			4/5 4時31分 寅時			5/5 21時27分 亥時			6/6 1時20分 丑時			7/7 11時29分 午時		
日	國曆	農曆	干支	國曆	農曆	干支	國曆	農曆	干支	國曆	農曆	干支	國曆	農曆	干支	國曆	農曆	干支
	2/4	1/10	己亥	3/6	2/10	己巳	4/5	3/11	己亥	5/5	4/11	己巳	6/6	5/13	辛丑	7/7	5/15	壬申
	2/5	1/11	庚子	3/7	2/11	庚午	4/6	3/12	庚子	5/6	4/12	庚午	6/7	5/14	壬寅	7/8	5/16	癸酉
	2/6	1/12	辛丑	3/8	2/12	辛未	4/7	3/13	辛丑	5/7	4/13	辛未	6/8	5/15	癸卯	7/9	5/17	甲戌
	2/7	1/13	壬寅	3/9	2/13	壬申	4/8	3/14	壬寅	5/8	4/14	壬申	6/9	5/16	甲辰	7/10	5/18	乙亥
2	2/8	1/14	癸卯	3/10	2/14	癸酉	4/9	3/15	癸卯	5/9	4/15	癸酉	6/10	5/17	乙巳	7/11	5/19	丙子
0	2/9	1/15	甲辰	3/11	2/15	甲戌	4/10	3/16	甲辰	5/10	4/16	甲戌	6/11	5/18	丙午	7/12	5/20	丁丑
4	2/10	1/16	乙巳	3/12	2/16	乙亥	4/11	3/17	乙巳	5/11	4/17	乙亥	6/12	5/19	丁未	7/13	5/21	戊寅
7	2/11	1/17	丙午	3/13	2/17	丙子	4/12	3/18	丙午	5/12	4/18	丙子	6/13	5/20	戊申	7/14	5/22	己卯
	2/12	1/18	丁未	3/14	2/18	丁丑	4/13	3/19	丁未	5/13	4/19	丁丑	6/14	5/21	己酉	7/15	5/23	庚辰
	2/13	1/19	戊申	3/15	2/19	戊寅	4/14	3/20	戊申	5/14	4/20	戊寅	6/15	5/22	庚戌	7/16	5/24	辛巳
	2/14	1/20	己酉	3/16	2/20	己卯	4/15	3/21	己酉	5/15	4/21	己卯	6/16	5/23	辛亥	7/17	5/25	壬午
	2/15	1/21	庚戌	3/17	2/21	庚辰	4/16	3/22	庚戌	5/16	4/22	庚辰	6/17	5/24	壬子	7/18	5/26	癸未
	2/16	1/22	辛亥	3/18	2/22	辛巳	4/17	3/23	辛亥	5/17	4/23	辛巳	6/18	5/25	癸丑	7/19	5/27	甲申
兔	2/17	1/23	壬子	3/19	2/23	壬午	4/18	3/24	壬子	5/18	4/24	壬午	6/19	5/26	甲寅	7/20	5/28	乙酉
	2/18	1/24	癸丑	3/20	2/24	癸未	4/19	3/25	癸丑	5/19	4/25	癸未	6/20	5/27	乙卯	7/21	5/29	丙戌
	2/19	1/25	甲寅	3/21	2/25	甲申	4/20	3/26	甲寅	5/20	4/26	甲申	6/21	5/28	丙辰	7/22	5/30	丁亥
	2/20	1/26	乙卯	3/22	2/26	乙酉	4/21	3/27	乙卯	5/21	4/27	乙酉	6/22	5/29	丁巳	7/23	6/1	戊子
	2/21	1/27	丙辰	3/23	2/27	丙戌	4/22	3/28	丙辰	5/22	4/28	丙戌	6/23	閏5/1	戊午	7/24	6/2	己丑
	2/22	1/28	丁巳	3/24	2/28	丁亥	4/23	3/29	丁巳	5/23	4/29	丁亥	6/24	5/2	己未	7/25	6/3	庚寅
中	2/23	1/29	戊午	3/25	2/29	戊子	4/24	3/30	戊午	5/24	4/30	戊子	6/25	5/3	庚申	7/26	6/4	辛卯
華	2/24	1/30	己未	3/26	3/1	己丑	4/25	4/1	己未	5/25	5/1	己丑	6/26	5/4	辛酉	7/27	6/5	壬辰
民	2/25	2/1	庚申	3/27	3/2	庚寅	4/26	4/2	庚申	5/26	5/2	庚寅	6/27	5/5	壬戌	7/28	6/6	癸巳
國	2/26	2/2	辛酉	3/28	3/3	辛卯	4/27	4/3	辛酉	5/27	5/3	辛卯	6/28	5/6	癸亥	7/29	6/7	甲午
一	2/27	2/3	壬戌	3/29	3/4	壬辰	4/28	4/4	壬戌	5/28	5/4	壬辰	6/29	5/7	甲子	7/30	6/8	乙未
百	2/28	2/4	癸亥	3/30	3/5	癸巳	4/29	4/5	癸亥	5/29	5/5	癸巳	6/30	5/8	乙丑	7/31	6/9	丙申
三	3/1	2/5	甲子	3/31	3/6	甲午	4/30	4/6	甲子	5/30	5/6	甲午	7/1	5/9	丙寅	8/1	6/10	丁酉
十	3/2	2/6	乙丑	4/1	3/7	乙未	5/1	4/7	乙丑	5/31	5/7	乙未	7/2	5/10	丁卯	8/2	6/11	戊戌
六	3/3	2/7	丙寅	4/2	3/8	丙申	5/2	4/8	丙寅	6/1	5/8	丙申	7/3	5/11	戊辰	8/3	6/12	己亥
年	3/4	2/8	丁卯	4/3	3/9	丁酉	5/3	4/9	丁卯	6/2	5/9	丁酉	7/4	5/12	己巳	8/4	6/13	庚子
	3/5	2/9	戊辰	4/4	3/10	戊戌	5/4	4/10	戊辰	6/3	5/10	戊戌	7/5	5/13	庚午	8/5	6/14	辛丑
										6/4	5/11	己亥	7/6	5/14	辛未	8/6	6/15	壬寅
										6/5	5/12	庚子						
中氣	雨水			春分			穀雨			小滿			夏至			大暑		
	2/19 2時9分 丑時			3/21 0時51分 子時			4/20 11時31分 午時			5/21 10時19分 巳時			6/21 18時2分 酉時			7/23 4時54分 寅時		

丁卯年

月	戊申			己酉			庚戌			辛亥			壬子			癸丑		
節氣	立秋			白露			寒露			立冬			大雪			小寒		
	8/7 21時25分 亥時			9/8 0時37分 子時			10/8 16時36分 申時			11/7 20時6分 戌時			12/7 13時10分 未時			1/6 0時28分 子時		
日	國曆	農曆	干支	國曆	農曆	干支	國曆	農曆	干支	國曆	農曆	干支	國曆	農曆	干支	國曆	農曆	干支
	8/7	6/16	癸卯	9/8	7/19	乙亥	10/8	8/19	乙巳	11/7	9/20	乙亥	12/7	10/21	乙巳	1/6	11/21	乙亥
	8/8	6/17	甲辰	9/9	7/20	丙子	10/9	8/20	丙午	11/8	9/21	丙子	12/8	10/22	丙午	1/7	11/22	丙子
	8/9	6/18	乙巳	9/10	7/21	丁丑	10/10	8/21	丁未	11/9	9/22	丁丑	12/9	10/23	丁未	1/8	11/23	丁丑
	8/10	6/19	丙午	9/11	7/22	戊寅	10/11	8/22	戊申	11/10	9/23	戊寅	12/10	10/24	戊申	1/9	11/24	戊寅
	8/11	6/20	丁未	9/12	7/23	己卯	10/12	8/23	己酉	11/11	9/24	己卯	12/11	10/25	己酉	1/10	11/25	己卯
	8/12	6/21	戊申	9/13	7/24	庚辰	10/13	8/24	庚戌	11/12	9/25	庚辰	12/12	10/26	庚戌	1/11	11/26	庚辰
	8/13	6/22	己酉	9/14	7/25	辛巳	10/14	8/25	辛亥	11/13	9/26	辛巳	12/13	10/27	辛亥	1/12	11/27	辛巳
	8/14	6/23	庚戌	9/15	7/26	壬午	10/15	8/26	壬子	11/14	9/27	壬午	12/14	10/28	壬子	1/13	11/28	壬午
	8/15	6/24	辛亥	9/16	7/27	癸未	10/16	8/27	癸丑	11/15	9/28	癸未	12/15	10/29	癸丑	1/14	11/29	癸未
	8/16	6/25	壬子	9/17	7/28	甲申	10/17	8/28	甲寅	11/16	9/29	甲申	12/16	10/30	甲寅	1/15	12/1	甲申
	8/17	6/26	癸丑	9/18	7/29	乙酉	10/18	8/29	乙卯	11/17	10/1	乙酉	12/17	11/1	乙卯	1/16	12/2	乙酉
	8/18	6/27	甲寅	9/19	7/30	丙戌	10/19	9/1	丙辰	11/18	10/2	丙戌	12/18	11/2	丙辰	1/17	12/3	丙戌
	8/19	6/28	乙卯	9/20	8/1	丁亥	10/20	9/2	丁巳	11/19	10/3	丁亥	12/19	11/3	丁巳	1/18	12/4	丁亥
	8/20	6/29	丙辰	9/21	8/2	戊子	10/21	9/3	戊午	11/20	10/4	戊子	12/20	11/4	戊午	1/19	12/5	戊子
	8/21	7/1	丁巳	9/22	8/3	己丑	10/22	9/4	己未	11/21	10/5	己丑	12/21	11/5	己未	1/20	12/6	己丑
	8/22	7/2	戊午	9/23	8/4	庚寅	10/23	9/5	庚申	11/22	10/6	庚寅	12/22	11/6	庚申	1/21	12/7	庚寅
	8/23	7/3	己未	9/24	8/5	辛卯	10/24	9/6	辛酉	11/23	10/7	辛卯	12/23	11/7	辛酉	1/22	12/8	辛卯
	8/24	7/4	庚申	9/25	8/6	壬辰	10/25	9/7	壬戌	11/24	10/8	壬辰	12/24	11/8	壬戌	1/23	12/9	壬辰
	8/25	7/5	辛酉	9/26	8/7	癸巳	10/26	9/8	癸亥	11/25	10/9	癸巳	12/25	11/9	癸亥	1/24	12/10	癸巳
	8/26	7/6	壬戌	9/27	8/8	甲午	10/27	9/9	甲子	11/26	10/10	甲午	12/26	11/10	甲子	1/25	12/11	甲午
	8/27	7/7	癸亥	9/28	8/9	乙未	10/28	9/10	乙丑	11/27	10/11	乙未	12/27	11/11	乙丑	1/26	12/12	乙未
	8/28	7/8	甲子	9/29	8/10	丙申	10/29	9/11	丙寅	11/28	10/12	丙申	12/28	11/12	丙寅	1/27	12/13	丙申
	8/29	7/9	乙丑	9/30	8/11	丁酉	10/30	9/12	丁卯	11/29	10/13	丁酉	12/29	11/13	丁卯	1/28	12/14	丁酉
	8/30	7/10	丙寅	10/1	8/12	戊戌	10/31	9/13	戊辰	11/30	10/14	戊戌	12/30	11/14	戊辰	1/29	12/15	戊戌
	8/31	7/11	丁卯	10/2	8/13	己亥	11/1	9/14	己巳	12/1	10/15	己亥	12/31	11/15	己巳	1/30	12/16	己亥
	9/1	7/12	戊辰	10/3	8/14	庚子	11/2	9/15	庚午	12/2	10/16	庚子	1/1	11/16	庚午	1/31	12/17	庚子
	9/2	7/13	己巳	10/4	8/15	辛丑	11/3	9/16	辛未	12/3	10/17	辛丑	1/2	11/17	辛未	2/1	12/18	辛丑
	9/3	7/14	庚午	10/5	8/16	壬寅	11/4	9/17	壬申	12/4	10/18	壬寅	1/3	11/18	壬申	2/2	12/19	壬寅
	9/4	7/15	辛未	10/6	8/17	癸卯	11/5	9/18	癸酉	12/5	10/19	癸卯	1/4	11/19	癸酉	2/3	12/20	癸卯
	9/5	7/16	壬申	10/7	8/18	甲辰	11/6	9/19	甲戌	12/6	10/20	甲辰	1/5	11/20	甲戌			
	9/6	7/17	癸酉															
	9/7	7/18	甲戌															
中氣	處暑 8/23 12時10分 午時			秋分 9/23 10時7分 巳時			霜降 10/23 19時47分 戌時			小雪 11/22 17時37分 酉時			冬至 12/22 7時6分 辰時			大寒 1/20 17時46分 酉時		

年：丁卯　2047·2048　兔　中華民國一百三十六·一百三十七年

年	戊辰																	
月	甲寅			乙卯			丙辰			丁巳			戊午			己未		
節氣	立春			驚蟄			清明			立夏			芒種			小暑		
	2/4 12時3分 午時			3/5 5時53分 卯時			4/4 10時24分 巳時			5/5 3時23分 寅時			6/5 7時17分 辰時			7/6 17時25分 酉時		
日	國曆	農曆	干支	國曆	農曆	干支	國曆	農曆	干支	國曆	農曆	干支	國曆	農曆	干支	國曆	農曆	干支
	2 4	12 21	甲辰	3 5	1 21	甲戌	4 4	2 22	甲辰	5 5	3 23	乙亥	6 5	4 24	丙午	7 6	5 26	丁丑
	2 5	12 22	乙巳	3 6	1 22	乙亥	4 5	2 23	乙巳	5 6	3 24	丙子	6 6	4 25	丁未	7 7	5 27	戊寅
	2 6	12 23	丙午	3 7	1 23	丙子	4 6	2 24	丙午	5 7	3 25	丁丑	6 7	4 26	戊申	7 8	5 28	己卯
	2 7	12 24	丁未	3 8	1 24	丁丑	4 7	2 25	丁未	5 8	3 26	戊寅	6 8	4 27	己酉	7 9	5 29	庚辰
	2 8	12 25	戊申	3 9	1 25	戊寅	4 8	2 26	戊申	5 9	3 27	己卯	6 9	4 28	庚戌	7 10	5 30	辛巳
2	2 9	12 26	己酉	3 10	1 26	己卯	4 9	2 27	己酉	5 10	3 28	庚辰	6 10	4 29	辛亥	7 11	6 1	壬午
0	2 10	12 27	庚戌	3 11	1 27	庚辰	4 10	2 28	庚戌	5 11	3 29	辛巳	6 11	5 1	壬子	7 12	6 2	癸未
4	2 11	12 28	辛亥	3 12	1 28	辛巳	4 11	2 29	辛亥	5 12	3 30	壬午	6 12	5 2	癸丑	7 13	6 3	甲申
8	2 12	12 29	壬子	3 13	1 29	壬午	4 12	2 30	壬子	5 13	4 1	癸未	6 13	5 3	甲寅	7 14	6 4	乙酉
	2 13	12 30	癸丑	3 14	2 1	癸未	4 13	3 1	癸丑	5 14	4 2	甲申	6 14	5 4	乙卯	7 15	6 5	丙戌
	2 14	1 1	甲寅	3 15	2 2	甲申	4 14	3 2	甲寅	5 15	4 3	乙酉	6 15	5 5	丙辰	7 16	6 6	丁亥
	2 15	1 2	乙卯	3 16	2 3	乙酉	4 15	3 3	乙卯	5 16	4 4	丙戌	6 16	5 6	丁巳	7 17	6 7	戊子
	2 16	1 3	丙辰	3 17	2 4	丙戌	4 16	3 4	丙辰	5 17	4 5	丁亥	6 17	5 7	戊午	7 18	6 8	己丑
龍	2 17	1 4	丁巳	3 18	2 5	丁亥	4 17	3 5	丁巳	5 18	4 6	戊子	6 18	5 8	己未	7 19	6 9	庚寅
	2 18	1 5	戊午	3 19	2 6	戊子	4 18	3 6	戊午	5 19	4 7	己丑	6 19	5 9	庚申	7 20	6 10	辛卯
	2 19	1 6	己未	3 20	2 7	己丑	4 19	3 7	己未	5 20	4 8	庚寅	6 20	5 10	辛酉	7 21	6 11	壬辰
	2 20	1 7	庚申	3 21	2 8	庚寅	4 20	3 8	庚申	5 21	4 9	辛卯	6 21	5 11	壬戌	7 22	6 12	癸巳
	2 21	1 8	辛酉	3 22	2 9	辛卯	4 21	3 9	辛酉	5 22	4 10	壬辰	6 22	5 12	癸亥	7 23	6 13	甲午
	2 22	1 9	壬戌	3 23	2 10	壬辰	4 22	3 10	壬戌	5 23	4 11	癸巳	6 23	5 13	甲子	7 24	6 14	乙未
	2 23	1 10	癸亥	3 24	2 11	癸巳	4 23	3 11	癸亥	5 24	4 12	甲午	6 24	5 14	乙丑	7 25	6 15	丙申
中	2 24	1 11	甲子	3 25	2 12	甲午	4 24	3 12	甲子	5 25	4 13	乙未	6 25	5 15	丙寅	7 26	6 16	丁酉
華	2 25	1 12	乙丑	3 26	2 13	乙未	4 25	3 13	乙丑	5 26	4 14	丙申	6 26	5 16	丁卯	7 27	6 17	戊戌
民	2 26	1 13	丙寅	3 27	2 14	丙申	4 26	3 14	丙寅	5 27	4 15	丁酉	6 27	5 17	戊辰	7 28	6 18	己亥
國	2 27	1 14	丁卯	3 28	2 15	丁酉	4 27	3 15	丁卯	5 28	4 16	戊戌	6 28	5 18	己巳	7 29	6 19	庚子
一	2 28	1 15	戊辰	3 29	2 16	戊戌	4 28	3 16	戊辰	5 29	4 17	己亥	6 29	5 19	庚午	7 30	6 20	辛丑
百	2 29	1 16	己巳	3 30	2 17	己亥	4 29	3 17	己巳	5 30	4 18	庚子	6 30	5 20	辛未	7 31	6 21	壬寅
三	3 1	1 17	庚午	3 31	2 18	庚子	4 30	3 18	庚午	5 31	4 19	辛丑	7 1	5 21	壬申	8 1	6 22	癸卯
十	3 2	1 18	辛未	4 1	2 19	辛丑	5 1	3 19	辛未	6 1	4 20	壬寅	7 2	5 22	癸酉	8 2	6 23	甲辰
七	3 3	1 19	壬申	4 2	2 20	壬寅	5 2	3 20	壬申	6 2	4 21	癸卯	7 3	5 23	甲戌	8 3	6 24	乙巳
年	3 4	1 20	癸酉	4 3	2 21	癸卯	5 3	3 21	癸酉	6 3	4 22	甲辰	7 4	5 24	乙亥	8 4	6 25	丙午
							5 4	3 22	甲戌	6 4	4 23	乙巳	7 5	5 25	丙子	8 5	6 26	丁未
																8 6	6 27	戊申
中氣	雨水			春分			穀雨			小滿			夏至			大暑		
	2/19 7時47分 辰時			3/20 6時32分 卯時			4/19 17時16分 酉時			5/20 16時7分 申時			6/20 23時53分 子時			7/22 10時46分 巳時		

戊辰																		年
庚申			辛酉			壬戌			癸亥			甲子			乙丑			月
立秋			白露			寒露			立冬			大雪			小寒			節氣
8/7 3時17分 寅時			9/7 6時27分 卯時			10/7 22時25分 亥時			11/7 1時55分 丑時			12/6 18時59分 酉時			1/5 6時17分 卯時			
國曆	農曆	干支	國曆	農曆	干支	國曆	農曆	干支	國曆	農曆	干支	國曆	農曆	干支	國曆	農曆	干支	日
8 7	6 28	己酉	9 7	7 29	庚辰	10 7	8 30	庚戌	11 7	10 2	辛巳	12 6	11 2	庚戌	1 5	12 2	庚辰	
8 8	6 29	庚戌	9 8	8 1	辛巳	10 8	9 1	辛亥	11 8	10 3	壬午	12 7	11 3	辛亥	1 6	12 3	辛巳	
8 9	6 30	辛亥	9 9	8 2	壬午	10 9	9 2	壬子	11 9	10 4	癸未	12 8	11 4	壬子	1 7	12 4	壬午	2
8 10	7 1	壬子	9 10	8 3	癸未	10 10	9 3	癸丑	11 10	10 5	甲申	12 9	11 5	癸丑	1 8	12 5	癸未	0
8 11	7 2	癸丑	9 11	8 4	甲申	10 11	9 4	甲寅	11 11	10 6	乙酉	12 10	11 6	甲寅	1 9	12 6	甲申	4
8 12	7 3	甲寅	9 12	8 5	乙酉	10 12	9 5	乙卯	11 12	10 7	丙戌	12 11	11 7	乙卯	1 10	12 7	乙酉	8
8 13	7 4	乙卯	9 13	8 6	丙戌	10 13	9 6	丙辰	11 13	10 8	丁亥	12 12	11 8	丙辰	1 11	12 8	丙戌	·
8 14	7 5	丙辰	9 14	8 7	丁亥	10 14	9 7	丁巳	11 14	10 9	戊子	12 13	11 9	丁巳	1 12	12 9	丁亥	2
8 15	7 6	丁巳	9 15	8 8	戊子	10 15	9 8	戊午	11 15	10 10	己丑	12 14	11 10	戊午	1 13	12 10	戊子	0
8 16	7 7	戊午	9 16	8 9	己丑	10 16	9 9	己未	11 16	10 11	庚寅	12 15	11 11	己未	1 14	12 11	己丑	4
8 17	7 8	己未	9 17	8 10	庚寅	10 17	9 10	庚申	11 17	10 12	辛卯	12 16	11 12	庚申	1 15	12 12	庚寅	9
8 18	7 9	庚申	9 18	8 11	辛卯	10 18	9 11	辛酉	11 18	10 13	壬辰	12 17	11 13	辛酉	1 16	12 13	辛卯	
8 19	7 10	辛酉	9 19	8 12	壬辰	10 19	9 12	壬戌	11 19	10 14	癸巳	12 18	11 14	壬戌	1 17	12 14	壬辰	
8 20	7 11	壬戌	9 20	8 13	癸巳	10 20	9 13	癸亥	11 20	10 15	甲午	12 19	11 15	癸亥	1 18	12 15	癸巳	
8 21	7 12	癸亥	9 21	8 14	甲午	10 21	9 14	甲子	11 21	10 16	乙未	12 20	11 16	甲子	1 19	12 16	甲午	龍
8 22	7 13	甲子	9 22	8 15	乙未	10 22	9 15	乙丑	11 22	10 17	丙申	12 21	11 17	乙丑	1 20	12 17	乙未	
8 23	7 14	乙丑	9 23	8 16	丙申	10 23	9 16	丙寅	11 23	10 18	丁酉	12 22	11 18	丙寅	1 21	12 18	丙申	
8 24	7 15	丙寅	9 24	8 17	丁酉	10 24	9 17	丁卯	11 24	10 19	戊戌	12 23	11 19	丁卯	1 22	12 19	丁酉	
8 25	7 16	丁卯	9 25	8 18	戊戌	10 25	9 18	戊辰	11 25	10 20	己亥	12 24	11 20	戊辰	1 23	12 20	戊戌	中
8 26	7 17	戊辰	9 26	8 19	己亥	10 26	9 19	己巳	11 26	10 21	庚子	12 25	11 21	己巳	1 24	12 21	己亥	華
8 27	7 18	己巳	9 27	8 20	庚子	10 27	9 20	庚午	11 27	10 22	辛丑	12 26	11 22	庚午	1 25	12 22	庚子	民
8 28	7 19	庚午	9 28	8 21	辛丑	10 28	9 21	辛未	11 28	10 23	壬寅	12 27	11 23	辛未	1 26	12 23	辛丑	國
8 29	7 20	辛未	9 29	8 22	壬寅	10 29	9 22	壬申	11 29	10 24	癸卯	12 28	11 24	壬申	1 27	12 24	壬寅	一
8 30	7 21	壬申	9 30	8 23	癸卯	10 30	9 23	癸酉	11 30	10 25	甲辰	12 29	11 25	癸酉	1 28	12 25	癸卯	百
8 31	7 22	癸酉	10 1	8 24	甲辰	10 31	9 24	甲戌	12 1	10 26	乙巳	12 30	11 26	甲戌	1 29	12 26	甲辰	三
9 1	7 23	甲戌	10 2	8 25	乙巳	11 1	9 25	乙亥	12 2	10 27	丙午	12 31	11 27	乙亥	1 30	12 27	乙巳	十
9 2	7 24	乙亥	10 3	8 26	丙午	11 2	9 26	丙子	12 3	10 28	丁未	1 1	11 28	丙子	1 31	12 28	丙午	七
9 3	7 25	丙子	10 4	8 27	丁未	11 3	9 27	丁丑	12 4	10 29	戊申	1 2	11 29	丁丑	2 1	12 29	丁未	·
9 4	7 26	丁丑	10 5	8 28	戊申	11 4	9 28	戊寅	12 5	11 1	己酉	1 3	11 30	戊寅	2 2	1 1	戊申	一
9 5	7 27	戊寅	10 6	8 29	己酉	11 5	9 29	己卯				1 4	12 1	己卯				百
9 6	7 28	己卯				11 6	10 1	庚辰										三
處暑			秋分			霜降			小雪			冬至			大寒			十
8/22 18時1分 酉時			9/22 15時59分 申時			10/23 1時41分 丑時			11/21 23時32分 子時			12/21 13時1分 未時			1/19 23時40分 子時			八
																		年
																		中氣

年	己巳																													
月	丙寅					丁卯					戊辰					己巳					庚午					辛未				
節氣	立春					驚蟄					清明					立夏					芒種					小暑				
	2/3 17時52分 酉時					3/5 11時42分 午時					4/4 16時13分 申時					5/5 9時11分 巳時					6/5 13時2分 未時					7/6 23時7分 子時				
日	國曆		農曆		干支	國曆		農曆		干支	國曆		農曆		干支	國曆		農曆		干支	國曆		農曆		干支	國曆		農曆		干支
	2	3	1	2	己酉	3	5	2	2	己卯	4	4	3	3	己酉	5	5	4	4	庚辰	6	5	5	6	辛亥	7	6	6	7	壬午
	2	4	1	3	庚戌	3	6	2	3	庚辰	4	5	3	4	庚戌	5	6	4	5	辛巳	6	6	5	7	壬子	7	7	6	8	癸未
	2	5	1	4	辛亥	3	7	2	4	辛巳	4	6	3	5	辛亥	5	7	4	6	壬午	6	7	5	8	癸丑	7	8	6	9	甲申
	2	6	1	5	壬子	3	8	2	5	壬午	4	7	3	6	壬子	5	8	4	7	癸未	6	8	5	9	甲寅	7	9	6	10	乙酉
	2	7	1	6	癸丑	3	9	2	6	癸未	4	8	3	7	癸丑	5	9	4	8	甲申	6	9	5	10	乙卯	7	10	6	11	丙戌
2	2	8	1	7	甲寅	3	10	2	7	甲申	4	9	3	8	甲寅	5	10	4	9	乙酉	6	10	5	11	丙辰	7	11	6	12	丁亥
0	2	9	1	8	乙卯	3	11	2	8	乙酉	4	10	3	9	乙卯	5	11	4	10	丙戌	6	11	5	12	丁巳	7	12	6	13	戊子
4	2	10	1	9	丙辰	3	12	2	9	丙戌	4	11	3	10	丙辰	5	12	4	11	丁亥	6	12	5	13	戊午	7	13	6	14	己丑
9	2	11	1	10	丁巳	3	13	2	10	丁亥	4	12	3	11	丁巳	5	13	4	12	戊子	6	13	5	14	己未	7	14	6	15	庚寅
	2	12	1	11	戊午	3	14	2	11	戊子	4	13	3	12	戊午	5	14	4	13	己丑	6	14	5	15	庚申	7	15	6	16	辛卯
	2	13	1	12	己未	3	15	2	12	己丑	4	14	3	13	己未	5	15	4	14	庚寅	6	15	5	16	辛酉	7	16	6	17	壬辰
	2	14	1	13	庚申	3	16	2	13	庚寅	4	15	3	14	庚申	5	16	4	15	辛卯	6	16	5	17	壬戌	7	17	6	18	癸巳
	2	15	1	14	辛酉	3	17	2	14	辛卯	4	16	3	15	辛酉	5	17	4	16	壬辰	6	17	5	18	癸亥	7	18	6	19	甲午
	2	16	1	15	壬戌	3	18	2	15	壬辰	4	17	3	16	壬戌	5	18	4	17	癸巳	6	18	5	19	甲子	7	19	6	20	乙未
蛇	2	17	1	16	癸亥	3	19	2	16	癸巳	4	18	3	17	癸亥	5	19	4	18	甲午	6	19	5	20	乙丑	7	20	6	21	丙申
	2	18	1	17	甲子	3	20	2	17	甲午	4	19	3	18	甲子	5	20	4	19	乙未	6	20	5	21	丙寅	7	21	6	22	丁酉
	2	19	1	18	乙丑	3	21	2	18	乙未	4	20	3	19	乙丑	5	21	4	20	丙申	6	21	5	22	丁卯	7	22	6	23	戊戌
	2	20	1	19	丙寅	3	22	2	19	丙申	4	21	3	20	丙寅	5	22	4	21	丁酉	6	22	5	23	戊辰	7	23	6	24	己亥
	2	21	1	20	丁卯	3	23	2	20	丁酉	4	22	3	21	丁卯	5	23	4	22	戊戌	6	23	5	24	己巳	7	24	6	25	庚子
	2	22	1	21	戊辰	3	24	2	21	戊戌	4	23	3	22	戊辰	5	24	4	23	己亥	6	24	5	25	庚午	7	25	6	26	辛丑
中	2	23	1	22	己巳	3	25	2	22	己亥	4	24	3	23	己巳	5	25	4	24	庚子	6	25	5	26	辛未	7	26	6	27	壬寅
華	2	24	1	23	庚午	3	26	2	23	庚子	4	25	3	24	庚午	5	26	4	25	辛丑	6	26	5	27	壬申	7	27	6	28	癸卯
民	2	25	1	24	辛未	3	27	2	24	辛丑	4	26	3	25	辛未	5	27	4	26	壬寅	6	27	5	28	癸酉	7	28	6	29	甲辰
國	2	26	1	25	壬申	3	28	2	25	壬寅	4	27	3	26	壬申	5	28	4	27	癸卯	6	28	5	29	甲戌	7	29	6	30	乙巳
一	2	27	1	26	癸酉	3	29	2	26	癸卯	4	28	3	27	癸酉	5	29	4	28	甲辰	6	29	5	30	乙亥	7	30	7	1	丙午
百	2	28	1	27	甲戌	3	30	2	27	甲辰	4	29	3	28	甲戌	5	30	4	29	乙巳	6	30	6	1	丙子	7	31	7	2	丁未
三	3	1	1	28	乙亥	3	31	2	28	乙巳	4	30	3	29	乙亥	5	31	5	1	丙午	7	1	6	2	丁丑	8	1	7	3	戊申
十	3	2	1	29	丙子	4	1	2	29	丙午	5	1	3	30	丙子	6	1	5	2	丁未	7	2	6	3	戊寅	8	2	7	4	己酉
八	3	3	1	30	丁丑	4	2	3	1	丁未	5	2	4	1	丁丑	6	2	5	3	戊申	7	3	6	4	己卯	8	3	7	5	庚戌
年	3	4	2	1	戊寅	4	3	3	2	戊申	5	3	4	2	戊寅	6	3	5	4	己酉	7	4	6	5	庚辰	8	4	7	6	辛亥
											5	4	4	3	己卯	6	4	5	5	庚戌	7	5	6	6	辛巳	8	5	7	7	壬子
																										8	6	7	8	癸丑
中氣	雨水					春分					穀雨					小滿					夏至					大暑				
	2/18 13時41分 未時					3/20 12時27分 午時					4/19 23時12分 子時					5/20 22時2分 亥時					6/21 5時46分 卯時					7/22 16時35分 申時				

	己巳																	年
壬申			癸酉			甲戌			乙亥			丙子			丁丑			月
立秋			白露			寒露			立冬			大雪			小寒			節氣
8/7 8時57分 辰時			9/7 12時4分 午時			10/8 4時4分 寅時			11/7 7時37分 辰時			12/7 0時45分 子時			1/5 12時6分 午時			
國曆	農曆	干支	國曆	農曆	干支	國曆	農曆	干支	國曆	農曆	干支	國曆	農曆	干支	國曆	農曆	干支	日
8 7	7 9	甲寅	9 7	8 11	乙酉	10 8	9 12	丙辰	11 7	10 12	丙戌	12 7	11 13	丙辰	1 5	12 12	乙酉	
8 8	7 10	乙卯	9 8	8 12	丙戌	10 9	9 13	丁巳	11 8	10 13	丁亥	12 8	11 14	丁巳	1 6	12 13	丙戌	
8 9	7 11	丙辰	9 9	8 13	丁亥	10 10	9 14	戊午	11 9	10 14	戊子	12 9	11 15	戊午	1 7	12 14	丁亥	
8 10	7 12	丁巳	9 10	8 14	戊子	10 11	9 15	己未	11 10	10 15	己丑	12 10	11 16	己未	1 8	12 15	戊子	
8 11	7 13	戊午	9 11	8 15	己丑	10 12	9 16	庚申	11 11	10 16	庚寅	12 11	11 17	庚申	1 9	12 16	己丑	2
8 12	7 14	己未	9 12	8 16	庚寅	10 13	9 17	辛酉	11 12	10 17	辛卯	12 12	11 18	辛酉	1 10	12 17	庚寅	0
8 13	7 15	庚申	9 13	8 17	辛卯	10 14	9 18	壬戌	11 13	10 18	壬辰	12 13	11 19	壬戌	1 11	12 18	辛卯	4
8 14	7 16	辛酉	9 14	8 18	壬辰	10 15	9 19	癸亥	11 14	10 19	癸巳	12 14	11 20	癸亥	1 12	12 19	壬辰	9
8 15	7 17	壬戌	9 15	8 19	癸巳	10 16	9 20	甲子	11 15	10 20	甲午	12 15	11 21	甲子	1 13	12 20	癸巳	·
8 16	7 18	癸亥	9 16	8 20	甲午	10 17	9 21	乙丑	11 16	10 21	乙未	12 16	11 22	乙丑	1 14	12 21	甲午	2
8 17	7 19	甲子	9 17	8 21	乙未	10 18	9 22	丙寅	11 17	10 22	丙申	12 17	11 23	丙寅	1 15	12 22	乙未	0
8 18	7 20	乙丑	9 18	8 22	丙申	10 19	9 23	丁卯	11 18	10 23	丁酉	12 18	11 24	丁卯	1 16	12 23	丙申	5
8 19	7 21	丙寅	9 19	8 23	丁酉	10 20	9 24	戊辰	11 19	10 24	戊戌	12 19	11 25	戊辰	1 17	12 24	丁酉	0
8 20	7 22	丁卯	9 20	8 24	戊戌	10 21	9 25	己巳	11 20	10 25	己亥	12 20	11 26	己巳	1 18	12 25	戊戌	
8 21	7 23	戊辰	9 21	8 25	己亥	10 22	9 26	庚午	11 21	10 26	庚子	12 21	11 27	庚午	1 19	12 26	己亥	
8 22	7 24	己巳	9 22	8 26	庚子	10 23	9 27	辛未	11 22	10 27	辛丑	12 22	11 28	辛未	1 20	12 27	庚子	
8 23	7 25	庚午	9 23	8 27	辛丑	10 24	9 28	壬申	11 23	10 28	壬寅	12 23	11 29	壬申	1 21	12 28	辛丑	
8 24	7 26	辛未	9 24	8 28	壬寅	10 25	9 29	癸酉	11 24	10 29	癸卯	12 24	11 30	癸酉	1 22	12 29	壬寅	蛇
8 25	7 27	壬申	9 25	8 29	癸卯	10 26	9 30	甲戌	11 25	11 1	甲辰	12 25	12 1	甲戌	1 23	1 1	癸卯	
8 26	7 28	癸酉	9 26	8 30	甲辰	10 27	10 1	乙亥	11 26	11 2	乙巳	12 26	12 2	乙亥	1 24	1 2	甲辰	
8 27	7 29	甲戌	9 27	9 1	乙巳	10 28	10 2	丙子	11 27	11 3	丙午	12 27	12 3	丙子	1 25	1 3	乙巳	中
8 28	8 1	乙亥	9 28	9 2	丙午	10 29	10 3	丁丑	11 28	11 4	丁未	12 28	12 4	丁丑	1 26	1 4	丙午	華
8 29	8 2	丙子	9 29	9 3	丁未	10 30	10 4	戊寅	11 29	11 5	戊申	12 29	12 5	戊寅	1 27	1 5	丁未	民
8 30	8 3	丁丑	9 30	9 4	戊申	10 31	10 5	己卯	11 30	11 6	己酉	12 30	12 6	己卯	1 28	1 6	戊申	國
8 31	8 4	戊寅	10 1	9 5	己酉	11 1	10 6	庚辰	12 1	11 7	庚戌	12 31	12 7	庚辰	1 29	1 7	己酉	一
9 1	8 5	己卯	10 2	9 6	庚戌	11 2	10 7	辛巳	12 2	11 8	辛亥	1 1	12 8	辛巳	1 30	1 8	庚戌	百
9 2	8 6	庚辰	10 3	9 7	辛亥	11 3	10 8	壬午	12 3	11 9	壬子	1 2	12 9	壬午	1 31	1 9	辛亥	三
9 3	8 7	辛巳	10 4	9 8	壬子	11 4	10 9	癸未	12 4	11 10	癸丑	1 3	12 10	癸未	2 1	1 10	壬子	十
9 4	8 8	壬午	10 5	9 9	癸丑	11 5	10 10	甲申	12 5	11 11	甲寅	1 4	12 11	甲申	2 2	1 11	癸丑	八
9 5	8 9	癸未	10 6	9 10	甲寅	11 6	10 11	乙酉	12 6	11 12	乙卯							·
9 6	8 10	甲申	10 7	9 11	乙卯													一
處暑			秋分			霜降			小雪			冬至			大寒			中
8/22 23時46分 子時			9/22 21時41分 亥時			10/23 7時24分 辰時			11/22 5時18分 卯時			12/21 18時51分 酉時			1/20 5時32分 卯時			氣

年欄（右側直書）：2049·2050 蛇 中華民國一百三十八·一百三十九年

年	庚午																
月	戊寅			己卯			庚辰			辛巳			壬午			癸未		
節氣	立春			驚蟄			清明			立夏			芒種			小暑		
	2/3 23時42分 子時			3/5 17時31分 酉時			4/4 22時2分 亥時			5/5 15時1分 申時			6/5 18時53分 酉時			7/7 5時1分 卯時		
日	國曆	農曆	干支	國曆	農曆	干支	國曆	農曆	干支	國曆	農曆	干支	國曆	農曆	干支	國曆	農曆	干支
	2/3	1/12	甲寅	3/5	2/13	甲申	4/4	3/13	甲寅	5/5	閏3/15	乙酉	6/5	4/16	丙辰	7/7	5/19	戊子
	2/4	1/13	乙卯	3/6	2/14	乙酉	4/5	3/14	乙卯	5/6	閏3/16	丙戌	6/6	4/17	丁巳	7/8	5/20	己丑
	2/5	1/14	丙辰	3/7	2/15	丙戌	4/6	3/15	丙辰	5/7	閏3/17	丁亥	6/7	4/18	戊午	7/9	5/21	庚寅
	2/6	1/15	丁巳	3/8	2/16	丁亥	4/7	3/16	丁巳	5/8	閏3/18	戊子	6/8	4/19	己未	7/10	5/22	辛卯
	2/7	1/16	戊午	3/9	2/17	戊子	4/8	3/17	戊午	5/9	閏3/19	己丑	6/9	4/20	庚申	7/11	5/23	壬辰
	2/8	1/17	己未	3/10	2/18	己丑	4/9	3/18	己未	5/10	閏3/20	庚寅	6/10	4/21	辛酉	7/12	5/24	癸巳
	2/9	1/18	庚申	3/11	2/19	庚寅	4/10	3/19	庚申	5/11	閏3/21	辛卯	6/11	4/22	壬戌	7/13	5/25	甲午
	2/10	1/19	辛酉	3/12	2/20	辛卯	4/11	3/20	辛酉	5/12	閏3/22	壬辰	6/12	4/23	癸亥	7/14	5/26	乙未
	2/11	1/20	壬戌	3/13	2/21	壬辰	4/12	3/21	壬戌	5/13	閏3/23	癸巳	6/13	4/24	甲子	7/15	5/27	丙申
	2/12	1/21	癸亥	3/14	2/22	癸巳	4/13	3/22	癸亥	5/14	閏3/24	甲午	6/14	4/25	乙丑	7/16	5/28	丁酉
	2/13	1/22	甲子	3/15	2/23	甲午	4/14	3/23	甲子	5/15	閏3/25	乙未	6/15	4/26	丙寅	7/17	5/29	戊戌
	2/14	1/23	乙丑	3/16	2/24	乙未	4/15	3/24	乙丑	5/16	閏3/26	丙申	6/16	4/27	丁卯	7/18	5/30	己亥
	2/15	1/24	丙寅	3/17	2/25	丙申	4/16	3/25	丙寅	5/17	閏3/27	丁酉	6/17	4/28	戊辰	7/19	6/1	庚子
	2/16	1/25	丁卯	3/18	2/26	丁酉	4/17	3/26	丁卯	5/18	閏3/28	戊戌	6/18	4/29	己巳	7/20	6/2	辛丑
	2/17	1/26	戊辰	3/19	2/27	戊戌	4/18	3/27	戊辰	5/19	閏3/29	己亥	6/19	5/1	庚午	7/21	6/3	壬寅
	2/18	1/27	己巳	3/20	2/28	己亥	4/19	3/28	己巳	5/20	閏3/30	庚子	6/20	5/2	辛未	7/22	6/4	癸卯
	2/19	1/28	庚午	3/21	2/29	庚子	4/20	3/29	庚午	5/21	4/1	辛丑	6/21	5/3	壬申	7/23	6/5	甲辰
	2/20	1/29	辛未	3/22	2/30	辛丑	4/21	閏3/1	辛未	5/22	4/2	壬寅	6/22	5/4	癸酉	7/24	6/6	乙巳
	2/21	2/1	壬申	3/23	3/1	壬寅	4/22	閏3/2	壬申	5/23	4/3	癸卯	6/23	5/5	甲戌	7/25	6/7	丙午
	2/22	2/2	癸酉	3/24	3/2	癸卯	4/23	閏3/3	癸酉	5/24	4/4	甲辰	6/24	5/6	乙亥	7/26	6/8	丁未
	2/23	2/3	甲戌	3/25	3/3	甲辰	4/24	閏3/4	甲戌	5/25	4/5	乙巳	6/25	5/7	丙子	7/27	6/9	戊申
	2/24	2/4	乙亥	3/26	3/4	乙巳	4/25	閏3/5	乙亥	5/26	4/6	丙午	6/26	5/8	丁丑	7/28	6/10	己酉
	2/25	2/5	丙子	3/27	3/5	丙午	4/26	閏3/6	丙子	5/27	4/7	丁未	6/27	5/9	戊寅	7/29	6/11	庚戌
	2/26	2/6	丁丑	3/28	3/6	丁未	4/27	閏3/7	丁丑	5/28	4/8	戊申	6/28	5/10	己卯	7/30	6/12	辛亥
	2/27	2/7	戊寅	3/29	3/7	戊申	4/28	閏3/8	戊寅	5/29	4/9	己酉	6/29	5/11	庚辰	7/31	6/13	壬子
	2/28	2/8	己卯	3/30	3/8	己酉	4/29	閏3/9	己卯	5/30	4/10	庚戌	6/30	5/12	辛巳	8/1	6/14	癸丑
	3/1	2/9	庚辰	3/31	3/9	庚戌	4/30	閏3/10	庚辰	5/31	4/11	辛亥	7/1	5/13	壬午	8/2	6/15	甲寅
	3/2	2/10	辛巳	4/1	3/10	辛亥	5/1	閏3/11	辛巳	6/1	4/12	壬子	7/2	5/14	癸未	8/3	6/16	乙卯
	3/3	2/11	壬午	4/2	3/11	壬子	5/2	閏3/12	壬午	6/2	4/13	癸丑	7/3	5/15	甲申	8/4	6/17	丙辰
	3/4	2/12	癸未	4/3	3/12	癸丑	5/3	閏3/13	癸未	6/3	4/14	甲寅	7/4	5/16	乙酉	8/5	6/18	丁巳
							5/4	閏3/14	甲申	6/4	4/15	乙卯	7/5	5/17	丙戌	8/6	6/19	戊午
													7/6	5/18	丁亥			
中氣	雨水			春分			穀雨			小滿			夏至			大暑		
	2/18 19時34分 戌時			3/20 18時18分 酉時			4/20 5時1分 卯時			5/21 3時49分 寅時			6/21 11時32分 午時			7/22 22時20分 亥時		

2050 馬 中華民國一百三十九年

庚午																														年
甲申					乙酉					丙戌					丁亥					戊子					己丑					月
立秋					白露					寒露					立冬					大雪					小寒					節氣
8/7 14時51分 未時					9/7 17時59分 酉時					10/8 9時59分 巳時					11/7 13時32分 未時					12/7 6時40分 卯時					1/5 18時1分 酉時					
國曆		農曆		干支	國曆		農曆		干支	國曆		農曆		干支	國曆		農曆		干支	國曆		農曆		干支	國曆		農曆		干支	日
8	7	6	20	己未	9	7	7	22	庚寅	10	8	8	23	辛酉	11	7	9	23	辛卯	12	7	10	24	辛酉	1	5	11	23	庚寅	2050·2051
8	8	6	21	庚申	9	8	7	23	辛卯	10	9	8	24	壬戌	11	8	9	24	壬辰	12	8	10	25	壬戌	1	6	11	24	辛卯	
8	9	6	22	辛酉	9	9	7	24	壬辰	10	10	8	25	癸亥	11	9	9	25	癸巳	12	9	10	26	癸亥	1	7	11	25	壬辰	
8	10	6	23	壬戌	9	10	7	25	癸巳	10	11	8	26	甲子	11	10	9	26	甲午	12	10	10	27	甲子	1	8	11	26	癸巳	
8	11	6	24	癸亥	9	11	7	26	甲午	10	12	8	27	乙丑	11	11	9	27	乙未	12	11	10	28	乙丑	1	9	11	27	甲午	
8	12	6	25	甲子	9	12	7	27	乙未	10	13	8	28	丙寅	11	12	9	28	丙申	12	12	10	29	丙寅	1	10	11	28	乙未	
8	13	6	26	乙丑	9	13	7	28	丙申	10	14	8	29	丁卯	11	13	9	29	丁酉	12	13	10	30	丁卯	1	11	11	29	丙申	
8	14	6	27	丙寅	9	14	7	29	丁酉	10	15	8	30	戊辰	11	14	10	1	戊戌	12	14	11	1	戊辰	1	12	11	30	丁酉	馬
8	15	6	28	丁卯	9	15	7	30	戊戌	10	16	9	1	己巳	11	15	10	2	己亥	12	15	11	2	己巳	1	13	12	1	戊戌	
8	16	6	29	戊辰	9	16	8	1	己亥	10	17	9	2	庚午	11	16	10	3	庚子	12	16	11	3	庚午	1	14	12	2	己亥	
8	17	7	1	己巳	9	17	8	2	庚子	10	18	9	3	辛未	11	17	10	4	辛丑	12	17	11	4	辛未	1	15	12	3	庚子	
8	18	7	2	庚午	9	18	8	3	辛丑	10	19	9	4	壬申	11	18	10	5	壬寅	12	18	11	5	壬申	1	16	12	4	辛丑	
8	19	7	3	辛未	9	19	8	4	壬寅	10	20	9	5	癸酉	11	19	10	6	癸卯	12	19	11	6	癸酉	1	17	12	5	壬寅	
8	20	7	4	壬申	9	20	8	5	癸卯	10	21	9	6	甲戌	11	20	10	7	甲辰	12	20	11	7	甲戌	1	18	12	6	癸卯	
8	21	7	5	癸酉	9	21	8	6	甲辰	10	22	9	7	乙亥	11	21	10	8	乙巳	12	21	11	8	乙亥	1	19	12	7	甲辰	
8	22	7	6	甲戌	9	22	8	7	乙巳	10	23	9	8	丙子	11	22	10	9	丙午	12	22	11	9	丙子	1	20	12	8	乙巳	
8	23	7	7	乙亥	9	23	8	8	丙午	10	24	9	9	丁丑	11	23	10	10	丁未	12	23	11	10	丁丑	1	21	12	9	丙午	
8	24	7	8	丙子	9	24	8	9	丁未	10	25	9	10	戊寅	11	24	10	11	戊申	12	24	11	11	戊寅	1	22	12	10	丁未	
8	25	7	9	丁丑	9	25	8	10	戊申	10	26	9	11	己卯	11	25	10	12	己酉	12	25	11	12	己卯	1	23	12	11	戊申	
8	26	7	10	戊寅	9	26	8	11	己酉	10	27	9	12	庚辰	11	26	10	13	庚戌	12	26	11	13	庚辰	1	24	12	12	己酉	
8	27	7	11	己卯	9	27	8	12	庚戌	10	28	9	13	辛巳	11	27	10	14	辛亥	12	27	11	14	辛巳	1	25	12	13	庚戌	中華民國一百三十九·一百四十年
8	28	7	12	庚辰	9	28	8	13	辛亥	10	29	9	14	壬午	11	28	10	15	壬子	12	28	11	15	壬午	1	26	12	14	辛亥	
8	29	7	13	辛巳	9	29	8	14	壬子	10	30	9	15	癸未	11	29	10	16	癸丑	12	29	11	16	癸未	1	27	12	15	壬子	
8	30	7	14	壬午	9	30	8	15	癸丑	10	31	9	16	甲申	11	30	10	17	甲寅	12	30	11	17	甲申	1	28	12	16	癸丑	
8	31	7	15	癸未	10	1	8	16	甲寅	11	1	9	17	乙酉	12	1	10	18	乙卯	12	31	11	18	乙酉	1	29	12	17	甲寅	
9	1	7	16	甲申	10	2	8	17	乙卯	11	2	9	18	丙戌	12	2	10	19	丙辰	1	1	11	19	丙戌	1	30	12	18	乙卯	
9	2	7	17	乙酉	10	3	8	18	丙辰	11	3	9	19	丁亥	12	3	10	20	丁巳	1	2	11	20	丁亥	1	31	12	19	丙辰	
9	3	7	18	丙戌	10	4	8	19	丁巳	11	4	9	20	戊子	12	4	10	21	戊午	1	3	11	21	戊子	2	1	12	20	丁巳	
9	4	7	19	丁亥	10	5	8	20	戊午	11	5	9	21	己丑	12	5	10	22	己未	1	4	11	22	己丑	2	2	12	21	戊午	
9	5	7	20	戊子	10	6	8	21	己未	11	6	9	22	庚寅	12	6	10	23	庚申						2	3	12	22	己未	
9	6	7	21	己丑	10	7	8	22	庚申																					
處暑					秋分					霜降					小雪					冬至					大寒					中氣
8/23 5時31分 卯時					9/23 3時27分 寅時					10/23 13時10分 未時					11/22 11時5分 午時					12/22 0時37分 子時					1/20 11時17分 午時					

年	辛未																
月	庚寅			辛卯			壬辰			癸巳			甲午			乙未		
節氣	立春			驚蟄			清明			立夏			芒種			小暑		
	2/4 5時35分 卯時			3/5 23時21分 子時			4/5 3時48分 寅時			5/5 20時46分 戌時			6/6 0時39分 子時			7/7 10時48分 巳時		
日	國曆	農曆	干支	國曆	農曆	干支	國曆	農曆	干支	國曆	農曆	干支	國曆	農曆	干支	國曆	農曆	干支
	2 4	12 23	庚申	3 5	1 23	己丑	4 5	2 24	庚申	5 5	3 25	庚寅	6 6	4 28	壬戌	7 7	5 29	癸巳
	2 5	12 24	辛酉	3 6	1 24	庚寅	4 6	2 25	辛酉	5 6	3 26	辛卯	6 7	4 29	癸亥	7 8	6 1	甲午
	2 6	12 25	壬戌	3 7	1 25	辛卯	4 7	2 26	壬戌	5 7	3 27	壬辰	6 8	4 30	甲子	7 9	6 2	乙未
	2 7	12 26	癸亥	3 8	1 26	壬辰	4 8	2 27	癸亥	5 8	3 28	癸巳	6 9	5 1	乙丑	7 10	6 3	丙申
2	2 8	12 27	甲子	3 9	1 27	癸巳	4 9	2 28	甲子	5 9	3 29	甲午	6 10	5 2	丙寅	7 11	6 4	丁酉
0	2 9	12 28	乙丑	3 10	1 28	甲午	4 10	2 29	乙丑	5 10	4 1	乙未	6 11	5 3	丁卯	7 12	6 5	戊戌
5	2 10	12 29	丙寅	3 11	1 29	乙未	4 11	3 1	丙寅	5 11	4 2	丙申	6 12	5 4	戊辰	7 13	6 6	己亥
1	2 11	1 1	丁卯	3 12	1 30	丙申	4 12	3 2	丁卯	5 12	4 3	丁酉	6 13	5 5	己巳	7 14	6 7	庚子
	2 12	1 2	戊辰	3 13	2 1	丁酉	4 13	3 3	戊辰	5 13	4 4	戊戌	6 14	5 6	庚午	7 15	6 8	辛丑
	2 13	1 3	己巳	3 14	2 2	戊戌	4 14	3 4	己巳	5 14	4 5	己亥	6 15	5 7	辛未	7 16	6 9	壬寅
	2 14	1 4	庚午	3 15	2 3	己亥	4 15	3 5	庚午	5 15	4 6	庚子	6 16	5 8	壬申	7 17	6 10	癸卯
	2 15	1 5	辛未	3 16	2 4	庚子	4 16	3 6	辛未	5 16	4 7	辛丑	6 17	5 9	癸酉	7 18	6 11	甲辰
羊	2 16	1 6	壬申	3 17	2 5	辛丑	4 17	3 7	壬申	5 17	4 8	壬寅	6 18	5 10	甲戌	7 19	6 12	乙巳
	2 17	1 7	癸酉	3 18	2 6	壬寅	4 18	3 8	癸酉	5 18	4 9	癸卯	6 19	5 11	乙亥	7 20	6 13	丙午
	2 18	1 8	甲戌	3 19	2 7	癸卯	4 19	3 9	甲戌	5 19	4 10	甲辰	6 20	5 12	丙子	7 21	6 14	丁未
	2 19	1 9	乙亥	3 20	2 8	甲辰	4 20	3 10	乙亥	5 20	4 11	乙巳	6 21	5 13	丁丑	7 22	6 15	戊申
	2 20	1 10	丙子	3 21	2 9	乙巳	4 21	3 11	丙子	5 21	4 12	丙午	6 22	5 14	戊寅	7 23	6 16	己酉
	2 21	1 11	丁丑	3 22	2 10	丙午	4 22	3 12	丁丑	5 22	4 13	丁未	6 23	5 15	己卯	7 24	6 17	庚戌
	2 22	1 12	戊寅	3 23	2 11	丁未	4 23	3 13	戊寅	5 23	4 14	戊申	6 24	5 16	庚辰	7 25	6 18	辛亥
中	2 23	1 13	己卯	3 24	2 12	戊申	4 24	3 14	己卯	5 24	4 15	己酉	6 25	5 17	辛巳	7 26	6 19	壬子
華	2 24	1 14	庚辰	3 25	2 13	己酉	4 25	3 15	庚辰	5 25	4 16	庚戌	6 26	5 18	壬午	7 27	6 20	癸丑
民	2 25	1 15	辛巳	3 26	2 14	庚戌	4 26	3 16	辛巳	5 26	4 17	辛亥	6 27	5 19	癸未	7 28	6 21	甲寅
國	2 26	1 16	壬午	3 27	2 15	辛亥	4 27	3 17	壬午	5 27	4 18	壬子	6 28	5 20	甲申	7 29	6 22	乙卯
一	2 27	1 17	癸未	3 28	2 16	壬子	4 28	3 18	癸未	5 28	4 19	癸丑	6 29	5 21	乙酉	7 30	6 23	丙辰
百	2 28	1 18	甲申	3 29	2 17	癸丑	4 29	3 19	甲申	5 29	4 20	甲寅	6 30	5 22	丙戌	7 31	6 24	丁巳
四	3 1	1 19	乙酉	3 30	2 18	甲寅	4 30	3 20	乙酉	5 30	4 21	乙卯	7 1	5 23	丁亥	8 1	6 25	戊午
十	3 2	1 20	丙戌	3 31	2 19	乙卯	5 1	3 21	丙戌	5 31	4 22	丙辰	7 2	5 24	戊子	8 2	6 26	己未
年	3 3	1 21	丁亥	4 1	2 20	丙辰	5 2	3 22	丁亥	6 1	4 23	丁巳	7 3	5 25	己丑	8 3	6 27	庚申
	3 4	1 22	戊子	4 2	2 21	丁巳	5 3	3 23	戊子	6 2	4 24	戊午	7 4	5 26	庚寅	8 4	6 28	辛酉
				4 3	2 22	戊午	5 4	3 24	己丑	6 3	4 25	己未	7 5	5 27	辛卯	8 5	6 29	壬戌
				4 4	2 23	己未				6 4	4 26	庚申	7 6	5 28	壬辰	8 6	7 1	癸亥
										6 5	4 27	辛酉						
中氣	雨水			春分			穀雨			小滿			夏至			大暑		
	2/19 1時16分 丑時			3/20 23時58分 子時			4/20 10時39分 巳時			5/21 9時30分 巳時			6/21 17時17分 酉時			7/23 4時12分 寅時		

辛未年（中華民國一百四十·一百四十一年　2051·2052　羊）

月	丙申	丁酉	戊戌	己亥	庚子	辛丑
節氣	立秋	白露	寒露	立冬	大雪	小寒
時刻	8/7 20時40分 戌時	9/7 23時50分 子時	10/8 15時49分 申時	11/7 19時21分 戌時	12/7 12時27分 午時	1/5 23時47分 子時

國曆	農曆	干支	國曆	農曆	干支	國曆	農曆	干支	國曆	農曆	干支	國曆	農曆	干支	國曆	農曆	干支
8 7	7 2	甲子	9 7	8 3	乙未	10 8	9 4	丙寅	11 7	10 5	丙申	12 7	11 5	丙寅	1 5	12 4	乙未
8 8	7 3	乙丑	9 8	8 4	丙申	10 9	9 5	丁卯	11 8	10 6	丁酉	12 8	11 6	丁卯	1 6	12 5	丙申
8 9	7 4	丙寅	9 9	8 5	丁酉	10 10	9 6	戊辰	11 9	10 7	戊戌	12 9	11 7	戊辰	1 7	12 6	丁酉
8 10	7 5	丁卯	9 10	8 6	戊戌	10 11	9 7	己巳	11 10	10 8	己亥	12 10	11 8	己巳	1 8	12 7	戊戌
8 11	7 6	戊辰	9 11	8 7	己亥	10 12	9 8	庚午	11 11	10 9	庚子	12 11	11 9	庚午	1 9	12 8	己亥
8 12	7 7	己巳	9 12	8 8	庚子	10 13	9 9	辛未	11 12	10 10	辛丑	12 12	11 10	辛未	1 10	12 9	庚子
8 13	7 8	庚午	9 13	8 9	辛丑	10 14	9 10	壬申	11 13	10 11	壬寅	12 13	11 11	壬申	1 11	12 10	辛丑
8 14	7 9	辛未	9 14	8 10	壬寅	10 15	9 11	癸酉	11 14	10 12	癸卯	12 14	11 12	癸酉	1 12	12 11	壬寅
8 15	7 10	壬申	9 15	8 11	癸卯	10 16	9 12	甲戌	11 15	10 13	甲辰	12 15	11 13	甲戌	1 13	12 12	癸卯
8 16	7 11	癸酉	9 16	8 12	甲辰	10 17	9 13	乙亥	11 16	10 14	乙巳	12 16	11 14	乙亥	1 14	12 13	甲辰
8 17	7 12	甲戌	9 17	8 13	乙巳	10 18	9 14	丙子	11 17	10 15	丙午	12 17	11 15	丙子	1 15	12 14	乙巳
8 18	7 13	乙亥	9 18	8 14	丙午	10 19	9 15	丁丑	11 18	10 16	丁未	12 18	11 16	丁丑	1 16	12 15	丙午
8 19	7 14	丙子	9 19	8 15	丁未	10 20	9 16	戊寅	11 19	10 17	戊申	12 19	11 17	戊寅	1 17	12 16	丁未
8 20	7 15	丁丑	9 20	8 16	戊申	10 21	9 17	己卯	11 20	10 18	己酉	12 20	11 18	己卯	1 18	12 17	戊申
8 21	7 16	戊寅	9 21	8 17	己酉	10 22	9 18	庚辰	11 21	10 19	庚戌	12 21	11 19	庚辰	1 19	12 18	己酉
8 22	7 17	己卯	9 22	8 18	庚戌	10 23	9 19	辛巳	11 22	10 20	辛亥	12 22	11 20	辛巳	1 20	12 19	庚戌
8 23	7 18	庚辰	9 23	8 19	辛亥	10 24	9 20	壬午	11 23	10 21	壬子	12 23	11 21	壬午	1 21	12 20	辛亥
8 24	7 19	辛巳	9 24	8 20	壬子	10 25	9 21	癸未	11 24	10 22	癸丑	12 24	11 22	癸未	1 22	12 21	壬子
8 25	7 20	壬午	9 25	8 21	癸丑	10 26	9 22	甲申	11 25	10 23	甲寅	12 25	11 23	甲申	1 23	12 22	癸丑
8 26	7 21	癸未	9 26	8 22	甲寅	10 27	9 23	乙酉	11 26	10 24	乙卯	12 26	11 24	乙酉	1 24	12 23	甲寅
8 27	7 22	甲申	9 27	8 23	乙卯	10 28	9 24	丙戌	11 27	10 25	丙辰	12 27	11 25	丙戌	1 25	12 24	乙卯
8 28	7 23	乙酉	9 28	8 24	丙辰	10 29	9 25	丁亥	11 28	10 26	丁巳	12 28	11 26	丁亥	1 26	12 25	丙辰
8 29	7 24	丙戌	9 29	8 25	丁巳	10 30	9 26	戊子	11 29	10 27	戊午	12 29	11 27	戊子	1 27	12 26	丁巳
8 30	7 25	丁亥	9 30	8 26	戊午	10 31	9 27	己丑	11 30	10 28	己未	12 30	11 28	己丑	1 28	12 27	戊午
8 31	7 26	戊子	10 1	8 27	己未	11 1	9 28	庚寅	12 1	10 29	庚申	12 31	11 29	庚寅	1 29	12 28	己未
9 1	7 27	己丑	10 2	8 28	庚申	11 2	9 29	辛卯	12 2	10 30	辛酉	1 1	11 30	辛卯	1 30	12 29	庚申
9 2	7 28	庚寅	10 3	8 29	辛酉	11 3	10 1	壬辰	12 3	11 1	壬戌	1 2	12 1	壬辰	1 31	12 30	辛酉
9 3	7 29	辛卯	10 4	8 30	壬戌	11 4	10 2	癸巳	12 4	11 2	癸亥	1 3	12 2	癸巳	2 1	1 1	壬戌
9 4	7 30	壬辰	10 5	9 1	癸亥	11 5	10 3	甲午	12 5	11 3	甲子	1 4	12 3	甲午	2 2	1 2	癸亥
9 5	8 1	癸巳	10 6	9 2	甲子	11 6	10 4	乙未	12 6	11 4	乙丑				2 3	1 3	甲子
9 6	8 2	甲午	10 7	9 3	乙丑												

中氣	處暑	秋分	霜降	小雪	冬至	大寒
時刻	8/23 11時28分 午時	9/23 9時26分 巳時	10/23 19時9分 戌時	11/22 17時1分 酉時	12/22 6時33分 卯時	1/20 17時13分 酉時

年	壬申																
月	壬寅			癸卯			甲辰			乙巳			丙午			丁未		
節氣	立春			驚蟄			清明			立夏			芒種			小暑		
	2/4 11時22分 午時			3/5 5時8分 卯時			4/4 9時36分 巳時			5/5 2時33分 丑時			6/5 6時28分 卯時			7/6 16時39分 申時		
日	國曆	農曆	干支	國曆	農曆	干支	國曆	農曆	干支	國曆	農曆	干支	國曆	農曆	干支	國曆	農曆	干支
	2 4	1 4	乙丑	3 5	2 5	乙未	4 4	3 5	乙丑	5 5	4 7	丙申	6 5	5 9	丁卯	7 6	6 10	戊戌
	2 5	1 5	丙寅	3 6	2 6	丙申	4 5	3 6	丙寅	5 6	4 8	丁酉	6 6	5 10	戊辰	7 7	6 11	己亥
	2 6	1 6	丁卯	3 7	2 7	丁酉	4 6	3 7	丁卯	5 7	4 9	戊戌	6 7	5 11	己巳	7 8	6 12	庚子
2	2 7	1 7	戊辰	3 8	2 8	戊戌	4 7	3 8	戊辰	5 8	4 10	己亥	6 8	5 12	庚午	7 9	6 13	辛丑
0	2 8	1 8	己巳	3 9	2 9	己亥	4 8	3 9	己巳	5 9	4 11	庚子	6 9	5 13	辛未	7 10	6 14	壬寅
5	2 9	1 9	庚午	3 10	2 10	庚子	4 9	3 10	庚午	5 10	4 12	辛丑	6 10	5 14	壬申	7 11	6 15	癸卯
2	2 10	1 10	辛未	3 11	2 11	辛丑	4 10	3 11	辛未	5 11	4 13	壬寅	6 11	5 15	癸酉	7 12	6 16	甲辰
	2 11	1 11	壬申	3 12	2 12	壬寅	4 11	3 12	壬申	5 12	4 14	癸卯	6 12	5 16	甲戌	7 13	6 17	乙巳
	2 12	1 12	癸酉	3 13	2 13	癸卯	4 12	3 13	癸酉	5 13	4 15	甲辰	6 13	5 17	乙亥	7 14	6 18	丙午
	2 13	1 13	甲戌	3 14	2 14	甲辰	4 13	3 14	甲戌	5 14	4 16	乙巳	6 14	5 18	丙子	7 15	6 19	丁未
	2 14	1 14	乙亥	3 15	2 15	乙巳	4 14	3 15	乙亥	5 15	4 17	丙午	6 15	5 19	丁丑	7 16	6 20	戊申
	2 15	1 15	丙子	3 16	2 16	丙午	4 15	3 16	丙子	5 16	4 18	丁未	6 16	5 20	戊寅	7 17	6 21	己酉
	2 16	1 16	丁丑	3 17	2 17	丁未	4 16	3 17	丁丑	5 17	4 19	戊申	6 17	5 21	己卯	7 18	6 22	庚戌
	2 17	1 17	戊寅	3 18	2 18	戊申	4 17	3 18	戊寅	5 18	4 20	己酉	6 18	5 22	庚辰	7 19	6 23	辛亥
猴	2 18	1 18	己卯	3 19	2 19	己酉	4 18	3 19	己卯	5 19	4 21	庚戌	6 19	5 23	辛巳	7 20	6 24	壬子
	2 19	1 19	庚辰	3 20	2 20	庚戌	4 19	3 20	庚辰	5 20	4 22	辛亥	6 20	5 24	壬午	7 21	6 25	癸丑
	2 20	1 20	辛巳	3 21	2 21	辛亥	4 20	3 21	辛巳	5 21	4 23	壬子	6 21	5 25	癸未	7 22	6 26	甲寅
	2 21	1 21	壬午	3 22	2 22	壬子	4 21	3 22	壬午	5 22	4 24	癸丑	6 22	5 26	甲申	7 23	6 27	乙卯
	2 22	1 22	癸未	3 23	2 23	癸丑	4 22	3 23	癸未	5 23	4 25	甲寅	6 23	5 27	乙酉	7 24	6 28	丙辰
	2 23	1 23	甲申	3 24	2 24	甲寅	4 23	3 24	甲申	5 24	4 26	乙卯	6 24	5 28	丙戌	7 25	6 29	丁巳
中	2 24	1 24	乙酉	3 25	2 25	乙卯	4 24	3 25	乙酉	5 25	4 27	丙辰	6 25	5 29	丁亥	7 26	7 1	戊午
華	2 25	1 25	丙戌	3 26	2 26	丙辰	4 25	3 26	丙戌	5 26	4 28	丁巳	6 26	5 30	戊子	7 27	7 2	己未
民	2 26	1 26	丁亥	3 27	2 27	丁巳	4 26	3 27	丁亥	5 27	4 29	戊午	6 27	6 1	己丑	7 28	7 3	庚申
國	2 27	1 27	戊子	3 28	2 28	戊午	4 27	3 28	戊子	5 28	5 1	己未	6 28	6 2	庚寅	7 29	7 4	辛酉
一	2 28	1 28	己丑	3 29	2 29	己未	4 28	3 29	己丑	5 29	5 2	庚申	6 29	6 3	辛卯	7 30	7 5	壬戌
百	2 29	1 29	庚寅	3 30	2 30	庚申	4 29	4 1	庚寅	5 30	5 3	辛酉	6 30	6 4	壬辰	7 31	7 6	癸亥
四	3 1	2 1	辛卯	3 31	3 1	辛酉	4 30	4 2	辛卯	5 31	5 4	壬戌	7 1	6 5	癸巳	8 1	7 7	甲子
十	3 2	2 2	壬辰	4 1	3 2	壬戌	5 1	4 3	壬辰	6 1	5 5	癸亥	7 2	6 6	甲午	8 2	7 8	乙丑
一	3 3	2 3	癸巳	4 2	3 3	癸亥	5 2	4 4	癸巳	6 2	5 6	甲子	7 3	6 7	乙未	8 3	7 9	丙寅
年	3 4	2 4	甲午	4 3	3 4	甲子	5 3	4 5	甲午	6 3	5 7	乙丑	7 4	6 8	丙申	8 4	7 10	丁卯
							5 4	4 6	乙未	6 4	5 8	丙寅	7 5	6 9	丁酉	8 5	7 11	戊辰
																8 6	7 12	己巳
中	雨水			春分			穀雨			小滿			夏至			大暑		
氣	2/19 7時12分 辰時			3/20 5時55分 卯時			4/19 16時37分 申時			5/20 15時28分 申時			6/20 23時15分 子時			7/22 10時7分 巳時		

壬申																		年
戊申			己酉			庚戌			辛亥			壬子			癸丑			月
立秋			白露			寒露			立冬			大雪			小寒			節氣
8/7 2時32分 丑時			9/7 5時41分 卯時			10/7 21時38分 亥時			11/7 1時8分 丑時			12/6 18時14分 酉時			1/5 5時35分 卯時			
國曆	農曆	干支	國曆	農曆	干支	國曆	農曆	干支	國曆	農曆	干支	國曆	農曆	干支	國曆	農曆	干支	日
8 7	7 13	庚午	9 7	8 15	辛丑	10 7	8 15	辛未	11 7	9 17	壬寅	12 6	10 16	辛未	1 5	11 16	辛丑	
8 8	7 14	辛未	9 8	8 16	壬寅	10 8	8 16	壬申	11 8	9 18	癸卯	12 7	10 17	壬申	1 6	11 17	壬寅	
8 9	7 15	壬申	9 9	8 17	癸卯	10 9	8 17	癸酉	11 9	9 19	甲辰	12 8	10 18	癸酉	1 7	11 18	癸卯	
8 10	7 16	癸酉	9 10	8 18	甲辰	10 10	8 18	甲戌	11 10	9 20	乙巳	12 9	10 19	甲戌	1 8	11 19	甲辰	2
8 11	7 17	甲戌	9 11	8 19	乙巳	10 11	8 19	乙亥	11 11	9 21	丙午	12 10	10 20	乙亥	1 9	11 20	乙巳	0
8 12	7 18	乙亥	9 12	8 20	丙午	10 12	8 20	丙子	11 12	9 22	丁未	12 11	10 21	丙子	1 10	11 21	丙午	5
8 13	7 19	丙子	9 13	8 21	丁未	10 13	8 21	丁丑	11 13	9 23	戊申	12 12	10 22	丁丑	1 11	11 22	丁未	2
8 14	7 20	丁丑	9 14	8 22	戊申	10 14	8 22	戊寅	11 14	9 24	己酉	12 13	10 23	戊寅	1 12	11 23	戊申	·
8 15	7 21	戊寅	9 15	8 23	己酉	10 15	8 23	己卯	11 15	9 25	庚戌	12 14	10 24	己卯	1 13	11 24	己酉	2
8 16	7 22	己卯	9 16	8 24	庚戌	10 16	8 24	庚辰	11 16	9 26	辛亥	12 15	10 25	庚辰	1 14	11 25	庚戌	0
8 17	7 23	庚辰	9 17	8 25	辛亥	10 17	8 25	辛巳	11 17	9 27	壬子	12 16	10 26	辛巳	1 15	11 26	辛亥	5
8 18	7 24	辛巳	9 18	8 26	壬子	10 18	8 26	壬午	11 18	9 28	癸丑	12 17	10 27	壬午	1 16	11 27	壬子	3
8 19	7 25	壬午	9 19	8 27	癸丑	10 19	8 27	癸未	11 19	9 29	甲寅	12 18	10 28	癸未	1 17	11 28	癸丑	
8 20	7 26	癸未	9 20	8 28	甲寅	10 20	8 28	甲申	11 20	9 30	乙卯	12 19	10 29	甲申	1 18	11 29	甲寅	
8 21	7 27	甲申	9 21	8 29	乙卯	10 21	8 29	乙酉	11 21	10 1	丙辰	12 20	10 30	乙酉	1 19	11 30	乙卯	猴
8 22	7 28	乙酉	9 22	8 30	丙辰	10 22	9 1	丙戌	11 22	10 2	丁巳	12 21	11 1	丙戌	1 20	12 1	丙辰	
8 23	7 29	丙戌	9 23	閏8 1	丁巳	10 23	9 2	丁亥	11 23	10 3	戊午	12 22	11 2	丁亥	1 21	12 2	丁巳	
8 24	8 1	丁亥	9 24	8 2	戊午	10 24	9 3	戊子	11 24	10 4	己未	12 23	11 3	戊子	1 22	12 3	戊午	中
8 25	8 2	戊子	9 25	8 3	己未	10 25	9 4	己丑	11 25	10 5	庚申	12 24	11 4	己丑	1 23	12 4	己未	華
8 26	8 3	己丑	9 26	8 4	庚申	10 26	9 5	庚寅	11 26	10 6	辛酉	12 25	11 5	庚寅	1 24	12 5	庚申	民
8 27	8 4	庚寅	9 27	8 5	辛酉	10 27	9 6	辛卯	11 27	10 7	壬戌	12 26	11 6	辛卯	1 25	12 6	辛酉	國
8 28	8 5	辛卯	9 28	8 6	壬戌	10 28	9 7	壬辰	11 28	10 8	癸亥	12 27	11 7	壬辰	1 26	12 7	壬戌	一
8 29	8 6	壬辰	9 29	8 7	癸亥	10 29	9 8	癸巳	11 29	10 9	甲子	12 28	11 8	癸巳	1 27	12 8	癸亥	百
8 30	8 7	癸巳	9 30	8 8	甲子	10 30	9 9	甲午	11 30	10 10	乙丑	12 29	11 9	甲午	1 28	12 9	甲子	四
8 31	8 8	甲午	10 1	8 9	乙丑	10 31	9 10	乙未	12 1	10 11	丙寅	12 30	11 10	乙未	1 29	12 10	乙丑	十
9 1	8 9	乙未	10 2	8 10	丙寅	11 1	9 11	丙申	12 2	10 12	丁卯	12 31	11 11	丙申	1 30	12 11	丙寅	一
9 2	8 10	丙申	10 3	8 11	丁卯	11 2	9 12	丁酉	12 3	10 13	戊辰	1 1	11 12	丁酉	1 31	12 12	丁卯	·
9 3	8 11	丁酉	10 4	8 12	戊辰	11 3	9 13	戊戌	12 4	10 14	己巳	1 2	11 13	戊戌	2 1	12 13	戊辰	一
9 4	8 12	戊戌	10 5	8 13	己巳	11 4	9 14	己亥	12 5	10 15	庚午	1 3	11 14	己亥	2 2	12 14	己巳	百
9 5	8 13	己亥	10 6	8 14	庚午	11 5	9 15	庚子				1 4	11 15	庚子				四
9 6	8 14	庚子				11 6	9 16	辛丑										十
																		二
																		年
處暑			秋分			霜降			小雪			冬至			大寒			中氣
8/22 17時20分 酉時			9/22 15時14分 申時			10/23 0時54分 子時			11/21 22時45分 亥時			12/21 12時16分 午時			1/19 22時58分 亥時			

年	癸酉																	
月	甲寅			乙卯			丙辰			丁巳			戊午			己未		
節氣	立春			驚蟄			清明			立夏			芒種			小暑		
節氣	2/3 17時12分 酉時			3/5 11時2分 午時			4/4 15時33分 申時			5/5 8時32分 辰時			6/5 12時26分 午時			7/6 22時36分 亥時		
日	國曆	農曆	干支	國曆	農曆	干支	國曆	農曆	干支	國曆	農曆	干支	國曆	農曆	干支	國曆	農曆	干支
	2 3	12 15	庚午	3 5	1 15	庚子	4 4	2 16	庚午	5 5	3 17	辛丑	6 5	4 19	壬申	7 6	5 21	癸卯
	2 4	12 16	辛未	3 6	1 16	辛丑	4 5	2 17	辛未	5 6	3 18	壬寅	6 6	4 20	癸酉	7 7	5 22	甲辰
	2 5	12 17	壬申	3 7	1 17	壬寅	4 6	2 18	壬申	5 7	3 19	癸卯	6 7	4 21	甲戌	7 8	5 23	乙巳
2	2 6	12 18	癸酉	3 8	1 18	癸卯	4 7	2 19	癸酉	5 8	3 20	甲辰	6 8	4 22	乙亥	7 9	5 24	丙午
0	2 7	12 19	甲戌	3 9	1 19	甲辰	4 8	2 20	甲戌	5 9	3 21	乙巳	6 9	4 23	丙子	7 10	5 25	丁未
5	2 8	12 20	乙亥	3 10	1 20	乙巳	4 9	2 21	乙亥	5 10	3 22	丙午	6 10	4 24	丁丑	7 11	5 26	戊申
3	2 9	12 21	丙子	3 11	1 21	丙午	4 10	2 22	丙子	5 11	3 23	丁未	6 11	4 25	戊寅	7 12	5 27	己酉
	2 10	12 22	丁丑	3 12	1 22	丁未	4 11	2 23	丁丑	5 12	3 24	戊申	6 12	4 26	己卯	7 13	5 28	庚戌
	2 11	12 23	戊寅	3 13	1 23	戊申	4 12	2 24	戊寅	5 13	3 25	己酉	6 13	4 27	庚辰	7 14	5 29	辛亥
	2 12	12 24	己卯	3 14	1 24	己酉	4 13	2 25	己卯	5 14	3 26	庚戌	6 14	4 28	辛巳	7 15	5 30	壬子
	2 13	12 25	庚辰	3 15	1 25	庚戌	4 14	2 26	庚辰	5 15	3 27	辛亥	6 15	4 29	壬午	7 16	6 1	癸丑
	2 14	12 26	辛巳	3 16	1 26	辛亥	4 15	2 27	辛巳	5 16	3 28	壬子	6 16	5 1	癸未	7 17	6 2	甲寅
	2 15	12 27	壬午	3 17	1 27	壬子	4 16	2 28	壬午	5 17	3 29	癸丑	6 17	5 2	甲申	7 18	6 3	乙卯
雞	2 16	12 28	癸未	3 18	1 28	癸丑	4 17	2 29	癸未	5 18	4 1	甲寅	6 18	5 3	乙酉	7 19	6 4	丙辰
	2 17	12 29	甲申	3 19	1 29	甲寅	4 18	2 30	甲申	5 19	4 2	乙卯	6 19	5 4	丙戌	7 20	6 5	丁巳
	2 18	12 30	乙酉	3 20	2 1	乙卯	4 19	3 1	乙酉	5 20	4 3	丙辰	6 20	5 5	丁亥	7 21	6 6	戊午
	2 19	1 1	丙戌	3 21	2 2	丙辰	4 20	3 2	丙戌	5 21	4 4	丁巳	6 21	5 6	戊子	7 22	6 7	己未
	2 20	1 2	丁亥	3 22	2 3	丁巳	4 21	3 3	丁亥	5 22	4 5	戊午	6 22	5 7	己丑	7 23	6 8	庚申
	2 21	1 3	戊子	3 23	2 4	戊午	4 22	3 4	戊子	5 23	4 6	己未	6 23	5 8	庚寅	7 24	6 9	辛酉
	2 22	1 4	己丑	3 24	2 5	己未	4 23	3 5	己丑	5 24	4 7	庚申	6 24	5 9	辛卯	7 25	6 10	壬戌
中	2 23	1 5	庚寅	3 25	2 6	庚申	4 24	3 6	庚寅	5 25	4 8	辛酉	6 25	5 10	壬辰	7 26	6 11	癸亥
華	2 24	1 6	辛卯	3 26	2 7	辛酉	4 25	3 7	辛卯	5 26	4 9	壬戌	6 26	5 11	癸巳	7 27	6 12	甲子
民	2 25	1 7	壬辰	3 27	2 8	壬戌	4 26	3 8	壬辰	5 27	4 10	癸亥	6 27	5 12	甲午	7 28	6 13	乙丑
國	2 26	1 8	癸巳	3 28	2 9	癸亥	4 27	3 9	癸巳	5 28	4 11	甲子	6 28	5 13	乙未	7 29	6 14	丙寅
一	2 27	1 9	甲午	3 29	2 10	甲子	4 28	3 10	甲午	5 29	4 12	乙丑	6 29	5 14	丙申	7 30	6 15	丁卯
百	2 28	1 10	乙未	3 30	2 11	乙丑	4 29	3 11	乙未	5 30	4 13	丙寅	6 30	5 15	丁酉	7 31	6 16	戊辰
四	3 1	1 11	丙申	3 31	2 12	丙寅	4 30	3 12	丙申	5 31	4 14	丁卯	7 1	5 16	戊戌	8 1	6 17	己巳
十	3 2	1 12	丁酉	4 1	2 13	丁卯	5 1	3 13	丁酉	6 1	4 15	戊辰	7 2	5 17	己亥	8 2	6 18	庚午
二	3 3	1 13	戊戌	4 2	2 14	戊辰	5 2	3 14	戊戌	6 2	4 16	己巳	7 3	5 18	庚子	8 3	6 19	辛未
年	3 4	1 14	己亥	4 3	2 15	己巳	5 3	3 15	己亥	6 3	4 17	庚午	7 4	5 19	辛丑	8 4	6 20	壬申
							5 4	3 16	庚子	6 4	4 18	辛未	7 5	5 20	壬寅	8 5	6 21	癸酉
																8 6	6 22	甲戌
中氣	雨水			春分			穀雨			小滿			夏至			大暑		
中氣	2/18 13時1分 未時			3/20 11時46分 午時			4/19 22時29分 亥時			5/20 21時18分 亥時			6/21 5時3分 卯時			7/22 15時55分 申時		

癸酉																		年
庚申			辛酉			壬戌			癸亥			甲子			乙丑			月
立秋			白露			寒露			立冬			大雪			小寒			節氣
8/7 8時29分 辰時			9/7 11時37分 午時			10/8 3時35分 寅時			11/7 7時5分 辰時			12/7 0時10分 子時			1/5 11時31分 午時			
國曆	農曆	干支	國曆	農曆	干支	國曆	農曆	干支	國曆	農曆	干支	國曆	農曆	干支	國曆	農曆	干支	日
8 7	6 23	乙亥	9 7	7 25	丙午	10 8	8 27	丁丑	11 7	9 27	丁未	12 7	10 28	丁丑	1 5	11 27	丙午	
8 8	6 24	丙子	9 8	7 26	丁未	10 9	8 28	戊寅	11 8	9 28	戊申	12 8	10 29	戊寅	1 6	11 28	丁未	
8 9	6 25	丁丑	9 9	7 27	戊申	10 10	8 29	己卯	11 9	9 29	己酉	12 9	10 30	己卯	1 7	11 29	戊申	
8 10	6 26	戊寅	9 10	7 28	己酉	10 11	8 30	庚辰	11 10	10 1	庚戌	12 10	11 1	庚辰	1 8	11 30	己酉	2053·2054
8 11	6 27	己卯	9 11	7 29	庚戌	10 12	9 1	辛巳	11 11	10 2	辛亥	12 11	11 2	辛巳	1 9	12 1	庚戌	
8 12	6 28	庚辰	9 12	8 1	辛亥	10 13	9 2	壬午	11 12	10 3	壬子	12 12	11 3	壬午	1 10	12 2	辛亥	
8 13	6 29	辛巳	9 13	8 2	壬子	10 14	9 3	癸未	11 13	10 4	癸丑	12 13	11 4	癸未	1 11	12 3	壬子	
8 14	7 1	壬午	9 14	8 3	癸丑	10 15	9 4	甲申	11 14	10 5	甲寅	12 14	11 5	甲申	1 12	12 4	癸丑	
8 15	7 2	癸未	9 15	8 4	甲寅	10 16	9 5	乙酉	11 15	10 6	乙卯	12 15	11 6	乙酉	1 13	12 5	甲寅	
8 16	7 3	甲申	9 16	8 5	乙卯	10 17	9 6	丙戌	11 16	10 7	丙辰	12 16	11 7	丙戌	1 14	12 6	乙卯	
8 17	7 4	乙酉	9 17	8 6	丙辰	10 18	9 7	丁亥	11 17	10 8	丁巳	12 17	11 8	丁亥	1 15	12 7	丙辰	
8 18	7 5	丙戌	9 18	8 7	丁巳	10 19	9 8	戊子	11 18	10 9	戊午	12 18	11 9	戊子	1 16	12 8	丁巳	
8 19	7 6	丁亥	9 19	8 8	戊午	10 20	9 9	己丑	11 19	10 10	己未	12 19	11 10	己丑	1 17	12 9	戊午	
8 20	7 7	戊子	9 20	8 9	己未	10 21	9 10	庚寅	11 20	10 11	庚申	12 20	11 11	庚寅	1 18	12 10	己未	
8 21	7 8	己丑	9 21	8 10	庚申	10 22	9 11	辛卯	11 21	10 12	辛酉	12 21	11 12	辛卯	1 19	12 11	庚申	雞
8 22	7 9	庚寅	9 22	8 11	辛酉	10 23	9 12	壬辰	11 22	10 13	壬戌	12 22	11 13	壬辰	1 20	12 12	辛酉	
8 23	7 10	辛卯	9 23	8 12	壬戌	10 24	9 13	癸巳	11 23	10 14	癸亥	12 23	11 14	癸巳	1 21	12 13	壬戌	
8 24	7 11	壬辰	9 24	8 13	癸亥	10 25	9 14	甲午	11 24	10 15	甲子	12 24	11 15	甲午	1 22	12 14	癸亥	
8 25	7 12	癸巳	9 25	8 14	甲子	10 26	9 15	乙未	11 25	10 16	乙丑	12 25	11 16	乙未	1 23	12 15	甲子	中華民國一百四十二·一百四十三年
8 26	7 13	甲午	9 26	8 15	乙丑	10 27	9 16	丙申	11 26	10 17	丙寅	12 26	11 17	丙申	1 24	12 16	乙丑	
8 27	7 14	乙未	9 27	8 16	丙寅	10 28	9 17	丁酉	11 27	10 18	丁卯	12 27	11 18	丁酉	1 25	12 17	丙寅	
8 28	7 15	丙申	9 28	8 17	丁卯	10 29	9 18	戊戌	11 28	10 19	戊辰	12 28	11 19	戊戌	1 26	12 18	丁卯	
8 29	7 16	丁酉	9 29	8 18	戊辰	10 30	9 19	己亥	11 29	10 20	己巳	12 29	11 20	己亥	1 27	12 19	戊辰	
8 30	7 17	戊戌	9 30	8 19	己巳	10 31	9 20	庚子	11 30	10 21	庚午	12 30	11 21	庚子	1 28	12 20	己巳	
8 31	7 18	己亥	10 1	8 20	庚午	11 1	9 21	辛丑	12 1	10 22	辛未	12 31	11 22	辛丑	1 29	12 21	庚午	
9 1	7 19	庚子	10 2	8 21	辛未	11 2	9 22	壬寅	12 2	10 23	壬申	1 1	11 23	壬寅	1 30	12 22	辛未	
9 2	7 20	辛丑	10 3	8 22	壬申	11 3	9 23	癸卯	12 3	10 24	癸酉	1 2	11 24	癸卯	1 31	12 23	壬申	
9 3	7 21	壬寅	10 4	8 23	癸酉	11 4	9 24	甲辰	12 4	10 25	甲戌	1 3	11 25	甲辰	2 1	12 24	癸酉	一百四十三年
9 4	7 22	癸卯	10 5	8 24	甲戌	11 5	9 25	乙巳	12 5	10 26	乙亥	1 4	11 26	乙巳	2 2	12 25	甲戌	
9 5	7 23	甲辰	10 6	8 25	乙亥	11 6	9 26	丙午	12 6	10 27	丙子							
9 6	7 24	乙巳	10 7	8 26	丙子													
處暑			秋分			霜降			小雪			冬至			大寒			中氣
8/22 23時9分 子時			9/22 21時5分 亥時			10/23 6時46分 卯時			11/22 4時37分 寅時			12/21 18時9分 酉時			1/20 4時50分 寅時			

年																		
	甲戌																	
月	丙寅			丁卯			戊辰			己巳			庚午			辛未		
節氣	立春			驚蟄			清明			立夏			芒種			小暑		
氣	2/3 23時7分 子時			3/5 16時54分 申時			4/4 21時22分 亥時			5/5 14時16分 未時			6/5 18時6分 酉時			7/7 4時12分 寅時		
日	國曆	農曆	干支	國曆	農曆	干支	國曆	農曆	干支	國曆	農曆	干支	國曆	農曆	干支	國曆	農曆	干支
	2 3	12 26	乙亥	3 5	1 26	乙巳	4 4	2 27	乙亥	5 5	3 28	丙午	6 5	4 29	丁丑	7 7	6 3	己酉
	2 4	12 27	丙子	3 6	1 27	丙午	4 5	2 28	丙子	5 6	3 29	丁未	6 6	5 1	戊寅	7 8	6 4	庚戌
	2 5	12 28	丁丑	3 7	1 28	丁未	4 6	2 29	丁丑	5 7	3 30	戊申	6 7	5 2	己卯	7 9	6 5	辛亥
2	2 6	12 29	戊寅	3 8	1 29	戊申	4 7	2 30	戊寅	5 8	4 1	己酉	6 8	5 3	庚辰	7 10	6 6	壬子
0	2 7	12 30	己卯	3 9	2 1	己酉	4 8	3 1	己卯	5 9	4 2	庚戌	6 9	5 4	辛巳	7 11	6 7	癸丑
5	2 8	1 1	庚辰	3 10	2 2	庚戌	4 9	3 2	庚辰	5 10	4 3	辛亥	6 10	5 5	壬午	7 12	6 8	甲寅
4	2 9	1 2	辛巳	3 11	2 3	辛亥	4 10	3 3	辛巳	5 11	4 4	壬子	6 11	5 6	癸未	7 13	6 9	乙卯
	2 10	1 3	壬午	3 12	2 4	壬子	4 11	3 4	壬午	5 12	4 5	癸丑	6 12	5 7	甲申	7 14	6 10	丙辰
	2 11	1 4	癸未	3 13	2 5	癸丑	4 12	3 5	癸未	5 13	4 6	甲寅	6 13	5 8	乙酉	7 15	6 11	丁巳
	2 12	1 5	甲申	3 14	2 6	甲寅	4 13	3 6	甲申	5 14	4 7	乙卯	6 14	5 9	丙戌	7 16	6 12	戊午
	2 13	1 6	乙酉	3 15	2 7	乙卯	4 14	3 7	乙酉	5 15	4 8	丙辰	6 15	5 10	丁亥	7 17	6 13	己未
	2 14	1 7	丙戌	3 16	2 8	丙辰	4 15	3 8	丙戌	5 16	4 9	丁巳	6 16	5 11	戊子	7 18	6 14	庚申
	2 15	1 8	丁亥	3 17	2 9	丁巳	4 16	3 9	丁亥	5 17	4 10	戊午	6 17	5 12	己丑	7 19	6 15	辛酉
	2 16	1 9	戊子	3 18	2 10	戊午	4 17	3 10	戊子	5 18	4 11	己未	6 18	5 13	庚寅	7 20	6 16	壬戌
狗	2 17	1 10	己丑	3 19	2 11	己未	4 18	3 11	己丑	5 19	4 12	庚申	6 19	5 14	辛卯	7 21	6 17	癸亥
	2 18	1 11	庚寅	3 20	2 12	庚申	4 19	3 12	庚寅	5 20	4 13	辛酉	6 20	5 15	壬辰	7 22	6 18	甲子
	2 19	1 12	辛卯	3 21	2 13	辛酉	4 20	3 13	辛卯	5 21	4 14	壬戌	6 21	5 16	癸巳	7 23	6 19	乙丑
	2 20	1 13	壬辰	3 22	2 14	壬戌	4 21	3 14	壬辰	5 22	4 15	癸亥	6 22	5 17	甲午	7 24	6 20	丙寅
	2 21	1 14	癸巳	3 23	2 15	癸亥	4 22	3 15	癸巳	5 23	4 16	甲子	6 23	5 18	乙未	7 25	6 21	丁卯
	2 22	1 15	甲午	3 24	2 16	甲子	4 23	3 16	甲午	5 24	4 17	乙丑	6 24	5 19	丙申	7 26	6 22	戊辰
	2 23	1 16	乙未	3 25	2 17	乙丑	4 24	3 17	乙未	5 25	4 18	丙寅	6 25	5 20	丁酉	7 27	6 23	己巳
中	2 24	1 17	丙申	3 26	2 18	丙寅	4 25	3 18	丙申	5 26	4 19	丁卯	6 26	5 21	戊戌	7 28	6 24	庚午
華	2 25	1 18	丁酉	3 27	2 19	丁卯	4 26	3 19	丁酉	5 27	4 20	戊辰	6 27	5 22	己亥	7 29	6 25	辛未
民	2 26	1 19	戊戌	3 28	2 20	戊辰	4 27	3 20	戊戌	5 28	4 21	己巳	6 28	5 23	庚子	7 30	6 26	壬申
國	2 27	1 20	己亥	3 29	2 21	己巳	4 28	3 21	己亥	5 29	4 22	庚午	6 29	5 24	辛丑	7 31	6 27	癸酉
一	2 28	1 21	庚子	3 30	2 22	庚午	4 29	3 22	庚子	5 30	4 23	辛未	6 30	5 25	壬寅	8 1	6 28	甲戌
百	3 1	1 22	辛丑	3 31	2 23	辛未	4 30	3 23	辛丑	5 31	4 24	壬申	7 1	5 26	癸卯	8 2	6 29	乙亥
四	3 2	1 23	壬寅	4 1	2 24	壬申	5 1	3 24	壬寅	6 1	4 25	癸酉	7 2	5 27	甲辰	8 3	6 30	丙子
十	3 3	1 24	癸卯	4 2	2 25	癸酉	5 2	3 25	癸卯	6 2	4 26	甲戌	7 3	5 28	乙巳	8 4	7 1	丁丑
三	3 4	1 25	甲辰	4 3	2 26	甲戌	5 3	3 26	甲辰	6 3	4 27	乙亥	7 4	5 29	丙午	8 5	7 2	戊寅
年							5 4	3 27	乙巳	6 4	4 28	丙子	7 5	6 1	丁未	8 6	7 3	己卯
													7 6	6 2	戊申			
中氣	雨水			春分			穀雨			小滿			夏至			大暑		
	2/18 18時50分 酉時			3/20 17時33分 酉時			4/20 4時14分 寅時			5/21 3時2分 寅時			6/21 10時46分 巳時			7/22 21時39分 亥時		

甲戌																		年
壬申			癸酉			甲戌			乙亥			丙子			丁丑			月
立秋			白露			寒露			立冬			大雪			小寒			節氣
8/7 14時6分 未時			9/7 17時18分 酉時			10/8 9時21分 巳時			11/7 12時55分 午時			12/7 6時2分 卯時			1/5 17時21分 酉時			日
國曆	農曆	干支	國曆	農曆	干支	國曆	農曆	干支	國曆	農曆	干支	國曆	農曆	干支	國曆	農曆	干支	
8 7	7 4	庚辰	9 7	8 6	辛亥	10 8	9 8	壬午	11 7	10 8	壬子	12 7	11 9	壬午	1 5	12 8	辛亥	2
8 8	7 5	辛巳	9 8	8 7	壬子	10 9	9 9	癸未	11 8	10 9	癸丑	12 8	11 10	癸未	1 6	12 9	壬子	0
8 9	7 6	壬午	9 9	8 8	癸丑	10 10	9 10	甲申	11 9	10 10	甲寅	12 9	11 11	甲申	1 7	12 10	癸丑	5
8 10	7 7	癸未	9 10	8 9	甲寅	10 11	9 11	乙酉	11 10	10 11	乙卯	12 10	11 12	乙酉	1 8	12 11	甲寅	4
8 11	7 8	甲申	9 11	8 10	乙卯	10 12	9 12	丙戌	11 11	10 12	丙辰	12 11	11 13	丙戌	1 9	12 12	乙卯	·
8 12	7 9	乙酉	9 12	8 11	丙辰	10 13	9 13	丁亥	11 12	10 13	丁巳	12 12	11 14	丁亥	1 10	12 13	丙辰	2
8 13	7 10	丙戌	9 13	8 12	丁巳	10 14	9 14	戊子	11 13	10 14	戊午	12 13	11 15	戊子	1 11	12 14	丁巳	0
8 14	7 11	丁亥	9 14	8 13	戊午	10 15	9 15	己丑	11 14	10 15	己未	12 14	11 16	己丑	1 12	12 15	戊午	5
8 15	7 12	戊子	9 15	8 14	己未	10 16	9 16	庚寅	11 15	10 16	庚申	12 15	11 17	庚寅	1 13	12 16	己未	5
8 16	7 13	己丑	9 16	8 15	庚申	10 17	9 17	辛卯	11 16	10 17	辛酉	12 16	11 18	辛卯	1 14	12 17	庚申	
8 17	7 14	庚寅	9 17	8 16	辛酉	10 18	9 18	壬辰	11 17	10 18	壬戌	12 17	11 19	壬辰	1 15	12 18	辛酉	
8 18	7 15	辛卯	9 18	8 17	壬戌	10 19	9 19	癸巳	11 18	10 19	癸亥	12 18	11 20	癸巳	1 16	12 19	壬戌	
8 19	7 16	壬辰	9 19	8 18	癸亥	10 20	9 20	甲午	11 19	10 20	甲子	12 19	11 21	甲午	1 17	12 20	癸亥	狗
8 20	7 17	癸巳	9 20	8 19	甲子	10 21	9 21	乙未	11 20	10 21	乙丑	12 20	11 22	乙未	1 18	12 21	甲子	
8 21	7 18	甲午	9 21	8 20	乙丑	10 22	9 22	丙申	11 21	10 22	丙寅	12 21	11 23	丙申	1 19	12 22	乙丑	
8 22	7 19	乙未	9 22	8 21	丙寅	10 23	9 23	丁酉	11 22	10 23	丁卯	12 22	11 24	丁酉	1 20	12 23	丙寅	中
8 23	7 20	丙申	9 23	8 22	丁卯	10 24	9 24	戊戌	11 23	10 24	戊辰	12 23	11 25	戊戌	1 21	12 24	丁卯	華
8 24	7 21	丁酉	9 24	8 23	戊辰	10 25	9 25	己亥	11 24	10 25	己巳	12 24	11 26	己亥	1 22	12 25	戊辰	民
8 25	7 22	戊戌	9 25	8 24	己巳	10 26	9 26	庚子	11 25	10 26	庚午	12 25	11 27	庚子	1 23	12 26	己巳	國
8 26	7 23	己亥	9 26	8 25	庚午	10 27	9 27	辛丑	11 26	10 27	辛未	12 26	11 28	辛丑	1 24	12 27	庚午	一
8 27	7 24	庚子	9 27	8 26	辛未	10 28	9 28	壬寅	11 27	10 28	壬申	12 27	11 29	壬寅	1 25	12 28	辛未	百
8 28	7 25	辛丑	9 28	8 27	壬申	10 29	9 29	癸卯	11 28	10 29	癸酉	12 28	11 30	癸卯	1 26	12 29	壬申	四
8 29	7 26	壬寅	9 29	8 28	癸酉	10 30	9 30	甲辰	11 29	11 1	甲戌	12 29	12 1	甲辰	1 27	12 30	癸酉	十
8 30	7 27	癸卯	9 30	8 29	甲戌	10 31	10 1	乙巳	11 30	11 2	乙亥	12 30	12 2	乙巳	1 28	1 1	甲戌	三
8 31	7 28	甲辰	10 1	9 1	乙亥	11 1	10 2	丙午	12 1	11 3	丙子	12 31	12 3	丙午	1 29	1 2	乙亥	·
9 1	7 29	乙巳	10 2	9 2	丙子	11 2	10 3	丁未	12 2	11 4	丁丑	1 1	12 4	丁未	1 30	1 3	丙子	一
9 2	8 1	丙午	10 3	9 3	丁丑	11 3	10 4	戊申	12 3	11 5	戊寅	1 2	12 5	戊申	1 31	1 4	丁丑	百
9 3	8 2	丁未	10 4	9 4	戊寅	11 4	10 5	己酉	12 4	11 6	己卯	1 3	12 6	己酉	2 1	1 5	戊寅	四
9 4	8 3	戊申	10 5	9 5	己卯	11 5	10 6	庚戌	12 5	11 7	庚辰	1 4	12 7	庚戌	2 2	1 6	己卯	十
9 5	8 4	己酉	10 6	9 6	庚辰	11 6	10 7	辛亥	12 6	11 8	辛巳				2 3	1 7	庚辰	四
9 6	8 5	庚戌	10 7	9 7	辛巳													年
處暑			秋分			霜降			小雪			冬至			大寒			中
8/23 4時57分 寅時			9/23 2時58分 丑時			10/23 12時43分 午時			11/22 10時38分 巳時			12/22 0時9分 子時			1/20 10時48分 巳時			氣

年	乙亥																
月	戊寅			己卯			庚辰			辛巳			壬午			癸未		
節氣	立春			驚蟄			清明			立夏			芒種			小暑		
	2/4 4時54分 寅時			3/5 22時40分 亥時			4/5 3時7分 寅時			5/5 20時2分 戌時			6/5 23時54分 子時			7/7 10時4分 巳時		
日	國曆	農曆	干支	國曆	農曆	干支	國曆	農曆	干支	國曆	農曆	干支	國曆	農曆	干支	國曆	農曆	干支
	2 4	1 8	辛巳	3 5	2 8	庚戌	4 5	3 9	辛巳	5 5	4 9	辛亥	6 5	5 11	壬午	7 7	6 13	甲寅
	2 5	1 9	壬午	3 6	2 9	辛亥	4 6	3 10	壬午	5 6	4 10	壬子	6 6	5 12	癸未	7 8	6 14	乙卯
	2 6	1 10	癸未	3 7	2 10	壬子	4 7	3 11	癸未	5 7	4 11	癸丑	6 7	5 13	甲申	7 9	6 15	丙辰
	2 7	1 11	甲申	3 8	2 11	癸丑	4 8	3 12	甲申	5 8	4 12	甲寅	6 8	5 14	乙酉	7 10	6 16	丁巳
	2 8	1 12	乙酉	3 9	2 12	甲寅	4 9	3 13	乙酉	5 9	4 13	乙卯	6 9	5 15	丙戌	7 11	6 17	戊午
2	2 9	1 13	丙戌	3 10	2 13	乙卯	4 10	3 14	丙戌	5 10	4 14	丙辰	6 10	5 16	丁亥	7 12	6 18	己未
0	2 10	1 14	丁亥	3 11	2 14	丙辰	4 11	3 15	丁亥	5 11	4 15	丁巳	6 11	5 17	戊子	7 13	6 19	庚申
5	2 11	1 15	戊子	3 12	2 15	丁巳	4 12	3 16	戊子	5 12	4 16	戊午	6 12	5 18	己丑	7 14	6 20	辛酉
5	2 12	1 16	己丑	3 13	2 16	戊午	4 13	3 17	己丑	5 13	4 17	己未	6 13	5 19	庚寅	7 15	6 21	壬戌
5	2 13	1 17	庚寅	3 14	2 17	己未	4 14	3 18	庚寅	5 14	4 18	庚申	6 14	5 20	辛卯	7 16	6 22	癸亥
	2 14	1 18	辛卯	3 15	2 18	庚申	4 15	3 19	辛卯	5 15	4 19	辛酉	6 15	5 21	壬辰	7 17	6 23	甲子
	2 15	1 19	壬辰	3 16	2 19	辛酉	4 16	3 20	壬辰	5 16	4 20	壬戌	6 16	5 22	癸巳	7 18	6 24	乙丑
	2 16	1 20	癸巳	3 17	2 20	壬戌	4 17	3 21	癸巳	5 17	4 21	癸亥	6 17	5 23	甲午	7 19	6 25	丙寅
豬	2 17	1 21	甲午	3 18	2 21	癸亥	4 18	3 22	甲午	5 18	4 22	甲子	6 18	5 24	乙未	7 20	6 26	丁卯
	2 18	1 22	乙未	3 19	2 22	甲子	4 19	3 23	乙未	5 19	4 23	乙丑	6 19	5 25	丙申	7 21	6 27	戊辰
	2 19	1 23	丙申	3 20	2 23	乙丑	4 20	3 24	丙申	5 20	4 24	丙寅	6 20	5 26	丁酉	7 22	6 28	己巳
	2 20	1 24	丁酉	3 21	2 24	丙寅	4 21	3 25	丁酉	5 21	4 25	丁卯	6 21	5 27	戊戌	7 23	6 29	庚午
	2 21	1 25	戊戌	3 22	2 25	丁卯	4 22	3 26	戊戌	5 22	4 26	戊辰	6 22	5 28	己亥	7 24	閏6 1	辛未
	2 22	1 26	己亥	3 23	2 26	戊辰	4 23	3 27	己亥	5 23	4 27	己巳	6 23	5 29	庚子	7 25	6 2	壬申
	2 23	1 27	庚子	3 24	2 27	己巳	4 24	3 28	庚子	5 24	4 28	庚午	6 24	5 30	辛丑	7 26	6 3	癸酉
中	2 24	1 28	辛丑	3 25	2 28	庚午	4 25	3 29	辛丑	5 25	4 29	辛未	6 25	6 1	壬寅	7 27	6 4	甲戌
華	2 25	1 29	壬寅	3 26	2 29	辛未	4 26	3 30	壬寅	5 26	5 1	壬申	6 26	6 2	癸卯	7 28	6 5	乙亥
民	2 26	2 1	癸卯	3 27	2 30	壬申	4 27	4 1	癸卯	5 27	5 2	癸酉	6 27	6 3	甲辰	7 29	6 6	丙子
國	2 27	2 2	甲辰	3 28	3 1	癸酉	4 28	4 2	甲辰	5 28	5 3	甲戌	6 28	6 4	乙巳	7 30	6 7	丁丑
一	2 28	2 3	乙巳	3 29	3 2	甲戌	4 29	4 3	乙巳	5 29	5 4	乙亥	6 29	6 5	丙午	7 31	6 8	戊寅
百	3 1	2 4	丙午	3 30	3 3	乙亥	4 30	4 4	丙午	5 30	5 5	丙子	6 30	6 6	丁未	8 1	6 9	己卯
四	3 2	2 5	丁未	3 31	3 4	丙子	5 1	4 5	丁未	5 31	5 6	丁丑	7 1	6 7	戊申	8 2	6 10	庚辰
十	3 3	2 6	戊申	4 1	3 5	丁丑	5 2	4 6	戊申	6 1	5 7	戊寅	7 2	6 8	己酉	8 3	6 11	辛巳
四	3 4	2 7	己酉	4 2	3 6	戊寅	5 3	4 7	己酉	6 2	5 8	己卯	7 3	6 9	庚戌	8 4	6 12	壬午
年				4 3	3 7	己卯	5 4	4 8	庚戌	6 3	5 9	庚辰	7 4	6 10	辛亥	8 5	6 13	癸未
				4 4	3 8	庚辰				6 4	5 10	辛巳	7 5	6 11	壬子	8 6	6 14	甲申
													7 6	6 12	癸丑			
中氣	雨水			春分			穀雨			小滿			夏至			大暑		
	2/19 0時46分 子時			3/20 23時27分 子時			4/20 10時7分 巳時			5/21 8時55分 辰時			6/21 16時39分 申時			7/23 3時31分 寅時		

乙亥																		年
甲申			乙酉			丙戌			丁亥			戊子			己丑			月
立秋			白露			寒露			立冬			大雪			小寒			節氣
8/7 20時0分 戊時			9/7 23時14分 子時			10/8 15時18分 申時			11/7 18時51分 酉時			12/7 11時57分 午時			1/5 23時14分 子時			
國曆	農曆	干支	國曆	農曆	干支	國曆	農曆	干支	國曆	農曆	干支	國曆	農曆	干支	國曆	農曆	干支	日
8 7	6 15	乙酉	9 7	7 16	丙辰	10 8	8 18	丁亥	11 7	9 19	丁巳	12 7	10 19	丁亥	1 5	11 19	丙辰	
8 8	6 16	丙戌	9 8	7 17	丁巳	10 9	8 19	戊子	11 8	9 20	戊午	12 8	10 20	戊子	1 6	11 20	丁巳	
8 9	6 17	丁亥	9 9	7 18	戊午	10 10	8 20	己丑	11 9	9 21	己未	12 9	10 21	己丑	1 7	11 21	戊午	
8 10	6 18	戊子	9 10	7 19	己未	10 11	8 21	庚寅	11 10	9 22	庚申	12 10	10 22	庚寅	1 8	11 22	己未	2
8 11	6 19	己丑	9 11	7 20	庚申	10 12	8 22	辛卯	11 11	9 23	辛酉	12 11	10 23	辛卯	1 9	11 23	庚申	0
8 12	6 20	庚寅	9 12	7 21	辛酉	10 13	8 23	壬辰	11 12	9 24	壬戌	12 12	10 24	壬辰	1 10	11 24	辛酉	5
8 13	6 21	辛卯	9 13	7 22	壬戌	10 14	8 24	癸巳	11 13	9 25	癸亥	12 13	10 25	癸巳	1 11	11 25	壬戌	5
8 14	6 22	壬辰	9 14	7 23	癸亥	10 15	8 25	甲午	11 14	9 26	甲子	12 14	10 26	甲午	1 12	11 26	癸亥	·
8 15	6 23	癸巳	9 15	7 24	甲子	10 16	8 26	乙未	11 15	9 27	乙丑	12 15	10 27	乙未	1 13	11 27	甲子	2
8 16	6 24	甲午	9 16	7 25	乙丑	10 17	8 27	丙申	11 16	9 28	丙寅	12 16	10 28	丙申	1 14	11 28	乙丑	0
8 17	6 25	乙未	9 17	7 26	丙寅	10 18	8 28	丁酉	11 17	9 29	丁卯	12 17	10 29	丁酉	1 15	11 29	丙寅	5
8 18	6 26	丙申	9 18	7 27	丁卯	10 19	8 29	戊戌	11 18	9 30	戊辰	12 18	11 1	戊戌	1 16	11 30	丁卯	6
8 19	6 27	丁酉	9 19	7 28	戊辰	10 20	9 1	己亥	11 19	10 1	己巳	12 19	11 2	己亥	1 17	12 1	戊辰	
8 20	6 28	戊戌	9 20	7 29	己巳	10 21	9 2	庚子	11 20	10 2	庚午	12 20	11 3	庚子	1 18	12 2	己巳	
8 21	6 29	己亥	9 21	8 1	庚午	10 22	9 3	辛丑	11 21	10 3	辛未	12 21	11 4	辛丑	1 19	12 3	庚午	
8 22	6 30	庚子	9 22	8 2	辛未	10 23	9 4	壬寅	11 22	10 4	壬申	12 22	11 5	壬寅	1 20	12 4	辛未	
8 23	7 1	辛丑	9 23	8 3	壬申	10 24	9 5	癸卯	11 23	10 5	癸酉	12 23	11 6	癸卯	1 21	12 5	壬申	
8 24	7 2	壬寅	9 24	8 4	癸酉	10 25	9 6	甲辰	11 24	10 6	甲戌	12 24	11 7	甲辰	1 22	12 6	癸酉	
8 25	7 3	癸卯	9 25	8 5	甲戌	10 26	9 7	乙巳	11 25	10 7	乙亥	12 25	11 8	乙巳	1 23	12 7	甲戌	豬
8 26	7 4	甲辰	9 26	8 6	乙亥	10 27	9 8	丙午	11 26	10 8	丙子	12 26	11 9	丙午	1 24	12 8	乙亥	
8 27	7 5	乙巳	9 27	8 7	丙子	10 28	9 9	丁未	11 27	10 9	丁丑	12 27	11 10	丁未	1 25	12 9	丙子	
8 28	7 6	丙午	9 28	8 8	丁丑	10 29	9 10	戊申	11 28	10 10	戊寅	12 28	11 11	戊申	1 26	12 10	丁丑	中
8 29	7 7	丁未	9 29	8 9	戊寅	10 30	9 11	己酉	11 29	10 11	己卯	12 29	11 12	己酉	1 27	12 11	戊寅	華
8 30	7 8	戊申	9 30	8 10	己卯	10 31	9 12	庚戌	11 30	10 12	庚辰	12 30	11 13	庚戌	1 28	12 12	己卯	民
8 31	7 9	己酉	10 1	8 11	庚辰	11 1	9 13	辛亥	12 1	10 13	辛巳	12 31	11 14	辛亥	1 29	12 13	庚辰	國
9 1	7 10	庚戌	10 2	8 12	辛巳	11 2	9 14	壬子	12 2	10 14	壬午	1 1	11 15	壬子	1 30	12 14	辛巳	一
9 2	7 11	辛亥	10 3	8 13	壬午	11 3	9 15	癸丑	12 3	10 15	癸未	1 2	11 16	癸丑	1 31	12 15	壬午	百
9 3	7 12	壬子	10 4	8 14	癸未	11 4	9 16	甲寅	12 4	10 16	甲申	1 3	11 17	甲寅	2 1	12 16	癸未	四
9 4	7 13	癸丑	10 5	8 15	甲申	11 5	9 17	乙卯	12 5	10 17	乙酉	1 4	11 18	乙卯	2 2	12 17	甲申	十
9 5	7 14	甲寅	10 6	8 16	乙酉	11 6	9 18	丙辰	12 6	10 18	丙戌				2 3	12 18	乙酉	四
9 6	7 15	乙卯	10 7	8 17	丙戌													·
處暑			秋分			霜降			小雪			冬至			大寒			中氣
8/23 10時47分 巳時			9/23 8時47分 辰時			10/23 18時32分 酉時			11/22 16時25分 申時			12/22 5時54分 卯時			1/20 16時32分 申時			

一百四十五年

年	丙子																
月	庚寅			辛卯			壬辰			癸巳			甲午			乙未		
節氣	立春			驚蟄			清明			立夏			芒種			小暑		
	2/4 10時46分 巳時			3/5 4時31分 寅時			4/4 8時59分 辰時			5/5 1時57分 丑時			6/5 5時51分 卯時			7/6 16時1分 申時		
日	國曆	農曆	干支	國曆	農曆	干支	國曆	農曆	干支	國曆	農曆	干支	國曆	農曆	干支	國曆	農曆	干支
	2 4	12 19	丙戌	3 5	1 20	丙辰	4 4	2 20	丙戌	5 5	3 21	丁巳	6 5	4 22	戊子	7 6	5 24	己未
	2 5	12 20	丁亥	3 6	1 21	丁巳	4 5	2 21	丁亥	5 6	3 22	戊午	6 6	4 23	己丑	7 7	5 25	庚申
	2 6	12 21	戊子	3 7	1 22	戊午	4 6	2 22	戊子	5 7	3 23	己未	6 7	4 24	庚寅	7 8	5 26	辛酉
	2 7	12 22	己丑	3 8	1 23	己未	4 7	2 23	己丑	5 8	3 24	庚申	6 8	4 25	辛卯	7 9	5 27	壬戌
	2 8	12 23	庚寅	3 9	1 24	庚申	4 8	2 24	庚寅	5 9	3 25	辛酉	6 9	4 26	壬辰	7 10	5 28	癸亥
2	2 9	12 24	辛卯	3 10	1 25	辛酉	4 9	2 25	辛卯	5 10	3 26	壬戌	6 10	4 27	癸巳	7 11	5 29	甲子
0	2 10	12 25	壬辰	3 11	1 26	壬戌	4 10	2 26	壬辰	5 11	3 27	癸亥	6 11	4 28	甲午	7 12	5 30	乙丑
5	2 11	12 26	癸巳	3 12	1 27	癸亥	4 11	2 27	癸巳	5 12	3 28	甲子	6 12	4 29	乙未	7 13	6 1	丙寅
6	2 12	12 27	甲午	3 13	1 28	甲子	4 12	2 28	甲午	5 13	3 29	乙丑	6 13	5 1	丙申	7 14	6 2	丁卯
	2 13	12 28	乙未	3 14	1 29	乙丑	4 13	2 29	乙未	5 14	3 30	丙寅	6 14	5 2	丁酉	7 15	6 3	戊辰
	2 14	12 29	丙申	3 15	1 30	丙寅	4 14	2 30	丙申	5 15	4 1	丁卯	6 15	5 3	戊戌	7 16	6 4	己巳
	2 15	1 1	丁酉	3 16	2 1	丁卯	4 15	3 1	丁酉	5 16	4 2	戊辰	6 16	5 4	己亥	7 17	6 5	庚午
鼠	2 16	1 2	戊戌	3 17	2 2	戊辰	4 16	3 2	戊戌	5 17	4 3	己巳	6 17	5 5	庚子	7 18	6 6	辛未
	2 17	1 3	己亥	3 18	2 3	己巳	4 17	3 3	己亥	5 18	4 4	庚午	6 18	5 6	辛丑	7 19	6 7	壬申
	2 18	1 4	庚子	3 19	2 4	庚午	4 18	3 4	庚子	5 19	4 5	辛未	6 19	5 7	壬寅	7 20	6 8	癸酉
	2 19	1 5	辛丑	3 20	2 5	辛未	4 19	3 5	辛丑	5 20	4 6	壬申	6 20	5 8	癸卯	7 21	6 9	甲戌
	2 20	1 6	壬寅	3 21	2 6	壬申	4 20	3 6	壬寅	5 21	4 7	癸酉	6 21	5 9	甲辰	7 22	6 10	乙亥
	2 21	1 7	癸卯	3 22	2 7	癸酉	4 21	3 7	癸卯	5 22	4 8	甲戌	6 22	5 10	乙巳	7 23	6 11	丙子
	2 22	1 8	甲辰	3 23	2 8	甲戌	4 22	3 8	甲辰	5 23	4 9	乙亥	6 23	5 11	丙午	7 24	6 12	丁丑
	2 23	1 9	乙巳	3 24	2 9	乙亥	4 23	3 9	乙巳	5 24	4 10	丙子	6 24	5 12	丁未	7 25	6 13	戊寅
中	2 24	1 10	丙午	3 25	2 10	丙子	4 24	3 10	丙午	5 25	4 11	丁丑	6 25	5 13	戊申	7 26	6 14	己卯
華	2 25	1 11	丁未	3 26	2 11	丁丑	4 25	3 11	丁未	5 26	4 12	戊寅	6 26	5 14	己酉	7 27	6 15	庚辰
民	2 26	1 12	戊申	3 27	2 12	戊寅	4 26	3 12	戊申	5 27	4 13	己卯	6 27	5 15	庚戌	7 28	6 16	辛巳
國	2 27	1 13	己酉	3 28	2 13	己卯	4 27	3 13	己酉	5 28	4 14	庚辰	6 28	5 16	辛亥	7 29	6 17	壬午
一	2 28	1 14	庚戌	3 29	2 14	庚辰	4 28	3 14	庚戌	5 29	4 15	辛巳	6 29	5 17	壬子	7 30	6 18	癸未
百	2 29	1 15	辛亥	3 30	2 15	辛巳	4 29	3 15	辛亥	5 30	4 16	壬午	6 30	5 18	癸丑	7 31	6 19	甲申
四	3 1	1 16	壬子	3 31	2 16	壬午	4 30	3 16	壬子	5 31	4 17	癸未	7 1	5 19	甲寅	8 1	6 20	乙酉
十	3 2	1 17	癸丑	4 1	2 17	癸未	5 1	3 17	癸丑	6 1	4 18	甲申	7 2	5 20	乙卯	8 2	6 21	丙戌
五	3 3	1 18	甲寅	4 2	2 18	甲申	5 2	3 18	甲寅	6 2	4 19	乙酉	7 3	5 21	丙辰	8 3	6 22	丁亥
年	3 4	1 19	乙卯	4 3	2 19	乙酉	5 3	3 19	乙卯	6 3	4 20	丙戌	7 4	5 22	丁巳	8 4	6 23	戊子
							5 4	3 20	丙辰	6 4	4 21	丁亥	7 5	5 23	戊午	8 5	6 24	己丑
																8 6	6 25	庚寅
中氣	雨水			春分			穀雨			小滿			夏至			大暑		
	2/19 6時29分 卯時			3/20 5時10分 卯時			4/19 15時51分 申時			5/20 14時41分 未時			6/20 22時27分 亥時			7/22 9時21分 巳時		

丙子																		年
丙申			丁酉			戊戌			己亥			庚子			辛丑			月
立秋			白露			寒露			立冬			大雪			小寒			節氣
8/7 1時55分 丑時			9/7 5時6分 卯時			10/7 21時8分 亥時			11/7 0時42分 子時			12/6 17時50分 酉時			1/5 5時9分 卯時			
國曆	農曆	干支	國曆	農曆	干支	國曆	農曆	干支	國曆	農曆	干支	國曆	農曆	干支	國曆	農曆	干支	日
8/7	6/26	辛卯	9/7	7/28	壬戌	10/7	8/28	壬辰	11/7	10/1	癸亥	12/6	10/30	壬辰	1/5	12/1	壬戌	
8/8	6/27	壬辰	9/8	7/29	癸亥	10/8	8/29	癸巳	11/8	10/2	甲子	12/7	11/1	癸巳	1/6	12/2	癸亥	
8/9	6/28	癸巳	9/9	7/30	甲子	10/9	9/1	甲午	11/9	10/3	乙丑	12/8	11/2	甲午	1/7	12/3	甲子	
8/10	6/29	甲午	9/10	8/1	乙丑	10/10	9/2	乙未	11/10	10/4	丙寅	12/9	11/3	乙未	1/8	12/4	乙丑	
8/11	7/1	乙未	9/11	8/2	丙寅	10/11	9/3	丙申	11/11	10/5	丁卯	12/10	11/4	丙申	1/9	12/5	丙寅	2
8/12	7/2	丙申	9/12	8/3	丁卯	10/12	9/4	丁酉	11/12	10/6	戊辰	12/11	11/5	丁酉	1/10	12/6	丁卯	0
8/13	7/3	丁酉	9/13	8/4	戊辰	10/13	9/5	戊戌	11/13	10/7	己巳	12/12	11/6	戊戌	1/11	12/7	戊辰	5
8/14	7/4	戊戌	9/14	8/5	己巳	10/14	9/6	己亥	11/14	10/8	庚午	12/13	11/7	己亥	1/12	12/8	己巳	6
8/15	7/5	己亥	9/15	8/6	庚午	10/15	9/7	庚子	11/15	10/9	辛未	12/14	11/8	庚子	1/13	12/9	庚午	·
8/16	7/6	庚子	9/16	8/7	辛未	10/16	9/8	辛丑	11/16	10/10	壬申	12/15	11/9	辛丑	1/14	12/10	辛未	2
8/17	7/7	辛丑	9/17	8/8	壬申	10/17	9/9	壬寅	11/17	10/11	癸酉	12/16	11/10	壬寅	1/15	12/11	壬申	0
8/18	7/8	壬寅	9/18	8/9	癸酉	10/18	9/10	癸卯	11/18	10/12	甲戌	12/17	11/11	癸卯	1/16	12/12	癸酉	5
8/19	7/9	癸卯	9/19	8/10	甲戌	10/19	9/11	甲辰	11/19	10/13	乙亥	12/18	11/12	甲辰	1/17	12/13	甲戌	7
8/20	7/10	甲辰	9/20	8/11	乙亥	10/20	9/12	乙巳	11/20	10/14	丙子	12/19	11/13	乙巳	1/18	12/14	乙亥	
8/21	7/11	乙巳	9/21	8/12	丙子	10/21	9/13	丙午	11/21	10/15	丁丑	12/20	11/14	丙午	1/19	12/15	丙子	
8/22	7/12	丙午	9/22	8/13	丁丑	10/22	9/14	丁未	11/22	10/16	戊寅	12/21	11/15	丁未	1/20	12/16	丁丑	鼠
8/23	7/13	丁未	9/23	8/14	戊寅	10/23	9/15	戊申	11/23	10/17	己卯	12/22	11/16	戊申	1/21	12/17	戊寅	
8/24	7/14	戊申	9/24	8/15	己卯	10/24	9/16	己酉	11/24	10/18	庚辰	12/23	11/17	己酉	1/22	12/18	己卯	
8/25	7/15	己酉	9/25	8/16	庚辰	10/25	9/17	庚戌	11/25	10/19	辛巳	12/24	11/18	庚戌	1/23	12/19	庚辰	
8/26	7/16	庚戌	9/26	8/17	辛巳	10/26	9/18	辛亥	11/26	10/20	壬午	12/25	11/19	辛亥	1/24	12/20	辛巳	中
8/27	7/17	辛亥	9/27	8/18	壬午	10/27	9/19	壬子	11/27	10/21	癸未	12/26	11/20	壬子	1/25	12/21	壬午	華
8/28	7/18	壬子	9/28	8/19	癸未	10/28	9/20	癸丑	11/28	10/22	甲申	12/27	11/21	癸丑	1/26	12/22	癸未	民
8/29	7/19	癸丑	9/29	8/20	甲申	10/29	9/21	甲寅	11/29	10/23	乙酉	12/28	11/22	甲寅	1/27	12/23	甲申	國
8/30	7/20	甲寅	9/30	8/21	乙酉	10/30	9/22	乙卯	11/30	10/24	丙戌	12/29	11/23	乙卯	1/28	12/24	乙酉	一
8/31	7/21	乙卯	10/1	8/22	丙戌	10/31	9/23	丙辰	12/1	10/25	丁亥	12/30	11/24	丙辰	1/29	12/25	丙戌	百
9/1	7/22	丙辰	10/2	8/23	丁亥	11/1	9/24	丁巳	12/2	10/26	戊子	12/31	11/25	丁巳	1/30	12/26	丁亥	四
9/2	7/23	丁巳	10/3	8/24	戊子	11/2	9/25	戊午	12/3	10/27	己丑	1/1	11/26	戊午	1/31	12/27	戊子	十
9/3	7/24	戊午	10/4	8/25	己丑	11/3	9/26	己未	12/4	10/28	庚寅	1/2	11/27	己未	2/1	12/28	己丑	五
9/4	7/25	己未	10/5	8/26	庚寅	11/4	9/27	庚申	12/5	10/29	辛卯	1/3	11/28	庚申	2/2	12/29	庚寅	·
9/5	7/26	庚申	10/6	8/27	辛卯	11/5	9/28	辛酉				1/4	11/29	辛酉				一
9/6	7/27	辛酉				11/6	9/29	壬戌										百
處暑			秋分			霜降			小雪			冬至			大寒			中
8/22 16時38分 申時			9/22 14時38分 未時			10/23 0時24分 子時			11/21 22時19分 亥時			12/21 11時50分 午時			1/19 22時29分 亥時			氣

（右側年欄：四 十 六 年）

年	丁丑																	
月	壬寅			癸卯			甲辰			乙巳			丙午			丁未		
節氣	立春			驚蟄			清明			立夏			芒種			小暑		
	2/3 16時41分 申時			3/5 10時26分 巳時			4/4 14時51分 未時			5/5 7時45分 辰時			6/5 11時35分 午時			7/6 21時41分 亥時		
日	國曆	農曆	干支	國曆	農曆	干支	國曆	農曆	干支	國曆	農曆	干支	國曆	農曆	干支	國曆	農曆	干支
	2 3	12 30	辛卯	3 5	2 1	辛酉	4 4	3 1	辛卯	5 5	4 2	壬戌	6 5	5 4	癸巳	7 6	6 5	甲子
	2 4	1 1	壬辰	3 6	2 2	壬戌	4 5	3 2	壬辰	5 6	4 3	癸亥	6 6	5 5	甲午	7 7	6 6	乙丑
	2 5	1 2	癸巳	3 7	2 3	癸亥	4 6	3 3	癸巳	5 7	4 4	甲子	6 7	5 6	乙未	7 8	6 7	丙寅
	2 6	1 3	甲午	3 8	2 4	甲子	4 7	3 4	甲午	5 8	4 5	乙丑	6 8	5 7	丙申	7 9	6 8	丁卯
2	2 7	1 4	乙未	3 9	2 5	乙丑	4 8	3 5	乙未	5 9	4 6	丙寅	6 9	5 8	丁酉	7 10	6 9	戊辰
0	2 8	1 5	丙申	3 10	2 6	丙寅	4 9	3 6	丙申	5 10	4 7	丁卯	6 10	5 9	戊戌	7 11	6 10	己巳
5	2 9	1 6	丁酉	3 11	2 7	丁卯	4 10	3 7	丁酉	5 11	4 8	戊辰	6 11	5 10	己亥	7 12	6 11	庚午
7	2 10	1 7	戊戌	3 12	2 8	戊辰	4 11	3 8	戊戌	5 12	4 9	己巳	6 12	5 11	庚子	7 13	6 12	辛未
	2 11	1 8	己亥	3 13	2 9	己巳	4 12	3 9	己亥	5 13	4 10	庚午	6 13	5 12	辛丑	7 14	6 13	壬申
	2 12	1 9	庚子	3 14	2 10	庚午	4 13	3 10	庚子	5 14	4 11	辛未	6 14	5 13	壬寅	7 15	6 14	癸酉
	2 13	1 10	辛丑	3 15	2 11	辛未	4 14	3 11	辛丑	5 15	4 12	壬申	6 15	5 14	癸卯	7 16	6 15	甲戌
	2 14	1 11	壬寅	3 16	2 12	壬申	4 15	3 12	壬寅	5 16	4 13	癸酉	6 16	5 15	甲辰	7 17	6 16	乙亥
	2 15	1 12	癸卯	3 17	2 13	癸酉	4 16	3 13	癸卯	5 17	4 14	甲戌	6 17	5 16	乙巳	7 18	6 17	丙子
	2 16	1 13	甲辰	3 18	2 14	甲戌	4 17	3 14	甲辰	5 18	4 15	乙亥	6 18	5 17	丙午	7 19	6 18	丁丑
	2 17	1 14	乙巳	3 19	2 15	乙亥	4 18	3 15	乙巳	5 19	4 16	丙子	6 19	5 18	丁未	7 20	6 19	戊寅
	2 18	1 15	丙午	3 20	2 16	丙子	4 19	3 16	丙午	5 20	4 17	丁丑	6 20	5 19	戊申	7 21	6 20	己卯
	2 19	1 16	丁未	3 21	2 17	丁丑	4 20	3 17	丁未	5 21	4 18	戊寅	6 21	5 20	己酉	7 22	6 21	庚辰
牛	2 20	1 17	戊申	3 22	2 18	戊寅	4 21	3 18	戊申	5 22	4 19	己卯	6 22	5 21	庚戌	7 23	6 22	辛巳
	2 21	1 18	己酉	3 23	2 19	己卯	4 22	3 19	己酉	5 23	4 20	庚辰	6 23	5 22	辛亥	7 24	6 23	壬午
	2 22	1 19	庚戌	3 24	2 20	庚辰	4 23	3 20	庚戌	5 24	4 21	辛巳	6 24	5 23	壬子	7 25	6 24	癸未
中	2 23	1 20	辛亥	3 25	2 21	辛巳	4 24	3 21	辛亥	5 25	4 22	壬午	6 25	5 24	癸丑	7 26	6 25	甲申
華	2 24	1 21	壬子	3 26	2 22	壬午	4 25	3 22	壬子	5 26	4 23	癸未	6 26	5 25	甲寅	7 27	6 26	乙酉
民	2 25	1 22	癸丑	3 27	2 23	癸未	4 26	3 23	癸丑	5 27	4 24	甲申	6 27	5 26	乙卯	7 28	6 27	丙戌
國	2 26	1 23	甲寅	3 28	2 24	甲申	4 27	3 24	甲寅	5 28	4 25	乙酉	6 28	5 27	丙辰	7 29	6 28	丁亥
一	2 27	1 24	乙卯	3 29	2 25	乙酉	4 28	3 25	乙卯	5 29	4 26	丙戌	6 29	5 28	丁巳	7 30	6 29	戊子
百	2 28	1 25	丙辰	3 30	2 26	丙戌	4 29	3 26	丙辰	5 30	4 27	丁亥	6 30	5 29	戊午	7 31	7 1	己丑
四	3 1	1 26	丁巳	3 31	2 27	丁亥	4 30	3 27	丁巳	5 31	4 28	戊子	7 1	5 30	己未	8 1	7 2	庚寅
十	3 2	1 27	戊午	4 1	2 28	戊子	5 1	3 28	戊午	6 1	4 29	己丑	7 2	6 1	庚申	8 2	7 3	辛卯
六	3 3	1 28	己未	4 2	2 29	己丑	5 2	3 29	己未	6 2	5 1	庚寅	7 3	6 2	辛酉	8 3	7 4	壬辰
年	3 4	1 29	庚申	4 3	2 30	庚寅	5 3	3 30	庚申	6 3	5 2	辛卯	7 4	6 3	壬戌	8 4	7 5	癸巳
							5 4	4 1	辛酉	6 4	5 3	壬辰				8 5	7 6	甲午
																8 6	7 7	乙未
中氣	雨水			春分			穀雨			小滿			夏至			大暑		
	2/18 12時26分 午時			3/20 11時7分 午時			4/19 21時46分 亥時			5/20 20時34分 戌時			6/21 4時18分 寅時			7/22 15時9分 申時		

丁丑 （年）

月	戊申	己酉	庚戌	辛亥	壬子	癸丑
節氣	立秋	白露	寒露	立冬	大雪	小寒
節氣時刻	8/7 7時33分 辰時	9/7 10時43分 巳時	10/8 2時45分 丑時	11/7 6時21分 卯時	12/6 23時33分 子時	1/5 10時57分 巳時
中氣	處暑	秋分	霜降	小雪	冬至	大寒
中氣時刻	8/22 22時24分 亥時	9/22 20時22分 戌時	10/23 6時8分 卯時	11/22 4時5分 寅時	12/21 17時41分 酉時	1/20 4時25分 寅時

年：2057・2058　牛　中華民國一百四十六・一百四十七年

戊申 國曆	戊申 農曆	戊申 干支	己酉 國曆	己酉 農曆	己酉 干支	庚戌 國曆	庚戌 農曆	庚戌 干支	辛亥 國曆	辛亥 農曆	辛亥 干支	壬子 國曆	壬子 農曆	壬子 干支	癸丑 國曆	癸丑 農曆	癸丑 干支
8/7	7/8	丙申	9/7	8/9	丁卯	10/8	9/10	戊戌	11/7	10/11	戊辰	12/6	11/11	丁酉	1/5	12/11	丁卯
8/8	7/9	丁酉	9/8	8/10	戊辰	10/9	9/11	己亥	11/8	10/12	己巳	12/7	11/12	戊戌	1/6	12/12	戊辰
8/9	7/10	戊戌	9/9	8/11	己巳	10/10	9/12	庚子	11/9	10/13	庚午	12/8	11/13	己亥	1/7	12/13	己巳
8/10	7/11	己亥	9/10	8/12	庚午	10/11	9/13	辛丑	11/10	10/14	辛未	12/9	11/14	庚子	1/8	12/14	庚午
8/11	7/12	庚子	9/11	8/13	辛未	10/12	9/14	壬寅	11/11	10/15	壬申	12/10	11/15	辛丑	1/9	12/15	辛未
8/12	7/13	辛丑	9/12	8/14	壬申	10/13	9/15	癸卯	11/12	10/16	癸酉	12/11	11/16	壬寅	1/10	12/16	壬申
8/13	7/14	壬寅	9/13	8/15	癸酉	10/14	9/16	甲辰	11/13	10/17	甲戌	12/12	11/17	癸卯	1/11	12/17	癸酉
8/14	7/15	癸卯	9/14	8/16	甲戌	10/15	9/17	乙巳	11/14	10/18	乙亥	12/13	11/18	甲辰	1/12	12/18	甲戌
8/15	7/16	甲辰	9/15	8/17	乙亥	10/16	9/18	丙午	11/15	10/19	丙子	12/14	11/19	乙巳	1/13	12/19	乙亥
8/16	7/17	乙巳	9/16	8/18	丙子	10/17	9/19	丁未	11/16	10/20	丁丑	12/15	11/20	丙午	1/14	12/20	丙子
8/17	7/18	丙午	9/17	8/19	丁丑	10/18	9/20	戊申	11/17	10/21	戊寅	12/16	11/21	丁未	1/15	12/21	丁丑
8/18	7/19	丁未	9/18	8/20	戊寅	10/19	9/21	己酉	11/18	10/22	己卯	12/17	11/22	戊申	1/16	12/22	戊寅
8/19	7/20	戊申	9/19	8/21	己卯	10/20	9/22	庚戌	11/19	10/23	庚辰	12/18	11/23	己酉	1/17	12/23	己卯
8/20	7/21	己酉	9/20	8/22	庚辰	10/21	9/23	辛亥	11/20	10/24	辛巳	12/19	11/24	庚戌	1/18	12/24	庚辰
8/21	7/22	庚戌	9/21	8/23	辛巳	10/22	9/24	壬子	11/21	10/25	壬午	12/20	11/25	辛亥	1/19	12/25	辛巳
8/22	7/23	辛亥	9/22	8/24	壬午	10/23	9/25	癸丑	11/22	10/26	癸未	12/21	11/26	壬子	1/20	12/26	壬午
8/23	7/24	壬子	9/23	8/25	癸未	10/24	9/26	甲寅	11/23	10/27	甲申	12/22	11/27	癸丑	1/21	12/27	癸未
8/24	7/25	癸丑	9/24	8/26	甲申	10/25	9/27	乙卯	11/24	10/28	乙酉	12/23	11/28	甲寅	1/22	12/28	甲申
8/25	7/26	甲寅	9/25	8/27	乙酉	10/26	9/28	丙辰	11/25	10/29	丙戌	12/24	11/29	乙卯	1/23	12/29	乙酉
8/26	7/27	乙卯	9/26	8/28	丙戌	10/27	9/29	丁巳	11/26	11/1	丁亥	12/25	11/30	丙辰	1/24	1/1	丙戌
8/27	7/28	丙辰	9/27	8/29	丁亥	10/28	10/1	戊午	11/27	11/2	戊子	12/26	12/1	丁巳	1/25	1/2	丁亥
8/28	7/29	丁巳	9/28	8/30	戊子	10/29	10/2	己未	11/28	11/3	己丑	12/27	12/2	戊午	1/26	1/3	戊子
8/29	7/30	戊午	9/29	9/1	己丑	10/30	10/3	庚申	11/29	11/4	庚寅	12/28	12/3	己未	1/27	1/4	己丑
8/30	8/1	己未	9/30	9/2	庚寅	10/31	10/4	辛酉	11/30	11/5	辛卯	12/29	12/4	庚申	1/28	1/5	庚寅
8/31	8/2	庚申	10/1	9/3	辛卯	11/1	10/5	壬戌	12/1	11/6	壬辰	12/30	12/5	辛酉	1/29	1/6	辛卯
9/1	8/3	辛酉	10/2	9/4	壬辰	11/2	10/6	癸亥	12/2	11/7	癸巳	12/31	12/6	壬戌	1/30	1/7	壬辰
9/2	8/4	壬戌	10/3	9/5	癸巳	11/3	10/7	甲子	12/3	11/8	甲午	1/1	12/7	癸亥	1/31	1/8	癸巳
9/3	8/5	癸亥	10/4	9/6	甲午	11/4	10/8	乙丑	12/4	11/9	乙未	1/2	12/8	甲子	2/1	1/9	甲午
9/4	8/6	甲子	10/5	9/7	乙未	11/5	10/9	丙寅	12/5	11/10	丙申	1/3	12/9	乙丑	2/2	1/10	乙未
9/5	8/7	乙丑	10/6	9/8	丙申	11/6	10/10	丁卯				1/4	12/10	丙寅			
9/6	8/8	丙寅	10/7	9/9	丁酉												

年	戊寅																	
月	甲寅			乙卯			丙辰			丁巳			戊午			己未		
節氣	立春			驚蟄			清明			立夏			芒種			小暑		
	2/3 22時33分 亥時			3/5 16時18分 申時			4/4 20時43分 戌時			5/5 13時35分 未時			6/5 17時23分 酉時			7/7 3時30分 寅時		
日	國曆	農曆	干支	國曆	農曆	干支	國曆	農曆	干支	國曆	農曆	干支	國曆	農曆	干支	國曆	農曆	干支
	2/3	1 11	丙申	3/5	2 11	丙寅	4/4	3 12	丙申	5/5	4 13	丁卯	6/5	閏4 15	戊戌	7/7	5 17	庚午
	2/4	1 12	丁酉	3/6	2 12	丁卯	4/5	3 13	丁酉	5/6	4 14	戊辰	6/6	閏4 16	己亥	7/8	5 18	辛未
	2/5	1 13	戊戌	3/7	2 13	戊辰	4/6	3 14	戊戌	5/7	4 15	己巳	6/7	閏4 17	庚子	7/9	5 19	壬申
	2/6	1 14	己亥	3/8	2 14	己巳	4/7	3 15	己亥	5/8	4 16	庚午	6/8	閏4 18	辛丑	7/10	5 20	癸酉
	2/7	1 15	庚子	3/9	2 15	庚午	4/8	3 16	庚子	5/9	4 17	辛未	6/9	閏4 19	壬寅	7/11	5 21	甲戌
	2/8	1 16	辛丑	3/10	2 16	辛未	4/9	3 17	辛丑	5/10	4 18	壬申	6/10	閏4 20	癸卯	7/12	5 22	乙亥
	2/9	1 17	壬寅	3/11	2 17	壬申	4/10	3 18	壬寅	5/11	4 19	癸酉	6/11	閏4 21	甲辰	7/13	5 23	丙子
	2/10	1 18	癸卯	3/12	2 18	癸酉	4/11	3 19	癸卯	5/12	4 20	甲戌	6/12	閏4 22	乙巳	7/14	5 24	丁丑
	2/11	1 19	甲辰	3/13	2 19	甲戌	4/12	3 20	甲辰	5/13	4 21	乙亥	6/13	閏4 23	丙午	7/15	5 25	戊寅
2	2/12	1 20	乙巳	3/14	2 20	乙亥	4/13	3 21	乙巳	5/14	4 22	丙子	6/14	閏4 24	丁未	7/16	5 26	己卯
0	2/13	1 21	丙午	3/15	2 21	丙子	4/14	3 22	丙午	5/15	4 23	丁丑	6/15	閏4 25	戊申	7/17	5 27	庚辰
5	2/14	1 22	丁未	3/16	2 22	丁丑	4/15	3 23	丁未	5/16	4 24	戊寅	6/16	閏4 26	己酉	7/18	5 28	辛巳
8	2/15	1 23	戊申	3/17	2 23	戊寅	4/16	3 24	戊申	5/17	4 25	己卯	6/17	閏4 27	庚戌	7/19	5 29	壬午
	2/16	1 24	己酉	3/18	2 24	己卯	4/17	3 25	己酉	5/18	4 26	庚辰	6/18	閏4 28	辛亥	7/20	6 1	癸未
	2/17	1 25	庚戌	3/19	2 25	庚辰	4/18	3 26	庚戌	5/19	4 27	辛巳	6/19	閏4 29	壬子	7/21	6 2	甲申
	2/18	1 26	辛亥	3/20	2 26	辛巳	4/19	3 27	辛亥	5/20	4 28	壬午	6/20	閏4 30	癸丑	7/22	6 3	乙酉
	2/19	1 27	壬子	3/21	2 27	壬午	4/20	3 28	壬子	5/21	4 29	癸未	6/21	5 1	甲寅	7/23	6 4	丙戌
虎	2/20	1 28	癸丑	3/22	2 28	癸未	4/21	3 29	癸丑	5/22	閏4 1	甲申	6/22	5 2	乙卯	7/24	6 5	丁亥
	2/21	1 29	甲寅	3/23	2 29	甲申	4/22	3 30	甲寅	5/23	閏4 2	乙酉	6/23	5 3	丙辰	7/25	6 6	戊子
	2/22	1 30	乙卯	3/24	3 1	乙酉	4/23	4 1	乙卯	5/24	閏4 3	丙戌	6/24	5 4	丁巳	7/26	6 7	己丑
	2/23	2 1	丙辰	3/25	3 2	丙戌	4/24	4 2	丙辰	5/25	閏4 4	丁亥	6/25	5 5	戊午	7/27	6 8	庚寅
	2/24	2 2	丁巳	3/26	3 3	丁亥	4/25	4 3	丁巳	5/26	閏4 5	戊子	6/26	5 6	己未	7/28	6 9	辛卯
中	2/25	2 3	戊午	3/27	3 4	戊子	4/26	4 4	戊午	5/27	閏4 6	己丑	6/27	5 7	庚申	7/29	6 10	壬辰
華	2/26	2 4	己未	3/28	3 5	己丑	4/27	4 5	己未	5/28	閏4 7	庚寅	6/28	5 8	辛酉	7/30	6 11	癸巳
民	2/27	2 5	庚申	3/29	3 6	庚寅	4/28	4 6	庚申	5/29	閏4 8	辛卯	6/29	5 9	壬戌	7/31	6 12	甲午
國	2/28	2 6	辛酉	3/30	3 7	辛卯	4/29	4 7	辛酉	5/30	閏4 9	壬辰	6/30	5 10	癸亥	8/1	6 13	乙未
一	3/1	2 7	壬戌	3/31	3 8	壬辰	4/30	4 8	壬戌	5/31	閏4 10	癸巳	7/1	5 11	甲子	8/2	6 14	丙申
百	3/2	2 8	癸亥	4/1	3 9	癸巳	5/1	4 9	癸亥	6/1	閏4 11	甲午	7/2	5 12	乙丑	8/3	6 15	丁酉
四	3/3	2 9	甲子	4/2	3 10	甲午	5/2	4 10	甲子	6/2	閏4 12	乙未	7/3	5 13	丙寅	8/4	6 16	戊戌
十	3/4	2 10	乙丑	4/3	3 11	乙未	5/3	4 11	乙丑	6/3	閏4 13	丙申	7/4	5 14	丁卯	8/5	6 17	己亥
七							5/4	4 12	丙寅	6/4	閏4 14	丁酉	7/5	5 15	戊辰	8/6	6 18	庚子
年										5/4	4 12	丙寅	7/6	5 16	己巳			
中氣	雨水			春分			穀雨			小滿			夏至			大暑		
	2/18 18時24分 酉時			3/20 17時4分 酉時			4/20 3時40分 寅時			5/21 2時23分 丑時			6/21 10時3分 巳時			7/22 20時52分 戌時		

戊寅																		年
庚申			辛酉			壬戌			癸亥			甲子			乙丑			月
立秋			白露			寒露			立冬			大雪			小寒			節氣
8/7 13時24分 未時			9/7 16時37分 申時			10/8 8時40分 辰時			11/7 12時16分 午時			12/7 5時26分 卯時			1/5 16時48分 申時			
國曆	農曆	干支	國曆	農曆	干支	國曆	農曆	干支	國曆	農曆	干支	國曆	農曆	干支	國曆	農曆	干支	日
8 7	6 19	辛丑	9 7	7 20	壬申	10 8	8 21	癸卯	11 7	9 22	癸酉	12 7	10 22	癸卯	1 5	11 21	壬申	
8 8	6 20	壬寅	9 8	7 21	癸酉	10 9	8 22	甲辰	11 8	9 23	甲戌	12 8	10 23	甲辰	1 6	11 22	癸酉	
8 9	6 21	癸卯	9 9	7 22	甲戌	10 10	8 23	乙巳	11 9	9 24	乙亥	12 9	10 24	乙巳	1 7	11 23	甲戌	2
8 10	6 22	甲辰	9 10	7 23	乙亥	10 11	8 24	丙午	11 10	9 25	丙子	12 10	10 25	丙午	1 8	11 24	乙亥	0
8 11	6 23	乙巳	9 11	7 24	丙子	10 12	8 25	丁未	11 11	9 26	丁丑	12 11	10 26	丁未	1 9	11 25	丙子	5
8 12	6 24	丙午	9 12	7 25	丁丑	10 13	8 26	戊申	11 12	9 27	戊寅	12 12	10 27	戊申	1 10	11 26	丁丑	8
8 13	6 25	丁未	9 13	7 26	戊寅	10 14	8 27	己酉	11 13	9 28	己卯	12 13	10 28	己酉	1 11	11 27	戊寅	・
8 14	6 26	戊申	9 14	7 27	己卯	10 15	8 28	庚戌	11 14	9 29	庚辰	12 14	10 29	庚戌	1 12	11 28	己卯	2
8 15	6 27	己酉	9 15	7 28	庚辰	10 16	8 29	辛亥	11 15	9 30	辛巳	12 15	10 30	辛亥	1 13	11 29	庚辰	0
8 16	6 28	庚戌	9 16	7 29	辛巳	10 17	9 1	壬子	11 16	10 1	壬午	12 16	11 1	壬子	1 14	12 1	辛巳	5
8 17	6 29	辛亥	9 17	7 30	壬午	10 18	9 2	癸丑	11 17	10 2	癸未	12 17	11 2	癸丑	1 15	12 2	壬午	9
8 18	6 30	壬子	9 18	8 1	癸未	10 19	9 3	甲寅	11 18	10 3	甲申	12 18	11 3	甲寅	1 16	12 3	癸未	
8 19	7 1	癸丑	9 19	8 2	甲申	10 20	9 4	乙卯	11 19	10 4	乙酉	12 19	11 4	乙卯	1 17	12 4	甲申	
8 20	7 2	甲寅	9 20	8 3	乙酉	10 21	9 5	丙辰	11 20	10 5	丙戌	12 20	11 5	丙辰	1 18	12 5	乙酉	
8 21	7 3	乙卯	9 21	8 4	丙戌	10 22	9 6	丁巳	11 21	10 6	丁亥	12 21	11 6	丁巳	1 19	12 6	丙戌	虎
8 22	7 4	丙辰	9 22	8 5	丁亥	10 23	9 7	戊午	11 22	10 7	戊子	12 22	11 7	戊午	1 20	12 7	丁亥	
8 23	7 5	丁巳	9 23	8 6	戊子	10 24	9 8	己未	11 23	10 8	己丑	12 23	11 8	己未	1 21	12 8	戊子	
8 24	7 6	戊午	9 24	8 7	己丑	10 25	9 9	庚申	11 24	10 9	庚寅	12 24	11 9	庚申	1 22	12 9	己丑	
8 25	7 7	己未	9 25	8 8	庚寅	10 26	9 10	辛酉	11 25	10 10	辛卯	12 25	11 10	辛酉	1 23	12 10	庚寅	中
8 26	7 8	庚申	9 26	8 9	辛卯	10 27	9 11	壬戌	11 26	10 11	壬辰	12 26	11 11	壬戌	1 24	12 11	辛卯	華
8 27	7 9	辛酉	9 27	8 10	壬辰	10 28	9 12	癸亥	11 27	10 12	癸巳	12 27	11 12	癸亥	1 25	12 12	壬辰	民
8 28	7 10	壬戌	9 28	8 11	癸巳	10 29	9 13	甲子	11 28	10 13	甲午	12 28	11 13	甲子	1 26	12 13	癸巳	國
8 29	7 11	癸亥	9 29	8 12	甲午	10 30	9 14	乙丑	11 29	10 14	乙未	12 29	11 14	乙丑	1 27	12 14	甲午	一
8 30	7 12	甲子	9 30	8 13	乙未	10 31	9 15	丙寅	11 30	10 15	丙申	12 30	11 15	丙寅	1 28	12 15	乙未	百
8 31	7 13	乙丑	10 1	8 14	丙申	11 1	9 16	丁卯	12 1	10 16	丁酉	12 31	11 16	丁卯	1 29	12 16	丙申	四
9 1	7 14	丙寅	10 2	8 15	丁酉	11 2	9 17	戊辰	12 2	10 17	戊戌	1 1	11 17	戊辰	1 30	12 17	丁酉	十
9 2	7 15	丁卯	10 3	8 16	戊戌	11 3	9 18	己巳	12 3	10 18	己亥	1 2	11 18	己巳	1 31	12 18	戊戌	七
9 3	7 16	戊辰	10 4	8 17	己亥	11 4	9 19	庚午	12 4	10 19	庚子	1 3	11 19	庚午	2 1	12 19	己亥	・
9 4	7 17	己巳	10 5	8 18	庚子	11 5	9 20	辛未	12 5	10 20	辛丑	1 4	11 20	辛未	2 2	12 20	庚子	一
9 5	7 18	庚午	10 6	8 19	辛丑	11 6	9 21	壬申	12 6	10 21	壬寅				2 3	12 21	辛丑	百
9 6	7 19	辛未	10 7	8 20	壬寅													四
處暑			秋分			霜降			小雪			冬至			大寒			十
8/23 4時7分 寅時			9/23 2時7分 丑時			10/23 11時53分 午時			11/22 9時49分 巳時			12/21 23時24分 子時			1/20 10時5分 巳時			八
																		年
																		中氣

己卯（2059　中華民國一百四十八年　兔）

節氣
- 丙寅　立春　2/4 4時23分 寅時
- 丁卯　驚蟄　3/5 22時7分 亥時
- 戊辰　清明　4/5 2時31分 丑時
- 己巳　立夏　5/5 19時23分 戌時
- 庚午　芒種　6/5 23時11分 子時
- 辛未　小暑　7/7 9時17分 巳時

丙寅 國曆	農曆	干支	丁卯 國曆	農曆	干支	戊辰 國曆	農曆	干支	己巳 國曆	農曆	干支	庚午 國曆	農曆	干支	辛未 國曆	農曆	干支
2 4	12 22	壬寅	3 5	1 22	辛未	4 5	2 23	壬寅	5 5	3 24	壬申	6 5	4 25	癸卯	7 7	5 28	乙亥
2 5	12 23	癸卯	3 6	1 23	壬申	4 6	2 24	癸卯	5 6	3 25	癸酉	6 6	4 26	甲辰	7 8	5 29	丙子
2 6	12 24	甲辰	3 7	1 24	癸酉	4 7	2 25	甲辰	5 7	3 26	甲戌	6 7	4 27	乙巳	7 9	5 30	丁丑
2 7	12 25	乙巳	3 8	1 25	甲戌	4 8	2 26	乙巳	5 8	3 27	乙亥	6 8	4 28	丙午	7 10	6 1	戊寅
2 8	12 26	丙午	3 9	1 26	乙亥	4 9	2 27	丙午	5 9	3 28	丙子	6 9	4 29	丁未	7 11	6 2	己卯
2 9	12 27	丁未	3 10	1 27	丙子	4 10	2 28	丁未	5 10	3 29	丁丑	6 10	5 1	戊申	7 12	6 3	庚辰
2 10	12 28	戊申	3 11	1 28	丁丑	4 11	2 29	戊申	5 11	3 30	戊寅	6 11	5 2	己酉	7 13	6 4	辛巳
2 11	12 29	己酉	3 12	1 29	戊寅	4 12	3 1	己酉	5 12	4 1	己卯	6 12	5 3	庚戌	7 14	6 5	壬午
2 12	1 1	庚戌	3 13	1 30	己卯	4 13	3 2	庚戌	5 13	4 2	庚辰	6 13	5 4	辛亥	7 15	6 6	癸未
2 13	1 2	辛亥	3 14	2 1	庚辰	4 14	3 3	辛亥	5 14	4 3	辛巳	6 14	5 5	壬子	7 16	6 7	甲申
2 14	1 3	壬子	3 15	2 2	辛巳	4 15	3 4	壬子	5 15	4 4	壬午	6 15	5 6	癸丑	7 17	6 8	乙酉
2 15	1 4	癸丑	3 16	2 3	壬午	4 16	3 5	癸丑	5 16	4 5	癸未	6 16	5 7	甲寅	7 18	6 9	丙戌
2 16	1 5	甲寅	3 17	2 4	癸未	4 17	3 6	甲寅	5 17	4 6	甲申	6 17	5 8	乙卯	7 19	6 10	丁亥
2 17	1 6	乙卯	3 18	2 5	甲申	4 18	3 7	乙卯	5 18	4 7	乙酉	6 18	5 9	丙辰	7 20	6 11	戊子
2 18	1 7	丙辰	3 19	2 6	乙酉	4 19	3 8	丙辰	5 19	4 8	丙戌	6 19	5 10	丁巳	7 21	6 12	己丑
2 19	1 8	丁巳	3 20	2 7	丙戌	4 20	3 9	丁巳	5 20	4 9	丁亥	6 20	5 11	戊午	7 22	6 13	庚寅
2 20	1 9	戊午	3 21	2 8	丁亥	4 21	3 10	戊午	5 21	4 10	戊子	6 21	5 12	己未	7 23	6 14	辛卯
2 21	1 10	己未	3 22	2 9	戊子	4 22	3 11	己未	5 22	4 11	己丑	6 22	5 13	庚申	7 24	6 15	壬辰
2 22	1 11	庚申	3 23	2 10	己丑	4 23	3 12	庚申	5 23	4 12	庚寅	6 23	5 14	辛酉	7 25	6 16	癸巳
2 23	1 12	辛酉	3 24	2 11	庚寅	4 24	3 13	辛酉	5 24	4 13	辛卯	6 24	5 15	壬戌	7 26	6 17	甲午
2 24	1 13	壬戌	3 25	2 12	辛卯	4 25	3 14	壬戌	5 25	4 14	壬辰	6 25	5 16	癸亥	7 27	6 18	乙未
2 25	1 14	癸亥	3 26	2 13	壬辰	4 26	3 15	癸亥	5 26	4 15	癸巳	6 26	5 17	甲子	7 28	6 19	丙申
2 26	1 15	甲子	3 27	2 14	癸巳	4 27	3 16	甲子	5 27	4 16	甲午	6 27	5 18	乙丑	7 29	6 20	丁酉
2 27	1 16	乙丑	3 28	2 15	甲午	4 28	3 17	乙丑	5 28	4 17	乙未	6 28	5 19	丙寅	7 30	6 21	戊戌
2 28	1 17	丙寅	3 29	2 16	乙未	4 29	3 18	丙寅	5 29	4 18	丙申	6 29	5 20	丁卯	7 31	6 22	己亥
3 1	1 18	丁卯	3 30	2 17	丙申	4 30	3 19	丁卯	5 30	4 19	丁酉	6 30	5 21	戊辰	8 1	6 23	庚子
3 2	1 19	戊辰	3 31	2 18	丁酉	5 1	3 20	戊辰	5 31	4 20	戊戌	7 1	5 22	己巳	8 2	6 24	辛丑
3 3	1 20	己巳	4 1	2 19	戊戌	5 2	3 21	己巳	6 1	4 21	己亥	7 2	5 23	庚午	8 3	6 25	壬寅
3 4	1 21	庚午	4 2	2 20	己亥	5 3	3 22	庚午	6 2	4 22	庚子	7 3	5 24	辛未	8 4	6 26	癸卯
			4 3	2 21	庚子	5 4	3 23	辛未	6 3	4 23	辛丑	7 4	5 25	壬申	8 5	6 27	甲辰
			4 4	2 22	辛丑				6 4	4 24	壬寅	7 5	5 26	癸酉	8 6	6 28	乙巳
												7 6	5 27	甲戌			

中氣
- 雨水　2/19 0時4分 子時
- 春分　3/20 22時43分 亥時
- 穀雨　4/20 9時19分 巳時
- 小滿　5/21 8時3分 辰時
- 夏至　6/21 15時46分 申時
- 大暑　7/23 2時40分 丑時

年																			
己卯																			年
壬申			癸酉			甲戌			乙亥			丙子			丁丑			月
立秋			白露			寒露			立冬			大雪			小寒			節氣
8/7 19時11分 戌時			9/7 22時25分 亥時			10/8 14時29分 未時			11/7 18時4分 酉時			12/7 11時12分 午時			1/5 22時32分 亥時			
國曆	農曆	干支	國曆	農曆	干支	國曆	農曆	干支	國曆	農曆	干支	國曆	農曆	干支	國曆	農曆	干支	日
8 7	6 29	丙午	9 7	8 1	丁丑	10 8	9 3	戊申	11 7	10 3	戊寅	12 7	11 3	戊申	1 5	12 2	丁丑	
8 8	7 1	丁未	9 8	8 2	戊寅	10 9	9 4	己酉	11 8	10 4	己卯	12 8	11 4	己酉	1 6	12 3	戊寅	
8 9	7 2	戊申	9 9	8 3	己卯	10 10	9 5	庚戌	11 9	10 5	庚辰	12 9	11 5	庚戌	1 7	12 4	己卯	
8 10	7 3	己酉	9 10	8 4	庚辰	10 11	9 6	辛亥	11 10	10 6	辛巳	12 10	11 6	辛亥	1 8	12 5	庚辰	
8 11	7 4	庚戌	9 11	8 5	辛巳	10 12	9 7	壬子	11 11	10 7	壬午	12 11	11 7	壬子	1 9	12 6	辛巳	2
8 12	7 5	辛亥	9 12	8 6	壬午	10 13	9 8	癸丑	11 12	10 8	癸未	12 12	11 8	癸丑	1 10	12 7	壬午	0
8 13	7 6	壬子	9 13	8 7	癸未	10 14	9 9	甲寅	11 13	10 9	甲申	12 13	11 9	甲寅	1 11	12 8	癸未	5
8 14	7 7	癸丑	9 14	8 8	甲申	10 15	9 10	乙卯	11 14	10 10	乙酉	12 14	11 10	乙卯	1 12	12 9	甲申	9
8 15	7 8	甲寅	9 15	8 9	乙酉	10 16	9 11	丙辰	11 15	10 11	丙戌	12 15	11 11	丙辰	1 13	12 10	乙酉	.
8 16	7 9	乙卯	9 16	8 10	丙戌	10 17	9 12	丁巳	11 16	10 12	丁亥	12 16	11 12	丁巳	1 14	12 11	丙戌	2
8 17	7 10	丙辰	9 17	8 11	丁亥	10 18	9 13	戊午	11 17	10 13	戊子	12 17	11 13	戊午	1 15	12 12	丁亥	0
8 18	7 11	丁巳	9 18	8 12	戊子	10 19	9 14	己未	11 18	10 14	己丑	12 18	11 14	己未	1 16	12 13	戊子	6
8 19	7 12	戊午	9 19	8 13	己丑	10 20	9 15	庚申	11 19	10 15	庚寅	12 19	11 15	庚申	1 17	12 14	己丑	0
8 20	7 13	己未	9 20	8 14	庚寅	10 21	9 16	辛酉	11 20	10 16	辛卯	12 20	11 16	辛酉	1 18	12 15	庚寅	
8 21	7 14	庚申	9 21	8 15	辛卯	10 22	9 17	壬戌	11 21	10 17	壬辰	12 21	11 17	壬戌	1 19	12 16	辛卯	
8 22	7 15	辛酉	9 22	8 16	壬辰	10 23	9 18	癸亥	11 22	10 18	癸巳	12 22	11 18	癸亥	1 20	12 17	壬辰	兔
8 23	7 16	壬戌	9 23	8 17	癸巳	10 24	9 19	甲子	11 23	10 19	甲午	12 23	11 19	甲子	1 21	12 18	癸巳	
8 24	7 17	癸亥	9 24	8 18	甲午	10 25	9 20	乙丑	11 24	10 20	乙未	12 24	11 20	乙丑	1 22	12 19	甲午	
8 25	7 18	甲子	9 25	8 19	乙未	10 26	9 21	丙寅	11 25	10 21	丙申	12 25	11 21	丙寅	1 23	12 20	乙未	中
8 26	7 19	乙丑	9 26	8 20	丙申	10 27	9 22	丁卯	11 26	10 22	丁酉	12 26	11 22	丁卯	1 24	12 21	丙申	華
8 27	7 20	丙寅	9 27	8 21	丁酉	10 28	9 23	戊辰	11 27	10 23	戊戌	12 27	11 23	戊辰	1 25	12 22	丁酉	民
8 28	7 21	丁卯	9 28	8 22	戊戌	10 29	9 24	己巳	11 28	10 24	己亥	12 28	11 24	己巳	1 26	12 23	戊戌	國
8 29	7 22	戊辰	9 29	8 23	己亥	10 30	9 25	庚午	11 29	10 25	庚子	12 29	11 25	庚午	1 27	12 24	己亥	一
8 30	7 23	己巳	9 30	8 24	庚子	10 31	9 26	辛未	11 30	10 26	辛丑	12 30	11 26	辛未	1 28	12 25	庚子	百
8 31	7 24	庚午	10 1	8 25	辛丑	11 1	9 27	壬申	12 1	10 27	壬寅	12 31	11 27	壬申	1 29	12 26	辛丑	四
9 1	7 25	辛未	10 2	8 26	壬寅	11 2	9 28	癸酉	12 2	10 28	癸卯	1 1	11 28	癸酉	1 30	12 27	壬寅	十
9 2	7 26	壬申	10 3	8 27	癸卯	11 3	9 29	甲戌	12 3	10 29	甲辰	1 2	11 29	甲戌	1 31	12 28	癸卯	八
9 3	7 27	癸酉	10 4	8 28	甲辰	11 4	9 30	乙亥	12 4	10 30	乙巳	1 3	11 30	乙亥	2 1	12 29	甲辰	.
9 4	7 28	甲戌	10 5	8 29	乙巳	11 5	10 1	丙子	12 5	11 1	丙午	1 4	12 1	丙子	2 2	1 1	乙巳	一
9 5	7 29	乙亥	10 6	9 1	丙午	11 6	10 2	丁丑	12 6	11 2	丁未				2 3	1 2	丙午	百
9 6	7 30	丙子	10 7	9 2	丁未													四
處暑			秋分			霜降			小雪			冬至			大寒			九
8/23 9時59分 巳時			9/23 8時2分 辰時			10/23 17時49分 酉時			11/22 15時45分 申時			12/22 5時17分 卯時			1/20 15時57分 申時			年
																		中氣

年：庚辰　2060　龍　中華民國一百四十九年

月	戊寅	己卯	庚辰	辛巳	壬午	癸未
節氣	立春	驚蟄	清明	立夏	芒種	小暑
	2/4 10時7分 巳時	3/5 3時53分 寅時	4/4 8時18分 辰時	5/5 1時11分 丑時	6/5 5時0分 卯時	7/6 15時6分 申時
中氣	雨水	春分	穀雨	小滿	夏至	大暑
	2/19 5時56分 卯時	3/20 4時37分 寅時	4/19 15時16分 申時	5/20 14時2分 未時	6/20 21時44分 亥時	7/22 8時34分 辰時

戊寅 國曆	農曆	干支	己卯 國曆	農曆	干支	庚辰 國曆	農曆	干支	辛巳 國曆	農曆	干支	壬午 國曆	農曆	干支	癸未 國曆	農曆	干支
2/4	1/3	丁未	3/5	2/3	丁丑	4/4	3/4	丁未	5/5	4/5	戊寅	6/5	5/7	己酉	7/6	6/9	庚辰
2/5	1/4	戊申	3/6	2/4	戊寅	4/5	3/5	戊申	5/6	4/6	己卯	6/6	5/8	庚戌	7/7	6/10	辛巳
2/6	1/5	己酉	3/7	2/5	己卯	4/6	3/6	己酉	5/7	4/7	庚辰	6/7	5/9	辛亥	7/8	6/11	壬午
2/7	1/6	庚戌	3/8	2/6	庚辰	4/7	3/7	庚戌	5/8	4/8	辛巳	6/8	5/10	壬子	7/9	6/12	癸未
2/8	1/7	辛亥	3/9	2/7	辛巳	4/8	3/8	辛亥	5/9	4/9	壬午	6/9	5/11	癸丑	7/10	6/13	甲申
2/9	1/8	壬子	3/10	2/8	壬午	4/9	3/9	壬子	5/10	4/10	癸未	6/10	5/12	甲寅	7/11	6/14	乙酉
2/10	1/9	癸丑	3/11	2/9	癸未	4/10	3/10	癸丑	5/11	4/11	甲申	6/11	5/13	乙卯	7/12	6/15	丙戌
2/11	1/10	甲寅	3/12	2/10	甲申	4/11	3/11	甲寅	5/12	4/12	乙酉	6/12	5/14	丙辰	7/13	6/16	丁亥
2/12	1/11	乙卯	3/13	2/11	乙酉	4/12	3/12	乙卯	5/13	4/13	丙戌	6/13	5/15	丁巳	7/14	6/17	戊子
2/13	1/12	丙辰	3/14	2/12	丙戌	4/13	3/13	丙辰	5/14	4/14	丁亥	6/14	5/16	戊午	7/15	6/18	己丑
2/14	1/13	丁巳	3/15	2/13	丁亥	4/14	3/14	丁巳	5/15	4/15	戊子	6/15	5/17	己未	7/16	6/19	庚寅
2/15	1/14	戊午	3/16	2/14	戊子	4/15	3/15	戊午	5/16	4/16	己丑	6/16	5/18	庚申	7/17	6/20	辛卯
2/16	1/15	己未	3/17	2/15	己丑	4/16	3/16	己未	5/17	4/17	庚寅	6/17	5/19	辛酉	7/18	6/21	壬辰
2/17	1/16	庚申	3/18	2/16	庚寅	4/17	3/17	庚申	5/18	4/18	辛卯	6/18	5/20	壬戌	7/19	6/22	癸巳
2/18	1/17	辛酉	3/19	2/17	辛卯	4/18	3/18	辛酉	5/19	4/19	壬辰	6/19	5/21	癸亥	7/20	6/23	甲午
2/19	1/18	壬戌	3/20	2/18	壬辰	4/19	3/19	壬戌	5/20	4/20	癸巳	6/20	5/22	甲子	7/21	6/24	乙未
2/20	1/19	癸亥	3/21	2/19	癸巳	4/20	3/20	癸亥	5/21	4/21	甲午	6/21	5/23	乙丑	7/22	6/25	丙申
2/21	1/20	甲子	3/22	2/20	甲午	4/21	3/21	甲子	5/22	4/22	乙未	6/22	5/24	丙寅	7/23	6/26	丁酉
2/22	1/21	乙丑	3/23	2/21	乙未	4/22	3/22	乙丑	5/23	4/23	丙申	6/23	5/25	丁卯	7/24	6/27	戊戌
2/23	1/22	丙寅	3/24	2/22	丙申	4/23	3/23	丙寅	5/24	4/24	丁酉	6/24	5/26	戊辰	7/25	6/28	己亥
2/24	1/23	丁卯	3/25	2/23	丁酉	4/24	3/24	丁卯	5/25	4/25	戊戌	6/25	5/27	己巳	7/26	6/29	庚子
2/25	1/24	戊辰	3/26	2/24	戊戌	4/25	3/25	戊辰	5/26	4/26	己亥	6/26	5/28	庚午	7/27	7/1	辛丑
2/26	1/25	己巳	3/27	2/25	己亥	4/26	3/26	己巳	5/27	4/27	庚子	6/27	5/29	辛未	7/28	7/2	壬寅
2/27	1/26	庚午	3/28	2/26	庚子	4/27	3/27	庚午	5/28	4/28	辛丑	6/28	6/1	壬申	7/29	7/3	癸卯
2/28	1/27	辛未	3/29	2/27	辛丑	4/28	3/28	辛未	5/29	4/29	壬寅	6/29	6/2	癸酉	7/30	7/4	甲辰
2/29	1/28	壬申	3/30	2/28	壬寅	4/29	3/29	壬申	5/30	5/1	癸卯	6/30	6/3	甲戌	7/31	7/5	乙巳
3/1	1/29	癸酉	3/31	2/29	癸卯	4/30	3/30	癸酉	5/31	5/2	甲辰	7/1	6/4	乙亥	8/1	7/6	丙午
3/2	1/30	甲戌	4/1	3/1	甲辰	5/1	4/1	甲戌	6/1	5/3	乙巳	7/2	6/5	丙子	8/2	7/7	丁未
3/3	2/1	乙亥	4/2	3/2	乙巳	5/2	4/2	乙亥	6/2	5/4	丙午	7/3	6/6	丁丑	8/3	7/8	戊申
3/4	2/2	丙子	4/3	3/3	丙午	5/3	4/3	丙子	6/3	5/5	丁未	7/4	6/7	戊寅	8/4	7/9	己酉
						5/4	4/4	丁丑	6/4	5/6	戊申	7/5	6/8	己卯	8/5	7/10	庚戌
															8/6	7/11	辛亥

庚辰																															年
甲申					乙酉					丙戌					丁亥					戊子					己丑						月
立秋					白露					寒露					立冬					大雪					小寒						節氣
8/7 0時58分 子時					9/7 4時9分 寅時					10/7 20時12分 戌時					11/6 23時47分 子時					12/6 16時56分 申時					1/5 4時17分 寅時						
國曆		農曆		干支	國曆		農曆		干支	國曆		農曆		干支	國曆		農曆		干支	國曆		農曆		干支	國曆		農曆		干支		日
8	7	7	12	壬子	9	7	8	13	癸未	10	7	9	14	癸丑	11	6	10	14	癸未	12	6	11	14	癸丑	1	5	12	14	癸未		
8	8	7	13	癸丑	9	8	8	14	甲申	10	8	9	15	甲寅	11	7	10	15	甲申	12	7	11	15	甲寅	1	6	12	15	甲申		
8	9	7	14	甲寅	9	9	8	15	乙酉	10	9	9	16	乙卯	11	8	10	16	乙酉	12	8	11	16	乙卯	1	7	12	16	乙酉	2	
8	10	7	15	乙卯	9	10	8	16	丙戌	10	10	9	17	丙辰	11	9	10	17	丙戌	12	9	11	17	丙辰	1	8	12	17	丙戌	0	
8	11	7	16	丙辰	9	11	8	17	丁亥	10	11	9	18	丁巳	11	10	10	18	丁亥	12	10	11	18	丁巳	1	9	12	18	丁亥	6	
8	12	7	17	丁巳	9	12	8	18	戊子	10	12	9	19	戊午	11	11	10	19	戊子	12	11	11	19	戊午	1	10	12	19	戊子	0	
8	13	7	18	戊午	9	13	8	19	己丑	10	13	9	20	己未	11	12	10	20	己丑	12	12	11	20	己未	1	11	12	20	己丑	·	
8	14	7	19	己未	9	14	8	20	庚寅	10	14	9	21	庚申	11	13	10	21	庚寅	12	13	11	21	庚申	1	12	12	21	庚寅	2	
8	15	7	20	庚申	9	15	8	21	辛卯	10	15	9	22	辛酉	11	14	10	22	辛卯	12	14	11	22	辛酉	1	13	12	22	辛卯	0	
8	16	7	21	辛酉	9	16	8	22	壬辰	10	16	9	23	壬戌	11	15	10	23	壬辰	12	15	11	23	壬戌	1	14	12	23	壬辰	6	
8	17	7	22	壬戌	9	17	8	23	癸巳	10	17	9	24	癸亥	11	16	10	24	癸巳	12	16	11	24	癸亥	1	15	12	24	癸巳	1	
8	18	7	23	癸亥	9	18	8	24	甲午	10	18	9	25	甲子	11	17	10	25	甲午	12	17	11	25	甲子	1	16	12	25	甲午		
8	19	7	24	甲子	9	19	8	25	乙未	10	19	9	26	乙丑	11	18	10	26	乙未	12	18	11	26	乙丑	1	17	12	26	乙未		
8	20	7	25	乙丑	9	20	8	26	丙申	10	20	9	27	丙寅	11	19	10	27	丙申	12	19	11	27	丙寅	1	18	12	27	丙申		
8	21	7	26	丙寅	9	21	8	27	丁酉	10	21	9	28	丁卯	11	20	10	28	丁酉	12	20	11	28	丁卯	1	19	12	28	丁酉	龍	
8	22	7	27	丁卯	9	22	8	28	戊戌	10	22	9	29	戊辰	11	21	10	29	戊戌	12	21	11	29	戊辰	1	20	12	29	戊戌		
8	23	7	28	戊辰	9	23	8	29	己亥	10	23	9	30	己巳	11	22	10	30	己亥	12	22	11	30	己巳	1	21	1	1	己亥		
8	24	7	29	己巳	9	24	9	1	庚子	10	24	10	1	庚午	11	23	11	1	庚子	12	23	12	1	庚午	1	22	1	2	庚子		
8	25	7	30	庚午	9	25	9	2	辛丑	10	25	10	2	辛未	11	24	11	2	辛丑	12	24	12	2	辛未	1	23	1	3	辛丑	中	
8	26	8	1	辛未	9	26	9	3	壬寅	10	26	10	3	壬申	11	25	11	3	壬寅	12	25	12	3	壬申	1	24	1	4	壬寅	華	
8	27	8	2	壬申	9	27	9	4	癸卯	10	27	10	4	癸酉	11	26	11	4	癸卯	12	26	12	4	癸酉	1	25	1	5	癸卯	民	
8	28	8	3	癸酉	9	28	9	5	甲辰	10	28	10	5	甲戌	11	27	11	5	甲辰	12	27	12	5	甲戌	1	26	1	6	甲辰	國	
8	29	8	4	甲戌	9	29	9	6	乙巳	10	29	10	6	乙亥	11	28	11	6	乙巳	12	28	12	6	乙亥	1	27	1	7	乙巳	一	
8	30	8	5	乙亥	9	30	9	7	丙午	10	30	10	7	丙子	11	29	11	7	丙午	12	29	12	7	丙子	1	28	1	8	丙午	百	
8	31	8	6	丙子	10	1	9	8	丁未	10	31	10	8	丁丑	11	30	11	8	丁未	12	30	12	8	丁丑	1	29	1	9	丁未	四	
9	1	8	7	丁丑	10	2	9	9	戊申	11	1	10	9	戊寅	12	1	11	9	戊申	12	31	12	9	戊寅	1	30	1	10	戊申	十	
9	2	8	8	戊寅	10	3	9	10	己酉	11	2	10	10	己卯	12	2	11	10	己酉	1	1	12	10	己卯	1	31	1	11	己酉	九	
9	3	8	9	己卯	10	4	9	11	庚戌	11	3	10	11	庚辰	12	3	11	11	庚戌	1	2	12	11	庚辰	2	1	1	12	庚戌	·	
9	4	8	10	庚辰	10	5	9	12	辛亥	11	4	10	12	辛巳	12	4	11	12	辛亥	1	3	12	12	辛巳	2	2	1	13	辛亥	一	
9	5	8	11	辛巳	10	6	9	13	壬子	11	5	10	13	壬午	12	5	11	13	壬子	1	4	12	13	壬午						百	
9	6	8	12	壬午																										五	
																														十	
																														年	
處暑					秋分					霜降					小雪					冬至					大寒						中氣
8/22 15時48分 申時					9/22 13時47分 未時					10/22 23時32分 子時					11/21 21時27分 亥時					12/21 11時0分 午時					1/19 21時41分 亥時						

年																	
								辛巳									
月	庚寅			辛卯			壬辰			癸巳			甲午			乙未		
節氣	立春			驚蟄			清明			立夏			芒種			小暑		
	2/3 15時52分 申時			3/5 9時40分 巳時			4/4 14時9分 未時			5/5 7時5分 辰時			6/5 10時55分 巳時			7/6 21時1分 亥時		
日	國曆	農曆	干支	國曆	農曆	干支	國曆	農曆	干支	國曆	農曆	干支	國曆	農曆	干支	國曆	農曆	干支
	2 3	1 14	壬子	3 5	2 14	壬午	4 4	3 14	壬子	5 5	3 16	癸未	6 5	4 18	甲寅	7 6	5 19	乙酉
	2 4	1 15	癸丑	3 6	2 15	癸未	4 5	3 15	癸丑	5 6	3 17	甲申	6 6	4 19	乙卯	7 7	5 20	丙戌
	2 5	1 16	甲寅	3 7	2 16	甲申	4 6	3 16	甲寅	5 7	3 18	乙酉	6 7	4 20	丙辰	7 8	5 21	丁亥
	2 6	1 17	乙卯	3 8	2 17	乙酉	4 7	3 17	乙卯	5 8	3 19	丙戌	6 8	4 21	丁巳	7 9	5 22	戊子
2	2 7	1 18	丙辰	3 9	2 18	丙戌	4 8	3 18	丙辰	5 9	3 20	丁亥	6 9	4 22	戊午	7 10	5 23	己丑
0	2 8	1 19	丁巳	3 10	2 19	丁亥	4 9	3 19	丁巳	5 10	3 21	戊子	6 10	4 23	己未	7 11	5 24	庚寅
6	2 9	1 20	戊午	3 11	2 20	戊子	4 10	3 20	戊午	5 11	3 22	己丑	6 11	4 24	庚申	7 12	5 25	辛卯
1	2 10	1 21	己未	3 12	2 21	己丑	4 11	3 21	己未	5 12	3 23	庚寅	6 12	4 25	辛酉	7 13	5 26	壬辰
	2 11	1 22	庚申	3 13	2 22	庚寅	4 12	3 22	庚申	5 13	3 24	辛卯	6 13	4 26	壬戌	7 14	5 27	癸巳
	2 12	1 23	辛酉	3 14	2 23	辛卯	4 13	3 23	辛酉	5 14	3 25	壬辰	6 14	4 27	癸亥	7 15	5 28	甲午
	2 13	1 24	壬戌	3 15	2 24	壬辰	4 14	3 24	壬戌	5 15	3 26	癸巳	6 15	4 28	甲子	7 16	5 29	乙未
	2 14	1 25	癸亥	3 16	2 25	癸巳	4 15	3 25	癸亥	5 16	3 27	甲午	6 16	4 29	乙丑	7 17	6 1	丙申
	2 15	1 26	甲子	3 17	2 26	甲午	4 16	3 26	甲子	5 17	3 28	乙未	6 17	4 30	丙寅	7 18	6 2	丁酉
蛇	2 16	1 27	乙丑	3 18	2 27	乙未	4 17	3 27	乙丑	5 18	3 29	丙申	6 18	5 1	丁卯	7 19	6 3	戊戌
	2 17	1 28	丙寅	3 19	2 28	丙申	4 18	3 28	丙寅	5 19	4 1	丁酉	6 19	5 2	戊辰	7 20	6 4	己亥
	2 18	1 29	丁卯	3 20	2 29	丁酉	4 19	3 29	丁卯	5 20	4 2	戊戌	6 20	5 3	己巳	7 21	6 5	庚子
	2 19	1 30	戊辰	3 21	2 30	戊戌	4 20	閏3 1	戊辰	5 21	4 3	己亥	6 21	5 4	庚午	7 22	6 6	辛丑
	2 20	2 1	己巳	3 22	3 1	己亥	4 21	3 2	己巳	5 22	4 4	庚子	6 22	5 5	辛未	7 23	6 7	壬寅
	2 21	2 2	庚午	3 23	3 2	庚子	4 22	3 3	庚午	5 23	4 5	辛丑	6 23	5 6	壬申	7 24	6 8	癸卯
	2 22	2 3	辛未	3 24	3 3	辛丑	4 23	3 4	辛未	5 24	4 6	壬寅	6 24	5 7	癸酉	7 25	6 9	甲辰
	2 23	2 4	壬申	3 25	3 4	壬寅	4 24	3 5	壬申	5 25	4 7	癸卯	6 25	5 8	甲戌	7 26	6 10	乙巳
	2 24	2 5	癸酉	3 26	3 5	癸卯	4 25	3 6	癸酉	5 26	4 8	甲辰	6 26	5 9	乙亥	7 27	6 11	丙午
中	2 25	2 6	甲戌	3 27	3 6	甲辰	4 26	3 7	甲戌	5 27	4 9	乙巳	6 27	5 10	丙子	7 28	6 12	丁未
華	2 26	2 7	乙亥	3 28	3 7	乙巳	4 27	3 8	乙亥	5 28	4 10	丙午	6 28	5 11	丁丑	7 29	6 13	戊申
民	2 27	2 8	丙子	3 29	3 8	丙午	4 28	3 9	丙子	5 29	4 11	丁未	6 29	5 12	戊寅	7 30	6 14	己酉
國	2 28	2 9	丁丑	3 30	3 9	丁未	4 29	3 10	丁丑	5 30	4 12	戊申	6 30	5 13	己卯	7 31	6 15	庚戌
一	3 1	2 10	戊寅	3 31	3 10	戊申	4 30	3 11	戊寅	5 31	4 13	己酉	7 1	5 14	庚辰	8 1	6 16	辛亥
百	3 2	2 11	己卯	4 1	3 11	己酉	5 1	3 12	己卯	6 1	4 14	庚戌	7 2	5 15	辛巳	8 2	6 17	壬子
五	3 3	2 12	庚辰	4 2	3 12	庚戌	5 2	3 13	庚辰	6 2	4 15	辛亥	7 3	5 16	壬午	8 3	6 18	癸丑
十	3 4	2 13	辛巳	4 3	3 13	辛亥	5 3	3 14	辛巳	6 3	4 16	壬子	7 4	5 17	癸未	8 4	6 19	甲寅
年							5 4	3 15	壬午	6 4	4 17	癸丑	7 5	5 18	甲申	8 5	6 20	乙卯
																8 6	6 21	丙辰
中氣	雨水			春分			穀雨			小滿			夏至			大暑		
	2/18 11時42分 午時			3/20 10時25分 巳時			4/19 21時5分 亥時			5/20 19時51分 戌時			6/21 3時31分 寅時			7/22 14時19分 未時		

辛巳																		年
丙申			丁酉			戊戌			己亥			庚子			辛丑			月
立秋			白露			寒露			立冬			大雪			小寒			節氣
8/7 6時51分 卯時			9/7 10時1分 巳時			10/8 2時3分 丑時			11/7 5時38分 卯時			12/6 22時49分 亥時			1/5 10時11分 巳時			
國曆	農曆	干支	國曆	農曆	干支	國曆	農曆	干支	國曆	農曆	干支	國曆	農曆	干支	國曆	農曆	干支	日
8 7	6 22	丁巳	9 7	7 24	戊子	10 8	8 25	己未	11 7	9 26	己丑	12 6	10 25	戊午	1 5	11 25	戊子	
8 8	6 23	戊午	9 8	7 25	己丑	10 9	8 26	庚申	11 8	9 27	庚寅	12 7	10 26	己未	1 6	11 26	己丑	
8 9	6 24	己未	9 9	7 26	庚寅	10 10	8 27	辛酉	11 9	9 28	辛卯	12 8	10 27	庚申	1 7	11 27	庚寅	
8 10	6 25	庚申	9 10	7 27	辛卯	10 11	8 28	壬戌	11 10	9 29	壬辰	12 9	10 28	辛酉	1 8	11 28	辛卯	2
8 11	6 26	辛酉	9 11	7 28	壬辰	10 12	8 29	癸亥	11 11	9 30	癸巳	12 10	10 29	壬戌	1 9	11 29	壬辰	0
8 12	6 27	壬戌	9 12	7 29	癸巳	10 13	9 1	甲子	11 12	10 1	甲午	12 11	10 30	癸亥	1 10	11 30	癸巳	6
8 13	6 28	癸亥	9 13	7 30	甲午	10 14	9 2	乙丑	11 13	10 2	乙未	12 12	11 1	甲子	1 11	12 1	甲午	1
8 14	6 29	甲子	9 14	8 1	乙未	10 15	9 3	丙寅	11 14	10 3	丙申	12 13	11 2	乙丑	1 12	12 2	乙未	·
8 15	7 1	乙丑	9 15	8 2	丙申	10 16	9 4	丁卯	11 15	10 4	丁酉	12 14	11 3	丙寅	1 13	12 3	丙申	2
8 16	7 2	丙寅	9 16	8 3	丁酉	10 17	9 5	戊辰	11 16	10 5	戊戌	12 15	11 4	丁卯	1 14	12 4	丁酉	0
8 17	7 3	丁卯	9 17	8 4	戊戌	10 18	9 6	己巳	11 17	10 6	己亥	12 16	11 5	戊辰	1 15	12 5	戊戌	6
8 18	7 4	戊辰	9 18	8 5	己亥	10 19	9 7	庚午	11 18	10 7	庚子	12 17	11 6	己巳	1 16	12 6	己亥	2
8 19	7 5	己巳	9 19	8 6	庚子	10 20	9 8	辛未	11 19	10 8	辛丑	12 18	11 7	庚午	1 17	12 7	庚子	
8 20	7 6	庚午	9 20	8 7	辛丑	10 21	9 9	壬申	11 20	10 9	壬寅	12 19	11 8	辛未	1 18	12 8	辛丑	
8 21	7 7	辛未	9 21	8 8	壬寅	10 22	9 10	癸酉	11 21	10 10	癸卯	12 20	11 9	壬申	1 19	12 9	壬寅	
8 22	7 8	壬申	9 22	8 9	癸卯	10 23	9 11	甲戌	11 22	10 11	甲辰	12 21	11 10	癸酉	1 20	12 10	癸卯	蛇
8 23	7 9	癸酉	9 23	8 10	甲辰	10 24	9 12	乙亥	11 23	10 12	乙巳	12 22	11 11	甲戌	1 21	12 11	甲辰	
8 24	7 10	甲戌	9 24	8 11	乙巳	10 25	9 13	丙子	11 24	10 13	丙午	12 23	11 12	乙亥	1 22	12 12	乙巳	
8 25	7 11	乙亥	9 25	8 12	丙午	10 26	9 14	丁丑	11 25	10 14	丁未	12 24	11 13	丙子	1 23	12 13	丙午	
8 26	7 12	丙子	9 26	8 13	丁未	10 27	9 15	戊寅	11 26	10 15	戊申	12 25	11 14	丁丑	1 24	12 14	丁未	中
8 27	7 13	丁丑	9 27	8 14	戊申	10 28	9 16	己卯	11 27	10 16	己酉	12 26	11 15	戊寅	1 25	12 15	戊申	華
8 28	7 14	戊寅	9 28	8 15	己酉	10 29	9 17	庚辰	11 28	10 17	庚戌	12 27	11 16	己卯	1 26	12 16	己酉	民
8 29	7 15	己卯	9 29	8 16	庚戌	10 30	9 18	辛巳	11 29	10 18	辛亥	12 28	11 17	庚辰	1 27	12 17	庚戌	國
8 30	7 16	庚辰	9 30	8 17	辛亥	10 31	9 19	壬午	11 30	10 19	壬子	12 29	11 18	辛巳	1 28	12 18	辛亥	一
8 31	7 17	辛巳	10 1	8 18	壬子	11 1	9 20	癸未	12 1	10 20	癸丑	12 30	11 19	壬午	1 29	12 19	壬子	百
9 1	7 18	壬午	10 2	8 19	癸丑	11 2	9 21	甲申	12 2	10 21	甲寅	12 31	11 20	癸未	1 30	12 20	癸丑	五
9 2	7 19	癸未	10 3	8 20	甲寅	11 3	9 22	乙酉	12 3	10 22	乙卯	1 1	11 21	甲申	1 31	12 21	甲寅	十
9 3	7 20	甲申	10 4	8 21	乙卯	11 4	9 23	丙戌	12 4	10 23	丙辰	1 2	11 22	乙酉	2 1	12 22	乙卯	·
9 4	7 21	乙酉	10 5	8 22	丙辰	11 5	9 24	丁亥	12 5	10 24	丁巳	1 3	11 23	丙戌	2 2	12 23	丙辰	一
9 5	7 22	丙戌	10 6	8 23	丁巳	11 6	9 25	戊子				1 4	11 24	丁亥				百
9 6	7 23	丁亥	10 7	8 24	戊午													五
處暑			秋分			霜降			小雪			冬至			大寒			十
8/22 21時32分 亥時			9/22 19時30分 戌時			10/23 5時16分 卯時			11/22 3時13分 寅時			12/21 16時47分 申時			1/20 3時29分 寅時			一
																		中氣

年：壬午

月	壬寅			癸卯			甲辰			乙巳			丙午			丁未		
節氣	立春			驚蟄			清明			立夏			芒種			小暑		
	2/3 21時46分 亥時			3/5 15時30分 申時			4/4 19時54分 戌時			5/5 12時46分 午時			6/5 16時33分 申時			7/7 2時37分 丑時		
日	國曆	農曆	干支	國曆	農曆	干支	國曆	農曆	干支	國曆	農曆	干支	國曆	農曆	干支	國曆	農曆	干支
	2 3	12 24	丁巳	3 5	1 25	丁亥	4 4	2 25	丁巳	5 5	3 26	戊子	6 5	4 28	己未	7 7	6 1	辛卯
	2 4	12 25	戊午	3 6	1 26	戊子	4 5	2 26	戊午	5 6	3 27	己丑	6 6	4 29	庚申	7 8	6 2	壬辰
	2 5	12 26	己未	3 7	1 27	己丑	4 6	2 27	己未	5 7	3 28	庚寅	6 7	5 1	辛酉	7 9	6 3	癸巳
	2 6	12 27	庚申	3 8	1 28	庚寅	4 7	2 28	庚申	5 8	3 29	辛卯	6 8	5 2	壬戌	7 10	6 4	甲午
2	2 7	12 28	辛酉	3 9	1 29	辛卯	4 8	2 29	辛酉	5 9	4 1	壬辰	6 9	5 3	癸亥	7 11	6 5	乙未
0	2 8	12 29	壬戌	3 10	1 30	壬辰	4 9	2 30	壬戌	5 10	4 2	癸巳	6 10	5 4	甲子	7 12	6 6	丙申
6	2 9	1 1	癸亥	3 11	2 1	癸巳	4 10	3 1	癸亥	5 11	4 3	甲午	6 11	5 5	乙丑	7 13	6 7	丁酉
2	2 10	1 2	甲子	3 12	2 2	甲午	4 11	3 2	甲子	5 12	4 4	乙未	6 12	5 6	丙寅	7 14	6 8	戊戌
	2 11	1 3	乙丑	3 13	2 3	乙未	4 12	3 3	乙丑	5 13	4 5	丙申	6 13	5 7	丁卯	7 15	6 9	己亥
	2 12	1 4	丙寅	3 14	2 4	丙申	4 13	3 4	丙寅	5 14	4 6	丁酉	6 14	5 8	戊辰	7 16	6 10	庚子
	2 13	1 5	丁卯	3 15	2 5	丁酉	4 14	3 5	丁卯	5 15	4 7	戊戌	6 15	5 9	己巳	7 17	6 11	辛丑
	2 14	1 6	戊辰	3 16	2 6	戊戌	4 15	3 6	戊辰	5 16	4 8	己亥	6 16	5 10	庚午	7 18	6 12	壬寅
	2 15	1 7	己巳	3 17	2 7	己亥	4 16	3 7	己巳	5 17	4 9	庚子	6 17	5 11	辛未	7 19	6 13	癸卯
	2 16	1 8	庚午	3 18	2 8	庚子	4 17	3 8	庚午	5 18	4 10	辛丑	6 18	5 12	壬申	7 20	6 14	甲辰
馬	2 17	1 9	辛未	3 19	2 9	辛丑	4 18	3 9	辛未	5 19	4 11	壬寅	6 19	5 13	癸酉	7 21	6 15	乙巳
	2 18	1 10	壬申	3 20	2 10	壬寅	4 19	3 10	壬申	5 20	4 12	癸卯	6 20	5 14	甲戌	7 22	6 16	丙午
	2 19	1 11	癸酉	3 21	2 11	癸卯	4 20	3 11	癸酉	5 21	4 13	甲辰	6 21	5 15	乙亥	7 23	6 17	丁未
	2 20	1 12	甲戌	3 22	2 12	甲辰	4 21	3 12	甲戌	5 22	4 14	乙巳	6 22	5 16	丙子	7 24	6 18	戊申
	2 21	1 13	乙亥	3 23	2 13	乙巳	4 22	3 13	乙亥	5 23	4 15	丙午	6 23	5 17	丁丑	7 25	6 19	己酉
	2 22	1 14	丙子	3 24	2 14	丙午	4 23	3 14	丙子	5 24	4 16	丁未	6 24	5 18	戊寅	7 26	6 20	庚戌
中	2 23	1 15	丁丑	3 25	2 15	丁未	4 24	3 15	丁丑	5 25	4 17	戊申	6 25	5 19	己卯	7 27	6 21	辛亥
華	2 24	1 16	戊寅	3 26	2 16	戊申	4 25	3 16	戊寅	5 26	4 18	己酉	6 26	5 20	庚辰	7 28	6 22	壬子
民	2 25	1 17	己卯	3 27	2 17	己酉	4 26	3 17	己卯	5 27	4 19	庚戌	6 27	5 21	辛巳	7 29	6 23	癸丑
國	2 26	1 18	庚辰	3 28	2 18	庚戌	4 27	3 18	庚辰	5 28	4 20	辛亥	6 28	5 22	壬午	7 30	6 24	甲寅
一	2 27	1 19	辛巳	3 29	2 19	辛亥	4 28	3 19	辛巳	5 29	4 21	壬子	6 29	5 23	癸未	7 31	6 25	乙卯
百	2 28	1 20	壬午	3 30	2 20	壬子	4 29	3 20	壬午	5 30	4 22	癸丑	6 30	5 24	甲申	8 1	6 26	丙辰
五	3 1	1 21	癸未	3 31	2 21	癸丑	4 30	3 21	癸未	5 31	4 23	甲寅	7 1	5 25	乙酉	8 2	6 27	丁巳
十	3 2	1 22	甲申	4 1	2 22	甲寅	5 1	3 22	甲申	6 1	4 24	乙卯	7 2	5 26	丙戌	8 3	6 28	戊午
一	3 3	1 23	乙酉	4 2	2 23	乙卯	5 2	3 23	乙酉	6 2	4 25	丙辰	7 3	5 27	丁亥	8 4	6 29	己未
年	3 4	1 24	丙戌	4 3	2 24	丙辰	5 3	3 24	丙戌	6 3	4 26	丁巳	7 4	5 28	戊子	8 5	6 30	庚申
							5 4	3 25	丁亥	6 4	4 27	戊午	7 5	5 29	己丑	8 6	7 1	辛酉
													7 6	5 30	庚寅	8 7	7 2	壬戌
中氣	雨水			春分			穀雨			小滿			夏至			大暑		
	2/18 17時27分 酉時			3/20 16時6分 申時			4/20 2時43分 丑時			5/21 1時28分 丑時			6/21 9時10分 巳時			7/22 20時1分 戌時		

壬午																			年
戊申			己酉			庚戌			辛亥			壬子			癸丑			月
立秋			白露			寒露			立冬			大雪			小寒			節氣
8/7 12時28分 午時			9/7 15時39分 申時			10/8 7時43分 辰時			11/7 11時21分 午時			12/7 4時33分 寅時			1/5 15時56分 申時			
國曆	農曆	干支	國曆	農曆	干支	國曆	農曆	干支	國曆	農曆	干支	國曆	農曆	干支	國曆	農曆	干支	日
8 7	7 3	壬戌	9 7	8 5	癸巳	10 8	9 6	甲子	11 7	10 7	甲午	12 7	11 7	甲子	1 5	12 6	癸巳	
8 8	7 4	癸亥	9 8	8 6	甲午	10 9	9 7	乙丑	11 8	10 8	乙未	12 8	11 8	乙丑	1 6	12 7	甲午	
8 9	7 5	甲子	9 9	8 7	乙未	10 10	9 8	丙寅	11 9	10 9	丙申	12 9	11 9	丙寅	1 7	12 8	乙未	
8 10	7 6	乙丑	9 10	8 8	丙申	10 11	9 9	丁卯	11 10	10 10	丁酉	12 10	11 10	丁卯	1 8	12 9	丙申	2
8 11	7 7	丙寅	9 11	8 9	丁酉	10 12	9 10	戊辰	11 11	10 11	戊戌	12 11	11 11	戊辰	1 9	12 10	丁酉	0
8 12	7 8	丁卯	9 12	8 10	戊戌	10 13	9 11	己巳	11 12	10 12	己亥	12 12	11 12	己巳	1 10	12 11	戊戌	6
8 13	7 9	戊辰	9 13	8 11	己亥	10 14	9 12	庚午	11 13	10 13	庚子	12 13	11 13	庚午	1 11	12 12	己亥	2
8 14	7 10	己巳	9 14	8 12	庚子	10 15	9 13	辛未	11 14	10 14	辛丑	12 14	11 14	辛未	1 12	12 13	庚子	·
8 15	7 11	庚午	9 15	8 13	辛丑	10 16	9 14	壬申	11 15	10 15	壬寅	12 15	11 15	壬申	1 13	12 14	辛丑	2
8 16	7 12	辛未	9 16	8 14	壬寅	10 17	9 15	癸酉	11 16	10 16	癸卯	12 16	11 16	癸酉	1 14	12 15	壬寅	0
8 17	7 13	壬申	9 17	8 15	癸卯	10 18	9 16	甲戌	11 17	10 17	甲辰	12 17	11 17	甲戌	1 15	12 16	癸卯	6
8 18	7 14	癸酉	9 18	8 16	甲辰	10 19	9 17	乙亥	11 18	10 18	乙巳	12 18	11 18	乙亥	1 16	12 17	甲辰	3
8 19	7 15	甲戌	9 19	8 17	乙巳	10 20	9 18	丙子	11 19	10 19	丙午	12 19	11 19	丙子	1 17	12 18	乙巳	
8 20	7 16	乙亥	9 20	8 18	丙午	10 21	9 19	丁丑	11 20	10 20	丁未	12 20	11 20	丁丑	1 18	12 19	丙午	
8 21	7 17	丙子	9 21	8 19	丁未	10 22	9 20	戊寅	11 21	10 21	戊申	12 21	11 21	戊寅	1 19	12 20	丁未	
8 22	7 18	丁丑	9 22	8 20	戊申	10 23	9 21	己卯	11 22	10 22	己酉	12 22	11 22	己卯	1 20	12 21	戊申	
8 23	7 19	戊寅	9 23	8 21	己酉	10 24	9 22	庚辰	11 23	10 23	庚戌	12 23	11 23	庚辰	1 21	12 22	己酉	馬
8 24	7 20	己卯	9 24	8 22	庚戌	10 25	9 23	辛巳	11 24	10 24	辛亥	12 24	11 24	辛巳	1 22	12 23	庚戌	
8 25	7 21	庚辰	9 25	8 23	辛亥	10 26	9 24	壬午	11 25	10 25	壬子	12 25	11 25	壬午	1 23	12 24	辛亥	
8 26	7 22	辛巳	9 26	8 24	壬子	10 27	9 25	癸未	11 26	10 26	癸丑	12 26	11 26	癸未	1 24	12 25	壬子	中
8 27	7 23	壬午	9 27	8 25	癸丑	10 28	9 26	甲申	11 27	10 27	甲寅	12 27	11 27	甲申	1 25	12 26	癸丑	華
8 28	7 24	癸未	9 28	8 26	甲寅	10 29	9 27	乙酉	11 28	10 28	乙卯	12 28	11 28	乙酉	1 26	12 27	甲寅	民
8 29	7 25	甲申	9 29	8 27	乙卯	10 30	9 28	丙戌	11 29	10 29	丙辰	12 29	11 29	丙戌	1 27	12 28	乙卯	國
8 30	7 26	乙酉	9 30	8 28	丙辰	10 31	9 29	丁亥	11 30	10 30	丁巳	12 30	11 30	丁亥	1 28	12 29	丙辰	一
8 31	7 27	丙戌	10 1	8 29	丁巳	11 1	10 1	戊子	12 1	11 1	戊午	12 31	12 1	戊子	1 29	1 1	丁巳	百
9 1	7 28	丁亥	10 2	8 30	戊午	11 2	10 2	己丑	12 2	11 2	己未	1 1	12 2	己丑	1 30	1 2	戊午	五
9 2	7 29	戊子	10 3	9 1	己未	11 3	10 3	庚寅	12 3	11 3	庚申	1 2	12 3	庚寅	1 31	1 3	己未	十
9 3	8 1	己丑	10 4	9 2	庚申	11 4	10 4	辛卯	12 4	11 4	辛酉	1 3	12 4	辛卯	2 1	1 4	庚申	一
9 4	8 2	庚寅	10 5	9 3	辛酉	11 5	10 5	壬辰	12 5	11 5	壬戌	1 4	12 5	壬辰	2 2	1 5	辛酉	·
9 5	8 3	辛卯	10 6	9 4	壬戌	11 6	10 6	癸巳	12 6	11 6	癸亥				2 3	1 6	壬戌	一
9 6	8 4	壬辰	10 7	9 5	癸亥													百
處暑			秋分			霜降			小雪			冬至			大寒			中氣
8/23 3時17分 寅時			9/23 1時19分 丑時			10/23 11時7分 午時			11/22 9時6分 巳時			12/21 22時41分 亥時			1/20 9時23分 巳時			

右側年欄：2062・2063　馬　中華民國一百五十一・一百五十二年

年	癸未																	
月	甲寅			乙卯			丙辰			丁巳			戊午			己未		
節氣	立春			驚蟄			清明			立夏			芒種			小暑		
	2/4 3時30分 寅時			3/5 21時13分 亥時			4/5 1時36分 丑時			5/5 18時27分 酉時			6/5 22時16分 亥時			7/7 8時24分 辰時		
日	國曆	農曆	干支	國曆	農曆	干支	國曆	農曆	干支	國曆	農曆	干支	國曆	農曆	干支	國曆	農曆	干支
	2 4	1 7	癸亥	3 5	2 6	壬辰	4 5	3 7	癸亥	5 5	4 8	癸巳	6 5	5 9	甲子	7 7	6 12	丙申
	2 5	1 8	甲子	3 6	2 7	癸巳	4 6	3 8	甲子	5 6	4 9	甲午	6 6	5 10	乙丑	7 8	6 13	丁酉
	2 6	1 9	乙丑	3 7	2 8	甲午	4 7	3 9	乙丑	5 7	4 10	乙未	6 7	5 11	丙寅	7 9	6 14	戊戌
	2 7	1 10	丙寅	3 8	2 9	乙未	4 8	3 10	丙寅	5 8	4 11	丙申	6 8	5 12	丁卯	7 10	6 15	己亥
2	2 8	1 11	丁卯	3 9	2 10	丙申	4 9	3 11	丁卯	5 9	4 12	丁酉	6 9	5 13	戊辰	7 11	6 16	庚子
0	2 9	1 12	戊辰	3 10	2 11	丁酉	4 10	3 12	戊辰	5 10	4 13	戊戌	6 10	5 14	己巳	7 12	6 17	辛丑
6	2 10	1 13	己巳	3 11	2 12	戊戌	4 11	3 13	己巳	5 11	4 14	己亥	6 11	5 15	庚午	7 13	6 18	壬寅
3	2 11	1 14	庚午	3 12	2 13	己亥	4 12	3 14	庚午	5 12	4 15	庚子	6 12	5 16	辛未	7 14	6 19	癸卯
	2 12	1 15	辛未	3 13	2 14	庚子	4 13	3 15	辛未	5 13	4 16	辛丑	6 13	5 17	壬申	7 15	6 20	甲辰
	2 13	1 16	壬申	3 14	2 15	辛丑	4 14	3 16	壬申	5 14	4 17	壬寅	6 14	5 18	癸酉	7 16	6 21	乙巳
	2 14	1 17	癸酉	3 15	2 16	壬寅	4 15	3 17	癸酉	5 15	4 18	癸卯	6 15	5 19	甲戌	7 17	6 22	丙午
	2 15	1 18	甲戌	3 16	2 17	癸卯	4 16	3 18	甲戌	5 16	4 19	甲辰	6 16	5 20	乙亥	7 18	6 23	丁未
羊	2 16	1 19	乙亥	3 17	2 18	甲辰	4 17	3 19	乙亥	5 17	4 20	乙巳	6 17	5 21	丙子	7 19	6 24	戊申
	2 17	1 20	丙子	3 18	2 19	乙巳	4 18	3 20	丙子	5 18	4 21	丙午	6 18	5 22	丁丑	7 20	6 25	己酉
	2 18	1 21	丁丑	3 19	2 20	丙午	4 19	3 21	丁丑	5 19	4 22	丁未	6 19	5 23	戊寅	7 21	6 26	庚戌
	2 19	1 22	戊寅	3 20	2 21	丁未	4 20	3 22	戊寅	5 20	4 23	戊申	6 20	5 24	己卯	7 22	6 27	辛亥
	2 20	1 23	己卯	3 21	2 22	戊申	4 21	3 23	己卯	5 21	4 24	己酉	6 21	5 25	庚辰	7 23	6 28	壬子
	2 21	1 24	庚辰	3 22	2 23	己酉	4 22	3 24	庚辰	5 22	4 25	庚戌	6 22	5 26	辛巳	7 24	6 29	癸丑
中	2 22	1 25	辛巳	3 23	2 24	庚戌	4 23	3 25	辛巳	5 23	4 26	辛亥	6 23	5 27	壬午	7 25	6 30	甲寅
華	2 23	1 26	壬午	3 24	2 25	辛亥	4 24	3 26	壬午	5 24	4 27	壬子	6 24	5 28	癸未	7 26	7 1	乙卯
民	2 24	1 27	癸未	3 25	2 26	壬子	4 25	3 27	癸未	5 25	4 28	癸丑	6 25	5 29	甲申	7 27	7 2	丙辰
國	2 25	1 28	甲申	3 26	2 27	癸丑	4 26	3 28	甲申	5 26	4 29	甲寅	6 26	6 1	乙酉	7 28	7 3	丁巳
一	2 26	1 29	乙酉	3 27	2 28	甲寅	4 27	3 29	乙酉	5 27	4 30	乙卯	6 27	6 2	丙戌	7 29	7 4	戊午
百	2 27	1 30	丙戌	3 28	2 29	乙卯	4 28	4 1	丙戌	5 28	5 1	丙辰	6 28	6 3	丁亥	7 30	7 5	己未
五	2 28	2 1	丁亥	3 29	2 30	丙辰	4 29	4 2	丁亥	5 29	5 2	丁巳	6 29	6 4	戊子	7 31	7 6	庚申
十	3 1	2 2	戊子	3 30	3 1	丁巳	4 30	4 3	戊子	5 30	5 3	戊午	6 30	6 5	己丑	8 1	7 7	辛酉
二	3 2	2 3	己丑	3 31	3 2	戊午	5 1	4 4	己丑	5 31	5 4	己未	7 1	6 6	庚寅	8 2	7 8	壬戌
年	3 3	2 4	庚寅	4 1	3 3	己未	5 2	4 5	庚寅	6 1	5 5	庚申	7 2	6 7	辛卯	8 3	7 9	癸亥
	3 4	2 5	辛卯	4 2	3 4	庚申	5 3	4 6	辛卯	6 2	5 6	辛酉	7 3	6 8	壬辰	8 4	7 10	甲子
				4 3	3 5	辛酉	5 4	4 7	壬辰	6 3	5 7	壬戌	7 4	6 9	癸巳	8 5	7 11	乙丑
				4 4	3 6	壬戌				6 4	5 8	癸亥	7 5	6 10	甲午	8 6	7 12	丙寅
													7 6	6 11	乙未			
中氣	雨水			春分			穀雨			小滿			夏至			大暑		
	2/18 23時20分 子時			3/20 21時58分 亥時			4/20 8時34分 辰時			5/21 7時18分 辰時			6/21 15時1分 申時			7/23 1時52分 丑時		

癸未																		年
庚申			辛酉			壬戌			癸亥			甲子			乙丑			月
立秋			白露			寒露			立冬			大雪			小寒			節氣
8/7 18時19分 酉時			9/7 21時32分 亥時			10/8 13時36分 未時			11/7 17時11分 酉時			12/7 10時19分 巳時			1/5 21時40分 亥時			
國曆	農曆	干支	國曆	農曆	干支	國曆	農曆	干支	國曆	農曆	干支	國曆	農曆	干支	國曆	農曆	干支	日
8 7	7 13	丁卯	9 7	7 15	戊戌	10 8	8 17	己巳	11 7	9 17	己亥	12 7	10 18	己巳	1 5	11 17	戊戌	
8 8	7 14	戊辰	9 8	7 16	己亥	10 9	8 18	庚午	11 8	9 18	庚子	12 8	10 19	庚午	1 6	11 18	己亥	
8 9	7 15	己巳	9 9	7 17	庚子	10 10	8 19	辛未	11 9	9 19	辛丑	12 9	10 20	辛未	1 7	11 19	庚子	2
8 10	7 16	庚午	9 10	7 18	辛丑	10 11	8 20	壬申	11 10	9 20	壬寅	12 10	10 21	壬申	1 8	11 20	辛丑	0
8 11	7 17	辛未	9 11	7 19	壬寅	10 12	8 21	癸酉	11 11	9 21	癸卯	12 11	10 22	癸酉	1 9	11 21	壬寅	6
8 12	7 18	壬申	9 12	7 20	癸卯	10 13	8 22	甲戌	11 12	9 22	甲辰	12 12	10 23	甲戌	1 10	11 22	癸卯	3
8 13	7 19	癸酉	9 13	7 21	甲辰	10 14	8 23	乙亥	11 13	9 23	乙巳	12 13	10 24	乙亥	1 11	11 23	甲辰	·
8 14	7 20	甲戌	9 14	7 22	乙巳	10 15	8 24	丙子	11 14	9 24	丙午	12 14	10 25	丙子	1 12	11 24	乙巳	2
8 15	7 21	乙亥	9 15	7 23	丙午	10 16	8 25	丁丑	11 15	9 25	丁未	12 15	10 26	丁丑	1 13	11 25	丙午	0
8 16	7 22	丙子	9 16	7 24	丁未	10 17	8 26	戊寅	11 16	9 26	戊申	12 16	10 27	戊寅	1 14	11 26	丁未	6
8 17	7 23	丁丑	9 17	7 25	戊申	10 18	8 27	己卯	11 17	9 27	己酉	12 17	10 28	己卯	1 15	11 27	戊申	4
8 18	7 24	戊寅	9 18	7 26	己酉	10 19	8 28	庚辰	11 18	9 28	庚戌	12 18	10 29	庚辰	1 16	11 28	己酉	
8 19	7 25	己卯	9 19	7 27	庚戌	10 20	8 29	辛巳	11 19	9 29	辛亥	12 19	10 30	辛巳	1 17	11 29	庚戌	
8 20	7 26	庚辰	9 20	7 28	辛亥	10 21	8 30	壬午	11 20	10 1	壬子	12 20	11 1	壬午	1 18	12 1	辛亥	羊
8 21	7 27	辛巳	9 21	7 29	壬子	10 22	9 1	癸未	11 21	10 2	癸丑	12 21	11 2	癸未	1 19	12 2	壬子	
8 22	7 28	壬午	9 22	8 1	癸丑	10 23	9 2	甲申	11 22	10 3	甲寅	12 22	11 3	甲申	1 20	12 3	癸丑	
8 23	7 29	癸未	9 23	8 2	甲寅	10 24	9 3	乙酉	11 23	10 4	乙卯	12 23	11 4	乙酉	1 21	12 4	甲寅	中
8 24	閏1	甲申	9 24	8 3	乙卯	10 25	9 4	丙戌	11 24	10 5	丙辰	12 24	11 5	丙戌	1 22	12 5	乙卯	華
8 25	7 2	乙酉	9 25	8 4	丙辰	10 26	9 5	丁亥	11 25	10 6	丁巳	12 25	11 6	丁亥	1 23	12 6	丙辰	民
8 26	7 3	丙戌	9 26	8 5	丁巳	10 27	9 6	戊子	11 26	10 7	戊午	12 26	11 7	戊子	1 24	12 7	丁巳	國
8 27	7 4	丁亥	9 27	8 6	戊午	10 28	9 7	己丑	11 27	10 8	己未	12 27	11 8	己丑	1 25	12 8	戊午	一
8 28	7 5	戊子	9 28	8 7	己未	10 29	9 8	庚寅	11 28	10 9	庚申	12 28	11 9	庚寅	1 26	12 9	己未	百
8 29	7 6	己丑	9 29	8 8	庚申	10 30	9 9	辛卯	11 29	10 10	辛酉	12 29	11 10	辛卯	1 27	12 10	庚申	五
8 30	7 7	庚寅	9 30	8 9	辛酉	10 31	9 10	壬辰	11 30	10 11	壬戌	12 30	11 11	壬辰	1 28	12 11	辛酉	十
8 31	7 8	辛卯	10 1	8 10	壬戌	11 1	9 11	癸巳	12 1	10 12	癸亥	12 31	11 12	癸巳	1 29	12 12	壬戌	二
9 1	7 9	壬辰	10 2	8 11	癸亥	11 2	9 12	甲午	12 2	10 13	甲子	1 1	11 13	甲午	1 30	12 13	癸亥	·
9 2	7 10	癸巳	10 3	8 12	甲子	11 3	9 13	乙未	12 3	10 14	乙丑	1 2	11 14	乙未	1 31	12 14	甲子	一
9 3	7 11	甲午	10 4	8 13	乙丑	11 4	9 14	丙申	12 4	10 15	丙寅	1 3	11 15	丙申	2 1	12 15	乙丑	百
9 4	7 12	乙未	10 5	8 14	丙寅	11 5	9 15	丁酉	12 5	10 16	丁卯	1 4	11 16	丁酉	2 2	12 16	丙寅	五
9 5	7 13	丙申	10 6	8 15	丁卯	11 6	9 16	戊戌	12 6	10 17	戊辰				2 3	12 17	丁卯	十
9 6	7 14	丁酉	10 7	8 16	戊辰													三年
處暑			秋分			霜降			小雪			冬至			大寒			中
8/23 9時7分 巳時			9/23 7時7分 辰時			10/23 16時52分 申時			11/22 14時47分 未時			12/22 4時20分 寅時			1/20 15時0分 申時			氣

年	甲申																	
月	丙寅			丁卯			戊辰			己巳			庚午			辛未		
節氣	立春 2/4 9時13分 巳時			驚蟄 3/5 2時58分 丑時			清明 4/4 7時23分 辰時			立夏 5/5 0時17分 子時			芒種 6/5 4時9分 寅時			小暑 7/6 14時18分 未時		
日	國曆	農曆	干支	國曆	農曆	干支	國曆	農曆	干支	國曆	農曆	干支	國曆	農曆	干支	國曆	農曆	干支
	2 4	12 18	戊辰	3 5	1 18	戊戌	4 4	2 18	戊辰	5 5	3 19	己亥	6 5	4 21	庚午	7 6	5 22	辛丑
	2 5	12 19	己巳	3 6	1 19	己亥	4 5	2 19	己巳	5 6	3 20	庚子	6 6	4 22	辛未	7 7	5 23	壬寅
	2 6	12 20	庚午	3 7	1 20	庚子	4 6	2 20	庚午	5 7	3 21	辛丑	6 7	4 23	壬申	7 8	5 24	癸卯
	2 7	12 21	辛未	3 8	1 21	辛丑	4 7	2 21	辛未	5 8	3 22	壬寅	6 8	4 24	癸酉	7 9	5 25	甲辰
2	2 8	12 22	壬申	3 9	1 22	壬寅	4 8	2 22	壬申	5 9	3 23	癸卯	6 9	4 25	甲戌	7 10	5 26	乙巳
0	2 9	12 23	癸酉	3 10	1 23	癸卯	4 9	2 23	癸酉	5 10	3 24	甲辰	6 10	4 26	乙亥	7 11	5 27	丙午
6	2 10	12 24	甲戌	3 11	1 24	甲辰	4 10	2 24	甲戌	5 11	3 25	乙巳	6 11	4 27	丙子	7 12	5 28	丁未
4	2 11	12 25	乙亥	3 12	1 25	乙巳	4 11	2 25	乙亥	5 12	3 26	丙午	6 12	4 28	丁丑	7 13	5 29	戊申
	2 12	12 26	丙子	3 13	1 26	丙午	4 12	2 26	丙子	5 13	3 27	丁未	6 13	4 29	戊寅	7 14	6 1	己酉
	2 13	12 27	丁丑	3 14	1 27	丁未	4 13	2 27	丁丑	5 14	3 28	戊申	6 14	4 30	己卯	7 15	6 2	庚戌
	2 14	12 28	戊寅	3 15	1 28	戊申	4 14	2 28	戊寅	5 15	3 29	己酉	6 15	5 1	庚辰	7 16	6 3	辛亥
	2 15	12 29	己卯	3 16	1 29	己酉	4 15	2 29	己卯	5 16	4 1	庚戌	6 16	5 2	辛巳	7 17	6 4	壬子
	2 16	12 30	庚辰	3 17	1 30	庚戌	4 16	2 30	庚辰	5 17	4 2	辛亥	6 17	5 3	壬午	7 18	6 5	癸丑
猴	2 17	1 1	辛巳	3 18	2 1	辛亥	4 17	3 1	辛巳	5 18	4 3	壬子	6 18	5 4	癸未	7 19	6 6	甲寅
	2 18	1 2	壬午	3 19	2 2	壬子	4 18	3 2	壬午	5 19	4 4	癸丑	6 19	5 5	甲申	7 20	6 7	乙卯
	2 19	1 3	癸未	3 20	2 3	癸丑	4 19	3 3	癸未	5 20	4 5	甲寅	6 20	5 6	乙酉	7 21	6 8	丙辰
	2 20	1 4	甲申	3 21	2 4	甲寅	4 20	3 4	甲申	5 21	4 6	乙卯	6 21	5 7	丙戌	7 22	6 9	丁巳
	2 21	1 5	乙酉	3 22	2 5	乙卯	4 21	3 5	乙酉	5 22	4 7	丙辰	6 22	5 8	丁亥	7 23	6 10	戊午
	2 22	1 6	丙戌	3 23	2 6	丙辰	4 22	3 6	丙戌	5 23	4 8	丁巳	6 23	5 9	戊子	7 24	6 11	己未
	2 23	1 7	丁亥	3 24	2 7	丁巳	4 23	3 7	丁亥	5 24	4 9	戊午	6 24	5 10	己丑	7 25	6 12	庚申
中	2 24	1 8	戊子	3 25	2 8	戊午	4 24	3 8	戊子	5 25	4 10	己未	6 25	5 11	庚寅	7 26	6 13	辛酉
華	2 25	1 9	己丑	3 26	2 9	己未	4 25	3 9	己丑	5 26	4 11	庚申	6 26	5 12	辛卯	7 27	6 14	壬戌
民	2 26	1 10	庚寅	3 27	2 10	庚申	4 26	3 10	庚寅	5 27	4 12	辛酉	6 27	5 13	壬辰	7 28	6 15	癸亥
國	2 27	1 11	辛卯	3 28	2 11	辛酉	4 27	3 11	辛卯	5 28	4 13	壬戌	6 28	5 14	癸巳	7 29	6 16	甲子
一	2 28	1 12	壬辰	3 29	2 12	壬戌	4 28	3 12	壬辰	5 29	4 14	癸亥	6 29	5 15	甲午	7 30	6 17	乙丑
百	2 29	1 13	癸巳	3 30	2 13	癸亥	4 29	3 13	癸巳	5 30	4 15	甲子	6 30	5 16	乙未	7 31	6 18	丙寅
五	3 1	1 14	甲午	3 31	2 14	甲子	4 30	3 14	甲午	5 31	4 16	乙丑	7 1	5 17	丙申	8 1	6 19	丁卯
十	3 2	1 15	乙未	4 1	2 15	乙丑	5 1	3 15	乙未	6 1	4 17	丙寅	7 2	5 18	丁酉	8 2	6 20	戊辰
三	3 3	1 16	丙申	4 2	2 16	丙寅	5 2	3 16	丙申	6 2	4 18	丁卯	7 3	5 19	戊戌	8 3	6 21	己巳
年	3 4	1 17	丁酉	4 3	2 17	丁卯	5 3	3 17	丁酉	6 3	4 19	戊辰	7 4	5 20	己亥	8 4	6 22	庚午
							5 4	3 18	戊戌	6 4	4 20	己巳	7 5	5 21	庚子	8 5	6 23	辛未
																8 6	6 24	壬申
中氣	雨水 2/19 4時58分 寅時			春分 3/20 3時37分 寅時			穀雨 4/19 14時14分 未時			小滿 5/20 13時0分 未時			夏至 6/20 20時44分 戌時			大暑 7/22 7時38分 辰時		

甲申																		年
壬申			癸酉			甲戌			乙亥			丙子			丁丑			月
立秋			白露			寒露			立冬			大雪			小寒			節氣
8/7 0時13分 子時			9/7 3時25分 寅時			10/7 19時27分 戌時			11/6 23時0分 子時			12/6 16時8分 申時			1/5 3時28分 寅時			氣
國曆	農曆	干支	國曆	農曆	干支	國曆	農曆	干支	國曆	農曆	干支	國曆	農曆	干支	國曆	農曆	干支	日
8 7	6 25	癸酉	9 7	7 26	甲辰	10 7	8 27	甲戌	11 6	9 28	甲辰	12 6	10 28	甲戌	1 5	11 29	甲辰	
8 8	6 26	甲戌	9 8	7 27	乙巳	10 8	8 28	乙亥	11 7	9 29	乙巳	12 7	10 29	乙亥	1 6	11 30	乙巳	
8 9	6 27	乙亥	9 9	7 28	丙午	10 9	8 29	丙子	11 8	9 30	丙午	12 8	11 1	丙子	1 7	12 1	丙午	
8 10	6 28	丙子	9 10	7 29	丁未	10 10	9 1	丁丑	11 9	10 1	丁未	12 9	11 2	丁丑	1 8	12 2	丁未	2
8 11	6 29	丁丑	9 11	8 1	戊申	10 11	9 2	戊寅	11 10	10 2	戊申	12 10	11 3	戊寅	1 9	12 3	戊申	0
8 12	6 30	戊寅	9 12	8 2	己酉	10 12	9 3	己卯	11 11	10 3	己酉	12 11	11 4	己卯	1 10	12 4	己酉	6
8 13	7 1	己卯	9 13	8 3	庚戌	10 13	9 4	庚辰	11 12	10 4	庚戌	12 12	11 5	庚辰	1 11	12 5	庚戌	4
8 14	7 2	庚辰	9 14	8 4	辛亥	10 14	9 5	辛巳	11 13	10 5	辛亥	12 13	11 6	辛巳	1 12	12 6	辛亥	·
8 15	7 3	辛巳	9 15	8 5	壬子	10 15	9 6	壬午	11 14	10 6	壬子	12 14	11 7	壬午	1 13	12 7	壬子	2
8 16	7 4	壬午	9 16	8 6	癸丑	10 16	9 7	癸未	11 15	10 7	癸丑	12 15	11 8	癸未	1 14	12 8	癸丑	0
8 17	7 5	癸未	9 17	8 7	甲寅	10 17	9 8	甲申	11 16	10 8	甲寅	12 16	11 9	甲申	1 15	12 9	甲寅	6
8 18	7 6	甲申	9 18	8 8	乙卯	10 18	9 9	乙酉	11 17	10 9	乙卯	12 17	11 10	乙酉	1 16	12 10	乙卯	5
8 19	7 7	乙酉	9 19	8 9	丙辰	10 19	9 10	丙戌	11 18	10 10	丙辰	12 18	11 11	丙戌	1 17	12 11	丙辰	
8 20	7 8	丙戌	9 20	8 10	丁巳	10 20	9 11	丁亥	11 19	10 11	丁巳	12 19	11 12	丁亥	1 18	12 12	丁巳	
8 21	7 9	丁亥	9 21	8 11	戊午	10 21	9 12	戊子	11 20	10 12	戊午	12 20	11 13	戊子	1 19	12 13	戊午	
8 22	7 10	戊子	9 22	8 12	己未	10 22	9 13	己丑	11 21	10 13	己未	12 21	11 14	己丑	1 20	12 14	己未	
8 23	7 11	己丑	9 23	8 13	庚申	10 23	9 14	庚寅	11 22	10 14	庚申	12 22	11 15	庚寅	1 21	12 15	庚申	
8 24	7 12	庚寅	9 24	8 14	辛酉	10 24	9 15	辛卯	11 23	10 15	辛酉	12 23	11 16	辛卯	1 22	12 16	辛酉	
8 25	7 13	辛卯	9 25	8 15	壬戌	10 25	9 16	壬辰	11 24	10 16	壬戌	12 24	11 17	壬辰	1 23	12 17	壬戌	
8 26	7 14	壬辰	9 26	8 16	癸亥	10 26	9 17	癸巳	11 25	10 17	癸亥	12 25	11 18	癸巳	1 24	12 18	癸亥	猴
8 27	7 15	癸巳	9 27	8 17	甲子	10 27	9 18	甲午	11 26	10 18	甲子	12 26	11 19	甲午	1 25	12 19	甲子	
8 28	7 16	甲午	9 28	8 18	乙丑	10 28	9 19	乙未	11 27	10 19	乙丑	12 27	11 20	乙未	1 26	12 20	乙丑	
8 29	7 17	乙未	9 29	8 19	丙寅	10 29	9 20	丙申	11 28	10 20	丙寅	12 28	11 21	丙申	1 27	12 21	丙寅	
8 30	7 18	丙申	9 30	8 20	丁卯	10 30	9 21	丁酉	11 29	10 21	丁卯	12 29	11 22	丁酉	1 28	12 22	丁卯	中
8 31	7 19	丁酉	10 1	8 21	戊辰	10 31	9 22	戊戌	11 30	10 22	戊辰	12 30	11 23	戊戌	1 29	12 23	戊辰	華
9 1	7 20	戊戌	10 2	8 22	己巳	11 1	9 23	己亥	12 1	10 23	己巳	12 31	11 24	己亥	1 30	12 24	己巳	民
9 2	7 21	己亥	10 3	8 23	庚午	11 2	9 24	庚子	12 2	10 24	庚午	1 1	11 25	庚子	1 31	12 25	庚午	國
9 3	7 22	庚子	10 4	8 24	辛未	11 3	9 25	辛丑	12 3	10 25	辛未	1 2	11 26	辛丑	2 1	12 26	辛未	一
9 4	7 23	辛丑	10 5	8 25	壬申	11 4	9 26	壬寅	12 4	10 26	壬申	1 3	11 27	壬寅	2 2	12 27	壬申	五
9 5	7 24	壬寅	10 6	8 26	癸酉	11 5	9 27	癸卯	12 5	10 27	癸酉	1 4	11 28	癸卯				十
9 6	7 25	癸卯																三
處暑			秋分			霜降			小雪			冬至			大寒			中
8/22 14時55分 未時			9/22 12時56分 午時			10/22 22時41分 亥時			11/21 20時35分 戌時			12/21 10時7分 巳時			1/19 20時47分 戌時			氣

2064·2065　中華民國一百五十三·一百五十四年

年　乙酉

戊寅 立春 2/3 15時2分 申時			己卯 驚蟄 3/5 8時48分 辰時			庚辰 清明 4/4 13時13分 未時			辛巳 立夏 5/5 6時4分 卯時			壬午 芒種 6/5 9時51分 巳時			癸未 小暑 7/6 19時55分 戌時		
國曆	農曆	干支	國曆	農曆	干支	國曆	農曆	干支	國曆	農曆	干支	國曆	農曆	干支	國曆	農曆	干支
2 3	12 28	癸酉	3 5	1 29	癸卯	4 4	2 29	癸酉	5 5	4 1	甲辰	6 5	5 2	乙亥	7 6	6 3	丙午
2 4	12 29	甲戌	3 6	1 30	甲辰	4 5	2 30	甲戌	5 6	4 2	乙巳	6 6	5 3	丙子	7 7	6 4	丁未
2 5	1 1	乙亥	3 7	2 1	乙巳	4 6	3 1	乙亥	5 7	4 3	丙午	6 7	5 4	丁丑	7 8	6 5	戊申
2 6	1 2	丙子	3 8	2 2	丙午	4 7	3 2	丙子	5 8	4 4	丁未	6 8	5 5	戊寅	7 9	6 6	己酉
2 7	1 3	丁丑	3 9	2 3	丁未	4 8	3 3	丁丑	5 9	4 5	戊申	6 9	5 6	己卯	7 10	6 7	庚戌
2 8	1 4	戊寅	3 10	2 4	戊申	4 9	3 4	戊寅	5 10	4 6	己酉	6 10	5 7	庚辰	7 11	6 8	辛亥
2 9	1 5	己卯	3 11	2 5	己酉	4 10	3 5	己卯	5 11	4 7	庚戌	6 11	5 8	辛巳	7 12	6 9	壬子
2 10	1 6	庚辰	3 12	2 6	庚戌	4 11	3 6	庚辰	5 12	4 8	辛亥	6 12	5 9	壬午	7 13	6 10	癸丑
2 11	1 7	辛巳	3 13	2 7	辛亥	4 12	3 7	辛巳	5 13	4 9	壬子	6 13	5 10	癸未	7 14	6 11	甲寅
2 12	1 8	壬午	3 14	2 8	壬子	4 13	3 8	壬午	5 14	4 10	癸丑	6 14	5 11	甲申	7 15	6 12	乙卯
2 13	1 9	癸未	3 15	2 9	癸丑	4 14	3 9	癸未	5 15	4 11	甲寅	6 15	5 12	乙酉	7 16	6 13	丙辰
2 14	1 10	甲申	3 16	2 10	甲寅	4 15	3 10	甲申	5 16	4 12	乙卯	6 16	5 13	丙戌	7 17	6 14	丁巳
2 15	1 11	乙酉	3 17	2 11	乙卯	4 16	3 11	乙酉	5 17	4 13	丙辰	6 17	5 14	丁亥	7 18	6 15	戊午
2 16	1 12	丙戌	3 18	2 12	丙辰	4 17	3 12	丙戌	5 18	4 14	丁巳	6 18	5 15	戊子	7 19	6 16	己未
2 17	1 13	丁亥	3 19	2 13	丁巳	4 18	3 13	丁亥	5 19	4 15	戊午	6 19	5 16	己丑	7 20	6 17	庚申
2 18	1 14	戊子	3 20	2 14	戊午	4 19	3 14	戊子	5 20	4 16	己未	6 20	5 17	庚寅	7 21	6 18	辛酉
2 19	1 15	己丑	3 21	2 15	己未	4 20	3 15	己丑	5 21	4 17	庚申	6 21	5 18	辛卯	7 22	6 19	壬戌
2 20	1 16	庚寅	3 22	2 16	庚申	4 21	3 16	庚寅	5 22	4 18	辛酉	6 22	5 19	壬辰	7 23	6 20	癸亥
2 21	1 17	辛卯	3 23	2 17	辛酉	4 22	3 17	辛卯	5 23	4 19	壬戌	6 23	5 20	癸巳	7 24	6 21	甲子
2 22	1 18	壬辰	3 24	2 18	壬戌	4 23	3 18	壬辰	5 24	4 20	癸亥	6 24	5 21	甲午	7 25	6 22	乙丑
2 23	1 19	癸巳	3 25	2 19	癸亥	4 24	3 19	癸巳	5 25	4 21	甲子	6 25	5 22	乙未	7 26	6 23	丙寅
2 24	1 20	甲午	3 26	2 20	甲子	4 25	3 20	甲午	5 26	4 22	乙丑	6 26	5 23	丙申	7 27	6 24	丁卯
2 25	1 21	乙未	3 27	2 21	乙丑	4 26	3 21	乙未	5 27	4 23	丙寅	6 27	5 24	丁酉	7 28	6 25	戊辰
2 26	1 22	丙申	3 28	2 22	丙寅	4 27	3 22	丙申	5 28	4 24	丁卯	6 28	5 25	戊戌	7 29	6 26	己巳
2 27	1 23	丁酉	3 29	2 23	丁卯	4 28	3 23	丁酉	5 29	4 25	戊辰	6 29	5 26	己亥	7 30	6 27	庚午
2 28	1 24	戊戌	3 30	2 24	戊辰	4 29	3 24	戊戌	5 30	4 26	己巳	6 30	5 27	庚子	7 31	6 28	辛未
3 1	1 25	己亥	3 31	2 25	己巳	4 30	3 25	己亥	5 31	4 27	庚午	7 1	5 28	辛丑	8 1	6 29	壬申
3 2	1 26	庚子	4 1	2 26	庚午	5 1	3 26	庚子	6 1	4 28	辛未	7 2	5 29	壬寅	8 2	7 1	癸酉
3 3	1 27	辛丑	4 2	2 27	辛未	5 2	3 27	辛丑	6 2	4 29	壬申	7 3	5 30	癸卯	8 3	7 2	甲戌
3 4	1 28	壬寅	4 3	2 28	壬申	5 3	3 28	壬寅	6 3	4 30	癸酉	7 4	6 1	甲辰	8 4	7 3	乙亥
						5 4	3 29	癸卯	6 4	5 1	甲戌	7 5	6 2	乙巳	8 5	7 4	丙子
															8 6	7 5	丁丑

中氣

雨水 2/18 10時46分 巳時	春分 3/20 9時27分 巳時	穀雨 4/19 20時5分 戌時	小滿 5/20 18時49分 酉時	夏至 6/21 2時31分 丑時	大暑 7/22 13時23分 未時

中華民國一百五十四年　2065　雞

乙酉																	年
甲申			乙酉			丙戌			丁亥			戊子			己丑			月
立秋			白露			寒露			立冬			大雪			小寒			節氣
8/7 5時48分 卯時			9/7 9時1分 巳時			10/8 1時5分 丑時			11/7 4時41分 寅時			12/6 21時52分 亥時			1/5 9時13分 巳時			
國曆	農曆	干支	國曆	農曆	干支	國曆	農曆	干支	國曆	農曆	干支	國曆	農曆	干支	國曆	農曆	干支	日
8 7	7 6	戊寅	9 7	8 7	己酉	10 8	9 9	庚辰	11 7	10 10	庚戌	12 6	11 9	己卯	1 5	12 10	己酉	
8 8	7 7	己卯	9 8	8 8	庚戌	10 9	9 10	辛巳	11 8	10 11	辛亥	12 7	11 10	庚辰	1 6	12 11	庚戌	
8 9	7 8	庚辰	9 9	8 9	辛亥	10 10	9 11	壬午	11 9	10 12	壬子	12 8	11 11	辛巳	1 7	12 12	辛亥	
8 10	7 9	辛巳	9 10	8 10	壬子	10 11	9 12	癸未	11 10	10 13	癸丑	12 9	11 12	壬午	1 8	12 13	壬子	2
8 11	7 10	壬午	9 11	8 11	癸丑	10 12	9 13	甲申	11 11	10 14	甲寅	12 10	11 13	癸未	1 9	12 14	癸丑	0
8 12	7 11	癸未	9 12	8 12	甲寅	10 13	9 14	乙酉	11 12	10 15	乙卯	12 11	11 14	甲申	1 10	12 15	甲寅	6
8 13	7 12	甲申	9 13	8 13	乙卯	10 14	9 15	丙戌	11 13	10 16	丙辰	12 12	11 15	乙酉	1 11	12 16	乙卯	5
8 14	7 13	乙酉	9 14	8 14	丙辰	10 15	9 16	丁亥	11 14	10 17	丁巳	12 13	11 16	丙戌	1 12	12 17	丙辰	·
8 15	7 14	丙戌	9 15	8 15	丁巳	10 16	9 17	戊子	11 15	10 18	戊午	12 14	11 17	丁亥	1 13	12 18	丁巳	2
8 16	7 15	丁亥	9 16	8 16	戊午	10 17	9 18	己丑	11 16	10 19	己未	12 15	11 18	戊子	1 14	12 19	戊午	0
8 17	7 16	戊子	9 17	8 17	己未	10 18	9 19	庚寅	11 17	10 20	庚申	12 16	11 19	己丑	1 15	12 20	己未	6
8 18	7 17	己丑	9 18	8 18	庚申	10 19	9 20	辛卯	11 18	10 21	辛酉	12 17	11 20	庚寅	1 16	12 21	庚申	6
8 19	7 18	庚寅	9 19	8 19	辛酉	10 20	9 21	壬辰	11 19	10 22	壬戌	12 18	11 21	辛卯	1 17	12 22	辛酉	
8 20	7 19	辛卯	9 20	8 20	壬戌	10 21	9 22	癸巳	11 20	10 23	癸亥	12 19	11 22	壬辰	1 18	12 23	壬戌	
8 21	7 20	壬辰	9 21	8 21	癸亥	10 22	9 23	甲午	11 21	10 24	甲子	12 20	11 23	癸巳	1 19	12 24	癸亥	
8 22	7 21	癸巳	9 22	8 22	甲子	10 23	9 24	乙未	11 22	10 25	乙丑	12 21	11 24	甲午	1 20	12 25	甲子	雞
8 23	7 22	甲午	9 23	8 23	乙丑	10 24	9 25	丙申	11 23	10 26	丙寅	12 22	11 25	乙未	1 21	12 26	乙丑	
8 24	7 23	乙未	9 24	8 24	丙寅	10 25	9 26	丁酉	11 24	10 27	丁卯	12 23	11 26	丙申	1 22	12 27	丙寅	
8 25	7 24	丙申	9 25	8 25	丁卯	10 26	9 27	戊戌	11 25	10 28	戊辰	12 24	11 27	丁酉	1 23	12 28	丁卯	
8 26	7 25	丁酉	9 26	8 26	戊辰	10 27	9 28	己亥	11 26	10 29	己巳	12 25	11 28	戊戌	1 24	12 29	戊辰	中
8 27	7 26	戊戌	9 27	8 27	己巳	10 28	9 29	庚子	11 27	10 30	庚午	12 26	11 29	己亥	1 25	12 30	己巳	華
8 28	7 27	己亥	9 28	8 28	庚午	10 29	10 1	辛丑	11 28	11 1	辛未	12 27	12 1	庚子	1 26	1 1	庚午	民
8 29	7 28	庚子	9 29	8 29	辛未	10 30	10 2	壬寅	11 29	11 2	壬申	12 28	12 2	辛丑	1 27	1 2	辛未	國
8 30	7 29	辛丑	9 30	9 1	壬申	10 31	10 3	癸卯	11 30	11 3	癸酉	12 29	12 3	壬寅	1 28	1 3	壬申	一
8 31	7 30	壬寅	10 1	9 2	癸酉	11 1	10 4	甲辰	12 1	11 4	甲戌	12 30	12 4	癸卯	1 29	1 4	癸酉	百
9 1	8 1	癸卯	10 2	9 3	甲戌	11 2	10 5	乙巳	12 2	11 5	乙亥	12 31	12 5	甲辰	1 30	1 5	甲戌	五
9 2	8 2	甲辰	10 3	9 4	乙亥	11 3	10 6	丙午	12 3	11 6	丙子	1 1	12 6	乙巳	1 31	1 6	乙亥	十
9 3	8 3	乙巳	10 4	9 5	丙子	11 4	10 7	丁未	12 4	11 7	丁丑	1 2	12 7	丙午	2 1	1 7	丙子	四
9 4	8 4	丙午	10 5	9 6	丁丑	11 5	10 8	戊申	12 5	11 8	戊寅	1 3	12 8	丁未	2 2	1 8	丁丑	·
9 5	8 5	丁未	10 6	9 7	戊寅	11 6	10 9	己酉				1 4	12 9	戊申				一
9 6	8 6	戊申	10 7	9 8	己卯													百
處暑			秋分			霜降			小雪			冬至			大寒			五
8/22 20時40分 戌時			9/22 18時41分 酉時			10/23 4時28分 寅時			11/22 2時25分 丑時			12/21 15時59分 申時			1/20 2時41分 丑時			十
																		五
																		年
																		中氣

年	丙戌																
月	庚寅			辛卯			壬辰			癸巳			甲午			乙未		
節氣	立春			驚蟄			清明			立夏			芒種			小暑		
	2/3 20時48分 戌時			3/5 14時33分 未時			4/4 18時56分 酉時			5/5 11時47分 午時			6/5 15時35分 申時			7/7 1時41分 丑時		
日	國曆	農曆	干支	國曆	農曆	干支	國曆	農曆	干支	國曆	農曆	干支	國曆	農曆	干支	國曆	農曆	干支
	2 3	1 9	戊寅	3 5	2 10	戊申	4 4	3 10	戊寅	5 5	4 12	己酉	6 5	5 13	庚辰	7 7	閏5 15	壬子
	2 4	1 10	己卯	3 6	2 11	己酉	4 5	3 11	己卯	5 6	4 13	庚戌	6 6	5 14	辛巳	7 8	閏5 16	癸丑
	2 5	1 11	庚辰	3 7	2 12	庚戌	4 6	3 12	庚辰	5 7	4 14	辛亥	6 7	5 15	壬午	7 9	閏5 17	甲寅
	2 6	1 12	辛巳	3 8	2 13	辛亥	4 7	3 13	辛巳	5 8	4 15	壬子	6 8	5 16	癸未	7 10	閏5 18	乙卯
2	2 7	1 13	壬午	3 9	2 14	壬子	4 8	3 14	壬午	5 9	4 16	癸丑	6 9	5 17	甲申	7 11	閏5 19	丙辰
0	2 8	1 14	癸未	3 10	2 15	癸丑	4 9	3 15	癸未	5 10	4 17	甲寅	6 10	5 18	乙酉	7 12	閏5 20	丁巳
6	2 9	1 15	甲申	3 11	2 16	甲寅	4 10	3 16	甲申	5 11	4 18	乙卯	6 11	5 19	丙戌	7 13	閏5 21	戊午
6	2 10	1 16	乙酉	3 12	2 17	乙卯	4 11	3 17	乙酉	5 12	4 19	丙辰	6 12	5 20	丁亥	7 14	閏5 22	己未
	2 11	1 17	丙戌	3 13	2 18	丙辰	4 12	3 18	丙戌	5 13	4 20	丁巳	6 13	5 21	戊子	7 15	閏5 23	庚申
	2 12	1 18	丁亥	3 14	2 19	丁巳	4 13	3 19	丁亥	5 14	4 21	戊午	6 14	5 22	己丑	7 16	閏5 24	辛酉
	2 13	1 19	戊子	3 15	2 20	戊午	4 14	3 20	戊子	5 15	4 22	己未	6 15	5 23	庚寅	7 17	閏5 25	壬戌
	2 14	1 20	己丑	3 16	2 21	己未	4 15	3 21	己丑	5 16	4 23	庚申	6 16	5 24	辛卯	7 18	閏5 26	癸亥
	2 15	1 21	庚寅	3 17	2 22	庚申	4 16	3 22	庚寅	5 17	4 24	辛酉	6 17	5 25	壬辰	7 19	閏5 27	甲子
	2 16	1 22	辛卯	3 18	2 23	辛酉	4 17	3 23	辛卯	5 18	4 25	壬戌	6 18	5 26	癸巳	7 20	閏5 28	乙丑
狗	2 17	1 23	壬辰	3 19	2 24	壬戌	4 18	3 24	壬辰	5 19	4 26	癸亥	6 19	5 27	甲午	7 21	閏5 29	丙寅
	2 18	1 24	癸巳	3 20	2 25	癸亥	4 19	3 25	癸巳	5 20	4 27	甲子	6 20	5 28	乙未	7 22	6 1	丁卯
	2 19	1 25	甲午	3 21	2 26	甲子	4 20	3 26	甲午	5 21	4 28	乙丑	6 21	5 29	丙申	7 23	6 2	戊辰
	2 20	1 26	乙未	3 22	2 27	乙丑	4 21	3 27	乙未	5 22	4 29	丙寅	6 22	5 30	丁酉	7 24	6 3	己巳
	2 21	1 27	丙申	3 23	2 28	丙寅	4 22	3 28	丙申	5 23	4 30	丁卯	6 23	閏5 1	戊戌	7 25	6 4	庚午
	2 22	1 28	丁酉	3 24	2 29	丁卯	4 23	3 29	丁酉	5 24	5 1	戊辰	6 24	閏5 2	己亥	7 26	6 5	辛未
	2 23	1 29	戊戌	3 25	2 30	戊辰	4 24	4 1	戊戌	5 25	5 2	己巳	6 25	閏5 3	庚子	7 27	6 6	壬申
中	2 24	2 1	己亥	3 26	3 1	己巳	4 25	4 2	己亥	5 26	5 3	庚午	6 26	閏5 4	辛丑	7 28	6 7	癸酉
華	2 25	2 2	庚子	3 27	3 2	庚午	4 26	4 3	庚子	5 27	5 4	辛未	6 27	閏5 5	壬寅	7 29	6 8	甲戌
民	2 26	2 3	辛丑	3 28	3 3	辛未	4 27	4 4	辛丑	5 28	5 5	壬申	6 28	閏5 6	癸卯	7 30	6 9	乙亥
國	2 27	2 4	壬寅	3 29	3 4	壬申	4 28	4 5	壬寅	5 29	5 6	癸酉	6 29	閏5 7	甲辰	7 31	6 10	丙子
一	2 28	2 5	癸卯	3 30	3 5	癸酉	4 29	4 6	癸卯	5 30	5 7	甲戌	6 30	閏5 8	乙巳	8 1	6 11	丁丑
百	3 1	2 6	甲辰	3 31	3 6	甲戌	4 30	4 7	甲辰	5 31	5 8	乙亥	7 1	閏5 9	丙午	8 2	6 12	戊寅
五	3 2	2 7	乙巳	4 1	3 7	乙亥	5 1	4 8	乙巳	6 1	5 9	丙子	7 2	閏5 10	丁未	8 3	6 13	己卯
十	3 3	2 8	丙午	4 2	3 8	丙子	5 2	4 9	丙午	6 2	5 10	丁丑	7 3	閏5 11	戊申	8 4	6 14	庚辰
五	3 4	2 9	丁未	4 3	3 9	丁丑	5 3	4 10	丁未	6 3	5 11	戊寅	7 4	閏5 12	己酉	8 5	6 15	辛巳
年							5 4	4 11	戊申	6 4	5 12	己卯	7 5	閏5 13	庚戌	8 6	6 16	壬午
													7 6	閏5 14	辛亥			
中氣	雨水			春分			穀雨			小滿			夏至			大暑		
	2/18 16時39分 申時			3/20 15時18分 申時			4/20 1時54分 丑時			5/21 0時36分 子時			6/21 8時15分 辰時			7/22 19時5分 戌時		

丙戌　年

月	丙申			丁酉			戊戌			己亥			庚子			辛丑		
節氣	立秋			白露			寒露			立冬			大雪			小寒		
	8/7 11時36分 午時			9/7 14時52分 未時			10/8 6時59分 卯時			11/7 10時38分 巳時			12/7 3時47分 寅時			1/5 15時6分 申時		
日	國曆	農曆	干支	國曆	農曆	干支	國曆	農曆	干支	國曆	農曆	干支	國曆	農曆	干支	國曆	農曆	干支
	8/7	6/17	癸未	9/7	7/18	甲寅	10/8	8/20	乙酉	11/7	9/20	乙卯	12/7	10/21	乙酉	1/5	11/20	甲寅
	8/8	6/18	甲申	9/8	7/19	乙卯	10/9	8/21	丙戌	11/8	9/21	丙辰	12/8	10/22	丙戌	1/6	11/21	乙卯
	8/9	6/19	乙酉	9/9	7/20	丙辰	10/10	8/22	丁亥	11/9	9/22	丁巳	12/9	10/23	丁亥	1/7	11/22	丙辰
	8/10	6/20	丙戌	9/10	7/21	丁巳	10/11	8/23	戊子	11/10	9/23	戊午	12/10	10/24	戊子	1/8	11/23	丁巳
	8/11	6/21	丁亥	9/11	7/22	戊午	10/12	8/24	己丑	11/11	9/24	己未	12/11	10/25	己丑	1/9	11/24	戊午
	8/12	6/22	戊子	9/12	7/23	己未	10/13	8/25	庚寅	11/12	9/25	庚申	12/12	10/26	庚寅	1/10	11/25	己未
	8/13	6/23	己丑	9/13	7/24	庚申	10/14	8/26	辛卯	11/13	9/26	辛酉	12/13	10/27	辛卯	1/11	11/26	庚申
	8/14	6/24	庚寅	9/14	7/25	辛酉	10/15	8/27	壬辰	11/14	9/27	壬戌	12/14	10/28	壬辰	1/12	11/27	辛酉
	8/15	6/25	辛卯	9/15	7/26	壬戌	10/16	8/28	癸巳	11/15	9/28	癸亥	12/15	10/29	癸巳	1/13	11/28	壬戌
	8/16	6/26	壬辰	9/16	7/27	癸亥	10/17	8/29	甲午	11/16	9/29	甲子	12/16	10/30	甲午	1/14	11/29	癸亥
	8/17	6/27	癸巳	9/17	7/28	甲子	10/18	8/30	乙未	11/17	10/1	乙丑	12/17	11/1	乙未	1/15	12/1	甲子
	8/18	6/28	甲午	9/18	7/29	乙丑	10/19	9/1	丙申	11/18	10/2	丙寅	12/18	11/2	丙申	1/16	12/2	乙丑
	8/19	6/29	乙未	9/19	8/1	丙寅	10/20	9/2	丁酉	11/19	10/3	丁卯	12/19	11/3	丁酉	1/17	12/3	丙寅
	8/20	6/30	丙申	9/20	8/2	丁卯	10/21	9/3	戊戌	11/20	10/4	戊辰	12/20	11/4	戊戌	1/18	12/4	丁卯
	8/21	7/1	丁酉	9/21	8/3	戊辰	10/22	9/4	己亥	11/21	10/5	己巳	12/21	11/5	己亥	1/19	12/5	戊辰
	8/22	7/2	戊戌	9/22	8/4	己巳	10/23	9/5	庚子	11/22	10/6	庚午	12/22	11/6	庚子	1/20	12/6	己巳
	8/23	7/3	己亥	9/23	8/5	庚午	10/24	9/6	辛丑	11/23	10/7	辛未	12/23	11/7	辛丑	1/21	12/7	庚午
	8/24	7/4	庚子	9/24	8/6	辛未	10/25	9/7	壬寅	11/24	10/8	壬申	12/24	11/8	壬寅	1/22	12/8	辛未
	8/25	7/5	辛丑	9/25	8/7	壬申	10/26	9/8	癸卯	11/25	10/9	癸酉	12/25	11/9	癸卯	1/23	12/9	壬申
	8/26	7/6	壬寅	9/26	8/8	癸酉	10/27	9/9	甲辰	11/26	10/10	甲戌	12/26	11/10	甲辰	1/24	12/10	癸酉
	8/27	7/7	癸卯	9/27	8/9	甲戌	10/28	9/10	乙巳	11/27	10/11	乙亥	12/27	11/11	乙巳	1/25	12/11	甲戌
	8/28	7/8	甲辰	9/28	8/10	乙亥	10/29	9/11	丙午	11/28	10/12	丙子	12/28	11/12	丙午	1/26	12/12	乙亥
	8/29	7/9	乙巳	9/29	8/11	丙子	10/30	9/12	丁未	11/29	10/13	丁丑	12/29	11/13	丁未	1/27	12/13	丙子
	8/30	7/10	丙午	9/30	8/12	丁丑	10/31	9/13	戊申	11/30	10/14	戊寅	12/30	11/14	戊申	1/28	12/14	丁丑
	8/31	7/11	丁未	10/1	8/13	戊寅	11/1	9/14	己酉	12/1	10/15	己卯	12/31	11/15	己酉	1/29	12/15	戊寅
	9/1	7/12	戊申	10/2	8/14	己卯	11/2	9/15	庚戌	12/2	10/16	庚辰	1/1	11/16	庚戌	1/30	12/16	己卯
	9/2	7/13	己酉	10/3	8/15	庚辰	11/3	9/16	辛亥	12/3	10/17	辛巳	1/2	11/17	辛亥	1/31	12/17	庚辰
	9/3	7/14	庚戌	10/4	8/16	辛巳	11/4	9/17	壬子	12/4	10/18	壬午	1/3	11/18	壬子	2/1	12/18	辛巳
	9/4	7/15	辛亥	10/5	8/17	壬午	11/5	9/18	癸丑	12/5	10/19	癸未	1/4	11/19	癸丑	2/2	12/19	壬午
	9/5	7/16	壬子	10/6	8/18	癸未	11/6	9/19	甲寅	12/6	10/20	甲申				2/3	12/20	癸未
	9/6	7/17	癸丑	10/7	8/19	甲申												

中氣	處暑			秋分			霜降			小雪			冬至			大寒		
	8/23 2時22分 丑時			9/23 0時26分 子時			10/23 10時15分 巳時			11/22 8時12分 辰時			12/21 21時44分 亥時			1/20 8時22分 辰時		

右側年欄：2066・2067　狗　中華民國一百五十五・一百五十六年

年	丁亥																
月	壬寅			癸卯			甲辰			乙巳			丙午			丁未		
節氣	立春			驚蟄			清明			立夏			芒種			小暑		
	2/4 2時36分 丑時			3/5 20時17分 戌時			4/5 0時39分 子時			5/5 17時31分 酉時			6/5 21時20分 亥時			7/7 7時28分 辰時		
日	國曆	農曆	干支	國曆	農曆	干支	國曆	農曆	干支	國曆	農曆	干支	國曆	農曆	干支	國曆	農曆	干支
	2 4	12 21	甲申	3 5	1 20	癸丑	4 5	2 22	甲申	5 5	3 22	甲寅	6 5	4 24	乙酉	7 7	5 26	丁巳
	2 5	12 22	乙酉	3 6	1 21	甲寅	4 6	2 23	乙酉	5 6	3 23	乙卯	6 6	4 25	丙戌	7 8	5 27	戊午
	2 6	12 23	丙戌	3 7	1 22	乙卯	4 7	2 24	丙戌	5 7	3 24	丙辰	6 7	4 26	丁亥	7 9	5 28	己未
	2 7	12 24	丁亥	3 8	1 23	丙辰	4 8	2 25	丁亥	5 8	3 25	丁巳	6 8	4 27	戊子	7 10	5 29	庚申
2	2 8	12 25	戊子	3 9	1 24	丁巳	4 9	2 26	戊子	5 9	3 26	戊午	6 9	4 28	己丑	7 11	6 1	辛酉
0	2 9	12 26	己丑	3 10	1 25	戊午	4 10	2 27	己丑	5 10	3 27	己未	6 10	4 29	庚寅	7 12	6 2	壬戌
6	2 10	12 27	庚寅	3 11	1 26	己未	4 11	2 28	庚寅	5 11	3 28	庚申	6 11	4 30	辛卯	7 13	6 3	癸亥
7	2 11	12 28	辛卯	3 12	1 27	庚申	4 12	2 29	辛卯	5 12	3 29	辛酉	6 12	5 1	壬辰	7 14	6 4	甲子
	2 12	12 29	壬辰	3 13	1 28	辛酉	4 13	2 30	壬辰	5 13	4 1	壬戌	6 13	5 2	癸巳	7 15	6 5	乙丑
	2 13	12 30	癸巳	3 14	1 29	壬戌	4 14	3 1	癸巳	5 14	4 2	癸亥	6 14	5 3	甲午	7 16	6 6	丙寅
	2 14	1 1	甲午	3 15	2 1	癸亥	4 15	3 2	甲午	5 15	4 3	甲子	6 15	5 4	乙未	7 17	6 7	丁卯
	2 15	1 2	乙未	3 16	2 2	甲子	4 16	3 3	乙未	5 16	4 4	乙丑	6 16	5 5	丙申	7 18	6 8	戊辰
	2 16	1 3	丙申	3 17	2 3	乙丑	4 17	3 4	丙申	5 17	4 5	丙寅	6 17	5 6	丁酉	7 19	6 9	己巳
	2 17	1 4	丁酉	3 18	2 4	丙寅	4 18	3 5	丁酉	5 18	4 6	丁卯	6 18	5 7	戊戌	7 20	6 10	庚午
豬	2 18	1 5	戊戌	3 19	2 5	丁卯	4 19	3 6	戊戌	5 19	4 7	戊辰	6 19	5 8	己亥	7 21	6 11	辛未
	2 19	1 6	己亥	3 20	2 6	戊辰	4 20	3 7	己亥	5 20	4 8	己巳	6 20	5 9	庚子	7 22	6 12	壬申
	2 20	1 7	庚子	3 21	2 7	己巳	4 21	3 8	庚子	5 21	4 9	庚午	6 21	5 10	辛丑	7 23	6 13	癸酉
	2 21	1 8	辛丑	3 22	2 8	庚午	4 22	3 9	辛丑	5 22	4 10	辛未	6 22	5 11	壬寅	7 24	6 14	甲戌
	2 22	1 9	壬寅	3 23	2 9	辛未	4 23	3 10	壬寅	5 23	4 11	壬申	6 23	5 12	癸卯	7 25	6 15	乙亥
	2 23	1 10	癸卯	3 24	2 10	壬申	4 24	3 11	癸卯	5 24	4 12	癸酉	6 24	5 13	甲辰	7 26	6 16	丙子
中	2 24	1 11	甲辰	3 25	2 11	癸酉	4 25	3 12	甲辰	5 25	4 13	甲戌	6 25	5 14	乙巳	7 27	6 17	丁丑
華	2 25	1 12	乙巳	3 26	2 12	甲戌	4 26	3 13	乙巳	5 26	4 14	乙亥	6 26	5 15	丙午	7 28	6 18	戊寅
民	2 26	1 13	丙午	3 27	2 13	乙亥	4 27	3 14	丙午	5 27	4 15	丙子	6 27	5 16	丁未	7 29	6 19	己卯
國	2 27	1 14	丁未	3 28	2 14	丙子	4 28	3 15	丁未	5 28	4 16	丁丑	6 28	5 17	戊申	7 30	6 20	庚辰
一	2 28	1 15	戊申	3 29	2 15	丁丑	4 29	3 16	戊申	5 29	4 17	戊寅	6 29	5 18	己酉	7 31	6 21	辛巳
百	3 1	1 16	己酉	3 30	2 16	戊寅	4 30	3 17	己酉	5 30	4 18	己卯	6 30	5 19	庚戌	8 1	6 22	壬午
五	3 2	1 17	庚戌	3 31	2 17	己卯	5 1	3 18	庚戌	5 31	4 19	庚辰	7 1	5 20	辛亥	8 2	6 23	癸未
十	3 3	1 18	辛亥	4 1	2 18	庚辰	5 2	3 19	辛亥	6 1	4 20	辛巳	7 2	5 21	壬子	8 3	6 24	甲申
六	3 4	1 19	壬子	4 2	2 19	辛巳	5 3	3 20	壬子	6 2	4 21	壬午	7 3	5 22	癸丑	8 4	6 25	乙酉
年				4 3	2 20	壬午	5 4	3 21	癸丑	6 3	4 22	癸未	7 4	5 23	甲寅	8 5	6 26	丙戌
				4 4	2 21	癸未				6 4	4 23	甲申	7 5	5 24	乙卯	8 6	6 27	丁亥
													7 6	5 25	丙辰			
中氣	雨水			春分			穀雨			小滿			夏至			大暑		
	2/18 22時16分 亥時			3/20 20時52分 戌時			4/20 7時27分 辰時			5/21 6時12分 卯時			6/21 13時55分 未時			7/23 0時49分 子時		

丁亥																		年
戊申			己酉			庚戌			辛亥			壬子			癸丑			月
立秋			白露			寒露			立冬			大雪			小寒			節氣
8/7 17時24分 酉時			9/7 20時41分 戌時			10/8 12時50分 午時			11/7 16時29分 申時			12/7 9時39分 巳時			1/5 20時58分 戌時			
國曆	農曆	干支	國曆	農曆	干支	國曆	農曆	干支	國曆	農曆	干支	國曆	農曆	干支	國曆	農曆	干支	日
8 7	6 28	戊子	9 7	7 29	己未	10 8	9 1	庚寅	11 7	10 1	庚申	12 7	11 2	庚寅	1 5	12 1	己未	
8 8	6 29	己丑	9 8	7 30	庚申	10 9	9 2	辛卯	11 8	10 2	辛酉	12 8	11 3	辛卯	1 6	12 2	庚申	
8 9	6 30	庚寅	9 9	8 1	辛酉	10 10	9 3	壬辰	11 9	10 3	壬戌	12 9	11 4	壬辰	1 7	12 3	辛酉	2
8 10	7 1	辛卯	9 10	8 2	壬戌	10 11	9 4	癸巳	11 10	10 4	癸亥	12 10	11 5	癸巳	1 8	12 4	壬戌	0
8 11	7 2	壬辰	9 11	8 3	癸亥	10 12	9 5	甲午	11 11	10 5	甲子	12 11	11 6	甲午	1 9	12 5	癸亥	6
8 12	7 3	癸巳	9 12	8 4	甲子	10 13	9 6	乙未	11 12	10 6	乙丑	12 12	11 7	乙未	1 10	12 6	甲子	7
8 13	7 4	甲午	9 13	8 5	乙丑	10 14	9 7	丙申	11 13	10 7	丙寅	12 13	11 8	丙申	1 11	12 7	乙丑	·
8 14	7 5	乙未	9 14	8 6	丙寅	10 15	9 8	丁酉	11 14	10 8	丁卯	12 14	11 9	丁酉	1 12	12 8	丙寅	2
8 15	7 6	丙申	9 15	8 7	丁卯	10 16	9 9	戊戌	11 15	10 9	戊辰	12 15	11 10	戊戌	1 13	12 9	丁卯	0
8 16	7 7	丁酉	9 16	8 8	戊辰	10 17	9 10	己亥	11 16	10 10	己巳	12 16	11 11	己亥	1 14	12 10	戊辰	6
8 17	7 8	戊戌	9 17	8 9	己巳	10 18	9 11	庚子	11 17	10 11	庚午	12 17	11 12	庚子	1 15	12 11	己巳	8
8 18	7 9	己亥	9 18	8 10	庚午	10 19	9 12	辛丑	11 18	10 12	辛未	12 18	11 13	辛丑	1 16	12 12	庚午	
8 19	7 10	庚子	9 19	8 11	辛未	10 20	9 13	壬寅	11 19	10 13	壬申	12 19	11 14	壬寅	1 17	12 13	辛未	
8 20	7 11	辛丑	9 20	8 12	壬申	10 21	9 14	癸卯	11 20	10 14	癸酉	12 20	11 15	癸卯	1 18	12 14	壬申	
8 21	7 12	壬寅	9 21	8 13	癸酉	10 22	9 15	甲辰	11 21	10 15	甲戌	12 21	11 16	甲辰	1 19	12 15	癸酉	豬
8 22	7 13	癸卯	9 22	8 14	甲戌	10 23	9 16	乙巳	11 22	10 16	乙亥	12 22	11 17	乙巳	1 20	12 16	甲戌	
8 23	7 14	甲辰	9 23	8 15	乙亥	10 24	9 17	丙午	11 23	10 17	丙子	12 23	11 18	丙午	1 21	12 17	乙亥	
8 24	7 15	乙巳	9 24	8 16	丙子	10 25	9 18	丁未	11 24	10 18	丁丑	12 24	11 19	丁未	1 22	12 18	丙子	
8 25	7 16	丙午	9 25	8 17	丁丑	10 26	9 19	戊申	11 25	10 19	戊寅	12 25	11 20	戊申	1 23	12 19	丁丑	中
8 26	7 17	丁未	9 26	8 18	戊寅	10 27	9 20	己酉	11 26	10 20	己卯	12 26	11 21	己酉	1 24	12 20	戊寅	華
8 27	7 18	戊申	9 27	8 19	己卯	10 28	9 21	庚戌	11 27	10 21	庚辰	12 27	11 22	庚戌	1 25	12 21	己卯	民
8 28	7 19	己酉	9 28	8 20	庚辰	10 29	9 22	辛亥	11 28	10 22	辛巳	12 28	11 23	辛亥	1 26	12 22	庚辰	國
8 29	7 20	庚戌	9 29	8 21	辛巳	10 30	9 23	壬子	11 29	10 23	壬午	12 29	11 24	壬子	1 27	12 23	辛巳	一
8 30	7 21	辛亥	9 30	8 22	壬午	10 31	9 24	癸丑	11 30	10 24	癸未	12 30	11 25	癸丑	1 28	12 24	壬午	百
8 31	7 22	壬子	10 1	8 23	癸未	11 1	9 25	甲寅	12 1	10 25	甲申	12 31	11 26	甲寅	1 29	12 25	癸未	五
9 1	7 23	癸丑	10 2	8 24	甲申	11 2	9 26	乙卯	12 2	10 26	乙酉	1 1	11 27	乙卯	1 30	12 26	甲申	十
9 2	7 24	甲寅	10 3	8 25	乙酉	11 3	9 27	丙辰	12 3	10 27	丙戌	1 2	11 28	丙辰	1 31	12 27	乙酉	六
9 3	7 25	乙卯	10 4	8 26	丙戌	11 4	9 28	丁巳	12 4	10 28	丁亥	1 3	11 29	丁巳	2 1	12 28	丙戌	·
9 4	7 26	丙辰	10 5	8 27	丁亥	11 5	9 29	戊午	12 5	10 29	戊子	1 4	11 30	戊午	2 2	12 29	丁亥	一
9 5	7 27	丁巳	10 6	8 28	戊子	11 6	9 30	己未	12 6	11 1	己丑				2 3	1 1	戊子	百
9 6	7 28	戊午	10 7	8 29	己丑													五
處暑			秋分			霜降			小雪			冬至			大寒			十
8/23 8時11分 辰時			9/23 6時18分 卯時			10/23 16時10分 申時			11/22 14時9分 未時			12/22 3時42分 寅時			1/20 14時19分 未時			七
																		年
																		中氣

年	戊子																	
月	甲寅			乙卯			丙辰			丁巳			戊午			己未		
節氣	立春 2/4 8時28分 辰時			驚蟄 3/5 2時8分 丑時			清明 4/4 6時28分 卯時			立夏 5/4 23時19分 子時			芒種 6/5 3時8分 寅時			小暑 7/6 13時16分 未時		
日	國曆	農曆	干支	國曆	農曆	干支	國曆	農曆	干支	國曆	農曆	干支	國曆	農曆	干支	國曆	農曆	干支
	2 4	1 2	己丑	3 5	2 2	己未	4 4	3 3	己丑	5 4	4 3	己未	6 5	5 6	辛卯	7 6	6 8	壬戌
	2 5	1 3	庚寅	3 6	2 3	庚申	4 5	3 4	庚寅	5 5	4 4	庚申	6 6	5 7	壬辰	7 7	6 9	癸亥
	2 6	1 4	辛卯	3 7	2 4	辛酉	4 6	3 5	辛卯	5 6	4 5	辛酉	6 7	5 8	癸巳	7 8	6 10	甲子
	2 7	1 5	壬辰	3 8	2 5	壬戌	4 7	3 6	壬辰	5 7	4 6	壬戌	6 8	5 9	甲午	7 9	6 11	乙丑
	2 8	1 6	癸巳	3 9	2 6	癸亥	4 8	3 7	癸巳	5 8	4 7	癸亥	6 9	5 10	乙未	7 10	6 12	丙寅
	2 9	1 7	甲午	3 10	2 7	甲子	4 9	3 8	甲午	5 9	4 8	甲子	6 10	5 11	丙申	7 11	6 13	丁卯
	2 10	1 8	乙未	3 11	2 8	乙丑	4 10	3 9	乙未	5 10	4 9	乙丑	6 11	5 12	丁酉	7 12	6 14	戊辰
	2 11	1 9	丙申	3 12	2 9	丙寅	4 11	3 10	丙申	5 11	4 10	丙寅	6 12	5 13	戊戌	7 13	6 15	己巳
	2 12	1 10	丁酉	3 13	2 10	丁卯	4 12	3 11	丁酉	5 12	4 11	丁卯	6 13	5 14	己亥	7 14	6 16	庚午
	2 13	1 11	戊戌	3 14	2 11	戊辰	4 13	3 12	戊戌	5 13	4 12	戊辰	6 14	5 15	庚子	7 15	6 17	辛未
	2 14	1 12	己亥	3 15	2 12	己巳	4 14	3 13	己亥	5 14	4 13	己巳	6 15	5 16	辛丑	7 16	6 18	壬申
	2 15	1 13	庚子	3 16	2 13	庚午	4 15	3 14	庚子	5 15	4 14	庚午	6 16	5 17	壬寅	7 17	6 19	癸酉
	2 16	1 14	辛丑	3 17	2 14	辛未	4 16	3 15	辛丑	5 16	4 15	辛未	6 17	5 18	癸卯	7 18	6 20	甲戌
	2 17	1 15	壬寅	3 18	2 15	壬申	4 17	3 16	壬寅	5 17	4 16	壬申	6 18	5 19	甲辰	7 19	6 21	乙亥
	2 18	1 16	癸卯	3 19	2 16	癸酉	4 18	3 17	癸卯	5 18	4 17	癸酉	6 19	5 20	乙巳	7 20	6 22	丙子
	2 19	1 17	甲辰	3 20	2 17	甲戌	4 19	3 18	甲辰	5 19	4 18	甲戌	6 20	5 21	丙午	7 21	6 23	丁丑
	2 20	1 18	乙巳	3 21	2 18	乙亥	4 20	3 19	乙巳	5 20	4 19	乙亥	6 21	5 22	丁未	7 22	6 24	戊寅
	2 21	1 19	丙午	3 22	2 19	丙子	4 21	3 20	丙午	5 21	4 20	丙子	6 22	5 23	戊申	7 23	6 25	己卯
	2 22	1 20	丁未	3 23	2 20	丁丑	4 22	3 21	丁未	5 22	4 21	丁丑	6 23	5 24	己酉	7 24	6 26	庚辰
	2 23	1 21	戊申	3 24	2 21	戊寅	4 23	3 22	戊申	5 23	4 22	戊寅	6 24	5 25	庚戌	7 25	6 27	辛巳
	2 24	1 22	己酉	3 25	2 22	己卯	4 24	3 23	己酉	5 24	4 23	己卯	6 25	5 26	辛亥	7 26	6 28	壬午
	2 25	1 23	庚戌	3 26	2 23	庚辰	4 25	3 24	庚戌	5 25	4 24	庚辰	6 26	5 27	壬子	7 27	6 29	癸未
	2 26	1 24	辛亥	3 27	2 24	辛巳	4 26	3 25	辛亥	5 26	4 25	辛巳	6 27	5 28	癸丑	7 28	6 30	甲申
	2 27	1 25	壬子	3 28	2 25	壬午	4 27	3 26	壬子	5 27	4 26	壬午	6 28	5 29	甲寅	7 29	7 1	乙酉
	2 28	1 26	癸丑	3 29	2 26	癸未	4 28	3 27	癸丑	5 28	4 27	癸未	6 29	6 1	乙卯	7 30	7 2	丙戌
	2 29	1 27	甲寅	3 30	2 27	甲申	4 29	3 28	甲寅	5 29	4 28	甲申	6 30	6 2	丙辰	7 31	7 3	丁亥
	3 1	1 28	乙卯	3 31	2 28	乙酉	4 30	3 29	乙卯	5 30	4 29	乙酉	7 1	6 3	丁巳	8 1	7 4	戊子
	3 2	1 29	丙辰	4 1	2 29	丙戌	5 1	3 30	丙辰	5 31	5 1	丙戌	7 2	6 4	戊午	8 2	7 5	己丑
	3 3	1 30	丁巳	4 2	3 1	丁亥	5 2	4 1	丁巳	6 1	5 2	丁亥	7 3	6 5	己未	8 3	7 6	庚寅
	3 4	2 1	戊午	4 3	3 2	戊子	5 3	4 2	戊午	6 2	5 3	戊子	7 4	6 6	庚申	8 4	7 7	辛卯
										6 3	5 4	己丑	7 5	6 7	辛酉	8 5	7 8	壬辰
										6 4	5 5	庚寅						
中氣	雨水 2/19 4時12分 寅時			春分 3/20 2時48分 丑時			穀雨 4/19 13時23分 未時			小滿 5/20 12時9分 午時			夏至 6/20 19時52分 戌時			大暑 7/22 6時45分 卯時		

2068 鼠 中華民國一五十七年

戊子																		年
庚申			辛酉			壬戌			癸亥			甲子			乙丑			月
立秋			白露			寒露			立冬			大雪			小寒			節氣
8/6 23時10分 子時			9/7 2時24分 丑時			10/7 18時32分 酉時			11/6 22時12分 亥時			12/6 15時25分 申時			1/5 2時47分 丑時			
國曆	農曆	干支	國曆	農曆	干支	國曆	農曆	干支	國曆	農曆	干支	國曆	農曆	干支	國曆	農曆	干支	日
8 6	7 9	癸巳	9 7	8 11	乙丑	10 7	9 12	乙未	11 6	10 12	乙丑	12 6	11 12	乙未	1 5	12 13	乙丑	
8 7	7 10	甲午	9 8	8 12	丙寅	10 8	9 13	丙申	11 7	10 13	丙寅	12 7	11 13	丙申	1 6	12 14	丙寅	
8 8	7 11	乙未	9 9	8 13	丁卯	10 9	9 14	丁酉	11 8	10 14	丁卯	12 8	11 14	丁酉	1 7	12 15	丁卯	
8 9	7 12	丙申	9 10	8 14	戊辰	10 10	9 15	戊戌	11 9	10 15	戊辰	12 9	11 15	戊戌	1 8	12 16	戊辰	2
8 10	7 13	丁酉	9 11	8 15	己巳	10 11	9 16	己亥	11 10	10 16	己巳	12 10	11 16	己亥	1 9	12 17	己巳	0
8 11	7 14	戊戌	9 12	8 16	庚午	10 12	9 17	庚子	11 11	10 17	庚午	12 11	11 17	庚子	1 10	12 18	庚午	6
8 12	7 15	己亥	9 13	8 17	辛未	10 13	9 18	辛丑	11 12	10 18	辛未	12 12	11 18	辛丑	1 11	12 19	辛未	8
8 13	7 16	庚子	9 14	8 18	壬申	10 14	9 19	壬寅	11 13	10 19	壬申	12 13	11 19	壬寅	1 12	12 20	壬申	·
8 14	7 17	辛丑	9 15	8 19	癸酉	10 15	9 20	癸卯	11 14	10 20	癸酉	12 14	11 20	癸卯	1 13	12 21	癸酉	2
8 15	7 18	壬寅	9 16	8 20	甲戌	10 16	9 21	甲辰	11 15	10 21	甲戌	12 15	11 21	甲辰	1 14	12 22	甲戌	0
8 16	7 19	癸卯	9 17	8 21	乙亥	10 17	9 22	乙巳	11 16	10 22	乙亥	12 16	11 22	乙巳	1 15	12 23	乙亥	6
8 17	7 20	甲辰	9 18	8 22	丙子	10 18	9 23	丙午	11 17	10 23	丙子	12 17	11 23	丙午	1 16	12 24	丙子	9
8 18	7 21	乙巳	9 19	8 23	丁丑	10 19	9 24	丁未	11 18	10 24	丁丑	12 18	11 24	丁未	1 17	12 25	丁丑	
8 19	7 22	丙午	9 20	8 24	戊寅	10 20	9 25	戊申	11 19	10 25	戊寅	12 19	11 25	戊申	1 18	12 26	戊寅	
8 20	7 23	丁未	9 21	8 25	己卯	10 21	9 26	己酉	11 20	10 26	己卯	12 20	11 26	己酉	1 19	12 27	己卯	
8 21	7 24	戊申	9 22	8 26	庚辰	10 22	9 27	庚戌	11 21	10 27	庚辰	12 21	11 27	庚戌	1 20	12 28	庚辰	鼠
8 22	7 25	己酉	9 23	8 27	辛巳	10 23	9 28	辛亥	11 22	10 28	辛巳	12 22	11 28	辛亥	1 21	12 29	辛巳	
8 23	7 26	庚戌	9 24	8 28	壬午	10 24	9 29	壬子	11 23	10 29	壬午	12 23	11 29	壬子	1 22	12 30	壬午	
8 24	7 27	辛亥	9 25	8 29	癸未	10 25	9 30	癸丑	11 24	10 30	癸未	12 24	12 1	癸丑	1 23	1 1	癸未	
8 25	7 28	壬子	9 26	9 1	甲申	10 26	10 1	甲寅	11 25	11 1	甲申	12 25	12 2	甲寅	1 24	1 2	甲申	中
8 26	7 29	癸丑	9 27	9 2	乙酉	10 27	10 2	乙卯	11 26	11 2	乙酉	12 26	12 3	乙卯	1 25	1 3	乙酉	華
8 27	7 30	甲寅	9 28	9 3	丙戌	10 28	10 3	丙辰	11 27	11 3	丙戌	12 27	12 4	丙辰	1 26	1 4	丙戌	民
8 28	8 1	乙卯	9 29	9 4	丁亥	10 29	10 4	丁巳	11 28	11 4	丁亥	12 28	12 5	丁巳	1 27	1 5	丁亥	國
8 29	8 2	丙辰	9 30	9 5	戊子	10 30	10 5	戊午	11 29	11 5	戊子	12 29	12 6	戊午	1 28	1 6	戊子	一
8 30	8 3	丁巳	10 1	9 6	己丑	10 31	10 6	己未	11 30	11 6	己丑	12 30	12 7	己未	1 29	1 7	己丑	百
8 31	8 4	戊午	10 2	9 7	庚寅	11 1	10 7	庚申	12 1	11 7	庚寅	12 31	12 8	庚申	1 30	1 8	庚寅	五
9 1	8 5	己未	10 3	9 8	辛卯	11 2	10 8	辛酉	12 2	11 8	辛卯	1 1	12 9	辛酉	1 31	1 9	辛卯	十
9 2	8 6	庚申	10 4	9 9	壬辰	11 3	10 9	壬戌	12 3	11 9	壬辰	1 2	12 10	壬戌	2 1	1 10	壬辰	七
9 3	8 7	辛酉	10 5	9 10	癸巳	11 4	10 10	癸亥	12 4	11 10	癸亥	1 3	12 11	癸亥	2 2	1 11	癸巳	·
9 4	8 8	壬戌	10 6	9 11	甲午	11 5	10 11	甲子	12 5	11 11	甲子	1 4	12 12	甲子				一
9 5	8 9	癸亥																百
9 6	8 10	甲子																五
處暑			秋分			霜降			小雪			冬至			大寒			十
8/22 14時3分 未時			9/22 12時5分 午時			10/22 21時56分 亥時			11/21 19時56分 戌時			12/21 9時31分 巳時			1/19 20時12分 戌時			八年

年	己丑																	
月	丙寅			丁卯			戊辰			己巳			庚午			辛未		
節氣	立春			驚蟄			清明			立夏			芒種			小暑		
	2/3 14時19分 未時			3/5 8時1分 辰時			4/4 12時23分 午時			5/5 5時13分 卯時			6/5 9時2分 巳時			7/6 19時10分 戌時		
日	國曆	農曆	干支	國曆	農曆	干支	國曆	農曆	干支	國曆	農曆	干支	國曆	農曆	干支	國曆	農曆	干支
2069	2 3	1 12	甲午	3 5	2 13	甲子	4 4	3 13	甲午	5 5	4 15	乙丑	6 5	4 16	丙申	7 6	5 18	丁卯
	2 4	1 13	乙未	3 6	2 14	乙丑	4 5	3 14	乙未	5 6	4 16	丙寅	6 6	4 17	丁酉	7 7	5 19	戊辰
	2 5	1 14	丙申	3 7	2 15	丙寅	4 6	3 15	丙申	5 7	4 17	丁卯	6 7	4 18	戊戌	7 8	5 20	己巳
	2 6	1 15	丁酉	3 8	2 16	丁卯	4 7	3 16	丁酉	5 8	4 18	戊辰	6 8	4 19	己亥	7 9	5 21	庚午
	2 7	1 16	戊戌	3 9	2 17	戊辰	4 8	3 17	戊戌	5 9	4 19	己巳	6 9	4 20	庚子	7 10	5 22	辛未
	2 8	1 17	己亥	3 10	2 18	己巳	4 9	3 18	己亥	5 10	4 20	庚午	6 10	4 21	辛丑	7 11	5 23	壬申
	2 9	1 18	庚子	3 11	2 19	庚午	4 10	3 19	庚子	5 11	4 21	辛未	6 11	4 22	壬寅	7 12	5 24	癸酉
牛	2 10	1 19	辛丑	3 12	2 20	辛未	4 11	3 20	辛丑	5 12	4 22	壬申	6 12	4 23	癸卯	7 13	5 25	甲戌
	2 11	1 20	壬寅	3 13	2 21	壬申	4 12	3 21	壬寅	5 13	4 23	癸酉	6 13	4 24	甲辰	7 14	5 26	乙亥
	2 12	1 21	癸卯	3 14	2 22	癸酉	4 13	3 22	癸卯	5 14	4 24	甲戌	6 14	4 25	乙巳	7 15	5 27	丙子
	2 13	1 22	甲辰	3 15	2 23	甲戌	4 14	3 23	甲辰	5 15	4 25	乙亥	6 15	4 26	丙午	7 16	5 28	丁丑
	2 14	1 23	乙巳	3 16	2 24	乙亥	4 15	3 24	乙巳	5 16	4 26	丙子	6 16	4 27	丁未	7 17	5 29	戊寅
	2 15	1 24	丙午	3 17	2 25	丙子	4 16	3 25	丙午	5 17	4 27	丁丑	6 17	4 28	戊申	7 18	6 1	己卯
	2 16	1 25	丁未	3 18	2 26	丁丑	4 17	3 26	丁未	5 18	4 28	戊寅	6 18	4 29	己酉	7 19	6 2	庚辰
	2 17	1 26	戊申	3 19	2 27	戊寅	4 18	3 27	戊申	5 19	4 29	己卯	6 19	5 1	庚戌	7 20	6 3	辛巳
	2 18	1 27	己酉	3 20	2 28	己卯	4 19	3 28	己酉	5 20	4 30	庚辰	6 20	5 2	辛亥	7 21	6 4	壬午
	2 19	1 28	庚戌	3 21	2 29	庚辰	4 20	3 29	庚戌	5 21	閏4 1	辛巳	6 21	5 3	壬子	7 22	6 5	癸未
	2 20	1 29	辛亥	3 22	2 30	辛巳	4 21	4 1	辛亥	5 22	4 2	壬午	6 22	5 4	癸丑	7 23	6 6	甲申
	2 21	2 1	壬子	3 23	3 1	壬午	4 22	4 2	壬子	5 23	4 3	癸未	6 23	5 5	甲寅	7 24	6 7	乙酉
	2 22	2 2	癸丑	3 24	3 2	癸未	4 23	4 3	癸丑	5 24	4 4	甲申	6 24	5 6	乙卯	7 25	6 8	丙戌
中	2 23	2 3	甲寅	3 25	3 3	甲申	4 24	4 4	甲寅	5 25	4 5	乙酉	6 25	5 7	丙辰	7 26	6 9	丁亥
華	2 24	2 4	乙卯	3 26	3 4	乙酉	4 25	4 5	乙卯	5 26	4 6	丙戌	6 26	5 8	丁巳	7 27	6 10	戊子
民	2 25	2 5	丙辰	3 27	3 5	丙戌	4 26	4 6	丙辰	5 27	4 7	丁亥	6 27	5 9	戊午	7 28	6 11	己丑
國	2 26	2 6	丁巳	3 28	3 6	丁亥	4 27	4 7	丁巳	5 28	4 8	戊子	6 28	5 10	己未	7 29	6 12	庚寅
一	2 27	2 7	戊午	3 29	3 7	戊子	4 28	4 8	戊午	5 29	4 9	己丑	6 29	5 11	庚申	7 30	6 13	辛卯
百	2 28	2 8	己未	3 30	3 8	己丑	4 29	4 9	己未	5 30	4 10	庚寅	6 30	5 12	辛酉	7 31	6 14	壬辰
五	3 1	2 9	庚申	3 31	3 9	庚寅	4 30	4 10	庚申	5 31	4 11	辛卯	7 1	5 13	壬戌	8 1	6 15	癸巳
十	3 2	2 10	辛酉	4 1	3 10	辛卯	5 1	4 11	辛酉	6 1	4 12	壬辰	7 2	5 14	癸亥	8 2	6 16	甲午
八	3 3	2 11	壬戌	4 2	3 11	壬辰	5 2	4 12	壬戌	6 2	4 13	癸巳	7 3	5 15	甲子	8 3	6 17	乙未
年	3 4	2 12	癸亥	4 3	3 12	癸巳	5 3	4 13	癸亥	6 3	4 14	甲午	7 4	5 16	乙丑	8 4	6 18	丙申
							5 4	4 14	甲子	6 4	4 15	乙未	7 5	5 17	丙寅	8 5	6 19	丁酉
																8 6	6 20	戊戌
中氣	雨水			春分			穀雨			小滿			夏至			大暑		
	2/18 10時8分 巳時			3/20 8時44分 辰時			4/19 19時17分 戌時			5/20 18時0分 酉時			6/21 1時40分 丑時			7/22 12時31分 午時		

己丑																		年
壬申			癸酉			甲戌			乙亥			丙子			丁丑			月
立秋			白露			寒露			立冬			大雪			小寒			節氣
8/7 5時5分 卯時			9/7 8時19分 辰時			10/8 0時26分 子時			11/7 4時6分 寅時			12/6 21時21分 亥時			1/5 8時46分 辰時			
國曆	農曆	干支	國曆	農曆	干支	國曆	農曆	干支	國曆	農曆	干支	國曆	農曆	干支	國曆	農曆	干支	日
8 7	6 21	己亥	9 7	7 22	庚午	10 8	8 24	辛丑	11 7	9 24	辛未	12 6	10 23	庚子	1 5	11 23	庚午	
8 8	6 22	庚子	9 8	7 23	辛未	10 9	8 25	壬寅	11 8	9 25	壬申	12 7	10 24	辛丑	1 6	11 24	辛未	
8 9	6 23	辛丑	9 9	7 24	壬申	10 10	8 26	癸卯	11 9	9 26	癸酉	12 8	10 25	壬寅	1 7	11 25	壬申	
8 10	6 24	壬寅	9 10	7 25	癸酉	10 11	8 27	甲辰	11 10	9 27	甲戌	12 9	10 26	癸卯	1 8	11 26	癸酉	2
8 11	6 25	癸卯	9 11	7 26	甲戌	10 12	8 28	乙巳	11 11	9 28	乙亥	12 10	10 27	甲辰	1 9	11 27	甲戌	0
8 12	6 26	甲辰	9 12	7 27	乙亥	10 13	8 29	丙午	11 12	9 29	丙子	12 11	10 28	乙巳	1 10	11 28	乙亥	6
8 13	6 27	乙巳	9 13	7 28	丙子	10 14	8 30	丁未	11 13	9 30	丁丑	12 12	10 29	丙午	1 11	11 29	丙子	9
8 14	6 28	丙午	9 14	7 29	丁丑	10 15	9 1	戊申	11 14	10 1	戊寅	12 13	10 30	丁未	1 12	12 1	丁丑	·
8 15	6 29	丁未	9 15	8 1	戊寅	10 16	9 2	己酉	11 15	10 2	己卯	12 14	11 1	戊申	1 13	12 2	戊寅	2
8 16	6 30	戊申	9 16	8 2	己卯	10 17	9 3	庚戌	11 16	10 3	庚辰	12 15	11 2	己酉	1 14	12 3	己卯	0
8 17	7 1	己酉	9 17	8 3	庚辰	10 18	9 4	辛亥	11 17	10 4	辛巳	12 16	11 3	庚戌	1 15	12 4	庚辰	7
8 18	7 2	庚戌	9 18	8 4	辛巳	10 19	9 5	壬子	11 18	10 5	壬午	12 17	11 4	辛亥	1 16	12 5	辛巳	0
8 19	7 3	辛亥	9 19	8 5	壬午	10 20	9 6	癸丑	11 19	10 6	癸未	12 18	11 5	壬子	1 17	12 6	壬午	
8 20	7 4	壬子	9 20	8 6	癸未	10 21	9 7	甲寅	11 20	10 7	甲申	12 19	11 6	癸丑	1 18	12 7	癸未	
8 21	7 5	癸丑	9 21	8 7	甲申	10 22	9 8	乙卯	11 21	10 8	乙酉	12 20	11 7	甲寅	1 19	12 8	甲申	牛
8 22	7 6	甲寅	9 22	8 8	乙酉	10 23	9 9	丙辰	11 22	10 9	丙戌	12 21	11 8	乙卯	1 20	12 9	乙酉	
8 23	7 7	乙卯	9 23	8 9	丙戌	10 24	9 10	丁巳	11 23	10 10	丁亥	12 22	11 9	丙辰	1 21	12 10	丙戌	
8 24	7 8	丙辰	9 24	8 10	丁亥	10 25	9 11	戊午	11 24	10 11	戊子	12 23	11 10	丁巳	1 22	12 11	丁亥	中
8 25	7 9	丁巳	9 25	8 11	戊子	10 26	9 12	己未	11 25	10 12	己丑	12 24	11 11	戊午	1 23	12 12	戊子	華
8 26	7 10	戊午	9 26	8 12	己丑	10 27	9 13	庚申	11 26	10 13	庚寅	12 25	11 12	己未	1 24	12 13	己丑	民
8 27	7 11	己未	9 27	8 13	庚寅	10 28	9 14	辛酉	11 27	10 14	辛卯	12 26	11 13	庚申	1 25	12 14	庚寅	國
8 28	7 12	庚申	9 28	8 14	辛卯	10 29	9 15	壬戌	11 28	10 15	壬辰	12 27	11 14	辛酉	1 26	12 15	辛卯	一
8 29	7 13	辛酉	9 29	8 15	壬辰	10 30	9 16	癸亥	11 29	10 16	癸巳	12 28	11 15	壬戌	1 27	12 16	壬辰	百
8 30	7 14	壬戌	9 30	8 16	癸巳	10 31	9 17	甲子	11 30	10 17	甲午	12 29	11 16	癸亥	1 28	12 17	癸巳	五
8 31	7 15	癸亥	10 1	8 17	甲午	11 1	9 18	乙丑	12 1	10 18	乙未	12 30	11 17	甲子	1 29	12 18	甲午	十
9 1	7 16	甲子	10 2	8 18	乙未	11 2	9 19	丙寅	12 2	10 19	丙申	12 31	11 18	乙丑	1 30	12 19	乙未	八
9 2	7 17	乙丑	10 3	8 19	丙申	11 3	9 20	丁卯	12 3	10 20	丁酉	1 1	11 19	丙寅	1 31	12 20	丙申	·
9 3	7 18	丙寅	10 4	8 20	丁酉	11 4	9 21	戊辰	12 4	10 21	戊戌	1 2	11 20	丁卯	2 1	12 21	丁酉	一
9 4	7 19	丁卯	10 5	8 21	戊戌	11 5	9 22	己巳	12 5	10 22	己亥	1 3	11 21	戊辰	2 2	12 22	戊戌	百
9 5	7 20	戊辰	10 6	8 22	己亥	11 6	9 23	庚午				1 4	11 22	己巳				五
9 6	7 21	己巳	10 7	8 23	庚子													十
處暑			秋分			霜降			小雪			冬至			大寒			九
8/22 19時48分 戌時			9/22 17時51分 酉時			10/23 3時41分 寅時			11/22 1時42分 丑時			12/21 15時21分 申時			1/20 2時4分 丑時			年
																		中氣

年	庚寅																
月	戊寅			己卯			庚辰			辛巳			壬午			癸未		
節氣	立春			驚蟄			清明			立夏			芒種			小暑		
	2/3 20時20分 戊時			3/5 14時1分 未時			4/4 18時18分 酉時			5/5 11時3分 午時			6/5 14時47分 未時			7/7 0時51分 子時		
日	國曆	農曆	干支	國曆	農曆	干支	國曆	農曆	干支	國曆	農曆	干支	國曆	農曆	干支	國曆	農曆	干支
	2 3	12 23	己亥	3 5	1 23	己巳	4 4	2 24	己亥	5 5	3 25	庚午	6 5	4 27	辛丑	7 7	5 29	癸酉
	2 4	12 24	庚子	3 6	1 24	庚午	4 5	2 25	庚子	5 6	3 26	辛未	6 6	4 28	壬寅	7 8	6 1	甲戌
	2 5	12 25	辛丑	3 7	1 25	辛未	4 6	2 26	辛丑	5 7	3 27	壬申	6 7	4 29	癸卯	7 9	6 2	乙亥
	2 6	12 26	壬寅	3 8	1 26	壬申	4 7	2 27	壬寅	5 8	3 28	癸酉	6 8	4 30	甲辰	7 10	6 3	丙子
2	2 7	12 27	癸卯	3 9	1 27	癸酉	4 8	2 28	癸卯	5 9	3 29	甲戌	6 9	5 1	乙巳	7 11	6 4	丁丑
0	2 8	12 28	甲辰	3 10	1 28	甲戌	4 9	2 29	甲辰	5 10	4 1	乙亥	6 10	5 2	丙午	7 12	6 5	戊寅
7	2 9	12 29	乙巳	3 11	1 29	乙亥	4 10	2 30	乙巳	5 11	4 2	丙子	6 11	5 3	丁未	7 13	6 6	己卯
0	2 10	12 30	丙午	3 12	2 1	丙子	4 11	3 1	丙午	5 12	4 3	丁丑	6 12	5 4	戊申	7 14	6 7	庚辰
	2 11	1 1	丁未	3 13	2 2	丁丑	4 12	3 2	丁未	5 13	4 4	戊寅	6 13	5 5	己酉	7 15	6 8	辛巳
	2 12	1 2	戊申	3 14	2 3	戊寅	4 13	3 3	戊申	5 14	4 5	己卯	6 14	5 6	庚戌	7 16	6 9	壬午
	2 13	1 3	己酉	3 15	2 4	己卯	4 14	3 4	己酉	5 15	4 6	庚辰	6 15	5 7	辛亥	7 17	6 10	癸未
	2 14	1 4	庚戌	3 16	2 5	庚辰	4 15	3 5	庚戌	5 16	4 7	辛巳	6 16	5 8	壬子	7 18	6 11	甲申
	2 15	1 5	辛亥	3 17	2 6	辛巳	4 16	3 6	辛亥	5 17	4 8	壬午	6 17	5 9	癸丑	7 19	6 12	乙酉
虎	2 16	1 6	壬子	3 18	2 7	壬午	4 17	3 7	壬子	5 18	4 9	癸未	6 18	5 10	甲寅	7 20	6 13	丙戌
	2 17	1 7	癸丑	3 19	2 8	癸未	4 18	3 8	癸丑	5 19	4 10	甲申	6 19	5 11	乙卯	7 21	6 14	丁亥
	2 18	1 8	甲寅	3 20	2 9	甲申	4 19	3 9	甲寅	5 20	4 11	乙酉	6 20	5 12	丙辰	7 22	6 15	戊子
	2 19	1 9	乙卯	3 21	2 10	乙酉	4 20	3 10	乙卯	5 21	4 12	丙戌	6 21	5 13	丁巳	7 23	6 16	己丑
	2 20	1 10	丙辰	3 22	2 11	丙戌	4 21	3 11	丙辰	5 22	4 13	丁亥	6 22	5 14	戊午	7 24	6 17	庚寅
	2 21	1 11	丁巳	3 23	2 12	丁亥	4 22	3 12	丁巳	5 23	4 14	戊子	6 23	5 15	己未	7 25	6 18	辛卯
	2 22	1 12	戊午	3 24	2 13	戊子	4 23	3 13	戊午	5 24	4 15	己丑	6 24	5 16	庚申	7 26	6 19	壬辰
中	2 23	1 13	己未	3 25	2 14	己丑	4 24	3 14	己未	5 25	4 16	庚寅	6 25	5 17	辛酉	7 27	6 20	癸巳
華	2 24	1 14	庚申	3 26	2 15	庚寅	4 25	3 15	庚申	5 26	4 17	辛卯	6 26	5 18	壬戌	7 28	6 21	甲午
民	2 25	1 15	辛酉	3 27	2 16	辛卯	4 26	3 16	辛酉	5 27	4 18	壬辰	6 27	5 19	癸亥	7 29	6 22	乙未
國	2 26	1 16	壬戌	3 28	2 17	壬辰	4 27	3 17	壬戌	5 28	4 19	癸巳	6 28	5 20	甲子	7 30	6 23	丙申
一	2 27	1 17	癸亥	3 29	2 18	癸巳	4 28	3 18	癸亥	5 29	4 20	甲午	6 29	5 21	乙丑	7 31	6 24	丁酉
百	2 28	1 18	甲子	3 30	2 19	甲午	4 29	3 19	甲子	5 30	4 21	乙未	6 30	5 22	丙寅	8 1	6 25	戊戌
五	3 1	1 19	乙丑	3 31	2 20	乙未	4 30	3 20	乙丑	5 31	4 22	丙申	7 1	5 23	丁卯	8 2	6 26	己亥
十	3 2	1 20	丙寅	4 1	2 21	丙申	5 1	3 21	丙寅	6 1	4 23	丁酉	7 2	5 24	戊辰	8 3	6 27	庚子
九	3 3	1 21	丁卯	4 2	2 22	丁酉	5 2	3 22	丁卯	6 2	4 24	戊戌	7 3	5 25	己巳	8 4	6 28	辛丑
年	3 4	1 22	戊辰	4 3	2 23	戊戌	5 3	3 23	戊辰	6 3	4 25	己亥	7 4	5 26	庚午	8 5	6 29	壬寅
							5 4	3 24	己巳	6 4	4 26	庚子	7 5	5 27	辛未	8 6	7 1	癸卯
													7 6	5 28	壬申			
中	雨水			春分			穀雨			小滿			夏至			大暑		
氣	2/18 16時0分 申時			3/20 14時34分 未時			4/20 1時3分 丑時			5/20 23時42分 子時			6/21 7時21分 辰時			7/22 18時14分 酉時		

甲申			乙酉			丙戌			丁亥			戊子			己丑			庚寅 / 年
立秋			白露			寒露			立冬			大雪			小寒			月
8/7 10時45分 巳時			9/7 14時2分 未時			10/8 6時12分 卯時			11/7 9時54分 巳時			12/7 3時9分 寅時			1/5 14時35分 未時			節氣
國曆	農曆	干支	國曆	農曆	干支	國曆	農曆	干支	國曆	農曆	干支	國曆	農曆	干支	國曆	農曆	干支	日
8 7	7 2	甲辰	9 7	8 3	乙亥	10 8	9 5	丙午	11 7	10 5	丙子	12 7	11 5	丙午	1 5	12 5	乙亥	
8 8	7 3	乙巳	9 8	8 4	丙子	10 9	9 6	丁未	11 8	10 6	丁丑	12 8	11 6	丁未	1 6	12 6	丙子	
8 9	7 4	丙午	9 9	8 5	丁丑	10 10	9 7	戊申	11 9	10 7	戊寅	12 9	11 7	戊申	1 7	12 7	丁丑	2
8 10	7 5	丁未	9 10	8 6	戊寅	10 11	9 8	己酉	11 10	10 8	己卯	12 10	11 8	己酉	1 8	12 8	戊寅	0
8 11	7 6	戊申	9 11	8 7	己卯	10 12	9 9	庚戌	11 11	10 9	庚辰	12 11	11 9	庚戌	1 9	12 9	己卯	7
8 12	7 7	己酉	9 12	8 8	庚辰	10 13	9 10	辛亥	11 12	10 10	辛巳	12 12	11 10	辛亥	1 10	12 10	庚辰	0
8 13	7 8	庚戌	9 13	8 9	辛巳	10 14	9 11	壬子	11 13	10 11	壬午	12 13	11 11	壬子	1 11	12 11	辛巳	·
8 14	7 9	辛亥	9 14	8 10	壬午	10 15	9 12	癸丑	11 14	10 12	癸未	12 14	11 12	癸丑	1 12	12 12	壬午	2
8 15	7 10	壬子	9 15	8 11	癸未	10 16	9 13	甲寅	11 15	10 13	甲申	12 15	11 13	甲寅	1 13	12 13	癸未	0
8 16	7 11	癸丑	9 16	8 12	甲申	10 17	9 14	乙卯	11 16	10 14	乙酉	12 16	11 14	乙卯	1 14	12 14	甲申	7
8 17	7 12	甲寅	9 17	8 13	乙酉	10 18	9 15	丙辰	11 17	10 15	丙戌	12 17	11 15	丙辰	1 15	12 15	乙酉	1
8 18	7 13	乙卯	9 18	8 14	丙戌	10 19	9 16	丁巳	11 18	10 16	丁亥	12 18	11 16	丁巳	1 16	12 16	丙戌	
8 19	7 14	丙辰	9 19	8 15	丁亥	10 20	9 17	戊午	11 19	10 17	戊子	12 19	11 17	戊午	1 17	12 17	丁亥	
8 20	7 15	丁巳	9 20	8 16	戊子	10 21	9 18	己未	11 20	10 18	己丑	12 20	11 18	己未	1 18	12 18	戊子	
8 21	7 16	戊午	9 21	8 17	己丑	10 22	9 19	庚申	11 21	10 19	庚寅	12 21	11 19	庚申	1 19	12 19	己丑	虎
8 22	7 17	己未	9 22	8 18	庚寅	10 23	9 20	辛酉	11 22	10 20	辛卯	12 22	11 20	辛酉	1 20	12 20	庚寅	
8 23	7 18	庚申	9 23	8 19	辛卯	10 24	9 21	壬戌	11 23	10 21	壬辰	12 23	11 21	壬戌	1 21	12 21	辛卯	
8 24	7 19	辛酉	9 24	8 20	壬辰	10 25	9 22	癸亥	11 24	10 22	癸巳	12 24	11 22	癸亥	1 22	12 22	壬辰	
8 25	7 20	壬戌	9 25	8 21	癸巳	10 26	9 23	甲子	11 25	10 23	甲午	12 25	11 23	甲子	1 23	12 23	癸巳	中
8 26	7 21	癸亥	9 26	8 22	甲午	10 27	9 24	乙丑	11 26	10 24	乙未	12 26	11 24	乙丑	1 24	12 24	甲午	華
8 27	7 22	甲子	9 27	8 23	乙未	10 28	9 25	丙寅	11 27	10 25	丙申	12 27	11 25	丙寅	1 25	12 25	乙未	民
8 28	7 23	乙丑	9 28	8 24	丙申	10 29	9 26	丁卯	11 28	10 26	丁酉	12 28	11 26	丁卯	1 26	12 26	丙申	國
8 29	7 24	丙寅	9 29	8 25	丁酉	10 30	9 27	戊辰	11 29	10 27	戊戌	12 29	11 27	戊辰	1 27	12 27	丁酉	一
8 30	7 25	丁卯	9 30	8 26	戊戌	10 31	9 28	己巳	11 30	10 28	己亥	12 30	11 28	己巳	1 28	12 28	戊戌	百
8 31	7 26	戊辰	10 1	8 27	己亥	11 1	9 29	庚午	12 1	10 29	庚子	12 31	11 29	庚午	1 29	12 29	己亥	五
9 1	7 27	己巳	10 2	8 28	庚子	11 2	9 30	辛未	12 2	10 30	辛丑	1 1	12 1	辛未	1 30	12 30	庚子	十
9 2	7 28	庚午	10 3	8 29	辛丑	11 3	10 1	壬申	12 3	11 1	壬寅	1 2	12 2	壬申	1 31	1 1	辛丑	九
9 3	7 29	辛未	10 4	9 1	壬寅	11 4	10 2	癸酉	12 4	11 2	癸卯	1 3	12 3	癸酉	2 1	1 2	壬寅	·
9 4	7 30	壬申	10 5	9 2	癸卯	11 5	10 3	甲戌	12 5	11 3	甲辰	1 4	12 4	甲戌	2 2	1 3	癸卯	一
9 5	8 1	癸酉	10 6	9 3	甲辰	11 6	10 4	乙亥	12 6	11 4	乙巳				2 3	1 4	甲辰	百
9 6	8 2	甲戌	10 7	9 4	乙巳													六
處暑			秋分			霜降			小雪			冬至			大寒			十
8/23 1時36分 丑時			9/22 23時43分 子時			10/23 9時37分 巳時			11/22 7時40分 辰時			12/21 21時18分 亥時			1/20 8時1分 辰時			年
																		中氣

年：辛卯　**2071**　**兔**　**中華民國一百六十年**

月	庚寅			辛卯			壬辰			癸巳			甲午			乙未		
節氣	立春			驚蟄			清明			立夏			芒種			小暑		
	2/4 2時9分 丑時			3/5 19時51分 戌時			4/5 0時9分 子時			5/5 16時54分 申時			6/5 20時37分 戌時			7/7 6時41分 卯時		
日	國曆	農曆	干支	國曆	農曆	干支	國曆	農曆	干支	國曆	農曆	干支	國曆	農曆	干支	國曆	農曆	干支
	2 4	1 5	乙巳	3 5	2 4	甲戌	4 5	3 6	乙巳	5 5	4 6	乙亥	6 5	5 8	丙午	7 7	6 10	戊寅
	2 5	1 6	丙午	3 6	2 5	乙亥	4 6	3 7	丙午	5 6	4 7	丙子	6 6	5 9	丁未	7 8	6 11	己卯
	2 6	1 7	丁未	3 7	2 6	丙子	4 7	3 8	丁未	5 7	4 8	丁丑	6 7	5 10	戊申	7 9	6 12	庚辰
	2 7	1 8	戊申	3 8	2 7	丁丑	4 8	3 9	戊申	5 8	4 9	戊寅	6 8	5 11	己酉	7 10	6 13	辛巳
	2 8	1 9	己酉	3 9	2 8	戊寅	4 9	3 10	己酉	5 9	4 10	己卯	6 9	5 12	庚戌	7 11	6 14	壬午
	2 9	1 10	庚戌	3 10	2 9	己卯	4 10	3 11	庚戌	5 10	4 11	庚辰	6 10	5 13	辛亥	7 12	6 15	癸未
	2 10	1 11	辛亥	3 11	2 10	庚辰	4 11	3 12	辛亥	5 11	4 12	辛巳	6 11	5 14	壬子	7 13	6 16	甲申
	2 11	1 12	壬子	3 12	2 11	辛巳	4 12	3 13	壬子	5 12	4 13	壬午	6 12	5 15	癸丑	7 14	6 17	乙酉
	2 12	1 13	癸丑	3 13	2 12	壬午	4 13	3 14	癸丑	5 13	4 14	癸未	6 13	5 16	甲寅	7 15	6 18	丙戌
	2 13	1 14	甲寅	3 14	2 13	癸未	4 14	3 15	甲寅	5 14	4 15	甲申	6 14	5 17	乙卯	7 16	6 19	丁亥
	2 14	1 15	乙卯	3 15	2 14	甲申	4 15	3 16	乙卯	5 15	4 16	乙酉	6 15	5 18	丙辰	7 17	6 20	戊子
	2 15	1 16	丙辰	3 16	2 15	乙酉	4 16	3 17	丙辰	5 16	4 17	丙戌	6 16	5 19	丁巳	7 18	6 21	己丑
	2 16	1 17	丁巳	3 17	2 16	丙戌	4 17	3 18	丁巳	5 17	4 18	丁亥	6 17	5 20	戊午	7 19	6 22	庚寅
	2 17	1 18	戊午	3 18	2 17	丁亥	4 18	3 19	戊午	5 18	4 19	戊子	6 18	5 21	己未	7 20	6 23	辛卯
	2 18	1 19	己未	3 19	2 18	戊子	4 19	3 20	己未	5 19	4 20	己丑	6 19	5 22	庚申	7 21	6 24	壬辰
	2 19	1 20	庚申	3 20	2 19	己丑	4 20	3 21	庚申	5 20	4 21	庚寅	6 20	5 23	辛酉	7 22	6 25	癸巳
	2 20	1 21	辛酉	3 21	2 20	庚寅	4 21	3 22	辛酉	5 21	4 22	辛卯	6 21	5 24	壬戌	7 23	6 26	甲午
	2 21	1 22	壬戌	3 22	2 21	辛卯	4 22	3 23	壬戌	5 22	4 23	壬辰	6 22	5 25	癸亥	7 24	6 27	乙未
	2 22	1 23	癸亥	3 23	2 22	壬辰	4 23	3 24	癸亥	5 23	4 24	癸巳	6 23	5 26	甲子	7 25	6 28	丙申
	2 23	1 24	甲子	3 24	2 23	癸巳	4 24	3 25	甲子	5 24	4 25	甲午	6 24	5 27	乙丑	7 26	6 29	丁酉
	2 24	1 25	乙丑	3 25	2 24	甲午	4 25	3 26	乙丑	5 25	4 26	乙未	6 25	5 28	丙寅	7 27	7 1	戊戌
	2 25	1 26	丙寅	3 26	2 25	乙未	4 26	3 27	丙寅	5 26	4 27	丙申	6 26	5 29	丁卯	7 28	7 2	己亥
	2 26	1 27	丁卯	3 27	2 26	丙申	4 27	3 28	丁卯	5 27	4 28	丁酉	6 27	5 30	戊辰	7 29	7 3	庚子
	2 27	1 28	戊辰	3 28	2 27	丁酉	4 28	3 29	戊辰	5 28	4 29	戊戌	6 28	6 1	己巳	7 30	7 4	辛丑
	2 28	1 29	己巳	3 29	2 28	戊戌	4 29	3 30	己巳	5 29	5 1	己亥	6 29	6 2	庚午	7 31	7 5	壬寅
	3 1	1 30	庚午	3 30	2 29	己亥	4 30	4 1	庚午	5 30	5 2	庚子	6 30	6 3	辛未	8 1	7 6	癸卯
	3 2	2 1	辛未	3 31	3 1	庚子	5 1	4 2	辛未	5 31	5 3	辛丑	7 1	6 4	壬申	8 2	7 7	甲辰
	3 3	2 2	壬申	4 1	3 2	辛丑	5 2	4 3	壬申	6 1	5 4	壬寅	7 2	6 5	癸酉	8 3	7 8	乙巳
	3 4	2 3	癸酉	4 2	3 3	壬寅	5 3	4 4	癸酉	6 2	5 5	癸卯	7 3	6 6	甲戌	8 4	7 9	丙午
				4 3	3 4	癸卯	5 4	4 5	甲戌	6 3	5 6	甲辰	7 4	6 7	乙亥	8 5	7 10	丁未
				4 4	3 5	甲辰				6 4	5 7	乙巳	7 5	6 8	丙子	8 6	7 11	戊申
													7 6	6 9	丁丑			
中氣	雨水			春分			穀雨			小滿			夏至			大暑		
	2/18 21時58分 亥時			3/20 20時33分 戌時			4/20 7時4分 辰時			5/21 5時42分 卯時			6/21 13時19分 未時			7/23 0時11分 子時		

辛卯																		年
丙申			丁酉			戊戌			己亥			庚子			辛丑			月
立秋			白露			寒露			立冬			大雪			小寒			節氣
8/7 16時38分 申時			9/7 19時57分 戌時			10/8 12時7分 午時			11/7 15時47分 申時			12/7 8時59分 辰時			1/5 20時22分 戌時			
國曆	農曆	干支	國曆	農曆	干支	國曆	農曆	干支	國曆	農曆	干支	國曆	農曆	干支	國曆	農曆	干支	日
8 7	7 12	己酉	9 7	8 14	庚辰	10 8	8 15	辛亥	11 7	9 16	辛巳	12 7	10 16	辛亥	1 5	11 16	庚辰	
8 8	7 13	庚戌	9 8	8 15	辛巳	10 9	8 16	壬子	11 8	9 17	壬午	12 8	10 17	壬子	1 6	11 17	辛巳	
8 9	7 14	辛亥	9 9	8 16	壬午	10 10	8 17	癸丑	11 9	9 18	癸未	12 9	10 18	癸丑	1 7	11 18	壬午	
8 10	7 15	壬子	9 10	8 17	癸未	10 11	8 18	甲寅	11 10	9 19	甲申	12 10	10 19	甲寅	1 8	11 19	癸未	
8 11	7 16	癸丑	9 11	8 18	甲申	10 12	8 19	乙卯	11 11	9 20	乙酉	12 11	10 20	乙卯	1 9	11 20	甲申	2
8 12	7 17	甲寅	9 12	8 19	乙酉	10 13	8 20	丙辰	11 12	9 21	丙戌	12 12	10 21	丙辰	1 10	11 21	乙酉	0
8 13	7 18	乙卯	9 13	8 20	丙戌	10 14	8 21	丁巳	11 13	9 22	丁亥	12 13	10 22	丁巳	1 11	11 22	丙戌	7
8 14	7 19	丙辰	9 14	8 21	丁亥	10 15	8 22	戊午	11 14	9 23	戊子	12 14	10 23	戊午	1 12	11 23	丁亥	1
8 15	7 20	丁巳	9 15	8 22	戊子	10 16	8 23	己未	11 15	9 24	己丑	12 15	10 24	己未	1 13	11 24	戊子	·
8 16	7 21	戊午	9 16	8 23	己丑	10 17	8 24	庚申	11 16	9 25	庚寅	12 16	10 25	庚申	1 14	11 25	己丑	2
8 17	7 22	己未	9 17	8 24	庚寅	10 18	8 25	辛酉	11 17	9 26	辛卯	12 17	10 26	辛酉	1 15	11 26	庚寅	0
8 18	7 23	庚申	9 18	8 25	辛卯	10 19	8 26	壬戌	11 18	9 27	壬辰	12 18	10 27	壬戌	1 16	11 27	辛卯	7
8 19	7 24	辛酉	9 19	8 26	壬辰	10 20	8 27	癸亥	11 19	9 28	癸巳	12 19	10 28	癸亥	1 17	11 28	壬辰	2
8 20	7 25	壬戌	9 20	8 27	癸巳	10 21	8 28	甲子	11 20	9 29	甲午	12 20	10 29	甲子	1 18	11 29	癸巳	
8 21	7 26	癸亥	9 21	8 28	甲午	10 22	8 29	乙丑	11 21	9 30	乙未	12 21	11 1	乙丑	1 19	11 30	甲午	
8 22	7 27	甲子	9 22	8 29	乙未	10 23	9 1	丙寅	11 22	10 1	丙申	12 22	11 2	丙寅	1 20	12 1	乙未	
8 23	7 28	乙丑	9 23	8 30	丙申	10 24	9 2	丁卯	11 23	10 2	丁酉	12 23	11 3	丁卯	1 21	12 2	丙申	
8 24	7 29	丙寅	9 24	閏8 1	丁酉	10 25	9 3	戊辰	11 24	10 3	戊戌	12 24	11 4	戊辰	1 22	12 3	丁酉	
8 25	8 1	丁卯	9 25	8 2	戊戌	10 26	9 4	己巳	11 25	10 4	己亥	12 25	11 5	己巳	1 23	12 4	戊戌	
8 26	8 2	戊辰	9 26	8 3	己亥	10 27	9 5	庚午	11 26	10 5	庚子	12 26	11 6	庚午	1 24	12 5	己亥	中
8 27	8 3	己巳	9 27	8 4	庚子	10 28	9 6	辛未	11 27	10 6	辛丑	12 27	11 7	辛未	1 25	12 6	庚子	華
8 28	8 4	庚午	9 28	8 5	辛丑	10 29	9 7	壬申	11 28	10 7	壬寅	12 28	11 8	壬申	1 26	12 7	辛丑	民
8 29	8 5	辛未	9 29	8 6	壬寅	10 30	9 8	癸酉	11 29	10 8	癸卯	12 29	11 9	癸酉	1 27	12 8	壬寅	國
8 30	8 6	壬申	9 30	8 7	癸卯	10 31	9 9	甲戌	11 30	10 9	甲辰	12 30	11 10	甲戌	1 28	12 9	癸卯	一
8 31	8 7	癸酉	10 1	8 8	甲辰	11 1	9 10	乙亥	12 1	10 10	乙巳	12 31	11 11	乙亥	1 29	12 10	甲辰	百
9 1	8 8	甲戌	10 2	8 9	乙巳	11 2	9 11	丙子	12 2	10 11	丙午	1 1	11 12	丙子	1 30	12 11	乙巳	六
9 2	8 9	乙亥	10 3	8 10	丙午	11 3	9 12	丁丑	12 3	10 12	丁未	1 2	11 13	丁丑	1 31	12 12	丙午	十
9 3	8 10	丙子	10 4	8 11	丁未	11 4	9 13	戊寅	12 4	10 13	戊申	1 3	11 14	戊寅	2 1	12 13	丁未	·
9 4	8 11	丁丑	10 5	8 12	戊申	11 5	9 14	己卯	12 5	10 14	己酉	1 4	11 15	己卯	2 2	12 14	戊申	一
9 5	8 12	戊寅	10 6	8 13	己酉	11 6	9 15	庚辰	12 6	10 15	庚戌				2 3	12 15	己酉	百
9 6	8 13	己卯	10 7	8 14	庚戌													六
處暑			秋分			霜降			小雪			冬至			大寒			中氣
8/23 7時31分 辰時			9/23 5時36分 卯時			10/23 15時28分 申時			11/22 13時27分 未時			12/22 3時3分 寅時			1/20 13時44分 未時			

右欄：2071·2072　兔　中華民國一百六十·一百六十一年

年	壬辰																	
月	壬寅			癸卯			甲辰			乙巳			丙午			丁未		
節氣	立春			驚蟄			清明			立夏			芒種			小暑		
	2/4 7時56分 辰時			3/5 1時40分 丑時			4/4 6時2分 卯時			5/4 22時52分 亥時			6/5 2時39分 丑時			7/6 12時44分 午時		
日	國曆	農曆	干支	國曆	農曆	干支	國曆	農曆	干支	國曆	農曆	干支	國曆	農曆	干支	國曆	農曆	干支
2072 龍 中華民國一百六十一年	2 4	12 16	庚戌	3 5	1 16	庚辰	4 4	2 16	庚戌	5 4	3 17	庚辰	6 5	4 19	壬子	7 6	5 21	癸未
	2 5	12 17	辛亥	3 6	1 17	辛巳	4 5	2 17	辛亥	5 5	3 18	辛巳	6 6	4 20	癸丑	7 7	5 22	甲申
	2 6	12 18	壬子	3 7	1 18	壬午	4 6	2 18	壬子	5 6	3 19	壬午	6 7	4 21	甲寅	7 8	5 23	乙酉
	2 7	12 19	癸丑	3 8	1 19	癸未	4 7	2 19	癸丑	5 7	3 20	癸未	6 8	4 22	乙卯	7 9	5 24	丙戌
	2 8	12 20	甲寅	3 9	1 20	甲申	4 8	2 20	甲寅	5 8	3 21	甲申	6 9	4 23	丙辰	7 10	5 25	丁亥
	2 9	12 21	乙卯	3 10	1 21	乙酉	4 9	2 21	乙卯	5 9	3 22	乙酉	6 10	4 24	丁巳	7 11	5 26	戊子
	2 10	12 22	丙辰	3 11	1 22	丙戌	4 10	2 22	丙辰	5 10	3 23	丙戌	6 11	4 25	戊午	7 12	5 27	己丑
	2 11	12 23	丁巳	3 12	1 23	丁亥	4 11	2 23	丁巳	5 11	3 24	丁亥	6 12	4 26	己未	7 13	5 28	庚寅
	2 12	12 24	戊午	3 13	1 24	戊子	4 12	2 24	戊午	5 12	3 25	戊子	6 13	4 27	庚申	7 14	5 29	辛卯
	2 13	12 25	己未	3 14	1 25	己丑	4 13	2 25	己未	5 13	3 26	己丑	6 14	4 28	辛酉	7 15	5 30	壬辰
	2 14	12 26	庚申	3 15	1 26	庚寅	4 14	2 26	庚申	5 14	3 27	庚寅	6 15	4 29	壬戌	7 16	6 1	癸巳
	2 15	12 27	辛酉	3 16	1 27	辛卯	4 15	2 27	辛酉	5 15	3 28	辛卯	6 16	5 1	癸亥	7 17	6 2	甲午
	2 16	12 28	壬戌	3 17	1 28	壬辰	4 16	2 28	壬戌	5 16	3 29	壬辰	6 17	5 2	甲子	7 18	6 3	乙未
	2 17	12 29	癸亥	3 18	1 29	癸巳	4 17	2 29	癸亥	5 17	3 30	癸巳	6 18	5 3	乙丑	7 19	6 4	丙申
	2 18	12 30	甲子	3 19	1 30	甲午	4 18	3 1	甲子	5 18	4 1	甲午	6 19	5 4	丙寅	7 20	6 5	丁酉
	2 19	1 1	乙丑	3 20	2 1	乙未	4 19	3 2	乙丑	5 19	4 2	乙未	6 20	5 5	丁卯	7 21	6 6	戊戌
	2 20	1 2	丙寅	3 21	2 2	丙申	4 20	3 3	丙寅	5 20	4 3	丙申	6 21	5 6	戊辰	7 22	6 7	己亥
	2 21	1 3	丁卯	3 22	2 3	丁酉	4 21	3 4	丁卯	5 21	4 4	丁酉	6 22	5 7	己巳	7 23	6 8	庚子
	2 22	1 4	戊辰	3 23	2 4	戊戌	4 22	3 5	戊辰	5 22	4 5	戊戌	6 23	5 8	庚午	7 24	6 9	辛丑
	2 23	1 5	己巳	3 24	2 5	己亥	4 23	3 6	己巳	5 23	4 6	己亥	6 24	5 9	辛未	7 25	6 10	壬寅
	2 24	1 6	庚午	3 25	2 6	庚子	4 24	3 7	庚午	5 24	4 7	庚子	6 25	5 10	壬申	7 26	6 11	癸卯
	2 25	1 7	辛未	3 26	2 7	辛丑	4 25	3 8	辛未	5 25	4 8	辛丑	6 26	5 11	癸酉	7 27	6 12	甲辰
	2 26	1 8	壬申	3 27	2 8	壬寅	4 26	3 9	壬申	5 26	4 9	壬寅	6 27	5 12	甲戌	7 28	6 13	乙巳
	2 27	1 9	癸酉	3 28	2 9	癸卯	4 27	3 10	癸酉	5 27	4 10	癸卯	6 28	5 13	乙亥	7 29	6 14	丙午
	2 28	1 10	甲戌	3 29	2 10	甲辰	4 28	3 11	甲戌	5 28	4 11	甲辰	6 29	5 14	丙子	7 30	6 15	丁未
	2 29	1 11	乙亥	3 30	2 11	乙巳	4 29	3 12	乙亥	5 29	4 12	乙巳	6 30	5 15	丁丑	7 31	6 16	戊申
	3 1	1 12	丙子	3 31	2 12	丙午	4 30	3 13	丙子	5 30	4 13	丙午	7 1	5 16	戊寅	8 1	6 17	己酉
	3 2	1 13	丁丑	4 1	2 13	丁未	5 1	3 14	丁丑	5 31	4 14	丁未	7 2	5 17	己卯	8 2	6 18	庚戌
	3 3	1 14	戊寅	4 2	2 14	戊申	5 2	3 15	戊寅	6 1	4 15	戊申	7 3	5 18	庚辰	8 3	6 19	辛亥
	3 4	1 15	己卯	4 3	2 15	己酉	5 3	3 16	己卯	6 2	4 16	己酉	7 4	5 19	辛巳	8 4	6 20	壬子
										6 3	4 17	庚戌	7 5	5 20	壬午	8 5	6 21	癸丑
										6 4	4 18	辛亥						
中氣	雨水			春分			穀雨			小滿			夏至			大暑		
	2/19 3時42分 寅時			3/20 2時20分 丑時			4/19 12時54分 午時			5/20 11時34分 午時			6/20 19時12分 戌時			7/22 6時3分 卯時		

年						
壬辰						年

戊申			己酉			庚戌			辛亥			壬子			癸丑			月
立秋			白露			寒露			立冬			大雪			小寒			節氣
8/6 22時38分 亥時			9/7 1時54分 丑時			10/7 18時2分 酉時			11/6 21時42分 亥時			12/6 14時55分 未時			1/5 2時17分 丑時			
國曆	農曆	干支	國曆	農曆	干支	國曆	農曆	干支	國曆	農曆	干支	國曆	農曆	干支	國曆	農曆	干支	日
8 6	6 22	甲寅	9 7	7 25	丙戌	10 7	8 26	丙辰	11 6	9 26	丙戌	12 6	10 27	丙辰	1 5	11 27	丙戌	
8 7	6 23	乙卯	9 8	7 26	丁亥	10 8	8 27	丁巳	11 7	9 27	丁亥	12 7	10 28	丁巳	1 6	11 28	丁亥	
8 8	6 24	丙辰	9 9	7 27	戊子	10 9	8 28	戊午	11 8	9 28	戊子	12 8	10 29	戊午	1 7	11 29	戊子	
8 9	6 25	丁巳	9 10	7 28	己丑	10 10	8 29	己未	11 9	9 29	己丑	12 9	10 30	己未	1 8	11 30	己丑	2072·2073
8 10	6 26	戊午	9 11	7 29	庚寅	10 11	8 30	庚申	11 10	10 1	庚寅	12 10	11 1	庚申	1 9	12 1	庚寅	
8 11	6 27	己未	9 12	8 1	辛卯	10 12	9 1	辛酉	11 11	10 2	辛卯	12 11	11 2	辛酉	1 10	12 2	辛卯	
8 12	6 28	庚申	9 13	8 2	壬辰	10 13	9 2	壬戌	11 12	10 3	壬辰	12 12	11 3	壬戌	1 11	12 3	壬辰	
8 13	6 29	辛酉	9 14	8 3	癸巳	10 14	9 3	癸亥	11 13	10 4	癸巳	12 13	11 4	癸亥	1 12	12 4	癸巳	
8 14	7 1	壬戌	9 15	8 4	甲午	10 15	9 4	甲子	11 14	10 5	甲午	12 14	11 5	甲子	1 13	12 5	甲午	
8 15	7 2	癸亥	9 16	8 5	乙未	10 16	9 5	乙丑	11 15	10 6	乙未	12 15	11 6	乙丑	1 14	12 6	乙未	
8 16	7 3	甲子	9 17	8 6	丙申	10 17	9 6	丙寅	11 16	10 7	丙申	12 16	11 7	丙寅	1 15	12 7	丙申	
8 17	7 4	乙丑	9 18	8 7	丁酉	10 18	9 7	丁卯	11 17	10 8	丁酉	12 17	11 8	丁卯	1 16	12 8	丁酉	
8 18	7 5	丙寅	9 19	8 8	戊戌	10 19	9 8	戊辰	11 18	10 9	戊戌	12 18	11 9	戊辰	1 17	12 9	戊戌	
8 19	7 6	丁卯	9 20	8 9	己亥	10 20	9 9	己巳	11 19	10 10	己亥	12 19	11 10	己巳	1 18	12 10	己亥	龍
8 20	7 7	戊辰	9 21	8 10	庚子	10 21	9 10	庚午	11 20	10 11	庚子	12 20	11 11	庚午	1 19	12 11	庚子	
8 21	7 8	己巳	9 22	8 11	辛丑	10 22	9 11	辛未	11 21	10 12	辛丑	12 21	11 12	辛未	1 20	12 12	辛丑	
8 22	7 9	庚午	9 23	8 12	壬寅	10 23	9 12	壬申	11 22	10 13	壬寅	12 22	11 13	壬申	1 21	12 13	壬寅	
8 23	7 10	辛未	9 24	8 13	癸卯	10 24	9 13	癸酉	11 23	10 14	癸卯	12 23	11 14	癸酉	1 22	12 14	癸卯	
8 24	7 11	壬申	9 25	8 14	甲辰	10 25	9 14	甲戌	11 24	10 15	甲辰	12 24	11 15	甲戌	1 23	12 15	甲辰	
8 25	7 12	癸酉	9 26	8 15	乙巳	10 26	9 15	乙亥	11 25	10 16	乙巳	12 25	11 16	乙亥	1 24	12 16	乙巳	中
8 26	7 13	甲戌	9 27	8 16	丙午	10 27	9 16	丙子	11 26	10 17	丙午	12 26	11 17	丙子	1 25	12 17	丙午	華
8 27	7 14	乙亥	9 28	8 17	丁未	10 28	9 17	丁丑	11 27	10 18	丁未	12 27	11 18	丁丑	1 26	12 18	丁未	民
8 28	7 15	丙子	9 29	8 18	戊申	10 29	9 18	戊寅	11 28	10 19	戊申	12 28	11 19	戊寅	1 27	12 19	戊申	國
8 29	7 16	丁丑	9 30	8 19	己酉	10 30	9 19	己卯	11 29	10 20	己酉	12 29	11 20	己卯	1 28	12 20	己酉	一
8 30	7 17	戊寅	10 1	8 20	庚戌	10 31	9 20	庚辰	11 30	10 21	庚戌	12 30	11 21	庚辰	1 29	12 21	庚戌	百
8 31	7 18	己卯	10 2	8 21	辛亥	11 1	9 21	辛巳	12 1	10 22	辛亥	12 31	11 22	辛巳	1 30	12 22	辛亥	六
9 1	7 19	庚辰	10 3	8 22	壬子	11 2	9 22	壬午	12 2	10 23	壬子	1 1	11 23	壬午	1 31	12 23	壬子	十
9 2	7 20	辛巳	10 4	8 23	癸丑	11 3	9 23	癸未	12 3	10 24	癸丑	1 2	11 24	癸未	2 1	12 24	癸丑	一
9 3	7 21	壬午	10 5	8 24	甲寅	11 4	9 24	甲申	12 4	10 25	甲寅	1 3	11 25	甲申	2 2	12 25	甲寅	·
9 4	7 22	癸未	10 6	8 25	乙卯	11 5	9 25	乙酉	12 5	10 26	乙卯	1 4	11 26	乙酉				一
9 5	7 23	甲申																百
9 6	7 24	乙酉																六

處暑			秋分			霜降			小雪			冬至			大寒			中氣
8/22 13時21分 未時			9/22 11時26分 午時			10/22 21時18分 亥時			11/21 19時19分 戌時			12/21 8時55分 辰時			1/19 19時36分 戌時			十二年

年	癸巳																	
月	甲寅			乙卯			丙辰			丁巳			戊午			己未		
節氣	立春			驚蟄			清明			立夏			芒種			小暑		
氣	2/3 13時51分 未時			3/5 7時35分 辰時			4/4 11時58分 午時			5/5 4時46分 寅時			6/5 8時29分 辰時			7/6 18時29分 酉時		
日	國曆	農曆	干支	國曆	農曆	干支	國曆	農曆	干支	國曆	農曆	干支	國曆	農曆	干支	國曆	農曆	干支
	2/3	12/27	乙卯	3/5	1/27	乙酉	4/4	2/27	乙卯	5/5	3/29	丙戌	6/5	4/30	丁巳	7/6	6/2	戊子
	2/4	12/28	丙辰	3/6	1/28	丙戌	4/5	2/28	丙辰	5/6	3/30	丁亥	6/6	5/1	戊午	7/7	6/3	己丑
	2/5	12/29	丁巳	3/7	1/29	丁亥	4/6	2/29	丁巳	5/7	4/1	戊子	6/7	5/2	己未	7/8	6/4	庚寅
	2/6	12/30	戊午	3/8	1/30	戊子	4/7	3/1	戊午	5/8	4/2	己丑	6/8	5/3	庚申	7/9	6/5	辛卯
2	2/7	1/1	己未	3/9	2/1	己丑	4/8	3/2	己未	5/9	4/3	庚寅	6/9	5/4	辛酉	7/10	6/6	壬辰
0	2/8	1/2	庚申	3/10	2/2	庚寅	4/9	3/3	庚申	5/10	4/4	辛卯	6/10	5/5	壬戌	7/11	6/7	癸巳
7	2/9	1/3	辛酉	3/11	2/3	辛卯	4/10	3/4	辛酉	5/11	4/5	壬辰	6/11	5/6	癸亥	7/12	6/8	甲午
3	2/10	1/4	壬戌	3/12	2/4	壬辰	4/11	3/5	壬戌	5/12	4/6	癸巳	6/12	5/7	甲子	7/13	6/9	乙未
	2/11	1/5	癸亥	3/13	2/5	癸巳	4/12	3/6	癸亥	5/13	4/7	甲午	6/13	5/8	乙丑	7/14	6/10	丙申
	2/12	1/6	甲子	3/14	2/6	甲午	4/13	3/7	甲子	5/14	4/8	乙未	6/14	5/9	丙寅	7/15	6/11	丁酉
	2/13	1/7	乙丑	3/15	2/7	乙未	4/14	3/8	乙丑	5/15	4/9	丙申	6/15	5/10	丁卯	7/16	6/12	戊戌
	2/14	1/8	丙寅	3/16	2/8	丙申	4/15	3/9	丙寅	5/16	4/10	丁酉	6/16	5/11	戊辰	7/17	6/13	己亥
蛇	2/15	1/9	丁卯	3/17	2/9	丁酉	4/16	3/10	丁卯	5/17	4/11	戊戌	6/17	5/12	己巳	7/18	6/14	庚子
	2/16	1/10	戊辰	3/18	2/10	戊戌	4/17	3/11	戊辰	5/18	4/12	己亥	6/18	5/13	庚午	7/19	6/15	辛丑
	2/17	1/11	己巳	3/19	2/11	己亥	4/18	3/12	己巳	5/19	4/13	庚子	6/19	5/14	辛未	7/20	6/16	壬寅
	2/18	1/12	庚午	3/20	2/12	庚子	4/19	3/13	庚午	5/20	4/14	辛丑	6/20	5/15	壬申	7/21	6/17	癸卯
	2/19	1/13	辛未	3/21	2/13	辛丑	4/20	3/14	辛未	5/21	4/15	壬寅	6/21	5/16	癸酉	7/22	6/18	甲辰
	2/20	1/14	壬申	3/22	2/14	壬寅	4/21	3/15	壬申	5/22	4/16	癸卯	6/22	5/17	甲戌	7/23	6/19	乙巳
	2/21	1/15	癸酉	3/23	2/15	癸卯	4/22	3/16	癸酉	5/23	4/17	甲辰	6/23	5/18	乙亥	7/24	6/20	丙午
	2/22	1/16	甲戌	3/24	2/16	甲辰	4/23	3/17	甲戌	5/24	4/18	乙巳	6/24	5/19	丙子	7/25	6/21	丁未
中	2/23	1/17	乙亥	3/25	2/17	乙巳	4/24	3/18	乙亥	5/25	4/19	丙午	6/25	5/20	丁丑	7/26	6/22	戊申
華	2/24	1/18	丙子	3/26	2/18	丙午	4/25	3/19	丙子	5/26	4/20	丁未	6/26	5/21	戊寅	7/27	6/23	己酉
民	2/25	1/19	丁丑	3/27	2/19	丁未	4/26	3/20	丁丑	5/27	4/21	戊申	6/27	5/22	己卯	7/28	6/24	庚戌
國	2/26	1/20	戊寅	3/28	2/20	戊申	4/27	3/21	戊寅	5/28	4/22	己酉	6/28	5/23	庚辰	7/29	6/25	辛亥
一	2/27	1/21	己卯	3/29	2/21	己酉	4/28	3/22	己卯	5/29	4/23	庚戌	6/29	5/24	辛巳	7/30	6/26	壬子
百	2/28	1/22	庚辰	3/30	2/22	庚戌	4/29	3/23	庚辰	5/30	4/24	辛亥	6/30	5/25	壬午	7/31	6/27	癸丑
六	3/1	1/23	辛巳	3/31	2/23	辛亥	4/30	3/24	辛巳	5/31	4/25	壬子	7/1	5/26	癸未	8/1	6/28	甲寅
十	3/2	1/24	壬午	4/1	2/24	壬子	5/1	3/25	壬午	6/1	4/26	癸丑	7/2	5/27	甲申	8/2	6/29	乙卯
二	3/3	1/25	癸未	4/2	2/25	癸丑	5/2	3/26	癸未	6/2	4/27	甲寅	7/3	5/28	乙酉	8/3	6/30	丙辰
年	3/4	1/26	甲申	4/3	2/26	甲寅	5/3	3/27	甲申	6/3	4/28	乙卯	7/4	5/29	丙戌	8/4	7/1	丁巳
							5/4	3/28	乙酉	6/4	4/29	丙辰	7/5	6/1	丁亥	8/5	7/2	戊午
																8/6	7/3	己未
中氣	雨水			春分			穀雨			小滿			夏至			大暑		
	2/18 9時33分 巳時			3/20 8時12分 辰時			4/19 18時47分 酉時			5/20 17時28分 酉時			6/21 1時6分 丑時			7/22 11時54分 午時		

癸巳																		年
庚申			辛酉			壬戌			癸亥			甲子			乙丑			月
立秋			白露			寒露			立冬			大雪			小寒			節氣
8/7 4時19分 寅時			9/7 7時32分 辰時			10/7 23時40分 子時			11/7 3時23分 寅時			12/6 20時39分 戌時			1/5 8時5分 辰時			
國曆	農曆	干支	國曆	農曆	干支	國曆	農曆	干支	國曆	農曆	干支	國曆	農曆	干支	國曆	農曆	干支	日
8 7	7 4	庚申	9 7	8 6	辛卯	10 7	9 7	辛酉	11 7	10 8	壬辰	12 6	11 8	辛酉	1 5	12 8	辛卯	
8 8	7 5	辛酉	9 8	8 7	壬辰	10 8	9 8	壬戌	11 8	10 9	癸巳	12 7	11 9	壬戌	1 6	12 9	壬辰	
8 9	7 6	壬戌	9 9	8 8	癸巳	10 9	9 9	癸亥	11 9	10 10	甲午	12 8	11 10	癸亥	1 7	12 10	癸巳	
8 10	7 7	癸亥	9 10	8 9	甲午	10 10	9 10	甲子	11 10	10 11	乙未	12 9	11 11	甲子	1 8	12 11	甲午	
8 11	7 8	甲子	9 11	8 10	乙未	10 11	9 11	乙丑	11 11	10 12	丙申	12 10	11 12	乙丑	1 9	12 12	乙未	2
8 12	7 9	乙丑	9 12	8 11	丙申	10 12	9 12	丙寅	11 12	10 13	丁酉	12 11	11 13	丙寅	1 10	12 13	丙申	0
8 13	7 10	丙寅	9 13	8 12	丁酉	10 13	9 13	丁卯	11 13	10 14	戊戌	12 12	11 14	丁卯	1 11	12 14	丁酉	7
8 14	7 11	丁卯	9 14	8 13	戊戌	10 14	9 14	戊辰	11 14	10 15	己亥	12 13	11 15	戊辰	1 12	12 15	戊戌	3
8 15	7 12	戊辰	9 15	8 14	己亥	10 15	9 15	己巳	11 15	10 16	庚子	12 14	11 16	己巳	1 13	12 16	己亥	·
8 16	7 13	己巳	9 16	8 15	庚子	10 16	9 16	庚午	11 16	10 17	辛丑	12 15	11 17	庚午	1 14	12 17	庚子	2
8 17	7 14	庚午	9 17	8 16	辛丑	10 17	9 17	辛未	11 17	10 18	壬寅	12 16	11 18	辛未	1 15	12 18	辛丑	0
8 18	7 15	辛未	9 18	8 17	壬寅	10 18	9 18	壬申	11 18	10 19	癸卯	12 17	11 19	壬申	1 16	12 19	壬寅	7
8 19	7 16	壬申	9 19	8 18	癸卯	10 19	9 19	癸酉	11 19	10 20	甲辰	12 18	11 20	癸酉	1 17	12 20	癸卯	4
8 20	7 17	癸酉	9 20	8 19	甲辰	10 20	9 20	甲戌	11 20	10 21	乙巳	12 19	11 21	甲戌	1 18	12 21	甲辰	
8 21	7 18	甲戌	9 21	8 20	乙巳	10 21	9 21	乙亥	11 21	10 22	丙午	12 20	11 22	乙亥	1 19	12 22	乙巳	
8 22	7 19	乙亥	9 22	8 21	丙午	10 22	9 22	丙子	11 22	10 23	丁未	12 21	11 23	丙子	1 20	12 23	丙午	
8 23	7 20	丙子	9 23	8 22	丁未	10 23	9 23	丁丑	11 23	10 24	戊申	12 22	11 24	丁丑	1 21	12 24	丁未	
8 24	7 21	丁丑	9 24	8 23	戊申	10 24	9 24	戊寅	11 24	10 25	己酉	12 23	11 25	戊寅	1 22	12 25	戊申	蛇
8 25	7 22	戊寅	9 25	8 24	己酉	10 25	9 25	己卯	11 25	10 26	庚戌	12 24	11 26	己卯	1 23	12 26	己酉	
8 26	7 23	己卯	9 26	8 25	庚戌	10 26	9 26	庚辰	11 26	10 27	辛亥	12 25	11 27	庚辰	1 24	12 27	庚戌	
8 27	7 24	庚辰	9 27	8 26	辛亥	10 27	9 27	辛巳	11 27	10 28	壬子	12 26	11 28	辛巳	1 25	12 28	辛亥	
8 28	7 25	辛巳	9 28	8 27	壬子	10 28	9 28	壬午	11 28	10 29	癸丑	12 27	11 29	壬午	1 26	12 29	壬子	中
8 29	7 26	壬午	9 29	8 28	癸丑	10 29	9 29	癸未	11 29	11 1	甲寅	12 28	11 30	癸未	1 27	1 1	癸丑	華
8 30	7 27	癸未	9 30	8 29	甲寅	10 30	9 30	甲申	11 30	11 2	乙卯	12 29	12 1	甲申	1 28	1 2	甲寅	民
8 31	7 28	甲申	10 1	9 1	乙卯	10 31	10 1	乙酉	12 1	11 3	丙辰	12 30	12 2	乙酉	1 29	1 3	乙卯	國
9 1	7 29	乙酉	10 2	9 2	丙辰	11 1	10 2	丙戌	12 2	11 4	丁巳	12 31	12 3	丙戌	1 30	1 4	丙辰	一
9 2	8 1	丙戌	10 3	9 3	丁巳	11 2	10 3	丁亥	12 3	11 5	戊午	1 1	12 4	丁亥	1 31	1 5	丁巳	百
9 3	8 2	丁亥	10 4	9 4	戊午	11 3	10 4	戊子	12 4	11 6	己未	1 2	12 5	戊子	2 1	1 6	戊午	六
9 4	8 3	戊子	10 5	9 5	己未	11 4	10 5	己丑	12 5	11 7	庚申	1 3	12 6	己丑	2 2	1 7	己未	十
9 5	8 4	己丑	10 6	9 6	庚申	11 5	10 6	庚寅				1 4	12 7	庚寅				二
9 6	8 5	庚寅				11 6	10 7	辛卯										·
處暑			秋分			霜降			小雪			冬至			大寒			一
8/22 19時10分 戌時			9/22 17時14分 酉時			10/23 3時7分 寅時			11/22 1時10分 丑時			12/21 14時49分 未時			1/20 1時33分 丑時			六
																		十
																		三
																		年
																		中氣

年：甲午　（馬）　中華民國一百六十三年　（2074）

月	丙寅			丁卯			戊辰			己巳			庚午			辛未		
節氣	立春			驚蟄			清明			立夏			芒種			小暑		
	2/3 19時40分 戌時			3/5 13時23分 未時			4/4 17時44分 酉時			5/5 10時32分 巳時			6/5 14時16分 未時			7/7 0時20分 子時		
日	國曆	農曆	干支	國曆	農曆	干支	國曆	農曆	干支	國曆	農曆	干支	國曆	農曆	干支	國曆	農曆	干支
	2/3	1/8	庚申	3/5	2/8	庚寅	4/4	3/9	庚申	5/5	4/10	辛卯	6/5	5/11	壬戌	7/7	6/14	甲午
	2/4	1/9	辛酉	3/6	2/9	辛卯	4/5	3/10	辛酉	5/6	4/11	壬辰	6/6	5/12	癸亥	7/8	6/15	乙未
	2/5	1/10	壬戌	3/7	2/10	壬辰	4/6	3/11	壬戌	5/7	4/12	癸巳	6/7	5/13	甲子	7/9	6/16	丙申
	2/6	1/11	癸亥	3/8	2/11	癸巳	4/7	3/12	癸亥	5/8	4/13	甲午	6/8	5/14	乙丑	7/10	6/17	丁酉
	2/7	1/12	甲子	3/9	2/12	甲午	4/8	3/13	甲子	5/9	4/14	乙未	6/9	5/15	丙寅	7/11	6/18	戊戌
	2/8	1/13	乙丑	3/10	2/13	乙未	4/9	3/14	乙丑	5/10	4/15	丙申	6/10	5/16	丁卯	7/12	6/19	己亥
	2/9	1/14	丙寅	3/11	2/14	丙申	4/10	3/15	丙寅	5/11	4/16	丁酉	6/11	5/17	戊辰	7/13	6/20	庚子
	2/10	1/15	丁卯	3/12	2/15	丁酉	4/11	3/16	丁卯	5/12	4/17	戊戌	6/12	5/18	己巳	7/14	6/21	辛丑
	2/11	1/16	戊辰	3/13	2/16	戊戌	4/12	3/17	戊辰	5/13	4/18	己亥	6/13	5/19	庚午	7/15	6/22	壬寅
	2/12	1/17	己巳	3/14	2/17	己亥	4/13	3/18	己巳	5/14	4/19	庚子	6/14	5/20	辛未	7/16	6/23	癸卯
	2/13	1/18	庚午	3/15	2/18	庚子	4/14	3/19	庚午	5/15	4/20	辛丑	6/15	5/21	壬申	7/17	6/24	甲辰
	2/14	1/19	辛未	3/16	2/19	辛丑	4/15	3/20	辛未	5/16	4/21	壬寅	6/16	5/22	癸酉	7/18	6/25	乙巳
	2/15	1/20	壬申	3/17	2/20	壬寅	4/16	3/21	壬申	5/17	4/22	癸卯	6/17	5/23	甲戌	7/19	6/26	丙午
	2/16	1/21	癸酉	3/18	2/21	癸卯	4/17	3/22	癸酉	5/18	4/23	甲辰	6/18	5/24	乙亥	7/20	6/27	丁未
	2/17	1/22	甲戌	3/19	2/22	甲辰	4/18	3/23	甲戌	5/19	4/24	乙巳	6/19	5/25	丙子	7/21	6/28	戊申
	2/18	1/23	乙亥	3/20	2/23	乙巳	4/19	3/24	乙亥	5/20	4/25	丙午	6/20	5/26	丁丑	7/22	6/29	己酉
	2/19	1/24	丙子	3/21	2/24	丙午	4/20	3/25	丙子	5/21	4/26	丁未	6/21	5/27	戊寅	7/23	6/30	庚戌
	2/20	1/25	丁丑	3/22	2/25	丁未	4/21	3/26	丁丑	5/22	4/27	戊申	6/22	5/28	己卯	7/24	閏6/1	辛亥
	2/21	1/26	戊寅	3/23	2/26	戊申	4/22	3/27	戊寅	5/23	4/28	己酉	6/23	5/29	庚辰	7/25	閏6/2	壬子
	2/22	1/27	己卯	3/24	2/27	己酉	4/23	3/28	己卯	5/24	4/29	庚戌	6/24	6/1	辛巳	7/26	閏6/3	癸丑
	2/23	1/28	庚辰	3/25	2/28	庚戌	4/24	3/29	庚辰	5/25	4/30	辛亥	6/25	6/2	壬午	7/27	閏6/4	甲寅
	2/24	1/29	辛巳	3/26	2/29	辛亥	4/25	3/30	辛巳	5/26	5/1	壬子	6/26	6/3	癸未	7/28	閏6/5	乙卯
	2/25	1/30	壬午	3/27	3/1	壬子	4/26	4/1	壬午	5/27	5/2	癸丑	6/27	6/4	甲申	7/29	閏6/6	丙辰
	2/26	2/1	癸未	3/28	3/2	癸丑	4/27	4/2	癸未	5/28	5/3	甲寅	6/28	6/5	乙酉	7/30	閏6/7	丁巳
	2/27	2/2	甲申	3/29	3/3	甲寅	4/28	4/3	甲申	5/29	5/4	乙卯	6/29	6/6	丙戌	7/31	閏6/8	戊午
	2/28	2/3	乙酉	3/30	3/4	乙卯	4/29	4/4	乙酉	5/30	5/5	丙辰	6/30	6/7	丁亥	8/1	閏6/9	己未
	3/1	2/4	丙戌	3/31	3/5	丙辰	4/30	4/5	丙戌	5/31	5/6	丁巳	7/1	6/8	戊子	8/2	閏6/10	庚申
	3/2	2/5	丁亥	4/1	3/6	丁巳	5/1	4/6	丁亥	6/1	5/7	戊午	7/2	6/9	己丑	8/3	閏6/11	辛酉
	3/3	2/6	戊子	4/2	3/7	戊午	5/2	4/7	戊子	6/2	5/8	己未	7/3	6/10	庚寅	8/4	閏6/12	壬戌
	3/4	2/7	己丑	4/3	3/8	己未	5/3	4/8	己丑	6/3	5/9	庚申	7/4	6/11	辛卯	8/5	閏6/13	癸亥
							5/4	4/9	庚寅	6/4	5/10	辛酉	7/5	6/12	壬辰	8/6	閏6/14	甲子
													7/6	6/13	癸巳			

中氣	雨水			春分			穀雨			小滿			夏至			大暑		
	2/18 15時31分 申時			3/20 14時8分 未時			4/20 0時40分 子時			5/20 23時20分 子時			6/21 6時57分 卯時			7/22 17時44分 酉時		

壬申			癸酉			甲戌			乙亥			丙子			丁丑			月
立秋			白露			寒露			立冬			大雪			小寒			節氣
8/7 10時12分 巳時			9/7 13時27分 未時			10/8 5時36分 卯時			11/7 9時18分 巳時			12/7 2時33分 丑時			1/5 13時56分 未時			節氣
國曆	農曆	干支	國曆	農曆	干支	國曆	農曆	干支	國曆	農曆	干支	國曆	農曆	干支	國曆	農曆	干支	日
8 7	6 15	乙丑	9 7	7 17	丙申	10 8	8 18	丁卯	11 7	9 19	丁酉	12 7	10 19	丁卯	1 5	11 19	丙申	
8 8	6 16	丙寅	9 8	7 18	丁酉	10 9	8 19	戊辰	11 8	9 20	戊戌	12 8	10 20	戊辰	1 6	11 20	丁酉	
8 9	6 17	丁卯	9 9	7 19	戊戌	10 10	8 20	己巳	11 9	9 21	己亥	12 9	10 21	己巳	1 7	11 21	戊戌	
8 10	6 18	戊辰	9 10	7 20	己亥	10 11	8 21	庚午	11 10	9 22	庚子	12 10	10 22	庚午	1 8	11 22	己亥	
8 11	6 19	己巳	9 11	7 21	庚子	10 12	8 22	辛未	11 11	9 23	辛丑	12 11	10 23	辛未	1 9	11 23	庚子	2
8 12	6 20	庚午	9 12	7 22	辛丑	10 13	8 23	壬申	11 12	9 24	壬寅	12 12	10 24	壬申	1 10	11 24	辛丑	0
8 13	6 21	辛未	9 13	7 23	壬寅	10 14	8 24	癸酉	11 13	9 25	癸卯	12 13	10 25	癸酉	1 11	11 25	壬寅	7
8 14	6 22	壬申	9 14	7 24	癸卯	10 15	8 25	甲戌	11 14	9 26	甲辰	12 14	10 26	甲戌	1 12	11 26	癸卯	4
8 15	6 23	癸酉	9 15	7 25	甲辰	10 16	8 26	乙亥	11 15	9 27	乙巳	12 15	10 27	乙亥	1 13	11 27	甲辰	・
8 16	6 24	甲戌	9 16	7 26	乙巳	10 17	8 27	丙子	11 16	9 28	丙午	12 16	10 28	丙子	1 14	11 28	乙巳	2
8 17	6 25	乙亥	9 17	7 27	丙午	10 18	8 28	丁丑	11 17	9 29	丁未	12 17	10 29	丁丑	1 15	11 29	丙午	0
8 18	6 26	丙子	9 18	7 28	丁未	10 19	8 29	戊寅	11 18	9 30	戊申	12 18	11 1	戊寅	1 16	11 30	丁未	7
8 19	6 27	丁丑	9 19	7 29	戊申	10 20	9 1	己卯	11 19	10 1	己酉	12 19	11 2	己卯	1 17	12 1	戊申	5
8 20	6 28	戊寅	9 20	7 30	己酉	10 21	9 2	庚辰	11 20	10 2	庚戌	12 20	11 3	庚辰	1 18	12 2	己酉	
8 21	6 29	己卯	9 21	8 1	庚戌	10 22	9 3	辛巳	11 21	10 3	辛亥	12 21	11 4	辛巳	1 19	12 3	庚戌	
8 22	7 1	庚辰	9 22	8 2	辛亥	10 23	9 4	壬午	11 22	10 4	壬子	12 22	11 5	壬午	1 20	12 4	辛亥	馬
8 23	7 2	辛巳	9 23	8 3	壬子	10 24	9 5	癸未	11 23	10 5	癸丑	12 23	11 6	癸未	1 21	12 5	壬子	
8 24	7 3	壬午	9 24	8 4	癸丑	10 25	9 6	甲申	11 24	10 6	甲寅	12 24	11 7	甲申	1 22	12 6	癸丑	
8 25	7 4	癸未	9 25	8 5	甲寅	10 26	9 7	乙酉	11 25	10 7	乙卯	12 25	11 8	乙酉	1 23	12 7	甲寅	
8 26	7 5	甲申	9 26	8 6	乙卯	10 27	9 8	丙戌	11 26	10 8	丙辰	12 26	11 9	丙戌	1 24	12 8	乙卯	中
8 27	7 6	乙酉	9 27	8 7	丙辰	10 28	9 9	丁亥	11 27	10 9	丁巳	12 27	11 10	丁亥	1 25	12 9	丙辰	華
8 28	7 7	丙戌	9 28	8 8	丁巳	10 29	9 10	戊子	11 28	10 10	戊午	12 28	11 11	戊子	1 26	12 10	丁巳	民
8 29	7 8	丁亥	9 29	8 9	戊午	10 30	9 11	己丑	11 29	10 11	己未	12 29	11 12	己丑	1 27	12 11	戊午	國
8 30	7 9	戊子	9 30	8 10	己未	10 31	9 12	庚寅	11 30	10 12	庚申	12 30	11 13	庚寅	1 28	12 12	己未	一
8 31	7 10	己丑	10 1	8 11	庚申	11 1	9 13	辛卯	12 1	10 13	辛酉	12 31	11 14	辛卯	1 29	12 13	庚申	百
9 1	7 11	庚寅	10 2	8 12	辛酉	11 2	9 14	壬辰	12 2	10 14	壬戌	1 1	11 15	壬辰	1 30	12 14	辛酉	六
9 2	7 12	辛卯	10 3	8 13	壬戌	11 3	9 15	癸巳	12 3	10 15	癸亥	1 2	11 16	癸巳	1 31	12 15	壬戌	十
9 3	7 13	壬辰	10 4	8 14	癸亥	11 4	9 16	甲午	12 4	10 16	甲子	1 3	11 17	甲午	2 1	12 16	癸亥	三
9 4	7 14	癸巳	10 5	8 15	甲子	11 5	9 17	乙未	12 5	10 17	乙丑	1 4	11 18	乙未	2 2	12 17	甲子	・
9 5	7 15	甲午	10 6	8 16	乙丑	11 6	9 18	丙申	12 6	10 18	丙寅				2 3	12 18	乙丑	一
9 6	7 16	乙未	10 7	8 17	丙寅													百
處暑			秋分			霜降			小雪			冬至			大寒			中氣
8/23 0時59分 子時			9/22 23時2分 子時			10/23 8時54分 辰時			11/22 6時57分 卯時			12/21 20時34分 戌時			1/20 7時15分 辰時			中氣

年												乙未						
月	戊寅			己卯			庚辰			辛巳			壬午			癸未		
節氣	立春 2/4 1時29分 丑時			驚蟄 3/5 19時10分 戌時			清明 4/4 23時30分 子時			立夏 5/5 16時18分 申時			芒種 6/5 20時5分 戌時			小暑 7/7 6時12分 卯時		
日	國曆	農曆	干支	國曆	農曆	干支	國曆	農曆	干支	國曆	農曆	干支	國曆	農曆	干支	國曆	農曆	干支
	2 4	12 19	丙寅	3 5	1 19	乙未	4 4	2 19	乙丑	5 5	3 21	丙申	6 5	4 22	丁卯	7 7	5 25	己亥
	2 5	12 20	丁卯	3 6	1 20	丙申	4 5	2 20	丙寅	5 6	3 22	丁酉	6 6	4 23	戊辰	7 8	5 26	庚子
	2 6	12 21	戊辰	3 7	1 21	丁酉	4 6	2 21	丁卯	5 7	3 23	戊戌	6 7	4 24	己巳	7 9	5 27	辛丑
	2 7	12 22	己巳	3 8	1 22	戊戌	4 7	2 22	戊辰	5 8	3 24	己亥	6 8	4 25	庚午	7 10	5 28	壬寅
2	2 8	12 23	庚午	3 9	1 23	己亥	4 8	2 23	己巳	5 9	3 25	庚子	6 9	4 26	辛未	7 11	5 29	癸卯
0	2 9	12 24	辛未	3 10	1 24	庚子	4 9	2 24	庚午	5 10	3 26	辛丑	6 10	4 27	壬申	7 12	5 30	甲辰
7	2 10	12 25	壬申	3 11	1 25	辛丑	4 10	2 25	辛未	5 11	3 27	壬寅	6 11	4 28	癸酉	7 13	6 1	乙巳
5	2 11	12 26	癸酉	3 12	1 26	壬寅	4 11	2 26	壬申	5 12	3 28	癸卯	6 12	4 29	甲戌	7 14	6 2	丙午
	2 12	12 27	甲戌	3 13	1 27	癸卯	4 12	2 27	癸酉	5 13	3 29	甲辰	6 13	5 1	乙亥	7 15	6 3	丁未
	2 13	12 28	乙亥	3 14	1 28	甲辰	4 13	2 28	甲戌	5 14	3 30	乙巳	6 14	5 2	丙子	7 16	6 4	戊申
	2 14	12 29	丙子	3 15	1 29	乙巳	4 14	2 29	乙亥	5 15	4 1	丙午	6 15	5 3	丁丑	7 17	6 5	己酉
	2 15	1 1	丁丑	3 16	1 30	丙午	4 15	3 1	丙子	5 16	4 2	丁未	6 16	5 4	戊寅	7 18	6 6	庚戌
	2 16	1 2	戊寅	3 17	2 1	丁未	4 16	3 2	丁丑	5 17	4 3	戊申	6 17	5 5	己卯	7 19	6 7	辛亥
羊	2 17	1 3	己卯	3 18	2 2	戊申	4 17	3 3	戊寅	5 18	4 4	己酉	6 18	5 6	庚辰	7 20	6 8	壬子
	2 18	1 4	庚辰	3 19	2 3	己酉	4 18	3 4	己卯	5 19	4 5	庚戌	6 19	5 7	辛巳	7 21	6 9	癸丑
	2 19	1 5	辛巳	3 20	2 4	庚戌	4 19	3 5	庚辰	5 20	4 6	辛亥	6 20	5 8	壬午	7 22	6 10	甲寅
	2 20	1 6	壬午	3 21	2 5	辛亥	4 20	3 6	辛巳	5 21	4 7	壬子	6 21	5 9	癸未	7 23	6 11	乙卯
	2 21	1 7	癸未	3 22	2 6	壬子	4 21	3 7	壬午	5 22	4 8	癸丑	6 22	5 10	甲申	7 24	6 12	丙辰
	2 22	1 8	甲申	3 23	2 7	癸丑	4 22	3 8	癸未	5 23	4 9	甲寅	6 23	5 11	乙酉	7 25	6 13	丁巳
	2 23	1 9	乙酉	3 24	2 8	甲寅	4 23	3 9	甲申	5 24	4 10	乙卯	6 24	5 12	丙戌	7 26	6 14	戊午
中	2 24	1 10	丙戌	3 25	2 9	乙卯	4 24	3 10	乙酉	5 25	4 11	丙辰	6 25	5 13	丁亥	7 27	6 15	己未
華	2 25	1 11	丁亥	3 26	2 10	丙辰	4 25	3 11	丙戌	5 26	4 12	丁巳	6 26	5 14	戊子	7 28	6 16	庚申
民	2 26	1 12	戊子	3 27	2 11	丁巳	4 26	3 12	丁亥	5 27	4 13	戊午	6 27	5 15	己丑	7 29	6 17	辛酉
國	2 27	1 13	己丑	3 28	2 12	戊午	4 27	3 13	戊子	5 28	4 14	己未	6 28	5 16	庚寅	7 30	6 18	壬戌
一	2 28	1 14	庚寅	3 29	2 13	己未	4 28	3 14	己丑	5 29	4 15	庚申	6 29	5 17	辛卯	7 31	6 19	癸亥
百	3 1	1 15	辛卯	3 30	2 14	庚申	4 29	3 15	庚寅	5 30	4 16	辛酉	6 30	5 18	壬辰	8 1	6 20	甲子
六	3 2	1 16	壬辰	3 31	2 15	辛酉	4 30	3 16	辛卯	5 31	4 17	壬戌	7 1	5 19	癸巳	8 2	6 21	乙丑
十	3 3	1 17	癸巳	4 1	2 16	壬戌	5 1	3 17	壬辰	6 1	4 18	癸亥	7 2	5 20	甲午	8 3	6 22	丙寅
四	3 4	1 18	甲午	4 2	2 17	癸亥	5 2	3 18	癸巳	6 2	4 19	甲子	7 3	5 21	乙未	8 4	6 23	丁卯
年				4 3	2 18	甲子	5 3	3 19	甲午	6 3	4 20	乙丑	7 4	5 22	丙申	8 5	6 24	戊辰
							5 4	3 20	乙未	6 4	4 21	丙寅	7 5	5 23	丁酉	8 6	6 25	己巳
													7 6	5 24	戊戌			
中氣	雨水 2/18 21時11分 亥時			春分 3/20 19時45分 戌時			穀雨 4/20 6時17分 卯時			小滿 5/21 4時58分 寅時			夏至 6/21 12時39分 午時			大暑 7/22 23時32分 子時		

甲申			乙酉			丙戌			丁亥			戊子			己丑			年
立秋			白露			寒露			立冬			大雪			小寒			月
8/7 16時7分 申時			9/7 19時23分 戌時			10/8 11時30分 午時			11/7 15時10分 申時			12/7 8時23分 辰時			1/5 19時46分 戌時			節氣
國曆	農曆	干支	國曆	農曆	干支	國曆	農曆	干支	國曆	農曆	干支	國曆	農曆	干支	國曆	農曆	干支	日
8 7	6 26	庚午	9 7	7 27	辛丑	10 8	8 29	壬申	11 7	9 29	壬寅	12 7	10 30	壬申	1 5	11 29	辛丑	2 0 7 5 · 2 0 7 6
8 8	6 27	辛未	9 8	7 28	壬寅	10 9	8 30	癸酉	11 8	10 1	癸卯	12 8	11 1	癸酉	1 6	12 1	壬寅	
8 9	6 28	壬申	9 9	7 29	癸卯	10 10	9 1	甲戌	11 9	10 2	甲辰	12 9	11 2	甲戌	1 7	12 2	癸卯	
8 10	6 29	癸酉	9 10	8 1	甲辰	10 11	9 2	乙亥	11 10	10 3	乙巳	12 10	11 3	乙亥	1 8	12 3	甲辰	
8 11	6 30	甲戌	9 11	8 2	乙巳	10 12	9 3	丙子	11 11	10 4	丙午	12 11	11 4	丙子	1 9	12 4	乙巳	
8 12	7 1	乙亥	9 12	8 3	丙午	10 13	9 4	丁丑	11 12	10 5	丁未	12 12	11 5	丁丑	1 10	12 5	丙午	
8 13	7 2	丙子	9 13	8 4	丁未	10 14	9 5	戊寅	11 13	10 6	戊申	12 13	11 6	戊寅	1 11	12 6	丁未	
8 14	7 3	丁丑	9 14	8 5	戊申	10 15	9 6	己卯	11 14	10 7	己酉	12 14	11 7	己卯	1 12	12 7	戊申	
8 15	7 4	戊寅	9 15	8 6	己酉	10 16	9 7	庚辰	11 15	10 8	庚戌	12 15	11 8	庚辰	1 13	12 8	己酉	
8 16	7 5	己卯	9 16	8 7	庚戌	10 17	9 8	辛巳	11 16	10 9	辛亥	12 16	11 9	辛巳	1 14	12 9	庚戌	
8 17	7 6	庚辰	9 17	8 8	辛亥	10 18	9 9	壬午	11 17	10 10	壬子	12 17	11 10	壬午	1 15	12 10	辛亥	
8 18	7 7	辛巳	9 18	8 9	壬子	10 19	9 10	癸未	11 18	10 11	癸丑	12 18	11 11	癸未	1 16	12 11	壬子	
8 19	7 8	壬午	9 19	8 10	癸丑	10 20	9 11	甲申	11 19	10 12	甲寅	12 19	11 12	甲申	1 17	12 12	癸丑	
8 20	7 9	癸未	9 20	8 11	甲寅	10 21	9 12	乙酉	11 20	10 13	乙卯	12 20	11 13	乙酉	1 18	12 13	甲寅	羊
8 21	7 10	甲申	9 21	8 12	乙卯	10 22	9 13	丙戌	11 21	10 14	丙辰	12 21	11 14	丙戌	1 19	12 14	乙卯	
8 22	7 11	乙酉	9 22	8 13	丙辰	10 23	9 14	丁亥	11 22	10 15	丁巳	12 22	11 15	丁亥	1 20	12 15	丙辰	
8 23	7 12	丙戌	9 23	8 14	丁巳	10 24	9 15	戊子	11 23	10 16	戊午	12 23	11 16	戊子	1 21	12 16	丁巳	
8 24	7 13	丁亥	9 24	8 15	戊午	10 25	9 16	己丑	11 24	10 17	己未	12 24	11 17	己丑	1 22	12 17	戊午	
8 25	7 14	戊子	9 25	8 16	己未	10 26	9 17	庚寅	11 25	10 18	庚申	12 25	11 18	庚寅	1 23	12 18	己未	
8 26	7 15	己丑	9 26	8 17	庚申	10 27	9 18	辛卯	11 26	10 19	辛酉	12 26	11 19	辛卯	1 24	12 19	庚申	中
8 27	7 16	庚寅	9 27	8 18	辛酉	10 28	9 19	壬辰	11 27	10 20	壬戌	12 27	11 20	壬辰	1 25	12 20	辛酉	華
8 28	7 17	辛卯	9 28	8 19	壬戌	10 29	9 20	癸巳	11 28	10 21	癸亥	12 28	11 21	癸巳	1 26	12 21	壬戌	民
8 29	7 18	壬辰	9 29	8 20	癸亥	10 30	9 21	甲午	11 29	10 22	甲子	12 29	11 22	甲午	1 27	12 22	癸亥	國
8 30	7 19	癸巳	9 30	8 21	甲子	10 31	9 22	乙未	11 30	10 23	乙丑	12 30	11 23	乙未	1 28	12 23	甲子	一
8 31	7 20	甲午	10 1	8 22	乙丑	11 1	9 23	丙申	12 1	10 24	丙寅	12 31	11 24	丙申	1 29	12 24	乙丑	百
9 1	7 21	乙未	10 2	8 23	丙寅	11 2	9 24	丁酉	12 2	10 25	丁卯	1 1	11 25	丁酉	1 30	12 25	丙寅	六
9 2	7 22	丙申	10 3	8 24	丁卯	11 3	9 25	戊戌	12 3	10 26	戊辰	1 2	11 26	戊戌	1 31	12 26	丁卯	十
9 3	7 23	丁酉	10 4	8 25	戊辰	11 4	9 26	己亥	12 4	10 27	己巳	1 3	11 27	己亥	2 1	12 27	戊辰	四
9 4	7 24	戊戌	10 5	8 26	己巳	11 5	9 27	庚子	12 5	10 28	庚午	1 4	11 28	庚子	2 2	12 28	己巳	·
9 5	7 25	己亥	10 6	8 27	庚午	11 6	9 28	辛丑	12 6	10 29	辛未				2 3	12 29	庚午	一
9 6	7 26	庚子	10 7	8 28	辛未													百
處暑			秋分			霜降			小雪			冬至			大寒			六
8/23 6時52分 卯時			9/23 4時57分 寅時			10/23 14時49分 未時			11/22 12時50分 午時			12/22 2時26分 丑時			1/20 13時6分 未時			十 五 年 中氣

丙申　中華民國一百六十五年（2076）　生肖：猴

月	庚寅			辛卯			壬辰			癸巳			甲午			乙未		
節氣	立春			驚蟄			清明			立夏			芒種			小暑		
	2/4 7時19分 辰時			3/5 1時0分 丑時			4/5 5時19分 卯時			5/4 22時7分 亥時			6/5 1時53分 丑時			7/6 11時59分 午時		
日	國曆	農曆	干支	國曆	農曆	干支	國曆	農曆	干支	國曆	農曆	干支	國曆	農曆	干支	國曆	農曆	干支
	2 4	12 30	辛未	3 5	2 1	辛丑	4 4	3 1	辛未	5 4	4 2	辛丑	6 5	5 4	癸酉	7 6	6 6	甲辰
	2 5	1 1	壬申	3 6	2 2	壬寅	4 5	3 2	壬申	5 5	4 3	壬寅	6 6	5 5	甲戌	7 7	6 7	乙巳
	2 6	1 2	癸酉	3 7	2 3	癸卯	4 6	3 3	癸酉	5 6	4 4	癸卯	6 7	5 6	乙亥	7 8	6 8	丙午
	2 7	1 3	甲戌	3 8	2 4	甲辰	4 7	3 4	甲戌	5 7	4 5	甲辰	6 8	5 7	丙子	7 9	6 9	丁未
	2 8	1 4	乙亥	3 9	2 5	乙巳	4 8	3 5	乙亥	5 8	4 6	乙巳	6 9	5 8	丁丑	7 10	6 10	戊申
2	2 9	1 5	丙子	3 10	2 6	丙午	4 9	3 6	丙子	5 9	4 7	丙午	6 10	5 9	戊寅	7 11	6 11	己酉
0	2 10	1 6	丁丑	3 11	2 7	丁未	4 10	3 7	丁丑	5 10	4 8	丁未	6 11	5 10	己卯	7 12	6 12	庚戌
7	2 11	1 7	戊寅	3 12	2 8	戊申	4 11	3 8	戊寅	5 11	4 9	戊申	6 12	5 11	庚辰	7 13	6 13	辛亥
6	2 12	1 8	己卯	3 13	2 9	己酉	4 12	3 9	己卯	5 12	4 10	己酉	6 13	5 12	辛巳	7 14	6 14	壬子
	2 13	1 9	庚辰	3 14	2 10	庚戌	4 13	3 10	庚辰	5 13	4 11	庚戌	6 14	5 13	壬午	7 15	6 15	癸丑
	2 14	1 10	辛巳	3 15	2 11	辛亥	4 14	3 11	辛巳	5 14	4 12	辛亥	6 15	5 14	癸未	7 16	6 16	甲寅
	2 15	1 11	壬午	3 16	2 12	壬子	4 15	3 12	壬午	5 15	4 13	壬子	6 16	5 15	甲申	7 17	6 17	乙卯
	2 16	1 12	癸未	3 17	2 13	癸丑	4 16	3 13	癸未	5 16	4 14	癸丑	6 17	5 16	乙酉	7 18	6 18	丙辰
	2 17	1 13	甲申	3 18	2 14	甲寅	4 17	3 14	甲申	5 17	4 15	甲寅	6 18	5 17	丙戌	7 19	6 19	丁巳
猴	2 18	1 14	乙酉	3 19	2 15	乙卯	4 18	3 15	乙酉	5 18	4 16	乙卯	6 19	5 18	丁亥	7 20	6 20	戊午
	2 19	1 15	丙戌	3 20	2 16	丙辰	4 19	3 16	丙戌	5 19	4 17	丙辰	6 20	5 19	戊子	7 21	6 21	己未
	2 20	1 16	丁亥	3 21	2 17	丁巳	4 20	3 17	丁亥	5 20	4 18	丁巳	6 21	5 20	己丑	7 22	6 22	庚申
	2 21	1 17	戊子	3 22	2 18	戊午	4 21	3 18	戊子	5 21	4 19	戊午	6 22	5 21	庚寅	7 23	6 23	辛酉
	2 22	1 18	己丑	3 23	2 19	己未	4 22	3 19	己丑	5 22	4 20	己未	6 23	5 22	辛卯	7 24	6 24	壬戌
中	2 23	1 19	庚寅	3 24	2 20	庚申	4 23	3 20	庚寅	5 23	4 21	庚申	6 24	5 23	壬辰	7 25	6 25	癸亥
華	2 24	1 20	辛卯	3 25	2 21	辛酉	4 24	3 21	辛卯	5 24	4 22	辛酉	6 25	5 24	癸巳	7 26	6 26	甲子
民	2 25	1 21	壬辰	3 26	2 22	壬戌	4 25	3 22	壬辰	5 25	4 23	壬戌	6 26	5 25	甲午	7 27	6 27	乙丑
國	2 26	1 22	癸巳	3 27	2 23	癸亥	4 26	3 23	癸巳	5 26	4 24	癸亥	6 27	5 26	乙未	7 28	6 28	丙寅
一	2 27	1 23	甲午	3 28	2 24	甲子	4 27	3 24	甲午	5 27	4 25	甲子	6 28	5 27	丙申	7 29	6 29	丁卯
百	2 28	1 24	乙未	3 29	2 25	乙丑	4 28	3 25	乙未	5 28	4 26	乙丑	6 29	5 28	丁酉	7 30	6 30	戊辰
六	2 29	1 25	丙申	3 30	2 26	丙寅	4 29	3 26	丙申	5 29	4 27	丙寅	6 30	5 29	戊戌	7 31	7 1	己巳
十	3 1	1 26	丁酉	3 31	2 27	丁卯	4 30	3 27	丁酉	5 30	4 28	丁卯	7 1	6 1	己亥	8 1	7 2	庚午
五	3 2	1 27	戊戌	4 1	2 28	戊辰	5 1	3 28	戊戌	5 31	4 29	戊辰	7 2	6 2	庚子	8 2	7 3	辛未
年	3 3	1 28	己亥	4 2	2 29	己巳	5 2	3 29	己亥	6 1	4 30	己巳	7 3	6 3	辛丑	8 3	7 4	壬申
	3 4	1 29	庚子	4 3	2 30	庚午	5 3	4 1	庚子	6 2	5 1	庚午	7 4	6 4	壬寅	8 4	7 5	癸酉
										6 3	5 2	辛未	7 5	6 5	癸卯	8 5	7 6	甲戌
										6 4	5 3	壬申						
中氣	雨水			春分			穀雨			小滿			夏至			大暑		
	2/19 3時2分 寅時			3/20 1時37分 丑時			4/19 12時11分 午時			5/20 10時53分 巳時			6/20 18時35分 酉時			7/22 5時28分 卯時		

丙申																		年
丙申			丁酉			戊戌			己亥			庚子			辛丑			月
立秋			白露			寒露			立冬			大雪			小寒			節氣
8/6 21時53分 亥時			9/7 1時8分 丑時			10/7 17時14分 酉時			11/6 20時52分 戌時			12/6 14時4分 未時			1/5 1時27分 丑時			
國曆	農曆	干支	國曆	農曆	干支	國曆	農曆	干支	國曆	農曆	干支	國曆	農曆	干支	國曆	農曆	干支	日
8 6	7 7	乙亥	9 7	8 10	丁未	10 7	9 10	丁丑	11 6	10 10	丁未	12 6	11 11	丁丑	1 5	12 11	丁未	
8 7	7 8	丙子	9 8	8 11	戊申	10 8	9 11	戊寅	11 7	10 11	戊申	12 7	11 12	戊寅	1 6	12 12	戊申	
8 8	7 9	丁丑	9 9	8 12	己酉	10 9	9 12	己卯	11 8	10 12	己酉	12 8	11 13	己卯	1 7	12 13	己酉	2
8 9	7 10	戊寅	9 10	8 13	庚戌	10 10	9 13	庚辰	11 9	10 13	庚戌	12 9	11 14	庚辰	1 8	12 14	庚戌	0
8 10	7 11	己卯	9 11	8 14	辛亥	10 11	9 14	辛巳	11 10	10 14	辛亥	12 10	11 15	辛巳	1 9	12 15	辛亥	7
8 11	7 12	庚辰	9 12	8 15	壬子	10 12	9 15	壬午	11 11	10 15	壬子	12 11	11 16	壬午	1 10	12 16	壬子	6
8 12	7 13	辛巳	9 13	8 16	癸丑	10 13	9 16	癸未	11 12	10 16	癸丑	12 12	11 17	癸未	1 11	12 17	癸丑	·
8 13	7 14	壬午	9 14	8 17	甲寅	10 14	9 17	甲申	11 13	10 17	甲寅	12 13	11 18	甲申	1 12	12 18	甲寅	2
8 14	7 15	癸未	9 15	8 18	乙卯	10 15	9 18	乙酉	11 14	10 18	乙卯	12 14	11 19	乙酉	1 13	12 19	乙卯	0
8 15	7 16	甲申	9 16	8 19	丙辰	10 16	9 19	丙戌	11 15	10 19	丙辰	12 15	11 20	丙戌	1 14	12 20	丙辰	7
8 16	7 17	乙酉	9 17	8 20	丁巳	10 17	9 20	丁亥	11 16	10 20	丁巳	12 16	11 21	丁亥	1 15	12 21	丁巳	7
8 17	7 18	丙戌	9 18	8 21	戊午	10 18	9 21	戊子	11 17	10 21	戊午	12 17	11 22	戊子	1 16	12 22	戊午	
8 18	7 19	丁亥	9 19	8 22	己未	10 19	9 22	己丑	11 18	10 22	己未	12 18	11 23	己丑	1 17	12 23	己未	
8 19	7 20	戊子	9 20	8 23	庚申	10 20	9 23	庚寅	11 19	10 23	庚申	12 19	11 24	庚寅	1 18	12 24	庚申	
8 20	7 21	己丑	9 21	8 24	辛酉	10 21	9 24	辛卯	11 20	10 24	辛酉	12 20	11 25	辛卯	1 19	12 25	辛酉	猴
8 21	7 22	庚寅	9 22	8 25	壬戌	10 22	9 25	壬辰	11 21	10 25	壬戌	12 21	11 26	壬辰	1 20	12 26	壬戌	
8 22	7 23	辛卯	9 23	8 26	癸亥	10 23	9 26	癸巳	11 22	10 26	癸亥	12 22	11 27	癸巳	1 21	12 27	癸亥	
8 23	7 24	壬辰	9 24	8 27	甲子	10 24	9 27	甲午	11 23	10 27	甲子	12 23	11 28	甲午	1 22	12 28	甲子	
8 24	7 25	癸巳	9 25	8 28	乙丑	10 25	9 28	乙未	11 24	10 28	乙丑	12 24	11 29	乙未	1 23	12 29	乙丑	
8 25	7 26	甲午	9 26	8 29	丙寅	10 26	9 29	丙申	11 25	10 29	丙寅	12 25	11 30	丙申	1 24	1 1	丙寅	中
8 26	7 27	乙未	9 27	8 30	丁卯	10 27	9 30	丁酉	11 26	11 1	丁卯	12 26	12 1	丁酉	1 25	1 2	丁卯	華
8 27	7 28	丙申	9 28	9 1	戊辰	10 28	10 1	戊戌	11 27	11 2	戊辰	12 27	12 2	戊戌	1 26	1 3	戊辰	民
8 28	7 29	丁酉	9 29	9 2	己巳	10 29	10 2	己亥	11 28	11 3	己巳	12 28	12 3	己亥	1 27	1 4	己巳	國
8 29	8 1	戊戌	9 30	9 3	庚午	10 30	10 3	庚子	11 29	11 4	庚午	12 29	12 4	庚子	1 28	1 5	庚午	一
8 30	8 2	己亥	10 1	9 4	辛未	10 31	10 4	辛丑	11 30	11 5	辛未	12 30	12 5	辛丑	1 29	1 6	辛未	百
8 31	8 3	庚子	10 2	9 5	壬申	11 1	10 5	壬寅	12 1	11 6	壬申	12 31	12 6	壬寅	1 30	1 7	壬申	六
9 1	8 4	辛丑	10 3	9 6	癸酉	11 2	10 6	癸卯	12 2	11 7	癸酉	1 1	12 7	癸卯	1 31	1 8	癸酉	十
9 2	8 5	壬寅	10 4	9 7	甲戌	11 3	10 7	甲辰	12 3	11 8	甲戌	1 2	12 8	甲辰	2 1	1 9	甲戌	五
9 3	8 6	癸卯	10 5	9 8	乙亥	11 4	10 8	乙巳	12 4	11 9	乙亥	1 3	12 9	乙巳	2 2	1 10	乙亥	·
9 4	8 7	甲辰	10 6	9 9	丙子	11 5	10 9	丙午	12 5	11 10	丙子	1 4	12 10	丙午				一
9 5	8 8	乙巳																百
9 6	8 9	丙午																六
處暑			秋分			霜降			小雪			冬至			大寒			十
8/22 12時46分 午時			9/22 10時49分 巳時			10/22 20時38分 戌時			11/21 18時36分 酉時			12/21 8時12分 辰時			1/19 18時54分 酉時			六年
																		中氣

年	丁酉																
月	壬寅			癸卯			甲辰			乙巳			丙午			丁未		
節氣	立春			驚蟄			清明			立夏			芒種			小暑		
	2/3 13時2分 未時			3/5 6時45分 卯時			4/4 11時7分 午時			5/5 3時57分 寅時			6/5 7時43分 辰時			7/6 17時50分 酉時		
日	國曆	農曆	干支	國曆	農曆	干支	國曆	農曆	干支	國曆	農曆	干支	國曆	農曆	干支	國曆	農曆	干支
	2/3	1/11	丙子	3/5	2/11	丙午	4/4	3/12	丙子	5/5	4/13	丁未	6/5	4/15	戊寅	7/6	5/17	己酉
	2/4	1/12	丁丑	3/6	2/12	丁未	4/5	3/13	丁丑	5/6	4/14	戊申	6/6	4/16	己卯	7/7	5/18	庚戌
	2/5	1/13	戊寅	3/7	2/13	戊申	4/6	3/14	戊寅	5/7	4/15	己酉	6/7	4/17	庚辰	7/8	5/19	辛亥
	2/6	1/14	己卯	3/8	2/14	己酉	4/7	3/15	己卯	5/8	4/16	庚戌	6/8	4/18	辛巳	7/9	5/20	壬子
2	2/7	1/15	庚辰	3/9	2/15	庚戌	4/8	3/16	庚辰	5/9	4/17	辛亥	6/9	4/19	壬午	7/10	5/21	癸丑
0	2/8	1/16	辛巳	3/10	2/16	辛亥	4/9	3/17	辛巳	5/10	4/18	壬子	6/10	4/20	癸未	7/11	5/22	甲寅
7	2/9	1/17	壬午	3/11	2/17	壬子	4/10	3/18	壬午	5/11	4/19	癸丑	6/11	4/21	甲申	7/12	5/23	乙卯
7	2/10	1/18	癸未	3/12	2/18	癸丑	4/11	3/19	癸未	5/12	4/20	甲寅	6/12	4/22	乙酉	7/13	5/24	丙辰
	2/11	1/19	甲申	3/13	2/19	甲寅	4/12	3/20	甲申	5/13	4/21	乙卯	6/13	4/23	丙戌	7/14	5/25	丁巳
	2/12	1/20	乙酉	3/14	2/20	乙卯	4/13	3/21	乙酉	5/14	4/22	丙辰	6/14	4/24	丁亥	7/15	5/26	戊午
	2/13	1/21	丙戌	3/15	2/21	丙辰	4/14	3/22	丙戌	5/15	4/23	丁巳	6/15	4/25	戊子	7/16	5/27	己未
	2/14	1/22	丁亥	3/16	2/22	丁巳	4/15	3/23	丁亥	5/16	4/24	戊午	6/16	4/26	己丑	7/17	5/28	庚申
	2/15	1/23	戊子	3/17	2/23	戊午	4/16	3/24	戊子	5/17	4/25	己未	6/17	4/27	庚寅	7/18	5/29	辛酉
	2/16	1/24	己丑	3/18	2/24	己未	4/17	3/25	己丑	5/18	4/26	庚申	6/18	4/28	辛卯	7/19	5/30	壬戌
雞	2/17	1/25	庚寅	3/19	2/25	庚申	4/18	3/26	庚寅	5/19	4/27	辛酉	6/19	4/29	壬辰	7/20	6/1	癸亥
	2/18	1/26	辛卯	3/20	2/26	辛酉	4/19	3/27	辛卯	5/20	4/28	壬戌	6/20	5/1	癸巳	7/21	6/2	甲子
	2/19	1/27	壬辰	3/21	2/27	壬戌	4/20	3/28	壬辰	5/21	4/29	癸亥	6/21	5/2	甲午	7/22	6/3	乙丑
	2/20	1/28	癸巳	3/22	2/28	癸亥	4/21	3/29	癸巳	5/22	閏4/1	甲子	6/22	5/3	乙未	7/23	6/4	丙寅
	2/21	1/29	甲午	3/23	2/29	甲子	4/22	3/30	甲午	5/23	4/2	乙丑	6/23	5/4	丙申	7/24	6/5	丁卯
	2/22	1/30	乙未	3/24	3/1	乙丑	4/23	4/1	乙未	5/24	4/3	丙寅	6/24	5/5	丁酉	7/25	6/6	戊辰
中	2/23	2/1	丙申	3/25	3/2	丙寅	4/24	4/2	丙申	5/25	4/4	丁卯	6/25	5/6	戊戌	7/26	6/7	己巳
華	2/24	2/2	丁酉	3/26	3/3	丁卯	4/25	4/3	丁酉	5/26	4/5	戊辰	6/26	5/7	己亥	7/27	6/8	庚午
民	2/25	2/3	戊戌	3/27	3/4	戊辰	4/26	4/4	戊戌	5/27	4/6	己巳	6/27	5/8	庚子	7/28	6/9	辛未
國	2/26	2/4	己亥	3/28	3/5	己巳	4/27	4/5	己亥	5/28	4/7	庚午	6/28	5/9	辛丑	7/29	6/10	壬申
一	2/27	2/5	庚子	3/29	3/6	庚午	4/28	4/6	庚子	5/29	4/8	辛未	6/29	5/10	壬寅	7/30	6/11	癸酉
百	2/28	2/6	辛丑	3/30	3/7	辛未	4/29	4/7	辛丑	5/30	4/9	壬申	6/30	5/11	癸卯	7/31	6/12	甲戌
六	3/1	2/7	壬寅	3/31	3/8	壬申	4/30	4/8	壬寅	5/31	4/10	癸酉	7/1	5/12	甲辰	8/1	6/13	乙亥
十	3/2	2/8	癸卯	4/1	3/9	癸酉	5/1	4/9	癸卯	6/1	4/11	甲戌	7/2	5/13	乙巳	8/2	6/14	丙子
六	3/3	2/9	甲辰	4/2	3/10	甲戌	5/2	4/10	甲辰	6/2	4/12	乙亥	7/3	5/14	丙午	8/3	6/15	丁丑
年	3/4	2/10	乙巳	4/3	3/11	乙亥	5/3	4/11	乙巳	6/3	4/13	丙子	7/4	5/15	丁未	8/4	6/16	戊寅
							5/4	4/12	丙午	6/4	4/14	丁丑	7/5	5/16	戊申	8/5	6/17	己卯
																8/6	6/18	庚辰
中氣	雨水			春分			穀雨			小滿			夏至			大暑		
	2/18 8時52分 辰時			3/20 7時30分 辰時			4/19 18時3分 酉時			5/20 16時44分 申時			6/21 0時22分 子時			7/22 11時13分 午時		

戊申			己酉			庚戌			辛亥			壬子			癸丑			月
立秋			白露			寒露			立冬			大雪			小寒			節氣
8/7 3時45分 寅時			9/7 7時2分 辰時			10/7 23時9分 子時			11/7 2時49分 丑時			12/6 20時1分 戌時			1/5 7時23分 辰時			
國曆	農曆	干支	國曆	農曆	干支	國曆	農曆	干支	國曆	農曆	干支	國曆	農曆	干支	國曆	農曆	干支	日
8 7	6 19	辛巳	9 7	7 21	壬子	10 7	8 21	壬午	11 7	9 22	癸丑	12 6	10 21	壬午	1 5	11 22	壬子	
8 8	6 20	壬午	9 8	7 22	癸丑	10 8	8 22	癸未	11 8	9 23	甲寅	12 7	10 22	癸未	1 6	11 23	癸丑	
8 9	6 21	癸未	9 9	7 23	甲寅	10 9	8 23	甲申	11 9	9 24	乙卯	12 8	10 23	甲申	1 7	11 24	甲寅	
8 10	6 22	甲申	9 10	7 24	乙卯	10 10	8 24	乙酉	11 10	9 25	丙辰	12 9	10 24	乙酉	1 8	11 25	乙卯	
8 11	6 23	乙酉	9 11	7 25	丙辰	10 11	8 25	丙戌	11 11	9 26	丁巳	12 10	10 25	丙戌	1 9	11 26	丙辰	
8 12	6 24	丙戌	9 12	7 26	丁巳	10 12	8 26	丁亥	11 12	9 27	戊午	12 11	10 26	丁亥	1 10	11 27	丁巳	
8 13	6 25	丁亥	9 13	7 27	戊午	10 13	8 27	戊子	11 13	9 28	己未	12 12	10 27	戊子	1 11	11 28	戊午	2 0 7 7
8 14	6 26	戊子	9 14	7 28	己未	10 14	8 28	己丑	11 14	9 29	庚申	12 13	10 28	己丑	1 12	11 29	己未	·
8 15	6 27	己丑	9 15	7 29	庚申	10 15	8 29	庚寅	11 15	9 30	辛酉	12 14	10 29	庚寅	1 13	11 30	庚申	2 0 7 8
8 16	6 28	庚寅	9 16	7 30	辛酉	10 16	8 30	辛卯	11 16	10 1	壬戌	12 15	11 1	辛卯	1 14	12 1	辛酉	
8 17	6 29	辛卯	9 17	8 1	壬戌	10 17	9 1	壬辰	11 17	10 2	癸亥	12 16	11 2	壬辰	1 15	12 2	壬戌	
8 18	7 1	壬辰	9 18	8 2	癸亥	10 18	9 2	癸巳	11 18	10 3	甲子	12 17	11 3	癸巳	1 16	12 3	癸亥	
8 19	7 2	癸巳	9 19	8 3	甲子	10 19	9 3	甲午	11 19	10 4	乙丑	12 18	11 4	甲午	1 17	12 4	甲子	
8 20	7 3	甲午	9 20	8 4	乙丑	10 20	9 4	乙未	11 20	10 5	丙寅	12 19	11 5	乙未	1 18	12 5	乙丑	
8 21	7 4	乙未	9 21	8 5	丙寅	10 21	9 5	丙申	11 21	10 6	丁卯	12 20	11 6	丙申	1 19	12 6	丙寅	雞
8 22	7 5	丙申	9 22	8 6	丁卯	10 22	9 6	丁酉	11 22	10 7	戊辰	12 21	11 7	丁酉	1 20	12 7	丁卯	
8 23	7 6	丁酉	9 23	8 7	戊辰	10 23	9 7	戊戌	11 23	10 8	己巳	12 22	11 8	戊戌	1 21	12 8	戊辰	
8 24	7 7	戊戌	9 24	8 8	己巳	10 24	9 8	己亥	11 24	10 9	庚午	12 23	11 9	己亥	1 22	12 9	己巳	
8 25	7 8	己亥	9 25	8 9	庚午	10 25	9 9	庚子	11 25	10 10	辛未	12 24	11 10	庚子	1 23	12 10	庚午	
8 26	7 9	庚子	9 26	8 10	辛未	10 26	9 10	辛丑	11 26	10 11	壬申	12 25	11 11	辛丑	1 24	12 11	辛未	
8 27	7 10	辛丑	9 27	8 11	壬申	10 27	9 11	壬寅	11 27	10 12	癸酉	12 26	11 12	壬寅	1 25	12 12	壬申	中
8 28	7 11	壬寅	9 28	8 12	癸酉	10 28	9 12	癸卯	11 28	10 13	甲戌	12 27	11 13	癸卯	1 26	12 13	癸酉	華
8 29	7 12	癸卯	9 29	8 13	甲戌	10 29	9 13	甲辰	11 29	10 14	乙亥	12 28	11 14	甲辰	1 27	12 14	甲戌	民
8 30	7 13	甲辰	9 30	8 14	乙亥	10 30	9 14	乙巳	11 30	10 15	丙子	12 29	11 15	乙巳	1 28	12 15	乙亥	國
8 31	7 14	乙巳	10 1	8 15	丙子	10 31	9 15	丙午	12 1	10 16	丁丑	12 30	11 16	丙午	1 29	12 16	丙子	一
9 1	7 15	丙午	10 2	8 16	丁丑	11 1	9 16	丁未	12 2	10 17	戊寅	12 31	11 17	丁未	1 30	12 17	丁丑	百
9 2	7 16	丁未	10 3	8 17	戊寅	11 2	9 17	戊申	12 3	10 18	己卯	1 1	11 18	戊申	1 31	12 18	戊寅	六
9 3	7 17	戊申	10 4	8 18	己卯	11 3	9 18	己酉	12 4	10 19	庚辰	1 2	11 19	己酉	2 1	12 19	己卯	十
9 4	7 18	己酉	10 5	8 19	庚辰	11 4	9 19	庚戌	12 5	10 20	辛巳	1 3	11 20	庚戌	2 2	12 20	庚辰	六
9 5	7 19	庚戌	10 6	8 20	辛巳	11 5	9 20	辛亥				1 4	11 21	辛亥				·
9 6	7 20	辛亥				11 6	9 21	壬子										一 百 六 十 七 年

處暑			秋分			霜降			小雪			冬至			大寒			中氣
8/22 18時30分 酉時			9/22 16時35分 申時			10/23 2時25分 丑時			11/22 0時24分 子時			12/21 13時59分 未時			1/20 0時40分 子時			

年	戊戌																		
月	甲寅			乙卯			丙辰			丁巳			戊午			己未			
節氣	立春			驚蟄			清明			立夏			芒種			小暑			
	2/3 18時56分 酉時			3/5 12時37分 午時			4/4 16時55分 申時			5/5 9時40分 巳時			6/5 13時23分 未時			7/6 23時27分 子時			
日	國曆	農曆	干支	國曆	農曆	干支	國曆	農曆	干支	國曆	農曆	干支	國曆	農曆	干支	國曆	農曆	干支	
	2 3	12 21	辛巳	3 5	1 22	辛亥	4 4	2 22	辛巳	5 5	3 24	壬子	6 5	4 25	癸未	7 6	5 27	甲寅	
	2 4	12 22	壬午	3 6	1 23	壬子	4 5	2 23	壬午	5 6	3 25	癸丑	6 6	4 26	甲申	7 7	5 28	乙卯	
	2 5	12 23	癸未	3 7	1 24	癸丑	4 6	2 24	癸未	5 7	3 26	甲寅	6 7	4 27	乙酉	7 8	5 29	丙辰	
	2 6	12 24	甲申	3 8	1 25	甲寅	4 7	2 25	甲申	5 8	3 27	乙卯	6 8	4 28	丙戌	7 9	6 1	丁巳	
	2 7	12 25	乙酉	3 9	1 26	乙卯	4 8	2 26	乙酉	5 9	3 28	丙辰	6 9	4 29	丁亥	7 10	6 2	戊午	
2	2 8	12 26	丙戌	3 10	1 27	丙辰	4 9	2 27	丙戌	5 10	3 29	丁巳	6 10	5 1	戊子	7 11	6 3	己未	
0	2 9	12 27	丁亥	3 11	1 28	丁巳	4 10	2 28	丁亥	5 11	3 30	戊午	6 11	5 2	己丑	7 12	6 4	庚申	
7	2 10	12 28	戊子	3 12	1 29	戊午	4 11	2 29	戊子	5 12	4 1	己未	6 12	5 3	庚寅	7 13	6 5	辛酉	
8	2 11	12 29	己丑	3 13	1 30	己未	4 12	3 1	己丑	5 13	4 2	庚申	6 13	5 4	辛卯	7 14	6 6	壬戌	
	2 12	1 1	庚寅	3 14	2 1	庚申	4 13	3 2	庚寅	5 14	4 3	辛酉	6 14	5 5	壬辰	7 15	6 7	癸亥	
	2 13	1 2	辛卯	3 15	2 2	辛酉	4 14	3 3	辛卯	5 15	4 4	壬戌	6 15	5 6	癸巳	7 16	6 8	甲子	
	2 14	1 3	壬辰	3 16	2 3	壬戌	4 15	3 4	壬辰	5 16	4 5	癸亥	6 16	5 7	甲午	7 17	6 9	乙丑	
	2 15	1 4	癸巳	3 17	2 4	癸亥	4 16	3 5	癸巳	5 17	4 6	甲子	6 17	5 8	乙未	7 18	6 10	丙寅	
	2 16	1 5	甲午	3 18	2 5	甲子	4 17	3 6	甲午	5 18	4 7	乙丑	6 18	5 9	丙申	7 19	6 11	丁卯	
狗	2 17	1 6	乙未	3 19	2 6	乙丑	4 18	3 7	乙未	5 19	4 8	丙寅	6 19	5 10	丁酉	7 20	6 12	戊辰	
	2 18	1 7	丙申	3 20	2 7	丙寅	4 19	3 8	丙申	5 20	4 9	丁卯	6 20	5 11	戊戌	7 21	6 13	己巳	
	2 19	1 8	丁酉	3 21	2 8	丁卯	4 20	3 9	丁酉	5 21	4 10	戊辰	6 21	5 12	己亥	7 22	6 14	庚午	
	2 20	1 9	戊戌	3 22	2 9	戊辰	4 21	3 10	戊戌	5 22	4 11	己巳	6 22	5 13	庚子	7 23	6 15	辛未	
	2 21	1 10	己亥	3 23	2 10	己巳	4 22	3 11	己亥	5 23	4 12	庚午	6 23	5 14	辛丑	7 24	6 16	壬申	
	2 22	1 11	庚子	3 24	2 11	庚午	4 23	3 12	庚子	5 24	4 13	辛未	6 24	5 15	壬寅	7 25	6 17	癸酉	
	2 23	1 12	辛丑	3 25	2 12	辛未	4 24	3 13	辛丑	5 25	4 14	壬申	6 25	5 16	癸卯	7 26	6 18	甲戌	
中	2 24	1 13	壬寅	3 26	2 13	壬申	4 25	3 14	壬寅	5 26	4 15	癸酉	6 26	5 17	甲辰	7 27	6 19	乙亥	
華	2 25	1 14	癸卯	3 27	2 14	癸酉	4 26	3 15	癸卯	5 27	4 16	甲戌	6 27	5 18	乙巳	7 28	6 20	丙子	
民	2 26	1 15	甲辰	3 28	2 15	甲戌	4 27	3 16	甲辰	5 28	4 17	乙亥	6 28	5 19	丙午	7 29	6 21	丁丑	
國	2 27	1 16	乙巳	3 29	2 16	乙亥	4 28	3 17	乙巳	5 29	4 18	丙子	6 29	5 20	丁未	7 30	6 22	戊寅	
一	2 28	1 17	丙午	3 30	2 17	丙子	4 29	3 18	丙午	5 30	4 19	丁丑	6 30	5 21	戊申	7 31	6 23	己卯	
百	3 1	1 18	丁未	3 31	2 18	丁丑	4 30	3 19	丁未	5 31	4 20	戊寅	7 1	5 22	己酉	8 1	6 24	庚辰	
六	3 2	1 19	戊申	4 1	2 19	戊寅	5 1	3 20	戊申	6 1	4 21	己卯	7 2	5 23	庚戌	8 2	6 25	辛巳	
十	3 3	1 20	己酉	4 2	2 20	己卯	5 2	3 21	己酉	6 2	4 22	庚辰	7 3	5 24	辛亥	8 3	6 26	壬午	
七	3 4	1 21	庚戌	4 3	2 21	庚辰	5 3	3 22	庚戌	6 3	4 23	辛巳	7 4	5 25	壬子	8 4	6 27	癸未	
年							5 4	3 23	辛亥	6 4	4 24	壬午	7 5	5 26	癸丑	8 5	6 28	甲申	
																8 6	6 29	乙酉	
中氣	雨水			春分			穀雨			小滿			夏至			大暑			
	2/18 14時35分 未時			3/20 13時10分 未時			4/19 23時40分 子時			5/20 22時18分 亥時			6/21 5時57分 卯時			7/22 16時50分 申時			

戊戌

庚申					辛酉					壬戌					癸亥					甲子					乙丑				
立秋					白露					寒露					立冬					大雪					小寒				
8/7 9時23分 巳時					9/7 12時42分 午時					10/8 4時55分 寅時					11/7 8時38分 辰時					12/7 1時51分 丑時					1/5 13時12分 未時				
國曆		農曆		干支	國曆		農曆		干支	國曆		農曆		干支	國曆		農曆		干支	國曆		農曆		干支	國曆		農曆		干支
8	7	6	30	丙戌	9	7	8	2	丁巳	10	8	9	3	戊子	11	7	10	3	戊午	12	7	11	4	戊子	1	5	12	3	丁巳
8	8	7	1	丁亥	9	8	8	3	戊午	10	9	9	4	己丑	11	8	10	4	己未	12	8	11	5	己丑	1	6	12	4	戊午
8	9	7	2	戊子	9	9	8	4	己未	10	10	9	5	庚寅	11	9	10	5	庚申	12	9	11	6	庚寅	1	7	12	5	己未
8	10	7	3	己丑	9	10	8	5	庚申	10	11	9	6	辛卯	11	10	10	6	辛酉	12	10	11	7	辛卯	1	8	12	6	庚申
8	11	7	4	庚寅	9	11	8	6	辛酉	10	12	9	7	壬辰	11	11	10	7	壬戌	12	11	11	8	壬辰	1	9	12	7	辛酉
8	12	7	5	辛卯	9	12	8	7	壬戌	10	13	9	8	癸巳	11	12	10	8	癸亥	12	12	11	9	癸巳	1	10	12	8	壬戌
8	13	7	6	壬辰	9	13	8	8	癸亥	10	14	9	9	甲午	11	13	10	9	甲子	12	13	11	10	甲午	1	11	12	9	癸亥
8	14	7	7	癸巳	9	14	8	9	甲子	10	15	9	10	乙未	11	14	10	10	乙丑	12	14	11	11	乙未	1	12	12	10	甲子
8	15	7	8	甲午	9	15	8	10	乙丑	10	16	9	11	丙申	11	15	10	11	丙寅	12	15	11	12	丙申	1	13	12	11	乙丑
8	16	7	9	乙未	9	16	8	11	丙寅	10	17	9	12	丁酉	11	16	10	12	丁卯	12	16	11	13	丁酉	1	14	12	12	丙寅
8	17	7	10	丙申	9	17	8	12	丁卯	10	18	9	13	戊戌	11	17	10	13	戊辰	12	17	11	14	戊戌	1	15	12	13	丁卯
8	18	7	11	丁酉	9	18	8	13	戊辰	10	19	9	14	己亥	11	18	10	14	己巳	12	18	11	15	己亥	1	16	12	14	戊辰
8	19	7	12	戊戌	9	19	8	14	己巳	10	20	9	15	庚子	11	19	10	15	庚午	12	19	11	16	庚子	1	17	12	15	己巳
8	20	7	13	己亥	9	20	8	15	庚午	10	21	9	16	辛丑	11	20	10	16	辛未	12	20	11	17	辛丑	1	18	12	16	庚午
8	21	7	14	庚子	9	21	8	16	辛未	10	22	9	17	壬寅	11	21	10	17	壬申	12	21	11	18	壬寅	1	19	12	17	辛未
8	22	7	15	辛丑	9	22	8	17	壬申	10	23	9	18	癸卯	11	22	10	18	癸酉	12	22	11	19	癸卯	1	20	12	18	壬申
8	23	7	16	壬寅	9	23	8	18	癸酉	10	24	9	19	甲辰	11	23	10	19	甲戌	12	23	11	20	甲辰	1	21	12	19	癸酉
8	24	7	17	癸卯	9	24	8	19	甲戌	10	25	9	20	乙巳	11	24	10	20	乙亥	12	24	11	21	乙巳	1	22	12	20	甲戌
8	25	7	18	甲辰	9	25	8	20	乙亥	10	26	9	21	丙午	11	25	10	21	丙子	12	25	11	22	丙午	1	23	12	21	乙亥
8	26	7	19	乙巳	9	26	8	21	丙子	10	27	9	22	丁未	11	26	10	22	丁丑	12	26	11	23	丁未	1	24	12	22	丙子
8	27	7	20	丙午	9	27	8	22	丁丑	10	28	9	23	戊申	11	27	10	23	戊寅	12	27	11	24	戊申	1	25	12	23	丁丑
8	28	7	21	丁未	9	28	8	23	戊寅	10	29	9	24	己酉	11	28	10	24	己卯	12	28	11	25	己酉	1	26	12	24	戊寅
8	29	7	22	戊申	9	29	8	24	己卯	10	30	9	25	庚戌	11	29	10	25	庚辰	12	29	11	26	庚戌	1	27	12	25	己卯
8	30	7	23	己酉	9	30	8	25	庚辰	10	31	9	26	辛亥	11	30	10	26	辛巳	12	30	11	27	辛亥	1	28	12	26	庚辰
8	31	7	24	庚戌	10	1	8	26	辛巳	11	1	9	27	壬子	12	1	10	27	壬午	12	31	11	28	壬子	1	29	12	27	辛巳
9	1	7	25	辛亥	10	2	8	27	壬午	11	2	9	28	癸丑	12	2	10	28	癸未	1	1	11	29	癸丑	1	30	12	28	壬午
9	2	7	26	壬子	10	3	8	28	癸未	11	3	9	29	甲寅	12	3	10	29	甲申	1	2	11	30	甲寅	1	31	12	29	癸未
9	3	7	27	癸丑	10	4	8	29	甲申	11	4	9	30	乙卯	12	4	11	1	乙酉	1	3	12	1	乙卯	2	1	12	30	甲申
9	4	7	28	甲寅	10	5	8	30	乙酉	11	5	10	1	丙辰	12	5	11	2	丙戌	1	4	12	2	丙辰	2	2	1	1	乙酉
9	5	7	29	乙卯	10	6	9	1	丙戌	11	6	10	2	丁巳	12	6	11	3	丁亥						2	3	1	2	丙戌
9	6	8	1	丙辰	10	7	9	2	丁亥																				
處暑					秋分					霜降					小雪					冬至					大寒				
8/23 0時13分 子時					9/22 22時23分 亥時					10/23 8時19分 辰時					11/22 6時22分 卯時					12/21 19時57分 戌時					1/20 6時35分 卯時				

年：2078·2079　狗　中華民國一百六十七·一百六十八年

月：庚申／辛酉／壬戌／癸亥／甲子／乙丑

節氣：立秋／白露／寒露／立冬／大雪／小寒

中氣：處暑／秋分／霜降／小雪／冬至／大寒

年	己亥																	
月	丙寅			丁卯			戊辰			己巳			庚午			辛未		
節氣	立春			驚蟄			清明			立夏			芒種			小暑		
	2/4 0時42分 子時			3/5 18時20分 酉時			4/4 22時36分 亥時			5/5 15時21分 申時			6/5 19時5分 戌時			7/7 5時10分 卯時		
日	國曆	農曆	干支	國曆	農曆	干支	國曆	農曆	干支	國曆	農曆	干支	國曆	農曆	干支	國曆	農曆	干支
2079	2 4	1 3	丁亥	3 5	2 3	丙辰	4 4	3 3	丙戌	5 5	4 5	丁巳	6 5	5 6	戊子	7 7	6 9	庚申
	2 5	1 4	戊子	3 6	2 4	丁巳	4 5	3 4	丁亥	5 6	4 6	戊午	6 6	5 7	己丑	7 8	6 10	辛酉
	2 6	1 5	己丑	3 7	2 5	戊午	4 6	3 5	戊子	5 7	4 7	己未	6 7	5 8	庚寅	7 9	6 11	壬戌
	2 7	1 6	庚寅	3 8	2 6	己未	4 7	3 6	己丑	5 8	4 8	庚申	6 8	5 9	辛卯	7 10	6 12	癸亥
	2 8	1 7	辛卯	3 9	2 7	庚申	4 8	3 7	庚寅	5 9	4 9	辛酉	6 9	5 10	壬辰	7 11	6 13	甲子
	2 9	1 8	壬辰	3 10	2 8	辛酉	4 9	3 8	辛卯	5 10	4 10	壬戌	6 10	5 11	癸巳	7 12	6 14	乙丑
豬	2 10	1 9	癸巳	3 11	2 9	壬戌	4 10	3 9	壬辰	5 11	4 11	癸亥	6 11	5 12	甲午	7 13	6 15	丙寅
	2 11	1 10	甲午	3 12	2 10	癸亥	4 11	3 10	癸巳	5 12	4 12	甲子	6 12	5 13	乙未	7 14	6 16	丁卯
	2 12	1 11	乙未	3 13	2 11	甲子	4 12	3 11	甲午	5 13	4 13	乙丑	6 13	5 14	丙申	7 15	6 17	戊辰
	2 13	1 12	丙申	3 14	2 12	乙丑	4 13	3 12	乙未	5 14	4 14	丙寅	6 14	5 15	丁酉	7 16	6 18	己巳
	2 14	1 13	丁酉	3 15	2 13	丙寅	4 14	3 13	丙申	5 15	4 15	丁卯	6 15	5 16	戊戌	7 17	6 19	庚午
	2 15	1 14	戊戌	3 16	2 14	丁卯	4 15	3 14	丁酉	5 16	4 16	戊辰	6 16	5 17	己亥	7 18	6 20	辛未
	2 16	1 15	己亥	3 17	2 15	戊辰	4 16	3 15	戊戌	5 17	4 17	己巳	6 17	5 18	庚子	7 19	6 21	壬申
	2 17	1 16	庚子	3 18	2 16	己巳	4 17	3 16	己亥	5 18	4 18	庚午	6 18	5 19	辛丑	7 20	6 22	癸酉
	2 18	1 17	辛丑	3 19	2 17	庚午	4 18	3 17	庚子	5 19	4 19	辛未	6 19	5 20	壬寅	7 21	6 23	甲戌
中	2 19	1 18	壬寅	3 20	2 18	辛未	4 19	3 18	辛丑	5 20	4 20	壬申	6 20	5 21	癸卯	7 22	6 24	乙亥
華	2 20	1 19	癸卯	3 21	2 19	壬申	4 20	3 19	壬寅	5 21	4 21	癸酉	6 21	5 22	甲辰	7 23	6 25	丙子
民	2 21	1 20	甲辰	3 22	2 20	癸酉	4 21	3 20	癸卯	5 22	4 22	甲戌	6 22	5 23	乙巳	7 24	6 26	丁丑
國	2 22	1 21	乙巳	3 23	2 21	甲戌	4 22	3 21	甲辰	5 23	4 23	乙亥	6 23	5 24	丙午	7 25	6 27	戊寅
一	2 23	1 22	丙午	3 24	2 22	乙亥	4 23	3 22	乙巳	5 24	4 24	丙子	6 24	5 25	丁未	7 26	6 28	己卯
百	2 24	1 23	丁未	3 25	2 23	丙子	4 24	3 23	丙午	5 25	4 25	丁丑	6 25	5 26	戊申	7 27	6 29	庚辰
六	2 25	1 24	戊申	3 26	2 24	丁丑	4 25	3 24	丁未	5 26	4 26	戊寅	6 26	5 27	己酉	7 28	7 1	辛巳
十	2 26	1 25	己酉	3 27	2 25	戊寅	4 26	3 25	戊申	5 27	4 27	己卯	6 27	5 28	庚戌	7 29	7 2	壬午
八	2 27	1 26	庚戌	3 28	2 26	己卯	4 27	3 26	己酉	5 28	4 28	庚辰	6 28	5 29	辛亥	7 30	7 3	癸未
年	2 28	1 27	辛亥	3 29	2 27	庚辰	4 28	3 27	庚戌	5 29	4 29	辛巳	6 29	6 1	壬子	7 31	7 4	甲申
	3 1	1 28	壬子	3 30	2 28	辛巳	4 29	3 28	辛亥	5 30	4 30	壬午	6 30	6 2	癸丑	8 1	7 5	乙酉
	3 2	1 29	癸丑	3 31	2 29	壬午	4 30	3 29	壬子	5 31	5 1	癸未	7 1	6 3	甲寅	8 2	7 6	丙戌
	3 3	2 1	甲寅	4 1	2 30	癸未	5 1	4 1	癸丑	6 1	5 2	甲申	7 2	6 4	乙卯	8 3	7 7	丁亥
	3 4	2 2	乙卯	4 2	3 1	甲申	5 2	4 2	甲寅	6 2	5 3	乙酉	7 3	6 5	丙辰	8 4	7 8	戊子
				4 3	3 2	乙酉	5 3	4 3	乙卯	6 3	5 4	丙戌	7 4	6 6	丁巳	8 5	7 9	己丑
							5 4	4 4	丙辰	6 4	5 5	丁亥	7 5	6 7	戊午	8 6	7 10	庚寅
													7 6	6 8	己未			
中氣	雨水			春分			穀雨			小滿			夏至			大暑		
	2/18 20時27分 戌時			3/20 18時59分 酉時			4/20 5時29分 卯時			5/21 4時9分 寅時			6/21 11時48分 午時			7/22 22時41分 亥時		

己亥																		年
壬申			癸酉			甲戌			乙亥			丙子			丁丑			月
立秋			白露			寒露			立冬			大雪			小寒			節氣
8/7 15時8分 申時			9/7 18時29分 酉時			10/8 10時42分 巳時			11/7 14時26分 未時			12/7 7時39分 辰時			1/5 18時58分 酉時			
國曆	農曆	干支	國曆	農曆	干支	國曆	農曆	干支	國曆	農曆	干支	國曆	農曆	干支	國曆	農曆	干支	日
8 7	7 11	辛卯	9 7	8 12	壬戌	10 8	9 14	癸巳	11 7	10 14	癸亥	12 7	11 15	癸巳	1 5	12 14	壬戌	
8 8	7 12	壬辰	9 8	8 13	癸亥	10 9	9 15	甲午	11 8	10 15	甲子	12 8	11 16	甲午	1 6	12 15	癸亥	
8 9	7 13	癸巳	9 9	8 14	甲子	10 10	9 16	乙未	11 9	10 16	乙丑	12 9	11 17	乙未	1 7	12 16	甲子	
8 10	7 14	甲午	9 10	8 15	乙丑	10 11	9 17	丙申	11 10	10 17	丙寅	12 10	11 18	丙申	1 8	12 17	乙丑	
8 11	7 15	乙未	9 11	8 16	丙寅	10 12	9 18	丁酉	11 11	10 18	丁卯	12 11	11 19	丁酉	1 9	12 18	丙寅	2
8 12	7 16	丙申	9 12	8 17	丁卯	10 13	9 19	戊戌	11 12	10 19	戊辰	12 12	11 20	戊戌	1 10	12 19	丁卯	0
8 13	7 17	丁酉	9 13	8 18	戊辰	10 14	9 20	己亥	11 13	10 20	己巳	12 13	11 21	己亥	1 11	12 20	戊辰	7
8 14	7 18	戊戌	9 14	8 19	己巳	10 15	9 21	庚子	11 14	10 21	庚午	12 14	11 22	庚子	1 12	12 21	己巳	9
8 15	7 19	己亥	9 15	8 20	庚午	10 16	9 22	辛丑	11 15	10 22	辛未	12 15	11 23	辛丑	1 13	12 22	庚午	·
8 16	7 20	庚子	9 16	8 21	辛未	10 17	9 23	壬寅	11 16	10 23	壬申	12 16	11 24	壬寅	1 14	12 23	辛未	2
8 17	7 21	辛丑	9 17	8 22	壬申	10 18	9 24	癸卯	11 17	10 24	癸酉	12 17	11 25	癸卯	1 15	12 24	壬申	0
8 18	7 22	壬寅	9 18	8 23	癸酉	10 19	9 25	甲辰	11 18	10 25	甲戌	12 18	11 26	甲辰	1 16	12 25	癸酉	8
8 19	7 23	癸卯	9 19	8 24	甲戌	10 20	9 26	乙巳	11 19	10 26	乙亥	12 19	11 27	乙巳	1 17	12 26	甲戌	0
8 20	7 24	甲辰	9 20	8 25	乙亥	10 21	9 27	丙午	11 20	10 27	丙子	12 20	11 28	丙午	1 18	12 27	乙亥	
8 21	7 25	乙巳	9 21	8 26	丙子	10 22	9 28	丁未	11 21	10 28	丁丑	12 21	11 29	丁未	1 19	12 28	丙子	
8 22	7 26	丙午	9 22	8 27	丁丑	10 23	9 29	戊申	11 22	10 29	戊寅	12 22	11 30	戊申	1 20	12 29	丁丑	
8 23	7 27	丁未	9 23	8 28	戊寅	10 24	9 30	己酉	11 23	11 1	己卯	12 23	12 1	己酉	1 21	12 30	戊寅	
8 24	7 28	戊申	9 24	8 29	己卯	10 25	10 1	庚戌	11 24	11 2	庚辰	12 24	12 2	庚戌	1 22	1 1	己卯	
8 25	7 29	己酉	9 25	9 1	庚辰	10 26	10 2	辛亥	11 25	11 3	辛巳	12 25	12 3	辛亥	1 23	1 2	庚辰	豬
8 26	7 30	庚戌	9 26	9 2	辛巳	10 27	10 3	壬子	11 26	11 4	壬午	12 26	12 4	壬子	1 24	1 3	辛巳	
8 27	8 1	辛亥	9 27	9 3	壬午	10 28	10 4	癸丑	11 27	11 5	癸未	12 27	12 5	癸丑	1 25	1 4	壬午	
8 28	8 2	壬子	9 28	9 4	癸未	10 29	10 5	甲寅	11 28	11 6	甲申	12 28	12 6	甲寅	1 26	1 5	癸未	中
8 29	8 3	癸丑	9 29	9 5	甲申	10 30	10 6	乙卯	11 29	11 7	乙酉	12 29	12 7	乙卯	1 27	1 6	甲申	華
8 30	8 4	甲寅	9 30	9 6	乙酉	10 31	10 7	丙辰	11 30	11 8	丙戌	12 30	12 8	丙辰	1 28	1 7	乙酉	民
8 31	8 5	乙卯	10 1	9 7	丙戌	11 1	10 8	丁巳	12 1	11 9	丁亥	12 31	12 9	丁巳	1 29	1 8	丙戌	國
9 1	8 6	丙辰	10 2	9 8	丁亥	11 2	10 9	戊午	12 2	11 10	戊子	1 1	12 10	戊午	1 30	1 9	丁亥	一
9 2	8 7	丁巳	10 3	9 9	戊子	11 3	10 10	己未	12 3	11 11	己丑	1 2	12 11	己未	1 31	1 10	戊子	百
9 3	8 8	戊午	10 4	9 10	己丑	11 4	10 11	庚申	12 4	11 12	庚寅	1 3	12 12	庚申	2 1	1 11	己丑	六
9 4	8 9	己未	10 5	9 11	庚寅	11 5	10 12	辛酉	12 5	11 13	辛卯	1 4	12 13	辛酉	2 2	1 12	庚寅	十
9 5	8 10	庚申	10 6	9 12	辛卯	11 6	10 13	壬戌	12 6	11 14	壬辰				2 3	1 13	辛卯	八
9 6	8 11	辛酉	10 7	9 13	壬辰													· 一百六十九年
處暑			秋分			霜降			小雪			冬至			大寒			中氣
8/23 6時3分 卯時			9/23 4時12分 寅時			10/23 14時7分 未時			11/22 12時8分 午時			12/22 1時43分 丑時			1/20 12時20分 午時			

年	庚子																	
月	戊寅			己卯			庚辰			辛巳			壬午			癸未		
節氣	立春			驚蟄			清明			立夏			芒種			小暑		
	2/4 6時27分 卯時			3/5 0時4分 子時			4/4 4時21分 寅時			5/4 21時9分 亥時			6/5 0時56分 子時			7/6 11時4分 午時		
日	國曆	農曆	干支	國曆	農曆	干支	國曆	農曆	干支	國曆	農曆	干支	國曆	農曆	干支	國曆	農曆	干支
	2 4	1 14	壬辰	3 5	2 14	壬戌	4 4	3 15	壬辰	5 4	3 15	壬戌	6 5	4 18	甲午	7 6	5 19	乙丑
	2 5	1 15	癸巳	3 6	2 15	癸亥	4 5	3 16	癸巳	5 5	3 16	癸亥	6 6	4 19	乙未	7 7	5 20	丙寅
	2 6	1 16	甲午	3 7	2 16	甲子	4 6	3 17	甲午	5 6	3 17	甲子	6 7	4 20	丙申	7 8	5 21	丁卯
	2 7	1 17	乙未	3 8	2 17	乙丑	4 7	3 18	乙未	5 7	3 18	乙丑	6 8	4 21	丁酉	7 9	5 22	戊辰
2	2 8	1 18	丙申	3 9	2 18	丙寅	4 8	3 19	丙申	5 8	3 19	丙寅	6 9	4 22	戊戌	7 10	5 23	己巳
0	2 9	1 19	丁酉	3 10	2 19	丁卯	4 9	3 20	丁酉	5 9	3 20	丁卯	6 10	4 23	己亥	7 11	5 24	庚午
8	2 10	1 20	戊戌	3 11	2 20	戊辰	4 10	3 21	戊戌	5 10	3 21	戊辰	6 11	4 24	庚子	7 12	5 25	辛未
0	2 11	1 21	己亥	3 12	2 21	己巳	4 11	3 22	己亥	5 11	3 22	己巳	6 12	4 25	辛丑	7 13	5 26	壬申
	2 12	1 22	庚子	3 13	2 22	庚午	4 12	3 23	庚子	5 12	3 23	庚午	6 13	4 26	壬寅	7 14	5 27	癸酉
	2 13	1 23	辛丑	3 14	2 23	辛未	4 13	3 24	辛丑	5 13	3 24	辛未	6 14	4 27	癸卯	7 15	5 28	甲戌
	2 14	1 24	壬寅	3 15	2 24	壬申	4 14	3 25	壬寅	5 14	3 25	壬申	6 15	4 28	甲辰	7 16	5 29	乙亥
	2 15	1 25	癸卯	3 16	2 25	癸酉	4 15	3 26	癸卯	5 15	3 26	癸酉	6 16	4 29	乙巳	7 17	6 1	丙子
鼠	2 16	1 26	甲辰	3 17	2 26	甲戌	4 16	3 27	甲辰	5 16	3 27	甲戌	6 17	4 30	丙午	7 18	6 2	丁丑
	2 17	1 27	乙巳	3 18	2 27	乙亥	4 17	3 28	乙巳	5 17	3 28	乙亥	6 18	5 1	丁未	7 19	6 3	戊寅
	2 18	1 28	丙午	3 19	2 28	丙子	4 18	3 29	丙午	5 18	3 29	丙子	6 19	5 2	戊申	7 20	6 4	己卯
	2 19	1 29	丁未	3 20	2 29	丁丑	4 19	3 30	丁未	5 19	4 1	丁丑	6 20	5 3	己酉	7 21	6 5	庚辰
	2 20	1 30	戊申	3 21	3 1	戊寅	4 20	閏3 1	戊申	5 20	4 2	戊寅	6 21	5 4	庚戌	7 22	6 6	辛巳
	2 21	2 1	己酉	3 22	3 2	己卯	4 21	3 2	己酉	5 21	4 3	己卯	6 22	5 5	辛亥	7 23	6 7	壬午
	2 22	2 2	庚戌	3 23	3 3	庚辰	4 22	3 3	庚戌	5 22	4 4	庚辰	6 23	5 6	壬子	7 24	6 8	癸未
	2 23	2 3	辛亥	3 24	3 4	辛巳	4 23	3 4	辛亥	5 23	4 5	辛巳	6 24	5 7	癸丑	7 25	6 9	甲申
中	2 24	2 4	壬子	3 25	3 5	壬午	4 24	3 5	壬子	5 24	4 6	壬午	6 25	5 8	甲寅	7 26	6 10	乙酉
華	2 25	2 5	癸丑	3 26	3 6	癸未	4 25	3 6	癸丑	5 25	4 7	癸未	6 26	5 9	乙卯	7 27	6 11	丙戌
民	2 26	2 6	甲寅	3 27	3 7	甲申	4 26	3 7	甲寅	5 26	4 8	甲申	6 27	5 10	丙辰	7 28	6 12	丁亥
國	2 27	2 7	乙卯	3 28	3 8	乙酉	4 27	3 8	乙卯	5 27	4 9	乙酉	6 28	5 11	丁巳	7 29	6 13	戊子
一	2 28	2 8	丙辰	3 29	3 9	丙戌	4 28	3 9	丙辰	5 28	4 10	丙戌	6 29	5 12	戊午	7 30	6 14	己丑
百	2 29	2 9	丁巳	3 30	3 10	丁亥	4 29	3 10	丁巳	5 29	4 11	丁亥	6 30	5 13	己未	7 31	6 15	庚寅
六	3 1	2 10	戊午	3 31	3 11	戊子	4 30	3 11	戊午	5 30	4 12	戊子	7 1	5 14	庚申	8 1	6 16	辛卯
十	3 2	2 11	己未	4 1	3 12	己丑	5 1	3 12	己未	5 31	4 13	己丑	7 2	5 15	辛酉	8 2	6 17	壬辰
九	3 3	2 12	庚申	4 2	3 13	庚寅	5 2	3 13	庚申	6 1	4 14	庚寅	7 3	5 16	壬戌	8 3	6 18	癸巳
年	3 4	2 13	辛酉	4 3	3 14	辛卯	5 3	3 14	辛酉	6 2	4 15	辛卯	7 4	5 17	癸亥	8 4	6 19	甲午
										6 3	4 16	壬辰	7 5	5 18	甲子	8 5	6 20	乙未
										6 4	4 17	癸巳						
中氣	雨水			春分			穀雨			小滿			夏至			大暑		
	2/19 2時11分 丑時			3/20 0時43分 子時			4/19 11時13分 午時			5/20 9時53分 巳時			6/20 17時33分 酉時			7/22 4時26分 寅時		

甲申			乙酉			丙戌			丁亥			戊子			己丑			年
立秋			白露			寒露			立冬			大雪			小寒			月
8/6 21時2分 亥時			9/7 0時21分 子時			10/7 16時33分 申時			11/6 20時17分 戌時			12/6 13時33分 未時			1/5 0時55分 子時			節氣
國曆	農曆	干支	國曆	農曆	干支	國曆	農曆	干支	國曆	農曆	干支	國曆	農曆	干支	國曆	農曆	干支	日
8 6	6 21	丙申	9 7	7 24	戊辰	10 7	8 24	戊戌	11 6	9 25	戊辰	12 6	10 26	戊戌	1 5	11 26	戊辰	
8 7	6 22	丁酉	9 8	7 25	己巳	10 8	8 25	己亥	11 7	9 26	己巳	12 7	10 27	己亥	1 6	11 27	己巳	
8 8	6 23	戊戌	9 9	7 26	庚午	10 9	8 26	庚子	11 8	9 27	庚午	12 8	10 28	庚子	1 7	11 28	庚午	2
8 9	6 24	己亥	9 10	7 27	辛未	10 10	8 27	辛丑	11 9	9 28	辛未	12 9	10 29	辛丑	1 8	11 29	辛未	0
8 10	6 25	庚子	9 11	7 28	壬申	10 11	8 28	壬寅	11 10	9 29	壬申	12 10	10 30	壬寅	1 9	11 30	壬申	8
8 11	6 26	辛丑	9 12	7 29	癸酉	10 12	8 29	癸卯	11 11	10 1	癸酉	12 11	11 1	癸卯	1 10	12 1	癸酉	0
8 12	6 27	壬寅	9 13	7 30	甲戌	10 13	9 1	甲辰	11 12	10 2	甲戌	12 12	11 2	甲辰	1 11	12 2	甲戌	·
8 13	6 28	癸卯	9 14	8 1	乙亥	10 14	9 2	乙巳	11 13	10 3	乙亥	12 13	11 3	乙巳	1 12	12 3	乙亥	2
8 14	6 29	甲辰	9 15	8 2	丙子	10 15	9 3	丙午	11 14	10 4	丙子	12 14	11 4	丙午	1 13	12 4	丙子	0
8 15	7 1	乙巳	9 16	8 3	丁丑	10 16	9 4	丁未	11 15	10 5	丁丑	12 15	11 5	丁未	1 14	12 5	丁丑	8
8 16	7 2	丙午	9 17	8 4	戊寅	10 17	9 5	戊申	11 16	10 6	戊寅	12 16	11 6	戊申	1 15	12 6	戊寅	1
8 17	7 3	丁未	9 18	8 5	己卯	10 18	9 6	己酉	11 17	10 7	己卯	12 17	11 7	己酉	1 16	12 7	己卯	
8 18	7 4	戊申	9 19	8 6	庚辰	10 19	9 7	庚戌	11 18	10 8	庚辰	12 18	11 8	庚戌	1 17	12 8	庚辰	
8 19	7 5	己酉	9 20	8 7	辛巳	10 20	9 8	辛亥	11 19	10 9	辛巳	12 19	11 9	辛亥	1 18	12 9	辛巳	
8 20	7 6	庚戌	9 21	8 8	壬午	10 21	9 9	壬子	11 20	10 10	壬午	12 20	11 10	壬子	1 19	12 10	壬午	鼠
8 21	7 7	辛亥	9 22	8 9	癸未	10 22	9 10	癸丑	11 21	10 11	癸未	12 21	11 11	癸丑	1 20	12 11	癸未	
8 22	7 8	壬子	9 23	8 10	甲申	10 23	9 11	甲寅	11 22	10 12	甲申	12 22	11 12	甲寅	1 21	12 12	甲申	
8 23	7 9	癸丑	9 24	8 11	乙酉	10 24	9 12	乙卯	11 23	10 13	乙酉	12 23	11 13	乙卯	1 22	12 13	乙酉	
8 24	7 10	甲寅	9 25	8 12	丙戌	10 25	9 13	丙辰	11 24	10 14	丙戌	12 24	11 14	丙辰	1 23	12 14	丙戌	中
8 25	7 11	乙卯	9 26	8 13	丁亥	10 26	9 14	丁巳	11 25	10 15	丁亥	12 25	11 15	丁巳	1 24	12 15	丁亥	華
8 26	7 12	丙辰	9 27	8 14	戊子	10 27	9 15	戊午	11 26	10 16	戊子	12 26	11 16	戊午	1 25	12 16	戊子	民
8 27	7 13	丁巳	9 28	8 15	己丑	10 28	9 16	己未	11 27	10 17	己丑	12 27	11 17	己未	1 26	12 17	己丑	國
8 28	7 14	戊午	9 29	8 16	庚寅	10 29	9 17	庚申	11 28	10 18	庚寅	12 28	11 18	庚申	1 27	12 18	庚寅	一
8 29	7 15	己未	9 30	8 17	辛卯	10 30	9 18	辛酉	11 29	10 19	辛卯	12 29	11 19	辛酉	1 28	12 19	辛卯	百
8 30	7 16	庚申	10 1	8 18	壬辰	10 31	9 19	壬戌	11 30	10 20	壬辰	12 30	11 20	壬戌	1 29	12 20	壬辰	六
8 31	7 17	辛酉	10 2	8 19	癸巳	11 1	9 20	癸亥	12 1	10 21	癸巳	12 31	11 21	癸亥	1 30	12 21	癸巳	十
9 1	7 18	壬戌	10 3	8 20	甲午	11 2	9 21	甲子	12 2	10 22	甲午	1 1	11 22	甲子	1 31	12 22	甲午	九
9 2	7 19	癸亥	10 4	8 21	乙未	11 3	9 22	乙丑	12 3	10 23	乙未	1 2	11 23	乙丑	2 1	12 23	乙未	·
9 3	7 20	甲子	10 5	8 22	丙申	11 4	9 23	丙寅	12 4	10 24	丙申	1 3	11 24	丙寅	2 2	12 24	丙申	一
9 4	7 21	乙丑	10 6	8 23	丁酉	11 5	9 24	丁卯	12 5	10 25	丁酉	1 4	11 25	丁卯				百
9 5	7 22	丙寅																七
9 6	7 23	丁卯																十
處暑			秋分			霜降			小雪			冬至			大寒			年
8/22 11時47分 午時			9/22 9時55分 巳時			10/22 19時51分 戌時			11/21 17時55分 酉時			12/21 7時32分 辰時			1/19 18時10分 酉時			中氣

庚子

年：辛丑　　**2081　牛　中華民國一百七十年**

月	庚寅			辛卯			壬辰			癸巳			甲午			乙未		
節氣	立春			驚蟄			清明			立夏			芒種			小暑		
	2/3 12時25分 午時			3/5 6時1分 卯時			4/4 10時16分 巳時			5/5 2時59分 丑時			6/5 6時40分 卯時			7/6 16時42分 申時		
日	國曆	農曆	干支	國曆	農曆	干支	國曆	農曆	干支	國曆	農曆	干支	國曆	農曆	干支	國曆	農曆	干支
	2/3	12/25	丁酉	3/5	1/25	丁卯	4/4	2/26	丁酉	5/5	3/27	戊辰	6/5	4/28	己亥	7/6	5/30	庚午
	2/4	12/26	戊戌	3/6	1/26	戊辰	4/5	2/27	戊戌	5/6	3/28	己巳	6/6	4/29	庚子	7/7	6/1	辛未
	2/5	12/27	己亥	3/7	1/27	己巳	4/6	2/28	己亥	5/7	3/29	庚午	6/7	5/1	辛丑	7/8	6/2	壬申
	2/6	12/28	庚子	3/8	1/28	庚午	4/7	2/29	庚子	5/8	3/30	辛未	6/8	5/2	壬寅	7/9	6/3	癸酉
	2/7	12/29	辛丑	3/9	1/29	辛未	4/8	2/30	辛丑	5/9	4/1	壬申	6/9	5/3	癸卯	7/10	6/4	甲戌
	2/8	12/30	壬寅	3/10	2/1	壬申	4/9	3/1	壬寅	5/10	4/2	癸酉	6/10	5/4	甲辰	7/11	6/5	乙亥
	2/9	1/1	癸卯	3/11	2/2	癸酉	4/10	3/2	癸卯	5/11	4/3	甲戌	6/11	5/5	乙巳	7/12	6/6	丙子
	2/10	1/2	甲辰	3/12	2/3	甲戌	4/11	3/3	甲辰	5/12	4/4	乙亥	6/12	5/6	丙午	7/13	6/7	丁丑
	2/11	1/3	乙巳	3/13	2/4	乙亥	4/12	3/4	乙巳	5/13	4/5	丙子	6/13	5/7	丁未	7/14	6/8	戊寅
	2/12	1/4	丙午	3/14	2/5	丙子	4/13	3/5	丙午	5/14	4/6	丁丑	6/14	5/8	戊申	7/15	6/9	己卯
	2/13	1/5	丁未	3/15	2/6	丁丑	4/14	3/6	丁未	5/15	4/7	戊寅	6/15	5/9	己酉	7/16	6/10	庚辰
	2/14	1/6	戊申	3/16	2/7	戊寅	4/15	3/7	戊申	5/16	4/8	己卯	6/16	5/10	庚戌	7/17	6/11	辛巳
	2/15	1/7	己酉	3/17	2/8	己卯	4/16	3/8	己酉	5/17	4/9	庚辰	6/17	5/11	辛亥	7/18	6/12	壬午
	2/16	1/8	庚戌	3/18	2/9	庚辰	4/17	3/9	庚戌	5/18	4/10	辛巳	6/18	5/12	壬子	7/19	6/13	癸未
	2/17	1/9	辛亥	3/19	2/10	辛巳	4/18	3/10	辛亥	5/19	4/11	壬午	6/19	5/13	癸丑	7/20	6/14	甲申
	2/18	1/10	壬子	3/20	2/11	壬午	4/19	3/11	壬子	5/20	4/12	癸未	6/20	5/14	甲寅	7/21	6/15	乙酉
	2/19	1/11	癸丑	3/21	2/12	癸未	4/20	3/12	癸丑	5/21	4/13	甲申	6/21	5/15	乙卯	7/22	6/16	丙戌
	2/20	1/12	甲寅	3/22	2/13	甲申	4/21	3/13	甲寅	5/22	4/14	乙酉	6/22	5/16	丙辰	7/23	6/17	丁亥
	2/21	1/13	乙卯	3/23	2/14	乙酉	4/22	3/14	乙卯	5/23	4/15	丙戌	6/23	5/17	丁巳	7/24	6/18	戊子
	2/22	1/14	丙辰	3/24	2/15	丙戌	4/23	3/15	丙辰	5/24	4/16	丁亥	6/24	5/18	戊午	7/25	6/19	己丑
	2/23	1/15	丁巳	3/25	2/16	丁亥	4/24	3/16	丁巳	5/25	4/17	戊子	6/25	5/19	己未	7/26	6/20	庚寅
	2/24	1/16	戊午	3/26	2/17	戊子	4/25	3/17	戊午	5/26	4/18	己丑	6/26	5/20	庚申	7/27	6/21	辛卯
	2/25	1/17	己未	3/27	2/18	己丑	4/26	3/18	己未	5/27	4/19	庚寅	6/27	5/21	辛酉	7/28	6/22	壬辰
	2/26	1/18	庚申	3/28	2/19	庚寅	4/27	3/19	庚申	5/28	4/20	辛卯	6/28	5/22	壬戌	7/29	6/23	癸巳
	2/27	1/19	辛酉	3/29	2/20	辛卯	4/28	3/20	辛酉	5/29	4/21	壬辰	6/29	5/23	癸亥	7/30	6/24	甲午
	2/28	1/20	壬戌	3/30	2/21	壬辰	4/29	3/21	壬戌	5/30	4/22	癸巳	6/30	5/24	甲子	7/31	6/25	乙未
	3/1	1/21	癸亥	3/31	2/22	癸巳	4/30	3/22	癸亥	5/31	4/23	甲午	7/1	5/25	乙丑	8/1	6/26	丙申
	3/2	1/22	甲子	4/1	2/23	甲午	5/1	3/23	甲子	6/1	4/24	乙未	7/2	5/26	丙寅	8/2	6/27	丁酉
	3/3	1/23	乙丑	4/2	2/24	乙未	5/2	3/24	乙丑	6/2	4/25	丙申	7/3	5/27	丁卯	8/3	6/28	戊戌
	3/4	1/24	丙寅	4/3	2/25	丙申	5/3	3/25	丙寅	6/3	4/26	丁酉	7/4	5/28	戊辰	8/4	6/29	己亥
							5/4	3/26	丁卯	6/4	4/27	戊戌	7/5	5/29	己巳	8/5	7/1	庚子
																8/6	7/2	辛丑

中氣	雨水			春分			穀雨			小滿			夏至			大暑		
	2/18 8時2分 辰時			3/20 6時33分 卯時			4/19 17時0分 酉時			5/20 15時37分 申時			6/20 23時15分 子時			7/22 10時7分 巳時		

辛丑（年）

丙申			丁酉			戊戌			己亥			庚子			辛丑			月
立秋			白露			寒露			立冬			大雪			小寒			節氣
8/7 2時36分 丑時			9/7 5時53分 卯時			10/7 22時5分 亥時			11/7 1時51分 丑時			12/6 19時10分 戌時			1/5 6時37分 卯時			
國曆	農曆	干支	國曆	農曆	干支	國曆	農曆	干支	國曆	農曆	干支	國曆	農曆	干支	國曆	農曆	干支	日
8/7	7/3	壬寅	9/7	8/5	癸酉	10/7	9/5	癸卯	11/7	10/7	甲戌	12/6	11/7	癸卯	1/5	12/7	癸酉	
8/8	7/4	癸卯	9/8	8/6	甲戌	10/8	9/6	甲辰	11/8	10/8	乙亥	12/7	11/8	甲辰	1/6	12/8	甲戌	
8/9	7/5	甲辰	9/9	8/7	乙亥	10/9	9/7	乙巳	11/9	10/9	丙子	12/8	11/9	乙巳	1/7	12/9	乙亥	
8/10	7/6	乙巳	9/10	8/8	丙子	10/10	9/8	丙午	11/10	10/10	丁丑	12/9	11/10	丙午	1/8	12/10	丙子	
8/11	7/7	丙午	9/11	8/9	丁丑	10/11	9/9	丁未	11/11	10/11	戊寅	12/10	11/11	丁未	1/9	12/11	丁丑	2081·2082
8/12	7/8	丁未	9/12	8/10	戊寅	10/12	9/10	戊申	11/12	10/12	己卯	12/11	11/12	戊申	1/10	12/12	戊寅	
8/13	7/9	戊申	9/13	8/11	己卯	10/13	9/11	己酉	11/13	10/13	庚辰	12/12	11/13	己酉	1/11	12/13	己卯	
8/14	7/10	己酉	9/14	8/12	庚辰	10/14	9/12	庚戌	11/14	10/14	辛巳	12/13	11/14	庚戌	1/12	12/14	庚辰	
8/15	7/11	庚戌	9/15	8/13	辛巳	10/15	9/13	辛亥	11/15	10/15	壬午	12/14	11/15	辛亥	1/13	12/15	辛巳	
8/16	7/12	辛亥	9/16	8/14	壬午	10/16	9/14	壬子	11/16	10/16	癸未	12/15	11/16	壬子	1/14	12/16	壬午	牛
8/17	7/13	壬子	9/17	8/15	癸未	10/17	9/15	癸丑	11/17	10/17	甲申	12/16	11/17	癸丑	1/15	12/17	癸未	
8/18	7/14	癸丑	9/18	8/16	甲申	10/18	9/16	甲寅	11/18	10/18	乙酉	12/17	11/18	甲寅	1/16	12/18	甲申	
8/19	7/15	甲寅	9/19	8/17	乙酉	10/19	9/17	乙卯	11/19	10/19	丙戌	12/18	11/19	乙卯	1/17	12/19	乙酉	
8/20	7/16	乙卯	9/20	8/18	丙戌	10/20	9/18	丙辰	11/20	10/20	丁亥	12/19	11/20	丙辰	1/18	12/20	丙戌	
8/21	7/17	丙辰	9/21	8/19	丁亥	10/21	9/19	丁巳	11/21	10/21	戊子	12/20	11/21	丁巳	1/19	12/21	丁亥	中華民國一百七十·一百七十一年
8/22	7/18	丁巳	9/22	8/20	戊子	10/22	9/20	戊午	11/22	10/22	己丑	12/21	11/22	戊午	1/20	12/22	戊子	
8/23	7/19	戊午	9/23	8/21	己丑	10/23	9/21	己未	11/23	10/23	庚寅	12/22	11/23	己未	1/21	12/23	己丑	
8/24	7/20	己未	9/24	8/22	庚寅	10/24	9/22	庚申	11/24	10/24	辛卯	12/23	11/24	庚申	1/22	12/24	庚寅	
8/25	7/21	庚申	9/25	8/23	辛卯	10/25	9/23	辛酉	11/25	10/25	壬辰	12/24	11/25	辛酉	1/23	12/25	辛卯	
8/26	7/22	辛酉	9/26	8/24	壬辰	10/26	9/24	壬戌	11/26	10/26	癸巳	12/25	11/26	壬戌	1/24	12/26	壬辰	
8/27	7/23	壬戌	9/27	8/25	癸巳	10/27	9/25	癸亥	11/27	10/27	甲午	12/26	11/27	癸亥	1/25	12/27	癸巳	
8/28	7/24	癸亥	9/28	8/26	甲午	10/28	9/26	甲子	11/28	10/28	乙未	12/27	11/28	甲子	1/26	12/28	甲午	
8/29	7/25	甲子	9/29	8/27	乙未	10/29	9/27	乙丑	11/29	10/29	丙申	12/28	11/29	乙丑	1/27	12/29	乙未	
8/30	7/26	乙丑	9/30	8/28	丙申	10/30	9/28	丙寅	11/30	11/1	丁酉	12/29	11/30	丙寅	1/28	12/30	丙申	
8/31	7/27	丙寅	10/1	8/29	丁酉	10/31	9/29	丁卯	12/1	11/2	戊戌	12/30	12/1	丁卯	1/29	1/1	丁酉	
9/1	7/28	丁卯	10/2	8/30	戊戌	11/1	10/1	戊辰	12/2	11/3	己亥	12/31	12/2	戊辰	1/30	1/2	戊戌	
9/2	7/29	戊辰	10/3	9/1	己亥	11/2	10/2	己巳	12/3	11/4	庚子	1/1	12/3	己巳	1/31	1/3	己亥	
9/3	8/1	己巳	10/4	9/2	庚子	11/3	10/3	庚午	12/4	11/5	辛丑	1/2	12/4	庚午	2/1	1/4	庚子	
9/4	8/2	庚午	10/5	9/3	辛丑	11/4	10/4	辛未	12/5	11/6	壬寅	1/3	12/5	辛未	2/2	1/5	辛丑	
9/5	8/3	辛未	10/6	9/4	壬寅	11/5	10/5	壬申				1/4	12/6	壬申				
9/6	8/4	壬申				11/6	10/6	癸酉										

處暑			秋分			霜降			小雪			冬至			大寒			中氣
8/22 17時28分 酉時			9/22 15時37分 申時			10/23 1時33分 丑時			11/21 23時40分 子時			12/21 13時21分 未時			1/20 0時5分 子時			

年	壬寅																	
月	壬寅			癸卯			甲辰			乙巳			丙午			丁未		
節氣	立春			驚蟄			清明			立夏			芒種			小暑		
	2/3 18時11分 酉時			3/5 11時49分 午時			4/4 16時2分 申時			5/5 8時42分 辰時			6/5 12時21分 午時			7/6 22時24分 亥時		
日	國曆	農曆	干支	國曆	農曆	干支	國曆	農曆	干支	國曆	農曆	干支	國曆	農曆	干支	國曆	農曆	干支
2082	2 3	1 6	壬寅	3 5	2 7	壬申	4 4	3 7	壬寅	5 5	4 8	癸酉	6 5	5 9	甲辰	7 6	6 11	乙亥
	2 4	1 7	癸卯	3 6	2 8	癸酉	4 5	3 8	癸卯	5 6	4 9	甲戌	6 6	5 10	乙巳	7 7	6 12	丙子
	2 5	1 8	甲辰	3 7	2 9	甲戌	4 6	3 9	甲辰	5 7	4 10	乙亥	6 7	5 11	丙午	7 8	6 13	丁丑
	2 6	1 9	乙巳	3 8	2 10	乙亥	4 7	3 10	乙巳	5 8	4 11	丙子	6 8	5 12	丁未	7 9	6 14	戊寅
	2 7	1 10	丙午	3 9	2 11	丙子	4 8	3 11	丙午	5 9	4 12	丁丑	6 9	5 13	戊申	7 10	6 15	己卯
2	2 8	1 11	丁未	3 10	2 12	丁丑	4 9	3 12	丁未	5 10	4 13	戊寅	6 10	5 14	己酉	7 11	6 16	庚辰
0	2 9	1 12	戊申	3 11	2 13	戊寅	4 10	3 13	戊申	5 11	4 14	己卯	6 11	5 15	庚戌	7 12	6 17	辛巳
8	2 10	1 13	己酉	3 12	2 14	己卯	4 11	3 14	己酉	5 12	4 15	庚辰	6 12	5 16	辛亥	7 13	6 18	壬午
2	2 11	1 14	庚戌	3 13	2 15	庚辰	4 12	3 15	庚戌	5 13	4 16	辛巳	6 13	5 17	壬子	7 14	6 19	癸未
	2 12	1 15	辛亥	3 14	2 16	辛巳	4 13	3 16	辛亥	5 14	4 17	壬午	6 14	5 18	癸丑	7 15	6 20	甲申
	2 13	1 16	壬子	3 15	2 17	壬午	4 14	3 17	壬子	5 15	4 18	癸未	6 15	5 19	甲寅	7 16	6 21	乙酉
	2 14	1 17	癸丑	3 16	2 18	癸未	4 15	3 18	癸丑	5 16	4 19	甲申	6 16	5 20	乙卯	7 17	6 22	丙戌
	2 15	1 18	甲寅	3 17	2 19	甲申	4 16	3 19	甲寅	5 17	4 20	乙酉	6 17	5 21	丙辰	7 18	6 23	丁亥
虎	2 16	1 19	乙卯	3 18	2 20	乙酉	4 17	3 20	乙卯	5 18	4 21	丙戌	6 18	5 22	丁巳	7 19	6 24	戊子
	2 17	1 20	丙辰	3 19	2 21	丙戌	4 18	3 21	丙辰	5 19	4 22	丁亥	6 19	5 23	戊午	7 20	6 25	己丑
	2 18	1 21	丁巳	3 20	2 22	丁亥	4 19	3 22	丁巳	5 20	4 23	戊子	6 20	5 24	己未	7 21	6 26	庚寅
	2 19	1 22	戊午	3 21	2 23	戊子	4 20	3 23	戊午	5 21	4 24	己丑	6 21	5 25	庚申	7 22	6 27	辛卯
	2 20	1 23	己未	3 22	2 24	己丑	4 21	3 24	己未	5 22	4 25	庚寅	6 22	5 26	辛酉	7 23	6 28	壬辰
	2 21	1 24	庚申	3 23	2 25	庚寅	4 22	3 25	庚申	5 23	4 26	辛卯	6 23	5 27	壬戌	7 24	6 29	癸巳
	2 22	1 25	辛酉	3 24	2 26	辛卯	4 23	3 26	辛酉	5 24	4 27	壬辰	6 24	5 28	癸亥	7 25	7 1	甲午
中	2 23	1 26	壬戌	3 25	2 27	壬辰	4 24	3 27	壬戌	5 25	4 28	癸巳	6 25	5 29	甲子	7 26	7 2	乙未
華	2 24	1 27	癸亥	3 26	2 28	癸巳	4 25	3 28	癸亥	5 26	4 29	甲午	6 26	6 1	乙丑	7 27	7 3	丙申
民	2 25	1 28	甲子	3 27	2 29	甲午	4 26	3 29	甲子	5 27	4 30	乙未	6 27	6 2	丙寅	7 28	7 4	丁酉
國	2 26	1 29	乙丑	3 28	2 30	乙未	4 27	3 30	乙丑	5 28	5 1	丙申	6 28	6 3	丁卯	7 29	7 5	戊戌
一	2 27	2 1	丙寅	3 29	3 1	丙申	4 28	4 1	丙寅	5 29	5 2	丁酉	6 29	6 4	戊辰	7 30	7 6	己亥
百	2 28	2 2	丁卯	3 30	3 2	丁酉	4 29	4 2	丁卯	5 30	5 3	戊戌	6 30	6 5	己巳	7 31	7 7	庚子
七	3 1	2 3	戊辰	3 31	3 3	戊戌	4 30	4 3	戊辰	5 31	5 4	己亥	7 1	6 6	庚午	8 1	7 8	辛丑
十	3 2	2 4	己巳	4 1	3 4	己亥	5 1	4 4	己巳	6 1	5 5	庚子	7 2	6 7	辛未	8 2	7 9	壬寅
一	3 3	2 5	庚午	4 2	3 5	庚子	5 2	4 5	庚午	6 2	5 6	辛丑	7 3	6 8	壬申	8 3	7 10	癸卯
年	3 4	2 6	辛未	4 3	3 6	辛丑	5 3	4 6	辛未	6 3	5 7	壬寅	7 4	6 9	癸酉	8 4	7 11	甲辰
							5 4	4 7	壬申	6 4	5 8	癸卯	7 5	6 10	甲戌	8 5	7 12	乙巳
																8 6	7 13	丙午
中氣	雨水			春分			穀雨			小滿			夏至			大暑		
	2/18 13時59分 未時			3/20 12時29分 午時			4/19 22時54分 亥時			5/20 21時27分 亥時			6/21 5時2分 卯時			7/22 15時52分 申時		

																		年
壬寅																		
戊申			己酉			庚戌			辛亥			壬子			癸丑			月
立秋			白露			寒露			立冬			大雪			小寒			節氣
8/7 8時20分 辰時			9/7 11時41分 午時			10/8 3時56分 寅時			11/7 7時43分 辰時			12/7 1時0分 丑時			1/5 12時25分 午時			
國曆	農曆	干支	國曆	農曆	干支	國曆	農曆	干支	國曆	農曆	干支	國曆	農曆	干支	國曆	農曆	干支	日
8 7	7 14	丁未	9 7	7 15	戊寅	10 8	8 17	己酉	11 7	9 17	己卯	12 7	10 18	己酉	1 5	11 18	戊寅	
8 8	7 15	戊申	9 8	7 16	己卯	10 9	8 18	庚戌	11 8	9 18	庚辰	12 8	10 19	庚戌	1 6	11 19	己卯	
8 9	7 16	己酉	9 9	7 17	庚辰	10 10	8 19	辛亥	11 9	9 19	辛巳	12 9	10 20	辛亥	1 7	11 20	庚辰	
8 10	7 17	庚戌	9 10	7 18	辛巳	10 11	8 20	壬子	11 10	9 20	壬午	12 10	10 21	壬子	1 8	11 21	辛巳	2082·2083
8 11	7 18	辛亥	9 11	7 19	壬午	10 12	8 21	癸丑	11 11	9 21	癸未	12 11	10 22	癸丑	1 9	11 22	壬午	
8 12	7 19	壬子	9 12	7 20	癸未	10 13	8 22	甲寅	11 12	9 22	甲申	12 12	10 23	甲寅	1 10	11 23	癸未	
8 13	7 20	癸丑	9 13	7 21	甲申	10 14	8 23	乙卯	11 13	9 23	乙酉	12 13	10 24	乙卯	1 11	11 24	甲申	
8 14	7 21	甲寅	9 14	7 22	乙酉	10 15	8 24	丙辰	11 14	9 24	丙戌	12 14	10 25	丙辰	1 12	11 25	乙酉	
8 15	7 22	乙卯	9 15	7 23	丙戌	10 16	8 25	丁巳	11 15	9 25	丁亥	12 15	10 26	丁巳	1 13	11 26	丙戌	
8 16	7 23	丙辰	9 16	7 24	丁亥	10 17	8 26	戊午	11 16	9 26	戊子	12 16	10 27	戊午	1 14	11 27	丁亥	
8 17	7 24	丁巳	9 17	7 25	戊子	10 18	8 27	己未	11 17	9 27	己丑	12 17	10 28	己未	1 15	11 28	戊子	
8 18	7 25	戊午	9 18	7 26	己丑	10 19	8 28	庚申	11 18	9 28	庚寅	12 18	10 29	庚申	1 16	11 29	己丑	
8 19	7 26	己未	9 19	7 27	庚寅	10 20	8 29	辛酉	11 19	9 29	辛卯	12 19	11 1	辛酉	1 17	11 30	庚寅	
8 20	7 27	庚申	9 20	7 28	辛卯	10 21	8 30	壬戌	11 20	10 1	壬辰	12 20	11 2	壬戌	1 18	12 1	辛卯	虎
8 21	7 28	辛酉	9 21	7 29	壬辰	10 22	9 1	癸亥	11 21	10 2	癸巳	12 21	11 3	癸亥	1 19	12 2	壬辰	
8 22	7 29	壬戌	9 22	8 1	癸巳	10 23	9 2	甲子	11 22	10 3	甲午	12 22	11 4	甲子	1 20	12 3	癸巳	
8 23	7 30	癸亥	9 23	8 2	甲午	10 24	9 3	乙丑	11 23	10 4	乙未	12 23	11 5	乙丑	1 21	12 4	甲午	
8 24	閏 1	甲子	9 24	8 3	乙未	10 25	9 4	丙寅	11 24	10 5	丙申	12 24	11 6	丙寅	1 22	12 5	乙未	
8 25	7 2	乙丑	9 25	8 4	丙申	10 26	9 5	丁卯	11 25	10 6	丁酉	12 25	11 7	丁卯	1 23	12 6	丙申	中華民國一百七十一·一百七十二年
8 26	7 3	丙寅	9 26	8 5	丁酉	10 27	9 6	戊辰	11 26	10 7	戊戌	12 26	11 8	戊辰	1 24	12 7	丁酉	
8 27	7 4	丁卯	9 27	8 6	戊戌	10 28	9 7	己巳	11 27	10 8	己亥	12 27	11 9	己巳	1 25	12 8	戊戌	
8 28	7 5	戊辰	9 28	8 7	己亥	10 29	9 8	庚午	11 28	10 9	庚子	12 28	11 10	庚午	1 26	12 9	己亥	
8 29	7 6	己巳	9 29	8 8	庚子	10 30	9 9	辛未	11 29	10 10	辛丑	12 29	11 11	辛未	1 27	12 10	庚子	
8 30	7 7	庚午	9 30	8 9	辛丑	10 31	9 10	壬申	11 30	10 11	壬寅	12 30	11 12	壬申	1 28	12 11	辛丑	
8 31	7 8	辛未	10 1	8 10	壬寅	11 1	9 11	癸酉	12 1	10 12	癸卯	12 31	11 13	癸酉	1 29	12 12	壬寅	
9 1	7 9	壬申	10 2	8 11	癸卯	11 2	9 12	甲戌	12 2	10 13	甲辰	1 1	11 14	甲戌	1 30	12 13	癸卯	
9 2	7 10	癸酉	10 3	8 12	甲辰	11 3	9 13	乙亥	12 3	10 14	乙巳	1 2	11 15	乙亥	1 31	12 14	甲辰	
9 3	7 11	甲戌	10 4	8 13	乙巳	11 4	9 14	丙子	12 4	10 15	丙午	1 3	11 16	丙子	2 1	12 15	乙巳	
9 4	7 12	乙亥	10 5	8 14	丙午	11 5	9 15	丁丑	12 5	10 16	丁未	1 4	11 17	丁丑	2 2	12 16	丙午	
9 5	7 13	丙子	10 6	8 15	丁未	11 6	9 16	戊寅	12 6	10 17	戊申							
9 6	7 14	丁丑	10 7	8 16	戊申													
處暑			秋分			霜降			小雪			冬至			大寒			中氣
8/22 23時12分 子時			9/22 21時22分 亥時			10/23 7時19分 辰時			11/22 5時24分 卯時			12/21 19時3分 戌時			1/20 5時45分 卯時			

年																		癸卯
月	甲寅			乙卯			丙辰			丁巳			戊午			己未		
節氣	立春			驚蟄			清明			立夏			芒種			小暑		
	2/3 23時57分 子時			3/5 17時35分 酉時			4/4 21時49分 亥時			5/5 14時30分 未時			6/5 18時11分 酉時			7/7 4時15分 寅時		
日	國曆	農曆	干支	國曆	農曆	干支	國曆	農曆	干支	國曆	農曆	干支	國曆	農曆	干支	國曆	農曆	干支
2083 兔 中華民國一百七十二年	2 3	12 17	丁未	3 5	1 17	丁丑	4 4	2 18	丁未	5 5	3 19	戊寅	6 5	4 20	己酉	7 7	5 23	辛巳
	2 4	12 18	戊申	3 6	1 18	戊寅	4 5	2 19	戊申	5 6	3 20	己卯	6 6	4 21	庚戌	7 8	5 24	壬午
	2 5	12 19	己酉	3 7	1 19	己卯	4 6	2 20	己酉	5 7	3 21	庚辰	6 7	4 22	辛亥	7 9	5 25	癸未
	2 6	12 20	庚戌	3 8	1 20	庚辰	4 7	2 21	庚戌	5 8	3 22	辛巳	6 8	4 23	壬子	7 10	5 26	甲申
	2 7	12 21	辛亥	3 9	1 21	辛巳	4 8	2 22	辛亥	5 9	3 23	壬午	6 9	4 24	癸丑	7 11	5 27	乙酉
	2 8	12 22	壬子	3 10	1 22	壬午	4 9	2 23	壬子	5 10	3 24	癸未	6 10	4 25	甲寅	7 12	5 28	丙戌
	2 9	12 23	癸丑	3 11	1 23	癸未	4 10	2 24	癸丑	5 11	3 25	甲申	6 11	4 26	乙卯	7 13	5 29	丁亥
	2 10	12 24	甲寅	3 12	1 24	甲申	4 11	2 25	甲寅	5 12	3 26	乙酉	6 12	4 27	丙辰	7 14	5 30	戊子
	2 11	12 25	乙卯	3 13	1 25	乙酉	4 12	2 26	乙卯	5 13	3 27	丙戌	6 13	4 28	丁巳	7 15	6 1	己丑
	2 12	12 26	丙辰	3 14	1 26	丙戌	4 13	2 27	丙辰	5 14	3 28	丁亥	6 14	4 29	戊午	7 16	6 2	庚寅
	2 13	12 27	丁巳	3 15	1 27	丁亥	4 14	2 28	丁巳	5 15	3 29	戊子	6 15	5 1	己未	7 17	6 3	辛卯
	2 14	12 28	戊午	3 16	1 28	戊子	4 15	2 29	戊午	5 16	3 30	己丑	6 16	5 2	庚申	7 18	6 4	壬辰
	2 15	12 29	己未	3 17	1 29	己丑	4 16	2 30	己未	5 17	4 1	庚寅	6 17	5 3	辛酉	7 19	6 5	癸巳
	2 16	12 30	庚申	3 18	2 1	庚寅	4 17	3 1	庚申	5 18	4 2	辛卯	6 18	5 4	壬戌	7 20	6 6	甲午
	2 17	1 1	辛酉	3 19	2 2	辛卯	4 18	3 2	辛酉	5 19	4 3	壬辰	6 19	5 5	癸亥	7 21	6 7	乙未
	2 18	1 2	壬戌	3 20	2 3	壬辰	4 19	3 3	壬戌	5 20	4 4	癸巳	6 20	5 6	甲子	7 22	6 8	丙申
	2 19	1 3	癸亥	3 21	2 4	癸巳	4 20	3 4	癸亥	5 21	4 5	甲午	6 21	5 7	乙丑	7 23	6 9	丁酉
	2 20	1 4	甲子	3 22	2 5	甲午	4 21	3 5	甲子	5 22	4 6	乙未	6 22	5 8	丙寅	7 24	6 10	戊戌
	2 21	1 5	乙丑	3 23	2 6	乙未	4 22	3 6	乙丑	5 23	4 7	丙申	6 23	5 9	丁卯	7 25	6 11	己亥
	2 22	1 6	丙寅	3 24	2 7	丙申	4 23	3 7	丙寅	5 24	4 8	丁酉	6 24	5 10	戊辰	7 26	6 12	庚子
	2 23	1 7	丁卯	3 25	2 8	丁酉	4 24	3 8	丁卯	5 25	4 9	戊戌	6 25	5 11	己巳	7 27	6 13	辛丑
	2 24	1 8	戊辰	3 26	2 9	戊戌	4 25	3 9	戊辰	5 26	4 10	己亥	6 26	5 12	庚午	7 28	6 14	壬寅
	2 25	1 9	己巳	3 27	2 10	己亥	4 26	3 10	己巳	5 27	4 11	庚子	6 27	5 13	辛未	7 29	6 15	癸卯
	2 26	1 10	庚午	3 28	2 11	庚子	4 27	3 11	庚午	5 28	4 12	辛丑	6 28	5 14	壬申	7 30	6 16	甲辰
	2 27	1 11	辛未	3 29	2 12	辛丑	4 28	3 12	辛未	5 29	4 13	壬寅	6 29	5 15	癸酉	7 31	6 17	乙巳
	2 28	1 12	壬申	3 30	2 13	壬寅	4 29	3 13	壬申	5 30	4 14	癸卯	6 30	5 16	甲戌	8 1	6 18	丙午
	3 1	1 13	癸酉	3 31	2 14	癸卯	4 30	3 14	癸酉	5 31	4 15	甲辰	7 1	5 17	乙亥	8 2	6 19	丁未
	3 2	1 14	甲戌	4 1	2 15	甲辰	5 1	3 15	甲戌	6 1	4 16	乙巳	7 2	5 18	丙子	8 3	6 20	戊申
	3 3	1 15	乙亥	4 2	2 16	乙巳	5 2	3 16	乙亥	6 2	4 17	丙午	7 3	5 19	丁丑	8 4	6 21	己酉
	3 4	1 16	丙子	4 3	2 17	丙午	5 3	3 17	丙子	6 3	4 18	丁未	7 4	5 20	戊寅	8 5	6 22	庚戌
							5 4	3 18	丁丑	6 4	4 19	戊申	7 5	5 21	己卯	8 6	6 23	辛亥
													7 6	5 22	庚辰			
中氣	雨水			春分			穀雨			小滿			夏至			大暑		
	2/18 19時39分 戌時			3/20 18時9分 酉時			4/20 4時34分 寅時			5/21 3時8分 寅時			6/21 10時43分 巳時			7/22 21時34分 亥時		

癸卯　年

月	庚申			辛酉			壬戌			癸亥			甲子			乙丑		
節氣	立秋			白露			寒露			立冬			大雪			小寒		
日	8/7 14時12分 未時			9/7 17時33分 酉時			10/8 9時48分 巳時			11/7 13時34分 未時			12/7 6時51分 卯時			1/5 18時14分 酉時		
	國曆	農曆	干支	國曆	農曆	干支	國曆	農曆	干支	國曆	農曆	干支	國曆	農曆	干支	國曆	農曆	干支
	8 7	6 24	壬子	9 7	7 26	癸未	10 8	8 27	甲寅	11 7	9 28	甲申	12 7	10 28	甲寅	1 5	11 28	癸未
	8 8	6 25	癸丑	9 8	7 27	甲申	10 9	8 28	乙卯	11 8	9 29	乙酉	12 8	10 29	乙卯	1 6	11 29	甲申
	8 9	6 26	甲寅	9 9	7 28	乙酉	10 10	8 29	丙辰	11 9	9 30	丙戌	12 9	11 1	丙辰	1 7	11 30	乙酉
	8 10	6 27	乙卯	9 10	7 29	丙戌	10 11	9 1	丁巳	11 10	10 1	丁亥	12 10	11 2	丁巳	1 8	12 1	丙戌
	8 11	6 28	丙辰	9 11	7 30	丁亥	10 12	9 2	戊午	11 11	10 2	戊子	12 11	11 3	戊午	1 9	12 2	丁亥
	8 12	6 29	丁巳	9 12	8 1	戊子	10 13	9 3	己未	11 12	10 3	己丑	12 12	11 4	己未	1 10	12 3	戊子
	8 13	7 1	戊午	9 13	8 2	己丑	10 14	9 4	庚申	11 13	10 4	庚寅	12 13	11 5	庚申	1 11	12 4	己丑
	8 14	7 2	己未	9 14	8 3	庚寅	10 15	9 5	辛酉	11 14	10 5	辛卯	12 14	11 6	辛酉	1 12	12 5	庚寅
	8 15	7 3	庚申	9 15	8 4	辛卯	10 16	9 6	壬戌	11 15	10 6	壬辰	12 15	11 7	壬戌	1 13	12 6	辛卯
	8 16	7 4	辛酉	9 16	8 5	壬辰	10 17	9 7	癸亥	11 16	10 7	癸巳	12 16	11 8	癸亥	1 14	12 7	壬辰
	8 17	7 5	壬戌	9 17	8 6	癸巳	10 18	9 8	甲子	11 17	10 8	甲午	12 17	11 9	甲子	1 15	12 8	癸巳
	8 18	7 6	癸亥	9 18	8 7	甲午	10 19	9 9	乙丑	11 18	10 9	乙未	12 18	11 10	乙丑	1 16	12 9	甲午
	8 19	7 7	甲子	9 19	8 8	乙未	10 20	9 10	丙寅	11 19	10 10	丙申	12 19	11 11	丙寅	1 17	12 10	乙未
	8 20	7 8	乙丑	9 20	8 9	丙申	10 21	9 11	丁卯	11 20	10 11	丁酉	12 20	11 12	丁卯	1 18	12 11	丙申
	8 21	7 9	丙寅	9 21	8 10	丁酉	10 22	9 12	戊辰	11 21	10 12	戊戌	12 21	11 13	戊辰	1 19	12 12	丁酉
	8 22	7 10	丁卯	9 22	8 11	戊戌	10 23	9 13	己巳	11 22	10 13	己亥	12 22	11 14	己巳	1 20	12 13	戊戌
	8 23	7 11	戊辰	9 23	8 12	己亥	10 24	9 14	庚午	11 23	10 14	庚子	12 23	11 15	庚午	1 21	12 14	己亥
	8 24	7 12	己巳	9 24	8 13	庚子	10 25	9 15	辛未	11 24	10 15	辛丑	12 24	11 16	辛未	1 22	12 15	庚子
	8 25	7 13	庚午	9 25	8 14	辛丑	10 26	9 16	壬申	11 25	10 16	壬寅	12 25	11 17	壬申	1 23	12 16	辛丑
	8 26	7 14	辛未	9 26	8 15	壬寅	10 27	9 17	癸酉	11 26	10 17	癸卯	12 26	11 18	癸酉	1 24	12 17	壬寅
	8 27	7 15	壬申	9 27	8 16	癸卯	10 28	9 18	甲戌	11 27	10 18	甲辰	12 27	11 19	甲戌	1 25	12 18	癸卯
	8 28	7 16	癸酉	9 28	8 17	甲辰	10 29	9 19	乙亥	11 28	10 19	乙巳	12 28	11 20	乙亥	1 26	12 19	甲辰
	8 29	7 17	甲戌	9 29	8 18	乙巳	10 30	9 20	丙子	11 29	10 20	丙午	12 29	11 21	丙子	1 27	12 20	乙巳
	8 30	7 18	乙亥	9 30	8 19	丙午	10 31	9 21	丁丑	11 30	10 21	丁未	12 30	11 22	丁丑	1 28	12 21	丙午
	8 31	7 19	丙子	10 1	8 20	丁未	11 1	9 22	戊寅	12 1	10 22	戊申	12 31	11 23	戊寅	1 29	12 22	丁未
	9 1	7 20	丁丑	10 2	8 21	戊申	11 2	9 23	己卯	12 2	10 23	己酉	1 1	11 24	己卯	1 30	12 23	戊申
	9 2	7 21	戊寅	10 3	8 22	己酉	11 3	9 24	庚辰	12 3	10 24	庚戌	1 2	11 25	庚辰	1 31	12 24	己酉
	9 3	7 22	己卯	10 4	8 23	庚戌	11 4	9 25	辛巳	12 4	10 25	辛亥	1 3	11 26	辛巳	2 1	12 25	庚戌
	9 4	7 23	庚辰	10 5	8 24	辛亥	11 5	9 26	壬午	12 5	10 26	壬子	1 4	11 27	壬午	2 2	12 26	辛亥
	9 5	7 24	辛巳	10 6	8 25	壬子	11 6	9 27	癸未	12 6	10 27	癸丑				2 3	12 27	壬子
	9 6	7 25	壬午	10 7	8 26	癸丑												

中氣	處暑	秋分	霜降	小雪	冬至	大寒
	8/23 4時58分 寅時	9/23 3時10分 寅時	10/23 13時9分 未時	11/22 11時14分 午時	12/22 0時52分 子時	1/20 11時32分 午時

年：2083・2084　兔　中華民國一百七十二・一百七十三年

年	甲辰																	
月	丙寅			丁卯			戊辰			己巳			庚午			辛未		
節氣	立春			驚蟄			清明			立夏			芒種			小暑		
	2/4 5時45分 卯時			3/4 23時24分 子時			4/4 3時39分 寅時			5/4 20時22分 戌時			6/5 0時1分 子時			7/6 10時2分 巳時		
日	國曆	農曆	干支	國曆	農曆	干支	國曆	農曆	干支	國曆	農曆	干支	國曆	農曆	干支	國曆	農曆	干支
	2 4	12 28	癸丑	3 4	1 28	壬午	4 4	2 29	癸丑	5 4	3 30	癸未	6 5	5 3	乙卯	7 6	6 4	丙戌
	2 5	12 29	甲寅	3 5	1 29	癸未	4 5	3 1	甲寅	5 5	4 1	甲申	6 6	5 4	丙辰	7 7	6 5	丁亥
	2 6	1 1	乙卯	3 6	1 30	甲申	4 6	3 2	乙卯	5 6	4 2	乙酉	6 7	5 5	丁巳	7 8	6 6	戊子
	2 7	1 2	丙辰	3 7	2 1	乙酉	4 7	3 3	丙辰	5 7	4 3	丙戌	6 8	5 6	戊午	7 9	6 7	己丑
	2 8	1 3	丁巳	3 8	2 2	丙戌	4 8	3 4	丁巳	5 8	4 4	丁亥	6 9	5 7	己未	7 10	6 8	庚寅
	2 9	1 4	戊午	3 9	2 3	丁亥	4 9	3 5	戊午	5 9	4 5	戊子	6 10	5 8	庚申	7 11	6 9	辛卯
	2 10	1 5	己未	3 10	2 4	戊子	4 10	3 6	己未	5 10	4 6	己丑	6 11	5 9	辛酉	7 12	6 10	壬辰
	2 11	1 6	庚申	3 11	2 5	己丑	4 11	3 7	庚申	5 11	4 7	庚寅	6 12	5 10	壬戌	7 13	6 11	癸巳
	2 12	1 7	辛酉	3 12	2 6	庚寅	4 12	3 8	辛酉	5 12	4 8	辛卯	6 13	5 11	癸亥	7 14	6 12	甲午
	2 13	1 8	壬戌	3 13	2 7	辛卯	4 13	3 9	壬戌	5 13	4 9	壬辰	6 14	5 12	甲子	7 15	6 13	乙未
	2 14	1 9	癸亥	3 14	2 8	壬辰	4 14	3 10	癸亥	5 14	4 10	癸巳	6 15	5 13	乙丑	7 16	6 14	丙申
	2 15	1 10	甲子	3 15	2 9	癸巳	4 15	3 11	甲子	5 15	4 11	甲午	6 16	5 14	丙寅	7 17	6 15	丁酉
	2 16	1 11	乙丑	3 16	2 10	甲午	4 16	3 12	乙丑	5 16	4 12	乙未	6 17	5 15	丁卯	7 18	6 16	戊戌
	2 17	1 12	丙寅	3 17	2 11	乙未	4 17	3 13	丙寅	5 17	4 13	丙申	6 18	5 16	戊辰	7 19	6 17	己亥
	2 18	1 13	丁卯	3 18	2 12	丙申	4 18	3 14	丁卯	5 18	4 14	丁酉	6 19	5 17	己巳	7 20	6 18	庚子
	2 19	1 14	戊辰	3 19	2 13	丁酉	4 19	3 15	戊辰	5 19	4 15	戊戌	6 20	5 18	庚午	7 21	6 19	辛丑
	2 20	1 15	己巳	3 20	2 14	戊戌	4 20	3 16	己巳	5 20	4 16	己亥	6 21	5 19	辛未	7 22	6 20	壬寅
	2 21	1 16	庚午	3 21	2 15	己亥	4 21	3 17	庚午	5 21	4 17	庚子	6 22	5 20	壬申	7 23	6 21	癸卯
	2 22	1 17	辛未	3 22	2 16	庚子	4 22	3 18	辛未	5 22	4 18	辛丑	6 23	5 21	癸酉	7 24	6 22	甲辰
	2 23	1 18	壬申	3 23	2 17	辛丑	4 23	3 19	壬申	5 23	4 19	壬寅	6 24	5 22	甲戌	7 25	6 23	乙巳
	2 24	1 19	癸酉	3 24	2 18	壬寅	4 24	3 20	癸酉	5 24	4 20	癸卯	6 25	5 23	乙亥	7 26	6 24	丙午
	2 25	1 20	甲戌	3 25	2 19	癸卯	4 25	3 21	甲戌	5 25	4 21	甲辰	6 26	5 24	丙子	7 27	6 25	丁未
	2 26	1 21	乙亥	3 26	2 20	甲辰	4 26	3 22	乙亥	5 26	4 22	乙巳	6 27	5 25	丁丑	7 28	6 26	戊申
	2 27	1 22	丙子	3 27	2 21	乙巳	4 27	3 23	丙子	5 27	4 23	丙午	6 28	5 26	戊寅	7 29	6 27	己酉
	2 28	1 23	丁丑	3 28	2 22	丙午	4 28	3 24	丁丑	5 28	4 24	丁未	6 29	5 27	己卯	7 30	6 28	庚戌
	2 29	1 24	戊寅	3 29	2 23	丁未	4 29	3 25	戊寅	5 29	4 25	戊申	6 30	5 28	庚辰	7 31	6 29	辛亥
	3 1	1 25	己卯	3 30	2 24	戊申	4 30	3 26	己卯	5 30	4 26	己酉	7 1	5 29	辛巳	8 1	6 30	壬子
	3 2	1 26	庚辰	3 31	2 25	己酉	5 1	3 27	庚辰	5 31	4 27	庚戌	7 2	5 30	壬午	8 2	7 1	癸丑
	3 3	1 27	辛巳	4 1	2 26	庚戌	5 2	3 28	辛巳	6 1	4 28	辛亥	7 3	6 1	癸未	8 3	7 2	甲寅
				4 2	2 27	辛亥	5 3	3 29	壬午	6 2	4 29	壬子	7 4	6 2	甲申	8 4	7 3	乙卯
				4 3	2 28	壬子				6 3	5 1	癸丑	7 5	6 3	乙酉	8 5	7 4	丙辰
										6 4	5 2	甲寅						
中氣	雨水			春分			穀雨			小滿			夏至			大暑		
	2/19 1時26分 丑時			3/19 23時58分 子時			4/19 10時26分 巳時			5/20 9時3分 巳時			6/20 16時39分 申時			7/22 3時29分 寅時		

2084　龍　中華民國一百七十三年

	甲辰																	年
壬申			癸酉			甲戌			乙亥			丙子			丁丑			月
立秋			白露			寒露			立冬			大雪			小寒			節氣
8/6 19時55分 戊時			9/6 23時13分 子時			10/7 15時26分 申時			11/6 19時12分 戊時			12/6 12時30分 午時			1/4 23時55分 子時			日
國曆	農曆	干支	國曆	農曆	干支	國曆	農曆	干支	國曆	農曆	干支	國曆	農曆	干支	國曆	農曆	干支	
8/6	7/5	丁巳	9/6	8/7	戊子	10/7	9/8	己未	11/6	10/9	己丑	12/6	11/9	己未	1/4	12/9	戊子	2084·2085
8/7	7/6	戊午	9/7	8/8	己丑	10/8	9/9	庚申	11/7	10/10	庚寅	12/7	11/10	庚申	1/5	12/10	己丑	
8/8	7/7	己未	9/8	8/9	庚寅	10/9	9/10	辛酉	11/8	10/11	辛卯	12/8	11/11	辛酉	1/6	12/11	庚寅	
8/9	7/8	庚申	9/9	8/10	辛卯	10/10	9/11	壬戌	11/9	10/12	壬辰	12/9	11/12	壬戌	1/7	12/12	辛卯	
8/10	7/9	辛酉	9/10	8/11	壬辰	10/11	9/12	癸亥	11/10	10/13	癸巳	12/10	11/13	癸亥	1/8	12/13	壬辰	
8/11	7/10	壬戌	9/11	8/12	癸巳	10/12	9/13	甲子	11/11	10/14	甲午	12/11	11/14	甲子	1/9	12/14	癸巳	
8/12	7/11	癸亥	9/12	8/13	甲午	10/13	9/14	乙丑	11/12	10/15	乙未	12/12	11/15	乙丑	1/10	12/15	甲午	
8/13	7/12	甲子	9/13	8/14	乙未	10/14	9/15	丙寅	11/13	10/16	丙申	12/13	11/16	丙寅	1/11	12/16	乙未	
8/14	7/13	乙丑	9/14	8/15	丙申	10/15	9/16	丁卯	11/14	10/17	丁酉	12/14	11/17	丁卯	1/12	12/17	丙申	龍
8/15	7/14	丙寅	9/15	8/16	丁酉	10/16	9/17	戊辰	11/15	10/18	戊戌	12/15	11/18	戊辰	1/13	12/18	丁酉	
8/16	7/15	丁卯	9/16	8/17	戊戌	10/17	9/18	己巳	11/16	10/19	己亥	12/16	11/19	己巳	1/14	12/19	戊戌	
8/17	7/16	戊辰	9/17	8/18	己亥	10/18	9/19	庚午	11/17	10/20	庚子	12/17	11/20	庚午	1/15	12/20	己亥	
8/18	7/17	己巳	9/18	8/19	庚子	10/19	9/20	辛未	11/18	10/21	辛丑	12/18	11/21	辛未	1/16	12/21	庚子	
8/19	7/18	庚午	9/19	8/20	辛丑	10/20	9/21	壬申	11/19	10/22	壬寅	12/19	11/22	壬申	1/17	12/22	辛丑	
8/20	7/19	辛未	9/20	8/21	壬寅	10/21	9/22	癸酉	11/20	10/23	癸卯	12/20	11/23	癸酉	1/18	12/23	壬寅	
8/21	7/20	壬申	9/21	8/22	癸卯	10/22	9/23	甲戌	11/21	10/24	甲辰	12/21	11/24	甲戌	1/19	12/24	癸卯	
8/22	7/21	癸酉	9/22	8/23	甲辰	10/23	9/24	乙亥	11/22	10/25	乙巳	12/22	11/25	乙亥	1/20	12/25	甲辰	中
8/23	7/22	甲戌	9/23	8/24	乙巳	10/24	9/25	丙子	11/23	10/26	丙午	12/23	11/26	丙子	1/21	12/26	乙巳	華
8/24	7/23	乙亥	9/24	8/25	丙午	10/25	9/26	丁丑	11/24	10/27	丁未	12/24	11/27	丁丑	1/22	12/27	丙午	民
8/25	7/24	丙子	9/25	8/26	丁未	10/26	9/27	戊寅	11/25	10/28	戊申	12/25	11/28	戊寅	1/23	12/28	丁未	國
8/26	7/25	丁丑	9/26	8/27	戊申	10/27	9/28	己卯	11/26	10/29	己酉	12/26	11/29	己卯	1/24	12/29	戊申	一
8/27	7/26	戊寅	9/27	8/28	己酉	10/28	9/29	庚辰	11/27	10/30	庚戌	12/27	12/1	庚辰	1/25	12/30	己酉	百
8/28	7/27	己卯	9/28	8/29	庚戌	10/29	10/1	辛巳	11/28	11/1	辛亥	12/28	12/2	辛巳	1/26	1/1	庚戌	七
8/29	7/28	庚辰	9/29	8/30	辛亥	10/30	10/2	壬午	11/29	11/2	壬子	12/29	12/3	壬午	1/27	1/2	辛亥	十
8/30	7/29	辛巳	9/30	9/1	壬子	10/31	10/3	癸未	11/30	11/3	癸丑	12/30	12/4	癸未	1/28	1/3	壬子	三
8/31	8/1	壬午	10/1	9/2	癸丑	11/1	10/4	甲申	12/1	11/4	甲寅	12/31	12/5	甲申	1/29	1/4	癸丑	·
9/1	8/2	癸未	10/2	9/3	甲寅	11/2	10/5	乙酉	12/2	11/5	乙卯	1/1	12/6	乙酉	1/30	1/5	甲寅	一
9/2	8/3	甲申	10/3	9/4	乙卯	11/3	10/6	丙戌	12/3	11/6	丙辰	1/2	12/7	丙戌	1/31	1/6	乙卯	百
9/3	8/4	乙酉	10/4	9/5	丙辰	11/4	10/7	丁亥	12/4	11/7	丁巳	1/3	12/8	丁亥	2/1	1/7	丙辰	七
9/4	8/5	丙戌	10/5	9/6	丁巳	11/5	10/8	戊子	12/5	11/8	戊午				2/2	1/8	丁巳	十
9/5	8/6	丁亥	10/6	9/7	戊午													四
處暑			秋分			霜降			小雪			冬至			大寒			中
8/22 10時49分 巳時			9/22 8時58分 辰時			10/22 18時55分 酉時			11/21 17時0分 酉時			12/21 6時40分 卯時			1/19 17時22分 酉時			氣

年	乙巳																	
月	戊寅			己卯			庚辰			辛巳			壬午			癸未		
節氣	立春			驚蟄			清明			立夏			芒種			小暑		
	2/3 11時29分 午時			3/5 5時9分 卯時			4/4 9時27分 巳時			5/5 2時12分 丑時			6/5 5時53分 卯時			7/6 15時55分 申時		
日	國曆	農曆	干支	國曆	農曆	干支	國曆	農曆	干支	國曆	農曆	干支	國曆	農曆	干支	國曆	農曆	干支
	2/3	1 9	戊午	3/5	2 10	戊子	4/4	3 10	戊午	5/5	4 12	己丑	6/5	5 14	庚申	7/6	5 15	辛卯
	2/4	1 10	己未	3/6	2 11	己丑	4/5	3 11	己未	5/6	4 13	庚寅	6/6	5 15	辛酉	7/7	5 16	壬辰
	2/5	1 11	庚申	3/7	2 12	庚寅	4/6	3 12	庚申	5/7	4 14	辛卯	6/7	5 16	壬戌	7/8	5 17	癸巳
	2/6	1 12	辛酉	3/8	2 13	辛卯	4/7	3 13	辛酉	5/8	4 15	壬辰	6/8	5 17	癸亥	7/9	5 18	甲午
2	2/7	1 13	壬戌	3/9	2 14	壬辰	4/8	3 14	壬戌	5/9	4 16	癸巳	6/9	5 18	甲子	7/10	5 19	乙未
0	2/8	1 14	癸亥	3/10	2 15	癸巳	4/9	3 15	癸亥	5/10	4 17	甲午	6/10	5 19	乙丑	7/11	5 20	丙申
8	2/9	1 15	甲子	3/11	2 16	甲午	4/10	3 16	甲子	5/11	4 18	乙未	6/11	5 20	丙寅	7/12	5 21	丁酉
5	2/10	1 16	乙丑	3/12	2 17	乙未	4/11	3 17	乙丑	5/12	4 19	丙申	6/12	5 21	丁卯	7/13	5 22	戊戌
	2/11	1 17	丙寅	3/13	2 18	丙申	4/12	3 18	丙寅	5/13	4 20	丁酉	6/13	5 22	戊辰	7/14	5 23	己亥
	2/12	1 18	丁卯	3/14	2 19	丁酉	4/13	3 19	丁卯	5/14	4 21	戊戌	6/14	5 23	己巳	7/15	5 24	庚子
	2/13	1 19	戊辰	3/15	2 20	戊戌	4/14	3 20	戊辰	5/15	4 22	己亥	6/15	5 24	庚午	7/16	5 25	辛丑
	2/14	1 20	己巳	3/16	2 21	己亥	4/15	3 21	己巳	5/16	4 23	庚子	6/16	5 25	辛未	7/17	5 26	壬寅
	2/15	1 21	庚午	3/17	2 22	庚子	4/16	3 22	庚午	5/17	4 24	辛丑	6/17	5 26	壬申	7/18	5 27	癸卯
蛇	2/16	1 22	辛未	3/18	2 23	辛丑	4/17	3 23	辛未	5/18	4 25	壬寅	6/18	5 27	癸酉	7/19	5 28	甲辰
	2/17	1 23	壬申	3/19	2 24	壬寅	4/18	3 24	壬申	5/19	4 26	癸卯	6/19	5 28	甲戌	7/20	5 29	乙巳
	2/18	1 24	癸酉	3/20	2 25	癸卯	4/19	3 25	癸酉	5/20	4 27	甲辰	6/20	5 29	乙亥	7/21	5 30	丙午
	2/19	1 25	甲戌	3/21	2 26	甲辰	4/20	3 26	甲戌	5/21	4 28	乙巳	6/21	5 30	丙子	7/22	6 1	丁未
	2/20	1 26	乙亥	3/22	2 27	乙巳	4/21	3 27	乙亥	5/22	4 29	丙午	6/22	閏5 1	丁丑	7/23	6 2	戊申
	2/21	1 27	丙子	3/23	2 28	丙午	4/22	3 28	丙子	5/23	5 1	丁未	6/23	閏5 2	戊寅	7/24	6 3	己酉
	2/22	1 28	丁丑	3/24	2 29	丁未	4/23	3 29	丁丑	5/24	5 2	戊申	6/24	閏5 3	己卯	7/25	6 4	庚戌
中	2/23	1 29	戊寅	3/25	2 30	戊申	4/24	4 1	戊寅	5/25	5 3	己酉	6/25	閏5 4	庚辰	7/26	6 5	辛亥
華	2/24	2 1	己卯	3/26	3 1	己酉	4/25	4 2	己卯	5/26	5 4	庚戌	6/26	閏5 5	辛巳	7/27	6 6	壬子
民	2/25	2 2	庚辰	3/27	3 2	庚戌	4/26	4 3	庚辰	5/27	5 5	辛亥	6/27	閏5 6	壬午	7/28	6 7	癸丑
國	2/26	2 3	辛巳	3/28	3 3	辛亥	4/27	4 4	辛巳	5/28	5 6	壬子	6/28	閏5 7	癸未	7/29	6 8	甲寅
一	2/27	2 4	壬午	3/29	3 4	壬子	4/28	4 5	壬午	5/29	5 7	癸丑	6/29	閏5 8	甲申	7/30	6 9	乙卯
百	2/28	2 5	癸未	3/30	3 5	癸丑	4/29	4 6	癸未	5/30	5 8	甲寅	6/30	閏5 9	乙酉	7/31	6 10	丙辰
七	3/1	2 6	甲申	3/31	3 6	甲寅	4/30	4 7	甲申	5/31	5 9	乙卯	7/1	閏5 10	丙戌	8/1	6 11	丁巳
十	3/2	2 7	乙酉	4/1	3 7	乙卯	5/1	4 8	乙酉	6/1	5 10	丙辰	7/2	閏5 11	丁亥	8/2	6 12	戊午
四	3/3	2 8	丙戌	4/2	3 8	丙辰	5/2	4 9	丙戌	6/2	5 11	丁巳	7/3	閏5 12	戊子	8/3	6 13	己未
年	3/4	2 9	丁亥	4/3	3 9	丁巳	5/3	4 10	丁亥	6/3	5 12	戊午	7/4	閏5 13	己丑	8/4	6 14	庚申
							5/4	4 11	戊子	6/4	5 13	己未	7/5	閏5 14	庚寅	8/5	6 15	辛酉
																8/6	6 16	壬戌
中	雨水			春分			穀雨			小滿			夏至			大暑		
氣	2/18 7時18分 辰時			3/20 5時52分 卯時			4/19 16時22分 申時			5/20 14時58分 未時			6/20 22時32分 亥時			7/22 9時18分 巳時		

乙巳																		年
甲申			乙酉			丙戌			丁亥			戊子			己丑			月
立秋			白露			寒露			立冬			大雪			小寒			節氣
8/7 1時48分 丑時			9/7 5時6分 卯時			10/7 21時19分 亥時			11/7 1時6分 丑時			12/6 18時26分 酉時			1/5 5時52分 卯時			
國曆	農曆	干支	國曆	農曆	干支	國曆	農曆	干支	國曆	農曆	干支	國曆	農曆	干支	國曆	農曆	干支	日
8 7	6 17	癸亥	9 7	7 19	甲午	10 7	8 19	甲子	11 7	9 20	乙未	12 6	10 20	甲子	1 5	11 20	甲午	
8 8	6 18	甲子	9 8	7 20	乙未	10 8	8 20	乙丑	11 8	9 21	丙申	12 7	10 21	乙丑	1 6	11 21	乙未	
8 9	6 19	乙丑	9 9	7 21	丙申	10 9	8 21	丙寅	11 9	9 22	丁酉	12 8	10 22	丙寅	1 7	11 22	丙申	
8 10	6 20	丙寅	9 10	7 22	丁酉	10 10	8 22	丁卯	11 10	9 23	戊戌	12 9	10 23	丁卯	1 8	11 23	丁酉	2 0 8 5 . 2 0 8 6
8 11	6 21	丁卯	9 11	7 23	戊戌	10 11	8 23	戊辰	11 11	9 24	己亥	12 10	10 24	戊辰	1 9	11 24	戊戌	
8 12	6 22	戊辰	9 12	7 24	己亥	10 12	8 24	己巳	11 12	9 25	庚子	12 11	10 25	己巳	1 10	11 25	己亥	
8 13	6 23	己巳	9 13	7 25	庚子	10 13	8 25	庚午	11 13	9 26	辛丑	12 12	10 26	庚午	1 11	11 26	庚子	
8 14	6 24	庚午	9 14	7 26	辛丑	10 14	8 26	辛未	11 14	9 27	壬寅	12 13	10 27	辛未	1 12	11 27	辛丑	
8 15	6 25	辛未	9 15	7 27	壬寅	10 15	8 27	壬申	11 15	9 28	癸卯	12 14	10 28	壬申	1 13	11 28	壬寅	
8 16	6 26	壬申	9 16	7 28	癸卯	10 16	8 28	癸酉	11 16	9 29	甲辰	12 15	10 29	癸酉	1 14	11 29	癸卯	
8 17	6 27	癸酉	9 17	7 29	甲辰	10 17	8 29	甲戌	11 17	10 1	乙巳	12 16	10 30	甲戌	1 15	12 1	甲辰	
8 18	6 28	甲戌	9 18	7 30	乙巳	10 18	8 30	乙亥	11 18	10 2	丙午	12 17	11 1	乙亥	1 16	12 2	乙巳	
8 19	6 29	乙亥	9 19	8 1	丙午	10 19	9 1	丙子	11 19	10 3	丁未	12 18	11 2	丙子	1 17	12 3	丙午	
8 20	7 1	丙子	9 20	8 2	丁未	10 20	9 2	丁丑	11 20	10 4	戊申	12 19	11 3	丁丑	1 18	12 4	丁未	
8 21	7 2	丁丑	9 21	8 3	戊申	10 21	9 3	戊寅	11 21	10 5	己酉	12 20	11 4	戊寅	1 19	12 5	戊申	
8 22	7 3	戊寅	9 22	8 4	己酉	10 22	9 4	己卯	11 22	10 6	庚戌	12 21	11 5	己卯	1 20	12 6	己酉	
8 23	7 4	己卯	9 23	8 5	庚戌	10 23	9 5	庚辰	11 23	10 7	辛亥	12 22	11 6	庚辰	1 21	12 7	庚戌	
8 24	7 5	庚辰	9 24	8 6	辛亥	10 24	9 6	辛巳	11 24	10 8	壬子	12 23	11 7	辛巳	1 22	12 8	辛亥	蛇
8 25	7 6	辛巳	9 25	8 7	壬子	10 25	9 7	壬午	11 25	10 9	癸丑	12 24	11 8	壬午	1 23	12 9	壬子	
8 26	7 7	壬午	9 26	8 8	癸丑	10 26	9 8	癸未	11 26	10 10	甲寅	12 25	11 9	癸未	1 24	12 10	癸丑	
8 27	7 8	癸未	9 27	8 9	甲寅	10 27	9 9	甲申	11 27	10 11	乙卯	12 26	11 10	甲申	1 25	12 11	甲寅	
8 28	7 9	甲申	9 28	8 10	乙卯	10 28	9 10	乙酉	11 28	10 12	丙辰	12 27	11 11	乙酉	1 26	12 12	乙卯	中 華 民 國 一 百 七 十 四 . 一 百 七 十 五 年
8 29	7 10	乙酉	9 29	8 11	丙辰	10 29	9 11	丙戌	11 29	10 13	丁巳	12 28	11 12	丙戌	1 27	12 13	丙辰	
8 30	7 11	丙戌	9 30	8 12	丁巳	10 30	9 12	丁亥	11 30	10 14	戊午	12 29	11 13	丁亥	1 28	12 14	丁巳	
8 31	7 12	丁亥	10 1	8 13	戊午	10 31	9 13	戊子	12 1	10 15	己未	12 30	11 14	戊子	1 29	12 15	戊午	
9 1	7 13	戊子	10 2	8 14	己未	11 1	9 14	己丑	12 2	10 16	庚申	12 31	11 15	己丑	1 30	12 16	己未	
9 2	7 14	己丑	10 3	8 15	庚申	11 2	9 15	庚寅	12 3	10 17	辛酉	1 1	11 16	庚寅	1 31	12 17	庚申	
9 3	7 15	庚寅	10 4	8 16	辛酉	11 3	9 16	辛卯	12 4	10 18	壬戌	1 2	11 17	辛卯	2 1	12 18	辛酉	
9 4	7 16	辛卯	10 5	8 17	壬戌	11 4	9 17	壬辰	12 5	10 19	癸亥	1 3	11 18	壬辰	2 2	12 19	壬戌	
9 5	7 17	壬辰	10 6	8 18	癸亥	11 5	9 18	癸巳				1 4	11 19	癸巳				
9 6	7 18	癸巳				11 6	9 19	甲午										
處暑			秋分			霜降			小雪			冬至			大寒			中
8/22 16時35分 申時			9/22 14時42分 未時			10/23 0時39分 子時			11/21 22時46分 亥時			12/21 12時27分 午時			1/19 23時10分 子時			氣

年	丙午																
月	庚寅			辛卯			壬辰			癸巳			甲午			乙未		
節氣	立春			驚蟄			清明			立夏			芒種			小暑		
	2/3 17時25分 酉時			3/5 11時3分 午時			4/4 15時16分 申時			5/5 7時58分 辰時			6/5 11時37分 午時			7/6 21時39分 亥時		
日	國曆	農曆	干支	國曆	農曆	干支	國曆	農曆	干支	國曆	農曆	干支	國曆	農曆	干支	國曆	農曆	干支
	2 3	12 20	癸亥	3 5	1 20	癸巳	4 4	2 21	癸亥	5 5	3 22	甲午	6 5	4 24	乙丑	7 6	5 26	丙申
	2 4	12 21	甲子	3 6	1 21	甲午	4 5	2 22	甲子	5 6	3 23	乙未	6 6	4 25	丙寅	7 7	5 27	丁酉
	2 5	12 22	乙丑	3 7	1 22	乙未	4 6	2 23	乙丑	5 7	3 24	丙申	6 7	4 26	丁卯	7 8	5 28	戊戌
	2 6	12 23	丙寅	3 8	1 23	丙申	4 7	2 24	丙寅	5 8	3 25	丁酉	6 8	4 27	戊辰	7 9	5 29	己亥
	2 7	12 24	丁卯	3 9	1 24	丁酉	4 8	2 25	丁卯	5 9	3 26	戊戌	6 9	4 28	己巳	7 10	5 30	庚子
	2 8	12 25	戊辰	3 10	1 25	戊戌	4 9	2 26	戊辰	5 10	3 27	己亥	6 10	4 29	庚午	7 11	6 1	辛丑
	2 9	12 26	己巳	3 11	1 26	己亥	4 10	2 27	己巳	5 11	3 28	庚子	6 11	5 1	辛未	7 12	6 2	壬寅
	2 10	12 27	庚午	3 12	1 27	庚子	4 11	2 28	庚午	5 12	3 29	辛丑	6 12	5 2	壬申	7 13	6 3	癸卯
	2 11	12 28	辛未	3 13	1 28	辛丑	4 12	2 29	辛未	5 13	4 1	壬寅	6 13	5 3	癸酉	7 14	6 4	甲辰
	2 12	12 29	壬申	3 14	1 29	壬寅	4 13	2 30	壬申	5 14	4 2	癸卯	6 14	5 4	甲戌	7 15	6 5	乙巳
	2 13	12 30	癸酉	3 15	2 1	癸卯	4 14	3 1	癸酉	5 15	4 3	甲辰	6 15	5 5	乙亥	7 16	6 6	丙午
	2 14	1 1	甲戌	3 16	2 2	甲辰	4 15	3 2	甲戌	5 16	4 4	乙巳	6 16	5 6	丙子	7 17	6 7	丁未
	2 15	1 2	乙亥	3 17	2 3	乙巳	4 16	3 3	乙亥	5 17	4 5	丙午	6 17	5 7	丁丑	7 18	6 8	戊申
	2 16	1 3	丙子	3 18	2 4	丙午	4 17	3 4	丙子	5 18	4 6	丁未	6 18	5 8	戊寅	7 19	6 9	己酉
	2 17	1 4	丁丑	3 19	2 5	丁未	4 18	3 5	丁丑	5 19	4 7	戊申	6 19	5 9	己卯	7 20	6 10	庚戌
	2 18	1 5	戊寅	3 20	2 6	戊申	4 19	3 6	戊寅	5 20	4 8	己酉	6 20	5 10	庚辰	7 21	6 11	辛亥
	2 19	1 6	己卯	3 21	2 7	己酉	4 20	3 7	己卯	5 21	4 9	庚戌	6 21	5 11	辛巳	7 22	6 12	壬子
	2 20	1 7	庚辰	3 22	2 8	庚戌	4 21	3 8	庚辰	5 22	4 10	辛亥	6 22	5 12	壬午	7 23	6 13	癸丑
	2 21	1 8	辛巳	3 23	2 9	辛亥	4 22	3 9	辛巳	5 23	4 11	壬子	6 23	5 13	癸未	7 24	6 14	甲寅
	2 22	1 9	壬午	3 24	2 10	壬子	4 23	3 10	壬午	5 24	4 12	癸丑	6 24	5 14	甲申	7 25	6 15	乙卯
	2 23	1 10	癸未	3 25	2 11	癸丑	4 24	3 11	癸未	5 25	4 13	甲寅	6 25	5 15	乙酉	7 26	6 16	丙辰
	2 24	1 11	甲申	3 26	2 12	甲寅	4 25	3 12	甲申	5 26	4 14	乙卯	6 26	5 16	丙戌	7 27	6 17	丁巳
	2 25	1 12	乙酉	3 27	2 13	乙卯	4 26	3 13	乙酉	5 27	4 15	丙辰	6 27	5 17	丁亥	7 28	6 18	戊午
	2 26	1 13	丙戌	3 28	2 14	丙辰	4 27	3 14	丙戌	5 28	4 16	丁巳	6 28	5 18	戊子	7 29	6 19	己未
	2 27	1 14	丁亥	3 29	2 15	丁巳	4 28	3 15	丁亥	5 29	4 17	戊午	6 29	5 19	己丑	7 30	6 20	庚申
	2 28	1 15	戊子	3 30	2 16	戊午	4 29	3 16	戊子	5 30	4 18	己未	6 30	5 20	庚寅	7 31	6 21	辛酉
	3 1	1 16	己丑	3 31	2 17	己未	4 30	3 17	己丑	5 31	4 19	庚申	7 1	5 21	辛卯	8 1	6 22	壬戌
	3 2	1 17	庚寅	4 1	2 18	庚申	5 1	3 18	庚寅	6 1	4 20	辛酉	7 2	5 22	壬辰	8 2	6 23	癸亥
	3 3	1 18	辛卯	4 2	2 19	辛酉	5 2	3 19	辛卯	6 2	4 21	壬戌	7 3	5 23	癸巳	8 3	6 24	甲子
	3 4	1 19	壬辰	4 3	2 20	壬戌	5 3	3 20	壬辰	6 3	4 22	癸亥	7 4	5 24	甲午	8 4	6 25	乙丑
							5 4	3 21	癸巳	6 4	4 23	甲子	7 5	5 25	乙未	8 5	6 26	丙寅
																8 6	6 27	丁卯
中氣	雨水			春分			穀雨			小滿			夏至			大暑		
	2/18 13時4分 未時			3/20 11時34分 午時			4/19 21時59分 亥時			5/20 20時33分 戌時			6/21 4時8分 寅時			7/22 14時58分 未時		

2086　馬　中華民國一百七十五年

丙午																			年
丙申			丁酉			戊戌			己亥			庚子			辛丑				月
立秋			白露			寒露			立冬			大雪			小寒				節氣
8/7 7時32分 辰時			9/7 10時51分 巳時			10/8 3時6分 寅時			11/7 6時54分 卯時			12/7 0時15分 子時			1/5 11時41分 午時				
國曆	農曆	干支	國曆	農曆	干支	國曆	農曆	干支	國曆	農曆	干支	國曆	農曆	干支	國曆	農曆	干支		日
8 7	6 28	戊辰	9 7	7 30	己亥	10 8	9 1	庚午	11 7	10 2	庚子	12 7	11 2	庚午	1 5	12 1	己亥		
8 8	6 29	己巳	9 8	8 1	庚子	10 9	9 2	辛未	11 8	10 3	辛丑	12 8	11 3	辛未	1 6	12 2	庚子		
8 9	7 1	庚午	9 9	8 2	辛丑	10 10	9 3	壬申	11 9	10 4	壬寅	12 9	11 4	壬申	1 7	12 3	辛丑		2
8 10	7 2	辛未	9 10	8 3	壬寅	10 11	9 4	癸酉	11 10	10 5	癸卯	12 10	11 5	癸酉	1 8	12 4	壬寅		0
8 11	7 3	壬申	9 11	8 4	癸卯	10 12	9 5	甲戌	11 11	10 6	甲辰	12 11	11 6	甲戌	1 9	12 5	癸卯		8
8 12	7 4	癸酉	9 12	8 5	甲辰	10 13	9 6	乙亥	11 12	10 7	乙巳	12 12	11 7	乙亥	1 10	12 6	甲辰		6
8 13	7 5	甲戌	9 13	8 6	乙巳	10 14	9 7	丙子	11 13	10 8	丙午	12 13	11 8	丙子	1 11	12 7	乙巳		·
8 14	7 6	乙亥	9 14	8 7	丙午	10 15	9 8	丁丑	11 14	10 9	丁未	12 14	11 9	丁丑	1 12	12 8	丙午		2
8 15	7 7	丙子	9 15	8 8	丁未	10 16	9 9	戊寅	11 15	10 10	戊申	12 15	11 10	戊寅	1 13	12 9	丁未		0
8 16	7 8	丁丑	9 16	8 9	戊申	10 17	9 10	己卯	11 16	10 11	己酉	12 16	11 11	己卯	1 14	12 10	戊申		8
8 17	7 9	戊寅	9 17	8 10	己酉	10 18	9 11	庚辰	11 17	10 12	庚戌	12 17	11 12	庚辰	1 15	12 11	己酉		7
8 18	7 10	己卯	9 18	8 11	庚戌	10 19	9 12	辛巳	11 18	10 13	辛亥	12 18	11 13	辛巳	1 16	12 12	庚戌		
8 19	7 11	庚辰	9 19	8 12	辛亥	10 20	9 13	壬午	11 19	10 14	壬子	12 19	11 14	壬午	1 17	12 13	辛亥		
8 20	7 12	辛巳	9 20	8 13	壬子	10 21	9 14	癸未	11 20	10 15	癸丑	12 20	11 15	癸未	1 18	12 14	壬子		
8 21	7 13	壬午	9 21	8 14	癸丑	10 22	9 15	甲申	11 21	10 16	甲寅	12 21	11 16	甲申	1 19	12 15	癸丑		
8 22	7 14	癸未	9 22	8 15	甲寅	10 23	9 16	乙酉	11 22	10 17	乙卯	12 22	11 17	乙酉	1 20	12 16	甲寅		馬
8 23	7 15	甲申	9 23	8 16	乙卯	10 24	9 17	丙戌	11 23	10 18	丙辰	12 23	11 18	丙戌	1 21	12 17	乙卯		
8 24	7 16	乙酉	9 24	8 17	丙辰	10 25	9 18	丁亥	11 24	10 19	丁巳	12 24	11 19	丁亥	1 22	12 18	丙辰		
8 25	7 17	丙戌	9 25	8 18	丁巳	10 26	9 19	戊子	11 25	10 20	戊午	12 25	11 20	戊子	1 23	12 19	丁巳		中
8 26	7 18	丁亥	9 26	8 19	戊午	10 27	9 20	己丑	11 26	10 21	己未	12 26	11 21	己丑	1 24	12 20	戊午		華
8 27	7 19	戊子	9 27	8 20	己未	10 28	9 21	庚寅	11 27	10 22	庚申	12 27	11 22	庚寅	1 25	12 21	己未		民
8 28	7 20	己丑	9 28	8 21	庚申	10 29	9 22	辛卯	11 28	10 23	辛酉	12 28	11 23	辛卯	1 26	12 22	庚申		國
8 29	7 21	庚寅	9 29	8 22	辛酉	10 30	9 23	壬辰	11 29	10 24	壬戌	12 29	11 24	壬辰	1 27	12 23	辛酉		一
8 30	7 22	辛卯	9 30	8 23	壬戌	10 31	9 24	癸巳	11 30	10 25	癸亥	12 30	11 25	癸巳	1 28	12 24	壬戌		百
8 31	7 23	壬辰	10 1	8 24	癸亥	11 1	9 25	甲午	12 1	10 26	甲子	12 31	11 26	甲午	1 29	12 25	癸亥		七
9 1	7 24	癸巳	10 2	8 25	甲子	11 2	9 26	乙未	12 2	10 27	乙丑	1 1	11 27	乙未	1 30	12 26	甲子		十
9 2	7 25	甲午	10 3	8 26	乙丑	11 3	9 27	丙申	12 3	10 28	丙寅	1 2	11 28	丙申	1 31	12 27	乙丑		五
9 3	7 26	乙未	10 4	8 27	丙寅	11 4	9 28	丁酉	12 4	10 29	丁卯	1 3	11 29	丁酉	2 1	12 28	丙寅		·
9 4	7 27	丙申	10 5	8 28	丁卯	11 5	9 29	戊戌	12 5	10 30	戊辰	1 4	11 30	戊戌	2 2	12 29	丁卯		一
9 5	7 28	丁酉	10 6	8 29	戊辰	11 6	10 1	己亥	12 6	11 1	己巳								百
9 6	7 29	戊戌	10 7	8 30	己巳														七
處暑			秋分			霜降			小雪			冬至			大寒				十
8/22 22時20分 亥時			9/22 20時31分 戌時			10/23 6時31分 卯時			11/22 4時40分 寅時			12/21 18時21分 酉時			1/20 5時4分 卯時				六
																			年
																			中氣

年	丁未																	
月	壬寅			癸卯			甲辰			乙巳			丙午			丁未		
節氣	立春			驚蟄			清明			立夏			芒種			小暑		
	2/3 23時14分 子時			3/5 16時51分 申時			4/4 21時3分 亥時			5/5 13時43分 未時			6/5 17時23分 酉時			7/7 3時27分 寅時		
日	國曆	農曆	干支	國曆	農曆	干支	國曆	農曆	干支	國曆	農曆	干支	國曆	農曆	干支	國曆	農曆	干支
	2 3	1 1	戊辰	3 5	2 1	戊戌	4 4	3 2	戊辰	5 5	4 3	己亥	6 5	5 5	庚午	7 7	6 8	壬寅
	2 4	1 2	己巳	3 6	2 2	己亥	4 5	3 3	己巳	5 6	4 4	庚子	6 6	5 6	辛未	7 8	6 9	癸卯
	2 5	1 3	庚午	3 7	2 3	庚子	4 6	3 4	庚午	5 7	4 5	辛丑	6 7	5 7	壬申	7 9	6 10	甲辰
	2 6	1 4	辛未	3 8	2 4	辛丑	4 7	3 5	辛未	5 8	4 6	壬寅	6 8	5 8	癸酉	7 10	6 11	乙巳
2	2 7	1 5	壬申	3 9	2 5	壬寅	4 8	3 6	壬申	5 9	4 7	癸卯	6 9	5 9	甲戌	7 11	6 12	丙午
0	2 8	1 6	癸酉	3 10	2 6	癸卯	4 9	3 7	癸酉	5 10	4 8	甲辰	6 10	5 10	乙亥	7 12	6 13	丁未
8	2 9	1 7	甲戌	3 11	2 7	甲辰	4 10	3 8	甲戌	5 11	4 9	乙巳	6 11	5 11	丙子	7 13	6 14	戊申
7	2 10	1 8	乙亥	3 12	2 8	乙巳	4 11	3 9	乙亥	5 12	4 10	丙午	6 12	5 12	丁丑	7 14	6 15	己酉
	2 11	1 9	丙子	3 13	2 9	丙午	4 12	3 10	丙子	5 13	4 11	丁未	6 13	5 13	戊寅	7 15	6 16	庚戌
	2 12	1 10	丁丑	3 14	2 10	丁未	4 13	3 11	丁丑	5 14	4 12	戊申	6 14	5 14	己卯	7 16	6 17	辛亥
	2 13	1 11	戊寅	3 15	2 11	戊申	4 14	3 12	戊寅	5 15	4 13	己酉	6 15	5 15	庚辰	7 17	6 18	壬子
	2 14	1 12	己卯	3 16	2 12	己酉	4 15	3 13	己卯	5 16	4 14	庚戌	6 16	5 16	辛巳	7 18	6 19	癸丑
	2 15	1 13	庚辰	3 17	2 13	庚戌	4 16	3 14	庚辰	5 17	4 15	辛亥	6 17	5 17	壬午	7 19	6 20	甲寅
	2 16	1 14	辛巳	3 18	2 14	辛亥	4 17	3 15	辛巳	5 18	4 16	壬子	6 18	5 18	癸未	7 20	6 21	乙卯
羊	2 17	1 15	壬午	3 19	2 15	壬子	4 18	3 16	壬午	5 19	4 17	癸丑	6 19	5 19	甲申	7 21	6 22	丙辰
	2 18	1 16	癸未	3 20	2 16	癸丑	4 19	3 17	癸未	5 20	4 18	甲寅	6 20	5 20	乙酉	7 22	6 23	丁巳
	2 19	1 17	甲申	3 21	2 17	甲寅	4 20	3 18	甲申	5 21	4 19	乙卯	6 21	5 21	丙戌	7 23	6 24	戊午
	2 20	1 18	乙酉	3 22	2 18	乙卯	4 21	3 19	乙酉	5 22	4 20	丙辰	6 22	5 22	丁亥	7 24	6 25	己未
	2 21	1 19	丙戌	3 23	2 19	丙辰	4 22	3 20	丙戌	5 23	4 21	丁巳	6 23	5 23	戊子	7 25	6 26	庚申
	2 22	1 20	丁亥	3 24	2 20	丁巳	4 23	3 21	丁亥	5 24	4 22	戊午	6 24	5 24	己丑	7 26	6 27	辛酉
	2 23	1 21	戊子	3 25	2 21	戊午	4 24	3 22	戊子	5 25	4 23	己未	6 25	5 25	庚寅	7 27	6 28	壬戌
	2 24	1 22	己丑	3 26	2 22	己未	4 25	3 23	己丑	5 26	4 24	庚申	6 26	5 26	辛卯	7 28	6 29	癸亥
中	2 25	1 23	庚寅	3 27	2 23	庚申	4 26	3 24	庚寅	5 27	4 25	辛酉	6 27	5 27	壬辰	7 29	6 30	甲子
華	2 26	1 24	辛卯	3 28	2 24	辛酉	4 27	3 25	辛卯	5 28	4 26	壬戌	6 28	5 28	癸巳	7 30	7 1	乙丑
民	2 27	1 25	壬辰	3 29	2 25	壬戌	4 28	3 26	壬辰	5 29	4 27	癸亥	6 29	5 29	甲午	7 31	7 2	丙寅
國	2 28	1 26	癸巳	3 30	2 26	癸亥	4 29	3 27	癸巳	5 30	4 28	甲子	6 30	6 1	乙未	8 1	7 3	丁卯
一	3 1	1 27	甲午	3 31	2 27	甲子	4 30	3 28	甲午	5 31	4 29	乙丑	7 1	6 2	丙申	8 2	7 4	戊辰
百	3 2	1 28	乙未	4 1	2 28	乙丑	5 1	3 29	乙未	6 1	5 1	丙寅	7 2	6 3	丁酉	8 3	7 5	己巳
七	3 3	1 29	丙申	4 2	2 29	丙寅	5 2	3 30	丙申	6 2	5 2	丁卯	7 3	6 4	戊戌	8 4	7 6	庚午
十	3 4	1 30	丁酉	4 3	3 1	丁卯	5 3	4 1	丁酉	6 3	5 3	戊辰	7 4	6 5	己亥	8 5	7 7	辛未
六							5 4	4 2	戊戌	6 4	5 4	己巳	7 5	6 6	庚子	8 6	7 8	壬申
年													7 6	6 7	辛丑			
中	雨水			春分			穀雨			小滿			夏至			大暑		
氣	2/18 18時57分 酉時			3/20 17時27分 酉時			4/20 3時53分 寅時			5/21 2時28分 丑時			6/21 10時5分 巳時			7/22 20時57分 戌時		

																		年
																	丁未	
戊申			己酉			庚戌			辛亥			壬子			癸丑			月
立秋			白露			寒露			立冬			大雪			小寒			節氣
8/7 13時23分 未時			9/7 16時43分 申時			10/8 8時56分 辰時			11/7 12時42分 午時			12/7 5時59分 卯時			1/5 17時24分 酉時			
國曆	農曆	干支	國曆	農曆	干支	國曆	農曆	干支	國曆	農曆	干支	國曆	農曆	干支	國曆	農曆	干支	日
8 7	7 9	癸酉	9 7	8 11	甲辰	10 8	9 12	乙亥	11 7	10 13	乙巳	12 7	11 13	乙亥	1 5	12 12	甲辰	
8 8	7 10	甲戌	9 8	8 12	乙巳	10 9	9 13	丙子	11 8	10 14	丙午	12 8	11 14	丙子	1 6	12 13	乙巳	
8 9	7 11	乙亥	9 9	8 13	丙午	10 10	9 14	丁丑	11 9	10 15	丁未	12 9	11 15	丁丑	1 7	12 14	丙午	
8 10	7 12	丙子	9 10	8 14	丁未	10 11	9 15	戊寅	11 10	10 16	戊申	12 10	11 16	戊寅	1 8	12 15	丁未	2
8 11	7 13	丁丑	9 11	8 15	戊申	10 12	9 16	己卯	11 11	10 17	己酉	12 11	11 17	己卯	1 9	12 16	戊申	0
8 12	7 14	戊寅	9 12	8 16	己酉	10 13	9 17	庚辰	11 12	10 18	庚戌	12 12	11 18	庚辰	1 10	12 17	己酉	8
8 13	7 15	己卯	9 13	8 17	庚戌	10 14	9 18	辛巳	11 13	10 19	辛亥	12 13	11 19	辛巳	1 11	12 18	庚戌	7
8 14	7 16	庚辰	9 14	8 18	辛亥	10 15	9 19	壬午	11 14	10 20	壬子	12 14	11 20	壬午	1 12	12 19	辛亥	·
8 15	7 17	辛巳	9 15	8 19	壬子	10 16	9 20	癸未	11 15	10 21	癸丑	12 15	11 21	癸未	1 13	12 20	壬子	2
8 16	7 18	壬午	9 16	8 20	癸丑	10 17	9 21	甲申	11 16	10 22	甲寅	12 16	11 22	甲申	1 14	12 21	癸丑	0
8 17	7 19	癸未	9 17	8 21	甲寅	10 18	9 22	乙酉	11 17	10 23	乙卯	12 17	11 23	乙酉	1 15	12 22	甲寅	8
8 18	7 20	甲申	9 18	8 22	乙卯	10 19	9 23	丙戌	11 18	10 24	丙辰	12 18	11 24	丙戌	1 16	12 23	乙卯	8
8 19	7 21	乙酉	9 19	8 23	丙辰	10 20	9 24	丁亥	11 19	10 25	丁巳	12 19	11 25	丁亥	1 17	12 24	丙辰	
8 20	7 22	丙戌	9 20	8 24	丁巳	10 21	9 25	戊子	11 20	10 26	戊午	12 20	11 26	戊子	1 18	12 25	丁巳	
8 21	7 23	丁亥	9 21	8 25	戊午	10 22	9 26	己丑	11 21	10 27	己未	12 21	11 27	己丑	1 19	12 26	戊午	羊
8 22	7 24	戊子	9 22	8 26	己未	10 23	9 27	庚寅	11 22	10 28	庚申	12 22	11 28	庚寅	1 20	12 27	己未	
8 23	7 25	己丑	9 23	8 27	庚申	10 24	9 28	辛卯	11 23	10 29	辛酉	12 23	11 29	辛卯	1 21	12 28	庚申	
8 24	7 26	庚寅	9 24	8 28	辛酉	10 25	9 29	壬辰	11 24	10 30	壬戌	12 24	11 30	壬辰	1 22	12 29	辛酉	中
8 25	7 27	辛卯	9 25	8 29	壬戌	10 26	10 1	癸巳	11 25	11 1	癸亥	12 25	12 1	癸巳	1 23	12 30	壬戌	華
8 26	7 28	壬辰	9 26	8 30	癸亥	10 27	10 2	甲午	11 26	11 2	甲子	12 26	12 2	甲午	1 24	1 1	癸亥	民
8 27	7 29	癸巳	9 27	9 1	甲子	10 28	10 3	乙未	11 27	11 3	乙丑	12 27	12 3	乙未	1 25	1 2	甲子	國
8 28	8 1	甲午	9 28	9 2	乙丑	10 29	10 4	丙申	11 28	11 4	丙寅	12 28	12 4	丙申	1 26	1 3	乙丑	一
8 29	8 2	乙未	9 29	9 3	丙寅	10 30	10 5	丁酉	11 29	11 5	丁卯	12 29	12 5	丁酉	1 27	1 4	丙寅	百
8 30	8 3	丙申	9 30	9 4	丁卯	10 31	10 6	戊戌	11 30	11 6	戊辰	12 30	12 6	戊戌	1 28	1 5	丁卯	七
8 31	8 4	丁酉	10 1	9 5	戊辰	11 1	10 7	己亥	12 1	11 7	己巳	12 31	12 7	己亥	1 29	1 6	戊辰	十
9 1	8 5	戊戌	10 2	9 6	己巳	11 2	10 8	庚子	12 2	11 8	庚午	1 1	12 8	庚子	1 30	1 7	己巳	六
9 2	8 6	己亥	10 3	9 7	庚午	11 3	10 9	辛丑	12 3	11 9	辛未	1 2	12 9	辛丑	1 31	1 8	庚午	·
9 3	8 7	庚子	10 4	9 8	辛未	11 4	10 10	壬寅	12 4	11 10	壬申	1 3	12 10	壬寅	2 1	1 9	辛未	一
9 4	8 8	辛丑	10 5	9 9	壬申	11 5	10 11	癸卯	12 5	11 11	癸酉	1 4	12 11	癸卯	2 2	1 10	壬申	百
9 5	8 9	壬寅	10 6	9 10	癸酉	11 6	10 12	甲辰	12 6	11 12	甲戌				2 3	1 11	癸酉	七
9 6	8 10	癸卯	10 7	9 11	甲戌													十
處暑			秋分			霜降			小雪			冬至			大寒			七
8/23 4時18分 寅時			9/23 2時27分 丑時			10/23 12時23分 午時			11/22 10時28分 巳時			12/22 0時7分 子時			1/20 10時49分 巳時			年
																		中氣

年	戊申																	
月	甲寅			乙卯			丙辰			丁巳			戊午			己未		
節氣	立春			驚蟄			清明			立夏			芒種			小暑		
	2/4 4時57分 寅時			3/4 22時36分 亥時			4/4 2時52分 丑時			5/4 19時35分 戌時			6/4 23時19分 子時			7/6 9時25分 巳時		
日	國曆	農曆	干支	國曆	農曆	干支	國曆	農曆	干支	國曆	農曆	干支	國曆	農曆	干支	國曆	農曆	干支
	2/4	1/12	甲戌	3/4	2/12	癸卯	4/4	3/13	甲戌	5/4	4/14	甲辰	6/4	4/15	乙亥	7/6	5/18	丁未
	2/5	1/13	乙亥	3/5	2/13	甲辰	4/5	3/14	乙亥	5/5	4/15	乙巳	6/5	4/16	丙子	7/7	5/19	戊申
	2/6	1/14	丙子	3/6	2/14	乙巳	4/6	3/15	丙子	5/6	4/16	丙午	6/6	4/17	丁丑	7/8	5/20	己酉
	2/7	1/15	丁丑	3/7	2/15	丙午	4/7	3/16	丁丑	5/7	4/17	丁未	6/7	4/18	戊寅	7/9	5/21	庚戌
2	2/8	1/16	戊寅	3/8	2/16	丁未	4/8	3/17	戊寅	5/8	4/18	戊申	6/8	4/19	己卯	7/10	5/22	辛亥
0	2/9	1/17	己卯	3/9	2/17	戊申	4/9	3/18	己卯	5/9	4/19	己酉	6/9	4/20	庚辰	7/11	5/23	壬子
8	2/10	1/18	庚辰	3/10	2/18	己酉	4/10	3/19	庚辰	5/10	4/20	庚戌	6/10	4/21	辛巳	7/12	5/24	癸丑
8	2/11	1/19	辛巳	3/11	2/19	庚戌	4/11	3/20	辛巳	5/11	4/21	辛亥	6/11	4/22	壬午	7/13	5/25	甲寅
	2/12	1/20	壬午	3/12	2/20	辛亥	4/12	3/21	壬午	5/12	4/22	壬子	6/12	4/23	癸未	7/14	5/26	乙卯
	2/13	1/21	癸未	3/13	2/21	壬子	4/13	3/22	癸未	5/13	4/23	癸丑	6/13	4/24	甲申	7/15	5/27	丙辰
	2/14	1/22	甲申	3/14	2/22	癸丑	4/14	3/23	甲申	5/14	4/24	甲寅	6/14	4/25	乙酉	7/16	5/28	丁巳
	2/15	1/23	乙酉	3/15	2/23	甲寅	4/15	3/24	乙酉	5/15	4/25	乙卯	6/15	4/26	丙戌	7/17	5/29	戊午
	2/16	1/24	丙戌	3/16	2/24	乙卯	4/16	3/25	丙戌	5/16	4/26	丙辰	6/16	4/27	丁亥	7/18	6/1	己未
猴	2/17	1/25	丁亥	3/17	2/25	丙辰	4/17	3/26	丁亥	5/17	4/27	丁巳	6/17	4/28	戊子	7/19	6/2	庚申
	2/18	1/26	戊子	3/18	2/26	丁巳	4/18	3/27	戊子	5/18	4/28	戊午	6/18	4/29	己丑	7/20	6/3	辛酉
	2/19	1/27	己丑	3/19	2/27	戊午	4/19	3/28	己丑	5/19	4/29	己未	6/19	5/1	庚寅	7/21	6/4	壬戌
	2/20	1/28	庚寅	3/20	2/28	己未	4/20	3/29	庚寅	5/20	4/30	庚申	6/20	5/2	辛卯	7/22	6/5	癸亥
	2/21	1/29	辛卯	3/21	2/29	庚申	4/21	4/1	辛卯	5/21	閏4/1	辛酉	6/21	5/3	壬辰	7/23	6/6	甲子
	2/22	2/1	壬辰	3/22	2/30	辛酉	4/22	4/2	壬辰	5/22	4/2	壬戌	6/22	5/4	癸巳	7/24	6/7	乙丑
	2/23	2/2	癸巳	3/23	3/1	壬戌	4/23	4/3	癸巳	5/23	4/3	癸亥	6/23	5/5	甲午	7/25	6/8	丙寅
中	2/24	2/3	甲午	3/24	3/2	癸亥	4/24	4/4	甲午	5/24	4/4	甲子	6/24	5/6	乙未	7/26	6/9	丁卯
華	2/25	2/4	乙未	3/25	3/3	甲子	4/25	4/5	乙未	5/25	4/5	乙丑	6/25	5/7	丙申	7/27	6/10	戊辰
民	2/26	2/5	丙申	3/26	3/4	乙丑	4/26	4/6	丙申	5/26	4/6	丙寅	6/26	5/8	丁酉	7/28	6/11	己巳
國	2/27	2/6	丁酉	3/27	3/5	丙寅	4/27	4/7	丁酉	5/27	4/7	丁卯	6/27	5/9	戊戌	7/29	6/12	庚午
一	2/28	2/7	戊戌	3/28	3/6	丁卯	4/28	4/8	戊戌	5/28	4/8	戊辰	6/28	5/10	己亥	7/30	6/13	辛未
百	2/29	2/8	己亥	3/29	3/7	戊辰	4/29	4/9	己亥	5/29	4/9	己巳	6/29	5/11	庚子	7/31	6/14	壬申
七	3/1	2/9	庚子	3/30	3/8	己巳	4/30	4/10	庚子	5/30	4/10	庚午	6/30	5/12	辛丑	8/1	6/15	癸酉
十	3/2	2/10	辛丑	3/31	3/9	庚午	5/1	4/11	辛丑	5/31	4/11	辛未	7/1	5/13	壬寅	8/2	6/16	甲戌
七	3/3	2/11	壬寅	4/1	3/10	辛未	5/2	4/12	壬寅	6/1	4/12	壬申	7/2	5/14	癸卯	8/3	6/17	乙亥
年				4/2	3/11	壬申	5/3	4/13	癸卯	6/2	4/13	癸酉	7/3	5/15	甲辰	8/4	6/18	丙子
				4/3	3/12	癸酉				6/3	4/14	甲戌	7/4	5/16	乙巳	8/5	6/19	丁丑
													7/5	5/17	丙午			
中氣	雨水			春分			穀雨			小滿			夏至			大暑		
	2/19 0時44分 子時			3/19 23時16分 子時			4/19 9時43分 巳時			5/20 8時19分 辰時			6/20 15時56分 申時			7/22 2時47分 丑時		

戊申																		年
庚申			辛酉			壬戌			癸亥			甲子			乙丑			月
立秋			白露			寒露			立冬			大雪			小寒			節氣
8/6 19時22分 戊時			9/6 22時43分 亥時			10/7 14時55分 未時			11/6 18時39分 酉時			12/6 11時55分 午時			1/4 23時20分 子時			
國曆	農曆	干支	國曆	農曆	干支	國曆	農曆	干支	國曆	農曆	干支	國曆	農曆	干支	國曆	農曆	干支	日
8 6	6 20	戊寅	9 6	7 21	己酉	10 7	8 23	庚辰	11 6	9 24	庚戌	12 6	10 24	庚辰	1 4	11 23	己酉	
8 7	6 21	己卯	9 7	7 22	庚戌	10 8	8 24	辛巳	11 7	9 25	辛亥	12 7	10 25	辛巳	1 5	11 24	庚戌	
8 8	6 22	庚辰	9 8	7 23	辛亥	10 9	8 25	壬午	11 8	9 26	壬子	12 8	10 26	壬午	1 6	11 25	辛亥	
8 9	6 23	辛巳	9 9	7 24	壬子	10 10	8 26	癸未	11 9	9 27	癸丑	12 9	10 27	癸未	1 7	11 26	壬子	2
8 10	6 24	壬午	9 10	7 25	癸丑	10 11	8 27	甲申	11 10	9 28	甲寅	12 10	10 28	甲申	1 8	11 27	癸丑	0
8 11	6 25	癸未	9 11	7 26	甲寅	10 12	8 28	乙酉	11 11	9 29	乙卯	12 11	10 29	乙酉	1 9	11 28	甲寅	8
8 12	6 26	甲申	9 12	7 27	乙卯	10 13	8 29	丙戌	11 12	9 30	丙辰	12 12	10 30	丙戌	1 10	11 29	乙卯	8
8 13	6 27	乙酉	9 13	7 28	丙辰	10 14	9 1	丁亥	11 13	10 1	丁巳	12 13	11 1	丁亥	1 11	11 30	丙辰	・
8 14	6 28	丙戌	9 14	7 29	丁巳	10 15	9 2	戊子	11 14	10 2	戊午	12 14	11 2	戊子	1 12	12 1	丁巳	2
8 15	6 29	丁亥	9 15	8 1	戊午	10 16	9 3	己丑	11 15	10 3	己未	12 15	11 3	己丑	1 13	12 2	戊午	0
8 16	6 30	戊子	9 16	8 2	己未	10 17	9 4	庚寅	11 16	10 4	庚申	12 16	11 4	庚寅	1 14	12 3	己未	8
8 17	7 1	己丑	9 17	8 3	庚申	10 18	9 5	辛卯	11 17	10 5	辛酉	12 17	11 5	辛卯	1 15	12 4	庚申	9
8 18	7 2	庚寅	9 18	8 4	辛酉	10 19	9 6	壬辰	11 18	10 6	壬戌	12 18	11 6	壬辰	1 16	12 5	辛酉	
8 19	7 3	辛卯	9 19	8 5	壬戌	10 20	9 7	癸巳	11 19	10 7	癸亥	12 19	11 7	癸巳	1 17	12 6	壬戌	
8 20	7 4	壬辰	9 20	8 6	癸亥	10 21	9 8	甲午	11 20	10 8	甲子	12 20	11 8	甲午	1 18	12 7	癸亥	猴
8 21	7 5	癸巳	9 21	8 7	甲子	10 22	9 9	乙未	11 21	10 9	乙丑	12 21	11 9	乙未	1 19	12 8	甲子	
8 22	7 6	甲午	9 22	8 8	乙丑	10 23	9 10	丙申	11 22	10 10	丙寅	12 22	11 10	丙申	1 20	12 9	乙丑	
8 23	7 7	乙未	9 23	8 9	丙寅	10 24	9 11	丁酉	11 23	10 11	丁卯	12 23	11 11	丁酉	1 21	12 10	丙寅	中
8 24	7 8	丙申	9 24	8 10	丁卯	10 25	9 12	戊戌	11 24	10 12	戊辰	12 24	11 12	戊戌	1 22	12 11	丁卯	華
8 25	7 9	丁酉	9 25	8 11	戊辰	10 26	9 13	己亥	11 25	10 13	己巳	12 25	11 13	己亥	1 23	12 12	戊辰	民
8 26	7 10	戊戌	9 26	8 12	己巳	10 27	9 14	庚子	11 26	10 14	庚午	12 26	11 14	庚子	1 24	12 13	己巳	國
8 27	7 11	己亥	9 27	8 13	庚午	10 28	9 15	辛丑	11 27	10 15	辛未	12 27	11 15	辛丑	1 25	12 14	庚午	一
8 28	7 12	庚子	9 28	8 14	辛未	10 29	9 16	壬寅	11 28	10 16	壬申	12 28	11 16	壬寅	1 26	12 15	辛未	百
8 29	7 13	辛丑	9 29	8 15	壬申	10 30	9 17	癸卯	11 29	10 17	癸酉	12 29	11 17	癸卯	1 27	12 16	壬申	七
8 30	7 14	壬寅	9 30	8 16	癸酉	10 31	9 18	甲辰	11 30	10 18	甲戌	12 30	11 18	甲辰	1 28	12 17	癸酉	十
8 31	7 15	癸卯	10 1	8 17	甲戌	11 1	9 19	乙巳	12 1	10 19	乙亥	12 31	11 19	乙巳	1 29	12 18	甲戌	七
9 1	7 16	甲辰	10 2	8 18	乙亥	11 2	9 20	丙午	12 2	10 20	丙子	1 1	11 20	丙午	1 30	12 19	乙亥	・
9 2	7 17	乙巳	10 3	8 19	丙子	11 3	9 21	丁未	12 3	10 21	丁丑	1 2	11 21	丁未	1 31	12 20	丙子	一
9 3	7 18	丙午	10 4	8 20	丁丑	11 4	9 22	戊申	12 4	10 22	戊寅	1 3	11 22	戊申	2 1	12 21	丁丑	百
9 4	7 19	丁未	10 5	8 21	戊寅	11 5	9 23	己酉	12 5	10 23	己卯				2 2	12 22	戊寅	七
9 5	7 20	戊申	10 6	8 22	己卯													十
處暑			秋分			霜降			小雪			冬至			大寒			八
8/22 10時8分 巳時			9/22 8時17分 辰時			10/22 18時13分 酉時			11/21 16時17分 申時			12/21 5時55分 卯時			1/19 16時37分 申時			年
																		中氣

年	\己酉																	
月	丙寅			丁卯			戊辰			己巳			庚午			辛未		
節氣	立春			驚蟄			清明			立夏			芒種			小暑		
	2/3 10時53分 巳時			3/5 4時33分 寅時			4/4 8時49分 辰時			5/5 1時31分 丑時			6/5 5時9分 卯時			7/6 15時10分 申時		
日	國曆	農曆	干支	國曆	農曆	干支	國曆	農曆	干支	國曆	農曆	干支	國曆	農曆	干支	國曆	農曆	干支
	2 3	12 23	己卯	3 5	1 24	己酉	4 4	2 24	己卯	5 5	3 25	庚戌	6 5	4 27	辛巳	7 6	5 28	壬子
	2 4	12 24	庚辰	3 6	1 25	庚戌	4 5	2 25	庚辰	5 6	3 26	辛亥	6 6	4 28	壬午	7 7	5 29	癸丑
	2 5	12 25	辛巳	3 7	1 26	辛亥	4 6	2 26	辛巳	5 7	3 27	壬子	6 7	4 29	癸未	7 8	6 1	甲寅
	2 6	12 26	壬午	3 8	1 27	壬子	4 7	2 27	壬午	5 8	3 28	癸丑	6 8	4 30	甲申	7 9	6 2	乙卯
2	2 7	12 27	癸未	3 9	1 28	癸丑	4 8	2 28	癸未	5 9	3 29	甲寅	6 9	5 1	乙酉	7 10	6 3	丙辰
0	2 8	12 28	甲申	3 10	1 29	甲寅	4 9	2 29	甲申	5 10	4 1	乙卯	6 10	5 2	丙戌	7 11	6 4	丁巳
8	2 9	12 29	乙酉	3 11	1 30	乙卯	4 10	2 30	乙酉	5 11	4 2	丙辰	6 11	5 3	丁亥	7 12	6 5	戊午
9	2 10	1 1	丙戌	3 12	2 1	丙辰	4 11	3 1	丙戌	5 12	4 3	丁巳	6 12	5 4	戊子	7 13	6 6	己未
	2 11	1 2	丁亥	3 13	2 2	丁巳	4 12	3 2	丁亥	5 13	4 4	戊午	6 13	5 5	己丑	7 14	6 7	庚申
	2 12	1 3	戊子	3 14	2 3	戊午	4 13	3 3	戊子	5 14	4 5	己未	6 14	5 6	庚寅	7 15	6 8	辛酉
	2 13	1 4	己丑	3 15	2 4	己未	4 14	3 4	己丑	5 15	4 6	庚申	6 15	5 7	辛卯	7 16	6 9	壬戌
	2 14	1 5	庚寅	3 16	2 5	庚申	4 15	3 5	庚寅	5 16	4 7	辛酉	6 16	5 8	壬辰	7 17	6 10	癸亥
	2 15	1 6	辛卯	3 17	2 6	辛酉	4 16	3 6	辛卯	5 17	4 8	壬戌	6 17	5 9	癸巳	7 18	6 11	甲子
	2 16	1 7	壬辰	3 18	2 7	壬戌	4 17	3 7	壬辰	5 18	4 9	癸亥	6 18	5 10	甲午	7 19	6 12	乙丑
雞	2 17	1 8	癸巳	3 19	2 8	癸亥	4 18	3 8	癸巳	5 19	4 10	甲子	6 19	5 11	乙未	7 20	6 13	丙寅
	2 18	1 9	甲午	3 20	2 9	甲子	4 19	3 9	甲午	5 20	4 11	乙丑	6 20	5 12	丙申	7 21	6 14	丁卯
	2 19	1 10	乙未	3 21	2 10	乙丑	4 20	3 10	乙未	5 21	4 12	丙寅	6 21	5 13	丁酉	7 22	6 15	戊辰
	2 20	1 11	丙申	3 22	2 11	丙寅	4 21	3 11	丙申	5 22	4 13	丁卯	6 22	5 14	戊戌	7 23	6 16	己巳
	2 21	1 12	丁酉	3 23	2 12	丁卯	4 22	3 12	丁酉	5 23	4 14	戊辰	6 23	5 15	己亥	7 24	6 17	庚午
	2 22	1 13	戊戌	3 24	2 13	戊辰	4 23	3 13	戊戌	5 24	4 15	己巳	6 24	5 16	庚子	7 25	6 18	辛未
中	2 23	1 14	己亥	3 25	2 14	己巳	4 24	3 14	己亥	5 25	4 16	庚午	6 25	5 17	辛丑	7 26	6 19	壬申
華	2 24	1 15	庚子	3 26	2 15	庚午	4 25	3 15	庚子	5 26	4 17	辛未	6 26	5 18	壬寅	7 27	6 20	癸酉
民	2 25	1 16	辛丑	3 27	2 16	辛未	4 26	3 16	辛丑	5 27	4 18	壬申	6 27	5 19	癸卯	7 28	6 21	甲戌
國	2 26	1 17	壬寅	3 28	2 17	壬申	4 27	3 17	壬寅	5 28	4 19	癸酉	6 28	5 20	甲辰	7 29	6 22	乙亥
一	2 27	1 18	癸卯	3 29	2 18	癸酉	4 28	3 18	癸卯	5 29	4 20	甲戌	6 29	5 21	乙巳	7 30	6 23	丙子
百	2 28	1 19	甲辰	3 30	2 19	甲戌	4 29	3 19	甲辰	5 30	4 21	乙亥	6 30	5 22	丙午	7 31	6 24	丁丑
七	3 1	1 20	乙巳	3 31	2 20	乙亥	4 30	3 20	乙巳	5 31	4 22	丙子	7 1	5 23	丁未	8 1	6 25	戊寅
十	3 2	1 21	丙午	4 1	2 21	丙子	5 1	3 21	丙午	6 1	4 23	丁丑	7 2	5 24	戊申	8 2	6 26	己卯
八	3 3	1 22	丁未	4 2	2 22	丁丑	5 2	3 22	丁未	6 2	4 24	戊寅	7 3	5 25	己酉	8 3	6 27	庚辰
年	3 4	1 23	戊申	4 3	2 23	戊寅	5 3	3 23	戊申	6 3	4 25	己卯	7 4	5 26	庚戌	8 4	6 28	辛巳
							5 4	3 24	己酉	6 4	4 26	庚辰	7 5	5 27	辛亥	8 5	6 29	壬午
																8 6	7 1	癸未
中氣	雨水			春分			穀雨			小滿			夏至			大暑		
	2/18 6時33分 卯時			3/20 5時5分 卯時			4/19 15時32分 申時			5/20 14時7分 未時			6/20 21時42分 亥時			7/22 8時32分 辰時		

己酉

年：2089・2090　中華民國一百七十八・一百七十九年　生肖：雞

月	壬申	癸酉	甲戌	乙亥	丙子	丁丑
節氣	立秋	白露	寒露	立冬	大雪	小寒
	8/7 1時3分 丑時	9/7 4時23分 寅時	10/7 20時37分 戌時	11/7 0時24分 子時	12/6 17時42分 酉時	1/5 5時7分 卯時
中氣	處暑	秋分	霜降	小雪	冬至	大寒
	8/22 15時55分 申時	9/22 14時6分 未時	10/23 0時4分 子時	11/21 22時11分 亥時	12/21 11時51分 午時	1/19 22時33分 亥時

國曆	農曆	干支	國曆	農曆	干支	國曆	農曆	干支	國曆	農曆	干支	國曆	農曆	干支	國曆	農曆	干支
8/7	7/2	甲申	9/7	8/3	乙卯	10/7	9/4	乙酉	11/7	10/6	丙辰	12/6	11/5	乙酉	1/5	12/5	乙卯
8/8	7/3	乙酉	9/8	8/4	丙辰	10/8	9/5	丙戌	11/8	10/7	丁巳	12/7	11/6	丙戌	1/6	12/6	丙辰
8/9	7/4	丙戌	9/9	8/5	丁巳	10/9	9/6	丁亥	11/9	10/8	戊午	12/8	11/7	丁亥	1/7	12/7	丁巳
8/10	7/5	丁亥	9/10	8/6	戊午	10/10	9/7	戊子	11/10	10/9	己未	12/9	11/8	戊子	1/8	12/8	戊午
8/11	7/6	戊子	9/11	8/7	己未	10/11	9/8	己丑	11/11	10/10	庚申	12/10	11/9	己丑	1/9	12/9	己未
8/12	7/7	己丑	9/12	8/8	庚申	10/12	9/9	庚寅	11/12	10/11	辛酉	12/11	11/10	庚寅	1/10	12/10	庚申
8/13	7/8	庚寅	9/13	8/9	辛酉	10/13	9/10	辛卯	11/13	10/12	壬戌	12/12	11/11	辛卯	1/11	12/11	辛酉
8/14	7/9	辛卯	9/14	8/10	壬戌	10/14	9/11	壬辰	11/14	10/13	癸亥	12/13	11/12	壬辰	1/12	12/12	壬戌
8/15	7/10	壬辰	9/15	8/11	癸亥	10/15	9/12	癸巳	11/15	10/14	甲子	12/14	11/13	癸巳	1/13	12/13	癸亥
8/16	7/11	癸巳	9/16	8/12	甲子	10/16	9/13	甲午	11/16	10/15	乙丑	12/15	11/14	甲午	1/14	12/14	甲子
8/17	7/12	甲午	9/17	8/13	乙丑	10/17	9/14	乙未	11/17	10/16	丙寅	12/16	11/15	乙未	1/15	12/15	乙丑
8/18	7/13	乙未	9/18	8/14	丙寅	10/18	9/15	丙申	11/18	10/17	丁卯	12/17	11/16	丙申	1/16	12/16	丙寅
8/19	7/14	丙申	9/19	8/15	丁卯	10/19	9/16	丁酉	11/19	10/18	戊辰	12/18	11/17	丁酉	1/17	12/17	丁卯
8/20	7/15	丁酉	9/20	8/16	戊辰	10/20	9/17	戊戌	11/20	10/19	己巳	12/19	11/18	戊戌	1/18	12/18	戊辰
8/21	7/16	戊戌	9/21	8/17	己巳	10/21	9/18	己亥	11/21	10/20	庚午	12/20	11/19	己亥	1/19	12/19	己巳
8/22	7/17	己亥	9/22	8/18	庚午	10/22	9/19	庚子	11/22	10/21	辛未	12/21	11/20	庚子	1/20	12/20	庚午
8/23	7/18	庚子	9/23	8/19	辛未	10/23	9/20	辛丑	11/23	10/22	壬申	12/22	11/21	辛丑	1/21	12/21	辛未
8/24	7/19	辛丑	9/24	8/20	壬申	10/24	9/21	壬寅	11/24	10/23	癸酉	12/23	11/22	壬寅	1/22	12/22	壬申
8/25	7/20	壬寅	9/25	8/21	癸酉	10/25	9/22	癸卯	11/25	10/24	甲戌	12/24	11/23	癸卯	1/23	12/23	癸酉
8/26	7/21	癸卯	9/26	8/22	甲戌	10/26	9/23	甲辰	11/26	10/25	乙亥	12/25	11/24	甲辰	1/24	12/24	甲戌
8/27	7/22	甲辰	9/27	8/23	乙亥	10/27	9/24	乙巳	11/27	10/26	丙子	12/26	11/25	乙巳	1/25	12/25	乙亥
8/28	7/23	乙巳	9/28	8/24	丙子	10/28	9/25	丙午	11/28	10/27	丁丑	12/27	11/26	丙午	1/26	12/26	丙子
8/29	7/24	丙午	9/29	8/25	丁丑	10/29	9/26	丁未	11/29	10/28	戊寅	12/28	11/27	丁未	1/27	12/27	丁丑
8/30	7/25	丁未	9/30	8/26	戊寅	10/30	9/27	戊申	11/30	10/29	己卯	12/29	11/28	戊申	1/28	12/28	戊寅
8/31	7/26	戊申	10/1	8/27	己卯	10/31	9/28	己酉	12/1	10/30	庚辰	12/30	11/29	己酉	1/29	12/29	己卯
9/1	7/27	己酉	10/2	8/28	庚辰	11/1	9/29	庚戌	12/2	11/1	辛巳	12/31	11/30	庚戌	1/30	1/1	庚辰
9/2	7/28	庚戌	10/3	8/29	辛巳	11/2	10/1	辛亥	12/3	11/2	壬午	1/1	12/1	辛亥	1/31	1/2	辛巳
9/3	7/29	辛亥	10/4	9/1	壬午	11/3	10/2	壬子	12/4	11/3	癸未	1/2	12/2	壬子	2/1	1/3	壬午
9/4	7/30	壬子	10/5	9/2	癸未	11/4	10/3	癸丑	12/5	11/4	甲申	1/3	12/3	癸丑	2/2	1/4	癸未
9/5	8/1	癸丑	10/6	9/3	甲申	11/5	10/4	甲寅				1/4	12/4	甲寅			
9/6	8/2	甲寅				11/6	10/5	乙卯										

庚戌年（中華民國一百七十九年・2090・狗）

節氣

月	戊寅	己卯	庚辰	辛巳	壬午	癸未
節氣	立春	驚蟄	清明	立夏	芒種	小暑
時刻	2/3 16時41分 申時	3/5 10時20分 巳時	4/4 14時35分 未時	5/5 7時15分 辰時	6/5 10時54分 巳時	7/6 20時55分 戌時

日

戊寅 國曆	農曆	干支	己卯 國曆	農曆	干支	庚辰 國曆	農曆	干支	辛巳 國曆	農曆	干支	壬午 國曆	農曆	干支	癸未 國曆	農曆	干支
2/3	1/5	甲申	3/5	2/5	甲寅	4/4	3/5	甲申	5/5	4/6	乙卯	6/5	5/7	丙戌	7/6	6/9	丁巳
2/4	1/6	乙酉	3/6	2/6	乙卯	4/5	3/6	乙酉	5/6	4/7	丙辰	6/6	5/8	丁亥	7/7	6/10	戊午
2/5	1/7	丙戌	3/7	2/7	丙辰	4/6	3/7	丙戌	5/7	4/8	丁巳	6/7	5/9	戊子	7/8	6/11	己未
2/6	1/8	丁亥	3/8	2/8	丁巳	4/7	3/8	丁亥	5/8	4/9	戊午	6/8	5/10	己丑	7/9	6/12	庚申
2/7	1/9	戊子	3/9	2/9	戊午	4/8	3/9	戊子	5/9	4/10	己未	6/9	5/11	庚寅	7/10	6/13	辛酉
2/8	1/10	己丑	3/10	2/10	己未	4/9	3/10	己丑	5/10	4/11	庚申	6/10	5/12	辛卯	7/11	6/14	壬戌
2/9	1/11	庚寅	3/11	2/11	庚申	4/10	3/11	庚寅	5/11	4/12	辛酉	6/11	5/13	壬辰	7/12	6/15	癸亥
2/10	1/12	辛卯	3/12	2/12	辛酉	4/11	3/12	辛卯	5/12	4/13	壬戌	6/12	5/14	癸巳	7/13	6/16	甲子
2/11	1/13	壬辰	3/13	2/13	壬戌	4/12	3/13	壬辰	5/13	4/14	癸亥	6/13	5/15	甲午	7/14	6/17	乙丑
2/12	1/14	癸巳	3/14	2/14	癸亥	4/13	3/14	癸巳	5/14	4/15	甲子	6/14	5/16	乙未	7/15	6/18	丙寅
2/13	1/15	甲午	3/15	2/15	甲子	4/14	3/15	甲午	5/15	4/16	乙丑	6/15	5/17	丙申	7/16	6/19	丁卯
2/14	1/16	乙未	3/16	2/16	乙丑	4/15	3/16	乙未	5/16	4/17	丙寅	6/16	5/18	丁酉	7/17	6/20	戊辰
2/15	1/17	丙申	3/17	2/17	丙寅	4/16	3/17	丙申	5/17	4/18	丁卯	6/17	5/19	戊戌	7/18	6/21	己巳
2/16	1/18	丁酉	3/18	2/18	丁卯	4/17	3/18	丁酉	5/18	4/19	戊辰	6/18	5/20	己亥	7/19	6/22	庚午
2/17	1/19	戊戌	3/19	2/19	戊辰	4/18	3/19	戊戌	5/19	4/20	己巳	6/19	5/21	庚子	7/20	6/23	辛未
2/18	1/20	己亥	3/20	2/20	己巳	4/19	3/20	己亥	5/20	4/21	庚午	6/20	5/22	辛丑	7/21	6/24	壬申
2/19	1/21	庚子	3/21	2/21	庚午	4/20	3/21	庚子	5/21	4/22	辛未	6/21	5/23	壬寅	7/22	6/25	癸酉
2/20	1/22	辛丑	3/22	2/22	辛未	4/21	3/22	辛丑	5/22	4/23	壬申	6/22	5/24	癸卯	7/23	6/26	甲戌
2/21	1/23	壬寅	3/23	2/23	壬申	4/22	3/23	壬寅	5/23	4/24	癸酉	6/23	5/25	甲辰	7/24	6/27	乙亥
2/22	1/24	癸卯	3/24	2/24	癸酉	4/23	3/24	癸卯	5/24	4/25	甲戌	6/24	5/26	乙巳	7/25	6/28	丙子
2/23	1/25	甲辰	3/25	2/25	甲戌	4/24	3/25	甲辰	5/25	4/26	乙亥	6/25	5/27	丙午	7/26	6/29	丁丑
2/24	1/26	乙巳	3/26	2/26	乙亥	4/25	3/26	乙巳	5/26	4/27	丙子	6/26	5/28	丁未	7/27	7/1	戊寅
2/25	1/27	丙午	3/27	2/27	丙子	4/26	3/27	丙午	5/27	4/28	丁丑	6/27	5/29	戊申	7/28	7/2	己卯
2/26	1/28	丁未	3/28	2/28	丁丑	4/27	3/28	丁未	5/28	4/29	戊寅	6/28	6/1	己酉	7/29	7/3	庚辰
2/27	1/29	戊申	3/29	2/29	戊寅	4/28	3/29	戊申	5/29	4/30	己卯	6/29	6/2	庚戌	7/30	7/4	辛巳
2/28	1/30	己酉	3/30	2/30	己卯	4/29	3/30	己酉	5/30	5/1	庚辰	6/30	6/3	辛亥	7/31	7/5	壬午
3/1	2/1	庚戌	3/31	3/1	庚辰	4/30	4/1	庚戌	5/31	5/2	辛巳	7/1	6/4	壬子	8/1	7/6	癸未
3/2	2/2	辛亥	4/1	3/2	辛巳	5/1	4/2	辛亥	6/1	5/3	壬午	7/2	6/5	癸丑	8/2	7/7	甲申
3/3	2/3	壬子	4/2	3/3	壬午	5/2	4/3	壬子	6/2	5/4	癸未	7/3	6/6	甲寅	8/3	7/8	乙酉
3/4	2/4	癸丑	4/3	3/4	癸未	5/3	4/4	癸丑	6/3	5/5	甲申	7/4	6/7	乙卯	8/4	7/9	丙戌
						5/4	4/5	甲寅	6/4	5/6	乙酉	7/5	6/8	丙辰	8/5	7/10	丁亥
															8/6	7/11	戊子

中氣

月	戊寅	己卯	庚辰	辛巳	壬午	癸未
中氣	雨水	春分	穀雨	小滿	夏至	大暑
時刻	2/18 12時29分 午時	3/20 11時1分 午時	4/19 21時27分 亥時	5/20 20時1分 戌時	6/21 3時35分 寅時	7/22 14時24分 未時

庚戌　年

月	甲申	乙酉	丙戌	丁亥	戊子	己丑
節氣	立秋	白露	寒露	立冬	大雪	小寒
	8/7 6時52分 卯時	9/7 10時15分 巳時	10/8 2時33分 丑時	11/7 6時21分 卯時	12/6 23時39分 子時	1/5 11時1分 午時

國曆	農曆	干支	國曆	農曆	干支	國曆	農曆	干支	國曆	農曆	干支	國曆	農曆	干支	國曆	農曆	干支	日
8 7	7 12	己丑	9 7	8 14	庚申	10 8	閏8 15	辛卯	11 7	9 16	辛酉	12 6	10 16	庚寅	1 5	11 16	庚申	
8 8	7 13	庚寅	9 8	8 15	辛酉	10 9	閏8 16	壬辰	11 8	9 17	壬戌	12 7	10 17	辛卯	1 6	11 17	辛酉	
8 9	7 14	辛卯	9 9	8 16	壬戌	10 10	閏8 17	癸巳	11 9	9 18	癸亥	12 8	10 18	壬辰	1 7	11 18	壬戌	
8 10	7 15	壬辰	9 10	8 17	癸亥	10 11	閏8 18	甲午	11 10	9 19	甲子	12 9	10 19	癸巳	1 8	11 19	癸亥	
8 11	7 16	癸巳	9 11	8 18	甲子	10 12	閏8 19	乙未	11 11	9 20	乙丑	12 10	10 20	甲午	1 9	11 20	甲子	2
8 12	7 17	甲午	9 12	8 19	乙丑	10 13	閏8 20	丙申	11 12	9 21	丙寅	12 11	10 21	乙未	1 10	11 21	乙丑	0
8 13	7 18	乙未	9 13	8 20	丙寅	10 14	閏8 21	丁酉	11 13	9 22	丁卯	12 12	10 22	丙申	1 11	11 22	丙寅	9
8 14	7 19	丙申	9 14	8 21	丁卯	10 15	閏8 22	戊戌	11 14	9 23	戊辰	12 13	10 23	丁酉	1 12	11 23	丁卯	0
8 15	7 20	丁酉	9 15	8 22	戊辰	10 16	閏8 23	己亥	11 15	9 24	己巳	12 14	10 24	戊戌	1 13	11 24	戊辰	·
8 16	7 21	戊戌	9 16	8 23	己巳	10 17	閏8 24	庚子	11 16	9 25	庚午	12 15	10 25	己亥	1 14	11 25	己巳	2
8 17	7 22	己亥	9 17	8 24	庚午	10 18	閏8 25	辛丑	11 17	9 26	辛未	12 16	10 26	庚子	1 15	11 26	庚午	0
8 18	7 23	庚子	9 18	8 25	辛未	10 19	閏8 26	壬寅	11 18	9 27	壬申	12 17	10 27	辛丑	1 16	11 27	辛未	9
8 19	7 24	辛丑	9 19	8 26	壬申	10 20	閏8 27	癸卯	11 19	9 28	癸酉	12 18	10 28	壬寅	1 17	11 28	壬申	1
8 20	7 25	壬寅	9 20	8 27	癸酉	10 21	閏8 28	甲辰	11 20	9 29	甲戌	12 19	10 29	癸卯	1 18	11 29	癸酉	
8 21	7 26	癸卯	9 21	8 28	甲戌	10 22	閏8 29	乙巳	11 21	10 1	乙亥	12 20	10 30	甲辰	1 19	11 30	甲戌	
8 22	7 27	甲辰	9 22	8 29	乙亥	10 23	9 1	丙午	11 22	10 2	丙子	12 21	11 1	乙巳	1 20	12 1	乙亥	
8 23	7 28	乙巳	9 23	8 30	丙子	10 24	9 2	丁未	11 23	10 3	丁丑	12 22	11 2	丙午	1 21	12 2	丙子	
8 24	7 29	丙午	9 24	閏8 1	丁丑	10 25	9 3	戊申	11 24	10 4	戊寅	12 23	11 3	丁未	1 22	12 3	丁丑	狗
8 25	8 1	丁未	9 25	閏8 2	戊寅	10 26	9 4	己酉	11 25	10 5	己卯	12 24	11 4	戊申	1 23	12 4	戊寅	
8 26	8 2	戊申	9 26	閏8 3	己卯	10 27	9 5	庚戌	11 26	10 6	庚辰	12 25	11 5	己酉	1 24	12 5	己卯	
8 27	8 3	己酉	9 27	閏8 4	庚辰	10 28	9 6	辛亥	11 27	10 7	辛巳	12 26	11 6	庚戌	1 25	12 6	庚辰	中
8 28	8 4	庚戌	9 28	閏8 5	辛巳	10 29	9 7	壬子	11 28	10 8	壬午	12 27	11 7	辛亥	1 26	12 7	辛巳	華
8 29	8 5	辛亥	9 29	閏8 6	壬午	10 30	9 8	癸丑	11 29	10 9	癸未	12 28	11 8	壬子	1 27	12 8	壬午	民
8 30	8 6	壬子	9 30	閏8 7	癸未	10 31	9 9	甲寅	11 30	10 10	甲申	12 29	11 9	癸丑	1 28	12 9	癸未	國
8 31	8 7	癸丑	10 1	閏8 8	甲申	11 1	9 10	乙卯	12 1	10 11	乙酉	12 30	11 10	甲寅	1 29	12 10	甲申	一
9 1	8 8	甲寅	10 2	閏8 9	乙酉	11 2	9 11	丙辰	12 2	10 12	丙戌	12 31	11 11	乙卯	1 30	12 11	乙酉	百
9 2	8 9	乙卯	10 3	閏8 10	丙戌	11 3	9 12	丁巳	12 3	10 13	丁亥	1 1	11 12	丙辰	1 31	12 12	丙戌	七
9 3	8 10	丙辰	10 4	閏8 11	丁亥	11 4	9 13	戊午	12 4	10 14	戊子	1 2	11 13	丁巳	2 1	12 13	丁亥	十
9 4	8 11	丁巳	10 5	閏8 12	戊子	11 5	9 14	己未	12 5	10 15	己丑	1 3	11 14	戊午	2 2	12 14	戊子	九
9 5	8 12	戊午	10 6	閏8 13	己丑	11 6	9 15	庚申				1 4	11 15	己未				·
9 6	8 13	己未	10 7	閏8 14	庚寅													一

中氣	處暑	秋分	霜降	小雪	冬至	大寒
	8/22 21時46分 亥時	9/22 19時58分 戌時	10/23 5時58分 卯時	11/22 4時5分 寅時	12/21 17時42分 酉時	1/20 4時21分 寅時

（右欄年份標記：2090·2091　狗　中華民國一百七十九·一百八十年）

年				辛亥													
月	庚寅			辛卯			壬辰			癸巳			甲午			乙未		
節氣	立春 2/3 22時30分 亥時			驚蟄 3/5 16時5分 申時			清明 4/4 20時19分 戌時			立夏 5/5 13時2分 未時			芒種 6/5 16時44分 申時			小暑 7/7 2時50分 丑時		
日	國曆	農曆	干支	國曆	農曆	干支	國曆	農曆	干支	國曆	農曆	干支	國曆	農曆	干支	國曆	農曆	干支
	2 3	12 15	己丑	3 5	1 16	己未	4 4	2 16	己丑	5 5	3 17	庚申	6 5	4 19	辛卯	7 7	5 21	癸亥
	2 4	12 16	庚寅	3 6	1 17	庚申	4 5	2 17	庚寅	5 6	3 18	辛酉	6 6	4 20	壬辰	7 8	5 22	甲子
	2 5	12 17	辛卯	3 7	1 18	辛酉	4 6	2 18	辛卯	5 7	3 19	壬戌	6 7	4 21	癸巳	7 9	5 23	乙丑
	2 6	12 18	壬辰	3 8	1 19	壬戌	4 7	2 19	壬辰	5 8	3 20	癸亥	6 8	4 22	甲午	7 10	5 24	丙寅
2	2 7	12 19	癸巳	3 9	1 20	癸亥	4 8	2 20	癸巳	5 9	3 21	甲子	6 9	4 23	乙未	7 11	5 25	丁卯
0	2 8	12 20	甲午	3 10	1 21	甲子	4 9	2 21	甲午	5 10	3 22	乙丑	6 10	4 24	丙申	7 12	5 26	戊辰
9	2 9	12 21	乙未	3 11	1 22	乙丑	4 10	2 22	乙未	5 11	3 23	丙寅	6 11	4 25	丁酉	7 13	5 27	己巳
1	2 10	12 22	丙申	3 12	1 23	丙寅	4 11	2 23	丙申	5 12	3 24	丁卯	6 12	4 26	戊戌	7 14	5 28	庚午
	2 11	12 23	丁酉	3 13	1 24	丁卯	4 12	2 24	丁酉	5 13	3 25	戊辰	6 13	4 27	己亥	7 15	5 29	辛未
	2 12	12 24	戊戌	3 14	1 25	戊辰	4 13	2 25	戊戌	5 14	3 26	己巳	6 14	4 28	庚子	7 16	6 1	壬申
	2 13	12 25	己亥	3 15	1 26	己巳	4 14	2 26	己亥	5 15	3 27	庚午	6 15	4 29	辛丑	7 17	6 2	癸酉
	2 14	12 26	庚子	3 16	1 27	庚午	4 15	2 27	庚子	5 16	3 28	辛未	6 16	4 30	壬寅	7 18	6 3	甲戌
	2 15	12 27	辛丑	3 17	1 28	辛未	4 16	2 28	辛丑	5 17	3 29	壬申	6 17	5 1	癸卯	7 19	6 4	乙亥
	2 16	12 28	壬寅	3 18	1 29	壬申	4 17	2 29	壬寅	5 18	4 1	癸酉	6 18	5 2	甲辰	7 20	6 5	丙子
	2 17	12 29	癸卯	3 19	1 30	癸酉	4 18	2 30	癸卯	5 19	4 2	甲戌	6 19	5 3	乙巳	7 21	6 6	丁丑
	2 18	1 1	甲辰	3 20	2 1	甲戌	4 19	3 1	甲辰	5 20	4 3	乙亥	6 20	5 4	丙午	7 22	6 7	戊寅
	2 19	1 2	乙巳	3 21	2 2	乙亥	4 20	3 2	乙巳	5 21	4 4	丙子	6 21	5 5	丁未	7 23	6 8	己卯
	2 20	1 3	丙午	3 22	2 3	丙子	4 21	3 3	丙午	5 22	4 5	丁丑	6 22	5 6	戊申	7 24	6 9	庚辰
	2 21	1 4	丁未	3 23	2 4	丁丑	4 22	3 4	丁未	5 23	4 6	戊寅	6 23	5 7	己酉	7 25	6 10	辛巳
	2 22	1 5	戊申	3 24	2 5	戊寅	4 23	3 5	戊申	5 24	4 7	己卯	6 24	5 8	庚戌	7 26	6 11	壬午
	2 23	1 6	己酉	3 25	2 6	己卯	4 24	3 6	己酉	5 25	4 8	庚辰	6 25	5 9	辛亥	7 27	6 12	癸未
	2 24	1 7	庚戌	3 26	2 7	庚辰	4 25	3 7	庚戌	5 26	4 9	辛巳	6 26	5 10	壬子	7 28	6 13	甲申
	2 25	1 8	辛亥	3 27	2 8	辛巳	4 26	3 8	辛亥	5 27	4 10	壬午	6 27	5 11	癸丑	7 29	6 14	乙酉
豬	2 26	1 9	壬子	3 28	2 9	壬午	4 27	3 9	壬子	5 28	4 11	癸未	6 28	5 12	甲寅	7 30	6 15	丙戌
	2 27	1 10	癸丑	3 29	2 10	癸未	4 28	3 10	癸丑	5 29	4 12	甲申	6 29	5 13	乙卯	7 31	6 16	丁亥
	2 28	1 11	甲寅	3 30	2 11	甲申	4 29	3 11	甲寅	5 30	4 13	乙酉	6 30	5 14	丙辰	8 1	6 17	戊子
	3 1	1 12	乙卯	3 31	2 12	乙酉	4 30	3 12	乙卯	5 31	4 14	丙戌	7 1	5 15	丁巳	8 2	6 18	己丑
中	3 2	1 13	丙辰	4 1	2 13	丙戌	5 1	3 13	丙辰	6 1	4 15	丁亥	7 2	5 16	戊午	8 3	6 19	庚寅
華	3 3	1 14	丁巳	4 2	2 14	丁亥	5 2	3 14	丁巳	6 2	4 16	戊子	7 3	5 17	己未	8 4	6 20	辛卯
民	3 4	1 15	戊午	4 3	2 15	戊子	5 3	3 15	戊午	6 3	4 17	己丑	7 4	5 18	庚申	8 5	6 21	壬辰
國							5 4	3 16	己未	6 4	4 18	庚寅	7 5	5 19	辛酉	8 6	6 22	癸巳
一													7 6	5 20	壬戌			
百八十年																		
中氣	雨水 2/18 18時12分 酉時			春分 3/20 16時41分 申時			穀雨 4/20 3時6分 寅時			小滿 5/21 1時42分 丑時			夏至 6/21 9時18分 巳時			大暑 7/22 20時10分 戌時		

辛亥																		年
丙申			丁酉			戊戌			己亥			庚子			辛丑			月
立秋			白露			寒露			立冬			大雪			小寒			節氣
8/7 12時48分 午時			9/7 16時12分 申時			10/8 8時30分 辰時			11/7 12時19分 午時			12/7 5時37分 卯時			1/5 17時0分 酉時			
國曆	農曆	干支	國曆	農曆	干支	國曆	農曆	干支	國曆	農曆	干支	國曆	農曆	干支	國曆	農曆	干支	日
8 7	6 23	甲午	9 7	7 24	乙丑	10 8	8 26	丙申	11 7	9 26	丙寅	12 7	10 27	丙申	1 5	11 27	乙丑	
8 8	6 24	乙未	9 8	7 25	丙寅	10 9	8 27	丁酉	11 8	9 27	丁卯	12 8	10 28	丁酉	1 6	11 28	丙寅	
8 9	6 25	丙申	9 9	7 26	丁卯	10 10	8 28	戊戌	11 9	9 28	戊辰	12 9	10 29	戊戌	1 7	11 29	丁卯	2
8 10	6 26	丁酉	9 10	7 27	戊辰	10 11	8 29	己亥	11 10	9 29	己巳	12 10	11 1	己亥	1 8	11 30	戊辰	0
8 11	6 27	戊戌	9 11	7 28	己巳	10 12	8 30	庚子	11 11	10 1	庚午	12 11	11 2	庚子	1 9	12 1	己巳	9
8 12	6 28	己亥	9 12	7 29	庚午	10 13	9 1	辛丑	11 12	10 2	辛未	12 12	11 3	辛丑	1 10	12 2	庚午	1
8 13	6 29	庚子	9 13	8 1	辛未	10 14	9 2	壬寅	11 13	10 3	壬申	12 13	11 4	壬寅	1 11	12 3	辛未	·
8 14	6 30	辛丑	9 14	8 2	壬申	10 15	9 3	癸卯	11 14	10 4	癸酉	12 14	11 5	癸卯	1 12	12 4	壬申	2
8 15	7 1	壬寅	9 15	8 3	癸酉	10 16	9 4	甲辰	11 15	10 5	甲戌	12 15	11 6	甲辰	1 13	12 5	癸酉	0
8 16	7 2	癸卯	9 16	8 4	甲戌	10 17	9 5	乙巳	11 16	10 6	乙亥	12 16	11 7	乙巳	1 14	12 6	甲戌	9
8 17	7 3	甲辰	9 17	8 5	乙亥	10 18	9 6	丙午	11 17	10 7	丙子	12 17	11 8	丙午	1 15	12 7	乙亥	2
8 18	7 4	乙巳	9 18	8 6	丙子	10 19	9 7	丁未	11 18	10 8	丁丑	12 18	11 9	丁未	1 16	12 8	丙子	
8 19	7 5	丙午	9 19	8 7	丁丑	10 20	9 8	戊申	11 19	10 9	戊寅	12 19	11 10	戊申	1 17	12 9	丁丑	
8 20	7 6	丁未	9 20	8 8	戊寅	10 21	9 9	己酉	11 20	10 10	己卯	12 20	11 11	己酉	1 18	12 10	戊寅	
8 21	7 7	戊申	9 21	8 9	己卯	10 22	9 10	庚戌	11 21	10 11	庚辰	12 21	11 12	庚戌	1 19	12 11	己卯	豬
8 22	7 8	己酉	9 22	8 10	庚辰	10 23	9 11	辛亥	11 22	10 12	辛巳	12 22	11 13	辛亥	1 20	12 12	庚辰	
8 23	7 9	庚戌	9 23	8 11	辛巳	10 24	9 12	壬子	11 23	10 13	壬午	12 23	11 14	壬子	1 21	12 13	辛巳	
8 24	7 10	辛亥	9 24	8 12	壬午	10 25	9 13	癸丑	11 24	10 14	癸未	12 24	11 15	癸丑	1 22	12 14	壬午	
8 25	7 11	壬子	9 25	8 13	癸未	10 26	9 14	甲寅	11 25	10 15	甲申	12 25	11 16	甲寅	1 23	12 15	癸未	中
8 26	7 12	癸丑	9 26	8 14	甲申	10 27	9 15	乙卯	11 26	10 16	乙酉	12 26	11 17	乙卯	1 24	12 16	甲申	華
8 27	7 13	甲寅	9 27	8 15	乙酉	10 28	9 16	丙辰	11 27	10 17	丙戌	12 27	11 18	丙辰	1 25	12 17	乙酉	民
8 28	7 14	乙卯	9 28	8 16	丙戌	10 29	9 17	丁巳	11 28	10 18	丁亥	12 28	11 19	丁巳	1 26	12 18	丙戌	國
8 29	7 15	丙辰	9 29	8 17	丁亥	10 30	9 18	戊午	11 29	10 19	戊子	12 29	11 20	戊午	1 27	12 19	丁亥	一
8 30	7 16	丁巳	9 30	8 18	戊子	10 31	9 19	己未	11 30	10 20	己丑	12 30	11 21	己未	1 28	12 20	戊子	百
8 31	7 17	戊午	10 1	8 19	己丑	11 1	9 20	庚申	12 1	10 21	庚寅	12 31	11 22	庚申	1 29	12 21	己丑	八
9 1	7 18	己未	10 2	8 20	庚寅	11 2	9 21	辛酉	12 2	10 22	辛卯	1 1	11 23	辛酉	1 30	12 22	庚寅	十
9 2	7 19	庚申	10 3	8 21	辛卯	11 3	9 22	壬戌	12 3	10 23	壬辰	1 2	11 24	壬戌	1 31	12 23	辛卯	·
9 3	7 20	辛酉	10 4	8 22	壬辰	11 4	9 23	癸亥	12 4	10 24	癸巳	1 3	11 25	癸亥	2 1	12 24	壬辰	一
9 4	7 21	壬戌	10 5	8 23	癸巳	11 5	9 24	甲子	12 5	10 25	甲午	1 4	11 26	甲子	2 2	12 25	癸巳	百
9 5	7 22	癸亥	10 6	8 24	甲午	11 6	9 25	乙丑	12 6	10 26	乙未				2 3	12 26	甲午	八
9 6	7 23	甲子	10 7	8 25	乙未													十
																		一
																		年
處暑			秋分			霜降			小雪			冬至			大寒			中
8/23 3時35分 寅時			9/23 1時50分 丑時			10/23 11時51分 午時			11/22 9時59分 巳時			12/21 23時37分 子時			1/20 10時15分 巳時			氣

年	壬子																	
月	壬寅			癸卯			甲辰			乙巳			丙午			丁未		
節氣	立春 2/4 4時28分 寅時			驚蟄 3/4 22時1分 亥時			清明 4/4 2時13分 丑時			立夏 5/4 18時55分 酉時			芒種 6/4 22時37分 亥時			小暑 7/6 8時40分 辰時		
日	國曆	農曆	干支	國曆	農曆	干支	國曆	農曆	干支	國曆	農曆	干支	國曆	農曆	干支	國曆	農曆	干支
2092 鼠 中華民國一百八十一年	2 4	12 27	乙未	3 4	1 27	甲子	4 4	2 28	乙未	5 4	3 28	乙丑	6 4	4 30	丙申	7 6	6 2	戊辰
	2 5	12 28	丙申	3 5	1 28	乙丑	4 5	2 29	丙申	5 5	3 29	丙寅	6 5	5 1	丁酉	7 7	6 3	己巳
	2 6	12 29	丁酉	3 6	1 29	丙寅	4 6	2 30	丁酉	5 6	4 1	丁卯	6 6	5 2	戊戌	7 8	6 4	庚午
	2 7	1 1	戊戌	3 7	1 30	丁卯	4 7	3 1	戊戌	5 7	4 2	戊辰	6 7	5 3	己亥	7 9	6 5	辛未
	2 8	1 2	己亥	3 8	2 1	戊辰	4 8	3 2	己亥	5 8	4 3	己巳	6 8	5 4	庚子	7 10	6 6	壬申
	2 9	1 3	庚子	3 9	2 2	己巳	4 9	3 3	庚子	5 9	4 4	庚午	6 9	5 5	辛丑	7 11	6 7	癸酉
	2 10	1 4	辛丑	3 10	2 3	庚午	4 10	3 4	辛丑	5 10	4 5	辛未	6 10	5 6	壬寅	7 12	6 8	甲戌
	2 11	1 5	壬寅	3 11	2 4	辛未	4 11	3 5	壬寅	5 11	4 6	壬申	6 11	5 7	癸卯	7 13	6 9	乙亥
	2 12	1 6	癸卯	3 12	2 5	壬申	4 12	3 6	癸卯	5 12	4 7	癸酉	6 12	5 8	甲辰	7 14	6 10	丙子
	2 13	1 7	甲辰	3 13	2 6	癸酉	4 13	3 7	甲辰	5 13	4 8	甲戌	6 13	5 9	乙巳	7 15	6 11	丁丑
	2 14	1 8	乙巳	3 14	2 7	甲戌	4 14	3 8	乙巳	5 14	4 9	乙亥	6 14	5 10	丙午	7 16	6 12	戊寅
	2 15	1 9	丙午	3 15	2 8	乙亥	4 15	3 9	丙午	5 15	4 10	丙子	6 15	5 11	丁未	7 17	6 13	己卯
	2 16	1 10	丁未	3 16	2 9	丙子	4 16	3 10	丁未	5 16	4 11	丁丑	6 16	5 12	戊申	7 18	6 14	庚辰
	2 17	1 11	戊申	3 17	2 10	丁丑	4 17	3 11	戊申	5 17	4 12	戊寅	6 17	5 13	己酉	7 19	6 15	辛巳
	2 18	1 12	己酉	3 18	2 11	戊寅	4 18	3 12	己酉	5 18	4 13	己卯	6 18	5 14	庚戌	7 20	6 16	壬午
	2 19	1 13	庚戌	3 19	2 12	己卯	4 19	3 13	庚戌	5 19	4 14	庚辰	6 19	5 15	辛亥	7 21	6 17	癸未
	2 20	1 14	辛亥	3 20	2 13	庚辰	4 20	3 14	辛亥	5 20	4 15	辛巳	6 20	5 16	壬子	7 22	6 18	甲申
	2 21	1 15	壬子	3 21	2 14	辛巳	4 21	3 15	壬子	5 21	4 16	壬午	6 21	5 17	癸丑	7 23	6 19	乙酉
	2 22	1 16	癸丑	3 22	2 15	壬午	4 22	3 16	癸丑	5 22	4 17	癸未	6 22	5 18	甲寅	7 24	6 20	丙戌
	2 23	1 17	甲寅	3 23	2 16	癸未	4 23	3 17	甲寅	5 23	4 18	甲申	6 23	5 19	乙卯	7 25	6 21	丁亥
	2 24	1 18	乙卯	3 24	2 17	甲申	4 24	3 18	乙卯	5 24	4 19	乙酉	6 24	5 20	丙辰	7 26	6 22	戊子
	2 25	1 19	丙辰	3 25	2 18	乙酉	4 25	3 19	丙辰	5 25	4 20	丙戌	6 25	5 21	丁巳	7 27	6 23	己丑
	2 26	1 20	丁巳	3 26	2 19	丙戌	4 26	3 20	丁巳	5 26	4 21	丁亥	6 26	5 22	戊午	7 28	6 24	庚寅
	2 27	1 21	戊午	3 27	2 20	丁亥	4 27	3 21	戊午	5 27	4 22	戊子	6 27	5 23	己未	7 29	6 25	辛卯
	2 28	1 22	己未	3 28	2 21	戊子	4 28	3 22	己未	5 28	4 23	己丑	6 28	5 24	庚申	7 30	6 26	壬辰
	2 29	1 23	庚申	3 29	2 22	己丑	4 29	3 23	庚申	5 29	4 24	庚寅	6 29	5 25	辛酉	7 31	6 27	癸巳
	3 1	1 24	辛酉	3 30	2 23	庚寅	4 30	3 24	辛酉	5 30	4 25	辛卯	6 30	5 26	壬戌	8 1	6 28	甲午
	3 2	1 25	壬戌	3 31	2 24	辛卯	5 1	3 25	壬戌	5 31	4 26	壬辰	7 1	5 27	癸亥	8 2	6 29	乙未
	3 3	1 26	癸亥	4 1	2 25	壬辰	5 2	3 26	癸亥	6 1	4 27	癸巳	7 2	5 28	甲子	8 3	7 1	丙申
				4 2	2 26	癸巳	5 3	3 27	甲子	6 2	4 28	甲午	7 3	5 29	乙丑	8 4	7 2	丁酉
				4 3	2 27	甲午				6 3	4 29	乙未	7 4	5 30	丙寅	8 5	7 3	戊戌
													7 5	6 1	丁卯			
中氣	雨水 2/19 0時5分 子時			春分 3/19 22時32分 亥時			穀雨 4/19 8時58分 辰時			小滿 5/20 7時35分 辰時			夏至 6/20 15時14分 申時			大暑 7/22 2時7分 丑時		

壬子																		年
戊申			己酉			庚戌			辛亥			壬子			癸丑			月
立秋			白露			寒露			立冬			大雪			小寒			節氣
8/6 18時35分 酉時			9/6 21時55分 亥時			10/7 14時10分 未時			11/6 18時0分 酉時			12/6 11時20分 午時			1/4 22時46分 亥時			
國曆	農曆	干支	國曆	農曆	干支	國曆	農曆	干支	國曆	農曆	干支	國曆	農曆	干支	國曆	農曆	干支	日
8 6	7 4	己亥	9 6	8 5	庚午	10 7	9 7	辛丑	11 6	10 7	辛未	12 6	11 8	辛丑	1 4	12 7	庚午	2092·2093
8 7	7 5	庚子	9 7	8 6	辛未	10 8	9 8	壬寅	11 7	10 8	壬申	12 7	11 9	壬寅	1 5	12 8	辛未	
8 8	7 6	辛丑	9 8	8 7	壬申	10 9	9 9	癸卯	11 8	10 9	癸酉	12 8	11 10	癸卯	1 6	12 9	壬申	
8 9	7 7	壬寅	9 9	8 8	癸酉	10 10	9 10	甲辰	11 9	10 10	甲戌	12 9	11 11	甲辰	1 7	12 10	癸酉	
8 10	7 8	癸卯	9 10	8 9	甲戌	10 11	9 11	乙巳	11 10	10 11	乙亥	12 10	11 12	乙巳	1 8	12 11	甲戌	
8 11	7 9	甲辰	9 11	8 10	乙亥	10 12	9 12	丙午	11 11	10 12	丙子	12 11	11 13	丙午	1 9	12 12	乙亥	
8 12	7 10	乙巳	9 12	8 11	丙子	10 13	9 13	丁未	11 12	10 13	丁丑	12 12	11 14	丁未	1 10	12 13	丙子	
8 13	7 11	丙午	9 13	8 12	丁丑	10 14	9 14	戊申	11 13	10 14	戊寅	12 13	11 15	戊申	1 11	12 14	丁丑	
8 14	7 12	丁未	9 14	8 13	戊寅	10 15	9 15	己酉	11 14	10 15	己卯	12 14	11 16	己酉	1 12	12 15	戊寅	
8 15	7 13	戊申	9 15	8 14	己卯	10 16	9 16	庚戌	11 15	10 16	庚辰	12 15	11 17	庚戌	1 13	12 16	己卯	
8 16	7 14	己酉	9 16	8 15	庚辰	10 17	9 17	辛亥	11 16	10 17	辛巳	12 16	11 18	辛亥	1 14	12 17	庚辰	
8 17	7 15	庚戌	9 17	8 16	辛巳	10 18	9 18	壬子	11 17	10 18	壬午	12 17	11 19	壬子	1 15	12 18	辛巳	鼠
8 18	7 16	辛亥	9 18	8 17	壬午	10 19	9 19	癸丑	11 18	10 19	癸未	12 18	11 20	癸丑	1 16	12 19	壬午	
8 19	7 17	壬子	9 19	8 18	癸未	10 20	9 20	甲寅	11 19	10 20	甲申	12 19	11 21	甲寅	1 17	12 20	癸未	
8 20	7 18	癸丑	9 20	8 19	甲申	10 21	9 21	乙卯	11 20	10 21	乙酉	12 20	11 22	乙卯	1 18	12 21	甲申	
8 21	7 19	甲寅	9 21	8 20	乙酉	10 22	9 22	丙辰	11 21	10 22	丙戌	12 21	11 23	丙辰	1 19	12 22	乙酉	
8 22	7 20	乙卯	9 22	8 21	丙戌	10 23	9 23	丁巳	11 22	10 23	丁亥	12 22	11 24	丁巳	1 20	12 23	丙戌	中華民國一百八十一·一百八十二年
8 23	7 21	丙辰	9 23	8 22	丁亥	10 24	9 24	戊午	11 23	10 24	戊子	12 23	11 25	戊午	1 21	12 24	丁亥	
8 24	7 22	丁巳	9 24	8 23	戊子	10 25	9 25	己未	11 24	10 25	己丑	12 24	11 26	己未	1 22	12 25	戊子	
8 25	7 23	戊午	9 25	8 24	己丑	10 26	9 26	庚申	11 25	10 26	庚寅	12 25	11 27	庚申	1 23	12 26	己丑	
8 26	7 24	己未	9 26	8 25	庚寅	10 27	9 27	辛酉	11 26	10 27	辛卯	12 26	11 28	辛酉	1 24	12 27	庚寅	
8 27	7 25	庚申	9 27	8 26	辛卯	10 28	9 28	壬戌	11 27	10 28	壬辰	12 27	11 29	壬戌	1 25	12 28	辛卯	
8 28	7 26	辛酉	9 28	8 27	壬辰	10 29	9 29	癸亥	11 28	10 29	癸巳	12 28	11 30	癸亥	1 26	12 29	壬辰	
8 29	7 27	壬戌	9 29	8 28	癸巳	10 30	9 30	甲子	11 29	11 1	甲午	12 29	12 1	甲子	1 27	1 1	癸巳	
8 30	7 28	癸亥	9 30	8 29	甲午	10 31	10 1	乙丑	11 30	11 2	乙未	12 30	12 2	乙丑	1 28	1 2	甲午	
8 31	7 29	甲子	10 1	9 1	乙未	11 1	10 2	丙寅	12 1	11 3	丙申	12 31	12 3	丙寅	1 29	1 3	乙未	
9 1	7 30	乙丑	10 2	9 2	丙申	11 2	10 3	丁卯	12 2	11 4	丁酉	1 1	12 4	丁卯	1 30	1 4	丙申	
9 2	8 1	丙寅	10 3	9 3	丁酉	11 3	10 4	戊辰	12 3	11 5	戊戌	1 2	12 5	戊辰	1 31	1 5	丁酉	
9 3	8 2	丁卯	10 4	9 4	戊戌	11 4	10 5	己巳	12 4	11 6	己亥	1 3	12 6	己巳	2 1	1 6	戊戌	
9 4	8 3	戊辰	10 5	9 5	己亥	11 5	10 6	庚午	12 5	11 7	庚子				2 2	1 7	己亥	
9 5	8 4	己巳	10 6	9 6	庚子													
處暑			秋分			霜降			小雪			冬至			大寒			中氣
8/22 9時29分 巳時			9/22 7時41分 辰時			10/22 17時41分 酉時			11/21 15時49分 申時			12/21 5時31分 卯時			1/19 16時13分 申時			

年	癸丑																	
月	甲寅			乙卯			丙辰			丁巳			戊午			己未		
節氣	立春			驚蟄			清明			立夏			芒種			小暑		
	2/3 10時17分 巳時			3/5 3時53分 寅時			4/4 8時5分 辰時			5/5 0時45分 子時			6/5 4時25分 寅時			7/6 14時29分 未時		
日	國曆	農曆	干支	國曆	農曆	干支	國曆	農曆	干支	國曆	農曆	干支	國曆	農曆	干支	國曆	農曆	干支
	2 3	1 8	庚子	3 5	2 9	庚午	4 4	3 9	庚子	5 5	4 10	辛未	6 5	5 12	壬寅	7 6	6 13	癸酉
	2 4	1 9	辛丑	3 6	2 10	辛未	4 5	3 10	辛丑	5 6	4 11	壬申	6 6	5 13	癸卯	7 7	6 14	甲戌
	2 5	1 10	壬寅	3 7	2 11	壬申	4 6	3 11	壬寅	5 7	4 12	癸酉	6 7	5 14	甲辰	7 8	6 15	乙亥
	2 6	1 11	癸卯	3 8	2 12	癸酉	4 7	3 12	癸卯	5 8	4 13	甲戌	6 8	5 15	乙巳	7 9	6 16	丙子
2	2 7	1 12	甲辰	3 9	2 13	甲戌	4 8	3 13	甲辰	5 9	4 14	乙亥	6 9	5 16	丙午	7 10	6 17	丁丑
0	2 8	1 13	乙巳	3 10	2 14	乙亥	4 9	3 14	乙巳	5 10	4 15	丙子	6 10	5 17	丁未	7 11	6 18	戊寅
9	2 9	1 14	丙午	3 11	2 15	丙子	4 10	3 15	丙午	5 11	4 16	丁丑	6 11	5 18	戊申	7 12	6 19	己卯
3	2 10	1 15	丁未	3 12	2 16	丁丑	4 11	3 16	丁未	5 12	4 17	戊寅	6 12	5 19	己酉	7 13	6 20	庚辰
	2 11	1 16	戊申	3 13	2 17	戊寅	4 12	3 17	戊申	5 13	4 18	己卯	6 13	5 20	庚戌	7 14	6 21	辛巳
	2 12	1 17	己酉	3 14	2 18	己卯	4 13	3 18	己酉	5 14	4 19	庚辰	6 14	5 21	辛亥	7 15	6 22	壬午
	2 13	1 18	庚戌	3 15	2 19	庚辰	4 14	3 19	庚戌	5 15	4 20	辛巳	6 15	5 22	壬子	7 16	6 23	癸未
	2 14	1 19	辛亥	3 16	2 20	辛巳	4 15	3 20	辛亥	5 16	4 21	壬午	6 16	5 23	癸丑	7 17	6 24	甲申
	2 15	1 20	壬子	3 17	2 21	壬午	4 16	3 21	壬子	5 17	4 22	癸未	6 17	5 24	甲寅	7 18	6 25	乙酉
牛	2 16	1 21	癸丑	3 18	2 22	癸未	4 17	3 22	癸丑	5 18	4 23	甲申	6 18	5 25	乙卯	7 19	6 26	丙戌
	2 17	1 22	甲寅	3 19	2 23	甲申	4 18	3 23	甲寅	5 19	4 24	乙酉	6 19	5 26	丙辰	7 20	6 27	丁亥
	2 18	1 23	乙卯	3 20	2 24	乙酉	4 19	3 24	乙卯	5 20	4 25	丙戌	6 20	5 27	丁巳	7 21	6 28	戊子
	2 19	1 24	丙辰	3 21	2 25	丙戌	4 20	3 25	丙辰	5 21	4 26	丁亥	6 21	5 28	戊午	7 22	6 29	己丑
	2 20	1 25	丁巳	3 22	2 26	丁亥	4 21	3 26	丁巳	5 22	4 27	戊子	6 22	5 29	己未	7 23	閏6 1	庚寅
	2 21	1 26	戊午	3 23	2 27	戊子	4 22	3 27	戊午	5 23	4 28	己丑	6 23	5 30	庚申	7 24	6 2	辛卯
	2 22	1 27	己未	3 24	2 28	己丑	4 23	3 28	己未	5 24	4 29	庚寅	6 24	6 1	辛酉	7 25	6 3	壬辰
	2 23	1 28	庚申	3 25	2 29	庚寅	4 24	3 29	庚申	5 25	5 1	辛卯	6 25	6 2	壬戌	7 26	6 4	癸巳
中	2 24	1 29	辛酉	3 26	2 30	辛卯	4 25	3 30	辛酉	5 26	5 2	壬辰	6 26	6 3	癸亥	7 27	6 5	甲午
華	2 25	2 1	壬戌	3 27	3 1	壬辰	4 26	4 1	壬戌	5 27	5 3	癸巳	6 27	6 4	甲子	7 28	6 6	乙未
民	2 26	2 2	癸亥	3 28	3 2	癸巳	4 27	4 2	癸亥	5 28	5 4	甲午	6 28	6 5	乙丑	7 29	6 7	丙申
國	2 27	2 3	甲子	3 29	3 3	甲午	4 28	4 3	甲子	5 29	5 5	乙未	6 29	6 6	丙寅	7 30	6 8	丁酉
一	2 28	2 4	乙丑	3 30	3 4	乙未	4 29	4 4	乙丑	5 30	5 6	丙申	6 30	6 7	丁卯	7 31	6 9	戊戌
百	3 1	2 5	丙寅	3 31	3 5	丙申	4 30	4 5	丙寅	5 31	5 7	丁酉	7 1	6 8	戊辰	8 1	6 10	己亥
八	3 2	2 6	丁卯	4 1	3 6	丁酉	5 1	4 6	丁卯	6 1	5 8	戊戌	7 2	6 9	己巳	8 2	6 11	庚子
十	3 3	2 7	戊辰	4 2	3 7	戊戌	5 2	4 7	戊辰	6 2	5 9	己亥	7 3	6 10	庚午	8 3	6 12	辛丑
二	3 4	2 8	己巳	4 3	3 8	己亥	5 3	4 8	己巳	6 3	5 10	庚子	7 4	6 11	辛未	8 4	6 13	壬寅
年							5 4	4 9	庚午	6 4	5 11	辛丑	7 5	6 12	壬申	8 5	6 14	癸卯
																8 6	6 15	甲辰
中氣	雨水			春分			穀雨			小滿			夏至			大暑		
	2/18 6時5分 卯時			3/20 4時33分 寅時			4/19 14時57分 未時			5/20 13時31分 未時			6/20 21時6分 亥時			7/22 7時56分 辰時		

	癸丑																	年
	庚申			辛酉			壬戌			癸亥			甲子			乙丑			月
	立秋			白露			寒露			立冬			大雪			小寒			節氣
	8/7 0時26分 子時			9/7 3時48分 寅時			10/7 20時5分 戌時			11/6 23時55分 子時			12/6 17時16分 酉時			1/5 4時44分 寅時			
國曆	農曆	干支	國曆	農曆	干支	國曆	農曆	干支	國曆	農曆	干支	國曆	農曆	干支	國曆	農曆	干支	日
8 7	6 16	乙巳	9 7	7 17	丙子	10 7	8 17	丙午	11 6	9 18	丙子	12 6	10 18	丙午	1 5	11 19	丙子	
8 8	6 17	丙午	9 8	7 18	丁丑	10 8	8 18	丁未	11 7	9 19	丁丑	12 7	10 19	丁未	1 6	11 20	丁丑	
8 9	6 18	丁未	9 9	7 19	戊寅	10 9	8 19	戊申	11 8	9 20	戊寅	12 8	10 20	戊申	1 7	11 21	戊寅	
8 10	6 19	戊申	9 10	7 20	己卯	10 10	8 20	己酉	11 9	9 21	己卯	12 9	10 21	己酉	1 8	11 22	己卯	
8 11	6 20	己酉	9 11	7 21	庚辰	10 11	8 21	庚戌	11 10	9 22	庚辰	12 10	10 22	庚戌	1 9	11 23	庚辰	
8 12	6 21	庚戌	9 12	7 22	辛巳	10 12	8 22	辛亥	11 11	9 23	辛巳	12 11	10 23	辛亥	1 10	11 24	辛巳	
8 13	6 22	辛亥	9 13	7 23	壬午	10 13	8 23	壬子	11 12	9 24	壬午	12 12	10 24	壬子	1 11	11 25	壬午	
8 14	6 23	壬子	9 14	7 24	癸未	10 14	8 24	癸丑	11 13	9 25	癸未	12 13	10 25	癸丑	1 12	11 26	癸未	
8 15	6 24	癸丑	9 15	7 25	甲申	10 15	8 25	甲寅	11 14	9 26	甲申	12 14	10 26	甲寅	1 13	11 27	甲申	
8 16	6 25	甲寅	9 16	7 26	乙酉	10 16	8 26	乙卯	11 15	9 27	乙酉	12 15	10 27	乙卯	1 14	11 28	乙酉	
8 17	6 26	乙卯	9 17	7 27	丙戌	10 17	8 27	丙辰	11 16	9 28	丙戌	12 16	10 28	丙辰	1 15	11 29	丙戌	
8 18	6 27	丙辰	9 18	7 28	丁亥	10 18	8 28	丁巳	11 17	9 29	丁亥	12 17	10 29	丁巳	1 16	11 30	丁亥	
8 19	6 28	丁巳	9 19	7 29	戊子	10 19	8 29	戊午	11 18	9 30	戊子	12 18	11 1	戊午	1 17	12 1	戊子	
8 20	6 29	戊午	9 20	7 30	己丑	10 20	9 1	己未	11 19	10 1	己丑	12 19	11 2	己未	1 18	12 2	己丑	
8 21	6 30	己未	9 21	8 1	庚寅	10 21	9 2	庚申	11 20	10 2	庚寅	12 20	11 3	庚申	1 19	12 3	庚寅	
8 22	7 1	庚申	9 22	8 2	辛卯	10 22	9 3	辛酉	11 21	10 3	辛卯	12 21	11 4	辛酉	1 20	12 4	辛卯	
8 23	7 2	辛酉	9 23	8 3	壬辰	10 23	9 4	壬戌	11 22	10 4	壬辰	12 22	11 5	壬戌	1 21	12 5	壬辰	
8 24	7 3	壬戌	9 24	8 4	癸巳	10 24	9 5	癸亥	11 23	10 5	癸巳	12 23	11 6	癸亥	1 22	12 6	癸巳	
8 25	7 4	癸亥	9 25	8 5	甲午	10 25	9 6	甲子	11 24	10 6	甲午	12 24	11 7	甲子	1 23	12 7	甲午	牛
8 26	7 5	甲子	9 26	8 6	乙未	10 26	9 7	乙丑	11 25	10 7	乙未	12 25	11 8	乙丑	1 24	12 8	乙未	
8 27	7 6	乙丑	9 27	8 7	丙申	10 27	9 8	丙寅	11 26	10 8	丙申	12 26	11 9	丙寅	1 25	12 9	丙申	
8 28	7 7	丙寅	9 28	8 8	丁酉	10 28	9 9	丁卯	11 27	10 9	丁酉	12 27	11 10	丁卯	1 26	12 10	丁酉	
8 29	7 8	丁卯	9 29	8 9	戊戌	10 29	9 10	戊辰	11 28	10 10	戊戌	12 28	11 11	戊辰	1 27	12 11	戊戌	
8 30	7 9	戊辰	9 30	8 10	己亥	10 30	9 11	己巳	11 29	10 11	己亥	12 29	11 12	己巳	1 28	12 12	己亥	
8 31	7 10	己巳	10 1	8 11	庚子	10 31	9 12	庚午	11 30	10 12	庚子	12 30	11 13	庚午	1 29	12 13	庚子	
9 1	7 11	庚午	10 2	8 12	辛丑	11 1	9 13	辛未	12 1	10 13	辛丑	12 31	11 14	辛未	1 30	12 14	辛丑	
9 2	7 12	辛未	10 3	8 13	壬寅	11 2	9 14	壬申	12 2	10 14	壬寅	1 1	11 15	壬申	1 31	12 15	壬寅	
9 3	7 13	壬申	10 4	8 14	癸卯	11 3	9 15	癸酉	12 3	10 15	癸卯	1 2	11 16	癸酉	2 1	12 16	癸卯	
9 4	7 14	癸酉	10 5	8 15	甲辰	11 4	9 16	甲戌	12 4	10 16	甲辰	1 3	11 17	甲戌	2 2	12 17	甲辰	
9 5	7 15	甲戌	10 6	8 16	乙巳	11 5	9 17	乙亥	12 5	10 17	乙巳	1 4	11 18	乙亥				
9 6	7 16	乙亥																
	處暑			秋分			霜降			小雪			冬至			大寒			中氣
	8/22 15時17分 申時			9/22 13時28分 未時			10/22 23時27分 子時			11/21 21時36分 亥時			12/21 11時20分 午時			1/19 22時3分 亥時			

2093・2094

中華民國一百八十二・一百八十三年

年	甲寅																		
月	丙寅			丁卯			戊辰			己巳			庚午			辛未			
節氣	立春			驚蟄			清明			立夏			芒種			小暑			
	2/3 16時16分 申時			3/5 9時50分 巳時			4/4 13時59分 未時			5/5 6時35分 卯時			6/5 10時11分 巳時			7/6 20時13分 戌時			
日	國曆	農曆	干支	國曆	農曆	干支	國曆	農曆	干支	國曆	農曆	干支	國曆	農曆	干支	國曆	農曆	干支	
	2 3	12 18	乙巳	3 5	1 19	乙亥	4 4	2 20	乙巳	5 5	3 21	丙子	6 5	4 23	丁未	7 6	5 24	戊寅	
	2 4	12 19	丙午	3 6	1 20	丙子	4 5	2 21	丙午	5 6	3 22	丁丑	6 6	4 24	戊申	7 7	5 25	己卯	
	2 5	12 20	丁未	3 7	1 21	丁丑	4 6	2 22	丁未	5 7	3 23	戊寅	6 7	4 25	己酉	7 8	5 26	庚辰	
	2 6	12 21	戊申	3 8	1 22	戊寅	4 7	2 23	戊申	5 8	3 24	己卯	6 8	4 26	庚戌	7 9	5 27	辛巳	
2	2 7	12 22	己酉	3 9	1 23	己卯	4 8	2 24	己酉	5 9	3 25	庚辰	6 9	4 27	辛亥	7 10	5 28	壬午	
0	2 8	12 23	庚戌	3 10	1 24	庚辰	4 9	2 25	庚戌	5 10	3 26	辛巳	6 10	4 28	壬子	7 11	5 29	癸未	
9	2 9	12 24	辛亥	3 11	1 25	辛巳	4 10	2 26	辛亥	5 11	3 27	壬午	6 11	4 29	癸丑	7 12	6 1	甲申	
4	2 10	12 25	壬子	3 12	1 26	壬午	4 11	2 27	壬子	5 12	3 28	癸未	6 12	4 30	甲寅	7 13	6 2	乙酉	
	2 11	12 26	癸丑	3 13	1 27	癸未	4 12	2 28	癸丑	5 13	3 29	甲申	6 13	5 1	乙卯	7 14	6 3	丙戌	
	2 12	12 27	甲寅	3 14	1 28	甲申	4 13	2 29	甲寅	5 14	4 1	乙酉	6 14	5 2	丙辰	7 15	6 4	丁亥	
	2 13	12 28	乙卯	3 15	1 29	乙酉	4 14	2 30	乙卯	5 15	4 2	丙戌	6 15	5 3	丁巳	7 16	6 5	戊子	
	2 14	12 29	丙辰	3 16	2 1	丙戌	4 15	3 1	丙辰	5 16	4 3	丁亥	6 16	5 4	戊午	7 17	6 6	己丑	
虎	2 15	1 1	丁巳	3 17	2 2	丁亥	4 16	3 2	丁巳	5 17	4 4	戊子	6 17	5 5	己未	7 18	6 7	庚寅	
	2 16	1 2	戊午	3 18	2 3	戊子	4 17	3 3	戊午	5 18	4 5	己丑	6 18	5 6	庚申	7 19	6 8	辛卯	
	2 17	1 3	己未	3 19	2 4	己丑	4 18	3 4	己未	5 19	4 6	庚寅	6 19	5 7	辛酉	7 20	6 9	壬辰	
	2 18	1 4	庚申	3 20	2 5	庚寅	4 19	3 5	庚申	5 20	4 7	辛卯	6 20	5 8	壬戌	7 21	6 10	癸巳	
	2 19	1 5	辛酉	3 21	2 6	辛卯	4 20	3 6	辛酉	5 21	4 8	壬辰	6 21	5 9	癸亥	7 22	6 11	甲午	
	2 20	1 6	壬戌	3 22	2 7	壬辰	4 21	3 7	壬戌	5 22	4 9	癸巳	6 22	5 10	甲子	7 23	6 12	乙未	
	2 21	1 7	癸亥	3 23	2 8	癸巳	4 22	3 8	癸亥	5 23	4 10	甲午	6 23	5 11	乙丑	7 24	6 13	丙申	
	2 22	1 8	甲子	3 24	2 9	甲午	4 23	3 9	甲子	5 24	4 11	乙未	6 24	5 12	丙寅	7 25	6 14	丁酉	
	2 23	1 9	乙丑	3 25	2 10	乙未	4 24	3 10	乙丑	5 25	4 12	丙申	6 25	5 13	丁卯	7 26	6 15	戊戌	
中	2 24	1 10	丙寅	3 26	2 11	丙申	4 25	3 11	丙寅	5 26	4 13	丁酉	6 26	5 14	戊辰	7 27	6 16	己亥	
華	2 25	1 11	丁卯	3 27	2 12	丁酉	4 26	3 12	丁卯	5 27	4 14	戊戌	6 27	5 15	己巳	7 28	6 17	庚子	
民	2 26	1 12	戊辰	3 28	2 13	戊戌	4 27	3 13	戊辰	5 28	4 15	己亥	6 28	5 16	庚午	7 29	6 18	辛丑	
國	2 27	1 13	己巳	3 29	2 14	己亥	4 28	3 14	己巳	5 29	4 16	庚子	6 29	5 17	辛未	7 30	6 19	壬寅	
一	2 28	1 14	庚午	3 30	2 15	庚子	4 29	3 15	庚午	5 30	4 17	辛丑	6 30	5 18	壬申	7 31	6 20	癸卯	
百	3 1	1 15	辛未	3 31	2 16	辛丑	4 30	3 16	辛未	5 31	4 18	壬寅	7 1	5 19	癸酉	8 1	6 21	甲辰	
八	3 2	1 16	壬申	4 1	2 17	壬寅	5 1	3 17	壬申	6 1	4 19	癸卯	7 2	5 20	甲戌	8 2	6 22	乙巳	
十	3 3	1 17	癸酉	4 2	2 18	癸卯	5 2	3 18	癸酉	6 2	4 20	甲辰	7 3	5 21	乙亥	8 3	6 23	丙午	
三	3 4	1 18	甲戌	4 3	2 19	甲辰	5 3	3 19	甲戌	6 3	4 21	乙巳	7 4	5 22	丙子	8 4	6 24	丁未	
年							5 4	3 20	乙亥	6 4	4 22	丙午	7 5	5 23	丁丑	8 5	6 25	戊申	
																8 6	6 26	己酉	
中氣	雨水			春分			穀雨			小滿			夏至			大暑			
	2/18 11時55分 午時			3/20 10時20分 巳時			4/19 20時40分 戌時			5/20 19時8分 戌時			6/21 2時41分 丑時			7/22 13時33分 未時			

甲寅																		年
壬申			癸酉			甲戌			乙亥			丙子			丁丑			月
立秋			白露			寒露			立冬			大雪			小寒			節氣
8/7 6時10分 卯時			9/7 9時35分 巳時			10/8 1時54分 丑時			11/7 5時46分 卯時			12/6 23時7分 子時			1/5 10時34分 巳時			
國曆	農曆	干支	國曆	農曆	干支	國曆	農曆	干支	國曆	農曆	干支	國曆	農曆	干支	國曆	農曆	干支	日
8 7	6 27	庚戌	9 7	7 28	辛巳	10 8	8 29	壬子	11 7	9 30	壬午	12 6	10 29	辛亥	1 5	11 29	辛巳	
8 8	6 28	辛亥	9 8	7 29	壬午	10 9	9 1	癸丑	11 8	10 1	癸未	12 7	10 30	壬子	1 6	12 1	壬午	
8 9	6 29	壬子	9 9	7 30	癸未	10 10	9 2	甲寅	11 9	10 2	甲申	12 8	11 1	癸丑	1 7	12 2	癸未	
8 10	6 30	癸丑	9 10	8 1	甲申	10 11	9 3	乙卯	11 10	10 3	乙酉	12 9	11 2	甲寅	1 8	12 3	甲申	2
8 11	7 1	甲寅	9 11	8 2	乙酉	10 12	9 4	丙辰	11 11	10 4	丙戌	12 10	11 3	乙卯	1 9	12 4	乙酉	0
8 12	7 2	乙卯	9 12	8 3	丙戌	10 13	9 5	丁巳	11 12	10 5	丁亥	12 11	11 4	丙辰	1 10	12 5	丙戌	9
8 13	7 3	丙辰	9 13	8 4	丁亥	10 14	9 6	戊午	11 13	10 6	戊子	12 12	11 5	丁巳	1 11	12 6	丁亥	4
8 14	7 4	丁巳	9 14	8 5	戊子	10 15	9 7	己未	11 14	10 7	己丑	12 13	11 6	戊午	1 12	12 7	戊子	·
8 15	7 5	戊午	9 15	8 6	己丑	10 16	9 8	庚申	11 15	10 8	庚寅	12 14	11 7	己未	1 13	12 8	己丑	2
8 16	7 6	己未	9 16	8 7	庚寅	10 17	9 9	辛酉	11 16	10 9	辛卯	12 15	11 8	庚申	1 14	12 9	庚寅	0
8 17	7 7	庚申	9 17	8 8	辛卯	10 18	9 10	壬戌	11 17	10 10	壬辰	12 16	11 9	辛酉	1 15	12 10	辛卯	9
8 18	7 8	辛酉	9 18	8 9	壬辰	10 19	9 11	癸亥	11 18	10 11	癸巳	12 17	11 10	壬戌	1 16	12 11	壬辰	5
8 19	7 9	壬戌	9 19	8 10	癸巳	10 20	9 12	甲子	11 19	10 12	甲午	12 18	11 11	癸亥	1 17	12 12	癸巳	
8 20	7 10	癸亥	9 20	8 11	甲午	10 21	9 13	乙丑	11 20	10 13	乙未	12 19	11 12	甲子	1 18	12 13	甲午	
8 21	7 11	甲子	9 21	8 12	乙未	10 22	9 14	丙寅	11 21	10 14	丙申	12 20	11 13	乙丑	1 19	12 14	乙未	虎
8 22	7 12	乙丑	9 22	8 13	丙申	10 23	9 15	丁卯	11 22	10 15	丁酉	12 21	11 14	丙寅	1 20	12 15	丙申	
8 23	7 13	丙寅	9 23	8 14	丁酉	10 24	9 16	戊辰	11 23	10 16	戊戌	12 22	11 15	丁卯	1 21	12 16	丁酉	
8 24	7 14	丁卯	9 24	8 15	戊戌	10 25	9 17	己巳	11 24	10 17	己亥	12 23	11 16	戊辰	1 22	12 17	戊戌	
8 25	7 15	戊辰	9 25	8 16	己亥	10 26	9 18	庚午	11 25	10 18	庚子	12 24	11 17	己巳	1 23	12 18	己亥	中
8 26	7 16	己巳	9 26	8 17	庚子	10 27	9 19	辛未	11 26	10 19	辛丑	12 25	11 18	庚午	1 24	12 19	庚子	華
8 27	7 17	庚午	9 27	8 18	辛丑	10 28	9 20	壬申	11 27	10 20	壬寅	12 26	11 19	辛未	1 25	12 20	辛丑	民
8 28	7 18	辛未	9 28	8 19	壬寅	10 29	9 21	癸酉	11 28	10 21	癸卯	12 27	11 20	壬申	1 26	12 21	壬寅	國
8 29	7 19	壬申	9 29	8 20	癸卯	10 30	9 22	甲戌	11 29	10 22	甲辰	12 28	11 21	癸酉	1 27	12 22	癸卯	一
8 30	7 20	癸酉	9 30	8 21	甲辰	10 31	9 23	乙亥	11 30	10 23	乙巳	12 29	11 22	甲戌	1 28	12 23	甲辰	百
8 31	7 21	甲戌	10 1	8 22	乙巳	11 1	9 24	丙子	12 1	10 24	丙午	12 30	11 23	乙亥	1 29	12 24	乙巳	八
9 1	7 22	乙亥	10 2	8 23	丙午	11 2	9 25	丁丑	12 2	10 25	丁未	12 31	11 24	丙子	1 30	12 25	丙午	十
9 2	7 23	丙子	10 3	8 24	丁未	11 3	9 26	戊寅	12 3	10 26	戊申	1 1	11 25	丁丑	1 31	12 26	丁未	三
9 3	7 24	丁丑	10 4	8 25	戊申	11 4	9 27	己卯	12 4	10 27	己酉	1 2	11 26	戊寅	2 1	12 27	戊申	·
9 4	7 25	戊寅	10 5	8 26	己酉	11 5	9 28	庚辰	12 5	10 28	庚戌	1 3	11 27	己卯	2 2	12 28	己酉	一
9 5	7 26	己卯	10 6	8 27	庚戌	11 6	9 29	辛巳				1 4	11 28	庚辰				百
9 6	7 27	庚辰	10 7	8 28	辛亥													八
處暑			秋分			霜降			小雪			冬至			大寒			中氣
8/22 20時59分 戌時			9/22 19時15分 戌時			10/23 5時19分 卯時			11/22 3時30分 寅時			12/21 17時12分 酉時			1/20 3時55分 寅時			

十四年

年	乙卯																	
月	戊寅			己卯			庚辰			辛巳			壬午			癸未		
節氣	立春 2/3 22時6分 亥時			驚蟄 3/5 15時41分 申時			清明 4/4 19時50分 戌時			立夏 5/5 12時25分 午時			芒種 6/5 15時59分 申時			小暑 7/7 2時0分 丑時		
日	國曆	農曆	干支	國曆	農曆	干支	國曆	農曆	干支	國曆	農曆	干支	國曆	農曆	干支	國曆	農曆	干支
	2 3	12 29	庚戌	3 5	1 29	庚辰	4 4	2 30	庚戌	5 5	4 2	辛巳	6 5	5 4	壬子	7 7	6 6	甲申
	2 4	12 30	辛亥	3 6	2 1	辛巳	4 5	3 1	辛亥	5 6	4 3	壬午	6 6	5 5	癸丑	7 8	6 7	乙酉
	2 5	1 1	壬子	3 7	2 2	壬午	4 6	3 2	壬子	5 7	4 4	癸未	6 7	5 6	甲寅	7 9	6 8	丙戌
	2 6	1 2	癸丑	3 8	2 3	癸未	4 7	3 3	癸丑	5 8	4 5	甲申	6 8	5 7	乙卯	7 10	6 9	丁亥
	2 7	1 3	甲寅	3 9	2 4	甲申	4 8	3 4	甲寅	5 9	4 6	乙酉	6 9	5 8	丙辰	7 11	6 10	戊子
2	2 8	1 4	乙卯	3 10	2 5	乙酉	4 9	3 5	乙卯	5 10	4 7	丙戌	6 10	5 9	丁巳	7 12	6 11	己丑
0	2 9	1 5	丙辰	3 11	2 6	丙戌	4 10	3 6	丙辰	5 11	4 8	丁亥	6 11	5 10	戊午	7 13	6 12	庚寅
9	2 10	1 6	丁巳	3 12	2 7	丁亥	4 11	3 7	丁巳	5 12	4 9	戊子	6 12	5 11	己未	7 14	6 13	辛卯
5	2 11	1 7	戊午	3 13	2 8	戊子	4 12	3 8	戊午	5 13	4 10	己丑	6 13	5 12	庚申	7 15	6 14	壬辰
	2 12	1 8	己未	3 14	2 9	己丑	4 13	3 9	己未	5 14	4 11	庚寅	6 14	5 13	辛酉	7 16	6 15	癸巳
	2 13	1 9	庚申	3 16	2 11	辛卯	4 14	3 10	庚申	5 15	4 12	辛卯	6 15	5 14	壬戌	7 17	6 16	甲午
	2 14	1 10	辛酉	3 16	2 11	辛卯	4 15	3 11	辛酉	5 16	4 13	壬辰	6 16	5 15	癸亥	7 18	6 17	乙未
	2 15	1 11	壬戌	3 17	2 12	壬辰	4 16	3 12	壬戌	5 17	4 14	癸巳	6 17	5 16	甲子	7 19	6 18	丙申
	2 16	1 12	癸亥	3 18	2 13	癸巳	4 17	3 13	癸亥	5 18	4 15	甲午	6 18	5 17	乙丑	7 20	6 19	丁酉
	2 17	1 13	甲子	3 19	2 14	甲午	4 18	3 14	甲子	5 19	4 16	乙未	6 19	5 18	丙寅	7 21	6 20	戊戌
	2 18	1 14	乙丑	3 20	2 15	乙未	4 19	3 15	乙丑	5 20	4 17	丙申	6 20	5 19	丁卯	7 22	6 21	己亥
	2 19	1 15	丙寅	3 21	2 16	丙申	4 20	3 16	丙寅	5 21	4 18	丁酉	6 21	5 20	戊辰	7 23	6 22	庚子
兔	2 20	1 16	丁卯	3 22	2 17	丁酉	4 21	3 17	丁卯	5 22	4 19	戊戌	6 22	5 21	己巳	7 24	6 23	辛丑
	2 21	1 17	戊辰	3 23	2 18	戊戌	4 22	3 18	戊辰	5 23	4 20	己亥	6 23	5 22	庚午	7 25	6 24	壬寅
	2 22	1 18	己巳	3 24	2 19	己亥	4 23	3 19	己巳	5 24	4 21	庚子	6 24	5 23	辛未	7 26	6 25	癸卯
	2 23	1 19	庚午	3 25	2 20	庚子	4 24	3 20	庚午	5 25	4 22	辛丑	6 25	5 24	壬申	7 27	6 26	甲辰
中	2 24	1 20	辛未	3 26	2 21	辛丑	4 25	3 21	辛未	5 26	4 23	壬寅	6 26	5 25	癸酉	7 28	6 27	乙巳
華	2 25	1 21	壬申	3 27	2 22	壬寅	4 26	3 22	壬申	5 27	4 24	癸卯	6 27	5 26	甲戌	7 29	6 28	丙午
民	2 26	1 22	癸酉	3 28	2 23	癸卯	4 27	3 23	癸酉	5 28	4 25	甲辰	6 28	5 27	乙亥	7 30	6 29	丁未
國	2 27	1 23	甲戌	3 29	2 24	甲辰	4 28	3 24	甲戌	5 29	4 26	乙巳	6 29	5 28	丙子	7 31	7 1	戊申
一	2 28	1 24	乙亥	3 30	2 25	乙巳	4 29	3 25	乙亥	5 30	4 27	丙午	6 30	5 29	丁丑	8 1	7 2	己酉
百	3 1	1 25	丙子	3 31	2 26	丙午	4 30	3 26	丙子	5 31	4 28	丁未	7 1	5 30	戊寅	8 2	7 3	庚戌
八	3 2	1 26	丁丑	4 1	2 27	丁未	5 1	3 27	丁丑	6 1	4 29	戊申	7 2	6 1	己卯	8 3	7 4	辛亥
十	3 3	1 27	戊寅	4 2	2 28	戊申	5 2	3 28	戊寅	6 2	5 1	己酉	7 3	6 2	庚辰	8 4	7 5	壬子
四	3 4	1 28	己卯	4 3	2 29	己酉	5 3	3 29	己卯	6 3	5 2	庚戌	7 4	6 3	辛巳	8 5	7 6	癸丑
年							5 4	4 1	庚辰	6 4	5 3	辛亥	7 5	6 4	壬午	8 6	7 7	甲寅
													7 6	6 5	癸未			
中氣	雨水 2/18 17時47分 酉時			春分 3/20 16時14分 申時			穀雨 4/20 2時35分 丑時			小滿 5/21 1時5分 丑時			夏至 6/21 8時38分 辰時			大暑 7/22 19時30分 戌時		

乙卯

甲申			乙酉			丙戌			丁亥			戊子			己丑			年
立秋			白露			寒露			立冬			大雪			小寒			月
8/7 11時57分 午時			9/7 15時22分 申時			10/8 7時41分 辰時			11/7 11時31分 午時			12/7 4時50分 寅時			1/5 16時15分 申時			節氣
國曆	農曆	干支	國曆	農曆	干支	國曆	農曆	干支	國曆	農曆	干支	國曆	農曆	干支	國曆	農曆	干支	日
8 7	7 8	乙卯	9 7	8 9	丙戌	10 8	9 10	丁巳	11 7	10 11	丁亥	12 7	11 11	丁巳	1 5	12 10	丙戌	
8 8	7 9	丙辰	9 8	8 10	丁亥	10 9	9 11	戊午	11 8	10 12	戊子	12 8	11 12	戊午	1 6	12 11	丁亥	
8 9	7 10	丁巳	9 9	8 11	戊子	10 10	9 12	己未	11 9	10 13	己丑	12 9	11 13	己未	1 7	12 12	戊子	
8 10	7 11	戊午	9 10	8 12	己丑	10 11	9 13	庚申	11 10	10 14	庚寅	12 10	11 14	庚申	1 8	12 13	己丑	
8 11	7 12	己未	9 11	8 13	庚寅	10 12	9 14	辛酉	11 11	10 15	辛卯	12 11	11 15	辛酉	1 9	12 14	庚寅	2
8 12	7 13	庚申	9 12	8 14	辛卯	10 13	9 15	壬戌	11 12	10 16	壬辰	12 12	11 16	壬戌	1 10	12 15	辛卯	0
8 13	7 14	辛酉	9 13	8 15	壬辰	10 14	9 16	癸亥	11 13	10 17	癸巳	12 13	11 17	癸亥	1 11	12 16	壬辰	9
8 14	7 15	壬戌	9 14	8 16	癸巳	10 15	9 17	甲子	11 14	10 18	甲午	12 14	11 18	甲子	1 12	12 17	癸巳	5
8 15	7 16	癸亥	9 15	8 17	甲午	10 16	9 18	乙丑	11 15	10 19	乙未	12 15	11 19	乙丑	1 13	12 18	甲午	·
8 16	7 17	甲子	9 16	8 18	乙未	10 17	9 19	丙寅	11 16	10 20	丙申	12 16	11 20	丙寅	1 14	12 19	乙未	2
8 17	7 18	乙丑	9 17	8 19	丙申	10 18	9 20	丁卯	11 17	10 21	丁酉	12 17	11 21	丁卯	1 15	12 20	丙申	0
8 18	7 19	丙寅	9 18	8 20	丁酉	10 19	9 21	戊辰	11 18	10 22	戊戌	12 18	11 22	戊辰	1 16	12 21	丁酉	9
8 19	7 20	丁卯	9 19	8 21	戊戌	10 20	9 22	己巳	11 19	10 23	己亥	12 19	11 23	己巳	1 17	12 22	戊戌	6
8 20	7 21	戊辰	9 20	8 22	己亥	10 21	9 23	庚午	11 20	10 24	庚子	12 20	11 24	庚午	1 18	12 23	己亥	
8 21	7 22	己巳	9 21	8 23	庚子	10 22	9 24	辛未	11 21	10 25	辛丑	12 21	11 25	辛未	1 19	12 24	庚子	
8 22	7 23	庚午	9 22	8 24	辛丑	10 23	9 25	壬申	11 22	10 26	壬寅	12 22	11 26	壬申	1 20	12 25	辛丑	
8 23	7 24	辛未	9 23	8 25	壬寅	10 24	9 26	癸酉	11 23	10 27	癸卯	12 23	11 27	癸酉	1 21	12 26	壬寅	
8 24	7 25	壬申	9 24	8 26	癸卯	10 25	9 27	甲戌	11 24	10 28	甲辰	12 24	11 28	甲戌	1 22	12 27	癸卯	
8 25	7 26	癸酉	9 25	8 27	甲辰	10 26	9 28	乙亥	11 25	10 29	乙巳	12 25	11 29	乙亥	1 23	12 28	甲辰	兔
8 26	7 27	甲戌	9 26	8 28	乙巳	10 27	9 29	丙子	11 26	10 30	丙午	12 26	11 30	丙子	1 24	12 29	乙巳	
8 27	7 28	乙亥	9 27	8 29	丙午	10 28	10 1	丁丑	11 27	11 1	丁未	12 27	12 1	丁丑	1 25	1 1	丙午	
8 28	7 29	丙子	9 28	8 30	丁未	10 29	10 2	戊寅	11 28	11 2	戊申	12 28	12 2	戊寅	1 26	1 2	丁未	中
8 29	7 30	丁丑	9 29	9 1	戊申	10 30	10 3	己卯	11 29	11 3	己酉	12 29	12 3	己卯	1 27	1 3	戊申	華
8 30	8 1	戊寅	9 30	9 2	己酉	10 31	10 4	庚辰	11 30	11 4	庚戌	12 30	12 4	庚辰	1 28	1 4	己酉	民
8 31	8 2	己卯	10 1	9 3	庚戌	11 1	10 5	辛巳	12 1	11 5	辛亥	12 31	12 5	辛巳	1 29	1 5	庚戌	國
9 1	8 3	庚辰	10 2	9 4	辛亥	11 2	10 6	壬午	12 2	11 6	壬子	1 1	12 6	壬午	1 30	1 6	辛亥	一
9 2	8 4	辛巳	10 3	9 5	壬子	11 3	10 7	癸未	12 3	11 7	癸丑	1 2	12 7	癸未	1 31	1 7	壬子	百
9 3	8 5	壬午	10 4	9 6	癸丑	11 4	10 8	甲申	12 4	11 8	甲寅	1 3	12 8	甲申	2 1	1 8	癸丑	八
9 4	8 6	癸未	10 5	9 7	甲寅	11 5	10 9	乙酉	12 5	11 9	乙卯	1 4	12 9	乙酉	2 2	1 9	甲寅	十
9 5	8 7	甲申	10 6	9 8	乙卯	11 6	10 10	丙戌	12 6	11 10	丙辰				2 3	1 10	乙卯	四
9 6	8 8	乙酉	10 7	9 9	丙辰													·
處暑			秋分			霜降			小雪			冬至			大寒			一
8/23 2時55分 丑時			9/23 1時10分 丑時			10/23 11時12分 午時			11/22 9時20分 巳時			12/21 23時0分 子時			1/20 9時40分 巳時			中氣

（右欄：2095・2096　兔　中華民國一百八十四・一百八十五年）

年	丙辰																						
月	庚寅			辛卯			壬辰			癸巳			甲午			乙未							
節氣	立春			驚蟄			清明			立夏			芒種			小暑							
氣	2/4 3時46分 寅時			3/4 21時22分 亥時			4/4 1時35分 丑時			5/4 18時14分 酉時			6/4 21時53分 亥時			7/6 7時55分 辰時							
日	國曆	農曆	干支	國曆	農曆	干支	國曆	農曆	干支	國曆	農曆	干支	國曆	農曆	干支	國曆	農曆	干支					
	2 4	1 11	丙辰	3 4	2 10	乙酉	4 4	3 12	丙辰	5 4	4 12	丙戌	6 4	4 14	丁巳	7 6	5 17	己丑					
	2 5	1 12	丁巳	3 5	2 11	丙戌	4 5	3 13	丁巳	5 5	4 13	丁亥	6 5	4 15	戊午	7 7	5 18	庚寅					
	2 6	1 13	戊午	3 6	2 12	丁亥	4 6	3 14	戊午	5 6	4 14	戊子	6 6	4 16	己未	7 8	5 19	辛卯					
	2 7	1 14	己未	3 7	2 13	戊子	4 7	3 15	己未	5 7	4 15	己丑	6 7	4 17	庚申	7 9	5 20	壬辰					
2	2 8	1 15	庚申	3 8	2 14	己丑	4 8	3 16	庚申	5 8	4 16	庚寅	6 8	4 18	辛酉	7 10	5 21	癸巳					
0	2 9	1 16	辛酉	3 9	2 15	庚寅	4 9	3 17	辛酉	5 9	4 17	辛卯	6 9	4 19	壬戌	7 11	5 22	甲午					
9	2 10	1 17	壬戌	3 10	2 16	辛卯	4 10	3 18	壬戌	5 10	4 18	壬辰	6 10	4 20	癸亥	7 12	5 23	乙未					
6	2 11	1 18	癸亥	3 11	2 17	壬辰	4 11	3 19	癸亥	5 11	4 19	癸巳	6 11	4 21	甲子	7 13	5 24	丙申					
	2 12	1 19	甲子	3 12	2 18	癸巳	4 12	3 20	甲子	5 12	4 20	甲午	6 12	4 22	乙丑	7 14	5 25	丁酉					
	2 13	1 20	乙丑	3 13	2 19	甲午	4 13	3 21	乙丑	5 13	4 21	乙未	6 13	4 23	丙寅	7 15	5 26	戊戌					
	2 14	1 21	丙寅	3 14	2 20	乙未	4 14	3 22	丙寅	5 14	4 22	丙申	6 14	4 24	丁卯	7 16	5 27	己亥					
	2 15	1 22	丁卯	3 15	2 21	丙申	4 15	3 23	丁卯	5 15	4 23	丁酉	6 15	4 25	戊辰	7 17	5 28	庚子					
	2 16	1 23	戊辰	3 16	2 22	丁酉	4 16	3 24	戊辰	5 16	4 24	戊戌	6 16	4 26	己巳	7 18	5 29	辛丑					
龍	2 17	1 24	己巳	3 17	2 23	戊戌	4 17	3 25	己巳	5 17	4 25	己亥	6 17	4 27	庚午	7 19	5 30	壬寅					
	2 18	1 25	庚午	3 18	2 24	己亥	4 18	3 26	庚午	5 18	4 26	庚子	6 18	4 28	辛未	7 20	6 1	癸卯					
	2 19	1 26	辛未	3 19	2 25	庚子	4 19	3 27	辛未	5 19	4 27	辛丑	6 19	4 29	壬申	7 21	6 2	甲辰					
	2 20	1 27	壬申	3 20	2 26	辛丑	4 20	3 28	壬申	5 20	4 28	壬寅	6 20	5 1	癸酉	7 22	6 3	乙巳					
	2 21	1 28	癸酉	3 21	2 27	壬寅	4 21	3 29	癸酉	5 21	4 29	癸卯	6 21	5 2	甲戌	7 23	6 4	丙午					
	2 22	1 29	甲戌	3 22	2 28	癸卯	4 22	3 30	甲戌	5 22	閏4 1	甲辰	6 22	5 3	乙亥	7 24	6 5	丁未					
	2 23	1 30	乙亥	3 23	2 29	甲辰	4 23	4 1	乙亥	5 23	4 2	乙巳	6 23	5 4	丙子	7 25	6 6	戊申					
中	2 24	2 1	丙子	3 24	3 1	乙巳	4 24	4 2	丙子	5 24	4 3	丙午	6 24	5 5	丁丑	7 26	6 7	己酉					
華	2 25	2 2	丁丑	3 25	3 2	丙午	4 25	4 3	丁丑	5 25	4 4	丁未	6 25	5 6	戊寅	7 27	6 8	庚戌					
民	2 26	2 3	戊寅	3 26	3 3	丁未	4 26	4 4	戊寅	5 26	4 5	戊申	6 26	5 7	己卯	7 28	6 9	辛亥					
國	2 27	2 4	己卯	3 27	3 4	戊申	4 27	4 5	己卯	5 27	4 6	己酉	6 27	5 8	庚辰	7 29	6 10	壬子					
一	2 28	2 5	庚辰	3 28	3 5	己酉	4 28	4 6	庚辰	5 28	4 7	庚戌	6 28	5 9	辛巳	7 30	6 11	癸丑					
百	2 29	2 6	辛巳	3 29	3 6	庚戌	4 29	4 7	辛巳	5 29	4 8	辛亥	6 29	5 10	壬午	7 31	6 12	甲寅					
八	3 1	2 7	壬午	3 30	3 7	辛亥	4 30	4 8	壬午	5 30	4 9	壬子	6 30	5 11	癸未	8 1	6 13	乙卯					
十	3 2	2 8	癸未	3 31	3 8	壬子	5 1	4 9	癸未	5 31	4 10	癸丑	7 1	5 12	甲申	8 2	6 14	丙辰					
五	3 3	2 9	甲申	4 1	3 9	癸丑	5 2	4 10	甲申	6 1	4 11	甲寅	7 2	5 13	乙酉	8 3	6 15	丁巳					
年				4 2	3 10	甲寅	5 3	4 11	乙酉	6 2	4 12	乙卯	7 3	5 14	丙戌	8 4	6 16	戊午					
				4 3	3 11	乙卯				6 3	4 13	丙辰	7 4	5 15	丁亥	8 5	6 17	己未					
													7 5	5 16	戊子								
中氣	雨水 2/18 23時33分 子時			春分 3/19 22時2分 亥時			穀雨 4/19 8時26分 辰時			小滿 5/20 6時57分 卯時			夏至 6/20 14時30分 未時			大暑 7/22 1時18分 丑時							

丙辰																			年
丙申			丁酉			戊戌			己亥			庚子			辛丑				月
立秋			白露			寒露			立冬			大雪			小寒				節氣
8/6 17時52分 酉時			9/6 21時16分 亥時			10/7 13時34分 未時			11/6 17時25分 酉時			12/6 10時45分 巳時			1/4 22時10分 亥時				氣
國曆	農曆	干支	國曆	農曆	干支	國曆	農曆	干支	國曆	農曆	干支	國曆	農曆	干支	國曆	農曆	干支	日
8 6	6 18	庚申	9 6	7 20	辛卯	10 7	8 22	壬戌	11 6	9 22	壬辰	12 6	10 22	壬戌	1 4	11 21	辛卯	
8 7	6 19	辛酉	9 7	7 21	壬辰	10 8	8 23	癸亥	11 7	9 23	癸巳	12 7	10 23	癸亥	1 5	11 22	壬辰	
8 8	6 20	壬戌	9 8	7 22	癸巳	10 9	8 24	甲子	11 8	9 24	甲午	12 8	10 24	甲子	1 6	11 23	癸巳	2
8 9	6 21	癸亥	9 9	7 23	甲午	10 10	8 25	乙丑	11 9	9 25	乙未	12 9	10 25	乙丑	1 7	11 24	甲午	0
8 10	6 22	甲子	9 10	7 24	乙未	10 11	8 26	丙寅	11 10	9 26	丙申	12 10	10 26	丙寅	1 8	11 25	乙未	9
8 11	6 23	乙丑	9 11	7 25	丙申	10 12	8 27	丁卯	11 11	9 27	丁酉	12 11	10 27	丁卯	1 9	11 26	丙申	6
8 12	6 24	丙寅	9 12	7 26	丁酉	10 13	8 28	戊辰	11 12	9 28	戊戌	12 12	10 28	戊辰	1 10	11 27	丁酉	·
8 13	6 25	丁卯	9 13	7 27	戊戌	10 14	8 29	己巳	11 13	9 29	己亥	12 13	10 29	己巳	1 11	11 28	戊戌	2
8 14	6 26	戊辰	9 14	7 28	己亥	10 15	8 30	庚午	11 14	9 30	庚子	12 14	10 30	庚午	1 12	11 29	己亥	0
8 15	6 27	己巳	9 15	7 29	庚子	10 16	9 1	辛未	11 15	10 1	辛丑	12 15	11 1	辛未	1 13	12 1	庚子	9
8 16	6 28	庚午	9 16	8 1	辛丑	10 17	9 2	壬申	11 16	10 2	壬寅	12 16	11 2	壬申	1 14	12 2	辛丑	7
8 17	6 29	辛未	9 17	8 2	壬寅	10 18	9 3	癸酉	11 17	10 3	癸卯	12 17	11 3	癸酉	1 15	12 3	壬寅	
8 18	7 1	壬申	9 18	8 3	癸卯	10 19	9 4	甲戌	11 18	10 4	甲辰	12 18	11 4	甲戌	1 16	12 4	癸卯	
8 19	7 2	癸酉	9 19	8 4	甲辰	10 20	9 5	乙亥	11 19	10 5	乙巳	12 19	11 5	乙亥	1 17	12 5	甲辰	
8 20	7 3	甲戌	9 20	8 5	乙巳	10 21	9 6	丙子	11 20	10 6	丙午	12 20	11 6	丙子	1 18	12 6	乙巳	
8 21	7 4	乙亥	9 21	8 6	丙午	10 22	9 7	丁丑	11 21	10 7	丁未	12 21	11 7	丁丑	1 19	12 7	丙午	龍
8 22	7 5	丙子	9 22	8 7	丁未	10 23	9 8	戊寅	11 22	10 8	戊申	12 22	11 8	戊寅	1 20	12 8	丁未	
8 23	7 6	丁丑	9 23	8 8	戊申	10 24	9 9	己卯	11 23	10 9	己酉	12 23	11 9	己卯	1 21	12 9	戊申	
8 24	7 7	戊寅	9 24	8 9	己酉	10 25	9 10	庚辰	11 24	10 10	庚戌	12 24	11 10	庚辰	1 22	12 10	己酉	
8 25	7 8	己卯	9 25	8 10	庚戌	10 26	9 11	辛巳	11 25	10 11	辛亥	12 25	11 11	辛巳	1 23	12 11	庚戌	中
8 26	7 9	庚辰	9 26	8 11	辛亥	10 27	9 12	壬午	11 26	10 12	壬子	12 26	11 12	壬午	1 24	12 12	辛亥	華
8 27	7 10	辛巳	9 27	8 12	壬子	10 28	9 13	癸未	11 27	10 13	癸丑	12 27	11 13	癸未	1 25	12 13	壬子	民
8 28	7 11	壬午	9 28	8 13	癸丑	10 29	9 14	甲申	11 28	10 14	甲寅	12 28	11 14	甲申	1 26	12 14	癸丑	國
8 29	7 12	癸未	9 29	8 14	甲寅	10 30	9 15	乙酉	11 29	10 15	乙卯	12 29	11 15	乙酉	1 27	12 15	甲寅	一
8 30	7 13	甲申	9 30	8 15	乙卯	10 31	9 16	丙戌	11 30	10 16	丙辰	12 30	11 16	丙戌	1 28	12 16	乙卯	百
8 31	7 14	乙酉	10 1	8 16	丙辰	11 1	9 17	丁亥	12 1	10 17	丁巳	12 31	11 17	丁亥	1 29	12 17	丙辰	八
9 1	7 15	丙戌	10 2	8 17	丁巳	11 2	9 18	戊子	12 2	10 18	戊午	1 1	11 18	戊子	1 30	12 18	丁巳	十
9 2	7 16	丁亥	10 3	8 18	戊午	11 3	9 19	己丑	12 3	10 19	己未	1 2	11 19	己丑	1 31	12 19	戊午	五
9 3	7 17	戊子	10 4	8 19	己未	11 4	9 20	庚寅	12 4	10 20	庚申	1 3	11 20	庚寅	2 1	12 20	己未	·
9 4	7 18	己丑	10 5	8 20	庚申	11 5	9 21	辛卯	12 5	10 21	辛酉				2 2	12 21	庚申	一
9 5	7 19	庚寅	10 6	8 21	辛酉													百
處暑			秋分			霜降			小雪			冬至			大寒			八
8/22 8時40分 辰時			9/22 6時54分 卯時			10/22 16時55分 申時			11/21 15時4分 申時			12/21 4時45分 寅時			1/19 15時26分 申時			十
																		六
																		年
																		中氣

年　丁巳

2097　蛇　中華民國一百八十六年

月	壬寅	癸卯	甲辰	乙巳	丙午	丁未
節氣	立春	驚蟄	清明	立夏	芒種	小暑
	2/3 9時41分 巳時	3/5 3時17分 寅時	4/4 7時29分 辰時	5/5 0時7分 子時	6/5 3時43分 寅時	7/6 13時40分 未時

國曆	農曆	干支	國曆	農曆	干支	國曆	農曆	干支	國曆	農曆	干支	國曆	農曆	干支	國曆	農曆	干支
2 3	12 22	辛酉	3 5	1 22	辛卯	4 4	2 22	辛酉	5 5	3 24	壬辰	6 5	4 25	癸亥	7 6	5 27	甲午
2 4	12 23	壬戌	3 6	1 23	壬辰	4 5	2 23	壬戌	5 6	3 25	癸巳	6 6	4 26	甲子	7 7	5 28	乙未
2 5	12 24	癸亥	3 7	1 24	癸巳	4 6	2 24	癸亥	5 7	3 26	甲午	6 7	4 27	乙丑	7 8	5 29	丙申
2 6	12 25	甲子	3 8	1 25	甲午	4 7	2 25	甲子	5 8	3 27	乙未	6 8	4 28	丙寅	7 9	6 1	丁酉
2 7	12 26	乙丑	3 9	1 26	乙未	4 8	2 26	乙丑	5 9	3 28	丙申	6 9	4 29	丁卯	7 10	6 2	戊戌
2 8	12 27	丙寅	3 10	1 27	丙申	4 9	2 27	丙寅	5 10	3 29	丁酉	6 10	5 1	戊辰	7 11	6 3	己亥
2 9	12 28	丁卯	3 11	1 28	丁酉	4 10	2 28	丁卯	5 11	3 30	戊戌	6 11	5 2	己巳	7 12	6 4	庚子
2 10	12 29	戊辰	3 12	1 29	戊戌	4 11	2 29	戊辰	5 12	4 1	己亥	6 12	5 3	庚午	7 13	6 5	辛丑
2 11	12 30	己巳	3 13	1 30	己亥	4 12	3 1	己巳	5 13	4 2	庚子	6 13	5 4	辛未	7 14	6 6	壬寅
2 12	1 1	庚午	3 14	2 1	庚子	4 13	3 2	庚午	5 14	4 3	辛丑	6 14	5 5	壬申	7 15	6 7	癸卯
2 13	1 2	辛未	3 15	2 2	辛丑	4 14	3 3	辛未	5 15	4 4	壬寅	6 15	5 6	癸酉	7 16	6 8	甲辰
2 14	1 3	壬申	3 16	2 3	壬寅	4 15	3 4	壬申	5 16	4 5	癸卯	6 16	5 7	甲戌	7 17	6 9	乙巳
2 15	1 4	癸酉	3 17	2 4	癸卯	4 16	3 5	癸酉	5 17	4 6	甲辰	6 17	5 8	乙亥	7 18	6 10	丙午
2 16	1 5	甲戌	3 18	2 5	甲辰	4 17	3 6	甲戌	5 18	4 7	乙巳	6 18	5 9	丙子	7 19	6 11	丁未
2 17	1 6	乙亥	3 19	2 6	乙巳	4 18	3 7	乙亥	5 19	4 8	丙午	6 19	5 10	丁丑	7 20	6 12	戊申
2 18	1 7	丙子	3 20	2 7	丙午	4 19	3 8	丙子	5 20	4 9	丁未	6 20	5 11	戊寅	7 21	6 13	己酉
2 19	1 8	丁丑	3 21	2 8	丁未	4 20	3 9	丁丑	5 21	4 10	戊申	6 21	5 12	己卯	7 22	6 14	庚戌
2 20	1 9	戊寅	3 22	2 9	戊申	4 21	3 10	戊寅	5 22	4 11	己酉	6 22	5 13	庚辰	7 23	6 15	辛亥
2 21	1 10	己卯	3 23	2 10	己酉	4 22	3 11	己卯	5 23	4 12	庚戌	6 23	5 14	辛巳	7 24	6 16	壬子
2 22	1 11	庚辰	3 24	2 11	庚戌	4 23	3 12	庚辰	5 24	4 13	辛亥	6 24	5 15	壬午	7 25	6 17	癸丑
2 23	1 12	辛巳	3 25	2 12	辛亥	4 24	3 13	辛巳	5 25	4 14	壬子	6 25	5 16	癸未	7 26	6 18	甲寅
2 24	1 13	壬午	3 26	2 13	壬子	4 25	3 14	壬午	5 26	4 15	癸丑	6 26	5 17	甲申	7 27	6 19	乙卯
2 25	1 14	癸未	3 27	2 14	癸丑	4 26	3 15	癸未	5 27	4 16	甲寅	6 27	5 18	乙酉	7 28	6 20	丙辰
2 26	1 15	甲申	3 28	2 15	甲寅	4 27	3 16	甲申	5 28	4 17	乙卯	6 28	5 19	丙戌	7 29	6 21	丁巳
2 27	1 16	乙酉	3 29	2 16	乙卯	4 28	3 17	乙酉	5 29	4 18	丙辰	6 29	5 20	丁亥	7 30	6 22	戊午
2 28	1 17	丙戌	3 30	2 17	丙辰	4 29	3 18	丙戌	5 30	4 19	丁巳	6 30	5 21	戊子	7 31	6 23	己未
3 1	1 18	丁亥	3 31	2 18	丁巳	4 30	3 19	丁亥	5 31	4 20	戊午	7 1	5 22	己丑	8 1	6 24	庚申
3 2	1 19	戊子	4 1	2 19	戊午	5 1	3 20	戊子	6 1	4 21	己未	7 2	5 23	庚寅	8 2	6 25	辛酉
3 3	1 20	己丑	4 2	2 20	己未	5 2	3 21	己丑	6 2	4 22	庚申	7 3	5 24	辛卯	8 3	6 26	壬戌
3 4	1 21	庚寅	4 3	2 21	庚申	5 3	3 22	庚寅	6 3	4 23	辛酉	7 4	5 25	壬辰	8 4	6 27	癸亥
						5 4	3 23	辛卯	6 4	4 24	壬戌	7 5	5 26	癸巳	8 5	6 28	甲子

中氣	雨水	春分	穀雨	小滿	夏至	大暑
	2/18 5時18分 卯時	3/20 3時47分 寅時	4/19 14時10分 未時	5/20 12時41分 午時	6/20 20時12分 戌時	7/22 7時0分 辰時

丁巳																		年
戊申			己酉			庚戌			辛亥			壬子			癸丑			月
立秋			白露			寒露			立冬			大雪			小寒			節氣
8/6 23時32分 子時			9/7 2時52分 丑時			10/7 19時10分 戌時			11/6 23時3分 子時			12/6 16時27分 申時			1/5 3時55分 寅時			
國曆	農曆	干支	國曆	農曆	干支	國曆	農曆	干支	國曆	農曆	干支	國曆	農曆	干支	國曆	農曆	干支	日
8 6	6 29	乙丑	9 7	8 2	丁酉	10 7	9 3	丁卯	11 6	10 3	丁酉	12 6	11 3	丁卯	1 5	12 4	丁酉	
8 7	6 30	丙寅	9 8	8 3	戊戌	10 8	9 4	戊辰	11 7	10 4	戊戌	12 7	11 4	戊辰	1 6	12 5	戊戌	
8 8	7 1	丁卯	9 9	8 4	己亥	10 9	9 5	己巳	11 8	10 5	己亥	12 8	11 5	己巳	1 7	12 6	己亥	
8 9	7 2	戊辰	9 10	8 5	庚子	10 10	9 6	庚午	11 9	10 6	庚子	12 9	11 6	庚午	1 8	12 7	庚子	2
8 10	7 3	己巳	9 11	8 6	辛丑	10 11	9 7	辛未	11 10	10 7	辛丑	12 10	11 7	辛未	1 9	12 8	辛丑	0
8 11	7 4	庚午	9 12	8 7	壬寅	10 12	9 8	壬申	11 11	10 8	壬寅	12 11	11 8	壬申	1 10	12 9	壬寅	9
8 12	7 5	辛未	9 13	8 8	癸卯	10 13	9 9	癸酉	11 12	10 9	癸卯	12 12	11 9	癸酉	1 11	12 10	癸卯	7
8 13	7 6	壬申	9 14	8 9	甲辰	10 14	9 10	甲戌	11 13	10 10	甲辰	12 13	11 10	甲戌	1 12	12 11	甲辰	·
8 14	7 7	癸酉	9 15	8 10	乙巳	10 15	9 11	乙亥	11 14	10 11	乙巳	12 14	11 11	乙亥	1 13	12 12	乙巳	2
8 15	7 8	甲戌	9 16	8 11	丙午	10 16	9 12	丙子	11 15	10 12	丙午	12 15	11 12	丙子	1 14	12 13	丙午	0
8 16	7 9	乙亥	9 17	8 12	丁未	10 17	9 13	丁丑	11 16	10 13	丁未	12 16	11 13	丁丑	1 15	12 14	丁未	9
8 17	7 10	丙子	9 18	8 13	戊申	10 18	9 14	戊寅	11 17	10 14	戊申	12 17	11 14	戊寅	1 16	12 15	戊申	8
8 18	7 11	丁丑	9 19	8 14	己酉	10 19	9 15	己卯	11 18	10 15	己酉	12 18	11 15	己卯	1 17	12 16	己酉	
8 19	7 12	戊寅	9 20	8 15	庚戌	10 20	9 16	庚辰	11 19	10 16	庚戌	12 19	11 16	庚辰	1 18	12 17	庚戌	
8 20	7 13	己卯	9 21	8 16	辛亥	10 21	9 17	辛巳	11 20	10 17	辛亥	12 20	11 17	辛巳	1 19	12 18	辛亥	蛇
8 21	7 14	庚辰	9 22	8 17	壬子	10 22	9 18	壬午	11 21	10 18	壬子	12 21	11 18	壬午	1 20	12 19	壬子	
8 22	7 15	辛巳	9 23	8 18	癸丑	10 23	9 19	癸未	11 22	10 19	癸丑	12 22	11 19	癸未	1 21	12 20	癸丑	
8 23	7 16	壬午	9 24	8 19	甲寅	10 24	9 20	甲申	11 23	10 20	甲寅	12 23	11 20	甲申	1 22	12 21	甲寅	
8 24	7 17	癸未	9 25	8 20	乙卯	10 25	9 21	乙酉	11 24	10 21	乙卯	12 24	11 21	乙酉	1 23	12 22	乙卯	中
8 25	7 18	甲申	9 26	8 21	丙辰	10 26	9 22	丙戌	11 25	10 22	丙辰	12 25	11 22	丙戌	1 24	12 23	丙辰	華
8 26	7 19	乙酉	9 27	8 22	丁巳	10 27	9 23	丁亥	11 26	10 23	丁巳	12 26	11 23	丁亥	1 25	12 24	丁巳	民
8 27	7 20	丙戌	9 28	8 23	戊午	10 28	9 24	戊子	11 27	10 24	戊午	12 27	11 24	戊子	1 26	12 25	戊午	國
8 28	7 21	丁亥	9 29	8 24	己未	10 29	9 25	己丑	11 28	10 25	己未	12 28	11 25	己丑	1 27	12 26	己未	一
8 29	7 22	戊子	9 30	8 25	庚申	10 30	9 26	庚寅	11 29	10 26	庚申	12 29	11 26	庚寅	1 28	12 27	庚申	百
8 30	7 23	己丑	10 1	8 26	辛酉	10 31	9 27	辛卯	11 30	10 27	辛酉	12 30	11 27	辛卯	1 29	12 28	辛酉	八
8 31	7 24	庚寅	10 2	8 27	壬戌	11 1	9 28	壬辰	12 1	10 28	壬戌	12 31	11 28	壬辰	1 30	12 29	壬戌	十
9 1	7 25	辛卯	10 3	8 28	癸亥	11 2	9 29	癸巳	12 2	10 29	癸亥	1 1	11 29	癸巳	1 31	12 30	癸亥	六
9 2	7 26	壬辰	10 4	8 29	甲子	11 3	9 30	甲午	12 3	10 30	甲子	1 2	12 1	甲午	2 1	1 1	甲子	·
9 3	7 27	癸巳	10 5	9 1	乙丑	11 4	10 1	乙未	12 4	11 1	乙丑	1 3	12 2	乙未	2 2	1 2	乙丑	一
9 4	7 28	甲午	10 6	9 2	丙寅	11 5	10 2	丙申	12 5	11 2	丙寅	1 4	12 3	丙申				百
9 5	7 29	乙未																八
9 6	8 1	丙申																十
處暑			秋分			霜降			小雪			冬至			大寒			七
8/22 14時21分 未時			9/22 12時35分 午時			10/22 22時39分 亥時			11/21 20時52分 戌時			12/21 10時36分 巳時			1/19 21時20分 亥時			年 中氣

年																		
									戊午									

月	甲寅			乙卯			丙辰			丁巳			戊午			己未		
節氣	立春			驚蟄			清明			立夏			芒種			小暑		
氣	2/3 15時28分 申時			3/5 9時3分 巳時			4/4 13時12分 未時			5/5 5時48分 卯時			6/5 9時22分 巳時			7/6 19時21分 戌時		
日	國曆	農曆	干支	國曆	農曆	干支	國曆	農曆	干支	國曆	農曆	干支	國曆	農曆	干支	國曆	農曆	干支
	2 3	1 3	丙寅	3 5	2 3	丙申	4 4	3 3	丙寅	5 5	4 5	丁酉	6 5	5 6	戊辰	7 6	6 8	己酉
	2 4	1 4	丁卯	3 6	2 4	丁酉	4 5	3 4	丁卯	5 6	4 6	戊戌	6 6	5 7	己巳	7 7	6 9	庚子
	2 5	1 5	戊辰	3 7	2 5	戊戌	4 6	3 5	戊辰	5 7	4 7	己亥	6 7	5 8	庚午	7 8	6 10	辛丑
2	2 6	1 6	己巳	3 8	2 6	己亥	4 7	3 6	己巳	5 8	4 8	庚子	6 8	5 9	辛未	7 9	6 11	壬寅
0	2 7	1 7	庚午	3 9	2 7	庚子	4 8	3 7	庚午	5 9	4 9	辛丑	6 9	5 10	壬申	7 10	6 12	癸卯
9	2 8	1 8	辛未	3 10	2 8	辛丑	4 9	3 8	辛未	5 10	4 10	壬寅	6 10	5 11	癸酉	7 11	6 13	甲辰
8	2 9	1 9	壬申	3 11	2 9	壬寅	4 10	3 9	壬申	5 11	4 11	癸卯	6 11	5 12	甲戌	7 12	6 14	乙巳
	2 10	1 10	癸酉	3 12	2 10	癸卯	4 11	3 10	癸酉	5 12	4 12	甲辰	6 12	5 13	乙亥	7 13	6 15	丙午
	2 11	1 11	甲戌	3 13	2 11	甲辰	4 12	3 11	甲戌	5 13	4 13	乙巳	6 13	5 14	丙子	7 14	6 16	丁未
	2 12	1 12	乙亥	3 14	2 12	乙巳	4 13	3 12	乙亥	5 14	4 14	丙午	6 14	5 15	丁丑	7 15	6 17	戊申
	2 13	1 13	丙子	3 15	2 13	丙午	4 14	3 13	丙子	5 15	4 15	丁未	6 15	5 16	戊寅	7 16	6 18	己酉
	2 14	1 14	丁丑	3 16	2 14	丁未	4 15	3 14	丁丑	5 16	4 16	戊申	6 16	5 17	己卯	7 17	6 19	庚戌
	2 15	1 15	戊寅	3 17	2 15	戊申	4 16	3 15	戊寅	5 17	4 17	己酉	6 17	5 18	庚辰	7 18	6 20	辛亥
馬	2 16	1 16	己卯	3 18	2 16	己酉	4 17	3 16	己卯	5 18	4 18	庚戌	6 18	5 19	辛巳	7 19	6 21	壬子
	2 17	1 17	庚辰	3 19	2 17	庚戌	4 18	3 17	庚辰	5 19	4 19	辛亥	6 19	5 20	壬午	7 20	6 22	癸丑
	2 18	1 18	辛巳	3 20	2 18	辛亥	4 19	3 18	辛巳	5 20	4 20	壬子	6 20	5 21	癸未	7 21	6 23	甲寅
	2 19	1 19	壬午	3 21	2 19	壬子	4 20	3 19	壬午	5 21	4 21	癸丑	6 21	5 22	甲申	7 22	6 24	乙卯
	2 20	1 20	癸未	3 22	2 20	癸丑	4 21	3 20	癸未	5 22	4 22	甲寅	6 22	5 23	乙酉	7 23	6 25	丙辰
	2 21	1 21	甲申	3 23	2 21	甲寅	4 22	3 21	甲申	5 23	4 23	乙卯	6 23	5 24	丙戌	7 24	6 26	丁巳
	2 22	1 22	乙酉	3 24	2 22	乙卯	4 23	3 22	乙酉	5 24	4 24	丙辰	6 24	5 25	丁亥	7 25	6 27	戊午
中	2 23	1 23	丙戌	3 25	2 23	丙辰	4 24	3 23	丙戌	5 25	4 25	丁巳	6 25	5 26	戊子	7 26	6 28	己未
華	2 24	1 24	丁亥	3 26	2 24	丁巳	4 25	3 24	丁亥	5 26	4 26	戊午	6 26	5 27	己丑	7 27	6 29	庚申
民	2 25	1 25	戊子	3 27	2 25	戊午	4 26	3 25	戊子	5 27	4 27	己未	6 27	5 28	庚寅	7 28	7 1	辛酉
國	2 26	1 26	己丑	3 28	2 26	己未	4 27	3 26	己丑	5 28	4 28	庚申	6 28	5 29	辛卯	7 29	7 2	壬戌
一	2 27	1 27	庚寅	3 29	2 27	庚申	4 28	3 27	庚寅	5 29	4 29	辛酉	6 29	6 1	壬辰	7 30	7 3	癸亥
百	2 28	1 28	辛卯	3 30	2 28	辛酉	4 29	3 28	辛卯	5 30	4 30	壬戌	6 30	6 2	癸巳	7 31	7 4	甲子
八	3 1	1 29	壬辰	3 31	2 29	壬戌	4 30	3 29	壬辰	5 31	5 1	癸亥	7 1	6 3	甲午	8 1	7 5	乙丑
十	3 2	1 30	癸巳	4 1	2 30	癸亥	5 1	4 1	癸巳	6 1	5 2	甲子	7 2	6 4	乙未	8 2	7 6	丙寅
七	3 3	2 1	甲午	4 2	3 1	甲子	5 2	4 2	甲午	6 2	5 3	乙丑	7 3	6 5	丙申	8 3	7 7	丁卯
年	3 4	2 2	乙未	4 3	3 2	乙丑	5 3	4 3	乙未	6 3	5 4	丙寅	7 4	6 6	丁酉	8 4	7 8	戊辰
							5 4	4 4	丙申	6 4	5 5	丁卯	7 5	6 7	戊戌	8 5	7 9	己巳
																8 6	7 10	庚午
中氣	雨水			春分			穀雨			小滿			夏至			大暑		
	2/18 11時12分 午時			3/20 9時39分 巳時			4/19 20時1分 戌時			5/20 18時30分 酉時			6/21 2時2分 丑時			7/22 12時50分 午時		

戊午																		年
庚申			辛酉			壬戌			癸亥			甲子			乙丑			月
立秋			白露			寒露			立冬			大雪			小寒			節氣
8/7 5時15分 卯時			9/7 8時37分 辰時			10/8 0時57分 子時			11/7 4時49分 寅時			12/6 22時12分 亥時			1/5 9時38分 巳時			
國曆	農曆	干支	國曆	農曆	干支	國曆	農曆	干支	國曆	農曆	干支	國曆	農曆	干支	國曆	農曆	干支	日
8 7	7 11	辛未	9 7	8 13	壬寅	10 8	9 14	癸酉	11 7	10 15	癸卯	12 6	11 14	壬申	1 5	12 15	壬寅	
8 8	7 12	壬申	9 8	8 14	癸卯	10 9	9 15	甲戌	11 8	10 16	甲辰	12 7	11 15	癸酉	1 6	12 16	癸卯	
8 9	7 13	癸酉	9 9	8 15	甲辰	10 10	9 16	乙亥	11 9	10 17	乙巳	12 8	11 16	甲戌	1 7	12 17	甲辰	
8 10	7 14	甲戌	9 10	8 16	乙巳	10 11	9 17	丙子	11 10	10 18	丙午	12 9	11 17	乙亥	1 8	12 18	乙巳	2
8 11	7 15	乙亥	9 11	8 17	丙午	10 12	9 18	丁丑	11 11	10 19	丁未	12 10	11 18	丙子	1 9	12 19	丙午	0
8 12	7 16	丙子	9 12	8 18	丁未	10 13	9 19	戊寅	11 12	10 20	戊申	12 11	11 19	丁丑	1 10	12 20	丁未	9
8 13	7 17	丁丑	9 13	8 19	戊申	10 14	9 20	己卯	11 13	10 21	己酉	12 12	11 20	戊寅	1 11	12 21	戊申	8
8 14	7 18	戊寅	9 14	8 20	己酉	10 15	9 21	庚辰	11 14	10 22	庚戌	12 13	11 21	己卯	1 12	12 22	己酉	·
8 15	7 19	己卯	9 15	8 21	庚戌	10 16	9 22	辛巳	11 15	10 23	辛亥	12 14	11 22	庚辰	1 13	12 23	庚戌	2
8 16	7 20	庚辰	9 16	8 22	辛亥	10 17	9 23	壬午	11 16	10 24	壬子	12 15	11 23	辛巳	1 14	12 24	辛亥	0
8 17	7 21	辛巳	9 17	8 23	壬子	10 18	9 24	癸未	11 17	10 25	癸丑	12 16	11 24	壬午	1 15	12 25	壬子	9
8 18	7 22	壬午	9 18	8 24	癸丑	10 19	9 25	甲申	11 18	10 26	甲寅	12 17	11 25	癸未	1 16	12 26	癸丑	9
8 19	7 23	癸未	9 19	8 25	甲寅	10 20	9 26	乙酉	11 19	10 27	乙卯	12 18	11 26	甲申	1 17	12 27	甲寅	
8 20	7 24	甲申	9 20	8 26	乙卯	10 21	9 27	丙戌	11 20	10 28	丙辰	12 19	11 27	乙酉	1 18	12 28	乙卯	
8 21	7 25	乙酉	9 21	8 27	丙辰	10 22	9 28	丁亥	11 21	10 29	丁巳	12 20	11 28	丙戌	1 19	12 29	丙辰	馬
8 22	7 26	丙戌	9 22	8 28	丁巳	10 23	9 29	戊子	11 22	10 30	戊午	12 21	11 29	丁亥	1 20	12 30	丁巳	
8 23	7 27	丁亥	9 23	8 29	戊午	10 24	10 1	己丑	11 23	11 1	己未	12 22	12 1	戊子	1 21	1 1	戊午	
8 24	7 28	戊子	9 24	8 30	己未	10 25	10 2	庚寅	11 24	11 2	庚申	12 23	12 2	己丑	1 22	1 2	己未	中
8 25	7 29	己丑	9 25	9 1	庚申	10 26	10 3	辛卯	11 25	11 3	辛酉	12 24	12 3	庚寅	1 23	1 3	庚申	華
8 26	8 1	庚寅	9 26	9 2	辛酉	10 27	10 4	壬辰	11 26	11 4	壬戌	12 25	12 4	辛卯	1 24	1 4	辛酉	民
8 27	8 2	辛卯	9 27	9 3	壬戌	10 28	10 5	癸巳	11 27	11 5	癸亥	12 26	12 5	壬辰	1 25	1 5	壬戌	國
8 28	8 3	壬辰	9 28	9 4	癸亥	10 29	10 6	甲午	11 28	11 6	甲子	12 27	12 6	癸巳	1 26	1 6	癸亥	一
8 29	8 4	癸巳	9 29	9 5	甲子	10 30	10 7	乙未	11 29	11 7	乙丑	12 28	12 7	甲午	1 27	1 7	甲子	百
8 30	8 5	甲午	9 30	9 6	乙丑	10 31	10 8	丙申	11 30	11 8	丙寅	12 29	12 8	乙未	1 28	1 8	乙丑	八
8 31	8 6	乙未	10 1	9 7	丙寅	11 1	10 9	丁酉	12 1	11 9	丁卯	12 30	12 9	丙申	1 29	1 9	丙寅	十
9 1	8 7	丙申	10 2	9 8	丁卯	11 2	10 10	戊戌	12 2	11 10	戊辰	12 31	12 10	丁酉	1 30	1 10	丁卯	七
9 2	8 8	丁酉	10 3	9 9	戊辰	11 3	10 11	己亥	12 3	11 11	己巳	1 1	12 11	戊戌	1 31	1 11	戊辰	·
9 3	8 9	戊戌	10 4	9 10	己巳	11 4	10 12	庚子	12 4	11 12	庚午	1 2	12 12	己亥	2 1	1 12	己巳	一
9 4	8 10	己亥	10 5	9 11	庚午	11 5	10 13	辛丑	12 5	11 13	辛未	1 3	12 13	庚子	2 2	1 13	庚午	百
9 5	8 11	庚子	10 6	9 12	辛未	11 6	10 14	壬寅				1 4	12 14	辛丑				八
9 6	8 12	辛丑	10 7	9 13	壬申													十
處暑			秋分			霜降			小雪			冬至			大寒			八
8/22 20時10分 戌時			9/22 18時23分 酉時			10/23 4時26分 寅時			11/22 2時37分 丑時			12/21 16時20分 申時			1/20 3時1分 寅時			年
																		中氣

年	己未																
月	丙寅			丁卯			戊辰			己巳			庚午			辛未		
節氣	立春			驚蟄			清明			立夏			芒種			小暑		
	2/3 21時8分 亥時			3/5 14時41分 未時			4/4 18時50分 酉時			5/5 11時28分 午時			6/5 15時7分 申時			7/7 1時11分 丑時		
日	國曆	農曆	干支	國曆	農曆	干支	國曆	農曆	干支	國曆	農曆	干支	國曆	農曆	干支	國曆	農曆	干支
	2/3	1/14	辛未	3/5	2/14	辛丑	4/4	閏2/14	辛未	5/5	3/16	壬寅	6/5	4/17	癸酉	7/7	5/19	乙巳
	2/4	1/15	壬申	3/6	2/15	壬寅	4/5	閏2/15	壬申	5/6	3/17	癸卯	6/6	4/18	甲戌	7/8	5/20	丙午
	2/5	1/16	癸酉	3/7	2/16	癸卯	4/6	閏2/16	癸酉	5/7	3/18	甲辰	6/7	4/19	乙亥	7/9	5/21	丁未
	2/6	1/17	甲戌	3/8	2/17	甲辰	4/7	閏2/17	甲戌	5/8	3/19	乙巳	6/8	4/20	丙子	7/10	5/22	戊申
2	2/7	1/18	乙亥	3/9	2/18	乙巳	4/8	閏2/18	乙亥	5/9	3/20	丙午	6/9	4/21	丁丑	7/11	5/23	己酉
0	2/8	1/19	丙子	3/10	2/19	丙午	4/9	閏2/19	丙子	5/10	3/21	丁未	6/10	4/22	戊寅	7/12	5/24	庚戌
9	2/9	1/20	丁丑	3/11	2/20	丁未	4/10	閏2/20	丁丑	5/11	3/22	戊申	6/11	4/23	己卯	7/13	5/25	辛亥
9	2/10	1/21	戊寅	3/12	2/21	戊申	4/11	閏2/21	戊寅	5/12	3/23	己酉	6/12	4/24	庚辰	7/14	5/26	壬子
	2/11	1/22	己卯	3/13	2/22	己酉	4/12	閏2/22	己卯	5/13	3/24	庚戌	6/13	4/25	辛巳	7/15	5/27	癸丑
	2/12	1/23	庚辰	3/14	2/23	庚戌	4/13	閏2/23	庚辰	5/14	3/25	辛亥	6/14	4/26	壬午	7/16	5/28	甲寅
	2/13	1/24	辛巳	3/15	2/24	辛亥	4/14	閏2/24	辛巳	5/15	3/26	壬子	6/15	4/27	癸未	7/17	5/29	乙卯
	2/14	1/25	壬午	3/16	2/25	壬子	4/15	閏2/25	壬午	5/16	3/27	癸丑	6/16	4/28	甲申	7/18	6/1	丙辰
	2/15	1/26	癸未	3/17	2/26	癸丑	4/16	閏2/26	癸未	5/17	3/28	甲寅	6/17	4/29	乙酉	7/19	6/2	丁巳
羊	2/16	1/27	甲申	3/18	2/27	甲寅	4/17	閏2/27	甲申	5/18	3/29	乙卯	6/18	4/30	丙戌	7/20	6/3	戊午
	2/17	1/28	乙酉	3/19	2/28	乙卯	4/18	閏2/28	乙酉	5/19	3/30	丙辰	6/19	5/1	丁亥	7/21	6/4	己未
	2/18	1/29	丙戌	3/20	2/29	丙辰	4/19	閏2/29	丙戌	5/20	4/1	丁巳	6/20	5/2	戊子	7/22	6/5	庚申
	2/19	1/30	丁亥	3/21	2/30	丁巳	4/20	3/1	丁亥	5/21	4/2	戊午	6/21	5/3	己丑	7/23	6/6	辛酉
	2/20	2/1	戊子	3/22	閏2/1	戊午	4/21	3/2	戊子	5/22	4/3	己未	6/22	5/4	庚寅	7/24	6/7	壬戌
	2/21	2/2	己丑	3/23	閏2/2	己未	4/22	3/3	己丑	5/23	4/4	庚申	6/23	5/5	辛卯	7/25	6/8	癸亥
	2/22	2/3	庚寅	3/24	閏2/3	庚申	4/23	3/4	庚寅	5/24	4/5	辛酉	6/24	5/6	壬辰	7/26	6/9	甲子
中	2/23	2/4	辛卯	3/25	閏2/4	辛酉	4/24	3/5	辛卯	5/25	4/6	壬戌	6/25	5/7	癸巳	7/27	6/10	乙丑
華	2/24	2/5	壬辰	3/26	閏2/5	壬戌	4/25	3/6	壬辰	5/26	4/7	癸亥	6/26	5/8	甲午	7/28	6/11	丙寅
民	2/25	2/6	癸巳	3/27	閏2/6	癸亥	4/26	3/7	癸巳	5/27	4/8	甲子	6/27	5/9	乙未	7/29	6/12	丁卯
國	2/26	2/7	甲午	3/28	閏2/7	甲子	4/27	3/8	甲午	5/28	4/9	乙丑	6/28	5/10	丙申	7/30	6/13	戊辰
一	2/27	2/8	乙未	3/29	閏2/8	乙丑	4/28	3/9	乙未	5/29	4/10	丙寅	6/29	5/11	丁酉	7/31	6/14	己巳
百	2/28	2/9	丙申	3/30	閏2/9	丙寅	4/29	3/10	丙申	5/30	4/11	丁卯	6/30	5/12	戊戌	8/1	6/15	庚午
八	3/1	2/10	丁酉	3/31	閏2/10	丁卯	4/30	3/11	丁酉	5/31	4/12	戊辰	7/1	5/13	己亥	8/2	6/16	辛未
十	3/2	2/11	戊戌	4/1	閏2/11	戊辰	5/1	3/12	戊戌	6/1	4/13	己巳	7/2	5/14	庚子	8/3	6/17	壬申
八	3/3	2/12	己亥	4/2	閏2/12	己巳	5/2	3/13	己亥	6/2	4/14	庚午	7/3	5/15	辛丑	8/4	6/18	癸酉
年	3/4	2/13	庚子	4/3	閏2/13	庚午	5/3	3/14	庚子	6/3	4/15	辛未	7/4	5/16	壬寅	8/5	6/19	甲戌
							5/4	3/15	辛丑	6/4	4/16	壬申	7/5	5/17	癸卯	8/6	6/20	乙亥
													7/6	5/18	甲辰			
中氣	雨水			春分			穀雨			小滿			夏至			大暑		
	2/18 16時51分 申時			3/20 15時17分 申時			4/20 1時37分 丑時			5/21 0時7分 子時			6/21 7時40分 辰時			7/22 18時32分 酉時		

年
己未

壬申			癸酉			甲戌			乙亥			丙子			丁丑			月
立秋			白露			寒露			立冬			大雪			小寒			節氣
8/7 11時9分 午時			9/7 14時33分 未時			10/8 6時51分 卯時			11/7 10時41分 巳時			12/7 4時2分 寅時			1/5 15時28分 申時			
國曆	農曆	干支	國曆	農曆	干支	國曆	農曆	干支	國曆	農曆	干支	國曆	農曆	干支	國曆	農曆	干支	日
8 7	6 21	丙子	9 7	7 23	丁未	10 8	8 24	戊寅	11 7	9 25	戊申	12 7	10 26	戊寅	1 5	11 25	丁未	
8 8	6 22	丁丑	9 8	7 24	戊申	10 9	8 25	己卯	11 8	9 26	己酉	12 8	10 27	己卯	1 6	11 26	戊申	
8 9	6 23	戊寅	9 9	7 25	己酉	10 10	8 26	庚辰	11 9	9 27	庚戌	12 9	10 28	庚辰	1 7	11 27	己酉	
8 10	6 24	己卯	9 10	7 26	庚戌	10 11	8 27	辛巳	11 10	9 28	辛亥	12 10	10 29	辛巳	1 8	11 28	庚戌	
8 11	6 25	庚辰	9 11	7 27	辛亥	10 12	8 28	壬午	11 11	9 29	壬子	12 11	10 30	壬午	1 9	11 29	辛亥	
8 12	6 26	辛巳	9 12	7 28	壬子	10 13	8 29	癸未	11 12	10 1	癸丑	12 12	11 1	癸未	1 10	12 1	壬子	
8 13	6 27	壬午	9 13	7 29	癸丑	10 14	9 1	甲申	11 13	10 2	甲寅	12 13	11 2	甲申	1 11	12 2	癸丑	
8 14	6 28	癸未	9 14	7 30	甲寅	10 15	9 2	乙酉	11 14	10 3	乙卯	12 14	11 3	乙酉	1 12	12 3	甲寅	2 0 9 9 · 2 1 0 0
8 15	6 29	甲申	9 15	8 1	乙卯	10 16	9 3	丙戌	11 15	10 4	丙辰	12 15	11 4	丙戌	1 13	12 4	乙卯	
8 16	7 1	乙酉	9 16	8 2	丙辰	10 17	9 4	丁亥	11 16	10 5	丁巳	12 16	11 5	丁亥	1 14	12 5	丙辰	
8 17	7 2	丙戌	9 17	8 3	丁巳	10 18	9 5	戊子	11 17	10 6	戊午	12 17	11 6	戊子	1 15	12 6	丁巳	
8 18	7 3	丁亥	9 18	8 4	戊午	10 19	9 6	己丑	11 18	10 7	己未	12 18	11 7	己丑	1 16	12 7	戊午	
8 19	7 4	戊子	9 19	8 5	己未	10 20	9 7	庚寅	11 19	10 8	庚申	12 19	11 8	庚寅	1 17	12 8	己未	
8 20	7 5	己丑	9 20	8 6	庚申	10 21	9 8	辛卯	11 20	10 9	辛酉	12 20	11 9	辛卯	1 18	12 9	庚申	
8 21	7 6	庚寅	9 21	8 7	辛酉	10 22	9 9	壬辰	11 21	10 10	壬戌	12 21	11 10	壬辰	1 19	12 10	辛酉	羊
8 22	7 7	辛卯	9 22	8 8	壬戌	10 23	9 10	癸巳	11 22	10 11	癸亥	12 22	11 11	癸巳	1 20	12 11	壬戌	
8 23	7 8	壬辰	9 23	8 9	癸亥	10 24	9 11	甲午	11 23	10 12	甲子	12 23	11 12	甲午	1 21	12 12	癸亥	
8 24	7 9	癸巳	9 24	8 10	甲子	10 25	9 12	乙未	11 24	10 13	乙丑	12 24	11 13	乙未	1 22	12 13	甲子	
8 25	7 10	甲午	9 25	8 11	乙丑	10 26	9 13	丙申	11 25	10 14	丙寅	12 25	11 14	丙申	1 23	12 14	乙丑	中
8 26	7 11	乙未	9 26	8 12	丙寅	10 27	9 14	丁酉	11 26	10 15	丁卯	12 26	11 15	丁酉	1 24	12 15	丙寅	華
8 27	7 12	丙申	9 27	8 13	丁卯	10 28	9 15	戊戌	11 27	10 16	戊辰	12 27	11 16	戊戌	1 25	12 16	丁卯	民
8 28	7 13	丁酉	9 28	8 14	戊辰	10 29	9 16	己亥	11 28	10 17	己巳	12 28	11 17	己亥	1 26	12 17	戊辰	國
8 29	7 14	戊戌	9 29	8 15	己巳	10 30	9 17	庚子	11 29	10 18	庚午	12 29	11 18	庚子	1 27	12 18	己巳	一
8 30	7 15	己亥	9 30	8 16	庚午	10 31	9 18	辛丑	11 30	10 19	辛未	12 30	11 19	辛丑	1 28	12 19	庚午	百
8 31	7 16	庚子	10 1	8 17	辛未	11 1	9 19	壬寅	12 1	10 20	壬申	12 31	11 20	壬寅	1 29	12 20	辛未	八
9 1	7 17	辛丑	10 2	8 18	壬申	11 2	9 20	癸卯	12 2	10 21	癸酉	1 1	11 21	癸卯	1 30	12 21	壬申	十
9 2	7 18	壬寅	10 3	8 19	癸酉	11 3	9 21	甲辰	12 3	10 22	甲戌	1 2	11 22	甲辰	1 31	12 22	癸酉	八
9 3	7 19	癸卯	10 4	8 20	甲戌	11 4	9 22	乙巳	12 4	10 23	乙亥	1 3	11 23	乙巳	2 1	12 23	甲戌	·
9 4	7 20	甲辰	10 5	8 21	乙亥	11 5	9 23	丙午	12 5	10 24	丙子	1 4	11 24	丙午	2 2	12 24	乙亥	一
9 5	7 21	乙巳	10 6	8 22	丙子	11 6	9 24	丁未	12 6	10 25	丁丑				2 3	12 25	丙子	百
9 6	7 22	丙午	10 7	8 23	丁丑													八 十 九 年
處暑			秋分			霜降			小雪			冬至			大寒			中氣
8/23 1時56分 丑時			9/23 0時10分 子時			10/23 10時12分 巳時			11/22 8時21分 辰時			12/21 22時3分 亥時			1/20 8時45分 辰時			

年	庚申																
月	戊寅			己卯			庚辰			辛巳			壬午			癸未		
節氣	立春			驚蟄			清明			立夏			芒種			小暑		
	2/4 2時59分 丑時			3/5 20時33分 戌時			4/5 0時43分 子時			5/5 17時20分 酉時			6/5 20時57分 戌時			7/7 6時58分 卯時		
日	國曆	農曆	干支	國曆	農曆	干支	國曆	農曆	干支	國曆	農曆	干支	國曆	農曆	干支	國曆	農曆	干支
	2/4	12/26	丁丑	3/5	1/25	丙午	4/5	2/26	丁丑	5/5	3/26	丁未	6/5	4/28	戊寅	7/7	6/1	庚戌
	2/5	12/27	戊寅	3/6	1/26	丁未	4/6	2/27	戊寅	5/6	3/27	戊申	6/6	4/29	己卯	7/8	6/2	辛亥
	2/6	12/28	己卯	3/7	1/27	戊申	4/7	2/28	己卯	5/7	3/28	己酉	6/7	4/30	庚辰	7/9	6/3	壬子
	2/7	12/29	庚辰	3/8	1/28	己酉	4/8	2/29	庚辰	5/8	3/29	庚戌	6/8	5/1	辛巳	7/10	6/4	癸丑
2	2/8	12/30	辛巳	3/9	1/29	庚戌	4/9	2/30	辛巳	5/9	4/1	辛亥	6/9	5/2	壬午	7/11	6/5	甲寅
1	2/9	1/1	壬午	3/10	1/30	辛亥	4/10	3/1	壬午	5/10	4/2	壬子	6/10	5/3	癸未	7/12	6/6	乙卯
0	2/10	1/2	癸未	3/11	2/1	壬子	4/11	3/2	癸未	5/11	4/3	癸丑	6/11	5/4	甲申	7/13	6/7	丙辰
0	2/11	1/3	甲申	3/12	2/2	癸丑	4/12	3/3	甲申	5/12	4/4	甲寅	6/12	5/5	乙酉	7/14	6/8	丁巳
	2/12	1/4	乙酉	3/13	2/3	甲寅	4/13	3/4	乙酉	5/13	4/5	乙卯	6/13	5/6	丙戌	7/15	6/9	戊午
	2/13	1/5	丙戌	3/14	2/4	乙卯	4/14	3/5	丙戌	5/14	4/6	丙辰	6/14	5/7	丁亥	7/16	6/10	己未
	2/14	1/6	丁亥	3/15	2/5	丙辰	4/15	3/6	丁亥	5/15	4/7	丁巳	6/15	5/8	戊子	7/17	6/11	庚申
	2/15	1/7	戊子	3/16	2/6	丁巳	4/16	3/7	戊子	5/16	4/8	戊午	6/16	5/9	己丑	7/18	6/12	辛酉
猴	2/16	1/8	己丑	3/17	2/7	戊午	4/17	3/8	己丑	5/17	4/9	己未	6/17	5/10	庚寅	7/19	6/13	壬戌
	2/17	1/9	庚寅	3/18	2/8	己未	4/18	3/9	庚寅	5/18	4/10	庚申	6/18	5/11	辛卯	7/20	6/14	癸亥
	2/18	1/10	辛卯	3/19	2/9	庚申	4/19	3/10	辛卯	5/19	4/11	辛酉	6/19	5/12	壬辰	7/21	6/15	甲子
	2/19	1/11	壬辰	3/20	2/10	辛酉	4/20	3/11	壬辰	5/20	4/12	壬戌	6/20	5/13	癸巳	7/22	6/16	乙丑
	2/20	1/12	癸巳	3/21	2/11	壬戌	4/21	3/12	癸巳	5/21	4/13	癸亥	6/21	5/14	甲午	7/23	6/17	丙寅
	2/21	1/13	甲午	3/22	2/12	癸亥	4/22	3/13	甲午	5/22	4/14	甲子	6/22	5/15	乙未	7/24	6/18	丁卯
	2/22	1/14	乙未	3/23	2/13	甲子	4/23	3/14	乙未	5/23	4/15	乙丑	6/23	5/16	丙申	7/25	6/19	戊辰
	2/23	1/15	丙申	3/24	2/14	乙丑	4/24	3/15	丙申	5/24	4/16	丙寅	6/24	5/17	丁酉	7/26	6/20	己巳
中	2/24	1/16	丁酉	3/25	2/15	丙寅	4/25	3/16	丁酉	5/25	4/17	丁卯	6/25	5/18	戊戌	7/27	6/21	庚午
華	2/25	1/17	戊戌	3/26	2/16	丁卯	4/26	3/17	戊戌	5/26	4/18	戊辰	6/26	5/19	己亥	7/28	6/22	辛未
民	2/26	1/18	己亥	3/27	2/17	戊辰	4/27	3/18	己亥	5/27	4/19	己巳	6/27	5/20	庚子	7/29	6/23	壬申
國	2/27	1/19	庚子	3/28	2/18	己巳	4/28	3/19	庚子	5/28	4/20	庚午	6/28	5/21	辛丑	7/30	6/24	癸酉
一	2/28	1/20	辛丑	3/29	2/19	庚午	4/29	3/20	辛丑	5/29	4/21	辛未	6/29	5/22	壬寅	7/31	6/25	甲戌
百	3/1	1/21	壬寅	3/30	2/20	辛未	4/30	3/21	壬寅	5/30	4/22	壬申	6/30	5/23	癸卯	8/1	6/26	乙亥
八	3/2	1/22	癸卯	3/31	2/21	壬申	5/1	3/22	癸卯	5/31	4/23	癸酉	7/1	5/24	甲辰	8/2	6/27	丙子
十	3/3	1/23	甲辰	4/1	2/22	癸酉	5/2	3/23	甲辰	6/1	4/24	甲戌	7/2	5/25	乙巳	8/3	6/28	丁丑
九	3/4	1/24	乙巳	4/2	2/23	甲戌	5/3	3/24	乙巳	6/2	4/25	乙亥	7/3	5/26	丙午	8/4	6/29	戊寅
年				4/3	2/24	乙亥	5/4	3/25	丙午	6/3	4/26	丙子	7/4	5/27	丁未	8/5	6/30	己卯
				4/4	2/25	丙子				6/4	4/27	丁丑	7/5	5/28	戊申	8/6	7/1	庚辰
													7/6	5/29	己酉			
中氣	雨水			春分			穀雨			小滿			夏至			大暑		
	2/18 22時36分 亥時			3/20 21時3分 亥時			4/20 7時24分 辰時			5/21 5時56分 卯時			6/21 13時31分 未時			7/23 0時23分 子時		

庚申																		年
甲申			乙酉			丙戌			丁亥			戊子			己丑			月
立秋			白露			寒露			立冬			大雪			小寒			節氣
8/7 16時53分 申時			9/7 20時14分 戌時			10/8 12時30分 午時			11/7 16時19分 申時			12/7 9時39分 巳時			1/5 21時6分 亥時			
國曆	農曆	干支	國曆	農曆	干支	國曆	農曆	干支	國曆	農曆	干支	國曆	農曆	干支	國曆	農曆	干支	日
8 7	7 2	辛巳	9 7	8 4	壬子	10 8	9 5	癸未	11 7	10 6	癸丑	12 7	11 7	癸未	1 5	12 6	壬子	
8 8	7 3	壬午	9 8	8 5	癸丑	10 9	9 6	甲申	11 8	10 7	甲寅	12 8	11 8	甲申	1 6	12 7	癸丑	
8 9	7 4	癸未	9 9	8 6	甲寅	10 10	9 7	乙酉	11 9	10 8	乙卯	12 9	11 9	乙酉	1 7	12 8	甲寅	2
8 10	7 5	甲申	9 10	8 7	乙卯	10 11	9 8	丙戌	11 10	10 9	丙辰	12 10	11 10	丙戌	1 8	12 9	乙卯	1
8 11	7 6	乙酉	9 11	8 8	丙辰	10 12	9 9	丁亥	11 11	10 10	丁巳	12 11	11 11	丁亥	1 9	12 10	丙辰	0
8 12	7 7	丙戌	9 12	8 9	丁巳	10 13	9 10	戊子	11 12	10 11	戊午	12 12	11 12	戊子	1 10	12 11	丁巳	0
8 13	7 8	丁亥	9 13	8 10	戊午	10 14	9 11	己丑	11 13	10 12	己未	12 13	11 13	己丑	1 11	12 12	戊午	·
8 14	7 9	戊子	9 14	8 11	己未	10 15	9 12	庚寅	11 14	10 13	庚申	12 14	11 14	庚寅	1 12	12 13	己未	2
8 15	7 10	己丑	9 15	8 12	庚申	10 16	9 13	辛卯	11 15	10 14	辛酉	12 15	11 15	辛卯	1 13	12 14	庚申	1
8 16	7 11	庚寅	9 16	8 13	辛酉	10 17	9 14	壬辰	11 16	10 15	壬戌	12 16	11 16	壬辰	1 14	12 15	辛酉	0
8 17	7 12	辛卯	9 17	8 14	壬戌	10 18	9 15	癸巳	11 17	10 16	癸亥	12 17	11 17	癸巳	1 15	12 16	壬戌	1
8 18	7 13	壬辰	9 18	8 15	癸亥	10 19	9 16	甲午	11 18	10 17	甲子	12 18	11 18	甲午	1 16	12 17	癸亥	
8 19	7 14	癸巳	9 19	8 16	甲子	10 20	9 17	乙未	11 19	10 18	乙丑	12 19	11 19	乙未	1 17	12 18	甲子	
8 20	7 15	甲午	9 20	8 17	乙丑	10 21	9 18	丙申	11 20	10 19	丙寅	12 20	11 20	丙申	1 18	12 19	乙丑	
8 21	7 16	乙未	9 21	8 18	丙寅	10 22	9 19	丁酉	11 21	10 20	丁卯	12 21	11 21	丁酉	1 19	12 20	丙寅	
8 22	7 17	丙申	9 22	8 19	丁卯	10 23	9 20	戊戌	11 22	10 21	戊辰	12 22	11 22	戊戌	1 20	12 21	丁卯	猴
8 23	7 18	丁酉	9 23	8 20	戊辰	10 24	9 21	己亥	11 23	10 22	己巳	12 23	11 23	己亥	1 21	12 22	戊辰	
8 24	7 19	戊戌	9 24	8 21	己巳	10 25	9 22	庚子	11 24	10 23	庚午	12 24	11 24	庚子	1 22	12 23	己巳	
8 25	7 20	己亥	9 25	8 22	庚午	10 26	9 23	辛丑	11 25	10 24	辛未	12 25	11 25	辛丑	1 23	12 24	庚午	
8 26	7 21	庚子	9 26	8 23	辛未	10 27	9 24	壬寅	11 26	10 25	壬申	12 26	11 26	壬寅	1 24	12 25	辛未	中
8 27	7 22	辛丑	9 27	8 24	壬申	10 28	9 25	癸卯	11 27	10 26	癸酉	12 27	11 27	癸卯	1 25	12 26	壬申	華
8 28	7 23	壬寅	9 28	8 25	癸酉	10 29	9 26	甲辰	11 28	10 27	甲戌	12 28	11 28	甲辰	1 26	12 27	癸酉	民
8 29	7 24	癸卯	9 29	8 26	甲戌	10 30	9 27	乙巳	11 29	10 28	乙亥	12 29	11 29	乙巳	1 27	12 28	甲戌	國
8 30	7 25	甲辰	9 30	8 27	乙亥	10 31	9 28	丙午	11 30	10 29	丙子	12 30	11 30	丙午	1 28	12 29	乙亥	一
8 31	7 26	乙巳	10 1	8 28	丙子	11 1	9 29	丁未	12 1	11 1	丁丑	12 31	12 1	丁未	1 29	1 1	丙子	百
9 1	7 27	丙午	10 2	8 29	丁丑	11 2	9 30	戊申	12 2	11 2	戊寅	1 1	12 2	戊寅	1 30	1 2	丁丑	八
9 2	7 28	丁未	10 3	8 30	戊寅	11 3	10 1	己酉	12 3	11 3	己卯	1 2	12 3	己卯	1 31	1 3	戊寅	十
9 3	7 29	戊申	10 4	9 1	己卯	11 4	10 2	庚戌	12 4	11 4	庚辰	1 3	12 4	庚辰	2 1	1 4	己卯	九
9 4	8 1	己酉	10 5	9 2	庚辰	11 5	10 3	辛亥	12 5	11 5	辛巳	1 4	12 5	辛巳	2 2	1 5	庚辰	·
9 5	8 2	庚戌	10 6	9 3	辛巳	11 6	10 4	壬子	12 6	11 6	壬午							一
9 6	8 3	辛亥	10 7	9 4	壬午													百
處暑			秋分			霜降			小雪			冬至			大寒			九
8/23 7時46分 辰時			9/23 5時59分 卯時			10/23 16時0分 申時			11/22 14時8分 未時			12/22 3時50分 寅時			1/20 14時33分 未時			十
																		年
																		中氣

農曆閏月年表

西 元	中華民國	閏 月		西 元	中華民國	閏 月
1900	前 12	8		2001	90	4
1903	前 9	5		2004	93	2
1906	前 6	4		2006	95	7
1909	前 3	2		2009	98	5
1911	前 1	6		2012	101	4
1914	3	5		2014	103	9
1917	6	2		2017	106	6
1919	8	7		2020	109	4
1922	11	5		2023	112	2
1925	14	4		2025	114	6
1928	17	2		2028	117	5
1930	19	6		2031	120	3
1933	22	5		2033	122	11
1936	25	3		2036	125	6
1938	27	7		2039	128	5
1941	30	6		2042	131	2
1944	33	4		2044	133	7
1947	36	2		2047	136	5
1949	38	7		2050	139	3
1952	41	5		2052	141	8
1955	44	3		2055	144	6
1957	46	8		2058	147	4
1960	49	6		2061	150	3
1963	52	4		2063	152	7
1966	55	3		2066	155	5
1968	57	7		2069	158	4
1971	60	5		2071	160	8
1974	63	4		2074	163	6
1976	65	8		2077	166	4
1979	68	6		2080	169	3
1982	71	4		2082	171	7
1984	73	10		2085	174	5
1987	76	6		2088	177	4
1990	79	5		2090	179	8
1993	82	3		2093	182	6
1995	84	8		2096	185	4
1998	87	5		2099	188	2

國家圖書館出版品預行編目資料

家家必備超實用彩色萬年曆／施賀日校正.
－－第一版－－臺北市：知青頻道出版；
紅螞蟻圖書發行，2011.11
面　公分－－(Easy Quick；116)
ISBN 978-986-6030-11-6（平裝）

1.萬年曆

327.47　　　　　　　　　　　　100022822

Easy Quick 116

家家必備超實用彩色萬年曆

校　　　正／施賀日
校　　　對／楊安妮、施賀日
發 行 人／賴秀珍
榮譽總監／張錦基
總 編 輯／何南輝
出　　　版／知青頻道出版有限公司
發　　　行／紅螞蟻圖書有限公司
地　　　址／台北市內湖區舊宗路二段121巷28號4F
網　　　站／www.e-redant.com
郵撥帳號／1604621-1　紅螞蟻圖書有限公司
電　　　話／(02)2795-3656（代表號）
傳　　　真／(02)2795-4100
登 記 證／局版北市業字第796號
法律顧問／許晏賓律師
印 刷 廠／卡樂彩色製版印刷有限公司
出版日期／2011年 11 月　第一版第一刷

定價 500 元　　港幣 167 元

ISBN　978-986-6030-11-6　　　　　Printed in Taiwan